Kutschera / Lichtenegger

WURZELATLAS

stv

Lore Kutschera / Erwin Lichtenegger

Wurzelatlas

mitteleuropäischer Waldbäume und Sträucher

6. Band der Wurzelatlas-Reihe

Anatomie: Lore Kutschera
Anatomische Bilder: Dieter Haas

Morphologie: Erwin Lichtenegger
Zeichnungen: Erwin Lichtenegger

Leopold Stocker Verlag
Graz – Stuttgart

Bildnachweis: Die Umschlagbilder und die Abbildungen im Textteil wurden dem Verlag freundlicherweise von den Autoren zur Verfügung gestellt.

Die Deutsche Bibliothek – CIP-Einheitsaufnahme

Kutschera, Lore:
Wurzelatlas mitteleuropäischer Waldbäume und Sträucher / Lore Kutschera ; Erwin Lichtenegger. –
Graz : Stocker, 2002
ISBN 3-7020-0928-0
ISBN 978-3-7020-0928-1

ISBN 978-3-7020-0928-1

Gestaltung: Ecotext-Verlag, Wien

Inhalt

Vorwort

Die bisher erschienenen fünf Bände der Wurzelatlas-Reihe beinhalten, bis auf Band 5, nahezu ausschließlich Wurzelstudien an krautigen Pflanzen. Es lag daher nahe, die Wurzelstudien auch auf Holzgewächse auszudehnen. Die Anregung dazu kam vom Präsidenten der Landwirtschaftskammer Kärnten, Walfried Wutscher, sowie von Forstdirektor DI Johann Lackner. Den letzten Anstoß dazu gab schließlich der Wunsch vieler Forstwirte, die Bewurzelung der heimischen Waldbäume in ihrem gesamten Umfang zu untersuchen. Berechtigt war dieser Wunsch insofern, als noch keine Veröffentlichung über die Gesamtbewurzelung der mitteleuropäischen Waldbäume und Sträucher vorliegt. Das derzeit vorhandene Standardwerk „Die Wurzeln der Waldbäume" von Köstler et al. (1968) beschränkt sich auf eingehende Studien über die Bewurzelung im näheren Bereich des Stammes. In diesem großartigen Werk wurden auch die Baumwurzeltypen festgelegt, die als Pfahl-, Herz- und Senkwurzeltyp allgemeine Gültigkeit erlangt haben. Die Ergebnisse der Wurzelstudien im näheren Bereich des Stammes führten aber auch zu Irrtümern, wenn diese auf die Gesamtbewurzelung übertragen wurden. Sie bewirkten vor allem eine Überbewertung des Tiefenstrebens der Wurzeln im Vergleich zu ihrer seitlichen Ausbreitung. Die größte Fehleinschätzung, die sich daraus ergab, ist die verbreitete Ansicht, daß die Wurzeln nicht wesentlich über den Rand der Baumkrone hinausragen. Daß dies für kein einziges Holzgewächs zutrifft, konnte durch die Gesamtdarstellung der Bewurzelung nachgewiesen werden. Sie gewährt auch erstmals einen Einblick in die „Zwischenflächendurchwurzelung", die den Boden in einem Bestand außerhalb des Kronenrandes der Bäume durchzieht.

Die einzige Möglichkeit, die Bewurzelung in ihrer gesamten räumlichen Ausdehnung darzustellen, ist das händische Freilegen der Wurzeln. Der damit verbundene hohe Zeitaufwand erlaubt nur einen Einblick in die Bewurzelung auf einem bestimmten Standort. Die Variationsbreite der Bewurzelung, die sich aus den Standortverschiedenheiten ergibt, kann damit nicht erfaßt werden.

Daß diese in ihrem Umfang trotzdem kaum abschätzbare Arbeitsleistung bewältigt werden konnte, ist jungen Leuten zu verdanken, die mit Herrn Dieter Haas in jahrelanger Arbeit die Freilegung der Wurzeln vorgenommen haben. Am längsten daran mitgewirkt haben die in forstlicher Hinsicht vorgebildeten Brüder Josef und Andreas Krch. Wertvolle Hilfe dazu leistete auch die Forstliche Ausbildungsstätte Ossiach unter der Leitung von Direktor DI Günter Sonnleitner. Ein Jahr lang half auch der Forstadjunkt Andreas Kainbacher bei der Aufarbeitung des Materials. Äußerst zeitraubend und technisch anspruchsvoll war die Herstellung der anatomischen Schnitte. Sofern Einbettungen dazu notwendig waren, wurden diese vor allem von Dr. Monika Sobotik, BAL Gumpenstein, mit ihren Mitarbeitern durchgeführt. Die anatomische Bearbeitung des Holzteils nahm Dr. Günter Wondrak weitgehend selbständig vor. Dr. Hilde Lichtenegger leistete wertvolle Mithilfe bei der Bearbeitung des morphologischen Teils. Die Korrekturarbeit führte Mag. Ewald Lampersberger vom Leopold Stocker Verlag in vorbildlicher Weise durch. Die Stadtgemeinde Klagenfurt hat, wie zuvor unter Bürgermeister Mag. Leopold Guggenberger, unter Herrn Bürgermeister Dkfm. Harald Scheucher wiederum die Räumlichkeiten für das Institut zur Verfügung gestellt. Bestens betreut wird das Institut von Stadtrat Dr. Dieter Jandl.

Ein Werk, das sich über mehrere Fachrichtungen erstreckt, erfordert auch die Zusammenarbeit mit Experten. In anatomischen und physiologischen Fragen erfolgte ein intensiver Gedankenaustausch vor allem mit Prof. Dr. Paul Hoffmann, Humboldt-Universität Berlin, und mit Prof. Dr. Wolfgang Hagemann, Universität Heidelberg. Besonders wertvoll auf dem Gebiet der Anatomie war die Zusammenarbeit mit Prof. Dr. Wolfram Braune, Universität Jena, Prof. Dr. Maria Danilova (†) und Dr. Katharina Barmicheva, Akademie der Wissenschaften St. Petersburg, sowie Bettina Schneider, Eidgenössische Forschungsanstalt für Wald, Schnee und Landschaft, Birmensdorf, Schweiz. Dr. Barmicheva und Frau Schneider verdanken wir Fixierungen, Einbettungen und Herstellung von Schnitten durch Wurzelspitzen von drei Arten. Wertvolle Anregungen erhielten wir auch von Prof. Dr. Hans Persson, Universität Uppsala, Prof. Dr. Wolfgang Böhm, Prof. Dr. Michael Runge, Universität Göttingen, Prof. Dr. Isa O. Baitulin, Akademie der Wissenschaften Alma-Ata, Kasachstan, und Dr. Roland Eberwein, Universität Wien. Das Photomikroskop der Firma Zeiss wurde uns über Antrag von Hofrat Dr. Urban Kohlmayer, Kärntner Landesregierung, vom Bundesministerium für Umwelt, Jugend und Familie zur Verfügung gestellt, bestens betreut vom ehemaligen Mitarbeiter der Firma Zeiss, Ing. Walter Urbanek.

Förderungsstelle	**Widmung**
Bundesministerium für Land- und Forstwirtschaft Bundesminister Mag. Wilhelm M o l t e r e r	Fichte, Wald-Kiefer, Wild-Apfel, Rotbuche, Zerr-Eiche, Flaum-Eiche, Feld-Ulme, Spitz-Ahorn, Feld-Ahorn, Silber-Pappel
Bundesministerium für Wissenschaft und Verkehr Bundesminister Dr. Caspar E i n e m	Schlehdorn, Berg-Ulme
Bundesministerium für Umwelt, Jugend und Familie Bundesminister Dr. Martin B a r t e n s t e i n	Gewöhnliche Esche
Kärntner Landesregierung LR Robert L u t s c h o u n i g und LR Georg W u r m i t z e r , Land- und Forstwirtschaft LHStv. Dr. Michael A u ß e r w i n k l e r , Kultur LR Dr. Elisabeth S i c k l , Umweltschutz	Weiß-Tanne, Zirbe, Gewöhnliche Hainbuche, Winter-Linde, Weiß-Birke, Blumen-Esche
Landeshauptmann Dr. Jörg H a i d e r	Sal-Weide
Niederösterreichische Landesregierung Landeshauptmann Dr. Erwin P r ö l l , Kultur	Douglasie, Pimpernuß, Speierling
Steiermärkische Landesregierung Landeshauptmann W a l t r a u d K l a s n i c Univ.-Prof. DDr. P e t e r S c h a c h n e r - B l a z i z e k , Wissenschaft und Forschung LR Erich P ö l t l , Land- und Forstwirtschaft	Flatter-Ulme, Liguster, Echte Walnuß
Salzburger Landesregierung LR Josef E i s e l , Land- und Forstwirtschaft	Eibe, Gewöhnliche Traubenkirsche
Burgenländische Landesregierung LHStv. Ing. Gerhard J e l l a s i t z , Umweltschutz LR ÖR Paul R i t t s t e u e r , Agrar- und Forsttechnik	Wild-Birne
Tiroler Landesregierung LR Christa G a n g l , Umwelt- und Naturschutz LR Ferdinand E b e r l e , Land- und Forstwirtschaft	Berg-Ahorn
Magistratsdirektion der Stadt Wien Stadtrat Fritz S v i h a l e k , Umwelt	Hybrid-Pappel

Vorarlberger Landesregierung LR Ing. Erich Schwärzler, Land- und Forstwirtschaft	Sommer-Linde
Oberösterreichische Landesregierung Landeshauptmann Dr. Josef Pühringer	Stechpalme
Autonome Provinz Südtirol, Bozen, Italien Landeshauptmann Luis Durnwalder	Edelkastanie, Elsbeere
Kammer für Land- und Forstwirtschaft Kärnten Präsident ÖR Walfried Wutscher	Alpen-Lärche, Stiel-Eiche, Schwarz-Kiefer, Grün-Erle
Kammer für Land- und Forstwirtschaft Steiermark Präsident ÖR Gerhard Wlodkowski	Trauben-Eiche, Roter Hartriegel
Kärntner Forstverein FM DI Christoph Habsburg-Lothringen	Schwarz-Erle
Naturwissenschaftlicher Verein Kärnten, Abt. Botanik Univ.-Prof. Dr. Helmut Hartl	Hopfenbuche
BUWAL, Bundesamt für Umwelt, Wald und Landschaft, Bern, Schweiz Eidgenössischer Forstdirektor Werner Schärer	Leg-Föhre
Pro Holz Obm. Komm.-Rat DI Armin Biedermann	Grau-Erle
Einzelperson Dr. Edith Zewell, Klagenfurt	Schmalblättrige Esche

Weitere Förderungen erfolgten durch:
Bundesministerium für Verkehr, Innovation und Technologie, Bundesminister Ing. Mathias Reichhold, **Bundeswirtschaftskammer**, Präsident Dr. Christoph Leitl, **Arbeitsgem. Wirtschaft und Schule, Umwelt**, Wien, Dkfm. Helga Mrkvicka, **Wirtschaftskammer Kärnten**, unter den Präsidenten Karl Koffler und Franz Pacher, **Kärntner Sparkasse**, Präsident KR Michael Krainz, **Frantschach Pulp and Paper Austria AG**, Vorstandsdirektor DI Franz Tauber, **Papier Holz Austria Ges.m.b.H.**, DI Manfred Schachenmann, **Holzindustrie G.m.b.H. Offner**, Wolfsberg, DI Hans Michael Arberichtsdron, **Lodron'sche Forstverwaltung**, Himmelberg, DI Alberich Lodron, **Gutsverwaltung Eberstein**, DI Volkhard Neuper, **Forstverwaltung Thurn-Valsassina**, Bleiburg, Vinzenz Thurn-Valsassina, **Orsini-Rosenberg'sche Forst- und Güterverwaltung**, Grafenstein, Heinrich Fürst Orsini-Rosenberg, **Österreichische Bundesforste**, Leitung DI Dr. Georg Erlacher, **Forstverwaltung Grafenegg**, Franz A. Metternich-Sandor, DI Peter Goess, **Gebäude- und Grundstücksverwaltung**, Dr. Leopold Graf Goess, Dkfm. Vinzenz Graf Czernin.

Entscheidend unterstützt haben die Arbeiten Generalsekretär Dr. Werner Wutscher und Sektionschef DI Gerhard Mannsberger, **Bundesministerium für Land- und Forstwirtschaft**, in der **Landeskammer für Land- und Forstwirtschaft Steiermark** Direktor Dr. Heinz Kopetz, weiters die Landesforstdirektoren (bzw. deren Stellvertreter) der Bundesländer Österreichs sowie von Südtirol, Italien: **Burgenland**: FD HR DI Friedrich Prandl. **Kärnten**: LF DI Gerolf Baumgartner. **Niederösterreich**: LF VHR DI Friedolin Hietel. **Oberösterreich**: LF W. HR DI Roland Weilharter. **Salzburg**: LF HR DI Franz Zaunbauer. **Steiermark**: FD HR DI Dr.

Josef Kahls. **Tirol**: LF HR DI Dr. Hubert Kammerlander. **Vorarlberg**: HR DI Heinz Dünser. **Wien**: Landesforstinspektor SR DI Siegfried Redl. Ebenso die Leiter und Mitarbeiter der Außenstellen der Forstverwaltungen Wien, Senatsrat OFR DI Gottfried Haubenberger sowie DI Alexander Mrkvicka, DI Josef Ebenberger und Mag. Rainer Rubik. **Autonome Provinz Südtirol, Italien**: Abteilung Forstwirtschaft, stellvertretender Abteilungsdirektor Dr. Heinrich Erhard und Dir. Dr. Martin Schöpf sowie dessen Mitarbeiter in der Forststation Kaltern.

Sehr geholfen haben uns der Bürgermeister der Kärntner Berggemeinde Arriach, Herr Karl Gerfried Müller, und die Frau des Altbürgermeisters, Irmgard Guggenberger.

Jungpflanzen erhielten wir von **LIECO Forstpflanzengesm.b.H.**, Kalwang, Steiermark, Dr. Klaus Natlacen, Wiener Neustadt, NÖ, vom **Stadtgartenamt** und vom **Botanischen Garten** in Klagenfurt sowie von der **Kärntner Forstbaumschule Karl F. Rath G.m.b.H.**, St. Andrä/Lavanttal, Kärnten.

Das **Arbeitsmarktservice Kärnten** unter Landesgeschäftsführer Mag. Josef Sibitz unterstützte die Arbeit durch zeitweise Zurverfügungstellung von Mitarbeitern. Mitgeholfen haben bei den Arbeiten die Schüler des **Ökologie-Gymnasiums Volders** in Tirol, betreut von Mag. Günter Haselwanter, und die Schüler der **Landwirtschaftlichen Fach- und Berufsschule Ehrental**, Klagenfurt, Fachrichtung Gartenbau, Direktor Mathias Tschinkl.

Besonders aufgeschlossen den Arbeiten gegenüber verhielten sich die Eigentümer der Flächen, auf denen wir die Untersuchungen der Bewurzelung der Bäume und Sträucher durchführten. Sie gaben uns bereitwilligst die Genehmigung dazu und unterstützten auch fallweise die Arbeiten.

Die Spenden von der Privatwirtschaft wurden über den Verein für Wurzelforschung und deren Nutzanwendung für die Arbeit zur Verfügung gestellt.

Der **Fonds zur Förderung der wissenschaftlichen Forschung** ermöglichte durch den höchstmöglichen Druckkostenbeitrag den Druck des Buches und die Herabsetzung des Verkaufspreises.

Allen Genannten und den vielen Ungenannten, die zu dem Gelingen dieses umfangreichen Werkes beigetragen haben, sei bestens gedankt. Ein besonderer Dank gebührt dem **Leopold Stocker Verlag**, Graz, für die reichhaltige und sorgfältige Ausstattung des Buches, für die vielen guten Ratschläge und die stets vorbildliche Zusammenarbeit. Die Druckvorlagen für die Zeichnungen wurden von der **Werbeservice Jung G.m.b.H.** in Linz und für die Farbtafeln vom **Reprozentrum, Carinthian Bogendruck**, Klagenfurt, in vorbildlicher Weise angefertigt.

Einleitung

In der äußeren und inneren Gestalt der Pflanzen zeigen sich deren erbliche Anlagen, wie sie unter der Einwirkung der von der Umwelt gebotenen Wachstumsfaktoren ausgebildet werden. In diesem Buch wurde deshalb versucht, sowohl die Morphologie als auch die Anatomie der Wurzeln darzustellen. Der Abschnitt Morphologie enthält auch die Beschreibung des dazugehörigen Arbeitsverfahrens. Die bei den anatomischen Untersuchungen verwendeten Methoden werden im folgenden kurz beschrieben und anschließend im Speziellen Teil ausführlicher dargestellt.

Die Untersuchung einer größeren Zahl von auf verschiedenen Standorten wachsenden Arten erbrachte Erkenntnisse, die als allgemein gültig angesprochen werden können. Zusammen mit den in den bisher erschienenen fünf Bänden der Wurzelatlas-Reihe beschriebenen Arten sind es etwa 1.000 Arten. Die Erkenntnisse betreffen vor allem die erste Aufgabe der Wurzel und die Aufgabe der Wurzelhaube sowie deren Asymmetrie nach Entstehung und Wirkung, ferner den Wassertransport und das Richtungswachstum von Sproß und Wurzel unter der Wirkung der Schwerkraft im Luftraum, in Wasser und im Boden.

Besonders beachtet wurden die Unterschiede zwischen Nadelhölzern und Laubhölzern, den Coniferen und den Angiospermen, sowie deren Zusammenhang mit der Stammesgeschichte und der Standortwahl der Formen. In Ergänzung zur Literatur wurde besonderes Augenmerk auf die Darstellung der Wurzelspitzen der Arten und des primären Zustandes der Wurzeln der Holzgewächse gelegt. Wie bei krautigen Gewächsen dienen auch die Wurzelspitzen holziger Gewächse durch ihre Ausscheidungen der Aufschließung mineralischer Bestandteile des Bodens. Im ungehemmten Längenwachstum, d. h. ohne Verpilzung, bauen sie die weitreichenden Bewurzelungen der Holzgewächse auf. Die genaueren Kenntnisse ihrer Lebensabläufe und ihres Wachstums geben daher Einblick in die Kräfte der Pflanzen, mit denen deren Wurzeln den Boden erschließen und sich in diesem verankern.

Die Darstellung des primären Zustandes der Wurzeln erfordert allerdings wegen der Zartheit der Gewebe und der technischen Schwierigkeiten mehr Zeit, als für die Arbeit zur Verfügung stand. Deshalb mußten auch Bilder ungeachtet ihrer Mängel wiedergegeben werden, sofern aus ihnen die kennzeichnenden Merkmale ersichtlich sind. Denn die Leitlinie dieser Arbeit war, alle Angaben durch Bilder zu belegen. Die Angabe der Literatur war nur in beschränktem Maße möglich.

Besonders der Darstellung der Wasserleitgewebe wurde bei der Niederschrift des Manuskriptes immer mehr Raum eingeräumt. So wurde anfänglich mitunter nur von Tüpfeln gesprochen, obwohl es sich um Tüpfelfelder handelt.

Für jeden Hinweis auf Mängel in diesem Buch und Vorschläge zu deren Behebung sind wir dankbar.

Methoden der anatomischen Untersuchungen und Ergänzungen zu den Bildtafelbeschriftungen

Der größte Teil der Abbildungen stammt von unfixierten Handschnitten. Die Zellwände sind daher nicht wie bei eingebetteten Präparaten entwässert. Die ursprünglichen Zellwanddicken bleiben weitgehend erhalten. Die Schnitte wurden zur mikroskopischen Untersuchung in Glycerinwasser (Glycerin:Wasser = 1:2) eingebracht, was einen sehr geringfügigen Wasserentzug zur Folge hatte. Herstellung der Frischpräparate: Die frisch gesammelten Wurzeln wurden in feuchtem Moos oder feuchtem Papier in einer Kühltasche transportiert und so rasch wie möglich mit der Rasierklinge oder mit dem Mikrotom geschnitten. Möglichst aufeinanderfolgende Schnitte wurden nach den Angaben von Braune et al. (1987 und 1999) entweder mit Phloroglucinol-Salzsäure auf Verholzung oder mit Sudan 3 auf Suberinisierung, Kutinisierung und Fettgehalt oder mit Jodjodkalium auf Stärkegehalt überprüft. Außerdem wurde je ein Schnitt ungefärbt untersucht. Fallweise zusätzlich durchgeführte Färbungen sind aus den jeweiligen Bildbeschriftungen ersichtlich. Für Untersuchungen der Wurzelspitzen wurde auch fixiertes und eingebettetes Material verwendet.

Fixierungen: 1: 4%ige wäßrige Formaldehydlösung (= F), 2: Alkohol, Formol, Eisessig (AFE), 3: Glycerin:Wasser (1:2) und einige Tropfen Eisessig (= Glycerinwasser), 4: Wäßrige Lösung von 2,5%igem Glutaraldehyd und 2%igem Paraformaldehyd (= GAD + PFAD), ähnlich Karnovsky (1965), nach Barmicheva (1973), 5: 2% Osmiumtetroxyd.

Einbettungen: 1: Paraplasteinbettung aus Gerlach (1969), abgeändert nach Siegert, schriftliche Mitteilung. Anstelle von Xylol oder Benzol als Intermedium wird Isobutanol verwendet. In dieses wird im Wärmeschrank bei 60 °C das Paraplast tröpfchenweise eingebracht. Danach verdunstet bei dieser Temperatur das Isobutanol sehr langsam, bis reines Paraplast übrigbleibt. Von den fertigen Paraplastblöckchen stellten wir mit einem Leitz-Grundschlittenmikrotom 4–10 µm dicke Schnitte her. Weiters verwendeten wir die folgenden Kunstharzeinbettungen. 2: Epon, 3: Ein Gemisch von Epon und Araldite (Barmicheva & Danilova 1973), 4: HistoResin, 5: Technovit (Feder & O'Brien 1968, Ruetze & Schmitt 1986, Igersheim & Cichocki 1996) und 6: JB4 (Polysciences, Inc. Instructions 1995, Data Sheet #123B). Von den Kunstharzblöckchen stellten wir mit einem Ultramikrotom OMU3 von Reichert 2–4 µm dicke Semidünnschnitte her. Die Färbungen der eingebetteten Schnitte sind den Bildbeschriftungen zu entnehmen. Alle Dauerpräparate wurden mit Entellan eingeschlossen. Die Präparate wurden mit einem Zeiss-Photomikroskop fotografiert, zum Großteil mit Differential-Interferenzkontrast-Einrichtung nach Nomarski.

Ergänzungen zu den Bildbeschriftungen:

Taf. 12, Bild 4, Taf. 23 B, Bild 7 und 8: Fixierung in F und Einbettung in Paraplast, Schnitte Huber. Taf. 19, Bild 3 und 4, Taf. 20, Bild 6 und 8, Taf. 62 B, Bild 1, Taf. 98 A, Bild 2 und 5, Taf. 100 A, Bild 1, Taf. 102 A, Bild 2, Taf. 128 A, Bild 1, Taf. 162 A, Bild 1, Taf. 180 A, Bild 1 und 3: Fixierung in AFE und Einbettung in Paraplast, Schnitte Haberhofer. Taf. 11, Bild 7, Taf. 20, Bild 4, Taf. 23 A, Bild 6, Taf. 38 A, Bild 1: Fixierung in Glycerinwasser, Einbettung in HistoResin. Taf. 5 A, Bild 7, Taf. 6, Bild 4 und 6, Taf. 96 B, Bild 1, Taf. 168 A, Bild 1: Fixierung in GAD + PFAD und Einbettung in Technovit, Einbettung und Schnitte Schneider. Taf. 4, Bild 7, Taf. 5 A, Bild 4, Taf. 6, Bild 1–3, 5, 7 und 8, Taf. 8, Bild 1, Taf. 21, Bild 6 und 7, Taf. 22, Bild 5–8, Taf. 60 B, Bild 1, Taf. 78 A, Bild 1 und 4, Taf. 78 B, Bild 1, Taf. 130 A, Bild 1, Taf. 142 A, Bild 1, Taf. 164 A, Bild 1: Fixierung in GAD + PFAD und Einbettung in JB4, Einbettung und Schnitte Barmicheva. Taf. 23 B, Bild 9 und 10: Fixierung in GAD + PFAD und Nachfixierung in Osmiumtetroxyd, Einbettung und Schnitte Barmicheva.

I. Allgemeiner Teil

A. Morphologie

Die Morphologie der Wurzelsysteme wird einerseits durch den anlagebedingten Bauplan und andererseits durch dessen Abwandlung aufgrund von Umwelteinflüssen bestimmt. Der erbliche Bauplan ist im wesentlichen das Ergebnis einer genetisch fixierten Anpassung an bestimmte Umweltbedingungen. Die Abwandlung durch Umwelteinflüsse ist nur innerhalb der Wandelbarkeit des anlagebedingten Bauplanes möglich. Jeder noch so stark von der „Norm“ abweichende Wurzelkörper läßt Grundzüge seines genetisch fixierten Bauplanes erkennen.

1. Erblichkeit der Wurzelformen

Nach den Darstellungen von Kutschera (1960) bezieht sich die erbliche Festlegung des morphologischen Bauplanes des Wurzelkörpers vor allem auf die Art der Bewurzelung, der Ausbildung der Polwurzel, der Wurzelverzweigung, zum Teil auch auf das Sproß-Wurzel-Verhältnis und auf die Art der räumlichen Wurzelverteilung im Boden.

Hinsichtlich der anlagebedingten Art der Bewurzelung ergeben sich zwei große Formenkreise, und zwar die samenlosen Pflanzen (Pteridophyta) mit endogener sproßbürtiger Bewurzelung (primäre Homorrhizie) und die Samenpflanzen (Spermatophyta) mit polbürtiger Bewurzelung (Allorrhizie) oder mit endogener sproßbürtiger Bewurzelung (sekundäre Homorrhizie). Die grasartigen Pflanzen sind nach frühzeitigem Absterben der Keimwurzel (Polwurzel) ausschließlich sekundär homorrhiz bewurzelt. Die Nadelhölzer und die Laubhölzer sind infolge des Vorhandenseins der Polwurzel oder zumindest von deren Verzweigungen polbürtig (allorrhiz) bewurzelt. Zusätzlich können sie durch die Bildung von Sproßwurzeln auch sekundär homorrhiz bewurzelt sein. Die Neigung zur Bildung von Sproßwurzeln und deren Ergiebigkeit sind bis zu einem gewissen Grad ebenfalls anlagebedingt. Holzgewächse feuchterer, kühlerer Standorte neigen ungleich mehr zur Bildung von Sproßwurzeln als solche trockener, wärmerer Standorte.

Ein beträchtlicher Teil der anlagebedingten Merkmale eines Wurzelkörpers läßt sich bereits aus der Lebensdauer der Polwurzel, aus dem Vermögen ihres Tiefenstrebens, ihrer Form und ihrer Art der Verzweigung ableiten. Im Jugendstadium haben alle heimischen Nadel- und Laubbäume eine mehr oder weniger gut ausgebildete Polwurzel. Bei Arten wärmerer, trockenerer Standorte ist sie in der Jugend gegenüber den Seitenwurzeln länger und stärker vorwüchsig, meist tiefreichend und an älteren Holzgewächsen für längere Zeit erkennbar (*Quercus, Pyrus, Castanea, Juglans*). Bei Arten feuchterer, kühlerer Standorte verliert sie zugunsten eines stärkeren Wachstums vor allem der oberen Seitenwurzeln frühzeitig ihre Vorwüchsigkeit. Außerdem weist sie meist ein geringeres Tiefenstreben auf. Bei älteren Holzgewächsen ist sie entweder nicht mehr vorhanden (*Alnus*-Arten) oder von den anderen Wurzeln nicht mehr unterscheidbar (*Picea, Betula, Fagus, Carpinus, Fraxinus*). Bei Bäumen mit lange erhalten bleibender Polwurzel kann sich diese im oberen Teil stark verdicken (*Pyrus, Juglans, Quercus*). Dies trifft besonders für Arten stark wechselfeuchter oder stark oberbodentrockener Standorte zu. Zweifellos dient diese starke Verdickung auf ungünstigen Standorten verstärkt der Stoffspeicherung. Dafür spricht, daß eine stärkere Verdickung der Polwurzel bei Arten, die an Standorte mit ausgeglichenem Wasserhaushalt gebunden sind, meist nicht vorkommt (*Fagus, Tilia*). Auch die Anordnung der Seitenwurzeln an der Polwurzel ist in weiteren Grenzen anlagebedingt. Vor allem bei den Nadelbäumen ist die Dichte der Verzweigungen im Bereich des Wurzelstockes in der Regel nicht so stark wie bei den Laubbäumen. Von den Laubbäumen weisen die *Quercus*-Arten keine so starke Verdichtung der Verzweigung in Stocknähe auf wie die *Tilia*- oder *Ulmus*-Arten.

Eine anlagebedingte Gesetzmäßigkeit ist vor allem an der Art der Verzweigung der Wurzeln zu erkennen. Die Seitenwurzeln entstehen bekanntlich endogen aus dem Pericycel des Zentralzylinders der Mutterwurzel. Hinsichtlich ihrer Verzweigung unterscheidet Troll (1967) eine gabelige (dichotome) und eine seitliche Verzweigung. Die Gabelung beginnt schon an der Wurzelspitze. Wenn die Gabeläste gleich lang sind, ist die Verzweigung isotom. Sind sie bei der Verzweigung zweiter und höherer Ordnung verschieden lang, liegt eine anisotome Verzweigung vor. Häufig treten beide Verzweigungsarten gemischt auf. Die gabelige Verzweigung bleibt vorwiegend auf die Farnpflanzen (Pteridophyta) beschränkt. Bei den Samenpflanzen (Spermatophyta), zu denen auch die heimischen Holzgewächse zählen, herrscht bis auf einige Ausnahmen die seitliche Verzweigung vor. Bei ihr unterbleibt die gabelige Verzweigung an der Spitze der Seitenwurzeln. Wenn die Seitenwurzeln gegenüber der Mutterwurzel im Wachstum zurückbleiben, entsteht eine monopodiale seitliche Verzweigung. Dies trifft vor allem auf die vorwüchsigen Hauptwurzelstränge der Nadelbäume zu. Bleibt die Mutterwurzel gegenüber den spitzennahen Seitenwurzeln im Längenwachstum zurück, bildet sich eine gabelähnliche sympodiale Verzweigung. Sie kommt vornehmlich bei den Laubbäumen vor. Werden die Feinwurzeln von Bakterien oder Pilzen befallen, verzweigen sie sich häufig gabelig. Dabei verkürzen und verdicken sich ihre Seitenäste derart, daß korallenartige Gebilde entstehen. WATANABE (1924, zit. TROLL 1967) bezeichnet sie daher als Koralloiden. MIEHE (1918) und TROLL nennen sie Rhizothamnien. An den Erlenwurzeln, an denen sie durch das Bakterium *Actinomyces alni* hervorgerufen werden, können sie die Größe einer Walnuß oder gar eines kleinen Apfels erreichen (SCHACHT 1853, zit. TROLL 1967, WEBER 1953). Rhizothamnien können auch bei der Berg-Kiefer, *Pinus mugo*-Gruppe, oder bei der Wald-Kiefer, *Pinus sylvestris,* häufig vorkommen. Diese gehen jedoch auf den Befall mit Pilzen zurück (vgl. ORLOW 1968).

Auch hinsichtlich der Anordnung der Seitenwurzeln besteht eine anlagebedingte Gesetzmäßigkeit. Sie entstehen entweder direkt gegenüber den Xylemsträngen des Zentralzylinders der Mutterwurzel oder zwischen diesen. Bei einem diarchen Bau der Mutterwurzel (nur zwei Leitstränge) entsteht eine zweizeilige (distiche) Verzweigung. Sie tritt besonders bei den blütenlosen Pflanzen auf. Bei einem tetrarchen Bau (vier Leitstränge) des Zentralzylinders ergibt sich eine vierzeilige (tetrastiche) Verzweigung. Wenn die Abstände der Seitenwurzeln am Querschnitt der Mutterwurzel 90 Grad betragen, ergibt sich eine regelmäßige vierzeilige Verzweigung. Sind die Abstände verschieden, ist die Verzweigung unregelmäßig.

Die Anzahl der Wurzelverzweigungen ist stark von äußeren Einflüssen wie Wärme, Feuchte, Bodenluft, Nährstoffe u. dgl. abhängig (KUTSCHERA 1960, OBROUCHEVA 1992, GILL & MILLER 1956, JACKSON 1989). Auch die Bodentextur ist mit entscheidend (WIERSUM 1957, CANNELL 1977). Grobkörnige Bodenteile wie Grobsand, Grus, Feinschutt oder dichte Krümel verursachen häufiger Wurzelkrümmungen als feinkörnige wie Feinsand, Schluff, Ton oder puffiger Moder. Nach TROLL (1967) und nach vielfachen eigenen Beobachtungen treten die Seitenwurzeln an der Konvexseite der Krümmungen der Mutterwurzel gehäuft auf. GOEBEL (1928–33) führt dies auf eine begünstigte Stoffzufuhr an der Konvexseite zurück. Nach NOLL (1900) begünstigt die Krümmung lediglich die Anlage von Seitenwurzeln. Dies bedarf schließlich auch einer vermehrten Stoffzufuhr. Die Förderung der Seitenwurzelbildung durch vermehrte Wurzelkrümmung führt dazu, daß die Wurzelverzweigung in grobkörnigen Böden größer ist als in feinkörnigen. Die Anzahl der Verzweigungen nimmt auch mit Abnahme der Stärke der Wurzeln zu. Erst dadurch kann sich bei Holzgewächsen das notwendige weitläufige Wurzelnetz entfalten. In weiteren Grenzen läßt auch die Häufigkeit der Verzweigungen anlagebedingte Unterschiede erkennen. Als Beispiel für eine artspezifische, überaus reiche Verzweigung möge der Wurzelkörper des Gewöhnlichen Spindelstrauchs (*Evonymus europaea*, **Abb. 170**) gelten. Bezeichnend dafür ist auch, daß die Wurzeln der Laubhölzer im Durchschnitt reicher verzweigt sind als jene der Nadelhölzer. Zurückzuführen ist dies sicherlich auch auf ihren höheren Wasserverbrauch. Hinsichtlich der Länge der Feinwurzeln ergeben sich ebenfalls artspezifische Unterschiede. Schon TROLL (1967) weist darauf hin, daß die Gewöhnliche Esche, *Fraxinus excelsior*, wesentlich längere Feinwurzeln aufweist als die Rotbuche, *Fagus sylvatica*. Die Ursache dafür liegt im wesentlichen im unterschiedlichen inneren Bau der Wurzeln. Ganz allgemein sind die Feinwurzeln von Pflanzen auf feuchteren Standorten länger und weniger stark verzweigt als auf trockeneren.

Auch das Sproß-Wurzel-Verhältnis scheint zumindest bei ökologischen Rassen einer Art anlagebedingt zu sein. Nach Untersuchungen von ENGLER (1905), VINCENT (1941), AKSOY (1965) und SCHMIDT-VOGT (1966) weisen Herkünfte von Fichte und Lärche aus höheren Lagen einen größeren Wurzelanteil auf als aus tieferen Lagen. Diesen Anteil sollen sie bei Anpflanzungen in tieferen Lagen beibehalten. SCHREIBER (1926) fand auch bei Lichtrassen einen höheren Wurzelanteil als bei Schattenrassen. Da bei höherer Belichtung den Wurzeln mehr Assimilate zugeführt werden, ist dies verständlich.

Die räumliche Verteilung der Wurzeln im Boden unterliegt zwar sehr stark den Umwelteinflüssen, doch lassen sich bei Pflanzen, die an einen engeren Standortbereich gebunden sind, Anklänge an eine erbliche

Fixierung erkennen. Kutschera (1960) und Kutschera & Lichtenegger (1982, 1992) stellten immer wieder fest, daß ausdauernde Arten wechselfeuchter oder wechseltrockener Standorte dazu neigen, einen T- oder hantelförmigen Wurzelkörper zu bilden. Hingegen sind die Wurzelkörper von Arten trockener, warmer Standorte vorzugsweise verkehrt U-förmig oder zylinderförmig. Annähernd einen solchen Wurzelkörper bildete auch der Speierling (*Sorbus domestica*, **Abb. 78**), der auf trockenem Boden im Marchfeld freigelegt wurde. Ein beinahe T-förmiges Wurzelsystem könnte der an wechselfeuchte Standorte angepaßten Flatter-Ulme (*Ulmus laevis*, **Abb. 144**) zugeschrieben werden. Eine solche Zuordnung ist aber bei Bäumen infolge der großen Reichweite der Wurzeln nach der Seite viel schwerer möglich als bei krautigen Pflanzen.

2. Umwelteinflüsse auf die Wurzelformen

Nach Kraus (1914) zeigt jede Pflanze zunächst das energische Bestreben, die Bewurzelung in ihrer arteigenen Weise zu entfalten. Tatsächlich treten die erblichen Merkmale der Bewurzelung an jungen Pflanzen am deutlichsten zutage. Sie werden im Laufe der Entwicklung umso länger beibehalten, je stärker der arteigene Bildungstrieb ist (Kraus 1895) und je näher sich die Pflanze unter naturnahen Konkurrenzbedingungen ihrem optimalen Standortsbereich befindet. Folglich unterliegt die arteigene Wurzelform einer umso größeren Abwandlung, je weiter die Pflanze an ihren ökologischen Grenzbereich gedrängt wird. So bildet z. B. die Lärche, *Larix decidua*, in der montanen Stufe unter günstigen Bodenbedingungen ein tiefreichendes und weit nach der Seite ausgebreitetes Wurzelsystem (**Abb. 22**). Im Bereich der oberen Baumgrenze wurzelt sie flach (**Abb. 24**). Die Rotbuche, *Fagus sylvatica*, entfaltet auf tiefgründiger Braunerde ihr typisches herz-kegelförmiges Wurzelsystem (**Abb. 101**). Auf flachgründigem Kalkschutt ist ihre Bewurzelung breit tellerförmig (**Abb. 102**). Im höheren Alter verwischen sich die erblichen Anlagen im Zuge des Verfalles der Bewurzelung immer mehr.

2.1 Licht

Ein direkter Einfluß des Lichtes auf das Wachstum der Wurzeln konnte bisher nicht eindeutig nachgewiesen werden, sofern nicht die Wurzel ergrünt ist. Einige Autoren nehmen dennoch an, daß das Licht das Richtungswachstum der Wurzeln beeinflußt (Went, zit. Schumacher 1958). Namentlich bei den älteren Versuchen, die diese Annahme bestätigen sollten, dürfte neben dem Lichteinfluß auch ein Wärmeeinfluß wirksam gewesen sein. Es könnte daher die Krümmung der Wurzel vornehmlich durch den Einfluß der Wärme erfolgt sein (Noll 1900).

Das Licht beeinflußt das Wurzelwachstum am stärksten indirekt über die Photosynthese. Nach den Untersuchungen von Combes (1910, 1946), Johansson (1927), Bakke & Gaessler (1945), Barney (1947), Burschel & Schmaltz (1965) und Röhrig (1966) bildet die Pflanze bei erhöhtem Lichtgenuß im Vergleich zur Sproßmasse eine erhöhte Wurzelmasse. Bei vermindertem Lichtgenuß ist das Gegenteil der Fall. Bei erhöhtem Lichtgenuß erzeugt der Sproß einen höheren Assimilateüberschuß, der dem Wurzelwachstum zugute kommt (Kutschera 1984). Kutschera (1972) sieht in der Aufnahme des Überschusses an Assimilaten die erste Aufgabe der Wurzel. Bei verminderter Bildung von Kohlehydraten wegen Beschattung ist die Verringerung des Wurzelwachstums nicht nur die Folge einer verminderten Assimilatezufuhr. Die Beschattung führt auch zu einer Verminderung der Bodenerwärmung, die ebenfalls das Wurzelwachstum schwächt. Darauf beruht auch die in der Praxis bekannte Tatsache, daß die Durchwurzelungstiefe mit zunehmender Beschattung abnimmt. Gale & Grigal (1987) entwickelten daraus die Hypothese, daß schattentolerante Baumarten eine flachere Feinwurzelverteilung aufweisen als lichtbedürftige Baumarten. Das trifft auch für die Krautschicht unter Bäumen zu. Polomski & Kuhn (1998) werteten die Daten von Rysin & Rysina (1987) über die Tiefenverteilung von Wurzeln der Krautschicht in einheitlichen Kiefernbeständen auf podsoliger Braunerde aus. Die Autoren fanden, daß die mittlere Wurzeltiefe bei Vollichtpflanzen 85 cm, bei Halblichtpflanzen 35 cm und bei Schattenpflanzen 22 cm betrug. Sie bemerkten dazu, daß sich unter den Vollichtpflanzen auch Tiefwurzler befanden. Die Schattenpflanzen waren ausschließlich Flachwurzler. Von den freigelegten Stiel-Eichen, *Quercus robur*, im Kärntner Becken wies der frei stehende Baum eine max. Wurzeltiefe von 348 cm auf. Der im geschlossenen Bestand stehende Baum erreichte nur eine Wurzeltiefe von 210 cm. Es versteht sich von selbst, daß die lichtbedürftigen Arten besser an trockene Standorte angepaßt sind und daß sie daher vor allem in warmen Lagen einen größeren Bodenraum nach der Tiefe erschließen müssen als die schattentoleranten Arten. Bemerkenswert ist noch, daß höhere Belichtung auch die Nährstoffaufnahme begünstigt. SCHMIDT (1936/37, zit. KUTSCHERA 1960) erzielte bei *SANCHEZIA* unter Belichtung größere Aufnahmewerte von K, Mg und NO_3 als unter Verdunkelung. Im Freiland dürfte eine bessere Nährstoffaufnahme auf belichteten Standorten gegenüber beschatteten auch auf eine den Stoffumsatz steigernde höhere Bodenerwärmung zurückzuführen sein.

2.2 Wärme

Die Höhe der Bodenerwärmung ist abhängig von der Höhe der Einstrahlungsenergie und von der Stärke des Treibhauseffektes. Die Abnahme der Wirkung des Treibhauseffektes mit zunehmender Seehöhe bedingt, daß die Temperatur trotz verstärkter Einstrahlung nach oben hin abfällt. Der mit dem Temperaturabfall gleichlaufende Wandel der Artenzusammensetzung bewirkt schließlich über kurze Entfernungen die Höhenstufengliederung der Vegetation. So beträgt in Kärnten die mittlere Jahrestemperatur in der Eichen-Hainbuchen-Stufe ca. 8,5 bis 7,5 °C, in der Buchenstufe ca. 7 bis 5 °C, in der Nadelwaldstufe ca. 4,5 bis 2,5 °C, in der Krummholz- und Zwergstrauchstufe ca. 2 bis 0,5 °C, in der alpinen Rasenstufe ca. 0 bis –1,5 °C, in der subnivalen Schneebodenstufe –2 bis –3 °C und in der nivalen Stufe unter –3 °C (TSCHERNUTTER 1983). Eine ähnliche Vegetationsgliederung ergibt sich über große Entfernungen mit Zunahme der geographischen Breite infolge der Abnahme des Einstrahlungswinkels und der sich daraus ergebenden geringeren Einstrahlungsenergie.

Eine unterschiedliche Erwärmung wird auch durch die Verschiedenheit der Bodentextur und des Wassergehaltes im Boden bewirkt. Folgende Tabelle zeigt, daß die Wärmeleitung umso größer ist, je feinkörniger und feuchter die Böden sind. Demnach verteilt sich die Einstrahlungsenergie auf eine um so größere Tiefe, je tonreicher und feuchter der Boden ist. Die tonreicheren, luftärmeren Böden sind daher über eine größere Tiefe gleichmäßiger erwärmt als die sandigen, steinigen oder gar die moorigen Böden. Bei den sandigen, steinigen oder humusreichen Böden kommt es hingegen in den oberen Bodenschichten zu einem stärkeren Wärmestau bei Tag und zu einer stärkeren Ausstrahlung bei Nacht. Dies führt dazu, daß bei solchen Böden die täglichen Wärmeschwankungen nicht so tief wirken wie bei den tonreicheren Böden. In Mitteleuropa sind sie auf Sandböden bis zu einer Tiefe von ca. 70–100 cm wirksam, auf tonigen Böden bis zu einer Tiefe von ca. 200 cm. In Königsberg hört die Wirkung der täglichen Wärmeschwankungen auf Sandböden bereits bei einer Tiefe von 80 cm auf. Die Jahresschwankungen reichen bis zu einer Tiefe von ca. 800 cm (LEYST 1890).

Tab. 1: Wärmeleitfähigkeit verschiedener Böden. Nach GEIGER (1961) und GRÖBER et al. (1963)

Bodenart	W / m K	
Lehmboden, naß/trocken	0,8–2,0	0,08–0,6
Sandboden, naß/trocken	0,4–1,2	0,1 –0,3
Moorboden, naß/trocken	0,3–0,4	0,04–0,12
Luft, unbewegt		0,02–0,025
Wasser, unbewegt		0,6

Die Eindringtiefe der Wärmeschwankungen ist ein wesentliches Maß für den Tiefgang der Wurzeln. Nach KUTSCHERA (1984) werden die größten Wurzeltiefen erreicht, „wenn Licht und Wärme nach Ausmaß und

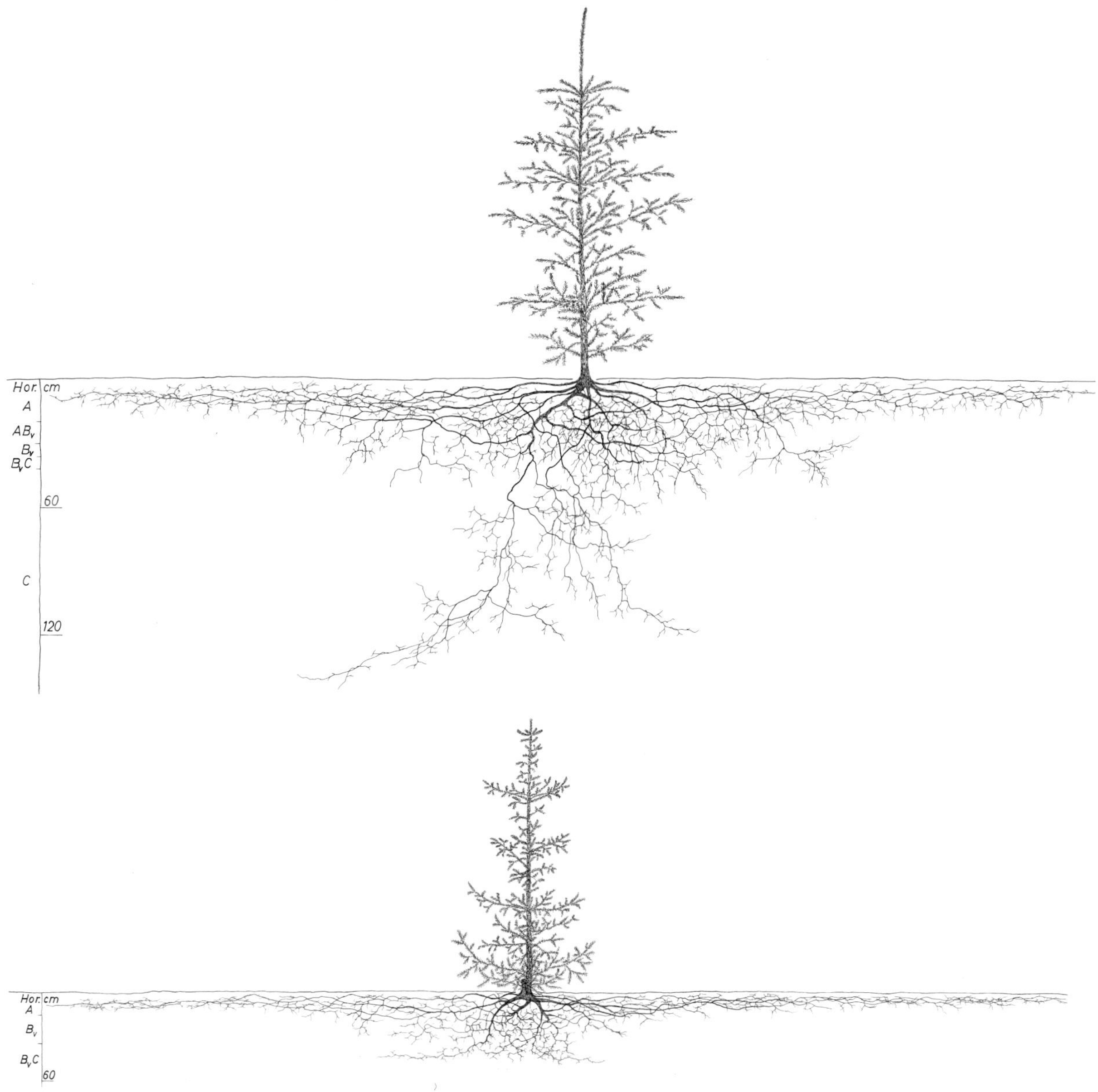

Abb. 1: Fichte, *Picea abies.* Wurzeltiefe in der Eichen-Hainbuchen-Stufe bis 144 cm (oben), in der subalpinen Stufe bis 54 cm (unten).

Dauer der Einwirkung sowie stärkere Schwankungen von Temperatur und relativer Feuchte das Wachstum und den positiv geotropen Verlauf der Wurzeln fördern". Demnach ist bei tiefreichender Bodenerwärmung und dementsprechend tiefreichenden Wärmeschwankungen der Wurzeltiefgang wesentlich größer als bei wenig tiefreichender Erwärmung. Im Kärntner Becken (470 m NN) erreichte die Wurzel einer jungen Fichte eine Tiefe von 144 cm (**Abb. 1** oben), auf der Gerlitzen bei Villach (1.840 m NN) nur 54 cm (**Abb. 1** unten). In der subalpinen Stufe werden nur die oberen Bodenschichten über den Sommer stärker erwärmt. Die Wurzeln stellen daher selbst auf tief zu durchwurzelnden Böden ihr Tiefenstreben bald ein. Die kurzen Senkwurzeln beginnen sich im Alter zu verdicken. An ihrem unteren Ende entsteht eine quastenartige Anhäufung von kurzen, dünnen Wurzeln. Daß die Zahlen der angegebenen Wurzeltiefen von Deutschland meist niedriger sind als jene von Kärnten, hängt ursächlich mit dem kontinentaleren, sommerwärmeren Klima der südlicheren Lage zusammen. Besonders deutlich zeigt sich dies bei einem Vergleich der max. Wurzeltiefe von *Juniperus communis* auf Sandboden in Südungarn und in Norddeutschland. Sie betrug bei Barcs in Südungarn 303 cm (**Abb. 54**) und in der Lüneburger Heide nur 100 cm (**Abb. 58**). In den gemäßigten Breiten sind die Wurzeltiefen auch in den kontinentalen Klimaräumen größer als in den atlantischen. Der Grund dafür ist vor allem die stärkere Bodenerwärmung im Sommer mit zunehmender Kontinentalität. Diese wird auch dadurch begünstigt, daß in den kontinentalen östlichen Gebieten die Böden durchwegs trockener sind. Denn auch die höhere Bodenfeuchte bewirkt einen rascheren Ausgleich der Wärmeschwankungen nach der Tiefe. Daher sinkt bei stärker nach unten zunehmender Feuchte die Wurzeltiefe ab. Deshalb sind die Böden im Bereich der Auen durchwegs weniger tief durchwurzelt als jene außerhalb des Au-Bereiches. Daß Gleyböden in der Regel weniger tief durchwurzelt sind als beispielweise Braunerden, hängt nicht nur mit der geringeren Durchlüftung dieser Böden zusammen. Wesentlich trägt auch die wärmeausgleichende Wirkung der höheren Bodenfeuchte dazu bei. Das gilt besonders für besser durchlüftete Gleyböden mit einem G_o-Horizont. Von den im Kärntner Becken freigelegten Stiel-Eichen erreichte die Eiche auf südseitiger grundvergleyter Braunerde eine Wurzeltiefe von 200 cm (**Abb. 112**). Auf südseitiger, grundwasserfreier Lockersediment-Braunerde betrug die max. Wurzeltiefe 348 cm (**Abb. 114**).

Die untere Temperaturgrenze für das Wurzelwachstum liegt bei 2–5 °C (TURNER & STREULE 1983). Bei den Nadelbäumen liegt sie meist tiefer als bei den Laubbäumen (LADEFOGED 1939). Diese Grenztemperaturen treten beispielsweise im Raum Wien im Winter bereits in einer Bodentiefe von 50–150 cm auf (TOPERCZER 1946). Demnach ist bei den meisten Holzgewächsen über den Winter bei weniger tief eindringenden Bodenfrösten schon ab einer mittleren Bodentiefe ein eingeschränktes Wurzelwachstum möglich. Nur in den oberen Bodenschichten stellen die Wurzeln der Holzgewächse in winterkalten Gebieten ihr Wachstum ein. Bei der Rotbuche, die auf natürlichen Standorten in der Regel nur geringem Bodenfrost ausgesetzt ist, soll es diesbezüglich keine Winterruhe geben. Wann das Wurzelwachstum in den oberen Bodenschichten im Frühjahr wieder beginnt, hängt nicht nur von der Temperatur, sondern auch vom Wachstumsrhythmus der jeweiligen Baumart ab. So beginnt nach LEIBUNDGUT (1954) das Wurzelwachstum bei der Hainbuche 26,2 Tage, bei der Tanne 22,5 Tage, bei der Douglasie 20,2 Tage, bei der Fichte 8,7 Tage, bei der Grau-Erle 4,9 Tage und bei der Schwarz-Erle 3,8 Tage nach dem ersten Stadium des Austreibens. Die günstigsten Bodentemperaturen für das Wurzelwachstum sind im Sommer gegeben. Doch wird in dieser Zeit das Wurzelwachstum infolge des starken oberirdischen Wachstums eingeschränkt (ORLOW 1975, DEANS 1979, LANGLOIS et al. 1983). Diese Einschränkung gilt besonders für das Wachstum der Feinwurzeln (WELLER 1965, ATKINSON 1983). Wie stark sie ist, hängt wesentlich vom Wasserangebot ab. Von den heimischen Bäumen zeigt die Fichte am sichersten ein eingeschränktes Wurzelwachstum im Sommer. Weniger ausgeprägt ist die Einschränkung bei der Eiche, der Rotbuche, der Birke, der Tanne und der Kiefer. Im allgemeinen ist aber doch das Wurzelwachstum im Frühjahr und vor allem im Herbst stärker als im Sommer. Besonders die Jungpflanzen von Bäumen weisen im Herbst das stärkste Wurzelwachstum auf (EIDMANN 1943). Gegen den Winter hin hören die Wurzeln umso rascher auf zu wachsen, je früher die Minimaltemperaturen für ihr Wachstum unterschritten werden.

2.3 Wasser

Der Einfluß des Wassers kann nur in Zusammenhang mit dem Einfluß der Wärme beurteilt werden. Es ist allgemein bekannt, daß annähernd gleich hohe Jahresniederschläge bei unterschiedlich hoher mittlerer Jahrestemperatur unterschiedliche Vegetationseinheiten bedingen. So bewirken beispielsweise ca. 400 mm Niederschlag in Südosteuropa bereits eine Steppenvegetation, während in Skandinavien bei dieser Niederschlagsmenge noch ein Waldwuchs möglich ist. Dieselbe unterschiedliche Wirkung auf die Vegetationsausformung haben annähernd gleich hohe Temperaturen bei verschieden hohen Niederschlägen. Im Äquatorialgürtel Afrikas bilden sich bei hohen Niederschlägen im Westen Regenwälder und bei sehr niedrigen Niederschlägen im Osten Wüsten. Mit zu berücksichtigen bei der Bewertung der Wirkung der Niederschläge auf die Vegetation sind neben der jahreszeitlichen Verteilung u. a. auch die Himmelslage, die Neigung, die Geländeform und die Bodentextur. Bei in Ost-West-Richtung verlaufenden Bergketten in Mitteleuropa reicht bei weitgehend gleichen Niederschlägen auf der Südseite der Wald höher hinauf als auf der Nordseite. Mit zunehmender Neigung sinkt die Bodendurchfeuchtung infolge des erhöhten Abflusses. Daher sind Kuppen und Oberhänge immer trockener als Unterhänge und Muldenlagen. Zumindest in den gemäßigten Breiten sind die leichteren Böden infolge ihres geringeren Wasserspeichervermögens und ihrer höheren Erwärmung in den oberen Schichten trockener als die schwereren Böden. In warmen, trockenen Gebieten wirken die schwereren Böden infolge der geringeren Eindringtiefe und stärkeren Bindung des Wassers trockener als die leichten Böden (vgl. **Abb. 4**). Diese Zusammenhänge sind auch bei der Beurteilung des Einflusses der Niederschläge auf das Wurzelwachstum zu berücksichtigen.

In den humiden Gebieten ist der Wasseranfall durch den Niederschlag größer als der Wasserverbrauch durch die Evapotranspiration. Die vorherrschende Wasserbewegung nach unten bewirkt, daß die Böden mit zunehmender Tiefe feuchter und damit auch kühler werden. Trotzdem werden in wärmeren Gebieten der gemäßigten Breiten besonders bei größerer Kontinentalität des Klimas große Wurzeltiefen erreicht. Allerdings ist der seitliche Verlauf der Wurzeln bei Holzgewächsen meist beträchtlich größer.

Bereits in den semihumiden Gebieten nimmt die Feuchte der Böden zumindest in den konvexen, grundwasserfernen Lagen nach unten nicht mehr zu. Auf Böden mit geringem Wasserspeichervermögen nimmt sie in den tieferen Schichten bereits ab. Es kommt zur bekannten Ausfällung des Kalkes. Wenn die Ausfällung verhärtete Kalkhorizonte bildet, wird das vorher energische Tiefenstreben der Wurzeln unterbrochen. Das überschüssige Kalkangebot verringert oder beendet das Längenwachstum der Wurzeln. Es kommt vor allem bei Kräutern und Stauden im oberen Bereich der verkrusteten Kalkhorizonte zu einer starken Anhäufung der Feinwurzeln und zur Verdickung der Wurzelenden (Kutschera 1960, Abb. 100, 164, Kutschera & Lichtenegger 1997, Abb. 255). Wird das Tiefenstreben durch verkrustete Kalkschichten nicht unterbrochen, können die Wurzeln in wärmeren Trockengebieten gemäßigter Breiten große Tiefen erreichen. In den Steppen- und Halbwüstengebieten Asiens werden für tiefgründige silikatische Sedimentböden Wurzeltiefen von 10 m und mehr angegeben (Kausch 1959, Baitulin 1979, Baitulin et al. 1993). Bezeichnend dafür ist auch, daß die russischen Wurzelforscher aus den trockeneren, kontinentaleren Gebieten des Landes für Bäume beträchtlich größere Wurzeltiefen angeben als die Forscher aus dem feuchteren, subozeanisch-mitteleuropäischen Raum.

Allen Wurzelsystemen trockener, warmer Gebiete gemeinsam ist, daß das Tiefenstreben der Wurzeln zumindest hinsichtlich der Zahl der Wurzelstränge gegenüber deren seitlichem Verlauf vorherrscht. Die seitliche Ausbreitung der Wurzeln vor allem in den oberen Bodenschichten ist in Trockengebieten durchwegs geringer als in annähernd gleich warmen, regenreicheren Gebieten. So betrug z. B. bei der Stiel-Eiche im niederschlagsreichen Raum von Villach auf skelettreicher Lockersediment-Braunerde die größte Wurzelausbreitung in den oberen Bodenschichten 980 cm (**Abb. 115**), im trockeneren Marchfeld auf Sandboden nur 360 cm (**Abb. 118**). Selbst auf grundfeuchtem Sandboden betrug bei ihr die seitliche Ausbreitung der Wurzeln in der March-Au nur 324 cm (**Abb. 117**), auf grundfeuchter Braunerde im Raum von Keutschach südlich des Wörther Sees betrug sie hingegen 1.450 cm (**Abb. 112**).

In den winterkalten Wüstengebieten der gemäßigten Zone verlagert sich die Feinwurzelmasse immer mehr in die tieferen Bodenschichten. Das gilt für viele ausdauernde Pflanzen der Gobi. Beispiele dafür sind die Bewurzelung von *Iris pungens, Rheum nanum, Euphorbia mongolica, Nitraria sibirica, Ammopiptanthus mongolicus, Amygdalus mongolica* u. a. (Kutschera & Lichtenegger 1997).

Wenn die Böden in den heißen Wüstengebieten so trocken werden, daß seltene Niederschläge nur ihre oberen Schichten durchfeuchten, wird das Tiefenstreben der Wurzeln zugunsten ihrer seitlichen Ausbreitung eingeschränkt. In dem noch relativ luftfeuchten, trockenen Südteil von Gran Canaria erreichte der Wurzelkörper der sukkulenten *Euphorbia canariensis* bei einer max. Tiefe von 60 cm eine gesamte seitliche Ausbreitung von 1.200 cm. Der Wurzelkörper des Strauches *Plocama pendula* breitete sich bei einer max. Tiefe von 70 cm 1.400 cm weit seitwärts aus. Noch krasser wird das Verhältnis zwischen Tiefenstreben und seitlicher Wurzelausbreitung in heißen, lufttrockenen Wüstengebieten. Im nördlichen Teil der Namib breitete sich das Wurzelsystem von *Euphorbia damarana* und *Commiphora saxicola* bei einer Wurzeltiefe von ca. 40 cm 1.040 cm bzw. 1.590 cm weit seitwärts aus. Der Wurzelkörper von *Commiphora saxicola* breitete sich somit im Vergleich zur Tiefe ca. 40mal so weit seitwärts aus. In der luftfeuchten Nebelzone von Swakopmund war die seitliche Ausbreitung des Wurzelsystems von *Trianthema hereroensis* auf Wüstensand im Verhältnis zur Tiefe nur 8mal so groß (Kutschera et al. 1997).

Die aktive Aufnahme des Wassers mit den darin gelösten Mineralstoffen durch die Wurzel erfolgt hinter der Wurzelspitze in der Streckungszone und entlang des daran anschließenden aufnahmefähigen Wurzel-

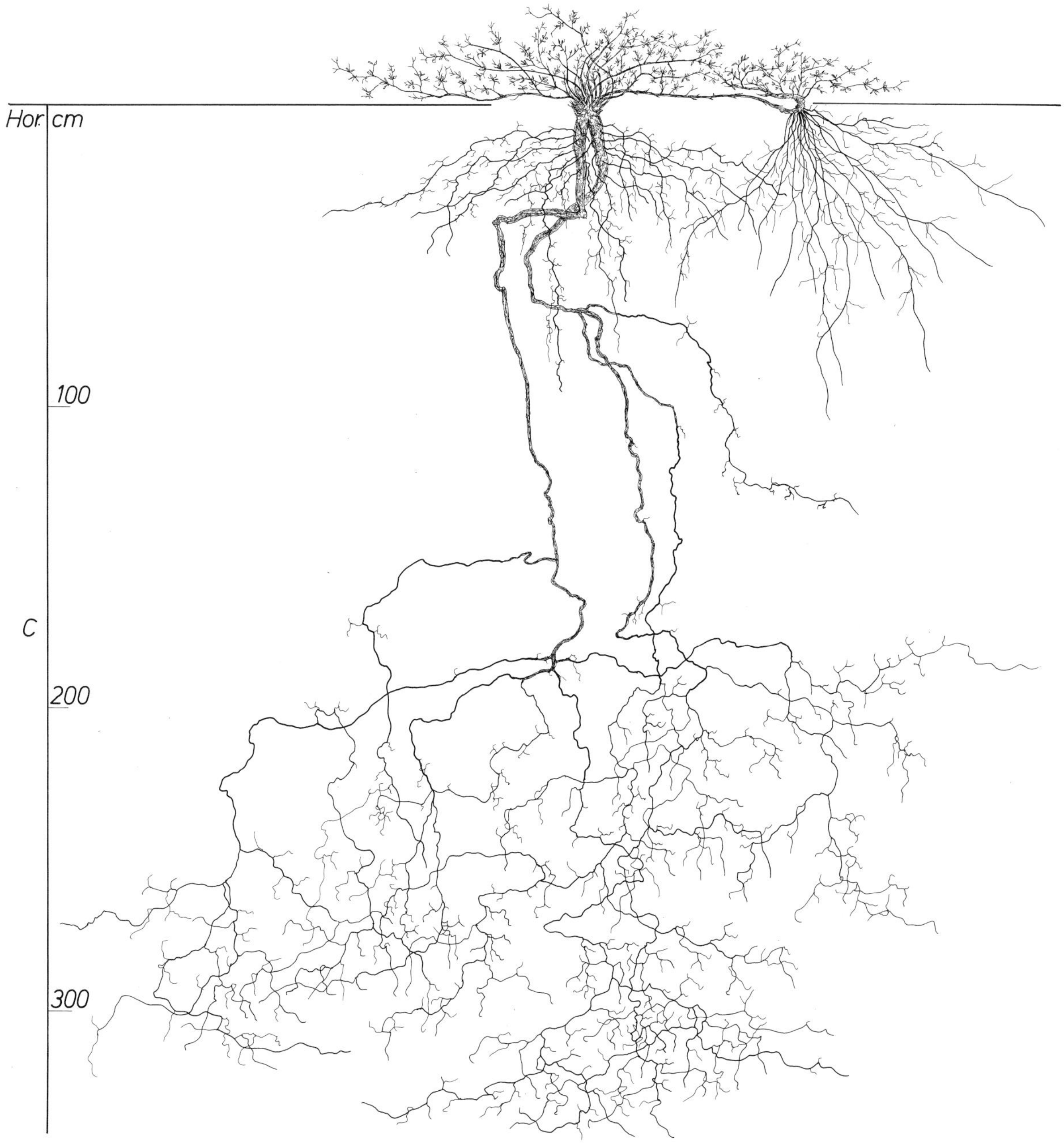

Abb. 2: *Nitraria sibirica,* Gobi. Ausbreitung der Feinwurzeln vorwiegend in den tieferen, feuchteren Schichten des verhärteten Rohbodens. Aus: KUTSCHERA & LICHTENEGGER (1997).

abschnittes, der mit Wurzelhaaren besetzt ist. Die Wasseraufnahme erfolgt nur, solange die Saugkräfte der Wurzeln größer sind als jene des Bodens. Wenn dies nicht mehr der Fall ist, muß sich der Wurzelkörper vor Wasserverlust schützen. Das geschieht entlang der nicht aktiv Wasser aufnehmenden Wurzelabschnitte durch Verkorkung. Die aktiv Wasser aufnehmenden Wurzelabschnitte werden bei zu hoher Trockenheit abgestoßen. Wenn das Wasserangebot wieder ausreicht, werden sie rasch neu gebildet (STOCKER 1933, WIEDEMANN 1942, KUTSCHERA 1960). Die Höhe des Besatzes an Feinwurzeln ist somit bei stark wechselndem Wasserangebot im Laufe der Vegetationszeit einem ständigen Wandel unterworfen.

Zwischen Sproß und Wurzel, ja sogar zwischen den Wurzelsträngen, kann auf trockenen Standorten auch ein Wasserausgleich erfolgen. Wurzeln in trockenen Bodenschichten kann Wasser zugeleitet werden (SHANTZ 1927). BREAZEALE (1930) nimmt an, daß dadurch die Feuchtigkeit in den trockeneren Bodenschichten erhöht werden kann. Durch die Erhöhung der Bodenfeuchte wird auch die Mineralstoffaufnahme erleichtert (KUTSCHERA 1960). Besonders eindrucksvoll ist der Wasserausgleich bei dem Horstgras

Odyssea paucinervis in der Nebelwüste der Namib. An der Oberfläche des bis über 1 m hohen Horstes entsteht durch den Nebel Kondenswasser. Dieses sickert in den Boden und versorgt die Wurzeln unter dem Horst mit Wasser. Den bis über 9 m weit im Oberboden hinkriechenden, unbewurzelten Ausläufern, die in Abständen aufstrebende, beblätterte Sprosse bilden, wird das Wasser vom Horst zugeführt (Kutschera et al. 1997). Durch die Wasserzufuhr können die Wurzeln von trockenen Bodenschichten aus auch in tiefere, feuchtere Bodenhorizonte vordringen (Moltschanow 1957). Besonders ergiebig ist der Wasserausgleich auf trockenen Böden, wenn ein Teil der Wurzeln bis in die grundfeuchten Schichten vordringen kann. Wiedemann (1942, zit. Köstler et al. 1968) stellte in einem kümmernden Kiefernbestand auf Sand in Westpreußen bei einem auffallend üppig wachsenden Baum fest, daß eine daumendicke Wurzel 7 m tief bis zu den grundfeuchten Schichten vordringen konnte. Die unterschiedliche Wasserbindung führt auch dazu, daß die Saugkräfte der Wurzeln in den einzelnen Bodenschichten unterschiedlich groß sein können (Vetterlein 1962). Die tiefstrebenden Wurzeln entwickeln, wenn sie die grundfeuchten Schichten erreichen, geringere Saugkräfte als die sich im trockenen Oberboden ausbreitenden Wurzeln. Auf wechseltrockenen Salzböden ist das Gegenteil der Fall (Kutschera & Lichtenegger 1982, 1992). Bereits Keller (1925) berichtet, daß der Halbstrauch *Camphorosma monspeliaca* in der russischen Halbwüste seinen Wasserbedarf im Sommer vor allem durch die tiefstrebenden Wurzeln deckt, die in den salzigen Schichten eine wesentlich höhere Saugkraft entwickeln müssen.

Eine Anpassung an trockenere Standorte erfolgt auch dadurch, daß sich die Wurzeln mit zunehmender Trockenheit stärker verzweigen. Bereits Weaver (1926) beobachtete, daß die Wurzeln des Weizens in der trockeneren Kurzgrasprärie stärker verzweigt sind als jene in der feuchteren Langgrasprärie. Schwarz (1946) stellte bei Versuchen mit Tomaten und Kohl fest, daß die Wurzeln im trockenen Boden mehr Seitenwurzelansätze bilden als im feuchten. Wenn die Trockenheit zu groß wird, nimmt die Verzweigung der Wurzeln wieder ab. Walter (1939) fand in den extremen Trockengebieten Afrikas bei den Graswurzeln eine viel geringere bis gar keine Verzweigung. Bereits in den kontinentalen, lufttrockenen Wüsten der aridgemäßigten Gebiete wie in der Gobi ist die Wurzelverzweigung durchwegs gering. *Rheum nanum* beispielsweise bildet auf skelettreichen Sedimentböden nur noch eine stark verdickte Polwurzel mit wenigen dünnen, schwach verzweigten Seitenwurzeln. Die Feinwurzeln verlaufen teilweise sogar in der Rinde der Polwurzel. Der Wurzelkörper von *Olgaea leucophylla* besteht in Felsspalten nur noch aus wenigen dicken Wurzelsträngen. In Mitteleuropa sind die Wurzeln auf trockeneren sandigen Böden vor allem in den oberen Schichten deutlich stärker verzweigt als auf feuchteren tonigen Böden. Außerdem beschränkt sich das Wurzelgerüst auf trockeneren Standorten häufig auf wenige dickere Wurzelstränge. Die Wurzelsysteme der trockener stehenden Eichen bilden beispielsweise verhältnismäßig wenige dicke Wurzelstränge, jene der feuchter stehenden Linden oder Ulmen weisen mehr, aber dünnere Wurzelstränge auf.

Auf hohlraumreichen Schuttböden bildet sich auch in warmen Gebieten eine relativ flache Bewurzelung in Verbindung mit einem Krüppelwuchs der Holzgewächse. In der sommerwarmen Schütt bei Villach drangen die Wurzeln der Wald-Kiefer, *Pinus sylvestris,* in dem stark besonnten Kalkschutt kaum mehr als 50 cm tief ein. Der verbogene Stamm wandte sich infolge des geringen Wurzeldrucks sehr bald seitwärts (**Abb. 35**). An der Südflanke des trockenen, sommerwarmen Oberinntals breitet sich vor allem zwischen Imst und Landeck auf Kalkfels und Kalkschutt ein stark aufgelockerter Bestand aus flachwurzelnden, auffallend niedrigen Wald-Kiefern aus. Die Ausbildung tiefreichender Wurzeln ist nicht möglich, weil der Anschluß zu tiefer liegenden, feuchteren Schichten nicht gegeben ist. In regenreichen Gebieten oder in sommerkühlen Lagen mit geringerer Verdunstung können selbst auf Schuttböden relativ hohe Waldbestände aufkommen. In Mittelschweden wurden auf Silikat-Blockschutt ziemlich hochwüchsige Fichtenbestände angetroffen. Westlich von Lienz in Osttirol stehen an der stark beschatteten Nordflanke der Talenge der Drau auf Schutthängen prächtige Tannenbestände.

Eine ökologisch sehr bedeutsame Anpassung an die Trockenheit ist auch die relative Vergrößerung der Wurzelmasse. Zahlreiche Untersuchungen (Tucker & Seelhorst 1898, Polle 1910, Weaver 1926, Müller-Stoll 1935/36, Volk 1937, Frankena & Goedewaagen 1942, Schuurmann 1949, Kausch & Ehrig 1959) und viele eigene Beobachtungen zeigen, daß sich das Sproß-Wurzel-Verhältnis bei zunehmender Trockenheit zugunsten des Wurzelanteils verändert. Nach einer Darstellung von Ellenberg (s. Ehrendorfer in Strasburger 1983, S. 1036) nimmt im peruanischen Andenvorland die Höhe des Pflanzenbe-

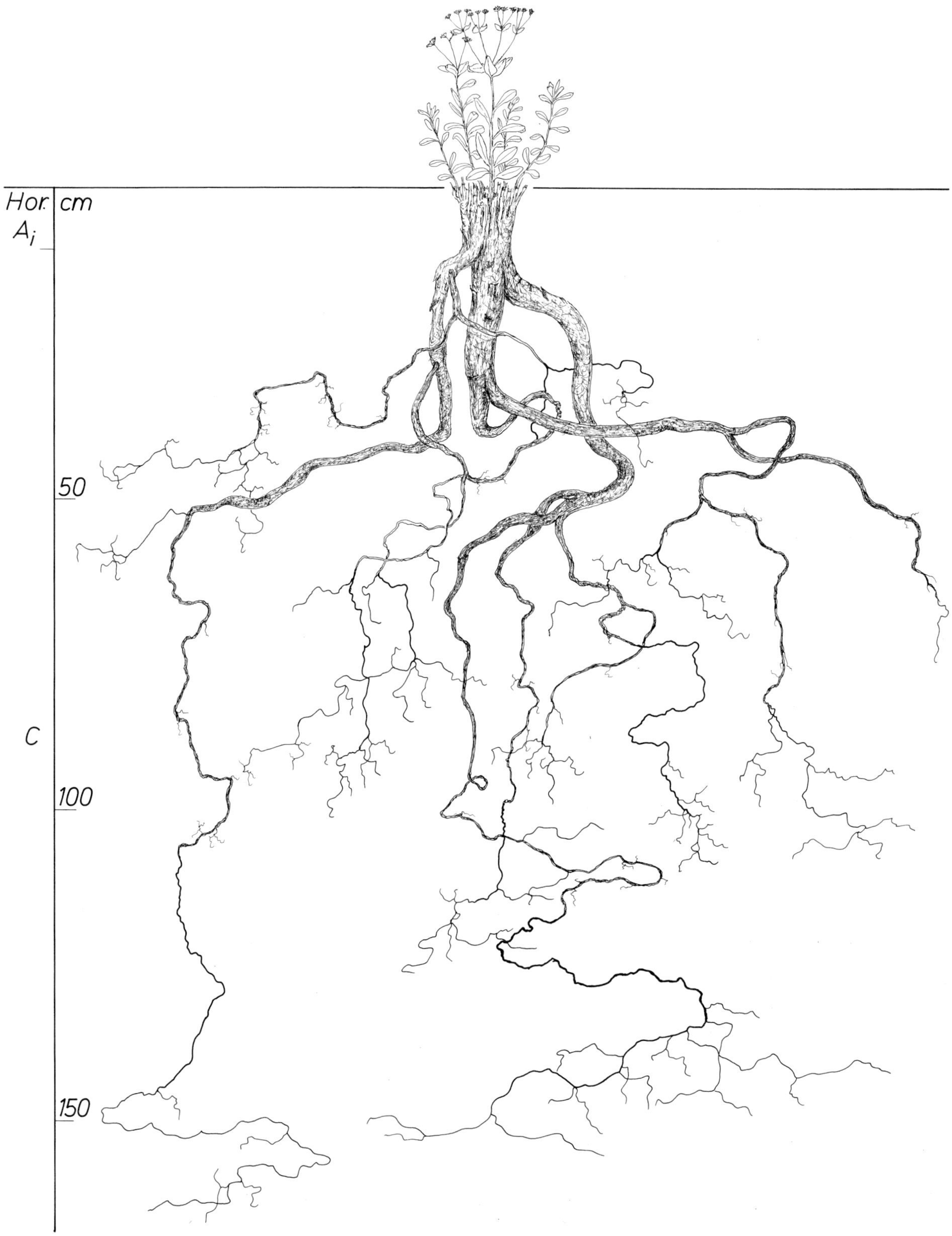

Abb. 3: Sibirische Wolfsmilch, *Euphorbia sibirica,* Gobi. Extrem starke Bewurzelung im Vergleich zum Sproß in einer periodisch wasserführenden Erosionsrinne (Seira). Aus: KUTSCHERA & LICHTENEGGER (1997).

standes vom immergrünen Regenwald bis zur tropischen Strauch-Halbwüste extrem stark ab, während die Tiefe des durchwurzelten Bodenraums und damit auch der Wurzelanteil an der Biomasse ansteigen. Ein Beispiel für einen extrem hohen Wurzelanteil im Vergleich zum Sproßanteil ist die Sibirische Wolfsmilch (*Euphorbia sibirica,* **Abb. 3**). Auch in Mitteleuropa ist an Grünlandbeständen leicht nachzuweisen, daß der

Wurzelanteil an der Pflanzenmasse von den Feuchtwiesen bis zu den Trockenrasen in der Regel zunimmt (Kutschera & Lichtenegger 1982, 1992). Ähnliches gilt für Waldbestände. Bei der trockener stehenden Flaum-Eiche beispielsweise ist der Wurzelanteil durchwegs größer (**Abb. 108**) als bei der feuchter stehenden Stiel-Eiche (**Abb. 114**). Auch in kühlen Gebieten ist der Wurzelanteil im Vergleich zum Sproßanteil höher. Das zeigen schon die **Abb. 14** und **20** der Fichte sowie die **Abb. 22** und **24** der Lärche in verschiedenen Höhenlagen. Ebenso weisen Van Cleve et al. (1981) darauf hin, daß der Wurzelanteil in alpinen Lagen und in Permafrostgebieten höher ist als in warmen Gebieten. Die Frosttrocknis und der Umstand, daß die oberirdischen Teile viel stärker der Kälte ausgesetzt sind als die unterirdischen, scheinen das Sproßwachstum mehr zu hemmen als das Wurzelwachstum.

Eine Anpassung der Bewurzelung an die Trockenheit besteht auch darin, daß die Saugkräfte der Wurzeln ansteigen (Kausch 1955, Polomski & Kuhn 1998, Deans 1979). Ellenberg (1939) unterscheidet aufgrund der verschiedenen Höhe der kritischen Saugspannung von Pflanzenarten der Krautschicht unter Buchen- und Eichenwäldern in bezug auf die Trockenheit folgende Empfindlichkeitsgruppen: 1. empfindliche Arten, 2. mäßig empfindliche Arten und 3. wenig empfindliche Arten. Für die mitteleuropäischen Holzgewächse könnte in diesem Sinn folgende Reihung gelten: Arten der Schluchtwälder – Arten der Auwälder – Arten der sommerfrischen Laubmischwälder – Arten der sommertrockenen Laubmischwälder.

Häufig weisen die Wurzeln mit höheren Saugkräften auch eine dunklere Farbe auf. Diese dunklere Färbung ergibt sich aus dem höheren Trockenschutz der Wurzeln. In der Gobi sind die Wurzeln teilweise infolge von Melanin-Einlagerung schwarz gefärbt. Dunkle Färbungen können auch ein Schutz gegen Fäulnis sein. Wurzeln auf Moorböden sind daher ebenfalls nicht selten dunkel gefärbt.

2.4 Luft

Für das Wurzelwachstum ist die Luft vor allem als Sauerstoffspender von Bedeutung. Besonders die Wurzelspitzen und die dahinter liegenden, aktiv Wasser aufnehmenden Wurzelabschnitte sind sehr empfindlich gegenüber Sauerstoffmangel (Russell 1952). Nach Cannell (1977) sterben die meisten Feinwurzeln schon bei einem O_2-Partialdruck unter 1 KPa ab. Bereits Müller (1875) stellte fest, daß die Wurzeln bei Sauerstoffmangel zu faulen beginnen. Schlechte Bodendurchlüftung führt nicht nur zu einem Sauerstoffmangel, sondern auch zu einer unerwünscht hohen Anreicherung von CO_2 und von Stoffen, die für das Wurzelwachstum schädlich sind, wie Milchsäure, Aldehyde, Ethanol, reduzierte Eisen- und Schwefelverbindungen und in organischen Naßböden auch freier Schwefelwasserstoff (Kramer 1983, Armstrong 1989).

Um auch auf Böden mit sauerstoffarmen Horizonten gedeihen zu können, gibt es für die Bewurzelung Anpassungsmöglichkeiten. Diese sind für Arten, die gegen O_2-Mangel im Boden empfindlich sind, geringer als für weniger empfindliche Arten. Die empfindlichen Arten reagieren vor allem dadurch, daß die Wurzeln nicht in sauerstoffarme Bodenschichten vordringen. Zunächst abwärts verlaufende Wurzeln breiten sich über diesen Schichten seitwärts aus, oder sie wachsen wieder in Richtung Bodenoberfläche aufwärts. Die in der Regel tiefer wurzelnden Holzgewächse bilden auf diese Weise oft eine auffallend flache Bewurzelung. Besonders empfindlich reagieren in dieser Hinsicht die Fichte, *Picea abies*, und die Rotbuche, *Fagus sylvatica*. Wesentlich weniger empfindlich sind die Weiß-Tanne, *Abies alba*, die Hainbuche, *Carpinus betulus*, und die Grau-Erle, *Alnus incana*. Am wenigsten mit Wurzelverflachung auf sauerstoffarmen Böden reagiert nach Kreutzer (1961) die Schwarz-Erle, *Alnus glutinosa*. Durch das schräge Aufwärtswachsen der Wurzeln in sauerstoffarmen Bodenschichten können tellerförmige Wurzelkörper entstehen. In Kutschera & Lichtenegger (1982) ist eine klassische hohltellerförmige Bewurzelung von *Dactylorhiza majalis* auf Niedermoor abgebildet. Hartmann (1951) beschrieb den Tellerwurzeltyp einer Fichte auf extrem nassem Bruchwaldboden, bei dem die tiefer am Wurzelstock ansetzenden dickeren Wurzelstränge schräg nach oben wachsen. Auch die von ihnen abzweigenden dünneren Wurzeln streben nach oben. Ihre Feinverzweigung erfolgt erst in den obersten humosen, trockeneren Bodenschichten.

Eine weitere Anpassungsmöglichkeit für Arten, die gegen O_2-Mangel im Boden empfindlich sind, ist die stärkere Verzweigung der Wurzeln in den besser durchlüfteten Bodenschichten. In Kutschera (1960) sind zahlreiche Beispiele von Kräutern abgebildet, bei denen die Wurzeln in den besser durchlüfteten oberen Bodenschichten wesentlich stärker verzweigt sind als in den unteren, schlechter durchlüfteten. Dasselbe ist bei Holzgewächsen vor allem an Moorrändern und in feuchteren Auen zu beobachten. Die freigelegten Wurzelsysteme der Schwarz-Erle, *Alnus glutinosa*, der Asch-Weide, *Salix cinerea*, und des Gewöhnlichen Schneeballs, *Viburnum opulus*, wiesen auf Grundwassergley in den besser durchlüfteten oberen Bodenschichten eine stärkere Feinverzweigung auf als in den vergleyten Schichten. Die Wurzelverzweigung kann aber auch in den oberen verdichteten Bodenschichten geringer sein als in den darunter liegenden lockeren Schichten. Schon HELLRIEGEL (1883) beobachtete, daß die Wurzeln von Weizen und Rot-Klee in der dichten Alluvial-Lehmdecke weniger verzweigt waren als in den darunter liegenden lockeren Sandschichten. Allgemein gilt, daß die Wurzelbildung und die Wurzelverzweigung bei ausreichender Bodendurchlüftung größer sind als bei mangelnder Durchlüftung. Nach ARNON & HOAGLAND (1940) war das durchschnittliche Wurzelgewicht bei Tomaten in durchlüfteten Nährlösungen größer als in nicht durchlüfteten. MOHR (1978) stellte in den oberen Bodenschichten in einem Lehmboden mit 13 % Luftvolumen eine wesentlich größere Wurzeldichte fest als in einem Tonboden mit nur 6 %.

Eine schon stärkere Anpassung der Bewurzelung an schlechter durchlüftete Böden ist die erhöhte Neigung zur Bildung sproßbürtiger Wurzeln. Zwar ist ihre Bildung meist als Zeichen höherer Feuchte im Boden oder zumindest in der bodennahen Luftschicht zu werten, ohne daß damit eine schlechte Bodendurchlüftung verbunden sein muß. O_2-Mangel im Boden kann aber selbst die Bildung von Sproßwurzeln auslösen. KAWASE (1974) und DREW (1987) vermuten, daß erhöhter Sauerstoffmangel durch Anreicherung der Ethylen-Konzentration die Bildung von Sproßwurzeln anregt. KUHN veröffentlichte ein eindrucksvolles Bild, das zeigt, daß in den Weichholz-Auen der Donau im südungarischen Baya jährlich wochenlang 2 bis 4 m hoch im Wasser stehende Stämme der Silber-Weide mit einem Flaum von Sproßwurzeln bedeckt sind. Der obere Rand des Wurzelflaumes kennzeichnet den letzten Hochwasserstand (POLOMSKI & KUHN 1998).

Die anatomische Anpassung der Wurzeln an O_2-Mangel im Boden erfolgt vor allem durch die Erweiterung der Interzellularen. Lebende Gewebe mit großen Interzellularen werden als Aerenchyme oder als Durchlüftungsgewebe bezeichnet (vgl. Abschnitt B 5.2.2). Durch Kollabieren von Zellen entstehen zusätzlich mit Luft erfüllte Räume, die als Lakunen bezeichnet werden. Betroffen davon ist die Wurzelrinde. Wurzelenden von dünneren Wurzeln sehen dadurch oft aufgedunsen aus. Zu beobachten sind solche verdickten Wurzeln besonders in dem am stärksten luftarmen G_r-Horizont. Häufig sind sie bei der Schwarz-Erle, *Alnus glutinosa*, zu sehen. Die Bildung größerer mit Luft erfüllter Räume durch Kollabieren von Zellen kann nach DREW (1987) bei O_2-Mangel auch durch Erhöhung der Ethylen-Konzentration ausgelöst werden.

Mit Hilfe der Durchlüftungsgewebe kann Sauerstoff vom Sproß oder von Wurzeln in besser durchlüfteten Schichten den Wurzeln in O_2-armen Bodenschichten zugeleitet werden (JACKSON 1989). Die Wurzeln können dadurch tiefer in O_2-arme Schichten vordringen. Diese Fähigkeit ist vor allem den Arten staufeuchter Standorte eigen. Unter den Holzgewächsen zählen dazu Weiden und besonders die Schwarz-Erle. Sie kann mit ihren Wurzeln sogar tief in total vergleyte tonige G_r-Horizonte vordringen, weil diese im sekundären Zustand ähnlich dem Sproß Lentizellen bilden. Nach Absterben dieser tiefreichenden „Pionierwurzeln" können andere Wurzeln in die lufterfüllten alten Wurzelröhren eindringen. Auf diese Weise kann der Wurzelraum von Grundwassergleyböden allmählich vertieft werden. Weniger aussichtsreich ist diese Standortverbesserung auf Pseudogleyböden, weil die Wurzeln nur schwer in den oft sehr dichten oder verhärteten Staukörper eindringen können. Nach LAATSCH (1963) konnten in Deutschland selbst natürliche Eichen-Hainbuchen-Wälder nach jahrhundertelanger „Wurzelarbeit" den Wasser- und Lufthaushalt von Pseudogleyböden nicht verbessern.

Auf Böden mit dauernd hoch anstehendem, stauendem Grundwasser bleibt als letzte Anpassung nur die extreme Verflachung des Wurzelkörpers übrig. Sie tritt in Niedermooren bei allen Holzgewächsen auf. Während die Wurzeln der Weiß-Birke, *Betula pendula*, im Kärntner Becken auf Lockersediment-Braunerde in größerer Zahl 200 cm und tiefer in den Boden eindringen (**Abb. 120**), breiten sie sich auf Niedermoor flurnah weit seitwärts aus (**Abb. 121**). Dasselbe war bei der Moor-Birke (*Betula pubescens*, **Abb. 122**), bei der Strauch-Birke (*Betula humilis*, **Abb. 123**), beim Faulbaum (*Frangula alnus*, **Abb. 90**) und bei der

Wald-Kiefer (*Pinus sylvestris*, **Abb. 37**) der Fall. Bei den von Kokkonen (1923) für Moorböden mit hohem Grundwasserstand beschriebenen Wurzelformen der Kiefer ist die Polwurzel nicht oder nur verkümmert ausgebildet. Die meisten Wurzelstränge zeigen das Bestreben, in Richtung Bodenoberfläche zu wachsen. Nach Untersuchungen im Münchner Waldbauinstitut bildeten auch auf Hochmooren nur bis zu 10 Jahre alte Kiefern eine abwärts wachsende Polwurzel aus. Bei älteren Kiefern war sie über den nassen Moorschichten seitwärts umgebogen (Köstler et al. 1968). Diese Umbiegung ist auf den bodenkühlen Hochmoorstandorten sicherlich auch eine Folge der nach unten hin rasch abnehmenden Wärme. Diese raschere Abnahme der Bodenerwärmung nach unten ist auch mit ausschlaggebend dafür, daß der seitliche Verlauf der Wurzeln auf den feuchten Böden gegenüber ihrem Tiefenstreben vorherrscht. Das Zusammenwirken von Wärme, Feuchte und Bodendurchlüftung kann gerade auf solchen Standorten nur schwer in einzelne Wirkungsfaktoren zerlegt werden.

2.5 Nährstoffe

Der Wald blieb bis heute, zumindest im Alpenraum – im Gegensatz zu den landwirtschaftlich genutzten Flächen –, von der künstlichen Nährstoffzufuhr weitgehend verschont. Größere Eingriffe in den Nährstoffhaushalt, die stets zu stärkeren Schwankungen im Nährstoffangebot führen, blieben daher aus. Ein an das Wachstum harmonischer angepaßtes Nährstoffangebot ist auch dadurch gegeben, daß die Holznutzung in viel längeren Umtriebszeiten abläuft als die landwirtschaftliche Nutzung. Daher kann sich im Wald ein weitgehend geschlossener Nährstoffkreislauf einstellen. Das Wachstum erfolgt nur nach Maßgabe der natürlich gegebenen Verfügbarkeit der Nährstoffe. Diese hängt weitgehend von der Höhe des Mineralstoffangebotes aus den humusfreien Bodenschichten und von der Intensität der Mineralisierung der organischen Substanz ab. Unter günstigen Wärme- und Feuchtebedingungen reicht dieses Angebot bei einigermaßen guten Bodenverhältnissen für einen befriedigenden Bestandeszuwachs aus. Ein verminderter Holzzuwachs ist in den meisten Fällen auf ein mangelndes Wärme- oder Feuchteangebot zurückzuführen. Dieses mangelnde Angebot durch Düngung ausgleichen zu wollen, ist ökologisch schwierig und wirtschaftlich wenig sinnvoll. Das zeigen Fehlschläge bei der Walddüngung vor allem in kühlen Gebieten. Eine Walddüngung wird nur unter sehr ungünstigen Bodenbedingungen mit Vorbehalt angebracht sein. In Mittelschweden beispielsweise haben am ehesten Kalkdüngungen auf sauren, sandigen Böden ein positives Ergebnis gebracht. Düngung mit N-reichen Mineraldüngern führte häufig zur Bildung von „Krähennestern" im obersten Bereich der Baumkrone. Dadurch nimmt die Schneebruchgefahr zu. Stickstoffhältige Dünger verringern auch die Wurzelverzweigung. Ahlström et al. (1988), Farrell & Leaf (1974) und Persson (1980) stellten fest, daß die Zahl der Wurzelspitzen durch Düngung abnimmt. In der Regel kann auf eine Walddüngung verzichtet werden. Daher soll die Wirkung der einzelnen Nährstoffe vor allem auf die Wurzelentwicklung in Anlehnung an die ausführliche Darstellung von Kutschera (1960) nur kurz beschrieben werden.

Calciummangel bewirkt eine Verringerung des Wachstums, eine Abnahme der Wurzelverzweigung und der Wurzelhaarbildung sowie eine Verschleimung der Wurzelspitze (Hansteen 1910, Mevius 1927, 1928, Kutschera & Lichtenegger 1997). Bei Kulturen in Ca-freier Nährlösung bilden sich an der Wasseroberfläche neue Seitenwurzeln. Werden sie in die Nährlösung getaucht, sterben sie ab (Kutschera 1960). Bei reichlichem Ca-Angebot entstehen kräftige, reich verzweigte Wurzeln (Görbing 1931). Ein zu hohes Ca-Angebot kann das Längenwachstum der Wurzeln verringern und im Extremfall auch unterbinden. Das zeigt sich sehr deutlich in Böden mit verkrusteten Kalkhorizonten (Kutschera & Lichtenegger 1982, 1992).

Rachtejenko (1952) stellte in den Steppengebieten Südrußlands in Kalkhorizonten ein deutlich vermindertes Längenwachstum bei Ahorn- und Eichenwurzeln fest. Nach Jahn (1952) drangen Kiefernwurzeln in Dünenböden der Rheinebene nicht in kalkreiche Sandschichten ein. Das in **Abb. 34** dargestellte Wurzelsystem der Wald-Kiefer, *Pinus sylvestris*, endete in der verkrusteten Kalkschicht einer Grundmoräne. Köstler et al. (1968) berichten, daß Buchenwurzeln in Lößlehmböden im Untergrund die kalkreichen Schichten mieden. Die Rotbuche, *Fagus sylvatica*, gedeiht aber gut auf Kalkböden, wenn Kalkhorizonte fehlen und wenn Feinsedimente oder Bodenreste wie Braunlehm eingemengt sind. Das ist bei gut wachsenden Buchenbeständen auf Kalk stets der Fall.

Kalium fördert nach STEINECK (1963, 1983) das Längenwachstum der Wurzeln, erhöht ihr Gewicht und verlängert ihre Lebensdauer. Indirekt wirkt sich Kalium auf die Wurzelentwicklung über die Bodenstruktur aus. K wirkt auf die Bodenkolloide quellend. Auf tonreicheren Böden fördert hoher K-Gehalt im feuchten Zustand ihre Quellung und im trockenen Zustand ihre Schrumpfung. Die dadurch bedingte unstabile Bodenstruktur hemmt die Feinverzweigung der Wurzeln und die Wurzelhaarbildung (BIEBL 1958). Insgesamt ist die Bildung der Wurzelmasse eingeschränkt (CLAUSEN 1929, GÖRBING & HESSBERG 1932, GLIEMEROTH 1953). Die ungünstige Wirkung eines erhöhten K-Gehaltes auf das Wurzelwachstum kann durch entsprechend hohe Zufuhr von Ca weitgehend ausgeglichen werden (LUNDEGÅRDH 1954).

Der Phosphor-Mangel ist im Waldboden in der Regel nicht so groß, daß das Wurzelwachstum deutlich gehemmt wird. Größerer P-Mangel vermindert die Verzweigung der Wurzeln (FOX et al. 1953). P-Zufuhr durch Düngung begünstigt hingegen das Wachstum und die Feinverzweigung der Wurzeln (ROEMER 1932, GODEWAAGEN 1933). SEKERA (1943) stellte bei reichlicher P-Düngung eine Steigerung der Wurzelmasse und vor allem eine Erhöhung der Zahl der Wurzelhaare fest. RÖHRIG (1958) konnte durch P-Düngung eine starke Förderung des Wurzelwachstums bei der Europäischen Lärche feststellen.

Der stärkste Massenbildner unter den Nährstoffen ist der Stickstoff. Reichliche N-Versorgung fördert das Sproß- und das Wurzelwachstum am meisten (DREW & GOSS 1973, MENGEL 1991). Nach GLIEMEROTH (1953) wird das Wachstum durch K-Düngung am wenigsten, durch P-Düngung stärker und durch N-Düngung am stärksten gefördert. BIEBL (1958) stellte bei N-Düngung eine Verlängerung der Haupt- und Seitenwurzeln fest. Erhöhte N-Gaben fördern aber das Sproßwachstum stärker als das Wurzelwachstum (STEINECK 1964). Nach MCGEE (1963) verschob sich bei Versuchen mit Sämlingen von *Pinus Elliottii* in Quarzsandkulturen bei einer Steigerung der N-Gabe von 1 ppm auf 625 ppm das Wurzel-Sproß-Verhältnis von 1 : 1,2 auf 1 : 3,1. KUTSCHERA (1966) stellte anläßlich von Anbauversuchen mit Kartoffel und Wicke fest, daß das Wurzelgewicht bei reichlicher Nährstoffzufuhr eindeutig höher ist als bei mangelnder Zufuhr. Das Wurzel-Sproß-Verhältnis war aber zugunsten des Sproßanteils verschoben. Bei Nährstoffmangel ändert sich das Verhältnis zugunsten der Wurzel. Das gleiche zeigen die zahlreichen Wurzelstudien an Kräutern auf nährstoffreichen und nährstoffarmen Standorten (KUTSCHERA & LICHTENEGGER 1982, 1992). Daß es sich bei den Bäumen nicht anders verhält, ist schon an den Wurzeltellern windgeworfener Bäume in nährstoffreicheren Mulden und an nährstoffärmeren Oberhängen zu erkennen. Gerade bei der Fichte, *Picea abies*, werden diese Zusammenhänge auch dadurch deutlich, daß sie auf nährstoffreicheren Standorten leichter umgeworfen wird als auf nährstoffärmeren. Nicht unbedeutend ist auch, daß das auf nährstoffärmeren Standorten langsamer gewachsene Holz als Werkstoff hochwertiger ist.

Besonders günstig auf das Wurzelwachstum wirkt sich der Humus als Nährstoffträger und Bodenverbesserer aus. HILITZER (1932) schreibt ihm sogar eine stimulierende Wirkung zu. Er fand heraus, daß Humusfiltrate in Nährlösungen eine Verlängerung der Wurzeln bewirkten. FLAIG (1951) bemerkte ein deutlich erhöhtes Wachstum bei Kressewurzeln, wenn den Nährlösungen Stoffe beigegeben wurden, die mit Vorstufen der Humussäuren chemisch verwandt sind. Die Nährstofffreisetzung aus dem Humus wird wie das Wachstum durch Wärme gefördert. Es besteht daher immer ein Gleichklang zwischen Nährstoffangebot und Nährstoffaufnahme. Ein Mißverhältnis zwischen Nährstoffangebot und Wachstum entsteht vor allem dann, wenn im Boden ein Mineralstoffmangel herrscht oder wenn er sehr stark versauert ist. Indirekt fördert der Humus das Wurzelwachstum dadurch, daß er das Speichervermögen für Wasser und Nährstoffe erhöht und bei guter Zersetzung zur Verbesserung der Bodenstruktur beiträgt. Außerdem entfaltet er als Nährboden für Mikroorganismen vielfältige Wirkungen auch auf das Wurzelwachstum. So zum Beispiel ist der in vielen Fällen lebensnotwendige Besatz an Mykorrhizen an den Feinwurzeln unmittelbar mit einem ausreichenden Humusgehalt und mit einer bestimmten Humusform verbunden. Moderhumusformen fördern in der Regel den Besatz an Mykorrhizen, Mullhumusformen hemmen oder verhindern ihn.

Aufgrund der vielfältigen Wirkung des Humus auf das Wurzelwachstum ist es verständlich, daß der Humusgehalt einen entscheidenden Einfluß auf die Verteilung der Wurzelmasse im Boden und vor allem auf die Feinverzweigung der Wurzeln ausübt. Daß sich die Hauptwurzelmasse vor allem in den humiden Gebieten in den oberen Bodenschichten ausbreitet, hängt zumindest in den gemäßigten Breiten neben der höheren Erwärmung mit der größeren Humusanreicherung zusammen. Besonders die höhere Feinverzweigung und vor allem der höhere Feinwurzelbesatz in den oberen Bodenschichten sind untrennbar mit dem höheren Humusgehalt verbunden. Auf diese Tatsache weisen auch sämtliche Ergebnisse der Feinwurzelkarten hin (Ehwald et al. 1955, Hausdörfer 1957, Kern et al. 1961). Sie zeigt sich auch daran, daß die Feinverzweigung sofort zunimmt, wenn die Wurzeln in tieferen, humusarmen oder humusfreien Bodenschichten auf eine Humusansammlung treffen. Besonders augenscheinlich wird die Erhöhung der Feinverzweigung bei Stockwerkprofilen, wenn die Wurzeln nach Durchwachsen humusarmer Bodenschichten in begrabene Humushorizonte eindringen (**Abb. 55**). Auffallend ist auch die Zunahme des Feinwurzelbesatzes in alten, mit Humus erfüllten Wurzelröhren humusfreier Bodenschichten, wie in Gleyhorizonten mineralischer Naßböden. Stärker als im Auflagehumus ist die Feinwurzelbildung am Übergang der Humusauflage zum Mineralboden. Die Rotbuche, *Fagus sylvatica*, zum Beispiel bildet in dieser Grenzschicht, in der die Humusmineralisierung und damit die Nährstofffreisetzung besonders rasch vor sich gehen, einen dichten Schleier von Feinwurzeln (**Abb. 104**). Besonders gut ausgebildet sind diese Feinwurzelschleier in sommerwarmen, humiden Gebieten auf stärker beschatteten Böden über Kalkgestein. Wenn die obersten Bodenschichten infolge intensiverer Besonnung stärker erwärmt werden, kommt es aufgrund des raschen Humusabbaus nur zu einer geringen Humusauflage und daher auch nicht zur Bildung dieser eng mit dem Feinmoder verwobenen Feinwurzelschleier.

Einen ungünstigen Einfluß auf den Nährstoffhaushalt und damit auf das Wurzelwachstum übt eine starke Bodenversauerung aus. Namentlich dann, wenn die Böden eine starke podsolige Dynamik aufweisen, kann es zu hohen Verlusten von mineralischen Nährstoffen kommen. Ca unterliegt verstärkt der Auswaschung, und pflanzenverfügbare P-Verbindungen können in unlöslichen Aluminiumphosphaten festgelegt werden. In die Bodenlösung gelangendes Aluminium oder Mangan kann zu starken Wurzelschäden führen (Huck 1972, Rost-Siebert 1983, Kutschera 1990). Der Humus über stark podsolierten Böden ist infolge des verminderten Bodenlebens schwer zersetzbar und daher als Nährstofflieferant wenig ergiebig. Eine bessere Erschließung dieser Nährstoffquelle durch den Pilz-Besatz an den Feinwurzeln ist gerade unter diesen Bedingungen von höchster Bedeutung. Nicht umsonst nimmt die Mykorrhizie mit steigender Bodenversauerung zu. Ein Mineralstoffausgleich wird dadurch ermöglicht, daß die Wurzeln durch die gebleichten Schichten (E-Horizont) hindurchwachsen, in den Anreicherungshorizont (B_s-Horizont) vordringen und noch den C-Horizont erreichen. Solche Wurzelsysteme ähneln dann jenen von Stockwerkprofilen. Sie bestehen aus im humosen Oberboden flachstreichenden, mehr oder weniger stark feinverzweigten Wurzelsträngen und aus abwärts verlaufenden Wurzeln, die im Bleichhorizont auffallend wenig und darunter wieder deutlich stärker feinverzweigt sind. Die erhöhte Mineralstoffaufnahme aus den tieferen Bodenschichten kommt über den inneren Stoffausgleich allen Pflanzenteilen zugute (Kutschera 1960).

3. Wurzel und Boden

Pflanzendecke und Boden üben einen untrennbaren Einfluß aufeinander aus. Der spezifische Einfluß des Bodens beschränkt sich im wesentlichen auf die chemisch-physikalischen Eigenschaften des Ausgangsmaterials der Bodenbildung. In welcher Weise diese Eigenschaften wirksam werden, hängt weitgehend von der Einwirkung der klimatischen Einflüsse ab.

Beide Einflüsse bestimmen, in welche Richtung sich die Lebensgemeinschaften entwickeln. Alles zusammen bringt in untrennbarer Wechselwirkung den mehr oder weniger menschlich beeinflußten Boden- und Vegetationstyp hervor.

Der spezifische Einfluß des Bodens hinsichtlich seines Mineralstoffangebotes wirkt sich auf die Wurzelformen insofern nicht stark aus, als Mineralstoffmangel im Ökosystem Wald eine eher seltene Erscheinung ist. Eine wesentlich stärkere Abwandlung erfahren die Wurzelformen durch den Einfluß der Mineralzusammensetzung auf die Textur und Struktur des Bodens. So z. B. bewirken Granite und Gneise ein grobkörniges Bodengefüge mit hohem Luftgehalt, aber mit geringer nährstoff- und wasserhaltender Kraft. Phyllite und vor allem Tonschiefer bewirken das Gegenteil. Ausreichender Kalkgehalt fördert in den hu-

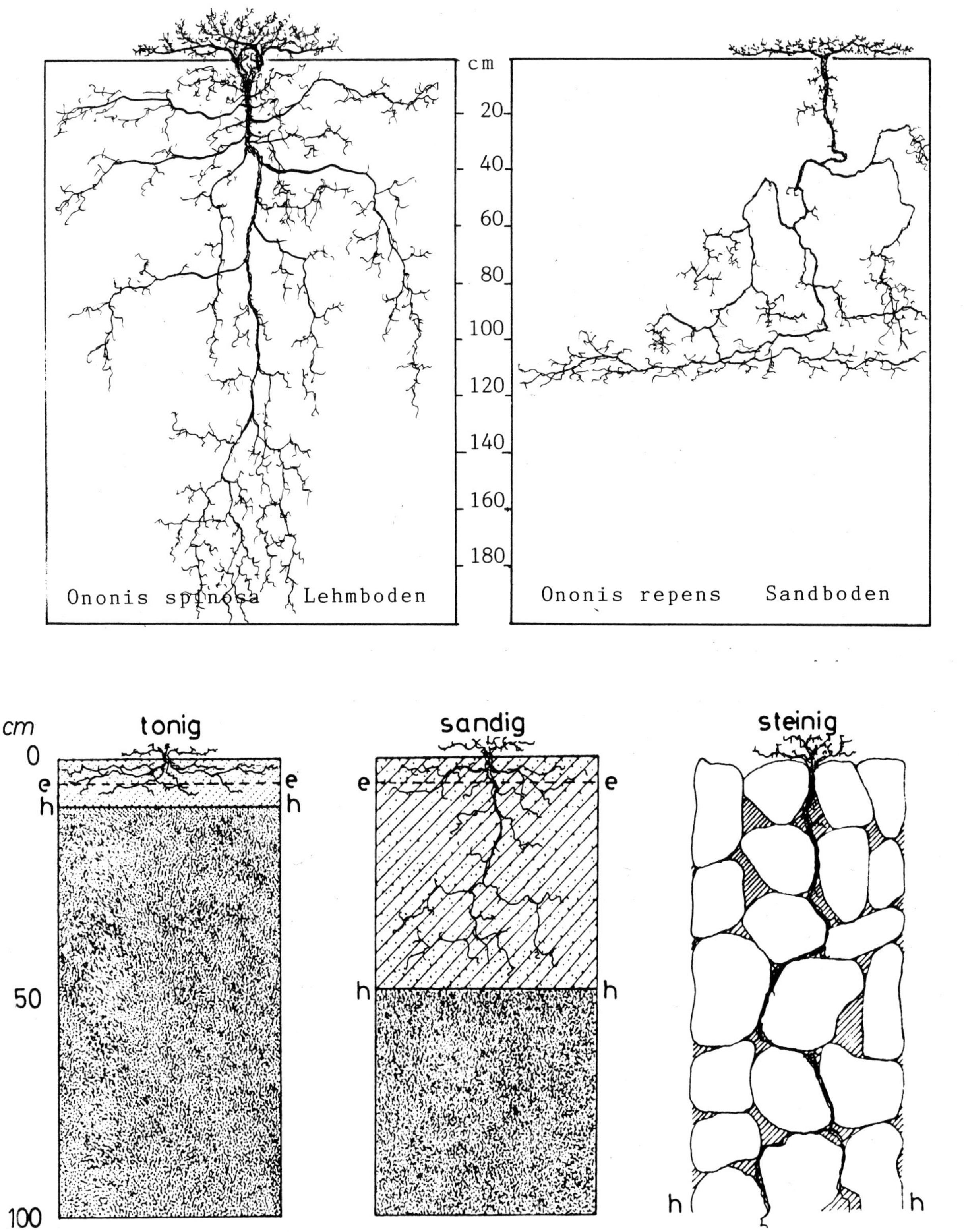

Abb. 4: Oben: Links tiefer reichende Durchwurzelung auf tiefgründiger erwärmtem Lehmboden im Kärntner Becken, rechts flachere Durchwurzelung auf weniger tiefgründig erwärmtem Sandboden in den Niederlanden. Aus: KUTSCHERA & LICHTENEGGER (1992, abgeändert). Unten: Schematische Darstellung der Wasserspeicherung verschiedener Böden nach einem Regenfall von 50 mm in ariden Gebieten. h-h = untere Grenze der Bodendurchfeuchtung, e-e = untere Grenze der Bodenaustrocknung. Demnach speichert der tonige Boden 50 %, der sandige Boden 90 % und der steinige Boden 100 % Wasser. Aus: WALTER (1984). Die mögliche Durchwurzelungstiefe wurde schematisch dazugezeichnet.

mosen Schichten die Krümelbildung und damit die Stabilität des Bodengefüges. Hoher Alkaligehalt verursacht in Feinsedimentböden Verdichtung und Luftarmut. Im Grobschutt und vor allem im zerklüfteten Fels besteht keine Verbindung mit den tieferen, feuchteren Bodenschichten.

Die klimatischen Einflüsse bestimmen, in welcher Weise die spezifischen Bodeneigenschaften auf die Vegetation und damit auf die Bewurzelung wirksam werden. Anschauliche Beispiele dafür bietet **Abb. 4**. Demnach ist für die Durchwurzelungstiefe in den humiden gemäßigten Gebieten vor allem die Tiefe der Bodenerwärmung und in den ariden warmen Gebieten die Tiefe der Bodendurchfeuchtung maßgebend.

Die Lebensgemeinschaften aus Pflanzen und Tieren schaffen als wesentliche bodenbildende Faktoren jene Voraussetzungen, die für die Bewurzelung in einem reifen Ökosystem letztlich maßgebend sind. Eine entscheidende Rolle dabei spielt die Humusanreicherung und die damit verbundene biologische Tätigkeit des Bodens. Vor allem die Humusanreicherung nach der Tiefe ist in stauwasserfreien Mineralböden eine entscheidende Bezugsgröße für die räumliche Verteilung der Wurzelmasse im Boden. Sie ist, sofern das Wasserangebot einen ausreichenden Pflanzenwuchs ermöglicht, bei entsprechender Tiefgründigkeit und guter Durchlüftung des Bodens in erster Linie von der Bodenerwärmung abhängig. In dieser Hinsicht ergeben sich für die gemäßigten Gebiete Europas drei große Klimaräume mit verschiedener räumlicher Verteilung der Wurzelmasse, nämlich das Schwarzerdegebiet, das Braunerdegebiet und das Gebiet der alpinen Böden.

Die mächtigsten Schwarzerden bilden sich unter Wiesensteppen (vgl. Walter 1984). Vor allem in konkaven Lagen weisen sie bis über 1 m tiefe Humushorizonte auf. An ihrem unteren Rand sind sie gegen den humusfreien Feinsedimentboden abgesetzt. Sie kommen dadurch zustande, daß die Durchwurzelung bis zum unteren Rand des Humushorizontes sehr ergiebig ist. Die tiefreichende Humusanreicherung ist dadurch möglich, daß das Tiefenstreben der Wurzeln gegenüber ihrer seitlichen Ausbreitung vorherrscht.

Im Braunerdegebiet überwiegt infolge der nach unten zunehmenden Feuchte und der dadurch bedingten rascheren Abkühlung der seitliche Verlauf der Wurzeln gegenüber deren Tiefenstreben. Die Folge ist

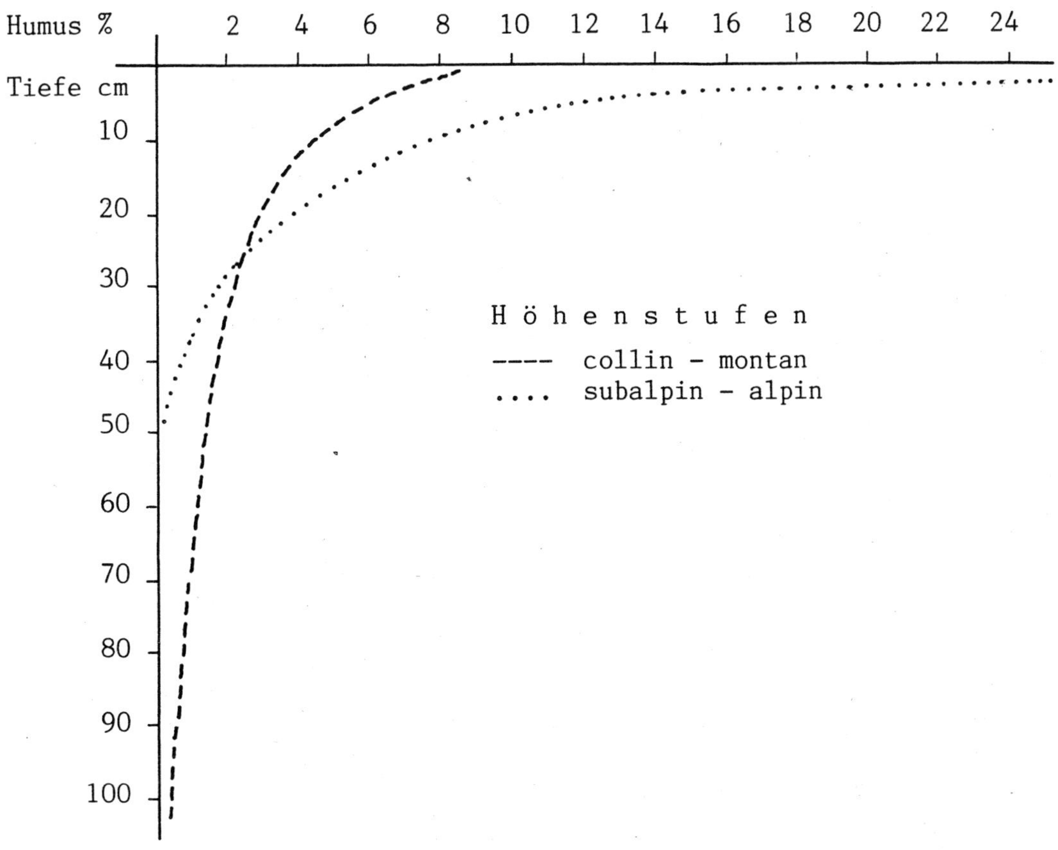

Fig. 1: Verlauf des durchschnittlichen Humusgehaltes in stauwasserfreien Böden auf Grünland in verschiedenen Höhenstufen. Aus: Kutschera & Lichtenegger (1997).

eine stärkere Humusanreicherung in den oberen Bodenschichten und gleichlaufend mit der Verringerung der Durchwurzelung nach der Tiefe eine raschere Abnahme des Humusgehaltes nach unten. Der Humushorizont geht in feinsedimentreichen Braunerden meist allmählich in den darunter liegenden B-Horizont über (vgl. **Fig. 1**). Auch der B-Horizont ist noch mehr oder weniger stark durchwurzelt und daher humushaltig. Die Humusfarbe wird aber durch die Eisenfarbe überdeckt. Man spricht von „maskiertem" Humus im B-Horizont.

Mit zunehmender Seehöhe nimmt die Bodenerwärmung nach der Tiefe hin rasch ab. In der subalpinen und vor allem in der alpinen Stufe beschränkt sich die Bodendurchwurzelung bereits vorwiegend auf die oberen, besser erwärmten Bodenschichten. Dementsprechend groß sind die Humusanreicherung in den obersten Bodenschichten und die Abnahme des Humusgehaltes mit zunehmender Bodentiefe, wie **Fig. 1** zeigt. Vor allem unter subalpinen Zwergsträuchern bilden sich infolge starker Bodenversauerung oft mächtige Rohhumuspolster, die dem Boden eine starke podsolige Dynamik verleihen. Derselbe Vorgang hinsichtlich der Verflachung der Bewurzelung und der dadurch verursachten Humusanreicherung in den obersten Bodenschichten erfolgt mit zunehmender geographischer Breite. Bereits in Mittelschweden nimmt der Wurzeltiefgang bei der Wald-Kiefer, *Pinus sylvestris,* zugunsten der seitlichen Ausbreitung der Wurzeln stark ab (Kutschera & Lichtenegger 1997).

Der Humusgehalt und die Humusform wirken sich auch auf die Art der Feinbewurzelung aus. Wie bereits dargelegt, nimmt die Feinwurzelbildung vor allem in an Mullhumus reichen Böden stark zu. Festgefügte Krümelaggregate der Schwarzerde verursachen wesentlich stärkere Krümmungen der Feinwurzeln als die lockerer gefügten Krümel der Braunerde. In dieser Hinsicht unterscheidet sich vor allem bei krautigen Pflanzen der Feinwurzelbesatz auf Schwarzerde von jenem auf Braunerde deutlich. Moderig humoses, loses Feinsediment führt meist zu einem stärker gestreckten Verlauf der Feinwurzeln (**Abb. 5**). Auffallend gestreckt verlaufen die Feinwurzeln im lockeren Moder. Bezeichnend dafür sind die langgestreckten Feinwurzeln und langausgezogenen Wurzelenden der Waldbäume im Moderhumus in der subalpinen Stufe (**Abb. 10** rechts).

Über die bodenbildende Wirkung durch die Humusanreicherung hinaus übt die Wurzel noch andere Einflüsse auf den Boden aus. Durch ihre Ausscheidungen im Zuge des Stoffwechsels trägt sie wesentlich zur Aufschließung der Mineralstoffe bei. Die Feinwurzeln bewirken einen Stoffausgleich im durchwurzelten Bodenraum. Die Mineralstoffe, die die Wurzeln aus den tiefen Bodenschichten aufnehmen, werden über die Humusmineralisierung wenigstens teilweise den oberen Bodenschichten zugeführt. Besonders auf leichten Böden werden dadurch die Mineralstoffverluste durch Auswaschung gemildert. Kruedener (1951) nimmt an, daß schon das dichte Feinwurzelnetz vor allem in den oberen Bodenschichten die klimabedingte Auswaschung rein mechanisch verringert, indem es die Perkolate zurückhält. Krauss (1928) spricht in diesem Zusammenhang von einem „allgemein höheren Niveau des Gesamtzustandes" des Bodens, das durch die ausgleichende Wirkung der Wurzeln erreicht wird. Es ist umso höher, je größer der Laubholzanteil in einem Waldbestand ist.

Nicht zu unterschätzen ist auch die mechanische Bodenverbesserung durch die Wurzeln. In wärmeren Gebieten können tonige Böden bis tief hinunter durch die Wurzeln strukturell verbessert werden. Die Wurzelröhren bewirken eine tiefreichende Verbesserung der Bodendurchlüftung und Wasserführung sowie eine weitere Vertiefung des durchwurzelten Bodenraums (Ramann 1898, Bernbeck 1914, Knapp 1967). Verdichtete Bodenschichten können vor allem durch dickere Wurzeln aufgelockert werden (Burger 1926). Die verdichteten Schichten der Pseudogleyböden erhalten durch die Ausscheidungen der eindringenden Wurzel (Gerbsäure) ihr marmoriertes Aussehen (Laatsch 1957). Eine gewisse mechanische Bodenlockerung soll auch durch die stark auf Zug beanspruchten Wurzeln bei starker Windeinwirkung erfolgen (Köstler et al. 1968).

Ein hoher Stellenwert kommt den Wurzeln auch in der Bodenbiologie zu. Schließlich ist der Schleim, den sie bilden, zusammen mit der Feinwurzelmasse eine der wichtigsten Nahrungsquellen für die Mikroorganismen (Köhnlein & Vetter 1953, Pauli 1983, 1985, Kutschera et al. 1998). In Symbiose mit den Bakterien machen die Wurzeln den Luftstickstoff pflanzenverfügbar. In Symbiose mit Wurzelpilzen wird die Aufschließung der Nährstoffe aus schwer zersetzbarem Humus gefördert (Bergemann 1956, zit. Köstler et al. 1968). Nach Lyr (1963) findet die Mykorrhiza-Symbiose, wie auch die Bakterien-Symbio-

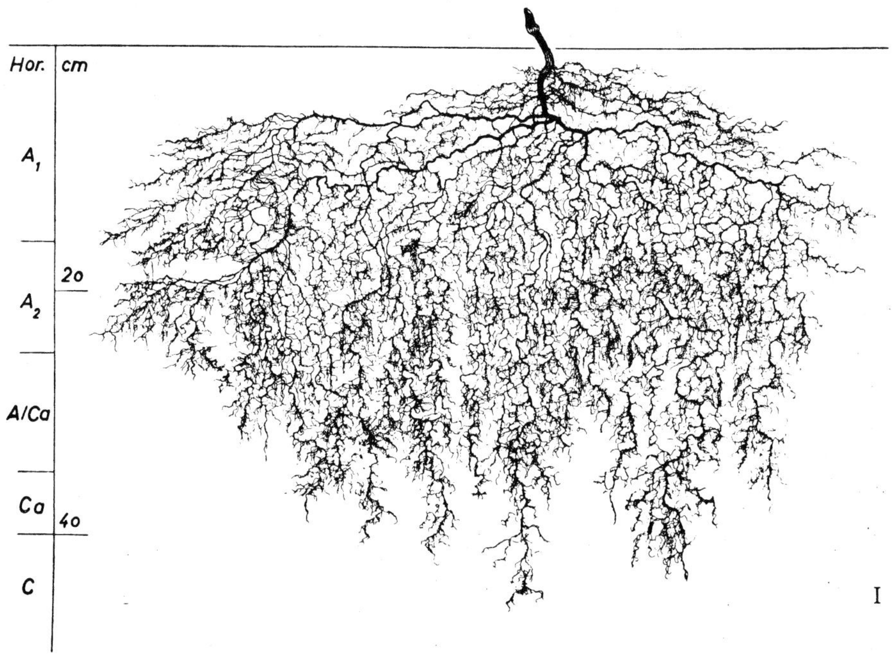

I

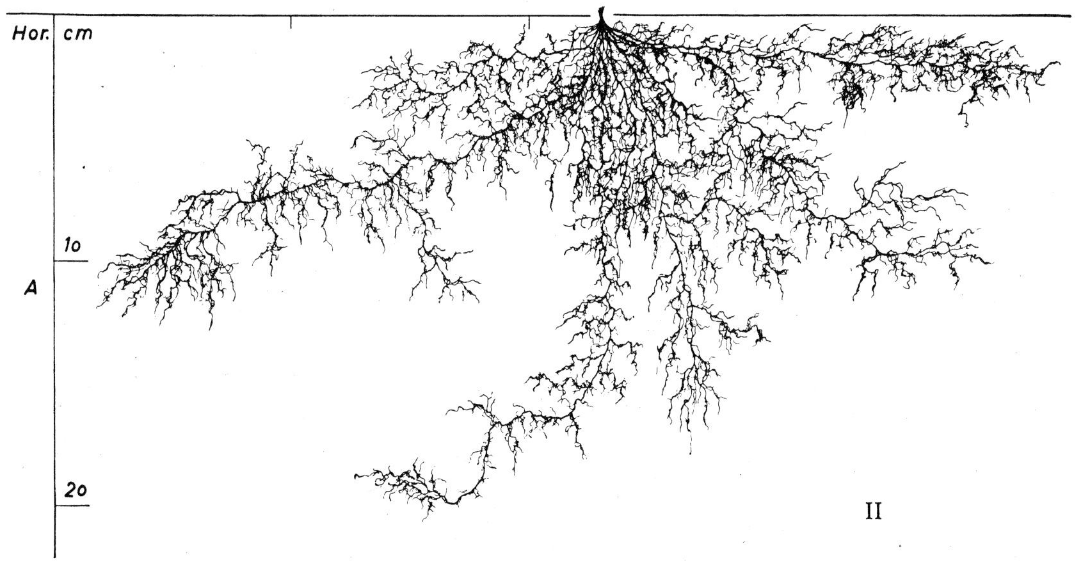

II

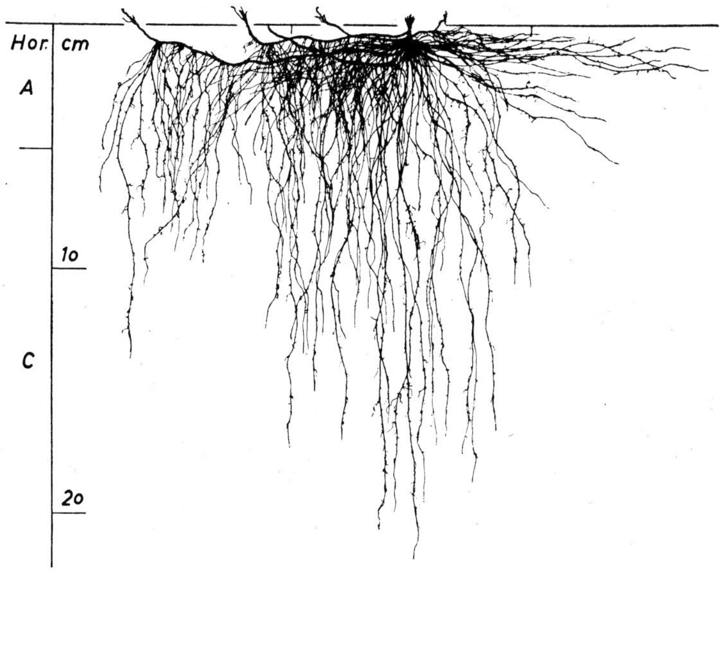

Abb. 5: Feinverzweigung bei verschiedener Humusform und unterschiedlicher Bodenstruktur. I Einjahrs-Bingelkraut, *Mercurialis annua*, auf Schwarzerde; II Kleine Taubnessel, *Lamium purpureum*, auf Braunerde; III Gewöhnliche Schafgarbe, *Achillea millefolium*, auf feinmoderigem sandigem Auboden. Aus: KUTSCHERA (1960).

III

se, vorwiegend in den oberen, humosen Bodenschichten statt. Bei guter Bodendurchlüftung und tiefreichender Bodenerwärmung bilden sich Wurzelknöllchen auch noch in tieferen Bodenschichten. Im Kärntner Becken waren die Wurzeln des Gewöhnlichen Wundklees auf Lockersediment-Braunerde noch in einer Tiefe von 143 cm vereinzelt mit Wurzelknöllchen besetzt (KUTSCHERA & LICHTENEGGER 1992, Abb. 131). Unter günstigen Standortbedingungen wird die Mykorrhiza-Symbiose unterdrückt oder verhindert (LINNEMANN 1959). KUTSCHERA & LICHTENEGGER (1997) weisen darauf hin, daß *Eucalyptus*-Bestände in Australien und *Pinus taeda*-Bestände in Argentinien bei ausreichender Wasser- und Nährstoffversorgung auch ohne Mykorrhiza-Symbiose gut gedeihen. Die Mykorrhiza-Symbiose setzt saure Bodenreaktion voraus (MELIN 1959). Humussaure, mineralstoffarme Bodenschichten bilden die beste Voraussetzung für die Mykorrhiza-Symbiose. Dasselbe gilt für einen bodenversauernden Schadstoffeintrag. KUTSCHERA et al. (1982) verweisen am Beispiel des immissionsökologischen Projektes Arnoldstein auf die große Bedeutung der Wurzelpilze für die Nährstoffversorgung von Pflanzenbeständen, die durch SO_2- und SO_3-Abgase schwer geschädigt wurden. Auf solchen Böden sorgt der meist aufgelockerte Bestand für eine erhöhte Belichtung. Dadurch wird die Kohlehydratproduktion gefördert. Ein hohes Angebot an Assimilaten begünstigt die Mykorrhiza-Symbiose (BJÖRKMAN 1942). Nach MELIN sind Mykorrhizen „nährstoffaufnehmende Organe, die auf gewissen Böden effektiver sind als unverpilzte Wurzeln". Dafür spricht auch der Anbauversuch von BERGEMANN mit sechs verschiedenen Nadelbaumarten in Töpfen, die mit Sand von einer Ödlandfläche, mit Ackererde oder mit Waldboden gefüllt waren. Nach dem zweiten Versuchsjahr wiesen die Sämlinge im Waldboden einen bedeutend höheren Mykorrhiza-Besatz und eine wesentlich bessere Wuchsleistung auf.

4. Wurzelkonkurrenz

Selbst im dichtesten Wald ist die gegenseitige Berührung der Pflanzen oberirdisch bei weitem nicht so stark wie unterirdisch. Das ist darauf zurückzuführen, daß die Durchwurzelungsdichte zumindest in den oberen Bodenschichten viel größer ist als die Kronendichte. Daraus ergibt sich von selbst, daß die Artenkonkurrenz unterirdisch größer und vor allem vielfältiger ist als oberirdisch. Während sich die oberirdische Konkurrenz im wesentlichen auf das Licht beschränkt, erstreckt sich die unterirdische auf das Wasser, die Nährstoffe, die Luft und auf vielfältige biologische Abläufe. Wie stark die unterirdische Konkurrenz ist, hängt zum einen von der Dichte der Bodendurchwurzelung und zum anderen von der Höhe des Wasser- und Nährstoffangebotes ab. Bei ausreichendem Wasser- und Nährstoffangebot führt die Zunahme der Bestandesdichte eher zu einer verschärften Lichtkonkurrenz als zu einer erhöhten Wurzelkonkurrenz (KNAPP 1967). Die Wurzelkonkurrenz verschärft sich hingegen umso mehr, je knapper das Wasser- und Nährstoffangebot ist. Bei Wassermangel wirkt sie sich unmittelbarer und stärker aus als bei Nährstoffmangel. Daraus folgt, daß sich die Wurzelkonkurrenz in erster Linie auf den „Kampf" um das Wasser bezieht. Dabei sind jene Gewächse im Vorteil, die das knapp werdende Wasser in der jeweiligen Bodenschicht durch dichtere Durchwurzelung oder größere Saugkräfte besser nutzen können. Die Konkurrenz um das Wasser verschärft sich umso mehr, je mehr Pflanzen die gleiche Bodenschicht durchwurzeln. Das trifft in erster Linie auf die oberen Bodenschichten zu. Holzgewächse, die vorwiegend in diesen Bodenschichten wurzeln, wie die Fichte, *Picea abies*, sind naturgemäß stärker von der Konkurrenz um das Wasser betroffen als solche, die auch tiefer wurzeln, wie die Weiß-Tanne, *Abies alba*, oder die Eichen-Arten.

In naturnahen Waldbeständen entschärft sich die Wurzelkonkurrenz insofern, als sich im Zuge der Vergesellschaftung der Arten auch eine artspezifische räumliche Wurzelverteilung im Boden ergibt. RUBNER (1952) spricht in diesem Zusammenhang treffend von einer „Soziologie der Wurzeln". Auch unterschiedliche Altersklassen eines Bestandes sorgen für einen gewissen Ausgleich in der Wurzelverteilung. Besonders ungünstig wirkt sich die Wurzelkonkurrenz bei aufgeforsteten Monokulturen aus. Denn gleichaltrige Pflanzen, die ihre Hauptwurzelmasse im selben Bodenraum ausbreiten, müssen bei Mangelerscheinungen zwangsläufig in verschärfte Konkurrenz zueinander treten. ZEDERBAUER (1920) berichtet, daß junge Fichtenbestände bis zu einem Alter von 20 Jahren besonders stark unter Wurzelkonkurrenz leiden.

Rachtejenko (1952) stellte fest, daß in dem winterkalten Gebiet von Orenburg (Rußland) Mischkulturen aus Birke und Kiefer größere Wurzeltiefen erreichen als Monokulturen mit diesen Baumarten.

Schon daraus sind die Vorteile der Mischkulturen gegenüber den Monokulturen für einen erfolgreichen Waldbau deutlich zu erkennen. Insgesamt ist die Wurzelkonkurrenz in Laubmischwäldern geringer als in Nadelwäldern. Das ergibt sich auch aus der meist größeren Standweite der Bäume und aus der ökologisch günstigeren Artenzusammensetzung. In jedem Fall verschärft sich die Wurzelkonkurrenz, wenn Waldbestände in Trockengebieten auf das Grundwasser angewiesen sind. In solchen Fällen kommt es unweigerlich zur Auflichtung der Waldbestände. Klassische Beispiele sind die Waldsteppen oder die zerstreut stehenden Baumgruppen in der Savanne (vgl. Walter 1984).

Dichter Unterwuchs kann auf trockenen Standorten ebenfalls verschärfte Konkurrenz, besonders um das Wasser in den oberen Bodenschichten, auslösen (Wittich 1938). Sehr ungünstig wirken sich in dieser Hinsicht in Trockengebieten dichte, hochwüchsige Grasbestände aus. In den Trockengebieten Niederösterreichs sind es besonders die üppigen Bestände von Land-Reitgras, *Calamagrostis epigeios*, die die Wuchskraft der Waldbestände schwächen. Nach Burschel (1958) bildet dieses Gras bis ca. 10 cm Tiefe einen dichten Filz aus Feinwurzeln und Ausläufern. Die intensiv feinverzweigten Wurzelstränge reichen bis zu einer Tiefe von 150 cm und mehr. In wärmeren Trockengebieten können dichte Grasbestände auf ursprünglich waldfähigem Land die Wiederbewaldung verhindern oder zumindest sehr erschweren. Ein eindrucksvolles Beispiel dafür ist die Langgras-Prärie in Nordamerika. Sie verdankt ihre Existenz neben den periodisch auftretenden Bränden der starken Wurzelkonkurrenz durch die Gräser. Bezeichnend dafür ist, daß das Entfernen des Graswurzelfilzes das Aufkommen der Holzgewächse fördert (Walter 1984). Auch in der subalpinen Stufe können auf waldfähigen Standorten dichte Grasbestände oder dichte, die Rohhumusbildung fördernde Zwergstrauchbestände die Wiederbewaldung sehr erschweren. Wenn in diesen Beständen Lücken durch Viehtritt oder durch Steinschlag geschaffen werden, können die Samen auf den offenen Boden gelangen und dort keimen.

Über die Wurzelkonkurrenz durch Ausscheidung von Hemmstoffen ist für Waldökosysteme noch wenig bekannt. Pickering (1917) meint aber bereits: „Die hemmende Wirkung einer Pflanze auf die andere ist eine allgemeine Erscheinung.“ Konkret hat Pickering die wuchshemmende Wirkung der Ausscheidungen von Graswurzeln auf Obstbäume festgestellt. Ljubic (1954) fand heraus, daß Wurzelausscheidungen der Schmalblättrigen Rüster die Wurzeln von Esche und Stiel-Eiche beeinträchtigen. Jarvis (1964) wies nach, daß Wurzelabsonderungen der Draht-Schmiele, *Avenella flexuosa,* das Wachstum der Birkensämlinge beeinträchtigen. Rademacher (1959) meint, daß den Absonderungen aus toter Pflanzenmasse hinsichtlich der gegenseitigen Beeinflussung der Arten im Boden mehr Bedeutung zukommt als den Ausscheidungen von lebenden Pflanzen. In einem naturnahen Waldökosystem dürften diese Konkurrenzfaktoren für den Holzzuwachs eher eine untergeordnete Rolle spielen.

5. Wurzelverwachsungen

Das auffallendste sichtbare Zeichen von Wurzelverwachsungen ist die Stocküberwallung. Überwallte Stöcke wurden schon in urgeschichtlicher Zeit zur Herstellung von Gefäßen verwendet (Schweingruber 1983). Bis heute wurde die Erscheinung der Wurzelverwachsung fast ausschließlich von Forstleuten wahrgenommen. Der erste, der über Stocküberwallungen ausführlich berichtete, war der Mediziner Goeppert (1842). Strasburger (1891) leitete daraus die Bedeutung der trachealen Bahnen „für die Leitung der Assimilate“ ab. Zustande kommen die Wurzelverwachsungen durch Reibung aneinander- oder übereinanderliegender Wurzeln. Durch Abscheren der Rinde kommt es zur Vereinigung des Bildungsgewebes und der Leitelemente von Wurzeln desselben Baumes, von Wurzeln verschiedener Bäume derselben Art oder von Wurzeln verschiedener Baumarten (Schulz 1972). Am häufigsten treten Wurzelverwachsungen in der Nähe des Wurzelstockes auf, wo die Bewurzelung am dichtesten und das Dickenwachstum am stärksten ist und wo dadurch die Reibung der Wurzeln aneinander am größten ist. Nach Safar (1955) beträgt der Anteil an lebenden Baumstümpfen als Zeichen der Wurzelverwachsung in einer Entfernung vom nächsten Baum bis 1 m 20–35 %, bis 2 m 5–28 % und bis 3 m 5–10 %. Yli-Vakkuri (1954) stellte ebenfalls fest, daß

Wurzelverwachsungen umso häufiger sind, je dichter der Bestand ist. Auch skelettreiche Böden fördern die Wurzelverwachsung, weil sich auf solchen Böden die Bewurzelung in den oberen, humosen Schichten verdichtet. Bevorzugt verwachsen dickere Wurzeln mit einem Durchmesser von mehreren Zentimetern (KLEIN 1913, FLURY 1919). FISCHER et al. (1960) stellten jedoch an Fichtenwurzeln fest, daß auch schon etwas über 3 mm dicke Wurzeln verwachsen können. In Mitteleuropa soll es nach GRAHAM & BORMANN (1966) nur wenige Gattungen von Holzgewächsen geben, bei denen keine Wurzelverwachsungen auftreten, so bei *Castanea, Alnus, Sorbus* und *Ostrya*. Nach vorliegenden Untersuchungen können auch bei *Alnus incana* (**Abb. 130**), *Sorbus torminalis* (**Abb. 72**) und *Ostrya carpinifolia* (**Abb. 139**) Wurzelverwachsungen vorkommen. Sehr häufig zu finden sind sie bei den heimischen Nadelbäumen, aber auch bei Laubbäumen, wie vor allem bei der Rotbuche und bei Ulmen.

Von den Nadelbäumen soll die Weiß-Tanne, *Abies alba*, am häufigsten Wurzelverwachsungen bilden. Nach WICHMANN (1925) sind sie bei ihr eine sehr häufige Erscheinung. Im Plateau-Tannenwald des Emmentals soll jeder dritte Weißtannenstumpf mit einem Durchmesser von 10–20 cm Überwallungen als Zeichen von Wurzelverwachsungen aufweisen (POLOMSKI & KUHN 1998). Untersuchungen von SAFAR (1954) an Tannenbeständen in Kroatien ergaben, daß bei Plenterbetrieb 30–60 % der Baumstümpfe überwallt waren. Häufig sollen Wurzelverwachsungen auch bei der Fichte, *Picea abies*, vorkommen. In einem 60jährigen Fichtenforst in Niederösterreich waren nach WICHMANN 34 % der Bäume untereinander verwachsen. In einem Fichtenbestand in Dänemark waren mindestens 35 % der 40–60 Jahre alten Bäume miteinander verbunden. Davon betrugen die Zweiergruppen 73 % und die Vierergruppen 23 % (HOLMSGAARD & SCHARFF 1964). Nicht so zahlreich wie bei der Fichte, aber durchaus häufig treten Wurzelverwachsungen auch bei der Wald-Kiefer, *Pinus sylvestris*, auf (LAITAKARI 1929). YLI-VAKKURI (1954) stellte in Finnland in naturverjüngten Kiefernbeständen fest, daß in älteren Beständen bis zu 28 % der Stämme Wurzelverbindungen aufwiesen. Maximal waren 11 Bäume miteinander verbunden. Zwei Drittel der Wurzelverwachsungen erfolgten in den oberen und nur ein Drittel in den tieferen Bodenschichten.

Unter Laubbäumen kommen Wurzelverwachsungen vor allem bei der Rotbuche, *Fagus sylvatica*, vor. Dabei sind die Verwachsungen von Wurzeln desselben Baumes am häufigsten. Nach KÖSTLER et al. (1968) können bei der Rotbuche in Stocknähe fast alle Horizontalwurzeln und viele Herzwurzeln miteinander verwachsen sein. SAFAR (1955) meint sogar, daß Wurzelverwachsungen bei der Rotbuche häufiger auftreten als bei der Weiß-Tanne, *Abies alba*. Häufig sind Wurzelverwachsungen auch bei den Ulmen. BRAUN et al. (1978) berichten, daß Ulmen durch lange, peitschenartige Verbindungswurzeln miteinander verwachsen sein können.

Als Vorteil der Wurzelverwachsung wird angegeben, daß sich dadurch die Konkurrenzkraft der verbundenen Bäume gegenüber den nicht verbundenen erhöht. JUNOWIDOW (1952) betrachtet die verwachsenen Bäume als einen Organismus, in dem ein Stoffaustausch von einem Baum zum anderen erfolgt. Laut RACHTEJENKO (1958) kann dadurch auch eine „Übertragung mineralischer Versorgungssubstanzen von einer Pflanze auf eine andere erfolgen". YLI-VAKKURI (1954) wies mit radioaktivem Phosphat nach, daß ein Nährstoffausgleich zwischen den verwachsenen Bäumen gegeben ist. Damit ist auch ein Ausgleich zwischen günstigeren und ungünstigeren Kleinstandorten möglich. Insgesamt wird dadurch ein besseres Wachstum der verbundenen Baumgruppe erreicht. Tatsächlich konnte BJESKARAVAJNYI (1955) im Wolgabecken bei verbundenen Baumgruppen einen höheren Zuwachs feststellen als bei nicht verbundenen Bäumen. Auch bei Eichenaufforstungen im ukrainischen Steppengebiet wurde festgestellt, daß Wurzelverwachsungen den Zuwachs fördern (POGREBNJAK 1950, NIKITENKO 1951). Bemerkenswert ist auch, daß durch Wurzelverwachsungen die Widerstandsfähigkeit der Baumgruppen im subalpinen Raum zunimmt (PENEV 1961). Ein weiterer Vorteil ist die höhere Widerstandsfähigkeit gegen Windwurf (LAITAKARI 1929).

Als entscheidender Nachteil der Wurzelverwachsung gilt die Möglichkeit der Übertragung schädlicher Keime und Stoffe über die Leitungsbahnen der Wurzeln (WICHMANN 1925, DIMITRI 1969). Nachgewiesen wurde die Übertragung des Erregers der Ulmenwelke durch Wurzelverwachsungen (VERALL & GRAHAM 1935). Eine praktische Verwendung fand die Wurzelverwachsung bei Durchforstung mit chemischen Stoffen. BORMANN & GRAHAM (1959) stellten fest, daß bei Anwendung von Silvizid 43 % der unbehandelten Bäume durch Übertragung über Wurzelverwachsungen abstarben.

6. Formen der Bewurzelung

Die Wurzelsysteme der Holzgewächse unterscheiden sich von jenen der krautigen Pflanzen vor allem durch die viel größeren Wurzeldurchmesser, die viel größeren Unterschiede in der Stärke der Wurzeln und durch deren viel größere Reichweite nach der Seite hin. Selbst im Vergleich zu den ausdauernden krautigen Pflanzen beträgt der horizontale Durchmesser der Wurzelsysteme von Holzgewächsen mindestens das 10–20fache. Hingegen besteht kaum ein Unterschied im Tiefenstreben der Wurzeln zwischen ausdauernden krautigen Pflanzen und Holzgewächsen. Die Silberdistel, *Carlina acaulis*, erreichte auf Lockersediment-Braunerde im Kärntner Becken eine Tiefe von 408 cm. Die Herbst-Kuhblume, *Taraxacum serotinum*, drang auf Löß bei Deutsch-Altenburg in Niederösterreich 456 cm bzw. 530 cm tief ein (Kutschera & Lichtenegger 1992). Wie tief die Wurzeln in den Boden eindringen, hängt in erster Linie von der Höhe der Bodenerwärmung und Durchfeuchtung sowie von den damit im Zusammenhang stehenden Temperatur- und Feuchteschwankungen im Boden ab. Dementsprechend nimmt die Wurzeltiefe bei Holzgewächsen und bei krautigen Pflanzen von den warmen Gebieten in Richtung der kühleren Gebiete und von den kontinentalen zu den ozeanischen Klimaräumen allmählich ab.

Nach der Wurzelstärke unterscheiden Köstler et al. (1968) zwischen Skelettwurzeln, mit einem ø > 5 mm, und Feinwurzeln, mit einem ø < 2 mm. Die Skelettwurzeln unterteilen Polomski & Kuhn (1998) wie folgt: ø > 50 mm = Starkwurzeln, 20–50 mm = Derbwurzeln, 5–20 mm = Grobwurzeln, 2–5 mm = Schwachwurzeln. Etwas abweichend davon trifft Jacoby (1968) in Anlehnung an Röhrig (1966) folgende Einteilung: ø > 20 mm = Starkwurzeln, 10–20 mm = Grobwurzeln, 5–10 mm = Derbwurzeln und 2–5 mm = Schwachwurzeln. Die Feinwurzeln werden unterteilt in Langwurzeln (ø 0,5–2 mm) mit starkem Längenwachstum und hohem Besatz an Wurzelhaaren sowie in Kurzwurzeln (ø 0,5–1 mm) mit gehemmtem Dickenwachstum und oft starker Mykorrhizierung (Polomski & Kuhn).

Nach dem Verlauf der Wurzeln im Boden oder nach ihrer Stellung im Wurzelkörper nehmen Polomski & Kuhn in Anlehnung an Köstler et al. folgende Einteilung vor:

1. Wurzelanläufe, das sind verdickte, oft brettartige Wurzelansätze am Stock.
2. Vertikale Wurzeln, bestehend aus:
   a) Pfahl-, Keim- oder Polwurzeln, die, vom Wurzelpol ausgehend, meist abwärts wachsen.
   b) Nebenpfahlwurzeln, die parallel zur Polwurzel nach unten wachsen.
   c) Senkwurzeln, die meist von dickeren Horizontalwurzeln abzweigen und abwärts wachsen.
   d) Herzwurzeln, die vom Wurzelstock ausgehen und schräg nach unten verlaufen.
   e) Wurzelbretter: starke Verdichtung fächerartig verzweigter, meist abwärts gerichteter Wurzeln.
3. Horizontale Wurzeln: seitwärts, vorwiegend im Oberboden verlaufende Wurzeln.

6.1 Formen im näheren Bereich des Stammes

Für die Wurzelformen im näheren Bereich des Stammes hat bereits Gayer (1898) fünf Typen unterschieden. Köstler et al. (1968) faßten sie in drei Grundtypen zusammen, nämlich in den Pfahlwurzel-, den Herzwurzel- und den Senkwurzeltyp.

Pfahlwurzeltyp: Kennzeichnend dafür ist eine mehr oder weniger stark hervortretende Polwurzel (Keimwurzel). Dieser Wurzeltyp ist entwicklungsbedingt nahezu allen jungen Holzgewächsen eigen. Nach Weber (1953) weisen daher die Wurzelsysteme der Jungpflanzen der einzelnen Arten auf ungehindert zu durchwurzelnden Böden wenig Unterschiede auf. Bei genauerer Betrachtung sind diese jedoch deutlich erkennbar. Bei den Arten wärmerer, oberbodentrockenerer Standorte, wie bei der Edelkastanie, *Castanea sativa*, oder den Eichenarten, ist die Polwurzel der Jungpflanzen stark vorwüchsig und wenig verzweigt (**Abb. 95, 114**). Bei den Arten feuchterer, kühlerer Standorte, wie bei Weiden, Erlen, Moor-Birke, *Betula pubescens*, oder Eibe, *Taxus baccata*, ist die junge Polwurzel weniger kräftig und stärker verzweigt. Außerdem verliert sie zugunsten des Wachstums der Seitenwurzeln rasch ihre Vorwüchsigkeit. Besonders bei Arten wärmerer, oberbodentrockenerer Standorte, wie bei Eiche oder Kiefer, kann die Polwurzel bis zur vollen Entfaltung des Wurzelkörpers deutlich erkennbar bleiben (**Abb. 30, 32, 113, 114**). Die Weiß-Tanne, *Abies alba*, allerdings bildet auch auf kühleren, feuchteren Standorten stets eine deutlich erkennbare Polwurzel aus (**Abb. 11–13**). Unter den Nadelbäumen ist sie der kennzeichnendste Pfahlwurzler. Bei den meisten übrigen heimischen Bäumen tritt die Polwurzel schon bei voll entwickeltem Wurzelkörper zurück. Am ehesten zu erkennen ist sie noch bei der Lärche, bei Eichen oder bei Ulmen. In der Alterungsphase des Wurzelkörpers kann die Polwurzel bei allen Bäumen bis zur Unkenntlichkeit zurücktreten. Ungünstige Standortbedingungen wie Bodenverdichtung, zu hoher Skelettanteil des Bodens, zu hoher Grundwasserstand, zu geringe Bodendurchlüftung oder zu geringe Bodenerwärmung können die Ausbildung des Polwurzelsystems stark beeinträchtigen.

Herzwurzeltyp: Dafür kennzeichnend „ist eine gleichmäßige, etwa halbkugelige Bewurzelung des engeren Stockbereiches“ (Köstler et al. 1968). „Kräftige, weitstreichende Hauptseitenwurzeln“ sollen fehlen. Ebenso fehlt eine „führende vertikale Hauptwurzel“ (Polwurzel). Herzwurzelformen entstehen aus Pfahlwurzelformen junger Holzgewächse. Sie sind daher stets reifere Wurzelformen, bei denen die Polwurzel keine vorherrschende Stellung mehr einnimmt. Die vom Wurzelstock ausgehenden dickeren Wurzelstränge wenden sich mit ihren Verzweigungen glockenförmig nach unten. Das Tiefenstreben der Wurzeln soll gegenüber ihrer seitlichen Ausbreitung überwiegen. Trotzdem sind weit seitwärts verlaufende Wurzeln stets vorhanden. Alle von uns freigelegten Herzwurzelsysteme wiesen auch im Oberboden weit seitwärts streichende Wurzeln auf. Das gilt selbst für die Douglasie, *Pseudotsuga menziesii*, und für die Lärche, *Larix decidua*, die als typische Herzwurzler bezeichnet werden. In noch stärkerem Maße gilt dies für die als Herzwurzler bezeichneten Laubbäume wie Birke, Linde, Hainbuche oder Rotbuche. Herzwurzelsysteme können sich ebenso wie Pfahlwurzelsysteme nur in ausreichend tiefgründig erwärmten und tief zu durchwurzelnden Böden voll entfalten. Sie gewährleisten die größtmögliche Wasser- und Nährstoffaufnahme nach der Tiefe hin. Auch die Herzwurzeln unterliegen einer Alterung. An altersschwachen, umgeworfenen Bäumen sind sie oft nur noch in Ansätzen erkennbar.

Senkwurzeltyp: Er besteht im wesentlichen aus kräftigen, flachstreichenden Wurzeln, an deren Unterseite vor allem in Stocknähe oft dickere, abwärts verlaufende Wurzeln abzweigen. Die Polwurzel ist kaum noch zu erkennen. Herzwurzeln fehlen, oder sie sind stark unterentwickelt. Auch diese Wurzelsysteme gehen aus jungen Pfahlwurzelsystemen hervor. Voll ausgebildet sind sie meist erst bei älteren Bäumen. Unter den Nadelbäumen soll die Fichte ein typischer Senkwurzler sein. Die Wurzelteller von windgeworfenen Bäumen lassen aber wenig davon erkennen. Auch an den dargestellten Fichten sind auf gut und ausreichend tief zu durchwurzelnden Böden keine typischen Senkwurzelsysteme erkennbar (vgl. **Abb. 17, 18**).

Senkwurzelsysteme sind mehr standortbedingt als artbedingt. Sie entstehen am ehesten auf staufeuchten, verdichteten Böden, wie vor allem auf Pseudogleyböden. Durch das gehemmte Tiefenstreben in den dichten, schlecht durchlüfteten Böden bilden sich entlang der flachstreichenden Wurzeln immer wieder Seitenwurzeln, die nach unten wachsen. An ihrem unteren Ende sind diese Wurzeln als Zeichen der Wachstumshemmung oft büschelig verzweigt. Es können dadurch am unteren Rand des Wurzelkörpers dichte, nach unten scharf abgegrenzte Wurzelhorizonte entstehen. Solche Wurzelsysteme wurden von Köstler (1956), Köstler et al. (1968), Kreutzer (1961) u. a. beschrieben und abgebildet. Auch hoch anstehendes Grundwasser kann zur Bildung von Senkwurzelsystemen führen. Solche entstehen nicht selten bei der Gewöhnlichen Esche, *Fraxinus excelsior*, bei Weiden oder bei der Schwarz-Erle, *Alnus glutinosa*, auf Auböden (**Abb. 125**).

Auch sehr skelettreiche Böden, auf denen die Wurzeln keinen Anschluß zu tieferen, feuchteren Bodenschichten finden, fördern selbst in humiden Gebieten die Bildung von Senkwurzeln. Bezeichnend dafür sind die Wurzelsysteme von Kiefern auf Schotterterrassen (**Abb. 31, 32**). Insgesamt kann davon ausgegangen werden, daß eine verstärkte Bildung von Senkwurzeln auf ungünstigere Standortbedingungen hinweist. Abgesehen davon können auch alternde Wurzelsysteme Senkwurzelformen annehmen, indem die vom Stock ausgehenden, abwärts wachsenden Wurzeln absterben. Als Ersatz dafür treten an den seitwärts wachsenden Hauptwurzelsträngen nach unten strebende Seitenwurzeln auf. Die damit verbundene Abnahme der Verankerung führt zu erhöhter Anfälligkeit gegen Windwurf. Alte, umgeworfene Bäume weisen unterhalb des Stockstumpfes kaum noch kräftige, abwärts gerichtete Wurzeln auf. Auch das Umfallen der „Urwaldriesen" ist letztlich auf eine diesbezügliche Alterung des Wurzelsystems zurückzuführen.

Köstler et al. weisen ausdrücklich darauf hin, daß die von ihnen unterschiedenen drei Hauptwurzeltypen nur für die Durchwurzelung im näheren Bereich des Stammes gelten. Sie erwähnen auch, daß infolge der großen Standortvielfalt Mischformen eher die Regel sind als typische Grundformen. Noch stärker verwischt erscheinen diese Grundformen nach Freilegen des gesamten Wurzelkörpers. Besonders die meist vorhandene Überzahl der weit nach der Seite ausgebreiteten Wurzeln mit ihrem weitverzweigten Feinwurzelnetz überdeckt diese Grundtypen großteils. Dazu kommt noch, daß bei nahezu jedem Wurzelkörper Herz- und Senkwurzeln vorkommen. Bei voller Berechtigung dieser aufgestellten Formen der Bewurzelung für den näheren Bereich des Stammes ist für die Gesamtbewurzelung, die in einem Baumbestand auch die Durchwurzelung außerhalb des Kronenbereiches zwischen den Bäumen (Zwischenflächendurchwurzelung) mit einbezieht, eine andere Typisierung zweckmäßiger. Wenn dabei der ökologische Aussagewert im Vordergrund stehen soll, ist dieser Typisierung der räumliche Aufbau des Wurzelkörpers bzw. die räumliche Verteilung der Wurzelmasse zugrunde zu legen. Wenn das geschieht, ergeben sich sowohl für die krautigen Pflanzen als auch für die Holzgewächse im wesentlichen die gleichen Grundformen, die schon von Kutschera (1960), Kutschera & Lichtenegger (1982, 1992) und Van Donselaar-Ten Bokkel Huinink (1966) in Anlehnung an Cannon (1949) aufgestellt wurden. Das entscheidende Kriterium dafür ist die Höhe der Bodenerwärmung. Unter der Voraussetzung weitgehend ungehinderter Durchwurzelbarkeit, ausreichender Durchfeuchtung und Durchlüftung der Böden beeinflußt die Höhe der Bodenerwärmung die räumliche Verteilung der Wurzeln am meisten.

6.2 Formen nach der räumlichen Verteilung der Wurzelmasse

Zylinderförmiger Wurzeltyp: Auf tiefgründig stärker erwärmten, trockenen Böden wie im submediterranen oder im pannonischen Raum ist das Tiefenstreben der Wurzeln innerhalb des Wurzelkörpers auf den gesamten durchwurzelten Bodenraum verteilt. Die am weitesten vom Sproß entfernt abwärts wachsenden Wurzeln erreichen fast die gleiche Tiefe wie jene im näheren Bereich des Sprosses. Die Verzweigung der Wurzeln hält nach unten hin nahezu unvermindert an. Bei gehemmtem Tiefenstreben durch Kalkhorizonte kann sie am unteren Rand des Wurzelsystems sogar stark zunehmen (Kutschera 1960, Kutschera & Lichtenegger 1982, 1992). Die nach unten zu nur wenig abnehmende Intensität der Durchwurzelung des Bodens bewirkt im räumlichen Aufbau einen annähernd zylinderförmigen Wurzelkörper. Dieser bewirkt einen tiefreichenden Humushorizont und eine nur geringe Abnahme des Humusgehalts nach unten hin. Gleichlaufend mit der meist scharfen unteren Begrenzung des durchwurzelten Bodenraums ist auch der Humushorizont am unteren Rand ziemlich scharf gegen den humusfreien Mineralboden abgesetzt. Diese scharfe Abgrenzung zum humusfreien Mineralboden ist ein typisches Kennzeichen für tiefgründig humose Schwarzerden. Der annähernd zylinderförmige Aufbau des Wurzelkörpers ist in den warmen, trockenen Gebieten auch auf jüngeren feinsedimentreichen Böden mit noch flachem Humushorizont bereits deutlich erkennbar. Allerdings ist auf diesen jungen Böden die Durchwurzelung in den oberen, noch deutlich stärker humosen Bodenschichten dichter. Ein eindrucksvolles Beispiel dafür ist das Wurzelbild des Gewöhnlichen Wacholders, *Juniperus communis*, auf Flußsand in Südungarn (**Abb. 6** oben).

Verkehrt kegelförmiger Wurzeltyp: Auf weniger tiefgründig erwärmten, nach unten hin zunehmend feuchteren und daher auch rasch kühler werdenden Böden im mitteleuropäischen Braunerdegebiet ist das Tiefenstreben der Wurzeln im näheren Bereich des Sprosses am stärksten. Je weiter die Wurzeln vom Sproß entfernt sind, desto mehr nimmt ihr Tiefenstreben ab. Es entsteht dadurch ein annähernd kegelförmig nach oben erweiterter Wurzelkörper. Im oberen, erweiterten Teil ist die Durchwurzelung infolge der höheren Erwärmung der oberen Bodenschichten am dichtesten. Mit Abnehmen der Bodenerwärmung nach unten hin nimmt die Durchwurzelungsdichte und dementsprechend auch die Humusanreicherung ab. Der Humushorizont läuft gewissermaßen in den B-Horizont aus. Dieser enthält durch das Absterben der auslaufenden Wurzeln ebenfalls noch einige Prozentanteile an Humus. Sie reichen aber nicht mehr zur Braunfärbung des Feinsediments aus. Dieser räumliche Wurzelaufbau ist auch auf jüngeren Böden wie Ranker oder Rendsina erkennbar, sofern diese ausreichend tiefgründig und feinsedimentreich sind. Ein Beispiel dafür ist die Bewurzelung des Gewöhnlichen Wacholders auf Kalkschutt mit Braunlehmsediment in der Schwäbischen Alb (**Abb. 6** Mitte). Der sehr unregelmäßige Aufbau des Wurzelkörpers ergibt sich aus dem stark steinigen Boden. Die Grundzüge der nach oben kegelförmig erweiterten Form sind aber bereits unverkennbar.

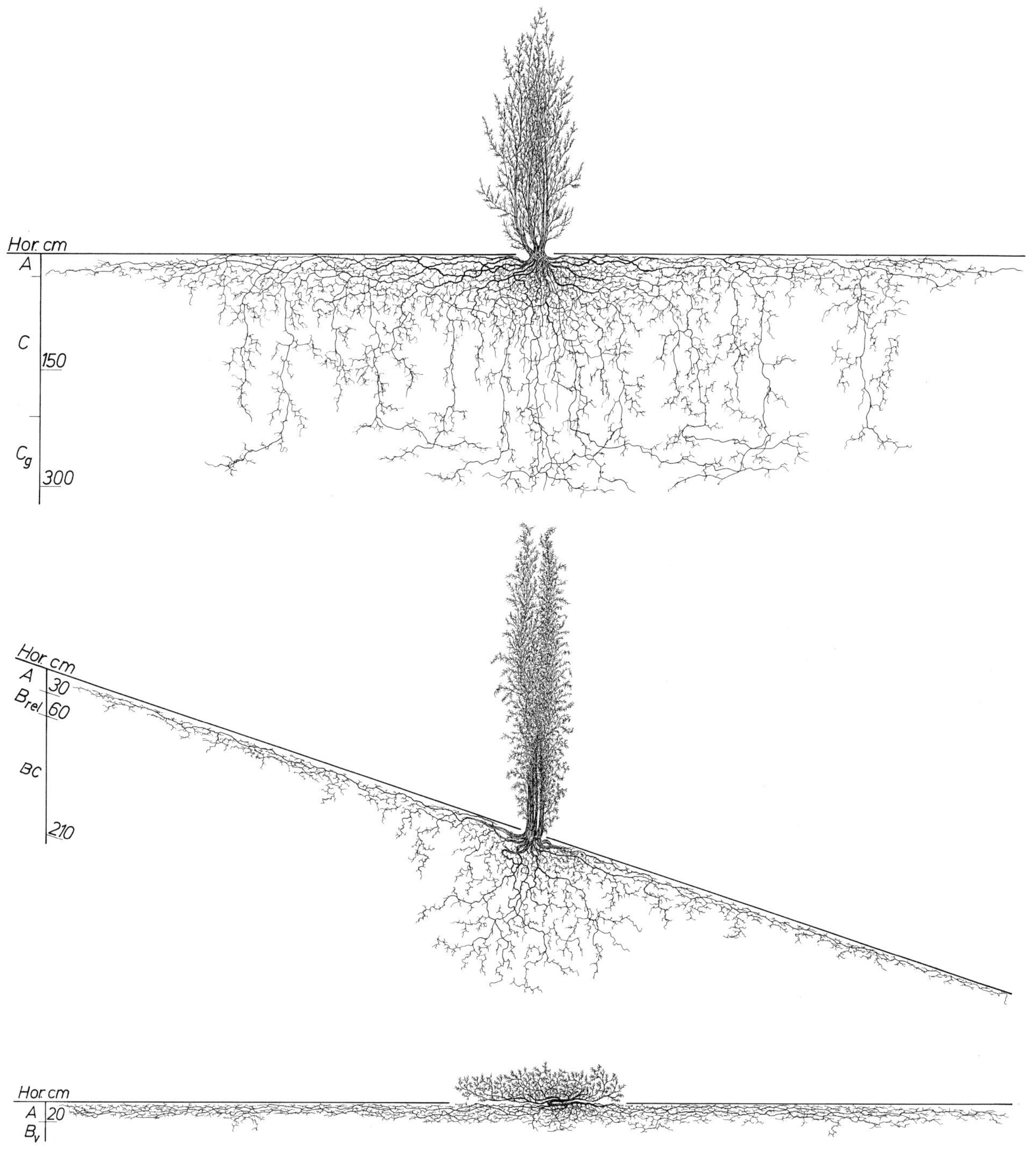

Abb. 6: Gewöhnlicher Wacholder, *Juniperus communis.* Oben: Annähernd zylinderförmiges Wurzelsystem auf Flußsand in Südungarn. Mitte: Annähernd verkehrt kegelförmig nach oben erweitertes Wurzelsystem auf Kalkschutt mit Braunlehm in der Schwäbischen Alb. Unten: Scheibenförmiges Wurzelsystem von subsp. *alpina* in der subalpinen Stufe der Nockberge in Kärnten. Aus: KUTSCHERA & LICHTENEGGER (1997).

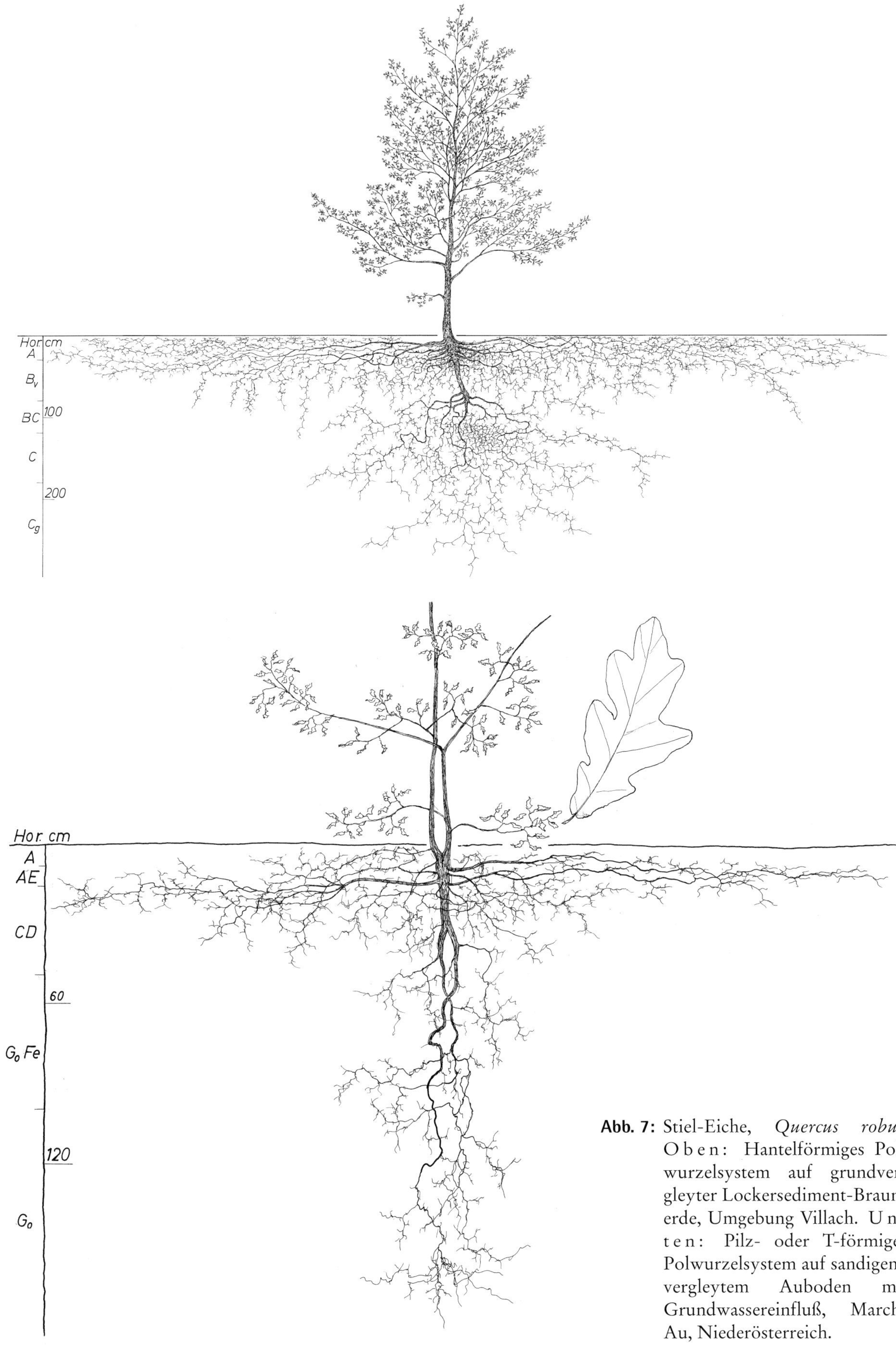

Abb. 7: Stiel-Eiche, *Quercus robur.* Oben: Hantelförmiges Polwurzelsystem auf grundvergleyter Lockersediment-Braunerde, Umgebung Villach. Unten: Pilz- oder T-förmiges Polwurzelsystem auf sandigem, vergleytem Auboden mit Grundwassereinfluß, March-Au, Niederösterreich.

Teller- oder scheibenförmiger Wurzeltyp: Mit zunehmender Seehöhe nimmt die Bodenerwärmung rasch ab. Dies gilt über größere Entfernungen auch für die Zunahme der geographischen Breite. Dementsprechend wird auch der durchwurzelte Bodenraum immer seichter.

Die Wurzeln erreichen nur noch in der Nähe des Sprosses geringe Tiefen. Die meisten von ihnen breiten sich in den obersten, am besten erwärmten Bodenschichten aus (**Abb. 6** unten). Weiter vom Stamm entfernt verlaufen die dünnen Wurzeln oft nur noch knapp unter der Grasnarbe. Die Seitenausdehnung des Wurzelkörpers ist im Vergleich zur Tiefenerstreckung viel größer als in den tieferen, wärmeren Lagen. In Kärnten beträgt bei der Lärche der **Abb. 22** (980 m NN) das Verhältnis der max. Wurzeltiefe zur max. Seitenausdehnung 1:4,8, bei der Lärche der **Abb. 24** (1.860 m NN) 1: 42,7. Dadurch ergeben sich flache, teller- bis scheibenförmige Wurzelkörper. Sie bewirken zusammen mit einer gehemmten Humuszersetzung eine starke Humusanreicherung in den oberen Bodenschichten. Die Humushorizonte sind seicht und gegen den darunter liegenden Mineralboden ziemlich scharf abgesetzt. Hoch anstehendes Grundwasser, das Sauerstoffmangel und geringere Bodenerwärmung bewirkt, kann ebenfalls zu einer seichten, tellerförmigen Bewurzelung führen. Die Regel ist eine solche Bewurzelung bei Bäumen im Bruchwald über Niedermoor (vgl. **Abb. 37, 121, 122**).

Hantelförmiger Wurzeltyp: Der kegelförmig nach oben erweiterte Grundtyp erfährt in wärmeren Gebieten unter Berücksichtigung des Temperaturverlaufs im Boden besonders auf stärker wasserdurchlässigen und stärker wechseltrockenen Böden folgende Abwandlung: Auf leichteren Böden bewirkt das größere Luftvolumen in den oberen Schichten eine stärkere Erwärmung und ebenso eine stärkere Abkühlung. Die erhöhten Tagesschwankungen der Temperatur begünstigen in diesen Schichten bei ausreichender Durchfeuchtung den seitlichen Verlauf der Wurzeln. Mit Abnehmen der täglichen Temperaturschwankungen nach unten hin wird das Tiefenstreben der Wurzeln gefördert. Das Tiefenstreben hält an, solange die jahreszeitlichen Temperaturschwankungen noch deutlich ausgeprägt sind. Wenn diese ein Mindestmaß unterschreiten, wachsen die Wurzeln nach der Seite, sofern ihr Längenwachstum noch nicht erschöpft ist.

Es ergibt sich dadurch bei Polwurzelpflanzen ein hantelförmiger Wurzeltyp. Gekennzeichnet ist er durch eine obere und eine untere flachstreichende Wurzelgruppe. Dazwischen ist die Bewurzelung auffallend gering. Erstmals beschrieben wurde dieser Wurzeltyp von KUTSCHERA (1971). Er ist besonders bei krautigen Polwurzelpflanzen zu finden (KUTSCHERA & LICHTENEGGER 1992). Von den Bäumen bildet vor allem die Stiel-Eiche, *Quercus robur*, ein mehr oder weniger deutlich ausgeprägtes hantelförmiges Wurzelsystem (**Abb. 7** oben, **Abb. 111–116**).

T-förmiger Wurzeltyp: Auf anhaltend grundfeuchten, vergleyten Böden entsteht häufig ein T- oder pilzförmiger Polwurzeltyp. Die Polwurzel bildet in den oberen, stauwasserfreien Bodenschichten eine seitwärts verlaufende Wurzelgruppe. Die wenigen tiefstrebenden Wurzeln laufen in den tieferen feuchten, kühlen Bodenlagen aus, ohne eine verbreiterte Wurzelgruppe zu bilden (**Abb. 7** unten).

6.3 Formen nach der Dichte der Bewurzelung

Nach der Dichte der Bewurzelung vor allem im näheren Bereich des Stammes ergeben sich im wesentlichen zwei Grundformen. Bei der einen Grundform ist die Durchwurzelungsdichte unterhalb des Bereiches der Baumkrone relativ gering, bei der anderen ist sie relativ hoch. Bei den Laubhölzern ist sie durchwegs höher als bei den Nadelhölzern. Von diesen weist die Douglasie unterhalb der Baumkrone die größte Durchwurzelungsdichte auf. Hoch ist sie auch bei der Lärche. Am geringsten ist sie bei der Tanne und besonders bei der Kiefer. Die Durchwurzelungsdichte ist demnach in der Nähe des Stammes bei den Herzwurzlern größer als bei den Pfahlwurzlern.

Auch bei den Laubbäumen sind diese Grundzüge in der stammnahen Bewurzelung festzustellen (**Abb. 8**). Die Eichenarten, die am deutlichsten ein Pfahlwurzelsystem bilden, weisen im Stockbereich eine auffallend geringe Durchwurzelungsdichte auf. Gering ist sie auch bei der Walnuß. Äußerst dicht ist sie hingegen bei den Linden, bei denen die Polwurzel frühzeitig im Wurzelsystem zurücktritt. Eine dichte Durchwurzelung unterhalb des Kronenbereichs weisen auch die Ulmen, die Gewöhnliche Esche, die

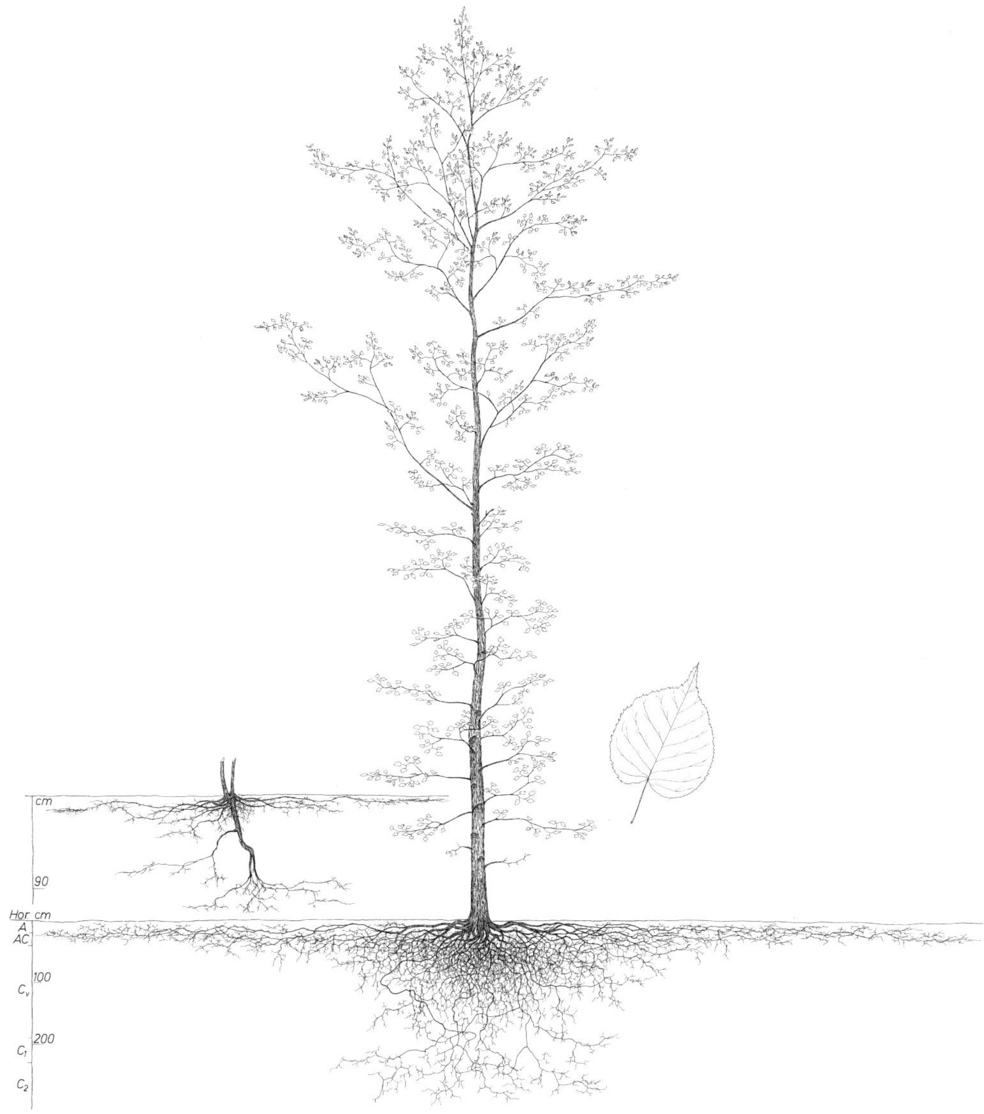

Abb. 8: O b e n : Winter-Linde, *Tilia cordata*, mit dichter Bewurzelung im Stammbereich. U n t e n : Flaum-Eiche, *Quercus pubescens*, mit geringer Bewurzelungsdichte im Stammbereich.

Hainbuche und die Rotbuche auf. Bei den Holzgewächsen in den feuchteren Auen ist die Verdichtung der Bewurzelung im Stammbereich weniger stark ausgeprägt.

Trotz dieser oft auffallenden Unterschiede muß aber betont werden, daß die Dichte der Durchwurzelung stets in der Nähe des Stockes am größten ist. Außerdem unterliegt die Durchwurzelungsdichte je nach Standortbedingungen großen Schwankungen. Oberbodentrockenheit, Nährstoffarmut, Bodenverdichtung, schlechte Bodendurchlüftung, starke Bodenversauerung und geringe Bodenerwärmung verringern die Durchwurzelungsdichte. Am stärksten fördernd auf sie wirken mullhumusreiche Bodenschichten.

Auch nach der Dichte des Feinwurzelbesatzes können sich Sippen oder gar ganze Pflanzenfamilien unterscheiden. Bereits Köstler et al. (1968) weisen darauf hin, daß die Nadelhölzer durchwegs einen geringeren Feinwurzelbesatz aufweisen als die Laubhölzer. Bei den Nadelhölzern sind die artspezifischen Unterschiede gering. Deutlich zu erkennen sind sie hingegen bei den Laubhölzern. Bei diesen fällt wiederum auf, daß die Pfahlwurzler zu einer geringeren Feinverzweigung neigen. Auffallend niedrig ist sie bei den Eichenarten. Eher niedrig ist sie auch bei Walnuß, *Juglans regia*, Berberitze, *Berberis vulgaris*, Wild-Birne, *Pyrus pyraster*, Wild-Apfel, *Malus sylvestris*, Robinie, *Robinia pseudacacia*, Alpen-Goldregen, *Laburnum alpinum*, Stechpalme, *Ilex aquifolium*, u. a. Extrem hoch ist der Feinwurzelbesatz beim Gewöhnlichen Spindelstrauch, *Evonymus europaea*. Hoch ist er auch bei Weiden, Erlen, Eschen, Gewöhnlichem Schneeball, *Viburnum opulus*, Weiß-Birke, *Betula pendula*, Rotbuche, *Fagus sylvatica*, Faulbaum, *Frangula alnus*, u. a. Auch der Feinwurzelbesatz wird durch mullhumusreiche, frische Böden gefördert und durch oberbodentrockene, nährstoffarme, sehr saure, zu feuchte und unterkühlte Böden gehemmt.

6.4 Formen nach der Entstehung der Wurzeln

Nach der Entstehung der Wurzeln ergeben sich bei Holzgewächsen im wesentlichen drei Grundformen, nämlich die polbürtige (allorhize) und die sproßbürtige (homorhize) Bewurzelung aus dem Primärsproß und seinen Abkömmlingen sowie die sproßbürtige Bewurzelung aus Wurzelsprossen.

Polbürtige Bewurzelung: Sie entsteht unter der primären Sproßachse aus dem Wurzelpol und besteht lediglich aus der Polwurzel (Keimwurzel) mit deren Verzweigungen.

Troll (1967) verwendet nur für diese Bewurzelung den Ausdruck Wurzelsystem. Ein solches bilden allein die Samenpflanzen. Die Jungpflanzen der Holzgewächse weisen in der Regel lediglich eine polbürtige Bewurzelung auf. Wenn auch die älteren Pflanzen nur polbürtig bewurzelt sind, spricht Kutschera (1960, 1984) von Polwurzelpflanzen.

Sproßbürtige Bewurzelung aus dem Primärsproß und dessen Abkömmlingen: Bei älteren Pflanzen treten häufig zusätzlich zur polbürtigen Bewurzelung sproßbürtige Wurzeln auf. Sie entstehen aus dem Inneren des Sprosses. Sproßwurzeln können grundsätzlich an allen Sproßteilen auftreten, wenn das Substrat ausreichend feucht ist. Selbst an den belaubten Sprossen können Sproßwurzeln entstehen, wenn diese beispielsweise lange genug den feuchten Boden berühren (**Abb. 9**) oder längere Zeit durch Schneedruck an den Boden angepreßt werden (**Abb. 83**). In tropischen und subtropischen Regenwäldern bilden sich bis zu mehr als 10 m lange Sproßwurzeln auch in Astgabeln der Baumkronen, wenn sich dort feuchter Bestandesabfall angesammelt hat. Aus dem Moderhumus der Epiphytenmatten können diese Baldachinwurzeln den Bäumen zusätzlich Nährstoffe zuführen (Nadkarni 1981). In den lufttrockeneren Gebieten treten die Sproßwurzeln gewöhnlich an der Basis des Muttersprosses oder an kriechenden Seitentrieben auf. Bei stark bestockten Sträuchern wie der Hasel (*Corylus avellana*, **Abb. 134**) oder der Gewöhnlichen Traubenkirsche (*Prunus padus*, **Abb. 82**) bleibt die sproßbürtige Bewurzelung auf den Bereich der Stammbasen beschränkt. Bei Auftreten von Kriechtrieben breitet sie sich auf diese aus. Die Sträucher können dadurch herdenweise auftreten, wie beispielsweise der Liguster (*Ligustrum vulgare*, **Abb. 181**) oder der Wollige Schneeball (*Viburnum lantana*, **Abb. 185**). Bewurzelte Kriechtriebe können sich von der Mutterpflanze lösen und sich selbst vegetativ weiter ausbreiten. Das ist beispielsweise bei der Roten Heckenkirsche (*Lonicera xylosteum*, **Abb. 188**) der Fall. Solche rein homorhiz bewurzelte Pflanzen werden von Kutschera als Sproßwurzelpflanzen bezeichnet. Allorhiz und homorhiz bewurzelte Pflan-

Abb. 9: Fichte, *Picea abies,* Norwegen. Vom Stammgrund ausgehende, niederliegende Äste bilden infolge hoher Luftfeuchte in Bodennähe aus Sproßknospen junge Bäume, die an ihrer knieförmigen Basis sproßbürtig bewurzelt sind. Aus: Schübeler (1873–75).

zen gelten als Polwurzel-Sproßwurzel-Pflanzen. Diese Benennung gilt auch für Arten mit bewurzelten Wurzelsprossen.

Sproßbürtige Bewurzelung aus Wurzelsprossen: Wurzelsprosse entstehen aus Knospen von Wurzeln, die vorwiegend in den oberen Bodenschichten verlaufen. Sie können auch in tieferen Bodenschichten auftreten, worauf bereits Troll hinweist. An Wurzeln vom Schlehdorn, *Prunus spinosa*, wurden sie noch in einer Tiefe von über 1 m festgestellt. Nach Warming (1892), Klebs (1903), Rauh (1937) und Troll (1967) treten Wurzelknospen vor allem an freiliegenden Wurzelstücken auf. Ihre Bildung ist aber nicht an das Licht gebunden (Ossenbeck 1927). Auffallend ist, daß Wurzelknospen bevorzugt an der konvexen Seite von Wurzelkrümmungen auftreten. Troll führt dies auf das höhere Nährstoffangebot zurück, das an der Biegungsstelle durch einen Saftstau zustande kommen soll. Bemerkenswert ist auch, daß die Wurzel nach dem Wurzelsproß über einen mehr oder weniger langen Abschnitt verdickt ist. Die Verdickung ist eine Folge verstärkter Stoffzufuhr aus dem Wurzelsproß. Sie begünstigt auch die Bildung von Wurzeln am Grund der Wurzelsprosse. Diese Bewurzelung ist nach Rauh ein sicheres Zeichen dafür, daß sich der Wurzelsproß von der Mutterpflanze trennen kann. Wurzelsprosse bildende Wurzeln sollten nach Rauh als Ausläuferwurzeln bezeichnet werden. Wenn sie durch Loslösen der Wurzelsprosse von der Mutterpflanze eine vegetative Ausbreitung ermöglichen, sollten sie die Unterbezeichnung Vermehrungswurzeln erhalten. Wenn sie nur zur Ausbreitung der Mutterpflanze dienen, schlägt Rauh die Unterbezeichnung Wanderwurzeln vor. Er weist ausdrücklich darauf hin, daß die Bildung von Sproßausläufern und jene von Wurzelsprossen einander ausschließen. Wohl aber können bewurzelte, kriechende Sproßabschnitte und Wurzelsprosse an der gleichen Pflanze vorkommen. Ein Beispiel dafür ist der Schlehdorn (*Prunus spinosa*, **Abb. 87**).

Nach Wittrock (1884) ist die Bildung von Wurzelsprossen bei den Holzgewächsen eine allgemeine Erscheinung. Doch weist schon Rauh darauf hin, daß sie bei den heimischen Nadelbäumen gänzlich fehlt; *Sequoia sempervirens* kann allerdings Wurzelsprosse bilden. Bei den Laubbäumen kommt sie nicht allgemein, aber doch sehr häufig vor. Die sogenannte regenerative Wurzelsproßbildung (Troll), die erst nach stärkerer Verletzung oder nach Entfernen des Sprosses (Stammes) aus „schlafenden" Wurzelknospen erfolgt, ist bei den Laubbäumen viel häufiger, als angenommen wird. Selbst bei der Gewöhnlichen Esche, *Fraxinus excelsior*, die nach RAUH niemals Wurzelsprosse bildet, entstehen nach Entfernen des Stammes entlang der weit seitwärts verlaufenden Wurzeln oft viele Wurzelsprosse. Auch der Speierling, *Sorbus domestica*, bildete nach Entfernen des Stammes an den freigelegten Wurzeln Wurzelsprosse (**Taf. 63**). Sehr häufig treten sie auch bei der Feld-Ulme (*Ulmus minor*, **Abb. 143**) auf, wenn Teile der flachstreichenden Wurzeln nur wenig oder überhaupt nicht mit Erde bedeckt sind. Eine allgemeine Erscheinung ist die Bildung von Wurzelsprossen bei Arten wie Silber-Pappel (*Populus alba*, **Abb. 157**), Zitter-Pappel (*P. tremula*, **Abb. 160**), Schwarz-Pappel (*P. nigra*, **Abb. 159**), Robinie (*Robinia pseudacacia*, **Abb. 145**) und Grau-Erle (*Alnus incana*, **Abb. 130**). An welchen untersuchten Arten Wurzelsprosse festgestellt wurden, geht aus folgender Tabelle hervor. Diese Aufzählung besagt aber nicht, daß die übrigen untersuchten Arten grundsätzlich keine Wurzelsprosse bilden können.

Tab. 2: Bäume und Sträucher, an denen Wurzelsprosse festgestellt wurden. Nach AMANN (1993), OBERDORFER (1994) und eigenen Untersuchungen

Acer campestre, Feld-Ahorn, häufig	*Prunus spinosa,* Schlehdorn, häufig
Alnus incana, Grau-Erle, häufig	*Pyrus pyraster,* Wild-Birne
Alnus viridis, Grün-Erle, häufig	*Rhamnus cathartica,* Gewöhnl. Kreuzdorn
Castanea sativa, Edelkastanie	*Robinia pseudacacia,* Robinie, häufig
Frangula alnus, Faulbaum	*Sambucus racemosa,* Trauben-Holunder
Fraxinus excelsior, Gewöhnliche Esche	*Sorbus aucuparia,* Eberesche
Ligustrum vulgare, Liguster, häufig	*Sorbus domestica,* Speierling
Ostrya carpinifolia, Hopfenbuche	*Sorbus torminalis,* Elsbeere
Populus alba, Silber-Pappel, häufig	*Tilia cordata,* Winter-Linde
Populus nigra, Schwarz-Pappel, häufig	*Tilia platyphyllos,* Sommer-Linde
Populus tremula, Zitter-Pappel, häufig	*Ulmus laevis,* Flatter-Ulme
Prunus avium, Vogel-Kirsche	*Ulmus minor,* Feld-Ulme
Prunus padus, Traubenkirsche	*Viburnum opulus,* Gewöhnlicher Schneeball

6.5 Zusammenfassende Darstellung der häufigsten Wurzelformen von Holzgewächsen in den gemäßigten Klimaräumen Europas

Schon frühzeitig war es ein Anliegen besonders der in der Wirtschaft tätigen Forstwirte, die vielen Formen der Bewurzelung in Typen zu ordnen. Im 19. Jahrhundert befaßten sich damit vor allem BÜSGEN (1897) und GAYER (1898). Der Höhepunkt in diesem Bemühen wurde in der zweiten Hälfte des 20. Jahrhunderts erreicht (s. Literaturangaben im Speziellen Teil, Abschnitt 1). Vor dem aufkommenden Übereifer in der Typisierung warnten bereits KÖSTLER et al. (1968), indem sie meinten, daß infolge der großen Standortvielfalt „Mischformen eher die Regel sind als typische Grundformen". Gleichwohl erscheint es möglich, Grundtypen herauszuarbeiten, die sich aus den genetischen, klimatischen oder edaphischen Einflüssen ergeben. Dabei ist zu beachten, daß diese Einflüsse stets gleichzeitig einwirken. Der Typisierung der Wurzelformen kann daher nur das Überwiegen bestimmter Einflüsse zugrunde gelegt werden.

6.5.1 Vorwiegend durch Erbanlagen bedingte Wurzelformen

BÜSGEN (1901) unterschied zwischen einem extensiven und einem intensiven Wurzeltyp. Er erfaßte damit ein Merkmal, das weitgehend genetisch bedingt ist und dem auch aus forstwirtschaftlicher Sicht große Bedeutung zukommt (s. Abschnitt 6.3, **Abb. 8**).

Noch stärker genetisch bedingt ist die Unterteilung in eine polbürtige und eine sproßbürtige Bewurzelung (s. Abschnitt 6.4). Eine solche Einteilung im Hinblick auf die Gesamtheit der Bewurzelung traf Cannon (1949). Zweifellos ist das Vorhandensein der Polwurzel bei den Holzgewächsen genetisch bedingt (Troll 1967). Ihre Jungpflanzen weisen stets eine Polwurzel auf. Sie ist im Jugendstadium bei Arten zeitweise oberbodentrockener Standorte oft nicht oder kaum verzweigt, wie beispielsweise bei der Edelkastanie, der Walnuß oder den Eichen. Bei Arten oberbodenfeuchter Standorte, wie vor allem bei Weiden oder Erlen, sind die jungen Polwurzeln meist dünner und stärker in Seitenwurzeln verzweigt. Weitgehend erblich bedingt ist auch, wie stark sich die Polwurzel entwickelt und wie lange sie als sichtbarer Strang erhalten bleibt. Arten trockener Standorte weisen in der Regel eine stärker ausgebildete und länger ausdauernde Polwurzel auf als solche feuchter oder sehr kühler Standorte. Ein Beispiel dafür ist der diesbezügliche Unterschied zwischen Wald-Kiefer (*Pinus sylvestris*, **Abb. 30**) und Zirbe (*Pinus cembra*, **Abb. 43**). Aber auch bei Arten mit ähnlichen Standortansprüchen kann die Polwurzel sehr unterschiedlich stark ausgebildet sein, wie dies bei der Weiß-Tanne (*Abies alba*, **Abb. 11, 12**) im Vergleich zur Fichte (*Picea abies*, **Abb. 14, 18**) der Fall ist. Auf sehr ungünstigen Standorten oder im höheren Alter kann die Polwurzel bei allen Holzgewächsen bis zur Unkenntlichkeit verkümmern.

Bis zu einem gewissen Grad erblich bedingt ist auch die Bereitschaft zur vegetativen Vermehrung aus Sproß- und Wurzelknospen (s. Abschnitt 6.4). Obwohl unter bestimmten Voraussetzungen fast alle Arten dazu befähigt sind, ist sie doch bei Arten trockener, warmer Standorte eher eine seltene und bei solchen feuchter oder kühler Standorte eine häufige Erscheinung. Die Vermehrung aus Sproßknospen wird besonders durch erhöhte Luftfeuchte in Bodennähe gefördert. Im sommerkühleren Mittelnorwegen bildeten sogar dem Boden anliegende, grundständige Äste von Fichten im größeren Abstand vom Stamm junge, bewurzelte Bäume (**Abb. 9**).

Wenn die erhöhte Feuchte im Bereich der Bodenoberfläche nur vorübergehend anhält, kann es bloß zur Bildung sproßbürtiger Wurzeln kommen. Sehr häufig bilden sich Sproßwurzeln vor allem auf frischen bis feuchten Standorten am Grund von Bestockungstrieben. Sie können aber auch bei sonst nur polbürtig bewurzelten Arten auftreten, wenn deren Stämme überschüttet (**Abb. 56, 62**) oder längere Zeit überstaut werden (Polomski & Kuhn 1998, Abb. 5.7). Bereits stärker anlagebedingt ist die Bildung von Wurzelsprossen. Wenn Arten dazu neigen, können sie auf trockenen Standorten (Schlehdorn, **Abb. 87**) ebenso vorkommen wie auf feuchten (Grau-Erle, **Abb. 130**).

Mit der vegetativen Vermehrung aus Sproß- und Wurzelknospen stets verbunden ist das Auftreten von Sproßwurzeln. Solange die bewurzelten vegetativen Triebe mit der Mutterpflanze verbunden bleiben, können diese Gewächse als Polwurzel-Sproßwurzel-Pflanzen bezeichnet werden. Wenn sich die vegetativen, bewurzelten Erneuerungstriebe von der Mutterpflanze gelöst haben, gelten sie als Sproßwurzelpflanzen (s. Abschnitt 6.4).

6.5.2 Vorwiegend durch die Umwelt bedingte Wurzelformen

Innerhalb der artspezifischen Wandelbarkeit der Bewurzelung wirken sich die Umwelteinflüsse entscheidend auf die Bildung der Wurzelformen aus. Zum Ausdruck kommt dies besonders in der standortbedingten Verteilung der Wurzelmasse im Boden (s. Abschnitt 6.2). In welcher Weise diese erfolgt, hängt in erster Linie vom Wärme- und Wasserhaushalt und schließlich auch von den Bodeneigenschaften ab.

6.5.2.1 Vorwiegend durch das Klima bedingte Wurzelformen

Der alles überragende Einfluß der Wärme kommt am deutlichsten bei Arten zum Ausdruck, deren Verbreitung sich von warmen bis in kühle Gebiete erstreckt. So bildete z. B. die Lärche in Kärnten in der montanen Stufe noch ein bis über 3 m tief reichendes herzförmiges Wurzelsystem (**Abb. 22**), während es in der subalpinen Stufe nur bis zu 70 cm tief reichte und eine breit tellerförmige Gestalt annahm (**Abb. 24**). Dasselbe zeigte sich bei der Fichte (**Abb. 17, 20**) und beim Wacholder (**Abb. 55, 59**). Sonst tief wurzelnde

Arten können auch bei hoch anstehendem Grundwasser flach wurzeln. Die Wald-Kiefer bildete im Kärntner Becken auf grundwasserfreiem Terrassenschotter ein bis zu 180 cm tief reichendes, herzförmiges Wurzelsystem (**Abb. 29, 30**) und auf Niedermoor nur einen 24 cm tief reichenden, tellerförmigen Wurzelkörper (**Abb. 37**). Ähnliches war bei der Weiß-Birke zu beobachten (**Abb. 120, 121**). Die Wurzelausbildung im Moor ist insofern auch klimabedingt, als Moore hauptsächlich in Kältebecken liegen.

Gemeinsam ist den flachen Wurzelsystemen, die sich im Gebirge, im hohen Norden oder in Mooren bilden, daß sie sich auf Böden mit gehemmter Humusmineralisierung ausbreiten. Sie können bei stärkerer Abtrocknung der obersten Bodenschichten infolge höherer Erwärmung in Tieflagen durch Aufwärtsstreben vieler Wurzeln bis zur Bodenoberfläche auch eine tellerartige Form annehmen (**Fig. 2 a. 10**). Be-

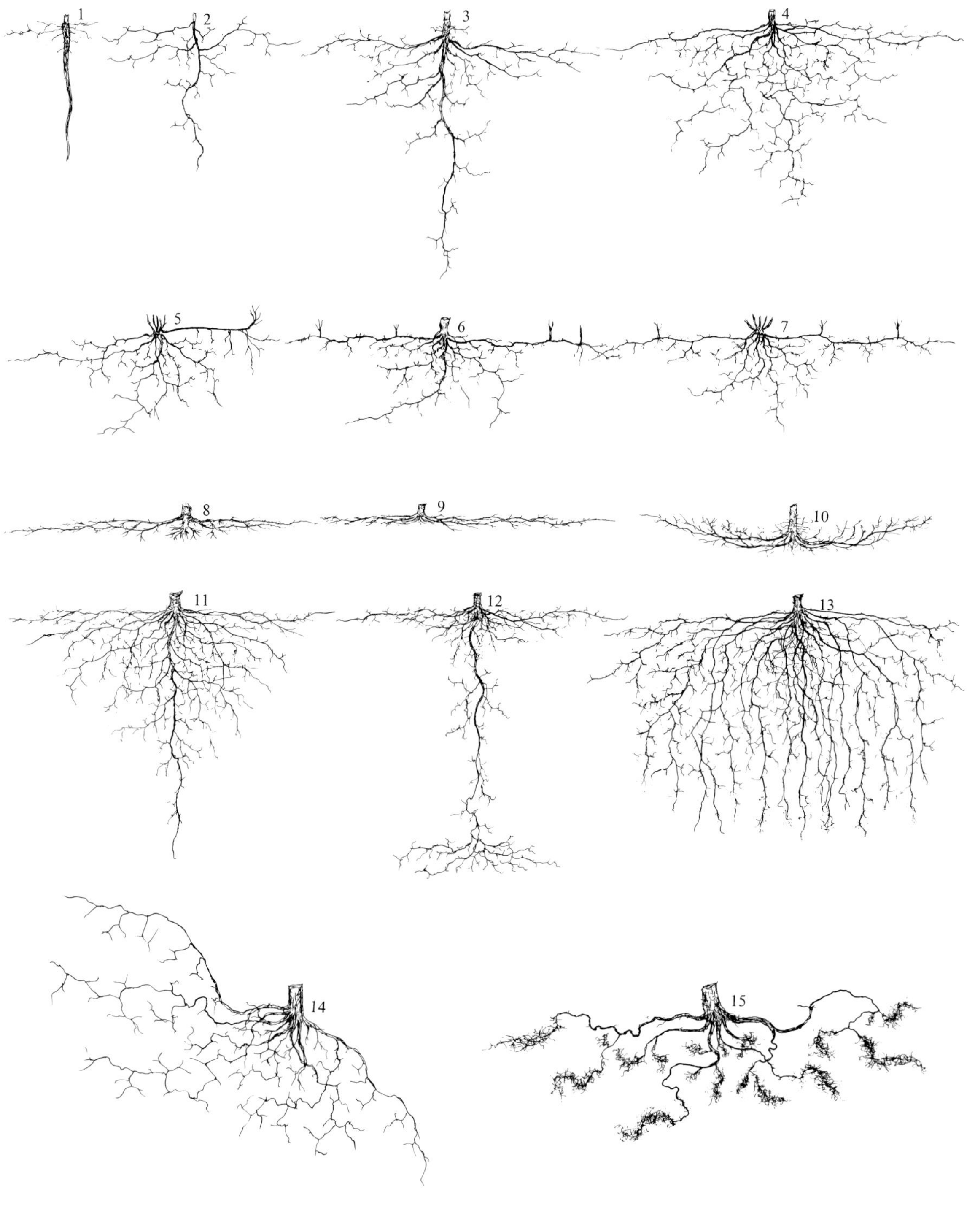

sonders häufig ist dies bei Moorpflanzen sommerwarmer Gebiete zu beobachten (KUTSCHERA & LICHTENEGGER 1982). Auch Bäume können auf moderhumusreichen Böden tellerförmige Wurzelkörper bilden. HARTMANN (1951) beschreibt einen solchen Wurzeltyp für die Fichte auf Waldnaßtorf.

Den flachen Rohhumus-, Moderhumus- oder Torfhumus-Wurzeltypen stehen die tiefreichenden Wurzeltypen auf Mullhumusböden gegenüber, die sich nur auf tiefgründig erwärmten, stauwasserfreien, ausreichend gut durchlüfteten Feinsedimentböden voll entfalten. Je nach der Höhe der Erwärmung und Durchfeuchtung des Bodens können drei Grundformen unterschieden werden (s. Abschnitt 6.2).

In frischen Lagen, in denen die Böden meist ausreichend durchfeuchtet sind, bilden sich hauptsächlich verkehrt kegelförmige Formen, bei denen die Wurzelmasse nach der Tiefe hin ziemlich rasch abnimmt (**Fig. 2 a. 11**). Dies bewirkt einen allmählichen Übergang des A-Horizonts in den B-Horizont. Daher kann diese Wurzelform als typisch für feinsedimentreichere Braunerden und verbraunte Auböden angesehen werden (**Abb. 68, 101, 107, 129**). Man könnte sie auch als Braunerdetyp bezeichnen.

In halbtrockenen bzw. wechseltrockenen Lagen, in denen die Böden in den Übergangsjahreszeiten meist ausreichend feucht, im Sommer aber stärker oberbodentrocken sind, ergibt sich – infolge des sehr unterschiedlichen geotropen Verhaltens der Wurzeln mit zunehmender Bodentiefe (s. Abschnitt C) – meist eine räumliche Dreiteilung des Wurzelkörpers (**Fig. 2 a. 12**). Der starke Wechsel von Wärme und Feuchte in den oberen Bodenschichten bewirkt dort vornehmlich bei Polwurzelpflanzen die Ausbildung einer mehr oder weniger deutlich abgesetzten flachstreichenden Wurzelgruppe. Die mit zunehmender Tiefe abklingenden, aber noch deutlich vorhandenen Wärme- und Feuchteschwankungen bedingen, daß die Wurzeln im näheren Bereich des Stammes überwiegend abwärts wachsen. Mit Abklingen der geotropisch wirksamen Wärme- und Feuchteschwankungen in den tieferen Bodenschichten bilden die tiefstrebenden Wurzeln eine nach der Seite verlaufende Wurzelgruppe, die den Wurzelkörper nach unten begrenzt. Durch sie ist bei höherem Wassermangel im Oberboden eine verstärkte Wasseraufnahme aus den grundfrischen oder grundfeuchten Schichten möglich. Dieser Wurzeltyp ist besonders kennzeichnend für Gebiete mit einem sehr unterschiedlichen Klimaablauf zu den einzelnen Jahreszeiten. Innerhalb dieser Gebiete ist er bei höheren Niederschlägen vornehmlich auf skelettreichen, stärker wasserdurchlässigen Böden anzutreffen (**Abb. 113–116**). In trocken-warmen Gebieten kommt er auch auf feinsedimentreichen Böden vor, wenn die Wurzeln grundfeuchte Schichten erreichen. Das ist vornehmlich in Augebieten der Fall.

In warmen, trockenen Lagen, in denen die Niederschläge in der Vegetationszeit meist nur noch zur Durchfeuchtung des durchwurzelten Bodenraums ausreichen, streben die Wurzeln vorwiegend nach unten. Es entstehen zylinderförmige Wurzelkörper, die am unteren Rand – besonders bei Vorhandensein von Ca-Horizonten – ziemlich scharf abgesetzt sind. Dementsprechend gibt es auch keinen allmählichen Übergang des A-Horizonts in den C-Horizont. Dieser Wurzeltyp ist kennzeichnend für AC-Böden semihumider Gebiete. In Gegenüberstellung zum Braunerdetyp könnte er als Schwarzerdetyp angesprochen werden (**Fig. 2 a. 13, Abb. 78**).

Fig. 2 a: 1–7: Vorwiegend durch Erbanlagen bedingte Wurzelformen: 1 junge, verdickte, wenig verzweigte Polwurzel; 2 junge, dünne, stark verzweigte Polwurzel; 3 Polwurzelsystem mit stark hervortretender, vorwüchsiger Polwurzel; 4 Polwurzelsystem mit zurücktretender Polwurzel; 5 Polwurzel-Sproßwurzel-System mit Bestockungstrieben und bewurzeltem Legtrieb; 6 Polwurzel-Sproßwurzel-System mit Wurzelsprossen; 7 Polwurzel-Sproßwurzel-System mit Wurzelsprossen und Bestockungstrieben. **8–13: Vorwiegend durch das Klima bedingte Wurzelformen:** 8 scheibenförmiges Polwurzelsystem mit nach unten gerichteten verkümmerten Herzwurzeln, vorwiegend in der subalpinen Stufe; 9 scheibenförmiges Polwurzelsystem ohne abwärts wachsende Wurzeln, vorwiegend in der alpinen Stufe; 10 tellerförmiges Polwurzelsystem mit nach oben strebenden Wurzeln, vorwiegend auf sommertrockenen, moorigen Böden; 11 verkehrt kegelförmiges Polwurzelsystem mit ziemlich rasch nach unten abnehmender Masse, vorwiegend auf frischen Braunerden – Braunerdetyp; 12 hantelförmiges Polwurzelsystem mit einer oberen und einer unteren flachstreichenden Wurzelgruppe, vorwiegend auf sommertrockenen Braunerden; 13 zylinderförmiges Polwurzelsystem mit überwiegend abwärts wachsenden Wurzeln, vorwiegend auf trockenen Böden – Schwarzerdetyp. **14, 15 und Fig. 2 b, 16–24: Vorwiegend durch den Boden bedingte Wurzelformen:** 14 Polwurzelsystem in zerklüftetem Fels; 15 Polwurzelsystem in Blockschutt, Feinwurzeln gehäuft.

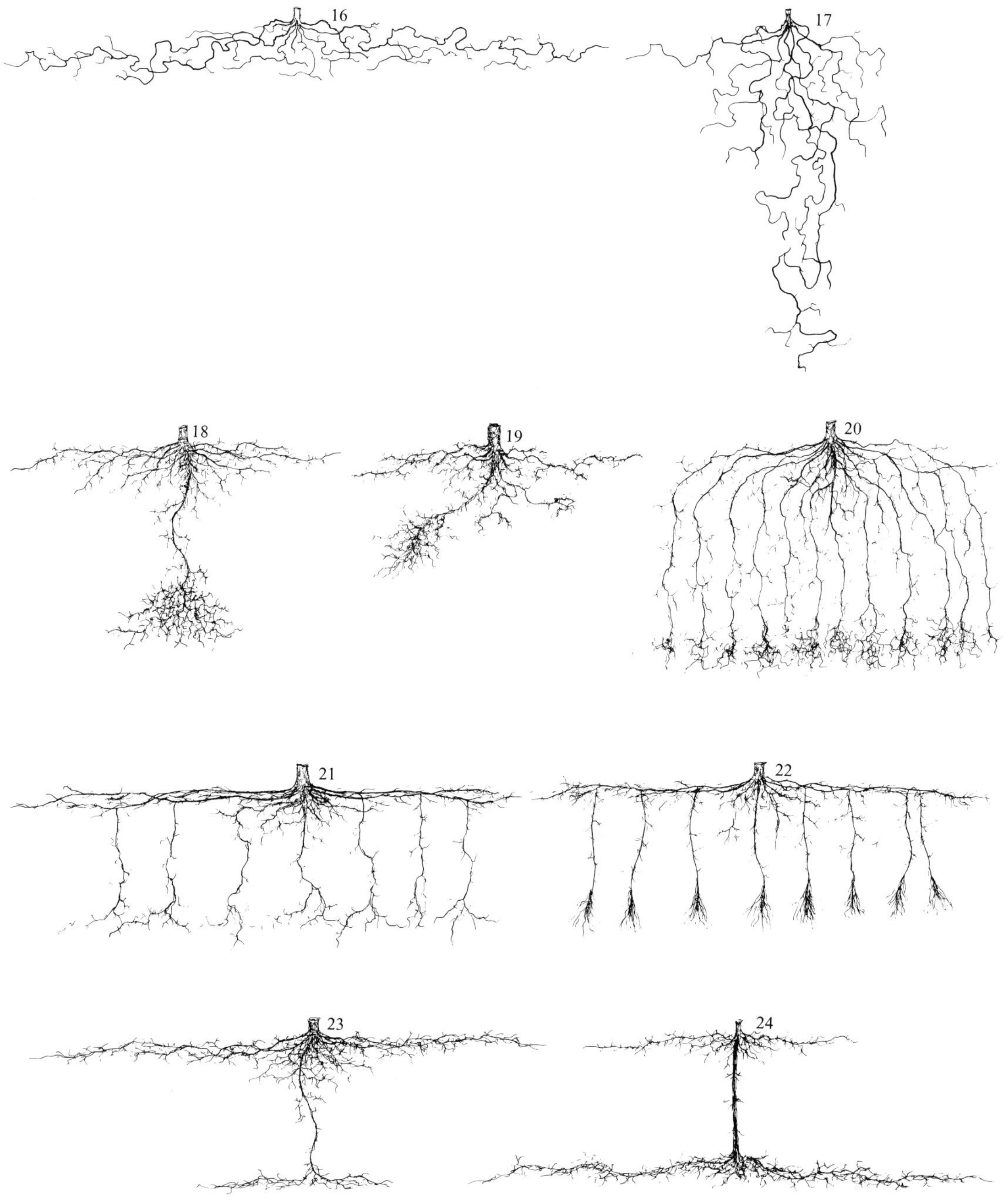

Fig. 2 b: 16 Polwurzelsystem in Feinschutt, Verlauf der Wurzeln stark gewunden, geringes Tiefenstreben in kühlen Gebieten; 17 Polwurzelsystem in nicht verdichtetem Schotter, Verlauf der Wurzelstränge stark gewunden, großes Tiefenstreben in warmen Gebieten; 18 hantelförmiges Polwurzelsystem in dichter Grundmoräne, Anhäufung der Wurzelmasse über den verdichteten Schichten infolge gehemmten Tiefenstrebens; 19 hantelförmiges Polwurzelsystem in einem durch Kalkkonkretionen verkrusteten Schotter eines trockenen Gebiets, Polwurzel infolge gehemmten Tiefenstrebens seitwärts umgebogen, Anhäufung der Wurzelmasse mit zunehmender Verdichtung; 20 zylinderförmiges Polwurzelsystem semiarider Gebiete, Anhäufung von Wurzeln im verkrusteten Ca-Horizont infolge gehemmten Tiefenstrebens; 21 Polwurzelsystem in einem tonigen Pseudogley, Bildung von Senkwurzeln infolge gehemmten Tiefenstrebens, seitlicher Verlauf der Wurzeln über dem Staukörper; 22 Polwurzelsystem in einem Stagnogley, Bildung von Senkwurzeln infolge hoch anstehenden Grundwassers, Wurzeln mit Beginn des Grundwassers quastenförmig verzweigt; 23 etagenförmiges Polwurzelsystem mit einer unteren flachstreichenden Wurzelgruppe in einem begrabenen Humushorizont; 24 etagenförmiges Polwurzel- Sproßwurzel-System mit verschüttetem Polwurzelsystem im begrabenen Humushorizont und mit schwach ausgebildetem Wurzelkranz am überschütteten Stamm in den oberen Sedimentschichten, die erst wenig mit Humus angereichert sind.

6.5.2.2 Vorwiegend durch den Boden bedingte Wurzelformen

Darunter fallen alle Wurzelformen, die auf eine bodenbedingte Hemmung des Verlaufs der Wurzeln zurückzuführen sind. Diese kann sich aus einer ungünstigen Textur oder Struktur des Bodens oder aus einem erhöhten Grundwasserstand von Mineralböden ergeben.

Hinsichtlich der Bodentextur entstehen vor allem in zerklüfteten Felsen und in grobklastischen Sedimenten keine einheitlichen Wurzelformen. Die Verteilung der Wurzeln ergibt sich im Fels vornehmlich aus dem Angebot von Rissen und Klüften (**Fig. 2 a. 14, Abb. 48, 139**). Nicht viel anders gestaltet sich die Durchwurzelung im Blockschutt. Gegenüber den Felsklüften bieten sich aber größere Hohlräume an, in denen – vor allem bei Humusanreicherung – Wurzelnester entstehen können (**Fig. 2 a. 15, Abb. 35**). Aber auch hier können sich die Wurzeln nur in den vorhandenen Hohlräumen ausbreiten.

Im Schotter oder im Feinschutt bilden die Wurzelkörper – trotz des sehr unregelmäßigen Verlaufs der Wurzeln – Formen, die auch den Einfluß des Klimas deutlich erkennen lassen (**Fig. 2 b. 16, 17**). In sehr kühlen Gebieten entstehen in diesen Böden nur flurnah verlaufende Wurzelsysteme. Ein anschauliches Beispiel dafür ist der flache Wurzelverlauf der Spaliersträucher im Feinschutt in der subalpinen und alpinen Stufe (Kutschera & Lichtenegger 1997). In warmen, niederschlagsreichen Gebieten können auf nicht verdichteten Schotterböden namentlich bei Polwurzelpflanzen tiefreichende Wurzelkörper entstehen (Kutschera & Lichtenegger 1992, Abb. 145, 196, 197, 301). In Trockengebieten dringen die Wurzeln in solche Böden nur dann tief ein, wenn sie grundfeuchte Schichten erreichen. Die tiefreichenden Wurzeln beschränken sich oft nur auf einige Wurzelstränge (Kutschera 1960, Abb. 248).

Die Bodenstruktur wirkt sich auf die Bildung der Wurzelformen dann entscheidend aus, wenn Verdichtungen das in Hinsicht auf die Bodenerwärmung mögliche Tiefenstreben der Wurzeln beeinträchtigen oder verhindern. Je nach der Tiefenlage der Verdichtungen entstehen mehr oder weniger tief reichende Wurzelkörper. Auf stauwasserfreien Böden sind Verdichtungen – außerhalb der landwirtschaftlich genutzten Flächen – vornehmlich auf nacheiszeitliche Verpressungen, auf Kalkverkittungen oder Kalkhorizonte und auf Ortsteinbildungen zurückzuführen.

Ortsteinschichten, die nur ein geringes Tiefenstreben zulassen, finden sich vornehmlich in den podsolierten Sandböden sommerkühler Gebiete. Ein Beispiel dafür ist der flache Verlauf der Wurzeln der Besenheide auf Sandboden mit Ortsteinbildung in der Lüneburger Heide (Kutschera & Lichtenegger 1982, Abb. 84).

Verdichtete kalkreiche Horizonte, die das Eindringen der Wurzeln hemmen, kommen in humiden Gebieten – abgesehen von anstehenden kalkreichen Sedimentgesteinen – fast nur in Grundmoränen vor. In ihnen bilden Polwurzelpflanzen meist annähernd hantelförmige Wurzelformen (**Fig. 2 b. 18, Abb. 34, 119**). Verkrustete, den Wurzeltiefgang hemmende Kalkhorizonte, die im Zuge von Kalkausfällungen entstehen, beschränken sich fast ausschließlich auf Trockengebiete. Auf tiefgründig humosen Böden, wie auf Schwarzerden, kommen verkrustete Kalkhorizonte meist am Übergang vom A-Horizont zum C-Horizont vor. Dort kommt es infolge des gehemmten Tiefenstrebens zu einer starken Anhäufung der Wurzelmasse (**Fig. 2 b. 20**, Kutschera & Lichtenegger 1992, Abb. 122), die wesentlich zur Vertiefung des Humushorizonts beiträgt. Schotterböden mit geringer Feinsedimentauflage und seichten Humushorizonten sind in Trockengebieten bald unter Flur durch Kalkausfällungen oft so stark verkrustet, daß nur noch verformte Wurzelkörper entstehen (**Fig. 2 b. 19**). Schon im Steinfeld bei Wiener Neustadt bildet die Schwarz-Kiefer auf dem verbackenen Schotter nur noch stark verkrüppelte, undeutlich hantelförmige Wurzelformen (**Abb. 46**). In Wüsten, wie in der Mongolei oder in Namibia, können selbst Feinsedimente bald unter Flur so stark verkrustet sein, daß sich keine regelmäßig geformten Wurzelkörper mehr bilden (Baitulin et al. 1993, Kutschera et al. 1997).

Auch Tagwasserstau oder erhöhter Grundwasserstand führt dazu, daß die aufgrund der Bodenerwärmung mögliche Wurzeltiefe nicht erreicht wird. Auf tonreichen Pseudogleyböden ist es den Wurzeln nur sehr schwer möglich, in den dichten Staukörper einzudringen. Das gehemmte Tiefenwachstum bewirkt eine vermehrte Bildung von Senkern entlang der im Oberboden seitwärts verlaufenden Wurzelstränge und eine nicht immer sehr deutlich ausgebildete flachstreichende Wurzelgruppe am oberen Rand des Staukörpers. Es entstehen annähernd etagenförmige Wurzelkörper mit einer mächtigen flurnah verlaufenden

Wurzelgruppe, mit relativ wenig verzweigten, stelzenförmigen Senkern und einer schwach ausgebildeten unteren, seitwärts verlaufenden Wurzelgruppe (**Fig. 2 b. 21**). Wenn der Staukörper nur in geringer Tiefe liegt, können beide flachstreichenden Wurzelgruppen ineinander übergehen. Sehr ähnliche Wurzelkörper kommen auch bei hoch anstehendem Grundwasser vor, nur sind dann die bis zum Grundwasser reichenden Senker häufig quastenförmig verzweigt (**Fig. 2 b. 22**).

Etagenförmige Wurzelkörper können bei Vorhandensein begrabener Humushorizonte entstehen. Solche Wurzelprofile finden sich häufig in „jungen" Flußtälern oder auf flach auslaufenden Schwemmfächern (**Abb. 62, 162**). Wenn tiefstrebende Wurzeln auf alte, begrabene Humushorizonte stoßen, bilden sie in diesen eine mehr oder weniger mächtige, seitwärts verlaufende Wurzelgruppe (**Fig. 2 b. 23**). Wenn Polwurzelsysteme verschüttet werden, entsteht im flurnahen verschütteten Bereich des Stammes ein Kranz aus sproßbürtigen Wurzeln (**Fig. 2 b. 24**). Wie stark dieser ausgebildet ist, hängt davon ab, wieviel Humus sich bereits im aufgeschütteten Sediment gebildet hat.

Eine wesentlich reichere Gliederung der Wurzelformen von Bäumen und Sträuchern, die auch tropische und subtropische Formen einbezieht, ist bei KRASILNIKOV (1968) und bei SUTTON & TINUS (1983) zu finden. Für das vorliegende, weniger formenreiche Material, das sich ausschließlich auf den mitteleuropäischen Raum bezieht, ist die vorgeschlagene einfachere Typisierung zweckmäßiger.

7. Wurzelmasse

Wie die Ausbildung der Wurzelsysteme wird auch die Ausbildung der Wurzelmasse in erster Linie von den Temperatur- und Feuchteverhältnissen bestimmt. Das zeigen in besonders anschaulicher Weise die Arbeiten von RODIN & BAZILEVICH (1967) und von BAZILEVICH & RODIN (1968). Aus der von den Autoren dargestellten weltweiten Übersicht ist klar erkennbar, daß die Wurzelmasse einerseits mit zunehmender Trockenheit und andererseits mit zunehmender Kälte abnimmt. Denn nach dieser Übersicht entsteht in den subtropischen Wüsten annähernd die gleich große Wurzelmasse wie in der arktischen Tundra. Bei ausgeglichenen Wärme- und Feuchteverhältnissen erreicht die Wurzelmasse in den tropischen Regenwäldern die höchsten Werte, gefolgt von den immergrünen Wäldern der subtropischen und der warmgemäßigten Zone sowie den Fallaub-Wäldern der gemäßigten Zone.

Der Anteil der Wurzelmasse an der Gesamtbiomasse ist im großen und ganzen weniger von den klimatischen Verhältnissen abhängig als vielmehr von der Bestandeshöhe der Vegetation. Er beträgt bei den Wäldern im Durchschnitt 20–30 %. Bei den steppen- und wüstenartigen Vegetationseinheiten steigt er auf meist über 50 % an. Diese von der Höhe der Vegetation abhängigen Werte verändern sich mit zunehmender Wärme nur wenig. So fällt der Anteil der Wurzelmasse an der Gesamtbiomasse von den nordischen Nadelwäldern bis zu den tropischen Regenwäldern lediglich von ca. 30 auf ca. 20 % ab. Auch bei den niedrigen Vegetationseinheiten nimmt der Anteil der Wurzelmasse an der Gesamtbiomasse von Norden nach Süden nur geringfügig ab. Er wird für die Tundra mit ca. 70 %, für die Steppen der gemäßigten Zone mit 65–90 % und für die subtropischen Wüsten mit 40–75 % angegeben (BAZILEVICH & RODIN).

B. Anatomie

1. Entstehung der Wurzel im Lauf der Stammesgeschichte (Taf. 1)

Das Entstehen der Wurzel im Lauf der Stammesgeschichte ist der Schlüssel für das Verständnis der Aufgaben der Wurzel im Leben der Pflanze. Die Wurzel entstand, als die Pflanzen den Schritt vom Wasser zum Leben auf dem Land wagten. Sie ist das stammesgeschichtlich am spätesten erworbene Organ der Sproßpflanzen, Cormophyten (Guttenberg 1964). Troll (1943/67) bezeichnete sie bereits in den dreißiger Jahren des 20. Jhs. in seinen Vorlesungen als völlig neues Organ.

Als Urlandpflanzen im Sinne der Sproßpflanzen gelten die Rhyniales. Sie traten erstmals an der Wende vom Silur zum Devon, d. i. vor etwa 400 Millionen Jahren, auf. Gleich den heutigen Sproßpflanzen hatten sie bereits eine Cuticula und Spaltöffnungen. Es fehlten ihnen jedoch Wurzeln. Sie hatten wie die Moose nur Rhizoiden. Diese bestehen aus einschichtigen Zellreihen. Sie können daher nur geringe osmotische Kräfte entfalten. In einer wichtigen Eigenschaft stimmen sie allerdings schon mit den Wurzeln überein. Wie diese nehmen sie das Wasser vorwiegend von außen auf. Darin unterscheiden sie sich vom Sproß, der das Wasser aus dem Inneren des Pflanzenkörpers zugeführt erhält. Dieser Unterschied bewirkt, daß bereits die Rhizoiden allseits bis schwach abwärts wachsen, während der übrige Teil der Pflanze eher aufwärts wächst (s. Abschnitt C).

Mit Hilfe der Rhizoiden konnten die Pflanzen nur geringe Sproßhöhen erreichen. Für die Rhyniales wird eine Höhe bis 50 cm angegeben (Zimmermann 1959, Bresinsky in Strasburger 1998, Bild 5 A und B). Denn eine der größten Schwierigkeiten für die Pflanzen ist die Überwindung der Schwerkraft (Leistikow & Kockel 1990). Wenn sie im Wasser leben, werden sie von diesem getragen (Bild 2). Auf dem Land müssen sie sich aus eigener Kraft aufrichten. Die Entfaltung dieser Kraft erfolgte über das Wasser mit Hilfe von Leitungsbahnen, die die Rhyniales bereits besaßen. Sie konnten daher diesen bescheidenen Höhenwuchs erreichen. Das Fehlen der Wurzeln ließ aber keinen größeren Höhenwuchs zu. Dies dürfte dazu beigetragen haben, daß die Rhyniales bereits in der zweiten Hälfte des Devon, d. i. vor etwa 370 Millionen Jahren, ausgestorben sind.

Erstmals traten Wurzeln bei den Bärlappartigen Gewächsen, den Lycopsida, auf. Diese entstanden in der zweiten Hälfte des Devon, d. i. vor etwa 360 Millionen Jahren (Bild 1). Bei ihnen gehen die Wurzeln jedoch nicht unmittelbar aus dem Sproß der Pflanze hervor, sondern über ein Zwischenstück, den Wurzelträger, der eine Cuticula, aber in der Regel keine Spaltöffnungen besitzt. Außerdem bildet er keine Blätter. Wegen des Vorhandenseins der Cuticula gilt der Wurzelträger eindeutig als Sproßorgan. In seinem Endteil ist die Cuticula allerdings dünner als an seiner Abzweigungsstelle vom Stamm (Kutschera & Sobotik 1992). Die Bärlappgewächse erreichten in den Vertretern der Schuppenbäume, *Lepidodendron*, und in jenen der Siegelbäume, *Sigillaria*, bereits Wuchshöhen bis über 40 Meter (Bild 6 und 7). Die Wurzeln verliefen vorwiegend horizontal nahe Flur. Die Ursache dürfte in dem inneren Bau der wasserarmen Wurzeln gelegen sein und möglicherweise auch in einem ausgeglicheneren Klima (vgl. Abschnitt C, Geotropismus). Unter den heutigen Bärlappartigen Gewächsen zeigt *Selaginella spinulosa* nach ihrem Grundaufbau die größte Ähnlichkeit mit den Vertretern von *Lepidodendron* und *Sigillaria* (Bild 8 und Troll 1934/35).

Der Grund für das Entstehen der Wurzeln dürfte in dem höheren Lichtangebot am Land und in den größeren Schwankungen im Angebot an Wasser und Wärme gelegen sein. Schon bei geringer Überdeckung mit Wasser erhalten die Pflanzen weniger Licht. Mit zunehmender Wassertiefe nimmt das Licht rasch ab (Bild 3). Die auf dem Land lebenden Pflanzen können daher größere Mengen an Assimilaten bilden. Eine damit gleichlaufende Nutzung ist aber u. a. wegen des stark wechselnden Angebotes an Wärme und Wasser nicht möglich. Als Folge davon entsteht zeitweise ein Überschuß an Assimilaten. Dieser Überschuß muß entfernt werden, damit die Pflanze keinen Schaden erleidet. Bei den Moosen, die erst in der zweiten Hälfte des Carbon entstanden und bei denen der assimilierende Pflanzenkörper im Vergleich zu den Sproßpflanzen klein bleibt, genügt noch die Bildung von Rhizoiden. Außerdem können sich einige von ihnen, wie das Brunnen-Lebermoos, *Marchantia polymorpha*, mit Hilfe von Brutkörperchen von dem zeitweisen Überschuß an Assimilaten befreien. Die Brutkörperchen werden im Brutbecher abgelagert und durch Regen ausgeschwemmt (Bild 4 A–C).

Die Knöllchenbildung an den Gametophyten der Farngattung *Anogramma* könnte als Anfang in der Bildung der Wurzel angesehen werden. Die Knöllchen sind Organe, die die Assimilate des grünen Thallus aufnehmen und sie, in den Boden eingesenkt, über Trockenzeiten bewahren. Sie entstammen der Prothallienunterseite. Hier werden sie durch örtlich intensiviertes Dickenwachstum angelegt. Sie sind mit Rhizoiden besetzt, über die sie Wasser aus dem Boden aufnehmen. Dadurch wird das Blastozon, d. h. der nach dem Eintrocknen des Prothalliums verbliebene Geweberest, aktiviert. Stoffspeicherung und Wasseraufnahme sind typische Wurzelfunktionen, ebenso die Einsenkung in den Boden (HAGEMANN 1997).

Die Ableitung der Überschüsse an Assimilaten in die Wurzeln wird durch deren Bau erleichtert. Die Wurzeln ähneln infolge des Fehlens von Unterbrechungszonen wie den Knoten der Grashalme gleichsam einem Sack. Dieser Sack kann sich zudem wegen des Spitzenwachstums der Wurzeln laufend verlängern. Als weiterer großer Fortschritt kommt hinzu, daß der Sproß diesen Überschuß an Assimilaten der Wurzel wieder entnehmen und für sein Wachstum verwenden kann. Dadurch sind die Pflanzen imstande, auch große Schwankungen im Angebot an Wasser und Wärme zu ertragen. Ein zusätzlicher Vorteil ist, daß die Wurzel dank des hohen Gehalts an Assimilaten nicht nur große Kräfte für die Aufnahme von Wasser von außen, sondern auch für dessen Weiterleitung in den Sproß entfalten kann. Die Wurzel wurde daher aufgrund ihrer Erbanlagen, d. h. ihrer genetischen Komponenten, zu einem sehr bedeutenden neuen Organ (HAUSER 1997). Mit ihrer Hilfe kann sich heute in den verschiedenen Klimagebieten der Erde eine vielfältige und fallweise vielschichtige Pflanzendecke aufbauen. Außerdem können Nadel- und Laubbäume große Wuchshöhen erreichen. Die Küsten-Sequoie, *Sequoia sempervirens,* und Vertreter von *Eucalyptus* können über 100 m hoch werden.

2. Unterschiede zwischen Sproß und Wurzel (Taf. 2)

Die Wurzel steht anfangs ausschließlich im Dienst der übrigen Organe, und zwar namentlich des Grundorgans der Pflanze, des Blattes. Besonders deutlich ist dies an kurzen Verzweigungen des Sprosses zu sehen, die zunächst nur ein Blatt bilden, von dessen Grund frühzeitig eine Sproßwurzel ausgeht. Solche Verzweigungen sind bei vielen Familien an ausdauernden Teilen der Pflanze zu finden. Beispiele dafür sind die sogenannten Reiter an der gestauchten Grundachse von Doldengewächsen, Apiaceen, bei denen allerdings nicht nur eine, sondern meist zwei Wurzeln entstehen. Weitere Beispiele sind die Arten mit kriechender Grundachse wie Vertreter der Hahnenfußgewächse, Ranunculaceen, der Schmetterlingsblütler, Leguminosen u. a., bei denen alljährlich ein Blatt mit der dazugehörigen Wurzel gebildet wird. Seltener kommt die Bildung einer solchen Verzweigung innerhalb des Blütenstandes vor. Ein Beispiel dafür ist ein Vertreter der Gattung *Phalaenopsis*, einer Orchidee (Bild 1). Die zeitweise im Überschuß von dem jungen Blatt gebildeten Assimilate werden in die junge Wurzel geleitet. Der verbindende Bereich zwischen den beiden Organen ist sehr schmal.

Schon äußerlich zeigt sich der grundverschiedene Aufbau der Gewebe von Sproß und Wurzel in Unterschieden der räumlichen Gestalt und der Farbe. So hat der Sproß als äußerste Schicht eine Epidermis. Sie ist von einer Cuticula überzogen und von Spaltöffnungen durchbrochen. Der äußersten Schicht der Wurzel fehlen dagegen sowohl eine Cuticula als auch Spaltöffnungen. Über ihr liegt im Bereich der Wurzelspitze die Wurzelhaube (s. Abschnitt 5). Die äußere Schicht sollte daher nie wie die gleichgelagerte Schicht

---

Taf. 1: – **1:** Auftreten der Formenkreise im Laufe der Erdgeschichte. – **2:** Verteilung von Algen und Flechten im Gezeitenbereich der Nordsee. – **3:** Abnahme des Lichts mit Zunahme der Wassertiefe. – **4: Brunnen-Lebermoos,** *Marchantia polymorpha.* – **A:** Übersicht, Cuticula als wachsartiger, geschlossener Überzug bereits vorhanden. – **B:** Thallus, **Ø** mit Atemhöhle und Rhizoiden. – **C:** Brutbecher mit Brutkörper. – **5:** *Rhynia.* – **A:** Übersicht, Wurzeln noch nicht vorhanden. – **B:** Vegetationskörper, Stamm, **Ø.** – **6–8:** Bärlappbäume, Lepidodendrales, und Moosfarnartige, Selaginellales. – **6:** Schuppenbaum, Lepidodendraceae. – **7:** Siegelbaum, Sigillariaceae. – **8: Kleindorniger Moosfarn,** *Selaginella spinulosa*, Selaginellaceae. – **1, 2, 4 B–7:** Aus BRESINSKY IN STRASBURGER (1998). – **1, 4 B, C, 6, 7:** Nach MÄGDEFRAU. – **2:** Nach NIEBURG. – **5:** Nach KIDSTON & LANG. – **3:** Aus EHRENDORFER in STRASBURGER (1998) nach FINDENEGG aus LARCHER. – **8:** Aus TROLL (1943/67) nach BRUCHMANN. – Zusammenstellung wie in KUTSCHERA & LICHTENEGGER (1997).

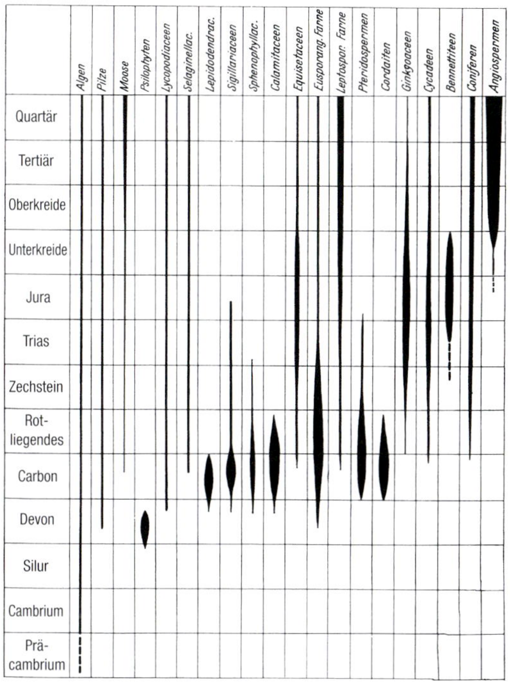

1

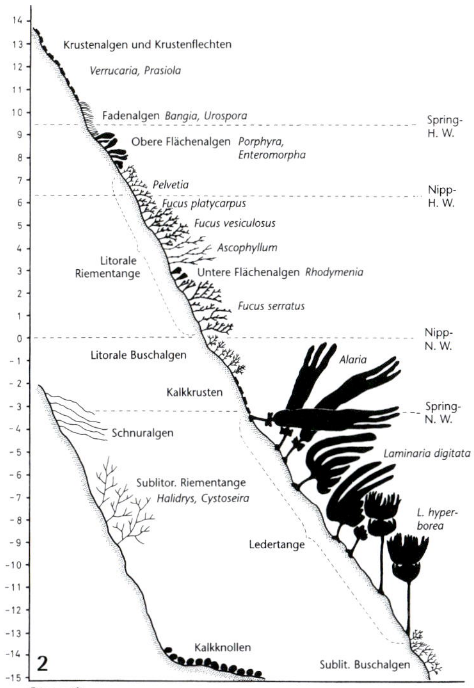

2

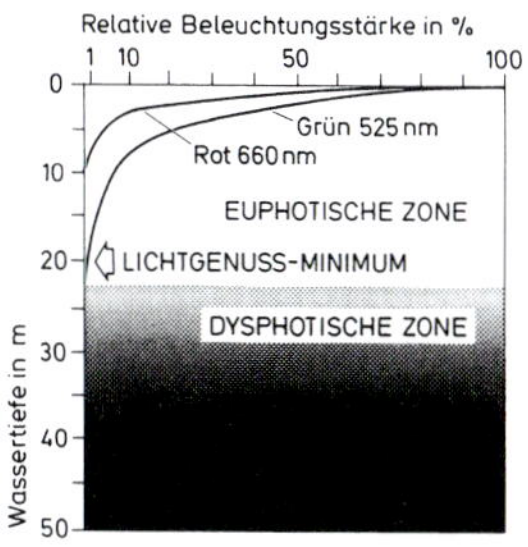

3

4A

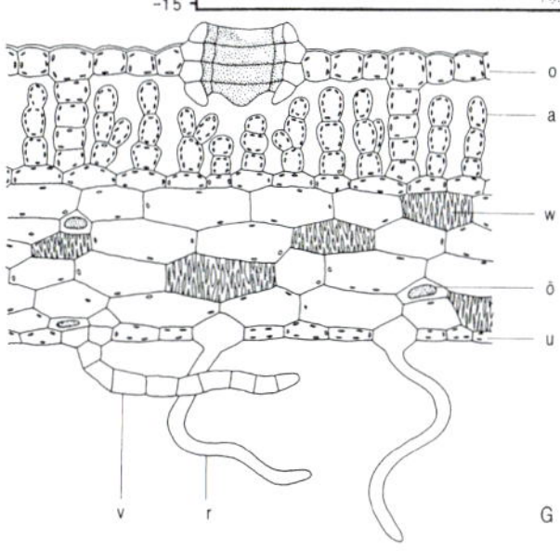
B

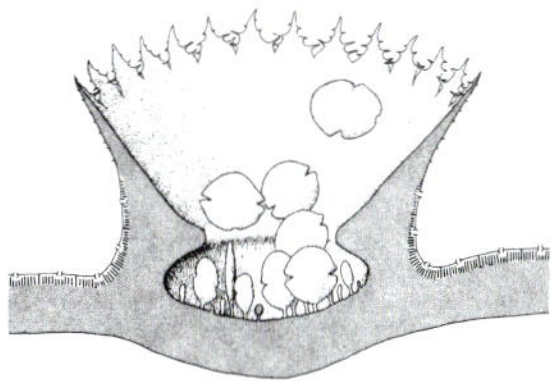
C

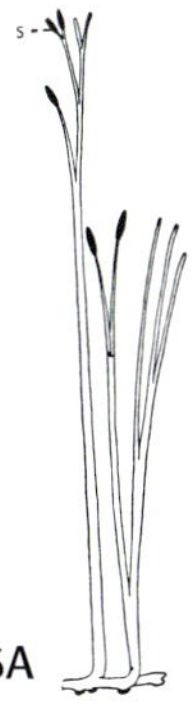

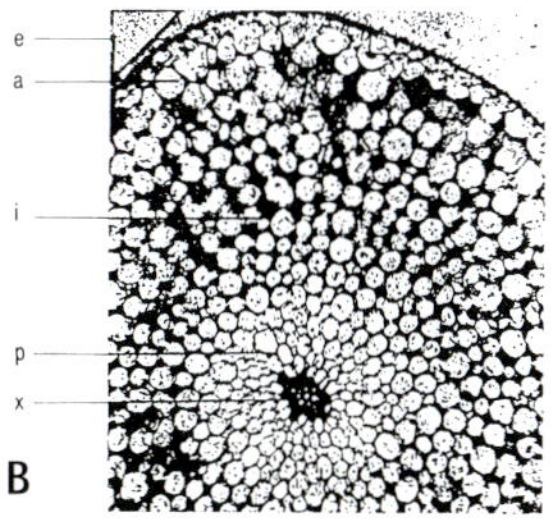

5A B

Rhynia Rekonstruktion, Sproß

6

Lepidodendron

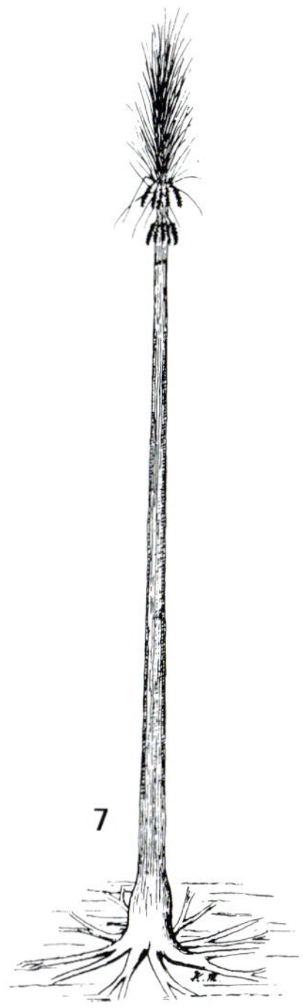
7

Sigillaria

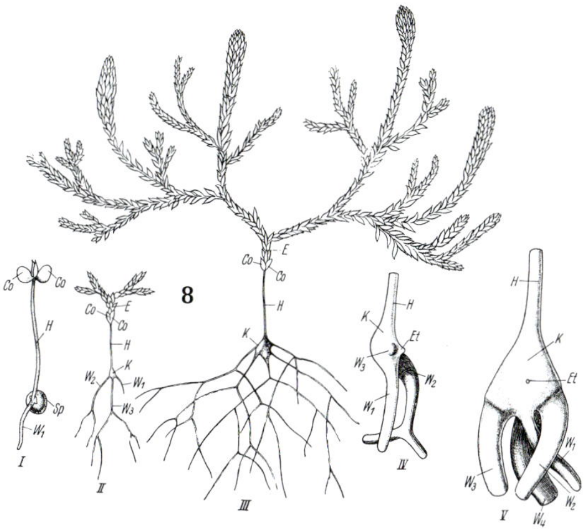

8

Selaginella spinulosa I–V
Sp Makrospore, H Hypokotyl,
Co Kotyledonen, E Epikotyl,
K verdickte Basis des Hypokotyls, Et Embryoträger, W1–W4 Rhizophoren

zu Rhynia oben:
a Außenrinde, e Epidermis,
i Innenrinde, p Phloem,
s Sporangium, x Xylem

des Sprosses als Epidermis bezeichnet werden, sondern wie bei den Gymnospermen als äußerste Schicht des Außenrindenparenchyms oder wie bei den Angiospermen als Rhizodermis, d. h. Wurzelhaut (s. Abschnitt 5.1, **Taf. 6**). Denn nur dadurch wird der grundlegende und physiologisch überaus bedeutende Unterschied zwischen den beiden Zellschichten in Erinnerung gerufen (vgl. GUTTENBERG 1968). Ein weiterer Unterschied zwischen Wurzel und Sproß liegt darin, daß der Sproß ein eigenes Assimilationsgewebe besitzt, während dieses den Wurzeln fehlt. Es ist der Ort stärkster Stoffbildung und liegt in der Regel nahe der Oberfläche des Organs. Über die Spaltöffnungen erhält hier das Gewebe auf raschestem Weg genügend Luft, um aus dieser das für seine Assimilationstätigkeit notwendige CO_2 zu entnehmen (HOFFMANN 1987, 1998). Bei der Wurzel tritt lagemäßig an dessen Stelle die Rinde.

Die Rinde ist in erster Linie ein Aufnahme- und Speichergewebe, aber kein Assimilationsgewebe. Ihre Zellen können allerdings ebenfalls ergrünen und somit assimilieren. Dies tritt ein, wenn die Wurzel längere Zeit dem Licht ausgesetzt ist. Die in der Zelle enthaltenen Leukoplasten wandeln sich dann in Chloroplasten um. Die Stoffbildung ist aber sehr beschränkt. Bild 2 und 4 zeigen die Merkmale des Sprosses am Beispiel des Nadelblattes der Wald-Kiefer, *Pinus sylvestris,* und des Laubblattes von *Welwitschia mirabilis. Welwitschia mirabilis* hat als besonders kennzeichnende Art der Nebelwüste Südwestafrikas eine sehr dicke Cuticula. Unter dieser liegt die cuticulare Schicht, die ebenfalls sehr breit ist. Sie besteht aus einem Cellulosegerüst, in das Cutin eingelagert wurde. Auf Bild 5 sind Rhizodermiszellen der Eibe, *Taxus baccata,* zu sehen. Die Zellwand ist verholzt und deshalb nach Behandlung mit Ph/HCl rötlich gefärbt. Eine Cuticula fehlt. Ein weiteres Bild von Rhizodermiszellen der Eibe zeigt eine Pilzhyphe in einem Wurzelhaar (**Taf. 20**, Bild 7). Das Fehlen der Cuticula erleichtert dem Pilz das Eindringen in die Gewebe der Wurzel. Im Sproßgewebe können dagegen Pilze in der Regel nur nach Verletzungen eindringen.

Die Verbindung zwischen Sproß und Wurzel zeigt Bild 3 am Beispiel eines Längsschnittes durch eine Keimpflanze von *Commelina communis*, einer einkeimblättrigen Art (YAMASHITA 1983). Die beiden Seitenwurzeln, die frühzeitig im Übergangsbereich zwischen Sproß und Wurzel entstehen, werden nach WEBER (1936) als Grenzwurzeln bezeichnet. Eine schematische Übersicht über den Verbindungsbereich zwischen Sproß und Wurzel mit dem Verlauf der Leitungsbahnen bringt Bild 7. Es zeigt einen weiteren wesentlichen Unterschied zwischen Sproß und Wurzel. Im Inneren des Sprosses liegt zwischen den Leitungsbahnen oft ein mehr oder weniger großer Gewebebereich mit meist dünnwandigen, parenchymatischen Zellen. Dieser Gewebebereich wird als Mark bezeichnet. Die Zellen können frühzeitig altern und absterben, ohne daß die Pflanze in ihren weiteren Lebensvorgängen wesentlich beeinträchtigt wird. Der Wurzel fehlt dagegen ein Mark. Wenn vor allem im jugendlichen Zustand im Zentrum der Wurzel ein parenchymatisches Gewebe vorhanden ist, d. h. ein Gewebe mit noch nicht deutlich differenzierten Zellen, so ist dieses ein potentielles Leitungsgewebe. Seine Zellen können in solche von vor allem wasserleitendem Gewebe, aber auch in solche von zuckerleitendem Gewebe umgewandelt werden. Trotzdem wird immer wieder in der Literatur von einem Mark der Wurzel gesprochen. Dies ungeachtet dessen, daß ESAU (1969) und auch andere Autoren ausdrücklich darauf hinweisen, daß die Wurzel kein Mark besitzt. Leider spricht auch GUTTENBERG (1941) anhand eines Querschnitts durch eine junge Wurzel von *Welwitschia mirabilis* von einem zarten Markgewebe in der Mitte zwischen den beiden Xylemstrahlengruppen. Auch dessen Zellen werden aber früher oder später je nach Wasserangebot zu leitenden Elementen des Xylems mit verholzten Zellwänden. Sie können aus diesem Grund niemals als Mark bezeichnet werden (Bild 9). Besonders Laubbäume wie beispielsweise der Berg-Ahorn, *Acer pseudoplatanus*, zeigen den großen Unterschied zwischen dem inneren Bereich des Sprosses mit dem Mark und jenem der Wurzel mit den Leitungsgeweben (Bild 6 und 8). Im Alter können daher die Stämme der Bäume einen großen Hohlraum aufweisen, ohne daß der Baum zugrunde geht. Die Wurzel stirbt dagegen ab, wenn in ihrem Inneren das Gewebe erkrankt.

Deutliche Unterschiede zwischen Sproß und Wurzel zeigen im primären Zustand auch die Bereiche der Rinde, d. h. des Gewebes zwischen der Außenhaut und dem Zentralzylinder. Bei den Wurzeln ist die innerste Schicht der Rinde durch besondere Ausformung und Funktion der Zellen ausgezeichnet. Sie wird als Endodermis bezeichnet (s. Abschnitt 5.2). Der Sproß hat keine derartige Endodermis. Dies geht schon daraus hervor, daß die bei Sprossen als Endodermen bezeichneten Gewebeschichten nicht immer vorhanden sind. Den Wurzeln der Samenpflanzen fehlt dagegen eine Endodermis niemals (ESAU). Außerdem sind, wie Esau zusammenfassend feststellt, die Endodermen des Sprosses für bestimmte Stoffwechselvorgänge wesentlich. Dabei entsprechen deren Tätigkeiten nicht jenen der Endodermis der Wurzel. So bilden die Endodermen des Sprosses kein geschlossenes Speichergewebe, das dem von der Wurzel gebildeten Innenrindenparenchym entspricht (s. Abschnitt 5). Ebenso sind sie keine geschlossene Scheide, die den Bereich der leitenden Elemente des Zentralzylinders vor Stoffverlusten schützt (Bild 10). Um die Aufgaben der einzelnen Gewebe für das Wachstum der Pflanzen klar darzulegen, wäre es daher wünschenswert, Gewebe, die in ihrer Entstehung, ihrem Bauplan und ihrer Lage sowie in ihrer Funktion nicht vollständig übereinstimmen, nicht mit dem gleichen Namen zu bezeichnen.

3. Aufgaben der Wurzel (Taf. 3)

Die Unterschiede zwischen Sproß und Wurzel lassen erkennen, daß die erste Aufgabe der Wurzel die Aufnahme der zeitweise im Überschuß vom Sproß gebildeten Assimilate ist. Die weiteren Aufgaben sind wegen der grundlegenden Bedeutung der ersten deren Folgeerscheinungen. Für alle im folgenden angeführten Aufgaben ist die Wurzel aufgrund ihres Bauplans bestens gerüstet.

1. Aufnahme der vom Sproß zeitweise im Überschuß gebildeten Assimilate
2. Ausscheidung von Stoffen zur Erschließung von Nährstoffen im Boden
3. Aufnahme von Wasser mit den darin gelösten Stoffen und deren Weiterleitung
4. Speicherung von Assimilaten und Wasser mit den darin gelösten Stoffen
5. Tägliche – und/oder in größeren zeitlichen Abständen – Rückführung von Assimilaten in den Sproß
6. Austausch von Luft, angereichert mit CO_2 oder O_2, mit dem Sproß
7. Fallweise Assimilation
8. Verankerung der Pflanzen im Boden oder an festen Gegenständen im Luftraum
9. Symbiose mit Pilzen zur besseren Aufschließung von Stoffen aus dem Abfall der Pflanzen
10. Symbiose mit Bakterien zur Bindung von Luftstickstoff
11. Bildung von Wurzelknospen zur Erhaltung und Vermehrung der Pflanzen
12. Erschließung des Bodens bzw. des Luftraumes durch das Richtungswachstum der Wurzelspitzen

Besonders deutlich zeigt sich die erste Aufgabe der Wurzel bei Pflanzen, die unter sehr günstigen Lebensbedingungen wachsen, deren Höhenwuchs aber relativ gering ist. Dazu zählen vor allem Vertreter der Gattungen *Ficus* und *Pandanus*. Eine besonders üppig wachsende Pflanze von *Ficus bengalensis* wurde in dem feuchtwarmen Monsungebiet von Kalkutta beobachtet. Ihr oberirdischer Teil bedeckt eine Fläche von ca. 2 ha. Die vorwiegend seitwärts wachsenden, reich beblätterten Äste beginnen frühzeitig mit der Ableitung des Überschusses an Assimilaten in zunächst dünne Sproßwurzeln. Diese treten an der Unterseite der Äste auf. Das Gewebe verfestigt sich hier später als an der Oberseite. Bis zum Erreichen der Bodenoberfläche, das sind mitunter mehr als 2 m, dienen die Wurzeln so gut wie ausschließlich der Aufnahme der vom Sproß zugeführten Assimilate. Wenn sie in den Boden eindringen und sich verzweigen, dienen sie in zunehmendem Maß auch der Aufnahme von Wasser mit den darin gelösten Stoffen und dem Abstützen der Äste (vgl. Abschnitt 5.2). Die laufende Zufuhr von Assimilaten führt zur Verdickung der Wurzeln (Bild 1 und 2). Andere Vertreter der Gattung *Ficus* wie *Ficus columnaris*, die in kühleren Gebieten wachsen und deren Sproß sich daher weniger üppig entwickeln kann, verzweigen ihre von den Seitenästen ausgehenden Wurzeln schon in der Luft (Bild 3).

Bei monocotylen Pflanzen wie den Vertretern von *Pandanus* verdickt sich die Wurzel unter dem Einfluß des Überschusses an Assimilaten bereits bei ihrer Anlage beträchtlich. So bildet der Zwerg-Schraubenbaum, *Pandanus pygmaeus*, an älteren, höher gelegenen Sproßteilen Wurzeln mit einem Durchmesser von über 4 cm. Die Wurzeln erreichen in der Luft bei Pflanzen, die im Gewächshaus gezogen wurden, Längen von mehr als 2,5 m. Sie verlieren während dieses Wachstums oft mehr Wasser durch Verdunstung, als sie von außen aufnehmen können. Dies zeigt sich an der Austrocknung der Wurzelhaube, die die Spitze des Wurzelkörpers als loses, pergamentartiges Gebilde umgibt. Auch diese Wurzel dient demnach während einer längeren Wachstumszeit so gut wie ausschließlich der Aufnahme des Überschusses an Assimilaten. Ihr Gehalt an Assimilaten ist so groß, daß einzelne von der Wurzel abgeschnittene Stücke auf einer Länge von 2 cm bis über 20 kuppenförmig hervortretende Seitenwurzeln bildeten (Bild 4–6). HOFFMANN & WIEDENROTH (1983) sprechen ebenfalls vom Assimilateüberschuß, der in die Wurzel gelangt.

Auch bei Wasserpflanzen zeigt sich die erste Aufgabe der Wurzel darin, daß die Masse der Wurzeln vom Ausmaß der assimilierenden Sproßteile abhängt. So beschreibt WEBER (1953), daß eine reich beblätterte Pflanze von *Eichhornia crassipes* Wurzeln mit einer Gesamtlänge von 11.481 m gebildet hatte. Die Wurzeln dieser Art haben eine Wurzeltasche, d. h., sie werden im Bereich der Spitze von Sproßgewebe umhüllt. Zwischen diesem und der Wurzel liegt ein Luftraum. Dadurch stellen sich die Wurzeln aufwärts (s. Bild 7–9).

Im krassen Gegensatz dazu stehen die Vertreter der Gattung Wasserschlauch, *Utricularia*. Sie können keine Wurzeln bilden. Der Grund dafür ist offensichtlich, daß ihnen die Fähigkeit zur Bildung assimilierender Blätter fehlt. Die Bildung von Blättern beschränkt sich auf den Blütenbereich, der übrige Teil der Pflanze ergrünt. Seine Assimilationsleistung bleibt sehr gering. Die Aufnahme von Nährstoffen, und zwar von mineralischen und organischen Stoffen, erfolgt z. T. in sackartigen Gebilden, in denen sich Reste von Pflanzen und Tieren ansammeln (Bild 10).

Auch mit Hilfe von Versuchen konnte die unmittelbare Abhängigkeit des Wachstums und der Funktion der Wurzel von der Versorgung mit Assimilaten nachgewiesen werden (WASSINK & RICHARDSON 1951, HOFFMANN 1974).

4. Wurzelhaube und primärer Bau des Wurzelkörpers bei Bärlappartigen Gewächsen, Farnen, Schachtelhalmen, Nadel- und Laubhölzern (Taf. 4)

Das Vorkommen einer Haube bei der Wurzel und deren Fehlen beim Sproß weisen ebenfalls auf die erste Aufgabe der Wurzel hin, die Aufnahme des zeitweiligen Überschusses an Assimilaten. Ebenso bestätigen sie das Entstehen aller Wurzeln aus dem Inneren des Sprosses.

Die Wurzelhaube wächst in der dem Wurzelkörper entgegengesetzten Richtung. Ihre jüngsten Zellen liegen angrenzend an jene des Wurzelkörpers im Inneren der Wurzel, ihre ältesten begrenzen sie nach außen. Sie ist daher ein nach außen offenes Gebilde, ohne gefestigten Abschluß gegenüber der Umwelt. Außerdem fehlen der Haube leitende Elemente. Die Stoffe, die von dem Sproß bis in die Spitze des Wurzelkörpers geleitet werden, können daher nur über die Zellwände oder über den Protoplasten der einzelnen Zellen bis in die äußersten Bereiche der Wurzelhaube gelangen.

Die Wurzeln von Wasserpflanzen bilden besonders große Hauben. Darauf verwies schon GUTTENBERG (1968) mit der Bemerkung, daß die bisherige Auffassung, die Wurzelhaube diene dem mechanischen Schutz des Wurzelkörpers, daher nicht zutreffen kann. Der Wurzelhaube muß eine wichtigere Aufgabe zukommen. Diese besteht eindeutig darin, den Wurzelkörper vor vorzeitiger Wasseraufnahme von außen zu schützen. Denn nur dadurch ist es möglich, daß die Zellen des Wurzelkörpers im Bereich der Haube ihren hohen Energiegehalt und damit ihre Fähigkeit zu rascher Teilung beibehalten können. Einigen Wasserpflanzen wärmerer Gebiete fehlt eine Wurzelhaube. An deren Stelle tritt eine Wurzeltasche (s. oben). Fälschlicherweise werden in der Literatur auch Umhüllungen der Wurzel mit Rindengewebe als Wurzeltaschen bezeichnet. Es handelt sich dabei um Seitenwurzeln. Wurzeln mit Wurzeltaschen sind dagegen im-

---

Taf. 2: – **1: Malaienblume,** *Phalaenopsis* sp. Klagenfurt, 15.9. – **2: Wald-Kiefer,** *Pinus sylvestris* subsp. *sylvestris*. Schütt bei Villach, Kärnten, 11.10. Nadel, ø, ungef., 64x. – **3: Gewöhnliche Commeline,** *Commelina communis*. Junge Keimpflanze, ⊠. Aus YAMASHITA (1983). – **4:** *Welwitschia mirabilis*. Damaraland, Namibia. Blatt, ø, Toluidinblau, 409x. Aus KUTSCHERA et al. (1997). – **5: Eibe,** *Taxus baccata*. Scheffau, Salzburg, 17.6. Prim., ø, Ph/HCl, 162x. – **6 u. 8: Berg-Ahorn,** *Acer pseudoplatanus*. – **6:** Arriach, Kärnten, 27.10. Sp, ø, Ph/HCl, 25x. – **7: Lein,** *Linum* sp. Übergangszone von Sp zu Wu, Hypocotyl u. WuHals. Aus FAHN (1982). – **8:** Hinterriß, Karwendel, Tirol, 4.6. Wu, sek., ø, Ph/HCl, 41x. – **9:** *Welwitschia mirabilis*. Stadtgarten, Klagenfurt, 15.2. SWu, sek., ø, Saf.-Ast., 64x. – **10: Wild-Lattich,** *Lactuca serriola*. Stengel, ø, 170x. Aus ESAU (1969).

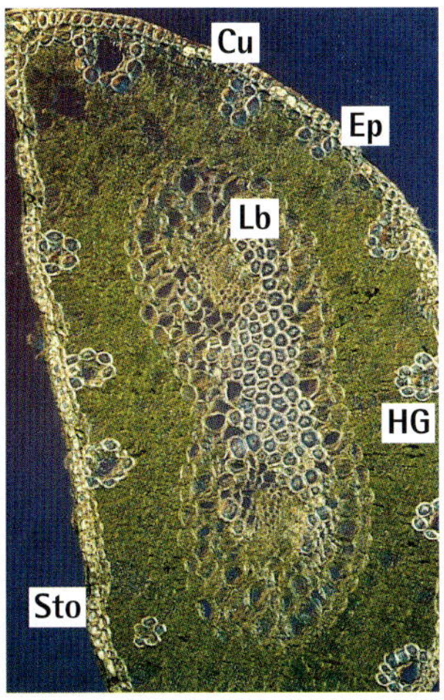
Cu
Ep
Lb
HG
Sto

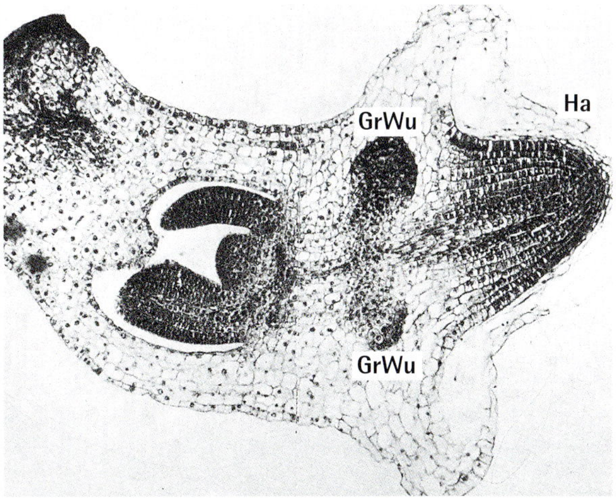
GrWu
Ha
GrWu

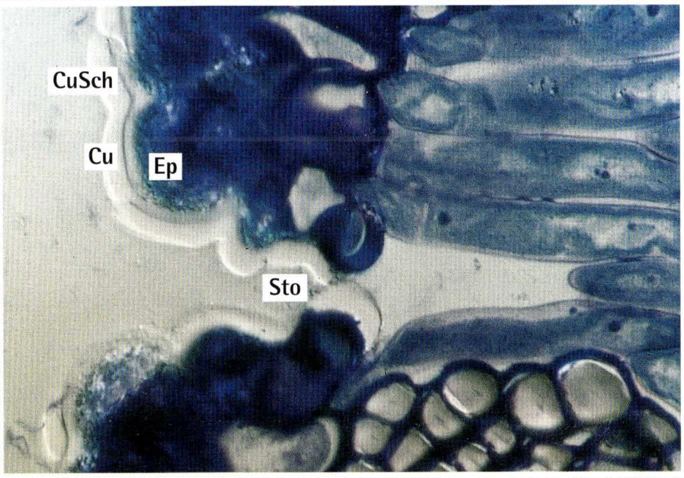
CuSch
Cu
Ep
Sto

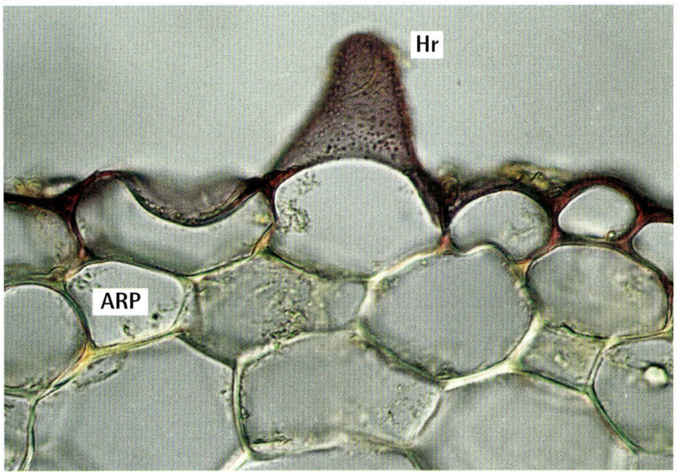
Hr
ARP

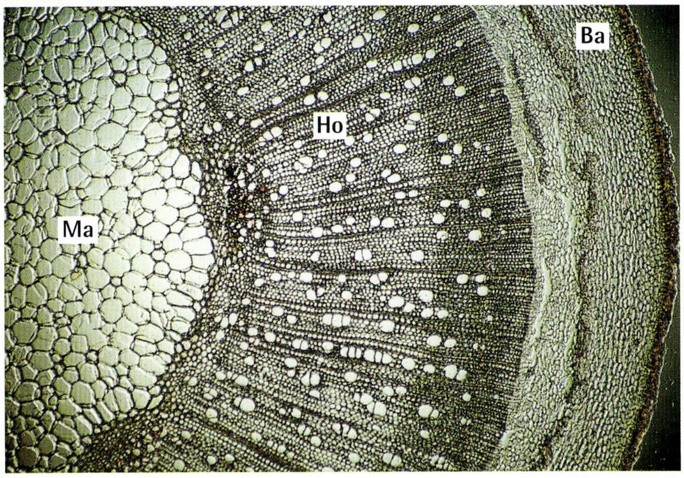
Ba
Ho
Ma

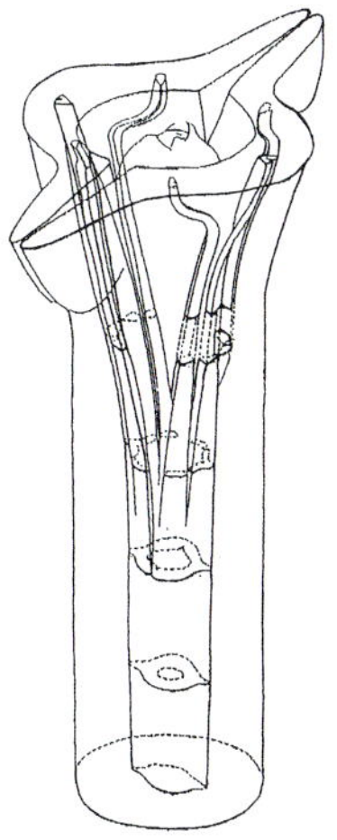

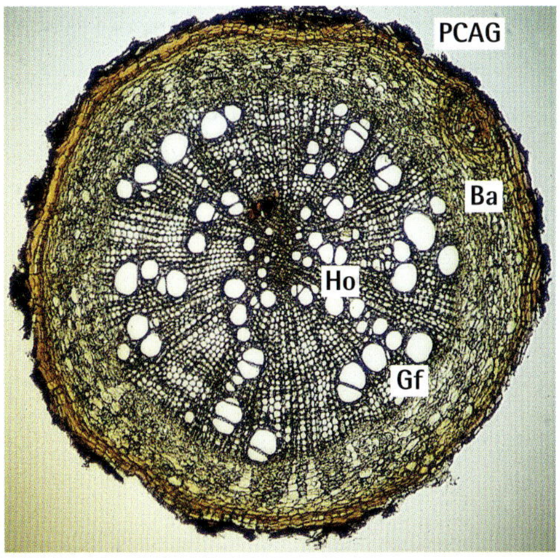
PCAG
Ba
Ho
Gf

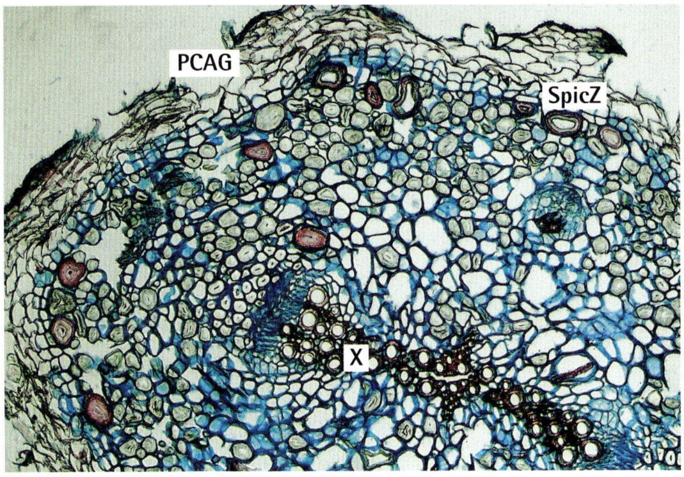
PCAG
SpicZ
X

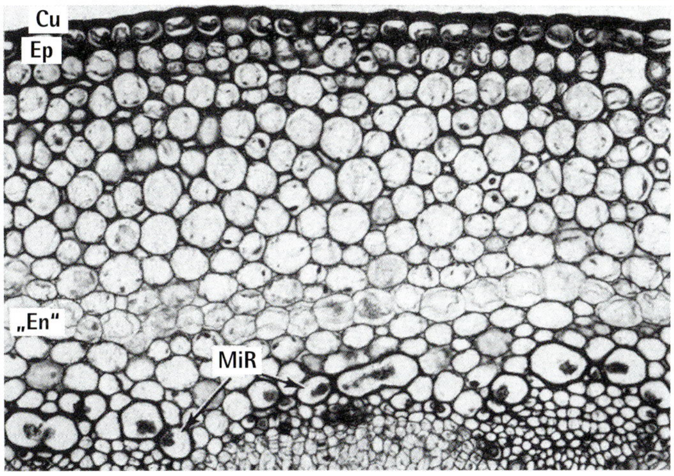
Cu
Ep
„En"
MiR

mer Sproßwurzeln. Wurzeltaschen sind oft sehr lang. Ihre Länge kann mehr als das 15fache der Breite der Wurzel betragen (s. Abschnitt 2 und 3, **Taf. 3**, Bild 8).

Wurzelhauben umhüllen den Wurzelkörper hingegen selten über eine größere Länge als dem 3fachen der Breite der Wurzel. Bei Laubhölzern frischer Standorte beträgt die Länge der Umhüllung etwa das 2–2 1/4fache, bei Nadelhölzern etwa das 2 1/2–3fache. In der Literatur wird nach bisherigen Befunden die Länge der Haube in der Regel viel zu kurz angegeben. Das Verständnis der großen Bedeutung der Wurzelhaube für das Bildungswachstum des Wurzelkörpers und für das Richtungswachstum der Wurzel wird dadurch eingeschränkt oder in falsche Wege geleitet.

Die Bildung der Haube erfolgt bei den einzelnen Pflanzengruppen auf verschiedene Weise. Bei den Bärlappartigen Gewächsen entsteht die Wurzelhaube aus mehreren Initialzellen (Bild 1 und 2). Bei den Farnen und Schachtelhalmen bildet sie sich aus einer einzigen Initialzelle, der pyramidenförmigen Scheitelzelle. Aus dieser entstehen auch die Gewebe des Wurzelkörpers, die Wurzelhaut, Rhizodermis, und die Rinde sowie der Zentralzylinder. Die Wurzelhaube ist bei den genannten Formen kurz (Bild 3 und 4). Bei den Gymnospermen erstreckt sich ihre Bildung, ausgehend vom Zentralzylinder, noch über einen größeren Bereich der Rinde des Wurzelkörpers. Die Haube ist oft auffallend groß. Ihr Mittelteil gleicht einem Säulchen und wird daher als Columella bezeichnet. Seitwärts von diesem liegen die Haubenflanken. Sie umkleiden auch den Wurzelkörper (Bild 7, s. **Taf. 5 A**). Dabei fehlt eine scharfe Abgrenzung zwischen der Rinde des Wurzelkörpers und der Haube. Dies hängt damit zusammen, daß die Gymnospermen, zumindest beschränkt auf die Pinaceen, keine Wurzelhaut, Rhizodermis, bilden. Die Wurzeln der Zypressengewächse, Cupressaceen, zu denen die Gattung Wacholder, *Juniperus*, gehört, und der Eibengewächse, Taxaceen, haben eine Außenhaut. Sie gleicht aber nicht völlig jener der Angiospermen. Sie stellt vielmehr einen Übergang dar. Ein weiterer Grund für das Fehlen einer eigenen Außenhaut im Sinne der Rhizodermis bei den Gymnospermen dürfte darin gelegen sein, daß bei ihnen die Rinde innerhalb der Wurzelspitze nicht verschmälert ist, sondern daß sie in voller Breite den Zentralzylinder bedeckt (**Taf. 5 A**, Bild 6 und 7). Bei den Angiospermen verschmälert sich die Rinde im Bereich der Spitze des Wurzelkörpers sehr stark. Es kommt dabei zur Ausbildung von zwei Typen, dem geschlossenen und dem offenen Typ (Bild 5 und 6). Dünne Wurzeln bilden zumindest im Jugendstadium durchwegs den geschlossenen Typ (GUTTENBERG 1941, 1964, 1968).

In der Anordnung der Zellschichten der Wurzelrinde ist besonders deutlich der spiralige Aufbau der Pflanzengewebe zu sehen (**Taf. 27 A**, Bild 2, vgl. KUTSCHERA & LICHTENEGGER 1982). Er beginnt an der Wurzelspitze in den Initialzellen im Entstehungsbereich der Gewebe, sei es ausgedehnt auf mehrere Initialzellen oder beschränkt auf eine Initialzelle wie beim Algenfarn, *Azolla filiculoides*. Die elektronenmikroskopischen Bilder zeigen die Abfolge der Teilungen innerhalb der Scheitelzelle (Bild 8 und 9). Die spiralige Folge der Teilungen sichert die gleichmäßige stoffliche Versorgung aller Abkömmlinge der Zelle.

5. Primäres Wachstum der Wurzel mit Übergang zum sekundären Dickenwachstum – Übersicht (Taf. 5 A, 5 B)

Während ihres Wachstumsverlaufs verändert die Wurzel ihre Wechselbeziehung zur Umwelt in mehrfacher Weise. Voraussetzung dafür sind die grundlegenden Veränderungen des Aufbaus ihrer Gewebe. Deshalb ist es notwendig, die Gestalt der Wurzel sowohl in ihrem Jugend- als auch in ihrem Alterszustand genauer zu kennen. Der Jugendzustand entspricht dem primären Wachstum. Die Wurzelhaube ist ein Teil

---

Taf. 3: – **1 u. 2:** *Ficus bengalensis.* Botanischer Garten zu Kalkutta. Nach SENN aus TROLL (1943/67). – **3:** *Ficus columnaris.* Las Marias, Misiones, Argentinien, 7.10. – **4-6: Zwerg-Schraubenbaum**, *Pandanus pygmaeus.* Botanischer Garten, Basel, 26.5. Aus KUTSCHERA & LICHTENEGGER (1997). – **4:** Übersicht. – **5:** WuSpi mit WuHa. – **6:** Wu etwas weiter entfernt von WuHa, mit Austreten von SWu. – **7-9: Dickstengelige Wasserhyazinthe**, *Eichhornia crassipes.* Parana, Corrientes, Argentinien, 13.10. Aus KUTSCHERA & LICHTENEGGER (1997) u. KUTSCHERA et al. (1997). – **7:** SpWu mit WuTaschen, aufwärts wachsend u. SWu. – **8:** WuSpi mit WuTasche, ⊠, 25x. – **9:** Bestand nahe dem Flußufer, vergesellschaftet mit der Fächerpalme *Copernica alba.* – **10: Kleiner Wasserschlauch**, *Utricularia minor.* Keutschacher Moor, Kärnten, 24.7. Aus KUTSCHERA & LICHTENEGGER (1997).

dieses primären Wachstums. Der Alterszustand zeigt sich namentlich bei Holzpflanzen in dem sekundären Dickenwachstum.

Auf **Taf. 5 A** und **5 B** werden am Beispiel der Wald-Kiefer, *Pinus sylvestris* subsp. *sylvestris,* ergänzt durch ein Bild der Schwarz-Kiefer, *Pinus nigra* subsp. *nigra,* und des Roten Hartriegels, *Cornus sanguinea,* in einer Übersicht die Veränderungen des Baues der Wurzel dargestellt, angefangen von der Wurzelspitze einschließlich der Wurzelhaube bis zum Beginn des ausschließlich sekundären Dickenwachstums. In den folgenden Kapiteln werden diese genauer beschrieben. Daraus ergeben sich vereinzelt Wiederholungen.

Über das primäre Wachstum einer größeren Zahl der Wurzeln von Bäumen und Sträuchern fehlen derzeit zusammenhängende Untersuchungen. Wurzelspitzen über eine größere Länge mit den ersten Stadien des primären Wachstums wurden sogar nur von wenigen Baumarten genauer untersucht. Nach VERDAGUER & MOLINAS (1999) dürften darunter die Laubbäume mit 4–5 Arten vertreten sein. Die Kenntnis des primären Wachstums der Wurzel ist jedoch für die Beurteilung der Lebensansprüche der Arten besonders wichtig, denn im primären Zustand obliegen der Wurzel wichtige Aufgaben. So dient ein großer Teil ihrer Gewebe, die während des Übergangs zum sekundären Wachstum in der Regel verlorengehen, wie die Rhizodermis und die Rinde, zunächst der Aufnahme und der Speicherung der vom Sproß zeitweise im Überschuß gebildeten Assimilate (s. Abschnitt 3). Aus diesen Reserven schöpfen später der Sproß und die Wurzel Kraft für ihr weiteres Wachstum. Auch erfolgt im primären Zustand wegen des Spitzenwachstums der Wurzel eine besonders rasche Vermehrung der Zellen. Dem schließt sich das Längenwachstum der Zellen an. Es beschränkt sich fast ausschließlich auf den primären Zustand der Wurzel und erfolgt überwiegend durch die Aufnahme des Wassers von außen mit den darin enthaltenen Stoffen, soweit diese für die Zellwand durchgängig sind. Deshalb vollzieht sich auch das geotrope Richtungswachstum der Wurzel nur im primären Zustand. Denn dieses erfolgt, wie bekannt, ausschließlich oder vorwiegend durch eine verschieden starke Streckung der Zellen an den jeweils gegenüberliegenden Hälften der Wurzeln (vgl. Abschnitt 5.2.1 und C). Die Wechselbeziehungen mit der Umwelt sind daher im primären Zustand der Wurzel am stärksten ausgeprägt. Deshalb wurde bei allen im Speziellen Teil beschriebenen Arten auch das primäre Wachstum der Wurzel näher untersucht und dargestellt.

Das erste Gewebe, mit dem die Wurzel in Berührung mit der Umwelt tritt, ist das der Wurzelhaube. Diese ist, wie bereits beschrieben, ein nach außen vollständig offenes Gewebe. Ihre Zellen vergrößern sich unter Wasseraufnahme von außen. Dabei entwickeln sie Druckkräfte, die das Vordringen der Wurzeln erleichtern. In ihrer Gesamtheit tragen sie dazu bei, daß die Wurzeln mit Druckkräften bis etwa 5 at in den Boden eindringen können (KRAMER 1949). Unterstützt werden sie dabei von den Quellungskräften des von ihnen gebildeten Schleimes. Die äußeren Zellen der Haube können sich vom Gewebe lösen und getrennt von diesem die Bildung von Schleim fortsetzen oder sich unter weiterer Wasseraufnahme von außen vergrößern. Sie erweitern dadurch zusätzlich den Raum und erleichtern somit weiterhin das Eindringen der Wurzel (**Taf. 5 A**, Bild 3, 5–7, **Taf. 5 B**, Bild 6–8). Die Wurzeln der Nadelhölzer bilden im Vergleich zu jenen der Angiospermen weniger Schleim. Die Haube geht ebenso wie der Wurzelkörper aus dem Spitzenmeristem der Wurzel hervor. Der Wurzelkörper besteht bei den Nadelhölzern, den Pinaceen, aus der (primären) Rinde und dem Zentralzylinder. Bei den Angiospermen ist die Rinde noch von der Außenhaut der Wurzel, der Rhizodermis, bedeckt (s. Abschnitt 5.1).

Der Mittelteil der Haube, der als Säulchen oder Columella bezeichnet wird, ist am unmittelbarsten mit den Geweben des Wurzelkörpers verbunden. Er ist bei den Gymnospermen meist deutlicher gegen die

---

Taf. 4: – **1: Kleindorniger Moosfarn,** *Selaginella spinulosa.* WuSpi, ⊠, k Kalyptrogen, i Initialen des WuKörpers, d Dermatogen, pr Periblem, pl Plerom, e Endodermis. Nach BRUCHMANN aus GUTTENBERG (1966). – **2: Schweizer Moosfarn,** *Selaginella helvetica.* Landskron bei Villach, Kärnten, 3.8. Übersicht. Aus KUTSCHERA & LICHTENEGGER (1997). – **3: Binsen-Schachtelhalm,** *Equisetum scirpoides.* WuSpi, ⊠, i Initiale für Perizykel p und Endodermis e, s innere, o äußere SegmentZ. Nach JOHNSON aus GUTTENBERG (1966). – **4: Gewöhnlicher Wurmfarn,** *Dryopteris filix-mas.* WuSpi, ⊠. Aus HAGEMANN (1984). – **5 u. 6:** Botanischer Garten, Universität Lublin, Polen. Aus KADEJ & KADEJ (1983). – **5: Gelbe Teichrose,** *Nuphar lutea.* – **6: Kleine Seerose,** *Nymphaea candida.* – **7: Zirbe,** *Pinus cembra* subsp. *cembra.* Nockalmstraße, Kärnten, 19.9. WuSpi, ⊠, An.bl.-Saf., 64x. – **8–9: Algenfarn,** *Azolla filiculoides.* Aus GUNNING et al. (1978). – **8:** Wu, Ø, 630x. – **9:** Ausschnitt aus 8. 5900x.

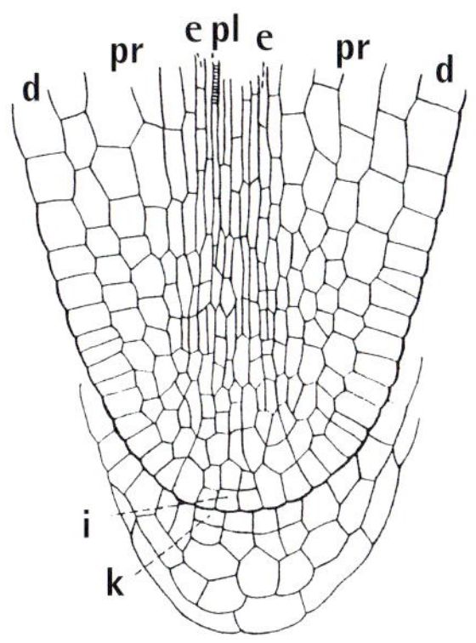
d
pr
e pl e
pr
d
i
k

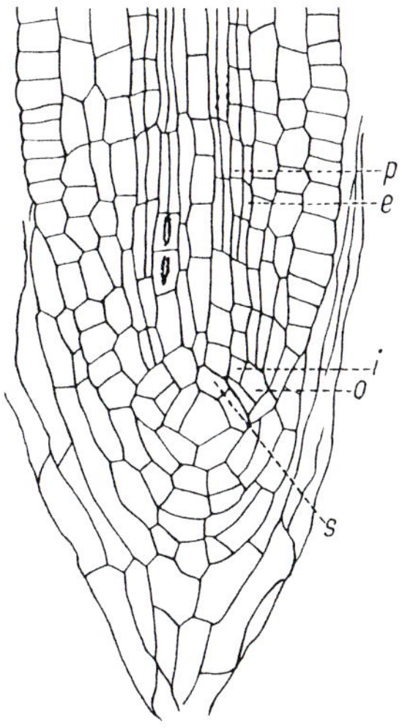
p
e
i
o
s

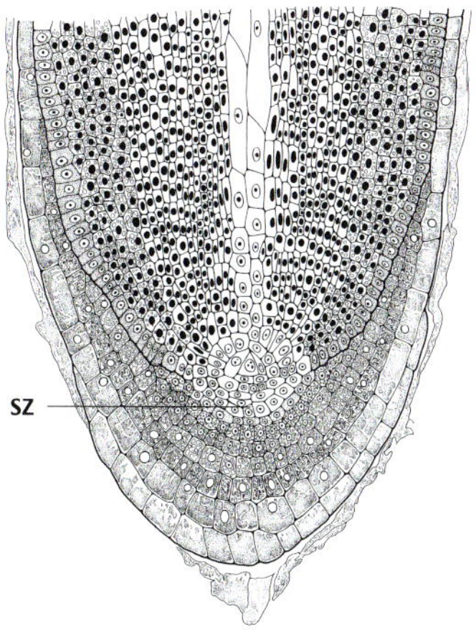
sz

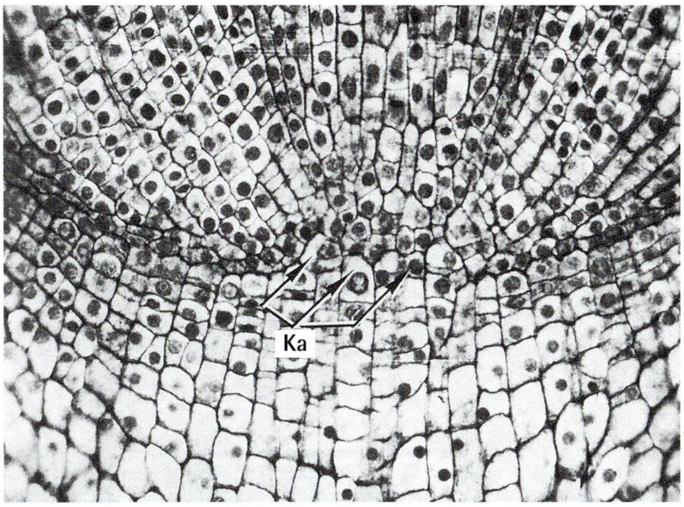
Ka

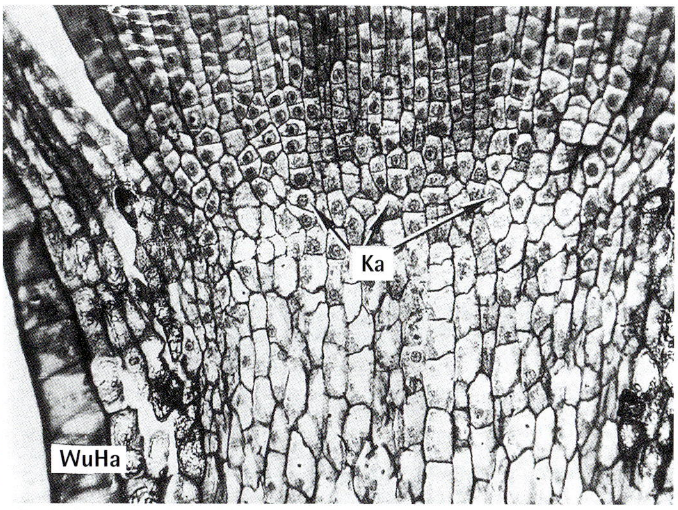
Ka
WuHa

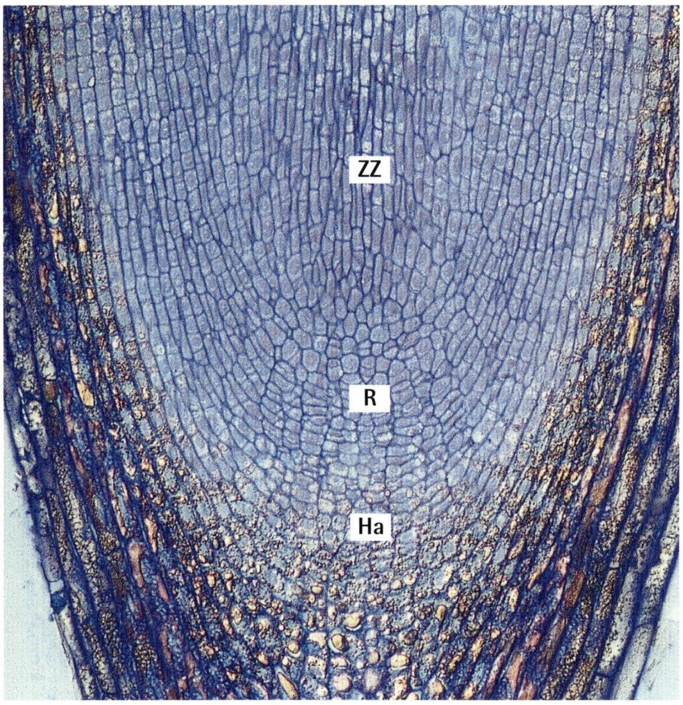
ZZ
R
Ha

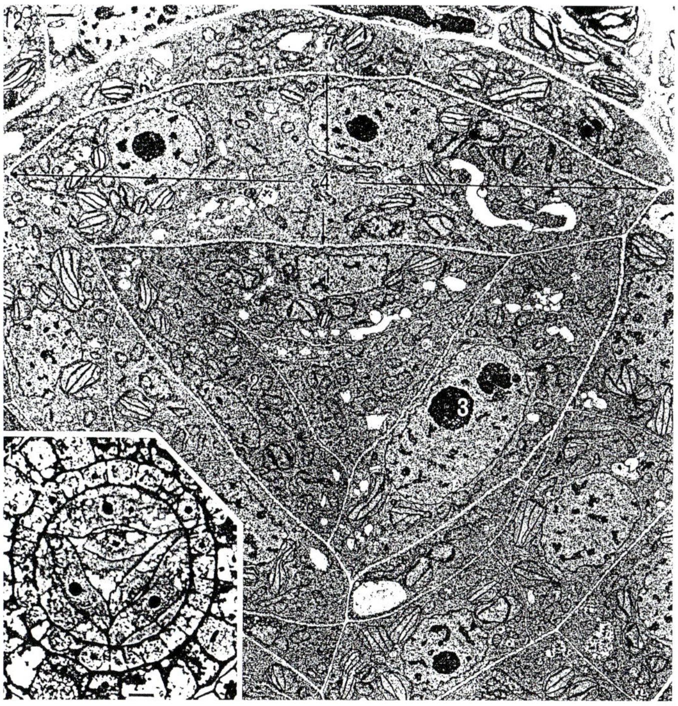

seitlich angrenzenden Zellen abgegrenzt als bei den Angiospermen. Außerdem ist die Rinde bei den Gymnospermen im Scheitel der Wurzel mehrschichtig. Bei den Angiospermen ist sie auf eine Initialzelle oder auf mehrere plattig angeordnete Initialzellen beschränkt (**Taf. 5 A**, Bild 7, **Taf. 6**, Bild 7, 8, s. auch Abschnitt 4).

Im Zentralzylinder sind während des primären Wachstums die Leitelemente des Phloems und des Xylems radiär angeordnet. Jene des Phloems werden nach ESAU (1969) bei den Monokotyledonen in den Wurzeln früher als die des Xylems differenziert. Bei den Sprossen erfolgt dies dagegen später. Auch bei den Gymnospermen findet, nach dem dichteren Inhalt der Zellen zu schließen, die Differenzierung der Leitelemente des Phloems früher statt (**Taf. 5 A**, Bild 4). Bei krautigen Pflanzen mit kleinem Zentralzylinder wie dem Salz-Dreizack, *Triglochin maritimum*, konnte allerdings anhand medianer Längsschnitte durch die Wurzel festgestellt werden, daß der Beginn der Differenzierung beider Gewebe auch auf gleicher Ebene erfolgen kann (KUTSCHERA & LICHTENEGGER 1982). Weitere Untersuchungen wären daher, wie schon ESAU hervorhebt, erforderlich. Übereinstimmend mit der frühen Ausbildung des Phloems bei den Wurzeln entstehen bei allen Gymno- und Angiospermen die Caspary-Streifen in den Seitenwänden der Zellen der Endodermis zuerst über dem Bereich des Phloems (**Taf. 5 B**, Bild 5). Der unkontrollierte Austritt von Assimilaten in die Rinde wird dadurch verhindert (s. Abschnitt 5.1 und 5.2).

Das sekundäre Wachstum der Wurzel beginnt im Schutz der Gewebe des primären Zustandes. Es geht vom Zentralzylinder aus. Rinde und Rhizodermis sterben während des Erstarkungs- und Festigungswachstums der Gewebe des Zentralzylinders allmählich ab und gehen verloren. Bei einigen Formenkreisen kann die Rinde und mitunter auch die Rhizodermis erhalten bleiben. Unter den Holzgewächsen sind es sehr wenige Arten, bei denen dies zutrifft, wie beispielsweise die Wilde Pimpernuß, *Staphylea pinnata* (**Taf. 50**). Bei den krautigen Arten sind es die Asteraceen, bei denen die Rinde erhalten bleibt.

Das Absterben der Zellen von Rhizodermis und Rinde wird häufig von einer Umlagerung und einem Umbau von Gerbstoffen begleitet. In den lebenden Zellen sind die Gerbstoffe größtenteils im Protoplasten verteilt und je nach Gruppe gelb oder farblos. Soweit sich Zelleinschlüsse mit Gerbstoffen gestaltlich abgrenzen lassen, sind diese nur schwer von anderen Einschlüssen wie Stärke zu unterscheiden. Werden Schnitte der Wurzeln in diesem Zustand mit Osmiumtetroxyd versetzt, erscheinen Gerbstoffe schwarz, während Stärkekörner ihre weiße Farbe beibehalten (**Taf. 17**, Bild 5). Im Zuge des Einwanderns in die Zellwände kondensieren manche Gerbstoffe zu Phlobaphenen. Die vormals weiße Zellwand wird dadurch gelb- oder rotbraun bis tief dunkelbraun. Im weiteren Verlauf der Alterung schrumpfen die Zellwände. Das Gewebe reißt auf und fällt ab (**Taf. 5 A**, Bild 5).

In der Zwischenzeit hat der Zentralzylinder mit der Bildung des sekundären Abschlußgewebes, des Pericambial-Abschlußgewebes, begonnen. Die Bezeichnung Pericambial-Abschlußgewebe wurde gewählt, weil bei den Wurzeln das sekundäre Abschlußgewebe zumindest in der Jugend immer aus dem Pericambium hervorgeht (DENFFER in STRASBURGER 1983). Außerdem beginnt sich der Bereich des Phloems, mit Hilfe des neu entstehenden inneren Bildungsgewebes, des Gefäßcambiums oder Endocambiums, über dem Xylem zu schließen (**Taf. 5 A**, Bild 4, siehe auch Abschnitt 6.1.2). Von diesem Bildungsgewebe ausgehend, entstehen nach innen weitere Gewebeteile für die Wasserleitung und nach außen solche für die Zuckerleitung. Es vereinen sich dabei Bildungs- und Quellungskräfte in der Verbreiterung der Wurzel. Das sekundäre Dickenwachstum kommt zur vollen Entfaltung.

Die stärkste Verbreiterung erfolgt im Holzteil mit der Bildung von Jahresringen (**Taf. 5 A**, Bild 2). Die Breite des Bastes nimmt vergleichsweise wenig zu. Den in ihm verlaufenden Leitelementen des Phloems obliegt weiterhin die Versorgung aller Gewebe der Wurzel mit Assimilaten, so besonders auch der eigenen Speicherzellen. Diese sind oft dicht gefüllt mit Stärke (**Taf. 5 A**, Bild 1). Das Pericambial-Abschlußgewebe

---

Taf. 5 A: – **1–3, 5–7: Wald-Kiefer**, *Pinus sylvestris* subsp. *sylvestris*. – **1:** Östlich Klagenfurt, 21.12. Sek., Ø, Ph/HCl, 162x. – **2:** Melk, Niederösterreich, 17.8. Sek., Ø, JJK, 64x. – **3:** Östlich Klagenfurt, 8.11. Prim., Ø, Ph/HCl, 162x. – **4: Schwarz-Kiefer**, *Pinus nigra* subsp. *nigra*. Bei Wiener Neustadt, Niederösterreich, 12.6. Prim., Ø, Toluidinblau, 25x. – **5:** Östlich Klagenfurt, 26.2. Prim.-sek., Ø, S3, 64x. – **6:** WuSpi, ⊠, 4fach-Färbung nach Johansen, 25x. Leihgabe von Hans Turner. – **7:** Östlich Klagenfurt, 1.3. WuSpi, ⊠, Astrablau-Chrysoidin, 64x. Schnitt von Bettina Schneider. – **8: Kiefer**, *Pinus* sp. Wachsende Wu. Aus PETERSON et al. (2000) verändert.

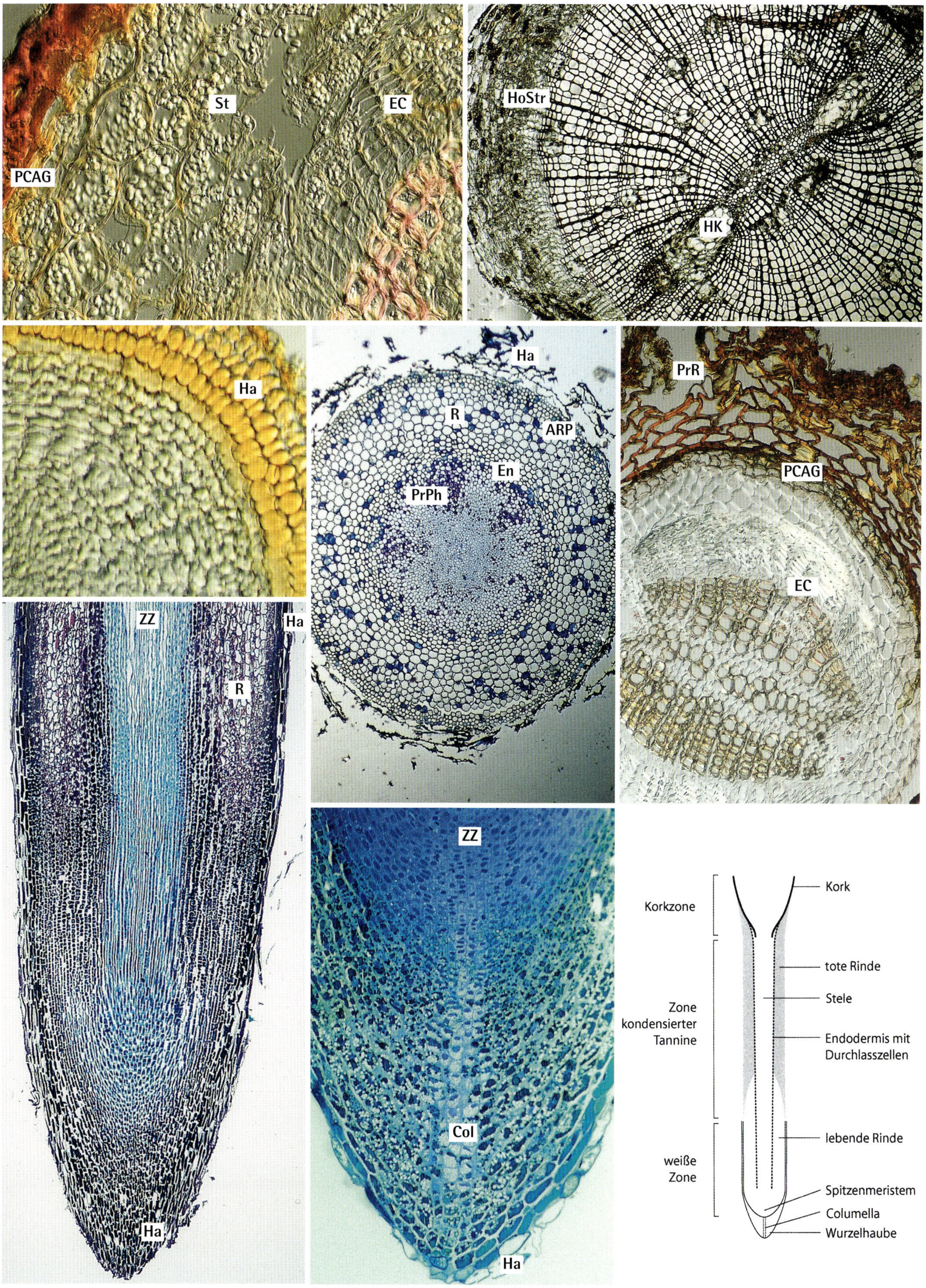
PCAG
St
EC
HoStr
HK
Ha
R
ARP
En
PrPh
PrR
PCAG
EC
ZZ
Ha
R
Ha
ZZ
Col
Ha
Korkzone
Zone
kondensierter
Tannine
weiße
Zone
Kork
tote Rinde
Stele
Endodermis mit
Durchlasszellen
lebende Rinde
Spitzenmeristem
Columella
Wurzelhaube

übernimmt in diesem Zustand allein den Schutz nach außen. Bei den Nadelhölzern ist es im Gegensatz zu den Laubhölzern durch starke Verholzung und geringe Verkorkung ausgezeichnet. Auf **Taf. 5 A**, Bild 8, ist der Wachstumsablauf schematisch dargestellt.

Auf **Taf. 5 B** sieht man am Beispiel des Roten Hartriegels, *Cornus sanguinea*, besonders deutlich die Veränderungen der Gewebe im Zentralzylinder im Laufe des primären und des sekundären Wachstums. Im ersten Abschnitt des primären Wachstums, in dem der Wurzelkörper noch von der Haube umhüllt ist, sind die Unterschiede zwischen den verschiedenen Geweben des Zentralzylinders noch wenig ausgeprägt. Die Zellen der Rinde und der Haube sind wenig vakuolisiert (**Taf. 5 B**, Bild 6–8). Im zweiten Abschnitt, bei dem der Wurzelkörper nicht mehr von der Haube umhüllt ist, kommt es zu einer zunehmend stärkeren Verfestigung der Wände der Wasserleitelemente. Sie treten dadurch deutlich hervor. Gleichzeitig entstehen in den radialen Zellwänden der innersten Schicht der Rinde, der Endodermis, die Caspary-Streifen. Sie bilden sich, wie schon hervorgehoben, zuerst über dem Phloem (s. Abschnitt 5.2.1 und **Taf. 5 B**, Bild 5). Die Zellen des Rindenparenchyms sind bereits stark vakuolisiert. In weiterer Folge verfestigen sich die Zellwände der innersten Schicht des Rindenparenchyms. Außerdem kommt es bei dieser Art zur Verdickung und Bräunung der Außenwand der Rhizodermiszellen (**Taf. 5 B**, Bild 4). Schließlich beginnen die Zellen des seitwärts an den oberen Teil der Xylem-Gruppen angrenzenden Gewebes sich zunehmend zu teilen. Dabei bilden sie nach innen neue Zellen des Wasserleitgewebes, des Xylems. In weiterer Folge werden die Zuckerleitelemente mit ihren Begleitzellen zunehmend nach außen verlagert (**Taf. 5 B**, Bild 3). Danach vereint sich der Bereich der sich teilenden Zellen über dem primären Xylem zu einem geschlossenen Ring, dem inneren Bildungsgewebe, dem Gefäßcambium. Im Holzteil zeigt sich deutlich der Unterschied zwischen primären und sekundären Xylem-Leitelementen in deren verschiedenen Größen. Die Gefäße des sekundären Xylems sind bis über 8mal weitlumiger als die Leitelemente des primären Xylems (**Taf. 5 B**, Bild 2). Die primäre Rinde ist bei dieser Art bei einem Alter der Wurzel von etwa 2 Jahren noch nahezu vollständig erhalten. Erst wenn die Wurzel nahezu 6 Jahre alt ist, fehlt die Rinde. Inzwischen entstanden im verhältnismäßig schmalen Bast mehrere Gruppen von Bastfasern. Sie übernehmen zunehmend den Schutz der Phloem-Leitelemente (**Taf. 5 B**, Bild 1). Dieser Wachstumsverlauf erfolgt unabhängig von der Anzahl der Gruppen der primären Leitelemente. Die Wurzel kann tri- bis pentarch sein und vermutlich noch mehr Gruppen von primärem Xylem aufweisen.

5.1 Bereich mit Wurzelhaube, Zellvermehrungszone (Taf. 6)

Die Gegenüberstellung von Längsschnitten von Nadel- und Laubhölzern am Beispiel der Zirbe, *Pinus cembra* subsp. *cembra*, und der Winter-Linde, *Tilia cordata*, oder der Gewöhnlichen Esche, *Fraxinus excelsior*, zeigt nochmals die Unterschiede zwischen Gymno- und Angiospermen (Bild 1 und 2). Das Fehlen der Rhizodermis ist sehr deutlich bei der Zirbe zu sehen. Zwei Zellreihen der Haube mit langgestreckten, zunehmend wasserreichen Zellen bedecken unmittelbar die äußeren Schichten des Außenrindenparenchyms. Dieses umfaßt drei Zellschichten. Die Zellen sind relativ wasserarm. Nach innen angrenzend folgen die wasserreicheren und stärker gestreckten Zellen des Innenrindenparenchyms (Bild 3 und 5). Die Abgrenzung zwischen Haube und Wurzelkörper ist bei der Zirbe unscharf.

Sehr scharf ist diese Abgrenzung dagegen bei der Winter-Linde und bei der Gewöhnlichen Esche (Bild 2, 4 und 6). Bei der Gewöhnlichen Esche sind die Zellen der Wurzelhaube stark gestreckt und wasserreich (Bild 4). Der Protoplast bildet nur einen schmalen Belag an der Zellwand. Die darunter liegenden Zellen der Rhizodermis sind weitgehend ungestreckt und wasserarm. Ihr hoher Energiegehalt ermöglicht eine wiederholte Teilung. Auf eine Haubenzelle kommen 4 und in weiterer Folge 8 Zellen der Rhizodermis. Die Zelle der Haube und die Mutter der 4 bis 8 Zellen der Rhizodermis sind Geschwister. Sie gingen aus einer Zelle hervor, die anfangs der gemeinsamen Schicht von Rhizodermis und Haube angehörte. Die

---

Taf. 5 B: – **1–8: Roter Hartriegel**, *Cornus sanguinea.* – **1, 4 u. 5:** Grafenstein, Kärnten, 5.12. – **2 u. 3:** Östlich Klagenfurt, 29.12. Prim.-sek., Ø, Ph/HCl. – **6–8:** Östlich Klagenfurt, 26.2. Prim., Ø, S3. – **1:** Sek., Ø, Ph/HCl, 25x. – **2:** 64x. – **3:** 32x. – **4:** Prim., Ø, Ph/HCl, 162x. – **5:** Prim., Ø, S3, 409x. – **6:** 162x. – **7:** 64x. – **8:** 409x.

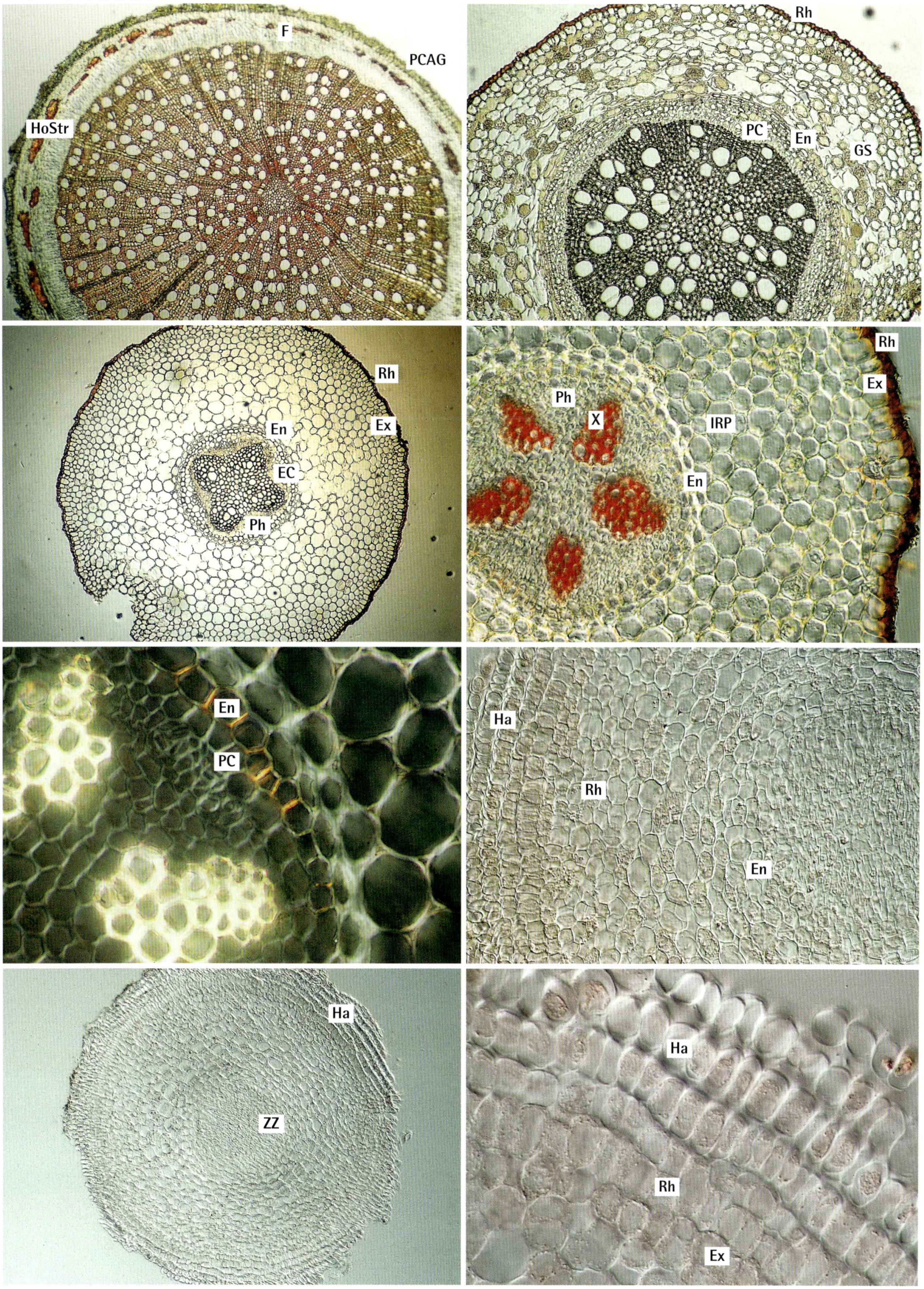
F
PCAG
HoStr
Rh
PC
En
GS
Rh
Ex
En
EC
Ph
Rh
Ex
Ph
X
IRP
En
En
PC
Ha
Rh
En
Ha
ZZ
Ha
Rh
Ex

Teilung der Zellen der Rhizodermis erfolgt mitunter so rasch, daß die Kernkörperchen, Nucleolen, zunächst noch getrennt sind und erst später verschmelzen (vgl. KUTSCHERA 1976). Bis in diesen Bereich verhindert demnach die Wurzelhaube jeden Eintritt von Wasser in die Zellen des Wurzelkörpers von außen. Erst wenn die Wurzelhaube nicht mehr geschlossen ist, beginnen auch die Zellen der Rhizodermis Wasser von außen aufzunehmen und sich zu strecken. Der Grund dafür ist, daß sie erst nach der geschlossenen Umhüllung durch die Haube Wasser von außen aufnehmen können (Bild 6). Dies gilt auch weitgehend für die Wurzeln der Zirbe. Auch hier sind die Zellen der Haube wesentlich stärker gestreckt als jene der anschließenden Schichten der Rinde (Bild 5).

Die Haube entsteht, nach dem Aufbau der Gewebe zu schließen, dadurch, daß die vom Sproß zugeführten Stoffe nicht laufend für das Wachstum des Wurzelkörpers verwendet werden können. Besonders große Hauben entstehen daher, wenn das Wachstum des Wurzelkörpers nach seiner Anlage längere Zeit ruht. Ein Beispiel dafür ist die Dattelpalme, *Phoenix dactylifera* (KUTSCHERA 1971a).

Der Bildungsbereich der Haube ähnelt demnach einem Überlaufventil. Man könnte ihn auch, zusammen mit dem Spitzenmeristem des Wurzelkörpers, mit dem Kopf eines Springbrunnens vergleichen. Näheren Einblick geben die Untersuchungen von HUBER et al. (1973). Nach diesen enthalten Zellen im Entstehungsbereich der Haube vorwiegend Transportzucker, Saccharose, der durch das Phloem herangeführt wurde. Aus der Saccharose wird mit dem Älterwerden der Zellen Stärke gebildet bzw. Inulin als Speicherzucker, wie bei den Asteraceen, denen Stärke fehlt. In der Columella der Haube oder, allgemein gesagt, im mittleren Bereich der Haube altern die Zellen am langsamsten. In diesem können daher bis nahe der äußersten Spitze der Haube Stärkekörner vorhanden sein wie bei *Pinus cembra* subsp. *cembra* (Bild 7). Danach kommt es zur Rückwandlung der Stärke in Saccharose und in weiterer Folge zur Bildung von Schleim. Gleichzeitig verschleimen die Mittellamellen der Zellen. Deren Schleim und vor allem der zusätzlich von den Zellen gebildete Schleim führen zum Auseinanderweichen der Zellen. Einzelne Zellen können isoliert im Schleim der Wurzelhaube liegen (KUTSCHERA et al. 1998). Diese Abfolge des Geschehens ist deutlicher bei der Zirbe (Bild 7) als bei der Winter-Linde (Bild 8) zu sehen. Bei der Winter-Linde waren die äußersten Schichten der Haube bereits geschädigt.

Besonders große Mengen an Schleim bilden die Zellen der Wurzelhauben von Gräsern wärmerer Gebiete wie *Zea mays*. Die Bildung des Schleims erfolgt mit Hilfe der Dictyosomen des Golgi-Apparates (**Taf. 7**, Bild 2). Nach GUNNING & STEER (1996) enthält jede Zelle der Wurzelhaube wahrscheinlich einige hundert Dictyosomen. In der Spitze der Wurzelhaare liegen sie gehäuft (**Taf. 7**, Bild 1).

Die starke Streckung der Zellen der Wurzelhaube an den Seiten des Wurzelkörpers bewirkt, daß sich die Wurzelhaube eng an den Wurzelkörper anlegt. Nur wenn infolge von Trockenheit die Wasseraufnahme der Zellen von außen erschwert bzw. verhindert wird, unterbleibt die Anlagerung der Haubenzellen an den Wurzelkörper. Die Haube umgibt ihn dann als loser, aber noch gerader Mantel wie bei *Pandanus* (**Taf. 3**, Bild 5). Sie kann ihn in loser Form auch kragenförmig umhüllen wie bei der Keimpflanze der Saat-Erbse (**Taf. 23 B**, Bild 12, KUTSCHERA 1983).

5.2 Bereich ohne Wurzelhaube

Der Bereich ohne Wurzelhaube bis zum ausschließlich sekundären Dickenwachstum ist für den Aufbau der Gewebe der Wurzel und für deren Richtungswachstum von entscheidender Bedeutung. Die jugendlichen Zellen des Wurzelkörpers sind, wenn sie aus der schützenden Umhüllung durch die Wurzelhaube heraustreten, gegenüber allen Einflüssen der Umwelt überaus empfindlich. So hängen sowohl ihre Weiterentwicklung als auch ihre verschiedene Ausprägung an den gegenüberliegenden Seiten der Wurzel unmittelbar davon ab, wieviel Wasser durch die Umwelt der Wurzel geboten wird (RZAYEVA & FATALIEVA 1991). Ähnliche Bedeutung kommt den im Wasser gelösten Stoffen und dem pH-Wert der Bodenlösung

---

Taf. 6: – **1, 3, 5 u. 7: Zirbe,** *Pinus cembra* subsp. *cembra.* Nockalmstraße, Kärnten, 19.9. WuSpi, ☒, An.bl.-Saf. – **2 u. 8: Winter-Linde,** *Tilia cordata.* Lobau, Wien, 10.6. WuSpi, ☒, An.bl.-Saf. – **4 u. 6: Gewöhnliche Esche,** *Fraxinus excelsior.* Östlich Klagenfurt, 1.3. WuSpi, ☒, Astrablau-Chrysoidin. Schnitt von Bettina Schneider. – **1:** 25x. – **2:** 64x. – **3:** 409x. – **4:** 409x. – **5:** 162x. – **6:** 162x. – **7:** 162x. – **8:** 162x.

Ha
R
ZZ
SZ
Ha
Col
Ha
R
ZZ
SZ
Ha
Col
Ha
ARP
Ha
Rh
Ex
ARP
Ha
ARP
Ha
Rh
Ex
ARP
Col
Ha
Ha
Col
ZZ

zu (VÉGH 1991). Außerdem beeinflußt die Wärme die Aufnahme dieser Stoffe (MCMICHAEL et al. 1991, RAITIO 1991, RICHNER et al. 1991) und die Alterung der Zellen. Geringes Wasserangebot, hohes Angebot an Calcium und große Wärme können den im folgenden näher beschriebenen Bereich außerdem stark verkürzen (s. Abschnitt 6.1.3 und Spez. Teil Schwarz-Kiefer, *Pinus nigra*).

5.2.1 Zone der vorwiegenden Zellstreckung und Wurzelhaarzone, Bereich der Wasseraufnahme von außen (Taf. 7)

Der Bereich der intensivsten Aufnahme von Wasser mit den darin gelösten Stoffen durch die Wurzel von außen beginnt mit dem Ende der Umhüllung des Wurzelkörpers durch die Wurzelhaube und endet mit dem Beginn einer stärkeren Verfestigung der Wände der äußersten Zellschichten der Wurzel. Die jugendlichen Zellen, die aus der Wurzelhaube austreten, sind energiereich (s. oben). Die Wasseraufnahme von außen erfolgt deshalb sehr rasch.

Damit verbunden sind die Entstehung großer Vakuolen und die Streckung der Zellen (OBROUCHEVA 1991). Diese kann bis zum 30fachen der anfänglichen Länge betragen (s. Abschnitt 5.1). Dabei kommt es innerhalb der Zellwand zum Umbau des Mikrofibrillengerüstes aus Cellulose und aus anhaftenden Hemicellulosemolekülen, bestehend aus Xyloglucan (CLELAND 1971, FRY 1989, 1994, HAYASHI 1989, ATALLA et al. 1993, MCCANN et al. 1993, COSGROVE 2000). Ab dem Ende der Haube können Wurzelhaare entstehen. Angelegt werden sie mitunter schon, wenn der Zellverband der Haube oder deren Schleim den Wurzelkörper noch zur Gänze umhüllt. Mit dem Auftreten von Wurzelhaaren vergrößert sich der Bereich der Wasseraufnahme von außen. Bei Graswurzeln kann er sich über eine Länge von mehr als 70 cm erstrecken (KUTSCHERA 1960).

Wurzelhaare sind Ausstülpungen der Zellen der äußersten Schicht des Wurzelkörpers. Sie sind gleich wie der Wurzelkörper durch Spitzenwachstum gekennzeichnet. Wie die Spitze des Wurzelkörpers kann auch jene des Wurzelhaares zunächst kein Wasser von außen aufnehmen. Die Ursache dafür ist die Umhüllung der Spitze des Haares durch Schleim, wirkungsgleich der Wurzelhaube. Er wird im Spitzenbereich des Wurzelhaares gebildet. Ermöglicht wird dies wie bei den Zellen der Wurzelhaube durch die große Zahl von Dictyosomen. Sie liegen in der Spitze des Haares gehäuft (Bild 1 und Abschnitt 5.1, vgl. BARMICHEVA & DANILOVA 1973, SIEVERS 1973).

Die Wand der Wurzelhaare besteht aus einer äußeren Pektinlamelle und einer inneren Celluloselamelle (SCHWARZ 1883, SNOW 1905). Zusätzlich kann eine Kalloselamelle als dritte Schicht angelagert werden (ROBERTS 1916, CURRIER 1957). Im Bereich der Spitze fehlt noch die getrennte Ausbildung der Lamellen. Größere Mengen sowohl von Pektin als auch von Cellulose, zu denen kleinere von Kallose hinzukommen können, bilden zunächst ohne genauere Orientierung der Mikrofibrillen die Zellwand. Anschließend beginnt der getrennte Aufbau der Lamellen, gleichlaufend mit dem Fortschreiten des Aufbaues und mit der Ausrichtung der Mikrofibrillen (Bild 2, KETELAAR & EMONS 2000). Die Kallose ist hier nicht mehr wie in der Spitze diffus zwischen den anderen Membranstoffen verteilt, sondern sie bildet kompakte Wandbeläge. Diese sind gegen anorganische Lösungsstoffe und Quellungsmittel widerstandsfähiger als Siebröhren-Kallose (LERCH 1960). Kallose ist allerdings, wie LERCH in seiner umfassenden Arbeit weiter ausführt, kein regulärer Bestandteil in Wurzelhaaren bzw. in Zellen der äußersten Schicht der Wurzel. Vernässung und Versauerung bewirken in der Regel eine starke Zunahme der Ablagerungen von Kallose. Normal wachsende und alternde Wurzelhaare, die ohne Störung ihre volle Länge erreicht haben, bleiben nach LERCH frei von Kallose. Wie in anderen Geweben wird demnach auch in den Wurzelhaaren Kallose als Schutzstoff gebildet.

Die verschiedene Ausbildung der Zellwand im Bereich der Spitze des Haares im Vergleich zu dessen Seitenwänden zeigt besonders deutlich die Zusammenhänge zwischen dem Entstehen der Schleimhülle an der Spitze des Wurzelhaares und der Bedeutung für das weitere Wachstum des Haares. So konnte ESCHRICH (1995) durch Begasung mit $^{14}CO_2$ von Keimlingen der Wald-Kiefer, *Pinus sylvestris* subsp. *sylvestris*, nachweisen, daß die im Phloem verfrachteten Assimilate besonders reichlich in den Spitzen wachsender Wurzelhaare auftreten. Sie werden in das Cytoplasma und in die Zellwand eingebaut. Die Mikroautoradiographie zeigt eine hohe Dichte der zugeführten Stoffe. Der Autor schließt daraus, daß in den

Haarzellen ein hohes osmotisches Potential vorliegt und daß ein solches verständlicherweise wesentlich an der Wasseraufnahme beteiligt ist. Die Verhinderung der Wasseraufnahme von außen im Bereich der Spitze des Wurzelhaares wird demnach nur durch die Schleimhülle gesichert. Voraussetzung für diese reichliche Schleimbildung ist ebenfalls die reichliche Stoffzufuhr in die Spitze des Wurzelhaares. Dazu kommt die noch schwache Ausbildung der Zellwand, die das Austreten des Schleimes erleichtert (Bild 3).

Nach dem Ende der Umhüllung durch den Schleim beginnt für die Wasseraufnahme von außen das hohe osmotische Potential im spitzennahen Bereich der Wurzelhaare wirksam zu werden. Die Zellwand ist auch hier noch relativ dünn bzw. in ihrem Fibrillengeflecht locker aufgebaut. Sie schützt daher in diesem Bereich das Wurzelhaar auch nur wenig vor Wasserverlust. Zu sehen ist dies im Schrumpfen des Protoplasten (Bild 1). Die Zartheit der Wände des Wurzelhaares erleichtert hier ebenso das Eindringen von Pilzhyphen (**Taf. 20**, Bild 7 und Kutschera & Lichtenegger 1982, Timmers 2000, Irving et al. 2000, Jahraus & Bisseling 2000, Bhuvaneswari & Solheim 2000) und von knöllchenbildenden Bakterien (s. Abschnitt 12 und 13).

Der Schleim, der von den Zellen der Wurzelhaube und von den Wurzelhaaren ausgeschieden wird, ist zudem von größter Wichtigkeit für die Lösung von Mineralstoffen im Boden. Die Bodenlösung wird dadurch mit Mineralstoffen angereichert. Mit Beginn der Wasseraufnahme von außen nimmt deshalb die Wurzel auch wertvolle Baustoffe für ihr Wachstum von außen auf.

Wurzelhaare bilden vor allem Wurzeln der Laubhölzer, das heißt solche, die eine Rhizodermis haben. Bei Nadelhölzern sind Wurzelhaare seltener. Am häufigsten kommen sie bei der Fichte vor. Bei dieser sind sie Ausstülpungen von Zellen des Außenrindenparenchyms. Die Zellen des Außenrindenparenchyms unterscheiden sich von jenen des Innenrindenparenchyms durch geringere Größe. Außerdem hat das Gewebe keine oder nur kleine Interzellularen. Bei der Fichte können die Zellen des Außenrindenparenchyms Wurzelhaare bilden und verholzen (Bild 5). Eine Suberinisierung findet nicht statt. Auch die Wurzeln der Zirbe bilden nicht selten Wurzelhaare, die jedoch kurz bleiben. Ihre Zahl ist geringer als bei der Fichte (**Taf. 38 A**, Bild 1). Unter den Gymnospermen bildet besonders die Eibe, *Taxus baccata,* lange Wurzelhaare. Die Wände der Wurzelhaarzellen einschließlich des Haares wie auch jene aller übrigen Zellen der äußersten Schicht der Wurzeln sind verholzt. Die äußerste Schicht der Wurzeln der Eibe zeigt bereits, wie schon dargelegt, Übergänge zur Rhizodermis der Angiospermen (**Taf. 46 A**, Bild 1 und 3 sowie **Taf. 46 B**, Bild 1).

Bei den Angiospermen können sich in der Regel alle Zellen der Rhizodermis zur Bildung von Wurzelhaaren ausstülpen. Die Bildung von Wurzelhaaren unterbleibt, wenn das Angebot an Wasser zu hoch oder zu niedrig ist. Sie wird mitbestimmt durch das Angebot an Wärme. Das gleiche trifft bei verschieden hohem Angebot an Mineralstoffen, besonders an Calcium, zu. Im jeweiligen Übergangsbereich bildet nur ein Teil der Zellen Wurzelhaare. In gemäßigten Klimagebieten sind dies die Zellen mit geringerem Wassergehalt. In wärmeren Gebieten wie in den Tropen bilden dagegen eher Zellen mit höherem Wassergehalt Wurzelhaare (Kutschera 1971b, Kutschera & Lichtenegger 1982).

Das Plasmalemma der Rhizodermiszellen kann bei Mangel an lebenswichtigen Stoffen im Boden wie an pflanzenverfügbarem Eisen zahlreiche Einstülpungen aufweisen (Bild 4). Einige Autoren bezeichnen dies als Wandlabyrinth (Kramer 1983). Die Oberfläche des Plasmalemmas wird dadurch beträchtlich vergrößert. Dies ermöglicht sowohl eine stärkere aktive Ausscheidung als auch eine größere aktive Aufnahme von Stoffen. Ausgeschieden werden vor allem Wasserstoffionen.

Bei mehreren Vertretern der Angiospermen können die Zellen der Rhizodermis im Lauf der Alterung ihre Außenwand verdicken. In diesem Zustand geben die Zellen keine Stoffe mehr aktiv nach außen ab. Auch die passive Wasserabgabe ist weitgehend unterbunden. Dadurch bleibt die Wurzel vor Austrocknung geschützt. Gleichzeitig wird aber die Wasseraufnahme von außen erschwert (Bild 7).

Ebenfalls erschwert bis unterbrochen wird die Wasseraufnahme der Wurzel von außen durch Metadermisierung der Zellwände der äußersten Schichten der Wurzel. Entsprechend erhöht sich der Schutz vor Wasserabgabe. Bei Wurzeln der Angiospermen wie der Stiel-Eiche erfolgt die Metadermisierung durch Einlagerung von Fettstoffen wie Cutin in die Zellwände (Bild 9). Bei Gymnospermen wie dem Gewöhnlichen Wacholder können auch andere Stoffe in die Zellwände eingelagert bzw. an die Zellwand angelagert werden (Bild 8).

Bei den Angiospermen folgt nach innen anschließend an die Rhizodermis in der Regel die Exodermis als äußerste Schicht der Rinde. Kennzeichnend für sie ist die Auflagerung einer Suberinlamelle auf die Zellwände. Durch Behandlung mit Sudan 3 werden deshalb die Zellwände rot (Bild 6 und 7). Zum Unterschied von der Endodermis entsteht jedoch niemals in den radialen Zellwänden ein Caspary-Streifen. Alle Angaben in der Literatur, die von einem Caspary-Streifen in der Exodermis sprechen, treffen nicht zu. Dies hob schon GUTTENBERG (1968) hervor. Elektronenmikroskopische Untersuchungen bestätigten dies neuerdings (mündliche Mitteilung von Barmicheva, Akademie der Wissenschaften, St. Petersburg). Ein stellenweises Aufleuchten in den radialen Wänden von Exodermiszellen kann auf örtliche Verdickungen zurückzuführen sein. Denn die radialen Zellwände der Exodermis können sich wie beispielsweise bei Vertretern von *Plantago* u. a. in Form von Phi-Zellen sehr stark verdicken (KUTSCHERA & SOBOTIK 1992). So handelt es sich auch bei der Angabe von VAN FLEET (1950) nicht um einen Caspary-Punkt bzw. Caspary-Streifen bei dem von ihm untersuchten *Geranium*, sondern um die lange bekannte Verdickung in Form einer Phi-Zelle (GUTTENBERG). Der Caspary-Streifen bildet niemals eine Verdickung.

Bei Wurzeln von Holzgewächsen sollen nach GUTTENBERG die Exodermen ganz zurücktreten. Nach vorliegenden Untersuchungen trifft dies nicht zu. In einigen Fällen sind die Wände sogar verdickt, wie bei der Eberesche (**Taf. 62 A**, Bild 1). Die Ursache für die unterschiedlichen Befunde könnte darin liegen, daß die Standorte der untersuchten Pflanzen oder das Alter der Wurzeln verschieden waren. Auf trockeneren Standorten entsteht nämlich die Suberinlamelle an den Zellwänden der Exodermen früher als auf feuchten. So fand KROEMER (1903) bei der Dattelpalme, *Phoenix dactylifera*, daß an einer sehr feucht gehaltenen Wurzel die Zellen der Exodermis schon hinter der Haube eine Suberinlamelle hatten. Bei Wurzeln auf trockenem Boden konnte diese erst 3 cm nach Ende der Haube festgestellt werden. Ebenso beginnt beim Gewöhnlichen Schilf, *Phragmites australis*, die Verkorkung der Exodermis der Wasserwurzeln ganz nahe der Spitze. Bei Bodenwurzeln setzt sie wesentlich später ein (KROEMER). Die Zellen der Exodermis sind mitunter an der Außenwand stärker verdickt. Dies deutet wie die früheren Angaben darauf hin, daß die Exodermis die Wurzel vor allem gegen Einflüsse von außen, wie erhöhte Fäulnisgefahr, abschirmt. Damit stimmt überein, daß die Gymnospermen, die keine Exodermis haben, auf nassen Auböden fehlen. Denn die Auslaugungsgefahr ist infolge des erhöhten Angebotes an ständig bewegtem Wasser besonders groß. Eine Ausnahme scheint die Sumpf-Zypresse, *Taxodium distichum*, zu sein. Ihre Wurzeln verlaufen jedoch nicht durchwegs flach unter der Bodenoberfläche. Sie heben sich wiederholt durch Bildung von Wurzelknien über die Bodenoberfläche. Hier trocknen sie zeitweise ab. Sie sind daher weniger der Fäulnisgefahr und der Auslaugung ausgesetzt.

5.2.2 Rinde als Speichergewebe und Weiterbildung des Zentralzylinders in Richtung des sekundären Dickenwachstums (Taf. 8)

Der Aufgabe der Wurzel als Aufnahme- und Speicherorgan dient vor allem das Rindenparenchym. Es ist in der Regel unterteilt in ein Außen- und ein Innenrindenparenchym (s. Abschnitt 2). Bei Gymnospermen entsteht es in seiner ganzen Breite an der Spitze des Wurzelkörpers. Bei Angiospermen geht es aus einer oder mehreren Initialzellen hervor. Die Zellen des schmäleren Außenrindenparenchyms teilen sich T-förmig, d. h. in Längsrichtung nahe der Spitze der Wurzel. Das meist breitere Innenrindenparenchym wird vorwiegend durch wiederholte Teilungen der Zellen der Endodermis gebildet. In älteren Bereichen des

---

Taf. 7: – **1: Rettich**, *Raphanus sativus.* WuHr, Spi von Schleim umhüllt. Aus BARMICHEVA & DANILOVA (1973). – **2: Mais**, *Zea mays.* WuHa, isolierte Z, ca. 25.000x, mit 2 Dictyosomen mit Sekretionsvestikeln, Ribosomen frei bzw. am ER, mehrere Mitochondrien, rechts ein Plastid angeschnitten, Präparation Barmicheva, Aufnahme Hesse. – **3: Winter-Schachtelhalm**, *Equisetum hyemale.* WuHr, Spi, Bildung der Zellwand. Nach KETELAAR & EMONS (2000) verändert, Schleimhülle ergänzt. – **4: Kartoffel**, *Solanum tuberosum.* Rh, Ø, EM-Aufnahme, 11.000x. Aus KRAMER (1983). – **5: Fichte**, *Picea abies.* Klagenfurt, 4.12. Prim., Ø, Ph/HCl, 162x. – **6: Blumen-Esche**, *Fraxinus ornus.* Schütt bei Villach, Kärnten, 15.5. Prim.-sek., Ø, S3, 409x. – **7: Gewöhnlicher Spindelstrauch**, *Evonymus europaea.* Grafenstein, Kärnten, 9.9. Prim., Ø, S3, 409x. – **8: Gewöhnlicher Wacholder**, *Juniperus communis.* Schütt bei Villach, Kärnten, 12.4. Prim.-sek., Ø, S3, 409x. – **9: Stiel-Eiche**, *Quercus robur.* Östlich Klagenfurt, 11.11. Prim., Ø, S3, 409x.

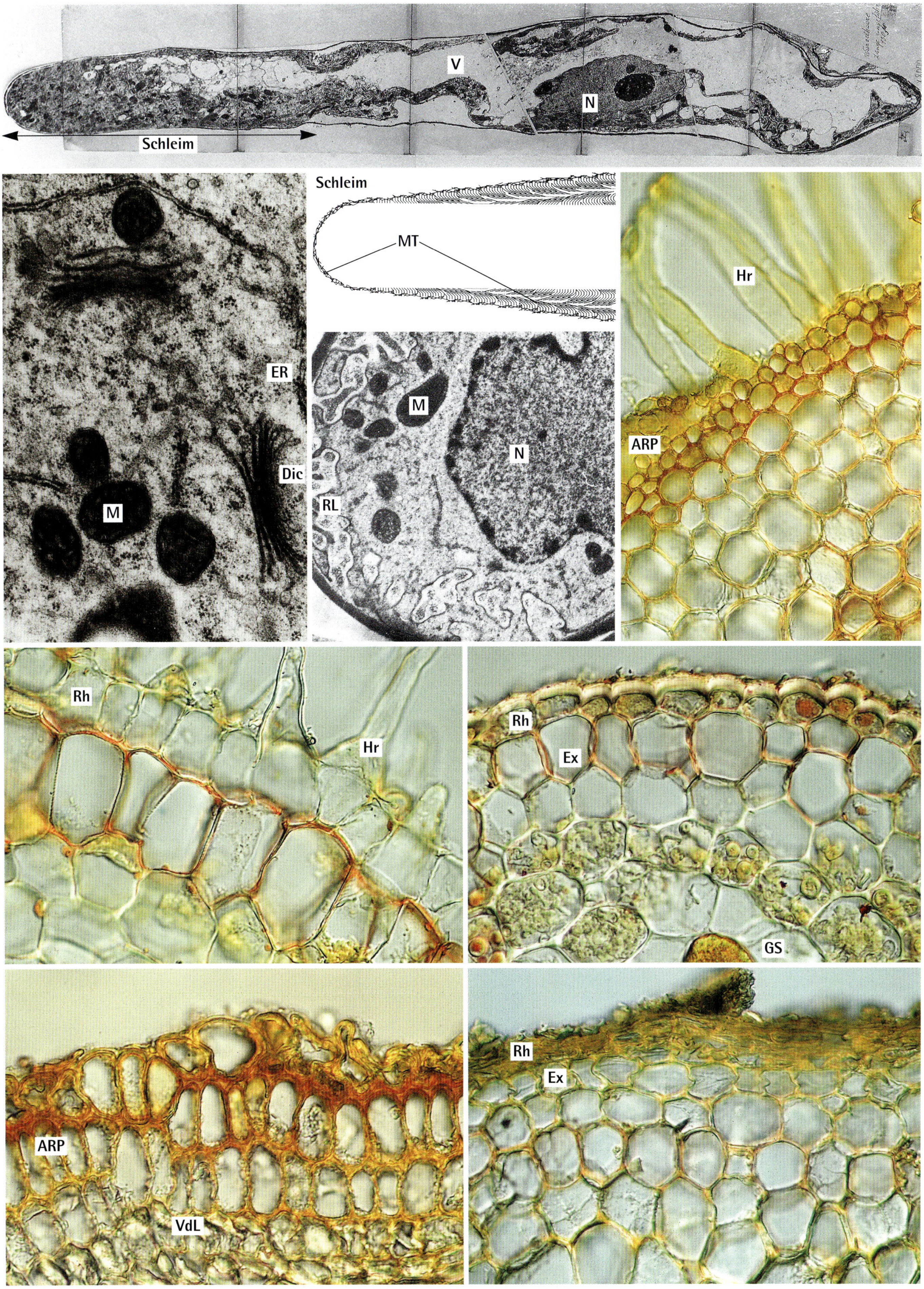
V
N
Schleim
Schleim
MT
Hr
ER
M
N
ARP
Dic
M
RL
Rh
Hr
Rh
Ex
GS
Rh
Ex
ARP
VdL

Innenrindenparenchyms können sich die Zellen nochmals teilen. Die von der Endodermis ausgehenden radialen Zellreihen werden dadurch verdoppelt. Dies gilt vor allem für Wurzeln mit sehr breitem Innenrindenparenchym wie besonders für jene der Groß-Seggen *Carex elata, C. disticha, C. vulpina* und jene der Gräser wie *Festuca pratensis* u. a. (KUTSCHERA & LICHTENEGGER 1982).

Die Wände der Zellen des Rindenparenchyms und deren Protoplasten nehmen größere Mengen an Wasser auf. Dabei verdicken sich die Wände beträchtlich (**Taf. 27 B**, Bild 1, **Taf. 87 B**, Bild 1). Das Wasser können sie mit den darin gelösten Stoffen rasch weiterleiten. Nach Fixierung der Wurzel mit wasserentziehenden Mitteln verlieren die Zellwände weitgehend das Wasser. Sie erscheinen dann dünn (Bild 1, 4, 6–9).

Im Lauf der Stammesgeschichte konnten vermutlich erstmals Vertreter der Schachtelhalmgewächse, Equisetales, dicke Wurzeln mit breitem Rindenparenchym bilden. Diese Wurzeln entstehen an liegenden Grundachsen der Pflanzen. Sie wachsen in der Regel nahezu senkrecht abwärts. An aufwärts wachsenden Grundachsen bleiben die Wurzeln dünn und kurz. Sie verlaufen allseits. Dies trifft für alle heute lebenden Schachtelhalme, d. h. für Vertreter der Gattung *Equisetum*, zu. Die vor den Equisetaceen auftretenden Calamitaceen, die ebenfalls zu den Equisetales zählen, haben bereits Wurzeln mit breitem Rindenparenchym (Bild 2). Die breite Rinde enthält große Mengen an Wasser mit den darin enthaltenen Stoffen. Der Inhalt der zahlreichen Zellen der Rinde kann in Notzeiten oder im Lauf der Alterung wieder dem Sproß zugeleitet werden. Notzeiten können durch luftgetragene Schadstoffe, durch ein Übermaß an Wasser im Vergleich zum Angebot an Wärme, Luft und Nährstoffen herbeigeführt werden. Auch Stoffe, die die Alterung der Pflanze beschleunigen, wie Ethylen, können ähnliche Wirkungen ausüben. Sie führen zum Absterben von Zellen und zum Entstehen von Lakunen innerhalb des Rindenparenchyms (Bild 3–5). Lakunen sind gaserfüllte Räume, die meist im Grundgewebe der Pflanzen auftreten. Sie werden von abgestorbenen Zellen umgeben.

Das Auftreten von Lakunen wird in der Literatur häufig auf den Mangel an Sauerstoff oder auf ein Überangebot an Stickstoff zurückgeführt. Schon frühzeitig wiesen aber mehrere Autoren darauf hin, daß große Lakunen in Wurzeln auch bei Arten auftreten, die auf gut durchlüfteten Böden wachsen (HENRICI 1929, GOOSSENS 1936).

Die Endodermis ist eine einreihige, geschlossene Schicht. Ihre Zellen bilden zur Gänze oder zum großen Teil das Innenrindenparenchym. Nach dem Ende der geschlossenen Umhüllung des Wurzelkörpers durch die Haube bzw. kurz davor entstehen in den Seitenwänden ihrer Zellen die sogenannten Caspary-Streifen oder Caspary-Punkte. Bei Interferenzbeleuchtung leuchten sie auf (Bild 6, **Taf. 5 B**, Bild 5). In ihrem Bereich sind die Zellwände durch Abkömmlinge fettartiger Substanzen imprägniert. Es dürfte sich dabei um eine Cutinisierung handeln. Außerdem liegt eine Verholzung dieses Bereiches vor. Der Streifen ist nach elektronenmikroskopischen Untersuchungen nicht geschichtet (GUTTENBERG 1968). Ein wesentliches Merkmal dieses Streifens ist außerdem, daß bei Plasmolyse der Protoplast innerhalb seines Bereiches an der Zellwand haften bleibt. Der Caspary-Streifen verhindert den Transport von Stoffen durch die radialen Wände der Endodermiszellen. Von besonderer Wichtigkeit ist dies zunächst dafür, daß die vom Zentralzylinder über das Phloem zugeführten Assimilate nicht unkontrolliert austreten und damit für das Wachstum der Wurzel verlorengehen könnten. Damit stimmt überein, daß der Caspary-Streifen zuerst in den über dem Phloem liegenden Zellen entsteht (**Taf. 5 B**, Bild 5).

Eine weitere Veränderung der Zellwände der Endodermis erfolgt durch Auflagerung einer Suberinlamelle. Diese entsteht ebenfalls zuerst an den Wänden der über dem primären Phloem liegenden Zellen. Nach Behandlung mit Sudan 3 erscheinen die Wände deshalb rot (Bild 7). Später werden alle Zellen mit Ausnahme einiger Durchlaßzellen mit der Suberinlamelle ausgekleidet. Bei mehreren Arten, vor allem bei

---

Taf. 8: – **1: Eibe**, *Taxus baccata.* Bei Goisern, Oberösterreich, 12.8. Prim., Ø, Eigenfluoreszenz, 162x. – **2:** *Asthenomyelon tenuitrabeculatum.* Wu, Ø, 30x. Aus LEISTIKOW (1962). – **3: Rotbuche**, *Fagus sylvatica.* – **4: Sal-Weide**, *Salix caprea.* Klagenfurt, 28.12. Prim., Ø, Saf.-Ast., 64x. – **5: Fichte**, *Picea abies.* – **3 u. 5:** Aus HÜTTERMANN et al. (1983). – **6: Liguster**, *Ligustrum vulgare.* Schütt bei Villach, Kärnten, 9.11. Prim., Ø, Ph/HCl, 409x. – **7: Blumen-Esche**, *Fraxinus ornus.* Kaltern, Südtirol, 15.5. Prim., Ø, S3, 409x. – **8: Alpen-Lärche**, *Larix decidua* subsp. *decidua.* Grafenstein, Kärnten, 18.12. Prim., Ø, JJK, 409x. – **9: Blumen-Esche**, *Fraxinus ornus.* Schütt bei Villach, Kärnten, 5.5. Prim., Ø, Saf.-Ast., 409x.

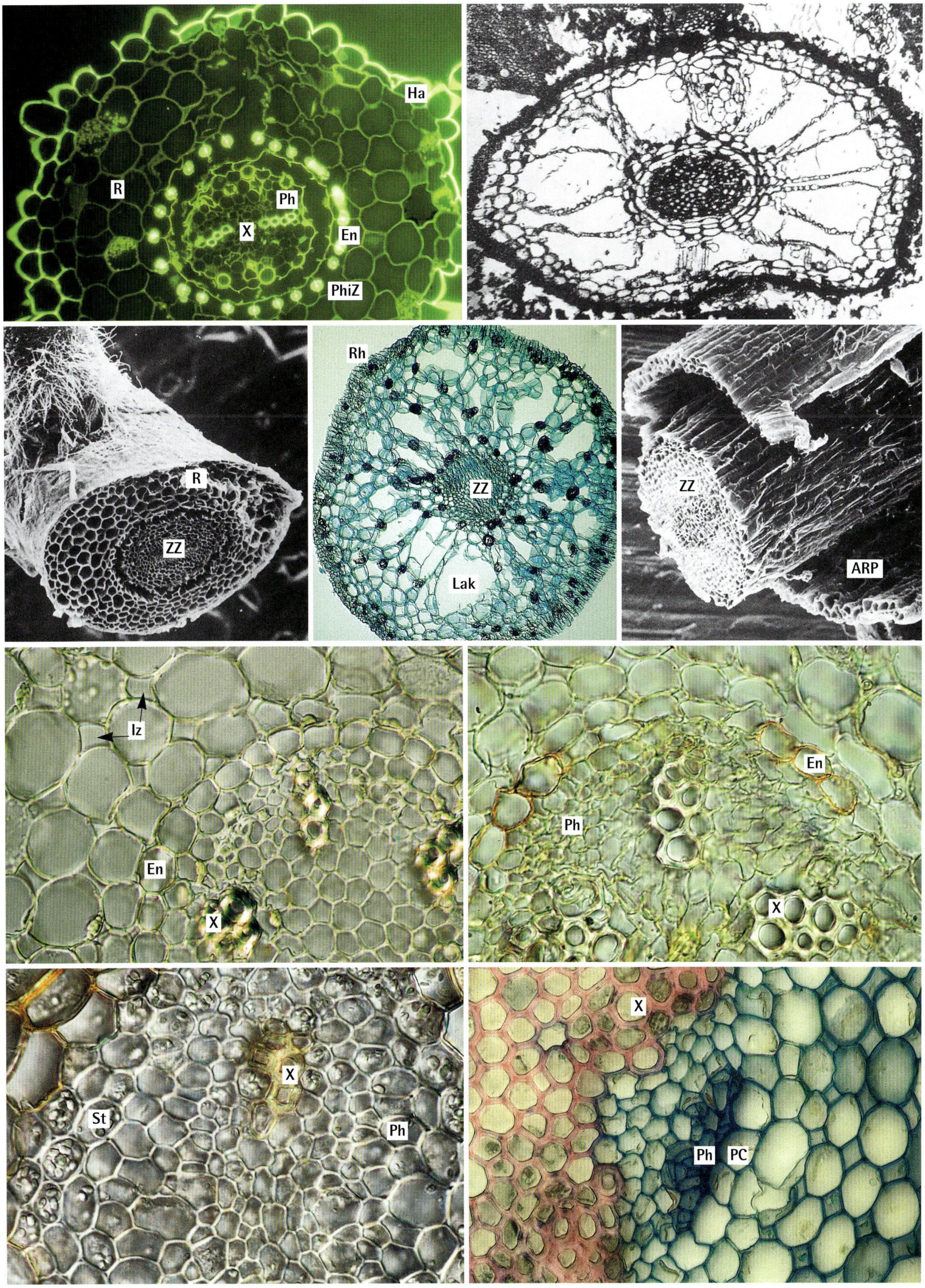
Ha
R
Ph
X
En
PhiZ
R
ZZ
Rh
ZZ
Lak
ZZ
ARP
Iz
En
X
En
Ph
X
X
St
Ph
X
Ph
PC

Vertretern der Monocotyledonen, treten zusätzlich Verdickungen an den Wänden der Endodermiszellen auf. Entsprechend den drei Bildungsstufen der Endodermis – das sind das Auftreten von Caspary-Streifen, die Auflagerung einer Suberinlamelle und später die Verdickungen der Zellwände – spricht man von primärer, sekundärer und tertiärer Endodermis. Mit dem Älterwerden der Wurzel unterbleibt die Versorgung der Zellen des Rindenparenchyms und der Endodermis mit Assimilaten. Dadurch kommt es zum Absterben der ganzen Rinde. Bei einigen Arten bleiben die Zellen der Endodermis länger am Leben. Dazu zählen Vertreter der Hahnenfußgewächse, Ranunculaceen, wie die Wiesenraute, *Thalictrum,* und die Küchenschelle, *Pulsatilla* (KUTSCHERA & SOBOTIK 1992). Auch die gesamte Rinde kann erhalten bleiben, wie vor allem bei Vertretern der Körbchenblütler, Asteraceen. Von den hier besprochenen Holzgewächsen ist ein Beispiel dafür die Pimpernuß, *Staphylea pinnata* (s. Abschnitt 5, **Taf. 50 A**, Bild 2): Auch an 10 Jahre alten Wurzeln war die Rinde mit ihren unverändert tätigen Zellen erhalten geblieben.

Die Leitung von Wasser in den Zellwänden parenchymatischer Gewebe, zu denen die Wurzelrinde zählt, konnte STRUGGER erstmals 1938 mit Hilfe von Berberinsulfat nachweisen. STRUGGER & PEVELING (1961) konnten auch erstmals darlegen, daß die im Wasser gelösten Stoffe mit dem Transpirationsstrom in den Zellwänden parenchymatischer Gewebe mitgeführt werden. Die Teilchen sollten aber nicht größer sein als feindisperses Gold mit 50 Ångström oder Silberteilchen von Protagol (Merck) mit etwa 80 Ångström. Ausführlich beschreibt SCHUMACHER (1967) den Stofftransport zwischen parenchymatischen Zellen mit Hilfe der Verwendung des Farbstoffes Fluorescein.

Nach innen anschließend an die Endodermis folgt als äußerste Schicht des Zentralzylinders das Pericambium. Aus ihm gehen die Seitenwurzeln hervor. Bei Arten mit sekundärem Dickenwachstum bildet es auch das sekundäre Abschlußgewebe, das Pericambial-Abschlußgewebe (vgl. Abschnitt 6.1.1). Nach innen anschließend an das Pericambium folgt der Bereich der leitenden Elemente für Zucker und Wasser, das primäre Phloem und das primäre Xylem.

Das primäre Phloem und das primäre Xylem von Gymnospermen und Angiospermen unterscheiden sich voneinander u. a. durch die Zahl der Leitungsbahnen und durch deren Lage. Ihre Zahl beträgt bei den Nadelhölzern nach vorliegenden Untersuchungen bis fünf (**Taf. 5 A**, Bild 4, **Taf. 38 A**, Bild 1 und 2, **Taf. 44 A**, Bild 1), bei den Laubhölzern wie bei der Schmalblatt-Esche bis acht (**Taf. 166 A**, Bild 1). Nur zwei Leitungsbahnen haben die dünnsten Wurzeln aller hier besprochenen Blütenpflanzen. Bei den Gymnospermen liegt das primäre Phloem oft mehrere Schichten vom Pericambium entfernt (Bild 8, **Taf. 9**, Bild 4). Bei den Angiospermen grenzt es oft unmittelbar an das Pericambium an (Bild 6, 7 und 9).

Grundsätzlich unterscheiden sich die leitenden Elemente von Phloem und Xylem der Gymnospermen und Angiospermen durch ihren Bauplan. Bei den Gymnospermen bestehen die leitenden Elemente des Phloems aus Siebzellen. Diese werden von Eiweißzellen begleitet, die man als Strasburger-Zellen bezeichnet. Bei den Angiospermen haben sich bereits Siebröhren ausgebildet. Diese werden von einer bis mehreren Geleitzellen begleitet. Zwischen beiden Formen gibt es Übergänge. Viele Autoren ziehen es deshalb vor, nur von Siebelementen zu sprechen. Die leitenden Elemente des Phloems wurden als solche erstmals durch HARTIG (1837) erkannt und beschrieben. Ihren Namen verdanken sie der siebartigen Unterbrechung der Seitenwände der Zellen, mit denen sie an die jeweils in Längsrichtung benachbarte Zelle angelagert sind. Die Wasserleitelemente der Gymnospermen sind noch ausschließlich Tracheide, jene der Angiospermen großteils Gefäße, d. h. Tracheen (s. Abschnitt 6.2). Zu den Ausnahmen zählen die Gnetopsida mit *Welwitschia mirabilis,* die als Gymnospermen neben Tracheiden bereits Tracheen haben (BIERHORST 1960), und unter den Angiospermen die Familie der Winteraceen, bei deren Vertretern die Wasserleitelemente ausschließlich Tracheide sind.

6. Sekundäres Dickenwachstum der Wurzel bei Nadel- und Laubhölzern

Das sekundäre Dickenwachstum erreicht bei den Bäumen der Gymnospermen und jenen der Angiospermen in Sproß und Wurzel jeweils die höchsten Werte. Stämme der Weiß-Tanne, *Abies alba,* und der Fichte, *Picea abies,* haben einen Durchmesser von bis über 200 bzw. 250 cm, die Wurzeln einen solchen von bis über 80 bzw. bis über 90 cm. Vom Mammutbaum, *Sequoiadendron giganteum,* wird ein Stammdurchmesser bis etwa 12 m angegeben. Bei der Stiel-Eiche, *Quercus robur*, und der Edelkastanie, *Castanea sativa*, werden Stämme und Wurzeln bis etwa 150 bzw. 60 cm und 200 bzw. 70 cm dick.

6.1 Pericambium, Pericambial-Abschlußgewebe (sekundäres Abschlußgewebe) und Bast

Das sekundäre Abschlußgewebe der Wurzel unterscheidet sich von dem des Sprosses durch sein Entstehen aus dem Pericambium. In seinem Bauplan stimmt es jedoch, entsprechend der gleichen Funktion, mit dem des Sprosses weitgehend überein. Die Unterschiede im Bauplan zwischen den Pinaceen als Taxa der Gymnospermen und den Angiospermen entsprechen den unterschiedlichen ökologischen Ansprüchen beider Formenkreise (s. Abschnitt 6.1.2). Das gleiche gilt für die Unterschiede im Bast zwischen Gymno- und Angiospermen.

6.1.1 Beginn des sekundären Dickenwachstums, Entstehung des Pericambial-Abschlußgewebes, des Endocambiums und des sekundären Phloems und Xylems (Taf. 9)

Aus den Zellen des Pericambiums entsteht durch tangentiale Teilungen das sekundäre Abschlußgewebe der Wurzel (Bild 2), im folgenden als Pericambial-Abschlußgewebe bezeichnet (s. Abschnitt 5). Der Ausdruck Pericambial-Abschlußgewebe deckt sich mit der in der Literatur üblichen Bezeichnung Periderm. Die beiden Tochterzellen der Pericambiumzelle der Wurzel sind in ihrer äußeren Gestalt und auch im Aufbau ihres Protoplasten verschieden. Die innere Tochterzelle ist oft größer, und ihre Zellwände sind oft dicker. Nach innen ist die Zellwand ausgebuchtet. Die Zellen enthalten oft größere Stärkekörner als die Schwesterzelle (**Taf. 10**, Bild 1 und 3, **Taf. 96 B**, Bild 2). Auch ist die Färbung des Inhaltes beider Schwesterzellen oft verschieden (**Taf. 52 B**, Bild 2). Die außen liegende Schwesterzelle teilt sich weiter tangential. Die innen liegende Schwesterzelle dürfte an diesen Teilungen durch Zufuhr von Stoffen beteiligt sein. Sie kann sich wie die außen liegende noch radial teilen. Eine weitere tangentiale Teilung dieser Zelle als Ergänzung des nach innen anschließenden Gewebes des Bastes konnte im Gegensatz zu Angaben in der Literatur (Guttenberg 1968) nicht beobachtet werden. Beim Sproß geht das sekundäre Abschlußgewebe jedoch nicht aus einer Bildungsschicht hervor, die mit der Endodermis der Wurzel in allen Merkmalen übereinstimmt (s. Abschnitt 2). Es ist daher zweckmäßig, auch das sekundäre Abschlußgewebe von Wurzel und Sproß nicht mit dem gleichen Ausdruck zu bezeichnen.

Eine wesentliche Voraussetzung für das sekundäre Dickenwachstum ist das Entstehen eines Bildungsgewebes zwischen den leitenden Elementen. Es wird im folgenden als Endocambium bezeichnet, um dieses dem Pericambium gegenüberzustellen (s. Abschnitt 5). In der Literatur trägt es meist den Namen Cambium oder Gefäßcambium. Seine Ausformung ist besonders deutlich bei Leguminosen wie bei *Robinia pseudacacia* zu sehen (Bild 3). Es verläuft anfangs in einer tief gebuchteten Wellenlinie zentripetal in bezug auf das primäre Phloem und zentrifugal auf das primäre Xylem. Von ihm ausgehend werden Zellen gebildet, durch die das primäre Phloem zunehmend nach außen, das primäre Xylem zunehmend nach innen zu liegen kommt. Dabei schrumpfen die dünn- und zartwandigen Zellen des primären Phloems. Gleichzeitig geht der wellenförmige Verlauf der Bildungsschicht in einen kreisförmigen über. Die unterschiedliche Lage des primären Phloems bei Gymnospermen und Angiospermen ist auch nach dessen Kollabieren deutlich zu sehen (Bild 1–4).

Vom Endocambium ausgehend entstehen das sekundäre Phloem und das sekundäre Xylem. Bei Gymnospermen lassen sich im Lichtmikroskop innerhalb des sekundären Phloems deutlich die einander in radialer Lage abwechselnden Bereiche mit dünn- und zartwandigen, stärkeführenden Zellen und mit z. T. dickwandigen Zellen unterscheiden. Die dünnwandigen, stärkeführenden Zellen sind jene der sekundären Strahlen. Im Bereich der dickwandigen Zellen liegen die leitenden Elemente des Phloems (Bild 4). Bei den Angiospermen sind diese hinsichtlich der Stärke der Zellwände weniger deutlich zu unterscheiden. Dies zeigt sich schon nahe dem Endocambium (Bild 5 und 8). Bei Gymnospermen und Angiospermen liegt an der Außenseite des sekundären Phloems das primäre Phloem mit seinen inzwischen kollabierten Zellen (s. oben).

Die Leitelemente des sekundären Phloems haben wie jene des primären Phloems Cellulosewände. Es kann den Wänden eine Schicht aufgelagert sein, die positive Cellulose- und Pektinreaktionen ergibt. Sie wird wegen ihres Glanzes als Nacré-Wand, d. h. als Perlmuttwand, bezeichnet. Sie kann fast bis zum Verschwinden des Zellumens verdickt werden. Die Siebplatten bleiben jedoch frei. Beispiele dafür sind nach vorliegenden Untersuchungen die Wald-Kiefer, *Pinus sylvestris* subsp. *sylvestris*, sowie die Alpen-Lärche, *Larix decidua* subsp. *decidua* (Bild 4 und 6), und unter den übrigen Gymnospermen *Ginkgo biloba* (Bild 7). Man nimmt an, daß diese Schicht bei den Abietoideae eine echte Sekundärwand ist (vgl. ESAU 1969 und zit. Lit.). Wie ESCHRICH (1995) hinweist, bilden dickwandige, zusammengefallene, obliterierte Siebelemente den von HOLDHEIDE (1951) und HUBER (1939) beschriebenen Wurzelbast (s. Weiß-Tanne, Bild 1, **Taf. 27 A**, Bild 5, Fichte, **Taf. 29 A**, Bild 2, Alpen-Lärche, **Taf. 31 A**, Bild 2, und Douglasie, *Pseudotsuga menziesii*, **Taf. 42 A**, Bild 2).

Den Schutz der Elemente des sekundären Phloems übernehmen bei Angiospermen meist tangential angeordnete Gruppen von Sclerenchymzellen wie Faser- und Steinzellen (Bild 5 und 8). Bei den Pinaceen fehlen diese in der typischen Form (s. Abschnitt 6 und 7). Offensichtlich werden durch Bildung dicker Perlmuttwände und in weiterer Folge durch Bildung des Knorpelbastes die Phloem-Leitelemente so weit verfestigt, daß sie den Schutz durch Zellen des Sclerenchyms nicht benötigen. Bei Vertretern der Cupressaceen wie Arten des Wacholders, *Juniperus*, entstehen Sclerenchymzellen, die eine ähnliche Schutzwirkung ausüben wie jene bei den Angiospermen. Diese Zellen sind aber nicht tangential miteinander verbunden. Zwischen ihnen liegen die Zellen der Strahlen (**Taf. 44 B**, Bild 2). Die Siebzellen der Gymnospermen dürften in der Regel im Querschnitt größer sein als die Siebröhren der Angiospermen. Im Gegensatz dazu sind die Zellen der Strahlen bei den Gymnospermen kleiner als die der Angiospermen.

Strahlen sind Zellreihen, die aus dünnwandigen, stärkereichen, im Vergleich zu den benachbarten Zellen oft stärker radial verbreiterten Zellen bestehen. Bei den Gymnospermen sind die Strahlen in der Regel einreihig. Bei den Angiospermen können sie größtenteils einreihig sein wie bei der Schwarz-Erle, *Alnus glutinosa*, oder bis über 30reihig wie bei der Hasel, *Corylus avellana* (**Taf. 13**, Bild 2). Unterschieden wird zwischen primären und sekundären Strahlen. Beide entstehen im Endocambium, die primären schon über dem primären Xylem jeweils als deren Teile, die sekundären später, d. h. zusammen mit dem sekundären Phloem und dem sekundären Xylem. Die Strahlen erweitern sich im Bast durch tangentiale Verbreiterung ihrer Zellen oft trichterförmig.

6.1.2 Sekundäres Abschlußgewebe und Bast bei Nadel- und Laubhölzern (Taf. 10)

Das sekundäre Abschlußgewebe der Wurzel unterscheidet sich von dem des Sprosses in der Regel durch eine weniger zerklüftete, feinere Oberfläche. Zu sehen ist dies bei der Fichte, *Picea abies* (**Taf. 24**, Bild 7).

Deutlicher treten Unterschiede im inneren Bau des sekundären Abschlußgewebes bei einem Vergleich der Pinaceen mit den Angiospermen vor Augen. Bei den Pinaceen verdicken die Tochterzellen 2. Ordnung, d. h. jene, die nach der ersten Teilung aus der äußeren Tochterzelle entstehen, frühzeitig ihre Außenwand. Die Verdickung erfolgt durch Einlagerung von Lignin. Nur ein schmaler Bereich der Zellwand ist verkorkt (Bild 1). Bei den Angiospermen bleibt die Außenwand unverdickt. Eine Einlagerung von Lignin war im Rahmen vorliegender Untersuchungen nicht festzustellen (Bild 5). Dafür sind die Zellwände oft stärker verkorkt (Bild 3). Die Taxaceen wie *Taxus baccata* zeigen Übergänge zu den Laubhölzern. Auch ihre Zellwände bleiben unverdickt. Es dürfte auch keine Einlagerung von Lignin stattfinden (**Taf. 46 A**, Bild 4, **Taf. 46 B**, Bild 2). Weitere Untersuchungen müßten diese Frage genauer klären.

Taf. 9: – **1: Weiß-Tanne**, *Abies alba.* Köstenberg, Kärnten, 19.2. Prim.-sek., Ø, Saf.-Ast., 162x. – **2: Hopfenbuche**, *Ostrya carpinifolia.* Loibl, Kärnten, 29.3. Sek., Ø, Saf.-Ast., 409x. – **3: Gewöhnliche Robinie**, *Robinia pseudacacia.* Schloß Rain, Grafenstein, Kärnten, 23.6. Prim.-sek., Ø, Saf.-Ast., 162x. – **4: Wald-Kiefer**, *Pinus sylvestris* subsp. *sylvestris.* Klagenfurt, 21.12. Sek., Ø, S3, 162x. – **5: Flaum-Eiche**, *Quercus pubescens.* Mauer, Wien, 9.9. Sek., Ø, Saf.-Ast., 409x. – **6: Alpen-Lärche**, *Larix decidua* subsp. *decidua.* Grafenstein, Kärnten, 14.2. Sek., Ø, JJK, 409x. – **7: Ginkgo**, *Ginkgo biloba.* Klagenfurt, 20.2. Sek., Ø, Ph/HCl, 409x. – **8: Schwarz-Pappel**, *Populus nigra.* Bei Wiener Neustadt, Niederösterreich, 1.10. Sek., Ø, Ph/HCl, 409x.

R
En
Ph
HK
R
En
Ph
X
X
Gf
Ph
Ba
NacW
Ho
F
Ph
Lbfm
Gf
BaStr
NacW
Trde
F
Trde
BaStr
HoStr

Die Unterschiede im Bau des Pericambial-Abschlußgewebes zwischen Nadelhölzern und Laubhölzern sind ökologisch und wirtschaftlich von großer Bedeutung. Das bei Nadelhölzer verholzte Gewebe vermag deren Wurzeln weniger vor Fäulnis zu schützen als das vorwiegend verkorkte Gewebe der Laubhölzer. Daraus erklärt es sich, daß im Lauf der Stammesgeschichte, als Laubhölzer noch fehlten, die Feuchtflächen den Schachtelhalmen überlassen werden mußten. Die Nadelhölzer konnten nur die trockeneren Bereiche besiedeln. Heute stimmt damit überein, daß Nadelhölzer im Kernbereich der Gesellschaften der Weichen Au und der feuchteren Gesellschaften der Harten fehlen (KUTSCHERA 1951, HÄRDTLE et al. 1996). Besonders eindrucksvoll bestätigen dies die Vegetationstabellen der westlichen Donauauen von Passau bis Melk von JELEM (1974). In Kreisen der Wirtschaft ist der bedeutend höhere Heizwert des sekundären Abschlußgewebes des Sprosses der Nadelhölzer, das meist als Borke bezeichnet wird, im Vergleich zu jenem der Laubhölzer bekannt.

Der Bast zeichnet sich bei Gymnospermen und Angiospermen dadurch aus, daß seine Zellen in hohem Maß die Fähigkeit haben, sich zu teilen und zu differenzieren. Zurückzuführen ist dies darauf, daß im Bast die Leitungsbahnen für die Assimilate verlaufen und daß dadurch ein großer Teil der Gewebe jugendlich verbleibt. Die Gewebe des Bastes stimmen bei beiden Taxa in ihrem Aufgabenbereich überein. Sie unterscheiden sich jedoch in ihrem Bauplan und ihrer Verteilung. Dies gilt besonders für die leitenden Zellen des Phloems (s. Abschnitt 6.1.1), aber auch für die des Festigungsgewebes. Das Festigungsgewebe kann bei beiden Taxa aus Fasern oder Steinzellen bestehen. Beide Zellformen können nebeneinander auftreten. Sie zeigen aber bei Gymnospermen und Angiospermen deutliche Unterschiede. Allgemein gesehen sind Fasern dünn, langgestreckt, dickwandig und englumig. Steinzellen sind dick, kurz, weitlumig und weniger dickwandig. Fasern können unverholzt sein, oder es ist nur die äußere Schicht der Zellwand verholzt wie bei der Walnuß (**Taf. 116 A**, Bild 2), der Hybrid-Pappel (**Taf. 142 A**, Bild 4) und der Lavendel-Weide (**Taf. 150 A**, Bild 4). Zur Gänze verholzt sind die Zellwände der Weiß-Tanne. Bei dieser sind die Zellen auch langästig verzweigt (**Taf. 27 A**, Bild 5). Ein besonderes Festigungsgewebe mit zwei nach Form und Lage sehr verschiedenen Zellformen bilden *Welwitschia mirabilis* und Vertreter des Meerträubchens, *Ephedra*. Bei *Welwitschia* ist die eine Zellform außergewöhnlich dick und sehr stark verholzt. Bis zu über 15 verholzte Schichten werden der Zellwand angelagert. Das Lumen ist in alten Zellen sehr klein. Wegen ihrer besonderen Form werden diese als Spicularzellen bezeichnet (ENGLER & PRANTL 1889). Sie dienen neben ihrer Aufgabe als Festigungselemente auch als Wasserspeicher (KUTSCHERA et al. 1997). Die andere Form gleicht dünnen, unverholzten Faserzellen. Diese bilden Bündel, in denen bis über 40 dichtgedrängt stehen. Die Spicularzellen liegen dagegen einzeln.

Bei den Gymnospermen sind Stein- und Faserzellen oft größer als bei den Angiospermen (Bild 6, **Taf. 11**, Bild 1). Doch auch innerhalb der Angiospermen ist die Größe der Zellen sehr verschieden. Auffallend dünne Fasern bilden Vertreter der Ulme, *Ulmus* (Bild 8). Deutlich dicker sind jene der Pappel, *Populus,* und der Walnuß, *Juglans regia*. Bei Ulmen stehen außerdem die Fasern einzeln oder in randwärts aufgelockerten Gruppen (Bild 8), bei den Pappeln und der Walnuß dagegen dichtgedrängt in geschlossenen Gruppen. Weitgehend gleich gestaltet sind die Fasern der Pappeln und der Weiden. Innerhalb einer Gattung bestehen Unterschiede in der Anzahl der Schichten der Fasern. Bei der Schwarz-Erle, *Alnus glutinosa*, sind sie in einer Schicht mit wenigen Unterbrechungen angeordnet. Bei der Grau-Erle, *A. incana*, liegen zwei Schichten unmittelbar benachbart, bei der Grün-Erle, *A. viridis,* oft drei Schichten (**Taf. 104**, **106** und **108**). Bei der Grün-Erle ist der Kreis oft unterbrochen. Bei Rosaceen überwiegen häufig Steinzellen, ebenso bei der Rotbuche, *Fagus sylvatica,* und der Hopfenbuche, *Ostrya carpinifolia*. Vereinzelt können sowohl bei Vertretern von Gymnospermen, wie bei der Weiß-Tanne, als auch bei Vertretern der Angiosper-

Taf. 10: – **1: Zirbe,** *Pinus cembra* subsp. *cembra*. Velden, Kärnten, 14.3. Sek., Ø, Ph/HCl, 409x. – **2: Schwarz-Erle,** *Alnus glutinosa*. Baßgeigensee, Keutschach, Kärnten, 5.7. – **3: Gewöhnliche Esche,** *Fraxinus excelsior.* Klagenfurt, 21.12. Sek., Ø, JJK, 409x. – **4:** Pfl u. Zeit wie 2. Bläschen, Ø, ungef., 64x. – **5: Stiel-Eiche,** *Quercus robur.* Keutschach, Kärnten, 23.9. Sek., Ø, S3, 409x. – **6: Weiß-Tanne,** *Abies alba.* Bärental, Kärnten, 2.10. Sek., Ø, Ph/HCl, 64x. – **7: Pimpernuß,** *Staphylea pinnata.* Mödling, Niederösterreich, 10.4. Sek., Ø, Saf.-Ast., 64x. – **8: Berg-Ulme,** *Ulmus glabra.* Loibltal, Kärnten, 22.7. Sek., Ø, S3, 64x.

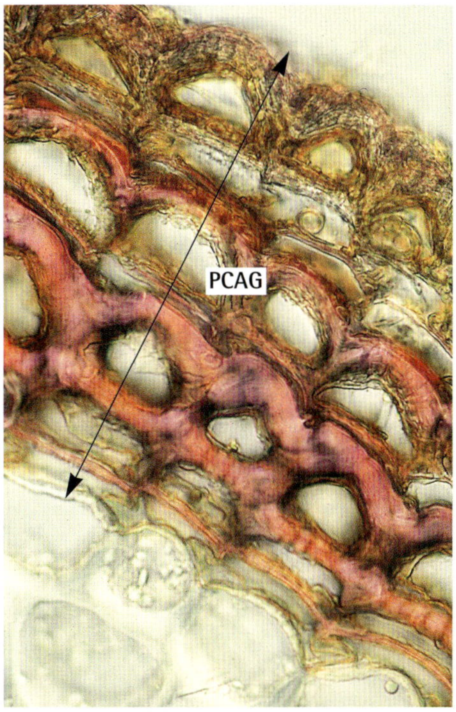
PCAG

Bläs
LentZ

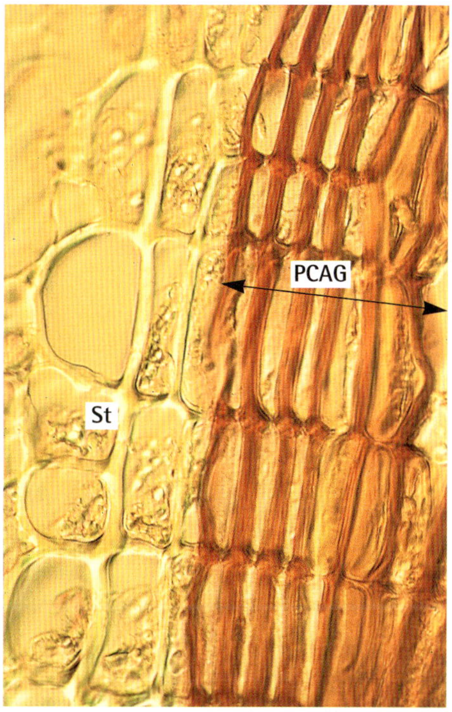
PCAG
St

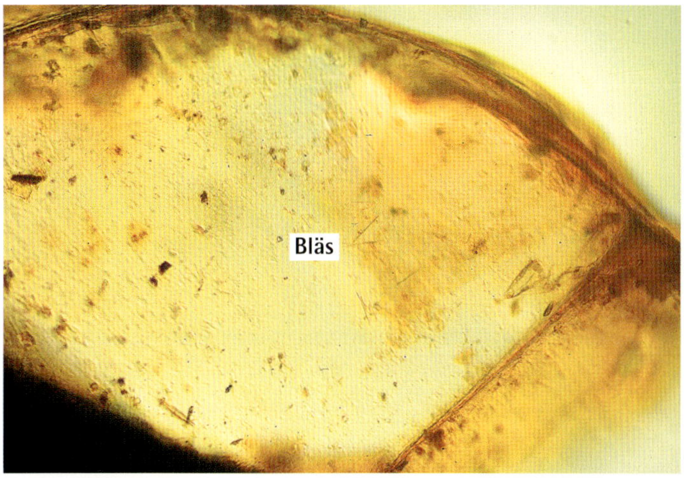
Bläs

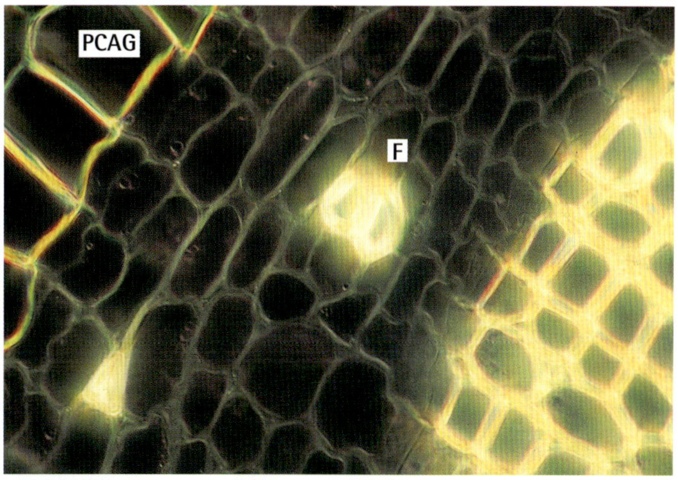
PCAG
F

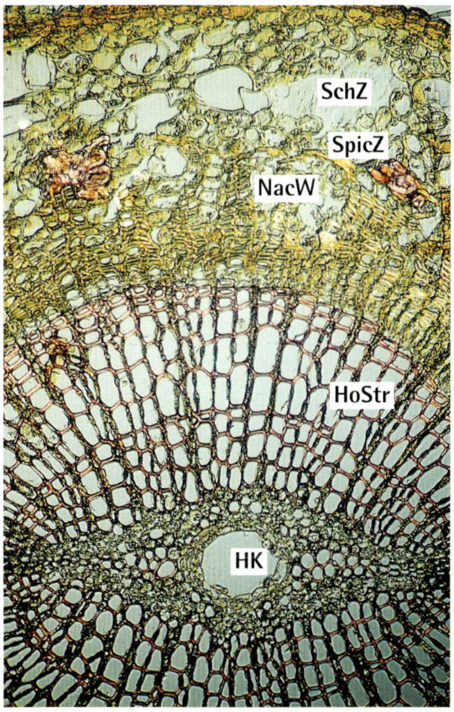
SchZ
SpicZ
NacW
HoStr
HK

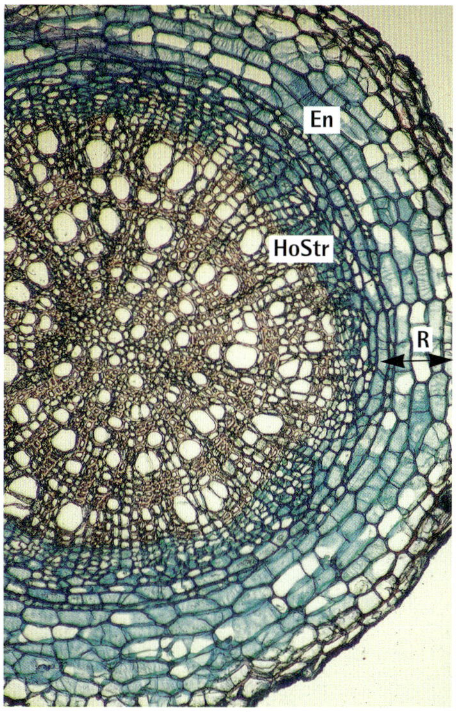
En
HoStr
R

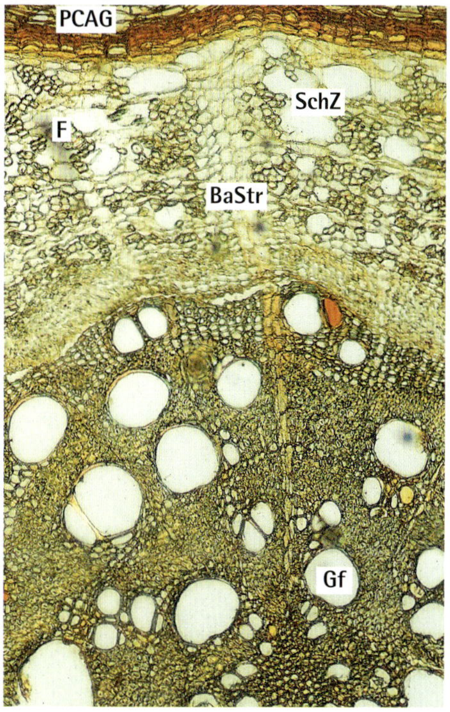
PCAG
SchZ
F
BaStr
Gf

men, wie bei der Feld- und der Berg-Ulme, Schleimzellen auftreten (**Taf. 27 A**, Bild 3 und 4, **Taf. 27 B**, Bild 2, **Taf. 118 A**, Bild 2 und 3, **Taf. 120 A**, Bild 2 und 4).

Bei einigen Arten wird das Pericambial-Abschlußgewebe von Lentizellen unterbrochen. Ein Beispiel dafür ist unter den heimischen Bäumen die Schwarz-Erle. An der Oberfläche der Lentizelle bilden sich Bläschen. Sie enthalten offensichtlich CO_2 (Bild 2 und 4). Die Lentizellen dienen demnach der Abgabe des bei der Atmung gebildeten CO_2. Eine Aufnahme von O_2 durch die Lentizellen dürfte nicht stattfinden.

Rasch wachsende Arten, deren Standorte nährstoffreich sind, haben meist einen breiten Bast, wie der Schwarze Holunder, *Sambucus nigra.* Fasern können in einem solchen Bast fehlen oder zurücktreten (**Taf. 174 A**, Bild 2). Langsamer wachsende Arten, wie die Vertreter von *Quercus*, haben einen mittelbreiten bis schmalen Bast. Doch können auch schnell wachsende Arten auf nährstoffärmeren Standorten, wie die Weiß-Birke, *Betula pendula*, einen schmalen Bast aufweisen (**Taf. 98 A**, Bild 3). Einen sehr schmalen Bast haben Arten, bei denen die Rinde erhalten bleibt, wie die Pimpernuß, *Staphylea pinnata* (Bild 7).

Die Zellen des Endocambiums sind bipolar gebaut. Deshalb können sie nach innen Zellen des Holzes und nach außen Zellen des Bastes bilden. Die Wände der jüngsten Zellen des Holzes sind nur schwach verholzt. Die Verholzung beginnt an der Innenwand fortschreitend über die radialen Wände (Bild 5).

6.1.3 Gewebe des Bastes, Festigungselemente, Phloem-Leitelemente und Zellen mit Calciumoxalat-Kristallen (Taf. 11)

Bei Gymnospermen und Angiospermen kommt es innerhalb des Bastes häufig zu Ablagerungen von Calciumoxalat-Kristallen. Diese können von einer fallweise suberinisierten Hülle umgeben sein (HABERLANDT 1918). Der Ort, wo die Kristalle abgelagert werden, ist bei Gymnospermen und Angiospermen verschieden. Bei Gymnospermen werden die Kristalle an der Zellwand abgelagert. Sie entstehen demnach im Apoplasten, das ist, bezogen auf den Protoplasten, extrazellulär. Ein Beispiel dafür ist die Weiß-Tanne, *Abies alba* (Bild 1, 3, 5, **Taf. 27 A**, Bild 4).

Mitunter liegen die Kristalle scheinbar eingesenkt in die Schichten der Zellwand. Dies ist vor allem dann der Fall, wenn sich die Zellwand durch Auflagerung verholzter Schichten beträchtlich verdickt wie bei *Welwitschia mirabilis* (Bild 7 und KUTSCHERA et al. 1997). Bei den Angiospermen entstehen die Kristalle immer intrazellulär, d. h. in der Vakuole des Protoplasten (FRANCESCHI & HORNER 1980). Die Kristalle sind prismatisch oder nadelförmig. Sie können klein bleiben und einen Kristallsand bilden oder drusenförmig wachsen. Prismatische Formen, die nahezu die ganze Zelle ausfüllen, entstehen häufig in Zellreihen, die benachbart von Fasern verlaufen (Bild 2 und 4). Verstreut liegende Zellen enthalten nicht selten Drusen. Zellen mit Drusen können wie jene mit prismatischen Kristallen auch in Reihen angeordnet sein. Beide Formen können nebeneinander vorkommen, wie in den Wurzeln der Flaum-Eiche, *Quercus pubescens* (Bild 4). Das Auftreten von Sand wurde vor allem beim Faulbaum, *Frangula alnus* (**Taf. 80 B**, Bild 2), und beim Roten Hartriegel, *Cornus sanguinea* (Bild 6), beobachtet. Vereinzelt können Calciumoxalat-Kristalle selbst bei Arten mit sekundärem Dickenwachstum schon im primären Zustand der Wurzel vorkommen, und zwar in Form von Drusen oder Prismen wie beim Krainer Kreuzdorn, *Rhamnus fallax*. Sie liegen in den Zellen des Innenrindenparenchyms (**Taf. 78 A**, Bild 4). Etwas häufiger wurden diese auch im Holz gefunden, so in Wurzeln der Gewöhnlichen Mehlbeere, *Sorbus aria*, und der Flaum-Eiche, *Quercus pubescens* (**Taf. 60 A**, Bild 4 und 5, **Taf. 91 A**, Bild 4). Dies kommt vor allem dann vor, wenn die Bäume oder Sträucher auf Böden mit hohem Kalkgehalt wachsen. Bei einkeimblättrigen Arten treten Calciumoxalat-Kristalle bevorzugt in der Rinde auf. Nicht selten sind es Raphiden wie beim Drachenbaum, *Dracaena draco* (Bild 8).

Einen Einblick in das Entstehen der Oxalat-Kristalle unter Hinweis auf die angeführten Unterschiede zwischen Gymnospermen und Angiospermen gibt FINK (1990) anhand von Untersuchungen von Fichtennadeln. Er ermittelte die mengenmäßige Verteilung des Calciums innerhalb der chemischen Verbindungsformen nach deren Löslichkeit in Wasser = freies Calcium, in Essigsäure = Calciumpectat, und in Salzsäure = Calciumoxalat. Der in Wasser lösliche Anteil in den Fichtennadeln liegt bei 50 ppm. Im Alter nimmt er etwas zu. Der Gehalt an Calcium des Bodens scheint darauf kaum einen Einfluß zu haben. Auf sauren Böden liegt der Anteil sogar geringfügig höher. Der in Essigsäure lösliche Anteil beträgt in einjährigen Nadeln etwa 40–80 ppm. Er nimmt ebenfalls im Alter zu. Auf Kalkböden ist er um ungefähr 50 % höher als auf sauren Böden. Der in Salzsäure lösliche Anteil liegt auf kalkreichen Böden bei 7.213–9.879 ppm, auf kalkarmen, sauren Böden bei 1.025–1.408 ppm. Nur der in Salzsäure lösliche Anteil hängt demnach weitgehend vom Kalkgehalt des Bodens ab. Dies läßt darauf schließen, daß die Pflanzen mit Hilfe der Oxalsäure das Calcium, soweit es im Übermaß vorhanden ist, ausscheiden müssen, damit es nicht zu Vergiftungserscheinungen kommt. Denn ein Überangebot an Calcium im Cytoplasma würde durch Bildung von unlöslichem Calciumphosphat zum Tod der Zellen führen. Die Konzentrationen im Cytoplasma sind nach Bangerth (1979), Marschner (1986) und Trewavas (1986) stets unter 1 µM. Außerdem erschwert oder verhindert ein Überangebot an Calcium die Streckung der Zellen. Die Zellwand wird frühzeitig verfestigt (s. *Pinus nigra*, Spezieller Teil). Demnach muß der wasserlösliche Anteil an Calcium vor allem im Bereich meristematischer Gewebe, d. h. im Bereich jugendlicher Zellwände, ständig in nahezu gleicher Höhe und sehr niedrig gehalten werden.

In Wasser lösliches Calcium benötigt die Pflanze u. a. zum Aufbau der Zellwand. Fehlt Calcium, ähnelt deren Form einer schleimartigen Masse. In diesem Zustand sind die Zellwände nicht imstande, Wasser zu leiten. Deshalb vertrocknet der Sproß, auch wenn die Wurzeln in Wasser einhängen (Kutschera & Lichtenegger 1997). Die Erschwernis der Streckung der Zellen bei einem Überangebot an Calcium zeigt sich beim Eindringen von Wurzeln in kalkreiche Bodenschichten. Die Wurzeln verdicken und verzweigen sich und stellen ihr Längenwachstum weitgehend ein. Mehrmals beobachtet wurde dies bei krautigen Pflanzen sowie bei der Wald- und der Schwarz-Kiefer, *Pinus sylvestris* und *P. nigra* (Kutschera 1960 und Spezieller Teil *Pinus nigra*).

Auch an der Bildung des Cytoskeletts sind Calciumionen beteiligt. Das Cytoskelett ist ein aussteifendes, strukturiertes Gebilde im Cytoplasma nahe der Plasmamembran. Einer der beiden häufigsten Bestandteile des Cytoskeletts von Pflanzen, das Tubulin, aggregiert nur bei einer Ca-Konzentration von weniger als 10^{-7} M. Die Proteine Alpha- und Beta-Tubulin bilden Protofilamente, die sich zu einem Mikrotubulus, einem Hohlzylinder mit Schraubenstruktur und einem Durchmesser von etwa 25 nm, zusammenschließen. Bei Pflanzen sind Aktin-Mikrofilamente mit 6 nm Durchmesser die zweithäufigsten Elemente des Cytoskeletts. Das Cytoskelett bewirkt auch verschiedene Bewegungsvorgänge innerhalb des Cytoplasmas wie z. B. Kontraktionen. Es kann rasch auf- und abgebaut werden (vgl. Ziegler in Strasburger 1998).

Besonderer Klärung bedarf die Lage der Calciumoxalat-Kristalle in den äußeren Bereichen der Zellwand. Wie der Zellsaft in den meisten Vakuolen hat auch der Apoplast mit pH 5–6 einen sauren Wert. Dagegen ist der pH-Wert des Cytosols mit pH 7,2–7,5 leicht alkalisch (Felle 2001). Nach Fink dürfte das im Wasser gelöste Calcium bereits während seines Transports im Apoplasten, d. h. in der Zellwand, durch die vom Protoplasten ausgeschiedene Oxalsäure ausgefällt werden. Es wäre zu überlegen, welche Vorteile die Ausscheidung des überschüssigen Calciums in der Vakuole des Protoplasten im Vergleich zu jener im Apoplasten für die Pflanze bringt. Möglicherweise behindern die in der Vakuole ausgeschiedenen Kristalle den Stofftransport weniger als die an oder in der Zellwand ausgeschiedenen. Das vorwiegende Auftreten von Calciumoxalat-Kristallen entweder an Wänden von Fasern oder an anderen Zellformen des Sclerenchyms bzw. in den Vakuolen von Zellreihen, die benachbart den Fasern verlaufen, könnte darauf zurückzuführen sein, daß in diesen Bereichen eine verstärkte Wasserbewegung erfolgt. Es könnte aber auch der Fall sein, daß hier die Wasserbewegung verlangsamt ist. Denn das besonders zahlreiche Vorkommen von Calciumoxalat-Kristallen im äußeren Bereich der Wände von Holzzellen dürfte deshalb erfolgen, weil Holz Wasser rasch aufnimmt und dieses aber nur sehr langsam abgibt (Porsch 1926).

Die oben erwähnte Fähigkeit des Bastes zur Neubildung von Geweben zeigt sich u. a. in der wiederholten Bildung von sekundärem Abschlußgewebe als Ersatz des Pericambial-Abschlußgewebes. Bei einigen Arten der Gymnospermen und der Angiospermen wird das Pericambial-Abschlußgewebe im Lauf des sekundären Dickenwachstums frühzeitig abgesprengt. Beispiele dafür sind der Gewöhnliche Wacholder, *Juniperus communis* (**Taf. 44 A**, Bild 4, und **Taf. 44 B**, Bild 2), und die Schwarze Heckenkirsche, *Lonicera nigra* (**Taf. 182 B**, Bild 2). Der Unterschied zwischen dem aus dem Pericambium und dem aus dem Bast gebildeten Gewebe liegt in dem Fehlen bzw. dem Vorhandensein von Sclerenchymzellen.

6.2 Holz, Bereich der Wasserleitelemente, Xylem

Der Holzteil wird aus dem Endocambium gebildet, das auch als Gefäßcambium bezeichnet wird. Die zentripetalen Abkömmlinge der Zellen des Endocambiums werden zu Elementen des sekundären Xylems. Alle Zellen des Endocambiums sind im Querschnitt der Wurzel mehr oder weniger rechteckig. Die Initialen des axialen Xylems unterscheiden sich oft in der Größe von jenen der Strahlen. Bei Vertretern der Gymnospermen sind die Strahleninitialen meist kleiner, bei Vertretern der Angiospermen meist größer als die jeweiligen Initialen des axialen Xylems. Im Längsschnitt sind die Initialen des axialen Xylems durchwegs länger – wenn auch in verschiedenem Ausmaß – als die der Strahlen. Im Verlauf des axialen Streckungswachstums verlängern sie sich unter zunehmender Ausbildung ihrer spindelförmigen Gestalt. Die Strahlenzellen unterscheiden sich durch ihre radiale Streckung von den sich längsaxial streckenden Zellen des axialen Xylems. Durch diese Art der Zellreifung unterscheidet es sich grundsätzlich vom primären Xylem. In diesem können sich die Abkömmlinge des Spitzenmeristems bis zur Ausdifferenzierung im gesamten Zentralzylinder teilen. Im sekundären Xylem sind beide Holzsysteme, das axiale und das radiale, infolge ihrer Entstehung ineinander verwoben. Axial ausgerichtet sind lebende Parenchymzellen, lebende Ersatzfasern, tote Fasern sowie tote Leitelemente. Die radial angeordneten Strahlen werden aus lebenden Zellen aufgebaut. Bei den Gymnospermen können zusätzlich auch tote Strahlentracheide ausgebildet werden. Durch die Strahlen steht das sekundäre Xylem auch mit den lebenden Zellen des Phloems in Verbindung.

Sobald sich eine Zelle teilt, entsteht durch Sekretion im Zellinneren eine Platte, die schließlich die beiden Tochterzellen trennt und zur Unterkammerung des Pflanzenkörpers führt (HAGEMANN 1982, 1992, 1999). Nur sehr feine Plasmastränge, die Plasmodesmen, bleiben ausgespart und verbinden die Zellen miteinander. Die trennende Wandplatte wird zur Mittellamelle. Ihre Grundsubstanz besteht vorwiegend aus gequollenen Pektinen und einem geringen Anteil an Proteinen. Die Mittellamelle hat zum Unterschied von den nachfolgenden Zellwandschichten kein Fibrillengerüst. Unmittelbar nach der Zellteilung beginnt jede Tochterzelle Wandlamellen abzuscheiden, die in der Grundsubstanz Gerüstfibrillen enthalten. Auf diese Weise entsteht an jeder Seite der Mittellamelle eine Primärwand. Die Grundsubstanz der Primärwand besteht aus einer leicht quellbaren Gallerte, die vorwiegend aus Pektinstoffen, Hemicellulosen und Wandproteinen zusammengesetzt ist. Sie kann sehr viel Wasser aufnehmen. Ihre Trockenmasse besteht dann aus weniger als 3 % der Frischmasse. In diese Grundsubstanz sind bandförmige, biegsame Cellulosefibrillen als Gerüst eingelagert. Sie liegen in nahezu parallel zur Zelloberfläche verlaufenden Schichten. Innerhalb dieser sind sie meist ungeordnet, manchmal ist jedoch auch hier eine Vorzugsrichtung zu erkennen. Die Zugspannung, mit der Cellulosefibrillen, ohne zu reißen, belastet werden können, entspricht 80 % von jener Spannung, mit der Stahl belastet werden kann. Die Cellulosefibrillen sind miteinander durch Hemicellulosemoleküle wie durch Taue verbunden, d. h., sie können sich gegeneinander verschieben.

In Festigungsgeweben bilden Zellen zusätzlich zur Primärwand Sekundärwände aus. Sie finden sich in Faserzellen mit Zugbeanspruchung und in verholzten Zellen mit starren Wänden, die dem äußeren Druck Widerstand leisten, das sind Tracheide, Tracheen und Steinzellen. Nach Abschluß des Flächenwachstums einer Zelle wird die Sekundärwand von innen her der Primärwand in mehreren, meist drei Schichten aufgelagert. Die Gerüstmikrofibrillen dieser Schichten liegen auch hier immer parallel zur Zellmembran, und innerhalb dieser sind sie wie folgt ausgerichtet: Bei paralleler Ausrichtung zur Längsachse der Zelle spricht man von Fasertextur, bei senkrechter von Röhrentextur und bei einem dazwischenliegenden Winkel von Schraubentextur.

Taf. 11: – **1, 3 u. 5: Weiß-Tanne**, *Abies alba.* – **1:** Velden, Kärnten, 8.7. Sek., Ø, Ph/HCl, 64x. – **2: Lavendel-Weide**, *Salix eleagnos.* Kanaltal, Friaul, 15.11. Sek., ⊠, Ph/HCl, 64x. – **3:** Bärental, Kärnten, 17.10. Sek., ⊠, Ph/HCl, 64x. – **4: Flaum-Eiche**, *Quercus pubescens.* Mauer, Wien, 9.9. Sek., ⊠, JJK, 409x. – **5:** Bärental, Kärnten, 12.10. Sek., Ø, 409x. – **6: Roter Hartriegel**, *Cornus sanguinea.* Klagenfurt, 29.12. Prim.-sek., Ø, Saf.-Ast., 1.022x. – **7:** *Welwitschia mirabilis.* Brandberg, Namibia, 20.3. Sek., Ø, 409x. – **8: Drachenbaum**, *Dracaena draco.* Velden, Kärnten, 23.5. Prim., ⊠, JJK, 409x.

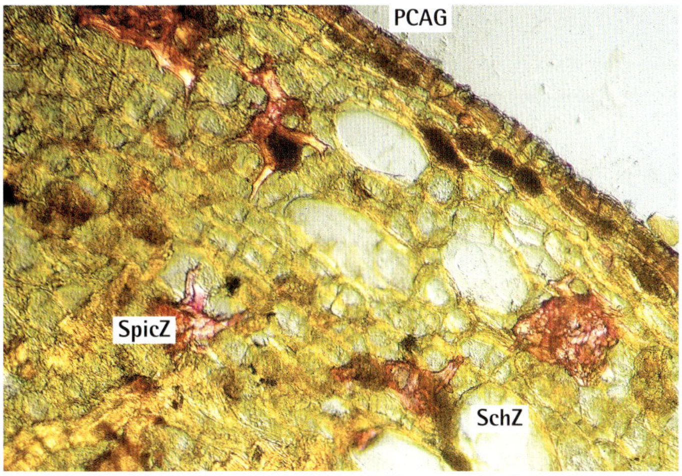
PCAG
SpicZ
SchZ

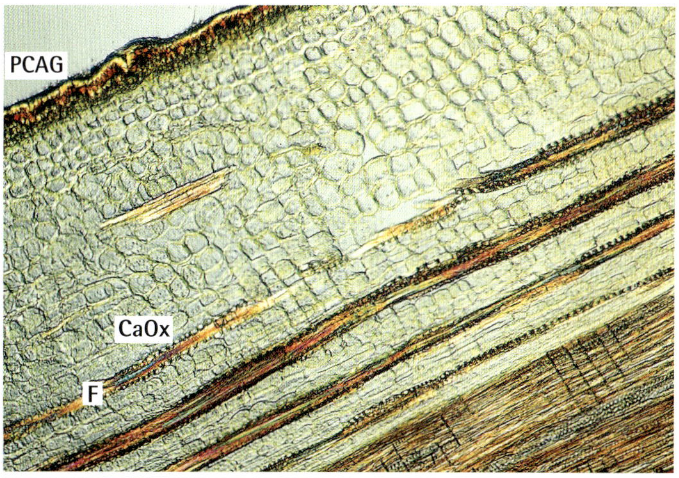
PCAG
CaOx
F

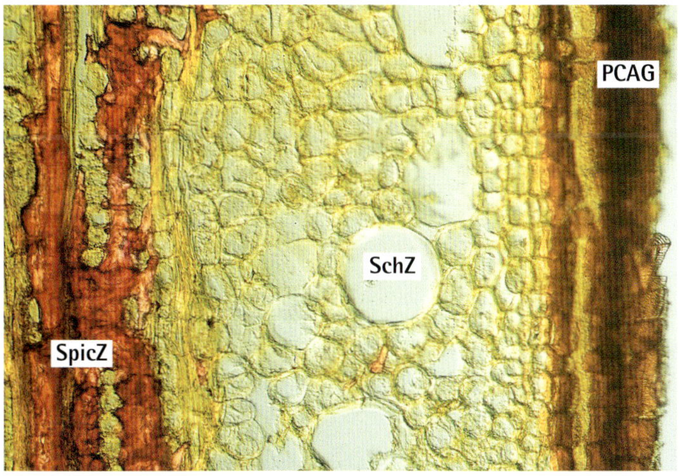
PCAG
SchZ
SpicZ

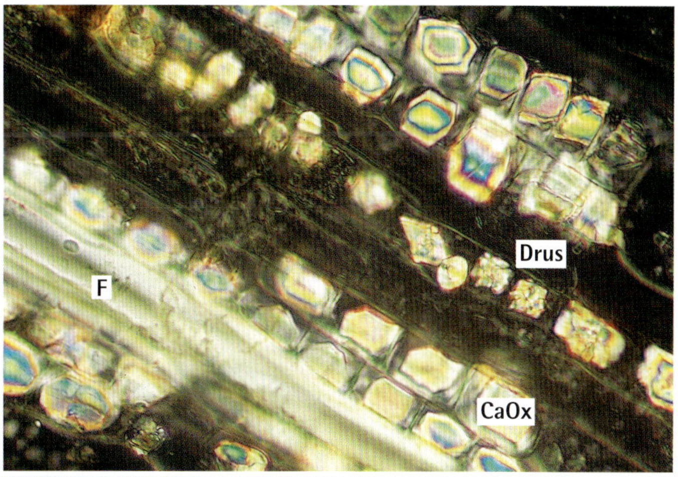
Drus
F
CaOx

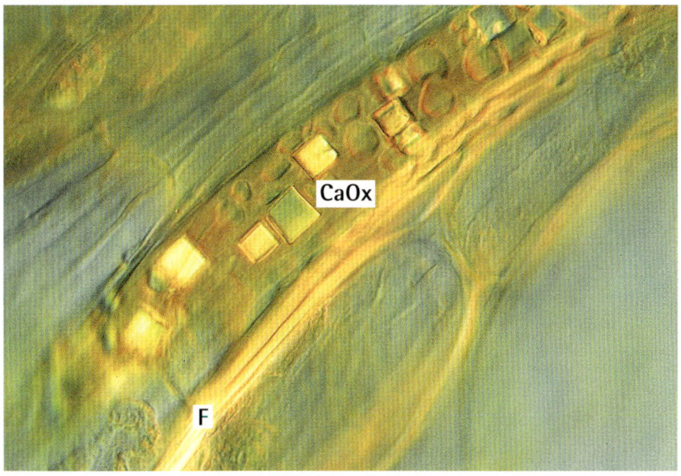
CaOx
F

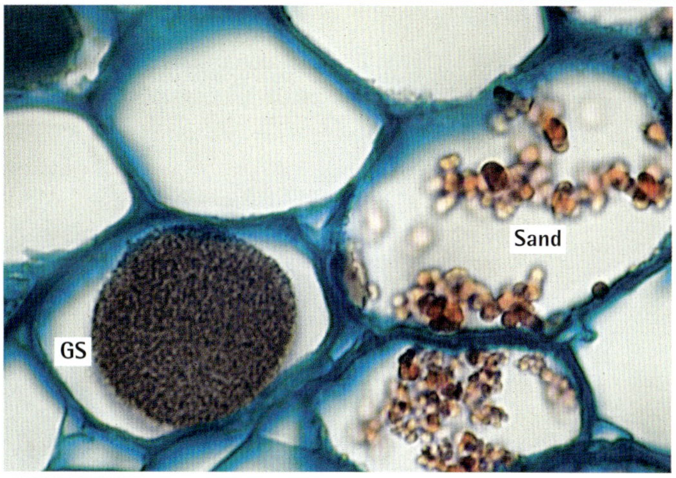
Sand
GS

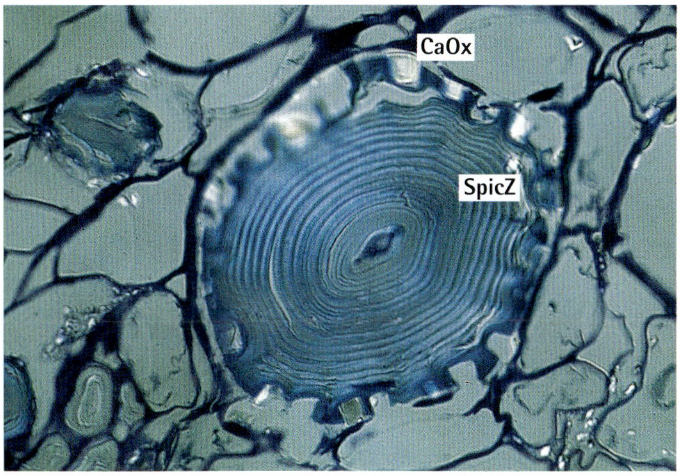
CaOx
SpicZ

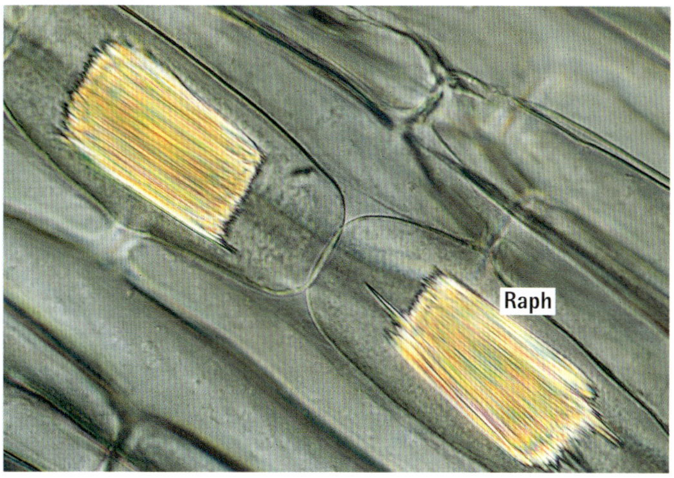
Raph

Alle Zellwandschichten können dank ihrer Grundsubstanz in verschieden starkem Ausmaß durch Quellung Wasser aufnehmen, solange sie den oben beschriebenen Aufbau beibehalten. Bei druckfesten Zellwänden werden jedoch die Gerüstfibrillen in starre Grundsubstanzen eingebettet, die keine Formveränderung zulassen. Bei verholzten Zellwänden werden sie in Lignine eingeschlossen. Die Ligninmakromoleküle verwachsen zu größeren Einheiten. Sie durchwuchern das Mikrofibrillengerüst der Zellwände. Die ursprüngliche Zellwandgrundsubstanz wird bei der Lignifizierung durch das kompakte Ligninpolymerisat verdrängt und ersetzt. Zuletzt bestehen verholzte Zellwände zu 2/3 aus Cellulose und Hemicellulose sowie zu 1/3 aus Lignin. Die Folge ist eine starre Zellwand. Die Cellulosefibrillen lassen sich nicht mehr verschieben, und die Quellfähigkeit der Zellwand geht verloren. Auch die Wasserdurchlässigkeit ist stark herabgesetzt. Die Wand ist vor allem im Bereich der angelegten Tüpfel für Wasser durchlässig. In der Zellwand verholzter Zellen kann eine Wasserbewegung nur in Schichten oder an Stellen erfolgen, in die kein Lignin eingelagert ist (s. Bierhorst 1960). Stets frei von Lignin sind die Schließhäute der Tüpfel.

Angetrieben wird der Wassertransport durch Verlust von Feuchtigkeit nach Transpirationsbeginn. Infolge der Austrocknung entsteht ein Konzentrationsgradient zu feuchteren Teilen der Pflanze. Dies verursacht den molekularen Transport von freiem Wasser. Die in der Pflanze vorhandenen Gase behindern diesen Transportvorgang nicht (Hahn 1993). Abtrocknende Teile des Apoplasten werden im Bestreben, bestehende Unterschiede in der Wasserkonzentration auszugleichen, von wasserreicheren Gewebeschichten her befeuchtet. Während der Nacht nimmt der Sproß Wasser aus den von den Wurzeln durchwachsenen Bodenschichten auf. Der dabei erreichte Feuchtigkeitsgehalt kann am Morgen weit höher sein als das Wasserpotential dieser Schichten. Bei Wüstensträuchern, vor allem bei Halophyten, kann das Wasserpotential des Sprosses vor der Morgendämmerung sogar 1 MPa, das sind etwa 10 at, über dem des Bodens liegen. Bei Pflanzen anderer Standorte ist vor Tagesbeginn das Wasserpotential des Sprosses in der Regel geringer als das des Bodens, der die Rhizosphäre umgibt (Donovan zit. nach Donovan & Sperry 2000). Die Bindungskräfte, die bei der Benetzung der Zellwandstrukturen auftreten, sind größer als die Schwerkraft. Das ermöglicht dem freien Wasser, gegen die Schwerkraft zu den Orten der Transpiration aufzusteigen. Der Wassertransport wird thermodynamisch durch Konzentrationsunterschiede und strömungsmechanisch durch Druckunterschiede ermöglicht. Dieser molekulare Vorgang des Transports von freiem Wasser gilt auch innerhalb der lebenden Zellen sowie zwischen diesen und den toten Xylemelementen. Durch diese Transportvorgänge wird ein Fließgleichgewicht hergestellt. Die räumliche Trennung von Blättern und Wurzeln bewirkt die größte Wasserabgabe vor dem Zeitpunkt der höchsten Wasseraufnahme. Zur Wasserbewegung innerhalb einer Gefäßpflanze trägt zusätzlich der Wurzeldruck bei (Zholkevich 1991, Korolev & Zholkevich 1992). Er verursacht die Blutung und die passive Guttation. Bei Landpflanzen bewirkt er 1/6 bis 1/20 des Transpirationsstromes.

Der Feuchtigkeitsgehalt eines lebenden Baumes ist nicht immer gleich hoch. Untersuchungen lassen sowohl bei Gymnospermen, z. B. bei der Fichte (Lovas 1990), wie auch bei Angiospermen, z. B. bei der Gewöhnlichen Esche (Klemm 1963), Tagesschwankungen des Stammwassergehaltes erkennen. Bei starker Transpiration nehmen die Gefäßdurchmesser ab. Folglich nimmt auch der Durchmesser des ganzen Stammes während zunehmender Transpiration vom Morgen bis zum Abend ab. In der Nacht nähert er sich wieder dem ursprünglichen Wert, da bei stark verminderter Transpiration die Wasserreserven wieder aufgefüllt werden. Darüber hinaus gibt es auch eine Jahresschwankung (Burmester 1980). Vom Hochwinter bis zum Sommer werden die Transpiration und auch der damit verbundene Feuchtigkeitsverlust erhöht. Er kann über Nacht offenbar nicht vollständig ausgeglichen werden.

Wenn die Transpiration einsetzt, wird Wasser nicht nur von der Wurzel, sondern auch von der Gesamtheit der Tracheiden- und Gefäßlumina entnommen. Demnach stellen die Tracheiden und Gefäße Wasserbehälter dar, die als Pufferspeicher dienen. Je mehr Zellwände die Wasserbehälter unterbrechen, umso schneller füllen sie sich auf und umso schneller wird das Wasser über ligninfreie Zellwandschichten und Tüpfel auch wieder abgesaugt. Andererseits ist die jeweils vor Ort befindliche Wassermenge geringer, und die Ausbreitungsgeschwindigkeit nimmt ab. In großlumigen Gefäßen, die in Längsrichtung über weite Strecken keine Zellwandtrennung zum nächsten Röhrenabschnitt aufweisen, werden daher im Tageslauf kurzfristig nur geringfügige Druckschwankungen zu erwarten sein, größere erst in längeren Zeitabschnitten. Besonders deutlich für die Funktion der Gefäße als Wasserbehälter spricht deren Weitlumigkeit, wie

z. B. bei den bis zu 1 mm weiten Gefäßen in den Wurzeln der Gurke der Namib, *Acanthosicyos horrida*, und den bis über 0,65 mm weiten Gefäßen in den durchwegs flurnah verlaufenden Wurzeln kleiner Balsamsträucher, wie *Commiphora saxicola* und *C. tenuipetiolata* (Kutschera et al. 1997 und Kutschera & Lichtengger 1997).

Benachbarte Leitelemente sind bei Nadel- und Laubbäumen durch Tüpfel verbunden. Diese sind meist als Hoftüpfel ausgebildet, die nach beiden Seiten als Rückschlagventil wirken können, wenn zwei benachbarte Leitelemente unterschiedliche Druckverhältnisse aufweisen. Dies tritt z. B. bei Embolie, also Luftfüllung, bei einem Leitelement ein. Grenzen Parenchymzellen an Leitelemente, so sind behöfte Tüpfel nur im Leitelement ausgebildet, also als einseitige Rückschlagventile. Entlang der Leitelemente befinden sich immer wieder Gruppen von Zellen des axialen Parenchyms und des Strahlenparenchyms. Sie entnehmen dem Apoplasten Wasser. Wenn diese Quelle nicht ausreicht, entnehmen sie es den Leitelementen. Deren Innendruck nimmt dabei ab, und es kann schließlich zu einer Saugspannung kommen. Eine bereits vorhandene Saugspannung nimmt zu. Umgekehrt wird bei Überschuß an Wasser dieses aus dem Apoplasten in die Leitelemente abgegeben. Das geschieht, wenn die örtliche Entnahme durch Parenchymzellen und der Entzug durch die Transpiration geringer sind als die von anderen Orten gespeiste Durchtränkung. Die Größe und gelegentlich auch die Richtung der Druckgradienten widersprechen der Annahme einer Saugung als einzige treibende Kraft für den Wassertransport in den Leitelementen (Zimmermann et al. 2002). Es können also in übereinander und nebeneinander liegenden Leitelementabschnitten durchaus unterschiedliche Druckgradienten auftreten. Aus einem wasserreichen Bereich des Apoplasten, aber auch aus wasserreicheren Gefäßen und Zellen können gleichzeitig die Lumina mehrerer nebeneinander liegender oder räumlich getrennter Leitelemente mit Wasser aufgefüllt werden. Auch übereinander befindliche Abschnitte von Leitelementen, die durch geschlossene Zellwände unterbrochen sind, können so zur gleichen Zeit Wasser erhalten.

6.2.1 Unterschiede zwischen Nadel- und Laubhölzern (Taf. 12)

Bei den Gymnospermen (Bild 1) gehen aus den spindelförmigen, fusiformen Initialen des Endocambiums zum Großteil, manchmal ausschließlich, Tracheide hervor. Parenchymzellen werden dagegen nur spärlich gebildet, oder sie fehlen. Tracheide heute lebender Nadelhölzer haben Hoftüpfel in den radialen Zellwänden. Spätholz-Tracheide haben dicke Wände und Tüpfel mit kleineren Höfen auch in den Tangentialwänden. Diese Tracheiden werden auch als Fasertracheiden bezeichnet. Bei den Gnetopsida sind zusätzlich Tracheen, also Gefäße, mit Hoftüpfeln ausgebildet. Die Hoftüpfelpaare, das sind beidseitig behöfte Tüpfel benachbarter Zellen, von *Ginkgo*, Coniferen und *Ephedra* haben in den Schließhäuten Verdickungen, die Tori, ausgebildet (s. auch Abschnitt 6.2.3). Zwischen Tracheiden und Holzparenchymzellen fehlen Tori (Esau 1969).

Hoftüpfel mit Tori sind für die Frostresistenz von Gymnospermen bedeutend. Solche, die keinem Frost ausgesetzt sind, haben keine Tori. Das trifft für die beiden paläozoischen Gattungen *Callixylon* und *Cordaites* (Ziegler in Strasburger 1998) und die rezenten Gattungen *Gnetum, Welwitschia*, Cycas und *Encephalartos* (Eicke 1957, 1962, Bierhorst 1960, Eicke & Metzner-Küster 1961) zu.

Axiales Parenchym entsteht durch Querteilung der langen, spindelförmigen Initialzellen. Wenn dieses bei Coniferen auftritt, ist es im gesamten Holz zu finden. Verhältnismäßig viel Parenchym findet man bei zahlreichen Podocarpaceen, Taxodiaceen und Cupressaceen, wenig hingegen bei Pinaceen und Araucariaceen. Bei Taxaceen fehlt es ganz. Die Pinaceen haben nach Esau Sekundärwände in den axialen Parenchymzellen. Bei *Pinus* sind diese nur als Epithelauskleidung der Harzkanäle vorhanden.

Aus den Strahleninitialen entstehen entweder nur Parenchymzellen oder zusätzlich auch tote Strahlentracheide mit Hoftüpfeln. Sie kommen bei vielen Vertretern der Gattung *Pinus* sowie bei den meisten Cupressaceen vor und haben verholzte, sekundäre Zellwände. Diese bilden bei manchen Coniferen zähnchenförmige Fortsätze aus, die in das Lumen hineinragen. Bei den lebenden Strahlenparenchymzellen von Taxodiaceen, Araucariaceen, Taxaceen und Cephalotaxaceen entstehen nur Primärwände (Esau).

Bei den Coniferen sind die Strahlen meist eine Zelle breit (Bild 3, 5 und 8) und im Sproß 20–50 Zellen hoch. In der Wurzel sind sie in der Regel niedriger. In den Strahlen können Strahlentracheide entweder einzeln oder in Serie auftreten. Meist begrenzen sie den Strahl oben und unten. Ganz selten kommen sie auch zwischen den Reihen des Strahlenparenchyms vor. Bei manchen Gymnospermen können im axialen System, bei den Pinaceen im axialen und im Strahlensystem, Harzgänge vorhanden sein (Bild 3, 5 und 7). Es sind dies zunächst zwischen Parenchymzellen entstehende schizogene Interzellularräume. Die Parenchymzellen teilen sich dann einige Male und werden dadurch zum auskleidenden Epithel der Harzgänge. Die meist dünnwandigen Epithelzellen scheiden Harz in die Kanäle aus. Im Sproß haben die Harzgänge von *Abies* und *Tsuga* nach ESAU dicke, verholzte Wände. Bei diesen Arten treten Harzgänge im Sproß nur nach Verletzungen auf. Die Wurzeln von *Abies*-Arten haben jeweils einen normalen Harzgang mit dünnen, unverholzten Wänden. Er liegt im Gegensatz zu den übrigen Coniferen im Zentrum (Bild 7).

Bei dicotylen Laubhölzern ist der Aufbau des sekundären Xylems vielgestaltiger als bei Gymnospermen (Bild 2). Im axialen Holzsystem finden sich neben Parenchym und Tracheiden auch Fasertracheiden und Libriformfasern. Besonders kennzeichnend für Angiospermenholz ist jedoch das Vorhandensein von Gefäßen (Bild 4). Allerdings haben auch die Gymnospermen *Ephedra, Gnetum* und *Welwitschia*, wie oben erwähnt, bereits Gefäße. Bei einigen primitiven Dicotylen können diese aber fehlen, wie bei den Winteraceen (siehe Abschnitt 5.2.2). Bei hochspezialisierten Dicotylen mit rückgebildetem Xylem können Durchbrechungen in den Leitelementen ausbleiben. Sie haben daher ebenfalls keine Gefäße. Man findet derartiges bei Wasserpflanzen, Succulenten und Parasiten. Manche Pflanzenarten haben gefäßähnliche schmale Leitelemente ohne Perforationen mit der gleichen Tüpfelung wie die benachbarten Gefäßelemente. Diese Leitelemente werden daher als Gefäßtracheide bezeichnet (BAILEY 1957, CARLQUIST 1961). Das querlaufende, transversale System besteht aus verschieden breiten und verschieden hohen Strahlen. Diese werden entweder aus gleichartigen Zellen aufgebaut, oder sie haben zusätzlich anders geformte Randzellen.

Das in der Achsenrichtung gelegene, axiale Parenchym kann bei Dicotylen fehlen, spärlich vorhanden oder reichlich ausgebildet sein. Die Strahlen werden nur aus lebenden Zellen aufgebaut (Bild 6). Auch Sekretkanäle können auftreten. Es sind dies interzelluläre Gänge, die mit den Harzkanälen der Gymnospermen vergleichbar sind. Sekretkanäle können Harze, Öle, Gummi oder Schleim enthalten und sowohl im axialen Holzsystem wie auch im Strahlensystem auftreten.

6.2.2 Zellverbände mit Stärkespeicherung (Taf. 13)

Stärke wird im sekundären Holz im Parenchym des axialen Systems und in den Strahlenzellen gespeichert. Die Stärkespeicherung in den Wurzeln ist für die höheren Pflanzen lebensnotwendig. Dadurch wird der vom Assimilationsgewebe erzeugte Überschuß an Zucker aus dem Phloem-Leitgewebe entfernt und gebunden. Im Holz kann dann in den lebenden Zellen durch kontrollierten Abbau der Stärke der Wasserstrom zu und von den Gefäßen osmotisch geregelt werden. Auf diese Weise können Gefäße mit Embolien, d. h. solche, die Gasblasen enthalten, auch während der Transpiration wieder aufgefüllt werden (CANNY 1997). Auch die Wasseraufnahme aus der Interzellularsubstanz, dem Apoplasten, wird von einzelnen Parenchymzellen über ihren Zuckergehalt osmotisch gesteuert.

Das Stärkespeichergewebe, bestehend aus axialen Holzparenchymzellen und Strahlenzellen, ist bei den dicotylen Baumarten sehr unterschiedlich über den Querschnitt eines Jahresringes verteilt. Wenn das Endocambium infolge jahreszeitlich bedingter Veränderungen periodisch tätig ist, entstehen im Xylem während der Wachstumsperioden Zuwachsringe (Bild 2 und 3). Entspricht der Zuwachsring einer einzigen Wachstumsperiode im Jahr, wie in den gemäßigten Zonen, so entstehen Jahresringe. Wird das Wachstum öfter als einmal im Jahr unterbrochen, entstehen falsche oder mehrfache Jahresringe. Abgegrenzt werden

---

Taf. 12: – **1 u. 2:** Blockdiagramm. Nach MÄGDEFRAU aus SCHWEINGRUBER (1990). – **1:** Gymnospermenholz. – **2:** Angiospermenholz. – **3: Latsche,** *Pinus mugo* subsp. *mugo.* Villacher Alpe, Kärnten, 12.10. Sek., Ø, Saf.-Ast., 64x. – **4: Faulbaum,** *Frangula alnus.* Keutschach, Kärnten, 22.3. Sek., Ø, Saf.-Ast., 162x. – **5: Fichte,** *Picea abies.* St. Andrä, Kärnten, 20.1. Sek., Ø, Saf.-Ast., 162x. – **6: Zwerg-Mehlbeere,** *Sorbus chamaemespilus.* Bärental, Karawanken, Kärnten, 15.7. Sek., Ø, JJK, 162x. – **7: Weiß-Tanne,** *Abies alba.* Bärental, Kärnten, 12.10. Sek., Ø, Ph/HCl, 162x. – **8: Wald-Kiefer,** *Pinus sylvestris* subsp. *sylvestris.* Östlich Klagenfurt, 21.12. Sek., ⊠, JJK, 162x.

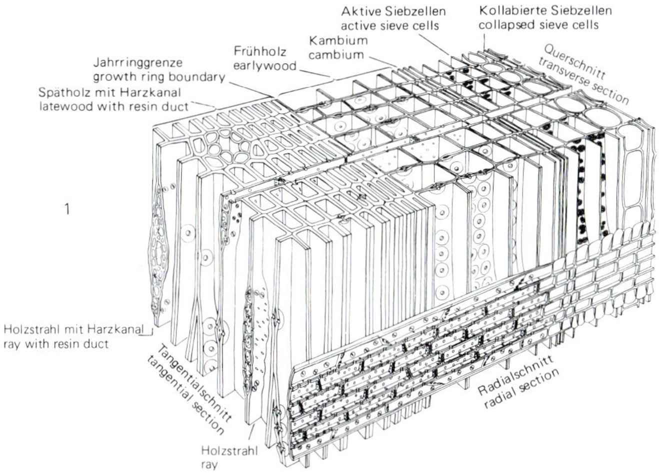
1
Aktive Siebzellen
active sieve cells
Kollabierte Siebzellen
collapsed sieve cells
Kambium
cambium
Frühholz
earlywood
Jahrringgrenze
growth ring boundary
Spätholz mit Harzkanal
latewood with resin duct
Querschnitt
transverse section
Holzstrahl mit Harzkanal
ray with resin duct
Tangentialschnitt
tangential section
Radialschnitt
radial section
Holzstrahl
ray

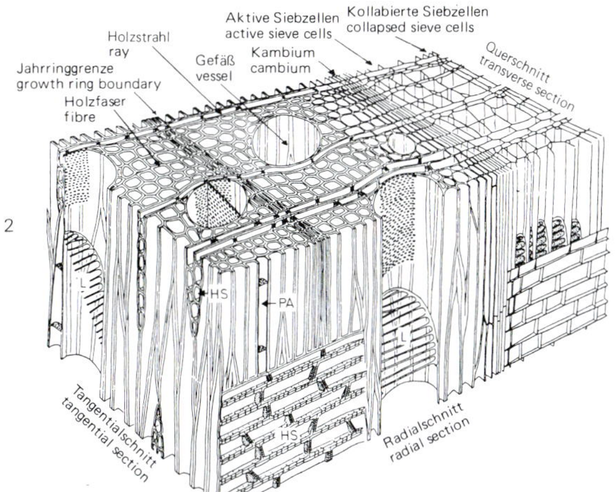
2
Holzstrahl
ray
Aktive Siebzellen
active sieve cells
Kollabierte Siebzellen
collapsed sieve cells
Gefäß
vessel
Kambium
cambium
Jahrringgrenze
growth ring boundary
Holzfaser
fibre
Querschnitt
transverse section
HS
PA
L
Tangentialschnitt
tangential section
Radialschnitt
radial section

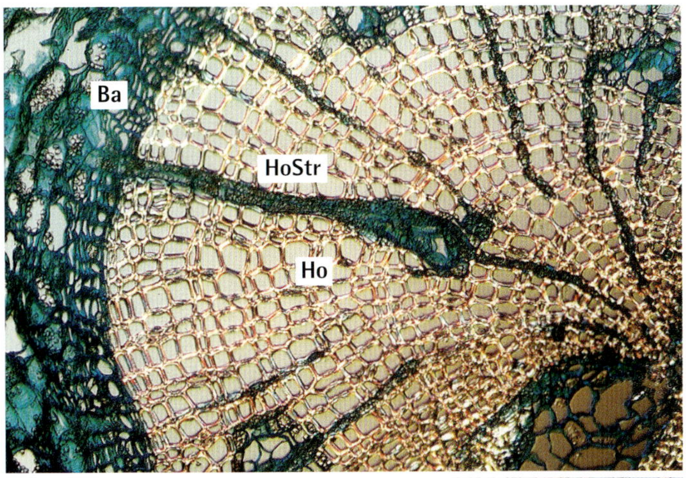
Ba
HoStr
Ho

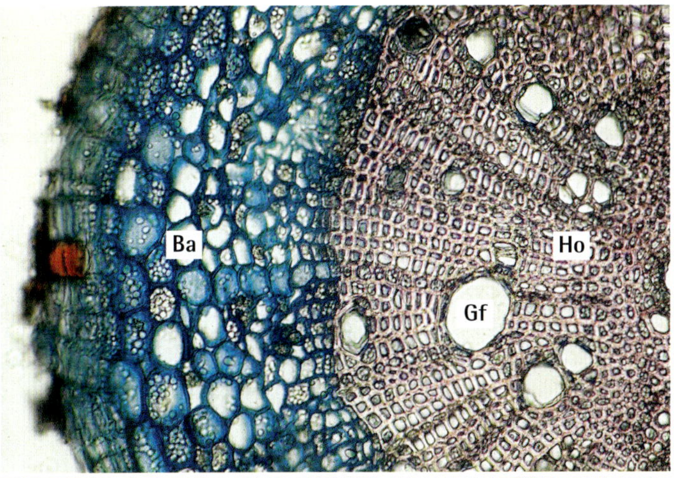
Ba
Ho
Gf

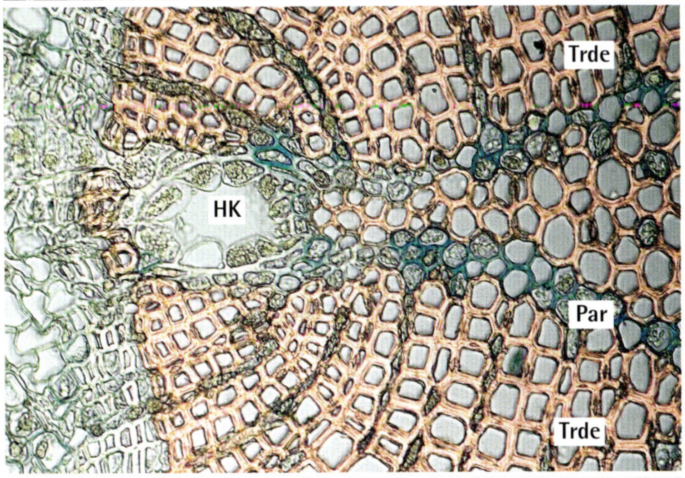
Trde
HK
Par
Trde

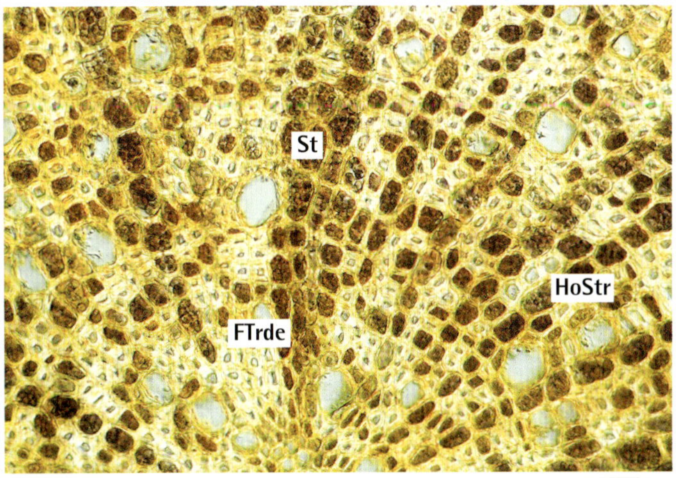
St
HoStr
FTrde

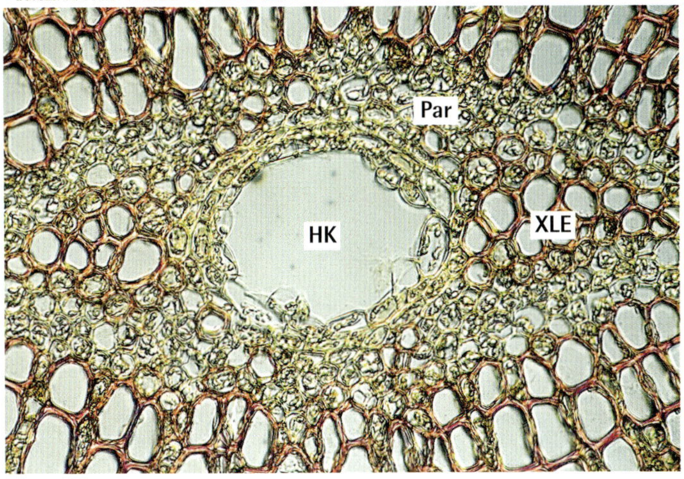
Par
HK
XLE

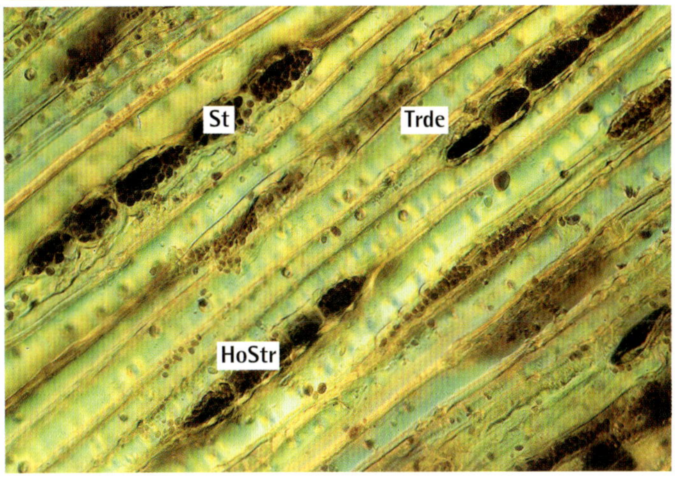
St
Trde
HoStr

die Ringe mehr oder weniger deutlich durch die Aufeinanderfolge von Früh- und Spätholz. Diese beiden Formen des Holzes können verschieden starke Unterschiede im Aufbau aufweisen. Sie äußern sich vor allem im größeren Gefäßdurchmesser im Frühholz. Das Spätholz einer Periode ist meist durch eine scharfe Grenzlinie vom Frühholz der nächsten getrennt.

Anordnung und Durchmesser der Gefäße von Dicotylen werden zur Art- bzw. Gattungsbestimmung von Holzquerschnitten herangezogen. Bei der forstwirtschaftlichen Beurteilung des Holzes werden die Gefäße als Poren bezeichnet. Zerstreutporiges Holz zeigt eine gleichmäßige Verteilung aller Gefäße, die einen annähernd gleichen Durchmesser aufweisen. Ringporiges Holz hat dagegen im Spätholz die kleinsten und im Frühholz, bei ringförmiger Anordnung, die größten Gefäßdurchmesser. Dazwischen gibt es Übergänge. Größere Unterschiede treten auch umweltabhängig selbst bei ein und derselben Pflanze auf. Das axiale Parenchym kann bei Dicotylen fehlen, spärlich vorhanden oder reichlich ausgebildet sein.

Oft findet man im Lumen eines weiten Gefäßes sackartige Ausstülpungen einer benachbarten Parenchymzelle. Es sind dies meist Markstrahlzellen, weniger häufig axiale Parenchymzellen (CHATTAWAY 1949). Manchmal senden mehrere benachbarte Zellen solche als Thyllen bezeichnete Aussackungen in ein Gefäß (Bild 7 und 8). Das Lumen kann dann von diesen ausgefüllt sein. Die einzelnen Thyllen platten sich dann gegenseitig ab. Bei Laubbäumen treten sie vor allem bei Verkernungsvorgängen auf.

Thyllen haben in der Regel sehr dünne Wände. Berühren sie einander, so besitzen sie nach HABERLANDT (1918) korrespondierende Tüpfel. Es können jedoch nur primäre Tüpfelfelder gemeint sein, da es sich um Bildungen der primären Zellwand handelt. Nur ganz selten verdicken sich die Wände von Thyllen sclerenchymatisch, wie bei *Piratinera gujanensis*, *Mespilodaphne sassafras* (HABERLANDT) und *Brosimum alicastrum* (WIESNER 1927/28). Sie tragen bei diesen Pflanzen zur Kernholzfestigung bei.

Oft enthalten Thyllen Stärke (HABERLANDT). Im Winter können auf diese Weise Gefäße über kurze Strecken mit Stärke vollgefüllt erscheinen. Die Ausbildung von Thyllen vergrößert die Berührungsflächen der Parenchymzellen mit den Gefäßen wesentlich, vor allem die der unverdickten Flächen der Gefäßwände. Dadurch können die Zellen rascher Wasser und gelöste Stoffe aus den Gefäßen aufnehmen.

Holzstrahlen sind unterschiedlich breit und hoch (Bild 1–3). Ihr Strahlenparenchym kann aus liegenden und/oder stehenden Strahlenzellen aufgebaut sein. Bei einheitlichen, homozellulären Strahlen findet sich nur ein Zelltyp (Bild 1 und 3), bei heterozellulären beide (Bild 2).

Eine Pflanze kann entweder einen der beiden Strahlentypen aufweisen oder beide. Einheitliche Strahlen bestehen aus liegenden Strahlenzellen. Heterogene Strahlen sind entweder heterozellulär oder teilweise homo- und teilweise heterozellulär.

Axiale Holzparenchymzellen und Strahlenzellen haben Plastiden und können sehr stärkereich sein (Bild 1 und 3–6). Die Erhöhung ihres Zuckerspiegels durch Hydrolyse von Stärke oder dessen Absenkung durch Bildung von Stärke regelt osmotisch die Wasserbewegung in den Gefäßen, aber auch in den Zellwänden (CANNY 1998).

An dieser Regulation sind membrangebundene Wasserkanäle, die Aquaporine, beteiligt, die entlang eines Gradienten Wasserbewegungen durch die Zellmembran ermöglichen (WEIG et al. 1997, KALDENHOFF et al. 1998, KJELLBOM et al. 1999). Je nach Anzahl funktionstüchtiger Aquaporine in der Zellmembran ändert sich der Wasserpermeabilitäts-Koeffizient. In erster Linie sind die verschiedenen Aquaporine an der Osmoregulation einzelner Zellen beteiligt. Ihre Anzahl bestimmt dadurch in weiterer Folge nicht nur die Wasserbewegung von Zelle zu Zelle, sondern auch vom Apoplasten zum Symplasten, der Gesamtheit der lebenden Protoplasten, und damit den Wasserstrom in der ganzen Pflanze. In Abhängigkeit vom Wasserpotential des umgebenden Bodens kann dieser Wasserstrom, ausgehend von Zellen der Wurzeln, zusätz-

---

Taf. 13: – **1: Grün-Erle**, *Alnus viridis.* Naßfeld, Kärnten, 3.9. Sek., Ø, JJK, 64x. – **2: Gewöhnliche Hasel**, *Corylus avellana.* Östlich Klagenfurt, 6.2. Sek., Ø, Ph/HCl, 25x. – **3: Feld-Ahorn**, *Acer campestre.* Lobau, Wien, 28.8. Sek., Ø, JJK, 64x. – **4: Flatter-Ulme**, *Ulmus laevis.* Kalsdorf, südlich Graz, 23.10. Sek., Ø, JJK, 162x. – **5: Gewöhnliche Robinie**, *Robinia pseudacacia.* Grafenstein, Kärnten, 19.12. Sek., Ø, JJK, 64x. – **6: Hopfenbuche**, *Ostrya carpinifolia.* Kanaltal, Friaul, 15.11. Sek., Ø, JJK, 409x. – **7: Schwarzer Holunder**, *Sambucus nigra.* Grafenstein, Kärnten, 5.12. Sek., Ø, Ph/HCl, 64x. – **8:** Ausschnitt aus 7. 409x.

Ho
Gf
F
Ba
Bo
Bo
F
BaStr
Ba
HoStr
Gf
Ho
Ba
F
Gf
Ho
Lbfm
HoStr
Gf
HoStr
Par
Lbfm
St
Par
HoStr
Lbfm
F
Ba
BaStr
Thy
HoStr
Ho
Thy
Gf
Thy
Gf

lich durch Abgabe von Botenstoffen, wie z. B. ABA (Abscisinsäure), beeinflußt werden. Diese zunächst im Apoplasten transportierten Stoffe regeln gemeinsam mit anderen Faktoren den Öffnungszustand der Spaltöffnungen und damit die Stärke der Transpiration (DAVIES 2000).

6.2.3 Leitelemente bei Nadel- und Laubhölzern (Taf. 14)

Im Holz der Nadelhölzer sind die Leitelemente Tracheide. Es sind dies faserförmige, keilförmig zulaufende Zellen, die manchmal an den Enden verzweigt sein können. Ihre Länge beträgt bei den einheimischen Nadelhölzern 2–3 mm (FREUND 1951).

Benachbarte Tracheide sind tote Elemente, die der Wasserspeicherung und Wasserversorgung über größere Entfernung in axialer Richtung dienen. Zusätzlich stellen sie mit ihren verholzten Zellwänden Festigungselemente dar.

Benachbarte Tracheide von Nadelhölzern haben in ihren Wänden Hoftüpfel (Bild 1, 7 und 9, s. Abschnitt 6.2.4). Diese haben besonders in den großen, verhältnismäßig dünnwandigen Frühholz-Tracheiden große, kreisförmige Höfe mit linsen- oder kreisförmigen Poren. Wegen der geringen Dicke der Sekundärwände ist praktisch kein Porenkanal vorhanden. Die Tüpfelschließhäute haben in der Mitte jeweils eine Verdickung, den Torus. Diesen umgibt als Margo der dünne Teil der Schließhaut, der aus einem lockeren Geflecht aus Cellulose-Haltefäden besteht. Wenn der Torus zwischen den beiden Tüpfelhöfen in Mittelstellung gehalten wird, können Wasser und selbst Partikel bis zu 0,1 nm Durchmesser das Randgeflecht ungehindert durchdringen (SITTE 1973). Da die Tracheidenenden ineinander verzahnt sind, findet so längs und quer ein freier Wasseraustausch statt (BAILEY 1957), ähnlich wie in den Gefäßen der Angiospermen. Strahlenzellen mit Sekundärwänden sind miteinander durch einfache Tüpfelpaare verbunden.

Besondere Bedeutung kommt dem Kreuzungsfeld zu. Als solches wird die Radialwandfläche zwischen einer axialen Tracheide und einer Strahlenparenchymzelle bezeichnet. Die Anordnung und die Form der Tüpfelpaare in diesem Feld sind für die Bestimmung von Holzproben von Bedeutung. Die Tüpfelpaare sind hier meist einseitig behöft. Auf der Tracheidenseite befinden sich die Hoftüpfel. Tüpfel zwischen Tracheiden und Parenchymzellen, auch wenn sie einseitig behöft sind, haben niemals Tori. In Kreuzungsfeldern mit Strahlenparenchymzellen sind unterschiedlich geformte Tüpfel zu finden (Bild 3). Fenstertüpfel sind großflächig und nehmen fast das ganze Kreuzungsfeld ein, pinoide Tüpfel sind mehr oder weniger groß, ohne deutliche Höfe, taxodioide Tüpfel haben große Öffnungen mit schmalen Höfen, die kleiner als die Breite der jeweiligen Öffnung sind, cupressoide Tüpfel haben Höfe, deren Breite ungefähr mit der Breite der Öffnung übereinstimmt, und piceoide Tüpfel haben schlitzförmige Öffnungen und Höfe, deren Breite größer ist als die der Öffnungen. Die angegebenen Merkmale sind vor allem im Frühholz zu beobachten. Die drei letztgenannten Tüpfeltypen haben aber nur sehr begrenzten diagnostischen Wert, da die Variabilität sehr groß ist (SCHWEINGRUBER 1990). Bei Pinaceen sind pinoide Tüpfel und oft Fenstertüpfel ausgebildet (Bild 3 und 5).

Ober- und unterhalb der Tüpfelpaare können Verdickungen der Primärwände und der Apoplasten auftreten. Sie werden als Crassulae bezeichnet. Außerdem kommen stabförmige Stege vor, die durch das Lumen der Tracheiden von einer Tangentialwand zur anderen ziehen (ESAU 1969). Sie kommen z. B. bei *Abies pectinata* vor und werden auch Saniosche Balken genannt (SANIO 1863, RAATZ 1892). Auch schraubige Verdickungen kommen an Tracheidenwänden vor.

SCHWEINGRUBER beschreibt bei *Larix decidua* das Vorkommen von Sanioschen Balken. Auf den Abbildungen 7 und 9 seiner Lärchen-Taf. sind oberhalb und unterhalb einiger Hoftüpfel Strukturen zu erken-

---

Taf. 14: – **1 u. 4:** Blockdiagramm. Aus BRAUNE et al. (1999). – **1:** Hoftüpfel mit Torus. – **2:** Fasern, Tracheide und Gefäße. Zeichnung aus SITTE in STRASBURGER (1998). – **3:** Holzstrahl-Tüpfel-Typen bei Nadelhölzern. Aus SCHWEINGRUBER (1990). – **4:** Hoftüpfel ohne Torus, gekreuzte Tüpfel. – **5: Wald-Kiefer,** *Pinus sylvestris* subsp. *sylvestris.* Grafenstein, Kärnten, 14.2. Sek., ⊠, JJK, 409x. – **6 u. 8: Grau-Erle,** *Alnus incana.* Kanaltal, Friaul, 15.11. – **6:** Sek., ⊠, Ph/HCl, 162x. – **7: Alpen-Lärche,** *Larix decidua* subsp. *decidua.* Bleiberg, Kärnten, 10.11. Sek., ⊠, Ph/HCl, 409x. – **8:** Sek., ⊠, JJK, 409x. – **9: Weiß-Tanne,** *Abies alba.* Bärental, Kärnten, 12.10. Sek., ⊠, Ph/HCl, 409x. – **10: Gewöhnliche Hainbuche,** *Carpinus betulus.* Klagenfurt Ostrand, 23.2. Sek., ⊠, Ph/HCl, 1.022x.

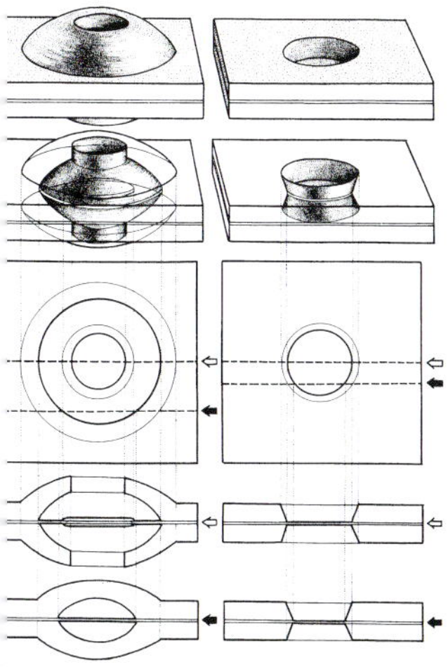

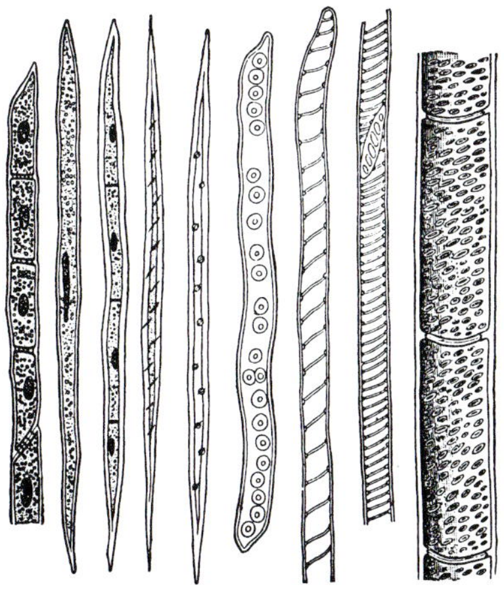

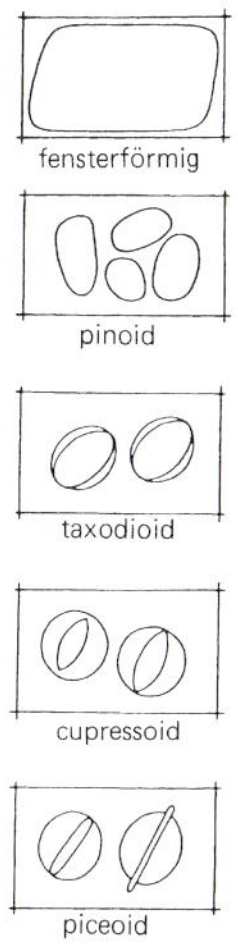
fensterförmig
pinoid
taxodioid
cupressoid
piceoid

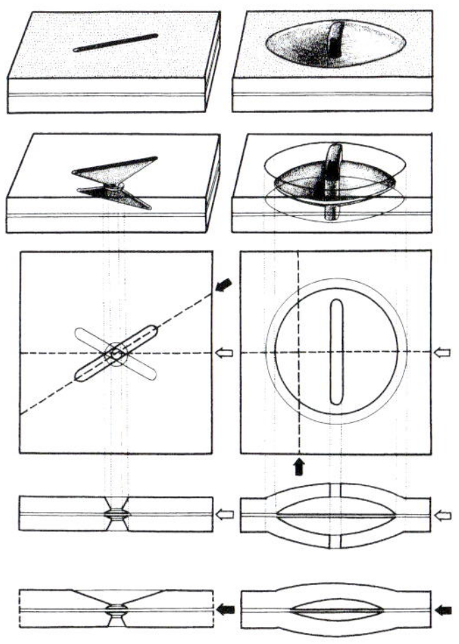

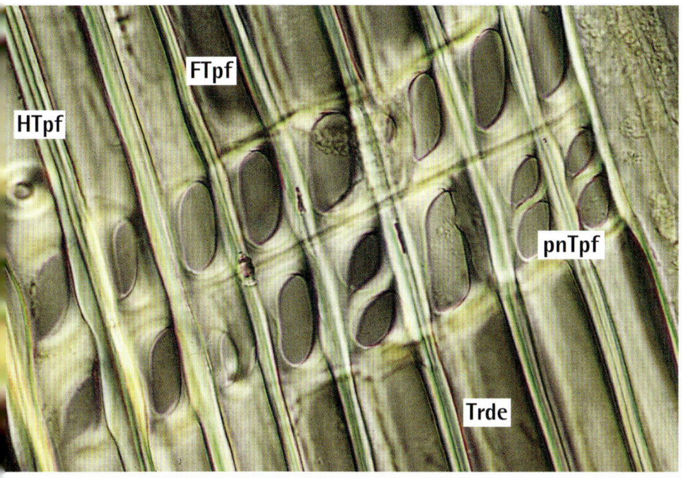
FTpf
HTpf
pnTpf
Trde

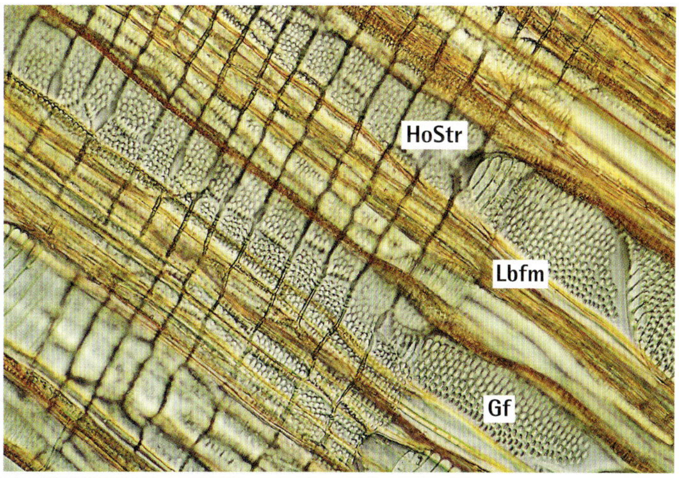
HoStr
Lbfm
Gf

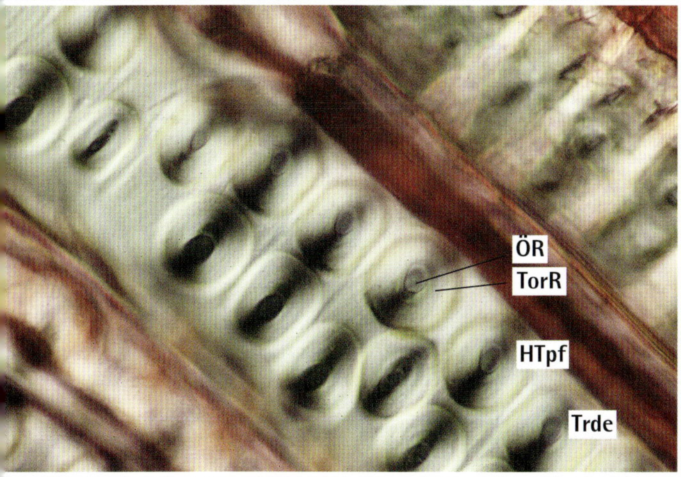
ÖR
TorR
HTpf
Trde

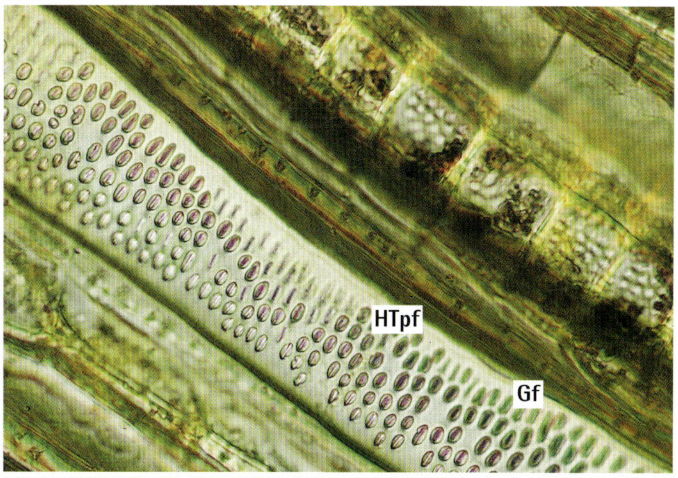
HTpf
Gf

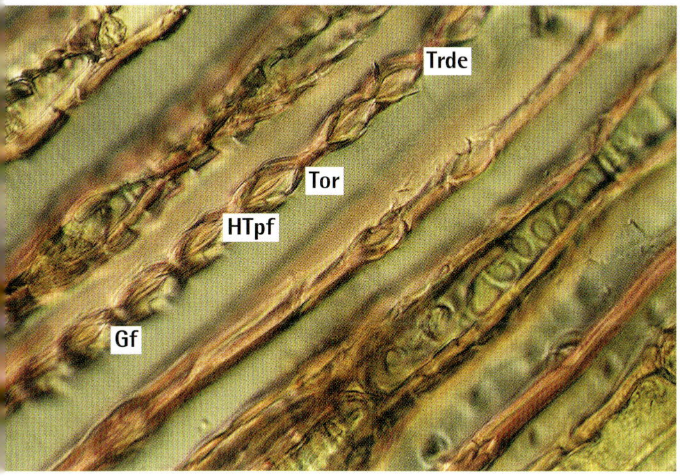
Trde
Tor
HTpf
Gf

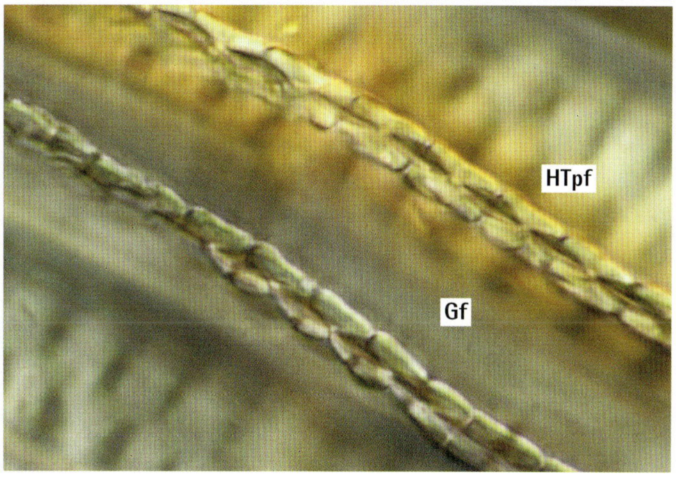
HTpf
Gf

nen, die als Verdickungsleisten gedeutet werden könnten, allerdings in Ausbildungsform von Crassulae. Bei genauerem Hinsehen und nach eigenen Befunden ergibt sich jedoch ein anderer Aufbau (Bild 7). Vor allem wenn zwei Hoftüpfel seitlich benachbart auftreten, können sie auf einer Zellwandvorwölbung angeordnet sein. Axial benachbarte Vorwölbungen sind durch gerade Furchen voneinander getrennt und können daher als Balken fehlgedeutet werden. Derartige Vorwölbungen sind allerdings nicht immer vorhanden.

Ausgehend von den Tracheiden lassen sich bei den Angiospermen zwei Entwicklungsreihen verfolgen (Bild 2). Die eine führt zu spezialisierten Elementen des Festigungsgewebes. Seine Fasern entstanden im Laufe der Stammesgeschichte aus den Tracheiden mit Hoftüpfeln durch Verdickung der Zellwände und Verkleinerung der Tüpfelhöfe. Die andere Entwicklungsreihe führt zur Ausbildung von Rohrsystemen. Diese sind aus kurzen Einzelelementen – bei *Fraxinus* von 0,12–0,29 mm Länge (KOLLMANN 1941) – zusammengesetzt und werden als Gefäße bezeichnet. Sie sind häufig mit Hoftüpfeln ausgestattet. Bei den Angiospermen haben die Hoftüpfel in der Regel keinen Torus (Bild 4, 8 und 10), d. h., Hoftüpfel mit Tori kommen nur selten vor (ESAU). Statt Hoftüpfeln sind oft einfache Tüpfel (Bild 4) vorhanden, die von Verstärkungsstrukturen der Zellwände eingerahmt sind. In Kreuzungsfeldern können sowohl einfache wie auch behöfte Tüpfel verkleinert sein, wie bei *Alnus incana* (Bild 6), oder auch vergrößert, wie bei *Carpinus betulus*.

6.2.4 Leit- und Festigungselemente (Taf. 15)

Die Wände verschiedenster Zellen weisen meist Verdünnungsstellen auf. In Primärwänden werden diese Einsenkungen primäre Tüpfelfelder genannt. Von diesen unterscheiden sich die Aussparungen in den Sekundärwänden, die den Primärwänden aufgelagert sind, sowohl in ihrer Entwicklung wie auch im Aufbau. Sie werden als Tüpfel bezeichnet. Daher gibt es in Zellen, die nur Primärwände haben, wie in Meristemen, bloß primäre Tüpfelfelder, aber keine Tüpfel.

Alle Gefäße haben Membranverstärkungen. Diese können im sekundären Xylem als Schraubenbänder ausgebildet sein. Wenn zwischen den Schraubengängen Verbindungen vorhanden sind, entstehen Netze. Sind die Netzmaschen sehr eng, entstehen zwischen den Verdickungen einfache Tüpfel. Schließlich können die Verdickungen Tüpfelhöfe umschließen oder nur Aperturen, Öffnungen, aussparen und auf diese Weise Hoftüpfel bilden. Wie Vergleiche von Fossilien zeigen, sind schraubige Verdickungen ursprünglicher als Wände mit Tüpfeln (HENES 1959).

Ein einfacher Tüpfel besteht aus dem Tüpfelkanal, das ist die Aussparung in der Sekundärwand, und aus dem von der Primärwand gebildeten Tüpfelboden, der auch als Schließhaut bezeichnet wird. Solange die betreffenden Zellen leben, durchziehen zahlreiche Plasmodesmen die primären Tüpfelfelder und die Tüpfelböden. Oft, aber nicht immer, bestehen die Tüpfelböden aus den zuerst in der primären Zellwand angelegten Tüpfelfeldern. Manchmal wird über die primären Tüpfelfelder eine Sekundärwand angelagert und an anderer Stelle ein Tüpfelkanal ausgespart. Am Boden des Kanals bleibt dann die Primärwand als Schließhaut erhalten. Bei Gymnospermen weist diese sehr oft eine Verdickung auf, den Torus.

Zum Unterschied vom einfachen Tüpfel wird beim Hoftüpfel der Tüpfelkanal gegen das Zellinnere hin immer enger. Er öffnet sich zum Lumen mit einer runden bis schlitzförmigen Öffnung, Apertur. Die Sekundärwand überwallt die Schließhaut. Auf diese Weise wird eine Wölbung gebildet, die den Tüpfelhof begrenzt. Wenn die Sekundärwand sehr dick ist, öffnet sich die Mitte der Wölbung nicht durch eine einfache Öffnung, sondern es führt ein Kanal zum Zellumen. Dieser besitzt eine innere, lumennahe und eine

---

Taf. 15: – **1: Moor-Birke**, *Betula pubescens.* Keutschach, Kärnten, 4.6. Sek., ☒, Ph/HCl, 409x. – **2: Wild-Apfel**, *Malus sylvestris.* Velden, Kärnten, 16.11. Sek., ☒, Ph/HCl, 409x. – **3: Gewöhnliche Walnuß**, *Juglans regia.* Velden, Kärnten, 16.11. Sek., ☒, Ph/HCl, 409x. – **4: Schwarzer Holunder**, *Sambucus nigra.* Grafenstein, Kärnten, 5.12. Sek., ☒, S3, 409x. – **5: Tulpenbaum**, *Liriodendron tulipifera.* Klagenfurt, 5.2. Sek., ☒, Ph/HCl, 409x. – **6: Schwarz-Pappel**, *Populus nigra.* Klagenfurt, 5.12. Sek., ☒, Ph/HCl, 409x. – **7: Trauben-Eiche**, *Quercus petraea.* Schütt bei Villach, Kärnten, 11.5. Sek., ☒, S3, 409x. – **8: Schwarzer Holunder**, *Sambucus nigra.* Treffen, Kärnten, 1.9. Sek., ☒, Ph/HCl, 409x.

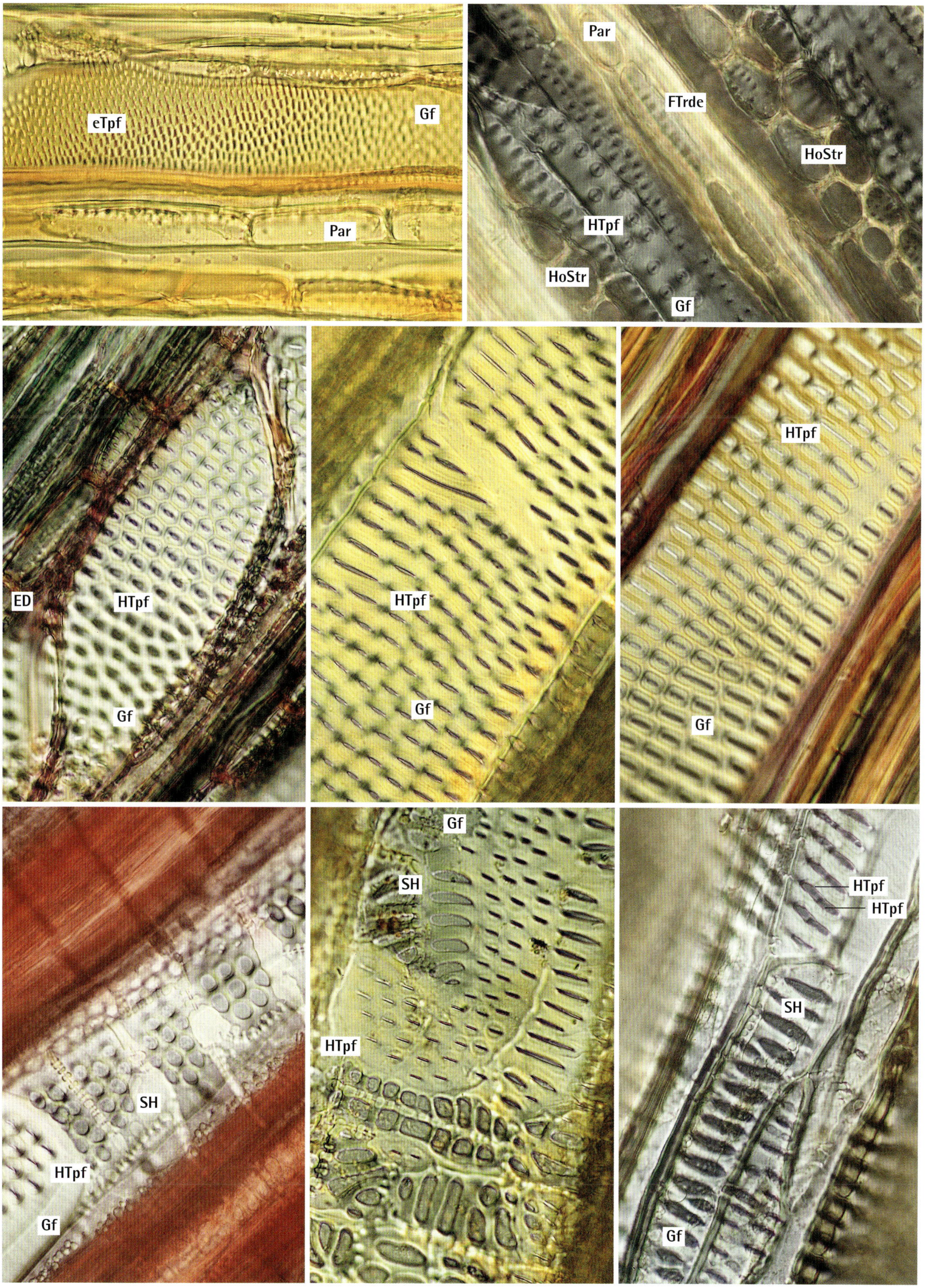
eTpf
Gf
Par
Par
FTrde
HoStr
HTpf
HoStr
Gf
ED
HTpf
Gf
HTpf
Gf
HTpf
Gf
SH
HTpf
Gf
Gf
SH
HTpf
HTpf
HTpf
SH
Gf

äußere, hofnahe Apertur. Die innere Öffnung ist größer, längs-oval bis schlitzförmig, die äußere kleiner und immer rund umrandet. Die Länge der inneren, schlitzförmigen Apertur kann bei sehr dicken Zellwänden den Durchmesser des Tüpfelhofes überschreiten. Man bezeichnet sie dann als verlängerte innere Porusapertur, im Unterschied zur eingeschlossenen inneren Apertur, die nicht über die Hofgrenze hinausgeht. Bei einem Hoftüpfelpaar liegen die äußeren Aperturen benachbarter Zellen genau gegenüber. Die ovalen bis spaltförmigen inneren Öffnungen sind dagegen meist gekreuzt zueinander angeordnet. Mit zunehmender Dicke der Zellwand werden sowohl die inneren Aperturen länger und enger wie auch die Tüpfelhöfe kleiner.

Der Bau und die Anordnung von Tüpfeln können selbst innerhalb einer Zelle verschieden sein. Bei Gefäßelementen, die aneinander grenzen, können auffallend große Hoftüpfel vorhanden sein. Sind sie Parenchymzellen benachbart, bilden sich meist stark verkleinerte Tüpfelhöfe. Bei den angrenzenden Fasern können Tüpfel ganz fehlen. Kleine, einfache Tüpfel sind oft dicht zusammengedrängt. Sie bilden dann siebartig getüpfelte Gefäße (Bild 1). Hoftüpfel können nach der Form des Hofes rund (Bild 2, 6 und 7), oval oder verlängert (Bild 4) sein und entfernt oder zusammengedrängt stehen. Sie können Seite an Seite, opponierend, auftreten. Zusammengedrängt sind sie dann rechteckig (Bild 5). Versetzt, alternierend, stehende Hoftüpfel sind bei dichtgedrängter Anordnung 5–6eckig (Bild 3). Verlängerte Hoftüpfel können bei paralleler Anordnung eine leiterförmige Tüpfelung bewirken.

Nicht immer ist über einer Schließhaut nur ein Tüpfel vorhanden. Manchmal sind über ihr zwei oder mehrere benachbarte Tüpfel. In Bild 8 oben sieht man ganz deutlich mehrmals je zwei benachbarte Höfe unter einer gemeinsamen Schließhaut. In diesem Fall sind dann die Höfe nahe der Schließhaut durch einen gemeinsamen äußeren Hohlraum verbunden. Sie können bei verschiedenen Pflanzen unterschiedlich hoch sein. Wenn mehrere Hoftüpfel über einer Schließhaut angeordnet sind, werden sie bei Mikrotomschnitten uneingebetteter Wurzeln häufig entfernt. Man bekommt nur die mehr oder weniger gebogenen Schließhäute zu sehen. Diese dürfen nicht mit Tüpfeln verwechselt werden, da sie nur die Tüpfelfelder der Primärwand darstellen (Bild 7 und 8). Auch wenn die Schließhaut nur einem Hoftüpfel entspricht, ist die sich darüber wölbende sekundäre Zellwand bei Mikrotomschnitten oft entfernt (Bild 6).

6.2.5 Leit- und Festigungselemente bei Nadel- und Laubhölzern (Taf. 16)

Bei Angiospermen schließen sich einzelne Gefäßelemente zu Röhren zusammen. Dabei kommt es zu Durchbrechungen von den Querwänden der Zellen. Derartig durchgehende Röhren sind 0,6 bis etwa 5 m, bei der Eiche bis 18 m (GROSSER 1977) lang. Von der darauffolgenden Röhre sind sie durch eine geschlossene Querwand getrennt. In Wurzeln sind diese in der Regel länger und weiter als in gleich dicken Sproßabschnitten (EWERS et al. 1997). In tiefer gelegenen Wurzeln sind sie länger und weiter als in oberflächennahen, wie bei *Juniperus ashei* (POCKMAN et al. zit. nach JACKSON et al. 2000) und bei *Banksia prionotes* (PATE et al. 1995). Bei großen Gefäßen mancher ringporiger Bäume sollen jene ohne Zwischenwand die Länge des Baumes erreichen. Bei der Entstehung der Durchbrechungen werden zunächst pro Querwand jeweils ein oder mehrere große Hoftüpfel angelegt. Später wird die primäre Zellwand, also die Schließhaut, aufgelöst. Die Hofwand bildet sich bis auf einen Randwulst zurück. Auf diese Weise entsteht eine Perforationsplatte, bei mehreren Durchbrechungen eine mehrfache Perforationsplatte. Als scalariforme oder leiterförmige Platte wird sie bezeichnet, wenn mehrere Durchbrechungen parallel zueinander angeordnet sind und sprossenartige Stege zwischen sich belassen.

Taf. 16: – **1: Moor-Birke**, *Betula pubescens.* Keutschach, Kärnten, 22.3. Sek., ☒, Ph/HCl, 409x. – **2: Grau-Erle**, *Alnus incana.* Kanaltal, Friaul, 15.11. Sek., ☒, Ph/HCl, 409x. – **3: Europäische Roßkastanie**, *Aesculus hippocastanum.* Klagenfurt Ostrand, 8.11. Sek., ☒, Ph/HCl, 409x. – **4: Eibe**, *Taxus baccata.* Bleiberg, Kärnten, 10.11. Sek., ☒, Ph/HCl, 409x. – **5: Winter-Linde**, *Tilia cordata.* Hundsheim, Niederösterreich, 30.9. Sek., ☒, Ph/HCl, 409x. – **6: Roter Hartriegel**, *Cornus sanguinea.* Grafenstein, Kärnten, 5.12. Sek., ☒, Ph/HCl, 162x. – **7: Grün-Erle**, *Alnus viridis.* Naßfeld, Kärnten, 24.7. Sek., ☒, Ph/HCl, 409x. – **8: Gewöhnliche Hainbuche**, *Carpinus betulus.* Klagenfurt Ostrand, 23.2. Sek., ☒, Ph/HCl, 409x.

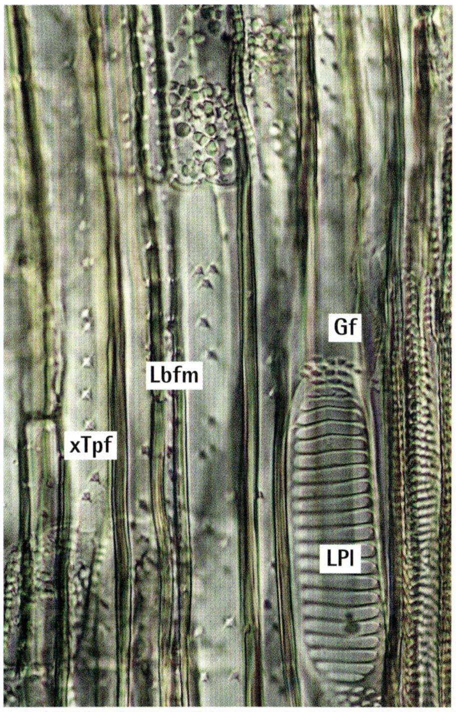
Gf
Lbfm
xTpf
LPl

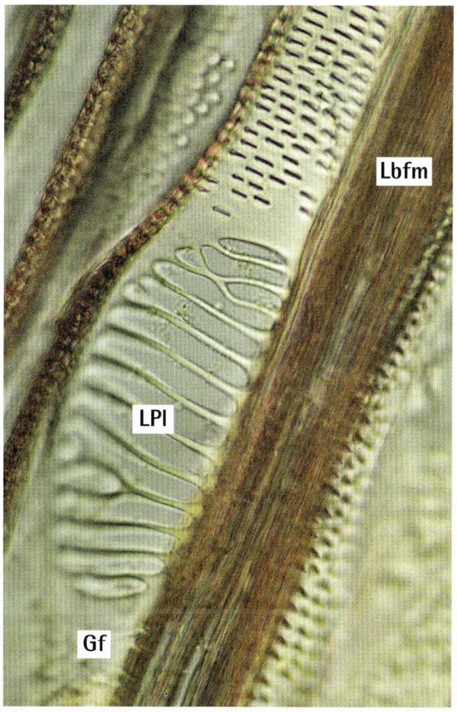
Lbfm
LPl
Gf

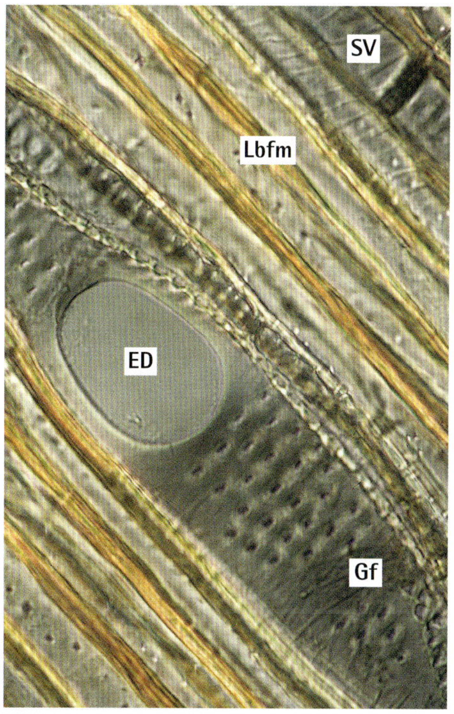
SV
Lbfm
ED
Gf

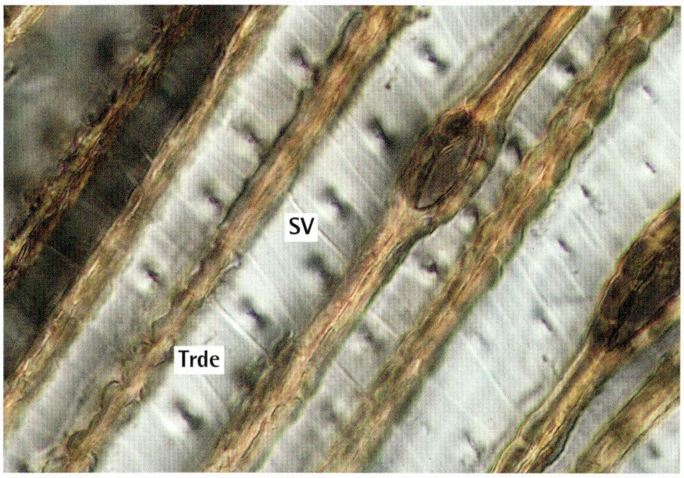
SV
Trde

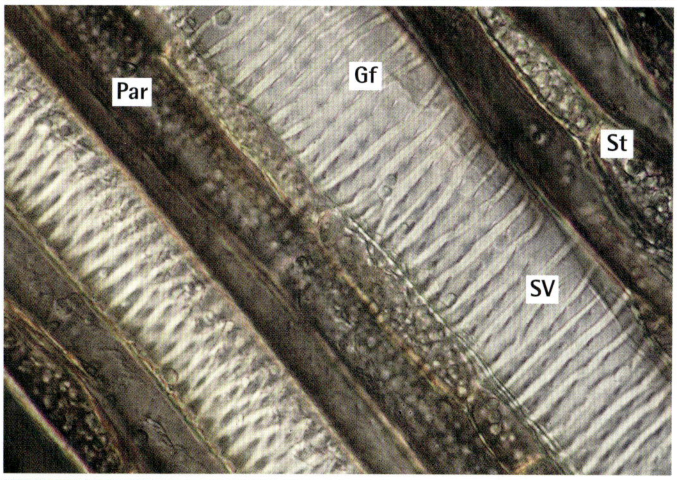
Par
Gf
St
SV

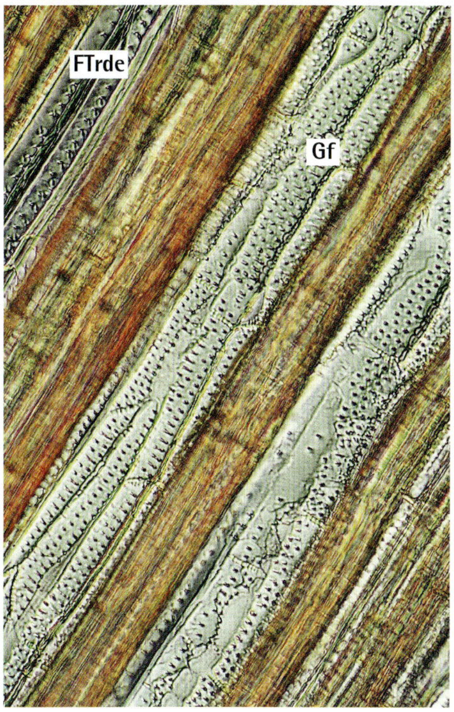
FTrde
Gf

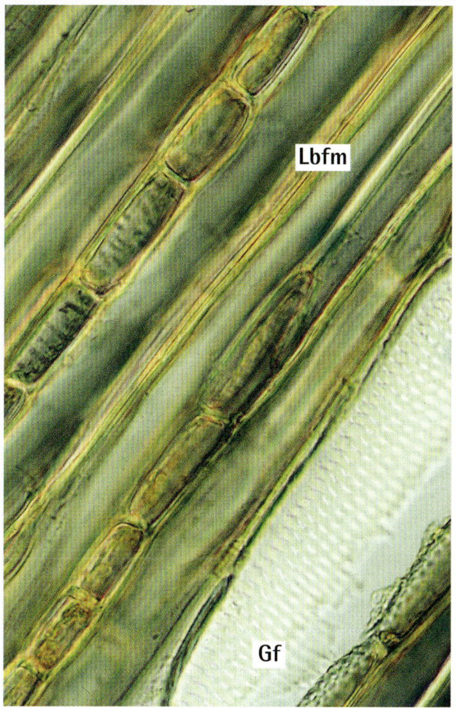
Lbfm
Gf

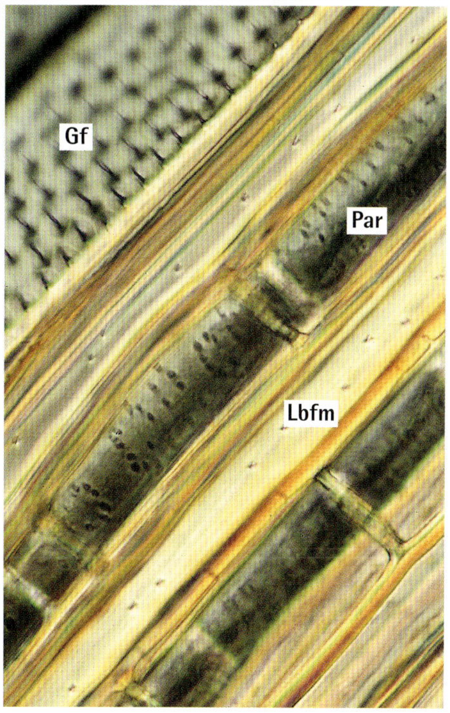
Gf
Par
Lbfm

Die Sprossen können zahlreich oder nur in geringer Zahl vorhanden sein. Sie können eng stehen oder größeren Abstand zueinander aufweisen. Manchmal sind die Sprossen auch gegen den Plattenrand zu verzweigt (Bild 1 und 2). Dementsprechend spricht man bei netzförmiger Anordnung der Durchbrechungsränder von reticulaten Platten. Bei mehreren annähernd runden Löchern in der Platte bezeichnet man sie als ephedroid, weil derartige Perforationsplatten bei der Gymnospermengattung Meerträubchen, *Ephedra,* gefunden werden. Bei einer einfachen Durchbrechung ist nur eine einzige große Öffnung vorhanden (Bild 3).

Neben der Speichertätigkeit und der Wasserversorgung haben die Wurzeln vor allem bei Bäumen auch die Aufgabe der mechanischen Verankerung im Boden (s. Abschnitt 3). Die Zellwände sind oft stark verdickt und meist mit Verstärkungen ausgestattet. In die Zellwände kann Lignin in hochpolymerer Form eingelagert werden. Auf diese Weise können im sekundären Xylem die Zellen des Festigungsgewebes, einschließlich der Gefäße, auch bei hochwachsenden Pflanzen Druck- und Zugkräfte aufnehmen (JARVIS & McCANN 2000). In Zellwände eingelagertes Lignin fixiert zudem die durch Richtungswachstum erreichte Stellung der betreffenden Organe. Außerdem ist der biologische Abbau ligninimprägnierter Zellwände stark erschwert. Dies ist vor allem für tote Leit- und Festigungselemente von Bedeutung (MOLISCH 1932).

Tracheide und Gefäße können in ihren Zellwänden schraubige Verstärkungen aufweisen, wie bei *Taxus baccata* (Bild 4), *Aesculus hippocastanum* (Bild 3) und *Tilia cordata* (Bild 5). Schraubenförmig verstärkte Fasertracheiden bezeichnet man ganz allgemein als Schraubentracheide. Bei den Angiospermen gibt es zwischen Tracheide und Fasern fließende Übergänge. Fasern sind meist länger als Tracheiden. Fasertracheide haben stärker verdickte Wände und kleinere Tüpfel (Bild 6). Sind die Tüpfel vom gleichen Typ und von gleicher Größe wie jene der Gefäße, handelt es sich um Gefäßtracheide (BAILEY 1957, CARLQUIST 1961, SCHWEINGRUBER 1990). Bei Libriformfasern sind die Wände meist sehr stark (Bild 1, 3 und 8), seltener nur wenig verdickt (Bild 7). Die Tüpfel erkennt man nur noch an ihren schlitzförmigen inneren Aperturen. Da die Aperturen eines Tüpfelpaares von zwei aneinander grenzenden Libriformfasern zueinander rechtwinkelig stehen, spricht man auch von gekreuzten Tüpfeln (Bild 1, 3 und 7). Auch zwischen Holzparenchymzellen und Fasern gibt es Übergangsformen. Während die übrigen Fasern im Holz tot sind, leben diese und werden als Ersatzfasern bezeichnet. Zusätzlich zur Festigung des Gewebes tragen sie auch zur Stärkespeicherung bei. Holz mit Ersatzfasern gilt entwicklungsgeschichtlich als besonders fortschrittlich (MONEY et al. 1950).

An weiterführender Literatur über die Struktur der Zellwände des Holzes seien angeführt: WARDROP 1953, CÔTÉ et al. 1968, WAGENFÜHR & SCHEIBER 1974, GROSSER 1977, CÔTÉ 1981, DUGGER & BARTNICKI-GARCIA 1984, FENGEL & WEGENER 1989, McCANN & ROBERTS 1991, LICHTENEGGER 1999, COSGROVE 2000.

7. Asymmetrie von Bast und Holz, Inhaltsstoffe der Zellen (Taf. 17)

Die Asymmetrie von Bast und Holz ist je nach der Anlage und dem Lebensraum der Wurzel verschieden ausgeprägt. Brettwurzeln vergrößern im Lauf ihres sekundären Dickenwachstums den Holzteil an der Oberseite der Wurzel gleichlaufend mit der Höhe ihrer Ansatzstelle am Stamm. Unter den heimischen Bäumen ist dies bei der Flatter-Ulme, *Ulmus laevis,* zu sehen (Bild 1 und 3).

Ähnlich gestaltet sind die über dem Boden aufragenden Wurzelknie von Bäumen, die auf nassen Böden in wärmeren Gebieten wachsen. Dazu zählen die in den südlichen atlantischen Staaten beheimatete Sumpfzypresse, *Taxodium distichum*, und die in den Mangrovensümpfen des tropischen Ostafrika vor-

---

Taf. 17: – **1 u. 3: Flatter-Ulme,** *Ulmus laevis.* Kalsdorf, südlich Graz, 23.10. BrettWu. – **2: Wald-Kiefer,** *Pinus sylvestris* subsp. *sylvestris.* Schütt bei Villach, Kärnten, 3.12. Sek., Ø, Ph/HCl, 10x. – **4 u. 6: Gewöhnliche Hainbuche,** *Carpinus betulus.* Velden, Kärnten, 14.3. Sek., Ø, Ph/HCl. – **4:** 64x. – **5: Grau-Erle,** *Alnus incana.* Ennstal, Steiermark, 15.8. WuKnöllchen, Ø, Osmiumtetroxyd u. Auramin, 409x. – **6:** 32x. – **7: Zirbe,** *Pinus cembra* subsp. *cembra.* Velden, Kärnten, 14.3. Sek., ⊠, JJK, 409x. – **8: Edelkastanie,** *Castanea sativa.* Kaltern, Südtirol, 25.9. Sek., ⊠, S3, 409x. – **9: Purpur-Weide,** *Salix purpurea.* Schütt bei Villach, Kärnten, 9.11. Prim., Ø, JJK, 409x.

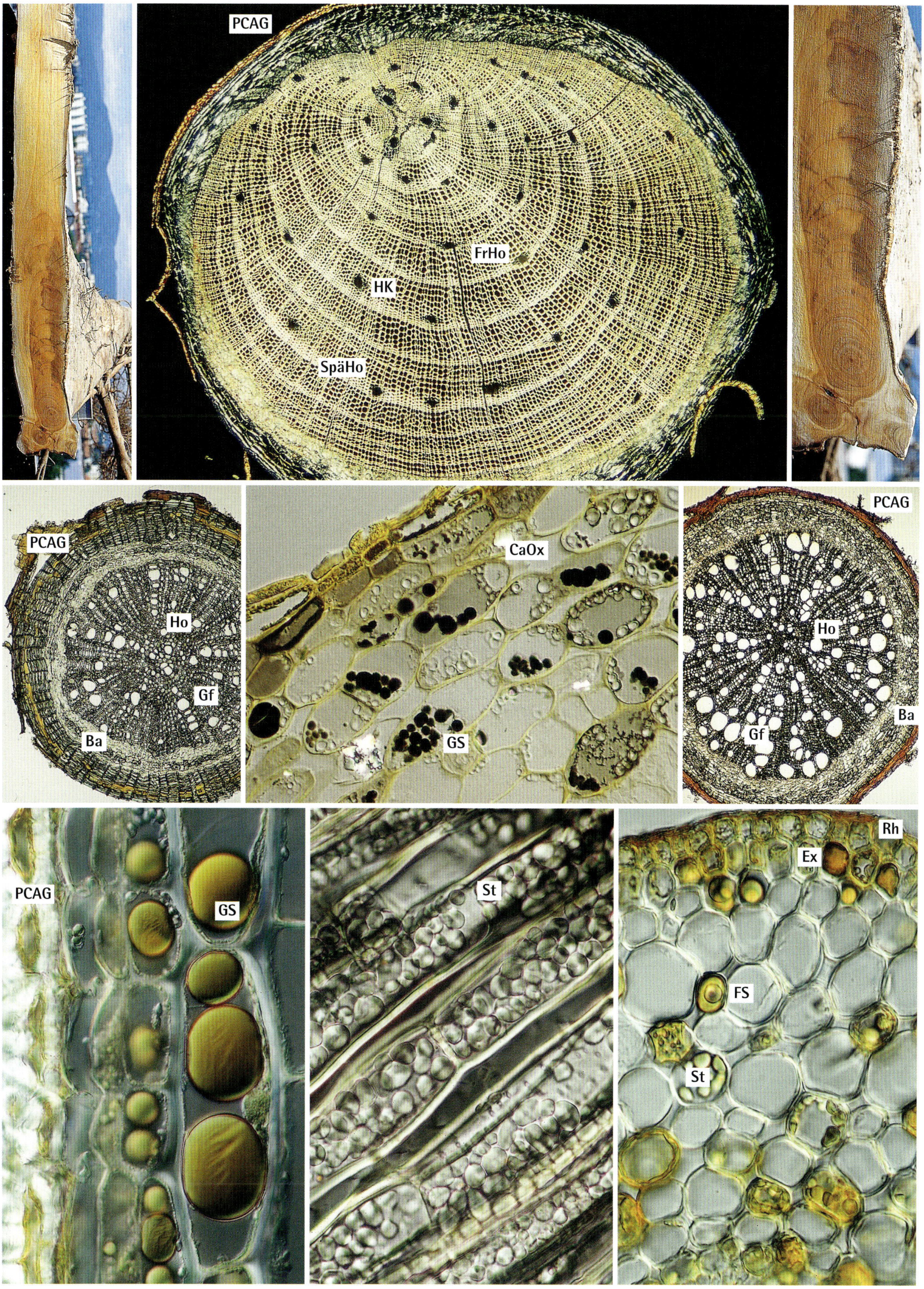
PCAG
FrHo
HK
SpäHo
PCAG
Ho
Gf
Ba
CaOx
GS
PCAG
Ho
Ba
Gf
PCAG
GS
St
Rh
Ex
FS
St

kommenden Vertreter von *Bruguiera* (TROLL 1943/67). Der knieförmige Wuchs ihrer Wurzeln entspricht der Wasserdampfbewegung in und außerhalb der Wurzel. Besonders groß sind die Unterschiede in dieser Bewegung zwischen dem wassergesättigten Boden und der darüberliegenden Luftschicht (vgl. Abschnitt C).

Wurzeln, die ausschließlich im Boden verlaufen, haben eine gegensätzliche Asymmetrie. In ihrem Krümmungsbereich ist der Holzteil nicht an der konvexen Seite größer, sondern an der konkaven. An der konvexen Seite sind außerdem seine leitenden Elemente kleiner und von geringerer Zahl, während der Anteil an verfestigtem Gewebe größer ist als jener an konkavem. Der Bast unterscheidet sich in der Verteilung des Sclerenchyms, d. h. in der Verteilung der Faser- und Steinzellen. An der konvexen Seite können diese weitgehend fehlen, an der konkaven Seite bilden sie einen nahezu geschlossenen, z. T. mehrschichtigen Ring. Im Bast und im Holz sind die Zellen des Grundgewebes an der konvexen Seite kleiner als an der konkaven. Zudem ist die Breite des Pericambial-Abschlußgewebes an der konvexen Seite größer als an der konkaven (Bild 2). Alle Unterschiede verweisen auf eine trockenere Ausbildung der Gewebe an der konvexen Seite und auf eine feuchtere auf der konkaven. Die Ursache liegt in der Asymmetrie der Haube (s. Abschnitt C).

Die unterschiedliche Ausbildung der Gewebe an der konvexen und an der konkaven Seite zeigt außerdem die Fähigkeit der Wurzel, sich verschiedenen Umweltbedingungen anzupassen. Diese Anpassungsfähigkeit erleichtert den Arten das Vorkommen innerhalb eines größeren Klimabereiches und unter verschiedenen Bodenbedingungen. Ein Beispiel dafür ist die Fähigkeit von ein und derselben Pflanze, ihre Wurzeln in flurnahen und in flurfernen Bodenschichten auszubreiten. Verschärft werden die Unterschiede, wenn die Wurzeln bei ihrer Anlage unterschiedlich dick sind. So zeigen die Wurzeln einer Hainbuche, *Carpinus betulus*, die nahe Flur verliefen und einen Durchmesser von 0,8 mm hatten, einen wesentlich xeromorpheren Bau als jene, die sich in 40 cm Bodentiefe ausbreiteten und 1,6 mm dick waren (Bild 4 und 6). Die nahe Flur freigelegte Wurzel hat ein über 14schichtiges Pericambial-Abschlußgewebe. Der Anteil von Sclerenchymzellen im Bast beträgt über 60 %, jener von Leitelementen im Holz etwa 15–20 %. Bei der in den tieferen Bodenschichten freigelegten, doppelt so breiten Wurzel besteht das Pericambial-Abschlußgewebe aus etwa 8–10 Schichten. Der Anteil von Sclerenchymzellen im Bast und jener der Leitelemente im Holz liegen bei etwa 20–30 bzw. 35–45 %.

Von der großen Zahl der Inhaltsstoffe der Pflanzen seien nur einige Gruppen besprochen: Gerbstoffe schützen die Wurzeln vor vorzeitiger Zersetzung durch Fäulnisbakterien (vgl. Abschnitt 5). Sie kommen vor allem in der primären Rinde der Wurzeln und im Rindenparenchym von Knöllchen vor (Bild 5 und **Taf. 38 A**, Bild 1). Unter den fettartigen Stoffen erhöhen u. a. Lipide die Widerstandskraft der Pflanzen gegen Kälte und Trockenheit. Lipide wurden im Bast der Wurzeln der Zirbe, *Pinus cembra*, gefunden. Durch Behandlung mit S 3 bzw. JJK färben sie sich rotbraun (Bild 7 und **Taf. 38 A**, Bild 4 und 5). *P. cembra* erträgt nach BIEBL (1958) um 8 Grad tiefere Temperaturen als die Fichte (vgl. Spezieller Teil). Im primären Zustand dürften die Zellen der Rinde von Arten der Gattungen *Populus* und *Salix* fettartige Substanzen enthalten (Bild 9). Nach vorliegenden Untersuchungen gleichen diese jedoch nicht jenen in den Zellen des Bastes der Zirbe (Bild 7).

Umfangreichere Untersuchungen liegen über die Harze der Wurzeln vor. Das Fehlen von Harzgängen im Sproß der Tanne und das Auftreten des einen Harzganges im Zentrum ihrer Wurzel könnten auf die Empfindlichkeit der Tanne gegenüber Trockenheit hinweisen. Die Vertreter der Gattung *Pinus*, die unter den Gymnospermen zu den am meisten Trockenheit ertragenden Arten zählen, haben dagegen nicht nur zahlreiche, sondern auch besonders große Harzgänge (vgl. Spezieller Teil).

Zu den Inhaltsstoffen der Pflanzenzellen ist noch die Stärke zu zählen. Ihre große Bedeutung für den Stoffwechsel im Dienst der Ernährung der Pflanze zeigt sich bei den Wurzeln der Bäume und Stäucher darin, daß diese, auch wenn sie mehrere Jahre alt sind, bis in das Zentrum stärkereiche Zellen enthalten. Im allgemeinen weist der große Anteil an stärkereichen Zellen im Holz der Wurzel darauf hin, daß das Holz trotz seines hohen Anteils an abgestorbenen Zellen ein sehr aktives Gewebe ist. Dies trifft für Gymnospermen und für Angiospermen zu (vgl. Bild 8 und Abschnitt 6.2). Die Zellen des Bastes sind mit Ausnahme besonders differenzierter Zellen, wie Faser- und Schleimzellen, fast durchwegs stärkereich, ebenso jene der zwei bis drei inneren Schichten des Pericambial-Abschlußgewebes. Im primären Zustand sichert der

Stärkegehalt der Rindenzellen das weitere Wachstum der Wurzeln (vgl. **Taf. 6**, **8** und Spezieller Teil). An die Stelle der Stärke tritt bei den Asteraceen der Speicherzucker Inulin.

8. Farbige Wurzeln (Taf. 18)

Schon junge Wurzeln können gefärbt sein. Ein Beispiel dafür ist die Purpur-Weide, *Salix purpurea*. Bei dieser sind bereits die Spitzen der Wurzeln durch Anthocyane rot gefärbt (Bild 1). Gleiches trifft zu bei einigen Vertretern der Crassulaceen, Saxifragaceen, Melastomaceen, Asteraceen und Balsaminaceen (Molisch 1928), ebenso bei *Zea mays* (Arapetyan et al. 1992). Bei Crassulaceen ist dies vor allem dann der Fall, wenn die Wurzeln in Wasser gezogen werden. Auch bei der Gewöhnlichen Walnuß beginnt die Färbung der Wurzeln schon im primären Zustand. Die Wände ihrer Rhizodermiszellen sind jedoch tiefbraun gefärbt (**Taf. 116 A**, Bild 1, und **116 B**, Bild 1). Die Färbung erfolgt durch den Gehalt an Juglandin. Wie Anthocyan schützt es die Wurzeln vor vorzeitiger Zersetzung. Im sekundären Zustand trägt das Juglandin zur tief dunkelbraunen Färbung der Wurzeln bei (s. Spezieller Teil). Intensiv gelb bis gelbrot gefärbt sind die Zellen der Möhre, *Daucus carota*. Verursacht wird die Färbung durch Carotine, die im Chloroplasten neben den grünen Chlorophyllen in geringer Menge vorkommen. Gleich Chlorophyllen sind sie in Fett löslich, jedoch nicht in Wasser. Carotine schützen die Zellen vor zu rascher Veratmung der Assimilate (vgl. Ziegler in Strasburger 1998).

Gelbbraune, rote bis rotblaue und schwarze Färbungen der Wurzeln werden durch Phlobaphene, die oxidativen Abkömmlinge der Gerbstoffe, durch Anthocyane und Melanine verursacht. Das Vorkommen dieser drei Stoffgruppen hängt mitunter vom Alter der Gewebe und von den Umweltbedingungen ab. Gerbstoffe enthalten schon die Zellen junger Wurzeln der Zirbe, *Pinus cembra* (s. oben). Ebenfalls nachgewiesen werden konnten sie in Zellen der Endodermis der Wild-Birne, *Pyrus pyraster*. Vor allem über dem primären Phloem sind die Zellen oft gefüllt mit Gerbstoffen (vgl. Esau 1969 und **Taf. 54 A**, Bild 1 und 3). Im älteren Zustand der Rinde verfärben sich deren Zellwände durch den zunehmenden Gehalt an Phlobaphenen (s. Abschnitt 5). Das gleiche gilt für die Zellwände der abgestorbenen Schichten der Borke (s. **Taf.** Spezieller Teil). Besonders bekannt für den hohen Gerbstoffgehalt der Zellen der Borke ist unter den heimischen Arten die Stiel-Eiche, *Quercus robur*. Ihre Borke wird daher zum Gerben von Fellen verwendet. Auffallend gelblich bis gelbgrünlich gefärbte Wurzeln hat der Faulbaum, *Frangula alnus* (Bild 2). Ob diese Verfärbung bereits durch Phlobaphene verursacht wird oder durch andere Stoffe, wäre noch zu untersuchen.

Auf feuchten, nährstoffarmen Standorten enthalten auch ältere Wurzeln oft größere Mengen an Anthocyanen. Ein Beispiel dafür ist die Moor-Birke, *Betula pubescens*. Bei dem Baum, der im Speziellen Teil in Abb. 122 dargestellt ist, war ein großer Teil der Wurzeln der ganzen Länge nach rot bis rot-violett gefärbt. Bei Kulturpflanzen wie der Tomate, *Solanum lycopersicum*, führt der Mangel an Wärme und an Phosphor zu besonders reichlicher Bildung von Anthocyanen. Deshalb wurden vor allem in Indien bei fallweisem Mangel an anderen Untersuchungsmethoden Böden mit Hilfe von Tomatenpflanzen auf ihren Phosphorgehalt untersucht.

Schwarze Wurzeln sind ein Endstadium der Alterung. Sie sind offensichtlich am widerstandsfähigsten gegen Zersetzung. Melanine dürften die Schwarzfärbung verursachen. Sie sind unlöslich in Wasser und organischen Stoffen. In vivo sind sie mit Eiweißen verknüpft. Nachgewiesen wurden sie in der Kartoffel (Eulitz et al. 1976) und in der Kokosnuß. Der Gehalt an Melaninen soll dazu beitragen, daß Kokosnüsse über weite Strecken im Meer verfrachtet werden können. Nach unseren Untersuchungen ist auch die tiefschwarze Farbe der Wurzeln von Sauergräsern, wie *Carex appropinquata*, *C. chordorrhiza* und *C. limosa,* auf den Gehalt von Melaninen zurückzuführen. Das gleiche dürfte für die schwarz gefärbten Wurzeln der Schwarz-Erle, *Alnus glutinosa*, zutreffen. Auf extrem trockenen Standorten wie in der Gobi sind vor allem die Wurzeln des Weißschopfigen Erbsenstrauches, *Caragana leucocephala*, tiefschwarz gefärbt. Im allgemeinen nimmt in der Gobi mit erhöhter Trockenheit die schwarze Farbe der Wurzeln von Holzgewächsen zu (Kutschera & Lichtenegger 1997). Auch in Mitteleuropa werden bei großer Trockenheit die Wurzeln von Bäumen, wie die der Schwarz-Kiefer, *Pinus nigra,* schwarz (Bild 8). Die Veränderung der Farbe der Wurzel im Lauf der Alterung zeigen besonders deutlich die im Wasser gewachsenen Wurzeln der

Schwarz-Erle. Nach der 8–12 cm langen weißen Wurzelspitze erfolgt ein ebenso langer roter Abschnitt. Danach wird die Wurzel allmählich tiefschwarz. Die Schwarzfärbung kann auftreten, wenn die Wurzel ein Jahr alt ist (RESA 1877), oder auch früher (Bild 4). Bei der Grau-Erle, *Alnus incana*, kommt es zu keiner derartigen Schwarzfärbung der Wurzel. Tiefschwarz gefärbt sind im Alter auch die Wurzeln des Roten Hartriegels, *Cornus sanguinea* (Bild 3).

9. Wachstum der Wurzel im Jahreslauf und Wurzelverzweigungen (Taf. 18)

Mit der Frage des Wurzelwachstums im Jahreslauf befaßte sich RESA in seiner 1877 erschienenen Dissertation. Der Autor behandelte anhand von Untersuchungen im Raum Köln folgende Fragen: 1) Besteht beim Wachstum der Wurzel eine jährliche Periode? 2) Ist diese Periode von der Wachstumsperiode der oberirdischen Teile zeitlich verschieden? 3) Findet ein periodisches Absterben der Fasern statt? – Die Antworten lauteten: Beim Wachstum der Wurzeln bestehen bestimmte vom Wetter beeinflußte und artspezifische Perioden. Diese fallen nicht mit jenen der oberirdischen Teile zusammen. Im Gegenteil, überall ist die zeitliche „Arbeitsteilung" wahrzunehmen. Bei den untersuchten Laubhölzern (s. unten) erfolgt im Herbst nach Abschluß des oberirdischen Triebes ein starkes Wurzelwachstum. Es wird früher oder später beendet. Der Winter wirkt jedoch nur verzögernd, nicht wirklich abschließend. Bei Nadelhölzern wird dagegen der Herbst- vom Frühjahrstrieb durch die Wintermonate getrennt. Ein periodisches Absterben von Faserwurzeln wurde nur bei der Europäischen Roßkastanie, *Aesculus hippocastanum*, beobachtet. Neben den Faserwurzeln spricht der Autor von Triebwurzeln im Sinne von HARTIG (1891). Den Triebwurzeln obliegt vorwiegend die Ausbreitung des Wurzelsystems. Außerdem unterscheidet HARTIG noch Würzelchen. Er bezeichnet diese als „Krautwurzeln". Sie könnten den stark verpilzten Kurzwurzeln oder jungen Wurzeln entsprechen.

Die Untersuchungsergebnisse bei den einzelnen Arten beschreibt RESA wie folgt: Bei der Fichte begann das Wurzelwachstum mitunter schon im Februar, sobald das Tauwetter einsetzte. Mit Erscheinen der oberirdischen Triebe etwa Ende April hörte es zunehmend auf. Gegen Ende August, mit Einsetzen von Regenwetter, begann erneut ein verstärktes Wurzelwachstum. Im September und Oktober bzw. im März und April wuchsen die Wurzeln am stärksten. Ähnlich verlief das Wurzelwachstum bei der Rotbuche und bei der Winter-Linde. Bei der Stiel-Eiche unterblieb es im Frühjahr nahezu. Es beschränkte sich auf den Juni. Ende August begann die zweite Wachstumsperiode mit dem stärksten Wurzelwachstum im Oktober. Ähnliches beobachtete er beim Feld-Ahorn und bei der Gewöhnlichen Esche. Bei den Vertretern der Weiden konnte er keine deutlich abgegrenzten Perioden feststellen, weil sich die Wurzeln nach Verletzungen sehr rasch neu bildeten.

Übereinstimmend mit den Untersuchungen von RESA ist in den wärmeren Gebieten der Ostalpen das Wurzelwachstum vor Beginn und gegen Ende der Vegetationszeit am stärksten. Bild 5 zeigt das Wurzelwachstum der Rotbuche im Frühjahr. Auf der Fläche von 1/4 m^2 konnten 10 lange weiße Spitzen gezählt werden. Einige der Wurzelspitzen hatten schräg aufwärts die Laubdecke durchwachsen. Die wenig tiefgründige Erwärmung des Bodens bewirkte diesen Wurzelverlauf. Im Sommer ist das Wurzelwachstum in den oberen Bodenschichten geringer. Ausgleichend wirken eine nordseitige Hanglage und dichte, schattenspendende Bestände. In höheren Berglagen, und zwar besonders nahe der Waldgrenze, dauert das Wurzelwachstum auf südgeneigten, besonnten Standorten auch im Sommer an. Ein Beispiel dafür sind die Wurzeln der Zirbe, *Pinus cembra* (s. Spezieller Teil). Sie wurden an einem auf ca. 1.900 m Seehöhe in Süd-

---

Taf. 18: – **1: Purpur-Weide**, *Salix purpurea.* Grafenstein, Kärnten, 29.5. – **2: Faulbaum**, *Frangula alnus.* Grafenstein, Kärnten, 23.6. – **3: Roter Hartriegel**, *Cornus sanguinea.* Östlich Klagenfurt, 7.3. – **4: Schwarz-Erle**, *Alnus glutinosa.* Baßgeigensee, Keutschach, Kärnten, 5.7. – **5: Rotbuche**, *Fagus sylvatica.* Arnoldstein, Kärnten, 1.5. – **6: Zirbe**, *Pinus cembra* subsp. *cembra.* Dürrenstein, Dolomiten, Südtirol, 25.7. – **7 u. 9: Wald-Kiefer**, *Pinus sylvestris* subsp. *sylvestris.* Östlich Klagenfurt. – **7:** 9.11. – **8: Schwarz-Kiefer**, *Pinus nigra* subsp. *nigra.* Bei Wiener Neustadt, Niederösterreich, 3.5. – **9:** 18.12. WuSpi, ungef., 25x.

tirol gewachsenen Baum Ende Juli freigelegt (Bild 6). In den Tallagen ist auf besonnten Standorten ein stärkeres Wurzelwachstum im Spätfrühjahr und Sommer nur in den tieferen Bodenschichten zu beobachten. So fanden wir bei der Gewöhnlichen Hasel, *Corylus avellana*, in der zweiten Hälfte des Mai in 1,80 m Bodentiefe auf einer etwa 200 cm^2 großen, nahezu senkrechten Fläche 10 dicke weiße Wurzelspitzen. Bild 7 zeigt die große Zahl junger Wurzelspitzen bei der Wald-Kiefer im Herbst. Auf einer etwa 1/2 m^2 großen Fläche wurden in einer 2-3 cm dicken Bodenschicht nahe Flur über 40 dicke weiße Wurzelspitzen freigelegt. Etwa ab der zweiten Hälfte des Dezembers stellen die Wurzeln vor allem in den oberen Bodenschichten ihr Wachstum ein. Die Schutzschichten der Wurzelhaube lösen sich infolge der durch die Kälte verursachten Trockenheit vom Wurzelkörper und krümmen sich spitzenwärts, wie bei der Wald-Kiefer (Bild 9). Die äußeren Schichten des Wurzelkörpers und z. T. auch jene der Wurzelhaube metadermisieren (Taf. 6, Bild 7, 8, und **Taf. 96 A**, Bild 1).

Besonders eingehend untersuchte PERSSON, teils mit seinen Mitarbeitern und Schülern, den jahreszeitlichen Verlauf von Bildung und Absterben der Feinwurzeln in den borealen Kiefern- und Fichtenwäldern Schwedens (PERSSON 1978, 1979, 1980a, b, 1983a, b, AHLSTRÖM et al. 1988, ERICSSON & PERSSON 1980, SCARASCIA-MUGNOZZA et al. 2000, STOBER et al. 2000). So stellte PERSSON (1983a) fest, daß in einem 14 Jahre alten Kiefernwald etwa 60 % der Photosyntheseproduktion des Sprosses für das Wachstum und den Erhalt des Wurzelsystems verwendet wurden. Außerdem verglich er die Wurzelentwicklung eines 20 Jahre alten mit jener eines 120 Jahre alten *Pinus sylvestris*-Bestandes sowie mit jener von Beständen der Preiselbeere, *Vaccinium vitis-idaea*, und der Herbst-Heide, *Calluna vulgaris*, in Mittelschweden. Während bei den Zwergsträuchern die Wurzelentwicklung im Lauf des Jahres nur geringe Unterschiede zeigte, war bei den 20 Jahre alten Kiefern eine verstärkte Bildung von Feinwurzeln im Juni, im August und Anfang Oktober festzustellen. Bei den 120jährigen Kiefern war die Bildung von Feinwurzeln am stärksten in der ersten Hälfte des Mai bzw. des Juli. Die Höchstwerte der Wurzelbildung konnten sich um jeweils zwei Wochen verschieben. Die Untersuchungen wurden auch in Fichtenbeständen durchgeführt (PERSSON et al. 1991, CLEMENSSON-LINDELL 1992, LEPŠOVÁ & OBORNÍK 1992, KODRÍK 1992, MAJDI & PERSSON 1992, RASTIN & MINTENIG 1992).

Wurzelverzweigungen sind je nach Art mitunter sehr verschieden (BAITULIN 1992, 1996, KUTSCHERA 1996, KÁRÁSZ 1996, KOKOREVA 1996, SOBOTIK 1996, AKHMETOVA 1996, TUREKHANOVA 1996, MUKHITDINOV & AITAKOVA 1996, LICHTENEGGER 1996, KARIMOV & MOLOTKOVSKI 1996, NESTEROVA 1996, COUTTS et al. 1999, KÜLLA & LÕHMUS 1999). Besonders kräftige Seitenwurzeln 1. bis 2. Ordnung und dünne, meist gestreckt verlaufende Seitenwurzeln höherer Ordnung bildet die Zirbe, *Pinus cembra*. Beispiele dafür enthält der Spezielle Teil. Der Unterschied zwischen den Seitenwurzeln niederer Ordnung und jenen höherer Ordnung ist natürlich gegen den Außenrand des Wurzelsystems hin geringer. Aus dem starren Wurzelverlauf ist die geringe Elastizität der Zirbe zu erkennen. Der Berg-Ahorn, *Acer pseudoplatanus*, löst seine vorwiegend horizontal verlaufenden, kräftigen Seitenwurzeln 1., 2. (3.) Ordnung der Polwurzel frühzeitig in feinere und dünnere Wurzeln auf. Außergewöhnlich zahlreich, dicht stehend und fein sind die Seitenwurzeln höherer Ordnung des Gewöhnlichen Spindelstrauches, *Evonymus europaea*. Der Grad der Verzweigung der Wurzeln kann bei den einzelnen Arten sehr verschieden sein. Wurzeln von Arten mit einer Wurzeltasche können nur Seitenwurzeln 1. Ordnung bilden (**Taf. 3**, Bild 7–9). Bei der Rotbuche konnten wir an flurnah verlaufenden Wurzelsträngen Wurzelverzweigungen bis zur 16. Ordnung feststellen.

Die Stärke der Wurzeln hängt wesentlich von ihrer „physiologischen Stellung" zum Sproß ab. Je näher sie sich der Sproßbasis befinden, um so mehr gewinnen sie vom Zustrom der Assimilate. Die Folge ist, daß der Durchmesser der Wurzeln in Richtung Sproß laufend zunimmt. Doch können auch wenig entfernt voneinander stehende Wurzeln verschieden dick sein. Die Ursache liegt darin, daß sie an verschiedenen Seiten der Wurzel oder zu verschiedenen Zeiten in Abhängigkeit von der Witterung gebildet wurden.

10. Entstehung von Sproßwurzeln, Seitenwurzeln und Wurzelknospen, Einfluß von Wachstumsregulatoren (Taf. 19)

Bei der Bildung von Sproßwurzeln unterscheidet HERTEL (1991) solche, die in sehr jungen Sprossen, und solche, die in älteren Sprossen entstehen. In beiden Fällen kommt es zur Bildung der Wurzel durch Umwidmung der Zellen der Sproßachse. In jungen Wurzeln ist die Sproßachse noch wenig differenziert. Die Wurzel entsteht aus Zellteilungen der gesamten Wurzelanlage. Eine Zuordnung zu bestimmten Bereichen der Achse ist scheinbar nicht festzustellen. An älteren Sprossen entstehen die Sproßwurzeln in der Nähe eines Leitbündels. Eine Gruppe von Zellen zwischen Rinde und Mark wird meristematisch. Es entsteht, wie Hertel beschreibt, ein Meristemblock, der sich in den Bast des Sprosses hinein vorwölbt. Anfangs wächst die Wurzel durch Zellteilung in der gesamten Wurzelanlage. Doch bald lassen sich einzelne Bereiche des Meristems den späteren Geweben zuordnen. Deutlich sichtbar wird diese Zuordnung aber oft erst, wenn die Wurzel aus dem Sproß austritt. Die Verbindung der Wurzel mit den Leitgeweben des Sprosses erfolgt durch Umdifferenzierung von Sproßgewebe.

Die Seitenwurzeln entstehen bei den Gymnospermen und bei den Angiospermen immer aus dem Pericambium. Die Wurzel befindet sich dabei wenigstens teilweise noch im primären Zustand. Der genauere Entstehungsort liegt bei Gymnospermen und Angiospermen mit Ausnahme grasartiger Pflanzen über einem Xylemstrang. Eine oder mehrere Zellen werden meristematisch und bilden Zentralzylinder, Rinde und Wurzelhaube. Die Endodermis kann durch tangentiale Streckung ihrer Zellen die Anlage der Seitenwurzel längere Zeit umhüllen. Sie wird erst bei fortgeschrittener Vergrößerung der Seitenwurzel durchbrochen (Bild 1 und 2). In der Literatur wird diese Umhüllung mitunter fälschlich als Wurzeltasche bezeichnet. Denn zum Unterschied von dieser Umhüllung der Seitenwurzel mit Gewebe der Mutterwurzel sind Wurzeltaschen immer Sproßgewebe (**Taf. 3**, Bild 8). Ausdrücklich verweisen darauf Troll (1943/67) und Troll & Höhn (1973). Die Seitenwurzeln sind nach ihrem Austreten aus der Mutterwurzel zunächst noch zur Gänze von der Wurzelhaube umhüllt (Bild 3 und 4). Die leitenden Elemente des Holzes der Seitenwurzel stehen mit denen der Mutterwurzel bis ins Zentrum der Wurzel in Verbindung. Genauer beschreibt Guttenberg (1968) das Entstehen von Seitenwurzeln anhand zahlreicher Literaturangaben.

Wurzelknospen entstehen nach Rauh (1937), Bakschi & Coupland (1959) u. a. (s. Esau 1969) ebenfalls aus dem Pericambium. Mehrere Zellen des Pericambiums können daran beteiligt sein. Auch aus Zellen des Bastes (Bild 8) und aus Wundgewebe (Vasilevskaja 1957, Troll & Höhn) können Wurzelknospen hervorgehen. In Ausnahmefällen werden sie außerdem wie bei der Osterluzei, *Aristolochia*, aus dem Innenrindenparenchym gebildet (Rauh). Entstehen Wurzelknospen aus dem Pericambium, so ist der genauere Entstehungsort wie jener bei den Seitenwurzeln nach Rauh einem primären Xylemstrang zugeordnet. Im Unterschied zu den Seitenwurzeln liegt dieser jedoch nicht unmittelbar über dem Xylemstrang, sondern etwas seitlich von ihm. Dadurch ist das Bildungsgewebe dem Phloem genähert. Diese Lage könnte für die Bildung von Wurzelknospen erforderlich sein. Oft entstehen die Wurzelknospe und die Seitenwurzel nebeneinander. Die Xylem-Leitelemente der Wurzelknospen stehen wie die der Seitenwurzel mit denen der Mutterwurzel bis in deren Mitte in Verbindung (Bild 9). Das Pericambium behält die Fähigkeit zur Bildung von Wurzelknospen auch im sekundären Zustand der Wurzel bei. So erwähnt Murray (1957) die Bildung der Wurzelknospen aus dem aus dem Pericambium hervorgegangenen Phellogen, der Mutterschicht des Pericambial-Abschlußgewebes.

Wurzelknospen und die aus diesen hervorgehenden Wurzeltriebe stehen gehäuft, wie bei der Grau-Erle, *Alnus incana*, oder einzeln, wie bei der Zitter-Pappel, *Populus tremula* (Bild 5 und 7), bei der Vogel-Kirsche, *Prunus avium*, und bei der Robinie, *Robinia pseudacacia* (s. Spezieller Teil). Bei gehäuftem Auftreten von Wurzelknospen entstehen diese meist aus einer kallusartigen Vorwölbung des Strahlengewebes des Bastes (Vasilevskaja). Die Verbindung mit dem Leitgewebe der Wurzel erfolgt in diesem Fall basipetal. Treten die Wurzelknospen einzeln auf, dürften sie in der Regel aus dem Pericambium hervorgehen. In diesem Fall erfolgt die Verbindung mit dem Leitgewebe der Wurzel spitzenwärts, akropetal (Esau 1969 und zit. Literatur).

Die Ursachen, die zur Bildung von Wurzelknospen führen, wurden noch nicht genauer erforscht. Weitere Hinweise wären aus der künstlichen Bildung von Wurzelknospen aus isolierten Geweben des Bastes der Wurzel zu entnehmen. Vor allem bei der Möhre, *Daucus carota*, kann ein Wachstum bis zu einer neuen blühenden und fruchtenden Pflanze erzielt werden (Yeoman 1982). Voraussetzung dafür ist die Versorgung der Kulturen mit einer Nährlösung, in der auch die Wachstumsregulatoren in einer bestimmten Zusammensetzung vorliegen (s. unten). Wurzelknospen entstehen bevorzugt an flurnahen Wurzeln. Der Gang der Temperatur und das Wasserangebot in diesem Bereich dürften demnach auch eine Rolle spielen.

Die aus den Wurzelknospen hervorgegangenen Triebe versorgen, sobald sie assimilieren können, den weiterführenden, d. h. jüngeren Teil der Wurzel zusätzlich mit Assimilaten. Ab dem Wurzeltrieb kann daher der ableitende Teil der Wurzel bis über dreimal so dick sein wie der ältere, der zuführende Teil.

Das Auftreten von Wurzelknospen bei Holzgewächsen bezeichnete WITTROCK (1884) wegen dessen Häufigkeit als normale Erscheinung. Pinaceen haben jedoch nach RAUH und nach vorliegenden Beobachtungen keine Wurzelknospen. Dagegen haben Vertreter der Taxodiaceen wie *Cunninghamia sinensis* (BEIJERINCK 1887, zit. RAUH 1937) und vor allem *Sequoia sempervirens* Wurzelknospen. In Kalifornien, wo diese Art ausgedehnte Wälder bildet, entstehen Wurzelknospen allerdings fast ausschließlich in nebelreichen Zonen (Bild 6). In nebelarmen Zonen bilden die Bäume ungeachtet der Küstennähe selten Wurzelknospen.

Die Bildung von Sproßwurzeln, Seitenwurzeln und Wurzelknospen hängt weitgehend vom Angebot an Phytohormonen ab. Phytohormone sind z. T. Wachstumsregulatoren. Kennzeichnend für sie ist in der Regel, daß Bildungs- und Wirkort voneinander entfernt sind. Unterschieden werden Wuchsstoffe und Hemmstoffe. Wuchsstoffe sind Auxine, Gibberelline und Cytokinine, Hemmstoffe Abscisinsäure und Ethylen. Auxine fördern in niedrigen Konzentrationen das Streckungswachstum des Sprosses und hemmen das der Wurzel (ZIEGLER in STRASBURGER 1998). Das verbreitetste natürliche Auxin ist die Indol-3-Essigsäure (IES), Indole acetic acid (IAA). Sie wird vor allem in Meristemen und in den der Assimilation dienenden Teilen wie in Blättern gebildet. Verfrachtet wird IAA im Phloem oder im Parenchym. Die Schwerkraft hat kaum Einfluß auf von außen zugeführtes IAA (s. Abschnitt C).

Gibberelline können die Zellteilung und die Zellstreckung fördern. Sie werden vor allem in wachsenden Geweben wie z. B. im Meristem des Sprosses und der Wurzel sowie in unreifen Früchten und Samen gebildet. In Beziehung zu den Auxinen stehen sie dadurch, daß sie den Auxingehalt der Gewebe erhöhen können. Cytokinine werden allseits im Parenchym verfrachtet. Sie können aber auch im Phloem und besonders in den Wasserleitungsbahnen transportiert werden. Beispiele dafür sind Pappeln und der Weinstock, *Vitis vinifera*. 1 l Blutungssaft des Weinstocks kann 50–100 mg Cytokinin enthalten (ZIEGLER in STRASBURGER). In der Praxis werden Cytokinine zur Förderung der Samenkeimung eingesetzt.

Cytokinine fördern die Zellteilung. In besonders hoher Konzentration kommen sie in Wurzelspitzen vor. Dort werden sie auch gebildet. So ist im äußersten Millimeter der Erbsenwurzelspitze der Gehalt an dem Cytokinin Zeatin über 40mal höher als in den folgenden fünf Millimetern (vgl. ZIEGLER in STRASBURGER). Cytokinine und Auxine regeln das Wachstum der Organe vielfach gemeinsam durch jeweils verschiedene Konzentrationen. So bildeten Gewebestücke, die aus dem Markparenchym von Tabak, *Nikotiana tabacum*, gewonnen worden waren, bei Konzentrationen von IAA von 3 mg/l und von Cytokinin Kinetin von 0,02 mg/l Wurzeln, bei solchen von IAA von 0,03 mg/l und Kinetin von 1 mg/l Sprosse. Ohne IAA unterblieb bei einer Konzentration von Kinetin von 0,02 mg/l jedes Wachstum (nach RAY aus MOHR & SCHOPFER 1978). Neben den Cytokininen muß demnach eine Mindestmenge an Auxin vorhanden sein, damit die Zellteilung gefördert werden kann. Ein ähnliches Verhalten zeigen Gewebekulturen, deren Ausgangsgewebe dem Bast der Wurzel, wie bei der Möhre, *Daucus carota*, entnommen wurde.

Abscisinsäure ist nach PILET (1975), WILKINS & WAIN (1975) und RIVIER et al. (1977) wesentlich beteiligt am geotropen Krümmungswachstum der Wurzel (s. Abschnitt C). Ethylen beschleunigt die Alterung der Gewebe. Da Ethylen zum Unterschied von allen anderen Wachstumregulatoren ein Gas ist, wirkt es nicht nur innerhalb der Gewebe, sondern auch außerhalb dieser. Man spricht daher von einer Fernwirkung. Besonders reichlich ist Ethylen in reifen Früchten wie in Äpfeln enthalten. Es wurde daher auch als Apfelgas bezeichnet (MOLISCH 1937). Das von diesen austretende Ethylen beeinflußt das Wachstum des Sprosses von benachbart stehenden Gewächsen. MOLISCH (1930) vermutete, daß bei Beräucherung von

---

Taf. 19: – **1: Gewöhnliche Hainbuche,** *Carpinus betulus.* Klagenfurt Ostrand, 5.8. Prim., Ø, S3, 25x. – **2:** Ausschnitt aus 1. 162x. – **3: Liguster,** *Ligustrum vulgare.* Lockenhaus, Burgenland, 2.12. Prim.-sek., Ø, Saf.-Ast., 64x. – **4:** Ausschnitt aus 3. 162x. – **5 u. 9: Grau-Erle,** *Alnus incana.* Grafenstein, Kärnten. – **5:** 9.9. – **6: Immergrüner Mammutbaum,** *Sequoia sempervirens.* Sequoia National Park, Kalifornien, 3.11. – **7: Zitter-Pappel,** *Populus tremula.* Irdning, Ennstal, Steiermark, 15.9. – **8: Gewöhnliche Robinie,** *Robinia pseudacacia.* Schloß Rain, Grafenstein, Kärnten, 6.2. Sek., Ø, S3, 10x. – **9:** 6.2. Sek., Ø, Ph/HCl, 64x.

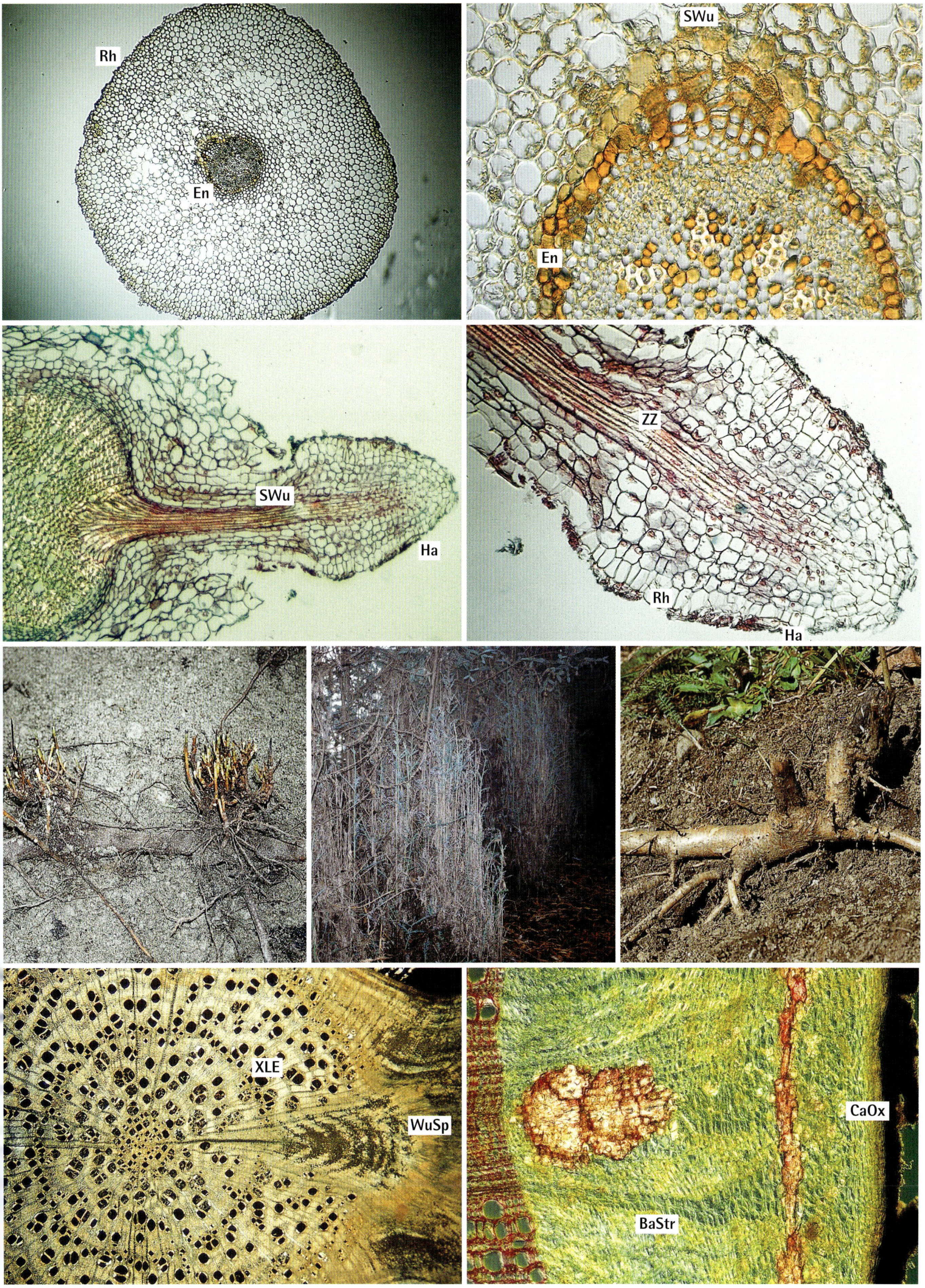
Rh
En
SWu
En
SWu
Ha
ZZ
Rh
Ha
XLE
WuSp
CaOx
BaStr

Zweigen zur Beschleunigung des Treibens Ethylen wirksam sein könnte. Welchen Einfluß Ethylen auf die Wurzeln ausübt, wurde noch wenig untersucht. In der Praxis wird es zur Beschleunigung und zum gleichzeitigen Einsetzen der Fruchtreife von Obstkulturen eingesetzt. Vorzeitiges Reifen wird durch Abschirmung der Früchte gegenüber Ethylen erreicht.

11. Verpilzte Wurzeln, Mykorrhizen, bei Nadel- und Laubhölzern (Taf. 20)

Höhere Pilze wie Röhren- und Blätterpilze können Pflanzenreste abbauen, die von Kleintieren und Bakterien nur schwer aufgeschlossen werden. Die Ständerpilze, Basidiomyceten, zu denen 30 % aller Pilze gehören, haben Zellwände aus Chitin. Ihr Protoplast kann daher Enzyme wie Polysaccharasen, Polyasen, enthalten, die Cellulose zu Cellobiose abbauen.

Schwer zersetzbar ist besonders der Bestandesabfall von Holzgewächsen. Mit an der Spitze steht jener von *Eucalyptus*-Bäumen. Werden *Eucalyptus*-Bestände im Rahmen der Forstwirtschaft auf falschem Standort aufgebaut, kann dies zu Katastrophen führen. In Brasilien, im Bundesstaat Mato Grosso do Sul, waren in den siebziger Jahren des vergangenen Jahrhunderts *Eucalyptus*-Bestände angepflanzt worden. Dank ausreichender Nährstoffversorgung wuchsen die Bäume sehr gut. Es fehlten jedoch die Bodenpilze, und es kam zu einer Invasion von Feuerameisen. Sie vernichteten Mitte der achtziger Jahre 230.000 ha *Eucalyptus*-Wald. Die Ameisen griffen, nachdem der Bestandesabfall von ihnen aufgearbeitet worden war, auch die lebenden Bäume an und zerstörten deren Holz. In jüngerer Zeit wählt man für die Aufforstungen *Pinus taeda.* Die Bäume können schon nach 14 Jahren für die Papierindustrie genutzt werden. Ihr Bestandesabfall wird zwar wegen des Fehlens von Pilzen ebenfalls nicht oder nur sehr langsam abgebaut. Dank der frühen Nutzung und eines leichteren Abbaus der Nadeln von *Pinus taeda* kam es bisher aber zu keinem nochmaligen Überhandnehmen von Feuerameisen.

In Mitteleuropa besteht weitgehend ein Gleichgewicht zwischen Pflanzenbeständen mit schwer zersetzbarem Bestandesabfall und den diesen abbauenden Pilzen. Auch auf den mit Fichten aufgeforsteten Standorten trifft dies zu. Zunächst sind die Pilze in erster Linie Schmarotzer. Sie entnehmen den lebenden Zellen der Wurzeln Kohlehydrate für das eigene Wachstum. Dafür setzen sie aus dem Bestandesabfall Nährstoffe wie Stickstoff und Mineralstoffe frei, die die Pflanzen wieder aufnehmen können.

Auf einen derart geschlossenen Kreislauf sind die Pflanzenbestände vor allem auf nährstoffarmen Böden angewiesen. Ein Beispiel dafür sind die an Ericaceen reichen Kiefernwälder über Kalk- und Dolomitgestein im Absturzgebiet der Villacher Alpe in Kärnten. Die über das Gestein verlaufenden Wurzeln sind meist umsponnen von einer breiten Lage von Pilzhyphen. Auf nährstoffreichen, tätigen Standorten mit entsprechend geringem Anteil an unzersetzten Pflanzenresten sind die Lebensbedingungen für die Pilze ungünstiger. Die Pflanzenwurzeln sind bei der Nährstoffaufnahme weniger auf deren Hilfe angewiesen. Sie sind unverpilzt oder nur schwach verpilzt.

Auf vielen Standorten kommen unverpilzte und verpilzte Wurzelenden vor. Die Spitzen der wuchskräftigen Mutterwurzel bleiben unverpilzt. Sie bauen das Wurzelgerüst auf, das bei den Bäumen unter mitteleuropäischen Klimabedingungen den Boden in einem Umkreis vom Stamm bis über 20 m und bis zu einer Tiefe von über 5 m erschließt. Die wuchsschwächeren Seitenwurzeln sind verpilzt und dadurch im Längenwachstum behindert. Es entstehen Kurzwurzeln, die mit Hilfe der Pilze die Stoffaufnahme erhöhen. Die unverpilzten Wurzelenden scheiden Säuren aus. Sie können dadurch Nährstoffe aus Gesteinen freisetzen. Die Bodenlösung wird auf diese Weise angereichert (vgl. Abschnitt 5.1). Bei der Wald-Kiefer sind die verpilzten Wurzeln zweigeteilt, dichotom verzweigt. Sie bilden oft ein dichtes Geflecht (Bild 1).

Taf. 20: – **1: Wald-Kiefer,** *Pinus sylvestris* subsp. *sylvestris.* Arnoldstein, Kärnten, 10.5. – **2 u. 4: Rotbuche,** *Fagus sylvatica.* – **2:** Arnoldstein, Kärnten, 1.5. Ungef., 10x. – **3: Fichte,** *Picea abies.* Treffen bei Villach, Kärnten, 27.10. Prim., Ø, S3, 409x. – **4:** Mittleres Ennstal, Steiermark, 13.6. Prim., ☒, Toluidinblau, 162x. – **5: Weiß-Tanne,** *Abies alba.* Köstenberg, Kärnten, 19.2. Prim., Ø, Saf.-Ast., 409x. – **6: Grau-Erle,** *Alnus incana.* Mittleres Ennstal, Steiermark, 18.5. Prim., Ø, Saf.-Ast., 409x. – **7: Eibe,** *Taxus baccata.* Scheffau, Salzburg, 17.6. Prim., Ø, JJK, 409x. – **8: Gewöhnlicher Schneeball,** *Viburnum opulus.* Keutschach, Kärnten, 30.9. Prim., Ø, Saf.-Ast., 162x.

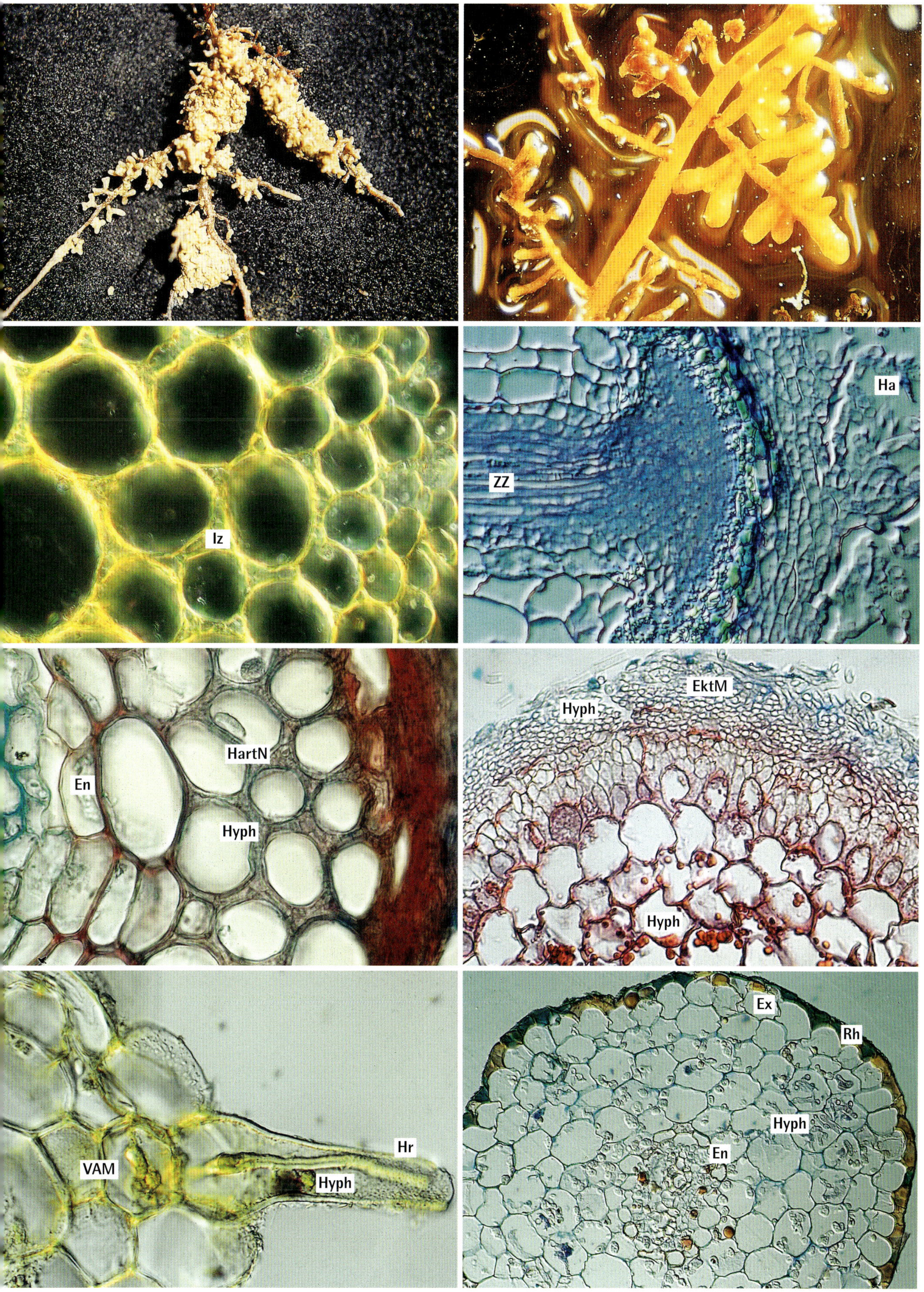
Iz
Ha
ZZ
HartN
En
Hyph
EktM
Hyph
Hyph
VAM
Hr
Hyph
Ex
Rh
Hyph
En

Nach dem Vorschlag von FRANK (1885) tragen alle verpilzten Wurzeln den Namen Mykorrhiza, d. h. Pilzwurzel. Nach der Art der Verpilzung lassen sich mehrere Formen unterscheiden. Als endotrophe Mykorrhiza werden solche bezeichnet, bei denen die Pilzhyphen nur innerhalb der Zellen auftreten. Als ektotrophe Mykorrhiza gelten Wurzeln, bei denen die Hyphen zwischen den Zellen auftreten oder nur als Außenmantel die Wurzel umgeben. Als ekt-endotrophe Mykorrhiza werden jene Wurzeln bezeichnet, „bei denen sich zu den normalen Ausbildungsformen der Ektomykorrhiza intrazelluläre Einwüchse gesellen“ (ZIEGLER in STRASBURGER 1998). Die Pilzhyphe dringt meist über das Wurzelhaar in die Zelle ein (Bild 7). Häufig bilden die Hyphen in den Wurzeln bäumchenartige Formen. In diesem Fall spricht man von vasculär-arbusculärer Mykorrhiza, VAM. Durch das Eindringen der Hyphen zwischen die Zellen der Wurzelrinde werden diese auseinandergedrängt. Es können dadurch mehrere Hyphen nebeneinander liegen und dadurch einen als Hartigsches Netz bezeichneten Verband bilden. Der Mantel aus Pilzhyphen um die Wurzel kann mitunter sehr breit sein (Bild 4 und 6). Er verhindert infolge erschwerter Wasseraufnahme von außen und durch Abgabe von Hemmstoffen das weitere Wachstum der Wurzel. Der Zentralzylinder mündet in das verbreiterte Meristem der Spitze (Bild 4). Höhere Wärme und bessere Versorgung mit Wasser und Nährstoffen ermöglichen es mitunter den Wurzeln, den Pilzmantel zu durchstoßen und als unverpilzte Wurzeln weiterzuwachsen. Häufig wurde dies an in Forstgärten gezogenen Jungpflanzen beobachtet. Die gute Nährstoffversorgung erhöht offensichtlich die Widerstandskraft der Wurzeln gegen Verpilzung. Diese ist auf nährstoffreichen Böden auch nicht notwendig.

Nadel- und Laubbäume haben meist eine ekto- oder ekt-endotrophe Mykorrhiza (Bild 1–6), wie bei der Weiß-Tanne, *Abies alba* (BLASCHKE 1981). Sträucher, vor allem solche feuchter Böden, wie der Gewöhnliche Schneeball, *Viburnum opulus*, und Kräuter haben eine endotrophe Mykorrhiza (Bild 8). Doch können auch Nadelbäume wie der Gewöhnliche Wacholder, *Juniperus communis* (LIHNELL 1939), und die Eibe, *Taxus baccata*, eine endotrophe Mykorrhiza haben.

Die Abhängigkeit der Pilze von der Ernährung durch Baumwurzeln zeigt sich darin, daß mehrere Gattungen nur in Symbiose mit diesen Fruchtkörper bilden. Dazu gehören Wülstlinge wie der Fliegenpilz, *Amanita muscaria*, Röhrlinge wie der Steinpilz, *Boletus edulis*, u. a. Vertreter von 65 Gattungen können eine Ektomykorrhiza bilden. Einige Pilze leben nur mit bestimmten Gattungen in Symbiose, wie der Birkenpilz, *Leccinum scabrum*, mit der Birke, *Betula*. Dagegen können Bäume wie die Wald-Kiefer, *Pinus sylvestris*, mit 25 und vermutlich mehr verschiedenen Pilzen Ektomykorrhizen bilden (MELIN 1959, GÖBL 1965, WELLER 1983, GÖBL 1997 und ZIEGLER in STRASBURGER 1998).

Die Symbiose der Pilze mit den Wurzeln der höheren Pflanzen ist für den Schutz des Lebensraumes und für das Gedeihen der höheren Pflanzen von großer Bedeutung. In kühleren, humiden Gebieten mit Anreicherung von organischer Substanz an der Bodenoberfläche und knapp unter Flur verhindern Ekto- oder Ekt-Endomykorrhizen durch die Aufschließung des Bestandesabfalls die übermäßige Ausbildung von Rohhumusdecken. Es entstehen geringere Mengen an Humussäuren. Die Entbasung des Bodens wird dadurch verlangsamt. Die Wurzeln der Bäume können deshalb leichter bis zu den mineralischen Schichten des Bodens vordringen.

In wärmeren, trockeneren Gebieten erfolgt die Symbiose zwischen Wurzeln und Pilzen überwiegend endotroph, und zwar als VA-Mykorrhiza. Sie wird von der Gattung *Glomus* verursacht. Deren Vertreter sind noch mehr als jene der übrigen symbiotischen Pilzgattungen auf die Verbindung mit den höheren Pflanzen angewiesen. *Glomus*-Arten sind sogar immer symbiotisch.

Durch die Ausbildung von VA-Mykorrhizen wird das Wachstum der Pflanzen verbessert. Das Interesse an der Erforschung dieser Zusammenhänge ist daher namentlich in subtropischen und tropischen Ge-

Taf. 21: – **1: Gewöhnliche Robinie**, *Robinia pseudacacia.* Schloß Rain, Grafenstein, Kärnten, 3.7. – **2: Alpen-Goldregen**, *Laburnum alpinum.* Nevea-Sattel, Julische Alpen, Friaul, 27.5. – **3:** Pfl u. Zeit wie 1. WuKnöllchen, Ø, JJK, 25x. – **4: Hornklee**, *Lotus corniculatus.* Mittleres Ennstal, Steiermark, 17.7. WuKnöllchen, Ø, Saf.-Ast., 64x. Aus KUTSCHERA & LICHTENEGGER (1997). – **5: Alpen-Goldregen**, *Laburnum alpinum.* Villacher Alpe, Kärnten, 8.12. WuKnöllchen, ⊠, S3, 13x. – **6:** Pfl u. Zeit wie 5. WuKnöllchen, Ø, Toluidinblau, 64x. – **7:** Pfl u. Zeit wie 5. WuKnöllchen, Ø, Toluidinblau, 162x. – **8:** Pfl u. Zeit wie 5. WuKnöllchen, Ø, S3, 162x.

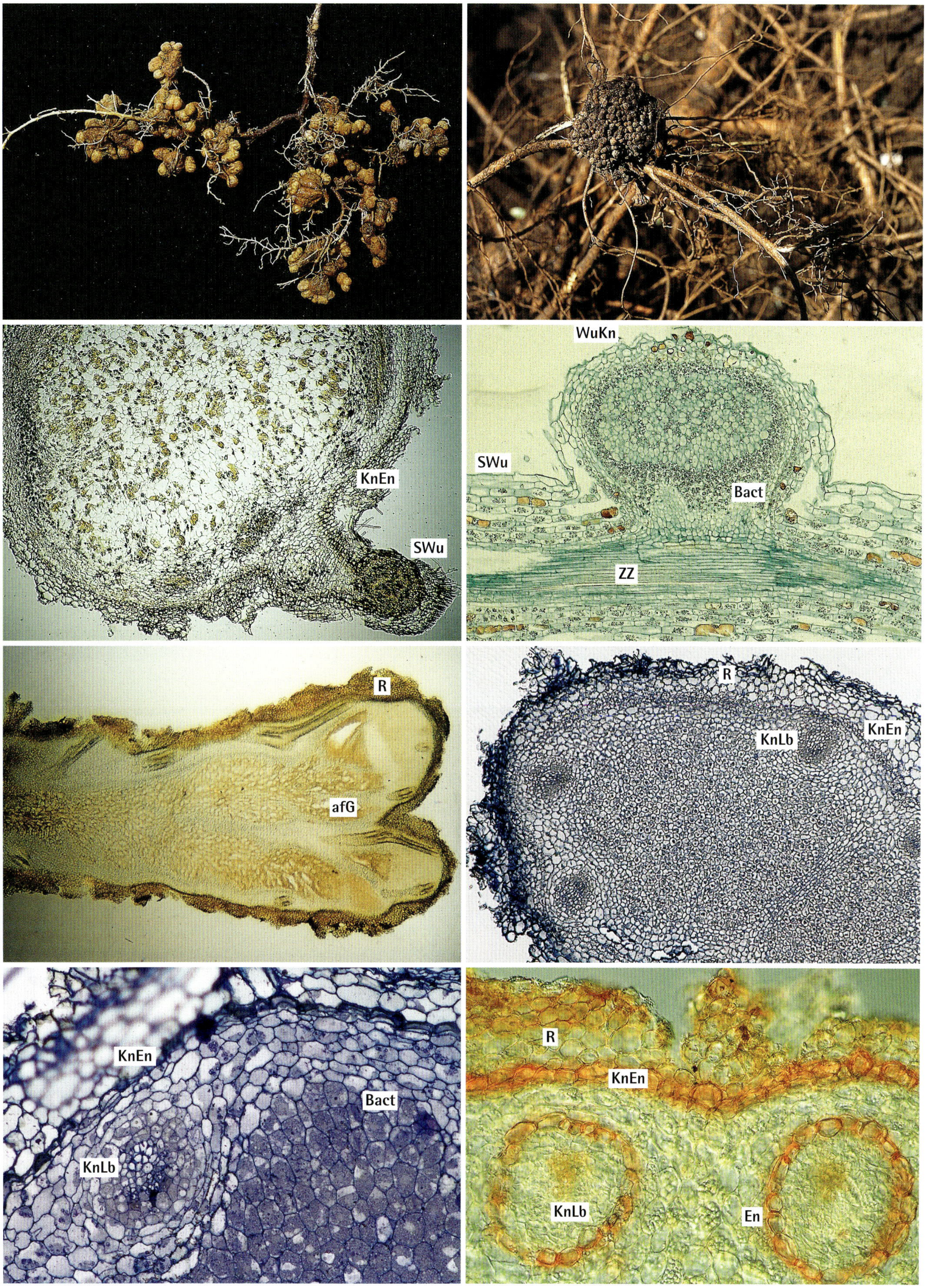

WuKn
KnEn
SWu
SWu
Bact
ZZ
R
afG
R
KnLb
KnEn
KnEn
Bact
KnLb
R
KnEn
KnLb
En

bieten sehr groß. Als Beispiel seien die im Gebiet von Delhi, Indien, durchgeführten Arbeiten von SHARMA (1990) erwähnt. Sie beinhalten die Untersuchung der wirtschaftlich wichtigen Arten wie Jute, *Corchorus olitorius*, Lein, *Linum usitatissimum*, Baumwolle, *Gossypium hirsutum*, Möhre, *Daucus carota*, Koriander, *Coriandrum sativum*, und Dillkraut, *Anethum graveolens*. Durch Impfung mit Sporen von *Glomus* und Arten anderer Gattungen, die die Ausbildung von VA-Mykorrhizen ermöglichen, konnten die Erträge der Pflanzen an Trockenmasse um 10–15 % gesteigert werden. Die Ergebnisse der Untersuchungen erläutert die Autorin anhand von über 300 Literaturzitaten. VA-Mykorrhizen, verursacht durch *Glomus*, wurden bei Gräsern auch in sehr trockenen Gebieten wie in der Nebelwüste der Namib bei dem Kurzbein-Buschmanngras, *Stipagrostis obtusa*, festgestellt. In Mitteleuropa sind es andere Pilze, die bei Gräsern wie Wehrlose Trespe, *Bromus inermis*, die Ausbildung endotropher Mykorrhizen ermöglichen (KUTSCHERA & LICHTENEGGER 1982).

12. Wurzelknöllchen bei Leguminosen (Taf. 21)

Das Entstehen von Wurzelknöllchen bei Leguminosen wird durch Vertreter von Bakterien der Gattung *Rhizobium* verursacht. Die Wurzelknöllchen entstehen im Rindenparenchym der Wurzel (DART 1975, GERLACH & LIEDER 1979, HIRSCH et al. 1992). Sie können unverzweigt bleiben oder sich schwach bis sehr stark verzweigen. Schwach verzweigt sind sie bei *Robinia pseudacacia* (Bild 1), stark verzweigt beim Alpen-Goldregen, *Laburnum alpinum* (Bild 2). Die Knöllchen der Robinie können wie die anderer Bäume oder Sträucher mehrere Jahre alt werden. Nach dem Absterben der Gewebe verbleibt eine pergamentartige Hülle.

Die Bakterien gelangen vorwiegend über die Wurzelhaare in die Wurzel. Die Eindringstelle liegt wie jene für die Pilzhyphen (**Taf. 20**, Bild 7) meist hinter der vom Schleim bedeckten Spitze des Wurzelhaares. Die Bakterien sind mit einer Schleimhülle umgeben, die von der Pflanze mit Cellulose abgekapselt wird. Es entsteht dadurch ein Infektionsschlauch. Mit seiner Hilfe gelangen die Bakterien bis in die inneren Schichten des Rindenparenchyms. Hier gelingt es der Pflanze nicht mehr, eine ähnliche Abkapselung der Bakterien wie durch den Infektionsschlauch zu bilden. Die Bakterien liegen frei in der Zelle und vermehren sich. Die Zellen antworten darauf mit Endocytose, d. i. Chromosomenteilung ohne Zellteilung. Sie vergrößern sich dementsprechend und erhöhen ihre Chromosomenzahl, sie werden tetraploid. Das Knöllchen wächst vorwiegend in peripherer Richtung (DART). Bei mehreren Arten vergrößert es sich auch stärker seitwärts. Sein Durchmesser kann über achtmal so groß werden wie jener der Wurzel (Bild 3). Wenn das Wachstum des Knöllchens weitgehend abgeschlossen ist, haben die Bakterien ihre Gestalt verändert und ihre Teilungsfähigkeit verloren. Ab diesem Zeitpunkt werden sie als Bakteroide bezeichnet. Einzeln oder zu mehreren liegen diese umgeben von einer Membran in der Zelle. Die Ernährung der Zelle erfolgt mit Hilfe der Assimilate der Pflanze. Diese werden über die Rindenzellen zugeführt. Eine Verbindung mit den Leitelementen des Zentralzylinders der Wurzel fehlt zumindest anfangs. Deshalb ist das Knöllchen der Leguminosen entgegen anderen Angaben (KUTSCHERA & LICHTENEGGER 1992, 1997) keine umgewandelte Seitenwurzel. Umgewandelte Seitenwurzeln sind hingegen die Knöllchen der Nichtleguminosen (s. folgender Abschnitt).

Später entstehen, ausgehend von den Leitelementen des Zentralzylinders, in kreisförmiger Anordnung Leitbündel, die jeweils von einer Endodermis mit Suberinlamelle umgeben sind (Bild 5–8). Die Leitbündel werden als Knöllchen-Leitbündel bezeichnet. Auffallend ist deren monarcher Bau. Nach außen wird das Gewebe von der Endodermis des Knöllchens umgeben. Diese Endodermis und die Endodermen der Leitbündel des Knöllchens stehen in Verbindung mit der Endodermis der Wurzel. Die Leitstränge und die Endodermis des Knöllchens enden vor dessen Spitze. Über ihnen liegen das Meristem des Knöllchens und die Rinde der Wurzel. Im Inneren älterer Knöllchen liegt ein mehrfach astförmig verzweigtes Gewebe mit gebräunten Zellwänden (Bild 5). Es dürfte ältere Leitungsbahnen enthalten, durch die das Knöllchen in Verbindung mit dem Zentralzylinder der Wurzel gestanden ist. Die von DART angegebene „degenerating zone“ würde dem entsprechen.

Die Aufnahme des elementaren Stickstoffs der Luft dürfte auf dem gleichen Weg erfolgen wie jene des Sauerstoffs (JACOBSEN et al. 1997). Die Zellschichten der Rinde der Wurzeln an der Spitze des Knöllchens reißen auf, und Gase können eindringen (Bild 4). Die Bakterioide binden mit Hilfe des Enzyms Nitrogenase den Stickstoff der Luft. Für die Pflanze wird dadurch der Stickstoff vorwiegend als NH_4^+ bereitgestellt. Die Zellen der Wurzeln bilden Leghämoglobin, das in der Form von Fe^{2+} vorliegt. Dies ermöglicht über mehrere Vorgänge, daß die für die N_2-Bindung notwendige niedrige O_2-Konzentration erreicht wird (Ziegler in Strasburger 1998). Mit Hilfe der Leitbündel des Knöllchens wird der meist in Form von NH_4^+ gebundene Stickstoff den Leitungsbahnen der Wurzeln zugeführt.

Auf die Tätigkeit der Knöllchenbakterien sind hochstrauch- und baumartige Gewächse der Leguminosen vor allem in wärmeren Gebieten angewiesen. In Mitteleuropa heimisch sind als Vertreter dieser Formen nur *Laburnum alpinum* und *L. anagyroides*. In Australien ist deren Zahl nahezu gleich groß wie jene der Vertreter der Gattung *Eucalyptus* mit etwa 500 Arten.

Bei krautigen Pflanzen wie *Vicia faba* konnten Merbach & Götz (1997) eine offensichtliche Steigerung der N_2-Fixierungsleistung der Knöllchenbakterien durch Molybdängaben erreichen.

13. Wurzelknöllchen bei Nichtleguminosen, Bacteriorrhiza – Actinorrhiza (Taf. 22)

Die Wurzelknöllchen der Nichtleguminosen entstehen durch den Befall mit Bakterien, zugehörig zu den Actinomyceten. Sie treten nur bei Holzgewächsen auf. Die Zahl der Familien und Gattungen, bei denen sie vorkommen, ist gering. In Mitteleuropa zählen dazu die Gagelgewächse mit dem Gagelstrauch, *Myrica*, die Birkengewächse mit der Erle, *Alnus*, und die Ölweidengewächse mit dem Sanddorn, *Hippophaë*. Von den Arten wärmerer Gebiete bilden Vertreter der Casuarinaceen und von *Ceanothus*, den Rhamnaceen zugehörig, Wurzelknöllchen. Die Bakterien, die die Pflanze zur Bildung der Knöllchen veranlassen, sind ebenfalls imstande, den elementaren Stickstoff der Luft zu binden. Für die Waldgebiete Mitteleuropas ist daher wegen des häufigen und bestandesbildenden Auftretens von Schwarz-, Grau- und Grün-Erle die Symbiose der Wurzeln mit diesen Bakterien von großer Bedeutung.

In mehreren Merkmalen unterscheiden sich die Knöllchen der Nichtleguminosen von jenen der Leguminosen. Sie entstehen über eine zweimalige Bildung einer Seitenwurzel. Die erste Seitenwurzel entsteht nach der Infektion aus dem Pericambium der Mutterwurzel, die zweite aus der Endodermis dieser Seitenwurzel. Beide haben einen Zentralzylinder (Bild 2 und 3). Deshalb handelt es sich bei den Knöllchen der Nichtleguminosen um Seitenwurzeln, im Gegensatz zu jenen der Leguminosen, die entsprechend ihrer Entstehung aus dem Innenrindenparenchym keinen Zentralzylinder haben und daher keine Seitenwurzeln sind (s. Abschnitt 12).

Eine zusammenfassende Darstellung des Entstehens der Knöllchen bringt Guttenberg (1968). Er verweist u. a. darauf, daß Pommer (1956) erstmals die Infektion und die Anfangsstadien des Knöllchens beschrieb. In einer aseptischen Nährlösung, die er mit einem Knöllchenbrei infizierte, zog er junge Pflanzen von *Alnus glutinosa*. Daraus ergibt sich folgender Infektionsablauf: Der Actinomycet dringt knapp unter der Spitze des Wurzelhaares ein, seltener auch über eine haarlose Zelle (vgl. Becking 1975). Nach dem Eindringen bildet das Wurzelhaar eine Schleife. Die Bakterien durchwandern die Zellen der ein- bis dreischichtigen Exodermis und verursachen im mittleren Teil des Rindenparenchyms eine Vergrößerung und kreuzweise Teilung der Zellen sowie eine Stärkeanreicherung in den Zellen. Sie können eine unterschiedliche Gestalt annehmen (Bild 7 und 8). Wie aus späteren Untersuchungen hervorgeht, werden die Zellen tetraploid. Ihre Chromosomenzahl ist vervierfacht (Ziegler in Strasburger 1998). Nach diesen Veränderungen entsteht abermals eine Seitenwurzel, die zum eigentlichen Knöllchen heranwächst. Dem Knöllchen fehlen eine Wurzelhaube und eine Rhizodermis. Seine Vergrößerung erfolgt durch Teilung der veränderten Seitenwurzel in Form von Rhizothamnien (Guttenberg). Die Teilung geht vom Zentralzylinder aus (Bild 5 und 6).

Die Veränderungen des Rindenparenchyms erfolgen, wie Pommer darstellt, meist nur an jener Seite, an der das Bakterium eindringt. Dies zeigt auch ein Foto in der Arbeit von Becking. An dieser Seite wird der Caspary-Streifen in den Endodermiszellen aufgelöst. Den Schutz des Knöllchens nach außen übernimmt das Außenrindenparenchym. Gleich jener der Rhizodermis dürfte auch die Ausbildung der Exodermis unterbleiben. Die Zellen der äußersten Schicht des Außenrindenparenchyms können metacutinisiert werden. Frühzeitig geht aus dem Außenrindenparenchym ein Periderm, d. h. sekundäres Abschlußgewebe hervor. Zum Unterschied vom Pericambial-Abschlußgewebe der unveränderten Wurzeln wäre dieses als Rinden-Periderm zu bezeichnen.

Innerhalb eines Jahres duchlaufen die Wurzelknöllchen zwei Wachstumsperioden. Im Frühjahr wird die Korkschicht des Periderms gesprengt. Ein neues Abschlußgewebe mit zahlreichen Lentizellen entsteht. Dessen Interzellularen sind stark erweitert. Das ganze Gewebe ist daher luftreich, seine Oberfläche erscheint aus diesem Grund weißlich. Nach POMMER nimmt das Knöllchen die Außenluft und damit auch den Stickstoff der Luft durch die Lentizellen auf. Während des Sommers entsteht erneut ein Periderm mit seinen verkorkten Zellwänden. Die Verzweigungen der Wurzelknöllchen der Nichtleguminosen haben an der Spitze eine breite Rinde (Bild 4). An der Spitze von *Hippophaë rhamnoides* kann diese 10 Zellagen umfassen (MIEHE 1918). Einigen Autoren zufolge könnte die Versorgung der Stäbchenbakterien mit elementarem Stickstoff der Luft auch über das Wasser erfolgen. Dies sei sogar naheliegender, weil die Spitzen der Knöllchen bzw. jene von deren Verzweigungen zumindest längere Zeit des Jahres mit einem geschlossenen Rindenparenchym bedeckt sind. Dessen äußere Schichten sind überdies verkorkt.

An der Bildung des Knöllchens sind oft mehrere benachbart stehende Seitenwurzeln beteiligt (Bild 2). Die Knöllchen sind ausdauernd, sie setzen ihr Wachstum alljährlich fort. Dadurch können sie einen Durchmesser von über 6 cm (Bild 1) und eine Länge von über 10 cm erreichen. Im Gebiet des Großglockners in Kärnten wurde an einer Grün-Erle ein 11 cm langes, kegelförmig zulaufendes Knöllchen gefunden (KUTSCHERA & LICHTENEGGER 1997).

Unter den Gymnospermen bilden nur die vorwiegend auf der Südhemisphäre verbreiteten Podocarpaceen Wurzelknöllchen (ENGLER 1964). Sie sind ebenfalls abgeänderte Seitenwurzeln (VAN TIEGHEM & DOULIOT 1886, GUTTENBERG 1941) und erreichen nach ihrem Austreten aus der Mutterwurzel einen Durchmesser von 1 mm. Ihre Besonderheit liegt in ihrem alljährlichen stoßweisen Wachstum. Unterhalb des Knöllchens entsteht, ausgehend vom Pericambium, jeweils ein neues Meristem. Dieses wächst zu einem weiteren Knöllchen heran, das das alte durchstößt und dessen Reste zur Seite drängt (SPRATT 1912). Die in ihm liegenden Bakterien fixieren ebenfalls den Stickstoff der Luft.

BECKING ergänzte die bisherigen Untersuchungen durch solche mit dem Elektronenmikroskop. Er hebt hervor, daß die Knöllchen der Nichtleguminosen viel weniger untersucht wurden als die der Leguminosen und daß daher weitere Untersuchungen notwendig wären. Dabei sollte jedoch die ältere Literatur, wie sie u. a. GUTTENBERG anführt, weiterhin beachtet werden.

Taf. 22: – **1, 3-8: Grau-Erle,** *Alnus incana.* – **1:** Treffen bei Villach, Kärnten, 20.8. – **2: Grün-Erle,** *Alnus viridis.* Gerlitzen, Kärnten, 4.6. WuKnöllchen, ungef., 13x. – **3:** Velden, Kärnten, 1.5. WuKnöllchen, ⊠, Ph/HCl, 10x. – **4:** Grafenstein, Kärnten, 6.2. WuKnöllchen, ⊠, Chloralhydrat, 25x. – **5-8:** Arriach, Kärnten, 23.6. WuKnöllchen, Ø, Toluidinblau. – **5:** 64x. – **6:** 162x. – **7:** 162x (Farbfilter). – **8:** 409x.

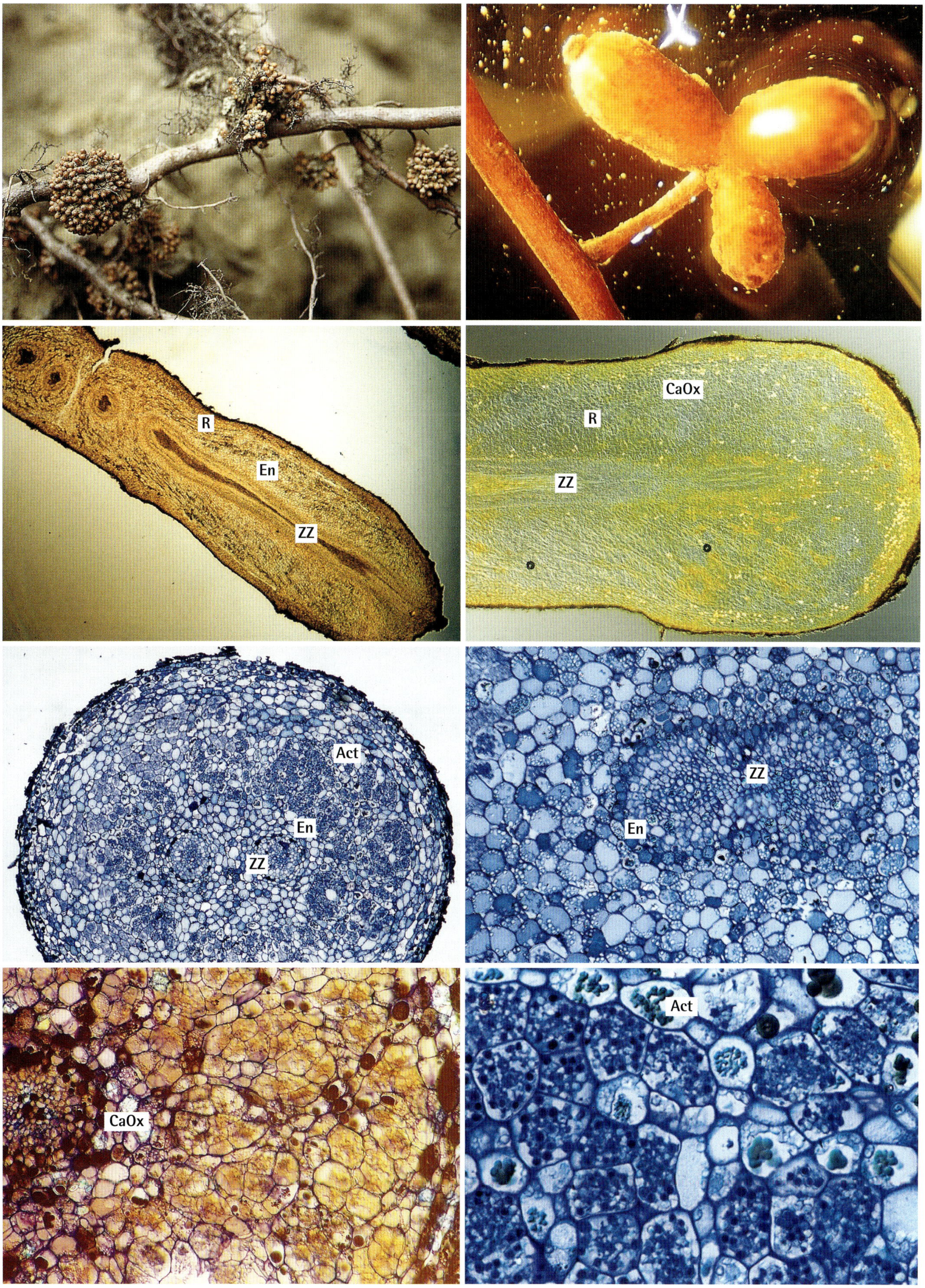
R
En
ZZ
CaOx
R
ZZ
Act
En
ZZ
ZZ
En
CaOx
Act

C. Physiologie, Einfluß der Schwerkraft

Richtungswachstum von Sproß und Wurzel in Boden, Luft und Wasser, Geotropismus (Taf. 23 A, 23 B)

Untersuchungen über die Bewurzelung von über 1.000 Arten auf verschiedenen Standorten von der planaren bis in die nivale Stufe und von den gemäßigten Zonen bis in die Subtropen führten zu der nachstehenden Erklärung des geotropen Wachstums. Ergänzt wurden die Geländeuntersuchungen durch zahlreiche Versuche und durch das Studium der Literatur (s. Kutschera 1971–1997, Kutschera & Lichtenegger 1982–1997, Kutschera & Sobotik 1992 und Kutschera et al. 1997).

Die vor allem in Mitteleuropa übliche Bezeichnung Geotropismus für das Richtungswachstum der Pflanzen unter dem Einfluß der Schwerkraft wurde in den angeführten Arbeiten und in den vorliegenden Ausführungen beibehalten. Im Gegensatz dazu wählte man in der jüngeren englischsprachigen Literatur dafür die Bezeichnung Gravitropismus. Geotropismus besagt jedoch mehr als Gravitropismus. Mit Geotropismus wird das Wachstum der Pflanzen innerhalb ihres Lebensraumes auf der Erde, sei es Wasser, Boden oder Luft, bezeichnet. Denn bei allen durch die Schwerkraft gesteuerten Wachstumsvorgängen der Pflanzen ist wegen der Wechselbeziehungen zwischen Pflanze und Umwelt das spezifische Gewicht des Stoffes zu beachten, der den jeweiligen Lebensraum ausfüllt. So sind in Wasser, Boden und Luft beispielsweise das Ausmaß und die Schwankungen der Temperatur und des Lichtes verschieden. Als Beispiel sei die Veränderung des Sättigungszustandes der Luft mit Wasser bei verschiedener Temperatur angeführt. Entsprechend den großen Unterschieden verändern sich auch die Bedingungen der Wasseraufnahme sehr stark (**Fig. 3**).

Im folgenden werden in Form von Leitsätzen die wichtigsten Erkenntnisse zur Erklärung des geotropen Wachstums angeführt.

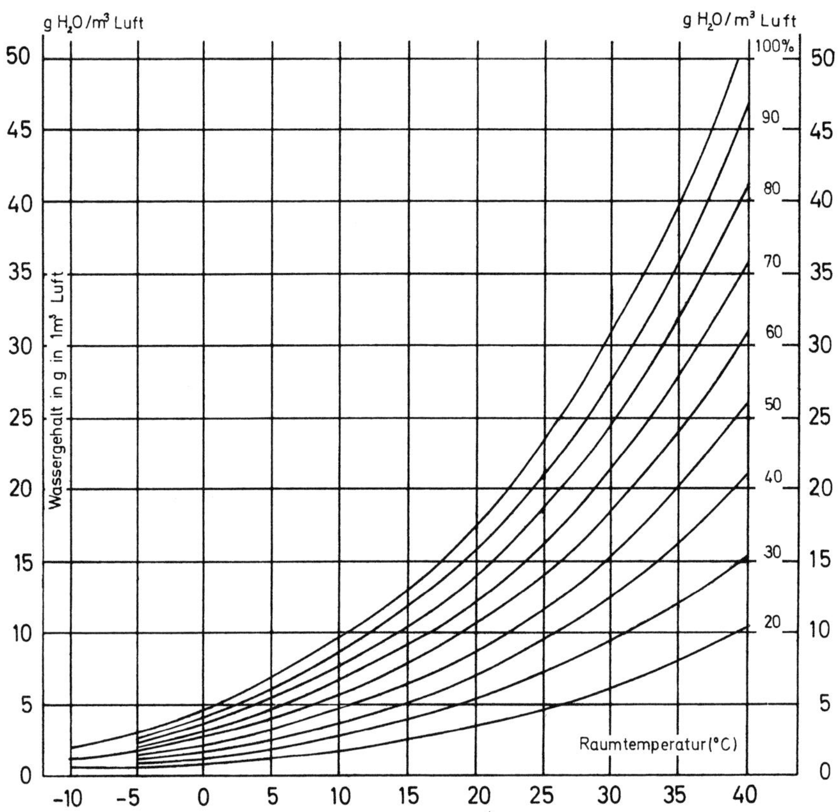

Fig. 3: Sättigungszustand der Luft bei unterschiedlicher Temperatur. Aus Winkler (1980).

Die Schwerkraft lenkt das Richtungswachstum mit Hilfe der Wasserdampfbewegung

In obigem Leitsatz ist zusammenfassend das Ergebnis der durchgeführten Untersuchungen enthalten. Es bringt die Erklärung dafür, warum gleiche Arten unter verschiedenen Klimabedingungen verschiedene Wuchsformen ausbilden und warum der Sproß vorwiegend aufwärts und die Wurzel vorwiegend abwärts wächst. Im ersten Fall ist es die Umwelt, die die Bewegung des Wasserdampfes bestimmt, im zweiten Fall ist es die Pflanze selbst, die durch den unterschiedlichen Bauplan von Sproß und Wurzel dies bewirkt.

Am stärksten beeinflußt wird die Wasserdampfbewegung durch das Angebot an Wärme und Wasser. Die Schwerkraft ist an jedem Ort der Erde so gut wie gleich. Das Angebot an Wärme und Wasser ist dagegen je nach Klimaraum sehr verschieden. Zu beachten ist dabei das Klima des Luft- und des Bodenraumes bzw. des Wassers. Denn die Pflanze breitet ihren Körper in der Regel in zwei dieser Räume und mitunter in allen drei aus.

Als Beispiel sei das Wachstum von Bäumen in einem stärker kontinental beeinflußten, humiden Klimaraum auf Böden mit sehr geringer wasserhaltender Kraft angeführt. Am Fuß der Villacher Alpe in Kärnten, in einem Bergsturzgebiet, auf Wuchsorten mit felsigem Schutt aus Kalk- und Dolomitgestein, wachsen Bäume der Wald-Kiefer mit ihren Wipfeln abwärts, während die Wurzeln wie der Sproß aufwärts wachsen (**Taf. 23 A**, Bild 3). Ein ausreichend wasserspeichernder Boden konnte sich seit dem Bergsturz im Jahre 1348 zwischen dem Gesteinsschutt nicht aufbauen. Während länger andauernder Trockenzeiten erhält daher der Sproß kein oder zuwenig Wasser von den Wurzeln zugeführt. Trotzdem vertrocknen die Bäume in dem humiden Klimagebiet mit einer mittleren Jahrestemperatur von etwa 8 °C und einem Jahresniederschlag von etwa 1.300 mm nicht. Sie schränken nur ihren Wasserbedarf durch einen xeromorpheren Bau ihrer Gewebe ein. Für das Höhenwachstum des Sprosses und für das Tiefenwachstum der Wurzel fehlt ihnen aber in ausreichender Menge das Wasser und in weiterer Folge der Wasserdampf. Die Notwendigkeit eines ausreichenden Wasserangebots zur Bildung eines genügend hohen hydrostatischen Drucks für das Richtungswachstum des Sprosses zeigt sich besonders deutlich im Frühjahr bei den jungen Trieben, den Maitrieben, von Fichten und Tannen. Werden um diese Zeit Bäume geschlagen und geht dadurch der hydrostatische Druck verloren, drehen sich die jungen Triebenden um 180 Grad (**Taf. 23 B**, Bild 1). Offensichtlich würde das Wachstum des Sprosses bei Fehlen dieses Drucks in entgegengesetzter Richtung erfolgen. An Stelle eines Aufwärtswachsens käme es zu einem Abwärtswachsen. Daraus ergibt sich als weitere Erkenntnis für das Geschehen des geotropen Wachstums:

Kein aufwärts gerichtetes, d. h. negativ geotropes Wachstum ohne ausreichende Wasserzufuhr aus dem Inneren der Pflanze

In dieser Tatsache zeigt sich u. a. der Grund für das unterschiedliche geotrope Verhalten von Sproß und Wurzel. Er liegt im Bauplan des jeweiligen Organs. Der Sproß hat eine Cuticula, d. h. einen nur im Bereich von Spaltöffnungen unterbrochenen Überzug, der die Wasserabgabe und die Wasseraufnahme nach und von außen weitgehend unterbindet (vgl. Abschnitt B 2). Er muß daher das Wasser für sein Streckungswachstum über das Innere des Pflanzenkörpers zugeführt erhalten. Als Folge davon wächst er überwiegend aufwärts. Die Wurzel nimmt dagegen wegen des Fehlens der Cuticula das Wasser vorwiegend von außen auf. Sie wächst deshalb in der Regel abwärts. Aufwärts wächst die Wurzel nur, wenn sie das Wasser für ihr Streckungswachstum ebenfalls aus dem Inneren der Pflanze erhält. Sie kann es aus älteren Wurzelteilen erhalten, wie dies bei den Bäumen mit den abwärts wachsenden Wipfeln der Fall ist (**Taf. 23 A**, Bild 3) oder wie bei Keimpflanzen aus dem gequollenen Samen (**Taf. 23 B**, Bild 12). Als nächste Erkenntnis ist daher hinzuzufügen:

Kein abwärts gerichtetes, d. h. positiv geotropes Wachstum der Wurzel ohne überwiegende Wasseraufnahme von außen

In Gebieten mit größeren jahreszeitlichen Unterschieden des Klimas wie beispielsweise in den kontinentaleren Gebieten Mitteleuropas oder in jenen der Subtropen (Van Donselaar-Ten Bokkel Huinink 1966) erfolgt die Ausbreitung der Wurzeln im Boden oft in drei deutlich zu unterscheidenden Bereichen. Beispiele dafür sind der baumförmige Wacholder in Südungarn oder Vertreter von Eichen in Mitteleuropa und den USA sowie von *Eucalyptus* in Australien (**Taf. 23 A**, Bild 7, **Taf. 24**, Bild 5, 6 und 8, sowie Spezieller Teil).

Überwiegend seitwärts bis horizontal verlaufen die Wurzeln während ihres Wachstums in den nahe Flur liegenden Bodenschichten. Diese Schichten erwärmen sich über Tag am stärksten. Dabei geben sie oft größere Mengen an Wasser ab. Als Folge davon stellen sich die Wurzeln wiederholt aufwärts. Über Nacht können sie vor allem in humiden Gebieten wieder Wasser von außen aufnehmen. Dadurch folgt nach der Aufwärtsstellung ein zumindest schwach abwärts gerichtetes Wachstum der Wurzel. Dies führt zu einem mehr oder weniger wellenförmigen, vorwiegend nach der Seite gerichteten Verlauf. Bezeichnend ist dabei, daß das unruhig wellenförmige Wachstum in warmen Gebieten viel stärker ausgeprägt ist als in kühlen. So verlaufen die Wurzeln in der subalpinen Stufe in den flurnahen Schichten auffallend gestreckt, in der planaren und collinen Stufe hingegen vorwiegend gewunden (s. Spezieller Teil).

Mit Zunahme der Bodentiefe bewirken die geringere Erwärmung und die geringere Abtrocknung zwar eine meist schwächere Aufwärtsstellung der Wurzel, doch genügt diese, daß die Zellen an der Oberseite als Folge des anfänglichen Wasserverlustes mit dem Eintreten eines besseren Wasserangebots mehr Wasser von außen aufnehmen als jene der Unterseite (s. unten). Die bessere Durchfeuchtung dieser Schichten ermöglicht es, daß die Wasseraufnahme von außen die Wasserabgabe nach außen überwiegt. Dies führt zum überwiegenden Abwärtswachsen der Wurzel in den mittleren Bodenschichten.

In den tieferen Bodenschichten bedingen dagegen die geringen bis nahezu fehlenden Schwankungen des Wärme- und Wasserangebots den vorwiegend nach der Seite gerichteten Verlauf der Wurzeln. Kommt es jedoch als Folge einer länger andauernden Wärme- und Trockenzeit dort ebenfalls zu einem Aufwärtsstellen der Wurzeln, so wachsen auch in diesen Schichten die Wurzeln über längere Strecken aufwärts. Ein Beispiel dafür ist der baumförmige Gewöhnliche Wacholder, *Juniperus communis*, der in Südungarn freigelegt wurde. Bei diesem wuchsen noch aus über 2 m Tiefe einige Wurzeln über 30 cm aufwärts (**Taf. 23 A**, Bild 7).

Die jeweilige Höhe der drei Bereiche des Wurzelverlaufs im Boden wird von der Wärme bestimmt. Höhere Wärme vertieft den belebten Raum des Bodens. Die Wurzeln können daher tiefer eindringen. Die drei Bereiche werden dadurch breiter. Umgekehrt werden mit dem Kühlerwerden des Klimas die Bereiche schmäler, bis sie nahezu ineinander übergehen. Beispiele dafür sind der Wurzelverlauf der Alpen-Lärche und der Zirbe nahe der Baumgrenze (s. Spezieller Teil).

Unter Versuchsbedingungen konnte der stärkere Wasserverlust an der Oberseite horizontal gestellter Wurzelspitzen im Vergleich zu deren Unterseite durch Messungen nachgewiesen werden. Am größten ist dieser innerhalb der Streckungszone, wenn die dünnwandigen Zellen des Wurzelkörpers bereits größere Mengen an Wasser aufgenommen haben. Er bewirkt bei einer 1 mm breiten Maiswurzel bei Zimmertemperatur infolge erhöhter Verdunstungskälte eine Temperaturverringerung im Vergleich zur Unterseite um etwa 0,9 °C (Tabelle 3). In diesem Bereich erfolgt auch die Krümmung der Wurzel. Im Bereich der Spitze der Wurzel, wo der Wurzelkörper noch von den Zellen und dem Schleim der Haube vollkommen bedeckt ist, ist der Wasserverlust und demgemäß der Unterschied zwischen dem Wasserverlust der Oberseite und der Unterseite dagegen sehr gering.

Taf. 23 A: – **1 u. 2:** *Avicennia marina.* Brisbane, Queensland, Australien, 7.9. Ort von 1 u. 2 nahezu benachbart, aus KUTSCHERA (1983). – **3: Wald-Kiefer,** *Pinus sylvestris* subsp. *sylvestris.* Schütt bei Villach, Kärnten, 15.3. – **4–6: Palmenlaubiger Beulenstendel,** *Cyrtopodium palmifrons.* Iguaçú, Argentinien, 4.10. Aus KUTSCHERA & LICHTENEGGER (1986). – **4:** Übersicht. – **5:** Spi einer SWu, Ø, 124x. – **6:** SpWu, Ø, Saf.-Ast., 45x. – **7: Gewöhnlicher Wacholder,** *Juniperus communis.* Barcs, Südungarn, 13.10. – **8 u. 9: Kriechendes Häusenkraut,** *Ludwigia repens.* Nahe Li-Fluß bei Guilin, China. Aus KUTSCHERA et al. (1997). – **8:** Übersicht. – **9:** Wu, Ø, ungef., 64x.

8
7
6
5
4
ARP
Rh

Tab. 3: Verlauf der Temperatur an der Ober- und Unterseite von horizontal gestellten Keimwurzeln von *Zea mays* innerhalb von 3–4 Minuten bei einer Temperatur und relativen Luftfeuchte des Raumes von 22,65–25,25 °C bzw. 32–40 % im Durchschnitt von 3–5 Messungen an den Meßstellen 1 = Wurzelhaube (1–1,5 mm von der Spitze) und 2 = Streckungszone (4–23 mm von der Spitze).

Min.		1			2	
	O	U	Unterschied	O	U	Unterschied
0	20,16	20,18	– 0,02	19,51	20,41	– 0,90
1	20,05	20,09	– 0,04	19,66	20,49	– 0,83
2	20,04	20,03	+ 0,01	19,84	20,64	– 0,80
3	20,11	20,09	+ 0,02	20,04	20,69	– 0,65
4				20,17	20,67	– 0,50

O = Wurzeloberseite, U = Wurzelunterseite

Kein abwärts gerichtetes, d. h. positiv geotropes Wachstum der Wurzeln ohne größere Schwankungen des Angebots an Wärme und Wasser verbunden mit überwiegender Wasseraufnahme von außen

Die Frage ist nun, wie dieses Geschehen abläuft. Dem Abwärtswachsen der Wurzel geht, wie vorher dargelegt, in der Regel eine Aufwärtsstellung der Wurzel voran. Das Wort Aufwärtsstellung besagt, daß an diesem Vorgang die Wurzeln nur passiv beteiligt sind. Aktiv beteiligt sind sie dagegen beim Abwärtswachstum. Der geotrope Krümmungsvorgang setzt sich demnach aus zwei grundlegend verschiedenen Phasen zusammen. Diese Erkenntnis stellt einen der wichtigsten Fortschritte in der Geotropismusforschung dar (BÜNNING 1959, LARSEN 1962). Die Aufwärtsstellung erfolgt durch stärkeren Wasserverlust an

Phasen der geotropen Krümmung. Aus LARSEN (1962).

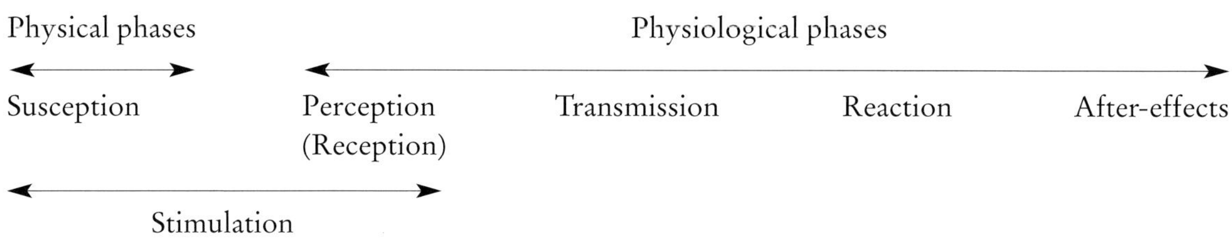

der Oberseite der Wurzeln (s. oben). Dieser Wasserverlust ist eine Voraussetzung für den weiteren Verlauf des Krümmungswachstums. Denn er bedingt, daß die Saugkraft der Zellen an der Oberseite größer wird als an der Unterseite. Bereits gestreckte, wasserreiche Zellen benötigen, nachdem sie durch Wasserverlust geschrumpft sind, weniger Energie für die erneute Wasseraufnahme als ungestreckte oder wenig gestreckte, wasserarme Zellen. Dies deshalb, weil zunächst kein Energieaufwand für die Streckung erforderlich ist. Daraus erklärt es sich, daß die Saugkräfte an der Oberseite der Wurzeln um mehrere Atmosphären höher sein können als jene an der Unterseite (URSPRUNG & BLUM 1921, 1924). Die höheren Saugkräfte an der

Taf. 23 B: – **1: Weiß-Tanne,** *Abies alba.* Obervellach, Kärnten, im Mai. Foto Franz. – **2 u. 3: Weißer Germer,** *Veratrum album.* Aus KUTSCHERA & LICHTENEGGER (1992). – **2:** Gerlitzen, Kärnten, Südhang, ca. 1.540 m NN. – **3:** Petzen, Karawanken, Kärnten, Nordhang ca. 1.500 m NN. – **4 u. 9–11: Mais,** *Zea mays.* – **4:** Zollfeld, Kärnten, im August. Aus KUTSCHERA & LICHTENEGGER (1982). – **5: Möhre,** *Daucus carota.* Mittleres Ennstal, Steiermark, im September. Aus KUTSCHERA & LICHTENEGGER (1997). – **6 u. 12: Saat-Erbse,** *Pisum sativum.* Aus KUTSCHERA (1976). – **7: Sonnenblume,** *Helianthus annuus.* Aus KUTSCHERA (1983). – **8: Ähriger Ehrenpreis,** *Veronica spicata.* Aus KUTSCHERA (1976). – **9:** Aus KUTSCHERA et al. (1998). – **10:** Präparat Barmicheva, Aufnahme Hesse. – **11:** Aus KUTSCHERA & LICHTENEGGER (1982).

B
Rh
C
D
A
100 µm
B
C
D
50 µm
250 µm
1 µm
9

Oberseite führen folgerichtig zu dem aktiven Abwärtswachsen der Wurzel. Voraussetzung ist, daß infolge des Wechsels im Angebot an Wärme und Wasser wieder eine Wasseraufnahme von außen möglich ist. Dem entspricht, daß das Abwärtswachsen der Wurzel umso ausgeprägter ist, je größer die Schwankungen im Angebot an Wärme und Wasser sind und je häufiger diese stattfinden.

Eine wichtige Rolle spielt die Wurzelhaube. Der Grund liegt darin, daß das Streckungswachstum der äußeren Schichten der Wurzel erst einsetzt, nachdem diese nicht mehr vollständig durch die Zellen der Wurzelhaube umhüllt ist (vgl. Abschnitt B 5.2). Alle Ursachen, die zu einer Asymmetrie der Haube bzw. von deren Schleim führen und dadurch eine frühere oder spätere Freilegung der Zellen des Wurzelkörpers bewirken, führen daher zu einer einseitigen früheren oder späteren Streckung der Zellen an den gegenüberliegenden Seiten des Wurzelkörpers. Dadurch kommt es im Lauf des weiteren Wachstums zu einer Krümmung der Wurzel. Im Boden erfolgt oft eine einseitig stärkere Anlagerung der Wurzelspitzen an die Bodenteilchen. Dadurch bedeckt die Wurzelhaube an dieser Stelle den Wurzelkörper über eine längere Strecke. Die Wurzel kann als Folge davon Steine umwachsen und die dazwischenliegenden Hohlräume erweitern. Dabei entstehen Druckkräfte bis etwa 5 at (KRAMER 1949, s. auch Abschnitt B 5). Die Bildung dieser Druckkräfte können in Trockenzeiten Wasserreserven älterer Wurzelabschnitte ermöglichen. Die Rinde kann dabei völlig schrumpfen (**Taf. 18**, Bild 8).

Besonders deutlich zeigen die Abhängigkeit des geotropen Wachstums von der Wasserdampfbewegung die Pflanzen der Mangroven in ihren subtropischen und tropischen Verbreitungsgebieten. *Avicennia marina* breitet nahe Brisbane in Australien die dicken Seitenwurzeln nahezu horizontal aus. Je nach der Zeit von deren Entstehens und der Ab- und Anlandung des Bodens durch den Gezeitenhub des Meeres verlaufen sie über oder unter dem jeweiligen Wasserspiegel. Die starken Seitenäste des Sprosses wachsen ebenfalls überwiegend seitwärts nahe dem Wasserspiegel (**Taf. 23 A**, Bild 1 und 2).

Von den starken Wurzeln, die über dem Wasserspiegel verlaufen, wenden sich alle Seitenwurzeln abwärts, gleichgültig, ob diese seitwärts an der Wurzel entspringen oder an deren Ober- oder Unterseite. Die großen Temperaturunterschiede im Lauf des Gezeitenhubes nahe der Boden- bzw. Wasseroberfläche verursachen eine rege Wasserdampfbewegung zwischen Wurzel und Boden. Außerdem können die Wurzeln für ihr Streckungswachstum ausreichend Wasser von außen aufnehmen, weil sie regelmäßig überflutet werden. Dagegen ist bei den im Wasser oder teilweise im angeschwemmten Boden verlaufenden Wurzeln an der Unterseite keine Wasserdampfbewegung zwischen Wurzel und Unterlage möglich. Um so stärker ist diese an der Oberseite der Wurzel. Dies bewirkt die Aufwärtsstellung und anschließend das Aufwärtswachsen der Seitenwurzel. Wegen der rasch einsetzenden Austrocknung und der daraus folgenden frühzeitigen Verfestigung der Gewebe der Wurzel kann sich der Wurzelkörper nicht mehr abwärts krümmen (**Taf. 23 A**, Bild 1 und 2).

Einige baumbewohnende Orchideen wie *Cyrtopodium palmifrons* haben abwärts und aufwärts wachsende Wurzeln. Die abwärts wachsenden verlaufen vorwiegend innerhalb der Kerben der Bäume. Dadurch können sie dank des täglich fallenden Niederschlages, der an den Stämmen der Bäume gesammelt herabrinnt, genügend Wasser von außen aufnehmen. Sie haben daher ein sehr breites Velamen als wasserspeicherndes Gewebe und sind dementsprechend auffallend dick. Die aufwärts wachsenden Wurzeln sind größtenteils Seitenwurzeln dieser abwärts wachsenden Wurzeln. Sie stehen etwas entfernt vom Stamm. Deshalb erhalten sie das Wasser für ihr Wachstum fast nur über das Innere der Pflanzen zugeführt. Dadurch leiden sie zunehmend unter Trockenheit. Das Velamen und die Rinde werden immer schmäler. Schließlich bestehen die stark verhärteten, spitzen Enden dieser Wurzeln nahezu nur noch aus dem Zentralzylinder (**Taf. 23 A**, Bild 4–6).

An schwimmenden Pflanzen, die in Binnengewässern subtropischer Gebiete vorkommen, sind die Wurzeln nahe dem Wasserspiegel schon innerhalb einer Entfernung von einem bis wenigen Millimetern größeren Temperaturunterschieden ausgesetzt. Im wärmsten Bereich erfolgt die Veratmung der zugeführten Assimilate am raschesten. Die Zellen des Rindenparenchyms bilden gleichzeitig mit der Vergrößerung der Interzellularen Ausstülpungen ähnlich Wurzelhaaren. Wenn alle Zellschichten davon erfaßt werden, bleiben die Wurzeln kurz, und sie erscheinen durch den hohen Luftgehalt weiß. Eine Wasseraufnahme von außen und damit ein Abwärtswachsen kann nicht mehr erfolgen. Die Wurzeln stellen sich schwimmend aufwärts. In geringer Entfernung von der Wasseroberfläche, in den etwas kühleren Schichten des Wassers, bleiben die Interzellularen der inneren oder aller Schichten des Rindenparenchyms klein. Die Vergrößerung beginnt bei den äußeren Schichten. Die Wurzeln verlängern sich zunehmend und wachsen in weitem oder engem Bogen abwärts (**Taf. 23 A**, Bild 8 und 9).

Einfacher als bei Bäumen ist der Einfluß der Wasserdampfbewegung auf das Richtungswachstum der Wurzeln bei krautigen Pflanzen festzustellen. Diese krautigen Pflanzen sind wegen ihrer geringeren Größe leichter freizulegen, und das Geschehen spielt sich in einem überschaubaren Raum ab. Besonders geeignet für dessen Darstellung sind beispielsweise die Wurzeln von Pflanzen der gleichen Art, wenn diese auf Sonnen- und Schattenseiten wachsen, oder Wurzeln der gleichen Pflanze, wenn diese sich im Luftraum ausbreiten und dabei teils in der Sonne und teils im Schatten verlaufen. So bewirkt beispielsweise auf südseitigen Standorten beim Weißen Germer, *Veratrum album*, die stärkere Wasserdampfbewegung ein Abwärtswachsen einiger Wurzeln bis etwa 90 cm Tiefe und ein Aufwärtswachsen anderer bis knapp unter Flur (**Taf. 23 B**, Bild 2). Der unterschiedliche Wassergehalt der Wurzeln bei ihrer Anlage und die verschiedenen Zeiten ihres Wachstums bewirken die unterschiedliche Wachstumsrichtung der einzelnen Wurzeln. Auf der Schattenseite ist die Wasserdampfbewegung entsprechend den geringen Schwankungen der Temperatur gering. Alle Wurzeln verlaufen demgemäß nahezu waagrecht, etwa 1–3 cm unter der Bodenoberfläche (**Taf. 23 B**, Bild 3).

Auf einem Acker mit Mais werden einige Wurzeln, die von den über dem Boden liegenden Knoten des Stengels ausgehen, von der schräg einfallenden Sonne zeitweise stärker erwärmt. Sie verlieren an der Oberseite mehr Wasser als an der Unterseite. Dadurch stellen sich diese Wurzeln in flachem bis steilem Winkel aufwärts. Eine Wurzel, die sich in einem Winkel von etwa 45 Grad aufwärts stellte, ging danach in ein senkrechtes Wachstum über (**Taf. 23 B**, Bild 4). Bei einer Aufwärtsstellung um 45 Grad beeinflußt nämlich die durch die Schwerkraft gesteuerte Wasserdampfbewegung am stärksten das Richtungswachstum der Wurzel. Außerdem ist in dieser Stellung die Asymmetrie der Wurzelhaube sowie jene von deren Schleimhülle zumeist am stärksten ausgeprägt (**Taf. 23 B**, Bild 11).

Mitbeteiligt an den Krümmungsvorgängen ist, wie schon erwähnt, die Asymmetrie der Wurzelhaube. Denn diese bedeckt selten die Seiten des Wurzelkörpers in gleicher Länge. Mehrere Ursachen können ihre Asymmetrie bewirken. Neben kleinräumigen Unterschieden im Chemismus des Bodens zählt dazu vor allem die einseitig stärkere Anlagerung der Wurzel an feste Gegenstände. Diese Anlagerung hat zur Folge, daß an der dem Gegenstand zugekehrten Seite die Haube über eine längere Strecke den Wurzelkörper bedeckt (s. oben). Die Asymmetrie des Gewebes der Haube wird verstärkt durch die der Schleimhülle. Die Bildung des Schleimes erfolgt vorwiegend oder nahezu ausschließlich durch die Zellen der Haube (**Taf. 23 B**, Bild 9 und 10, s. Abschnitt B 5.1). An der nicht bedeckten Seite können dadurch die Zellen des Wurzelkörpers früher Wasser von außen aufnehmen. Die Wurzel wird somit gegen den Gegenstand gepreßt und kann diesen in einer oder mehreren Windungen umwachsen. Dies zeigen beispielsweise die Polwurzeln zweier Pflanzen der Möhre, die sich gegenseitig umschlingen (**Taf. 23 B**, Bild 5). An schräg aufwärts gestellten Wurzeln verteilt sich der Schleim der Wurzelhaube unter der Wirkung der Schwerkraft asymmetrisch, wenn dieser dank reichlichen Wasserangebotes stärker gequollen und daher leichter beweglich ist. Oft wirken einseitige Anlagerung der Wurzel und Schwerkraft zusammen (**Taf. 23 B**, Bild 11).

Ohne Wirkung bleibt die Haube, wenn sie sich infolge von Trockenheit von den Seiten des Wurzelkörpers ablöst. Die äußeren, wasserreicheren Zellen der Haube schrumpfen stärker, und die Seiten der Wurzelhaube krümmen sich dadurch nach außen. Die Trockenheit bewirkt außerdem, daß die Wurzel nur mit Hilfe der Wasserzufuhr aus dem Inneren der Pflanze weiterwachsen oder zumindest ihre Lebensfunktionen fortsetzen kann. Dementsprechend stellt sie sich aufwärts und setzt ihr Wachstum in dieser Richtung fort, wenn die Wasserversorgung aus dem Inneren der Pflanze anhält (**Taf. 23 B**, Bild 12). Bei dem dargestellten Versuch wurden Sproß und Wurzel zum Teil mit Wasser aus dem gequollenen Samen versorgt. Die Seitenwurzeln entstehen wie immer an der konvexen Seite der Mutterwurzel.

Weitere Versuche mit der Saat-Erbse zeigen, daß als Folge wechselnder Erwärmung, verbunden mit einem wechselnden Angebot an Wasser, die Wurzeln von einem senkrecht abwärts gerichteten Wachstum in ein waagrechtes, danach in ein aufwärts und wieder in ein abwärts gerichtetes übergeführt werden können. In gleicher Weise ist es möglich, den Abzweigungswinkel der Seitenwurzeln zu verändern (**Taf. 23 B**, Bild 6).

Die Krümmungen der Wurzeln auf engem Raum werden dadurch ermöglicht, daß die Teilungsgeschwindigkeit und, als Voraussetzung dafür, der Energiegehalt der äußeren Zellen des Wurzelkörpers, d. h. der Rhizodermis, zunächst gleichlaufend mit der Entfernung vom Meristem der Wurzelspitze zunehmen. Während die Zellen der Wurzelhaube infolge von Wasseraufnahme von außen sich nicht mehr teilen und nur mehr verlängern können, entstehen aus der zugehörigen Schwesterzelle der Rhizodermis in fortschreitender Teilung insgesamt 8, mitunter 16 und noch mehr Zellen (**Taf. 23 B**, Bild 8, und KUTSCHERA 1976). Die energiereichen wasserarmen Zellen der Rhizodermis können sich nach dem Ende der geschlossenen Umhüllung durch die Haube bis auf das 30fache ihrer axialen Breite verlängern (vgl. BARLOW 1983, BARLOW et al. 1992). Schon eine geringe Asymmetrie der Haube kann daher große Unterschiede in der Verlängerung der Zellen des Wurzelkörpers bewirken und dadurch zu engen Krümmungen führen.

Angesichts der großen Bedeutung des Richtungswachstums der Pflanzen für die Erschließung des Luft- und Bodenraumes in den verschiedenen Klimagebieten ist es verständlich, daß sich sehr viele Autoren in den vergangenen 300 Jahren mit der Frage des geotropen Wachstums beschäftigten und daß darüber eine kaum überschaubare Literatur vorliegt (RUHLAND 1962, HAUPT & FEINLEIB 1979). Frühzeitig kamen dabei Autoren zu dem Schluß, daß die Schwerkraft über die Wasserdampfbewegung das geotrope Wachstum lenkt. So hob DUHAMEL DE MONCEAU (1758) in Auswertung seiner zahlreichen Versuche hervor, daß die Wasserdampfbewegung innerhalb und außerhalb der Pflanze eine große Bedeutung für deren Richtungswachstum hat. Von weiteren Arbeiten seien einige angeführt, in denen aufgrund von Versuchen die Abhängigkeit des geotropen Wachstums von dem Angebot an Wärme und Wasser nachgewiesen werden konnte: CANNON (1911), HELLMERS et al. (1955), VAN DONSELAAR-TEN BOKKEL HUININK (1966), VÖCHTING (1898), LIDFORSS (1903), SPERLICH (1926), MCINTYRE (1980) u. a.

Trotzdem wird in den heutigen Lehrbüchern nicht oder nur selten auf solche Arbeiten Bezug genommen. Man erwähnt nahezu nur solche, in denen das geotrope Wachstum durch die Verlagerung von Teilen der Zelle, wie Stärkekörnern oder Organellen, sowie von Stoffen der Zelle, wie Zuckern, Mineralstoffen und Wachstumsregulatoren, beschrieben wird. Namentlich der Einfluß von Wachstumsregulatoren fand seit den grundlegenden Arbeiten von THIMANN & WENT (1934) große Beachtung (s. SÖDING 1961). So soll für die Abwärtskrümmung der Wurzel eine zu hohe Konzentration der Indol-Essigsäure an der Unterseite verantwortlich sein, während die gleiche Konzentration die Aufwärtskrümmung des Sprosses bedingt. Im Gegensatz dazu fanden PILET (1975), WILKINS & WAIN (1975) und RIVIER et al. (1977) heraus, daß nicht das Vorhandensein von Indol-Essigsäure, sondern von Abscisinsäure, ABA, einem Wachstumshemmer, das verringerte Wachstum an der Unterseite der Wurzel und damit deren Abwärtskrümmung verursacht.

Der Gehalt an ABA ist weitgehend abhängig vom Angebot an Wasser. Wassermangel führt zur Zunahme von ABA. Dadurch kann sich die Pflanze dem Wassermangel anpassen. Im Sproß bewirkt ABA über den Einfluß von K^+ die Verengung der Spaltöffnungen (COLLINS & CHANNA 1983). In den Wurzeln soll ABA über eine stärkere Wasserdurchlässigkeit der Membranen ein rascheres Einströmen von Wasser in die Xylem-Leitelemente ermöglichen. Doch wurden gegensätzliche Wirkungen der ABA, festgestellt. Bezeichnend ist jedenfalls, daß an der konkaven Seite der Wurzel während der Krümmung der Wassergehalt der Zellen und damit deren Streckung, übereinstimmend mit dem höheren Gehalt an ABA, geringer sind als an der konvexen Seite. Demnach würden sich die Wassertheorie und die Wuchsstoff-Hemmstofftheorie gegenseitig ergänzen (ausführlichere Darlegungen s. KUTSCHERA 1983).

So ist ein wesentlicher Inhalt der Wassertheorie die Beachtung des unterschiedlichen Baues von Wurzel und Sproß in bezug auf die Wasseraufnahme und die Wasserabgabe der Zellen in Abhängigkeit von der durch die Schwerkraft beeinflußten Wasserdampfbewegung (s. oben und KUTSCHERA 1983). Damit übereinstimmend mehrte sich in den letzten Jahren die Ansicht, daß die Ursache für das vorwiegend positiv geotrope Wachstum der Wurzel das Fehlen der Cuticula ist, während das Vorhandensein einer von Spaltöffnungen unterbrochenen Cuticula das vorwiegend negativ geotrope Wachstum des Sprosses bedingt. Man knüpft damit an die Feststellungen bedeutender Botaniker der letzten Jahrzehnte an, wie beispielsweise an jene von HACCIUS & TROLL (1961), **daß die Umschlagzelle zwischen der positiv geotropen Reaktionsfähigkeit der Wurzel und der negativen des Sprosses genau am Wurzelhals liegt. Hier grenzt die cuticulalose und spaltöffnungsfreie Rhizodermis an die cuticulabildende Achsenepidermis** (s. **Taf. 23 B**, Bild 7).

Es ist daher nicht zweckmäßig, neben dem Geotropismus von einem Thermo-, Hygro-, Chemo- und Haptotropismus als gesonderten Vorgängen zu sprechen. Denn weder läßt sich die Schwerkraft ausschalten, noch kann das Wachstum der Pflanzen ohne ein bestimmtes Angebot an Wärme und Wasser sowie von weiteren Stoffen, die die chemischen Abläufe ermöglichen, erfolgen. Außerdem beeinflussen sich die von der Umwelt gebotenen Wachstumsfaktoren in ihrer Wirkung gegenseitig. So führt beispielsweise nicht nur die Schwerkraft zu einer asymmetrischen Verteilung des Wassers an den gegenüberliegenden Seiten der Wurzeln, sondern, wie McIntyre (1980) beschreibt, auch der Einfluß des Lichtes. Es wäre daher wünschenswert, daß jeder, der sich über das Geschehen des geotropen Wachstums Klarheit verschaffen will, selbst Beobachtungen in der Natur anstellt und einige der in den Arbeiten von Kutschera (1971a und b, 1972 und 1976) angeführten Versuche durchführt.

D. Ökologie (Taf. 24)

1. Auswirkung auf den Nährstoffhaushalt

Die Durchwurzelung übt einen starken Einfluß auf die Bodenbildung und damit auf die ökologische Beschaffenheit eines Standortes aus. Am entscheidendsten dabei ist der Eintrag der organischen Substanz bis in tiefe Bodenschichten. Die großen Wurzelmassen vor allem im Oberboden tragen wesentlich zur Anreicherung des Humus bei. Durch dessen laufende Mineralisierung werden lebenswichtige biogeochemische Kreisläufe aufrechterhalten. Derartige Mineralstoffkreisläufe wurden von Duvigneaud & Denayer-De Smet (1962, 1970) und von Duvigneaud (1974) für belgische Eichen-Hainbuchen-Wälder sowie von Ulrich & Mayer (1973) und Runge (1974) für Moderbuchenwälder in Deutschland dargestellt. Mineralstoffe, die aus solchen ausscheiden und in tiefere Bodenschichten gelangen, können von tiefer eindringenden Wurzeln aufgenommen und dem Kreislauf wieder zugeführt werden. Dies gilt vor allem für auswaschbare Stoffe. Für diese ergibt sich hinsichtlich zunehmender Auswaschbarkeit folgende Reihung: P, K, Na, N, Mg, Ca (Vömel 1965/66). Tief eindringende Wurzeln können Mineralstoffe auch aus grundfeuchten Schichten aufnehmen und den Nährstoffkreisläufen zuführen (Kutschera 1960). Nach Schachtschabel (1979) kann dies „meist an der Verteilung der Mikronährstoffe im Profil festgestellt werden".

Die Verteilung der Wurzelmasse bewirkt somit auch eine Verteilung der Nährstoffe innerhalb des gesamten durchwurzelten Bodenraumes. Die stärkste Nährstoffanreicherung erfolgt dabei in den am dichtesten durchwurzelten oberen Bodenschichten. In diesen ist infolge der großen Feinwurzeldichte auch das Bodenleben am regsten. Denn die Rhizosphäre, nach Hiltner (1904) die 1–2 mm dicke Bodenschicht um die dünnen, unverkorkten Wurzeln, ist der wichtigste Nährboden für die Mikroorganismen (Sauerbeck & Johnen 1976, Hale & Moore 1979, Kutschera et al. 1998). In ihr kann deren Besiedlungsdichte mehr als zehnmal so hoch sein wie außerhalb (Rovira & Davey 1974).

2. Auswirkung auf den Wasserhaushalt

Eine stark regulierende Wirkung übt die Verteilung der Wurzelmasse auch auf den Wasserhaushalt aus. Bei reichlicher Oberbodenfeuchte infolge hoher Niederschläge (Bild 1), geringer Verdunstung (alpine oder boreale Gebiete, Bild 2, 4 und 9) oder bei hoch anstehendem Grundwasser (mineralische oder organische Naßböden, **Abb. 37, 121, 122**, Spezieller Teil) breitet sich die Wurzelmasse fast ausschließlich in den am stärksten erwärmten oberen Bodenschichten aus.

In wärmeren Gebieten bewirkt abnehmende Oberbodenfeuchte und tiefreichende Erwärmung eine Erweiterung des Wurzelkörpers nach unten. In frischen Lagen bleibt die Hauptwurzelmasse aber noch auf die oberen Bodenschichten beschränkt. Solche nach unten verkehrt kegelförmig zulaufenden Wurzelkörper sind besonders für Holzgewächse der Buchenstufe und der trockeneren Augebiete kennzeichnend (**Abb. 101, 128, 129**, Spezieller Teil).

Vor allem in halbtrockenen bzw. wechseltrockenen Lagen mit stärker kontinental geprägtem Klima ergibt sich vornehmlich bei Polwurzelpflanzen eine hantelförmige Dreiteilung des Wurzelkörpers (s. Abschnitt C). Das Verhältnis der drei Wurzelgruppen zueinander ist bei den einzelnen Arten unterschiedlich. Deren Breiten- und Tiefenausdehnung hängt weitgehend vom Klima, und zwar vorwiegend von der Tiefe

---

Taf. 24: – **1: Wald-Kiefer,** *Pinus sylvestris* subsp. *sylvestris.* Ferlach, Kärnten, 11.8. – **2: Weiß-Birke,** *Betula pendula.* Jädraas, Schweden, 18.8. – **3, 7 u. 9: Fichte,** *Picea abies.* – **3:** Althofen, Kärnten, 20.10. – **4:** Podsol über Dünensand, Ort u. Zeit wie 2. – **5 u. 6: Stiel-Eiche,** *Quercus robur.* Grafenstein, Kärnten, 4.3. Jungpflanzen. – **7:** Velden, Kärnten, 18.5. – **8:** *Eucalyptus* sp. Wagga Wagga, Neusüdwales, Australien, 15.9. – **9:** Gerlitzen, Kärnten, 15.9. – **10: Gewöhnliche Esche,** *Fraxinus excelsior.* Östlich Klagenfurt, 19.6. Jungpflanze.

der Bodenerwärmung, ab. In jedem Fall wird dadurch bei höherer Trockenheit das Wasser verstärkt den tieferen Bodenschichten entnommen und den oberen zugeführt. Diese Form der Wurzelverteilung trifft unter den heimischen Baumarten besonders für die Stiel-Eiche zu (**Abb. 113–116**, Spezieller Teil). Auch in sommerheißen Gebieten ist diese Wurzelverteilung noch anzutreffen, wenn die Wurzeln Grundwasser bzw. höhere Grundfeuchte vorfinden. Ein Beispiel dafür ist die Bewurzelung eines Eukalyptus-Baumes in Australien (Bild 8).

In trockenen Gebieten sind die Pflanzen bei nicht erreichbarer Grundfeuchte gezwungen, einen großen Bodenraum nach unten möglichst gleichmäßig zu erschließen. Dies wird durch das vorwiegende Tiefenstreben der meisten stärkeren Wurzelstränge erreicht. Die sich daraus ergebenden zylindrischen Wurzelkörper (**Abb. 54, 78**, Spezieller Teil) bewirken einen tiefreichenden Humushorizont, der den in den Schwarzerdegebieten jährlich fallenden Niederschlag von ca. 400–600 mm nahezu abflußlos speichert.

3. Auswirkung auf das Bodengefüge

Einen entscheidenden Einfluß übt die Durchwurzelung auf das Bodengefüge aus. Auf leichten Böden wird die wasserhaltende Kraft durch Humusanreicherung erhöht. Schwere Böden werden durch die Durchwurzelung besser durchlüftet. Dichte Böden erfahren besonders in windreichen Lagen durch Wurzelbewegungen zusätzlich eine Auflockerung. Diese bodenverbessernden Wirkungen werden am besten durch eine möglichst ergiebige Durchwurzelung bis in größere Tiefen erreicht. Eine solche gewährleisten am sichersten Mischbestände aus verschiedenen Holzgewächsen. Auch aus diesem Grund empfiehlt sich stets eine Beimischung intensiver wurzelnder Laubhölzer zu den extensiver wurzelnden Nadelhölzern. Dies gilt besonders für die flachwurzelnde, windwurfanfällige Fichte (Bild 7). Reinbestände aus Fichte neigen besonders auf schwereren Böden infolge Fehlens tiefer reichender Durchwurzelung zur Stockfäule. Am Nordrand des Klagenfurter Beckens war eine Fichtenmonokultur, die nach einem Mischbestand aus Berg-Ahorn, Berg-Ulme, Rotbuche und Lärche aufgeforstet wurde, nach 60 Jahren weitgehend stockfaul (Bild 3). Nach deren Hieb wird nun der frühere Mischbestand über Vorhölzer wie Weiß-Birke und Zitter-Pappel mit einem Anteil von 15–20 % Fichte wieder aufgebaut.

Böden, die nach der Tiefe hin verdichtet sind wie tonreichere Pseudogleyböden können nur durch energisch in die Tiefe strebende Wurzeln aufgeschlossen werden. Von den Laubhölzern sind dazu die Wurzeln der Stiel-Eiche (Bild 5 und 6) und bei höher anstehendem Grundwasser vor allem jene der Schwarz-Erle (**Abb. 125**, Spezieller Teil) imstande. Von den Nadelhölzern eignet sich dazu am besten die Polwurzel der Weiß-Tanne (**Abb. 11, 12**, Spezieller Teil). Das Eindringen in Felsklüfte oder verhärtete Sedimente schaffen u. a. besonders gut die Wurzeln der Kiefer, der Lärche, der Hopfenbuche, der Gewöhnlichen Hainbuche und der Blumen-Esche (**Abb. 48, 139**, Spezieller Teil).

Sehr lockere, sandig-schottrige Böden erfahren in humiden Gebieten eine starke Bindung durch die Wurzeln der Gewöhnlichen Esche. Östlich von Klagenfurt bildete bereits eine etwa 10 Jahre alte, 102 cm hohe, in kurze Äste verzweigte Gewöhnliche Esche ein weit nach der Seite ausgebreitetes, mäßig tiefstrebendes Wurzelsystem mit zahlreichen Wurzelsträngen und einem besonders reichen Feinwurzelbesatz aus (Bild 10 und **Abb. 176** im Speziellen Teil).

4. Bedeutung der Wurzelsymbiose

Von großer ökologischer und wirtschaftlicher Bedeutung ist die Symbiose der Wurzeln mit Pilzen. Sie ermöglicht den Abbau des Bestandesabfalls, sofern dieser nicht durch das übrige Bodenleben erfolgt. Vornehmlich in kühleren Gebieten, wie in Mittelschweden, wo die Wald-Kiefer oder die Fichte vorherrscht, überwiegt der Aufbau der organischen Substanz deren Abbau beträchtlich. Es kommt zur Rohhumusanreicherung, zur Entbasung des Bodens und zur Bildung beständiger Chelate. Die Folge ist ein Absondern des humusreichen Oberbodens vom mineralstoffreichen Unterboden. Das zeigt sich auch in der vorwiegenden Durchwurzelung der oberen Bodenschichten. Vorstufen dieser Entwicklung zeigt bereits das Bild 4. Eingeleitet werden kann sie schon durch Bestände der Wald-Kiefer, deren Wurzeln oft großteils flurnah verlaufen (Bild 1). Zur vollen Entfaltung gelangt sie in Fichtenbeständen vorwiegend in leichten

Senken. Die Weiß-Birke wirkt dieser Entwicklung dank tiefer reichender Durchwurzelung und leichterer Zersetzbarkeit des Bestandesabfalls entgegen. Vorteilhaft ist auch deren lichterer Stand, der die Bodenerwärmung fördert (Bild 2).

Von hohem Wert für die Stickstoffversorgung und damit für die Ertragsbildung ist die Symbiose der Wurzeln mit Bakterien (s. Abschnitt B 12 und 13). Bei ausdauernden Holzgewächsen, wie den Erlen, beträgt die Bindung des Luftstickstoffs 50–200 kg/ha (Ziegler in Strasburger 1998). Das gute Gedeihen der Fichte nach Grauerlenbeständen ist nicht nur auf die gute Wasserversorgung auf diesen Standorten, sondern auch auf die Stickstoffanreicherung zurückzuführen. Holzgewächse mit stickstoffsammelnden Knöllchenbakterien bewirken selbst in subalpinen Lagen noch eine vorzügliche Krümelbildung in den humosen Bodenschichten. Während in konkaven Lagen unter Grünerlenbeständen die Mullhumusbildung vorherrscht, überwiegt in konvexen Lagen unter Zwergstrauchbeständen die Moderhumusbildung. Besonders hervorgehoben wird die günstige Wirkung der stickstoffsammelnden Wurzeln der Robinie auf die Bodenlockerung, auf die Erhöhung des Porenvolumens und der Luftkapazität. Sie steht in dieser Hinsicht unter den Waldbäumen an erster Stelle.

E. Wirtschaft und Umweltschutz

1. Bedeutung der Wurzel für die Wirtschaft

1.1 Bestandesbegründung (Aufforstung)

Bei der Artenwahl im Zuge von Aufforstungen sollte die artspezifische Bewurzelung berücksichtigt werden. Dabei ist folgendes zu beachten: Grundsätzlich sind nur Arten zu verwenden, denen die Standortbedingungen der aufzuforstenden Fläche einigermaßen zusagen und die einander im Wachstum nicht ungünstig beeinflussen. Die Mischung von Arten mit sehr unterschiedlichen Standortansprüchen ist nur gerechtfertigt, wenn wirtschaftlich besser nutzbare Baumarten auf Problemstandorten aufgebracht und von besser angepaßten, weniger nutzbaren Holzgewächsen in ihrer Entwicklung begünstigt werden sollen.

Bei der Mischung von Arten, die in ihren Standortansprüchen einigermaßen übereinstimmen oder einander zumindest ergänzen, ergeben sich im wesentlichen folgende Möglichkeiten: Die Mischung von intensiv und extensiv wurzelnden Arten oder von Arten, die ihre Hauptwurzelmasse in unterschiedlich tiefen Bodenschichten ausbreiten. Die zuerst genannte Möglichkeit erfährt ihre beste Wirkung, wenn die intensiver wurzelnden Laubhölzer mit den weniger intensiv wurzelnden Nadelhölzern gemischt werden. Diese Mischung verbessert nicht nur den Wuchs der Nadelhölzer. Sie verhindert auch die nachteiligen Wirkungen von reinen Nadelholzbeständen auf die Bodenfruchtbarkeit. Die zweite Möglichkeit ergibt sich vor allem, wenn nur Nadelhölzer untereinander gemischt werden. Zwangsläufig ist dies der Fall, wenn die Laubbäume auf zu kalten oder auf zu trockenen Standorten als Mischungspartner weitgehend ausfallen.

Auch bei der Mischung von Laub- und Nadelholz wirken sich ungünstige Standortbedingungen für einen Mischungspartner nachteilig aus. So ist es wenig sinnvoll, in sehr sommerwarmen, zeitweise trockenen Gebieten Fichte oder Tanne mit Stiel-Eiche oder Hainbuche zu mischen. Eine solche Mischung mag in sommerkühleren Gebieten angebracht sein. In sehr sommerwarmen, trockeneren Lagen bietet sich zur Mischung mit Laubhölzern im wesentlichen nur noch die Wald-Kiefer oder die Douglasie an. Dengler (1935) empfiehlt beispielsweise die Mischung von Trauben-Eiche und Wald-Kiefer. In sommerkühleren, tieferen Lagen kann bereits die wirtschaftlich bedeutungsvolle Fichte beigemischt werden. In den Wirtschaftswäldern der Berglagen sommerwarmer Gebiete und auch der Tallagen sommerkühlerer Gebiete am weitesten verbreitet und wohl auch am zweckmäßigsten ist die Mischung der Rotbuche mit der Fichte. Bei ausreichender Luftfeuchte kommt noch die Tanne hinzu. Auf sehr durchlässigen sandigen oder schotterreichen Böden gewinnt die Wald-Kiefer auch in sommerkühleren, tieferen Lagen an Bedeutung, wie zum Beispiel in Mittel- oder Norddeutschland. Bei Vorherrschen der Wald-Kiefer wirkt in diesen Lagen die Beimischung von Rotbuche produktionssteigernd. Praktiziert wurde auch die Beimischung von Hainbuche und Sommer-Linde (Köstler et al. 1968). Südlich des Alpenhauptkammes sind Fichten-Tannen-Buchen-Wälder vornehmlich in der oberen montanen Stufe verbreitet. Die Wald-Kiefer bleibt wegen zunehmender Empfindlichkeit gegen Schneedruck bald zurück.

In den sommerkühlen Lagen mit kurzer Vegetationszeit, wie in den skandinavischen Ländern, stehen von den Laubbäumen als Mischungspartner zu den Nadelbäumen nur noch die Weiß-Birke und teilweise auch die Zitter-Pappel zur Verfügung. Am weitesten verbreitet sind Mischbestände aus Weiß-Birke und Wald-Kiefer. Rachtejenko (1952) stellte fest, daß beide Baumarten in Mischbeständen tiefer wurzeln als in Reinbeständen. Dabei wurzelt die Weiß-Birke in kühleren Gebieten tiefer als die Wald-Kiefer. Auch in

---

Taf. 25: – **1: Fichten**-Aufforstung. Glocknergebiet, Kärnten, 17.10. – **2: Zirben**-Aufforstung. Talstation Schareck, Glocknergebiet, Kärnten, 1.7. – **3:** Aufräumungsarbeiten nach Lawinenabgang. Hochkönig, Salzburg, 1.5. – **4: Lärchen**-Wald. Oberhalb Heiligenblut, Glocknergebiet, Kärnten, 17.10. – **5: Zirbe,** *Pinus cembra* subsp. *cembra.* Hochrindl, Kärnten, 10.7. – **6: Alpen-Lärche,** *Larix decidua* subsp. *decidua.* Gerlitzen, Kärnten, 23.8. – **7: Rotbuche,** *Fagus sylvatica.* Grafenstein, Kärnten, 8.9. – **8: Gewöhnliche Esche,** *Fraxinus excelsior.* Mallnitz, Kärnten, 14.5.

der Ergiebigkeit der Durchwurzelung ist sie dieser weit überlegen. Im südlichen Ural ist die Weiß-Birke vorwiegend ein Vorholz der Wald-Kiefer. Mit Heranwachsen der Kiefernbestände wird sie infolge von Beschattung immer mehr zurückgedrängt. In Mitteleuropa eignet sich auf Blockschutt in sommerwarmen, luftfeuchteren Lagen bestens eine Mischung aus Rotbuche, Linde, Gewöhnlicher Esche, Fichte, Tanne und etwas Wald-Kiefer. An schattigen Hängen tieferer Lagen finden sich am Rand des Kärntner Beckens auf steinigen, sehr wasserdurchlässigen Böden auch Bestände aus vorwiegend Rotbuche und Wald-Kiefer. Auf den niedrigeren wärmebegünstigten Mittelhängen der Randgebirge und auf Hügeln wachsen namentlich über Kalk Bestände von Manna-Esche und Hopfenbuche, gemischt mit Wald-Kiefer und Mehlbeerbaum. An leicht sickerfeuchten Hängen ergänzen einander Grau-Erle, Gewöhnliche Esche, Fichte und Tanne. In staufeuchten Lagen wie an Moorrändern eignen sich zur Mischung noch am ehesten Schwarz-Erle, Gewöhnliche Esche und Wald-Kiefer.

Auf Problemstandorten stellt sich die Frage der Artenmischung aus Laub- und Nadelhölzern nur, wenn die Flächen mit wirtschaftlich erwünschten Baumarten genutzt werden sollen. Die am meisten erwünschte, besonders sauerstoffbedürftige Fichte kann beispielsweise auf dichten, schlecht durchlüfteten Böden nur befriedigend gedeihen, wenn tiefwurzelnde Baumarten den Boden nach unten aufschließen. Dazu eignen sich in mäßig sommerwarmen Lagen vor allem die Stiel-Eiche und die Hainbuche. Bei stärkerer und höher anstehender Grundfeuchte empfiehlt sich besonders die Schwarz-Erle. Auch auf skelettreichen, steinigen Böden kann diese bei ausreichender Grundfeuchte das Wachstum der Nadelhölzer fördern.

Bei den wenigen wirtschaftlich bedeutungsvollen Nadelhölzern sind die Möglichkeiten der Mischung untereinander begrenzt. Es sollten nur Mischungspartner gewählt werden, die auf den aufzuforstenden Flächen gemeinsam einigermaßen gute Wachstumsbedingungen vorfinden. Unter dieser Voraussetzung spielt die Frage der Wurzelverteilung im Boden bei der Wahl der Mischungspartner die wichtigste Rolle. Da es in den wärmeren Lagen unter den Nadelbäumen ebensowenig ausgesprochene Flachwurzler gibt wie ausgesprochene Tiefwurzler, beschränkt sich das Augenmerk auf die Verteilung der Hauptwurzelmasse in den verschiedenen Bodenschichten.

Unter diesem Gesichtspunkt nimmt die Fichte als vorwiegender Flachwurzler eine Sonderstellung ein. Demgemäß geht es bei Beständen aus Nadelhölzern fast immer nur um geeignete Mischungspartner für die Fichte. Dazu sind, wie schon Köstler et al. hervorheben, so gut wie alle „Pfahl- und Herzwurzler“ geeignet. Denn sie bilden außer der flachstreichenden auch eine tiefstrebende Wurzelgruppe. Dies gilt vor allem für die Weiß-Tanne, die Wald-Kiefer, die Lärche, die Douglasie und vereinzelt auch für die Eibe. Deren Beimischung zur Fichte empfiehlt sich generell in nicht zu warmen und nicht zu trockenen Lagen. Dies begünstigt hauptsächlich die flacher wurzelnde Fichte, vor allem auf luftarmen, dicht gelagerten Böden. Auf diesen empfiehlt sich besonders die Beimischung von Tanne in luftfeuchteren und von Wald-Kiefer in lufttrockeneren Gebieten. In Mittel- und Nordeuropa sind nach Köstler et al. großflächig Mischbestände aus Fichte und Wald-Kiefer sowohl auf gleyartigen Böden als auch auf schotterreicheren, stärker wasserdurchlässigen Böden anzutreffen. Südlich des Alpenhauptkammes schließen diese Arten einander infolge ihres unterschiedlich hohen Wasserbedarfes besonders in Grenzlagen weitgehend aus. In diesen Gebieten finden sich in stärker beschatteten Tieflagen und vornehmlich in mittleren Höhenlagen vorwiegend Mischbestände aus Tanne und Fichte. An schattigen Taleinhängen kommen bei nicht zu hohen Niederschlägen auf Schutt und Geröll auch Mischbestände aus Tanne und Wald-Kiefer natürlich vor.

Wenig sinnvoll ist die Mischung von Douglasie und Fichte, denn wo die Fichte gut gedeiht, ist die Douglasie nicht notwendig, und wo der Boden nur noch für die Douglasie ausreichend feucht ist, kümmert die Fichte bereits. Die Mischung von Fichte und Lärche eignet sich südlich des Alpenhauptkammes vor allem für höhere Lagen, und dort auch nur für gut durchlüftete, gut wasserdurchlässige Böden, die im Sommer nicht zu kühl sind. In den trockeneren inneralpinen Lagen herrscht vor allem in der subalpinen Stufe die Lärche vor. Der Anteil an Fichte ist dort an Hangrücken geringer als in Hangmulden. In den Regenstauzonen der Voralpengebiete überwiegt die Fichte. Die Lärche ist nur an trockeneren Hangrücken und in meist geringer Anzahl vertreten. Besonders an feuchten, schattigen Grabeneinhängen oder in Geländesenken tieferer Lagen tritt die Lärche zurück oder sie fehlt gänzlich (Fichtenfrostlöcher, Kutschera 1986). In den kältesten Höhenlagen der Alpen kommen Mischbestände aus Lärche und Zirbe mit meist geringer Fichtenbeimischung vor. Den obersten Baumbestand bildet die Zirbe allein. In der subalpinen Stufe sind für die Baummischung in erster Linie die Standortbedingungen maßgebend. Die Frage nach der Wurzelverteilung im Boden stellt sich nicht mehr, weil in den nur noch seichtgründig erwärmten Böden ausnahmslos der flurnahe Wurzelverlauf vorherrscht.

Besonders wichtig ist die Kenntnis der Bewurzelungsform auch für die Wahl der Methode der Pflanzung bei Aufforstungen. Ausführlichere Beschreibungen dazu finden sich bei Dengler (1935), Köstler et al. (1968), Mayer (1984), Strohschneider (1992) u. a.

1.2 Bestandesführung (Durchforstung)

Wie bereits erwähnt, bilden frei stehende Bäume unter geeigneten Standortbedingungen die stärkste Bewurzelung. Chibisov (1995) weist ausdrücklich darauf hin, daß die Wurzelmasse mit zunehmender Dichte der Bestockung abnimmt. Das wußten die fortschrittlichen Forstwirte in Europa schon lange. So z. B. beließ Bodhanetzky (1926) über Anregung von Rebel (1922) nach Durchforstungen 1.700–2.000 Stück Fichten pro Hektar, die im Alter von 40 Jahren noch bis zu $^2/_3$ der Stammlänge beastet waren. Diese Methode fand keine Nachahmer. Resigniert schrieben Köstler et al.: „Rebel hat die gute Idee erkannt, Köstler (1949) hat sie propagiert, aber wo ist sie befolgt worden?" Nach Ansicht der Autoren ist daher die „Misere der Fichtendurchforstung auf großen Flächen geblieben". Ein Grund dafür mag vielleicht der Wunsch nach möglichst weit hinauf astfreien Stämmen sein. Es ist zu hoffen, daß der vorliegende Wurzelatlas einen neuerlichen Anreiz gibt, folgende Erkenntnis zu berücksichtigen: Ausreichend beastete Kronen bewirken eine volle Entfaltung der Bewurzelung. Eine volle Wurzelausbildung ermöglicht nicht nur besten Baumwuchs, sondern auch optimale Standfestigkeit. Die Kunst der Durchforstung besteht wohl darin, diese Erkenntnis mit einer aus wirtschaftlicher Sicht ausreichend hohen Baumzahl und guten Holzqualität in Einklang zu bringen.

2. Bedeutung der Wurzel für die Schutzwirkung des Waldes (Taf. 25)

Der Wert des Waldes für den Schutz der Landschaft zeigt sich vor allem in den mittleren und höheren Berglagen. Immer wieder war man daher bestrebt, die Wälder in diesen Gebieten möglichst standortgemäß, d. h. naturnah, zu bewirtschaften. Eine wertvolle Hilfe, um dabei Fehler zu vermeiden, bietet die Kenntnis der Bewurzelung der einzelnen Baumarten.

In lawinenreichen Lagen und auf Flächen mit Bodenfließen kann sich vor allem die Zirbe nicht behaupten. Auch die Fichte muß früher oder später den Platz räumen. Allein die diesen Standorten entsprechende Alpen-Lärche kann überdauern. Dies zeigen Aufforstungen im Gebiet des Großglockners in Kärnten (Bild 1 und 2). Die Zirbe mit ihrem steifen, groben Wurzelsystem, das sich in wenige dicke, flachstreichende Äste aufgliedert, kann sich nur auf ruhendem Boden oder auf zerklüftetem Fels verankern (Bild 5). Schon Jungpflanzen werden durch das Bodenfließen oder durch Schneebretter aus dem Boden gerissen (Bild 2). Wenn sich einzelne Bestandesgruppen länger behaupten, können diese zwar zunächst Schneebretter zurückhalten. Bei weiterem Schneeschub, dem sie nicht mehr standhalten, kann der dadurch entstehende Schaden sogar noch größer sein. In abgeschwächtem Maß gilt dies auch für die ebenfalls flachwurzelnde Fichte. Deren Wurzeln sind jedoch weniger steif, weniger grob und weniger flurnah ausgebreitet als jene der Zirbe. Wesentlich anders als die Bewurzelung der Zirbe und der Fichte ist jene der Alpen-Lärche (Bild 6). Mit ihren zahlreichen elastischen, relativ dünnen, etwas tiefer unter Flur flachstreichenden oder in Stammnähe abwärts wachsenden Wurzeln vermag sie sich noch auf kaum mit Boden überdecktem Schiefergestein anzuklammern (Bild 4). Dank ihrer starken Verankerung hält sie erodierenden Regenfällen ebenso stand wie wiederholt auftretenden Schneeschüben. Dies ist ein Grund dafür, daß in Heiligenblut die im Herbst golden leuchtenden Lärchenwälder selbst auf den steilen Lawinenhängen aufkommen und sich halten können.

Lawinen, die oberhalb der Waldgrenze entstehen, kann ab einer gewissen Mächtigkeit kein Wald aufhalten (Bild 3). Von Staublawinen entwurzelte Waldbestände können den Schaden noch vergrößern. Das alleinige Vertrauen auf den Schutz des Waldes in derart gefährdeten Gebieten ist eine leichtsinnige Erhöhung der Gefahr für Lebewesen und Sachwerte (Kutschera 1979, 1986). Grundlawinen können durch lichte Lärchenwälder hindurchgleiten. Ihre Kraft wird zwar gebremst, doch können sie noch große Schäden anzurichten.

In den etwas tieferen Lagen bietet vor allem die Rotbuche Schutz. Sie kann bis zu einem gewissen Grad Lawinenabgänge bremsen und den Boden vor Verwundung schützen. Im krassen Gegensatz dazu steht die Fichte, wenn sie an steileren Hängen im Buchengürtel der nördlichen und südlichen Randgebirge der Zentralalpen angepflanzt wird. Während sich die Rotbuche bei Lawinenabgang dem Boden anschmiegt, werden die Fichten mitsamt ihren Wurzeltellern ausgerissen. Die Verankerung der Rotbuche erfolgt durch mehrere mittelstarke bis starke, flachstreichende, schräg abwärts und aufwärts wachsende Wurzeln. Sie kann sich dadurch aufs engste mit dem Boden verbinden und an Hängen festklammern (Bild 7).

Sehr stark verankert sich auch die Gewöhnliche Esche aufgrund der besonders reichen Feinverzweigung der Wurzeln (Bild 8). Deshalb wurde sie frühzeitig zur Festigung von Hängen und Böschungen im Bereich von Bergbauernsiedlungen angepflanzt. Ein weiterer Grund dafür war, daß in Hofnähe das reichliche Laub ihrer Äste als Futter vor allem für Schafe genutzt werden konnte. Je nach Wuchskraft der Standorte erfolgte die Schneitelung der Bäume zur Gewinnung des Laubes in den Ostalpen im Abstand von 3–5 Jahren. Wenn sie im Abstand von 2 Jahren geschneitelt werden, können sie nicht mehr fruchten (Kurz et al. 2001). In selteneren Fällen wurde auch die Berg-Ulme zur Futtergewinnung genutzt. Ihre Verankerung im Boden ist sogar noch besser als jene der Gewöhnlichen Esche. An Berg-Ulmen mittlerer Stärke werden in steiler Hanglage bei Bearbeitung landwirtschaftlicher Flächen mitunter Zugmaschinen angehängt.

Baumarten mit einer Gruppe tiefer reichender Wurzeln in Stammnähe, d. h. mit einer T- oder hantelförmigen Bewurzelung, können, wie beispielsweise im Gebiet des Zucker-Ahorns im Nordosten der Vereinigten Staaten, den Oberflächenabfluß des Wassers um 3–6 %, Höchstwert im Juli, verringern (Jackson et al. 2000 und darin zit. Lit.). In humiden Gebieten kann daher der Wald Einzugsgebiete von Flüssen bis zu einem gewissen Grad vor Überschwemmung schützen. Anders verhält es sich in Trockengebieten. Tiefwurzelnde Pflanzen sind dort auf die Wasserreserven in den tieferen Bodenschichten angewiesen, die sich nur in größeren Abständen in Zeiten erhöhter Niederschläge wieder auffüllen. In diesen Gebieten ist die natürliche Vegetation eine Steppe. Aufforstungen aus Gründen des Windschutzes brachten, langfristig gesehen, große Nachteile. So führten sie im Raum von Odessa in der Ukraine zu einem Absinken des Grundwasserspiegels von 5 auf 15 m und zu einer Erhöhung der Salzkonzentration im Grundwasser. Nach 40 Jahren starben die aufgeforsteten Bestände ab. Man nahm an, daß das verbrauchte Grundwasser erst in mehr als 100 Jahren wieder aufgefüllt sein wird (Rotmistroff 1926).

Großräumig und kleinräumig gesehen sind daher anhand des äußeren und des inneren Bauplans der Arten und der Lebensabläufe, die sich daraus ergeben, die Wechselbeziehungen zwischen den Pflanzen und ihrer Umwelt zu beachten. Soweit Bäume und Sträucher wachsen können, ist es notwendig, auch deren Bewurzelung genauer kennenzulernen. Es gilt daher, das bisherige Wissen soweit wie möglich zu vermehren und zu vertiefen. Der vorliegende Wurzelatlas soll, wie die übrigen fünf Bände der Wurzelatlas-Reihe, dieser Aufgabe dienen, damit bei allen Fragen des Umweltschutzes und der Wirtschaft die Pflanze in ihrer Gesamtheit, d. h. in ihrem Sproß und in ihrer Wurzel, berücksichtigt werden kann.

II. Spezieller Teil

1. Einleitung

Mit der Wurzelforschung an Holzgewächsen wurde schon im 18. Jahrhundert begonnen (Duhamel de Monceau 1758). Im 19. Jahrhundert befaßten sich damit vor allem Greyerz (1844), Pfeil (1860), Sachs (1874), Nobbe (1875), Resa (1877), Schwarz (1892), Wieler (1894), Büsgen (1897) und Gayer (1898). Im 20. Jahrhundert lag die fruchtbarste Zeit der Wurzelforschung an Holzgewächsen etwa zwischen den Jahren 1920 und 1970. Von den vielen Arbeiten aus dieser Zeit seien folgende erwähnt: Aaltonen (1920, 1939), Kokkonen (1923), Liese (1926), Groth (1927), Hilf (1927), Vater (1927), Laitakari (1929, 1935), Rigg & Harrar (1931), Brückner & Jahn (1932), Krauss et al. (1934), Weaver (1938), Wagenhoff (1938), Erteld (1942), Scamoni (1950, 1952), Kalela (1937, 1950, 1954, 1955), Rachtejenko (1952), Joachim (1953), Sakss (1953), Salyt (1953), Petsch (1955), Köstler (1956), Lemke (1956), Jenik (1957), Hengst (1958), Alekperov & Mamedov (1958), Domanskaja (1958), Weiss (1958), Vomperskij (1959, 1960), Vorobjeva (1955, 1961), Kutschera (1960), Kreutzer (1961), Kern et al. (1961), Bibelriether (1962, 1963, 1964, 1966), Köstler (1962), Melzer (1962, 1963, 1964), Kowalkowski & Czarnota (1962), Šika (1963), Leibundgut et al. (1963), Schoch (1964), Sen (1964), Gael & Woronkow (1965), Hoffmann (1966), Röhrig (1966), Köstler et al. (1968), Zapryageva (1968, 1994), Keresztesi (1968) und Sutton (1969).

In den Jahren nach 1970 ging die umfassende Freilegung der Wurzelsysteme im Freiland immer mehr zurück. An ihre Stelle traten zusehends die Freilegung von Teilabschnitten der Bewurzelung durch Entnahme von Erdmonolithen oder Bohrkernen sowie die Beobachtung des Wurzelwachstums durch Glas oder mit optischen Geräten (Rhizotron). Auf diese Weise wurde auch die Wurzelforschung an Holzgewächsen, wenn auch in vermindertem Ausmaß, fortgesetzt. Von den daraus entstandenen Arbeiten seien folgende erwähnt: Schmidt-Vogt (1971), Kowalkowski et al. (1973), Hoffmann (1974), Atkinson (1974, 1983), Roberts (1976), Braekke & Kozlowski (1977), Santantonio et al. (1977), Kalinin (1978, 1983), Lyford (1980), Block (1983), Turner & Streule (1983), Nambiar (1983), Hiller (1985), Bartsch (1985), Abe & Iwamato (1986), Seufert et al. (1986), Coutis (1987), Gale & Grigal (1987), Taylor (1987), Korotajew (1988), Eichhorn (1992), Zoth & Block (1992), Crepatz & Tscheliesnig (1992), Karimov (1992), Schubert (1983, 1992), Drexhage (1994), Wagner (1994), Puhe (1994), Speta (1997) u. a. Mit der Zunahme der feininstrumentalen Untersuchungsverfahren erfuhr besonders die Erforschung des Feinwurzelbesatzes an Holzgewächsen einen starken Aufschwung. Erwähnt seien die Arbeiten von Weller (1971, 1983), Göttsche (1972), Reynolds (1974), Babel (1977), Ford & Deans (1977), Persson (1979, 1980, 1983, 1996), Strong & La Roi (1983), Vavoulidou-Theodorou & Babel (1983), Murach (1984, 1991), Stienen et al. (1984), Stienen (1985), Vincent (1987), Vogt et al. (1987), Eichhorn et al. (1988), Kocourek & Bystrican (1989), Yin et al. (1989), Persson & Ahlström (1991), Kocourek (1992) und Fujimaki et al. (2001).

2. Arbeitsverfahren zur Wurzelfreilegung

Wegen der innigen Verflechtung der Wurzeln mit dem Boden ist eine Gesamtdarstellung der Bewurzelung ebensowenig möglich wie die Gesamtdarstellung eines Blutgefäßsystems in großen Organismen. Bei älteren Holzgewächsen kommt noch erschwerend hinzu, daß die Bewurzelung nach der Tiefe und vor allem nach der Seite auf einen großen Bodenraum verteilt ist.

Die morphologische Untersuchung bezieht sich auf die beschreibende und bildliche Darstellung der Bodendurchwurzelung sowie auf die rechnerische oder gewichtsmäßige Erfassung der Durchwurzelungsdichte. Den tiefsten Einblick in die Bewurzelung gewährt die möglichst vollständige Freilegung eines Wurzelkörpers. Der damit verbundene hohe Arbeitsaufwand schließt Untersuchungen an vielen Exemplaren aus. Um einen Überblick über die Bewurzelung der Holzgewächse zu bekommen, suchte man daher nach Verfahren, die Serienuntersuchungen erlauben. Eine solche war dadurch möglich, daß die Freilegung auf den Wurzelraum im näheren Umkreis um den Stamm eingeengt wurde. Damit beschränkte sich die Untersuchung automatisch auf das robuste Hauptwurzelwerk. Dieses mußte nicht sorgfältig freigelegt werden. Es wurde vielmehr direkt aus dem Boden gezogen.

Mit diesem Verfahren führten Köstler et al. (1968) die bisher umfangreichsten Wurzeluntersuchungen an Holzgewächsen durch. Dazu wurde zunächst im näheren Umkreis des Stockes ein tiefer, ringförmiger Hilfsgraben angelegt. Dann wurde der Stock samt dem Grobwurzelwerk und den daran haften gebliebenen Feinwurzeln mit einem Greifzug herausgezogen. Auf diese Weise konnten über 1.000 Wurzelstöcke mit einem verhältnismäßig geringen Aufwand untersucht werden. Dieses umfangreiche Material bildet die Grundlage für die bis heute gebräuchliche Typisierung der Wurzeln der heimischen Waldbäume. Sie gründet sich auf die Vorherrschaft und Funktion einzelner Wurzeln oder Wurzelgruppen wie Pfahlwurzel (Polwurzel), Herzwurzeln, Senkwurzeln u. dgl. Eine Erfassung des tatsächlichen Ausmaßes des Wurzelverlaufs nach der Tiefe und vor allem nach der Seite war mit diesem Verfahren allerdings nicht möglich. Daher konnte damit auch kein umfassendes Bild über die räumliche Verteilung der Gesamtbewurzelung im Boden gewonnen werden. Ebensowenig war die Erfassung des Feinwurzelwerkes möglich.

Zur möglichst vollständigen Erfassung der Bewurzelung im näheren Umkreis des Stammes diente ein Verfahren, mit dem der Boden scheibenweise nach unten abgetragen wurde. Die in den Scheiben enthaltenen Wurzeln wurden entweder nach Stärken sortiert und gezählt (Kreutzer 1961) oder gewogen (Rachtejenko 1952). Diese rechnerische oder gewichtsmäßige Erfassung ermöglichte einen guten Einblick in die Gesamtbewurzelung in einem beschränkten Bodenraum. Einen solchen Einblick gewährt auch die Bestimmung des Wurzelvolumens aus Bodenmonolithen durch Auswaschung (Kelly et al. 1947, Grosskopf 1950 u. a.).

Um die Durchwurzelung an Bodenprofilen studieren zu können, legten Krauss et al. (1934) sogenannte Wurzelprofile an. An senkrechten Bodenanschnitten wurden die Wurzeln sichtbar gemacht und abgeschnitten. Dieses Verfahren ermöglicht einen guten Einblick in die Bewurzelung der einzelnen Bodenhorizonte. Der Einblick beschränkt sich aber nur auf einen dünnen Bodenquerschnitt. Ähnliche Verfahren wurden zur Ermittlung der Feinbewurzelung angewandt. Entlang eines senkrechten Bodenquerschnitts wurden die Feinwurzeln sichtbar gemacht, gezählt und in sogenannten Feinwurzelkarten graphisch dargestellt (Ehwald et al. 1955, Kern et al. 1961). Die Feinbewurzelung konnte damit in feinsedimentreichen Böden, welche die Herstellung einer möglichst glatten Profilwand ermöglichen, entlang des gesamten Querschnitts des durchwurzelten Bodens veranschaulicht werden. Dieses Verfahren wurde bevorzugt zum Studium der Durchwurzelung der „Zwischenflächen" (Bodendurchwurzelung zwischen den Bäumen) verwendet.

Die Erfassung der Feinwurzeln erlaubt einen guten Einblick in die Intensität der Bodendurchwurzelung. Sie gewährt auch Rückschlüsse auf die Höhe der physiologisch aktiven Wurzeloberfläche, wenngleich diese damit nicht voll erfaßt werden kann. Bereits Heinrich (1952) weist darauf hin, daß aus der „Feinwurzelintensität" (Grosskopf 1950) nicht direkt auf die physiologisch wirksame Wurzeloberfläche geschlossen werden kann. Dies schon deshalb nicht, weil sie im Lauf des Jahres großen Schwankungen unterliegt.

Die bisher angeführten Verfahren eignen sich zum Studium von Teilabschnitten der Bewurzelung größerer Holzgewächse. Eine Gesamtschau über die räumliche Verteilung der Bewurzelung ermöglicht nur die trockene Freilegung möglichst des gesamten Wurzelkörpers. Begonnen haben damit u. a. bereits Katschinski (1925), Krauss (1926), Hilf (1927), Vater (1927), Wiedemann (1927) und Laitakari (1929). Trotz des großen Arbeitsaufwandes haben wir dieses Verfahren auch zum Studium der Holzgewächse gewählt. Denn schon bei den umfangreichen Wurzeluntersuchungen an krautigen Pflanzen (Kutschera 1960, Kutschera & Lichtenegger 1982, 1992, Lichtenegger & Kutschera 1993, Kutschera & Lichtenegger 1997) hat sich gezeigt, daß die Gesamtdarstellung der Bewurzelung den tiefsten Einblick in die Standortansprüche einer Art und in die ökologischen Verhältnisse eines Standortes ermöglicht. Das Arbeitsverfahren dazu wurde bereits von Kutschera 1960) und von Böhm (1979) ausführlich beschrieben. Daher soll sein Ablauf hier nur kurz wiedergegeben werden:

Die äußerst zeitraubende trockene Gesamtfreilegung der Wurzeln von Holzgewächsen erfordert die Beschränkung auf wenige Exemplare einer Art. Es mußte daher der Ort der Freilegung so gewählt werden, daß er den Standortansprüchen der Art weitgehend entspricht. Außerdem sollte der Pflanzenbestand der üblichen Vergesellschaftung der Art möglichst nahekommen. Bis auf einzelne Ausnahmen wurden daher nicht frei stehende Bäume und Sträucher freigelegt, sondern solche, die im Gesellschaftsverband mit anderen Pflanzen vorkamen. Die freigelegten Wurzeln waren daher stets mit solchen anderer Arten verflochten. Das erschwerte zwar die Freilegung, berücksichtigte aber die sogenannte Wurzelkonkurrenz. Die dargestellte Bewurzelung entspricht in den meisten Fällen der Bewurzelung im jeweiligen Pflanzenbestand.

Um einen Einblick in die Bewurzelung zu gewinnen und stärkere Abweichungen von der „Norm" auszuschalten, wurden zunächst mehrere Exemplare einer Art im näheren Bereich des Stammes untersucht. Die Wurzeln der ausgewählten Bäume oder Sträucher wurden dann so vollständig wie möglich freigelegt. Die Freilegung erfolgte von den Wurzelansätzen ausgehend nach außen und nach unten. Zunächst wurden die flachstreichenden Wurzeln freigelegt. Dann begann, von den freigelegten dicken Wurzelansätzen ausgehend, die Freilegung der abwärts wachsenden Wurzeln. Dabei wurde zunächst zwischen den am weitesten voneinander entfernten dickeren Wurzelsträngen ein keilförmiger Erdteil nach unten abgetragen. Dieser Teil wurde so lange vertieft und verbreitert, bis die unteren Wurzelenden erreicht wurden. Dann erfolgte die Freilegung der Wurzeln nach der Seite und nach hinten. Das Abräumen des Materials geschah mit gewöhnlichen Grabwerkzeugen. Das Freilegen vor allem der dünneren Wurzeln wurde ausschließlich mit starken stählernen Reißnadeln durch Abstechen der Erde durchgeführt (**Abb. 10** links). Zum Aushub des abgearbeiteten Bodenmaterials stand nur gelegentlich ein Bagger zur Verfügung.

Abb. 10: L i n k s : Prof. Kutschera beim Freilegen der Wurzel einer jungen Zirbe mittels stählerner Reißnadel. R e c h t s : Freigelegtes, unter der Grasnarbe verlaufendes, langes, unverzweigtes Wurzelende einer Fichte in der subalpinen Stufe.

Die stufenweise freigelegten Wurzelabschnitte wurden mit Bleistift maßstabgerecht auf kariertes Papier übertragen. Diese am Ort der Freilegung angefertigten Wurzelbilder mußten mit Tusche auf Transparentpapier übertragen werden, damit eine Vervielfältigung in allen Einzelheiten möglich war. Nur diese zeitraubende, höchste Aufmerksamkeit erfordernde trockene Freilegung der Wurzeln und die an hohe zeichnerische Ansprüche gebundene Wiedergabe erlauben die bestmögliche räumliche Darstellung der großräumigen Bewurzelung von Holzgewächsen. Sie kann infolge der zu großen Breiten- und Tiefendimensionen größerer Wurzelsysteme und wegen des weitläufigen Netzes von Feinwurzeln durch Fotos nicht ersetzt werden. Außerdem sind größere Wurzelsysteme nach erfolgter Freilegung bereits so verändert, daß eine naturnahe räumliche Gesamtwiedergabe auf fotografischem Weg meist nicht mehr möglich ist. Wohl aber tragen fotografische Teilwiedergaben ganz wesentlich zur besseren Einsicht in die zeichnerische Gesamtdarstellung bei. Auch Darstellungen von Einzelheiten der Bewurzelung sind durch Fotos rascher und besser möglich.

3. Zielsetzung

Das Ziel dieser Arbeit war die Gesamtdarstellung der Holzgewächse. Deshalb wurde auf die Darstellung der oberirdischen Teile ebenso Wert gelegt wie auf jene der unterirdischen. Das räumliche Verhältnis zwischen den ober- und unterirdischen Teilen gibt dem Betrachter im Gegensatz zum Gewichtsverhältnis einen unmittelbaren Einblick in das Sproß-Wurzel-Verhältnis. Aus diesem lassen sich bekanntlich bereits viele Aussagen über die Standortansprüche einer Art ableiten.

Bei mehreren Baum- und Straucharten wurden die Untersuchungen nach Maßgabe der vorhandenen Arbeitskapazität und der finanziellen Möglichkeiten auf unterschiedlichen Standorten durchgeführt. Die ökologische Variationsbreite der Bewurzelung einer Art konnte auch damit natürlich nicht erfaßt werden. Dennoch bietet das vorliegende Material bereits einen guten räumlichen Einblick in die Gesamtbewurzelung einer Art.

4. Erklärung der Fachausdrücke und Abkürzungen

Beschreibung der angeführten Bodentypen und Erklärung der Bodenprofile nach Heft 13 der Österreichischen Bodenkundlichen Gesellschaft (FINK 1969), Univ. f. Bodenkultur, Wien.

Niedermoor: Durch vorwiegend biogene Verlandung von Gewässern entstandene Böden mit mehr als 20 % wenig zersetzter org. Masse bei sandiger und mehr als 30 % org. Masse bei toniger Mineralkomponente. Horizontfolge: T–G, T–D.

Anmoor: Unter Grundwassereinfluß entstandene Böden mit bis zu 20 % stärker zersetzter, feinmoderiger, schlammiger, tintig riechender org. Masse bei sandiger und bis zu 30 % org. Masse bei toniger Mineralkomponente und mit mehr als 25 cm mächtigem A-Hor. Horizontfolge: A–G, A–D.

Auboden: Schwemmlandböden im Aubereich, deren Wasserstand von einem offenen Gerinne beeinflußt wird. Nach dem Grad der Bodenreife werden unterschieden:

Rohauboden: Junge, unentwickelte Böden aus alluvialen Sedimenten mit erst beginnender Humusanreicherung: Horizontfolge: A_i–C, A_i–C–D.

Grauer Auboden: Aus noch nicht verbrauntem Schwemmaterial gebildete Böden. Horizontfolge: A–C, A–C–D.

Brauner Auboden: Aus verbrauntem verlagertem oder an Ort und Stelle verbrauntem Schwemmaterial gebildete Böden. Horizontfolge: A–B–C, A–B–D, A–B_v–C, A–B_v–D.

Gley: Durch Grundwasser oder Hangwasser (Hanggley) vernäßte Mineralböden mit ausgeprägtem G-Horizont. Horizontfolge: AG–G, A_g–G, A–G_o–G_r.

Rohboden: Junge, unentwickelte Böden über festem oder grobklastischem Gestein oder Lockersediment mit erst beginnender Humusbildung. Horizontfolge: A_i–C.

Rendsina: Mehr oder weniger flachgründige, humusreiche Böden über festem oder lockerem Carbonatgestein. Allochthone Feinsedimente sind im A-Hor. meist enthalten. Je nach Bodenreife und Humusform werden unterschieden:

Proto-Rendsina: Böden über festem oder grobklastischem Carbonatgestein mit meist seichtgründiger Rohhumusauflage und wenig entwickeltem A-Hor. Horizontfolge: OC, O–AC–C.

Pech-Rendsina: Böden über meist zerklüftetem Carbonatgestein, vorwiegend in der subalpinen oder alpinen Stufe, mit Rohhumusauflage und feinst zersetztem, schwärzlichem Humus, vorwiegend als Kluftfüllung zwischen den Steinen. Horizontfolge: O–AC–C.

Moder-Rendsina: Meist moderhumusreiche Böden über festem oder grobklastischem Carbonatgestein mit oder ohne Rohhumusauflage. Horizontfolge: O–A–C, A–AC–C, A–C.

Mull-Rendsina: Böden aus festem oder grobklastischem Karbonatgestein mit carbonathältigem oder zumindest basengesättigtem Mullhumus. Horizontfolge: A–AC–C, A–C.

Braunlehm-Rendsina: Böden über festem oder grobklastischem Carbonatgestein mit Überlagerung oder Eintrag von Braunlehmmaterial. Horizontfolge: A–$AB_{v\,rel}$–C, A–$B_{v\,rel}$C–C.

Pararendsina: A–C-Böden über festem oder grobklastischem, stärker carbonathältigem Silikatgestein. Wie bei Rendsina je nach Humusform Unterteilung in Proto-, Moder- und Mull-Pararendsina mit analoger Horizontfolge.

Ranker: A–C-Böden über festem oder grobklastischem, carbonatfreiem Silikatgestein. Je nach Humusform unterteilt in Proto-, Moder- oder Mullranker mit entsprechender Horizontfolge.

Tschernosem: In der Regel tiefgründige Mullhumus-Böden warmer, trockener Gebiete aus kalkig-silikatischem, feinem Lockersediment mit meist mächtigem, gut gekrümeltem A-Hor. Horizontfolge: A–AC–C, A–C.

Feuchtschwarzerde: Trockengefallene, semiterrestrische Böden warmer, trockener Gebiete aus kalkig-silikatischem Feinmaterial, deren anmooriger Humus in den oberen Bodenschichten meist in Mull umgewandelt wurde. Horizontfolge: A–C, A–CG.

Gebirgsschwarzerde: Böden aus kalkig-silikatischem, feinem Lockersediment mit ± mächtigem, gut gekrümeltem A-Hor. in warmen inneralpinen Trockengebieten. Horizontfolge: A–C, A–AC–C.

Braunerde: Böden mit einem durch Eisenoxydhydrat gefärbten Verwitterungs- oder Anreicherungshorizont (B-Hor.) über silikatischem bzw. silikatisch-karbonatischem Lockersediment (Lockersediment-Braunerde) oder über silikatischem bzw. silikatisch-karbonatischem Gestein (Felsbraunerde) in humiden Gebieten. Horizontfolge: A–B_v–C, A–B_v–C–D, A–B_v–D.

Semipodsol: leichte, durchlässige Böden mit podsoliger Dynamik aus basenarmem, silikatischem Material mit undeutlich sichtbarem, meist nur an losen Quarzkörnern oder an bleichen Flecken erkennbarem E-Hor., der nicht in die Horizontfolge einbezogen wird. Horizontfolge bei deutlich erkennbarem Auflagehumus: O–A–B_s–C, bei undeutlich erkennbarem Auflagehumus: A–B_s–C.

Podsol: Leichte, durchlässige Böden aus basenarmem, silikatischem Material mit meist deutlich erkennbarem O- und E-Hor. Horizontfolge: O–A–E–B_h–B_s–C, O–A–E–B_s–C.

Pseudogley: Böden aus bindigen Sedimenten mit porösem, meist mit Punktkonkretionen versehenem P-Hor., der durch Rückstau mit Oberflächenwasser übersättigt und nach dessen Verdunstung trocken sein kann, und mit dichtem, Wasser rückstauendem S-Hor., der durch räumliche Wechselfolge von Reduktions- und Oxydationsvorgängen ein marmoriertes Aussehen aufweist. Typische Horizontfolge: A–P–S–C.

Alpiner Rasenpseudogley: Böden aus schluffigen oder tonigen Sedimenten mit Reduktionserscheinungen im Bereich der Krume infolge lang andauernder Wasserübersättigung, bedingt durch hohe Niederschläge, geringe Verdunstung oder lang andauernde Schneelage. Verbreitungsschwerpunkt in der subalpinen und alpinen Stufe. Häufigste Horizontfolge: AP–B_v–C, bei zusätzlicher podsoliger Dynamik: AP–B_s–C (Solar 1981).

Braunlehm: Aus reliktem, mineralischem Verwitterungsmaterial gebildete, meist tonreiche, kalkfreie, nährstoffarme, ocker- bis rotbraune Böden. Horizontfolge: A–$B_{v\,rel}$–C, A–$B_{v\,rel}$–D.

Horizont: Eine durch die Bodenentwicklung entstandene, im Gelände deutlich erkennbare, meist plagiotrop verlaufende Bodenschicht.
O = organischer Auflagehorizont über dem Mineralboden
A = meist oberster Mineralbodenhorizont mit deutlich erkennbarer Humusanreicherung
A_i = Mineralbodenhorizont mit undeutlich erkennbarer Humusanreicherung (Initialhorizont)
E = durch Auswaschung von Sesquioxyden, Ton oder Humusstoffen fahl gefärbter unterer Teil des A-Hor.
B = durch Eisenoxydhydrat gefärbter Verwitterungs- oder Anreicherungshorizont
B_v = B-Hor. mit Oxydation und Verlehmung durch Verwitterung an Ort und Stelle
B_h = B-Hor. mit sichtbarer Anreicherung von Humusstoffen aus den darüber liegenden Horizonten
B_s = B-Hor. mit Sesquioxydanreicherung aus den darüber liegenden Horizonten
C = festes, grob- oder feinkörniges mineralisches Ausgangsmaterial der Bodenbildung
D = unterlagerndes Material, das an der Bodenbildung nicht beteiligt ist, die Bodeneigenschaften aber beeinflussen kann
G = durch den Einfluß von Grund- oder Hangsickerwasser geprägter Reduktionshorizont
G_o = Oxydationsbereich des G-Horizontes
G_r = Reduktionsbereich des G-Horizontes
P = durch Tagwasser geprägte, fahle oder durch Rost- oder Fahlflecken erkennbare, nicht oder schwach humose Stauzone
S = unter dem P-Hor. liegender Staukörper eines Pseudogley mit meist deutlicher Marmorierung
T = Torfschicht, T_{erd} = vererdeter Torf

Buchstabenindices zur näheren Horizontbezeichnung

g = Horizont mit leichten Gleyerscheinungen, z. B. A_g
ca = Horizont mit Calciumkarbonatanreicherung, z. B. C_{ca}
beg = durch rel. junge Überlagerungen begrabener Horizont, z. B. A_{beg}
fos = fossiler Horizont, z. B. A_{fos}
rel = relikter Horizont , z. B. B_{rel} bei Braunlehm

Kennzeichnung des Wasserhaushaltes eines Standortes, Wasserstufen

naß: Andauernd oder längere Zeit bis in die Krume reichender Wasserstau, T–G_r- oder A–G_r-Böden
feucht: Zeitweise bis in den Wurzelraum reichender Wasserstau, A–G_o–G_r-Böden
frisch: Böden mit nur geringer Auswirkung von Trockenperioden, vorwiegend A–B–C-Böden humider, regenreicherer, sommerkühlerer Lagen oder sommerwarmer Konkavlagen
halbtrocken: Böden mit stärkerer Auswirkung von Sommertrockenheit, leichtere, stärker wasserdurchlässige A–B–C-Böden humider Gebiete vor allem in Konvexlagen
trocken: Böden in Gebieten mit geringen Niederschlägen, vorwiegend A–C-Böden semihumider Gebiete
oberbodentrocken: Zeitweise stärkere Trockenheit in den oberen Bodenschichten, vor allem in der warmen Jahreszeit
grundfrisch: Anhaltende Regenfeuchte in den tieferen Bodenschichten, besonders in humiden Gebieten
grundfeucht: Staufeuchte, bedingt durch die Nähe des Grundwassers
sickerfeucht: Durch Hangsickerwasser feuchte Bodenschichten

Botanische Fachausdrücke

Abkürzungen

Act	Actinomyceten
afG	astförmiges Gewebe
ARP	Außenrindenparenchym
AW	Außenwand
Ba	Bast
Bact	Bacteroide
BaStr	Baststrahl
Bläs	Bläschen
Bo	Borke
CaOx	Calciumoxalat
Col	Columella
CS	Caspary-Streifen
Cu	Cuticula
CuSch	Cuticulare Schicht
Dic	Dictyosom(en)
Drus	Druse(n)
EC	Endocambium
ED	einfache Durchbrechung
EktM	ektotrophe Mykorrhiza
En	Endodermis
EnZ	Endodermiszelle
Ep	Epidermis
ER	Endoplasmatisches Reticulum
eTpf	einfacher Tüpfel
Ex	Exodermis
ExZ	Exodermiszelle
F	Faser (Bast)
FrHo	Frühholz
FS	Fettstoff
FTpf	Fenstertüpfel
FTrde	Fasertracheide
Gf	Gefäß
GG	Grundgewebe
GltZ	Geleitzelle
GrWu	Grenzwurzel
GS	Gerbstoff
Ha	Haube (Wurzel)
HartN	Hartigsches Netz
HG	Harzgang
HK	Harzkanal
Ho	Holz
HoStr	Holzstrahl
Hr	Haar (Wurzel)
HTpf	Hoftüpfel
Hyph	Hyphe(n)
IRP	Innenrindenparenchym
IZ	Interzellulare(n)
Ka	Kalyptrogen
KnEn	Knöllchenendodermis
KnLb	Knöllchenleitbündel
Kst	Kristall
Lak	Lakunen
Lb	Leitbündel
Lbfm	Libriformfaser
LE	Leitelemente
LentZ	Lentizelle
LPl	Leiterförmige Platte
M	Mitochondrion
Ma	Mark
MiR	Milchröhre
Mrkh	Markhöhle
MT	Mikrotubuli
N	Zellkern
NacW	Nacréwand
ÖR	Rand der Hoftüpfelöffnung
Par	Parenchym
ParXStr	Parenchymatischer Xylemstrahl
PC	Pericambium
PCAG	Pericambial-Abschlußgewebe
Pfl	Pflanze
Ph	Phloem
PhiZ	Phi-Zelle
PhLE	Phloem-Leitelemente
PhStr	Phloemstrahl
pnTpf	pinoider Tüpfel
Por	Porus
Prim.	Primär
Prim.-sek.	Primär-sekundär
PrPh	primäres Phloem
PrR	primäre Rinde

PrX	primäres Xylem
R	Rinde
Raph	Raphide(n)
Rh	Rhizodermis
RhZ	Rhizodermiszelle
RL	Randlabyrinth
RP	Rindenparenchym
S	Siebröhre
Sand	Kristallsand
Sc	Sclerenchym
SchZ	Schleimzelle
ScZ	Sclerenchymzelle
SeAG	Sekundäres Abschlußgewebe
Sek.	Sekundär
SePh	sekundäres Phloem
SH	Schließhaut
Sp	Sproß
SpäHo	Spätholz
SpicZ	Spicularzelle
SpWu	Sproßwurzel
St	Stärke
Sto	Stomata
Str	Strahl
SV	Strahlenförmige Verdickungsleiste
SWu	Seitenwurzel
SZ	Scheitelzelle
Thy	Thyllen
Tor	Torus
TorR	Torus-Rand
Tpf	Tüpfel
Trde	Tracheide
Tre	Trachee
V	Vakuole
VAM	vasculär-arbusculäre Mykorrhiza
VdL	Verdickungsleiste
W	Wand
Wu	Wurzel
WuHa	Wurzelhaube
WuHr	Wurzelhaar
WuSp	Wurzelsproß
X	Xylem
XLE	Xylem-Leitelemente
XStr	Xylem-Strahl
xTpf	gekreuzter Tüpfel
Z	Zelle
ZAW	Zellaußenwand
ZSW	Zellseitenwand
ZW	Zellwand
ZZ	Zentralzylinder
ZZR	Zentralzylinderradius

Schnittführung und Färbung:

ø	Querschnitt
⊠	Längsschnitt
RLS	Radialer Längsschnitt
TLS	Tangentialer Längsschnitt
An.bl.-Saf.	Anilinblau-Safranin
JJK	Jodjodkalium
Ph/HCl	Phloroglucinol-Salzsäure
Saf.-Ast.	Safranin-Astrablau
S3	Sudan 3
ungef.	ungefärbt

Morphologie

Polwurzel: Bei der Keimung aus dem Wurzelpol hervorgehende, meist vorwüchsige, verzweigte Wurzel
Sproßwurzel: Aus einem Sproß hervorgehende, meist verzweigte Wurzel
Polwurzelpflanze: Bewurzelung nur aus der Polwurzel und deren Verzweigungen bestehend
Sproßwurzelpflanze: Bewurzelung nur aus Sproßwurzeln und deren Verzweigungen bestehend
Polwurzel-Sproßwurzel-Pflanze: Pflanze mit Polwurzel und Sproßwurzeln
monopodiale Sproßverzweigung: Der Muttersproß wird im Längenwachstum stärker gefördert als die Seitensprosse
sympodiale Sproßverzweigung: Oberste Seitensprosse übergipfeln den Muttersproß
plagiotrop: Waagrecht oder schräg verlaufende Wachstumsrichtung
orthotrop: Senkrechte oder aufsteigende Wachstumsrichtung

5. Beschreibung der Arten

Gymnospermae: Coniferophytina, Nadel-Nacktsamer

Coniferopsida, Nadelhölzer

Pinaceae, Föhrengewächse

Abies alba Mill., Weiß-Tanne

Morphologie

Sproß: Immergrüner Baum, Stamm monopodial verzweigt, gerade, bis ca. 55 m hoch, mit zunehmendem Alter von unten nach oben verkahlend. Hauptäste in Scheinquirlen, Astverzweigung vorwiegend horizontal. Krone junger Bäume kegelförmig, alter Bäume infolge Überwachsen des Gipfeltriebes durch die oberen Seitentriebe zylinderförmig bis abgeflacht; Abflachung besonders bei ungünstigen Wachstumsbedingungen früher auftretend und deutlicher ausgeprägt (Krähennest).

Wurzel: Nach Angaben der meisten Autoren bildet die Weiß-Tanne die beständigste Wurzelform aus. Sie erfährt auch durch Standortunterschiede nur eine geringe Abwandlung (Wiedemann 1951, Köstler 1962, Köstler et al. 1968). Ihr kennzeichnendstes Merkmal ist eine stark entwickelte, deutlich vorwüchsige Polwurzel. Die Weiß-Tanne zählt daher zu den am tiefsten wurzelnden Nadelbäumen. In Deutschland erreicht sie nach Köstler et al. auf Feinsedimentböden eine Tiefe von 160 cm. Im wärmeren Kärnten dringt sie auf lehmigem Boden mit sandig-kiesigem Untergrund 280 cm tief in den Boden ein. Die Seitenausdehnung der flachstreichenden Wurzeln ist viel größer, als in der Literatur angegeben wird. Kalinin (1983) gibt für seitwärts verlaufende Wurzeln nur eine Länge von 200 cm an. Nach vorliegenden Untersuchungen beträgt der Horizontaldurchmesser der Wurzelsysteme in Kärnten 1.010 2.120 cm. Die flachstreichenden Wurzeln überschreiten nicht nur selten (Polomski & Kuhn 1998), sondern immer den Kronenbereich bei weitem. Die Feinverzweigung ist wie bei den meisten Nadelbäumen relativ gering. Sie erstreckt sich in den oberen Bodenschichten entlang der dünneren Seitenwurzeln höherer Ordnung ziemlich gleichmäßig auf das gesamte Wurzelsystem. An den kräftigen Seitenwurzeln, die nicht selten miteinander verwachsen sind (Fabricius 1927), bilden sich bei älteren Bäumen dicke, stark verzweigte Senkwurzeln, die meist annähernd die Tiefe der Polwurzel erreichen.

Das Wurzelsystem des jungen Baumes der **Abb. 11** weist eine deutliche T-Form auf, die für staufeuchte Standorte kennzeichnend ist. Die erst schwach entwickelten Seitenwurzeln verlaufen fast ausschließlich im humosen Oberboden. Die Polwurzel ist wesentlich stärker ausgebildet, entlang des nach unten verlaufenden Abschnittes fast unverzweigt und mit Erreichen des Grundwassers in seitwärts gerichtete, reichlich feinverzweigte Stränge aufgegliedert. Auch Jüttner (1954) weist auf das Umbiegen und Aufzweigen der Polwurzel mit Erreichen des Grundwassers hin. Bei dem älteren Baum der **Abb. 12** geht die T-Form des Wurzelsystems infolge Ausbildung kräftiger Senkwurzeln in einen verkehrten Kegel über. Auch auf diesem nicht staufeuchten Boden bildet die Polwurzel mit Erreichen der gleichmäßiger feuchten und gleichmäßiger temperierten Schichten endwärts eine flachstreichende Wurzelgruppe. Safar (1954) stellte im kroatischen Karst auf Kalkschutt stark deformierte Polwurzeln fest. Auch bei dem in **Abb. 13** dargestellten Wurzelsystem entstand auf Kalkschutt-Rendsina eine stark verkümmerte und im Tiefenwachstum deutlich gehemmte Polwurzel. Trotzdem ist auch hier ihre Aufzweigung in den tieferen, feuchteren Schichten in seitwärts streichende Wurzeln zu erkennen. Die Hemmung der Polwurzel führt zu einer auffallend kräftigen Ausbildung der flachstreichenden Seitenwurzeln (**Taf. 26**, Bild 3. Reihe links). Die Seitenwurzeln verzweigen sich nach außen gabelig und bewirken so erst weiter vom Stamm entfernt eine reichliche Feinverzweigung. Diese beschränkt sich fast ausschließlich auf die feinsedimentreicheren Bodenschichten.

Taf. 26: Weiß-Tanne, *Abies alba*. 1. Reihe links und Mitte: Köstenberg, Kärnten, 745 m NN, im Unterboden staunasse Braunerde, junger Baum mit stark vorwüchsiger Polwurzel, die im G_O-Hor. eine zweite seitwärts verlaufende Wurzelgruppe bildet (zu Abb. 11); rechts und 2. R.: Ort wie oben, Braunerde, Baum mittleren Alters mit dicken, flurnah verlaufenden Seitenwurzeln und tiefstrebender Polwurzel (zu Abb. 12). 3. R.: Karawanken, Kärnten, 890 m NN, Braunlehm-Kolluvium in Kalkschutt, Baum mittleren Alters mit schwach entwickelter, wenig tiefstrebender Polwurzel und mit extrem stark ausgebildeten, gabelig verzweigten Seitenwurzeln, Endabschnitte der Wurzeln wenig verzweigt, Wurzelenden kurz, dick-fleischig (zu Abb. 13).

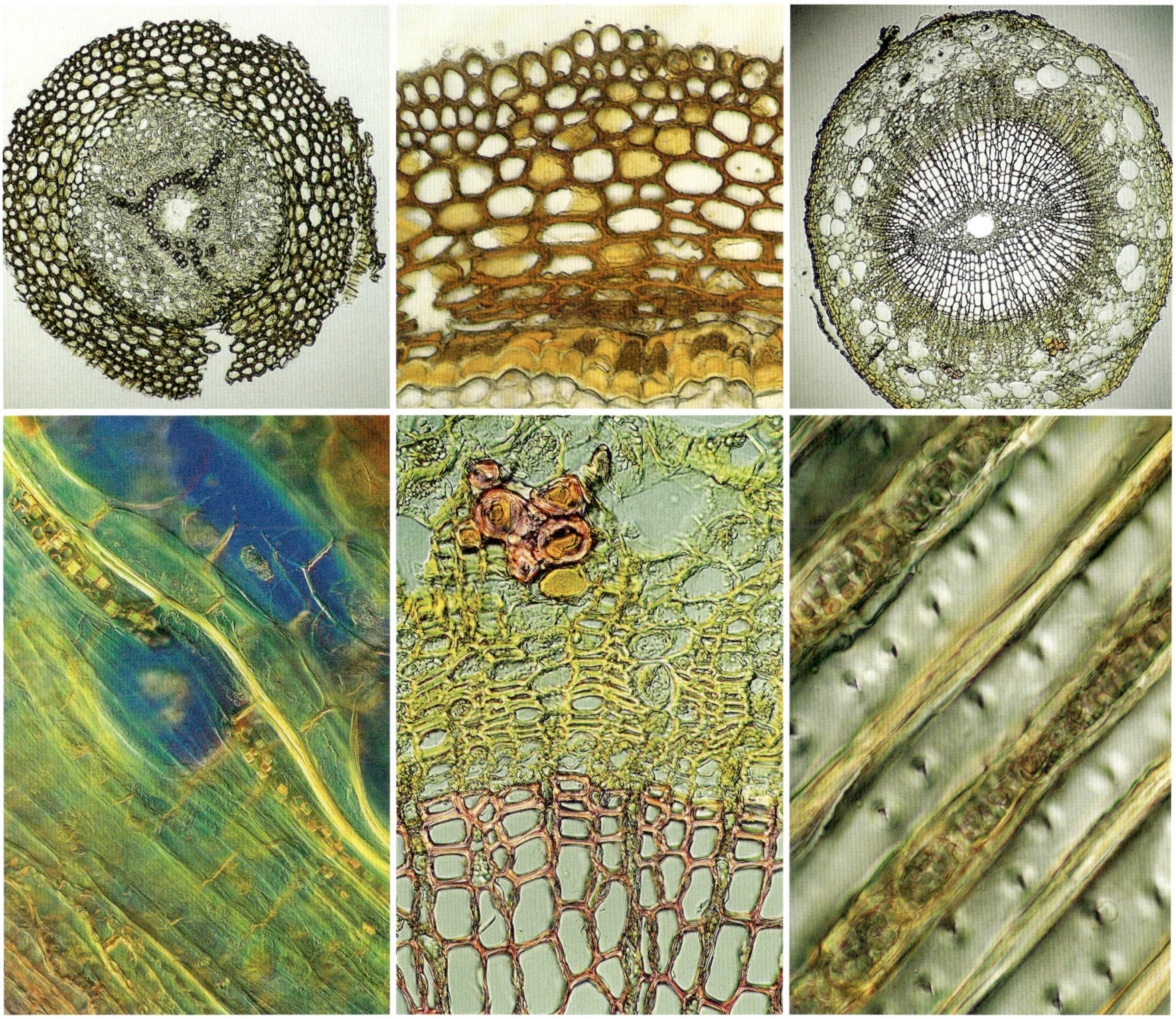

Tafel 27A: *Abies alba,* **Weiß-Tanne.** – **1:** Köstenberg, Ktn., 19.2. Prim., Ø, Ph/HCl, 66x. **Rinde** Ex fehlend, äußerste Schicht abschnittweise unterbrochen, Z gleich denen der 1-2 angrenzenden Schichten, klein, ZW stärker gebräunt. ZZ 3arch, im Zentrum HK. – **2:** Schnittreihe wie 1. JJK, 166x. – **3:** Bärental, Ktn., 12.10. Sek., Ø, Ph/HCl, 26x. Wu 2jährig. **ZZ** 2arch. **PCAG** sich schuppig abläsend. **Bast** breit mit zahlreichen weitlumigen SchleimZ u. kleinen Gruppen verholzter ScZ. **Holz** Strahlen 1reihig, im Zentrum HK. – **4:** Pfl u. Zeit wie 3. Sek, ⊠, Ph/HCl, 166x. Bast SchleimZ mit ausgeflocktem Schleim, ZReihen mit prismatischen CaOxKristallen. – **5:** Ausschnitt aus 3. 166x **Bast** Z der Strahlen im SePH sich nach außen stark erweiternd. – **6:** Ort wie 3, 17.10. Sek., ⊠, S3, 420x. **Holz** Strahlen 1-4 Z hoch, Tracheiden Hoftüpfel z. T. versetzt.

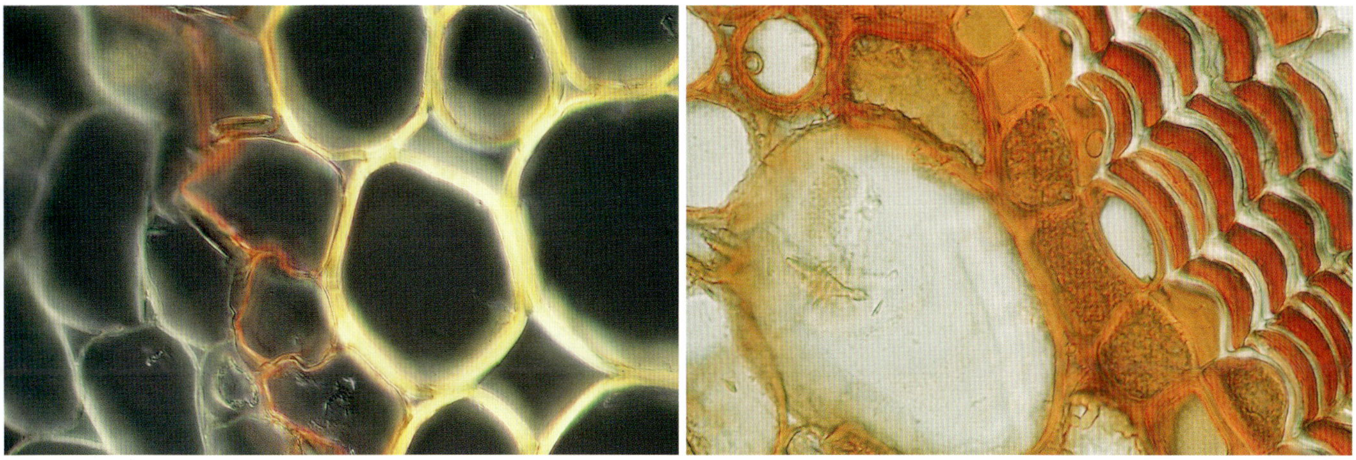

Tafel 27B: – **1:** Schnittreihe wie A1. S3, 420x. ZW des RP weiß, stark gequollen. **Rinde** En mit Suberinlamelle rot. **ZZ** ZW weiß, wenig gequollen. – **2.** Ort wie A1, 31.7. Sek., Ø, JJK, 420x, **PCAG** 8schichtig, ZW ab der 2. Schicht AW verdickt, verholzt, braunrot. **Bast** SchleimZ.

Die Wurzelenden sind auffallend dick und mäßig verzweigt. Abwärts wachsende Senkwurzeln entstehen auf dem skelettreichen Boden nur andeutungsweise.

Anatomie, Taf. 27

Die Weiß-Tanne unterscheidet sich wie alle Vertreter der Gattung von den übrigen Gymnospermen durch das Vorhandensein eines zentralen Harzkanals. Sie ist außerdem durch besonders große Schleimzellen im Bast gekennzeichnet. Im primären Bau gleicht sie mit Ausnahme des frühzeitig gebildeten zentralen Harzkanals weitgehend den übrigen Pinaceen. Eine Rhizodermis und eine Exodermis fehlen. So ist im Gegensatz zur Rhizodermis die äußerste Schicht des Rindenparenchyms mehrfach unterbrochen. Ihr Wachstum erfolgt wie jenes der anderen Rindenschichten in mehreren, aufeinander folgenden Spiralen. Deshalb ist die Größe der Zellen unterschiedlich. Die Zellwände dieser Schicht verdicken und bräunen sich, gleich jenen der beiden angrenzenden Schichten, frühzeitig. Mit zunehmendem Alter sind aber auch die Zellwände des übrigen Rindenparenchyms dunkel- bis schwarzbraun gefärbt (A 1, 2). Vor der Bräunung ist die Quellfähigkeit der Zellwände der inneren Schichten der Rinde größer als jene der äußeren Schichten. Nur die Zellwände der Endodermis sind nach Ausbildung der Suberinlamelle nicht mehr oder nur noch wenig quellfähig. Eine geringe Dicke und damit Quellfähigkeit haben auch die angrenzenden Zellen des Zentralzylinders. Die Größe der Zellen der ersten Schicht, d. h. des Pericambiums, gleicht etwa jener der Endodermis (B 1).

Der Zentralzylinder ist oft 2–4arch. Die Zellen des Grundgewebes sind groß und wasserreich. Die Rinde ist noch weitgehend erhalten, wenn im Zentralzylinder die Bildung des Pericambial-Abschlußgewebes beginnt. Ab der dritten Schicht ist die Außenwand sehr stark verdickt. Vor der Verdickung erfolgt die Verkorkung der Zellwände. Die Verdickung geschieht durch Auflagerung einer größeren Zahl von verholzten Schichten (s. Allgemeiner Teil). Die Eigenfarbe des Pericambial-Abschlußgewebes ist rotbraun bis dunkelbraun (B 2). Den Hauptteil des Bastes nehmen häufig die großen Schleimzellen ein. Kleinere Gruppen von verholzten Spicularzellen liegen verstreut im Bast. Im sekundären Phloem haben die zwischen den Strahlen mit deren dünnwandigen Zellen liegenden Gewebe verdickte Zellwände. Ausgenommen sind die leitenden Elemente des Phloems (A 3, 5). Entlang verfestigter Zellwände verlaufen namentlich im äußeren Teil des Bastes Zellreihen mit großen, prismatischen Calciumoxalat-Kristallen (A 4). Die Strahlen im Holz sind wie bei den anderen Gymnospermen einreihig. Die Längswände der Tracheiden enthalten zahlreiche, z. T. versetzt stehende Hoftüpfel (A 6).

Die großen und wasserreichen Zellen von Rinde und Zentralzylinder im Bereich der Streckungszone der Wurzelspitze begünstigen das Tiefenwachstum der Wurzel. Dazu kommt eine langsamere Verfestigung der Zellen im Vergleich zur Fichte. Dadurch sind die Wurzeln längere Zeit empfindlich gegenüber Unterschieden in der Wasserabgabe und -aufnahme. Dies begünstigt ebenfalls das Tiefenwachstum der Wurzeln. Der Mangel an Harzkanälen, mit Ausnahme des zentralen Harzkanals, vermindert den Trockenschutz der Wurzeln. Ob ein Ausgleich durch die großen Schleimzellen gegeben ist, müßten weitere Untersuchungen klären. Innerhalb der untersuchten Arten konnten Schleimzellen nur bei *Ulmus laevis* und *U. glabra* festgestellt werden. Der Gewebeaufbau der Wurzeln der Weiß-Tanne enthält demnach Hinweise darauf, warum deren Tiefenwachstum jenes anderer Pinaceen, wie besonders der Fichte, übertrifft. Außerdem zeigt er die Gebundenheit der Art an frischfeuchte Standorte.

Standortansprüche: Die Weiß-Tanne bevorzugt luftfeuchtere, sommerkühlere, frostärmere Lagen und meist gut durchfeuchtete, reifere Böden. Ihre Ansprüche ähneln somit jenen der Rotbuche, doch ist sie weniger lichtbedürftig und wesentlich unempfindlicher gegen Bodenvernässung.

Verbreitung: Die Höhengrenze der vorwiegend praealpid(-submedit.) verbreiteten Art verläuft südlich des Alpenhauptkammes bei 1.700–1.800 m und nördlich davon bei 1.000–1.200 m. In den trockeneren Zentralalpen bleibt sie auf die feuchteren Graben- und Taleinhänge beschränkt. In tieferen, wärmeren Lagen bildet sie nur noch auf schattigen, feuchteren Böden sich selbst verjüngende Bestände. Hauptsächlich kommt sie, meist zusammen mit der Buche, in der montanen bis hochmontanen Stufe vor. Besonders reichlich vertreten ist sie in den krautreicheren (Buchen-)Tannen-Fichten-Mischwäldern (Galio rotundifolii-Abietenion) auf basenreicheren Böden. Auf sauren Böden ist sie in den heidelbeerreichen Fichten-Tannen-Wäldern (Vaccinio-Abietenion) eine bestandbildende Art.

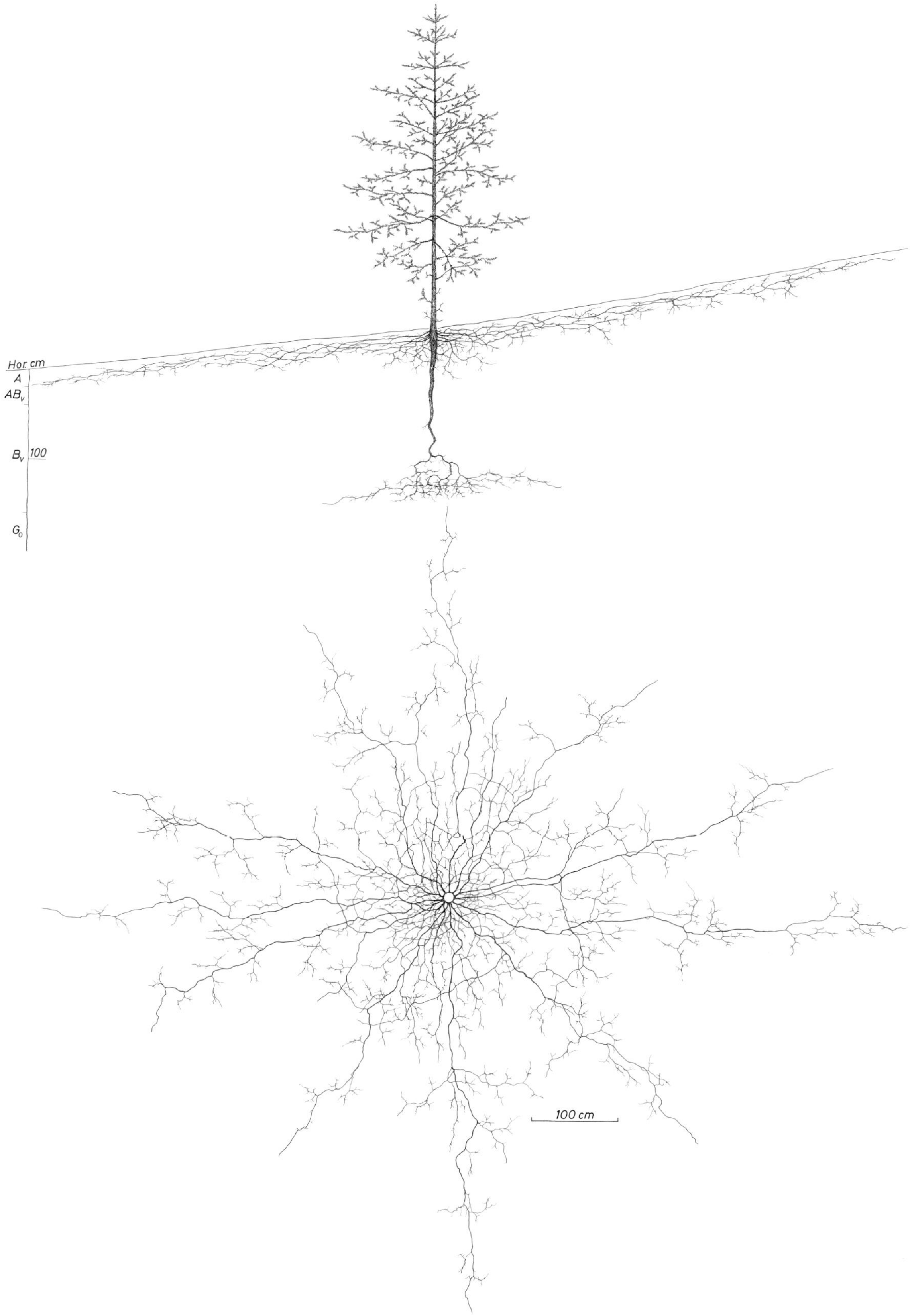

Abb. 11: Weiß-Tanne, *Abies alba,* H–T–S = 364–190–1.006 cm, Köstenberg, Kärnten, nach Norden abfallende Geländemulde, 745 m NN. Tannen-Fichten-Wald mit reichlich *Vaccinium myrtillus* und *Sphagnum.* Im Unterboden staunasse Braunerde, Bodenprofil Hor.: O 5–0 cm Bestandesabfall und *Sphagnum*-Polster, A 0–20 cm stark humoser Lehm, schwach krümelig, stark durchwurzelt, AB_v 20–40 cm humoser Lehm, mäßig dicht, mäßig stark durchwurzelt, B_v 40–160 cm Lehm, dicht, schwach durchwurzelt, G_o toniger Lehm, dicht, rostfleckig, sehr schwach durchwurzelt, ab 170 cm zur Zeit der Untersuchung Grundwasser.

Abb. 12: Weiß-Tanne, *Abies alba*, H–T–S = 1.275–280–1.250 cm, Köstenberg, Kärnten, schwach geneigter Nordhang, 750 m NN. Tannen-Fichten-Wald mit reichlich *Vaccinium myrtillus*. Lockersediment-Braunerde, frisch, Bodenprofil Hor.: O 2–0 cm Nadelstreu und Moder, A_1 0–10 cm stark humoser, sandiger Lehm, krümelig, stark durchwurzelt, A_2 10–25 cm humoser, sandiger Lehm, stark durchwurzelt, B_v 25–80 cm sandiger Lehm, mäßig dicht, schwach steinig, Durchwurzelungsdichte nach unten rasch abnehmend, C_v 80–150 cm lehmiger Sand, durchsetzt mit Kies, schwach durchwurzelt, C Sand und Kies, ab 200 cm Tiefe grundfeucht.

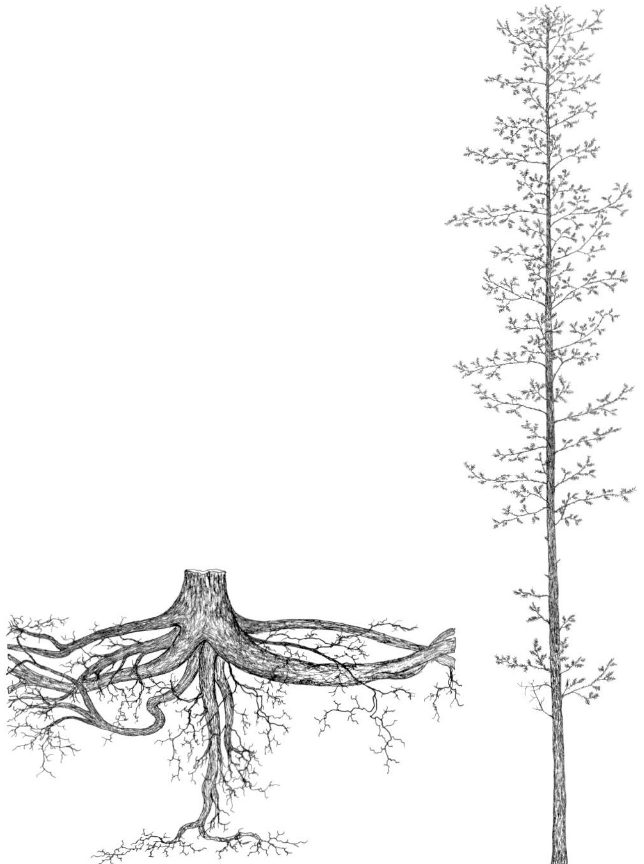

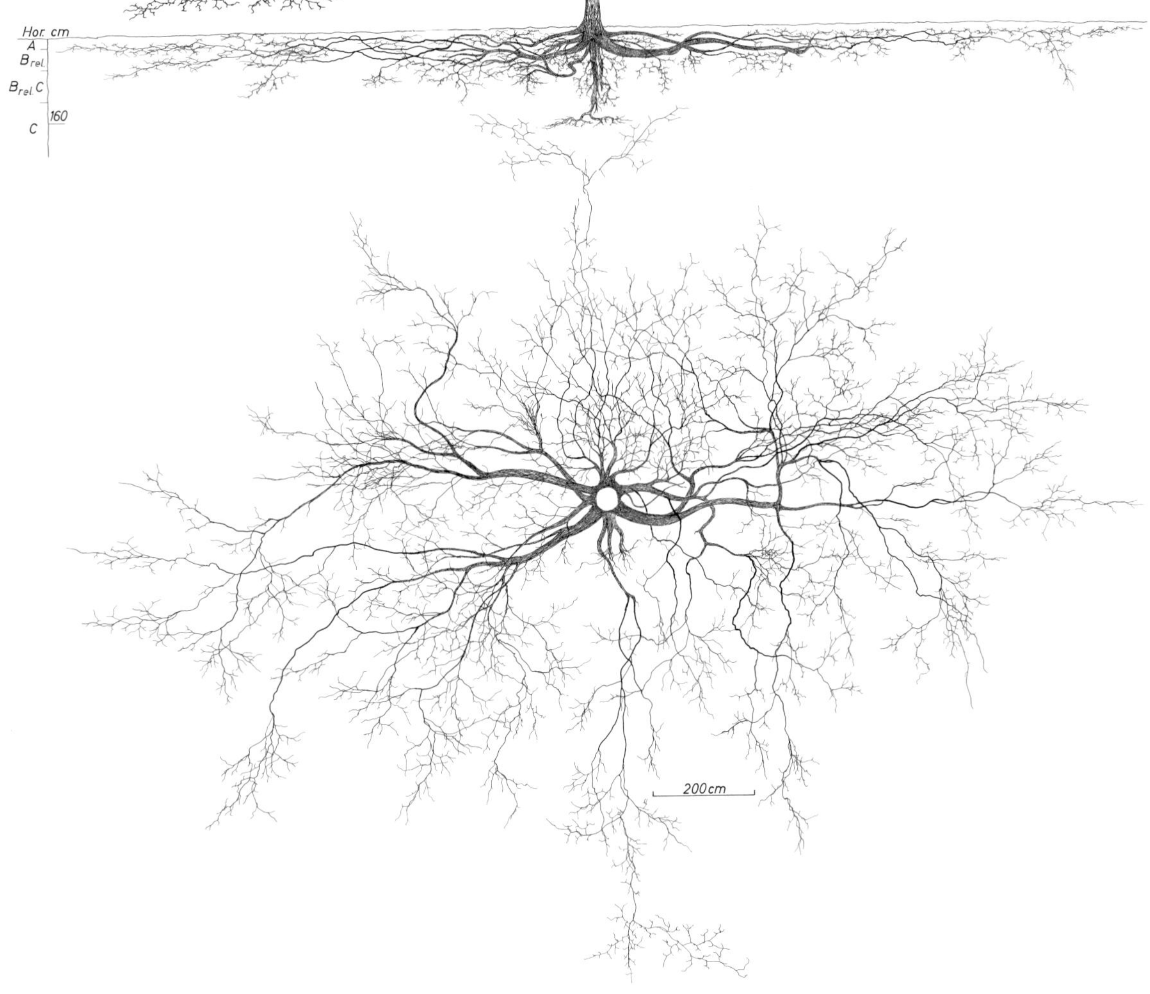

Abb. 13: Weiß-Tanne, *Abies alba*, H–T–S = 1.648–188–2.120 cm, Karawanken, Kärnten, nach Süden geneigte Geländemulde, 890 m NN. Buchen-Tannen-Wald mit vorwiegend *Calamagrostis varia, Senecio ovatus* und *Eupatorium cannabinum*. Braunlehmkolluvium über Kalkschutt, frisch, Bodenprofil Hor.: A_1 0–5 cm stark humoser Lehm, Modermull, schwarz (10YR 2/1), stark durchwurzelt, A_2 5–20 cm humoser Lehm, dicht, schwach steinig, B_{rel} 20–60 cm Lehm, dicht, durchsetzt mit Kalkgrus, stark durchwurzelt, B_{rel} C 60–120 cm Lehm, stark durchsetzt mit Kalkgrus und -schutt, schwach durchwurzelt, C Kalkgrus und -schutt, Durchwurzelung auslaufend, ab 180 cm Tiefe deutlich grundfeucht.

Picea abies (L.) Karsten, Fichte

Morphologie

Sproß: Immergrüner Baum, Stamm monopodial verzweigt, gerade, durch Schneedruck unten oft säbelförmig, bis 40 (60) m hoch. Hauptäste in Scheinquirlen, zwischen den Quirlen dünnere Äste spiralig stehend. Äste aufwärts bis abwärts verlaufend, am Ende aufgebogen, jüngere Zweige seitwärts abstehend, ältere oft lang herabhängend. Krone schmal bis breit, kegel- bis pyramidenförmig, an jüngeren Bäumen mit schlanker, an älteren mit stumpfer Spitze.

Wurzel: Aufgrund umfangreicher Untersuchungen soll die Fichte ein tellerförmiges Wurzelsystem mit Senkwurzeln ausbilden (KÖSTLER et al. 1968, KALININ 1983, KREUTZER 1961, HILF 1927, EICHHORN 1992 u. a.), das wie folgt beschrieben wurde: Die tellerförmige Wurzelform ergibt sich aus der vorwiegend seitlichen Ausbreitung der Hauptwurzelmasse in den humosen, oberen Bodenschichten (KÖSTLER 1962, HILF 1927, WIEDEMANN 1927, GROSSKOPF 1950). In der Nähe des Wurzelstockes und vor allem an den dickeren Abschnitten der flachstreichenden Seitenwurzeln wenden sich einzelne Wurzelstränge nach unten. An älteren Bäumen können sie zu kräftigen „Senkwurzeln" heranwachsen.

Der flache Wurzelteller und die Senkwurzeln bilden nach der bisherigen Beschreibung zwei weitgehend voneinander abgesetzte Wurzelhorizonte. Auf luftarmen, staunassen Böden (Gley, Pseudogley) beschränkt sich die Wurzelmasse hauptsächlich auf den flachen Wurzelteller, der sich in den oberen, besser durchlüfteten Bodenschichten ausbreitet (KERN et al. 1961). Sofern Senkwurzeln gebildet werden, erreichen sie nur eine geringe Tiefe. Außerdem sind sie nur schwach entwickelt und endwärts meist stark aufgezweigt (SCHOCH 1964, JÜTTNER 1954, WAGENKNECHT 1960). Die tiefreichenden Wurzeln folgen auf dicht gelagerten Böden, wie alle Wurzeln, vorzugsweise Röhren abgestorbener Wurzeln. Vorwiegend flache Wurzelteller entstehen auch bei geringer Bodenerwärmung wie z. B. in der subalpinen Stufe. Dabei verlaufen die meisten Wurzelstränge knapp unter der Bodenoberfläche (**Abb. 20**; **Taf. 28**, Bild 3. Reihe rechts).

Auf warmen, trockeneren Standorten überwiegt ebenfalls die obere, flachstreichende Wurzelgruppe (**Abb. 19**). Dies bestätigen auch die Untersuchungen von JÜTTNER (1954), KÖSTLER et al. (1968) und RACHTEJENKO (1952). Auf stauwasserfreien, gut durchlüfteten, tiefgründiger erwärmten Böden können aber einzelne Wurzeln der Fichte auch beachtliche Tiefen erreichen. VATER (1927) fand im Bayrischen Wald auf steinig-grusigen Böden eine Wurzeltiefe bis 210 cm, GRASER (1935) im Erzgebirge auf steinreichen Böden eine Tiefe bis 150 cm, SCHOCH (1964) in Oberschwaben auf skelettreichem Lehm eine Tiefe von 150–170 cm. In Mittelkärnten betrug die max. Wurzeltiefe einer älteren Fichte an einem Südhang auf Braunerdekolluvium 140 cm (**Abb. 17**).

VATER fand an einer 81 Jahre alten Fichte eine Reichweite der Seitenwurzeln von 9,3 m. In Kärnten betrug der höchste Durchmesser des Wurzeltellers bei einer alten Fichte 12,3 m (**Abb. 17**). Nach KÖSTLER et al. reicht die radiale Ausbreitung der Seitenwurzeln sogar bis zu 18 m.

Bei sorgfältiger Freilegung auch der dünneren, schräg nach unten verlaufenden Wurzeln wird die angegebene strenge Aufgliederung in flachstreichende und tiefstrebende Wurzeln undeutlich. Auch bei der Fichte entsteht in den meisten Fällen ein Wurzelkörper, der sich kegelförmig nach oben erweitert. Nur auf sehr kühlen oder nassen Böden wird er zusehends scheibenförmig. In jedem Fall beschränkt sich aber die Hauptwurzelmasse auf die oberen humosen Bodenschichten. Nach KÖSTLER et al. befinden sich an älteren Bäumen 60–80 % der Wurzelmasse in den oberen Bodenschichten, auf Extremstandorten fast 100 %. Der letztgenannte Wert trifft vor allem für die Bäume der subalpinen Stufe zu. Deshalb ist die Fichte auch so anfällig für Windwurf.

NIELSEN (1990) widmet der Sturmfestigkeit der Fichte eine grundlegende, umfangreiche Abhandlung. Nach dieser ist die Windanfälligkeit vor allem auf die geringe Tiefenverankerung zurückzuführen. Weitere Gründe dafür sind die geringe Feinwurzelmasse im Umfeld des Stammes und die starke Abholzigkeit der dicken Seitenwurzeln. Denn die Reißfestigkeit soll sich mit der 2. bis 3. Potenz der Abnahme des Wurzelquerschnitts verringern.

Bei der Fichte sollen auch häufig Wurzelverwachsungen vorkommen. Nach Holmsgaard & Scharff (1964) sind bis zu 40 % aller Bäume eines Fichtenbestandes im Wurzelwerk untereinander verwachsen. Bei unseren Untersuchungen fanden wir kaum Verwachsungen. Vielleicht verdickt sich die Rinde in warmen Gebieten rascher, sodaß Wurzelverwachsungen durch Reibung an der Rinde nicht so leicht auftreten.

Bekannt ist auch die Fähigkeit der Fichte, sproßbürtige Wurzeln zu bilden (Nägele 1931). Daher kann sie Überschüttungen ertragen. Podhorsky (1931, zit. Köstler et al. 1968) fand nach Überschüttung von Fichten regelmäßig einen neuen Kranz von Seitenwurzeln. Im „Haus der Natur" in Salzburg befindet sich ein Fichtenstamm, der nach Vermurung in einer Höhe von ca. 150 cm wieder einen Kranz dicker Seitenwurzeln gebildet hat. Laut vorliegenden Untersuchungen entstanden an einer Böschung nach Überschüttung noch 150 cm oberhalb des Wurzelstockes kräftige, bis über 3 m lange Sproßwurzeln. In sommerkühlen, nördlichen Lagen, wie in Mittelnorwegen, können vom Stammgrund ausgehende, niederliegende Äste infolge ständig hoher Luftfeuchte in Bodennähe aus Sproßknospen junge Bäume bilden, die an ihrem knieförmigen Grund bewurzelt sind (**Abb. 9**).

Die Durchdringung des Bodens mit feinen Wurzeln ist bei der Fichte geringer als bei der Lärche und vor allem bei der Douglasie. Der Feinwurzelbesatz hängt wesentlich von der Temperatur und der Bodenfeuchte ab (Deans 1979, Bartsch 1985). In den humussauren, kühlen Gebirgsbraunerden mit podsoliger Dynamik ist er wesentlich geringer als in den basenreicheren Mullhumusböden der Tieflagen. Ebenso ist er in luftarmen und insbesondere in staufeuchten Böden geringer als in stauwasserfreien, gut durchlüfteten Böden. Der Feinwurzelbesatz geht auch mit zunehmender Bodentiefe rasch zurück. Den stärksten Besatz fanden Lepšová & Oborník (1992) erwartungsgemäß am Übergang des Auflagehumus zum Mineralboden. Der Besatz an Feinwurzeln, die laufend absterben und neu gebildet werden, unterliegt auch jahreszeitlichen Schwankungen. Am ergiebigsten sind die Neubildung und das Absterben der Feinwurzeln mit einem Querschnitt bis 1 mm im Juli (Kocourek 1992). Persson (1978) stellte eine jährliche Zuwachsrate an Feinwurzeln von 1,83 t/ha und eine jährliche Absterberate von 1,21 t/ha fest, Kocourek eine jährliche Produktion an 2 mm dicken Feinwurzeln von 8,2 t Trockensubstanz. Die jährliche Produktion der mit Mykorrhiza besetzten Feinwurzeln schätzt er auf 630 kg/ha. Am höchsten ist die Bildung der Mykorrhiza-Wurzelmasse im Frühling (Mai), ein zweiter, nicht so deutlich ausgeprägter Höhepunkt wird im Herbst erreicht.

Der Feinwurzelbesatz wird auch wesentlich vom Nährstoffgehalt des Bodens und vor allem von der Düngung beeinflußt. Die Zufuhr erträglicher Mengen von P-, K-, Mg- und S-hältigen Düngern fördert den Besatz an Feinwurzeln (Ericsson 1990, Ericsson & Kähr 1993). Hingegen verringert die Düngung mit Nitrat den Feinwurzelbesatz (Clemensson-Lindell & Persson 1994). Die in Schweden auf sauren Böden festgestellte Förderung der Feinwurzelbildung durch Düngung mit Kalk (Clemensson-Lindell & Persson 1993) beruht im wesentlichen auf einer zweifachen Wirkung. Einerseits wird durch die Kalkzufuhr die starke Bodenversauerung verringert, die für die Feinwurzelbildung abträglich ist. Andererseits fördert die Erhöhung des pH-Wertes die Bodentätigkeit und damit die Mineralisierung der organischen Substanz. Die dabei frei werdenden Nährstoffe begünstigen die Feinwurzelbildung. Diese indirekte Wirkung der Kalkdüngung auf den stark zur Versauerung neigenden Böden hat in der kühlen, borealen Zone den Baumwuchs durchwegs begünstigt. Die Walddüngung mit Kalk hat sich im Norden als einzige Düngung bewährt. Die Zufuhr von N-hältigen Düngern führte zur Bildung von „Krähennestern". Die Verbreiterung der Baumkrone im Wipfelbereich bewirkte eine starke Erhöhung der Schneebruchgefahr.

Die weißen, fleischigen Wurzelenden sind in der Regel bei der Fichte viel länger als bei der Lärche oder gar bei der Douglasie (**Taf. 28**). Auch dieser Umstand weist darauf hin, daß die Fichte viel empfindlicher gegen Oberbodentrockenheit ist. Die Farbe ihrer älteren Wurzeln ist satt- bis hellbraun, jene der jüngeren braun bis gelbbraun.

Bolkenius (zit. Köstler et al.) verglich die Bewurzelung von neun Fichten und sechs Tannen im Alter von 50–150 Jahren in Plenterwaldbeständen des Forstamtes Schopfheim (Baden-Württemberg). Er fand bei der Fichte ein höheres Wurzelgewicht und eine bessere Horizontaldurchwurzelung. Die Tanne hingegen verzweigte sich besser, drang tiefer in den Boden ein und bewirkte eine gleichmäßigere Vertikalverteilung der Wurzelmasse. Auch diese Untersuchungen bestätigten die „genetisch fixierten Besonderheiten in der Wurzelausprägung von Fichte und Tanne". Der Gewichtsanteil der Wurzel an der Gesamtmasse des

Taf. 28: Fichte, *Picea abies*. 1. Reihe links: Heiligenblut, 1520 m NN, Braunerde, Jungpflanze mit umgebogener Polwurzel und abwärts wachsenden Seitenwurzeln (zu Abb. 15); Mitte: Gerlitzen, Kärnten, 1.840 m NN, Braunerde, unter dem Rasen verlaufender Endabschnitt einer Fichtenwurzel (zu Abb. 20); rechts, 2. R. und 3. R. links: Arriach, Kärnten, 830 m NN, Braunerde, jüngerer Baum mit verkümmerter, wenig tiefstrebender Polwurzel und mit weit nach der Seite ausgebreiteten, flurnah verlaufenden Seitenwurzeln, stark verzweigter Endabschnitt einer flachstreichenden Wurzel mit vielen Wurzelenden (zu Abb. 18); rechts: Gerlitzen, Kärnten, 1.840 m NN, Braunerde, junges Bäumchen mit weit seitwärts unter dem Rasen verlaufenden Wurzeln (zu Abb. 20).

Taf. 29 A: Fichte, *Picea abies*. – **1:** Klagenfurt, 4.12. Prim., Ø, Ph/HCl, 64x. **Rinde** 2-3 äußere Schichten Z klein, ZW verholzt, äußerste Schicht mit WuHr, mittlere Schichten Z groß. **ZZ** 2arch. – **2:** St. Andrä, Kärnten, 20.1. Prim.-sek., Ø, Ph/HCl, 64x. Pfl 2½jährig. **Rinde** weitgehend abgestorben. **Bast** mittelbreit, äußere Z groß, SePh Strahlen u. ZReihen mit LE abwechselnd. **Holz** Strahlen einreihig, HK sek. klein, ihre Lage verschieden, Wu gekrümmt. – **3:** Treffen, Kärnten, 27.10. Prim., Ø, S3, 409x. **Rinde** RP ZW stark gequollen, gelb, En ZW mit Suberinlamelle, rot. – **4:** Ort u. Zeit wie 2. Sek., ☒, S3, 162x. **Holz** Strahlen einreihig, 1-3 Z hoch, F Hoftüpfel entfernt stehend, in Tracheiden dicht stehend. – **5:** Pfl u. Zeit wie 2. Sek., Ø, Saf.-Ast., 409x. HK innerste Z dünnwandig.

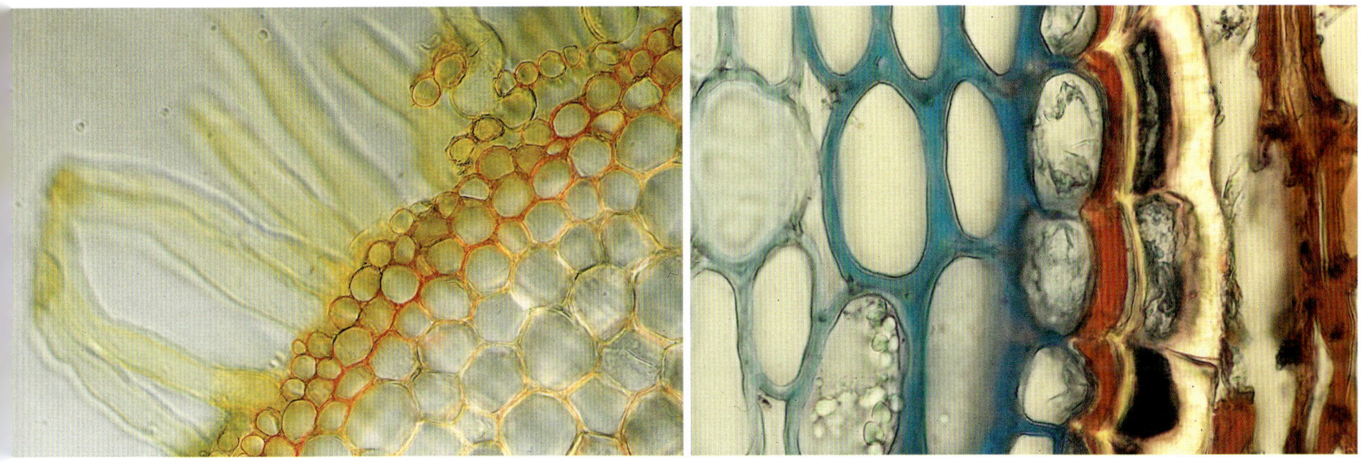

Taf. 29 B: – **1:** Ausschnitt aus A 1. 162x. **Rinde** äußerste Schicht ZReihen spiralig abgesetzt, z. T. mit WuHr, ZW rot bis rotbraun, 2. Schicht ebenfalls spiralig abgesetzt, Z größer, ZW rot. – **2:** Schnitt wie A 5. 409x. **PCAG** äußere Schichten äußere ZW verholzt.

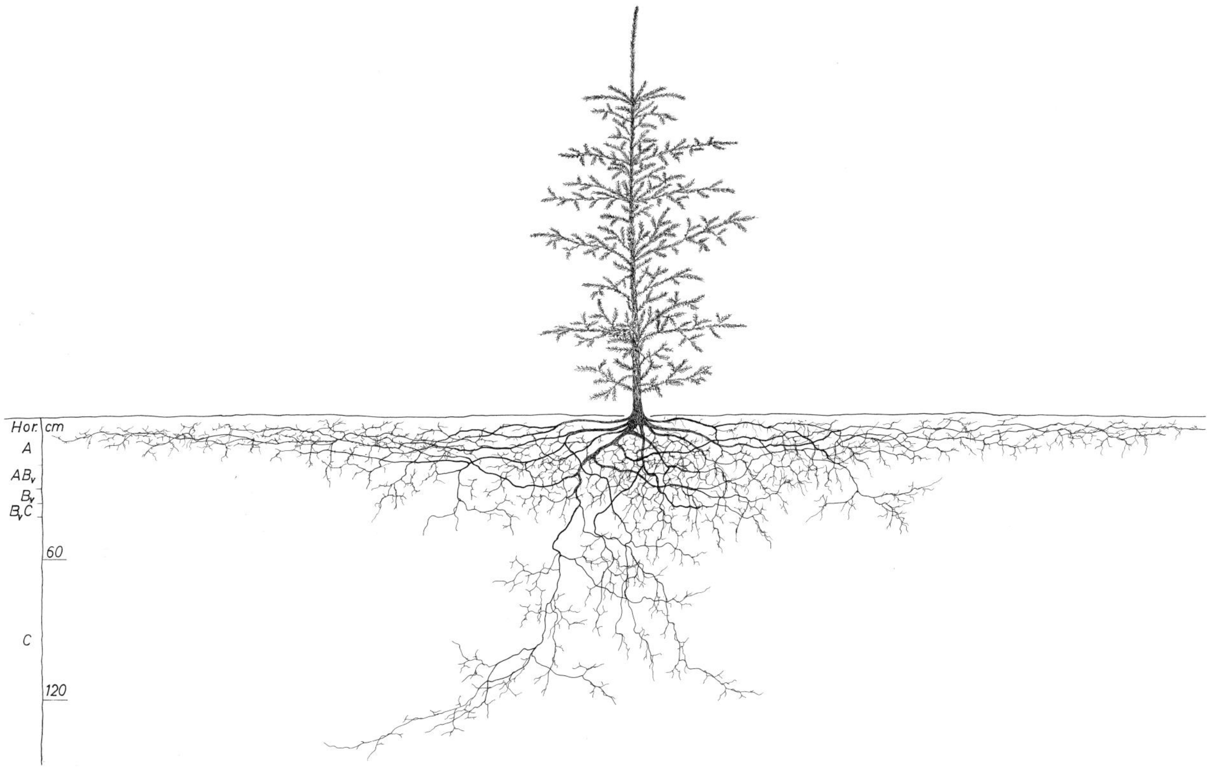

Abb. 14: Fichte, *Picea abies*, H–T–S = 175–144–516 cm, östlich Klagenfurt, 470 m NN. Mit Gebüsch locker bewachsene Nordböschung einer Sandgrube. Lockersediment-Braunerde über Niederterrasse, Bodenprofil Hor.: A 0–20 cm stark humoser, lehmiger Sand, krümelig, sehr locker, stark durchwurzelt, AB_V 20–30 cm humoser l S, sehr locker, stark durchwurzelt, B_V 30–36 cm l S, durchsetzt mit Kies, mäßig stark durchwurzelt, B_VC 36–42 cm stark kiesiger l S, sehr locker, mäßig stark durchwurzelt, C Sand und Kies, sehr locker, schwach durchwurzelt, ab 120 cm Tiefe schwach grundfeucht, Durchwurzelung auslaufend.

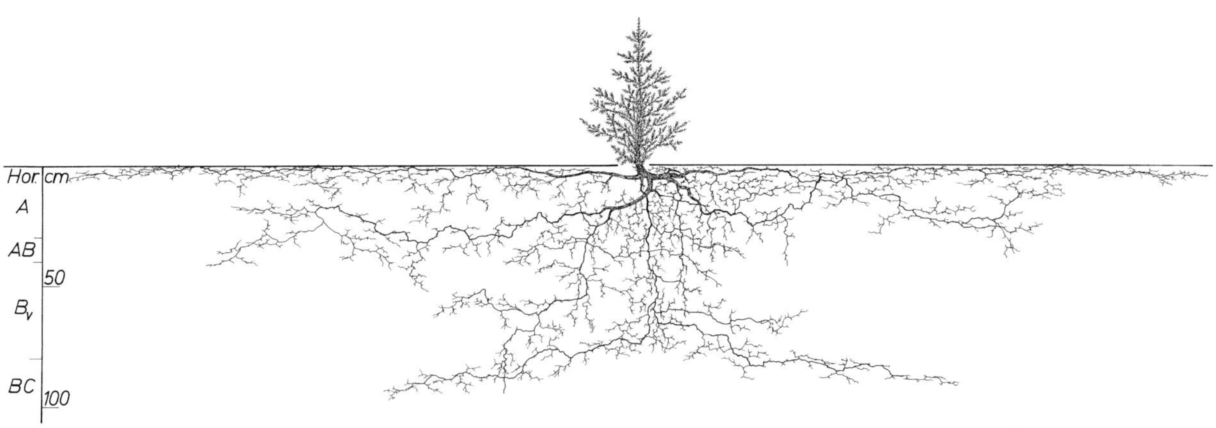

Abb. 15: Fichte, *Picea abies*, H–T–S = 61–96–473 cm, Heiligenblut, Kärnten, Südhang, 1.520 m NN. Lärchen-Fichten-Wald. Braunerde über Kalkglimmerschiefer, Bodenprofil Hor.: O 3–0 cm moosreicher Grobmoder, A 0–30 cm feinmoderreicher, lehmiger Sand, locker, steinig, mäßig stark durchwurzelt, AB_V 30–40 cm schwach humoser l S, locker, steinig, mäßig stark durchwurzelt, B_V 40–80 cm l S, steinig, mäßig stark durchwurzelt, B_VC l S zwischen Grus und Schutt, Durchwurzelung auslaufend. Aus: KUTSCHERA & LICHTENEGGER (1997).

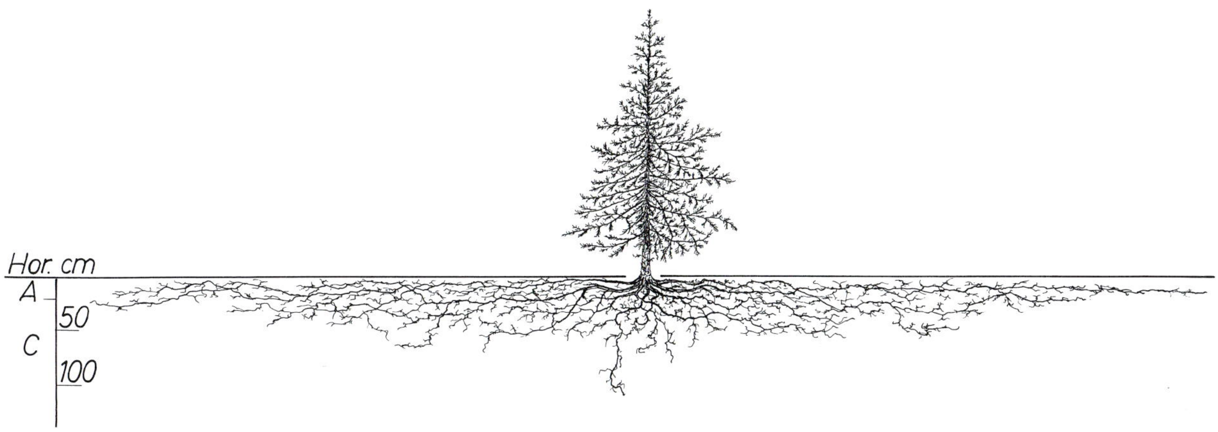

Abb. 16: Fichte, *Picea abies*, H–T–S = 249–109–1.051 cm, Nordfuß des Grimming, Steiermark, 780 m NN. Fichten-Buchen-Wald. Moderrendsina auf Kalkschutt, Bodenprofil Hor.: O 4–0 cm Streuauflage, A 0–20 cm moderreicher, grusiger Sand, mäßig stark durchwurzelt, C sandiger Grus und Schutt, Durchwurzelung ab 50 cm Tiefe auslaufend. Aus: Kutschera & Lichtenegger (1997).

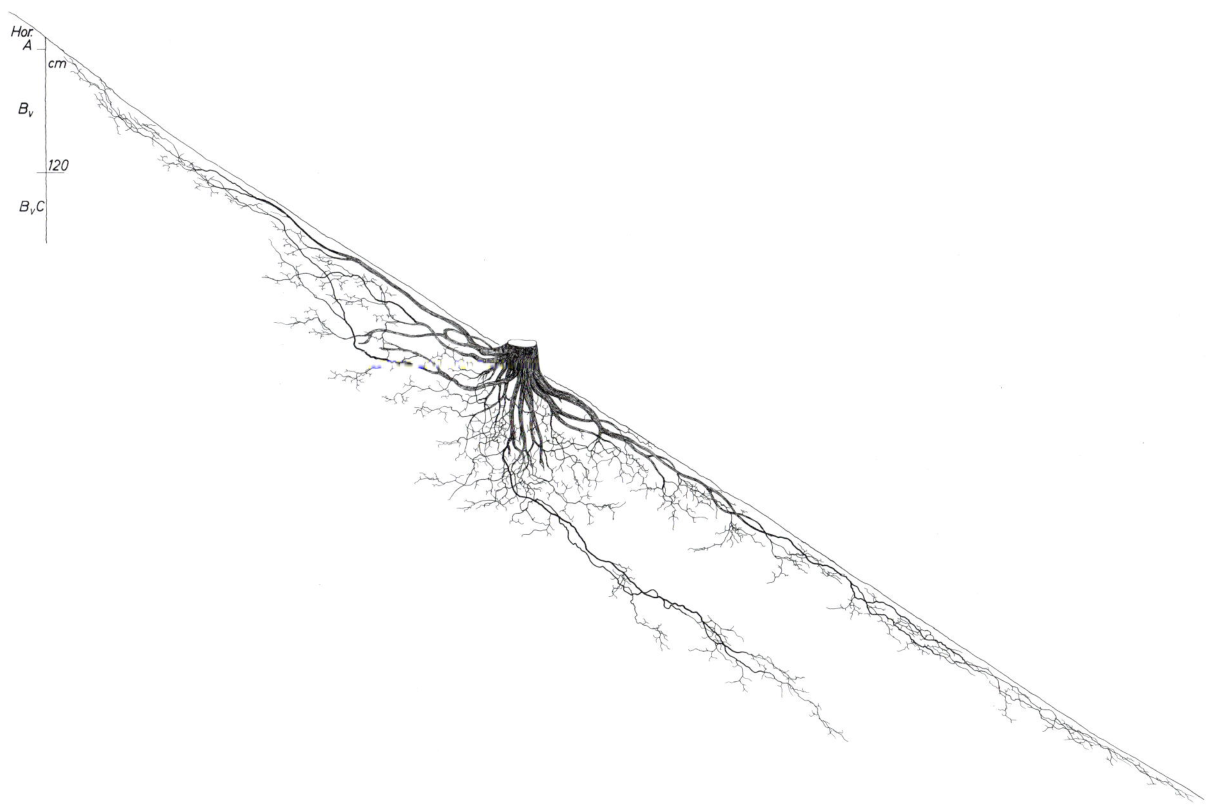

Abb. 17: Fichte, *Picea abies*, H–T–S = 1.710–140–1.230 cm, Arriach, Kärnten, Südhang, 980 m NN. Lärchen-Fichten-Wald mit vorwiegend *Hieracium murorum*, *Avenella flexuosa* und *Hypnum schreberi* im Unterwuchs. Braunerdekolluvium, Bodenprofil Hor.: O 2–0 cm Nadelstreu, A 0–10 cm feinmoderreicher, feinsandiger Schluff, dunkelbraun (10YR 3/3), pH 4,5, strukturlos, mäßig stark durchwurzelt, B_V 10–120 cm fs Schl, mehlig, schwach steinig, gelblichbraun (10YR 5/4), pH 5,0, mäßig stark durchwurzelt, B_VC fs Schl, Übergang zu dicht gelagertem Gesteinszersatz auf Schiefer, tiefer eindringende, stärkere Wurzeln absterbend oder seitwärts verlaufend.

Abb. 18: Fichte, *Picea abies*, H–T–S = 682–115–1.085 cm, Arriach, Kärnten, nordseitige Hangmulde, 830 m NN. Buchen-Fichten-Wald, Braunerde, Bodenprofil Hor.: O 5–0 cm Laub- und Nadelstreu, A 0–12 cm feinmoderreicher, schluffiger, lehmiger Sand, locker, dunkelbraun (10YR 4/3), stark durchwurzelt, AB_v 12–25 cm schwach humoser schlu l S, steinig, stark durchwurzelt, B_v schlu l S, steinig, locker, Wurzeln ab 70–100 cm Tiefe infolge zunehmender Feuchte teilweise absterbend.

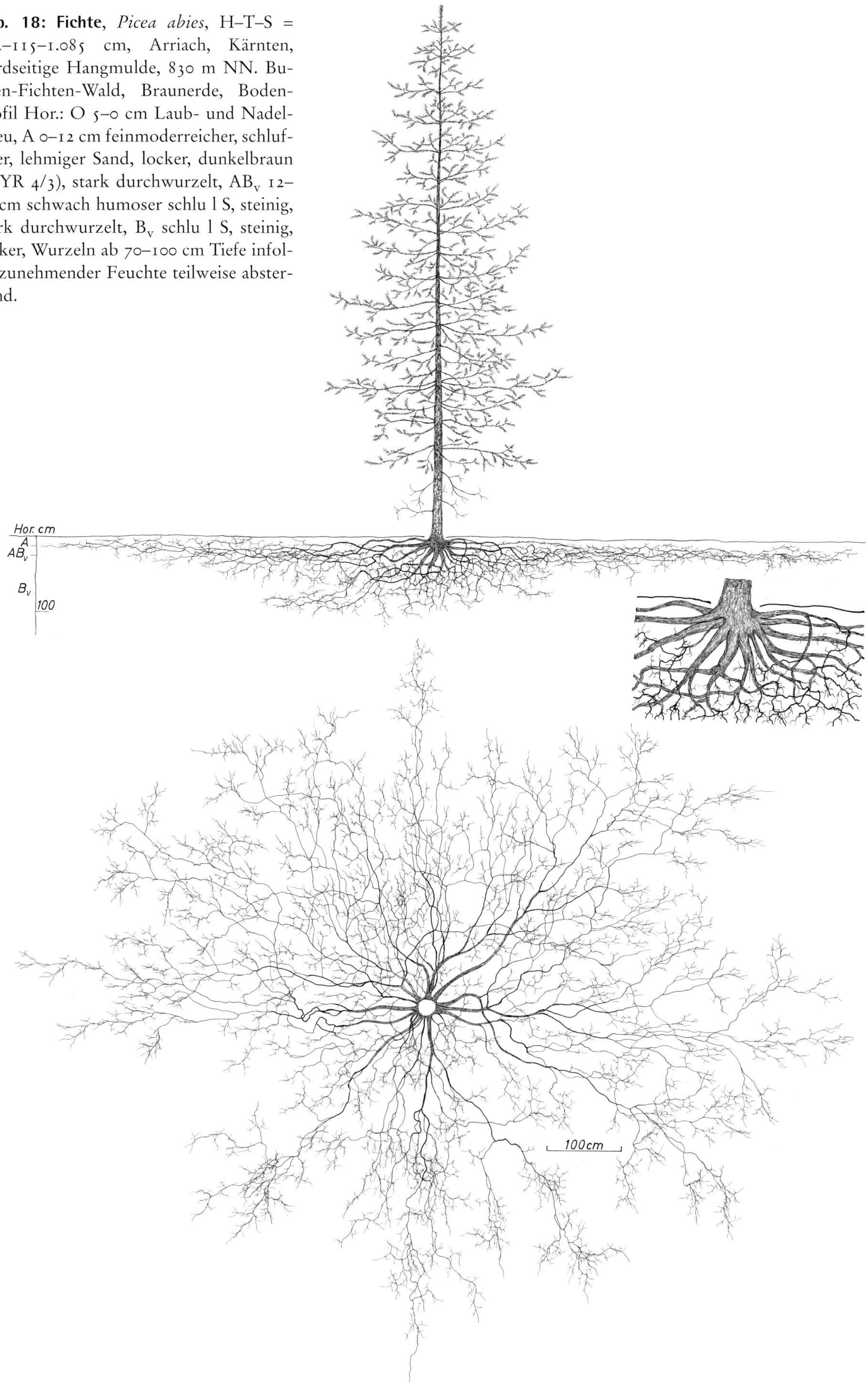

Baumes ist je nach Standortbedingungen verschieden hoch. Soon (1960) und Chibisov (1995) geben eine Schwankungsbreite von 15–25 % an, der Mittelwert liegt bei ca. 20 %.

Die dargestellten Pflanzen bestätigen im wesentlichen die bisher beschriebenen Wurzelformen der Fichte. Sie lassen aber nicht die bisher angenommene scharfe Trennung in eine flachstreichende und eine tiefstrebende Wurzelgruppe erkennen. Außerdem weisen sie im Gegensatz zu den bisherigen Auslegungen deutlich darauf hin, daß das Ausmaß des Tiefenstrebens der Wurzeln in erster Linie von der Temperatur abhängt (Kutschera 1971). Im Raum von Klagenfurt betrug die max. Wurzeltiefe einer jungen Fichte bei einer Seehöhe von 470 m 144 cm (**Abb. 14**), im Glocknergebiet bei einer Seehöhe von 1.520 m 96 cm (**Abb. 15**) und auf der Gerlitzen bei einer Seehöhe von 1.840 m 54 cm (**Abb. 20**). Mit der Abnahme der Wurzeltiefe ergibt sich auch bei diesen Untersuchungen eine stärkere Verlagerung der Wurzelmasse auf die flurnahe, flachstreichende Wurzelgruppe. Nur auf dem stark erwärmten Südhang bei Heiligenblut ist die Durchwurzelung der tieferen Bodenschichten ungewöhnlich hoch (**Abb. 15**). Die in **Abb. 18** dargestellte Fichte weist bei einer Seehöhe von 830 m einen wesentlich größeren Besatz an Feinwurzeln auf als die in **Abb. 20** dargestellte Fichte in 1.840 m Seehöhe. Ein auffallend geringer Feinwurzelbesatz infolge von Oberbodentrockenheit wurde auch bei der Fichte der **Abb. 19** festgestellt. Bei ihr sieht man die rasche Verkümmerung und Aufzweigung der abwärts wachsenden Wurzeln in dem schweren, luftarmen Boden. Bei der älteren Fichte der **Abb. 17** befinden sich auf dem zeitweise oberbodentrockenen Standort die kräftigen Senkwurzeln hauptsächlich unter dem Stamm. Mit Erreichen der dichter gelagerten Schichten sterben sie ab oder beenden ihr Tiefenstreben unter Verzweigung in zahlreiche seitwärts wachsende Wurzelstränge. Die längeren davon verlaufen parallel zur Bodenoberfläche. Auf dem durchlässigen Kalkschutt am kühlfeuchten Nordfuß des Grimming (Steiermark) bildet die Fichte in den oberen Bodenschichten zwar noch eine relativ reiche Bewurzelung (**Abb. 16**), ihr Massenzuwachs bleibt aber gering. Das zeigt sich auch an den Fichtenbeständen der regenreichen Staulagen des Alpenrandes, wenn sie auf flachgründigen Böden über Kalkfels oder Kalkschutt stocken. Der flurnahe Verlauf der Wurzeln und deren relativ geringe Feinverzweigung weisen die Fichte als Baum der frischen, feinsedimentreicheren Braunerden aus. Darin decken sich ihre Standortansprüche weitgehend mit jenen des Borstgrases.

Anatomie, Taf. 29

Ein Merkmal der Wurzeln der Fichte scheint die im Vergleich zur Weiß-Tanne geringere Zellgröße vor allem im Zentralzylinder zu sein (A 1). Das Fehlen von Schleimzellen vermindert zusätzlich die durchschnittliche Größe der Zellen. Cutler et al. (1987) geben Schleimzellen für die Art an. Der Bast enthält vereinzelt Fasern (A 2). Der Bau von Zentralzylinder und Rinde bewirkt, daß der Wassergehalt der Wurzelspitzen unter gleichen Wachstumsbedingungen bei der Fichte offensichtlich geringer ist als bei der Weiß-Tanne. Für den geringeren Wassergehalt der Wurzelrinde spricht auch die geringere Quellfähigkeit von deren Zellwänden im Vergleich zu jenen der Weiß-Tanne (B 1). Außerdem scheinen sich die Zellwände früher zu verfestigen. Häufiger als bei den übrigen Pinaceen wurde das Vorhandensein von Wurzelhaaren festgestellt. Diese entstehen auch, wenn keine Rhizodermis vorhanden ist. Denn jede Zelle des Rindenparenchyms ist zur Bildung von Wurzelhaaren befähigt. Schreiber (1926) beschreibt Wurzelhaare der Fichte mit einer Länge von 0,2–0,6 mm. Die Verfestigung der äußeren Zellschichten der Rinde erfolgt bei der Fichte – nach der Rotfärbung der Zellwände nach Behandlung mit Phloroglucinol-Salzsäure zu schließen – durch Verholzung (B 1). Gleich wie bei den Angiospermen wird an den Zellwänden der Endodermis eine Suberinlamelle angelagert. Diese ist an den inneren und z. T. auch an den seitlichen Zellwänden deutlicher zu sehen als an den äußeren (A 3).

Die Bildung des Pericambial-Abschlußgewebes gleicht jener der Weiß-Tanne. Die äußeren Wände der älteren Zellen scheinen sich jedoch früher und stärker zu verdicken als die der Weiß-Tanne. B 2 zeigt, daß der innere Teil der verdickten Wände verholzt ist. Verkorkt ist vor allem die ursprünglich dünne Zellwand. Der Holzteil enthält neben etwas größeren primären Harzkanälen eine große Zahl kleiner, sekundärer Harzkanäle. Deren Größe ist meist wesentlich geringer als jene von Arten der Kiefer (A 2). Die Stoffzufuhr erfolgt über die stärkereichen Zellen der Strahlen. Ausgekleidet sind die Harzkanäle mit sehr dünnwandigen Zellen (A 5). Im Vergleich dazu sind die Wände der leitenden Elemente des Xylems stark verdickt. Große Tüpfel in Form von Hoftüpfeln verbinden die benachbarten Tracheiden (A 4). Tangentiale Schnitte durch das Holz zeigen Strahlen mit wenigen und beispielsweise im Vergleich zur Alpen-Lärche kurzen Zellen.

Der im Vergleich zur Weiß-Tanne geringere Wassergehalt der Zellen der Wurzelspitze und die frühere und stärkere Verfestigung der Zellwände stimmen mit dem vorwiegend horizontalen Wuchs der Wurzeln überein. Die starke Verfestigung der Zellwände des Pericambial-Abschlußgewebes und die ebenfalls relativ starke und frühe Verfestigung der Zellwände des Holzes entsprechen der geringen Elastizität der Wurzeln. Sie können sich demnach zwar früh gegen Austrocknung schützen, ihre Reaktionsfähigkeit auf Umwelteinflüsse bleibt jedoch gering. Wechselnde Umwelteinflüsse zeigen sich am augenscheinlichsten in der unterschiedlichen Breite des Bastes, in der Verteilung der Harzkanäle und in der unterschiedlichen Ausbildung von Früh- und Spätholz. Auf trockenen, nährstoffarmen Standorten ist der Bast schmäler als auf feuchteren, nährstoffreicheren.

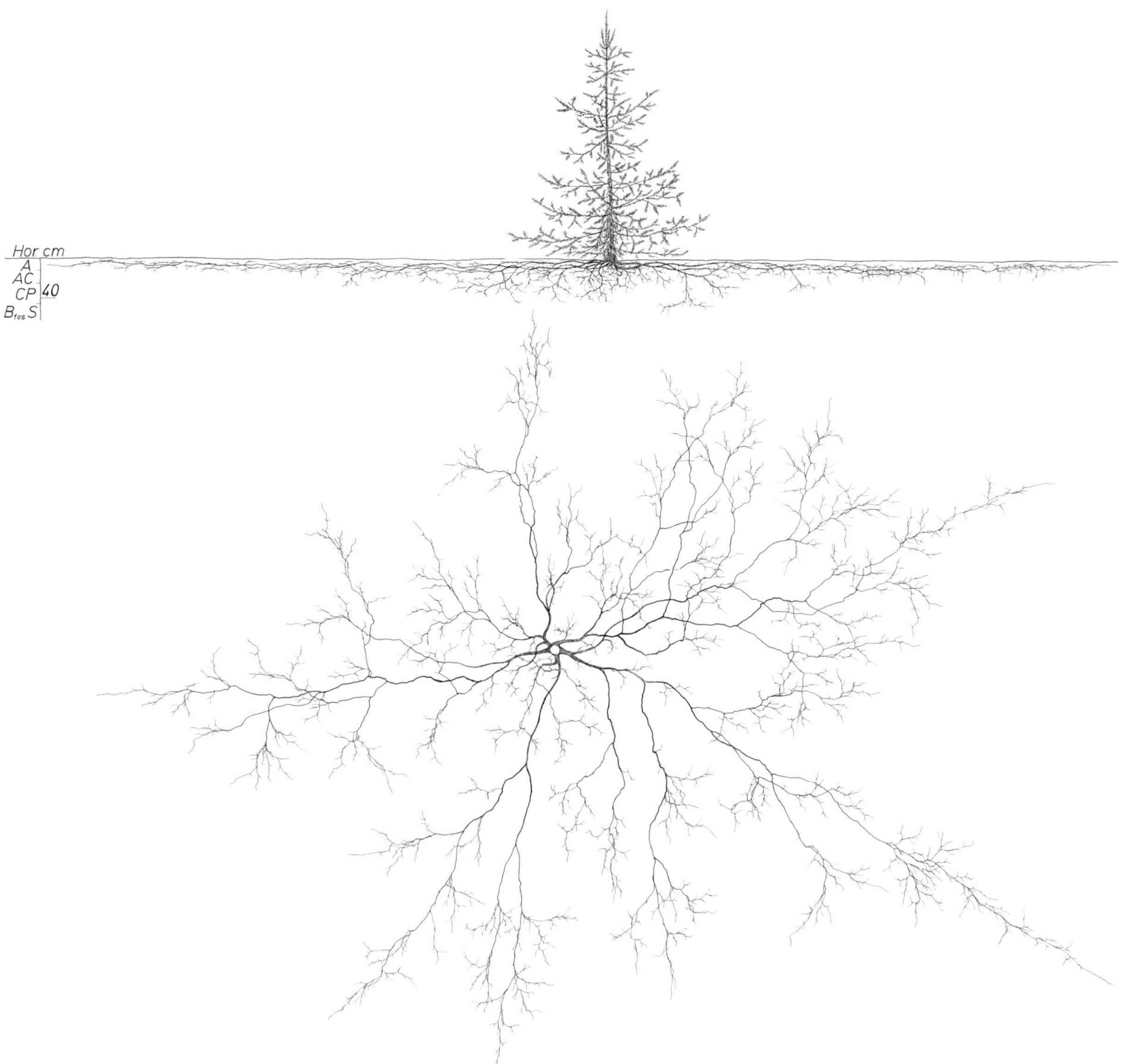

Abb. 19: Fichte, *Picea abies*, H–T–S = 250–65–1.094 cm, Manhartsberg, Niederösterreich, OSO-Hang, 350 m NN. Waldkiefern-Douglasien-Wald mit vorherrschend *Calamagrostis epigeios* im Unterwuchs. Schwach entwickelter Pseudogley aus Flugstaub und Reliktbodenresten, Bodenprofil (Beschreibung nach Prof. Solar, verkürzt) Hor.: A_I 0–10 cm Moderkrume, stark moderig-humoser, schwach lehmiger Sand, krümelig, Aggregate mittelblockig, schwach gebräunt, mäßig stark durchwurzelt, AC 10–25 cm sandiger Lehm, stumpfbraun, humusfleckig, kalkfrei, mäßig stark durchwurzelt, CP 25–40 cm initiale Stauzone aus Flugstaub, fahlbraun, sandiger Lehm, strukturlos, verdichtet, Durchwurzelung abnehmend, $B_{fos}S$ fossile Braunlehmlage mit Staukörperfunktion, brauner Ton, blockig, dicht, Durchwurzelung auslaufend.

Standortansprüche: Die Fichte ist in der Jugend gegen Beschattung weitgehend unempfindlich. Im geschlossenen Bestand gilt sie als Halbschattenbaumart und in der subalpinen Stufe als Lichtbaumart. Sie ist widerstandsfähig gegen Kälte, aber empfindlich gegen eine zu lange andauernde Vegetationszeit oder eine zu hohe Sommerwärme. In den wintermilden ozeanischen Gebieten oder in sommerwarmen Gebieten mit einem Julimittel von über 18 °C wird sie, unabhängig von der Höhe des Niederschlages, von Laubhölzern oder trockenresistenteren Nadelhölzern verdrängt. In sommertrockenen, heißen Jahren wird sie auch auf fichtenfähigen Standorten nachhaltig geschädigt. Sie verlangt eine ausreichende Wasserversorgung möglichst während der ganzen Vegetationsperiode. Diese ist gewährleistet bei einer nur mäßig hohen Sommertemperatur, bei einem Jahresniederschlag um 800 bis 1.000 mm und bei einem Nieder-

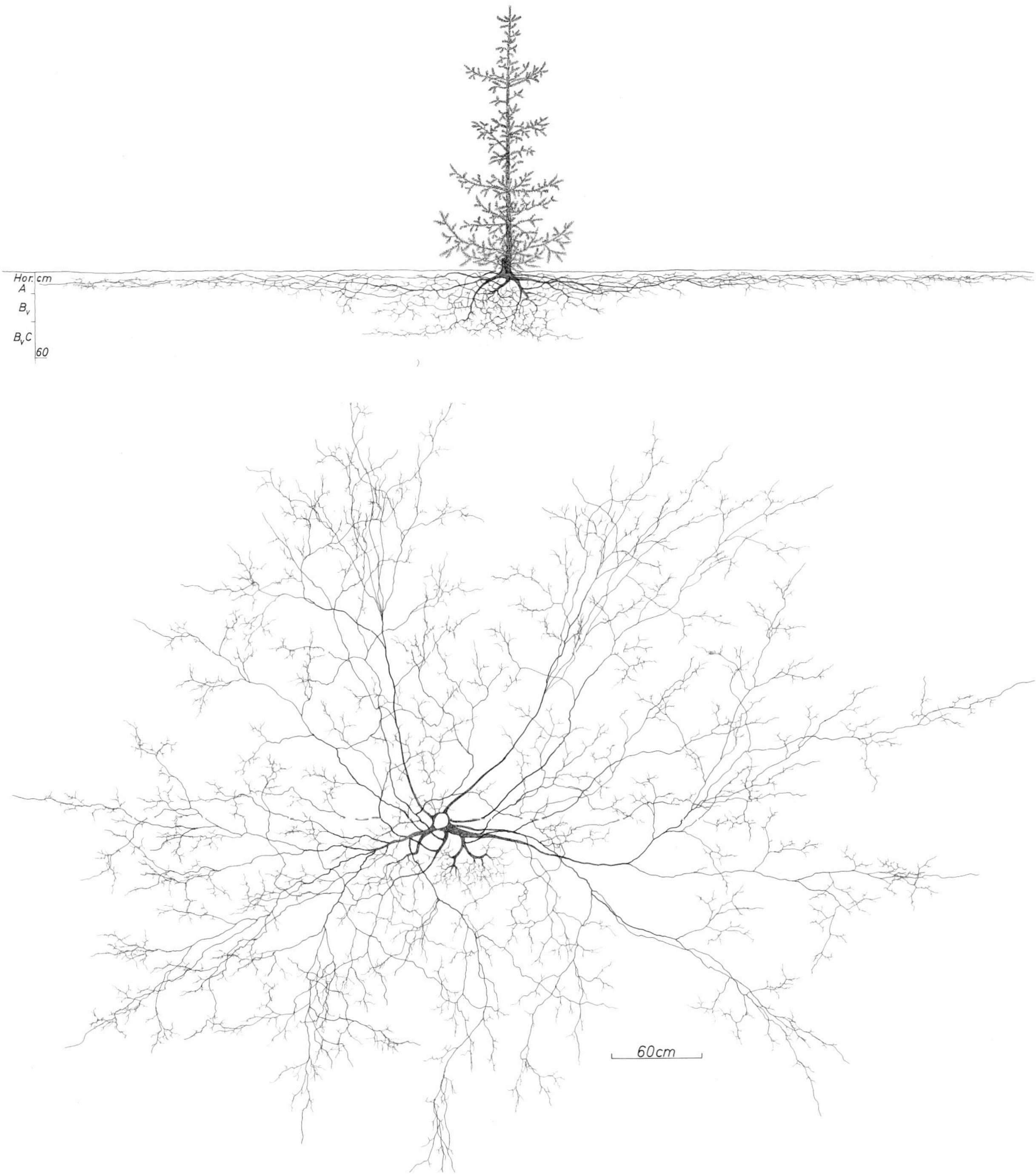

Abb. 20: Fichte, *Picea abies*, H–T–S = 185–54–756 cm, Gerlitzen, Kärnten, SW-geneigte Hangschulter, 1.840 m NN. Besenheide-Borstgras-Rasen mit einzelnen Fichten und Lärchen. Braunerde über Phyllitschiefer, Bodenprofil Hor.: A_I 0–5 cm Graswurzelfilz, stark moderig-humoser, sandiger Lehm, A_2 5–15 cm feinmoderreicher s L, schwach steinig, mäßig stark durchwurzelt, B_V 15–35 cm s L, Gefüge mäßig dicht, durchsetzt mit plattigem Grus, B_VC s L, stark durchsetzt mit Grus und Schutt, Durchwurzelung auslaufend.

schlagsmaximum in der warmen Jahreszeit. In den östlichen Gebieten Mitteleuropas fällt ihre Verbreitungsgrenze nach ZOLLER (1981) etwa mit der Niederschlagsgrenze von 600 mm zusammen. Im Gebirge wird die Höhengrenze ihrer Verbreitung durch ihre Empfindlichkeit gegen Frosttrocknis bestimmt. Die frostfreie Vegetationsperiode sollte mindestens zwei Monate betragen. Der Boden sollte eine ausreichend hohe wasser- und nährstoffhaltende Kraft aufweisen. Diese Bedingungen erfüllen am ehesten feinsedimentreichere Braunerden. Auf sehr durchlässigen, skelettreichen Böden ist sie der Wald-Kiefer unterlegen. Bodenverdichtung erträgt sie, solange die Bodendurchlüftung nicht zu stark eingeschränkt ist. Die geringe Widerstandsfähigkeit der Wurzeln gegen Luftmangel bewirkt auch die Empfindlichkeit der Fichte gegen Staunässe. Nach dem Nährstoffgehalt des Bodens werden soziologisch folgende Gruppen an naturnahen Fichtenwäldern unterschieden: Die nährstoffarmen, bodensauren Moos-Zwergstrauch-Fichten-Wälder (Vaccinio-Piceion), die nährstoffreicheren, weniger sauren Moos-Zwergstrauch-Gras-Fichten-Wälder (Luzulo-Piceion) und die nährstoffreichen Kraut- bzw. Hochstauden-Fichten-Wälder (Oxalido-Piceion).

Verbreitung: Die nordisch-kontinentale, praealpide Art bleibt in den Alpen in ihrem natürlichen Vorkommen auf die montane bis subalpine Stufe beschränkt. Innerhalb dieses Areals verläuft ihre untere natürliche Höhengrenze je nach Sommerwärme bei 600–800 m, ihre obere südlich des Alpenhauptkammes bei 2.200 (2.300) m und nördlich davon bei 1.700 (1.800) m. Ihre stärkste Konkurrenzkraft erreicht sie in den schnee- und regenreichen Staulagen der Alpenränder. In der hochmontanen und in der subalpinen Stufe ist sie überall dort als Baum vorherrschend, wo die Latsche zahlreich vorkommt. In den trockeneren, schneeärmeren Zentralalpen leidet sie mit zunehmender Seehöhe immer mehr unter Frosttrocknis, weil ihr flachstreichendes Wurzelsystem infolge mangelnder Schneebedeckung vom Bodenfrost erfaßt wird. Mit Beginn der Kampfzone des Waldes muß sie daher im Zentralalpengebiet immer mehr der Lärche und schließlich der Zirbe weichen. An glatten, sonnseitigen Hängen verhindert zudem häufigeres Abrutschen der Schneedecke ihr Aufkommen (KUTSCHERA 1986).

Larix decidua Mill. subsp. *decidua*, Alpen-Lärche

Morphologie

Sproß: Sommergrüner Baum, Stamm monopodial verzweigt, oft mehrwipfelig (Gebirge), gerade, bei einseitiger Belichtung auch gekrümmt, bei Schneedruck in Bodennähe säbelwüchsig, bis 30 (50) m hoch, Durchmesser bis 2 m. Äste schraubig angeordnet, abwärts oder aufwärts gerichtet, ohne Etagenaufbau, Zweige lose herabhängend. Krone schlank kegelförmig bis breit pyramidenförmig, im Gebirge auch weit ausladend (Wetter-Lärche).

Wurzel: Die Bewurzelung der Lärche wurde von HEIKINHEIMO (1927), KREUTZER (1961), BIBELRIETHER (1962), MELZER (1964), SCHOCH (1964) und vor allem von KÖSTLER et al. (1968) untersucht. Nach deren Untersuchungen ist die Lärche ein „Herzwurzler". Diese Wurzelform entsteht durch ein abwärts gerichtetes Wachstum der kräftigen Wurzelstränge im näheren Umkreis des Stammes. Sie wird in der Literatur auch damit begründet, daß längere, weiter seitwärts verlaufende Wurzeln fehlen (KÖSTLER et al.). Doch auch die Lärche bildet immer weit seitwärts streichende Wurzeln aus. Sie verlaufen in den humosen oder zumindest feinsedimentreicheren oberen Bodenschichten. Der so gebildete Wurzelkranz wies bei den von uns untersuchten Bäumen einen Durchmesser von 429–2.988 cm auf. Trockenere, wärmere Böden begünstigen den abwärts gerichteten Verlauf der Wurzeln, feuchtere und kühlere Böden fördern deren seitliche Ausbreitung.

Bei stärkeren Temperatur- und Feuchteschwankungen im Boden können Wurzeln selbst aus größerer Tiefe wieder bis in die oberen Bodenschichten aufwärts wachsen (**Abb. 22**). Der Verlauf der Wurzeln bestimmt auch die Verteilung der Wurzelmasse. Diese beschränkt sich bei feuchteren, kühleren Böden mehr auf die oberen Bodenschichten, bei wärmeren, trockeneren Böden mehr auf die unteren. Nach HEIKINHEIMO bildeten die seitwärts verlaufenden Wurzeln auf den feuchteren Tonböden die Hauptwurzelmasse. Die abwärts wachsenden Wurzeln waren verkürzt und büschelig aufgezweigt. Derart vertikal gestauchte Wurzelformen fanden KREUTZER und KÖSTLER et al. auch auf Pseudogleyböden. Die Hemmung des Tiefenstrebens bewirkt auf feuchteren, kühleren Böden auch eine stärkere räumliche Abgrenzung in eine flachstreichende und eine tiefstrebende Wurzelgruppe (vgl. Bibelriether und vorliegende Abbildungen).

Unter vergleichbaren Standortbedingungen weisen die Wurzeln der Lärche eine höhere Feinverzweigung auf als jene von Tanne, Fichte und Kiefer. Sie ist auf trockeneren und wärmeren Böden größer als auf kühleren, feuchteren. Darauf verwies bereits Schreiber (1926). An gestauchten Wurzelsträngen treten Feinwurzeln vorzugsweise büschelförmig auf.

Die Lärche wurzelt etwa so tief wie die Weiß-Tanne. Die Polwurzel der Lärche verliert aber rasch ihre Vorwüchsigkeit. Ihre Seitenwurzeln können jedoch an älteren Bäumen die gleiche Tiefe erreichen wie die nach unten wachsenden Wurzeln der Weiß-Tanne. Das Tiefenstreben ist weitgehend abhängig von der Bodenerwärmung. Für die kühleren, feuchteren Feinsedimentböden nördlich der Alpen werden Wurzeltiefen bis 160 cm angegeben. Nur auf skelettreicheren, sich leichter erwärmenden Böden werden Tiefen von 200 cm und mehr erreicht. In einem Muschelkalk-Steinbruch in der Rhön sollen Wurzeln einer 70 Jahre alten Lärche in Spalten 450 cm tief eingedrungen sein (Köstler et al.). Die Spaltengängigkeit der Lärchenwurzeln hebt besonders Gayer (1898) hervor. In Kärnten wurzelte ein älterer Baum an einem steilen SO-Hang auf Braunerdekolluvium 340 cm tief. In der subalpinen Stufe (2.050 m) drangen die Wurzeln selbst an einem Südhang auf skelettreicher Braunerde wegen der viel geringeren Bodenerwärmung nur noch 70 cm tief ein.

Das in **Abb. 21** dargestellte Wurzelsystem einer ca. 12 Jahre alten Lärche von einem 1.525 m hoch gelegenen Südhang auf steiniger Braunerde zeigt im näheren Umkreis des Stammes bereits die beschriebene herzförmig-ovale Wurzelform. Unter Einbeziehung der flachstreichenden Seitenwurzeln ergibt sich aber ein verkehrt kegelförmiger Wurzelkörper. Die Vorwüchsigkeit der Polwurzel ist noch gegeben. Doch ist

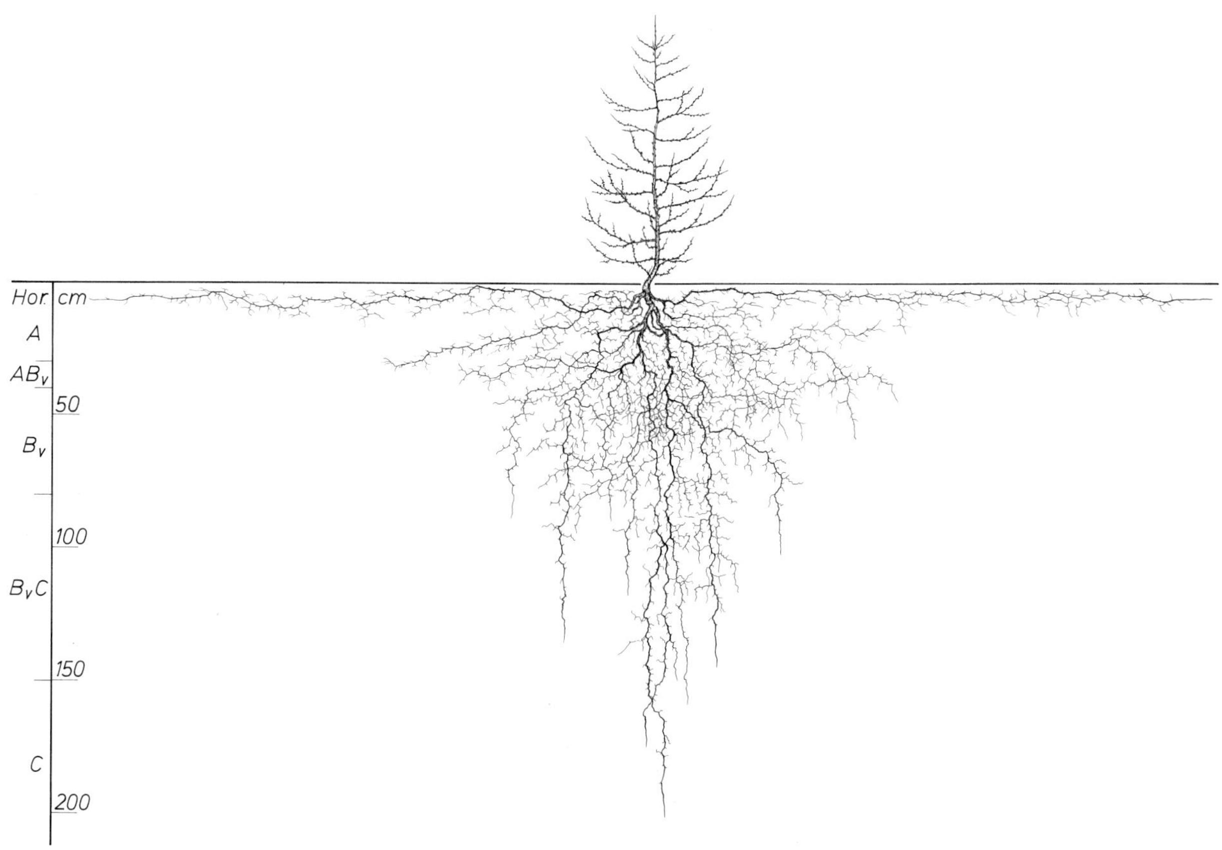

Abb. 21: Alpen-Lärche, *Larix decidua* subsp. *decidua,* H–T–S = 100–197–429 cm, bei Heiligenblut, Kärnten, Südhang, 1.525 m NN. Lärchen-Fichten-Wald. Skelettreiche Braunerde über Kalkphyllit, Bodenprofil Hor.: O 3–0 cm Streu und Grobmoder, A 0–30 cm feinmoderreicher, lehmiger Sand, locker, steinig, stark durchwurzelt, AB_V 30–40 cm schwach humoser l S, steinig, mäßig stark durchwurzelt, B_V 40–80 cm l S, steinig, mäßig stark durchwurzelt, B_VC 80–150 cm l S, stark steinig, schwach durchwurzelt, C l S zwischen Schutt und Grus, Durchwurzelung auslaufend. Aus: Kutschera & Lichtenegger (1997).

Abb. 22: Alpen-Lärche, *Larix decidua* subsp. *decidua,* H–T–S = 2.000–340–1.620 cm, Arriach, Kärnten, steiler SO-Hang, 980 m NN. Lärchen-Fichten-Wald, im Unterwuchs vorwiegend *Hieracium murorum, Avenella flexuosa* und *Hypnum schreberi*. Braunerdekolluvium. Bodenprofil Hor.: O 2–0 cm Nadelstreu, A 0–12 cm feinmoderreicher, feinsandiger Schluff, mehlig, dunkelbraun (10YR 3/3), pH 4,6, mäßig stark durchwurzelt, B_v 12–220 cm fs Sch, mehlig, schwach steinig, gelblichbraun (10YR 5/4), pH 5,0, mäßig stark durchwurzelt, B_vC fs Sch zwischen Silikatschutt, Durchwurzelung auslaufend.

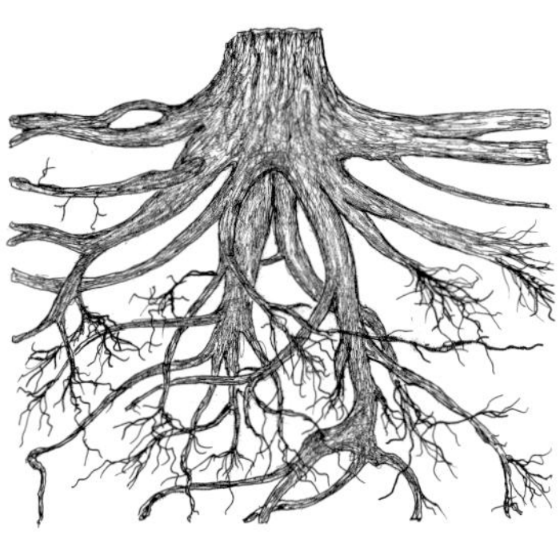

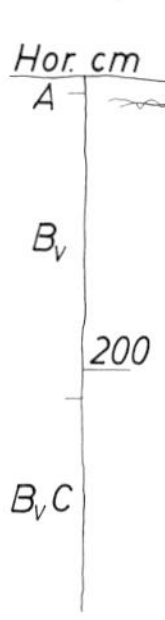

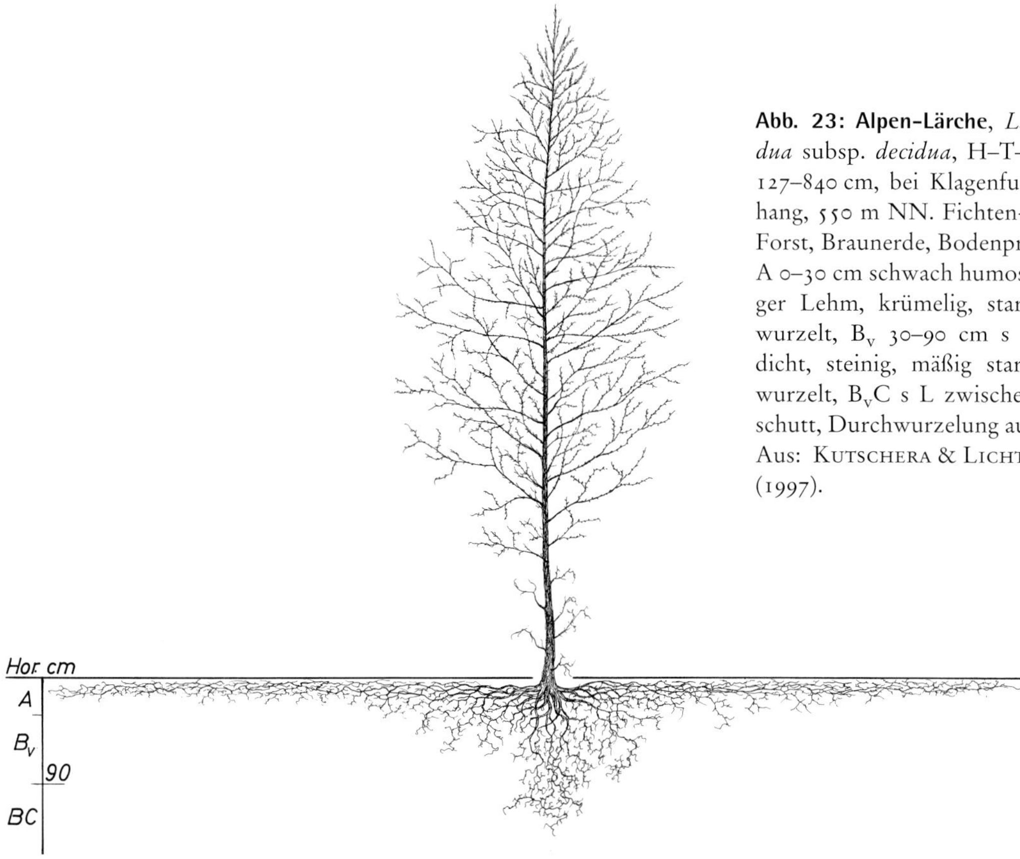

Abb. 23: Alpen-Lärche, *Larix decidua* subsp. *decidua*, H–T–S = 562–127–840 cm, bei Klagenfurt, Nordhang, 550 m NN. Fichten-Lärchen-Forst, Braunerde, Bodenprofil Hor.: A 0–30 cm schwach humoser, sandiger Lehm, krümelig, stark durchwurzelt, B_v 30–90 cm s L, mäßig dicht, steinig, mäßig stark durchwurzelt, B_vC s L zwischen Silikatschutt, Durchwurzelung auslaufend. Aus: Kutschera & Lichtenegger (1997).

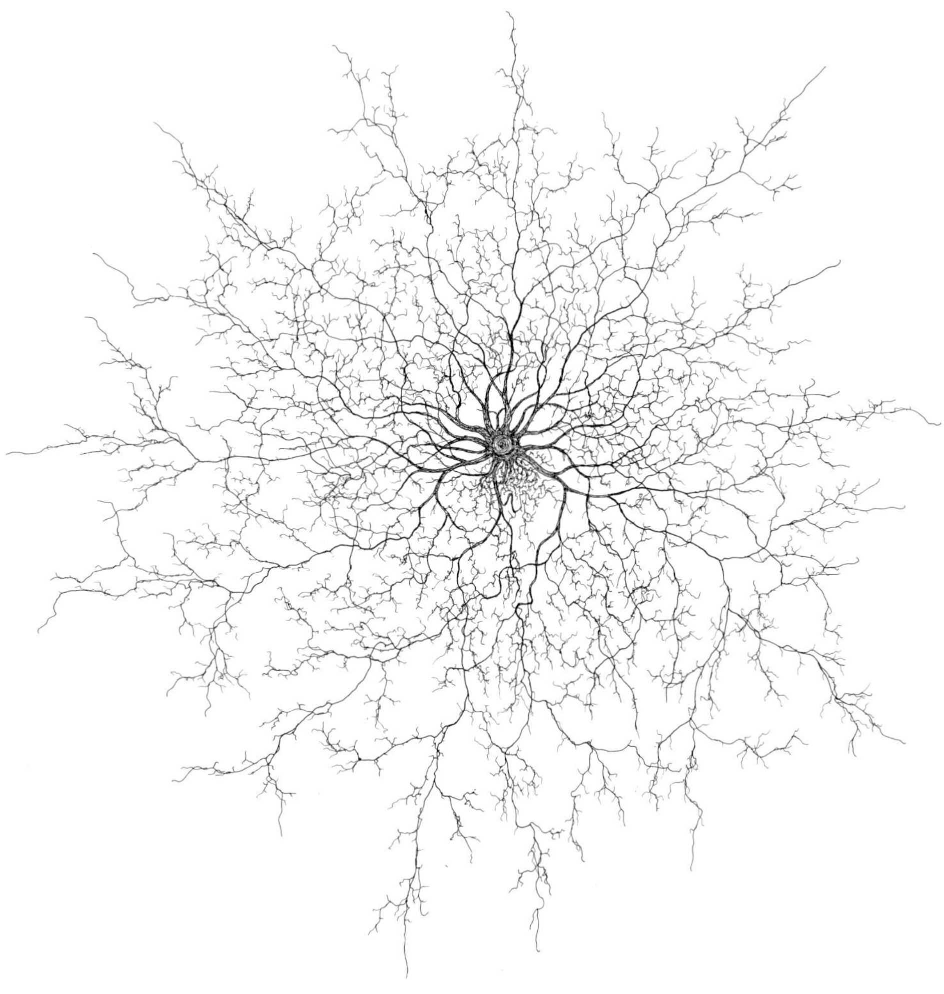

cm
120

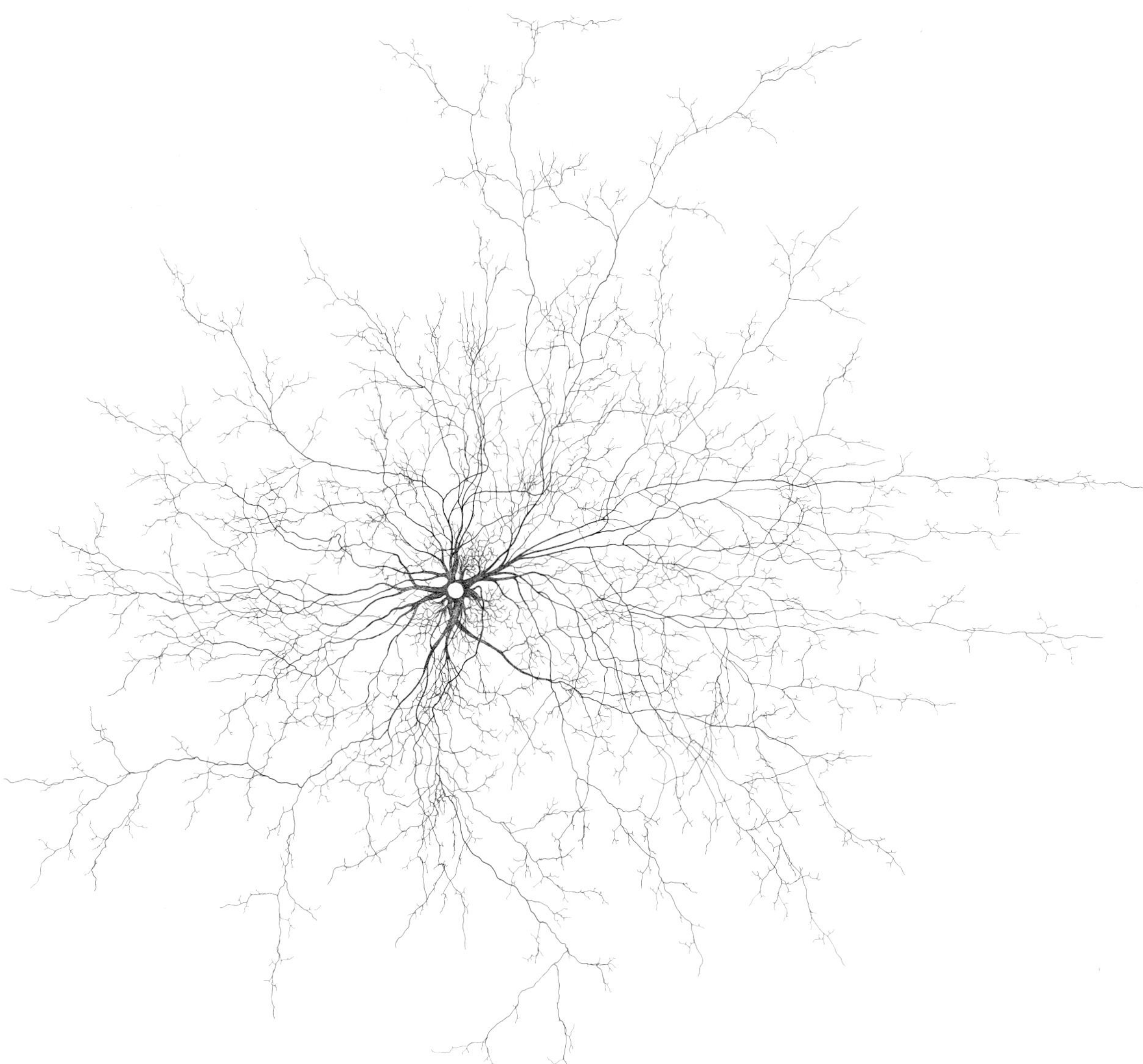

Abb. 25: Alpen-Lärche, *Larix decidua* subsp. *decidua*, jüngere Pflanze, H–T–S = 237–55–1.275 cm, Gerlitzen bei Villach, Südhang, 1.860 m NN. Beweideter Besenheide-Borstgras-Rasen (Calluno-Nardetum) mit einzelnen kümmernden Lärchen, schwach podsolige, schwach pseudovergleyte Braunerde auf Phyllit, Bodenprofil Hor.: O 5–0 cm Grasnarbenfilz mit Feinmoder, A 0–20 cm stark feinmoderiger, humoser, lehmiger Schluff, schmierig, fleckweise verfahlt, schwach steinig, schwarz (10YR 2/1), pH 4,3, stark durchwurzelt, B_s 20–25 cm l Sch, schwach rostbraun (10YR–7,5YR 4/4), grusig, mäßig stark durchwurzelt, B_v 25–70 cm l Sch, stärker steinig, braun (10YR 4/3), pH 4,9, Dichte der Durchwurzelung nach unten rasch abnehmend, B_vC s Sch zwischen Grus und Schutt, pH 5,2, Durchwurzelung gestaucht, auslaufend.

das später vorherrschende Tiefenstreben der abwärts wachsenden Seitenwurzeln schon erkennbar. An dem älteren Baum in **Abb. 22** kommt es voll zur Geltung. Die flachstreichende Wurzelgruppe tritt auf dem warmen Südhang (980 m) in Mittelkärnten deutlich zurück. Trotzdem bewirkt sie bereits einen verkehrt kegelförmigen Wurzelkörper, der unten allerdings abgerundet ist. Hervorzuheben ist, daß in dem wechseltrockenen Boden eine Seitenwurzel der Polwurzel noch in einer Tiefe von 230 cm wieder aufwärts wächst. Auffallend ist auch die teils büschelförmige Häufung der Feinwurzeln, die ebenfalls auf Trockenperioden hinweist. Auf dem kühleren Nordhang in Mittelkärnten (550 m) ist die flachstreichende Wurzelgruppe auf dem ständig besser durchfeuchteten Boden wesentlich stärker ausgeprägt als die tiefstrebende (**Abb. 23**). Das Tiefenstreben endet mit Erreichen der gleichmäßiger erwärmten und durchfeuchteten Schichten bereits in 127 cm Tiefe. Obwohl die Herzwurzelform im näheren Bereich des Stammes noch ansatzweise sichtbar ist, überwiegt doch die breite, verkehrt kegelförmige Wurzelform. Die gleichmäßigere Wasserversorgung auf diesem Boden bewirkt auch eine gleichmäßigere Verteilung der Feinwurzeln. Büschelförmige Feinverzweigungen wie in **Abb. 22** fehlen weitgehend. In der subalpinen Stufe ist die tiefstrebende Wurzelgruppe infolge der geringen Bodenerwärmung stark verkümmert. Bei der alten Wetter-Lärche in **Abb. 24** verzweigen sich die tiefstrebenden Wurzeln auf der podsoligen, skelettreichen Braunerde selbst an einem Südhang rasch gabelig. Nur wenige dünne Wurzeln erreichen eine Tiefe von über 70 cm. Mächtig entwickelt ist hingegen der weit seitwärts ausgebreitete Wurzelkranz, der an einer Seite einen Radius von 1.650 cm erreichte. Auffallend dabei ist, daß die dünnen Stränge der flachstreichenden Wurzeln kaum noch den Mineralboden berühren. Sie verlaufen fast nur im unteren Bereich der an Moderhumus reichen Grasnarbe. Bemerkenswert ist auch, daß die Feinverzweigung auf dem humussauren, kühlen Boden viel geringer ist als auf den weniger versauerten Böden der wärmeren Tallagen. Die gleiche tellerförmige Bewurzelung weist die jüngere Pflanze der **Abb. 25** auf. Sie wurde in geringer Entfernung von der in **Abb. 24** dargestellten Lärche freigelegt. Einen flachen Wurzelteller bildet die Lärche in der subalpinen Stufe auch auf basenreicherem Boden. Die ältere, aber im Wachstum zurückgebliebene Lärche der **Abb. 26** wurde ebenfalls

Abb. 24 (links): Alpen-Lärche, *Larix decidua* subsp. *decidua*, H–T–S = 680–70–2.988 cm, Gerlitzen bei Villach, Südhang, 1.860 m NN. Beweideter Besenheide-Borstgras-Rasen (Calluno-Nardetum) mit einzelnen kümmernden Lärchen. Schwach podsolige, schwach pseudovergleyte, schwach podsolige Braunerde auf Phyllit, Bodenprofil Hor.: O 5–0 cm Grasnarbenfilz mit Feinmoder, A 0–20 cm stark feinmoderiger, humoser, lehmiger Schluff, schmierig, fleckweise verfahlt, schwach steinig, schwarz (10YR 2/1), pH 4,3, stark durchwurzelt, B_s 20–25 cm l Sch, schwach rostbraun (10YR–7,5YR 4/4), grusig, mäßig stark durchwurzelt, B_v 25–70 cm l Sch, stärker steinig, braun (10YR 4/3), pH 4,9, Dichte der Durchwurzelung nach unten rasch abnehmend, B_vC s Sch zwischen Grus und Schutt, pH 5,2, Durchwurzelung gestaucht, auslaufend.

Taf. 30: Alpen-Lärche, *Larix decidua* subsp. *decidua*. 1. Reihe: Arriach, Kärnten, 980 m NN, Braunerde-Kolluvium, Baum mittleren Alters, Wurzeln auf dem warmen Südhang vorwiegend abwärts gerichtet (zu Abb. 22). 2. und 3. R.: Gerlitzen, Kärnten, 1.860 m NN, Braunerde, Anklänge an alpinen Rasenpseudogley, Wetterlärche, Polwurzel und abwärts gerichtete Wurzeln verkümmert, Seitenwurzeln knapp unter dem Rasenfilz verlaufend (zu Abb. 24).

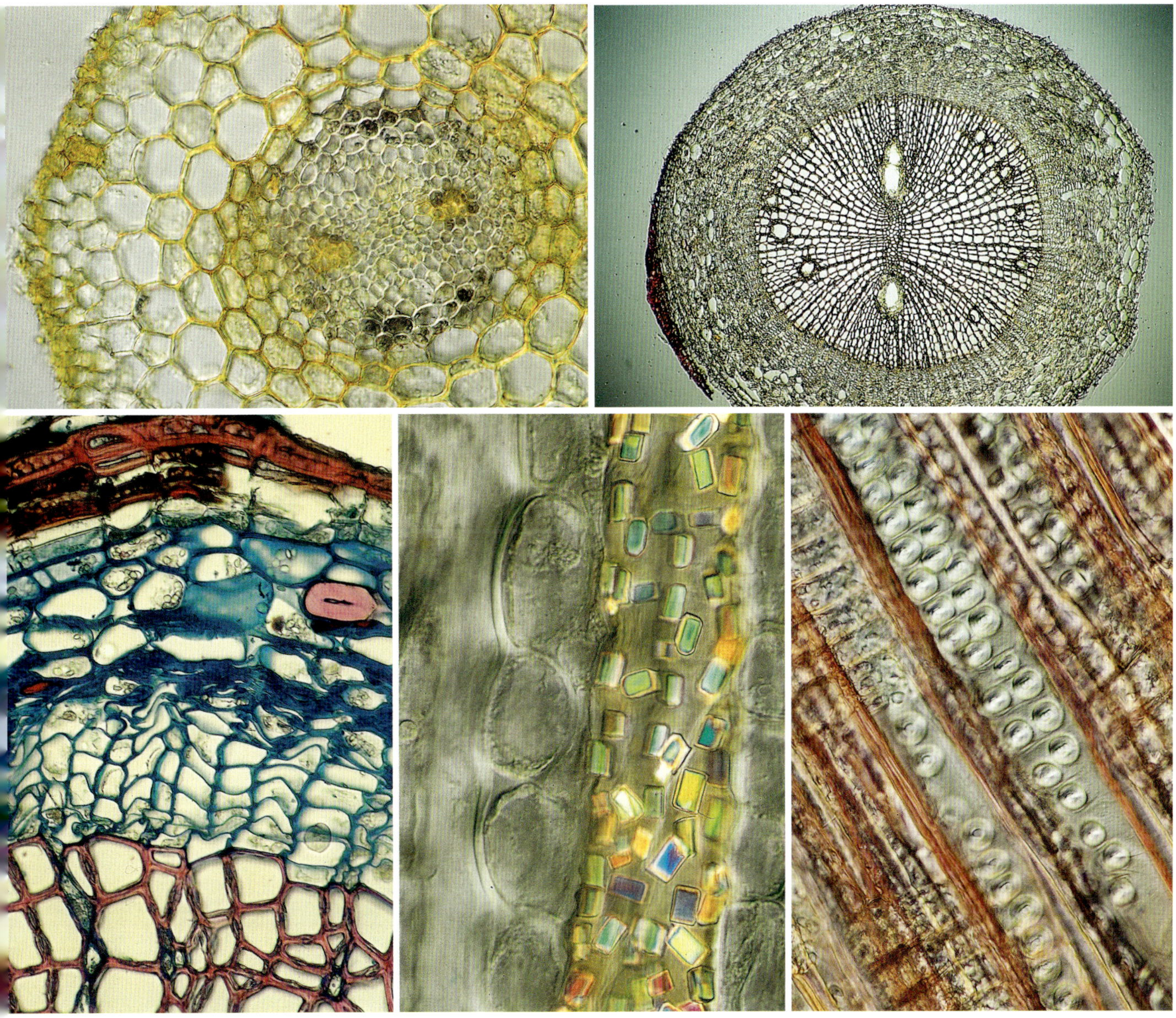

Taf. 31 A: Alpen-Lärche, *Larix decidua* subsp. *decidua*. – **1:** Schloß Rain, Grafenstein, Kärnten, 18.12. Prim., Ø, JJK, 162x. **Rinde** äußerste Schicht stufenförmig, Z klein, W gebräunt. **ZZ** 2arch, Z benachbart prim. LE St-reich. – **2:** Ort wie 1, 14.2. Sek., Ø, Ph/HCl, 25x. **PCAG** u. **Bast** mittelbreit. **Holz** prim. HK groß, sek. klein. – **3:** Arriach, Kärnten, 11.8. Sek., Ø, Saf.-Ast., 162x. **Bast** F vereinzelt, schwach verholzt, SePh breit, Strahlen Z nach außen breiter werdend. **Holz** Strahlen sek. einreihig. – **4:** Bleiberg, Kärnten, 10.11. Sek., ⊠, Ph/HCl, 409x. **Bast** entlang F CaOxKristalle. – **5:** Pfl u. Zeit wie 4. Sek., ⊠, Ph/HCl, 162x. **Holz** Tracheiden mit Sanio'schen Balken, Hoftüpfel dicht stehend, z. T. 2reihig, meist gegenständig.

Taf. 31 B: – **1:** Schnittreihe wie A 1. Ph/HCl, 409x. Rh und Ex fehlen. **Rinde** ARP als Abschlußgewebe, ZW schwach gebräunt, Einlagerung von GS. – **2:** Klagenfurt, 21.12. Sek., Ø, Ph/HCl, 409x. **PCAG** MutterZ mit kleinkörniger St. **Bast** ZW gequollen, ZInhalt St.

Abb. 26: Alpen-Lärche, *Larix decidua* subsp. *decidua*, H–T–S = 400–70–1.206 cm, Glocknergebiet, Südhang, 2.050 m NN. Zwergstrauchheide aus *Calluna* und *Erica* mit einzelnen kümmernden Lärchen und Latschen. Braunerde über Kalkphyllit, Bodenprofil Hor.: O 4–0 cm Moder, A 0–25 cm feinmoderreicher, lehmiger Sand, locker, steinig, stark durchwurzelt, B_V 25–50 cm l S, locker, stärker steinig, mäßig stark durchwurzelt, B_VC l S zwischen Schutt und Grus, Material locker gelagert, Durchwurzelung gestaucht, rasch auslaufend. Aus: KUTSCHERA & LICHTENEGGER (1997).

an einem Südhang im Glocknergebiet (2.050 m) freigelegt. Ihre Polwurzel läuft auf dem kühlen Boden bereits in 60 cm Tiefe zapfenförmig aus, obwohl keine mechanischen Widerstände ein weiteres Tiefenstreben verhindern.

Anatomie, Taf. 31

Im primären Zustand der Wurzel scheinen die Zellen der Rinde der Alpen-Lärche größer zu sein als bei der Fichte. Außerdem sind die Zellwände der primären Rinde weniger und später gebräunt. Ähnlich kleinzellig wie bei der Fichte und den übrigen Pinaceen sind im Vergleich zu den mittleren Schichten der Rinde deren äußere Schichten. Sie lassen sich dadurch als Außenrindenparenchym abgrenzen. Entsprechend dem spiraligen Wachstum der Zellschichten enden die Zellreihen der äußersten Wurzelschicht stufenförmig abgesetzt. Rhizodermis und Exodermis fehlen wie bei den übrigen Pinaceen (A 1, B 1).

Im sekundären Zustand liegt der Unterschied zur Fichte und zu anderen Pinaceen in der geringeren Verdickung der Zellwände des Pericambial-Abschlußgewebes (A 3, B 2). Im Bastteil ist die stärkere Verdickung der Fasern für die Lärche kennzeichnend. Sie schreitet fast bis zum Verschwinden des Lumens fort (A 3). Entlang der Fasern verlaufen Zellreihen mit zahlreichen Calciumoxalat-Kristallen (A 4). Im Holzteil zeigt sich der Unterschied zu allen anderen untersuchten Arten nach SCHWEINGRUBER (1990) am Auftreten Sanioscher Balken (vgl. nähere Darstellung Allgemeiner Teil B 6.2.3). Außerdem unterscheidet sich die Lärche von der Fichte dadurch, daß in den Tracheiden mitunter zwei Reihen von Hoftüpfeln vorkommen. Die Hoftüpfel stehen meist in gleicher Höhe nebeneinander (A 5). Die primären Harzkanäle sind oval und z. T. stark vergrößert. Die sekundären Harzkanäle dürften etwa gleich groß sein wie die der Fichte (A 2).

Der höhere Wassergehalt des großzelligeren Gewebes der Wurzelspitzen und die geringere und langsamere Verfestigung der Gewebe im primären Zustand stehen offensichtlich in Einklang mit dem im Vergleich zur Fichte größeren Tiefenwachstum der Wurzeln. Im sekundären Zustand bleibt durch die geringere Verfestigung der Zellwände des Pericambial-Abschlußgewebes die Elastizität der Wurzeln länger erhalten. Sie sind demnach wie die Sprosse mehr als jene der Fichte auf Zugfestigkeit und weniger auf Druckfestigkeit aufgebaut.

Standortansprüche: Günstige Lärchenstandorte weisen ein kontinental geprägtes Klima mit geringerer relativer Luftfeuchte (längere Zeit nicht > 75 %), mit hoher Strahlungsintensität und geringer Nebelhäufigkeit (< 20 Nebeltage), mit nicht zu hohen Sommerniederschlägen und nicht zu hohen Sommertemperaturen auf. Die Böden sollten gut durchlüftet, frisch bis leicht oberbodentrocken, nicht staunaß und im Sommer ausreichend erwärmt sein.

Verbreitung: Die Alpen-Lärche, die fast nur in den Alpen und in der Weichselniederung verbreitet ist (Zoller 1981), kommt hauptsächlich in der montanen und subalpinen Stufe vor. Bevorzugt werden die trockeneren inneralpinen Lagen. Hohe Niederschläge in der Vegetationszeit erträgt sie nur, wenn die Regenzeiten relativ kurz sind (keine Niederschlags-Staulagen). Ihre Höhengrenze verläuft bei 1.900–2.300 (2.600) m. Sie bevorzugt südseitige Hänge und skelettreichere, wasserdurchlässigere Böden, die sich leichter erwärmen. In Nordlagen, schattigen Grabeneinhängen, feuchten Geländemulden und auf staufeuchten, schwereren Böden wird sie von der Fichte verdrängt. Wegen ihrer höheren Trockenresistenz wird sie innerhalb der Fichtenwälder (Piceetalia) häufig als Kennart trockenerer Lagen gewertet.

Pinus sylvestris L. subsp. *sylvestris*, Wald-Kiefer, Rot-Kiefer

Morphologie

Sproß: Immergrüner Baum, Stamm monopodial verzweigt, gerade, häufig auch gekrümmt, bis 48 m hoch, Durchmesser bis 1 m, im Alter oft bis hoch hinauf entastet. Äste in Etagen angeordnet, ziemlich gerade abstehend, in Büscheln verzweigt, Zweige nicht lang herabhängend. Krone junger Bäume kegelförmig, alter Bäume ei- bis schirmförmig.

Wurzel: Die Anpassungsfähigkeit der Bewurzelung der Wald-Kiefer an unterschiedliche Bodenverhältnisse führte zu der Auffassung, daß sie eine „plastische Baumart“ sei (Scamoni 1950, Wiedemann 1951). Andererseits wird sie als Baum mit einem ausgeprägten Pfahlwurzelsystem und mit einer strengen Gliederung in horizontal und vertikal verlaufende Wurzeln beschrieben (Moir & Bachelard 1969, Braekke & Kozlowski 1977, Nambiar 1983, Block 1983). Unter entsprechenden Bedingungen kann beides zutreffen. Welche Wurzelform entsteht, hängt im Rahmen der genetischen Veranlagung letztlich von den herrschenden Klima- und Bodenverhältnissen ab.

Das Klima beeinflußt vorwiegend die Tiefe der Bodendurchwurzelung. Auch Melzer (1964) weist darauf hin, daß das unterschiedliche Tiefenstreben der Mittelgebirgs- und Flachland-Kiefer standortbedingt ist. Das geringere Tiefenstreben der Wald-Kiefer in Schweden oder in Finnland ist daher ursächlich nicht „rassisch“ bedingt (Hesselmann 1910, Laitakari 1929, Liese 1926), sondern auf das kühlere Klima zurückzuführen. Eine in Schweden freigelegte junge Wald-Kiefer erreichte auf Sand eine Wurzeltiefe von 47 cm, in Mittelkärnten auf sandig-kiesigem Boden 189 cm. Das unterschiedlich starke Tiefenstreben in leicht zu durchwurzelnden Böden ist letztlich wärmebedingt (Kutschera & Lichtenegger 1982, 1992). In der Regel dringen die Wurzeln in lehmigen Böden tiefer ein als in sandigen oder steinigen. Nach Köstler et al. (1968) erreichen Kiefernwurzeln auf Lößlehm eine Tiefe von 322–450 cm, auf steinigen, grushaltigen Böden eine solche von 100–200 cm. Rachtejenko (1952) gibt für die Kiefer auf grauem, sandigem Waldboden im Gebiet von Orenburg (Rußland) eine Wurzeltiefe bis 380 cm an. Auf lehmigen Böden dringt die Wärme dank der besseren Leitfähigkeit tiefer ein. Die Wärme- und Feuchteschwankungen, die das Tiefenwachstum anregen (Kutschera 1971, 1972), erstrecken sich auf eine mächtigere Bodenschicht (Lichtenegger 1976). Skelettreiche Böden erwärmen sich infolge des viel höheren Luftgehaltes und der dadurch geringeren Wärmeleitfähigkeit weniger tief. Die raschere Abnahme der Wärme- und Feuchteschwankungen nach unten hin führt daher zu einem geringeren Tiefgang der Wurzeln (Lichtenegger 1983). Ein weiterer Grund für das geringere Tiefenstreben auf skelettreichen Böden ist auch der viel stärker gewundene Verlauf der Wurzeln. Entscheidend für den Wurzeltiefgang ist auch die Exposition, die wiederum eine verschieden starke Bodenerwärmung bewirkt. An der Südseite dringen die Wurzeln tiefer ein als in der Ebene oder gar an der Nordseite. Auf sandig-kiesigem Boden erreichten die Wurzeln einer jungen Kiefer in Mittelkärnten an einem Südhang eine Tiefe von 346 cm, in der Ebene von 189 cm und an einem Nordhang von 174 cm.

Der Einfluß des Bodens auf den Wurzeltiefgang ergibt sich vor allem aus seinem Gefüge. Schon KÖSTLER et al. weisen darauf hin, daß das „Grobwurzelwerk" in erster Linie von der Bodenlagerung bestimmt wird. Dichtlagerung, Verhärtung oder hoher Steingehalt führt zu starker Formveränderung und zu geringerem Tiefenwachstum. Auf einer stark verhärteten Grundmoräne nördlich von Klagenfurt erreichten Kiefernwurzeln unter starker Verzweigung nur eine Tiefe von 94 cm. Auf solchen Böden entstehen auch plattige Verpressungen von Wurzeln (WAGENHOFF 1938, KUTSCHERA 1960) und unregelmäßige Anhäufungen von Feinwurzeln (**Abb. 34**).

Auch die Bodenfeuchte hat neben der Bodentemperatur einen wesentlichen Einfluß auf die Ausformung des Wurzelkörpers und auf den Tiefgang der Wurzeln. Auf stauwasserfreien, gut durchlüfteten, sich tiefer erwärmenden, gut strukturierten Böden entstehen regelmäßig aufgebaute, tiefreichende Wurzelsysteme. Staufeuchte, dicht gelagerte, kühlere Böden haben eine starke Verformung und ein geringeres Tiefenstreben zur Folge. Die flachstreichende Wurzelgruppe überwiegt hier gegenüber der tiefstrebenden. Die Polwurzel verkümmert. An den flachstreichenden Seitenwurzeln bilden sich Senkwurzeln aus, die verkürzt sind und sich gegen ihr Ende hin büschelig verzweigen. BIBELRIETHER (1964) fand auf süddeutschen Pseudogleyböden heraus, daß die Senkwurzeln umso kürzer und gegen ihr Ende hin umso stärker aufgegliedert waren, je dichter der Boden und je stärker ausgeprägt die Pseudogleydynamik war. Hoch anstehendes Grundwasser begrenzt das Tiefenwachstum der Wurzeln. An Moorrändern oder auf Mooren gibt es keine vorwüchsige Polwurzel. Sie verzweigt sich schon am Wurzelhals in annähernd gleich dicke Wurzelstränge, die sich alle in den flurnahen, meist stauwasserfreien, im Sommer stark erwärmten Torfschichten ausbreiten. Die nur wenig tief eindringenden Wurzeln sterben gleichlaufend mit dem Wachsen des Moores von unten her ab (KOKKONEN 1923).

Auf gut zu durchwurzelnden Böden ist an jungen Bäumen die Polwurzel deutlich vorwüchsig und im Vergleich zu den flachstreichenden Seitenwurzeln viel kräftiger entwickelt. Ihre größte Stärke und größte Tiefe erreicht die Polwurzel etwa bei einem Stammumfang von 20 cm. Danach werden die seitwärts verlaufenden Wurzeln verstärkt. Nach KALELA (1954) ist das Wurzelwerk ab einem Alter von 35–40 Jahren ausgewachsen. An alten Bäumen hebt sich die Polwurzel gegenüber ihren kräftig entwickelten Seitenwurzeln kaum noch ab. Einige von ihnen sind stark verdickt. An ihrer Unterseite können sich kräftige Senkwurzeln entwickeln. Die weit ausgebreiteten und tief reichenden Wurzeln beginnen von außen her abzusterben (WAGENHOFF 1938). Dadurch nähern sich die Wurzelsysteme alternder Bäume immer mehr einer Herzwurzelform. KÖSTLER et al. fanden an 90 % der bis 50jährigen Kiefern ein gut entwickeltes Polwurzelsystem. Wurzelsysteme mit gut entwickelter, vorwüchsiger Polwurzel und abgesetzten, flachstreichenden Seitenwurzeln sind aber nur bei entsprechendem Bodengefüge und bei ausreichender Bodenerwärmung die Regel.

Die flachstreichenden Wurzeln verlaufen meist in den oberen Bodenschichten. LIESE (1926) fand an 19 Jahre alten Kiefern 10 m lange Seitenwurzeln. WAGENHOFF gibt eine Reichweite von 16 m an. Wir fanden an einer mittelalten Kiefer einen Durchmesser des flachstreichenden Wurzeltellers von 1.340 cm. Nach SCHWARZ (1892), AALTONEN (1920) und LIESE sowie nach eigenen Beobachtungen sind die Seitenwurzeln auf nährstoffarmen Böden länger und weniger gut verzweigt als auf nährstoffreichen. Auf Sandböden verlaufen die weit seitwärts streichenden Seitenwurzeln nahe der Bodenoberfläche. Die Vertikalwurzeln erreichen in nördlichen Gebieten nur eine geringe (**Abb. 36**) und in südlichen Gebieten eine große Tiefe (**Abb. 27**, MOROSOW 1928, HOCHTANNER & SEITSCHEK 1964, JÜTTNER 1954).

Der Feinwurzelbesatz ist insgesamt geringer als bei Fichte, Lärche oder Douglasie. Die Verteilung der Feinwurzeln ist aber in der Regel gleichmäßiger. Nur in nährstoffreicheren oder feuchteren Horizonten treten sie auch bei der Kiefer gehäuft auf (WAGENKNECHT 1960). Die lebende und die tote Masse an Feinwurzeln bis 2 mm Durchmesser halten sich nach KALHOFF & BORNKAMM (1992) etwa die Waage. Sie beträgt jeweils zwischen 2 bis 2,5 t/ha. Die größte Produktion an Feinwurzeln fanden die Autoren im Frühjahr und im Herbst. Nach PERSSON (1983) unterliegt die Höhe der Feinwurzel-Biomasse und der Feinwurzel-Nekromasse in der Vegetationszeit starken Schwankungen. Der geringste Wert wurde immer im September erreicht.

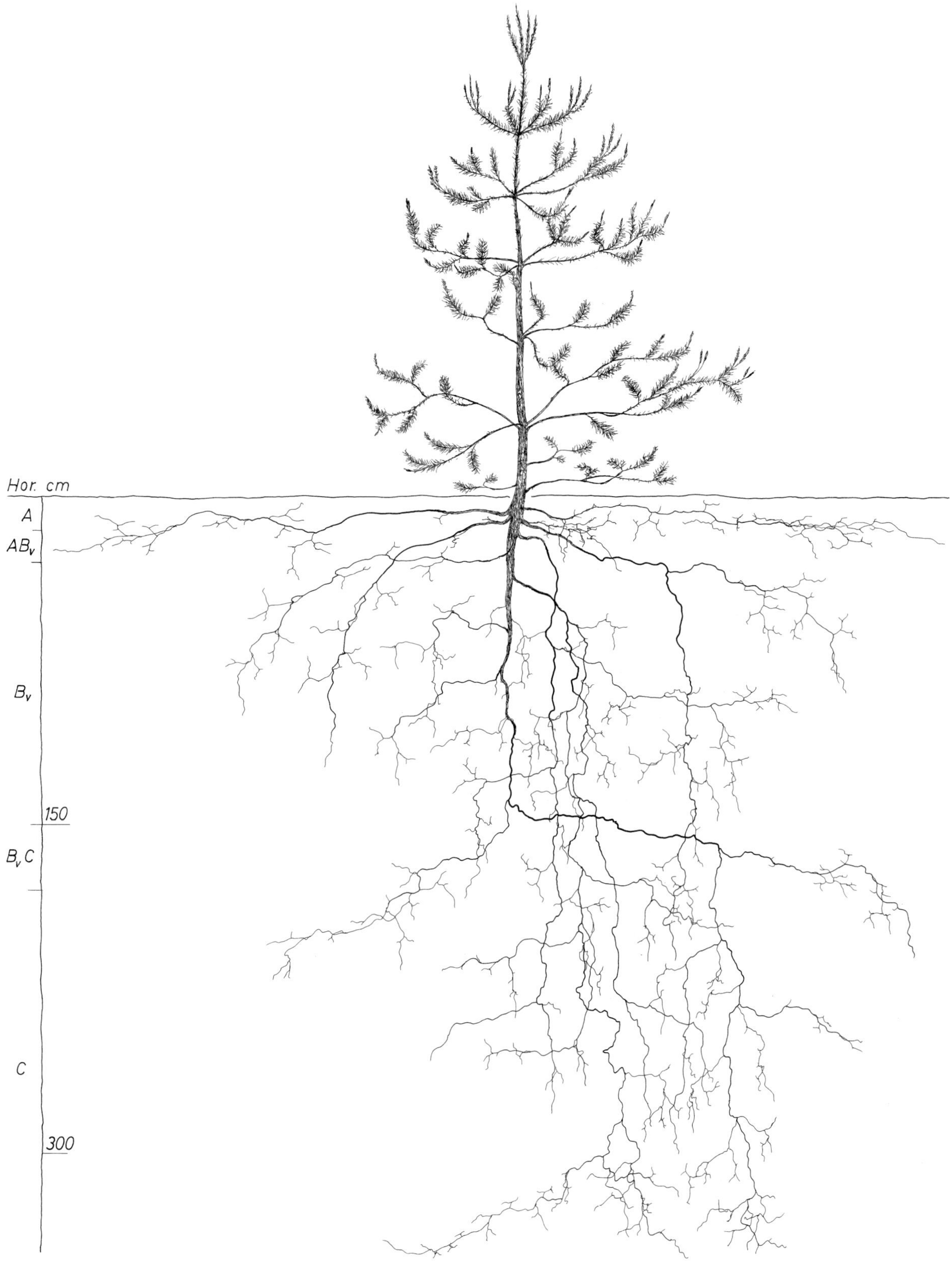

Abb. 27: Wald-Kiefer, *Pinus sylvestris* subsp. *sylvestris*, H–T–S = 225–346–415 cm, Raum Villach, südseitiger Hanganschnitt, 510 m NN. Naturverjüngung von Wald-Kiefern. Lockersediment-Braunerde über Niederterrasse, Bodenprofil Hor.: A 0–15 cm humoser, lehmiger Sand, krümelig, schwach kiesig, mäßig stark durchwurzelt, AB_v 15–30 cm schwach humoser l S, locker, schwach durchwurzelt, 30–150 cm l S, kiesig-schotterig, locker, schwach durchwurzelt, B_vC 150–180 cm l S, sehr stark kiesig-schotterig, schwach durchwurzelt, C Grobsand, Kies und Schotter, sehr locker, Durchwurzelung auslaufend.

Der Gewichtsanteil der Wurzel am gesamten Baumgewicht scheint bei der Wald-Kiefer viel größeren Schwankungen unterworfen zu sein als bei der Fichte. Bei Bäumen in einem Alter von mehr als 26 Jahren schwankt er nach Literaturangaben zwischen 7 und 34 % (OVINGTON 1957, BRINGMARK 1977, ALBREKTSON 1980, FINÉR 1992). KÖSTLER et al. fanden an 30–50 Jahre alten Kiefern einen Wurzelanteil am Gesamtgewicht von 15–20 %. Nach BLOCK (1983) nimmt die Wurzelmasse im warmen, trockenen Münsterland (9,5 °C, 730 mm Niederschlag) bei 55–95 Jahre alten Kiefern auf Feinsand ab einer Tiefe von 1–3 m rasch ab. Bis gegen 4 m Tiefe reichen nur wenige dünne Wurzeln hinab. Für die Erschließung des Grundwassers haben sie nach Ansicht des Autors keine Bedeutung.

Bei der in **Abb. 27** dargestellten Pflanze ist die Polwurzel deutlich kräftiger ausgebildet und länger als die flach verlaufenden Seitenwurzeln. Sie verliert aber selbst in dem lockeren Sandboden gegenüber ihren ebenfalls abwärts wachsenden Seitenwurzeln bald ihre Vorwüchsigkeit. Auch BLOCK weist darauf hin, daß sich die zunächst „rübenförmige" Polwurzel in einer Tiefe von etwa 60–110 cm in mehrere Seitenwurzeln verzweigt und dadurch ihre Vorwüchsigkeit verliert. In kühleren Böden erfolgt dies viel früher. Darin unterscheidet sich die Kiefer wesentlich von der Weiß-Tanne. Die Wurzelform ist auf diesem tiefgründig erwärmten Boden annähernd zylinderförmig. Bei dem älteren Baum der **Abb. 28**, der ebenfalls auf einer südseitigen Böschung über kiesig-schotteriger Unterlage freigelegt wurde, unterscheidet sich die Polwurzel kaum noch von den kräftigen, tiefstrebenden Seitenwurzeln. Diese sind in dem feinerdereicheren Oberboden über einen tieferen Bodenraum verteilt. Die schräg abwärts wachsenden Wurzeln verwischen vollständig die von Autoren beschriebene T-Form. Vielmehr ergibt sich dadurch, wie in den meisten Fällen, ein sich kegelförmig nach oben erweiternder Wurzelkörper. Der Feinwurzelbesatz ist in dem nährstoffreichen, ehemals als Acker genutzten Boden relativ hoch.

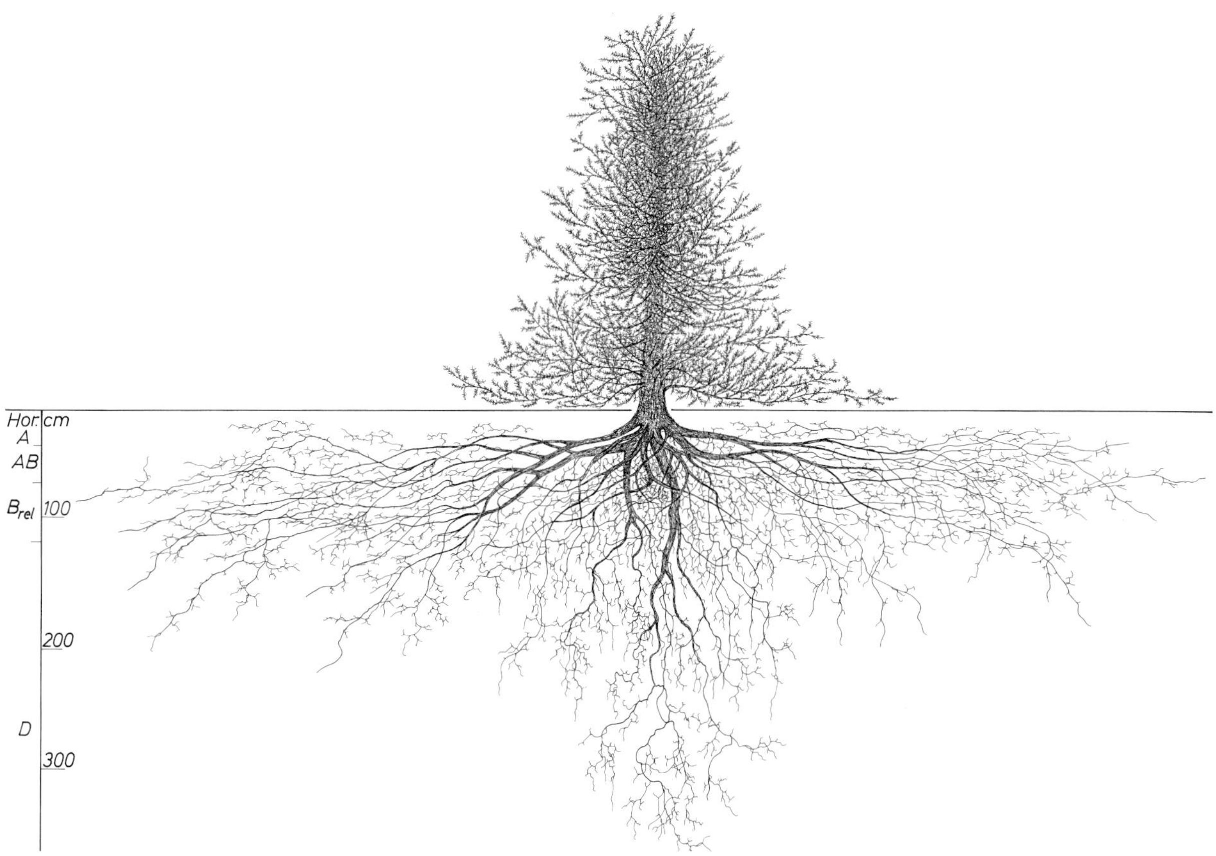

Abb. 28: Wald-Kiefer, *Pinus sylvestris* subsp. *sylvestris*, H–T–S = 368–403–1.087 cm, Grafenstein, östlich Klagenfurt, südseitige Böschung, 470 m NN. Kiefern-Naturverjüngung. Braunerde über Niederterrasse, Bodenprofil Hor.: A 0–30 cm humoser Lehm, krümelig, stark durchwurzelt, AB_v 30–70 cm schwach humoser L, schwach steinig, etwas dicht, stark durchwurzelt, B_{rel} 70–122 cm Braunlehmdecke, dicht, schwach steinig, mäßig stark durchwurzelt, D sandiger Kies und Schotter, Durchwurzelung auslaufend. Aus: KUTSCHERA & LICHTENEGGER (1997).

Der junge Baum der **Abb. 29** erreicht auf dem in der Ebene weniger tiefgründig erwärmten, sandig-kiesigen Boden eine geringere Wurzeltiefe. Die Polwurzel verzweigt sich in der wesentlich nebelreicheren Lage ohne erkennbare Bodenhindernisse schon nahe dem Wurzelhals in mehrere gleichwertige Wurzelstränge. Diese Erscheinung konnte auch an benachbart stehenden Kiefern mehrmals festgestellt werden. Die flachstreichenden Wurzeln verlaufen in dem seichten, humosen Oberboden. Die abwärts wachsenden Wurzelstränge, von denen sich die Polwurzel nicht mehr abhebt, erschließen im stark wasserdurchlässigen B_v-Horizont einen großen Raum. In der feuchteren begrabenen Aulehmdecke breiten sie sich seitwärts aus. Der darunter liegende, lockere Schotter wird nicht mehr durchwurzelt. Der Wurzelkörper wirkt unten wie abgeschnitten. Auch Block stellte fest, daß die in dem Feinsand abwärts wachsenden Wurzeln den Wurzelkörper in einer 145 cm tief liegenden, etwa 10 cm dicken Schicht ohne erkennbare Ursache wie abgeschnitten beendeten. Der Grund liegt darin, daß der etwas höhere Ton- und Schluffgehalt in dieser Sandschicht zu einer rascheren Abschwächung der Wärme- und Feuchteschwankungen und damit zu einem plötzlichen Stillstand des Tiefenwachstums der Wurzeln führte.

Der ältere Baum der **Abb. 30** erreicht unter vergleichbaren Bodenbedingungen in einem dichteren Kiefern-Eichen-Bestand gleichfalls in ebener Lage annähernd die gleiche Wurzeltiefe wie der jüngere Baum der **Abb. 29**. Die Polwurzel ist deutlich entwickelt. Sie verliert aber in den tieferen, schotterreichen Schichten ihre Vorwüchsigkeit. Eine kompakte Wurzelgruppe im Bereich des Stammes kommt infolge der lockeren Verteilung der seitwärts verlaufenden Wurzeln auf dem beschatteten, kühler bleibenden Boden nicht zustande. Die Wurzelform ist daher ein breit nach oben erweiterter Kegel. Das Bäumchen der **Abb. 31** bildet auf dem stark wasserdurchlässigen Boden bereits in der Jugend entlang der seitwärts verlaufenden Wurzeln zahlreiche Senkwurzeln aus. Auch in diesem Fall verliert die Polwurzel durch Verzweigung bald ihre Vorwüchsigkeit. In den tieferen, gleichmäßiger feuchten Schichten, die auf der Nordseite schon ab

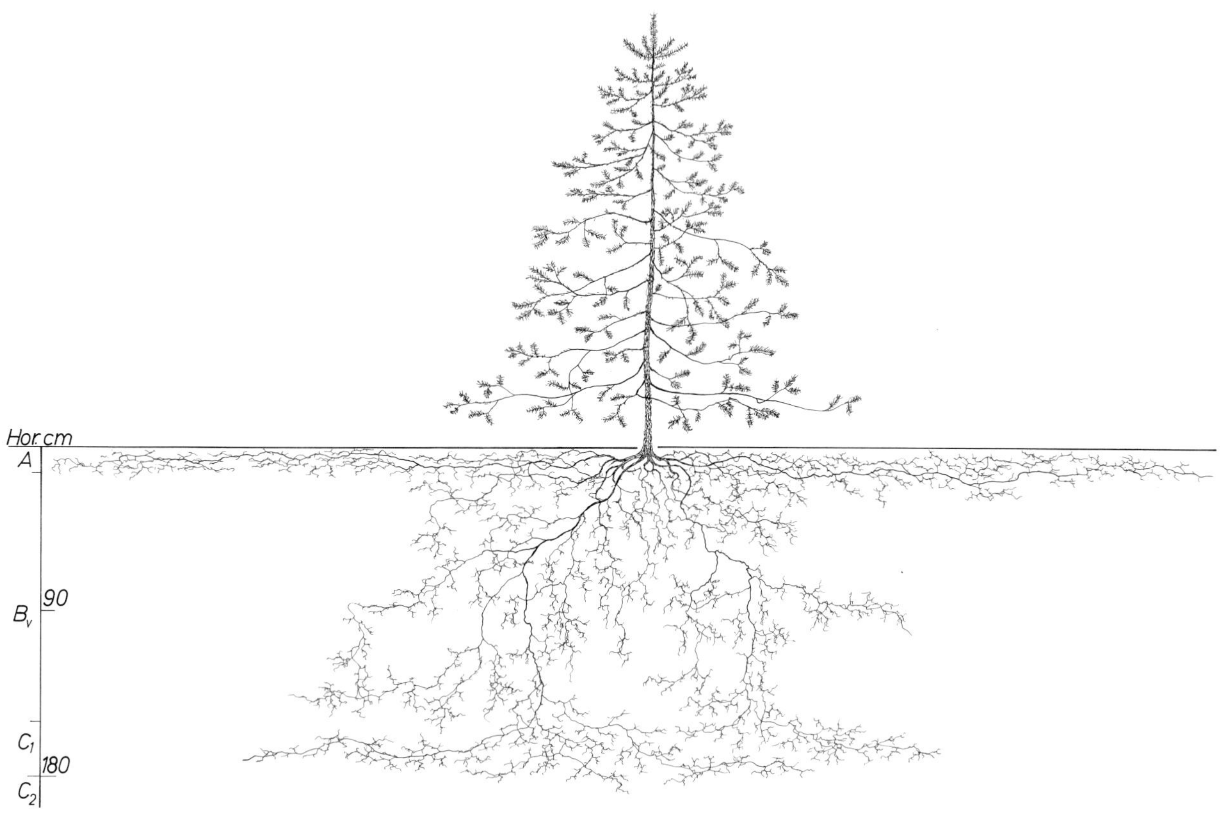

Abb. 29: Wald-Kiefer, *Pinus sylvestris* subsp. *sylvestris*, H–T–S = 230–186–651 cm, östlich Klagenfurt, eben, 470 m NN. Lichter Kiefernbestand, im Unterwuchs vorwiegend *Calluna vulgaris* und *Vaccinium myrtillus*. Lockersediment-Braunerde über Niederterrasse, Bodenprofil Hor.: A 0–15 cm humoser, lehmiger Sand, feinkrümelig, steinig, locker, gut durchwurzelt, B_v 15–150 cm l S, braun (10YR 4/2), sehr kiesig, locker, mäßig stark bis schwach durchwurzelt, C_1 150–180 cm schluffiger Feinsand, feuchter, Durchwurzelung verstärkt, Wurzeln seitwärts verlaufend, C_2 Sand und Schotter, trockener, Durchwurzelung plötzlich endend. Aus: Kutschera & Lichtenegger (1997).

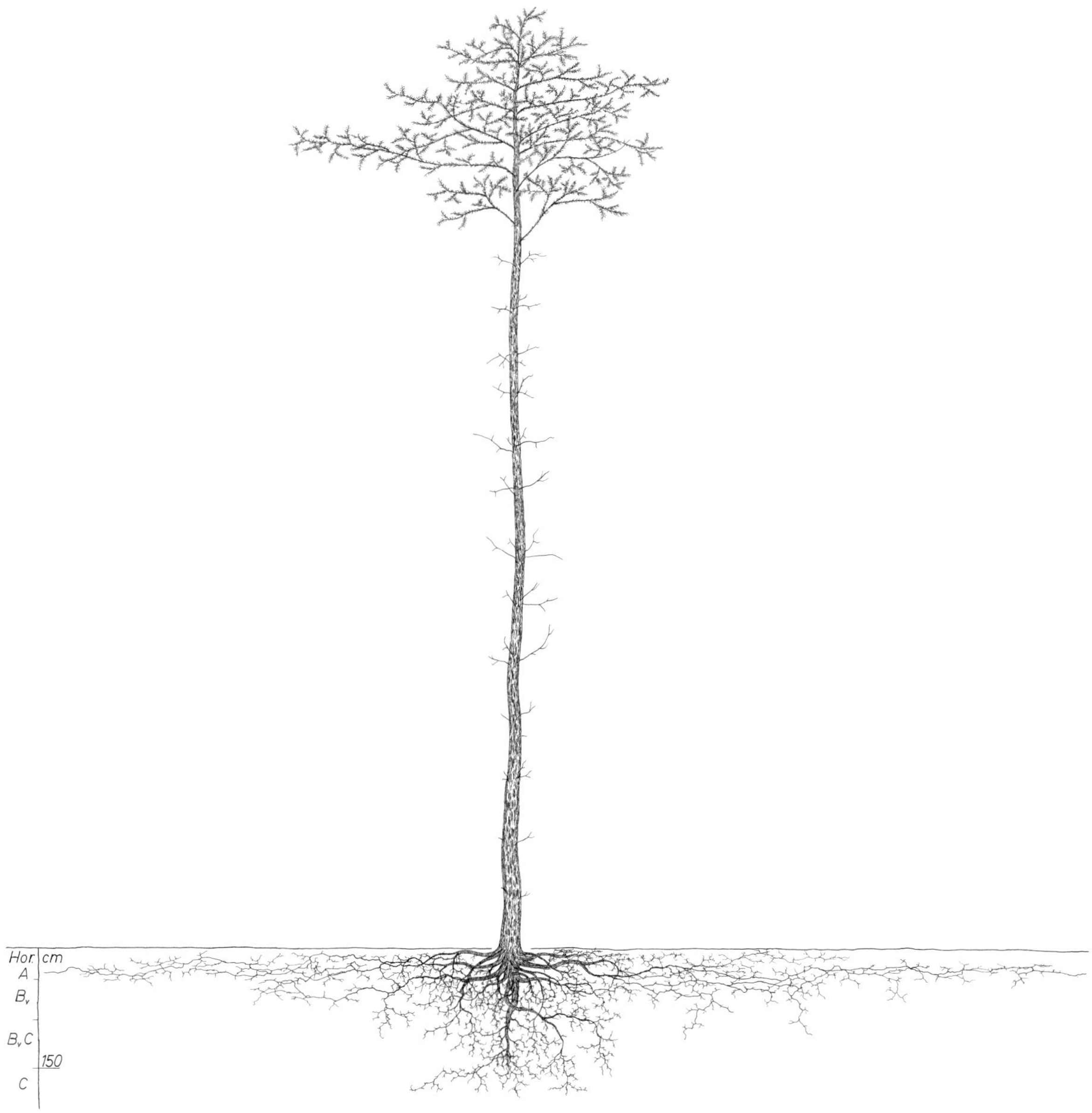

Abb. 30: Wald-Kiefer, *Pinus sylvestris* subsp. *sylvestris*, H–T–S = 1.173–180–1.340 cm, nahe Klagenfurt, eben, 450 m NN. Eichen-Hainbuchen-Wald mit vereinzelten Kiefern. Lockersediment-Braunerde über Niederterrasse, Bodenprofil Hor.: A_I 0–10 cm stark humoser, lehmiger Sand, krümelig, locker, stark durchwurzelt, A_2 10–39 cm humoser l S, kiesig, locker, stark durchwurzelt, B_V 39–90 cm l S, stärker kiesig-schotterig, locker, mäßig stark durchwurzelt, B_VC 90–150 cm l S, sehr steinig, locker, Durchwurzelung stark abnehmend, C Sand, Kies und Schotter, sehr locker, Durchwurzelung auslaufend, ab 150 cm Tiefe schwach grundfeucht.

150 cm Tiefe beginnen, verlaufen die Wurzeln unter reicher Verzweigung seitwärts. Der wesentlich ältere Baum der **Abb. 32** hat auf der trockenen südseitigen Böschung bei Melk eine etwas verkümmerte flachstreichende Gruppe dicker Seitenwurzeln gebildet. An ihrer Unterseite entstanden kräftige Senkwurzeln, die unter starker Verzweigung teilweise auch tief eindringen. Die stark verdickte Polwurzel breitet sich mit ihren Seitenwurzeln fächerförmig nach unten aus. Die große Wurzeltiefe wird nur durch die starke Erwärmung des Bodens an der südseitigen Böschung bewirkt. Am kalten Nordfuß des Grimming sind die Wurzeln im Kalkschutt sehr stark verformt. Außerdem sind sie bis zu einer Tiefe von 50 cm miteinander verwachsen (**Abb. 33**). Es sieht so aus, als ob der ganze magere Kiefernbestand miteinander verbunden wäre. Der junge Baum der **Abb. 34** ist auf der dicht gelagerten Grundmoräne in seinem Tiefenstreben stark gehemmt. Die Hemmung erzwingt eine noch frühere und noch stärkere Verzweigung der Polwurzel in kräf-

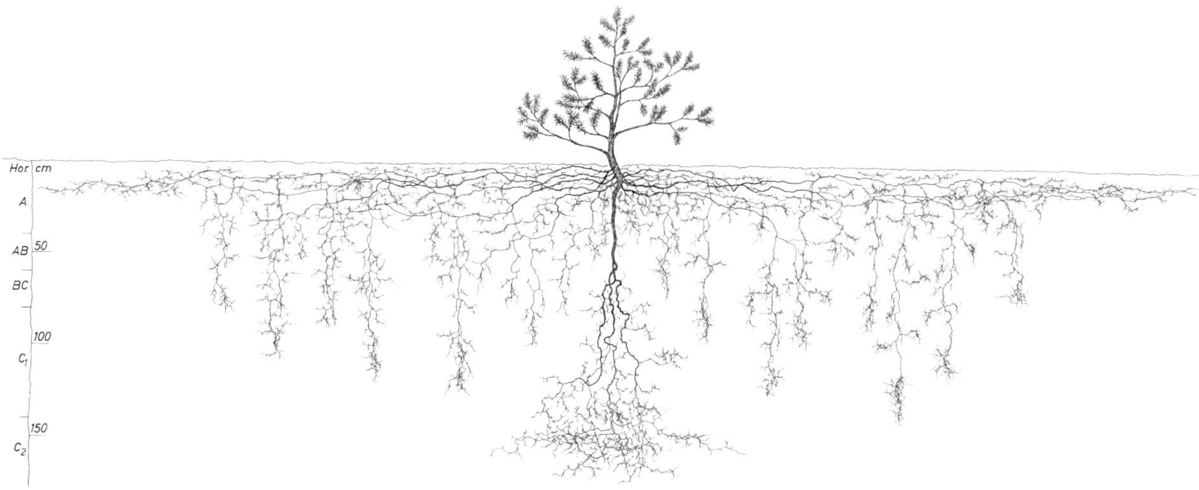

Abb. 31: Wald-Kiefer, *Pinus sylvestris* subsp. *sylvestris*, H–T–S = 87–174–653 cm, östlich Klagenfurt, Südhang, 465 m NN. Kiefern-Naturverjüngung. Lockersediment-Braunerde über Niederterrasse, Bodenprofil Hor.: O 3–0 cm Streuauflage, A_1 0–15 cm feinmoderreicher, lehmiger Sand, locker, stark durchwurzelt, A_2 15–40 cm humoser l S, locker, schwach steinig, stark durchwurzelt, AB_v 40–60 cm schwach humoser l S, stark steinig, locker, mäßig stark durchwurzelt, B_vC 60–80 cm schwach lehmiger S, sehr steinig, locker, schwach durchwurzelt, C_1 80–140 cm Sand und Schotter, sehr locker, schwach durchwurzelt, C_2 lehmiger Schluff, dicht, feuchter, stärker durchwurzelt, Bewurzelung rasch auslaufend.

tige Seitenwurzeln. Diese bewirken in ihrem unteren Teil eine starke Anhäufung an Feinwurzeln. Die Seitenwurzeln sind in dem zeitweise trockenen Oberboden schwach entwickelt.

Auf dem warmen, trockenen Blockschutt bei Villach breiten sich die Wurzeln der gebeugten Krüppel-Kiefer (**Abb. 35**) ziemlich flach in den Hohlräumen zwischen den Steinblöcken aus. Die Feinwurzeln sind in dem eingeschwemmten Humus nestartig gehäuft. Auf dem kühlen, podsoligen Sandboden in Schweden bildet die junge Kiefer ein weit ausgebreitetes, tellerförmiges Wurzelsystem (**Abb. 36**). Die Feinverzweigung der Wurzeln ist eher gering. Das Tiefenstreben der abwärts gerichteten Wurzeln endet sehr bald unter stärkerer Verzweigung. Eine vorwüchsige Polwurzel ist nicht mehr vorhanden. Auch Hesselmann (1910) weist darauf hin, daß die Kiefer in Nordschweden vorwiegend ein Flachwurzler ist. Noch flacher verlaufen die Wurzeln über Torf (**Abb. 37**). Sie breiten sich in den am stärksten erwärmten und am wenigsten vom Stauwasser beeinflußten obersten Torfschichten aus. Die starke Erwärmung und Austrocknung dieser flurnahen Torfschichten im Sommer entspricht durchaus den Standortbedingungen der Kiefer. Ihre trotzdem geringe Wuchsleistung ist auf den Nährstoffmangel zurückzuführen. Die Nährstoffarmut findet auch in der geringen Feinverzweigung der Wurzeln ihren Ausdruck.

Anatomie, Taf. 33

Der Längsschnitt durch die Wurzelspitze einer Wald-Kiefer zeigt deutlich das Merkmal der Gymnospermenwurzel. Die Rinde über dem Zentralzylinder ist etwa gleich breit wie an den Flanken der Wurzeln. Die verschiedenen Färbungen der Zellwände entsprechen den unterschiedlichen Altersstufen der Zellen. In der Jugend bestehen die Zellwände hauptsächlich aus Cellulose, Pektinen und Hemicellulosen. Lignin ist noch nicht vorhanden. Die Zellwände erscheinen bei Vierfachfärbung nach Johansen blau. Mit zunehmendem Alter dürften Gerbstoffe eingelagert werden. Diese könnten die dunkle Färbung der Zellwände bewirken. Die Zellen der Haube bedecken die Wurzelspitze über dem in Bild A 1 wiedergegebenen Abschnitt. Deshalb unterbleibt eine Streckung der Zellen in den äußersten Schichten der Rinde. In deren mittleren Schichten strecken sich die Zellen am frühesten. Das Wasser dafür erhalten sie aus jenen Teilen der Wurzeln zugeführt, die von der Haube nicht mehr bedeckt werden und daher Wasser von außen aufnehmen.

Bei der Wald-Kiefer ist die Breite der Rinde im Verhältnis zum Zentralzylinder nach vorliegenden Untersuchungen an 0,3–4,2 mm dicken Wurzeln im Durchschnitt etwas geringer als bei *Pinus nigra* subsp.

Taf. 32: Wald-Kiefer, *Pinus sylvestris* subsp. *sylvestris*. 1. Reihe links: bei Villach, 510 m NN, Braunerde, junges Bäumchen mit gut entwickelter Polwurzel, die mit ihren abwärts gerichteten Seitenwurzeln auf dem warmen Südhang tief eindringt (zu Abb. 27); Mitte und rechts: nahe Klagenfurt, 450 m NN, Braunerde, Baum mittleren Alters mit rasch dünner werdender Polwurzel und mit flurnah weit seitwärts verlaufenden Seitenwurzeln, stark verzweigter Endabschnitt einer Wurzel mit zahlreichen Wurzelenden (zu Abb. 30). 2. R. links: Grafenstein, östlich Klagenfurt, 470 m NN, Braunerde, Baum mittleren Alters, Wurzeln auf dem warmen Südhang überwiegend abwärts gerichtet (zu Abb. 28); rechts: nahe Melk, 245 m NN, Kalkbraunerde, Baum mittleren Alters auf einer steilen, sommerheißen Böschung, Polwurzel stark entwickelt, ihre Seitenwurzeln nach unten fächerförmig ausgebreitet, dicke flachstreichende Seitenwurzeln mit zahlreichen kräftigen Senkern (zu Abb. 32). 3. R. links: Schütt bei Villach, Kärnten, 520 m NN, Blockschutt, Krüppelkiefer mit vorwiegend seitwärts ausgebreiteten Wurzeln (zu Abb. 35); rechts: Schweden, 200 m Seehöhe, sandiger Podsol, junger Baum, Wurzeln wenig tiefstrebend, vorwiegend flurnah weit seitwärts ausgebreitet (zu Abb. 36).

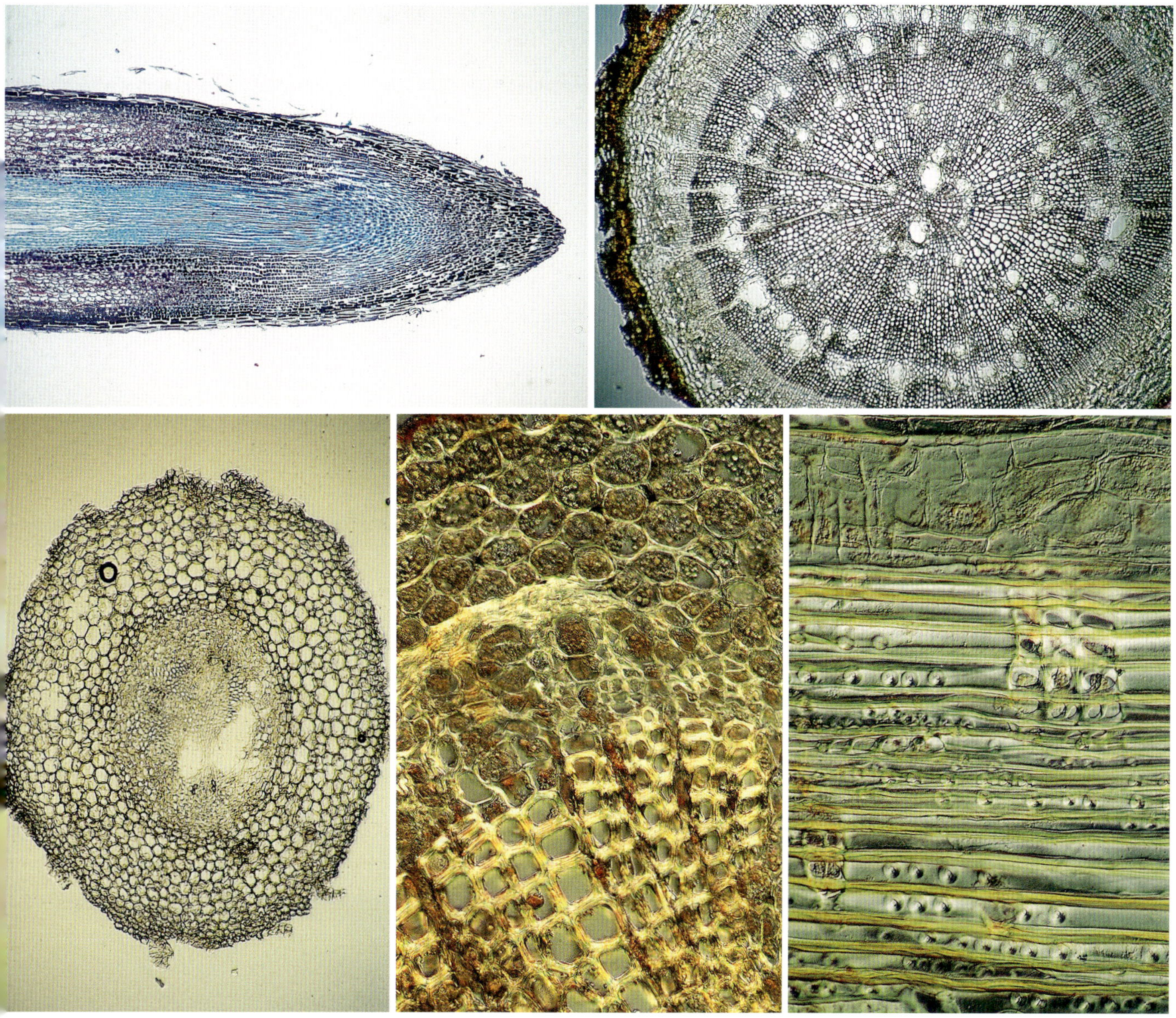

Taf. 33 A: Wald-Kiefer, *Pinus sylvestris* subsp. *sylvestris*. – **1:** Leihgabe von Hans Turner, Schweiz. 4fach-Färbung nach Johansen, 25x. WuHa Z schwarzgrün. **Rinde** über ZZ ca. 16schichtig, jüngster Bereich Z blau, folgende Bereiche Z ungestreckt, schwarz bzw. gestreckt u. z. T. violett. **ZZ** Z blau. – **2:** Schloß Rain, Grafenstein, Kärnten, 14.2. Sek., Ø, Ph/HCl, 25x. **ZZ** 2arch, 4jährig. **PCAG** ZW verholzt, rotbraun. **Bast** Ph ca. 18 Gruppen. **Holz** HK prim. u. sek. groß. – **3:** Kalwang, Steiermark, 25.2. Prim., Ø, Ph/HCl, 32x. **Rinde** mittelbreit, Z der 2-3 äußeren Schichten klein. **ZZ** 4arch. – **4:** Klagenfurt, 21.12. Sek., Ø, S3, 162x. **Bast** SePh mehrmals von einreihigen Strahlen unterteilt. – **5:** Ort u. Zeit wie 2. Sek., ⊠ (RLS), S3, 162x. **Holz** Tracheiden Hoftüpfel 1-2reihig, im Kreuzungsfeld größer.

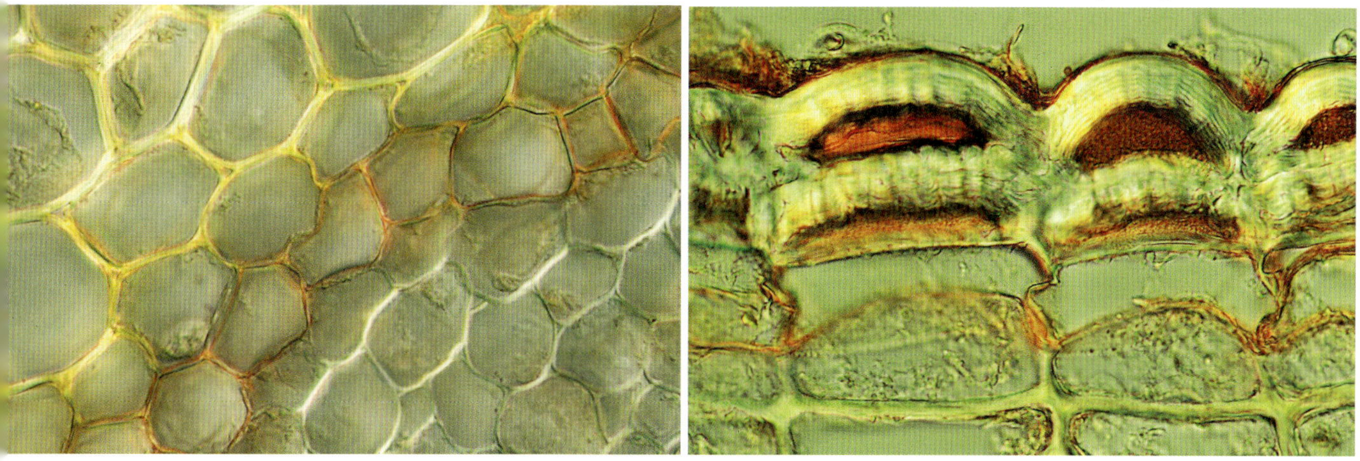

Taf. 33 B: – **1:** Östlich Klagenfurt, 18.12. Prim., Ø, S3, 409x. **Rinde** RP ZW stärker gequollen, gelblich, En ZW mit Suberinlamelle. **ZZ** ZW weiß. – **2:** Schnitt wie A 5. 409x. **PCAG** MutterZ u. 1. Reihe mit St, 2. ZW mit Suberineinlagerung, 3. ZAW stark verdickt.

nigra und größer als bei *P. mugo* subsp. *mugo* sowie *P. cembra* subsp. *cembra*. Wie bei den übrigen Pinaceen fehlen der Wurzel die Rhizodermis und die Exodermis (vgl. *Abies alba*). Den Abschluß nach außen bildet das Außenrindenparenchym. Es besteht aus etwa 2–3 Zellschichten, die sich vom Innenrindenparenchym durch die geringere Größe der Zellen und die frühere und stärkere dunkel- bis schwarzbraune Verfärbung von dessen Zellwänden abheben (A 1, 3). Die Zellwände der Endodermis sind wieder mit einer Suberinlamelle bedeckt. Deutlich stärker gequollen sind die Zellwände des Rindenparenchyms im Vergleich zu den Zellwänden des Zentralzylinders (B 1).

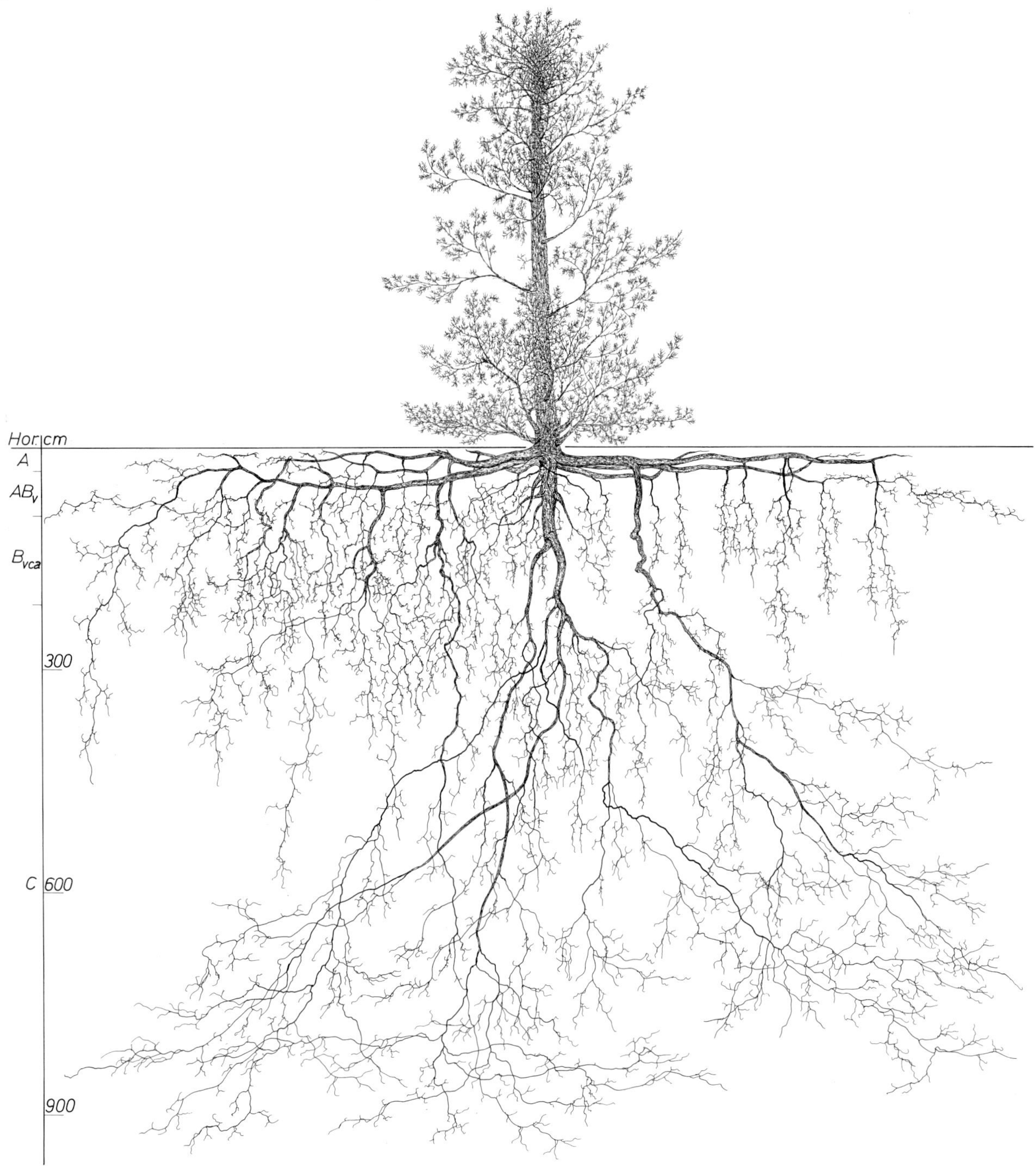

Abb. 32: Wald-Kiefer, *Pinus sylvestris* subsp. *sylvestris*, H–T–S = 575–950–1.380 cm, bei Melk, Niederösterreich, südseitige Böschung, 245 m NN. Böschungskante mit einzelnen Kiefern. Kalkbraunerde, Bodenprofil Hor.: A 0–30 cm humoser, feinsandiger Schluff, lose, braun (10YR 4/2), schwach durchwurzelt, AB_v 30–90 cm schwach humoser, schluffiger Feinsand, dicht, vereinzelt Kalkkonkretionen, schwach durchwurzelt, $B_{v\,ca}$ 90–210 cm schluffiger Feinsand, dicht, mit Kalkkonkretionen, mäßig stark kiesig, C schluffiger Feinsand, kiesig, kompakt, aber nicht verkrustet, Durchwurzelung sehr unregelmäßig. Aus: KUTSCHERA & LICHTENEGGER (1997).

Kennzeichnend für den sekundären Zustand sind vor allem die Dicke des Pericambial-Abschlußgewebes und die starke Verfestigung der äußeren Wände der Zellen. B 2 gibt einen Einblick in die Entstehung und weitere Bildung von Zellschichten dieses Gewebes. Nach Teilung der Pericambiumzelle verbleibt die innerste Zelle als Vorratszelle. Die nach außen anschließende Zelle bildet durch Teilung die folgenden Schichten. Von diesen sind die Zellwände der 1. Schicht bereits verkorkt. In der 2. Schicht haben sich die äußeren Zellwände durch Auflagerung von verholzten Schichten stark verdickt (s. Allgemeiner Teil). Im Laufe des sekundären Dickenwachstums reißen die älteren Schichten des Gewebes auf (A 2). Der Bast ist mittelbreit. Fasern fehlen in ihm, wie bei allen Vertretern der Gattung. Der Holzteil enthält zahlreiche Harzkanäle, die, ebenfalls kennzeichnend für alle Vertreter der Gattung, besonders groß sind (A 2). Die Strahlen in Bast- und Holzteil sind in der Regel 1reihig (A 4). Sie bestehen jeweils aus 1–4 stärkereichen Zellen. Die Wände der Tracheiden enthalten zahlreiche, meist dicht stehende Hoftüpfel. Diese sind mitun-

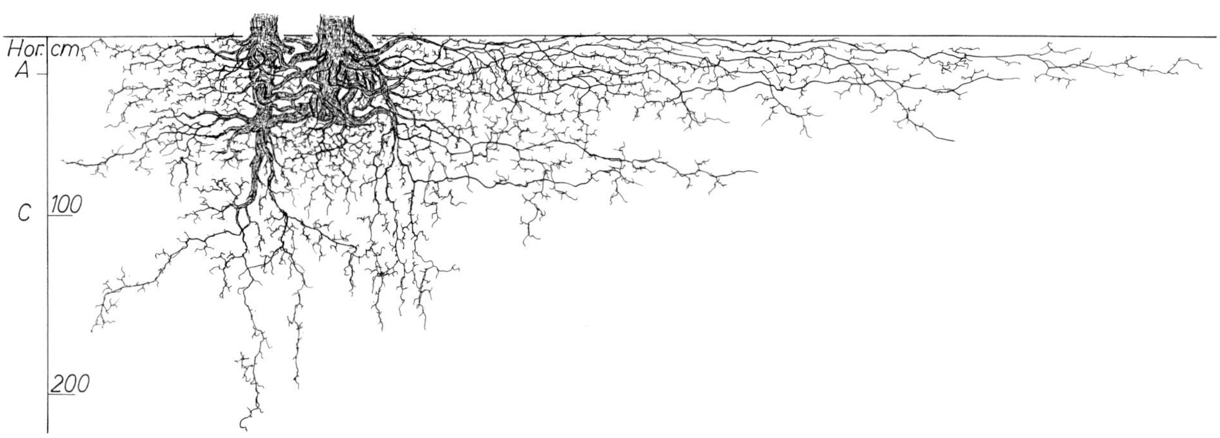

Abb. 33: Wald-Kiefer, *Pinus sylvestris* subsp. *sylvestris*, T–S = 218–657 cm, Nordfuß des Grimming, Steiermark, 750 m NN. Kiefernbestand. Moderrendsina über Kalkschutt, Bodenprofil Hor.: A 0–19 cm Moder, vermengt mit Sand und Grus, stark durchwurzelt, sehr locker, C sandiger Grus und Schutt, ab ca. 100 cm Tiefe Durchwurzelung auslaufend. Wurzelstöcke durch Wurzelverwachsungen miteinander verbunden. Aus: KUTSCHERA & LICHTENEGGER (1997).

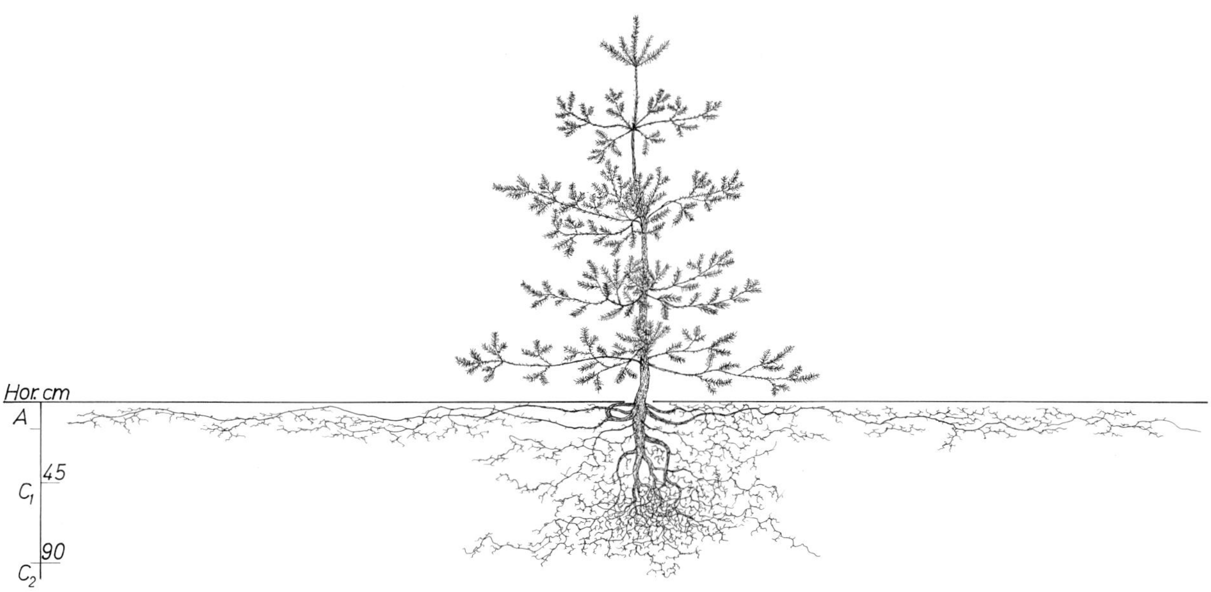

Abb. 34: Wald-Kiefer, *Pinus sylvestris* subsp. *sylvestris*, H–T–S = 217–94–663 cm, nördlich Klagenfurt, südseitiger Oberhang, 510 m NN. Kiefernanflug am Rand einer Schottergrube, Pararendsina über Grundmoräne, Bodenprofil Hor.: A 0–15 cm schwach humoser, schluffiger Sand, vermengt mit Kies, pH 8,7, Ca 2.685 mg, Mg 60 mg, mäßig stark durchwurzelt, C_I 15–90 cm schluffiger, lehmiger Sand, stark durchsetzt mit Kies und Schotter, nach unten zunehmend verdichtet, im unteren Teil verstärkt durchwurzelt, C_2 schluffiger Sand zwischen Kies und Schotter, stark verpreßt, pH 8,5, Ca 2.895 mg, Mg 78,4 mg, Durchwurzelung wie abgeschnitten endend. Aus: KUTSCHERA & LICHTENEGGER (1997).

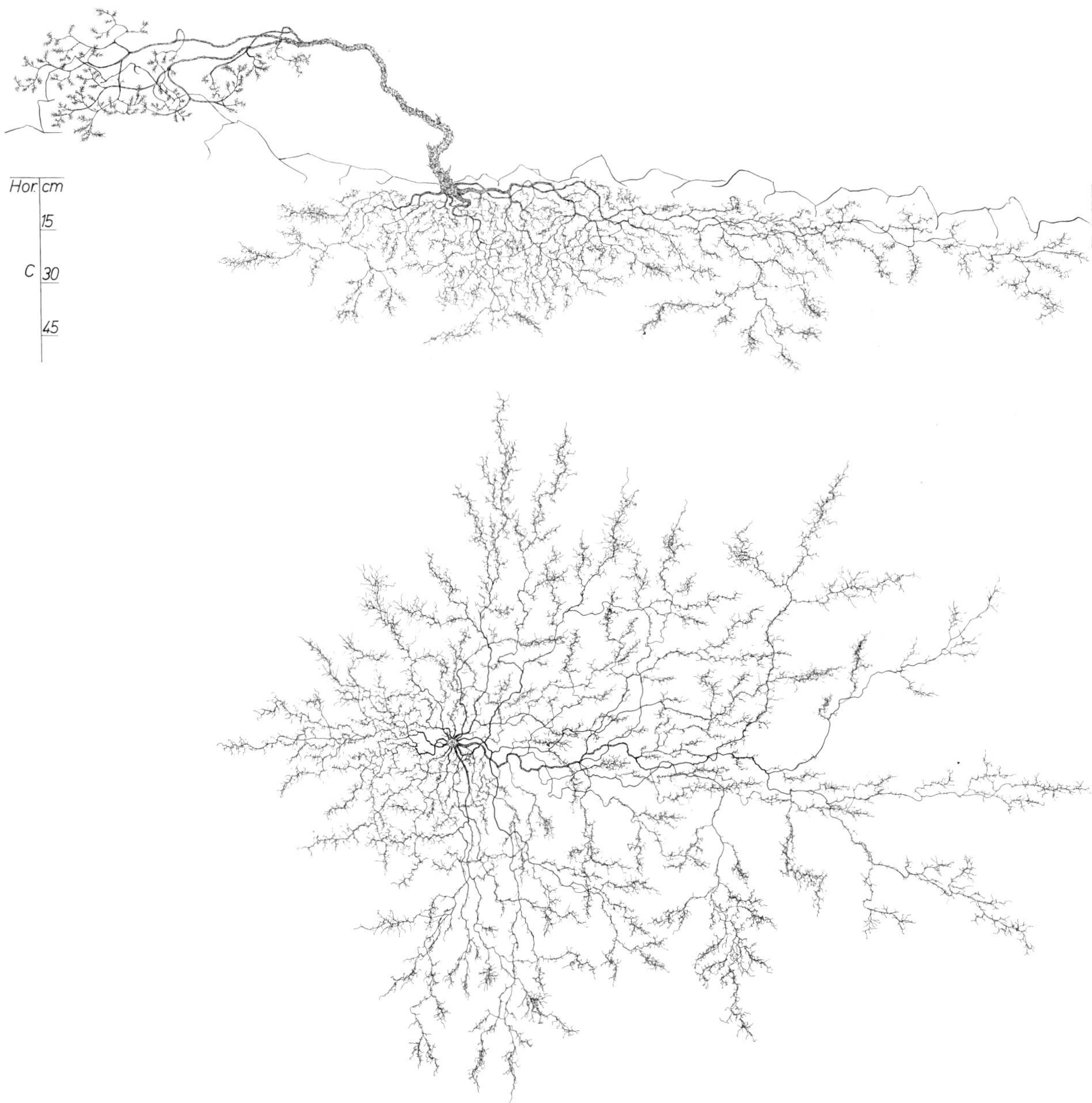

Abb. 35: Wald-Kiefer, *Pinus sylvestris* subsp. *sylvestris*, H–T–S = 30–51–263 cm, Schütt bei Villach, 520 m NN. Kümmernder, schütterer Kiefernbestand auf Kalkblockschutt, C Kalkblockschutt, dazwischen Moder, Feinwurzeln im Moder nestartig angehäuft. Aus: KUTSCHERA & LICHTENEGGER (1997).

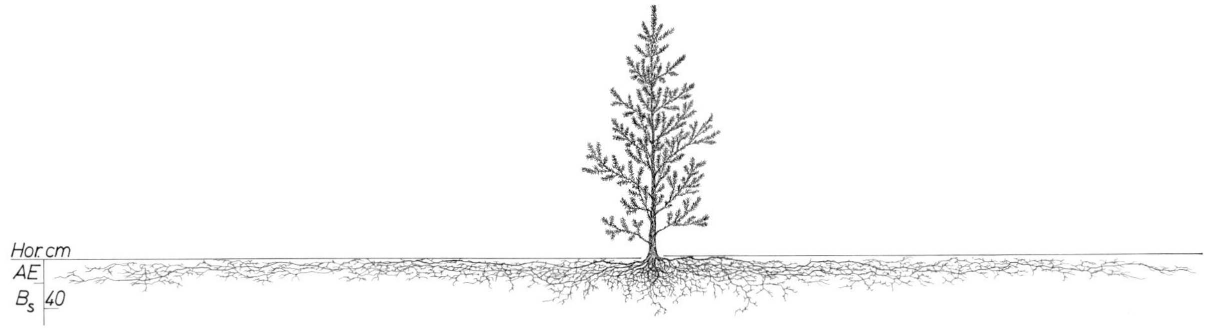

Abb. 36: Wald-Kiefer, *Pinus sylvestris* subsp. *sylvestris*, H–T–S = 211–47–973 cm, Schweden, eben, Seehöhe 200 m. Sehr schütterer, natürlich verjüngter Bestand an Jungkiefern, im Unterwuchs vorwiegend *Calluna vulgaris.* Sandiger Podsol, Bodenprofil Hor.: AE 0–20 cm moderreicher Sand, gebleicht, B_s Sand, rostfarbig, Bewurzelung rasch auslaufend. Aus: KUTSCHERA & LICHTENEGGER (1997).

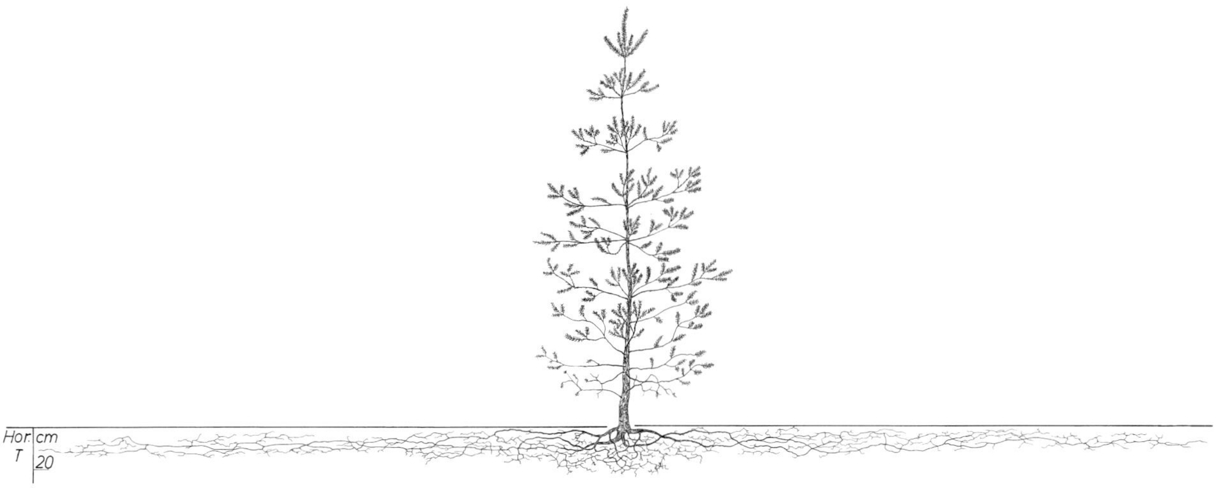

Abb. 37: Wald-Kiefer, *Pinus sylvestris* subsp. *sylvestris*, H–T–S = 208–24–600 cm, Keutschach, Kärnten, 510 m NN. Kiefernanflug in Niedermoor, T Torf. Aus: Kutschera & Lichtenegger (1997).

ter in zwei Reihen angeordnet. Im Kreuzungsbereich sind sie wie bei anderen *Pinus*-Arten (vgl. Cutler et al. 1987) besonders groß (A 5).

Die angeführten Merkmale stimmen mit der größeren Trockenresistenz der Gattung *Pinus* überein. Die geringeren Unterschiede zwischen Spät- und Frühholz und vor allem der allmähliche Übergang zwischen beiden Wachstumszonen bei *P. sylvestris* subsp. *sylvestris* im Vergleich zu *P. nigra* subsp. *nigra* können als Hinweise auf die Standortunterschiede beider Arten gewertet werden. Der Wassergehalt der Böden von *P. sylvestris* subsp. *sylvestris* ist meist höher und unterliegt vor allem geringeren Schwankungen als bei *P. nigra* subsp. *nigra*. Durch Frosttrocknis und Lufttrockenheit bedingte Unterschiede im Wasserangebot erträgt die Wald-Kiefer allerdings besser als die Schwarz-Kiefer (s. oben).

Standortansprüche: Die Wald-Kiefer benötigt eine ausreichend lange Winterruhe. Deshalb kommt sie unter ozeanischen Klimabedingungen wegen der langen Vegetationszeit von selbst nicht mehr vor (Meusel et al. 1965). Sonst sind ihr dank der Anspruchslosigkeit hinsichtlich Wärme, Feuchte und Nährstoffen in ihrem Vorkommen auf waldfähigen Standorten in den gemäßigten Breiten kaum Grenzen gesetzt. Eine Einschränkung erfährt sie durch ihre Empfindlichkeit gegen stärkere Beschattung und durch ihre geringe Wuchsleistung. Sie kann daher nur vorherrschend auftreten, wenn die wettbewerbsfähigeren Nadel- und Laubbäume in ihrem Wachstum gehemmt sind. Das ist auf allen kargen Böden mit sehr geringem Wasserspeichervermögen wie auf Fels-, Schutt-, Schotter-, Grus-, Kies- und Sandböden der Fall.

Verbreitung: Naturnahe Steppen-Kiefern-Wälder (Ononido-Pinion) kommen in den Alpen nur in den wärmsten inneralpinen Trockentälern vor. In der feuchteren Eichen-Hainbuchen-Stufe können sich die wärmeliebenden Kiefern-Eichen-Mischwälder (Cytiso-Pinion) nur auf sehr skelettreichen, wasserdurchlässigen Böden entwickeln. Pfeifengras-Kiefern-Wälder (Molinio-Pinion) befinden sich auf wechselfeuchten, schwereren Böden der unteren montanen Stufe. Auf den extrem durchlässigen, kalkreichen Böden stocken bis hinauf in die hochmontane Stufe die Schneeheide-Kiefern-Wälder (Erico-Pinion). Bodensaure Sand-Kiefern-Wälder wachsen in subkontinentalen Diluviallandschaften. Bodensaure Fels-Kiefern-Wälder kommen in den inneralpinen Trockentälern vor (Zoller 1981). In den Alpen reicht das Vorkommen der Wald-Kiefer nicht so hoch hinauf wie jenes der Fichte, Lärche oder Zirbe. Der Grund dafür sind nicht nur ihre höheren Wärmeansprüche, sondern auch ihre Empfindlichkeit gegen Schneebruch.

Pinus mugo Turra subsp. *mugo*, Latsche, Leg-Föhre

Morphologie

Sproß: Immergrüner Strauch, Stamm gestaucht, niederliegend, kurz kriechend, im Alter auch stark verdickt, büschelig verzweigt. Äste säbelartig aufsteigend, endwärts aufgebogen, bis 3 (5) m hoch, stark verzweigt, undurchdringliches Gestrüpp bildend.

Wurzel: An jüngeren Pflanzen ist meist noch die vorwüchsige Polwurzel erkennbar (**Abb. 38**, **Taf. 34**). Im Zuge der begrenzten Kriechbewegung des Stammes wird sie später mitunter abgerissen. Daher ist das Polwurzelsystem an den älteren, gestauchten Stämmen meist nicht mehr zu erkennen. Am verdickten, liegenden Stamm entstehen kräftige sproßbürtige Wurzelstränge. Sie breiten sich unter starker Verzweigung vorwiegend in den oberen, mehr oder weniger stark humosen Bodenschichten aus. An warmen, südseitigen Schutthängen dringen mehrere Wurzeln auch in den lockeren Schutt ein (**Abb. 39**). Auf felsigen Standorten folgen die Wurzeln den erderfüllten Spalten und Fugen. Größere Wurzeltiefen werden weder auf beweglichen noch auf ruhenden Böden erreicht. In Schutthalden kann die Latsche nur anwurzeln, wenn die Schuttbewegung nur noch gering ist. Die Festigkeit der Schuttfächer wird durch die Latsche wesentlich erhöht. Nicht umsonst gilt sie als Schuttfestiger.

Anatomie, **Taf. 35**

Die Wurzel der Latsche unterscheidet sich im primären Zustand von jener der Wald-Kiefer meist durch eine schmälere Rinde. Die Zellen des Außenrindenparenchyms sind wieder wesentlich kleiner als die des Innenrindenparenchyms (A 1, B 1).

Im sekundären Zustand besteht ein Unterschied gegenüber der Wald- und der Schwarz-Kiefer in dem oft schmäleren Pericambial-Abschlußgewebe. Die Zellen der drei inneren Schichten dieses Gewebes sind

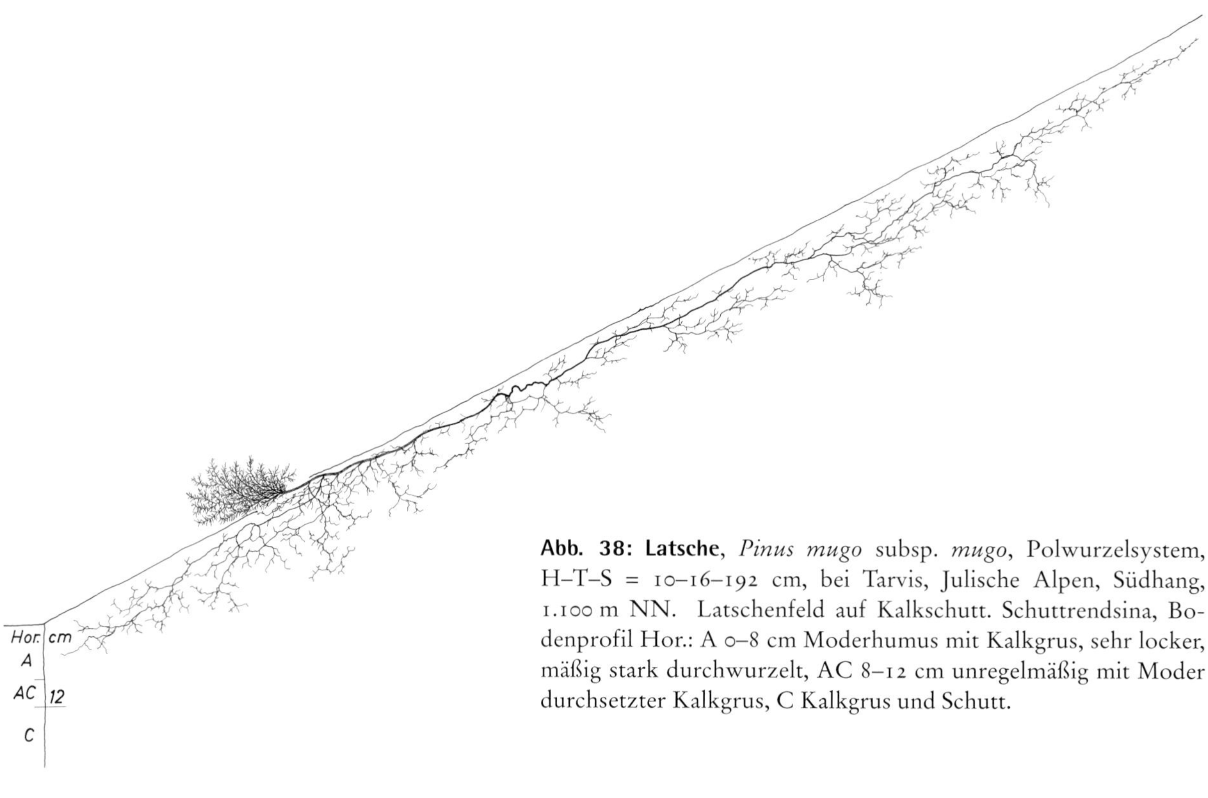

Abb. 38: Latsche, *Pinus mugo* subsp. *mugo*, Polwurzelsystem, H–T–S = 10–16–192 cm, bei Tarvis, Julische Alpen, Südhang, 1.100 m NN. Latschenfeld auf Kalkschutt. Schuttrendsina, Bodenprofil Hor.: A 0–8 cm Moderhumus mit Kalkgrus, sehr locker, mäßig stark durchwurzelt, AC 8–12 cm unregelmäßig mit Moder durchsetzter Kalkgrus, C Kalkgrus und Schutt.

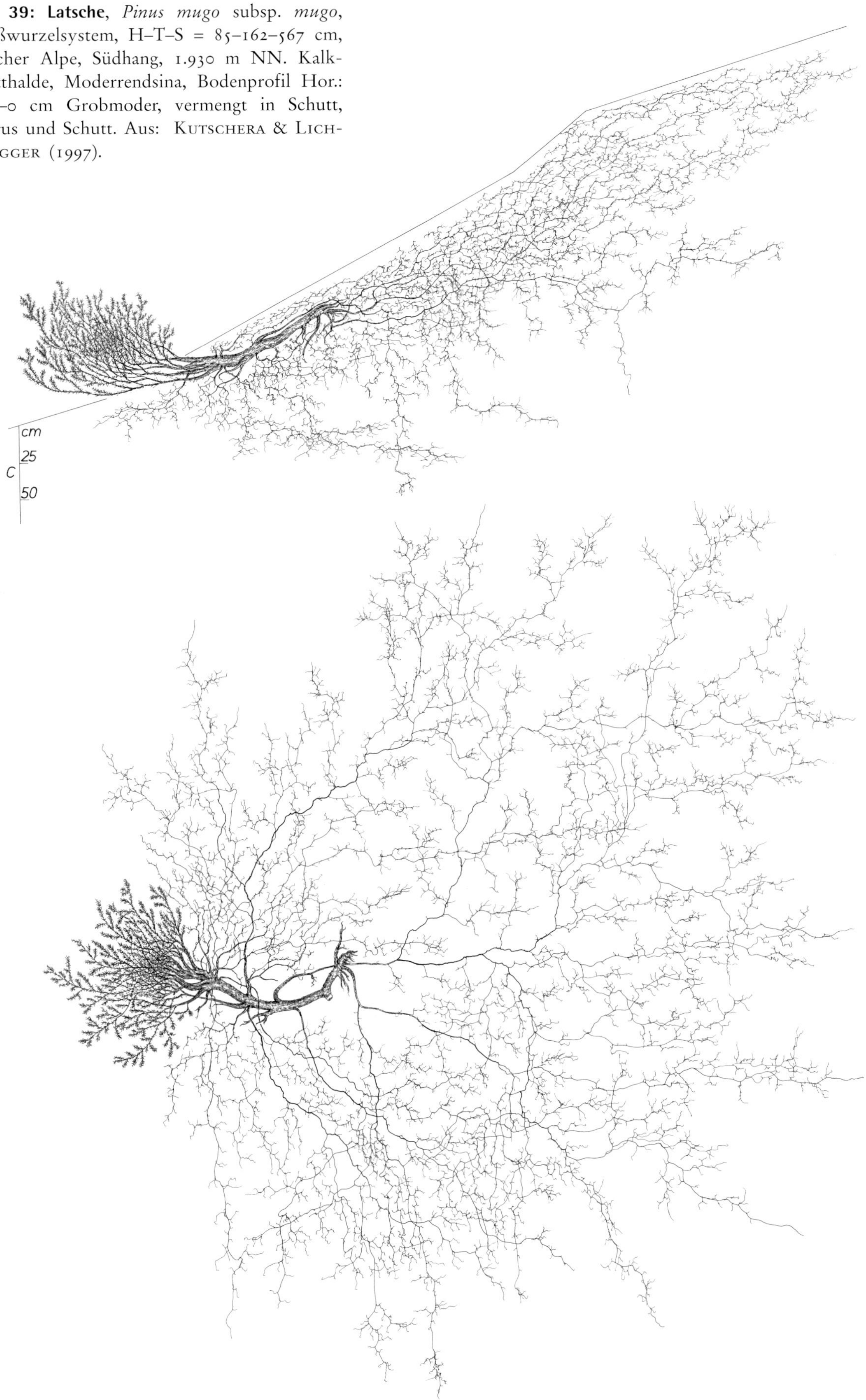

Abb. 39: Latsche, *Pinus mugo* subsp. *mugo*, Sproßwurzelsystem, H–T–S = 85–162–567 cm, Villacher Alpe, Südhang, 1.930 m NN. Kalkschutthalde, Moderrendsina, Bodenprofil Hor.: O 5–0 cm Grobmoder, vermengt in Schutt, C Grus und Schutt. Aus: Kutschera & Lichtenegger (1997).

Taf. 34: Latsche, *Pinus mugo* subsp. *mugo*. 1. Reihe: Jungpflanzen, mit zunehmendem Alter stärker verzweigt. 2. R.: bei Tarvis, Julische Alpen, 1.100 m NN, Schuttrendsina; links: junge Latsche mit hangaufwärts verlaufender Polwurzel (zu Abb. 38); rechts: ältere Latsche mit kräftiger Polwurzel und bereits stark entwickelten Seitenwurzeln. 3. R. links: Villacher Alpe, 1.930 m NN, Moderrendsina, alte Latsche mit stark verzweigtem, sproßbürtig bewurzeltem Stamm, Wurzeln vorwiegend seitwärts ausgebreitet (zu Abb. 39); rechts: Glocknergebiet, 1.860 m NN, Braunerde über Kalkglimmerschiefer, alte Latsche, Wurzeln unter dem Rasenfilz weit seitwärts verlaufend.

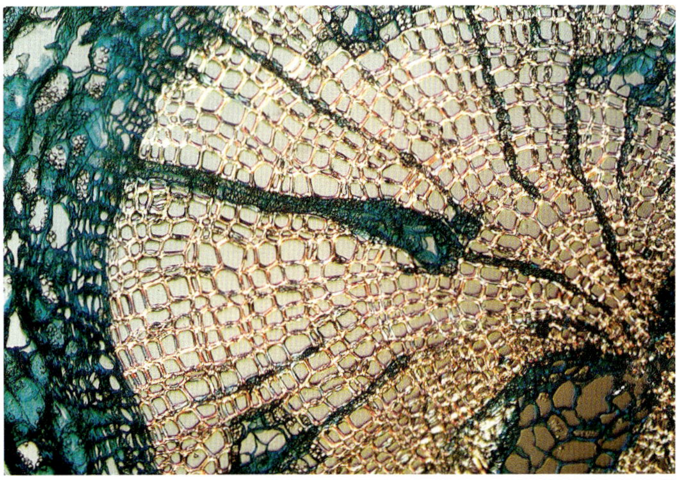

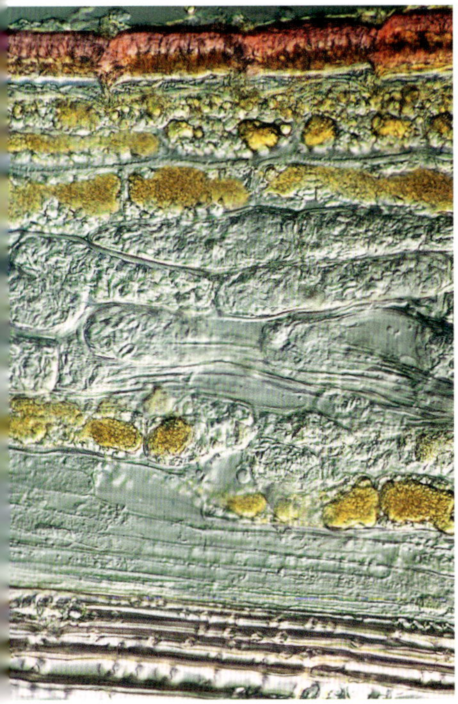

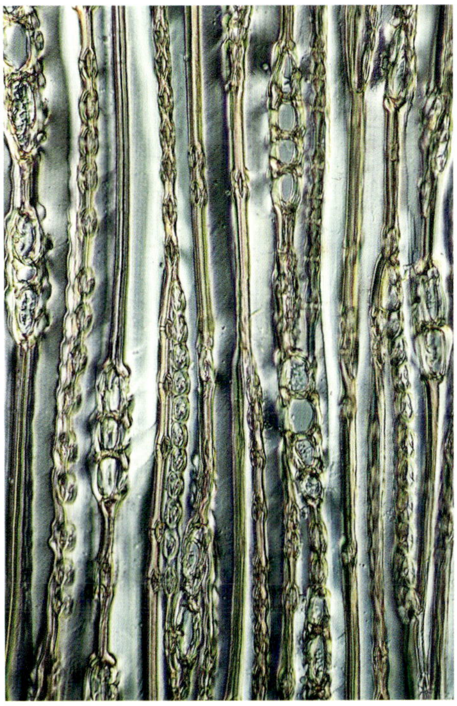

Taf. 35 A: Latsche, *Pinus mugo* subsp. *mugo.* – **1:** Villacher Alpe, Kärnten, 16.5. Prim., Ø, Ph/HCl, 25x. – **2:** Ort wie 1, 5.10. Sek., Ø, Saf.-Ast., 64x. **Bast** ZW blau, Cellulose. **Holz** Strahlen 1(2)reihig ZW wie im Bast, Tracheiden ZW verholzt, rötlichgelb. – **3:** Hochstuhl, Karawanken, Kärnten, 4.5. Sek., ⊠, Ph/HCl, 162x. **PCAG** äußerste Schicht Z mit verdickter und verholzter äußerer ZW. **Bast** äußerer Teil Z groß tangential verbreitert, ZInhalt St u. GS (?), EC mehrschichtig. **Holz** Tracheiden u. FTracheiden ZW verholzt rot, Hoftüpfel dicht bzw. entfernt stehend. – **4:** Ort wie 1, 3.2. Sek., TLS, Ph/HCl, 162x. **Holz** Strahlen 2-4 Z hoch, Tracheiden Hoftüpfel dicht stehend. – **5:** Schnitt wie 4. 162x. **Bast,** Ph EC schmal. **Holz** F Tüpfel entfernt, Tracheiden Tüpfel dicht stehend.

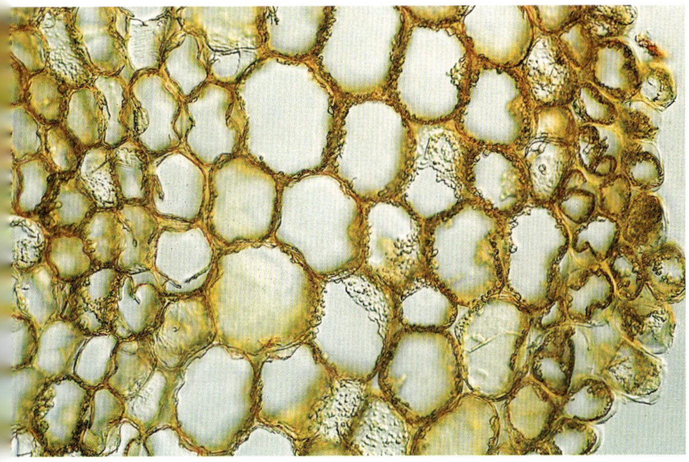

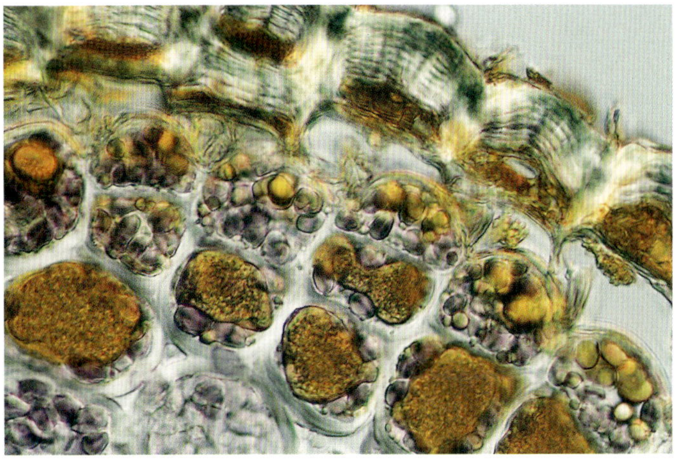

Taf. 35 B: – **1:** Schnittreihe wie A 1. S3, 162x. **Rinde** ARP kleinzellig. **ZZ** PC Z etwa gleich groß wie EnZ. – **2:** Pfl u. Zeit wie A 3. Sek., Ø, JJK, 409x. **PCAG** äußere Schicht ZAW stark verdickt, 3 innere Schichten Z St-reich, 2 innerste Schichten ZInhalt gebräunt.

oft dicht gefüllt mit Stärke, ein Zeichen ihrer regen Stoffwechseltätigkeit. Erst nach der Verdickung und Verholzung der äußeren Zellwände in der 4. Schicht wird diese beendet (B 2). Die Zellen sind häufig im Längsschnitt größer als im Querschnitt (A 3, B 2). Im Bast enthalten vor allem die äußeren Zellen neben Stärke gelbliche Tröpfchen. Ähnliche Tröpfchen enthalten die äußeren Bastzellen der Zirbe. Im Gegensatz zu diesen war jedoch bisher nicht festzustellen, daß es sich dabei um Lipide handelt. Möglicherweise sind es Gerbstoffe (A 3). Die Harzkanäle sind groß, wie bei den übrigen Vertretern der Gattung. Deren Weite unterliegt jedoch auffallend großen Schwankungen. Die Wände von Strahlen und Harzkanälen bestehen aus Cellulose. Sie heben sich deutlich von den verholzten Wänden der Tracheiden ab (A 2). Die Zellwände der Xylemleitelemente sind weniger verfestigt als bei *Pinus nigra* subsp. *nigra* (A 5). Wie bei dieser Art sind die Strahlen meist 2–4 Zellen hoch (A 4).

Die geringere Stärke des Pericambial-Abschlußgewebes und die dünneren Zellwände des Holzes entsprechen den kühleren und damit feuchteren Böden, die die Art im Gegensatz zu *P. nigra* subsp. *nigra* besiedelt. Die größeren Schwankungen in der Weite der Harzkanäle könnten ein Zeichen für stärkere Schwankungen in der Stoffbildung sein. Verursacht werden diese offensichtlich durch größere Unterschiede in der Temperatur während der Wachstumszeit.

Standortansprüche: Die max. Frosthärte ist nach BIEBL (1958) bei der Latsche mit −35,2 °C geringer als bei der Fichte mit −38 °C und viel geringer als bei der Zirbe mit −47 °C. Wegen ihrer geringeren Frosthärte ist sie oberhalb der Waldgrenze auf ausreichenden Schneeschutz angewiesen. In schneearmen Wintern erleidet sie Frostschäden, die an den braunen Nadeln zu erkennen sind. Bei zu lange andauernder Schneebedeckung stickt sie ab. Daher meidet sie im oberen Grenzbereich ihres Vorkommens sehr schneereiche Mulden. Ebensowenig erträgt sie stärker sickerfeuchte, konkave Lagen, auf denen die Grün-Erle bestens gedeiht. Wenig empfindlich ist sie gegen zeitweilige Staufeuchte. Daher kann sie auch in Mooren, die im Sommer in den oberen Schichten trockenfallen, bestandsbildend auftreten.

Verbreitung: Die ostpraealpide, hauptsächlich im mitteleuropäischen Alpenbogen verbreitete Art kommt von der montanen bis in die subalpine Stufe vor. Besonders reichlich wächst sie im Bereich der Waldgrenze. Hier kann es zur deutlichen Ausbildung des bekannten Krummholzgürtels kommen. Im Waldgürtel besiedelt sie nicht waldfähige Standorte wie Naßflächen, Felsfluren und Schutthalden. Auf Schuttkegeln am Fuß zerklüfteter Kalkfelsen kann es zur Bildung großer Latschenfelder kommen. Oberhalb der Waldgrenze wächst sie auf allen ausreichend, aber nicht zu hoch mit Schnee bedeckten Flächen. In den schneeärmeren, trockeneren Gebieten der Zentralalpen tritt sie im Vergleich zu den schneereicheren Randgebieten deutlich seltener auf. Daraus wird gelegentlich abgeleitet, daß die Latsche an Kalk gebunden sei.

Pinus cembra L. subsp. *cembra*, Zirbe, Zirbel-Kiefer, Arve

Morphologie

Sproß: Immergrüner Baum, Stamm monopodial verzweigt, meist gerade, stark abholzig, bis 20 (25) m hoch, Stammdurchmesser bis 1 (1,5) m, im Alter von unten herauf meist nur über eine geringe Strecke verkahlend. Äste streng etagenförmig angeordnet, buschig verzweigt, im Alter teils stark verdickt. Krone schmal bis breit eiförmig, an jüngeren Bäumen und an Bäumen tieferer Lagen stumpf zugespitzt, an Bäumen höherer Lagen wegen Erstarkens der wipfelnahen Seitentriebe abgerundet.
Wurzel: Die Polwurzel der Zirbe verliert sehr rasch ihre Vorwüchsigkeit. Bereits bei jungen Pflanzen biegt sie sich um und breitet sich mit ihren kräftigen Seitenwurzeln in weitem Umkreis in den oberen, besser erwärmten Bodenschichten aus (**Abb. 40, 41**). In die darunter liegenden, kühleren und gleichmäßiger feuchten Schichten dringen die abwärts wachsenden Wurzeln auch bei günstiger Bodenstruktur nicht tiefer ein. Das häufig erwähnte tiefe Eindringen der Zirbe rührt daher, daß die Wurzeln an vorspringenden Gesteinspartien in den Erdtaschen zwischen den Steinen abwärts verlaufen. Sobald sie in den feinsedi-

Abb. 40: Zirbe, *Pinus cembra* subsp. *cembra*, H–T–S = 127–31–602 cm, Nockberge, Kärnten, nach Süden geneigter Mittelhang, 1.850 m NN. Borstgrasrasen mit *Rhododendron ferrugineum* und vereinzelt Zirbe. Rasenpseudogley, Bodenprofil Hor.: A 0–7 cm Rasenfilz, stark feinmoderiger, sandiger Lehm, AP 7–14 cm humoser s L, unregelmäßig bleichfleckig, B_v 14–30 cm s L, schwach steinig, mäßig stark durchwurzelt, B_vC s L, stark steinig, Durchwurzelung auslaufend.

Abb. 41: Zirbe, *Pinus cembra* subsp. *cembra*, H–T–S = 88–20–350 cm, Nockberge, Kärnten, südseitiger Hangrücken, 1.860 m NN. Besenheide-Borstgras-Rasen mit *Rhododendron ferrugineum* und vereinzelt Zirbe. Rasenpseudogley, Bodenprofil Hor.: A 0–8 cm Rasenfilz, stark feinmoderiger, sandiger Lehm, AP 8–12 cm humoser s L, gebleicht, mäßig stark durchwurzelt, B_vC 12–20 cm s L, rostbraun, mit plattigem Silikatgrus, C s L zwischen Grus und Schutt, Durchwurzelung auslaufend.

mentreichen Boden eindringen, wachsen sie seitwärts. Auf feinerdereicheren, reiferen Böden erweist sich die Zirbe als ausgesprochener Flachwurzler.

Bei dem in **Abb. 42** dargestellten älteren Baum breiten sich die meisten Wurzeln in den oberen Bodenschichten aus. Die langen, dünnen Wurzelabschnitte verlaufen sogar im Rasenfilz, ohne in den Mineralboden einzudringen. Die Polwurzel ist selbst in dem steinigen, gut durchlüfteten Mineralboden zapfenförmig verkümmert. Ihre dickeren Seitenwurzeln enden in einer Tiefe von 30–78 cm unter Bildung zahlreicher dünnerer Wurzeln, die sich büschelartig seitwärts ausbreiten. Es entsteht dadurch ein flacher Wurzelteller. Trotz des flachen Wurzelverlaufs ist die Zirbe sehr widerstandsfähig gegen Windwurf. Die starke

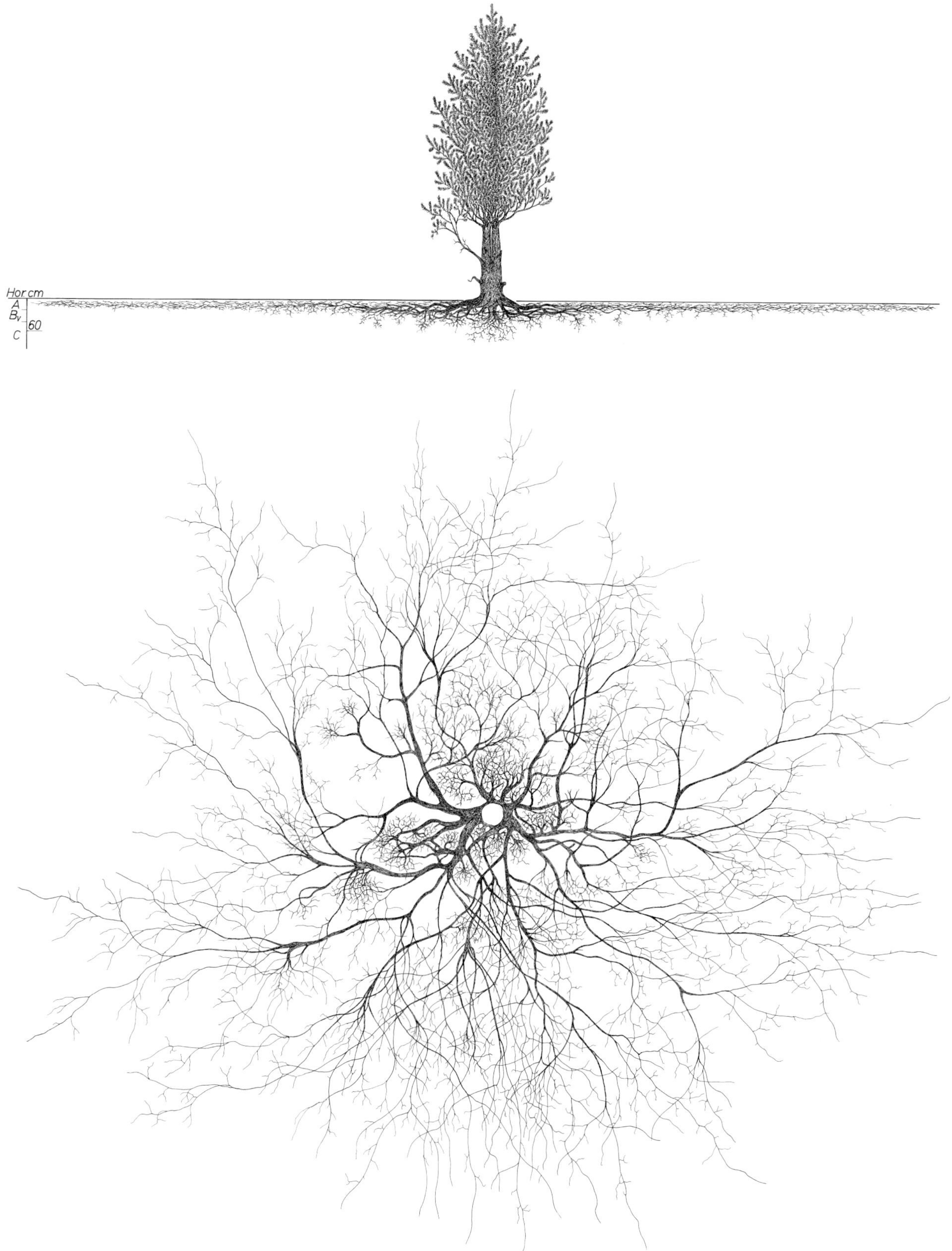

Abb. 42: Zirbe, *Pinus cembra* subsp. *cembra*, H–T–S = 545–78–1.702 cm, Nockberge, Kärnten, Südhang, 1.850 m NN. Borstgrasrasen mit Zwerg-Wacholder und vereinzelt Zirbe. Rasenpseudogley, Bodenprofil Hor.: A 0–8 cm Rasenfilz, stark feinmoderiger, schluffiger Lehm, AP 8–20 cm schwach humoser, sandiger Lehm, gebleicht, B_V 20–40 cm sandiger, schluffiger Lehm, durchsetzt mit plattigem Silikatgrus, C plattiger Grus und Schutt, dazwischen sandiger Lehm, Durchwurzelung auslaufend. Aus: KUTSCHERA & LICHTENEGGER (1997).

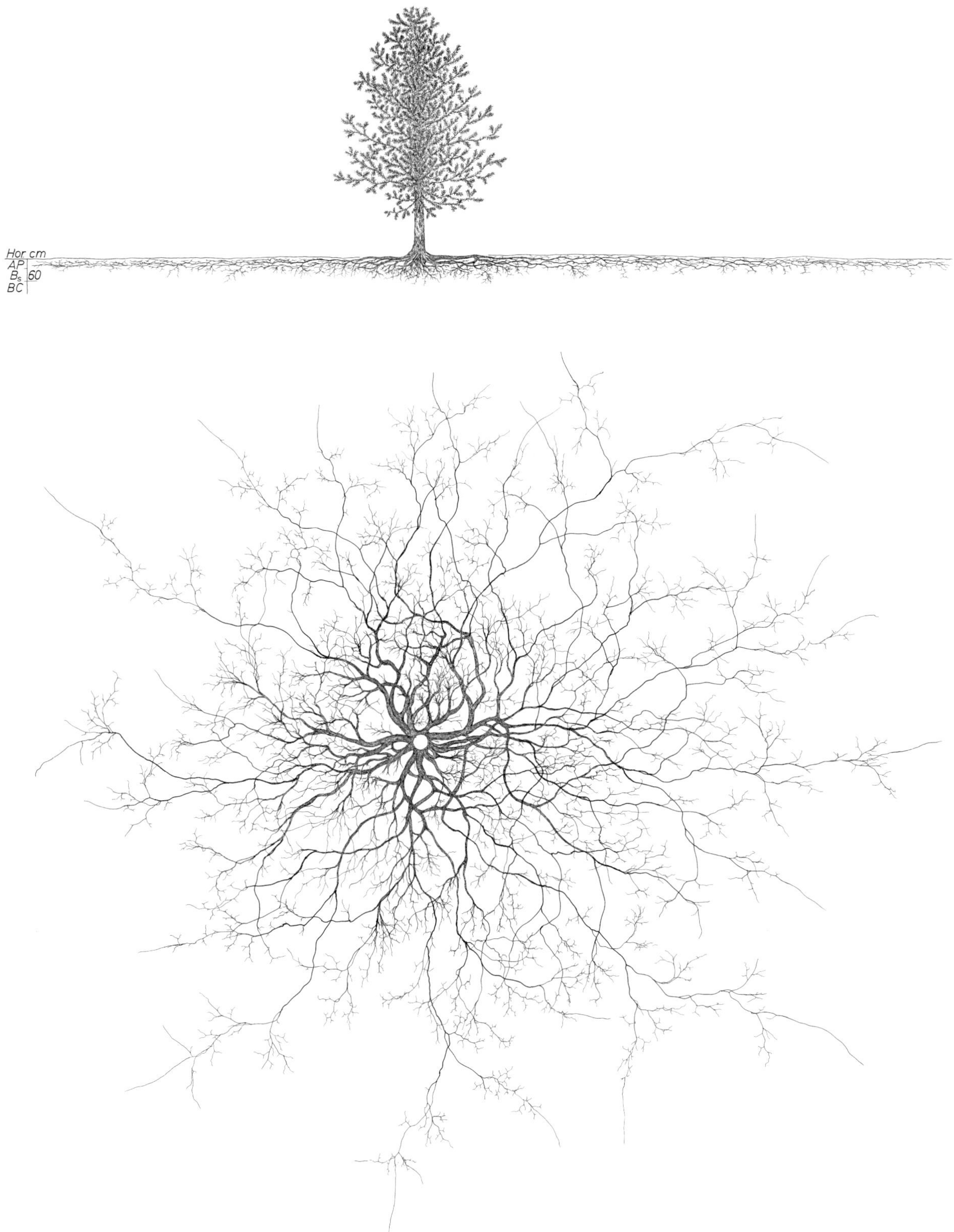

Abb. 43: Zirbe, *Pinus cembra* subsp. *cembra*, H–T–S = 660–80–2.500 cm, Hochrindl, Kärnten, flacher NNW-seitiger Oberhang, 1.700 m NN. Borstgras-Weiderasen mit schütterem Zirbenbestand. Alpiner Rasenpseudogley, Bodenprofil Hor.: O 5–0 cm Rasenfilz, Feinmoder, AP 0–25 cm stark humoser, sandiger Schluff, dunkel graubraun (10YR 3/2), gebleicht und schwach rostig punktiert, krümelig, etwas kompakt, pH 4,0, stark durchwurzelt, B_s 25–30 cm sandiger Schluff, steinig, schmierig-feucht, dunkelbraun (7,5YR 4/2), pH 4,2, BC sandiger Schluff zwischen Phyllitgrus und -schutt, Durchwurzelung auslaufend.

Taf. 36: Zirbe, *Pinus cembra* subsp. *cembra*. 1. Reihe: Nockberge, Kärnten, 1.860 m NN, Rasenpseudogley, junge Zirbe, Wurzeln unter der Grasnarbe verlaufend, langes unverzweigtes Wurzelende (zu Abb. 41). 2. und 3. R.: Ort wie oben, Baum mittleren Alters, Polwurzel und abwärts verlaufende Wurzeln verkrümmt, Seitenwurzeln dick, weit flurnah seitwärts ausgebreitet (zu Abb. 42).

Taf. 37: Zirbe, *Pinus cembra* subsp. *cembra*. 1. Reihe und 2. R. links: Hochrindl, Kärnten 1.700 m NN, Rasenpseudogley, jüngerer Baum mit verkümmerter Polwurzel und dicken, flurnah weit seitwärts ausgebreiteten Seitenwurzeln (zu Abb. 43); rechts und 3. R.: Dürrenstein, östl. Dolomiten, 1.910 m NN, Braunlehm über Kalk, junger Baum, Polwurzel verkümmert, dicke Seitenwurzeln flurnah verlaufend, mit kurz abwärts wachsenden Senkern, Endabschnitt einer Wurzel mit zahlreichen dickfleischigen Enden (zu Abb. 44).

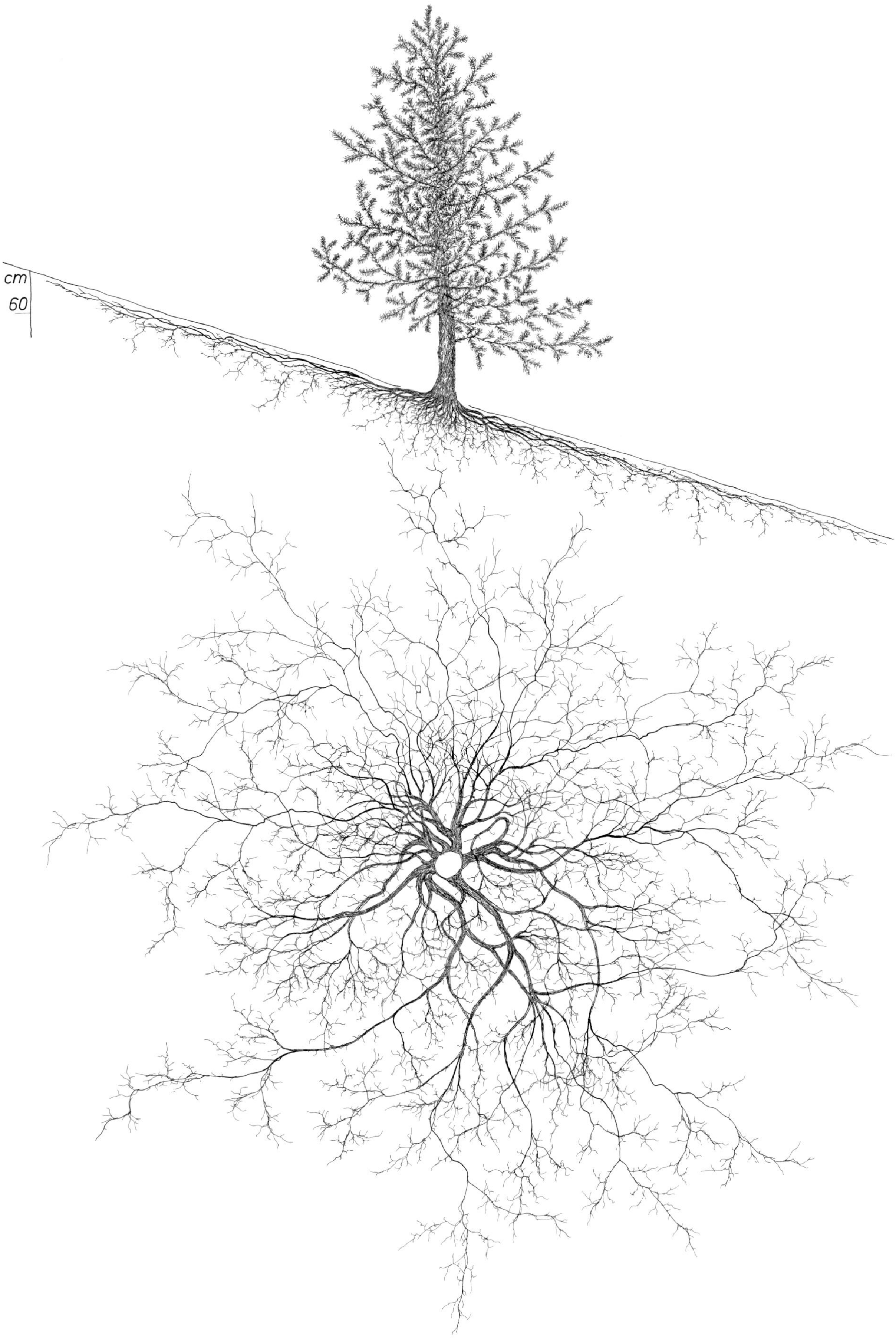
cm
60

Feinwurzelverankerung in weitem Umkreis sorgt für eine ausreichende Zugfestigkeit. Bevor die Feinwurzeln herausgezogen werden können, reißen die seitwärts verlaufenden Wurzelstränge ab (Nielsen 1990). Diese sind aber bei älteren Bäumen selbst weiter vom Stamm entfernt noch kräftig und entsprechend reißfest. Sie verleihen dem Baum auch eine große Stützfestigkeit. Die erhöhte Reißfestigkeit in Richtung Windeinwirkung und die erhöhte Stützfestigkeit gegen die Windrichtung gewährleisten zusammen die hohe Standfestigkeit der Zirbe, die in diesen Höhenlagen unerläßlich ist.

Kennzeichnend ist die gabelige Verzweigung der Wurzelstränge, die sich bis zu den feineren Wurzeln fortsetzt. Sie bewirkt eine ausgiebige netzartige Durchdringung der oberen Bodenschichten. Die Bildung von Feinwurzeln an den dünneren Wurzelsträngen bleibt aber gering. Der bescheidene Besatz an Feinwurzeln ist für die stark humussauren, wenig tätigen Gebirgsböden bezeichnend. Er findet sich in der subalpinen Stufe bei der Fichte ebenso wie bei der Lärche. Der 51 Jahre alte Baum der **Abb. 43**, der ebenfalls im Kärntner Nockgebiet freigelegt wurde, zeigt im wesentlichen den gleichen Wurzelaufbau wie jener von **Abb. 42**. Das Wurzelgerüst tritt noch stärker hervor. Die dicken Wurzeln in Stammnähe sind oft miteinander verwachsen. Am häufigsten entstehen die Verwachsungen durch Reibung der sich kreuzenden Wurzeln.

Der 42 Jahre alte Baum der **Abb. 44** wurde in den östlichen Dolomiten in Südtirol auf Braunlehm über Kalk freigelegt. Die Bewurzelung weicht geringfügig von jener der Bäume auf **Abb. 42** und **43** ab. Die Abweichung bezieht sich auf die deutlich geringere Seitenreichweite der flachstreichenden Wurzeln und auf das etwas größere Tiefenstreben der Wurzeln. Letzteres mag mit der höheren Bodenerwärmung infolge der südlicheren Lage und mit dem tiefer in den Boden hinabreichenden Braunlehmanteil zusammenhängen. Die flurnah verlaufenden Seitenwurzeln werden sich noch weiter verlängern. Darauf weisen die dickfleischigen, langen Wurzelspitzen hin.

Nach Turner & Streule (1983) beginnt der Wurzelzuwachs bei der Zirbe Ende Mai/Anfang Juni bei einer Bodentemperatur von 2–3 °C in 10 cm Tiefe und klingt Mitte Oktober bei den gleichen Temperaturwerten ab. Den größten Längenzuwachs stellten die Autoren an einem Osthang im Juli und an einem Nordhang im August fest. Der größte Massezuwachs an Feinwurzeln erfolgt bei der Zirbe wie bei der Fichte in den Sommermonaten. In dieser Zeit erfolgt auch der größte Zuwachs des Gipfeltriebes.

Anatomie, Taf. 38

Die äußeren Zellen der primären Rinde junger Wurzeln der Zirbe fallen durch ihren dunklen Inhalt auf. Auch der Inhalt der älteren Zellen der Haube ist dunkel gefärbt. Um welche Stoffe es sich dabei handelt, konnte noch nicht geklärt werden. Es scheint, daß diese Stoffe die Widerstandskraft der Wurzeln gegen Trockenheit, Fröste sowie Fäulnis erhöhen. Eine weitere Ursache für diese Eigenschaften der Wurzeln dürfte in der frühen Verfestigung der Gewebe liegen. Die Wurzeln können dadurch freiliegend über Felsen verlaufen, ohne im Winter abzusterben. Die Zellen der äußersten Schicht der Rinde entwickeln vereinzelt Ausstülpungen ähnlich Wurzelhaaren (A 1). Mit zunehmendem Alter werden die Zellwände der äußeren und der angrenzenden Schicht der Rinde gelbbraun (B 1). Das sekundäre Dickenwachstum des Zentralzylinders beginnt frühzeitig.

Im sekundären Zustand schützt ein mittelbreites bis breites Pericambial-Abschlußgewebe die Wurzeln vor Austrocknung (A 2). Die Pericambiumzellen als Mutterzellen bilden Zellschichten, deren Wände zunächst verkorken. Danach kommt es zunächst zur Auflagerung einer dünnen verholzten Schicht (durch

---

Abb. 44 (links): Zirbe, *Pinus cembra* subsp. *cembra*, H–T–S = 556–91–1.275 cm, Dürrenstein, östliche Dolomiten, SW-Hang, 1.910 m NN. Weiderasen mit vereinzelten Zirben. Im Rasen vorwiegend *Horminum pyrenaicum, Crepis aurea, Leontodon hispidus, Oxytropis montana, Lotus corniculatus, Carex caryophyllea, C. pallescens, C. flacca, C. sempervirens, Nardus stricta, Festuca nigrescens, Agrostis tenuis, Anthoxanthum alpinum, Poa alpina, Trifolium badium, Aposeris foetida, Phyteuma orbiculare, Carum carvi, Polygonum viviparum* u. a. Braunlehm über Kalk, Bodenprofil Hor.: A_I 0–5 cm Rasenfilz, Modermull mit tonigem Lehm, dunkelgrau (10YR 2/1), krümelig, pH 5,3, A_2 5–10 cm humoser, lehmiger Ton, dunkelgrau (10YR 2/1), krümelig, Aggregate kantig-blockig, kompakt, pH 6,4, stark durchwurzelt, AB_{rel} 10–15 cm schwach humoser l T, dicht, B_{rel} 15–35 cm l T, dunkelbraun (7,5YR 4/2–4), dicht, speckig-feucht, stark durchwurzelt, $B_{rel}C$ l T in Kalkschutt, pH 7,1.

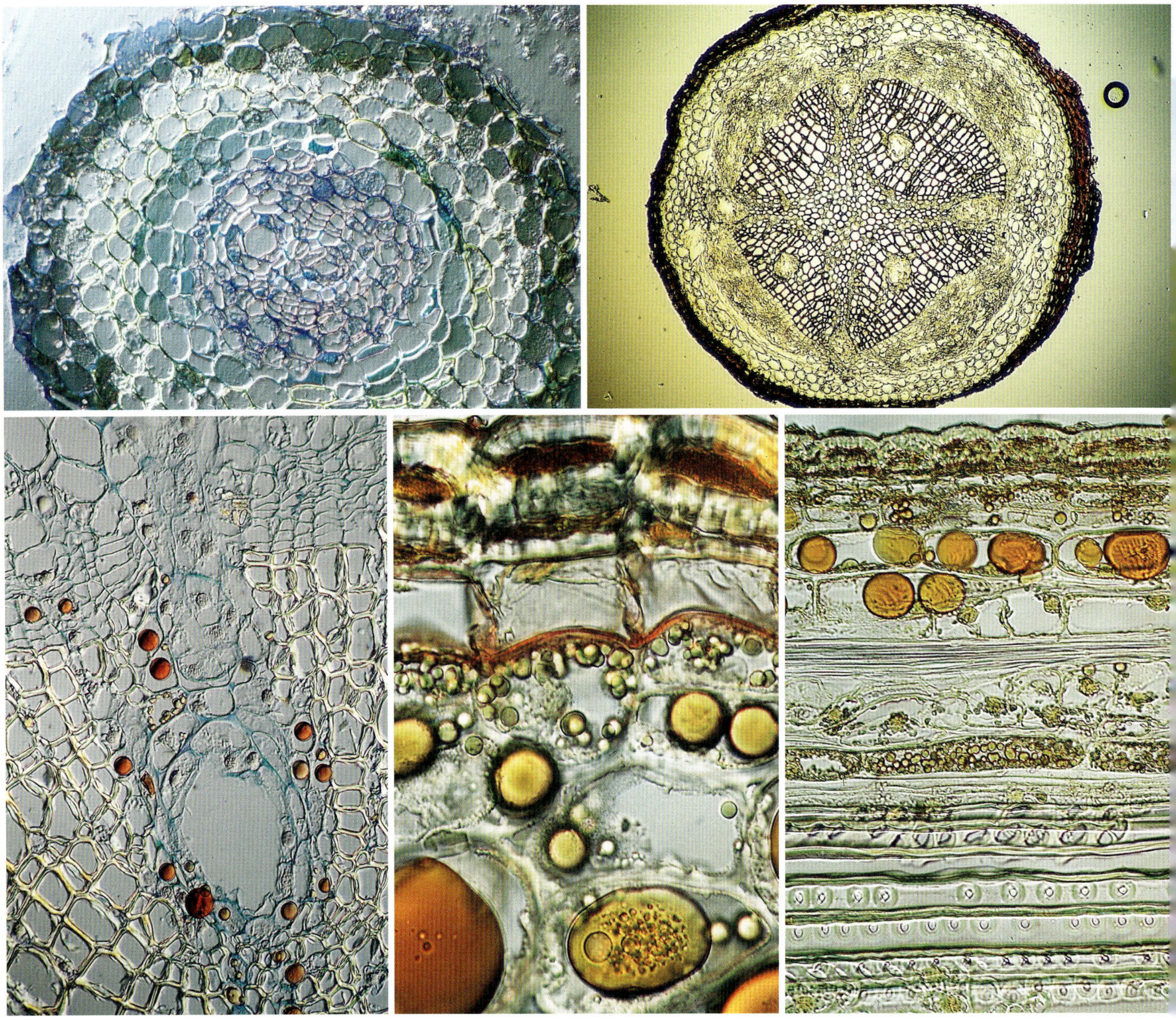

Taf. 38 A: Zirbe, *Pinus cembra* subsp. *cembra*. – **1:** Turrach, Kärnten, 5.11. Prim., Ø, Methylenblau, 162x. **Rinde** äußere Z z. T. mit Ausstülpungen, ähnlich WuHr, Inhalt dunkel, Eigenfärbung, GS (?). **ZZ** 2arch mit 2 prim. HK. – **2:** Velden, Kärnten, 14.3. Sek., Ø, Ph/HCl, 32x. **ZZ** 4arch. **PCAG** breit, dunkelrotbraun. **Bast** SePh breit. **Holz** Strahlen prim. breit, Strahlen sek. einreihig, HK groß. – **3:** Pfl u. Zeit wie 1. Sek., Ø, Saf.-Ast., 162x. **Bast** bzw. **Holz** prim. Strahl mehrreihig, ZInhalt mit Lipiden, rot. – **4:** Pfl u. Zeit wie 2. Sek., ⊠, S3, 409x. **PCAG** MutterZ ZW unverkorkt, 1. bzw. 2. Reihe ZW verkorkt, rot, 3. Reihe ZAW verdickt u. verholzt. **Bast** ZInhalt Lipide tröpfchenförmig. – **5:** Schnittreihe wie 4. JJK, 162x. **Holz** Tracheiden mit Hoftüpfeln, diese dicht u. entfernt stehend. **Bast** Z mit großen Lipidtropfen.

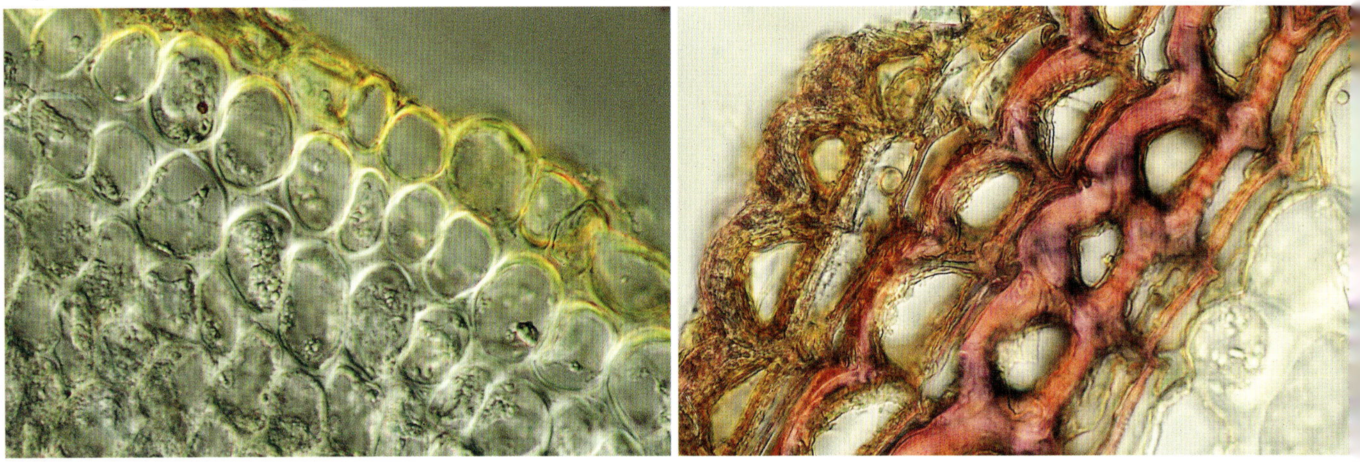

Taf. 38 B: – **1:** Dürrenstein, Südtirol, 25.7. Prim., Ø, Ph/HCl, 409x. **Rinde** 2 Schichten des ARP ZW gelb bzw. gelbbraun. – **2:** Ausschnitt aus A 2. 409x. **PCAG** innerste Z mit kleinkörniger St, 2. Schicht ZW mit Suberinlamelle, 3. Schicht ZAW verdickt u. verholzt

Ph/HCl-Rotfärbung). Später beginnt die Verdickung der äußeren Zellwände durch Auflagerung von weiteren verholzten Schichten (A 4, 5, B 2). Besonders kennzeichnend ist die Bildung großer und kleiner Tropfen in den äußeren Zellen des Bastes. Nach vorliegenden Analysen dürfte es sich um Lipide handeln. Neben diesen Tröpfchen enthalten die Zellen kleine, ovale Stärkekörner. In den inneren Schichten des Bastes sind Lipide nur in kleinen Tropfen vorhanden. Ähnliche Tröpfchen enthalten auch die Zellen des sekundären Phloems und jene der primären Strahlen (A 3). Der Zentralzylinder ist 2–4arch gebaut (A 1, 2). Die Wände der Tracheiden haben wie die der übrigen Coniferen Hoftüpfel (A 5).

Nach den besonderen Inhaltsstoffen der Rinde und nach der Breite sowie der Geschlossenheit und der starken Verfestigung des Pericambial-Abschlußgewebes zu schließen, sind diese Merkmale mitbestimmend für den hohen Frostschutz und für die frühe Versteifung der Wurzeln.

Standortansprüche: Als junger Baum erträgt die Zirbe eine mäßig hohe Überschirmung. In älteren Beständen gilt sie als Halblichtbaumart. Sie ist der frosthärteste Nadelbaum der Alpen. Ihre Nadeln ertragen Temperaturen bis unter –40 °C. An der Obergrenze ihrer Verbreitung sinkt das Julimittel auf 7,5 °C und das Sommermittel (VI–VIII) auf 6 °C ab (Zoller 1981). Die Zirbe bildet daher in den Alpen die oberste Baumgrenze. Sie erträgt auch große Temperaturschwankungen. Nach Zoller können diese innerhalb eines Jahres an der Baumgrenze 80 °C (40 bis –40 °C) betragen. Sie ist daher wie die Lärche vorzüglich an das inneralpine, kontinentale Gebirgsklima angepaßt. Noch mehr als jene bevorzugt sie stärker wasserdurchlässige, gut durchlüftete Böden. Daher meidet sie die muldenförmigen Lagen mit feinerdereicheren, feuchteren und schlechter durchlüfteten Böden. In diesen Lagen ist sie außerdem gefährdet durch Schneerutsch. Ihren Wasserbedarf kann sie auf ihren natürlichen Standorten selbst auf sehr durchlässigen, steinigen Böden decken, da die Verdunstung in diesen kühlen Lagen gering ist. Als sehr langsam wachsender Baum stellt sie geringe Ansprüche an den Nährstoffgehalt des Bodens. Ihr geringer Nährstoffbedarf entspricht dem geringen Stoffumsatz in den kühlen, humussauren Böden.

Verbreitung: In der subsp. *cembra* ist die Zirbe nur in den mitteleuropäischen Gebirgen heimisch. In diesen beschränkt sich ihr natürliches Vorkommen auf die subalpine Stufe. Ihre untere Verbreitungsgrenze verläuft bei 1.500–1.600 m, ihre obere in den wärmeren südlicheren Alpengebieten bei 2.300 (2.400) m, in den kühleren nördlichen und östlichen Gebieten bei 1.800 (2.000) m. Vorzugsweise wächst sie in den Zentralalpen. Im Bereich ihrer oberen Verbreitungsgrenze bildet sie allein stark aufgelichtete Schutzwaldbestände. Im tiefer gelegenen Schutzwaldgürtel ist sie vorwiegend mit der Lärche vergesellschaftet. Auf stärker erwärmten Südhängen nimmt die Lärche überhand. Die Zirbe weicht auf die kühleren, schattigeren Hänge aus. Subalpine Nadelwaldbestände mit Zirbe weisen immer auf eine kühlere Lage hin als solche ohne Zirbe. In feuchteren, schneereicheren Gebieten wird die Zirbe vor allem von der Fichte verdrängt. Daher kommt sie in den staufeuchten Alpenrandlagen von selbst kaum noch bestandbildend vor.

Pinus nigra Arnold subsp. *nigra*, Schwarz-Kiefer

Morphologie

Sproß: Immergrüner Baum, Stamm monopodial verzweigt, meist gerade, 20 (35) m hoch, Durchmesser bis 1 m, im Alter bis hoch hinauf verkahlend. Äste in Etagen angeordnet, ziemlich gerade abstehend, endwärts aufgebogen. Krone an jungen Bäumen kegelförmig, an alten breit eiförmig bis schirmförmig.

Wurzel: Der Schwarz-Kiefer wird eine ähnliche Bewurzelung wie der Wald-Kiefer zugeschrieben (Hess 1895, Ijjasz 1939, Gutschick 1950, Kramer & Strehlke 1955, Röhrig 1958, Fischer 1958). Dabei wird betont, daß sie weniger häufig ein Pfahlwurzelsystem (Polwurzelsystem) ausbildet. Selbst auf tiefgründigen Sandböden wurden mehr „Senkwurzeln" gefunden. Dank ihrer geringen Bindung an ein starres Polwurzelsystem kann sie mit ihren zahlreichen kräftigen Wurzelsträngen auf felsigen Standorten ausgiebig die mit Humus oder Bodenresten erfüllten Klüfte erschließen. Auf feinsedimentreichen Böden sollen die Wurzeln auch tief eindringen können. Nach Laatsch (1963) reichten Senkwurzeln von 55 Jahre alten Schwarz-Kiefern auf Binnendünen in Ostholland bis zu den 5–6 m tief liegenden, begrabenen Heidehumuslagen hinab, in denen sie sich stark verzweigten. Auf schotterreichen oder felsigen Standorten der Alpen konnten derart tiefreichende Wurzeln nicht festgestellt werden. In trockenen Gebieten verhindern

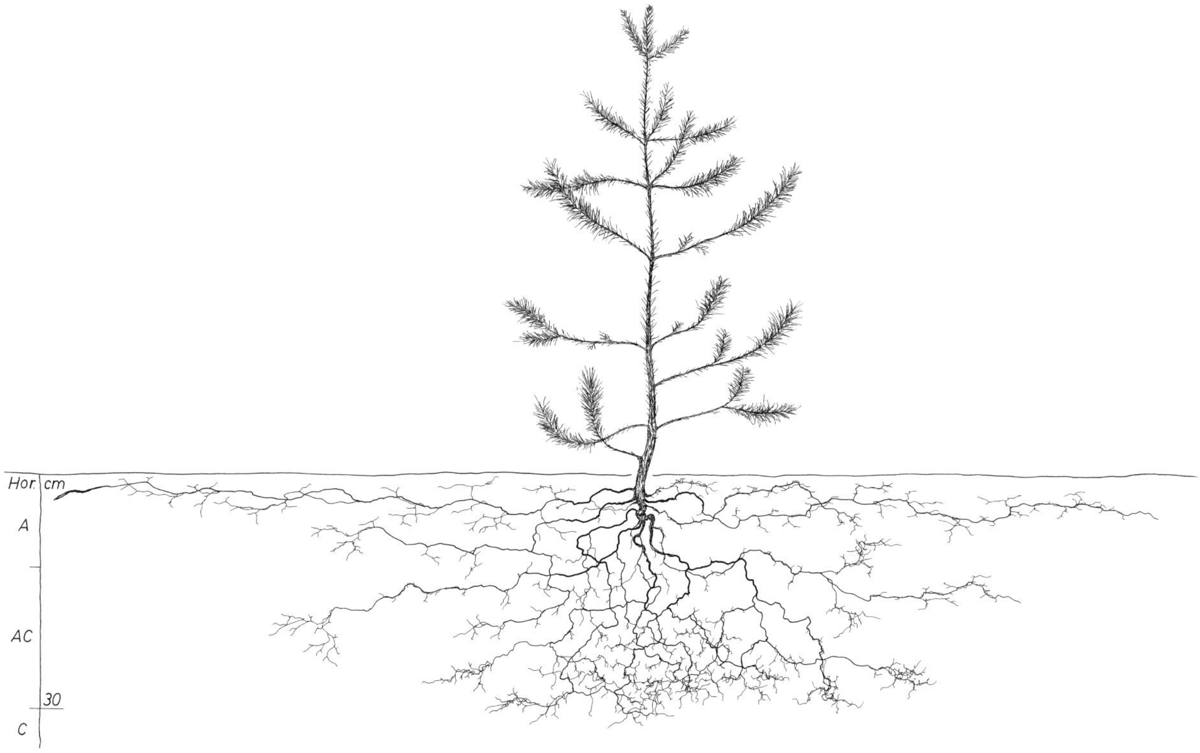

Abb. 45: Schwarz-Kiefer, *Pinus nigra* subsp. *nigra*, H–T–S = 60–32–144 cm, Steinfeld, Niederösterreich, 310 m NN. Natürlicher Anflug am südseitigen Rand einer Schottergrube. Pararendsina, Bodenprofil Hor.: A 0–12 cm feinmoderreicher, sandiger Kies, AC 12–30 cm schwach und unregelmäßig humoser, sandiger Kies, C Kies und Schotter, verkrustet.

konglomeratartig verhärtete Schotter ein tieferes Eindringen der Wurzeln. In niederschlagsreichen Gebieten, in denen die jüngeren Kalkschotterböden an Hängen locker sind, bewirkt die abwärts rascher fortschreitende Abschwächung der Wärme- und Feuchteschwankungen ein geringeres Tiefenwachstum der Wurzeln.

Die Polwurzel verliert auf steinigen oder verhärteten Böden rasch ihre Vorwüchsigkeit. Sie verzweigt sich in mehrere Seitenwurzeln, die gleichrangig mit der Polwurzel abwärts wachsen oder sich in den oberen Bodenschichten seitwärts ausbreiten. Die abwärts wachsenden Wurzeln der in **Abb. 45** dargestellten jungen Pflanze erreichen kaum noch den verhärteten, humusfreien Schotter. In den Endabschnitten verzweigen sie sich verstärkt in dünne Wurzelstränge. Auffallend war, daß in dem kargen Boden die Feinwurzeln besonders stark mit Pilzbelägen behaftet waren. An einem älteren Baum hat sich die gestauchte Polwurzel über dem verhärteten Schotter stark verdickt und quastenartig verzweigt (**Abb. 46**). Die dünnen Wurzelstränge waren auffallend dick. Diese Verdickung rührt daher, daß der hohe Kalkgehalt infolge frühzeitiger Verfestigung der Zellwände die Streckung der Zellen erschwert. Die Seitenwurzeln breiteten sich vor allem hangaufwärts in den oberen Bodenschichten aus, die dank der Humusanreicherung nicht verhärtet waren. Der Feinwurzelbesatz war mäßig stark. Gegen das Ende der Wurzelstränge traten die Feinwurzeln meist netzartig gehäuft auf. Die Wurzelnetze waren wieder stark mit Pilzbelägen verwoben.

Auf dem lockeren Kalkschutt an einem warmen Südhang in den niederschlagsreichen Karnischen Alpen biegt die Polwurzel schon nahe dem Wurzelhals seitwärts um (**Abb. 47**). Neben und knapp oberhalb des Polwurzelansatzes haben sich kräftige Wurzelstränge gebildet. Sie breiten sich mit der Polwurzel unter reicher Verzweigung weit seitwärts aus. Die größere Ausbreitung nach einer Seite erfolgt in einer Bestandeslücke. Die in Stammnähe abwärts gerichteten dickeren Wurzelstränge verzweigen sich bald büschelförmig in seitwärts verlaufende Wurzeln. Die Hauptmasse der Wurzeln breitet sich somit scheibenförmig in einer ca. 60 cm mächtigen Bodenschicht aus. Die verhältnismäßig flache Bewurzelung ergibt sich aus den hohen Niederschlägen (ca. 1.800 mm), aus dem ständig reichlichen Wasservorrat im tieferen Schuttkörper und aus der daraus aufsteigenden Wasserdampfbewegung, die durch die hohe Erwärmung der oberen Bo-

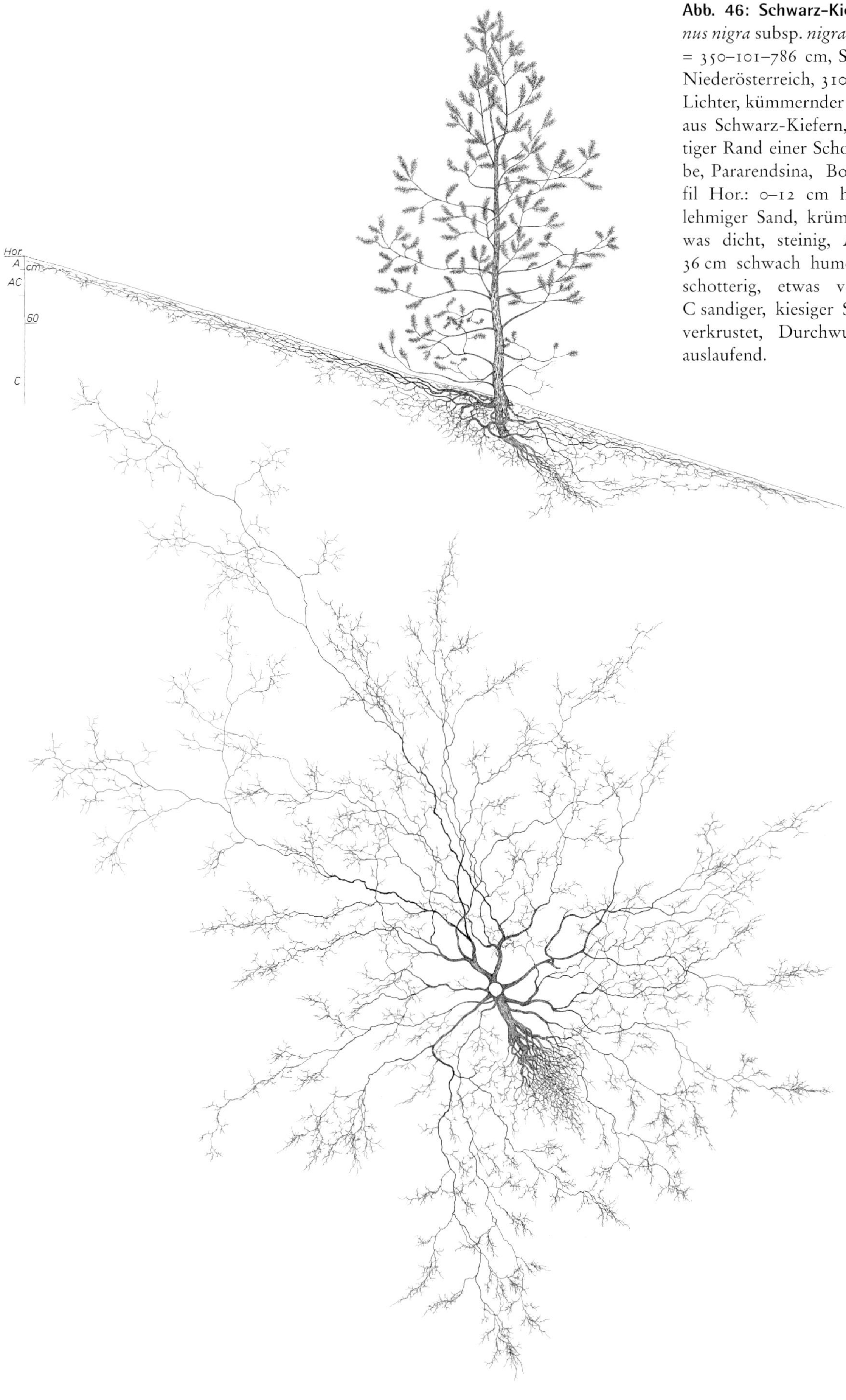

Abb. 46: Schwarz-Kiefer, *Pinus nigra* subsp. *nigra*, H–T–S = 350–101–786 cm, Steinfeld, Niederösterreich, 310 m NN. Lichter, kümmernder Bestand aus Schwarz-Kiefern, südseitiger Rand einer Schottergrube, Pararendsina, Bodenprofil Hor.: 0–12 cm humoser, lehmiger Sand, krümelig, etwas dicht, steinig, AC 12–36 cm schwach humoser l S, schotterig, etwas verhärtet, C sandiger, kiesiger Schotter, verkrustet, Durchwurzelung auslaufend.

Taf. 39: Schwarz-Kiefer, *Pinus nigra* subsp. *nigra*. 1. Reihe: Karnische Alpen, 860 m NN, Moderrendsina über Kalkschutt, Baum mittleren Alters mit vorwiegend seitwärts verlaufenden Wurzeln, Wurzeln im Kalkschutt stark verpilzt (zu Abb. 47). 2. R. links: Jungpflanze mit zahlreichen weißen Wurzelenden; Mitte: junges Bäumchen, Polwurzel im Kalkschutt verkrümmt, Seitenwurzeln stark gewunden (zu Abb. 45); rechts, 3. R. links und Mitte: Steinfeld, Niederösterreich, 310 m NN, Pararendsina über stark verpreßtem Schotter, junger Baum mit stark verdickter, kurzer, quastenförmig verzweigter Polwurzel, verdicktes, unverzweigtes Wurzelende (zu Abb. 46); rechts: Schütt bei Villach, Kärnten, 910 m NN, zerklüfteter Kalkfels mit anliegendem Hangschutt, älterer Baum, Wurzeln im zerklüfteten Fels und im erdigen Hangschutt verlaufend (zu Abb. 48).

Taf. 40 A: Schwarz-Kiefer, *Pinus nigra* subsp. *nigra.* – **1:** Wiener Neustadt, Niederösterreich, 1.10. Prim., Ø, JJK, 25x. **Rinde** ARP ZW gelblich. **ZZ** 3arch, GG zwischen PC u. PrX mehrschichtig. – **2:** Kanaltal, Friaul, 5.4. Sek., Ø, Ph/HCl, 25x. Wu 5-6jährig, stark asymmetrisch. **ZZ** 3arch. **Bast** mittelbreit. **Holz** konvexe Seite $^1/_2$ der konkaven Seite, HK groß, vorwiegend im Spätholz, Unterschiede zwischen Z von Früh- u. Spätholz groß. – **3:** Pfl u. Zeit wie 1. Prim., Ø, Ph/HCl, 162x. Wu dünner, sonst wie 1. **Rinde** RP äußerste wie innerste Schichten gelblich, En ZW rot, CS. – **4:** Ausschnitt aus 2. 162x. **Bast** Strahlen Z mit viel St, angrenzende ZReihen mit PhLE. **Holz** ZW der Tracheiden mittelstark verdickt. – **5:** Schütt bei Villach, Kärnten, 9.11. Sek., ☒, Ph/HCl, 162x. **Holz** Strahlen 2-4 Z hoch.

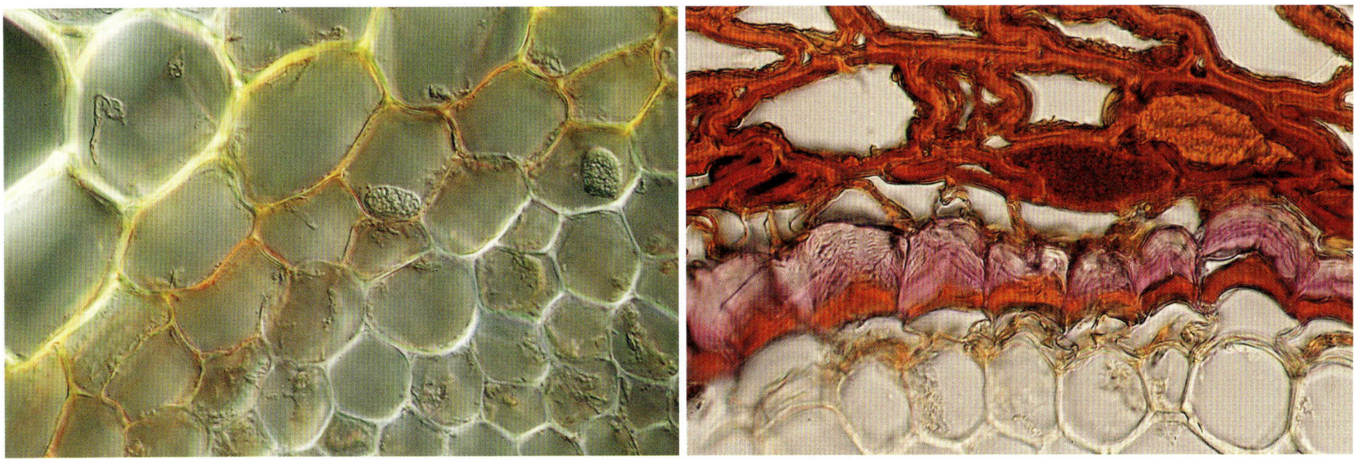

Taf. 40 B: – **1:** Schnittreihe wie A 3. S3, 409x. **Rinde** RP ZW stärker gequollen, En ZW mit Suberinlamelle, rot. **ZZ** ZW wenig gequollen, z. T. weiß. – **2:** Ort wie A 1, 3.5. Prim.-sek., Ø, Ph/HCl, 409x. **PCAG** ZW mit Suberinlamelle, ZAW stark verdickt u. verholzt.

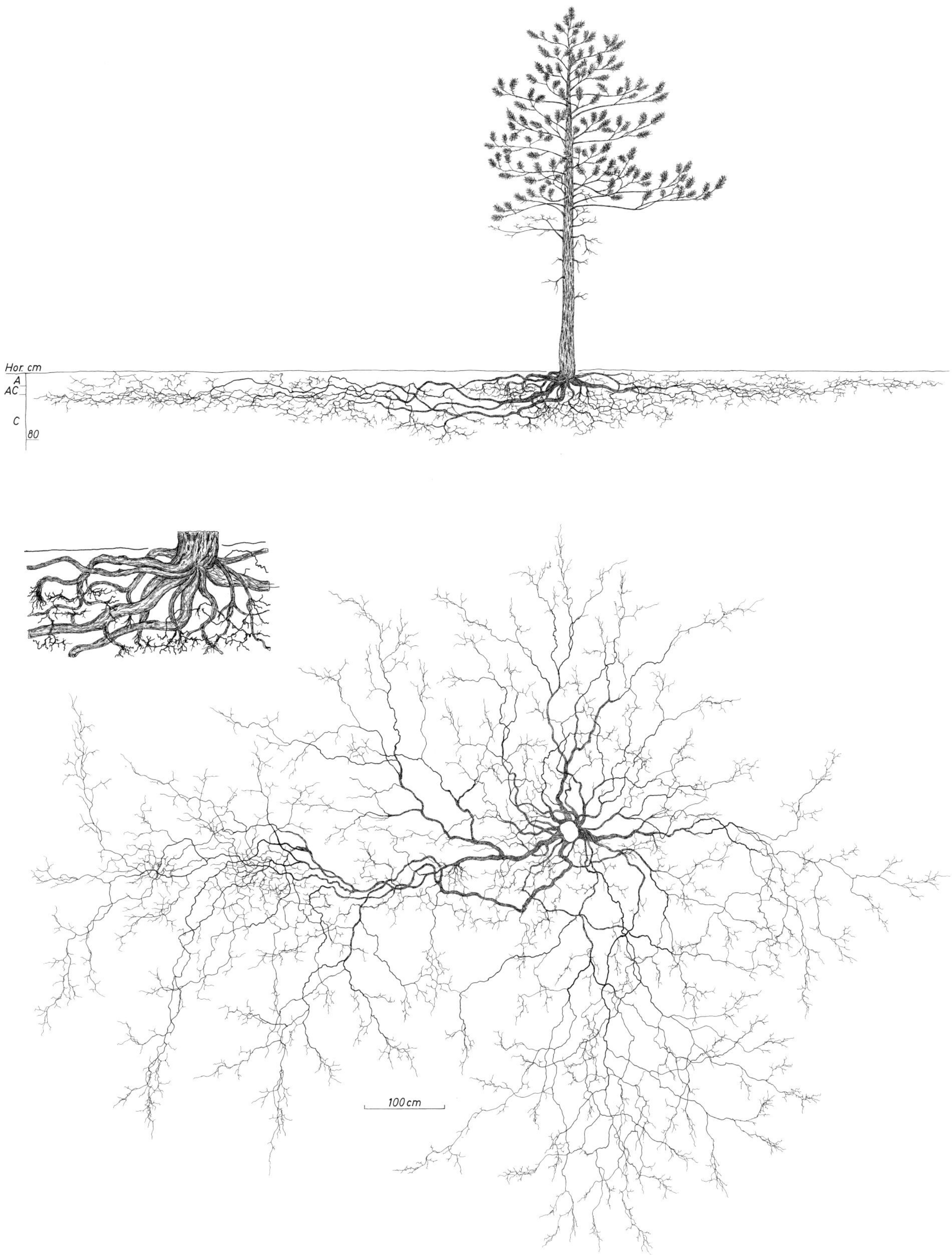

Abb. 47: Schwarz-Kiefer, *Pinus nigra* subsp. *nigra*, H–T–S = 430–88–110 cm, Karnische Alpen, Südhang, 860 m NN. Lichter Wald aus Schwarz-Kiefern, Moderrendsina auf Kalkschutt. Bodenprofil Hor.: O 3–0 cm Nadelstreu, A 0–15 cm moderreicher, kalksandiger Grus und Schutt, locker, mäßig stark durchwurzelt, AC 15–25 cm schwach und unregelmäßig humoser Grus und Schutt, locker, mäßig stark durchwurzelt, C sandiger Kalkgrus und -schutt, sehr locker, Durchwurzelung auslaufend.

Abb. 48: Schwarz-Kiefer, *Pinus nigra* subsp. *nigra*, H–T–S = 765–120–2.160 cm, Schütt bei Villach, 910 m NN. Südseitiger Kalkfels mit einzelnen Schwarz-Kiefern. Zerklüfteter Fels mit seitlich angelagertem Schuttkegel. Wurzeln in Felsspalten verlaufend, Ausbreitung der Hauptwurzelmasse im Schuttfächer.

denschichten gefördert wird. Der in **Abb. 48** dargestellte Baum wuchs an einem steilen, nach Süden geneigten, stark zerklüfteten Kalkfels. Die Ansätze der dicken Wurzelstränge lagen frei. Die kräftigen Seitenwurzeln verzweigten sich rasch in dünnere Wurzelstränge. Sie drangen in die Felsspalten ein und konnten daher nur zum Teil verfolgt werden. Die nach der Seite umgebogene Polwurzel erreichte den an der Felsflanke anstehenden Schuttkegel. In diesem breitete sie sich unter starker Verzweigung fächerförmig aus. Die stärkere Feinverzweigung wurde durch den Feinerdeanteil im Schuttkegel ermöglicht. Der größte Teil der Wurzelmasse war in einem ca. 40 cm mächtigen Schuttmantel enthalten. Nur wenige Wurzeln drangen bis 120 cm tief ein.

Anatomie, Taf. 40

Die Wurzelspitzen von *Pinus nigra* subsp. *nigra* können sich unter dem Einfluß von Trockenheit und hohem Kalkgehalt des Bodens sehr stark verdicken. Die Zellen der Rinde sind namentlich bei dickeren Wurzeln größer als bei *P. sylvestris* subsp. *sylvestris* (A 1). In der Jugend sind die Zellwände des kleinzelligen Außenrindenparenchyms und jene der innersten Schicht des Innenrindenparenchyms bei Interferenzkontrast gelblich gefärbt. Die Zellwände der Endodermis tragen eine Suberinlamelle (A 3, B 1).

Wie bei den anderen Pinaceen erfolgt bei der Bildung des Pericambial-Abschlußgewebes zunächst die Verkorkung der Zellwand und anschließend die Auflagerung verholzter Schichten (B 2). Im sekundären Phloem sind die Zellen der Strahlen gestreckt und dicht mit Stärke gefüllt. Die Zellen des dazwischenliegenden Gewebes sind deutlich kürzer (A 4). Im Holzteil sind die Zellen der Strahlen relativ kurz und die Wände der Tracheiden stark verdickt sowie von dicht stehenden Hoftüpfeln unterbrochen (A 5). Die Jahresringe treten deutlich hervor. Die Weite der Harzkanäle ist etwa gleich wie bei *P. sylvestris* subsp. *sylvestris* (A 2).

Die Wärme und Trockenheit der Standorte, die die Schwarz-Kiefer besiedelt, zeigt sich im primären Zustand u. a. in der Kleinzelligkeit der äußeren Rindenschichten und im sekundären Zustand vor allem in der starken Verfestigung des Pericambial-Abschlußgewebes sowie in der größeren Dicke der Zellwände des Holzes im Vergleich zu den übrigen Arten der Gattung. Die Ausbildung von Verdickungsleisten in den Zellwänden des Phloems dürfte ebenfalls durch diese Gegebenheiten der Standorte begünstigt werden. Der hohe Stärkegehalt der Zellen des Bastes insgesamt und der Strahlen im Holz weist auf den meist hohen Lichtreichtum der Standorte der Schwarz-Kiefer hin.

Standortansprüche: Die Schwarz-Kiefer erträgt in der Jugend Überschirmung. In älteren, dichteren Beständen verhält sie sich wie eine Halblichtbaumart. Sie ist wärmebedürftig und nicht besonders frostresistent. Sie erträgt sehr trockene, skelettreiche Böden, aber nicht länger währende Lufttrockenheit. Wenn der Mykorrhiza-Besatz an den Feinwurzeln entsprechend hoch ist, wächst sie auch auf den magersten Böden. Sie ist nicht an kalkreiche Böden gebunden. Dennoch kommt sie in Österreich natürlich fast nur in warmen Kalkgebieten vor, weil sich diese in den niederschlagsreicheren, luftfeuchteren Randlagen der Alpen befinden. Der Kalk wirkt sich insofern günstig aus, als er die Zellwände frühzeitig verfestigt und den Wassergehalt der Zellen herabsetzt. Beides fördert die Trockenresistenz der Art. Vorherrschende natürliche Bestände bildet die Schwarz-Kiefer auf sehr mageren, steinigen, trockenen Böden. Auf feinsedimentreicheren, nährstoffreicheren Böden wird sie von wärmeliebenden Laubhölzern wie der Flaum-Eiche, der Hopfenbuche, der Manna-Esche, der Felsenbirne oder dem Mehlbeerbaum zurückgedrängt.

Verbreitung: Natürlich kommt die Schwarz-Kiefer vorwiegend entlang der nordöstlichen und östlichen Randgebiete des Mittelmeeres vor. Besonders prächtig wächst sie an der regenreichen südseitigen Abdachung der südlichen Kalkalpen, die vor allem im Sommer und Frühherbst reichlich von Nebelschwaden umgeben sind. In den mitteleuropäischen, vorwiegend östlichen Alpenrandgebieten kommt sie bei höheren Niederschlägen vorzugsweise an sonnseitigen Hängen bis in mittelhohe Lagen vor. Im lufttrockenen, niederschlagsarmen pannonischen Raum bevorzugt sie schattige, luftfeuchtere Hänge.

Pseudotsuga menziesii (Mirb.) Franco, Douglasie

Morphologie

Sproß: Immergrüner Baum, auf natürlichem Standort Höhe bis 100 m, Durchmesser bis 4 m, in Europa Höhe bis 40 m, Stamm monopodial verzweigt, gerade, zylindrisch, frei stehend auch abholzig. Hauptäste vorwiegend in Scheinquirlen, Krone junger Bäume kegelförmig, alter Bäume walzlich.

Abb. 49 (rechts): Douglasie, *Pseudotsuga menziesii*, H–T–S = 344–112–720 cm, Manhartsberg, Niederösterreich, OSO-Hang, 350 m NN. Waldföhren-Douglasien-Fichten-Wald mit vorherrschend *Calamagrostis epigeios* im Unterwuchs. Schwach entwickelter Pseudogley aus Flugstaub über einer Reliktbodendecke. Bodenprofil (Beschreibung nach Prof. Solar, verkürzt) Hor.: A_1 0–10 cm Moderkrume, stark moderig-humoser, stark lehmiger Sand, schwarzbraun, kalkfrei, sehr stark durchwurzelt, A_2 10–12 cm Mullkrume, stark humoser, stark l S, krümelig, Aggregate mittelblockig, schwach braun, mäßig stark durchwurzelt, AC 12–25 cm s L, stumpfbraun, humusfleckig, undeutlich blockig, kalkfrei, mäßig stark durchwurzelt, CP 25–40 cm initiale Stauzone aus Flugstaub, fahlbrauner s L, strukturlos, schwach verdichtet, Durchwurzelung abnehmend, B_{fos} S 40–80 cm Braunlehmlage mit Staukörperfunktion, brauner Ton, blockig, dicht, Durchwurzelung abnehmend, allmählich übergehend in $(BC_{ca})_{fos}$, rotbrauner, toniger L mit hellen Spalt- und Kluftfüllungen aus Kalksand, undeutlich prismatisch, verfestigt, dicht, starke Pseudomycelausbildung, Durchwurzelung auslaufend.

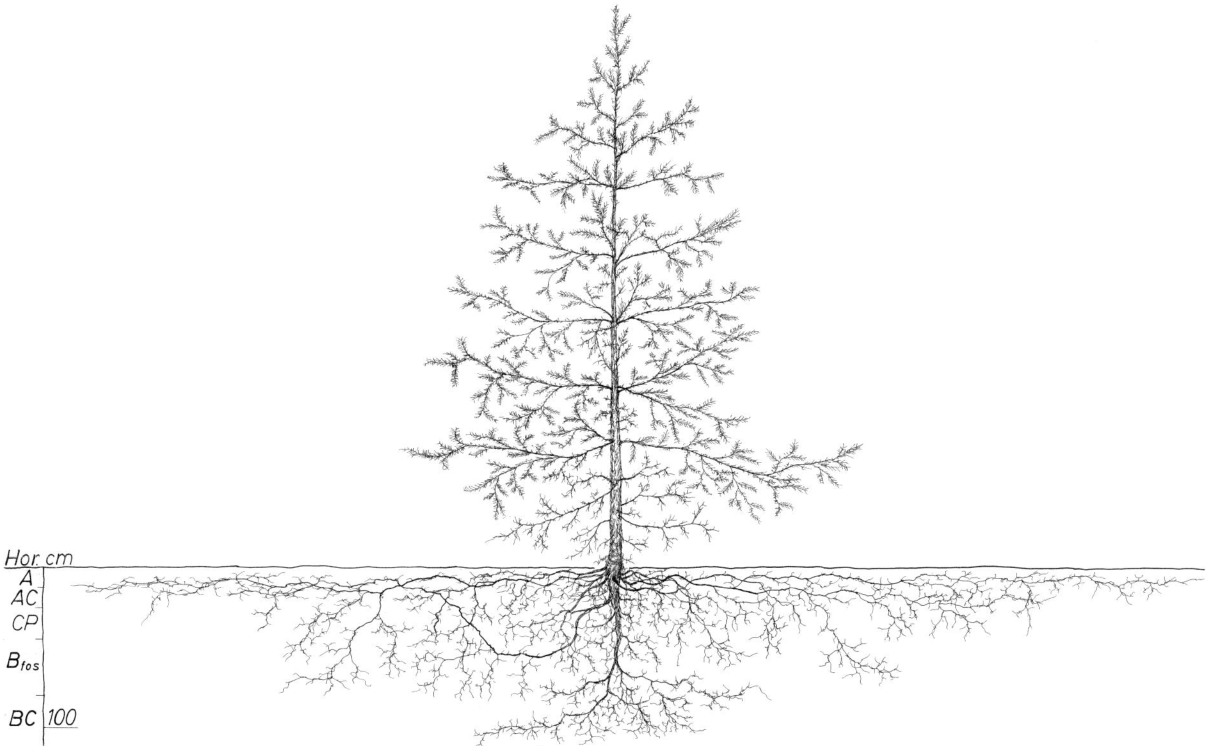
Hor. cm
A
AC
CP
B_{fos}
BC 100

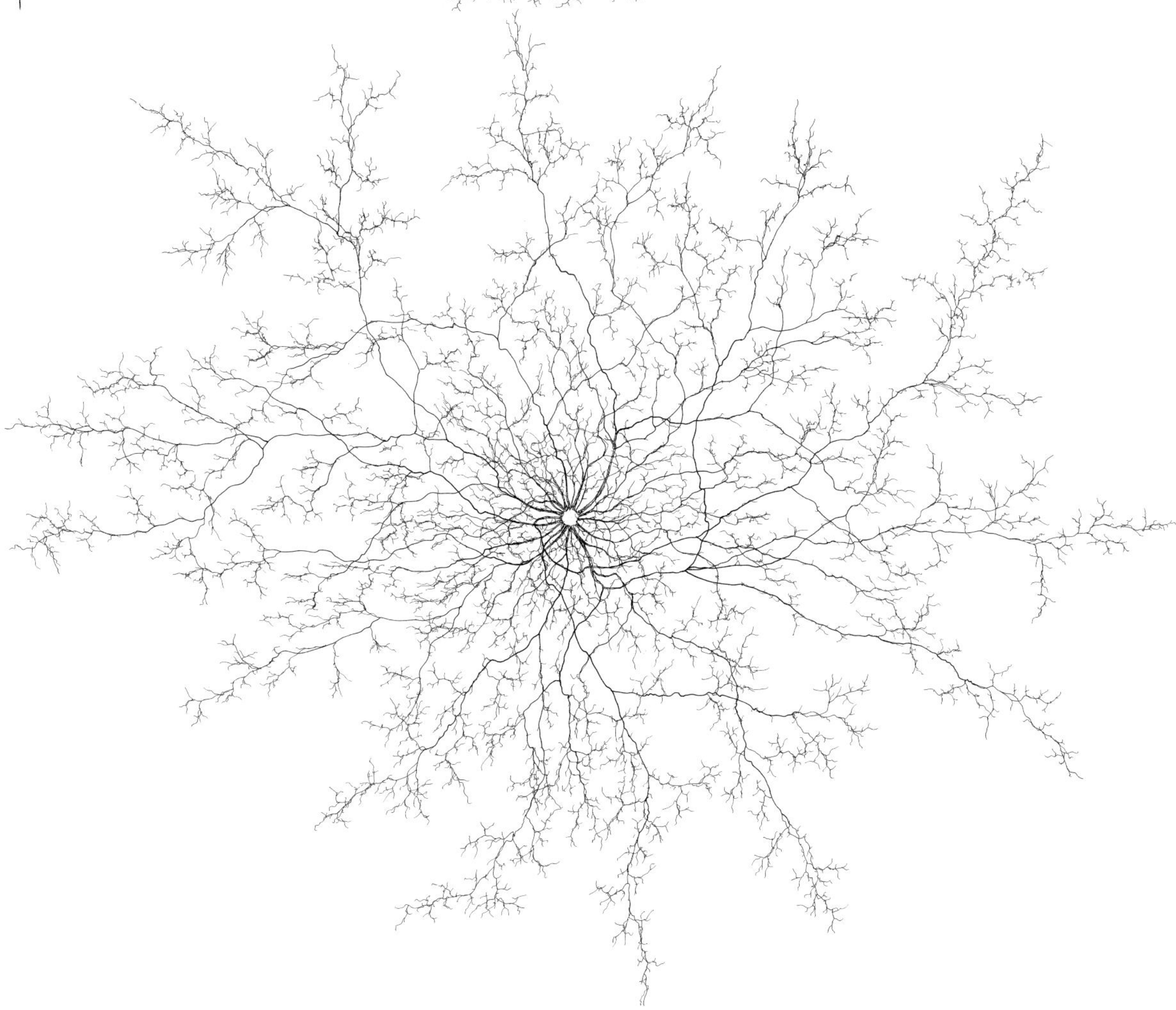

Abb. 50: Douglasie, *Pseudotsuga menziesii*, H–T–S = 1.203–144–1.500 cm, Manhartsberg, Niederösterreich, Hangrükkenflur, 360 m NN. Lichter Douglasien-Bestand, im Unterwuchs Arten der Halbtrocken- und Trockenrasen, tiefgründige Taschenbraunerde über Granitgneis. Bodenprofil (Beschreibung nach Prof. Solar, verkürzt) Hor.: A 0–12 cm Graswurzelkrume, schwach sandiger Lehm, mullartiger Moder, feinkrümelig, schwarzbraun, kalkfrei, sehr stark durchwurzelt, AB_V 12–25 cm Übergangshorizont mit Kryoplanationsschutt auf Gesteinstasche, Flachwurzeletage der Douglasie, humoser l S mit Grus und Feinschutt, dunkelbraun, undeutlich blockig, B_V 25–90 cm Taschenfüllung, stark l S, braun, grusig, undeutlich blockig, kalkfrei, B_VC 90–110 cm B_V-Material in aufgewittertem Granitgneis, Bewurzelung auslaufend.

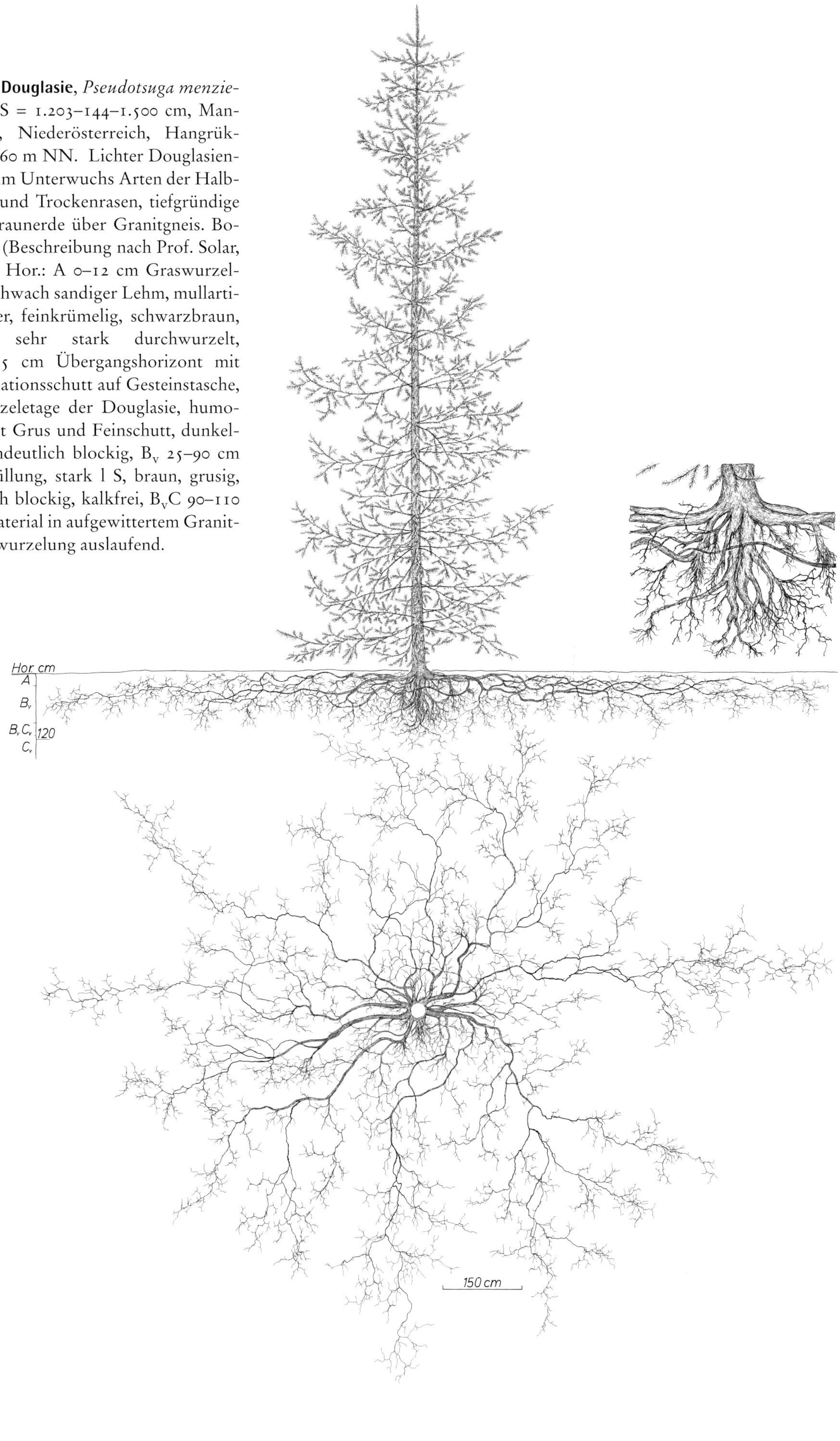

Wurzel: Nach Angaben in der Literatur ist die Douglasie ein typischer „Herzwurzler“ (GROTH 1927, WAGENKNECHT 1953, 1960, JAHN 1954, JÜTTNER 1954, HENGST 1958, GÖHRE 1958, MCMINN 1963, KÖSTLER et al. 1968). Die Ähnlichkeit ihres Wurzelsystems mit jenem der Lärche hebt besonders KRAHL-URBAN (1959) hervor. Der Unterschied liegt aber darin, daß bei der Douglasie die flachstreichende Wurzelgruppe nicht so deutlich ausgebildet ist. Auch die Durchwurzelungsintensität ist bei ihr höher als bei den heimischen Nadelbäumen.

Die Polwurzel der Douglasie ist nur bei jungen Bäumen deutlich ausgebildet. Sie verliert aber mit zunehmendem Alter ihre Vorwüchsigkeit noch rascher als jene der Lärche. Sie gliedert sich sehr bald in gleich dicke Wurzelstränge auf, die meist abwärts oder schräg nach unten verlaufen. Bei zunehmender Erstarkung der oberen Seitenwurzeln tritt die Polwurzel auch in ihrer Dicke immer mehr zurück. Bei alten Bäumen ist sie schließlich in den Stock „eingewachsen“ (KÖSTLER et al.).

Die oberen erstarkten Seitenwurzeln wenden sich schräg oder bogig nach unten. Sie verzweigen sich dabei derart stark, daß der Bodenraum im näheren Bereich des Stammes völlig von Wurzeln durchdrungen erscheint. Für die Douglasie werden oft zwei Kränze von Seitenwurzeln angegeben, von denen der untere schräg nach unten weist (GÖHRE, HENGST, KREUTZER 1961). Nach WAGENKNECHT reichen die Seitenwurzeln nicht über den Kronenbereich hinaus. MCMINN gibt für die flachstreichenden Seitenwurzeln nur einen Horizontalbereich von 1,2–2,5 m an. Daraus wird der Hinweis verständlich, daß das Wurzelsystem der Douglasie keine deutliche Gliederung in eine flachstreichende und in eine tiefstrebende Wurzelgruppe erkennen läßt. Aufgrund dieser anscheinend fehlenden Gliederung ergibt sich von selbst die Herzform des Wurzelsystems. Aus ihr läßt sich mühelos ableiten, daß der Gewichtsanteil der abwärts gerichteten Wurzeln meist höher ist als jener der flachstreichenden. Nach KÖSTLER et al. beträgt der Anteil der Vertikalwurzeln mit ihren Verzweigungen 40–50 (70) % des gesamten Wurzelgewichts. Nur auf stark verdichteten, stark wechselfeuchten oder auf vernäßten Böden kehrt sich das Gewichtsverhältnis um. Der Gewichtsanteil der Wurzel am gesamten Baumgewicht beträgt nach FOGEL & HUNT (1983) bei 35–50 Jahre alten Bäumen 23 %.

Besonders hervorgehoben wird die kennzeichnende und hohe Verzweigung der dicken Wurzeln. An den abwärts gerichteten Wurzelsträngen treten die dünneren Wurzeln (1–3 mm) weitgehend zurück. Sie entspringen hauptsächlich in Büscheln am Stock oder an den dicken Wurzelabschnitten (GROTH 1927, KÖSTLER 1956). Sie treten auch am Ende der Wurzelstränge gehäuft auf, wenn diese plötzlich unter quastenförmiger Verzweigung enden (**Abb. 50**). Dadurch entsteht das bärtige Aussehen des Wurzelkörpers im näheren Stammbereich.

Laut EIDMANN (1943) beginnt das Wachstum der Feinwurzeln der Douglasie nach dem Winter früher als bei Fichte und Tanne. Es hört aber auch schon Mitte Juli auf. Am höchsten ist die Bildung von Feinwurzeln in einem Douglasienbestand bei Laubdachschluß (VOGT et al. 1983). Mit zunehmender Bodentiefe nimmt der Feinwurzelanteil bei der Douglasie rasch ab. Nach OLSTHOORN (1992) ist die Feinwurzeldichte in den oberen humosen Bodenschichten 5mal so groß wie in einer Tiefe von 80 cm. Das Hauptwurzelwachstum soll von Mitte Juni bis Mitte Juli stattfinden (HOFFMANN 1966).

KÖSTLER et al. (1968) fanden heraus, daß das Wurzelsystem der Douglasie mit 30–40 Jahren ausgewachsen ist. In diesem Alter war das halbkugelige Herzwurzelsystem voll entwickelt. Die Wurzeln drangen 1–1,4 m tief in den Boden ein. Nur einige erreichten eine Tiefe von 2,2 m. Auf mäßig pseudovergleytem Lößlehm betrug die Wurzeltiefe 120–150 cm, maximal 200 cm. Auf dichter Altmoräne wurde eine Wurzeltiefe von 180 cm festgestellt (KÖSTLER et al.). In Kärnten betrug die größte Wurzeltiefe in Hanglage auf tiefgründiger Braunerde 240 cm. Auf stark wechselfeuchten, staunassen Böden geht das Tiefenwachstum der Wurzeln stark zurück. Die Vertikalwurzeln sind umso kürzer und umso stärker büschelig verzweigt, je weiter nach oben die Staufeuchte reicht und je länger sie anhält (SCHOCH 1964). Auf Böden mit hoch anstehendem Grundwasser wurzelt die Douglasie ebenso flach wie alle anderen Baumarten (WAGENKNECHT 1953, GÖHRE 1958). Auch auf sehr nährstoffarmen Böden nimmt das Tiefenstreben der Wurzeln ab. Nach KÖSTLER et al. wurzelte eine 30jährige Douglasie auf lehmigem Sand auffallend flach. 80–90 % der Hauptwurzelmasse befanden sich in einer 70 cm mächtigen Bodenschicht.

Die vorliegenden Untersuchungen bestätigen im wesentlichen die bisherigen Kenntnisse über die Bewurzelung der Douglasie. Dies trifft besonders für die starke Durchwurzelung im Kronenbereich und für die hier äußerst reiche Verzweigung zu. Allerdings fanden wir heraus, daß die flachstreichenden Seitenwurzeln stets weit über die Kronentraufe hinausreichen. Der seitliche Verlauf der Wurzeln gegenüber dem abwärts gerichteten ist umso größer, je feuchter und kühler das Gebiet ist und je mehr der Boden verdichtet, wechselfeucht oder staufeucht ist. Immer aber ist die Reichweite des Wurzelsystems nach der Seite wesentlich größer als nach der Tiefe. Eine strenge Gliederung in eine flachstreichende und eine tiefstrebende Wurzelgruppe, wie dies manchmal bei der Wald-Kiefer vorkommt, wird aber durch den teilweise auch schräg nach unten gerichteten Verlauf der Wurzeln vermieden. Dadurch entsteht vor allem im humiden Gebiet meist ein Wurzelkörper, der breit kegelförmig nach oben erweitert ist (**Abb. 51**). In Trockengebieten entsteht bei älteren Bäumen durch zahlreiche Senkwurzeln, die auch noch weiter vom Stamm entfernt von den flachstreichenden Wurzeln abzweigen, eher eine gestauchte zylindrische Wurzelform (**Abb. 50**). Junge Bäume weisen infolge der noch deutlich hervortretenden Polwurzel bei ungestörter Entwicklung immer einen kegelförmigen Wurzelkörper auf (**Abb. 49**).

Der junge Baum der **Abb. 49** wuchs auf einem meist trockenen, schwach wechselfeuchten Boden aus Flugstaub über einer alten Bodendecke aus verdichtetem, tonigem Lehm. Die oben stark verdickte Polwurzel verjüngt sich in den dichteren Schichten rasch in einen dünnen Strang. Dieser verzweigt sich in der initialen Zone der Flugstaubdecke gabelig. Die von den Verzweigungen ausgehenden Wurzelstränge verlaufen in der dichten Braunlehmdecke mit Staukörperfunktion seitwärts. Die flachstreichenden Wurzeln breiten sich in der aufgelockerten, humosen Staublehmdecke aus. Die starke Wechseltrockenheit bewirkt, daß Wurzeln aus tieferen Schichten wieder bis gegen die Bodenoberfläche wachsen. Die Feinverzweigung ist in diesem Boden deutlich gehemmt. Sie ist aber immer noch wesentlich größer als bei der jungen Fichte, die in einer Entfernung von ca. 100 m freigelegt wurde (**Abb. 19**). Auch das Tiefenstreben ist bei der Douglasie auf diesem dichten Boden ungleich größer. Ihre stärkere Bewurzelung kommt auf diesem Fichten-Grenzstandort auch in der größeren Wuchsleistung zum Ausdruck. Aus diesem Grund wird sie in solchen Fichten-Randlagen als Nutzholz bevorzugt angepflanzt.

Der wesentlich ältere Baum der **Abb. 50** wurde oberhalb des jungen Baumes der **Abb. 49** an einem Hangrücken auf einer sehr trockenen, taschenförmig ausgebildeten Braunerde über stark zerklüftetem Granitgneis am Südrand des Manhartsberges (Jahresniederschlag ca. 400 mm) freigelegt. Die Polwurzel ist in dem skelettreichen Boden stark verdickt und gleich den abwärts wachsenden Seitenwurzeln gestaucht. In dem zunehmend stärker steinigen B_vC_v-Horizont verzweigen sich die dicken Wurzeln quastenförmig in zahlreiche dünnere Wurzelstränge. Das Tiefenstreben ist in dem steinigen Untergrund deutlich gehemmt. Im Vergleich dazu ist der seitliche Verlauf der Wurzeln groß. Von ihnen zweigen immer wieder Senkwurzeln ab. Auch sie beenden ihr Tiefenstreben mit zunehmendem Steingehalt unter büschelförmiger Verzweigung. Das Wurzelsystem nimmt dadurch am ehesten die Form eines gestauchten Zylinders an. Bemerkenswert ist, daß in diesem skelettreichen Boden der Anteil der seitwärts wachsenden Wurzeln wesentlich größer ist als jener der abwärts wachsenden im näheren Stammbereich. Auffallend sind auch die starke Deformierung der abwärts gerichteten Wurzeln und der sehr gewundene Verlauf der flachstreichenden Seitenwurzeln. Der Feinwurzelbesatz ist in dem mageren Boden mäßig stark. Trotzdem ist der Baum sehr wüchsig. Auf diesem trockenen, durchlässigen Boden ist die Fichte der viel stärker wurzelnden Douglasie völlig unterlegen.

Der Baum der **Abb. 51** wurde in dem wesentlich feuchteren Raum von Villach (ca. 1.000 mm Niederschlag) an einem Nordhang auf tiefgründiger Braunerde freigelegt. Auf diesem Standort gedeiht auch die Fichte bestens. Die Douglasie wurde nur versuchsweise eingebracht. An dem älteren Baum zeigt sich besonders deutlich das entwicklungsbedingte Zurückbleiben der Polwurzel gegenüber den kräftig entwikkelten Seitenwurzeln. Trotz des Fehlens von Bodenhindernissen verzweigen sich auch hier die vorherrschenden verdickten Wurzeln sehr rasch in kräftige Wurzelstränge. Diese Neigung zu starker Aufgliederung des Wurzelsystems auch unter günstigen Bodenbedingungen ist für die Douglasie besonders kennzeichnend. Sie bewirkt die in der Literatur immer wieder hervorgehobene, besonders reiche Durchwurzelung im Bereich der Baumkrone. Diese wird vor allem dadurch erreicht, daß die abwärts wachsenden, stärkeren Wurzelstränge sich in ein fächerförmiges Wurzelnetz aufzweigen. Der Wurzelkörper breitet sich in dem hangsickerfeuchten Boden vorwiegend glockenförmig nach unten aus. Ein weiteres Tiefenstreben, das bodenbedingt möglich wäre, findet in diesen gleichmäßig und zeitweise auch übermäßig feuchten,

Abb. 51: Douglasie, *Pseudotsuga menziesii*, H–T–S = 1.395–240–2.025 cm, bei Treffen, Kärnten, Nordhang, 640 m NN. Buchen-Fichten-Wald mit eingeforsteter Douglasie, in der Strauchschicht vorwiegend *Sambucus racemosa,* in der Krautschicht vorwiegend *Atropa belladonna* und *Salvia glutinosa.* Tiefgründige Braunerde, Bodenprofil Hor.: O 5–0 cm Streuauflage, Grobmoder, A_1 0–21 cm stark humoser, lehmiger Sand, Modermull, dunkelbraun (10YR 3/2), sehr locker, pH 4,8, sehr stark durchwurzelt, A_2 21–45 cm Mull, humoser l S, dunkelbraun (10YR 3/3), sehr locker, sehr gut durchwurzelt, AB_v 45–65 cm schwach humoser l S, braun (10YR 4/3), locker, schwach steinig, gut durchwurzelt, B_v 65–150 cm sandiger Schluff, mehlig, gelblichbraun (10YR 4/4), mäßig dicht, schwach steinig, pH 5,6, gut durchwurzelt, B_{vg} 150–180 cm feinsandiger Schluff, rostfleckig, sehr hangsickerfeucht, steinig, B_{vg} C schluffiger Sand, rostfleckig, stark durchsetzt mit Feinschutt aus Silikatschiefer, pH 6,3.

kühlen, tieferen Schichten nicht statt. Die seitwärts verlaufende Wurzelgruppe tritt gegenüber der mächtigen abwärts verlaufenden stark zurück. Sie reicht aber auch in diesem verhältnismäßig dichten Baumbestand weit über die Kronentraufe hinaus. Der Feinwurzelbesatz ist reichlich. Auch unter diesen günstigen Bodenbedingungen ist die Bewurzelung der Douglasie wesentlich stärker als die der Fichte. Ihre stärkere Wurzelkraft wirkt sich aber auf diesem auch für die Fichte günstigen Standort nicht mehr so vorteilhaft für sie aus, wie dies in niederschlagsarmen Gebieten der Fall ist.

Anatomie, Taf. 42

Wie bei den anderen Pinaceen ist die äußerste Schicht der Rinde der Douglasie im Bereich der Wurzelspitze wiederholt unterbrochen. Deren Zellen sind auffallend klein. An sie lagern sich einseitig oder allseitig

Taf. 41: Douglasie, *Pseudotsuga menziesii.* 1. Reihe und 2. R. links und rechts: Manhartsberg, Niederösterreich, 360 m NN, steinige Braunerde, Baum mittleren Alters, Polwurzel und abwärts verlaufende Wurzeln im steinigen Boden gestaucht, seitwärts verlaufende Wurzeln stark gewunden, Feinwurzeln gebüschelt, gewunden und dicklich (zu Abb. 50); Mitte: junger Baum, Ort wie oben, schwach entwickelter Pseudogley, Polwurzel im Feinboden deutlich erkennbar, in den dichten Schichten in seitwärts verlaufende Wurzeln verzweigt, obere Seitenwurzeln flachstreichend, teils abwärts wachsend (zu Abb. 49). 3. R.: Treffen, Kärnten, 640 m NN, Braunerde, Baum mittleren Alters, Polwurzel verkümmert, Seitenwurzeln vorwiegend nach unten verlaufend (zu Abb. 51).

Taf. 42 A: Douglasie, *Pseudotsuga menziesii*. – **1:** Treffen, Kärnten, 27.10. Prim., Ø, Ph/HCl, 64x. Wu von Pilzhyphen z. T. ummantelt. **Rinde** RP äußerste Schicht Z klein, mittlere Schichten Z bis über 20x größer, Inhalt z. T. gelb. **ZZ** 2arch. – **2:** Pfl u. Zeit wie 1. Sek., Ø, Ph/HCl, 25x. **PCAG** breit, sich abschuppend. **Bast** F vereinzelt, SWu Tracheide mit jener des PrX verbunden. **Holz** Strahlen einreihig, HK oval bis kreisförmig. – **3:** Schnittreihe wie 1. S3, 409x. – **4:** Manhartsberg, Niederösterreich, 25.8. Sek., ß, Ph/HCl, 64x. **Bast** Strahlen Z weitlumig. **Holz** 1-3 Z hoch, HK kreisförmig. – **5:** Schnitt wie 4. 162x. **Holz** F mit spiraligen Verdickungen, HK oval, SekretZ dünn- u. dickwandig.

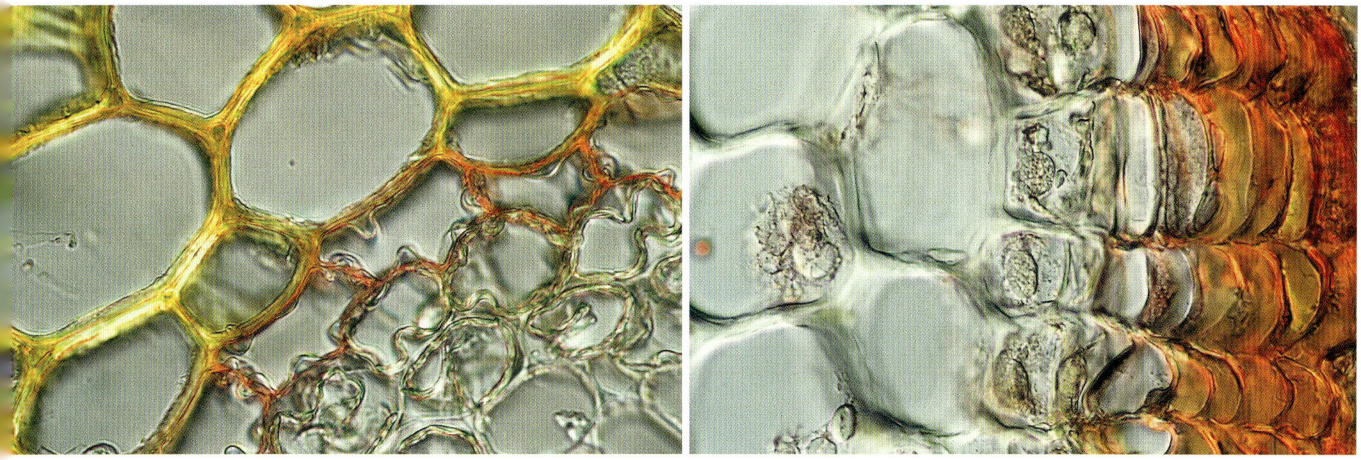

Taf. 42 B: – **1:** Schnitt wie A 3. 409x. **Rinde** RP ZW gelb, gequollen, En ZW mit Suberinlamelle. – **2:** Ort u. Zeit wie A 4. Sek., Ø, S3, 409x. **PCAG** Verdickung der ZW geringer als bei den übrigen untersuchten Pinaceen.

oft Pilzhyphen an. Die Zellen der anschließenden Zellschicht sind noch relativ klein. Danach nimmt die Größe der Zellen rasch zu. Die Zellen der Endodermis und jene des Pericambiums ähneln einander in ihrer Größe. Die Wände der Endodermiszellen sind von einer deutlichen Suberinlamelle bedeckt. Ihre Quellfähigkeit ist wieder wesentlich geringer als jene der Zellwände des Rindenparenchyms (A 1, 3, B 1). Der Zentralzylinder ist oft 2arch, mitunter auch 3–4arch.

Im sekundären Zustand kennzeichnet die Art ein dünnwandiges und breites Pericambial-Abschlußgewebe (B 2). Die äußeren Schichten lösen sich schuppenförmig ab (A 2). Der Bast enthält vereinzelt Fasern. In ihrer kreisförmigen Gestalt und dem geringen Lumen ähneln die Faserzellen jenen von *Larix*. Die mittleren Zellen des Bastes sind weitlumig (A 4). Nach CUTLER et al. (1987) enthält der Bast sternförmige Steinzellen. Im Holzteil sind die spiraligen Verdickungen der Wände der Tracheiden besonders kennzeichnend (A 5). Die Wände der Tracheiden enthalten Hoftüpfel. Die Zellen der Strahlen sind ähnlich gedrungen wie bei der Fichte (A 4). In der ovalen Form der primären Harzkanäle ähnelt die Douglasie wieder der Alpen-Lärche (A 2). Primäre Harzkanäle haben im Bereich der Stoffzuleitung einen ovalen Querschnitt. Zwischen zwei sekundären Strahlen liegen 1–2 Reihen von Tracheiden, nach innen münden entsprechend dem Dickenwachstum mehrfach zwei Strahlen in einen Strahl (A 5).

Mit dem im Vergleich zur Fichte größeren Tiefenstreben der Wurzeln stimmen die meist größere Weite und der höhere Wassergehalt der Zellen im Bereich der Wurzelspitze sowie die langsamere und geringere Verfestigung der Zellwände überein. Auch im sekundären Zustand zeichnen sich die Wurzeln dank der geringeren Verdickung der Zellwände des Pericambial-Abschlußgewebes durch eine größere Elastizität im Vergleich zur Fichte aus. Die spiralige Verdickung der Zellwände der Gefäße erhöht offenbar die Reißfestigkeit, während die Versteifung der Wurzeln geringer bleibt. Die größere Widerstandskraft der Douglasie gegen Windwurf im Vergleich zur Fichte zeigt sich demnach auch im inneren Bau der Wurzeln.

Standortansprüche: Die Douglasie ist eine Halbschattenbaumart. Sie verlangt ein ozeanisch geprägtes Klima mit möglichst lange andauernder Vegetationszeit, mit mildem Winter und eher kühlem Sommer. In Gebieten mit stark kontinentalem Klima ist sie empfindlich gegen strahlungsbedingte Früh- und Spätfröste. Wenn sie ihr Wurzelsystem voll entfalten kann, ist sie sehr widerstandsfähig gegen Trockenheit. Dies auch deshalb, weil ihr Wasserverbrauch niedrig ist. Von den von EIDMANN & SCHWENKE (1967) untersuchten Nadelbäumen weist sie den niedrigsten Transpirationskoeffizienten auf. Am besten gedeiht sie aber auf frischen bis halbtrockenen, gut durchlüfteten, mäßig sauren Böden. Wenig geeignet sind sehr dichte, wechselfeuchte, staunasse oder extrem stickstoffarme Böden. Auf karbonatreichen oder sehr sauren Böden ist sie anfällig für Krankheiten und Schädlinge. Abänderungen in den Standortansprüchen ergeben sich aus den verschiedenen Herkünften.

Verbreitung: Die Douglasie stammt aus dem pazifischen Nordamerika. Ihre nördliche Verbreitungsgrenze verläuft dort bei 55 nördl. Br. Im Süden kommt sie vereinzelt bis gegen 19 nördl. Br. vor. In Europa wird sie vorwiegend in der kollinen und in der montanen Stufe angebaut. Die obere Anbaugrenze liegt bei einer Seehöhe von 1.000 m. Ihre größte Wuchsleistung erreicht sie in den tieferen Lagen der nordwestlichen und westlichen Gebiete Europas. In Österreich wird sie besonders in niederschlagsärmeren Gebieten angebaut, in denen die Fichte keinen befriedigenden Zuwachs mehr erreicht.

Taxodiaceae, Sumpfzypressengewächse

Sequoiadendron giganteum (Lindl.) Buchh., Mammutbaum

Morphologie

Sproß: Immergrüner Baum, Stamm nach verbreiterter Basis walzenförmig, gerade, bis ca. 90 m hoch, am Grund Durchmesser bis zu 12 m, monopodial verzweigt. Äste wechselständig, kurz und dick, endwärts nach oben gekrümmt, buschig verzweigt. Krone kegelförmig bis oval, durchsichtig, im Vergleich zum Stamm auf den natürlichen Standorten in Amerika klein erscheinend. Rinde dick, weich, langrissig, faserig, rotbraun bis fuchsrot oder blaß-orangebraun.

Tab. 4: Stammaße eines Mammutbaumes im Vergleich zu heimischen Holzarten. Nach Dipl.-Ing. W. Sallmann. Ort: Treffen, Kärnten; Jahresmittel der Temperatur: 7,8 °C (TSCHERNUTTER 1983); Jahresniederschlag: 1.232 mm (TROSCHL 1980). Seehöhe: 1, 2: 543 m, 3: 680 m, 4: 630 m. Neigung: 1, 2: eben, 3, 4: NO, steil. Boden: 1, 2: seichtgründig, oberbodentrocken, 3, 4: mittel-tiefgründig, mäßig frisch.

Baumart	Alter in Jahren	Baumhöhe, m	Durchmesser in Brusthöhe, m	Umfang in Brusthöhe, m	Umfang am Stammfuß, m
1 Mammutbaum	105	38,0	2,17	6,80	9,20
2 Weiß-Tanne	105	32,0	0,80	2,50	3,50
3 Douglasie	105	40,0	1,05	3,30	4,80
4 Fichte	110	36,0	0,98	3,10	4,20

W u r z e l: Der oberirdische Teil des Baumes wurde vor Ort im Sequoia-Nationalpark in Kalifornien gezeichnet (**Abb. 52**). Die Bewurzelung wurde aufgrund von Studien an entwurzelten Bäumen und nach Angaben aus Kalifornien schematisch hinzugefügt. Die vorliegende Skizzierung soll lediglich ein Hinweis darauf sein, daß auch der größte Baum der Erde in einer Höhenlage von ca. 2.000 m kein ausgeprägtes Tiefenstreben mehr aufweist. Nach Angaben vor Ort sollen die Wurzeln nicht tiefer als höchstens 200 cm in den Boden eindringen. Die seitliche Ausbreitung der Wurzeln wird hingegen mit bis zu 50 m angegeben. Angesichts der Seitenreichweite der Wurzeln der Akazie in Mittelkärnten von bis über 30 m ist diese Angabe durchaus glaubwürdig. Besonders auffallend beim Mammutbaum ist die meist mächtige Verbreiterung der Stammbasis, die durch die Wurzelanläufe noch vergrößert wird. Auch der 105 Jahre alte Baum in Treffen (s. Tabelle oben) weist eine stark verbreiterte Stammbasis und starke Wurzelanläufe auf. Der Durchmesser des Stammes nimmt allerdings in dem im Vergleich zu Kalifornien viel kühleren und feuchteren Gebiet nach oben hin viel rascher ab.

Die Wurzeln selbst sind nicht sehr dick. Sie biegen, wie an entwurzelten Bäumen zu erkennen ist, bald nach ihrer Ansatzstelle seitwärts um. Es entsteht dadurch ein im Vergleich zur Stammhöhe flacher Wurzelteller. Die Standfestigkeit des Baumes beruht somit nur auf seiner starken Verbreiterung im Bereich der Wurzelansätze und auf der großen Seitenreichweite der Wurzeln. Er ist daher, besonders auf „weichem Boden", sehr anfällig gegen Windwurf. Im Führer zum kalifornischen Sequoia-Nationalpark wird ausdrücklich darauf hingewiesen, daß „Sequoias dont't die of old age and are resistant to fire and insect damage. Most die by falling over."

Über die Feinverzweigung der Wurzeln liegen von dort keine Angaben vor. Nach Untersuchungen an gepflanzten jungen Bäumchen in der Umgebung von Wien ist die Stammbasis bereits stark glockenförmig nach unten erweitert. Vom unteren Rand dieser Erweiterung gehen zahlreiche Wurzelstränge aus, die sich stark fächerförmig aufzweigen. Von der Polwurzel zweigen ebenfalls knapp hintereinander Seitenwurzeln ab. Deshalb verjüngt sie sich sehr rasch und verliert dabei bald ihre Vorwüchsigkeit. Das ganze Wurzelsystem ist dichtbüschelig und sehr reich verzweigt. Der Feinwurzelbesatz ist aber eher mäßig hoch. Die Wurzelfarbe ist rötlichbraun. Auch die unverzweigten Wurzelenden sind bereits bräunlich.

Anatomie, Abb. 52

Der innere Bau der Wurzeln ähnelt weitgehend jenem der Wurzeln von Vertretern von *Juniperus*. Im primären Zustand stimmen sie mit diesen dadurch überein, daß nicht nur die innerste Schicht des Innenrindenparenchyms aus Phi-Zellen besteht, sondern daß auch alle übrigen Zellen dieses Gewebes in den Zellwänden Verdickungsleisten aufweisen. Nur den Zellen des Außenrindenparenchyms fehlen diese (Bild

Abb. 52: Mammutbaum, *Sequoiadendron giganteum*, Höhe des Baumes 58 m, Sequoia-Nationalpark, Kalifornien, Seehöhe 2.150 m. Kiefern-Tannen-Wald mit Gruppen von Mammutbäumen. Bewurzelung aufgrund von Studien an entwurzelten Bäumen und von dortigen Beschreibungen schematisch hinzugezeichnet. **Anatomische Bilder: 1–6:** Mariabrunn, Wien, 27. 12. Ph/HCl. Links: – **1:** Prim., Ø, 162x. **Rinde** ARP 2- bis mehrschichtig, RP ZW mit Verdickungsleisten. – **2:** Prim., Ø, 162x. **Rinde** innerste Schicht PhiZ, En mit Suberinlamelle. ZZ 4arch. – **3:** Sek., ⊠, 64x. **PCAG** bis 8schichtig, F in 7 Kreisen angeordnet. Rechts: – **4:** Sek., Ø, 25x. **PCAG** bis 8schichtig, **Bast** F in bis zu 8 Kreisen angeordnet. **Holz**, Strahlen einreihig, **ZZ** 4arch. – **5:** Ausschnitt aus 4. 162x. **Bast** F rektangulär, W verholzt. – **6:** Ausschnitt aus 3. 409x. **Holz**, Tracheiden mit Hoftüpfeln und zulaufendem Ende, im Kreuzungsfeld Tüpfel unbehöft.

links oben und Mitte). Dank der Verdickungsleisten können die Wurzeln im jugendlichen Zustand ohne Schädigung des Protoplasten größere Schwankungen im Wasserangebot und vor allem größere Trockenheit leichter ertragen. Nach vorliegenden Untersuchungen sind allerdings die Verstärkungsleisten bei *Sequoiadendron giganteum* im mittleren Bereich des Innenrindenparenchyms, in dem die Zellen das weiteste Lumen aufweisen, dünner als bei *Juniperus communis.* Die Abweichung in der Stärke der Verdickungsleisten könnte aber auch auf die unterschiedlichen Standortbedingungen zurückzuführen sein.

Im sekundären Zustand stimmen die beiden Formenkreise in der Ausbildung des Pericambial-Abschlußgewebes sowie in der Form und der Anordnung der Fasern im Bast weitgehend überein (Bild links unten und rechts oben). Die Fasern sind vor allem im Vergleich zu den Angiospermen auffallend groß. Außerdem sind sie rechteckig, ihr Lumen ist im mittleren Bereich weit, und erst gegen die Enden der Fasern hin wird es mitunter verschwindend klein. Ebenfalls zum Unterschied von Fasern der Angiospermen sind die Wände gleich jenen der Fasern von *Juniperus* stark verholzt (Bild rechts oben und Mitte). Das Vorhandensein von Fasern und ihre große Anzahl erhöhen ebenfalls den Trockenschutz der Wurzeln. Unterschiede zwischen Mammutbaum und Wacholder konnten nur vereinzelt im Auftreten von Kristallen, im fallweisen Vorhandensein von Exkretgängen und in der Ausbildung der Tüpfel festgestellt werden. So fehlen nach CUTLER et al. (1987) dem Mammutbaum Kristalle. Das gleiche trifft für das Fehlen bzw. Auftreten von Sekretkanälen zu. Außerdem sind nach CUTLER et al. die Tüpfel in den Wänden der Zellen des Holzes beim Mammutbaum taxodioid und seltener cupressoid, während sie bei *Juniperus* durchwegs cupressoid sind (vgl. **Taf. 14**, Bild 3). Das Ende der Tracheide zeigt das Bild rechts unten.

Standortansprüche: Der Mammutbaum kommt in Kalifornien in einer Seehöhe von 800–2.700 m vor (STUART & SAWYER 2001). Am häufigsten wächst er dort jedoch in einer Seehöhe zwischen 1.800 und 2.200 m. Das Höhenklima ist gekennzeichnet durch kurze, schneereiche, mäßig kalte Winter und durch eine warme, trockene Vegetationszeit (mediterraner Klimaeinschlag). Das strahlungsintensive und während der Vegetationszeit trockene Klima begünstigt das Dickenwachstum der Stämme. Auffallend dicke, nach oben nur langsam dünner werdende Stämme sind deshalb auch bei den dort vorkommenden Kiefern und Tannen zu beobachten. Wie der Mammutbaum weisen diese Bäume ebenfalls Kronen auf, die im Vergleich zu den dicken, walzenförmigen Stämmen klein und schütter erscheinen.

Verbreitung: Der Mammutbaum ist nach KNAPP (1965) in der südwestlichen Sierra Nevada „auf etwa 32 mehr oder weniger große Flächen (Groves) beschränkt". Er ist vorwiegend mit Kiefern (*Pinus lampertiana*) und Tannen (*Abies concolor* var. *lowiana*) gruppenweise vergesellschaftet.

Cupressaceae, Zypressengewächse

Juniperus communis L., Gewöhnlicher Wacholder

Morphologie

Sproß: In der subsp. *communis* immergrüner Strauch oder Baum. Baumförmiger Wacholder bis 12 m hoch (ZOLLER 1981), Stamm häufig gabelig verzweigt, im Alter unten schaftförmig nackt, darüber meist reich beastet, im Wipfelbereich in mehrere annähernd gleich starke, aufstrebende, endwärts überhängende Äste verzweigt. Seitenäste zahlreich, aufrecht abstehend, buschig verzweigt, dicht benadelte Verzweigungen endwärts überhängend. Krone meist walzlich bis pyramidenförmig. Strauchförmiger Wacholder bis 2 m hoch, Stamm frühzeitig in annähernd gleich dicke, aufstrebende und seitwärts abstehende Äste verzweigt, Krone daher meist oval bis halbkugelig. In der subsp. *alpina* Stamm schon in Flurnähe in annähernd gleich starke, niederliegende Äste verzweigt. Äste dem Boden anliegend, weit seitwärts ausgebreitet und daher meist scheibenförmige Büsche bildend.
Wurzel: Bei der subsp. *communis* bleibt die Polwurzel über mehrere Jahre hindurch vorwüchsig. In den mitteltiefen Bodenschichten verzweigt sie sich aber sehr bald in nahezu gleich starke, annähernd gleich tief reichende Seitenwurzeln. Auf warmen Böden wenden sich die oberen, zunächst flachstreichenden Seitenwurzeln frühzeitig nach unten (**Abb. 53**). An älteren Pflanzen wachsen selbst Seitenwurzeln, die sich zunächst weit seitwärts ausbreiten, abwärts. Einige erreichen eine Tiefe von über 300 cm. Es entsteht dadurch ein breit zylinderförmiger Wurzelkörper, der für warme, oberbodentrockene Standorte kennzeichnend ist. Am unteren Ende wird er durch das seitliche Umbiegen der tiefstrebenden Wurzeln in den gleichmäßiger feuchten und gleichmäßiger temperierten Schichten ziemlich scharf begrenzt. Einige Wur-

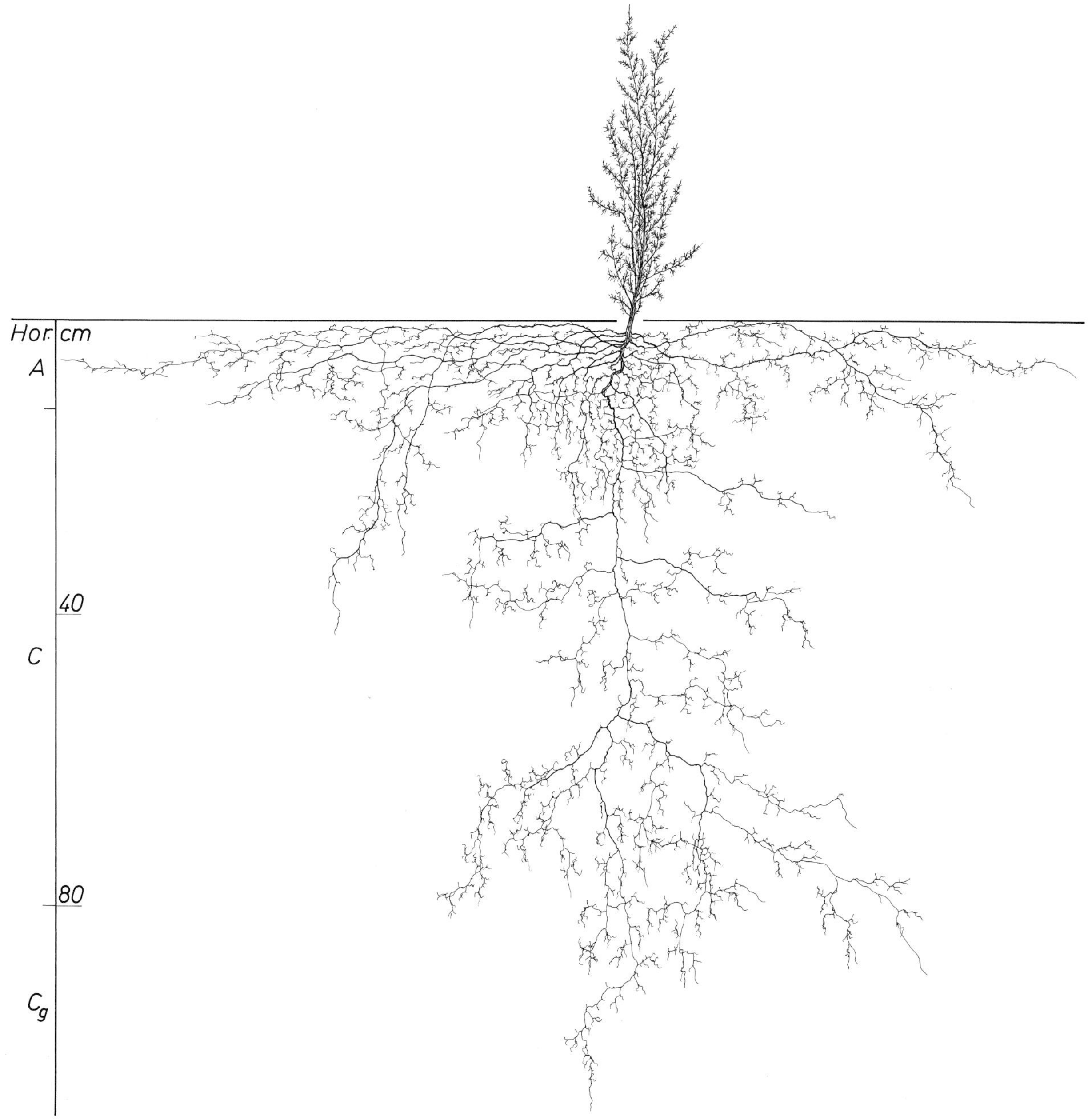

Abb. 53: Gewöhnlicher Wacholder, *Juniperus communis* subsp. *communis*, Jungpflanze, H–T–S = 43–107–145 cm, Südungarn, Mulde einer Bodenwelle, silbergrasreiche Sandflur, Randbereich der Drau-Auen. Bodenprofil Hor.: A 0–12 cm feinmoderiger Sand, pH 4,3, C 12–80 cm schichtweise Grob- und Feinsand, C_g vorwiegend Feinsand, schwach rost- und gleyfleckig. Aus: KUTSCHERA & LICHTENEGGER (1997).

zeln können noch aus dieser Tiefe aufwärts wachsen, wenn eine stärkere Wasserdampfbewegung sie nach oben lenkt.

Ein derartiges Wurzelbild zeigt **Abb. 54** von einem baumförmigen Wacholder in Südungarn auf Sand. Dank der vielen tiefreichenden Wurzeln, die bis in die ständig kühleren, grundfeuchten Schichten vordringen, kann die Pflanze auf dem oberbodentrockenen Standort noch gut gedeihen. Bei tiefreichender Trokkenheit des Bodens ist das Aufkommen des Wacholders in diesem warmen Gebiet sehr erschwert. KÁRÁSZ (1996) stellte zwar in Mittelungarn (mittl. Jahrestemperatur 10–11 °C, Jahresniederschlag 550 mm) auf Sandboden an einem 94 Jahre alten Wacholder fest, daß weniger als 1 % der Wurzelstränge nur eine Wurzeltiefe von 98 cm erreichen. Da für den Wuchsort aber auch *Populus alba* angegeben wird, wäre es naheliegend, daß einige tiefer eindringende Wurzeln auch bis in die grundfeuchten Schichten vordringen. Nach

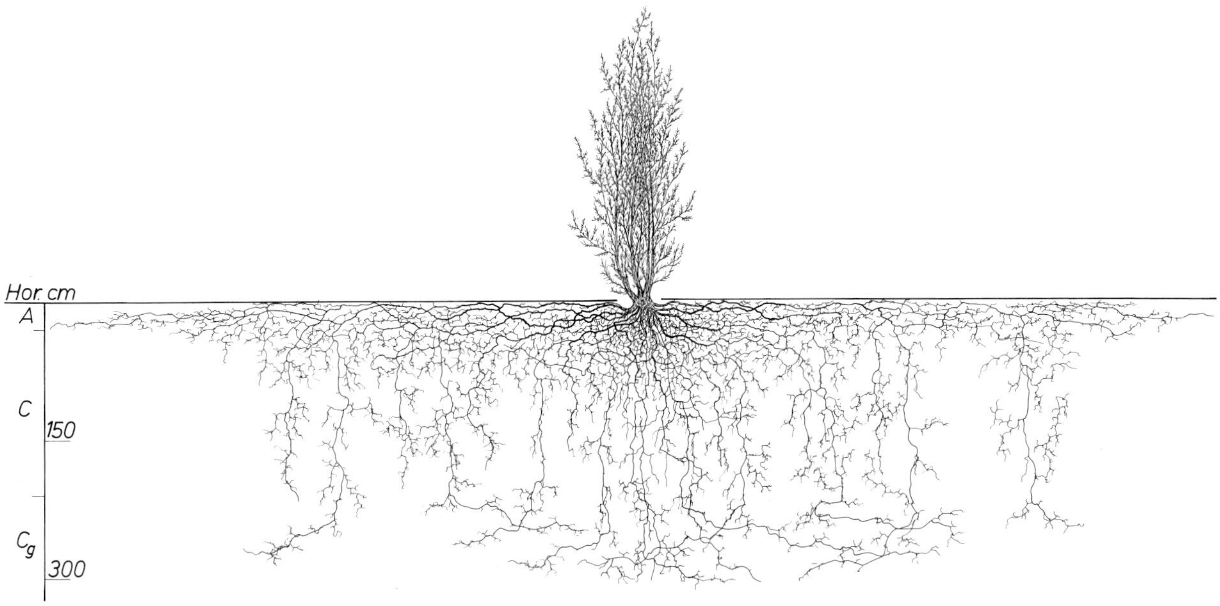

Abb. 54: Gewöhnlicher Wacholder, *Juniperus communis* subsp. *communis*, H–T–S = 312–303–1.312 cm, Ort wie Abb. 53, Rücken einer Bodenwelle. Bodenprofil Hor.: A_1 0–10 cm feinmoderiger Sand, stark durchwurzelt, pH 4,3, A_2 10–30 cm unregelmäßig schwach humoser Sand, stark durchwurzelt, C 30–210 cm schichtweise Grob- und Feinsand, Durchwurzelung nach unten stark abnehmend, C_g vorwiegend Feinsand, schwach rostfleckig, schwach durchwurzelt, ab 220 cm Tiefe schwach grundfeucht, Wurzeln seitwärts verlaufend. Aus: KUTSCHERA & LICHTENEGGER (1997).

Abb. 55: Gewöhnlicher Wacholder, *Juniperus communis* subsp. *communis*, H–T–S = 536–144–1.052 cm, Nordfuß der Lienzer Dolomiten, 650 m NN. Wacholderreicher Schneeheide-Kiefern-Wald. Rendsina auf Dolomit-Schwemmfächer, Stockwerkprofil Hor.: O 3–0 cm Nadelstreu und Moose, A_1 0–12 cm moderreicher Grob- und Feinsand, stark durchwurzelt, pH 7,7, A_2 12–30 cm unregelmäßig feinmoderiger Sand und Grus, stark durchwurzelt, C_1 30–60 cm grusiger Feinsand, stark durchwurzelt, A_{beg} 60–120 cm humoser Sand, Grus und Schutt, feucht, im oberen Bereich stark durchwurzelt, C_2 feinsandiger Grus und Schutt, schwach grundfeucht, pH 8,0, Durchwurzelung auslaufend. Aus: KUTSCHERA & LICHTENEGGER (1997).

Taf. 43: Gewöhnlicher Wacholder, *Juniperus communis.* 1. Reihe und 2. R. links und Mitte: Südungarn, Sand, baumförmiger Strauch, Wurzeln im warmen Sand vorwiegend abwärts gerichtet (zu Abb. 54); rechts: bei Lienz, Osttirol, 650 m NN, verschütteter Baum auf Kalkschutt, Stammteile stark sproßbürtig bewurzelt (zu Abb. 56). 3. R. links: Schwäbische Alb, 700 m NN, Braunlehm mit Kalkschutt, baumförmiger Strauch, Wurzeln auf dem warmen Südhang in Stammnähe abwärts verlaufend (zu Abb. 57); rechts: Nockberge, 1.870 m NN, subsp. *alpina,* Braunerde, Wurzeln vorwiegend im dichten Narbenfilz seitwärts verlaufend (zu Abb. 59).

Taf. 44 A: Gewöhnlicher Wacholder, *Juniperus communis.* – **1:** Schütt bei Villach, Kärnten, 19.12. Prim., Ø, Ph/HCl, 64x. **Rinde** RP alle ZW mit Verdickungsleisten, 1-2 innerste Schichten PhiZ. **ZZ** 4arch. – **2:** Ort wie 1, 9.11. Sek., Ø, S3, 64x. Wu gekrümmt, konkave Seite breit. **PCAG** fehlend. **Bast** äußere Schichten zu sek. PC umgestaltet, ähnlich PCAG, F in mehreren Kreisen angeordnet. **Holz** Strahlen einreihig, nach innen je Jahresring 2 Strahlen in einen mündend. – **3:** Ort wie 1, 12.4. Prim.-sek., Ø, S3, 409x. **Rinde** RP innerste Schicht PhiZ, En mit Suberinlamelle. **ZZ** GG Z mit St, PrPh Z kollabiert. – **4:** Pfl u. Zeit wie 2. Sek., ⊠, Ph/HCl, 162x. **Bast** äußere Schichten wie 2 ähnlich dem PCAG, Strahlen Z groß, St-reich, F lang. – **5:** Schnitt wie 4. 409x. **Holz** Strahl 3 Z hoch.

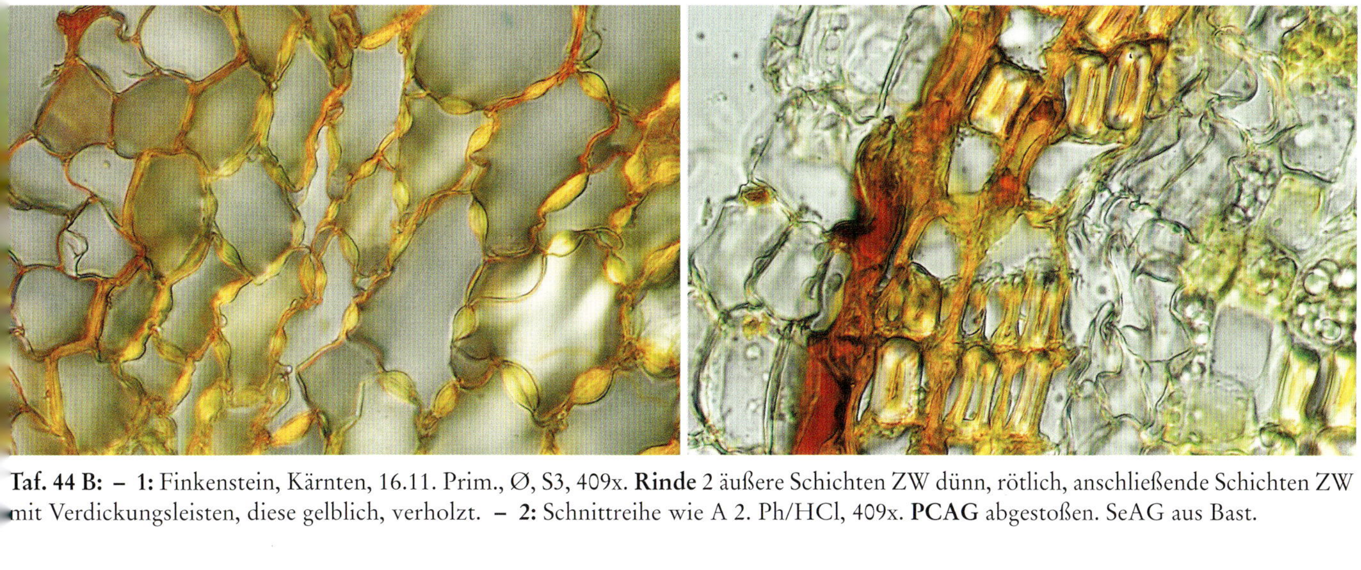

Taf. 44 B: – **1:** Finkenstein, Kärnten, 16.11. Prim., Ø, S3, 409x. **Rinde** 2 äußere Schichten ZW dünn, rötlich, anschließende Schichten ZW mit Verdickungsleisten, diese gelblich, verholzt. – **2:** Schnittreihe wie A 2. Ph/HCl, 409x. **PCAG** abgestoßen. SeAG aus Bast.

ZAPRYAGEVA (1968) erreichten die Wurzeln eines 240 Jahre alten Exemplars von *Juniperus turkestanica* an einem Nordhang in den Bergen von Turkestan eine maximale Tiefe von 130 cm und eine maximale seitliche Ausbreitung von 1.428 cm. Die Hauptwurzelmasse beschränkte sich auf die oberen Bodenschichten.

In den kühleren und feuchteren Gebieten Mitteleuropas, in denen die Böden nicht so tiefreichend erwärmt und trocken sind, wächst der Wacholder auch auf sehr wasserdurchlässigen Böden, ohne stärker grundfeuchte Schichten erreichen zu müssen. Die Wurzeln breiten sich vorwiegend seitwärts aus. Bei dem baumförmigen Wacholder in **Abb. 55**, der bei Lienz auf einem Kalk-Schwemmfächer freigelegt wurde, biegt die Polwurzel im gleichmäßiger feuchten und gleichmäßiger kühlen, überschütteten Humushorizont plötzlich knieförmig um. Zusammen mit ihren in tieferen Schichten abzweigenden Seitenwurzeln bildet sie im alten Boden einen vorwiegend nach einer Seite ausgebreiteten Wurzelhorizont. In den kühlen, kalksandigen Untergrund dringen trotz Lockerheit des Materials kaum noch Wurzeln vor. An dem Teil des niederliegenden Astes, der den Boden berührt, entstanden dünne sproßbürtige Wurzeln. Bei der Pflanze der **Abb. 56**, die am gleichen Ort wie jene der **Abb. 55**, aber an einer südseitigen Böschung am Waldrand freigelegt wurde, dringen die Wurzeln dank der tieferen Bodenerwärmung weit in den kalksandigen Untergrund ein. Die wesentlich stärkere Überschüttung führte zum Absterben des Primärstammes und zu einer gabeligen Verzweigung in einen Sekundärstamm. Trotz der tiefreichenden Überschüttung und höheren Wärme überwiegt auch an dieser Pflanze der seitliche Verlauf der Wurzeln. Die überschütteten Stammteile sind sproßbürtig bewurzelt.

In der kühleren Schwäbischen Alb kann sich auf einem warmen, halbtrockenen Südhang auf Kalkschutt mit Braunlehmsediment noch ein kleiner, tiefer reichender Wurzelhorizont ausbilden (**Abb. 57**). Die Wurzeln folgen den mit Braunlehmsediment erfüllten Schuttzwischenräumen bis in die etwas feuchteren, kühleren Bodenschichten. Insgesamt überwiegt aber bereits die seitliche Ausbreitung der Wurzeln nahe der Bodenoberfläche. Es entsteht ein T- bis kegelförmiger Wurzelkörper, der auf größere Feuchteschwankungen in den oberen, stärker erwärmten Bodenschichten hinweist. Noch flacher wird die Bewurzelung in der Lüneburger Heide (**Abb. 58**). Die Hauptmasse der Wurzeln breitet sich in weitem Umkreis in den wärme-

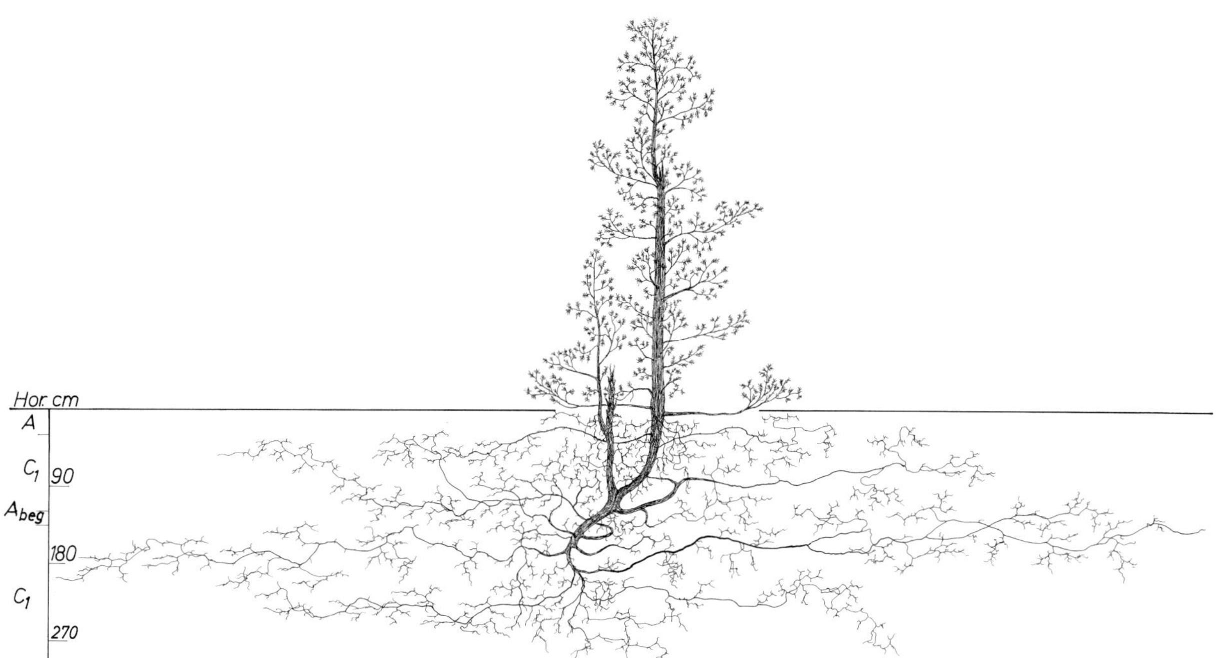

Abb. 56: Gewöhnlicher Wacholder, *Juniperus communis* subsp. *communis*, H–T–S = 451–304–1.368 cm, Ort wie bei Abb. 55, südseitige Böschung am Waldrand, stark überlagert, verschütteter Baum neu ausgetrieben. Rendsina-Stockwerkprofil Hor.: A 0–27 cm moderreicher Fein- und Grobsand, pH 7,6, schwach durchwurzelt, C_1 27–118 cm sandiger Dolomitgrus und -schutt, junge Aufschüttung, daher schwach durchwurzelt, trocken, pH 8,2, A_{beg} 118–135 cm schwach humoser Grus und Schutt, mäßig feucht, etwas stärker durchwurzelt, C_2 feinsandiger Grus und Schutt, pH 8,0, grundfeucht, Durchwurzelung seitwärts auslaufend. Aus: KUTSCHERA & LICHTENEGGER (1997).

ren, oberen Schichten des Sandbodens aus. Die gleichmäßiger feuchten und gleichmäßiger kühlen Bodenschichten beginnen wegen der viel geringeren Verdunstung in dem kühlen Gebiet bereits in 70 cm Tiefe, in Südungarn, ebenfalls auf Sandboden, erst in 212 cm. Die Wurzeltiefe ist daher in der Lüneburger Heide mit 100 cm viel geringer als in Südungarn mit 303 cm.

Bei allen untersuchten Pflanzen traten an der Stammbasis zahlreiche dünne Wurzelstränge gehäuft auf. In den humus- und feinerdereichen oberen Bodenschichten kann sich sogar eine besenartige Anhäufung von dünnen Wurzelsträngen ergeben. Die Feinverzweigung der dünnen Wurzelstränge ist mäßig stark. Alle Wurzeln sind sehr reißfest, drahtig und zäh. Selbst die dünnen Faserwurzeln wirken trocken. Fleischige Wurzelenden sind schwer zu finden. Die alten Wurzeln sind schwarzbraun bis schwarz, die jungen dunkelbraun bis rotbraun.

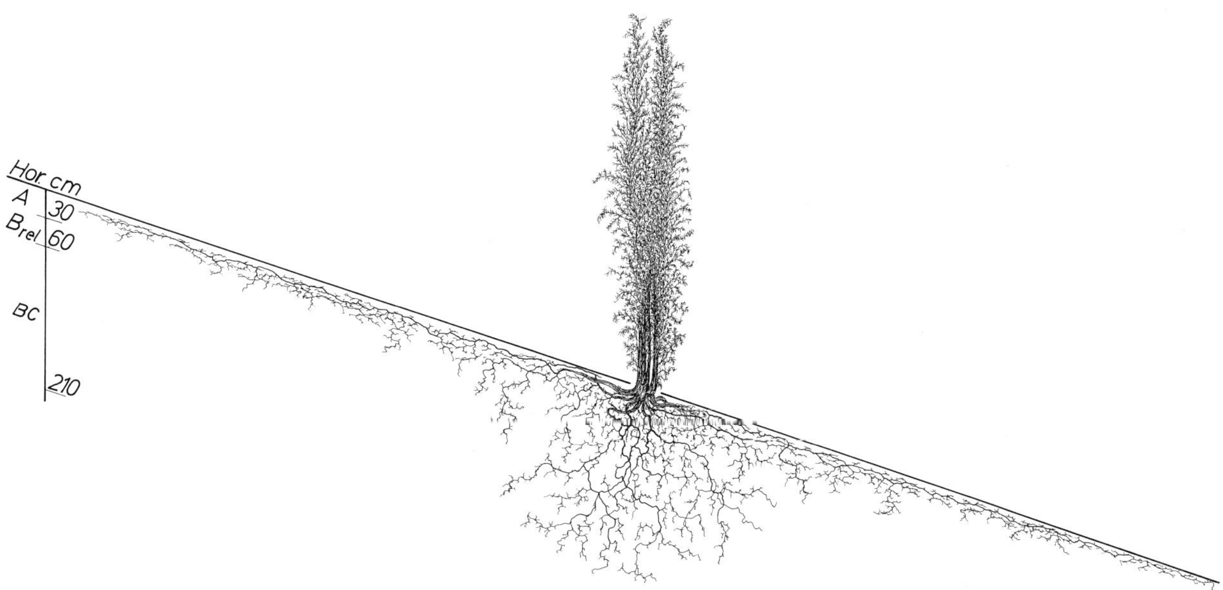

Abb. 57: Gewöhnlicher Wacholder, *Juniperus communis* subsp. *communis,* H–T–S = 389–202–1.315 cm, Schwäbische Alb, Südhang, 700 m NN. Mit Wacholder schütter bestandener, beweideter Trespen-Halbtrockenrasen. Braunlehmkolluvium über Jurakalk, Bodenprofil Hor.: A_1 0–5 cm Rasen-Wurzelfilz, feinmoderreicher, toniger Lehm, A_2 5–30 cm mullhumusreicher t L, kantig krümelig, dunkelbraun (10YR 3/3), durchsetzt mit Kalkgrus, pH 6,6, stark durchwurzelt, B_{rel} 30–60 cm t L, dicht, braun (7,5YR 4/4), durchsetzt mit Kalkschutt, pH 8,0, mäßig stark durchwurzelt, B_{rel} C t L zwischen Kalkschutt, mäßig bis schwach durchwurzelt in Schuttklüften. Aus: Kutschera & Lichtenegger (1997).

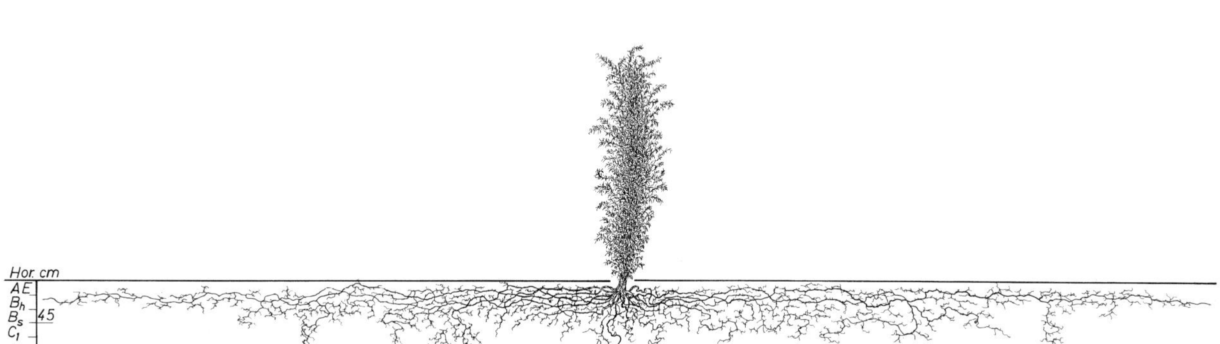

Abb. 58: Gewöhnlicher Wacholder, *Juniperus communis* subsp. *communis,* H–T–S = 245–100–1.270 cm, Lüneburger Heide. Beweidete *Calluna*-Heide. Sandiger Podsol, Bodenprofil Hor.: AE 0–12 cm moderreicher, schluffiger Feinsand, gebleicht, pH 3,6, B_h 12–30 cm mit Humusschlieren durchsetzter Feinsand, pH 4,1, B_s 30–45 cm schl Feinsand, rötlichbraun, verdichtet, aber nicht verhärtet, pH 4,6, C_1 45–60 cm schl Feinsand, mäßig dicht, pH 4,6, C_{2g} schl Feinsand, bleichgrau, mäßig dicht, schwach durchsetzt mit Kies, grundfeucht. AE – B_h stark durchwurzelt, B_s – C_1 abnehmend durchwurzelt, C_{2g} Bewurzelung im feuchten Untergrund auslaufend. Aus: Kutschera & Lichtenegger (1997).

Bei der subsp. *alpina* ist eine deutlich vorwüchsige, tiefstrebende Polwurzel kaum noch zu finden. Vielmehr breitet sie sich mit ihren kräftigen Seitenwurzeln in den oberen, noch besser erwärmten Bodenschichten aus. Nur an stärker erwärmten, steilen Südhängen können selbst in der subalpinen Stufe auf tiefgründigen Böden noch einige Wurzelstränge tiefer eindringen (KUTSCHERA & LICHTENEGGER 1997, Abb. 102). Auf weniger geneigten, südexponierten, flachgründigeren Böden bleibt das weit seitwärts ausgebreitete Wurzelsystem auf die oberen humosen Bodenschichten beschränkt (**Abb. 59**). Es ergibt sich dadurch in der Regel ein scheibenförmiger Wurzelkörper, der weit über den Rand des niederliegenden Strauches hinausreicht. Die von der Grundachse abzweigenden Äste können sich sproßbürtig bewurzeln, solange sie den Boden berühren. Der Strauch bleibt aber trotzdem stets mit der Polwurzel verbunden. Die oft sehr weit seitwärts verlaufenden Büsche täuschen nur eine vegetative Ausbreitung durch selbständig gewordene, niederliegende Sprosse vor.

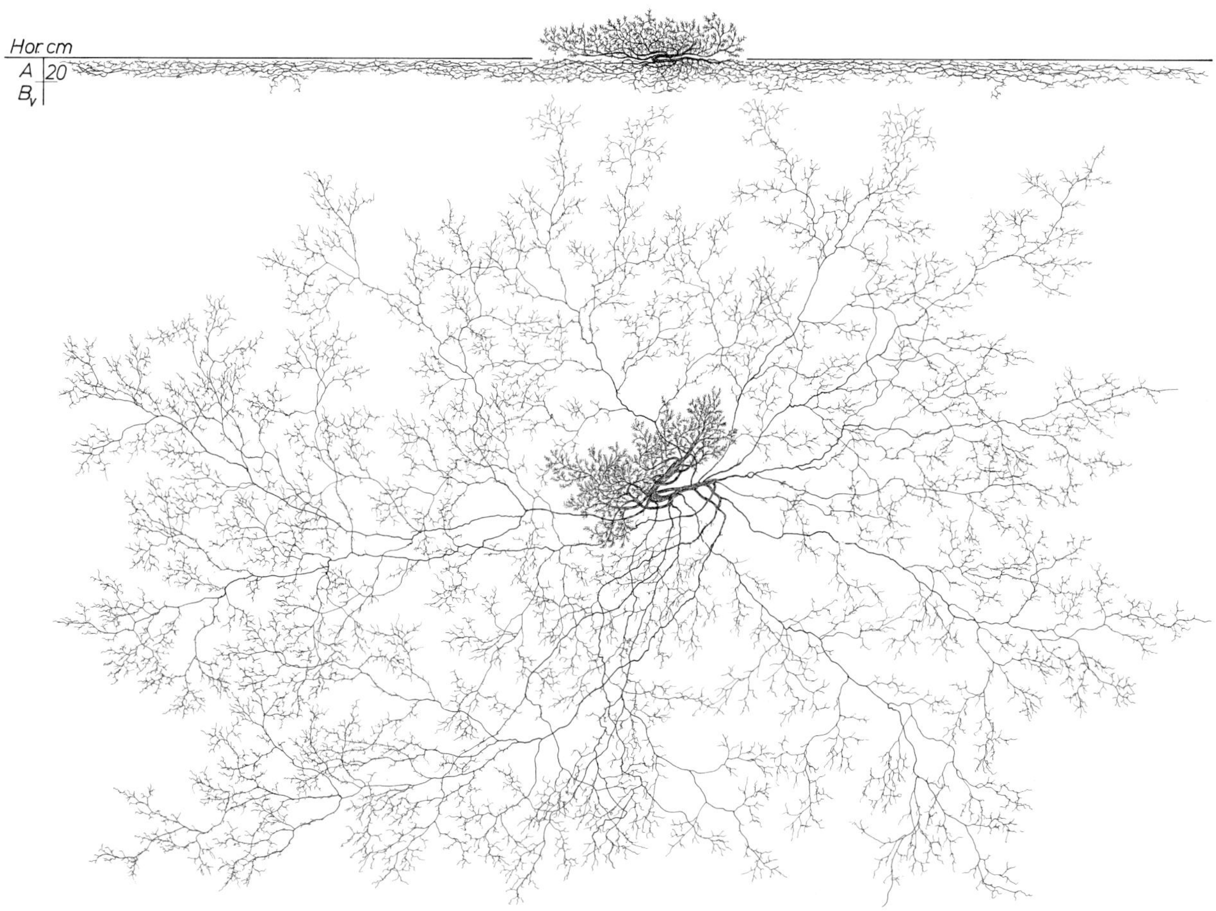

Abb. 59: Zwerg-Wacholder, *Juniperus communis* subsp. *alpina,* H–T–S = 41–29–979 cm, Nockberge, Kärnten, schwach nach Süden geneigter Hangrücken, 1.870 m NN. Besenheide-Borstgrasrasen mit Zwerg-Wacholder. Steinige Braunerde, Bodenprofil Hor.: O 6–0 cm dichter Narbenfilz, A 0–20 cm feinmoderreicher, sandiger Lehm, schwach steinig, locker, stark durchwurzelt, B_v s L, steinig, locker, Durchwurzelung rasch auslaufend. Aus: KUTSCHERA & LICHTENEGGER (1997).

Anatomie, Taf. 44

Das auffallendste Unterscheidungsmerkmal des Gewöhnlichen Wacholders als Vertreter der Cupressaceen im Vergleich zu den Vertretern der anderen Familien der Gymnospermen ist das Auftreten von Verdikkungsleisten an den Wänden aller Zellen des Rindenparenchyms. Die Zellen ähneln dadurch Phi-Zellen. Zum Unterschied von diesen entstehen die Verdickungsleisten jedoch nicht nur an radialen, sondern auch an tangentialen Wänden. Die innerste Schicht des Rindenparenchyms bildet Phi-Zellen, oder die Verdikkung an den radialen Wänden greift auch auf die äußere tangentiale Wand über. Die Verdickungen sind verholzt (s. Allg. Teil). Ausgenommen von den Verdickungen sind die Zellwände der 2–3 äußersten Schichten der jungen Wurzeln und jene der Endodermis. Eine Rhizodermis und eine Exodermis fehlen wie bei den Pinaceen. Ebenso sind die Zellwände der äußersten und der 1–2 angrenzenden Schichten stärker verfestigt und frühzeitig gebräunt. Die Zellen der äußersten Schicht scheinen jedoch in der Regel weitlumiger zu sein als beispielsweise jene der Fichte und Douglasie sowie von Vertretern der Gattung *Pinus*. Die Zellen der Endodermis bilden eine deutliche Suberinlamelle. Die Zellgröße ist ähnlich der des Pericambiums. Die Quellfähigkeit der unverdichteten Wandteile des Rindenparenchyms scheint kaum größer zu sein als jene der Zellwände der Endodermis (A 1, 3, B 1).

Im sekundären Zustand zählt die geringe Verdickung der Zellwände des Pericambial-Abschlußgewebes zu den besonderen Merkmalen der Wurzeln (B 2). Die älteren Schichten des Pericambial-Abschlußgewebes reißen auf und fallen frühzeitig ab. Den Schutz der Wurzeln übernehmen anschließend die älteren Schichten des Bastes, die sich ähnlich dem Pericambial-Abschlußgewebe durch Verkorkung der Zellwände zu einem sekundären Abschlußgewebe umbilden (s. Allg. Teil). Im Bast unterscheiden sich der Gewöhnliche Wacholder wie auch der Zwerg-Wacholder von anderen Vertretern der Gymnospermen durch die schmale Form der Fasern, durch deren größere Weite und deren streng radiale Anordnung. Im Holz fehlen Harzkanäle als gemeinsames Merkmal mit den Taxaceen (A 2, 4). Die Strahlen sind einreihig, wiederholt unterbrochen, und die Zahl der aufeinander folgenden stärkereichen, stark verkürzten Zellen liegt meist bei 2–4. Die Wände der relativ breiten Tracheiden haben teils gedrängt, teils entfernt stehende, versetzte Hoftüpfel (A 5). Sie sind oft stark verdickt. Früh- und Spätholz lassen sich namentlich auf wärmeren, zeitweise trockenen Standorten gut unterscheiden. Auf diesen kommt es außerdem im Bereich der Krümmung zu einem stark asymmetrischen Bau der Wurzel. Die konkave Seite ist mitunter 2–2,5mal so breit wie die konvexe (A 2).

Nach dem inneren Bau der Wurzel ist die Art bestens geeignet, Standorte mit größeren Schwankungen im Wasserangebot, verbunden mit zeitweise größerer Trockenheit, zu besiedeln. Durch die starke Versteifung der Zellwände des Rindenparenchyms mit Hilfe von Verdickungsleisten sind die Wurzeln schon im primären Zustand vor den Folgen größerer Trockenheit weitgehend geschützt. Denn ein Schrumpfen der Zellen, verbunden mit einem Zerreißen der Hüllen des Protoplasten, wird dadurch weitgehend verhindert. Im sekundären Zustand verhindern die zahlreichen gleichmäßig verteilten Fasern eine Schädigung der dünnwandigen Zellen des Grundgewebes. Die starke Verdickung der Zellwände der leitenden Elemente des Holzteils bietet ähnlichen Schutz. Diese Eigenschaften der Wurzeln kommen vor allem auf mageren Standorten, die ein langsames Wachstum der Art gewährleisten, zum Tragen. Auf nährstoffreicheren Böden, und zwar besonders auf solchen mit höherem Gehalt an Stickstoff und Kalium, können sie sich weniger entfalten. Auf solchen kann sich daher die Art namentlich im Konkurrenzkampf mit raschwüchsigeren Arten nicht mehr behaupten (s. oben).

Standortansprüche: Der Wacholder ist nach Oberdorfer (1994) eine ausgesprochene Lichtholzart. Bei ausreichender Belichtung wächst er nahezu in allen ausdauernden, weniger wuchsfreudigen Pflanzenbeständen des Wald- und Zwergstrauchgürtels. Ebenso gedeiht er auf fast allen Böden, sofern sie nicht zu nährstoffreich, zu trocken, zu staufeucht oder zu salzhältig sind. Empfindlich ist er auch gegen stärkere äolische Überfrachtung. Größere Winterkälte erträgt der Wacholder nur, wenn er ausreichend mit Schnee bedeckt ist.

Verbreitung: Die eurasisch-nordamerikanische Art bleibt in der subsp. *communis* weitgehend auf den Waldgürtel beschränkt. Natürlich kommt sie auf nicht waldfähigen Standorten oder in sehr magerwüchsigen, lichten Busch- und Waldbeständen vor. In bewirtschafteten Pflanzenbeständen wächst sie vorwiegend in extensiv genutzten oder brachliegenden Grünlandbeständen, so besonders auf Hutweiden, weiters in Zwergstrauchheiden, lichten Saumgesellschaften oder alten Kahlschlägen. In der subsp. *alpina* ist ihr Vorkommen auf die subalpine und die untere alpine Stufe beschränkt. In dieser Höhenlage ist sie in den Zentralalpen eine Kennart der humussauren Bärentrauben-Wacholder-Zwergstrauchheide (Arctostaphylo-Juniperetum nanae Haffl., in Braun-Blanquet et al. 1939). Besondere Ausbreitung erfährt sie gegenwärtig auf den nur noch extensiv oder nicht mehr bewirtschafteten bodensauren, sekundären Almweiderasen.

Taxaceae, Eibengewächse

Taxus baccata L., Eibe

Morphologie

Sproß: Immergrüner Strauch oder Baum, Stamm monopodial verzweigt, abholzig, Höhe in Mitteleuropa 15 (20) m, in Vorderasien 25 (30) m, oft mehrere Stämme aus Stockausschlägen verwachsen, im Alter oft hohl, meist tief herab beastet. Äste nicht quirlständig, im oberen Teil der Krone aufstrebend, im unteren Teil annähernd horizontal verlaufend und gegen ihr Ende hin nach unten neigend, Zweige herabhängend. Krone meist breit kegelförmig oder abgerundet, oft mehrwipfelig.

Wurzel: Über die Bewurzelung der Eibe ist wenig bekannt. Allgemein hervorgehoben wird die häufige Bildung von Stockausschlägen (SCHÜTT et al. 1992). Damit verbunden ist eine erhöhte Neigung zur Bildung sproßbürtiger Wurzeln. Erwähnt wird auch, daß sie im Vergleich zur Stammhöhe ein sehr großes, stark verzweigtes Wurzelsystem bildet. Es gibt auch Hinweise darauf, daß sie ein Tiefwurzler sei (ZOLLER 1981). Nach vorliegenden Untersuchungen, die sich auf zwei Standorte beziehen, auf denen die Eibe natürlich vorkommt, ergibt sich folgendes Bild über die Bewurzelung:

An den Jungpflanzen ist zu sehen, daß die Polwurzel sehr früh ihre Vorwüchsigkeit verliert. Sie verzweigt sich im oberen Teil frühzeitig in einige Seitenwurzeln, die sehr bald gleich dick wie die Polwurzel sind. Die annähernd gleich starken Wurzelstränge bilden schon bei den Jungpflanzen ein gut verzweigtes Feinwurzelnetz, das sich mehr nach der Seite als nach der Tiefe ausbreitet. Von dieser ersten Entwicklungsstufe des Wurzelsystems ausgehend, ist anzunehmen, daß die Eibe in kühleren, feuchteren Gebieten auf frischen Böden nicht sehr tief wurzelt. Diese Annahme wird durch die dargestellten Pflanzen erhärtet. An den älteren Bäumen ist die Polwurzel meist nicht mehr von den anderen dickeren Wurzeln zu unterscheiden. Am Grunde des Stammes entstehen dicht gedrängt zahlreiche dickere Wurzeln. Von diesen biegen selbst die abwärts gerichteten sehr bald seitwärts um. Nur dünnere Senker erreichen eine Tiefe von etwas mehr als 1 m.

Die Bäume der **Abb. 60** und **61** wurden in Bad Bleiberg in Kärnten in einem nordseitigen Buchen-Tannen-Wald auf Kalkschutt mit Braunlehm in einer Seehöhe von 980 m freigelegt. Obwohl der Boden ein tiefes Eindringen der Wurzeln ermöglicht, werden auf dem kühlen, regenreichen Standort nur verhältnismäßig geringe Wurzeltiefen erreicht. Dafür ist die seitliche Ausbreitung der Wurzeln beachtlich. Vom Grund des Stammes gehen dicht gedrängt zahlreiche kräftige Wurzeln aus. Im näheren Stammbereich sind die dicken Wurzelabschnitte häufig miteinander verwachsen. Abwärts verlaufende, kräftige Wurzeln biegen sehr bald seitwärts um. Nur einzelne dünnere Wurzeln erreichen eine Tiefe von bis zu 145 cm. Die Polwurzel konnte von den übrigen kräftigen Wurzeln nicht mehr unterschieden werden. Bei dem Baum der **Abb. 60** ist die Bewurzelung durch den Grobschutt stärker gestaucht. Dies führte in Stammnähe zu einer größeren Anhäufung dünnerer Wurzelstränge.

Der 12 m hohe Baum der **Abb. 62** bildete im Lammertal in Salzburg auf dem stark wasserdurchlässigen Schwemmfächer aus Kalkgrus und Feinschutt infolge Überschüttung ein stockwerkartiges Wurzelsystem. Dadurch wird in dem kühlen, regenreichen Gebiet eine Wurzeltiefe von bis zu 165 cm erreicht. Beachtlich ist auch bei diesem Baum die seitliche Ausbreitung der flachstreichenden Wurzeln. Der Durchmesser des oberen Wurzelkranzes beträgt 23,7 m. Die hier noch erkennbare Polwurzel hebt sich in ihrer Stärke nicht mehr von den kräftigen Seitenwurzeln ab. Der untere flachstreichende Wurzelkranz markiert den früheren humosen Oberboden. Dieser wurde im Zuge eines Hochwassers mit Grus und Schutt überlagert. Aus dem überlagerten Stamm entsprang nahe Flur ein Kranz sproßbürtiger Wurzeln. Sie breiten sich in dem noch sehr unregelmäßig humosen Boden seitwärts aus. In den aufgeschütteten Rohboden dringen die Wurzeln nur kurz ein. Auch die Seitenwurzeln des ersten, verschütteten Kranzes verlaufen eher seitwärts als abwärts. Nur unterhalb des Wurzelstockes dringt eine Gruppe von Wurzeln tiefer in den Rohboden ein. Die Anzahl der Wurzelstränge und deren Verzweigung ist sehr groß. Es ergibt sich dadurch auch als Folge der Überschüttung im näheren Bereich des Stammes eine ungemein starke Bewurzelung. Auch die weiter nach außen reichende Wurzelmasse ist noch beachtlich. Die Verzweigung in sehr dünne Seitenwurzeln ist eher gering. Dementsprechend schütter ist der Faserwurzelbesatz an den dünnen Wurzelsträngen (**Taf. 45**). Insgesamt bestätigt sich die Meinung, daß die Eibe im Vergleich zur Größe des Baumes eine ungewöhnlich starke Bewurzelung aufweist. Besonders auffallend ist die rote Farbe der Wurzeln.

Anatomie, Taf. 46

Nach Plaut (1910) haben die Wurzeln der Eibe eine Rhizodermis und eine Exodermis. Von den Rhizodermiszellen sind die äußeren Wände und die Seitenwände sowie die Wände der Wurzelhaare verholzt (A 1, 3). Die Zellwände der 1–2schichtigen Exodermis sind von einer allerdings meist dünnen Suberinlamelle bedeckt. Plaut erzielte durch Einlegen der Wurzelschnitte in Eau de Javelle für 12 Stunden ein Faltigwerden und damit ein deutliches Sichtbarmachen der Suberinlamelle. Die Rotfärbung der Zellwände nach Behandlung mit Sudan 3 ermöglicht ebenfalls, wenn auch weniger deutlich, deren Kennzeichnung (B 1). Ein weiteres Merkmal der Wurzeln im primären Zustand ist die Ausbildung der innersten Schicht des Rindenparenchyms in Form von Phi-Zellen. Die einzelnen Schichten der Verdickung sind nach Plaut verschieden stark verholzt, die beiden äußeren sogar unverholzt. Die Zellen der Endodermis haben eine deutliche Suberinlamelle. Sie sind oft größer als die des Pericambiums (A 1, B 1).

Im sekundären Zustand ist die Art im Vergleich zu den Pinaceen vor allem durch die wenig verdickten Zellwände des Pericambial-Abschlußgewebes gekennzeichnet. Dieses löst sich schuppenförmig ab. Seine Eigenfarbe ist hell- bis dunkelrotbraun (A 2, 4, B 2). Der Bast ist auffallend breit. Die Quellfähigkeit der Zellwände des Grundgewebes ist groß. Die in größeren Abständen vereinzelt oder in einem wenig unter-

Abb. 60: Eibe, *Taxus baccata*, H–T–S = 1.020–130–2.310 cm, Bad Bleiberg, Kärnten, Nordhang, 980 m NN. Buchen-Tannen-Wald mit vereinzelten Eiben. Braunlehm-Rendsina, Bodenprofil Hor.: O 3–0 cm Laubstreu und Grobmoder, A 0–15 cm Modermull, stark humoser Braunlehm, schwarz (10YR 2/1), schwach krümelig, steinig, stark durchwurzelt, pH 6,9, AC 15–21 cm schwach humoser Braunlehm, stark durchsetzt mit Kalkgrus und -schutt, stark durchwurzelt, C_v 21–80 cm Gemisch aus Kalkgrus und Braunlehm (7,5 YR 4/2), stark durchwurzelt, pH 7,3, C Kies und Schotter, teils ummantelt mit Braunlehm, Durchwurzelung auslaufend.

Taf. 45: Eibe, *Taxus baccata*. 1. Reihe links: Jungpflanze; Mitte, rechts und 2. R. links: Lammertal, Salzburg, 750 m NN, Moderrendsina über Kalkgrus, Baum mittleren Alters mit stockwerkartiger Bewurzelung und weit seitwärts verlaufenden Wurzeln (zu Abb. 62); rechts und 3. R.: Bad Bleiberg, Kärnten, 980 m NN, Braunlehm-Rendsina; links: älterer Baum, abwärts wachsende Wurzeln gestaucht, dicke Wurzelstränge weit seitwärts ausgebreitet (zu Abb. 61); Mitte: gebogener Stamm z. T. sproßbürtig bewurzelt (zu Abb. 60); rechts: Feinverzweigung der Wurzeln gering.

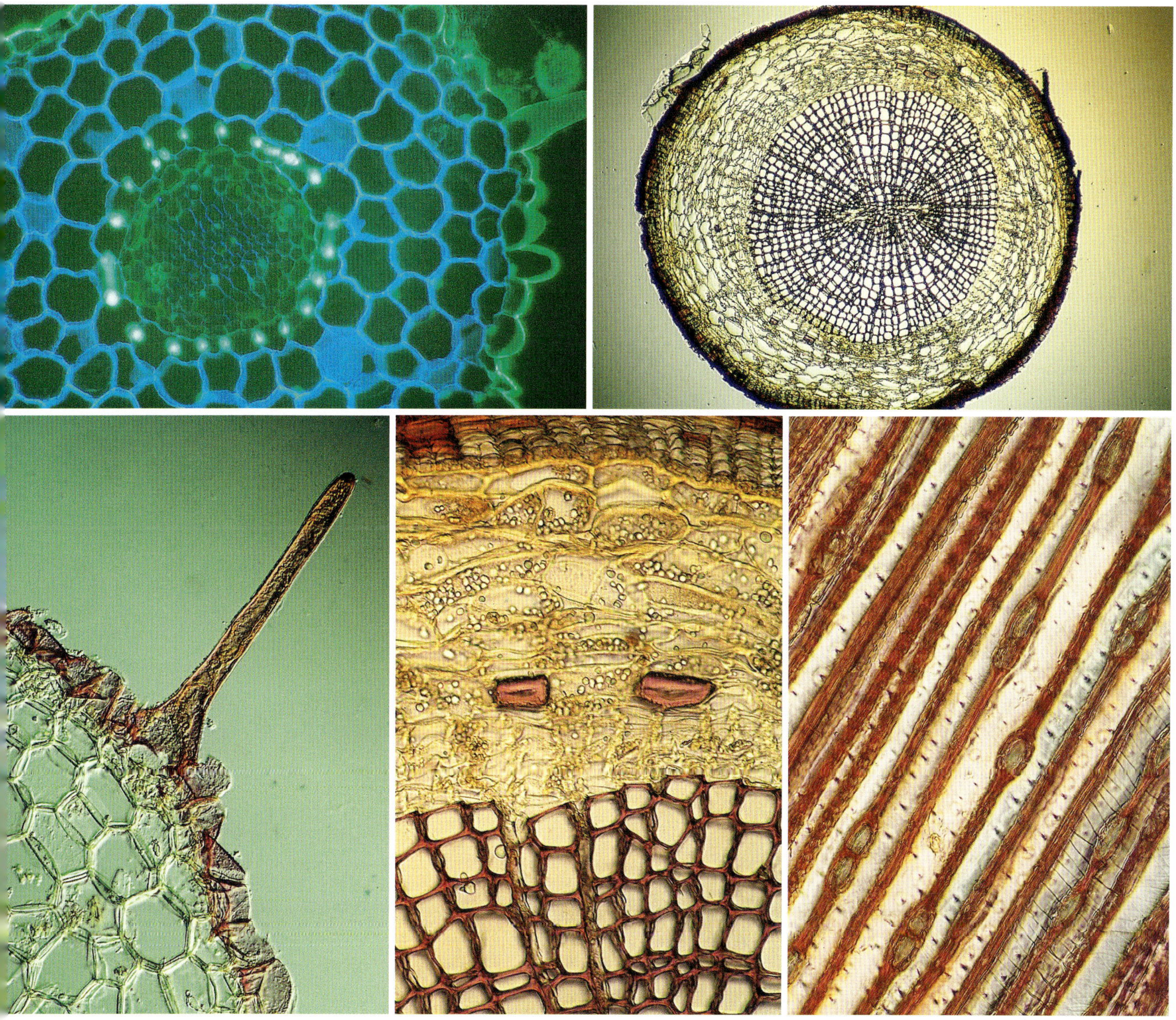

Taf. 46 A: Eibe, *Taxus baccata.* – **1:** Goisern, Oberösterreich, 12.8. Prim., Ø, Eigenfluoreszenz, 162x. **Rh** Aufleuchten der ZAW u. RadialW ähnlich **Rinde**, PhiZ Verdickung verholzt. **ZZ** 2arch. – **2:** Scheffau, Salzburg, 23.6. Sek., Ø, Ph/HCl, 32x. Wu im 5. Jahr. **ZZ** 2arch. **PCAG** vielschichtig. **Bast** mittelbreit, F vereinzelt, verholzt. **Holz** Strahlen einreihig, nach außen sich verdoppelnd. – **3:** Ort wie 2, 17.6. Prim., Ø, Ph/HCl, 162x. **Rh** äußere tangentiale u. radiale ZW rot, verholzt. **Rinde** Ex ZW mit Suberinlamelle, RP Z mit kleinkörniger St. – **4:** Ausschnitt aus 2. 162x. **PCAG** über 9schichtig. **Bast** F fast bis zum Verschwinden des Lumens verdickt, F kantig. – **5:** Bleiberg, Kärnten, 10.11. Sek., ⊠, Ph/HCl, 162x. **Holz** F 1-2 Z hoch, Tracheiden mit spiraligen Verdickungen, Hoftüpfel 1-2reihig.

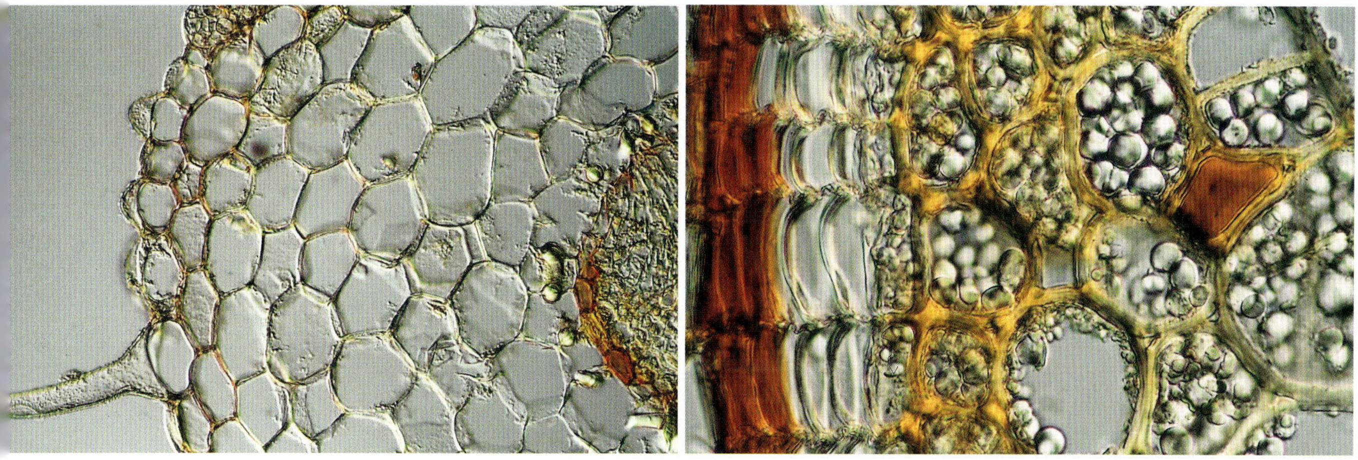

Taf. 46 B: – **1:** Pfl u. Zeit wie A 3. Prim., Ø, S3, 162x. **Rinde** Ex 1-2schichtig, ZW rötlich, mit Suberinlamelle, En ZW mit Suberinlamelle. – **2:** Ausschnitt aus A 2. 409x. **PCAG** Z dünnwandig, verkorkt. **Bast** Z mit vielen, z. T. kleinen StKörnern.

Abb. 61: Eibe, *Taxus baccata*, H–T–S = 1.230–145–3.450 cm, Bad Bleiberg, Kärnten, Nordhang, 980 m NN. Buchen-Tannen-Wald mit vereinzelten Eiben. Braunlehm-Rendsina, Bodenprofil Hor.: O 3–0 cm Laubstreu und Grobmoder, A 0–15 cm Modermull, stark humoser Braunlehm, schwarz (10YR 2/1), schwach krümelig, steinig, stark durchwurzelt, pH 6,9, AC 15–21 cm schwach humoser Braunlehm, stark durchsetzt mit Kalkgrus und -schutt, stark durchwurzelt, C_v 21–80 cm Gemisch aus Kalkgrus und Braunlehm (7,5 YR 4/2), stark durchwurzelt, pH 7,3, C Kies und Schotter, teils ummantelt mit Braunlehm, Durchwurzelung auslaufend.

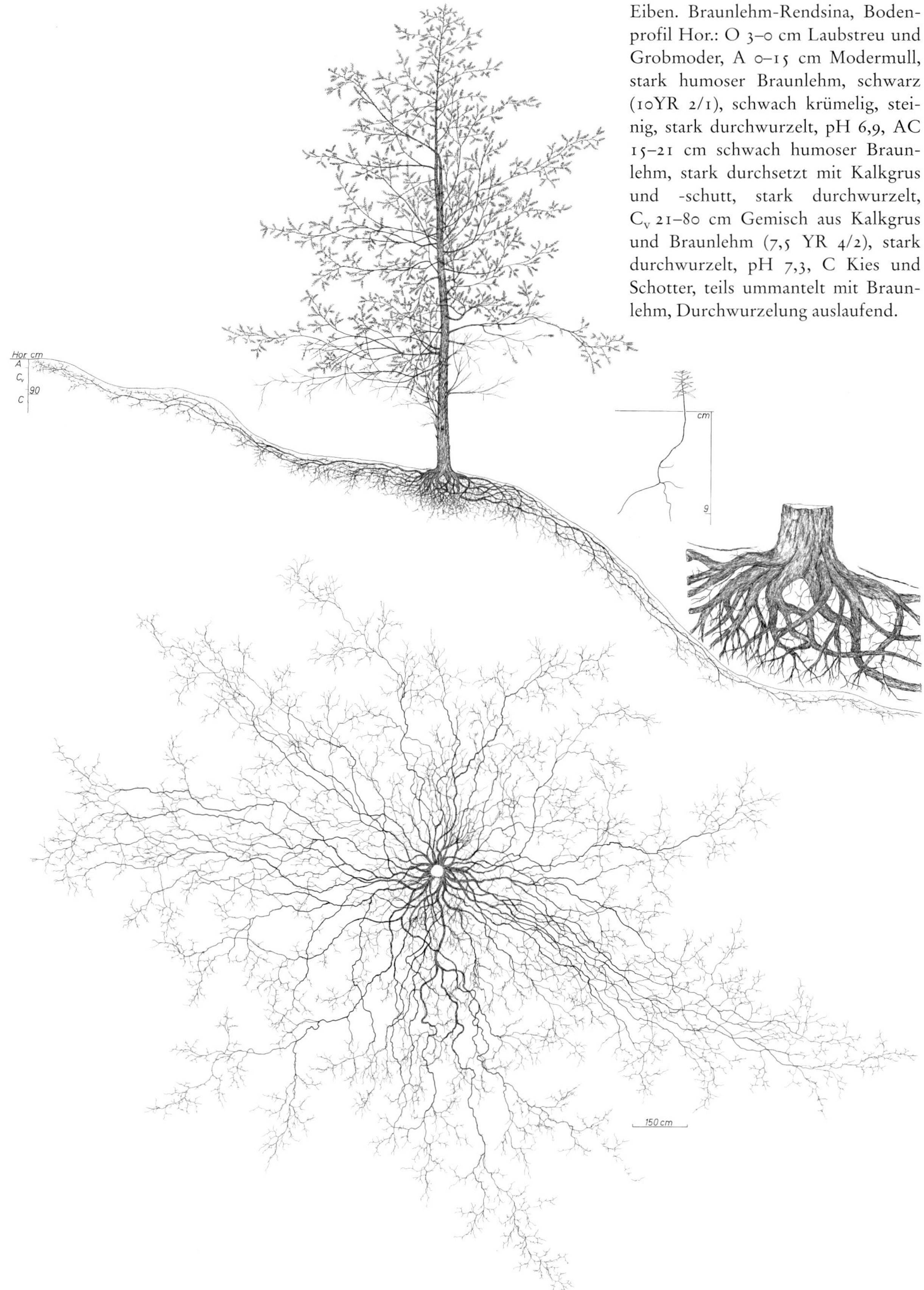

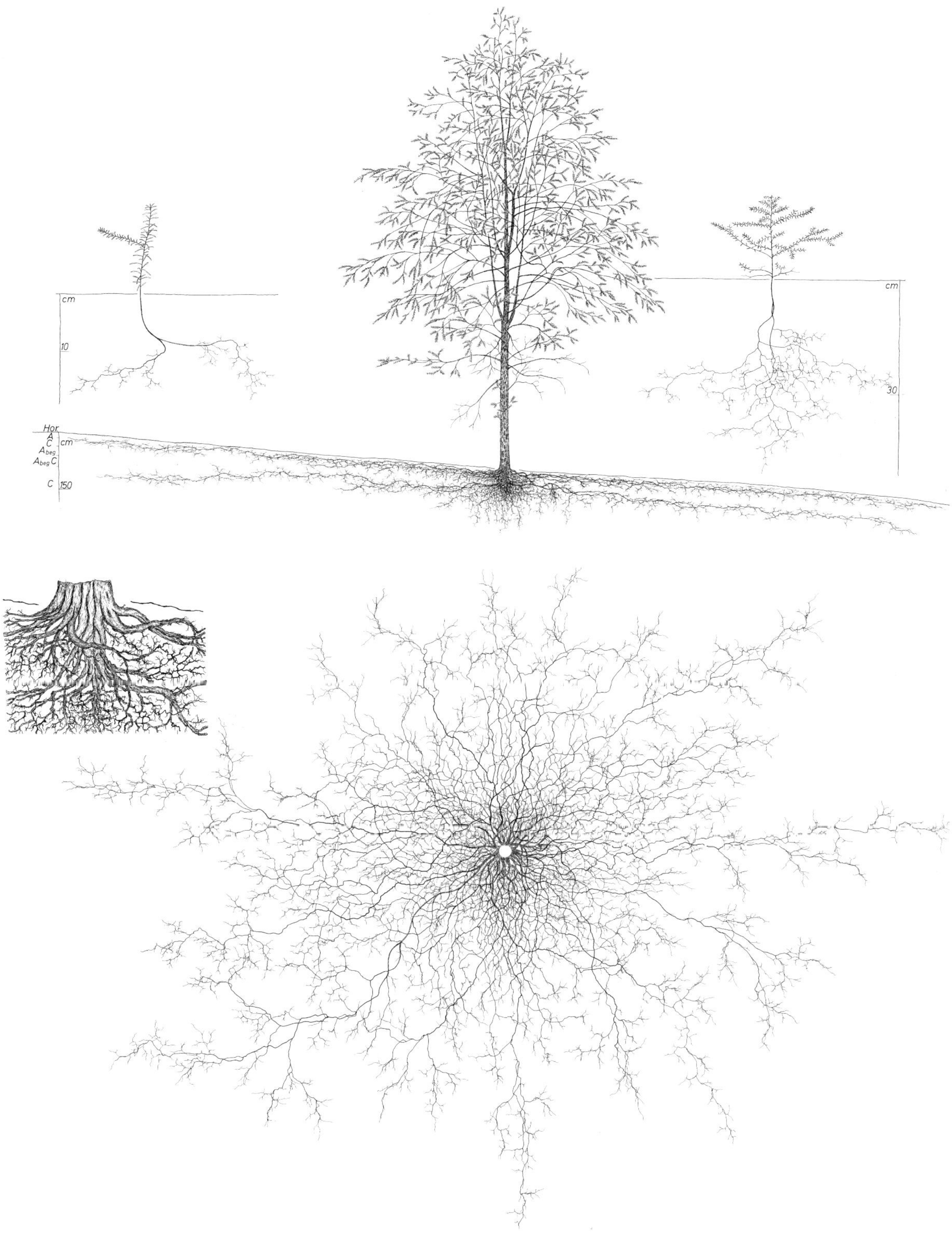

Abb. 62: Eibe, *Taxus baccata*, H–T–S = 1.200–165–2.370 cm, Lammertal, Salzburg, schwach nach Süden geneigter Schuttfächer, 750 m NN. Eiben-Rotbuchen-Eschen-Mischwald, in der Krautschicht vorwiegend *Carex alba, Hepatica nobilis, Helleborus niger, Aquilegia vulgaris, Mercurialis perennis, Listera ovata, Lamium galeobdolon* u. a. Moderrendsina über Kalkgrus und Feinschutt, Stockwerkprofil auf auslaufendem Schuttfächer, Bodenprofil Hor.: O 2–0 cm Laubstreu, A 0–15 cm Feinmoder, vermengt mit Kalkgrus, pH 6,9, stark durchwurzelt durch obere flachstreichende Wurzeletage, C 15–36 cm aufgeschütteter Kalkgrobsand, Grus und Feinschutt, sehr locker, wenig durchwurzelt, pH 7,2, A_{beg} 36–60 cm humoser, toniger Lehm, durchsetzt mit Kalkgrus, stark durchwurzelt, Ansatz der zweiten flachstreichenden Wurzeletage im überschütteten Humushorizont (alter Oberboden), pH 7,4, $A_{beg}C$ 60–90 cm unregelmäßig humoser Kalkgrus, C Kalkgrobsand, Grus und Feinschutt, pH 7,3, Durchwurzelung auslaufend.

brochenen Kreis auftretenden Fasern haben eine prismatische Form und sind verholzt (A 4). Mitunter entsteht ein Kreis von Fasern in einem breiten Bastteil (Cutler et al. 1987). Im Holz sind die Strahlen einreihig und oft 3–6 Zellen hoch. Die Zellen scheinen etwas mehr gestreckt zu sein als bei *Picea abies* und bei Vertretern von *Pinus*. Die Tracheiden haben z. T. versetzt stehende Hoftüpfel. Dadurch kommt es in dikkeren Tracheiden zur Ausbildung von zwei Tüpfelreihen. Die Wände sind spiralig verdickt (A 5). Harzkanäle fehlen wie bei den Cupressaceen.

Der Schutz der Wurzeln vor Austrocknung ist gering. Die primäre Rinde hat, wie oben beschrieben, mit Ausnahme der innersten Schicht des Parenchyms wenig verfestigte Zellwände. Im sekundären Zustand ist es das dünnwandige Pericambial-Abschlußgewebe, das die Wurzeln im Vergleich zu den Pinaceen weniger vor Austrocknung schützt. Der breite Bastteil weist auf die Bindung der Art an nährstoffreichere Standorte hin. Die geringen Unterschiede zwischen Früh- und Spätholz entsprechen dem im Wärme- und Feuchteangebot während der ganzen Vegetationszeit weitgehend ausgeglichenen Klima ihrer Wuchsorte. Die Wasseraufnahme im primären Zustand wird durch die Ausbildung von Wurzelhaaren gefördert. Hier ist es vor allem die Verholzung von deren Zellwänden wie auch jene aller übrigen Zellen der äußersten Schicht der Wurzel, die den Verlust von Wasser mindert. Das Fehlen von ätherischen Ölen (Wagenitz in Hegi 1981) verstärkt neben dem Fehlen von Harzkanälen die insgesamt geringe Trockenresistenz der Art.

Standortansprüche: Die Eibe stellt unter den mitteleuropäischen Baumarten die geringsten Ansprüche an die Belichtung (Mayer 1992). Daher erträgt sie eine Überschirmung sehr gut. Sie wächst am besten in wintermilden und eher sommerkühlen Gebieten. Empfindlich ist sie gegen Fröste. Sie kommt deshalb in Gegenden mit sehr winterkaltem, kontinentalem Klima von selbst nicht mehr vor. Am besten gedeiht sie auf basenreicheren, tonreicheren, frischen Böden. Bei höherer Luftfeuchte erträgt sie auch hohe Bodentrockenheit. Wenig empfindlich ist sie gegen Wechselfeuchte und zeitweilige Vernässung, gegen Bodenverdichtung und Luftarmut im Boden. In Kalifornien bildet sie hochwüchsige Gebüsche im Sprühbereich von Wasserfällen.

Verbreitung: Die eurasiatisch-subozeanische Art ist in den Alpen vor allem in der montanen Stufe zu finden. In dieser bevorzugt sie feuchtere Taleinschnitte, schattigere Grabeneinhänge und Schluchten. In regenreicheren, luftfeuchteren Gebieten wächst sie auch in Buchen-Mischwäldern, wenn die Überschirmung nicht zu groß ist. Laubwälder mit Eibe befinden sich vor allem in den regen- und schneereicheren Stauzonen der Alpenrandgebiete. In den inneralpinen Trokkengebieten ist sie nur in den feuchtesten und schattigsten Nischen anzutreffen.

Angiospermae: Angiospermophytina, Bedecktsamer

Dicotyledoneae, Zweikeimblättrige

Berberidaceae, Berberitzengewächse

Berberis vulgaris L., Berberitze, Sauerdorn

Morphologie

Sproß: Sommergrüner Strauch, bis 3 m hoch, durch Bestockung dichte Büsche bildend. Stämme aufrecht, vor allem im oberen Teil verzweigt. Zweige ausladend bis überhängend.
Wurzel: Die hohe Trockenresistenz der Berberitze ist nicht zuletzt auf ihre unerwartet tief reichende Bewurzelung zurückzuführen. Auf warmen, skelettreichen Böden ist die Durchwurzelung vorwiegend nach der Tiefe ausgerichtet. Auf Böden in kühleren Lagen streben die Wurzeln mehr nach der Seite. Das Wurzelsystem besteht vorwiegend aus wenigen kräftigen Strängen. Diese sind im näheren Bereich des Wurzelstockes meist gering verzweigt. Anhäufungen von dünnen Wurzeln am Wurzelstock bilden sich in beschränktem Ausmaß bei stark bestockten Pflanzen. Die Bestockung fördert die Bildung von Sproßwur-

Taf. 47: Berberitze, *Berberis vulgaris*. 1. Reihe links: Jungpflanze mit wenig verzweigter Polwurzel; Mitte und rechts: Schütt bei Villach, Kärnten, 610 m NN, Braunlehm-Rendsina über Kalkschutt, Strauch mit bogig abwärts wachsenden Wurzeln (zu Abb. 64). 2. R.: gleicher Ort wie oben, Braunlehm-Rendsina auf Kalkschutt, Strauch mit Wurzelsproß an der dicken, bogig abwärts wachsenden Seitenwurzel, Polwurzel im Wachstum zurückgeblieben, tiefstrebende Wurzel stark gewunden (zu Abb. 65).

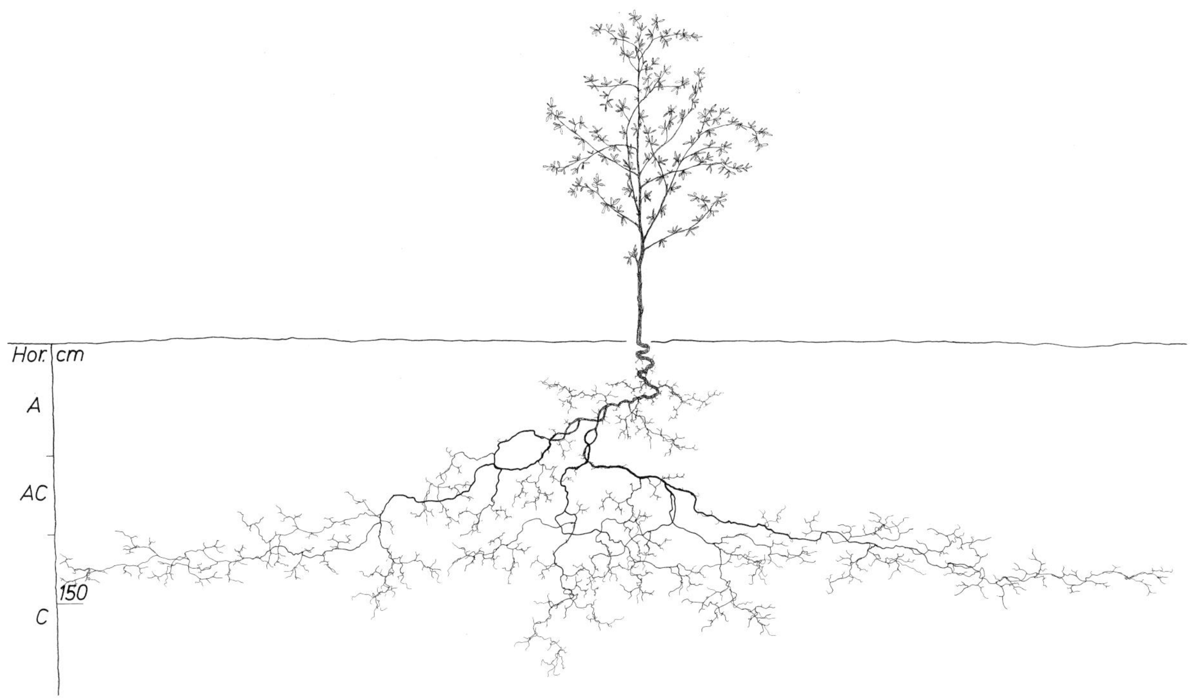

Abb. 63: Berberitze, *Berberis vulgaris*, H–T–S = 183–192–658 cm, Schütt bei Villach, Geländemulde in ebener Lage, 600 m NN. Fichten-Buchen-Wald, in der Strauchschicht vorwiegend *Erica carnea, Berberis vulgaris, Sorbus aria*. Moderrendsina über Kalkschutt, Bodenprofil Hor.: A_1 0–25 cm Feinmoder, stark humoser Kalksand, schwarz (5YR 2,5/1), steinig, mäßig stark durchwurzelt, A_2 25–65 cm feinmoderreicher, lehmiger Sand mit Schutt und Kies, mäßig stark durchwurzelt, AC 65–110 cm Kalkschutt und Kies, in den Hohlräumen Feinmoder, C Schutt und Kies.

zeln. An waagrecht verlaufenden, verdickten Wurzelabschnitten können auch Wurzelsprosse entstehen. Der Feinwurzelbesatz ist nicht sehr groß. Die Wurzelfarbe ist auffallend gelb bis bräunlichgelb.

Bei den Jungpflanzen ist die Polwurzel stark vorwüchsig. Die Seitenwurzeln sind nur schwach entwikkelt (**Abb. 65** links). An älteren, bereits bestockten Jungpflanzen können schräg verlaufende Seitenwurzeln schon größere Längen erreichen (**Abb. 65** rechts). Mit zunehmendem Alter des Strauches bleibt die Polwurzel gegenüber den Seitenwurzeln oder den erstarkten Sproßwurzeln im Wachstum zurück. An alten Sträuchern ist sie nur noch als kümmerlicher Strang oder überhaupt nicht mehr erkennbar.

Die Sträucher der **Abb. 63–65** wurden in der Schütt bei Villach auf Kalkschutt freigelegt. Bei dem jungen, noch nicht bestockten Strauch der **Abb. 63** ist die Polwurzel in dem steinigen Boden zunächst stark gewunden. Ihre kräftigen Seitenwurzeln breiten sich dachförmig nach der Seite aus. Die Polwurzel selbst erreicht unter Bildung größerer Schleifen bereits eine Tiefe von 192 cm. Bei dem alten bestockten Strauch der **Abb. 64** ist die Polwurzel in der Mitte des Wurzelsystems als ein im Wachstum zurückgebliebener Strang noch erkennbar. Die dicken, langen Wurzelstränge sind bereits Sproßwurzeln, die vom Grund der Bestockungstriebe ausgehen. Auffallend, aber für Sproßwurzeln oft kennzeichnend ist ihre geringe Verzweigung in den oberen Abschnitten. In dem steinigen Boden verlaufen sie sehr gewunden. Ihr Tiefenstreben ist auf dem tiefgründig erwärmten Boden vorherrschend. Nur eine Seitenwurzel verläuft waagrecht. Die Polwurzel des alten, bestockten Strauches der **Abb. 65** wurde durch einen darunter liegenden Stein nach der Seite abgelenkt. Am Ende ihres verdickten Teils entstand eine Seitenwurzel, die sich zu einem sehr kräftigen Strang entwickelte. Dieser Strang verläuft in den oberen, feinsedimentreicheren Bodenschichten fast ohne Windungen waagrecht. In die tieferen, verdichteten, steinigen Schichten dringt er unter Bildung zahlreicher Windungen ein. Seine Verzweigung bleibt relativ gering. Die unter diesem dicken Seitenwurzelstrang verlaufende Polwurzel ist deutlich dünner, aber stärker verzweigt. Sie erreicht auch keine so große Tiefe. An der Abzweigungsstelle der dicken Seitenwurzel ist ein kräftiger Wurzelsproß entstanden. Am Grund der Bestockungstriebe bildete sich ein Kranz von dünnen Wurzeln.

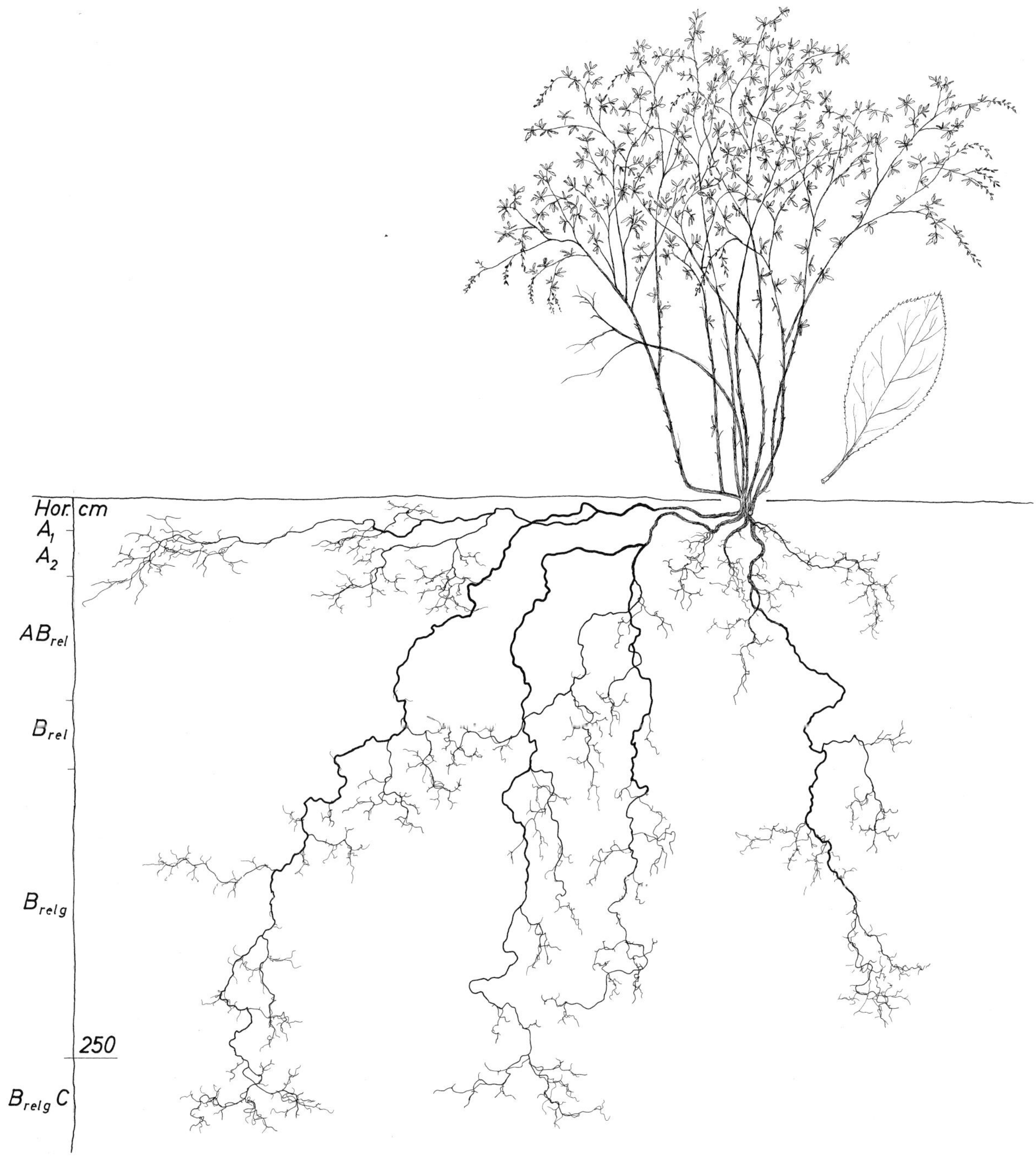

Abb. 64: Berberitze, *Berberis vulgaris*, H–T–S = 219–280–374 cm, Schütt bei Villach, Buckel in ebener Lage, 610 m NN. Lichter Wald mit *Pinus sylvestris, Picea abies, Fagus sylvatica* und *Sorbus aria.* In der Strauchschicht vorwiegend *Berberis vulgaris, Crataegus monogyna, Viburnum lantana, Lonicera xylosteum, Quercus robur, Erica carnea*. In der Krautschicht überwiegend *Carex alba* und *Calamagrostis varia.* Braunlehm-Rendsina über Kalkschutt, Bodenprofil Hor.: A_1 0–15 cm moderreicher, sandiger Kies, schwarz (5YR 2,5/1), gering durchwurzelt, A_2 15–35 cm humoser Braunlehm, dicht, steinig. AB_{rel} 35–90 cm unregelmäßig schwach humoser, dichter Braunlehm mit Schutt, B_{rel} 90–120 cm dichter Braunlehm mit Schutt, braun (7,5YR 4/4), $B_{rel\ g}$ 120–250 cm dichter Braunlehm, rostfleckig, graubraun (10YR 5/2), mit Schutt, $B_{rel\ g}$ C 250–280 cm gebleichter Braunlehm in Schutt, darunter dichter Braunlehm, gebleicht, in Schutt. Der ganze Bodenraum schwach bis mäßig stark durchwurzelt.

Taf. 48 A: Berberitze, *Berberis vulgaris*. – **1:** Schütt bei Villach, Kärnten, 25.3. Prim., Ø, Ph/HCl, 162x. **Rh** ZW schwach gebräunt. **Rinde** Ex ZW suberinisiert. **ZZ** 3arch. – **2:** Velden, Kärnten, 15.10. Sek., Ø, Ph/HCl, 64x. **PCAG** mittelbreit bis breit, sich schuppenförmig ablösend. **Bast** mittelbreit, F vereinzelt. **Holz** halbringporig Strahlen 2-4reihig, GG ZW mittelstark bis stark verdickt, Gefäße klein bis mittelgroß, Anteil gering. – **3:** Grafenstein, Kärnten, 5.12. Sek., Ø, Ph/HCl, 64x. **ZZ** 3arch. **Holz** Unterschied zw. Früh- u. Spätholz gering, Gefäße zerstreut, vereinzelt radial benachbart. – **4:** Ort u. Zeit wie 3. Sek., ⊠, Ph/HCl, 409x. **Holz** Strahlen 1- bis mehrreihig, über 8 Z hoch, Libriformfasern dickwandig. – **5:** Ort wie 4, 5.7. Sek., ⊠, S3, 162x. **PCAG** bis über 11schichtig. **Bast** 1-2 äußerste Schichten ZW verstärkt.

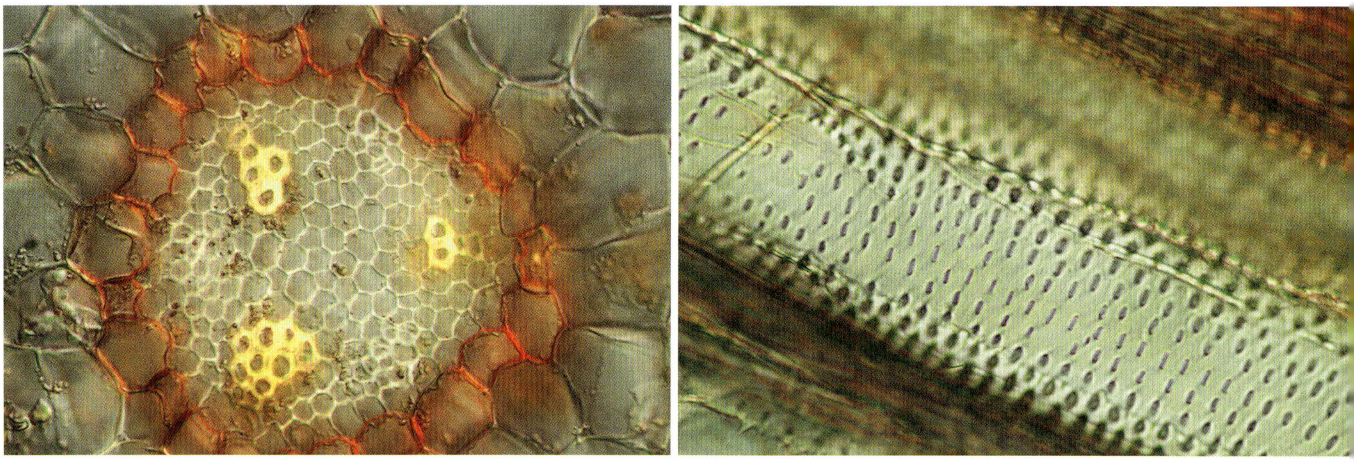

Taf. 48 B: – **1:** Schnittreihe wie A 1. S3, 409x. **Rinde** EnZ radiale W mit CS, z. T. dunkel, alle ZW mit Suberinlamelle, 1. S angrenzend an PC. – **2:** Schnittreihe wie A 4. Ph/HCl, 409x. **Holz** Gefäße W mit spiraligen Verdickungen, Hoftüpfel mittelgroß, dicht u. versetzt stehend.

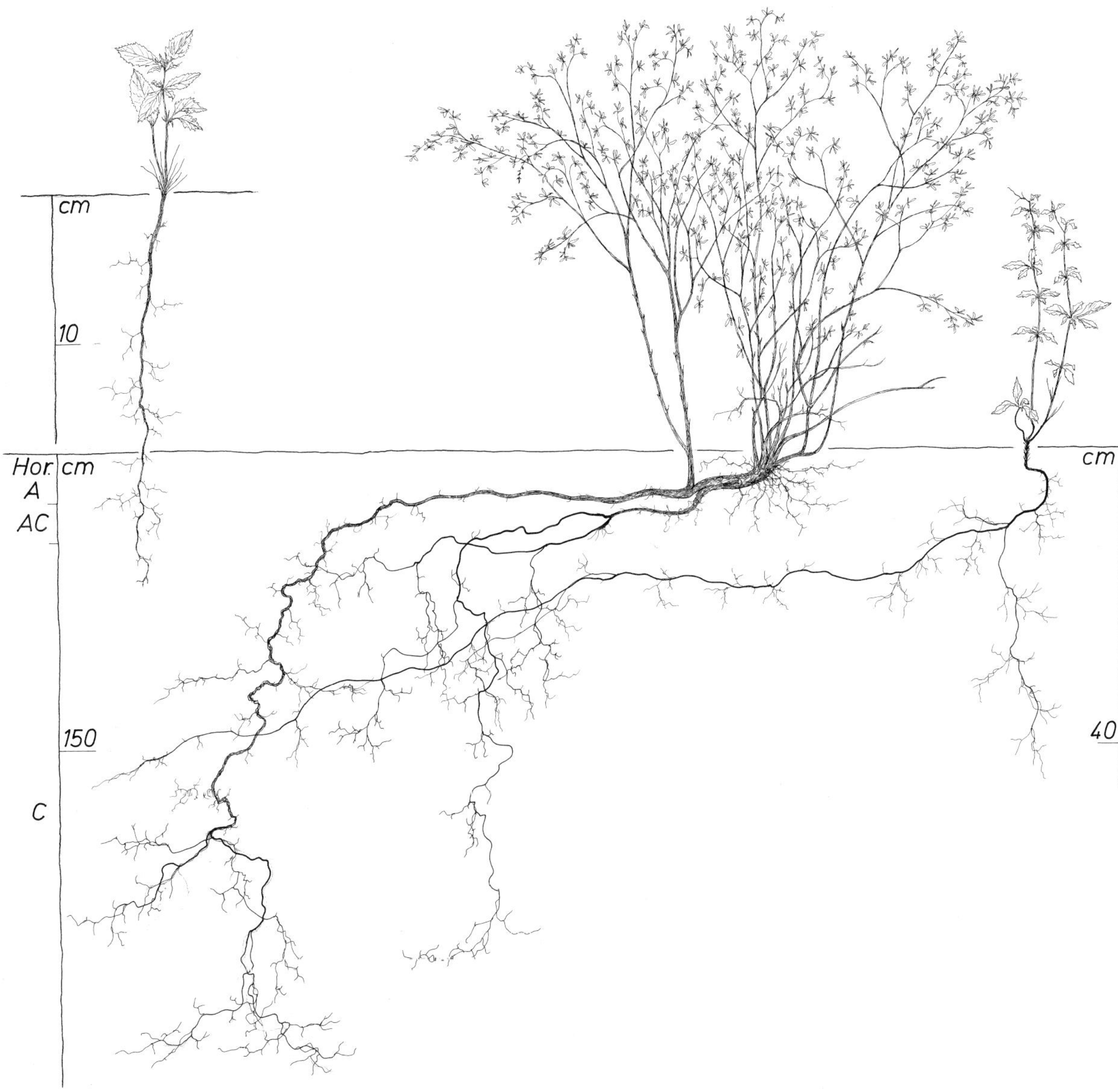

Abb. 65: Berberitze, *Berberis vulgaris*, H–T–S = 221–315–529 cm, Schütt bei Villach, Buckel in ebener Lage, 610 m NN. Lichter Wald mit *Pinus sylvestris, Picea abies, Fagus sylvatica* und *Sorbus aria.* In der Strauchschicht vorwiegend *Berberis vulgaris, Crataegus monogyna, Viburnum lantana, Lonicera xylosteum, Quercus robur, Erica carnea*. In der Krautschicht überwiegend *Carex alba* und *Calamagrostis varia*. Rendsina auf Kalkschutt, Bodenprofil Hor.: A_I 0–15 cm Modermull, stark humoser, lehmiger Sand mit Feinschutt, A_2 15–25 cm humoser l S mit Feinschutt, AC 25–45 cm schwach humoser l S mit Feinschutt, C sandiger Schutt und Grus. Der ganze Bodenraum schwach bis mäßig stark durchwurzelt.

Anatomie, Taf. 48

Auf den sommerwarmen, in den oberen und z. T. auch in den mittleren Bodenschichten der zeitweise trockenen Standorte altern die Wurzeln während der warmen Jahreszeit frühzeitig. Ein wenig schützen können sie sich durch Cutinisierung bzw. Suberinisierung der Zellwände von Rhizodermis und Exodermis. Auch die Zellwände des Außenrindenparenchyms erfahren Einlagerungen, die zu einer Gelbfärbung ähnlich jener der Zellwände der Endodermis führen können (A 1, B 1).

Im sekundären Zustand kennzeichnet den Bau der Wurzeln der nicht selten unregelmäßige Verlauf des Endocambiums. Durch das Fehlen von Sclerenchymzellen im Bast (A 2, 5) wirken sich offensichtlich die stärkeren Wärme- und Feuchteschwankungen an den Wuchsorten der Art nachhaltig auf den inneren Bau der Wurzeln aus. Steinzellen waren in einer Wurzel festzustellen, jedoch in keiner zweiten. Das oft breite

Pericambial-Abschlußgewebe mit seinen dünnen und frühzeitig verkorkten Zellwänden (A 5) kann die Wurzel nur teilweise vor Wasserverlust schützen. Nach CUTLER et al. (1987) enthalten Zellen des Bastes mitunter Einzelkristalle. Die Strahlen im Holz sind ein- bis mehrreihig und bis über 8 Zellen hoch, die Zellen sind meist kurz. Der Anteil an Grundgewebe ist groß, und dessen Zellen haben durchwegs stark verdickte Wände. Übereinstimmend damit sind die Zahl und meist auch die Größe der Gefäße gering (A 2). Bei Wurzeln, die in tieferen, feuchteren Bodenschichten gewachsen sind, ist die Anzahl größer (A 3). Die Gefäße liegen vereinzelt, selten radial benachbart. Die Wände der Gefäße sind spiralig verdickt und dadurch stärker verfestigt. Die Hoftüpfel stehen dicht und versetzt, ihre Umrandung ist oval (A 4, B 2). Auch die Merkmale des Holzes decken sich demnach mit dem oben beschriebenen Standortbereich der Art. Bezeichnend ist wieder, daß das weitgehende Fehlen von Fasern im Bast begleitet wird von einem hohen Anteil an Grundgewebe im Holz und von der stärkeren Verdickung von dessen Zellwänden (A 2–4).

Standortansprüche: Die lichtbedürftige Berberitze bevorzugt höhere Sommerwärme. Sie erträgt aber kalte Winter. Auf trockenen Böden wächst sie dank ihrer tiefreichenden Wurzeln ebenso wie auf frischen. Abträglich ist ihr Staufeuchte. Gemieden werden auch stark saure Böden. Am besten gedeiht sie auf tiefgründigen, basenreichen, gut durchlüfteten, in den oberen Schichten halbtrockenen Böden.

Verbreitung: Die ostmediterrane, gemäßigt kontinentale Art kommt von der planaren bis in die subalpine Stufe vor. Im Oberengadin soll sie noch in 2.660 m Höhe gedeihen (MARKGRAF 1962). Zu finden ist sie in der Harten Au, in lichten Trockenwäldern und vor allem in Trockengebüschen. Sie gilt als namengebende Kennart der Kalk-Trockengebüsche (Berberidion). Der starke Wechsel in der Häufigkeit ihres Auftretens mag damit zusammenhängen, daß sie als Zwischenwirt des Getreiderostes häufig ausgerottet wurde.

Staphyleaceae, Pimpernußgewächse

Staphylea pinnata L., Wilde Pimpernuß

Morphologie

Sproß: Sommergrüner Strauch oder kleiner Baum, bis 5 m hoch, als Strauch meist schon vom Grund an verzweigt. Äste weit ausladend, die unteren auch niederliegend aufsteigend, bei Berührung mit dem Boden Wurzeln schlagend. Für *S. trifolia* L. werden auch Wurzelknospen angegeben (HEGI 1975).
Wurzel: Im Vergleich zur Größe des Strauches ist die Bewurzelung schwach. Die Polwurzel ist nur an Jungpflanzen noch vorwüchsig. An beschatteten Stellen, an denen die Verdunstung herabgesetzt ist, erreicht die Polwurzel mit ihren abwärts gerichteten Seitenwurzeln sehr bald die gleichmäßiger feuchten Schichten mit geringeren Wärmeschwankungen, in denen die Wurzeln seitwärts umbiegen. Das geringe Tiefenstreben fördert sehr stark die Bildung der seitwärts verlaufenden Wurzeln. Ihre Seitenausdehnung ist aber gering. Die meisten Wurzeln verbleiben im Kronenbereich des Strauches. Die Feinverzweigung ist in den Mullhumusböden stets hoch. Die Form des Wurzelsystems ist meist ein nach oben erweiterter Kegel.

Abb. 66 (rechts): Wilde Pimpernuß, *Staphylea pinnata*, H–T–S = 277–90–605 cm, bei Mödling, Niederösterreich, nach Osten auslaufende Geländemulde, 250 m NN. Waldlichtung, in der Strauchschicht vorwiegend *Staphylea pinnata, Acer campestre, Carpinus betulus, Fraxinus excelsior, Evonymus verrucosa,* in der Krautschicht *Polygonatum multiflorum, Hedera helix, Hepatica nobilis, Lilium martagon, Alliaria petiolata, Veronica hederifolia* u. a. Mullrendsina über marinem Sediment, Bodenprofil Hor.: A 0–20 cm Mullkrume, stark humoser, sandiger Lehm, dunkelbraun (7,5YR 3/2), sehr gut gekrümelt, locker, schwach steinig, stark durchwurzelt, AC 20–50 cm humoser s L, stark steinig, mäßig stark durchwurzelt, C bröckeliges Sedimentgestein, dicht, Durchwurzelung gestaucht endend.

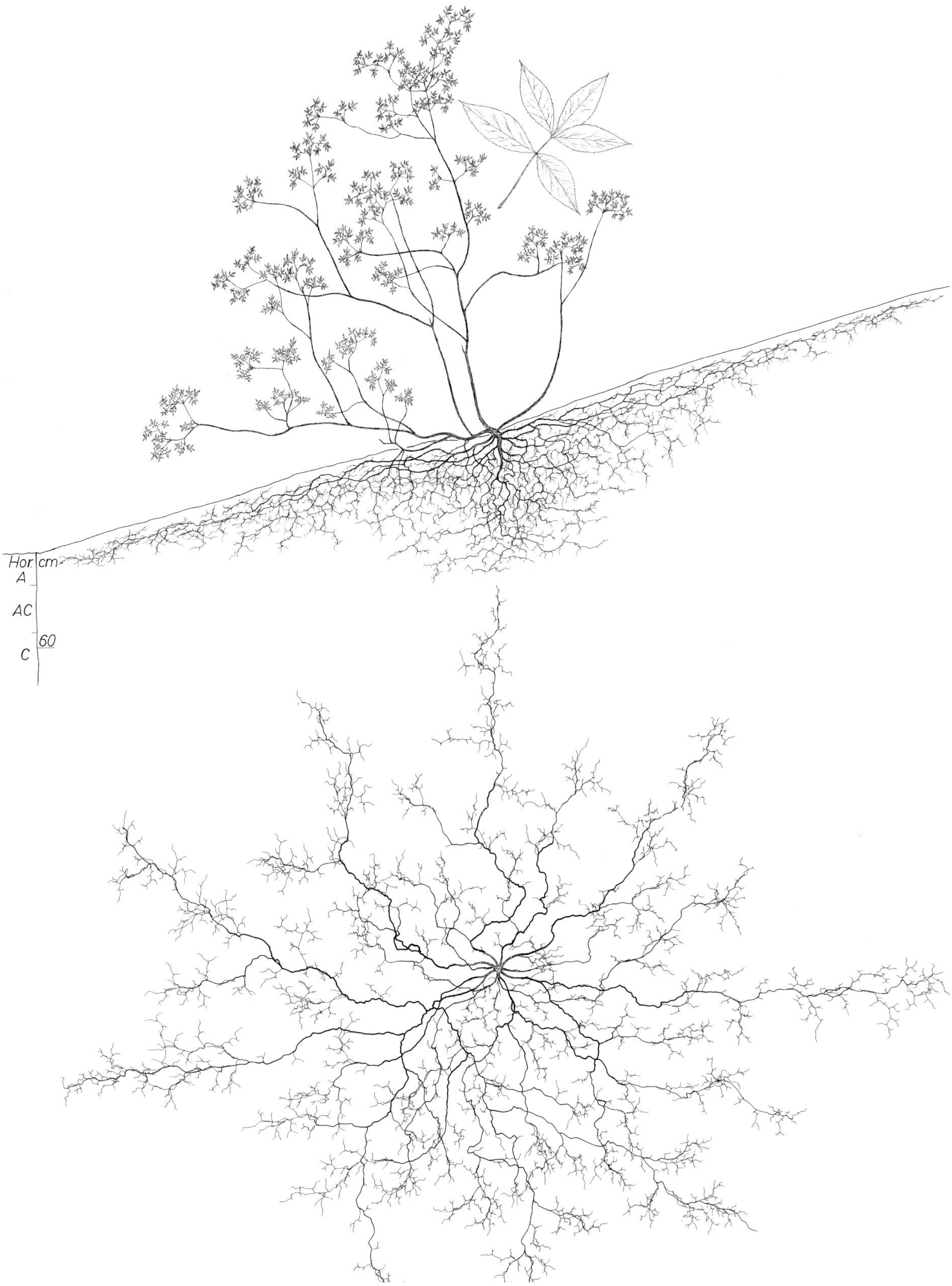
Hor
cm
A
AC
60
C

Taf. 49: Pimpernuß, *Staphylea pinnata*. Mödling, Niederösterreich, 250 m NN, Mullrendsina, Strauch mit polbürtiger und sproßbürtige
Bewurzelung, Wurzeln vorwiegend abwärts gerichtet, stark feinverzweigt (zu Abb. 66).

Taf. 50 A: Pimpernuß, *Staphylea pinnata.* – **1:** Mödling, Niederösterreich, 10.4. Prim., Ø, Saf.-Ast., 64x. **Rh** Z mittelgroß. **Rinde** Ex u. ARP ZGröße ähnlich, EnZ 1x radial unterteilt, klein. **ZZ** 5arch, X rot, Ph blau. – **2:** Pfl u. Zeit wie 1. Sek., Ø, Saf.-Ast., 64x. **Rinde** erhalten bleibend, intensives Dilatationswachstum, 2-3 äußere Schichten ZW gebräunt, EnZ mehrfach radial geteilt. **ZZ** PC dem Dilatationswachstum der Rinde folgend. **Bast** schmal. **Holz** Strahlen 1-2reihig. – **3:** Ausschnitt aus 2. 409x. **Bast** Strahlen Z tangential verbreitert, Ph S mit GeleitZ. **Holz** Strahlen Z radial verbreitert. – **4:** Ort wie 1, 27.5. Sek., Ø, Ph/HCl, 25x. Wu ca. 10jährig. **Holz** zerstreutporig, Poren meist einzeln, Strahlen bis 4reihig. – **5:** Pfl u. Zeit wie 1. Sek., ⊠, JJK, 409x. **Holz** Strahlen einreihig, Z lang (hoch).

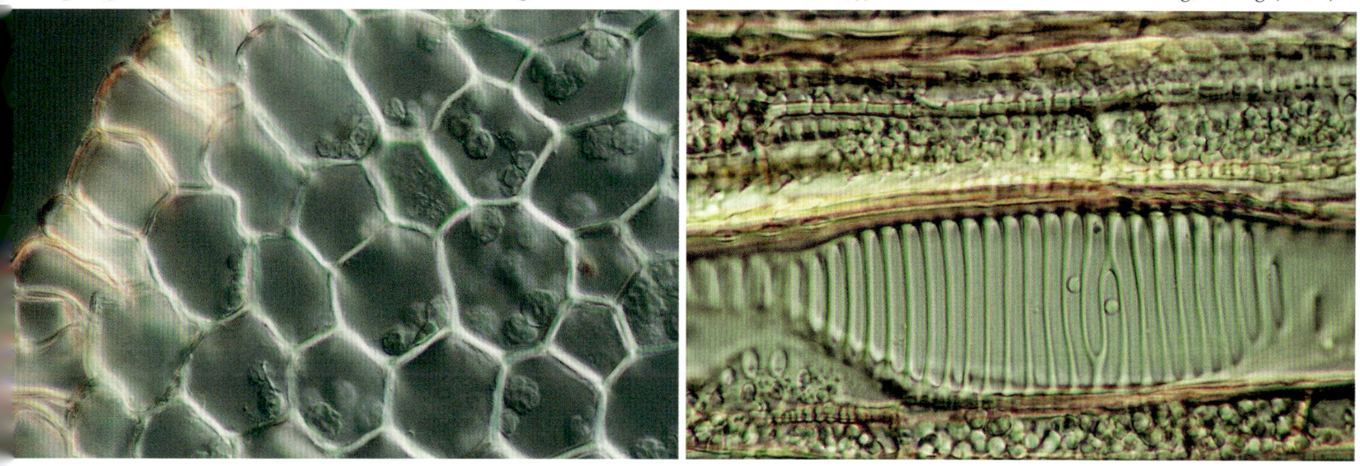

Taf. 50 B: – **1:** Pfl u. Zeit wie A 1. Prim., Ø, S3, 409x. **Rh** ZW gelbbraun, cutinisiert (?). **Rinde** ExZ vergrößert, ARP Z mittelgroß. – **2:** Schnittreihe wie A 5. S3, 409x. **Holz** Gefäß Platte leiterförmig, LängsW mit ovalen Tüpfeln, benachbarte Strahlen Z St-reich.

Die Pflanze der **Abb. 66** wurde bei Mödling in einer Waldlichtung auf Mullrendsina freigelegt. Von dem oberen, kurzen, verdickten Teil der Polwurzel zweigen zahlreiche seitwärts verlaufende Wurzelstränge ab. Entlang des dünneren Teils bildet die Polwurzel gleich starke Seitenwurzeln, mit denen sie sich schräg nach unten wendet. In dem etwas feuchteren, bröckeligen Sedimentgestein biegen sie bald seitwärts um. An den Abschnitten der Äste, die den Boden berühren, entstanden sproßbürtige Wurzeln.

Anatomie, Taf. 50

Im primären Zustand sind die Wurzeln der Pimpernuß durch relativ große Rhizodermiszellen und Suberinisierung oder Cutinisierung von deren Wänden ausgezeichnet. Die Zellwände der Exodermis haben nur eine schwach ausgebildete Suberinlamelle (B 1). Die Zellen des Mittel- und des Innenrindenparenchyms vergrößern sich unter Wasseraufnahme. Sie bleiben jugendlich als Voraussetzung für ihre spätere Teilungsfähigkeit im Zuge des Dilatationswachstums. Der Zentralzylinder ist 3–5arch, vermutlich auch mehrarch gebaut (A 1).

Im sekundären Zustand unterscheidet sich die Art von allen übrigen hier beschriebenen Arten durch das Erhaltenbleiben der (primären) Rinde. Noch an 15 mm dicken Wurzeln war sie festzustellen. Sie folgt dem Dickenwachstum des Zentralzylinders durch fortschreitendes Dilatationswachstum, d. h. durch tangentiale Vergrößerung und radiale Teilung ihrer Zellen. Dadurch ähnelt die Art den Asteraceen. Den Schutz nach außen übernehmen nach Absterben der Rhizodermis unter Bräunung von deren Zellwänden die Exodermis und 1–2 angrenzende Schichten des Rindenparenchyms. Die Zellen der Endodermis teilen sich zusätzlich mehrfach antiklin (A 2, 4). Im sekundären Phloem wechseln Strahlen mit ihren stärkereichen Zellen und Bereiche mit Siebröhren sowie deren zwei Geleitzellen miteinander ab (A 3). Im Xylem sind die Zellwände der Gefäße mittelstark verdickt und durch breite Tüpfel mit denen benachbarter Gefäße oder der 1–2reihigen Strahlen verbunden. Einreihige Strahlen haben stärker axial verlängerte Zellen (A 5), vgl. SCHWEINGRUBER (1990). Ein weiterer Längsschnitt zeigt ein größeres Gefäß mit schräggestellter leiterförmiger Platte sowie einen Teil der Längswand mit ovalen Hoftüpfeln. Die benachbarten Zellen der Strahlen sind stärkereich (B 2).

Das Verbleiben der Rinde kann das Fehlen eines Pericambial-Abschlußgewebes als Schutz vor Wasserverlust offensichtlich nicht ersetzen. Dies trägt dazu bei, daß die wärmeliebende Art vorwiegend als Unterholz im Schatten höherwüchsiger Bäume wächst. Der schmale Bastteil im Vergleich zum breiten Holzteil stimmt mit der geringen Wuchsleistung der meist strauchförmigen oder niederwüchsigen Holzart überein.

Standortansprüche: Die Pimpernuß wächst häufig im Halbschatten. Sie ist sehr wärmebedürftig und kälteempfindlich. Wild kommt sie nur in wintermilden, sommerwarmen Gebieten vor. In Trockengebieten wächst sie nur unter Beschattung. Sie bevorzugt feinerdereichere, lehmige, kalkreichere Böden mit einer sehr regen Bodentätigkeit. Die Böden, auf denen sie wächst, sind deshalb durchwegs nährstoffreiche Mullhumusböden.

Verbreitung: Die ostmediterran-pontische Art wächst in Mitteleuropa vorwiegend in der Hügelstufe (bis ca. 600 m) in lichten Laubmischwäldern, in Saumgesellschaften, Gebüschen oder trockeneren Auwaldlichtungen. In Österreich kommt sie am häufigsten entlang der Urstromtäler vor. In Deutschland folgt sie dem Rheintal nach Norden, punktuell auch wärmeren Seitentälern (EBERLE 1958).

Abb. 67 (rechts): Eingriffeliger Weißdorn, *Crataegus monogyna*, H–T–S = 115–150–468 cm, Lobau bei Wien, eben, 150 m NN. Lichter Feldahorn-Feldulmen-Eschen-Wald, in der Strauchschicht vorwiegend *Fraxinus excelsior, Sambucus nigra* und *Crataegus monogyna*. Trockengefallener, schwach verbraunter, grauer Auboden, Bodenprofil Hor.: 0–10 cm stark humoser, schluffiger Feinsand, feinkrümelig, locker, dunkel graubraun (10YR 3/2), pH 7,5, stark durchwurzelt, AC 10–26 cm schwach humoser schl Fs, mäßig dicht, stark durchwurzelt, C_v schl Fs, graubraun (10YR 5/2), geschichtet, dicht gelagert, pH 8,0, mäßig stark durchwurzelt, Wurzeln vorwiegend abwärts gerichtet.

R o s a c e a e , Rosengewächse

C r a t a e g u s   m o n o g y n a Jacq., Eingriffeliger Weißdorn

Morphologie

S p r o ß : Sommergrüner, buschiger Strauch oder kleiner Baum mit hartem Holz, bis 10 m hoch, Äste sparrig, Zweige und nichtblühende Triebe dornig.

W u r z e l : Nach Reif (1982) „bildet *Crataegus* ein weit ausgreifendes, tiefgehendes Wurzelwerk mit langen, wenig verzweigten Wurzeln, die eine ektotrophe Mykorrhiza besitzen". Die Polwurzel ist nur an jungen Pflanzen deutlich vorwüchsig. Am Wurzelhals entstehen sehr bald mehrere Seitenwurzeln, die rasch die Stärke der Polwurzel erreichen. Auf trockenen, warmen Standorten mit gut durchlüfteten Böden wendet sich der Großteil der Wurzelstränge nach unten. Weit seitwärts verlaufende Wurzeln wurden nicht festgestellt. Es entsteht dadurch ein ovaler bis zylinderförmiger Wurzelkörper. In niederschlagsreichen, humiden Gebieten ist der Anteil der seitwärts verlaufenden Wurzeln größer als jener der abwärts wachsenden. Von den flachstreichenden Wurzeln wenden sich Seitenwurzeln 2. Ordnung bogenförmig nach unten. Je weiter diese vom Stamm entfernt sind, desto weniger tief dringen sie in den Boden ein. Die größte Tiefe

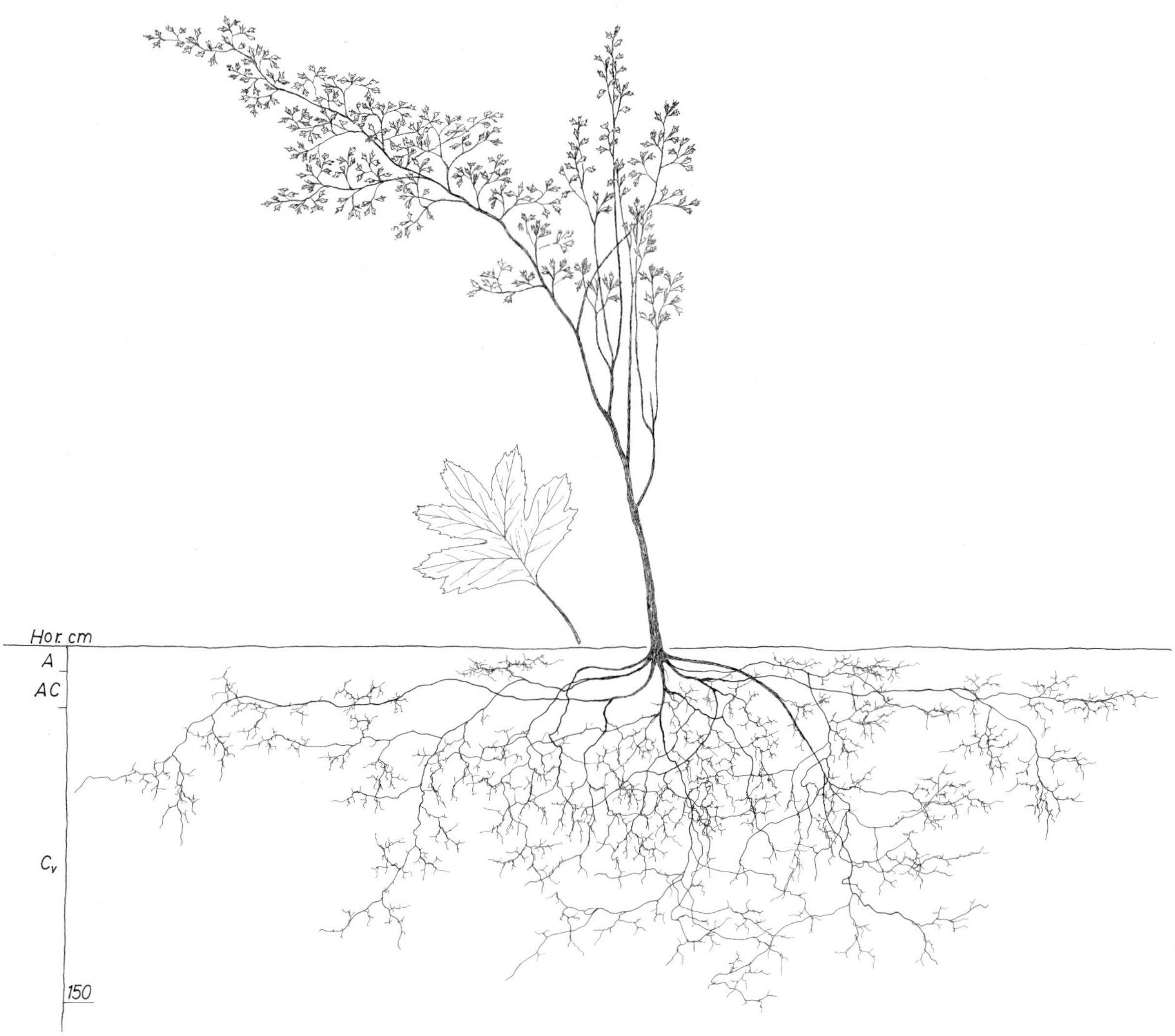

Taf. 51: Eingriffeliger Weißdorn, *Crataegus monogyna*. 1. und 2. Reihe und 3. R. links: östlich Klagenfurt, 490 m NN, Braunerde, baumförmige Sträucher mit schwacher Polwurzel und kräftig entwickelten Seitenwurzeln, dünne Wurzeln stark feinverzweigt (zu Abb. 68); Mitte: Lobau bei Wien, 150 m NN, feinsandiger Auboden, Strauch mit verkümmerter Polwurzel und kräftigen Seitenwurzeln, die in dem tiefgründig erwärmten Boden bogig abwärts wachsen (zu Abb. 67); rechts: kleiner Strauch in einer Humustasche mit einem dichten Filz von Feinwurzeln.

Taf. 52 A: **Eingriffeliger Weißdorn**, *Crataegus monogyna*. – **1:** Grafenstein, Kärnten, 6.2. Prim., Ø, S3, 162x. **Rh** ZW gebräunt, Z klein, RP innerste Schicht PhiZ. **ZZ** 4arch. – **2:** Östlich Klagenfurt, 22.2. Sek., Ø, JJK, 25x. Wu nFl stark asymmetrisch, konvexe Seite schmäler. **PCAG** schmal, sich streifenförmig ablösend. **Bast** mittelbreit, F bzw. SteinZ in kleineren Gruppen verstreut, Z weitlumig. **Holz** zerstreutporig, Strahlen 1-3reihig, Gefäße zahlreich, mittelgroß. – **3:** Ort wie 2, 6.4. Sek., Ø, Saf.-Ast., 162x. **PCAG** ZInhalt auffallend rot. **Bast** ScZ verholzt, CaOxKristalle groß, prismatisch. – **4:** Ort wie 1, 15.10. Sek., ☒, Ph/HCl, 409x. **Holz** F bzw. FTracheiden Tüpfel entfernt, stehend. – **5:** Pfl u. Zeit wie 4. Sek., ☒, Ph/HCl, 162x. **Holz** Strahlen 1-3reihig, bis über 21 Z hoch.

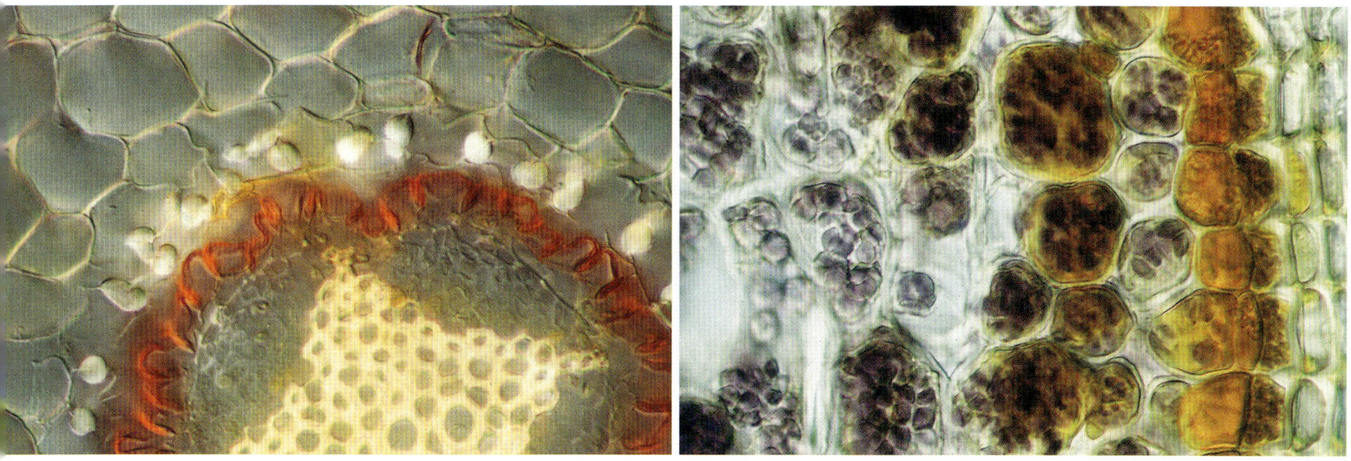

Taf. 52 B: – **1:** Ausschnitt aus A 1. 409x. **Rinde** En mit deutlicher Suberinlamelle. – **2:** Schnittreihe wie A 5. JJK, 409x. **PCAG** Z kurz, innerste Schicht Z groß, ZInhalt hellbraun, 2. Schicht ZInhalt dunkelbraun. **Bast** GG Z St-reich, SteinZ vereinzelt.

Abb. 68: Eingriffeliger Weißdorn, *Crataegus monogyna*, H–T–S = 312–195–600 cm, östlich Klagenfurt, Südhang-Oberkante, 490 m NN. Schlehengebüsch mit *Prunus spinosa, Ligustrum vulgare,* vereinzelt *Fraxinus excelsior* und *Quercus robur*. Braunerdekolluvium über Grundmoräne, Bodenprofil Hor.: A_I 0–5 cm Modermull, stark humoser, sandiger Lehm, locker, A_2 5–35 cm stark humoser s L, schwarzbraun (10YR 2/2), krümelig, ab 30 cm Tiefe dichter gelagert, steinig, pH 6,8, stark durchwurzelt, AB_V 35–60 cm schwach humoser s L, dicht, steinig, noch stark durchwurzelt, B_V 60–120 cm s L, dunkel graubraun (10YR 4/2), dicht, steinig, mäßig stark durchwurzelt, B_VC l S, sehr schotterig, verbacken, Durchwurzelung auslaufend.

erreichen die Polwurzel und ihre erstarkten Seitenwurzeln im näheren Bereich des Stammes. Diese räumliche Verteilung der Wurzelstränge bewirkt einen kegelförmig nach oben erweiterten Wurzelkörper, der für humide Gebiete kennzeichnend ist. Die Hauptwurzelmasse bleibt auf den näheren Umkreis des Busches beschränkt. Der Umkreis der flachstreichenden Wurzeln ist aber bedeutend größer. Er nimmt mit zunehmender Trockenheit ab und vergrößert sich mit zunehmender Feuchte. Bei nicht zu starker Oberbodentrockenheit können an nahe unter Flur verlaufenden Wurzelsträngen Wurzelsprosse auftreten. In Trokkengebieten ist dies meist erst dann der Fall, wenn flachstreichende Wurzeln freigelegt und beschädigt werden. Die Feinverzweigung der dünnen Wurzelstränge ist sehr groß. Sie ist in den humusreichen, oberen Bodenschichten deutlich größer als in den tiefen Schichten. Besonders groß ist sie, wenn der Humusgehalt sehr hoch ist (**Taf. 51**, Bild 3. Reihe rechts). Nestförmige Humusanhäufungen im Boden können plötzlich ein sehr dichtes Geflecht von Feinwurzeln bewirken.

Der Strauch der **Abb. 67** wurde auf feinsandigem, trockengefallenem Auboden in der Lobau bei Wien freigelegt. Die Polwurzel ist als dünner, abwärts wachsender Strang noch deutlich erkennbar. Sie hat aber ihre Vorwüchsigkeit längst verloren. Außerdem hebt sie sich von den erstarkten Seitenwurzeln nicht mehr ab. Die Wurzelstränge wachsen in dem trockenen, warmen Boden vorwiegend abwärts. Eine weiter seitwärts verlaufende Wurzelgruppe konnte sich infolge der hohen Oberbodentrockenheit nicht ausbilden. Der Wurzelkörper ist deshalb deutlich oval bis zylinderförmig. Der Besatz an Feinwurzeln ist in dem trockenen, humusarmen Boden nur mäßig hoch. Die unregelmäßige Verteilung der Feinwurzeln ergibt sich aus dem höheren Humusgehalt in den Röhren abgestorbener Wurzeln. In den tieferen Schichten nimmt der Anteil an Feinwurzeln deutlich ab. Der kleine Baum der **Abb. 68** wuchs in dem sommerwarmen, humiden Gebiet des Kärntner Beckens auf Braunerde. Bei nahezu gleich hoher Sommerwärme wie im Raum von Wien, aber fast doppelt so hohen Niederschlägen ist hier der Wurzelkörper infolge der weit seitwärts ausgebreiteten Wurzeln deutlich kegelförmig nach oben erweitert. Auffallend sind auch der stärkere Besatz an Feinwurzeln und deren gleichmäßigere Verteilung in dem insgesamt humusreicheren Boden.

Anatomie, Taf. 52

Gleich den anderen Arten der beschriebenen Rosaceen haben die Vertreter von *Crataegus* die Zellen der innersten Schicht des Rindenparenchyms als Phi-Zellen ausgebildet. Den Primärwänden der Phi-Zellen sind viele verholzte Schichten aufgelagert. Den Winter über verfestigen und bräunen sich die Zellwände von Rhizodermis, Exodermis und des zweischichtigen Außenrindenparenchyms vermutlich unter Einlagerung von Gerbstoffen (A 1, B 1).

Im sekundären Zustand ist das bogige Ablösen der äußeren Schichten des Pericambial-Abschlußgewebes kennzeichnend für die Art (A 2). Weitere Merkmale sind die teilweise rotbraune Färbung des Inhalts der Zellen des Pericambial-Abschlußgewebes und die zahlreichen dicht stehenden, in mehrreihigen Gruppen angeordneten, schwach verholzten Fasern bzw. Steinzellen (A 3). Den Fasern benachbart treten stellenweise Zellen mit prismatischen Calciumoxalat-Kristallen auf. Die Zellen des Grundgewebes im Bast sind stärkereich (A 2, B 2). Die Zellwände im Holzteil sind mit Ausnahme jener der Fasern mittelstark verdickt. Die Weite der einzelnen Gefäße ist sehr unterschiedlich. Selten stehen diese benachbart und in Reihen angeordnet. Die Querwände der Gefäße sind kurz und leicht schräg gestellt. Leiterförmige Platten fehlen (A 4, 5).

Alle Merkmale der Wurzeln stimmen mit der höheren Trockenresistenz der Art im Vergleich zu Arten frischer Standorte überein. Am wirksamsten für diese Trockenresistenz dürften sich der hohe Anteil an Steinzellen bzw. Fasern im Bast und die starke Verdickung der Zellwände im Holz erweisen.

Standortansprüche: Der Eingriffelige Weißdorn ist eine lichtbedürftige Art. Er wächst auch im Halbschatten, doch nimmt seine Wuchskraft mit zunehmender Beschattung ab. Außerdem verringert sich infolge der Abnahme der Blühfreudigkeit und der Verschlechterung der Samenreife seine Fähigkeit zur Ausbreitung. Er verlangt höhere Sommerwärme, erträgt aber gut kalte Winter. Seine Ansprüche an die Struktur, an den Wasser- und Nährstoffhaushalt des Bodens sind gering. Ungünstig ist aber Staunässe oder zu hohe Bodenversauerung. Am konkurrenzfähigsten ist er dank seiner kräftigen Bewurzelung auf steinigen, mineralkräftigen Böden. Auf Hutweiden wird seine Ausbreitung ferner dadurch begünstigt, daß er wegen seiner dornigen Zweige nicht gefressen wird.

Verbreitung: Die submediterran-subatlantische Art ist in Mitteleuropa vorwiegend in der planaren und in der kollinen Stufe verbreitet. Die Höhengrenze ihrer Verbreitung liegt bei 1.000 (1.500) m, im Mediterrangebiet bei 1.800 m und in der Türkei bei 2.200 m (Lippert 1995). Am häufigsten kommt sie auf extensiv oder nicht mehr bewirtschafteten Flächen in Gebüschen vor. Sie gilt deshalb auch als Kennart der Schlehengebüsche (Prunetalia).

Pyrus pyraster Burgsd., Wild-Birne, Holz-Birne

Morphologie

S p r o ß : Immergrüner Strauch oder bis ca. 20 m hoher Baum, Stamm bei Sträuchern vom Grund an verzweigt, bei Bäumen höher über der Bodenoberfläche beastet, durch Bildung kräftiger, seitwärts verlaufen-

Taf. 53: Wild-Birne, *Pyrus pyraster*. St. Margarethen, Burgenland, 165 m NN. 1. Reihe links: Jungpflanze auf Tschernosem mit tiefreichender Polwurzel; übrige Bilder: Baum mittleren Alters auf Braunerde mit dicker, zapfenförmig verjüngter Polwurzel, die unten im steinigen Boden umbiegt. Kräftige Seitenwurzeln in dem dichten, steinigen Boden stark gewunden und überwiegend seitwärts ausgebreitet, flurnah verlaufende, kräftige Wurzeln abschnittsweise stark verdickt (2. Reihe rechts), mit vereinzelten Wurzelknospen (3. Reihe rechts, zu Abb. 69).

Taf. 54 A: Wild-Birne, *Pyrus pyraster*. – **1:** St. Margarethen, Burgenland, 6.5. Prim., Ø, S3, 162x. **Rh** Z klein, z. T. mit WuHr. **Rinde** Ex vereinzelt 2schichtig, Z groß, ZW verfestigt, suberinisiert, ARP u. IRP ZGröße ähnlich, innerste Schicht PhiZ. **ZZ** 5arch. – **2:** Pfl u. Zeit wie 1. Sek., Ø, S3, 64x. **ZZ** 3arch. **PCAG** sich in Schuppen ablösend. **Bast** F englumig, zahlreich, in größeren Gruppen. **Holz** Strahlen 1-3reihig, F W mittelstark verdickt, Gefäße getrennt, vereinzelt tangential benachbart. – **3:** Ausschnitt aus 1. 409x. **Rinde** En mit Suberinlamelle. – **4:** Pfl u. Zeit wie 1. Sek., ☒, S3, 162x. **PCAG** innerste Z Inhalt gelblich. **Bast** entlang F ZReihen mit CaOxKristallen. – **5:** Schnittreihe wie 4. Ph/HCl, 409x. **Holz** Strahlen Z groß, Gefäße Hoftüpfel oval u. versetzt stehend, QuerW schräg gestellt, lang.

Taf. 54 B: – **1:** Ausschnitt aus A 1. 409x. **Rh** ZW rotgelb. **Rinde** Ex ZW rot, RP IZ sehr klein. – **2:** Pfl u. Zeit wie A 1. Sek., Ø, S3, 409x. **PCAG** 9schichtig. **Bast**, F u. SteinZ zahlreich, Z mit prismatischen CaOxKristallen benachbart.

der Äste rasch dünner werdend und im oberen Abschnitt in mehrere aufwärts wachsende, gleich starke Äste auslaufend. Vor allem die seitwärts verlaufenden Äste stark gabelig verzweigt. Krone meist mehr breit als hoch.

Wurzel: Nach den spärlichen Angaben in der Literatur soll die Wild-Birne ein Tiefwurzler sein (Mayer 1992, Oberdorfer 1994). Die Richtigkeit dieser Annahme ergibt sich schon aus der deutlich vorwüchsigen Polwurzel. Auf tiefgründig zu durchwurzelnden und tiefgründig erwärmten Böden dringt sie bis über 3 m tief in den Boden ein. Bei dem in **Abb. 69** dargestellten Baum wird ihr Tiefenstreben in dem warmen, trockenen Gebiet im Bereich des Neusiedler Sees bereits in einer Tiefe von 275 cm durch seitliches Abbiegen in dem verhärteten, aber auch schon gleichmäßiger feuchten Untergrund beendet. In den feinsedimentreicheren Bodenschichten wächst die stark verdickte Polwurzel senkrecht nach unten. Sie verjüngt sich dabei rasch in einen relativ dünnen Strang, der über bankigem Gneiszersatz knieförmig umbiegt und dann in den noch feinsedimentreicheren Spalten seitwärts verläuft. Im verdickten Abschnitt verzweigt sich die Polwurzel in zahlreiche kräftige Seitenwurzeln. Die oberen breiten sich in einem weiten Umkreis seitwärts aus. Die tiefer ansetzenden Seitenwurzeln verlaufen schlingenförmig teils abwärts, teils seitwärts. In der Nähe der Knickstelle der Polwurzel wachsen einige Seitenwurzeln unter dem Einfluß der Wechseltrockenheit des Bodens auch bogenförmig bis unter Flur aufwärts. Andererseits wenden sich zunächst weit seitwärts verlaufende Wurzelstränge nach unten. An dickeren, flachstreichenden Wurzeln zweigen an der Unterseite auch tiefstrebende Senkwurzeln ab (**Taf. 53**). Trotz des sehr wirren Verlaufs der kräftigen Wurzelstränge ergibt sich annähernd ein breit zylinderförmiger, schwach kegelförmig überprägter Wurzelkörper. Der Einfluß des warmen, trockenen pannonischen Klimas auf die Bildung der Wurzelform ist dadurch deutlich erkennbar.

Die Feinverzweigung der dünnen Wurzelstränge ist nicht sehr groß. An den weit seitwärts verlaufenden Wurzeln nimmt der Besatz an Feinwurzeln nach außen deutlich zu. Die Feinverzweigung im näheren Bereich des Stammes ist insgesamt gering. Die Verteilung der Feinwurzeln auf einen weiten Umkreis wirkt sich in dem trockenen Gebiet auf die Wasseraufnahme günstig aus.

Auffallend ist, daß sich die kräftigen, flurnah verlaufenden Seitenwurzeln besonders außerhalb des Kronenbereiches über einen unterschiedlich langen Abschnitt deutlich verdicken. An diesen verdickten Stellen treten bevorzugt Wurzelsprosse auf.

Anatomie, Taf. 54

Ein wesentliches Merkmal der Wurzel der Wild-Birne ist die Ausbildung der Zellen der innersten Schicht des Rindenparenchyms in Form von Phi-Zellen. Dieses Merkmal ist allerdings auch anderen Vertretern der Rosaceen wie beispielsweise Arten der Gattungen *Crataegus, Malus, Sorbus, Amelanchier* und *Prunus* eigen. Die Zellen der Rhizodermis sind sehr klein, deren Wände sind schwach verdickt. Auffallend ist die stellenweise Zweischichtigkeit der Exodermis mit ihren suberinisierten Zellwänden (A 1, B 1). Weitere Merkmale sind die geringe Größe der Zellen der Endodermis und im Zentralzylinder der gelbbraun gefärbte Inhalt einiger Zellen (A 3).

Im sekundären Zustand kennzeichnen die Art das breite Pericambial-Abschlußgewebe, der hohe Anteil an Fasern bzw. Steinzellen im Bast sowie die zahlreichen, meist einzeln stehenden, in ihrer Weite sehr

---

Abb. 69 (rechts): Wild-Birne, *Pyrus pyraster*, H–T–S = 587–275–1.962 cm, St. Margarethen, nahe Neusiedler See, SO-Hang, 165 m NN. Buschwald mit vorwiegend *Pyrus pyraster, Quercus cerris, Populus tremula*, vereinzelt *Ulmus minor* und *Acer campestre*. In der Strauchschicht besonders *Evonymus europaea, Sambucus nigra, Ligustrum vulgare, Cornus sanguinea, Crataegus monogyna, Prunus spinosa, Evonymus verrucosa, Viburnum lantana* u. a. In der Krautschicht vor allem *Geranium sanguineum, Valeriana officinalis, Euphorbia angulata, Ballota nigra, Geum urbanum* u. a. Braunerde mit Lößdecke, Bodenprofil Hor.: A_1 0–6 cm Modermull-Krume, locker, A_2 6–30 cm Mull-Krume, stark humoser, stark lehmiger Sand, dunkel graubraun (10YR 3/2), krümelig, Krümel leicht kantig, pH 7,3, schwach steinig, stark durchwurzelt, AB_v 30–60 cm schwach humoser, stark l S, mäßig dicht, steinig, stark durchwurzelt, B_v 60–100 cm l S, mäßig dicht, steinig, gelblichbraun (10YR 5/4), pH 7,4, mäßig stark durchwurzelt, B_vC 100–220 cm l S, gelbbraun, bankförmig durchzogen mit Gneiszersatz (mit Messer schneidbar), pH 7,4, Wurzeln vorwiegend seitwärts verlaufend, Durchwurzelung abgesetzt endend, C verwitterter Gneis.

Hor
cm
A
AB_v
B_v
125
B_vC
250
C

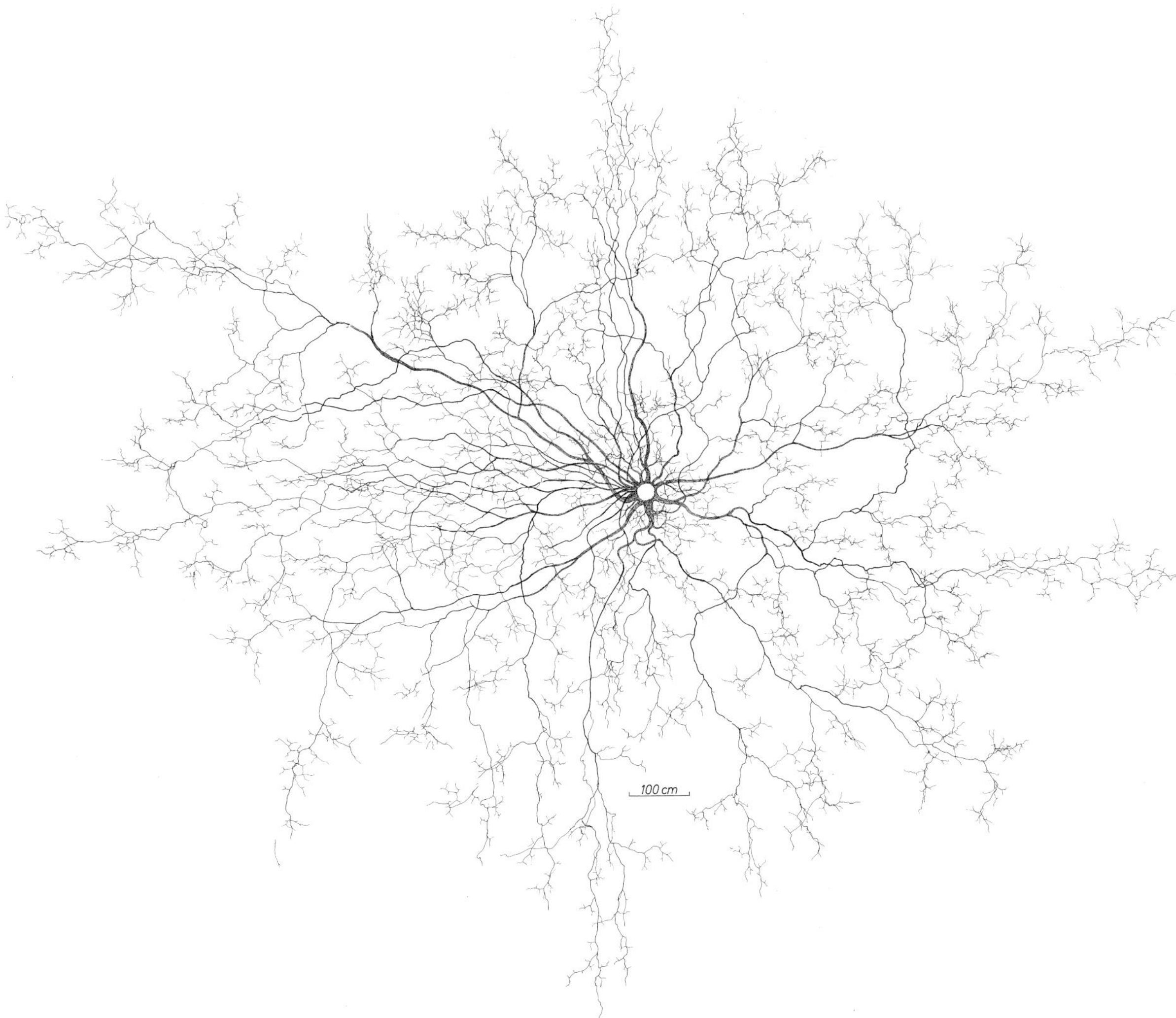
100 cm

Taf. 55: Wild-Apfel, *Malus sylvestris*. Ferlach, Kärnten, 530 m NN, Kalk-Schuttrendsina, Baum mittleren Alters, Polwurzel verkümmert, Seitenwurzeln stark verzweigt und vorwiegend seitwärts verlaufend, Feinverzweigung mäßig stark (zu Abb. 70).

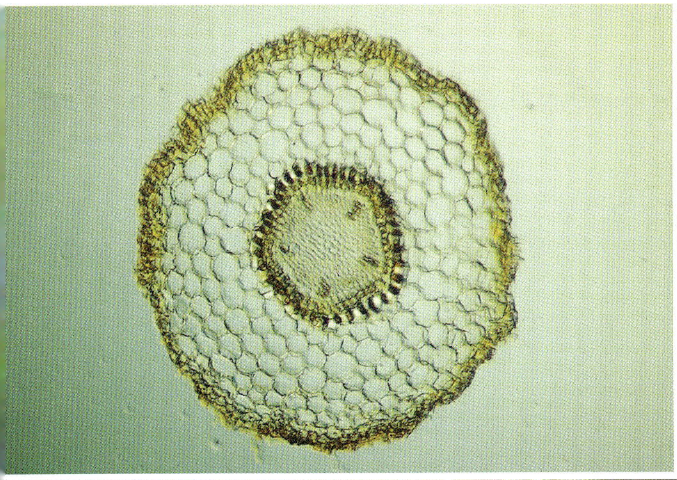

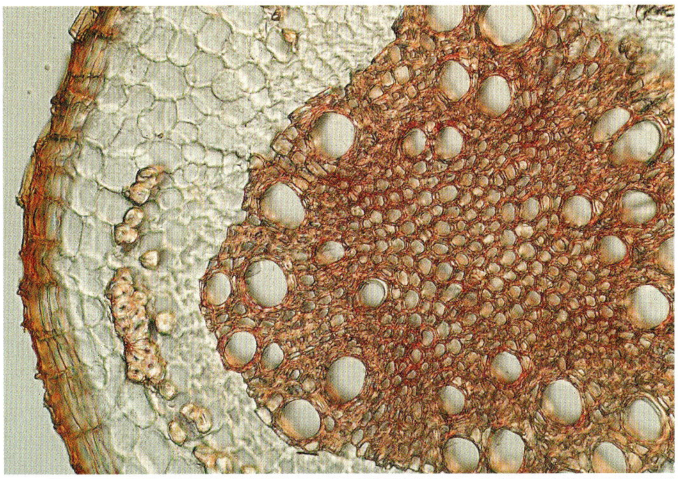

Taf. 56 A: Wild-Apfel, *Malus sylvestris.* – **1:** Velden, Kärnten, 16.11. Prim., Ø, Ph/HCl, 64x. **Rh** ZW gebräunt, Z klein. **Rinde** Z weitlumig, RP innerste Schicht PhiZ. **ZZ** 5arch. – **2:** Ort u. Zeit wie 1. Sek., Ø, Ph/HCl, 162x. **PCAG** schmal, 7schichtig. **Bast** F vereinzelt oder in 1-2schichtigen Gruppen angeordnet, ZW unverholzt oder schwach verholzt. **Holz** zerstreutporig, im Zentrum potentielles Leitgewebe. – **3:** Ferlach, Kärnten, 15.9. Prim., Ø, JJK, 409x. Wu ähnlich 1, älter. **Rinde** En ZW mit CS u. Suberinlamelle. **ZZ** 4arch. – **4:** Pfl u. Zeit wie 1. Sek., ⊠, S3, 409x. **Bast** ZReihen entlang F mit prismatischen, raumfüllenden CaOxKristallen. – **5:** Pfl u. Zeit wie 1. Sek., ⊠, Ph/HCl, 409x. **Holz** Strahlen 2reihig, FTracheide schwach, Libriformfasern mittelstark verdickt, Gefäße Hoftüpfel dicht u. versetzt stehend.

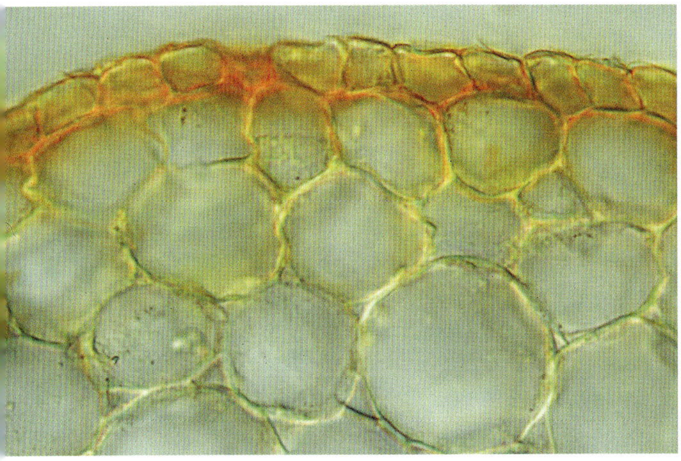

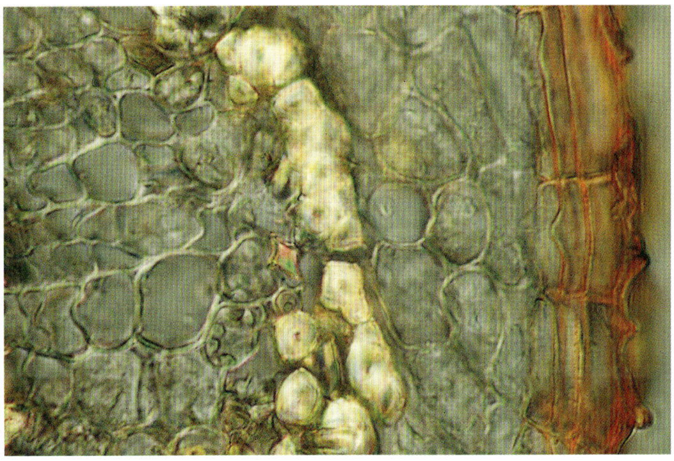

Taf. 56 B: – **1:** Schnittreihe wie A 1. S3, 409x. **Rh** Z klein, ZW cutinisiert (?). **Rinde** ExZ mittelgroß, ZW suberinisiert. – **2:** Schnittreihe wie A 2. S3, 409x. **PCAG** 6schichtig, dünnwandig, F englumig, SePh Strahlen einreihig, Bereiche mit PhLE 2-3reihig.

unterschiedlichen Gefäße mit ihren ovalen, versetzt stehenden Hoftüpfeln im Holz (A 2, 5, B 2). Die Strahlen sind 1–3reihig. Das Pericambial-Abschlußgewebe löst sich schuppenförmig ab. Im Bast begleiten die Faserbündel Reihen von Zellen mit jeweils einem großen Calciumoxalat-Kristall. Die Fasern liegen vorwiegend im mittleren und im inneren Bereich des Bastes, die Steinzellen im äußeren (A 4).

Die Fähigkeit der Art, zeitweise größere Trockenheit zu ertragen, zeigt sich demnach im primären Zustand der Wurzel besonders in der Ausbildung der Rhizodermis und der Rinde. Im sekundären Zustand wird die Wurzel durch die größere Breite des Pericambial-Abschlußgewebes, den hohen Anteil an Fasern im Bast und die mittelstarke Verfestigung der Zellwände im Holz vor Trockenschäden geschützt. Bezeichnend ist wieder, daß im Gegensatz zu Arten feuchterer Standorte die Gefäße nicht in radialen Reihen benachbart auftreten, sondern vorwiegend getrennt oder höchstens vereinzelt benachbart in tangentialer Richtung liegen.

Standortansprüche: Die Wild-Birne ist eine Licht- bis Halblichtbaumart. Sie verlangt höhere Sommerwärme. Bereits im Raum von Göttingen bevorzugt sie eindeutig die wärmeren Süd- und Weststandorte (HOFMANN 1989). Gegen Winterkälte ist sie weitgehend unempfindlich. Schädlich wirken sich aber spät im Frühjahr auftretende Fröste aus. Am besten gedeiht sie auf frischen bis halbtrockenen, stauwasserfreien, tief durchwurzelbaren, mullhumus- und basenreicheren Böden.

Verbreitung: Die geschlossene Verbreitung der submediterranen, gemäßigt kontinentalen Art reicht von Spanien bis zum Kaspischen Meer und von Süditalien bis ins Kurland an der Ostsee. Am besten soll sie in dem an Eichen reichen Wildobstgürtel der Kolchischen Wälder gedeihen (MAYER 1992). In Mitteleuropa bleibt ihr Vorkommen weitgehend auf die sommerwarme Eichen-Hainbuchen-Stufe beschränkt. Die Höhengrenze ihrer Verbreitung liegt südlich des Alpenhauptkammes (Südtirol) bei 1.500 m, nördlich davon bei 850 m (KUTZELNIGG 1995). Als Strauch wächst sie in Buschformationen basenreicherer Standorte (Berberidion) und in trockenen Schneeheide-Kiefern-Wäldern (Erico-Pinion). Als Baum ist sie in Eichen-Hainbuchen-Wäldern (Carpinion) und vor allem in den Eichenmischwäldern wärmerer Standorte (Quercion pubescenti-petraeae) zu finden. In warmen Lagen kommt sie auch in Auwäldern (Alno-Ulmion) vor. Innerhalb dieses Verbandes ist sie nach OBERDORFER (1994) eine Kennart des Querco-Ulmetum. PASSARGE (1987) beschreibt für stärker N-beeinflußte Standorte in Thüringen ein Urtico-Pyretum pyrastri, in dem die Wild-Birne als bestandsbildende Art hervortritt.

Malus sylvestris (L.) Mill., Wild-Apfel, Holz-Apfel

Morphologie

Sproß: Sommergrüner Strauch oder bis über 10 m hoher Baum, Stamm mit aufstrebendem Gerüst dikker Äste, davon abstehende Seitenäste abzweigend. Krone daher vorwiegend rundlich bis breit oval.
Wurzel: Nach Angaben von MAYER (1992) und von OBERDORFER (1994) ist der Wild-Apfel ein Flachwurzler. Dagegen spricht schon sein Vorkommen auch auf zeitweise oberbodentrockenen Standorten. ZAPRYAGEVA (1964) aus Tadschikistan gibt für den Altai-Apfel (*Malus sieversii* [Led.] Roemer) im Alter von 4–13 Jahren bereits Wurzeltiefen von 145–178 cm an. Ein 100 Jahre alter Baum erreichte sogar eine Tiefe von 345 cm. Der in **Abb. 70** dargestellte 46 Jahre alte Baum drang mit seinen Wurzeln auch im kühleren,

Abb. 70 (rechts): Wild-Apfel, *Malus sylvestris*, H–T–S = 645–240–1.920 cm, Unterbergen bei Ferlach, Kärnten, nach SO geneigter Schuttfächer, 530 m NN. Rand eines Eichen-Hainbuchen-Waldes. Kalk-Schuttrendsina, Bodenprofil Hor.: O 3–0 cm Rasenfilz, A 0–15 cm stark humoser Lehm, schwarzbraun (10YR 2/1), krümelig, mit Grobsand und Grus, pH 7,0, stark durchwurzelt, AC 15–30 cm schwach humoser Lehm, sehr stark grusig, locker, stark durchwurzelt, C 30–80 cm lehmiger, grobsandiger, grusiger Feinschutt aus Kalk, locker, mäßig stark durchwurzelt, A_{beg} 80–90 cm schwach humoser Lehm mit Grus, überschütteter Humushorizont, Wurzeln vorzugsweise seitwärts verlaufend, C schwach lehmiger, grobsandiger Feinschutt, einige Wurzeln noch aus 130 cm Tiefe bis flach unter Flur aufsteigend, ab 180 cm Tiefe deutlich feuchter, Bewurzelung auslaufend.

Hor.
A
cm
C
240

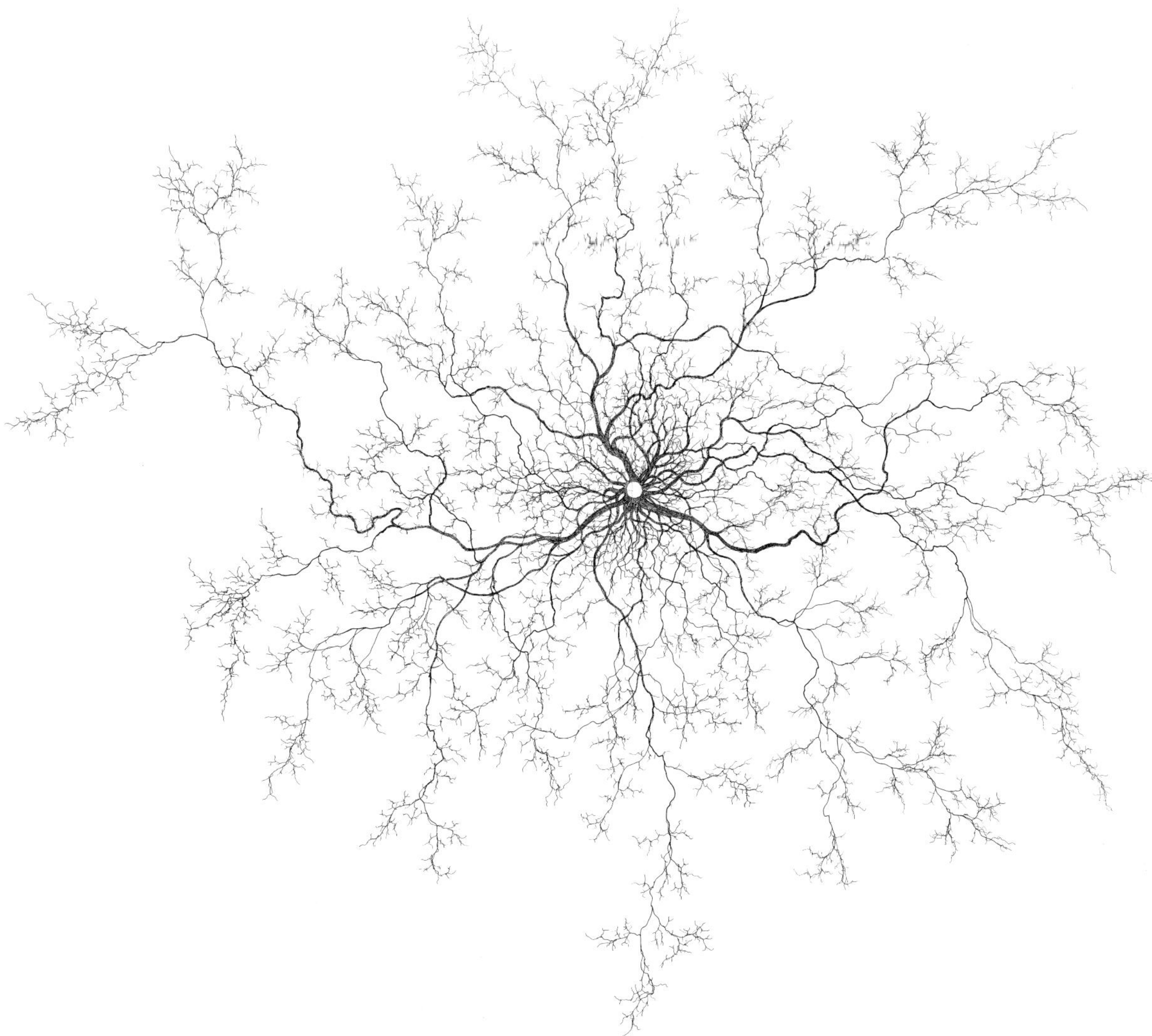

niederschlagsreicheren südlichen Teil Kärntens 210 cm tief in den Boden ein. Trotz des beachtlichen Tiefenstrebens einiger Wurzeln überwiegt der seitliche Verlauf der Wurzeln bei weitem. Bei dem 100 Jahre alten Baum in Tadschikistan beträgt das Verhältnis der max. Wurzeltiefe zur max. Seitenreichweite der Wurzeln 1:4,3, bei einem 13 Jahre alten Baum 1:4,8, bei dem in **Abb. 70** dargestellten Baum 1:8,8. Der wesentlich größere seitliche Verlauf der Wurzeln im Vergleich zur Tiefe ist in Kärnten auf das feuchtere und kühlere Klima zurückzuführen. Die Jungpflanzen weisen eine deutlich vorwüchsige Polwurzel auf. Bereits bei 4 Jahre alten Pflanzen erreicht sie eine Tiefe von 100 cm und mehr. Sobald sie aber die gleichmäßiger erwärmten und gleichmäßiger feuchten Schichten erreicht hat, beginnt sich die Polwurzel stärker zu verzweigen und damit ihr Tiefenstreben zu verlangsamen. Mit zunehmender Verstärkung der Seitenwurzeln tritt die Polwurzel im Wurzelsystem immer mehr zurück. Selbst an Bäumen mittleren Alters ist sie kaum noch zu erkennen.

Der 46 Jahre alte Baum der **Abb. 70** wurde bei Ferlach in Kärnten auf einem nach SO geneigten Schuttfächer in einer Seehöhe von 530 m freigelegt. Die Polwurzel ist nicht mehr mit Sicherheit festzustellen. Von der Stockmitte gehen nur wenige stärkere Wurzeln aus, die direkt abwärts wachsen. Die dicken Wurzeln biegen bereits nach ihrer Ansatzstelle seitwärts um. Sie verzweigen sich sehr bald in seitwärts und abwärts verlaufende Wurzeln. Kennzeichnend ist, daß sich die dicken Wurzeln bereits in Stammnähe fächerförmig verzweigen. Die kräftigen, seitwärts verlaufenden Wurzeln behalten ihre Stärke bis über den Kronenbereich hinaus bei. Auffallend ist ferner, daß die dicken Wurzeln über lange Strecken tiefer unter Flur verlaufen. Noch größer ist dieser flurferne seitliche Verlauf der Wurzeln bei den Bäumen in Tadschikistan. Schon bei einer 13 Jahre alten Pflanze wird der Boden bis zu einer Tiefe von ca. 80 cm fast nur von Seitenwurzeln durchzogen. In die Tiefe dringt nur die noch erhalten gebliebene Polwurzel mit ihren später gebildeten Seitenwurzeln. Bei einem 100 Jahre alten Baum herrscht der seitliche Verlauf der Wurzeln bis zu einer Tiefe von ca. 120 cm vor. Eine zunächst schräg abwärts wachsende, kräftige Wurzel strebt noch aus einer Tiefe von 220 cm nach oben. Entlang ihres Endabschnittes verzweigt sie sich fächerförmig in dünne, weiter nach oben verlaufende Wurzeln. Auch bei der in **Abb. 70** dargestellten Pflanze neigen die tiefer unter Flur verlaufenden Wurzeln dazu, entlang ihrer Endabschnitte wieder bis gegen die Bodenoberfläche aufwärts zu wachsen. Zwei Wurzeln wuchsen noch aus einer Tiefe von 120–130 cm aufwärts. In den obersten humosen Bodenschichten bildeten sie ein Geflecht von dünnen Wurzeln. Tiefer eindringende Wurzeln entstanden vorwiegend im Kronenbereich. In diesem nimmt der Wurzelkörper eine annähernd zylindrische Form an. Unter Einbeziehung der weit seitwärts ausgebreiteten Wurzeln ist der Wurzelkörper eher breit kegelförmig bis tief tellerförmig. Die Feinverzweigung der Wurzeln ist nicht sehr groß. Die Wurzelfarbe ist grau- bis schwarzbraun.

Anatomie, Taf. 56

Im primären Zustand sind die Wurzeln des Wild-Apfels wie jene der übrigen untersuchten Rosaceen durch die Ausbildung der innersten Schicht des Rindenparenchyms als Phi-Zellen gekennzeichnet (A 1, 3). Die Zellen der Rhizodermis scheinen meist etwas größer zu sein als jene der Vogel-Kirsche (B 1).

Im sekundären Zustand zählen zu den Merkmalen der Wurzel das schmale bis mittelbreite Pericambial-Abschlußgewebe mit seinen dünnen Zellwänden und das Auftreten von 1–3schichtigen Gruppen englumiger Fasern sowie vereinzelt auch von Steinzellen im Bast (A 2, B 2), begleitet von Zellreihen mit prismatischen Calciumoxalat-Kristallen (A 4). Im Holz sind es die 2–3reihigen Strahlen mit den oft kurzen Zellen, die mittelstark verdickten Fasern und in den Gefäßwänden die kreisförmig umrandeten Hoftüpfel, die die Art kennzeichnen. Die Gefäße stehen in der Regel vereinzelt (A 5).

Standortansprüche: Der Wild-Apfel wird als Licht- bis Halbschattenbaumart mit höheren Wärmeansprüchen gewertet. Er bevorzugt humide Lagen mit frischen, nährstoff- und basenreicheren, tiefgründigen, lehmigen Böden. Zeitweilige Oberbodentrockenheit kann er dank seiner vereinzelt tiefreichenden Wurzeln ertragen. Empfindlich ist er gegen Staunässe.

Verbreitung: Der in Europa beheimatete Wild-Apfel gilt hinsichtlich seiner Verbreitung als eurasiatisch-subozeanisch-submediterrane Art. Am häufigsten kommt er von der planaren bis in die untere montane Stufe vor. Die Höhengrenze seiner Verbreitung verläuft in den Alpen bei 900 m. Die nur vereinzelt vorkommende Art ist in Schlehengebüschen (Prunetalia), in Eichen-Hainbuchen-Wäldern (Carpinion betuli), in Eichenmischwäldern wärmerer Gebiete (Quercion pubescenti-petraeae) und in Auwäldern (Alno-Padion) zu finden. Innerhalb der Auwälder gilt sie als terr. Kennart des Querceto-Ulmetum Issl. 24.

Sorbus torminalis (L.) Crantz, Elsbeere

Morphologie

Sproß: Sommergrüner Baum, seltener Strauch, bis 20 (30) m hoch, Stammdurchmesser bis 100 cm, Stamm häufig gebogen, oft weit hinauf astfrei, untere Äste abstehend, obere meist aufrecht, Krone im Freistand rundlich bis breit oval, im Bestand länglich.
Wurzel: Nach Angaben von Oberdorfer (1994) und Kutzelnigg (1995) ist die Elsbeere ein Tiefwurzler, deren Seitenwurzeln über den Kronenbereich hinausragen. Diese kurze Kennzeichnung deckt sich mit den vorliegenden Untersuchungsergebnissen. Die Polwurzel ist gut entwickelt und an jungen Pflanzen deutlich vorwüchsig. Ihre volle Länge kann sie nur auf entsprechend tief zu durchwurzelnden Böden entfalten. Auf solchen wuchsfreudigen Böden ist die langsam wachsende und daher konkurrenzschwache Art aber kaum anzutreffen. Meist wächst sie auf mageren, steinigen Böden. Auf diesen ist die Polwurzel in ihrem Tiefenstreben gehemmt. Auch bei dem Baum der **Abb. 71**, der im Wienerwald auf Mull-Pararendsina mit verhärtetem Untergrund freigelegt wurde, ist die Polwurzel zu einem gestauchten Zapfen verkümmert. Über den verhärteten Schichten verzweigt sie sich in dünne Wurzelstränge. Diese breiten sich in den noch zu durchwurzelnden Fugen aus. Die im näheren Bereich des Stammes abwärts wachsenden Seitenwurzeln dringen ebenfalls nicht tiefer ein. Unter diesen Bedingungen wird der seitliche Verlauf der Wurzeln gefördert. Trotzdem bleibt ihre Seitenausdehnung auf dem trockenen Boden bescheiden. Auch die Feinverzweigung ist auffallend gering. Insgesamt ist die Bewurzelung eher als schwach einzustufen. Offensichtlich ist dies neben der Schwachwüchsigkeit des Sprosses mit ein Grund für die geringe Konkurrenzkraft.

Verbessert wird diese zweifellos durch die Fähigkeit zur Bildung von Stockausschlägen und Wurzelsprossen. Auf trockenen Standorten entstehen weniger Wurzelsprosse. Sie treten auch bevorzugt entlang dickerer Wurzeln auf (**Abb. 72**). Die Verdickung der fortwachsenden Wurzeln ergibt sich nachträglich auch aus der Zufuhr der Nährstoffe aus den erstarkten Wurzelsprossen. Im wesentlich niederschlagsreicheren Gebiet von Kaltern in Südtirol entstanden entlang der flurnah verlaufenden Seitenwurzeln zahlreiche Wurzelsprosse (**Abb. 73**). Die deutlich erkennbare Polwurzel der Samenpflanze biegt in den verdichteten tieferen und daher kühleren Bodenschichten unter Bildung einer engen Schlinge um. Ihr seitwärts verlaufender Strang ist bereits abgestorben. Sein Absterben dürfte durch das Abschneiden des Stammes verursacht worden sein. Der unterhalb der Schnittstelle ausgetretene Stockausschlag ist noch nicht imstande, das Polwurzelsystem in vollem Ausmaß zu erhalten.

Anatomie, Taf. 58

Auch bei *S. torminalis* besteht die innerste Schicht des Rindenparenchyms aus Phi-Zellen. Übereinstimmend mit den übrigen Vertretern der Gattung *Sorbus* sind die Zellen der Rhizodermis sehr klein, während jene der Exodermis und der angrenzenden Schicht des Rindenparenchyms vergleichsweise groß sind. Die Zellwände dieser Schichten sind gebräunt und im Alter verdickt. Der Zentralzylinder dünner Wurzeln ist 2arch, dickerer bis über 4arch (A 1, 4, B 1).

Im sekundären Zustand zeigen die Wurzeln ebenfalls deutliche Merkmale der Gattung. Das Pericambial-Abschlußgewebe ist, abhängig vom Alter der Zellen, in drei Bereiche unterteilt (A 3, B 2). Die Zellen der zwei bis drei inneren Schichten enthalten Stärke, jene der mittleren Schichten sind meist stärkefrei. Die äußersten, stark verkorkten Schichten lösen sich in langen Streifen ab (A 2, 3). Dem trockenen Wuchsort entsprechend, nehmen die Fasern etwa die Hälfte des Bastes ein. Außerdem stehen sie dichter gedrängt als

Taf. 57: Elsbeere, *Sorbus torminalis*. Oben links und rechts: Wienerwald, 460 m NN, jüngerer Baum auf Mull-Pararendsina, Polwurzel in dem verhärteten Boden zapfenförmig verkürzt, kräftige Seitenwurzeln vorwiegend seitwärts verlaufend (zu Abb. 71); unten links: Ort wie oben, junger Baum mit starkem Wurzelsproß (zu Abb. 72); unten rechts und Mitte: Kaltern, Südtirol, 465 m NN, Braunerde, abgeschnittener junger Baum mit zahlreichen Wurzelsprossen an den flurnah verlaufenden Seitenwurzeln (zu Abb. 73).

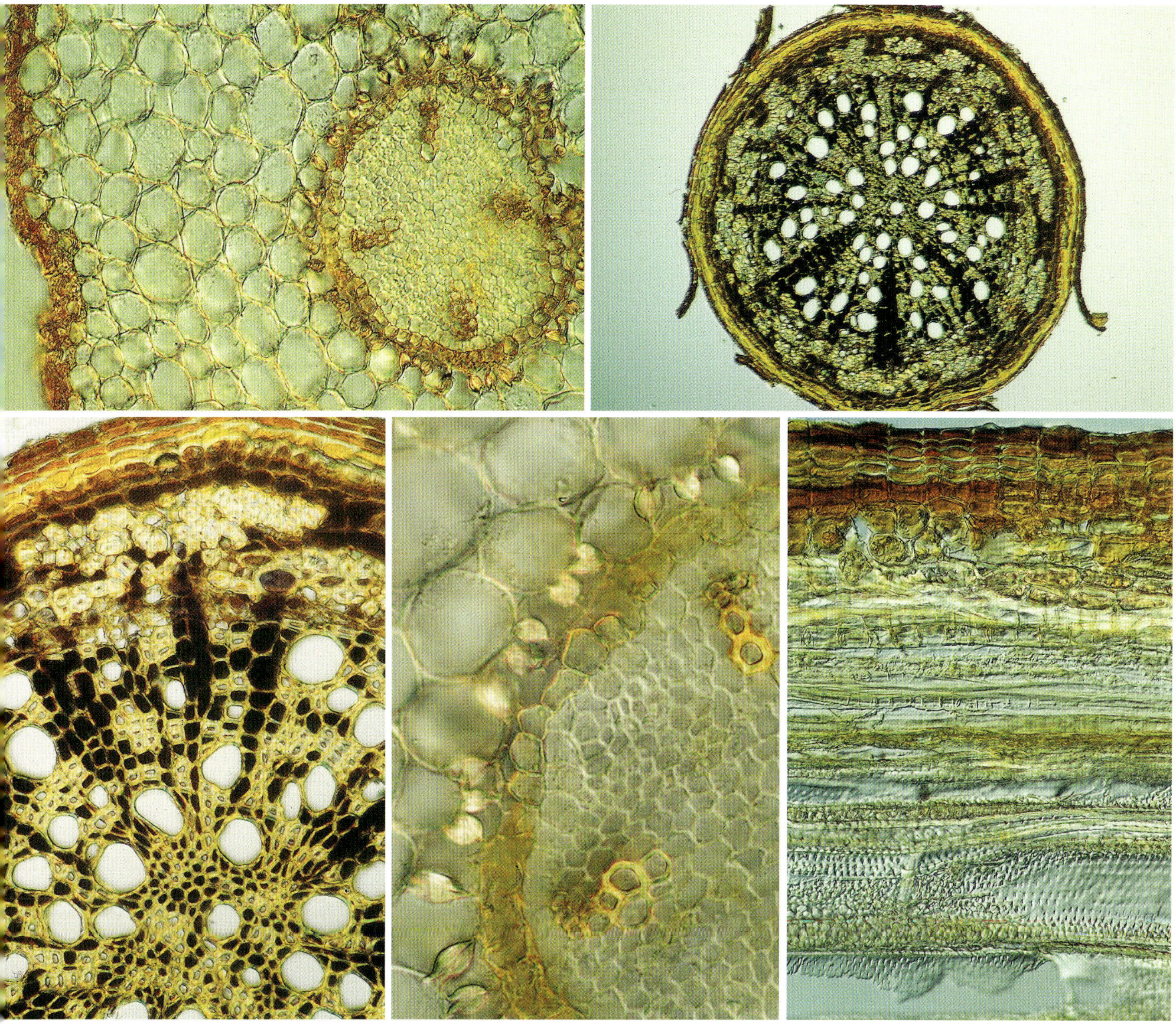

Taf. 58 A: Elsbeere, *Sorbus torminalis*. – **1:** Wienerwald, 15.9. Prim., Ø, Ph/HCl, 162x. **Rh** Z rotbraun, cutinisiert (?). **Rinde** RP innerste Schicht PhiZ. **ZZ** 4arch. – **2:** Ort wie 1, 4.8. Sek., Ø, JJK, 64x. **PCAG** sich in Schuppen ablösend. **Bast** schmal bis mittelbreit, F zahlreich, in vielschichtigen Gruppen bis über die Hälfte des Bastes einnehmend. **Holz** prim. Strahlen bis 4reihig, Z mit viel St, HolzF mittelstark bis stark verdickt, Gefäße mittelgroß. – **3:** Ausschnitt aus 2. 162x. **PCAG** innere Schichten ZW rotbraun, mittlere Schichten ZW gelb, äußere Schichten gelbbraun, ZInhalt St. – **4:** Ausschnitt aus 1. 409x. **Rinde** En ZW schwach rötlich. **ZZ** PrX an PC grenzend. – **5:** Pfl u. Zeit wie 2. Sek., ⊠, Ph/HCl, 162x. **Bast** GG Z wenig gestreckt. **Holz** Gefäße Hoftüpfel oval, versetzt.

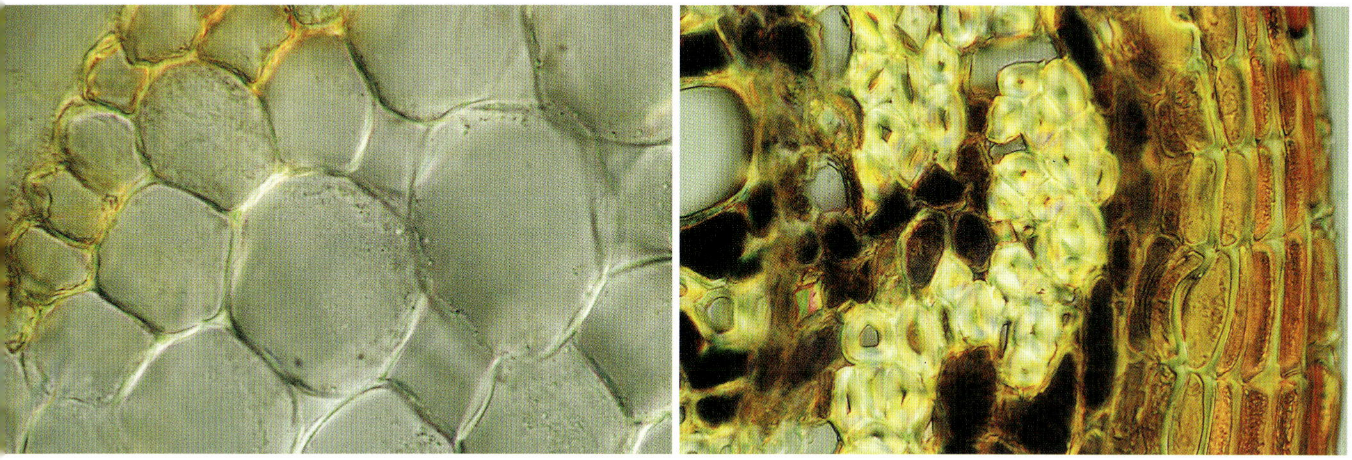

Taf. 58 B: – **1:** Ausschnitt aus A 1. 409x. **Rh** Z klein, ZW gelblich. – **2:** Ausschnitt aus A 2. 409x. **PCAG** 7schichtig, 2 innere Schichten Z mit St. **Bast** F vorwiegend englumig, mehrere CaOxKristalle den F benachbart, GG Z St-reich.

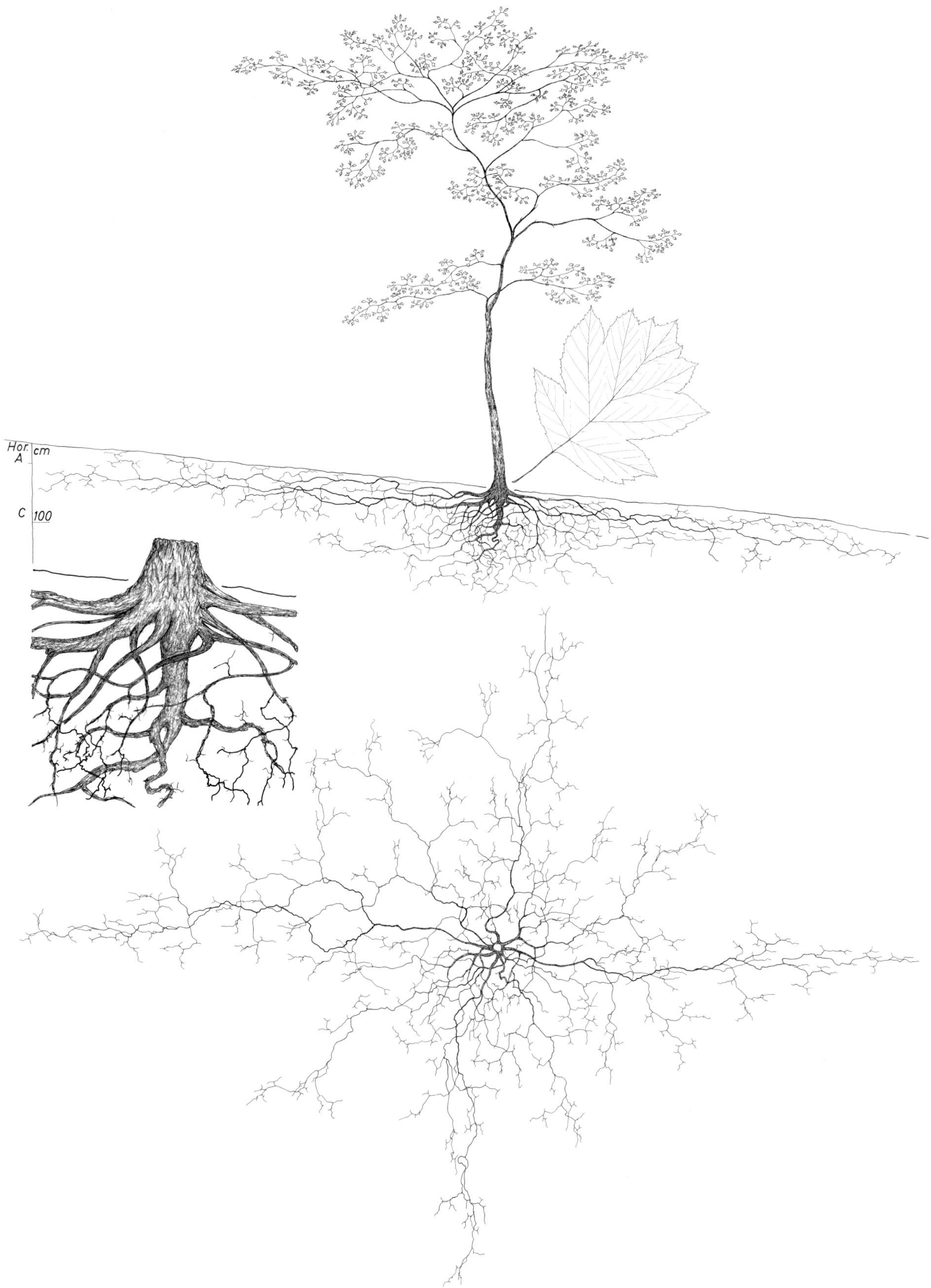
Hor.
cm
A
C
100

Abb. 72: Elsbeere, *Sorbus torminalis*, Wurzelsprosse, Ort und Boden wie Abb. 71.

bei *S. aria* und *S. aucuparia* und haben oft ein engeres Lumen (B 2). Im Holz sind die Strahlen wie bei anderen Vertretern der Gattung 1–3reihig. Namentlich im Sommer sind sie dicht mit Stärkekörnern gefüllt. Calciumoxalat-Kristalle fehlen im Holz. Auch im Bast sind sie viel seltener als bei *S. domestica* und *S. aria* (A 5, B 2). Eine wesentliche Ursache dafür ist der kalkärmere Boden. Die höhere Trockenresistenz zeigt sich im sekundären Zustand vor allem durch den hohen Anteil an Fasern.

Standortansprüche: Die Elsbeere erträgt in der Jugend Beschattung. Im Bestand gilt sie als Halblichtbaumart. Stärkere Beschattung verhindert die Fruchtbildung und damit die Ausbreitung. Hochwaldbetrieb drängt sie daher zurück, Niederwaldbetrieb fördert sie. Die Elsbeere ist sehr wärmebedürftig und frostempfindlich. Ihr langsamer Wuchs trägt dazu bei, daß sie Trockenheit gut erträgt. Empfindlich ist sie gegen Staunässe und gegen stärkere Bodenversauerung. In Mitteleuropa wächst sie meist auf skelettreichen, flachgründigeren, basen- oder kalkreicheren Böden. In sehr warmen Gebieten gedeiht sie auch auf kalkarmen Böden (Kausch-Blecken 1980).

Abb. 71 (links): Elsbeere, *Sorbus torminalis*, H–T–S = 612–137–1.137 cm, Wienerwald, flacher Westhang, 460 m NN. Eichen-Hainbuchen-Wald mit vorwiegend *Quercus robur, Carpinus betulus, Sorbus torminalis*, vereinzelt *Quercus cerris, Abies alba, Fraxinus excelsior*, in der Krautschicht besonders *Carex pilosa, Galium sylvaticum, G. odoratum, Lathyrus niger, Hepatica nobilis, Polygonatum multiflorum, Melampyrum pratense* u. a. Mull-Pararendsina, Bodenprofil Hor.: O 2–0 cm Streu und Grobmoder, A_1 0–10 cm Modermull, stark humoser, lehmiger Ton, dunkel graubraun (10YR 4/2), krümelig, Krümel kantig, Gefüge dicht, A_2 10–25 cm humoser, lehmiger Ton, blockig-prismatisch, gemischt mit bröckeligem Tonmergel, mäßig stark durchwurzelt, C lehmiger Ton, verbacken in bröckeligem Grus, dicht, schwer durchwurzelbar, Dichte der Durchwurzelung rasch abnehmend.

Taf. 59: Gewöhnlicher Mehlbeerbaum, *Sorbus aria*. 1. Reihe links: Jungpflanze mit wenig verzweigter Polwurzel; Mitte, rechts, 2. R. und 3. R. links: Schütt bei Villach, Kärnten, 750 m NN, Braunlehm-Rendsina auf Kalkschutt, junger Baum, Polwurzel zurücktretend, Wurzeln vorwiegend seitwärts verlaufend, Feinwurzeln zahlreich, spinnwebenartig dünn (zu Abb. 74); rechts: Karawanken, Kärnten, 1.150 m NN, Schuttrendsina, in Richtung Schneeschub liegender Strauch, Polwurzel seitwärts umgebogen, Wurzeln vorwiegend hangabwärts wachsend, fächerförmig verzweigt und in viele dünne Feinwurzeln auslaufend.

Taf. 60 A: Gewöhnlicher Mehlbeerbaum, *Sorbus aria.* – **1:** Schütt bei Villach, Kärnten, 9.11. Prim., Ø, S3, 409x. **Rh** ZW suberinisiert bzw. cutinisiert, WuHr zahlreich. **Rinde** Ex ZW verfestigt, ARP, MRP, IRP je einschichtig, IRP bestehend aus PhiZ, En mit Suberinlamelle. **ZZ** 2arch. – **2:** Ort wie 1, 5.4. Sek., Ø, Ph/HCl, 64x. Wu asymmetrisch. **PCAG** mittelbreit, sich bogig abschuppend. **Bast** mittelbreit, ScZ zahlreich. **Holz** konvexe Seite schmal, konkave breit, Gefäße zahlreicher u. größer. – **3:** Schnittreihe wie 2. JJK, 162x. **Bast** SteinZ bzw. weitlumige F zahlreich, locker stehend. **Holz** Strahlen 1-2reihig, F W stark verdickt. – **4:** Ort u. Zeit wie 1. Sek., ☒, S3, 409x. **Holz** ZReihe mit CaOxKristallen benachbart F, Gefäße Hoftüpfel oval, versetzt. – **5:** Schnitt wie 4. 162x. **Bast** im Bereich des Sc viele CaOxKristalle.

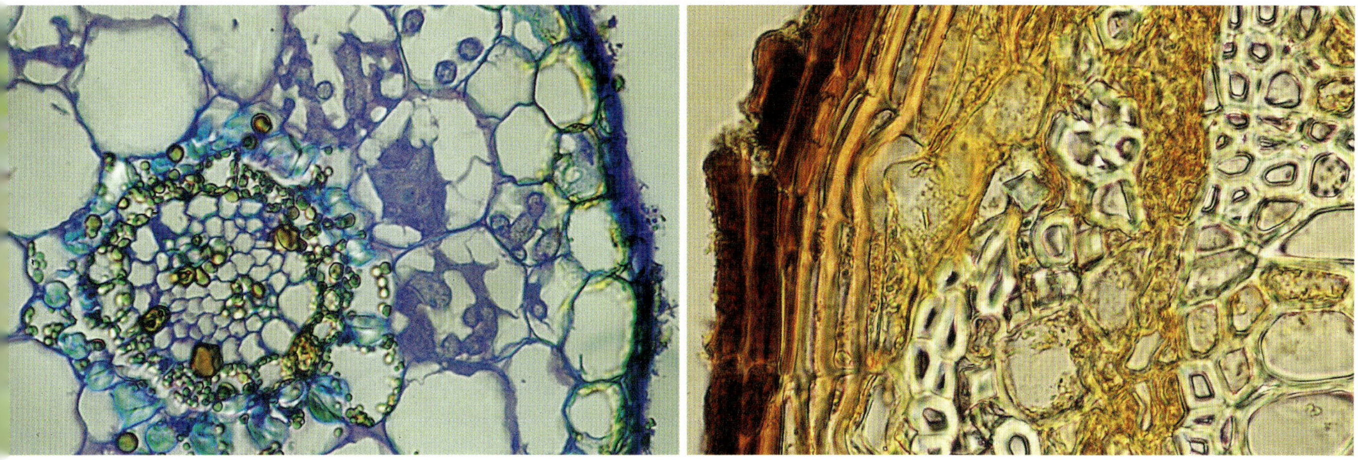

Taf. 60 B: – **1:** Bärental, Karawanken, Kärnten, 15.7. Prim., Ø, Toluidinblau, 409x. Pilzhyphen außen an Rh angelagert und in RP. – **2:** Schnittreihe wie A 2. S3, 409x. **PCAG** äußere Schichten rotbraun, Eigenfarbe. **Bast** Z mit großen CaOxKristallen benachbart F bzw. SteinZ.

Abb. 73: Elsbeere, *Sorbus torminalis*, H–T–S = 150–195–682 cm, Kaltern, Südtirol, Osthang, 465 m NN. Waldschlag, in der Strauchschicht vorwiegend *Castanea sativa, Fraxinus ornus, Prunus avium, Sorbus torminalis*, in der Krautschicht besonders *Carex digitata, Hedera helix, Luzula luzuloides, Melittis melissophyllum, Salvia glutinosa, Ruscus aculeatus, Genista tinctoria* u. a. Braunerde über Bozener Quarzporphyr, Bodenprofil Hor.: O 3–0 cm Streu und Grobmoder, A_1 0–15 cm Modermull, stark humoser, lehmiger Sand, schwarzbraun (10YR 2/1), krümelig, locker, A_2 15–30 cm humoser l S, schwach krümelig, etwas dicht, schwach steinig, stark durchwurzelt, B_v 30–105 cm l S, gelblichbraun (10YR 5/4), mäßig dicht, steinig, mäßig stark durchwurzelt, B_vC l S, stark steinig, etwas hart, schwach durchwurzelt.

Verbreitung: Die submediterrane Art kommt in den Alpen und in deren Randgebieten meist in wintermilden, sehr sommerwarmen Lagen vor. Im winterkalten Kärnten ist sie nur in den wärmsten, südöstlichen Teilen des Landes zu finden (HARTL et al. 1992). Ihre Verbreitung reicht von der planaren bis in die untere montane Stufe. Am häufigsten wächst sie in der Hügelstufe. Die Höhengrenze ihres Vorkommens liegt in den Alpen bei 900 m. Im marokkanischen Gebirge tritt sie vorwiegend zwischen 1.300 und 1.800 m auf (KUTZELNIGG 1995). In Mitteleuropa wächst sie vor allem in den Eichen-Mischwäldern wärmerer Lagen. Sie gilt deshalb überregional als Kennart der Quercetalia pubescenti-petraeae. Seltener kommt sie auf kalkarmen Böden in Felsenahorn-Eichen-Gebüschen (Aceri monspessulani-Quercetum) vor.

Sorbus aria (L.) Crantz, Gewöhnlicher Mehlbeerbaum

Morphologie

Sproß: Sommergrüner Strauch oder bis 10 (20) m hoher Baum, Stamm meist gebogen, im oberen Teil in nahezu gleich kräftige, aufstrebende Äste verzweigt, Strauch auch vom Grund an ästig. Krone oval, meist mehr lang als breit.

Wurzel: Nach Angaben von OBERDORFER (1994) ist der Gewöhnliche Mehlbeerbaum ein Tiefwurzler. Wie die Elsbeere ist auch diese schwachwüchsige Art vorwiegend auf steinigen Böden zu finden. Auf die-

Abb. 74 (rechts): Gewöhnlicher Mehlbeerbaum, *Sorbus aria*, H–T–S = 436–120–1.370 cm, Schütt bei Villach, Südhang, 750 m NN. Schütterer *Fraxinus ornus-Ostrya carpinifolia*-Bestand mit vereinzelt *Sorbus aria*. Braunlehm-Rendsina auf Kalkschutt, Bodenprofil Hor.: A 0–10 cm Moder mit Grus und Feinschutt, locker, stark durchwurzelt, CB_{rel} Grus und Feinschutt mit eingemengtem Braunlehm, Braunlehm ab ca. 30 cm Tiefe feucht, schmierig.

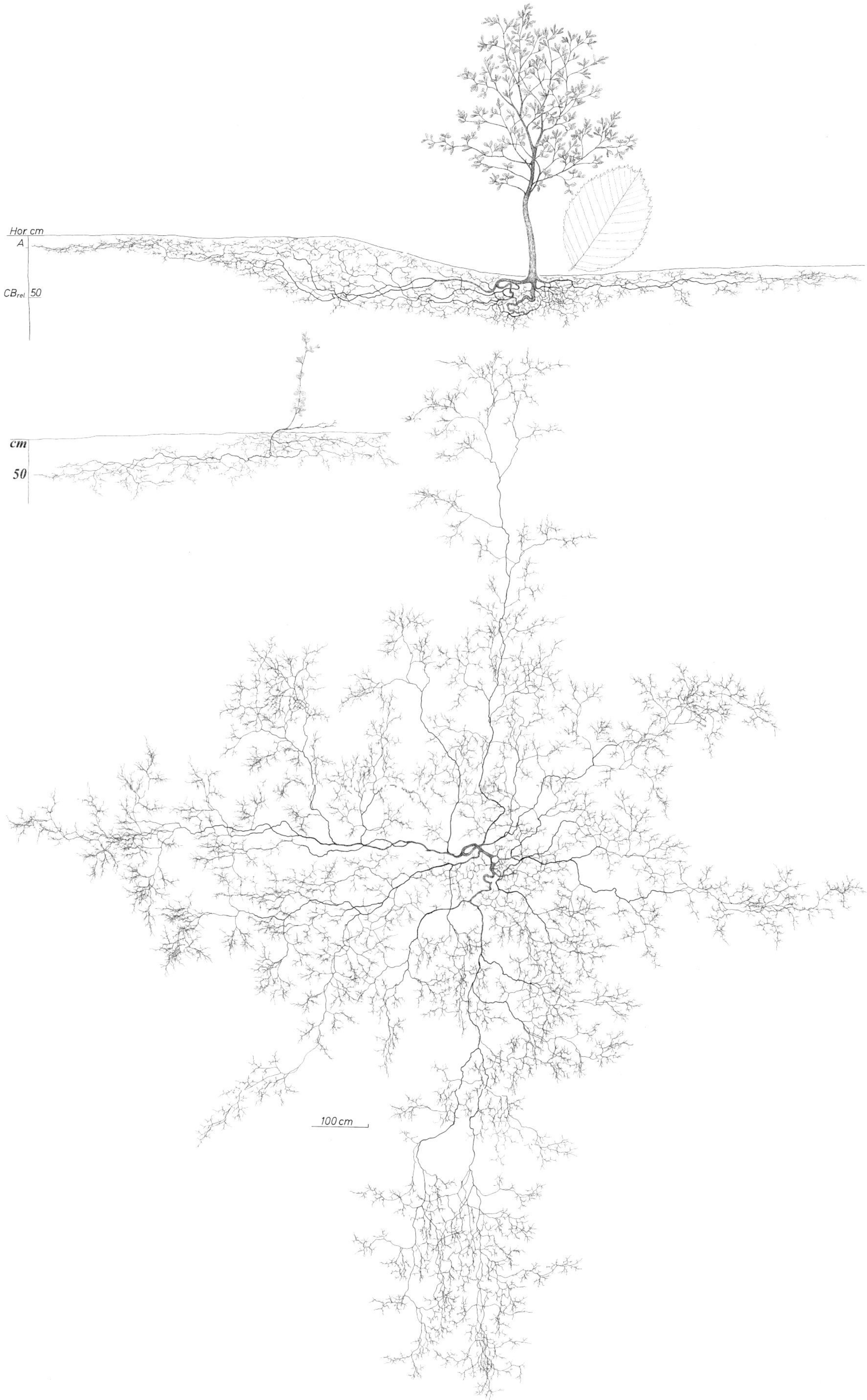

Hor cm
A
CBrel 50
cm
50
100 cm

sen kann die Polwurzel meist nicht sehr tief eindringen. Im Feinschutt verhindert der hohe Luftgehalt eine tiefer reichende Erwärmung und damit eine stärkere Verdunstung aus den tieferen Schichten. Beides zusammen führt zu einer raschen Abnahme der Wärme- und Feuchteschwankungen mit zunehmender Bodentiefe. Gleichlaufend damit nimmt das Tiefenstreben der Wurzeln ab. Aus diesem Grund sind die meisten Schuttfächer der Alpen nur relativ flach durchwurzelt. Das nicht sehr deutlich ausgeprägte Tiefenstreben der Polwurzel ist auch daran zu erkennen, daß sie schon bei Jungpflanzen ihr Tiefenstreben sehr bald aufgibt und nach der Seite umbiegt (**Abb. 74**).

Auch bei dem an einem Südhang nahe Villach auf Kalkschutt freigelegten Baum der **Abb. 74** biegt die Polwurzel im lockeren Feinschutt rasch um. Unter starken Windungen beendet sie ihr Tiefenstreben. Dieses geringe Tiefenstreben führt zur Bildung kräftiger Seitenwurzeln. Sie breiten sich unter reicher Verzweigung in den oberen, stärker erwärmten, trockeneren Bodenschichten weit seitwärts aus. Die zeitweise hohe Erwärmung und Wechseltrockenheit des Oberbodens bewirkt, daß zunächst tiefer im Boden verlaufende Seitenwurzeln häufig aufwärts wachsen. Die Feinverzweigung der dünnen Wurzelstränge ist auffallend hoch. Die unregelmäßige Verteilung des Braunlehmsediments im Schutt verursacht auch eine unregelmäßige bis nestförmige Verteilung der sehr dünnen Feinwurzeln. Unter Berücksichtigung des hohen Feinwurzelbesatzes ist die Bewurzelung des Gewöhnlichen Mehlbeerbaumes als intensiv anzusehen.

Anatomie, Taf. 60

Im primären Zustand können die Wurzeln der Gewöhnlichen Mehlbeere in den weitlumigen Zellen des Mittelrindenparenchyms größere Mengen an Wasser mit den darin gelösten Stoffen speichern. Die Suberinisierung bzw. Cutinisierung der Zellwände der Rhizodermis sowie die Verfestigung von jenen der Exodermis schützen vor Fäulnis und zu raschem Wasserverlust. Ein besonderes Merkmal ist wieder, gleich wie bei anderen Vertretern der Rosaceen, die Bildung der innersten Schicht des Rindenparenchyms in Form von Phi-Zellen (A 1, B 1).

Im sekundären Zustand gleicht die Art in der Ausbildung des Pericambial-Abschlußgewebes und in deren großschuppiger Ablösung ebenfalls weitgehend anderen Vertretern der Rosaceen (A 2). Die Zellen sind mitunter tangential stark verbreitert. Ihre Wände sind etwas verdickt, die äußeren stark verkorkt, mit rotbrauner Eigenfarbe (B 2). Besondere Merkmale weisen z. T. der Bast und das Holz auf. Die Sclerenchymzellen im Bast haben zu einem großen Teil ein weites Lumen. Sie sind locker angeordnet (A 3). Am auffallendsten ist das Auftreten von Zellreihen mit großen Calciumoxalat-Kristallen nicht nur im Bast, sondern auch im Holz (A 3, 4, 5, B 2). Dies war bisher nur bei wenigen Arten wie z. B. bei *Quercus pubescens* festzustellen. Die Ursachen sind offensichtlich der hohe Kalkgehalt des Bodens und der höhere Niederschlag sowie die Wärme und der Lichtreichtum des Wuchsortes. Sie ermöglichen die Aufnahme und Weiterleitung größerer Mengen von kalkreichem Wasser. Die Gefäße stehen selten benachbart (B 2).

Standortansprüche: Der Gewöhnliche Mehlbeerbaum erträgt als Strauch auch eine höhere Beschattung. Als Baum ist er im Bestand eine Lichtbaumart. In der Baumform ist er daher vorzugsweise in Bestandeslücken zu finden. Er ist insgesamt mäßig wärmebedürftig. Dennoch stellt er höhere Ansprüche an die Sommerwärme. Er wächst auch auf trokkenen Böden, wenn die Luftfeuchte nicht zu gering ist. In lufttrockenen, kontinentalen Gebieten ist er meist in beschatteten Lagen zu finden. In den Alpen bevorzugt er kalkreiche Böden, doch besiedelt er auch Silikatböden, wenn diese nicht zu sauer sind. Am besten gedeiht er in humiden, sommerwarmen Lagen auf basenreichen, gut durchlüfteten, mäßig trockenen Böden in ausreichend belichteten Beständen.

Verbreitung: Die submediterran-praealpide Art ist vor allem in den südlichen Teilen Mitteleuropas eine typische Voralpenpflanze kalkreicherer Gebirgszüge. Dementsprechend tritt sie am häufigsten in der montanen Stufe auf. An sonnigen Hängen ist sie auch in der subalpinen Stufe zu finden. In den Westalpen (Wallis) wird sie noch für eine Höhenlage von 2.155 m, in den Bayrischen Alpen nur noch für 1.600 m Höhe angegeben (KUTZELNIGG 1995). Die selbst nicht bestandsbildende Art schließt sich vor allem illyrischen Laubmischwäldern (Orno-Ostryon), wärmegebundenen Eichenwäldern (Quercetalia pubescenti-petraeae) und Buchenwald-Gesellschaften (Fagetalia) wärmerer Standorte an. Sekundär ist sie auch häufig in Trockengebüschen (Berberidion) zu finden. In der subalpinen Stufe kommt sie vereinzelt in lichten Baumbeständen und in Latschengebüschen vor.

Sorbus aucuparia L., Eberesche, Vogelbeerbaum

Morphologie

Sproß: Sommergrüner, kleiner bis mittelgroßer Baum, besonders in der subalpinen Stufe auch strauchförmig, Stamm bis 15 (20) m hoch, oft gebogen, bei Schneedruck auch säbelförmig, im mittleren oder oberen Teil oft gabelig verzweigt, Krone junger Bäume pyramidenförmig, älterer oval bis rundlich.
Wurzel: OBERDORFER (1994) bezeichnet die Eberesche als Tiefwurzler. Nach KREUTZER (1961) ist sie eher ein Flachwurzler. Er fand auf Pseudogley nur bis 20 cm Tiefe eine stärkere Durchwurzelung. Die Eberesche kann auf tief zu durchwurzelnden, tiefgründig erwärmten Böden ein Tiefwurzler sein. Auf dichten, staufeuchten Böden und in der subalpinen Stufe wurzelt sie verhältnismäßig flach. Wegen ihrer Neigung zur Bildung von Senkwurzeln bezeichnet sie KREUTZER als Senkwurzler. Die Vorwüchsigkeit der Polwurzel ist gering. Schon an jungen Pflanzen verzweigt sie sich bald in nahezu gleich dicke Seitenwurzeln. Diese wachsen mit der Polwurzel in der näheren Umgebung des Stammes abwärts und erreichen annähernd die gleiche Tiefe. Dadurch entsteht im Kronenbereich annähernd eine Herzwurzelform. Mehrere Seitenwurzeln wachsen aber auch knapp unter Flur weit seitwärts. Von ihnen zweigen noch außerhalb des Kronenbereiches Seitenwurzeln 2. Ordnung ab, die als Senker nach unten wachsen. Sie dringen aber umso weniger tief in den Boden ein, je weiter sie vom Stamm entfernt sind. Insgesamt entsteht dadurch meist ein Wurzelkörper, der sich kegelförmig nach oben erweitert. Die Hauptwurzelmasse bleibt aber deutlich auf den Kronenbereich beschränkt. Entlang der flachstreichenden Wurzeln können Wurzelsprosse auftreten. Bei strauchförmigem Wuchs kommen auch Legtriebe vor. Ihre Bildung wird besonders durch länger anhaltenden Schneedruck gefördert. Legtriebe, die auch anwurzeln können, sind daher vorwiegend in Hochlagen zu finden.

Bei dem kleinen Baum der **Abb. 75**, der nahe Klagenfurt auf Braunerde über Grünschiefer freigelegt wurde, ist die Polwurzel nicht mehr sicher zu erkennen. Vom Stammgrund gehen einzelne, nahezu gleich dicke Wurzeln aus. Die abwärts wachsende (wahrscheinlich die Polwurzel) verzweigt sich bald gabelig.

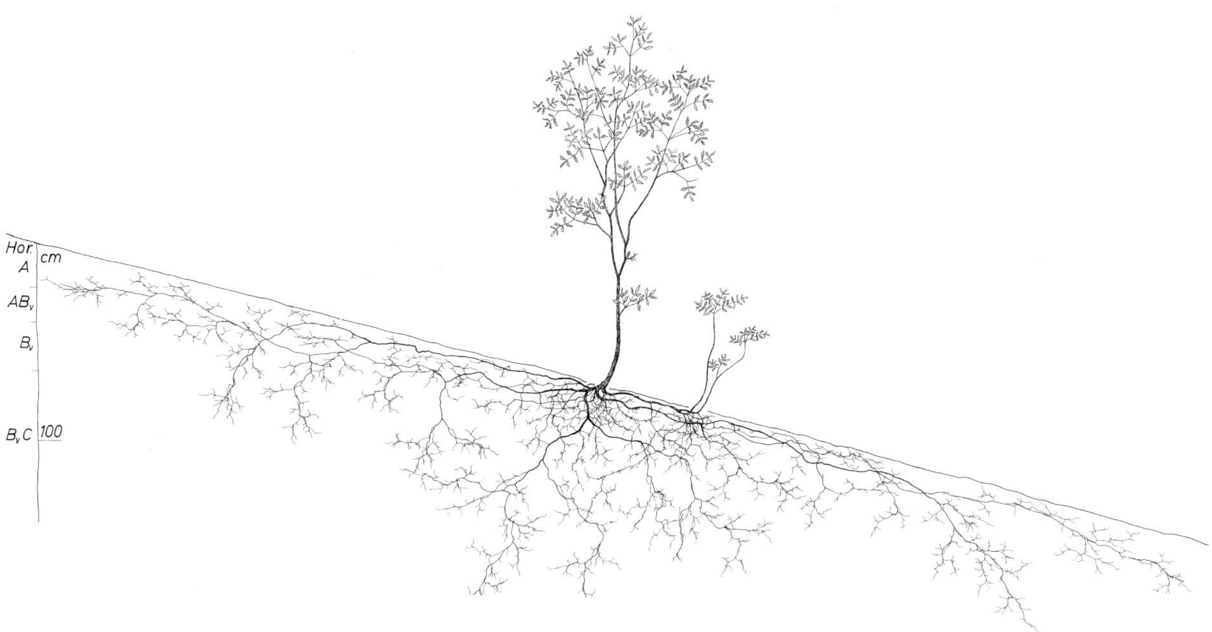

Abb. 75: Eberesche, *Sorbus aucuparia*, H–T–S = 190–130–620 cm, Nordrand von Klagenfurt, 510 m NN. Im Schatten eines Kiefern-Fichten-Waldes. Braunerde über Grünschiefer, Bodenprofil Hor.: O 3–0 cm Nadelstreu und Grobmoder, A_1 0–6 cm Modermull, stark humoser, lehmiger Schluff, locker, A_2 6–22 cm humoser, lehmiger Schluff mit Grus und Feinschutt, AB_v 22–40 cm schwach humoser, lehmiger Schluff, steinig, locker, B_v 40–65 cm lehmiger Schluff, stärker steinig, B_vC lehmiger Schluff zwischen Grus und Feinschutt.

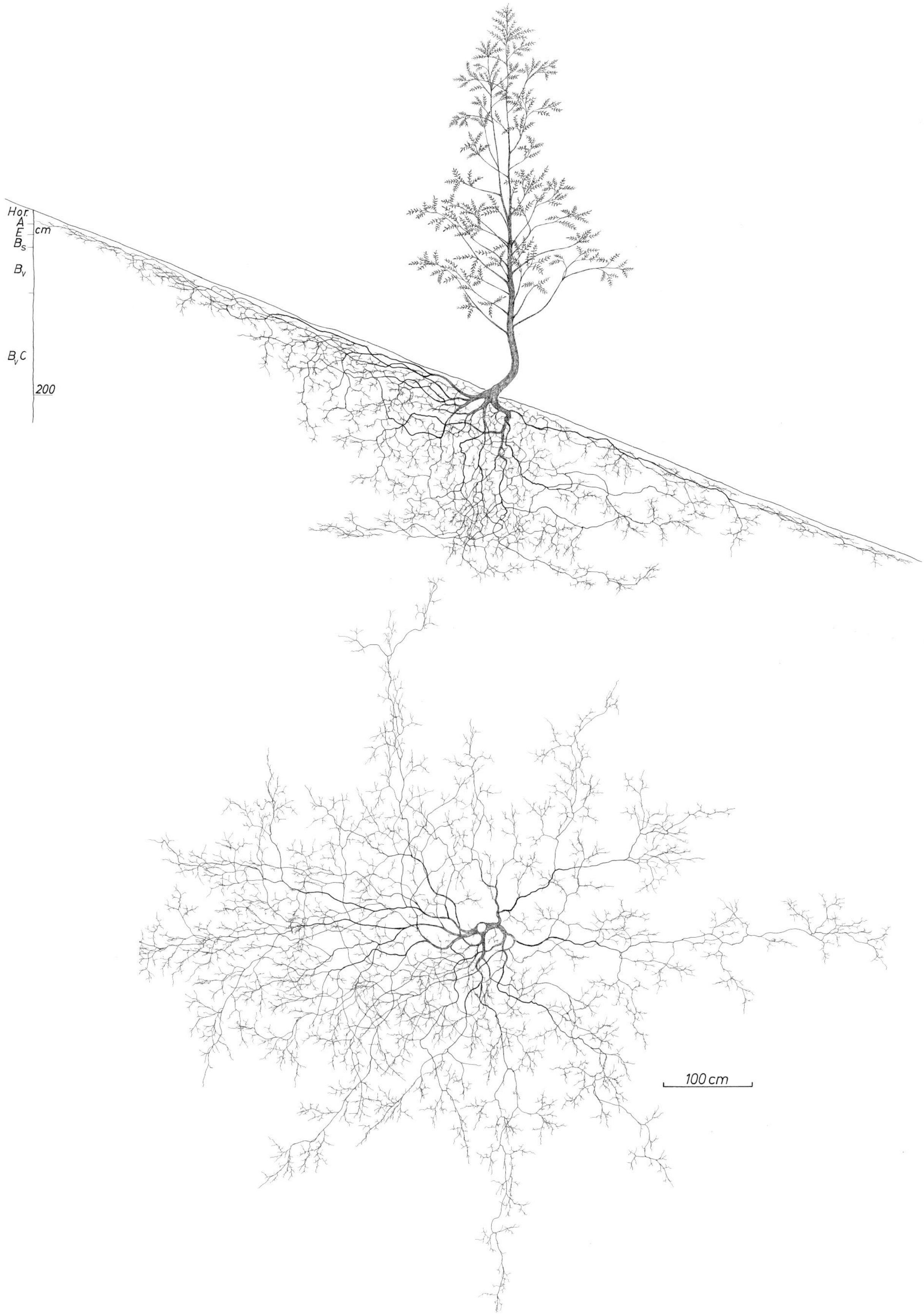
Hor.
A
E
cm
B_s
B_v
B_vC
200
100 cm

Abb. 77: Eberesche, *Sorbus aucuparia*, H–T–S = 630–96–2.310 cm, Villacher Alpe, Kärnten, Südhang, 1.810 m NN. Dichtes Latschengestrüpp mit einzelnen Ebereschen. Moderrendsina über Kalkschutt, Bodenprofil Hor.: O 3–0 cm Nadelstreu, Moder, A_1 0–6 cm Feinmoder, A_2 6–18 cm Modermull mit Kalkschutt, AC 18–60 cm Modermull zwischen Kalkblockschutt, C Kalkblockschutt mit Nestern von Modermull.

Mit ihren Seitenwurzeln erreicht sie bereits eine Tiefe von 130 cm. Von den flachstreichenden Wurzeln hat eine bereits zwei Wurzelsprosse gebildet, die schon sproßbürtig bewurzelt sind. Von den seitwärts verlaufenden Wurzeln gehen mehrere Senkwurzeln aus. Der größere Baum der **Abb. 76** wurde bei Arriach in Kärnten auf einem nach Norden geneigten Waldschlag auf Podsol freigelegt. Bereits am Wurzelhals entstanden einige kräftige Wurzelstränge. Sie wenden sich vorwiegend abwärts. Der dünne Strang, der in der Mitte senkrecht nach unten wächst, ist als Polwurzel kaum noch zu erkennen. Mit Erreichen der gleichmäßiger feuchten und gleichmäßiger temperierten Bodenschichten biegen die Wurzeln seitwärts um. Die abwärts wachsenden Wurzelstränge verzweigen sich sehr stark. Sie bilden mit diesen Verzweigungen im näheren Kronenbereich eine schwach entwickelte Wurzelgruppe. Diese wird durch die weit nach der Seite verlaufenden Wurzelstränge ergänzt, sodaß sich ein kegelförmiger Wurzelkörper ergibt. Die Feinverzweigung der dünnen Wurzelstränge ist groß. Die dünnen, auffallend gelben Wurzeln sind meist schnurförmig verlängert. Die unverzweigten Endabschnitte der Wurzeln sind lang, fleischig und weiß. Diese Form der Feinwurzelbildung ist kennzeichnend für ständig gut durchfeuchtete, kühlere Böden. Insgesamt bildet diese Eberesche eine sehr reiche, stark feinverzweigte Bewurzelung. Der stark bestockte Strauch der **Abb. 77** wurde auf der Villacher Alpe in einem dichten Latschengestrüpp über Kalkblockschutt freigelegt. Die sproßbürtige Bewurzelung herrscht bereits vor. An den dicken Wurzelsträngen entstanden Wurzel-

---

Abb. 76 (links): Eberesche, *Sorbus aucuparia*, H–T–S = 430–220–1.050 m, Arriach, Kärnten, Nordhang, 850 m NN. Schluchtwald-Blöße, Strauchschicht vorwiegend mit *Acer pseudoplatanus, Sorbus aucuparia, Sambucus racemosa, Salix caprea, Alnus incana, Rubus idaeus* u. a., in der Krautschicht *Carduus personata, Senecio ovatum, Cardamine impatiens, Impatiens noli-tangere* u. a. Schwach entwickelter Podsol über kristallinem Schiefer, Bodenprofil Hor.: O 3–0 cm Streu und Grobmoder, A 0–15 cm Anmoor-Moder, feinmoderreicher Schluff, schmierig, dicht, stark durchwurzelt, AE 15–20 cm schwach humoser Schluff, gebleicht, stark durchwurzelt, E_h 20–25 cm Schluff, gebleicht, am oberen Rand mit Humusschlieren, stark durchwurzelt, B_s 25–40 cm Schluff, rostbraun, stark durchwurzelt, B_v 40–90 cm Schluff, gelbbraun, mehlig, B_vC Schluff, mehlig, gelbbraun, durchsetzt mit Schiefergrus, ab 200 cm Tiefe leicht sickerfeucht, in den feuchten Schichten Durchwurzelung gestaucht endend.

Taf. 61: Eberesche, *Sorbus aucuparia*. 1. Reihe und 2. R. links: Arriach, Kärnten, 850 m NN, schwach entwickelter Podsol kleiner Baum, Polwurzel nahe dem Wurzelhals in kräftige Seitenwurzeln verzweigt, abwärts verlaufende Wurzeln in feuchten Unterboden umgebogen, seitwärts wachsende Wurzeln fächerförmig verzweigt, Feinwurzelbesatz groß (zu Abb 76); rechts: Villacher Alpe, Nordseite, 980 m NN, Braunlehm über Kalk, kleiner Strauch mit bewurzelten Legtrieben und seitwärts umgebogener Polwurzel. 3. R.: Villacher Alpe, Kärnten, 1.810 m NN, Moderrendsina über Kalkschutt, bestock ter Strauch in einem Latschenbestand mit kräftigem Wurzelsproß, Wurzeln weit seitwärts verlaufend, stark feinverzweig (zu Abb. 77).

Taf. 62 A: Eberesche, *Sorbus aucuparia.* – **1:** Villacher Alpe, Kärnten, 13.12. Prim., Ø, Ph/HCl, 409x. **Rh** Z klein. **Rinde** Ex ZW verdickt, RP innerste Schicht PhiZ, schwach verholzt, En mit CS. **ZZ** 2arch. – **2:** Arriach, Kärnten, 24.6. Sek., Ø, Ph/HCl, 25x. Wu asymmetrisch, konvexe Seite schmäler, Weite der Gefäße geringer als auf konkaver Seite. **ZZ** 4arch. **PCAG** schmal, sich in Schuppen ablösend. **Bast** breit. – **3:** Ausschnitt aus 2. 162x. **Bast** GG Z besonders im äußeren Teil des Bastes St-reich, F z. T. weitlumig, in bis über 5schichtigen Gruppen. **Holz** ZW wenig verdickt. – **4:** Schloß Rain, Grafenstein, Kärnten, 20.7. Sek., ⊠, S3, 409x. **Holz** Strahlen 1-2reihig, bis über 16 Z hoch, FTracheiden Tüpfel entfernt stehend. – **5:** Schnittreihe wie 4. JJK, 162x. **Bast** CaOxKristalle groß, in ZReihen benachbart F.

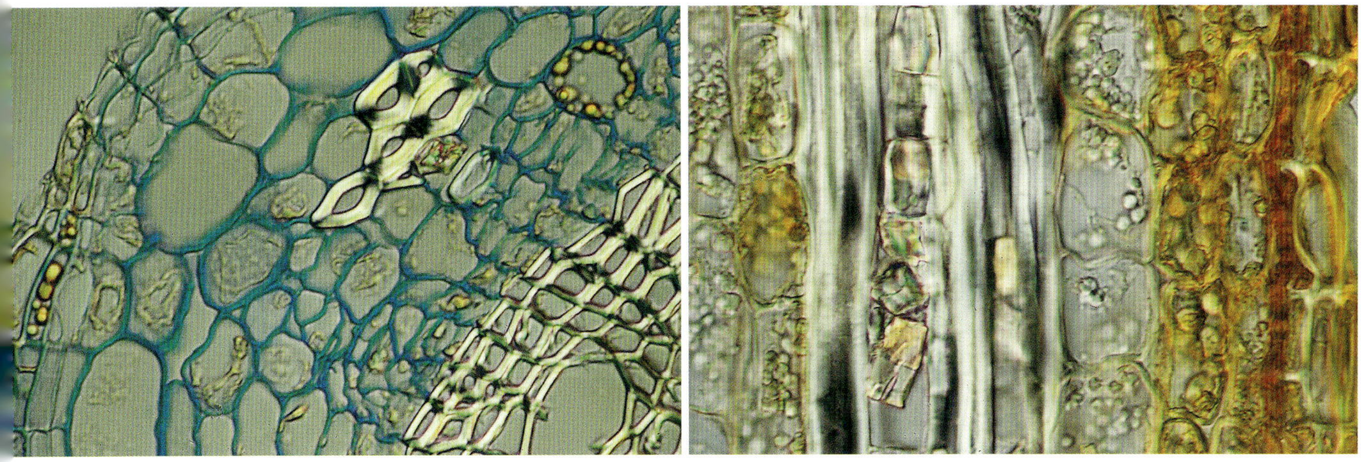

Taf. 62 B: – **1:** Lockenhaus, Burgenland, 2.12. Sek., Ø, Saf.-Ast., 409x. **PCAG** 4schichtig, ZW dünn, 3. Schicht ZInhalt tröpfchenförmig, FS (?). **Bast** ZW gequollen, F weitlumig. – **2:** Ausschnitt aus A 5. 409x. **PCAG** Z der 2 innersten Schichten St-reich. **Bast** Z mit CaOxKristallen.

sprosse. Einer davon hat sich bereits zu einem bestockten Strauch entwickelt. Die Seitenreichweite der Wurzeln ist groß. Das Tiefenstreben ist auf dem kühlen, steinigen Boden gering.

Anatomie, Taf. 62

Im primären Zustand unterscheiden sich die Wurzeln der Eberesche von denen der übrigen beschriebenen Arten der Gattung durch die geringere Verfestigung der Zellwände der Rhizodermis und durch die stärkere Verfestigung der Zellwände der Exodermis. Nach dem Aufleuchten der Zellwände der Exodermis sind diese verkorkt. Verkorkte Zellwände leuchten bei Interferenzkontrast ähnlich auf wie die verholzten Zellwände der Xylem-Leitelemente. Nach Behandlung mit Phloroglucinol-Salzsäure sind die Zellwände der Exodermis nicht verfärbt und die Verdickungen der Phi-Zellen als Zeichen geringer Verholzung schwach rotviolett (A 1). Ob die Verdickung der Zellwände der Exodermis regelmäßig oder zumindest häufig auftritt, wäre zu klären.

Im sekundären Zustand sind die Unterschiede zu den übrigen Arten der Gattung die geringere Breite und Verkorkung des Pericambial-Abschlußgewebes, der geringere Anteil an Fasern bzw. Steinzellen im Bast und die geringere Verdickung der Zellwände im Holz. Außerdem sind die Bastfasern oft weitlumiger und die Zellen des Grundgewebes des Bastes stärker gestreckt (A 2, 3, 5, B 1). Die Strahlen im Holz sind meist einreihig bzw. z. T. zweireihig und bis über 14 Zellen hoch. Auffallend ist die unterschiedliche Größe von deren Zellen (A 4). Die Weite der Gefäße hängt wieder von der Zeit ihrer Bildung und vom Wasserangebot ab. Im Krümmungsbereich der Wurzel ist sie an der konkaven Seite größer als an der konvexen (A 2). Ebenfalls von den Umweltbedingungen abhängig ist die Zahl der Zellreihen mit Calciumoxalat-Kristallen. Sie ist bei dem Baum, der auf Braunerde über kalkhaltigen fluvioglazialen Ablagerungen wuchs, relativ hoch (A 5, B 2), bei jenem, der auf kalkarmem Boden freigelegt wurde, sehr gering (A 2, 3).

Der innere Bau der Wurzel zeigt daher deutlich die Bindung der Art an mäßig warme bis kühle und frische Standorte, deren Böden kalkarm oder kalkreich sein können.

Standortansprüche: In der Jugend ist die Eberesche wenig empfindlich gegen Beschattung. Sie kommt sogar noch in dichten Beständen von Schlagpflanzen oder Latschengebüschen auf. Als Baum ist sie im Bestand lichtbedürftig. Sie ist daher nur in stärker aufgelichteten Wäldern zu finden. Die Eberesche ist eine typische Pflanze der sommerkühlen, humiden Lagen. In diesen kann sie auch Oberbodentrockenheit gut ertragen. In sommerwarmen Gebieten zieht sie sich auf schattige Standorte zurück. In lufttrockenen, niederschlagsarmen Gebieten fehlt sie ebenso wie in sommerheißen, humiden Gebieten. Am besten gedeiht sie auf frischen, tief zu durchwurzelnden, stauwasserfreien Braunerden. Steinige, flachgründige Böden erträgt sie umso besser, je kühler und feuchter das Gebiet ist. Gegen Staunässe und lang andauernde Überflutung ist sie empfindlich. Auf Au- und Moorböden kann sie noch gedeihen, wenn der stauwasserfreie Wurzelraum ausreichend groß ist. Die meist starke Wechselfeuchte dieser Böden schadet ihr wenig.

Verbreitung: Die nordisch-eurasisch-subozeanische Art kommt in Mitteleuropa am häufigsten in den Alpen und in den Mittelgebirgen Süd- und Mitteldeutschlands vor. In diesen Gebieten liegt ihr Verbreitungsschwerpunkt in der montanen und in der subalpinen Stufe. Die Höhengrenze ihres Vorkommens verläuft in den Süd- und Westalpen bei 2.200–2.400 m, in den Zentralalpen bei 1.900–2.000 m, in Oberbayern bei 1.700–1.800 m und im deutschen Mittelgebirge bei 1.200–1.300 m. In den tieferen Lagen ist sie hauptsächlich in Vorwald- und Schlagfluren (Epilobion angustifolii), Auwäldern (Alnion glutinosae) und in Schluchtwäldern (Tilio-Acerion) zu finden. In den höheren Lagen schließt sie sich vorwiegend den lichten hochmontanen Nadel-Mischwäldern an. Dort gedeiht sie optimal im Piceo-Sorbetum aucupariae Oberd. 73 (Sambuco-Salicion). In der subalpinen Stufe kommt sie in Hochstaudenfluren (Adenostylion), in Latschengebüschen sowie in Steinschutt- und Geröllfluren vor.

Sorbus domestica L., Speierling

Morphologie

Sproß: Sommergrüner Baum, selten Strauch, Höhe bis 15 (20) m, Krone junger Bäume meist pyramidenförmig, alter Bäume infolge weiter ausgebreiteter Äste oval bis rundlich.

Wurzel: Für den Speierling wird nicht ganz zutreffend ein tiefreichendes Herzwurzelsystem angegeben. Die Polwurzel verliert zwar bald ihre Vorwüchsigkeit. Die tiefreichenden Wurzeln bleiben aber nicht auf deren näheren Bereich beschränkt, wie dies bei den typischen „Herzwurzlern“ üblich ist. Sie verteilen sich vielmehr, der tiefgründigen Erwärmung der Böden entsprechend, auf die ganze Länge der flachstreichenden Seitenwurzeln. Der Wurzelkörper nimmt dadurch insgesamt eine breit zylindrische Form an. Diese entspricht auch viel eher den trockenen, warmen Standorten, die der Speierling besiedelt. Entlang der flachstreichenden Wurzeln können vor allem in schattigen Lagen Wurzelsprosse entstehen.

Der kleine Baum der **Abb. 78** wurde im warmen, trockenen Marchfeld auf tiefgründigem, trockengefallenem Pseudotschernosem freigelegt. Die Polwurzel tritt weder als dickerer noch als vorwüchsiger Wurzelstrang hervor. Im Bereich des Wurzelstockes entstehen mehrere kräftige Wurzelstränge. Von ihnen wächst ein Teil mit ihren stärkeren Seitenwurzeln im Bereich der Krone nach unten. Ein Teil breitet sich unter gabeliger Verzweigung in weitem Umkreis seitwärts aus. Von den flachstreichenden Wurzeln wenden sich Seitenwurzeln bis zum äußeren Rand des Wurzelkörpers nach unten. Das tiefe Eindringen auch der äußeren Senkwurzeln verleiht dem Wurzelkörper die breit zylinderartige Form. Die Feinverzweigung ist nicht sehr groß. Die Feinwurzeln verteilen sich infolge der gabeligen Verzweigung der Wurzelstränge mehr auf den äußeren Rand des Wurzelkörpers. Die Wurzelfarbe ist durchwegs schwarz bis schwarzbraun. An den dicken Abschnitten der im Boden flach verlaufenden Wurzeln entstanden einige Wochen nach der Freilegung der Wurzelstränge Wurzelsprosse (**Taf. 63**, Bild 3. Reihe links).

Anatomie, **Taf. 64**

Ein besonderes Merkmal der Wurzeln des Speierlings ist im primären Zustand die stärkere Verdickung der äußeren Wand der Rhizodermiszellen. Die innerste Schicht des Rindenparenchyms besteht wie bei den anderen Vertretern der Gattung aus Phi-Zellen (A 1, B 1).

Im sekundären Zustand lösen sich die äußeren Schichten des Pericambial-Abschlußgewebes vorwiegend spiralig frühzeitig ab. Die Zahl der verbliebenen Schichten beträgt deshalb mitunter nur 5–6 (A 2, B 2). Die Fasern bzw. Steinzellen im Bast stehen dicht gedrängt und bilden Gruppen aus bis zu mehr als 10 Schichten. Ihr Anteil am Bast kann über 50 % betragen (A 3). Mehrere Zellreihen mit Calciumoxalat-Kristallen verlaufen benachbart den Fasern. Sie grenzen z. T. unmittelbar an die Zellen des Pericambial-Abschlußgewebes. Die Zellen der Strahlen im Holz sind dicht gefüllt mit Stärkekörnern. Die Zellwände des Grundgewebes einschließlich des potentiellen Leitgewebes im Zentrum der Wurzel sind stark verdickt (A 4). Die Zahl und Weite der Gefäße ist auffallend groß. Die Wurzeln können dadurch größere Mengen an Wasser speichern (A 2). Über zahlreiche ovale Hoftüpfel erfolgt die Verbindung der Leitelemente mit den Zellen der Strahlen (A 5).

Aus allen Merkmalen spricht die Fähigkeit der Art, größere Trockenheit und Wärme, die zu höheren Spannungen in den Geweben führen, zu ertragen.

Standortansprüche: Der Speierling erträgt in der Jugend Schatten. Als Baum ist er im Bestand lichtbedürftig. Er wächst daher meist nur in Waldlichtungen oder am Rand von Kahlschlägen. Sein hoher Wärmebedarf und seine Empfindlichkeit gegen Spätfröste schränken sein Vorkommen auf sehr sommerwarme, wintermilde Gebiete ein. Dort erträgt er dank seiner reichen und tief in den Boden vordringenden Bewurzelung auch trockene Standorte. Bei einem Niederschlag von 500 mm und darunter ist er meist auf tiefgründigen, stärker wasserspeichernden Feinsedimentböden anzutreffen. In niederschlagsreichen Gebieten bevorzugt er skelettreichere Böden, die sich in den oberen Schichten stärker erwärmen. In Mitteleuropa ist der Speierling eine Pflanze der kalkreichen Böden. Im Mittelmeerraum wächst er ebensogut auf mäßig sauren Böden über Silikatgestein. Für den mitteleuropäischen Bereich werden als günstigste Böden tiefgründige, nährstoffreiche, kalkreiche, gut durchlüftete und stauwasserfreie Böden angegeben. Wechseltrockenheit kann der Speierling ertragen, nicht aber Staunässe oder länger währende Überschwemmung.

Verbreitung: Selbst in den warmen Lagen kommt der Speierling nur in der kollinen und in der unteren montanen Stufe vor. Die Höhengrenze wird mit 600–700 m angegeben. In Südeuropa wächst er im Gebirge in der Flaumeichenstufe. In Mitteleuropa bleibt er weitgehend auf die Zone der Eichenwälder wärmerer Gebiete beschränkt. Er gilt daher als Kennart der Quercetalia pubescenti-petraeae.

Taf. 63: Speierling, *Sorbus domestica*. Matzen, Niederösterreich, 460 m NN, Pseudotschernosem, kleiner Baum, Polwurzel verkümmert Wurzeln in dem warmen Boden bogenförmig abwärts verlaufend, Feinwurzelbesatz rel. gering, an den flurnahen Wurzeln vereinzel Wurzelsprosse auftretend (zu Abb. 78).

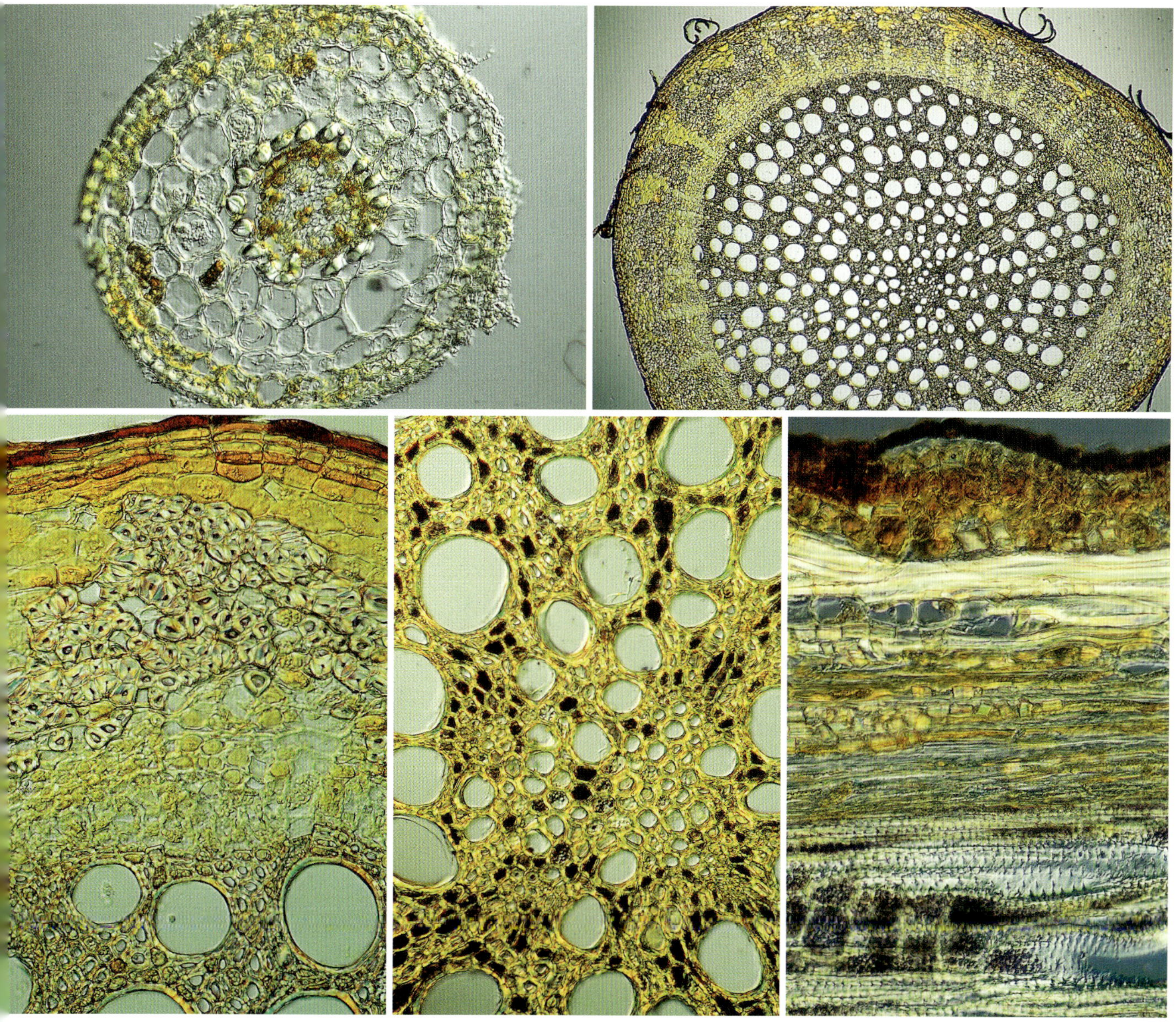

Taf. 64 A: Speierling, *Sorbus domestica.* – **1:** Matzen, Niederösterreich, 8.7. Prim., Ø, JJK, 162x. **Rh** Z klein, AW verdickt. **Rinde** Ex ZW mit Suberinlamelle, RP innerste Schicht PhiZ. **ZZ** 3arch, Inhalt einiger Z gebräunt. – **2:** Pfl u. Zeit wie 1. Sek., Ø, Ph/HCl, 25x. Wu asymmetrisch, konvexe Seite schmäler, Anteil an Gefäßen geringer. **ZZ** 4arch. **PCAG** schmal bis mittelbreit, sich vorwiegend spiralig ablösend. **Bast** F bzw. SteinZ in bis über 11schichtigen Gruppen. **Holz** Gefäße klein bis groß, zahlreich. – **3:** Ausschnitt aus 2. 162x. – **4:** Schnittreihe wie 2. JJK, 162x. **Holz** Z der Strahlen u. des GG gefüllt mit St. – **5:** Pfl u. Zeit wie 1. Sek., ☒, JJK, 162x. **Bast** im gesamten Bereich des Sc ZReihen mit CaOxKristallen. **Holz** Strahlen 1-3reihig, Gefäße Hoftüpfel oval, versetzt.

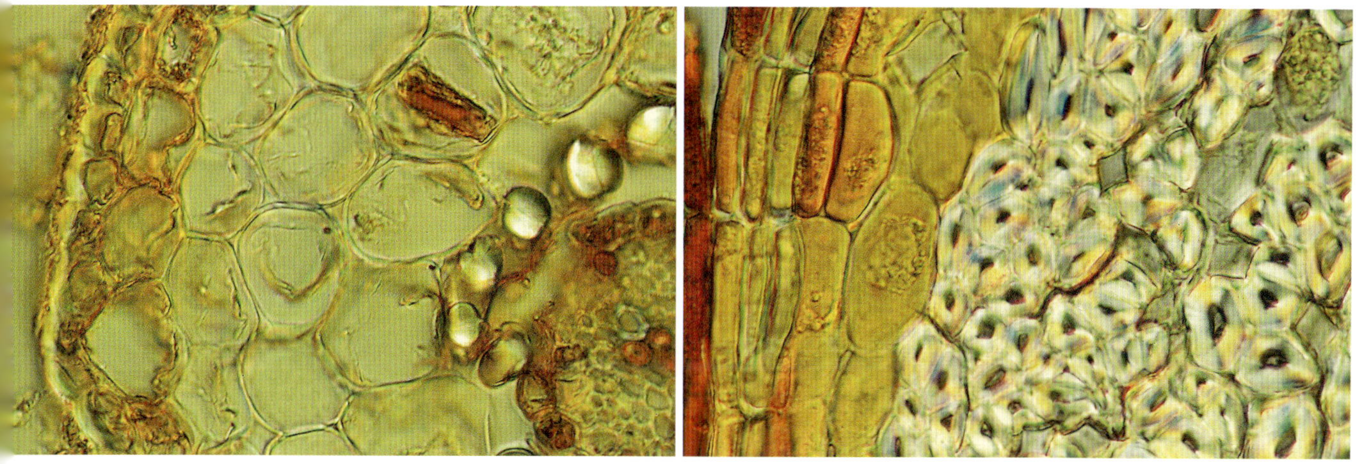

Taf. 64 B: – **1:** Ausschnitt aus A 1. 409x. – **2:** Ausschnitt aus A 2. 409x. **PCAG** 5-6schichtig, äußerste Schicht rotbraun, Eigenfarbe. **Bast** F bzw. SteinZ sehr zahlreich, z. T. geschlossene Felder bildend, in Zwischenräumen Z mit CaOxKristallen.

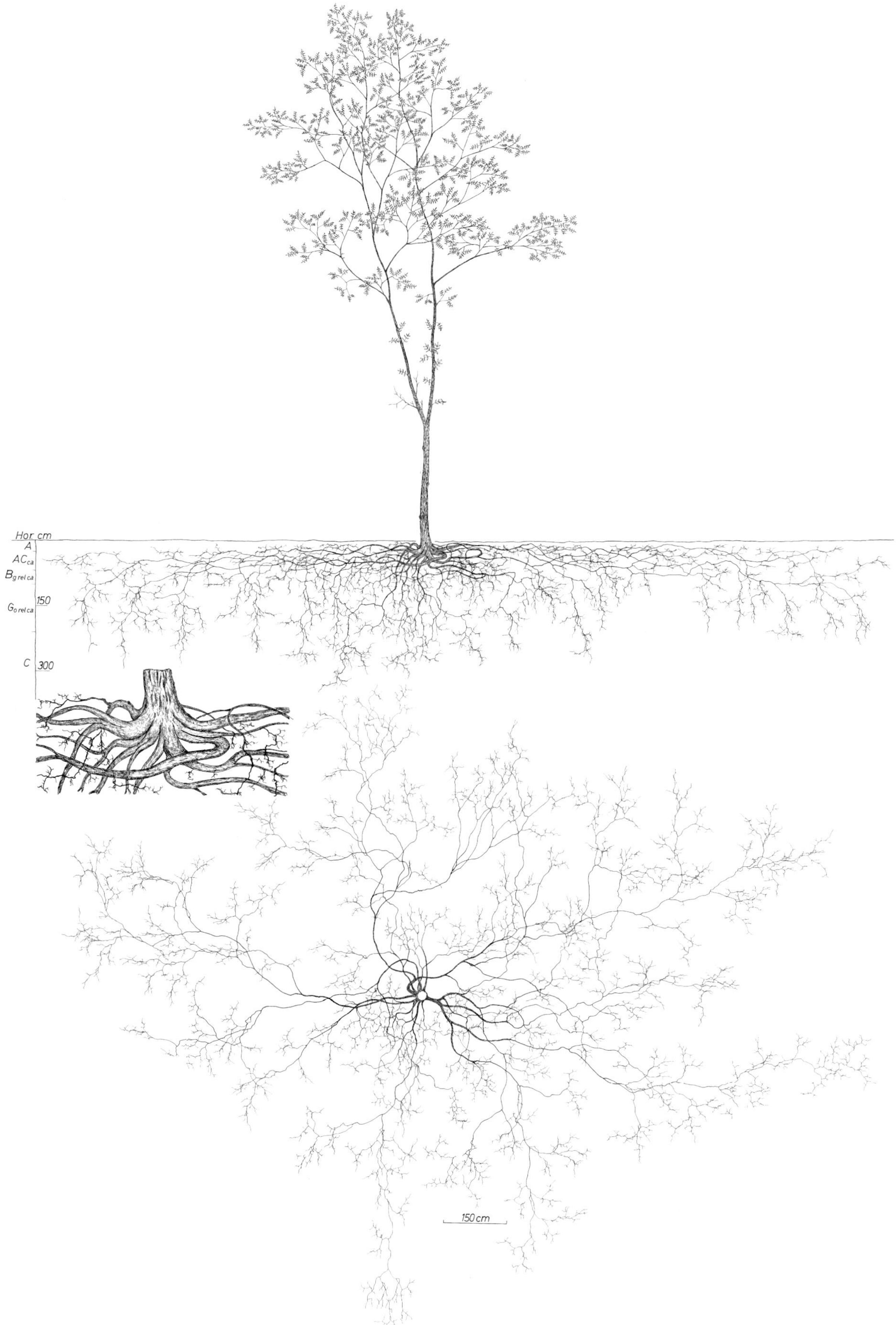
Hor cm
A
AC_{ca}
$B_{g\ rel\ ca}$
150
$G_{o\ rel\ ca}$
C
300
150 cm

Sorbus chamaemespilus (L.) Crantz, Zwerg-Mehlbeere

Morphologie

Sproß: Sommergrüner Strauch, bis 1,5 (3) m hoch, Stamm stark verzweigt, aufrecht, in Lawinenstrichen auch niederliegend mit aufsteigenden Ästen.

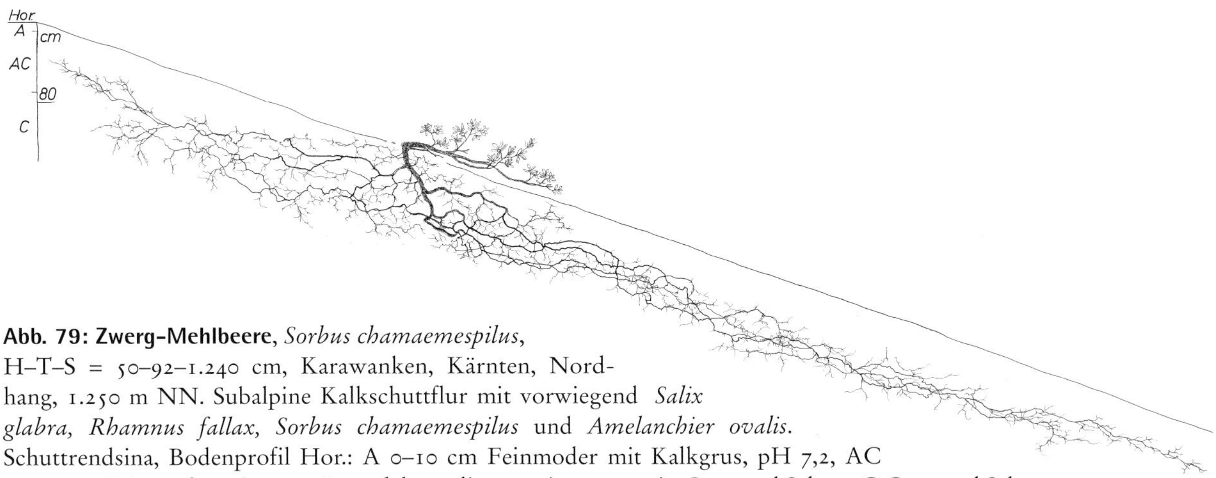

Abb. 79: Zwerg-Mehlbeere, *Sorbus chamaemespilus*, H–T–S = 50–92–1.240 cm, Karawanken, Kärnten, Nordhang, 1.250 m NN. Subalpine Kalkschuttflur mit vorwiegend *Salix glabra, Rhamnus fallax, Sorbus chamaemespilus* und *Amelanchier ovalis.* Schuttrendsina, Bodenprofil Hor.: A 0–10 cm Feinmoder mit Kalkgrus, pH 7,2, AC 10–70 cm Feinmoder mit etwas Braunlehmsediment, eingemengt in Grus und Schutt, C Grus und Schutt.

Wurzel: Die Zwerg-Mehlbeere beschränkt ihre Bewurzelung in der Regel auf das Polwurzelsystem. Die Polwurzel tritt auch an älteren Sträuchern deutlich hervor. Auf den steinigen Böden, auf denen die Art meist vorkommt, unterliegt die Polwurzel zusammen mit ihren dickeren Seitenwurzeln starken Verformungen. Ihr Tiefenstreben ist relativ gering. In den hohlraumreichen Böden nehmen in sommerkühlen Lagen die Wärme- und Feuchteschwankungen nach der Tiefe hin rasch ab. Die Wurzeln wachsen daher schon ab einer Tiefe von ca. 80 cm ausschließlich seitwärts. Auf dem beweglichen Schutt sind die obersten Bodenschichten fast nicht durchwurzelt. Das Wurzelsystem breitet sich im tiefer gelegenen, ruhenden Schutt weit seitwärts aus. Entlang der Endabschnitte bilden die Wurzelstränge ein Geflecht aus sehr dünnen, fadenartigen Wurzeln.

Der Strauch der **Abb. 79** wurde auf einem Kalkschuttkegel in den Karawanken freigelegt. Häufiger Lawinenabgang bewirkte einen niederliegenden Stamm mit aufstrebenden Laubtrieben. Die Polwurzel ist kräftig entwickelt. In den tieferen, gleichmäßiger erwärmten und gleichmäßiger feuchten Schichten biegt sie mit ihren Verzweigungen seitwärts um. Die Wurzeln sind in dem Schutt stark verbogen. Der beweg-

---

Abb. 78 (links): Speierling, *Sorbus domestica*, H–T–S = 1.239–345–2.010 cm, Matzen, Niederösterreich, SW-seitige, flache Mulde im auslaufenden Unterhang, 460 m NN. Niederwald mit vorwiegend *Ulmus minor, Corylus avellana, Acer campestre, Cornus sanguinea,* vereinzelt *Larix decidua, Betula pendula, Pinus sylvestris* und *Sorbus domestica,* in der Krautschicht besonders *Impatiens parviflora, Brachypodium sylvaticum, Cirsium arvense, Carduus nutans, Securigera varia* u. a. Trockengefallener Pseudotschernosem aus Braunlehmresten. Bodenprofil (Beschreibung nach Prof. Solar, verkürzt) Hor.: A 0–25 cm stark humoser, schluffiger Lehm, dunkel braungrau, Mull, mittelblockig-grobgranulär, stark karbonatisch, beginnende Kalkausblühungen, AC_{ca} 25–70 cm humusfleckiger, schluffiger Ton, graubraun, undeutlich grobprismatisch, ansatzweise klüftig, Kalkausblühungen, $B_{g\ rel\ ca}$ 70–100 cm Reliktbodenrest mit reliktärer Hangwassersickerzone, schluffiger Ton, braun, undeutlich blockig, rostfleckig, starke Kalkausblühung, $G_{o\ rel\ ca}$ 100–220 cm trockengefallener Hangwasserhorizont, schluffiger Lehm, mäßig dicht, mit Rostflecken und Roströhren, von Kalkausblühungen durchsetzt, C unvergleyter Tegeluntergrund, schluffiger Lehm, hellbraun, laminar gefügt, schwach porös, stark karbonatisch, ohne Kalkausblühungen, Bewurzelung auslaufend.

Taf. 65: Zwerg-Mehlbeere, *Sorbus chamaemespilus*. Karawanken, Kärnten, 1.250 m NN, Schuttrendsina, niederliegender Strauch. Polwurzel umgebogen, mit den Seitenwurzeln vorwiegend seitwärts verlaufend, Feinwurzeln sehr dünn, lang (zu Abb. 79).

Taf. 66 A: Zwerg-Mehlbeere, *Sorbus chamaemespilus*. – **1:** Villacher Alpe, Kärnten, 18.12. Prim., Ø, Ph/HCl, 162x. **Rh** verdickt, WuHr zahlreich. **Rinde** IRP innerste Schicht PhiZ. **ZZ** 4arch. – **2:** Bärental, Karawanken, Kärnten, 15.7. Sek., Ø, JJK, 64x. **PCAG** äußere Schichten rot, Eigenfarbe. **Bast** schmal bis mittelbreit, F zahlreich, in kleinen Gruppen verstreut. **Holz** Strahlen 1-3reihig, Gefäße klein bis mittelgroß, Anteil 15-20 %. – **3:** Schnittreihe wie 1. S3, 409x. **Rh** Z klein cutinisiert, Ex ZW suberinisiert, En radiale ZW mit CS, alle ZW mit Suberinlamelle. – **4:** Ort wie 1, 15.5. Sek., ß, Ph/HCl, 409x. Holz Gefäße Hoftüpfel oval versetzt, Querwand kurz. – **5:** Ort wie 1, 17.8. Sek., ☒, S3,409x. **Bast** benachbart F ZReihen mit z. T. langen CaOxKristallen.

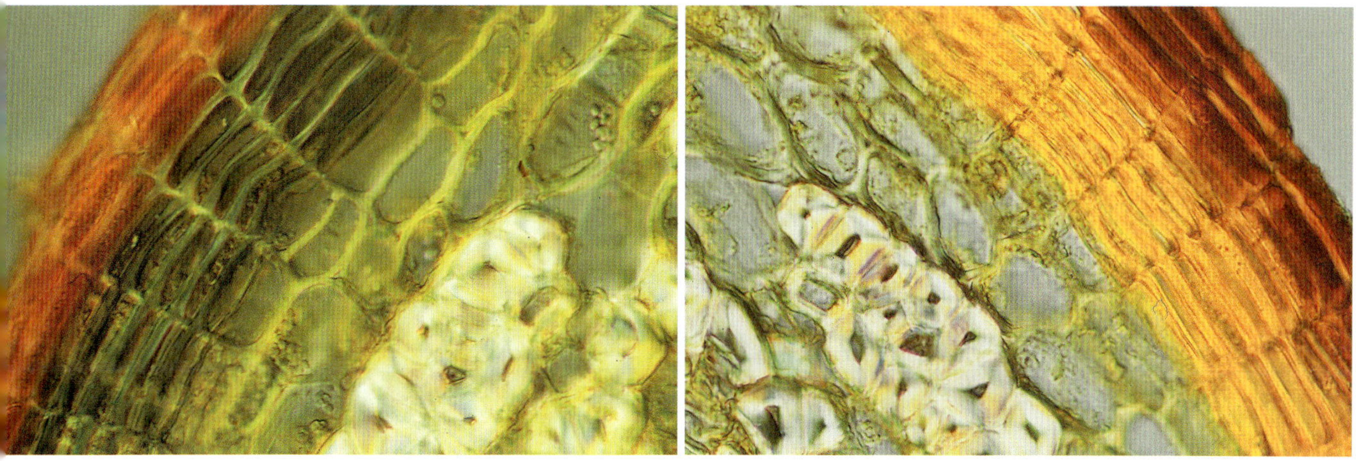

Taf. 66 B: – **1:** Ausschnitt aus A 2. 409x. **PCAG** innere u. mittlere Schichten Z noch lebend, mit St, äußere Z abgestorben, ZW rot, Eigenfarbe. – **2:** Schnittreihe wie A 2. S3, 409x. **PCAG** 2 innere Schichten ZW unverkorkt. **Bast** Sc Z benachbart mit CaOxKristallen.

che Feinschutt nahe Flur ist fast nicht durchwurzelt. Die dünnen Wurzelstränge laufen in ein fadenförmiges Wurzelgeflecht aus.

Anatomie, Taf. 66

Der innere Bau der Wurzeln der Zwerg-Mehlbeere ähnelt im primären Zustand dem der Gewöhnlichen Mehlbeere. Die Zellen der Rhizodermis sind deutlich kleiner als jene der Exodermis, ihre Zellwände sind schwach cutinisiert, und die Wurzelhaare sind oft kurz und gedrungen. Deutlich ausgeprägt ist die Suberinlamelle an den Zellwänden von Exo- und Endodermis. Nach Behandlung mit Sudan 3 erfolgt eine starke Rotfärbung. Die innerste Schicht des Rindenparenchyms besteht aus Phi-Zellen mit auffallend großer Wandverdickung. Die aufgelagerten Schichten sind wie bei den übrigen untersuchten Arten verholzt (A 1, 3).

Im sekundären Zustand fällt vor allem das breite Pericambial-Abschlußgewebe mit einem hohen Anteil an noch lebenden, stärkereichen Zellen auf. In tangentialer und radialer Richtung sind die Zellen nahezu gleich groß. Im Bast sind die Fasern bzw. die Steinzellen wie bei der Gewöhnlichen Mehlbeere locker angeordnet und meist weitlumig. Außerdem stehen sie auch einzeln oder in kleinen Gruppen (B 1, 2). Sehr groß ist ebenfalls die Zahl der Zellen mit prismatischen, raumfüllenden Calciumoxalat-Kristallen im Bast (A 5). Größere Unterschiede bestehen anscheinend im Bau des Holzes. So ist im Gegensatz zur Gewöhnlichen Mehlbeere der Anteil an Strahlen und Grundgewebe bzw. Fasertracheiden oft bedeutend größer als jener an Gefäßen (A 2, 4).

Übereinstimmung und Unterschiede entsprechen den Standorten beider Arten. Die Zwerg-Mehlbeere wächst wie die Gewöhnliche Mehlbeere fast ausschließlich auf kalkreichen Standorten. Das Klima der Standorte der Zwerg-Mehlbeere ist jedoch wesentlich kühler (s. oben).

Standortansprüche: Der lichtbedürftige Strauch ist eine typische Voralpenpflanze der Kalkalpen. Er bevorzugt sonnige Lagen mit skelettreichen, gut durchlüfteten, stauwasserfreien, basenreichen Böden. In den tieferen Lagen zieht er sich auf die kühl-feuchteren Geländevertiefungen zurück.

Verbreitung: Die praealpide Art hat ihre Hauptverbreitung in der subalpinen Stufe der Kalkalpen. Die Höhengrenze ihrer Verbreitung verläuft in den Westalpen bei 2.300 m und in den Bayrischen Alpen bei 2.000 m. In Schluchten und Frostlöchern kann sie bis gegen 500 m herab vorkommen. Sie schließt sich vorwiegend den Krummholz- und Zwergstrauchgesellschaften an. Vor allem gilt sie als Kennart des Erico-Rhododendretum hirsuti (Erico-Pinion).

Amelanchier ovalis Med., Gewöhnliche Felsenbirne, Edelweißstrauch

Morphologie

Sproß: Sommergrüner Strauch, max. 6 m hoch, Stamm bis 5 (7) cm dick, vom Grund an verzweigt, unterste Verzweigungen oft niederliegend-aufsteigend, ihre dem Boden anliegenden oder überschütteten Astteile Wurzeln schlagend. Äste oft stark gebogen, gabelig verzweigt, aufrecht abstehend, seitwärts ausgebreitet oder überhängend, Strauch oft mehr breit als hoch.

Wurzel: OBERDORFER (1994) bezeichnet die Felsenbirne als Spaltenwurzler. Damit wird ausgedrückt, daß die Wurzeln, wie jene anderer Arten auch, in Felsspalten eindringen. Nach SCHROEDER (1995) können auch Wurzelsprosse entstehen. Sonst wurden keine Hinweise über die Bewurzelung der Art gefunden. Nach vorliegenden Untersuchungen entwickelt die Felsenbirne meist ein Polwurzel-Sproßwurzel-System. Die Polwurzel ist stets deutlich ausgebildet und vorwüchsig. Doch wird sie auf den steinigen Böden, auf denen die Felsenbirne in der Regel vorkommt, rasch verformt. Die Verformung äußert sich in häufigen Windungen und in der Verzweigung in nahezu gleich dicke Wurzelstränge. Das gehemmte Tiefenstreben der Polwurzel begünstigt die Bildung kräftiger sproßbürtiger Wurzeln an der meist gestauchten Stammbasis. Auch an den niederliegenden oder überschütteten Astteilen entstehen sproßbürtige Wurzeln. Diese zusätzliche sproßbürtige Bewurzelung führt zu einer beträchtlichen Verstärkung der Bodendurchwurzelung im mittleren Bereich des Strauches. Einige flachstreichende Wurzeln breiten sich bei ausreichender Bodenauflage über dem Gestein in weitem Umkreis seitwärts aus. Die Polwurzel hingegen ist stets auf das Tiefenstreben ausgerichtet. Wie tief sie eindringen kann, hängt von der Beschaffenheit des meist steinigen Untergrundes ab. Aufgrund der tiefreichenden Bodenerwärmung, die auf den Standorten der Felsenbirne meist gegeben ist, könnte die Polwurzel über 2 m tief in den Boden eindringen. So gesehen kann die Art als Tiefwurzler bezeichnet werden, nur kann sie ihr Tiefenstreben meist nicht voll entfalten.

Der Strauch der **Abb. 80** wurde auf Braunlehmsediment über Kalkschutt bei Villach an einem wärmebegünstigten Südhang freigelegt. Er bildete ein sehr kennzeichnendes Polwurzel-Sproßwurzel-System. Die Polwurzel dringt in großen Windungen zwischen dem Kalkschutt in die Tiefe. Über einem breiten Felsblock wird sie unter Verzweigung seitwärts abgelenkt. Der tiefstrebende Polwurzelstrang ist auffallend wenig verzweigt. Am Grund des gestauchten Sprosses entstanden kräftige sproßbürtige Wurzelstränge. Dünnere Wurzeln bildeten sich auch entlang der überschütteten, niederliegenden Astteile. Die abwärts wachsenden Sproßwurzeln erreichen nicht annähernd die Tiefe der Polwurzel. Sie bewirken aber mit ihrer starken Verzweigung eine sehr ergiebige Erschließung des Bodens unterhalb des Strauches. Einige kräftige Wurzeln breiten sich in dem humosen Braunlehm weit seitwärts aus. Für den warmen Boden kennzeichnend ist, daß entlang der flach verlaufenden Wurzeln bis nahe an ihr Ende Wurzelstränge 2. Ordnung entstehen, die abwärts wachsen. Sie erreichen aber in dem niederschlagsreichen Gebiet keine so große Tiefe wie in den warmen Trockengebieten des pannonischen Raumes. Der Wurzelkörper ähnelt daher mehr einem breiten, nach oben erweiterten Kegel als einem breiten Zylinder. Der Besatz an Feinwurzeln ist sehr hoch. Die reiche Feinverzweigung wird durch den hohen Humusgehalt des Bodens gefördert. Die teils nestartige Verteilung der Feinwurzeln entsteht durch den Blockschutt, der einen Teil des Bodenvolumens einnimmt. Die Wurzelfarbe ist dunkelgrau bis schwärzlich.

Abb. 80: Gewöhnliche Felsenbirne, *Amelanchier ovalis,* H–T–S = 228–189–720 cm, Schütt bei Villach, südseitiger Hangfuß, 610 m NN. Busch mit *Amelanchier ovalis, Cornus sanguinea, Ligustrum vulgare, Viburnum lantana* u. a. in einem Trespen-Halbtrockenrasen. Braunlehm-Rendsina, Bodenprofil Hor.: A_I 0–6 cm Rasen-Wurzelfilz mit Braunlehm, A_2 6–40 cm stark humoser, umgelagerter Braunlehm, dunkel graubraun (7,5YR 3/2), knotig krümelig, steinig, stark durchwurzelt, pH 7,2, AB_{rel} 40–60 cm schwach humoser Braunlehm, dicht, durchsetzt mit Kalkschutt, mäßig stark durchwurzelt, B_{rel} C Braunlehm zwischen Kalkschutt, pH 8,2, Durchwurzelung auslaufend.

Taf. 67: Gewöhnliche Felsenbirne, *Amelanchier ovalis*. 1. Reihe: Schütt bei Villach, Kärnten, 610 m NN, Braunlehm-Rendsina, bestockter Strauch mit Polwurzelsystem und Sproßwurzeln (zu Abb. 80). 2. und 3. R.: Karawanken, Kärnten, 1.280 m NN, Schuttrendsina, in Richtung Schneeschub niederliegender Strauch, Polwurzel nahe dem Wurzelhals in dicke Seitenwurzeln verzweigt, die sich weit seitwärts ausbreiten, Endabschnitte der Wurzeln in viele lange, fadenförmig dünne Feinwurzeln verzweigt (zu Abb. 81).

Taf. 68 A: Gewöhnliche Felsenbirne, *Amelanchier ovalis*. – **1:** Schütt bei Villach, Kärnten, 16.10. Prim., Ø, JJK, 654x. Außen Reste eines anderen Schnittes, Kunstfehler. **Rh** Z klein bis mittelgroß, AußenW schwach verdickt, vereinzelt WuHr. **Rinde** Ex ZW schwach verfestigt, innerste Schicht des IRP PhiZ. – **2:** Ort wie 1, 14.4. Sek., Ø, JJK, 64x. **ZZ** 3arch. **PCAG** sich in Schuppen ablösend. **Bast** F in bis 4schichtigen Gruppen dicht stehend, englumig. **Holz** Strahlen bis 3reihig, GG ZW mittelstark bis stark verdickt, Gefäße klein bis mittelgroß, zahlreich. – **3:** Pfl u. Zeit wie 2. Sek., ☒, S3, 409x. **PCAG** ab der 4. Reihe ZW verkorkt. **Bast** ZReihen entlang F mit CaOxKristallen. – **4:** Ausschnitt aus 2. 162x. – **5:** Pfl u. Zeit wie 1. Sek., ☒, Ph/HCl, 409x. **Holz** Strahlen einreihig.

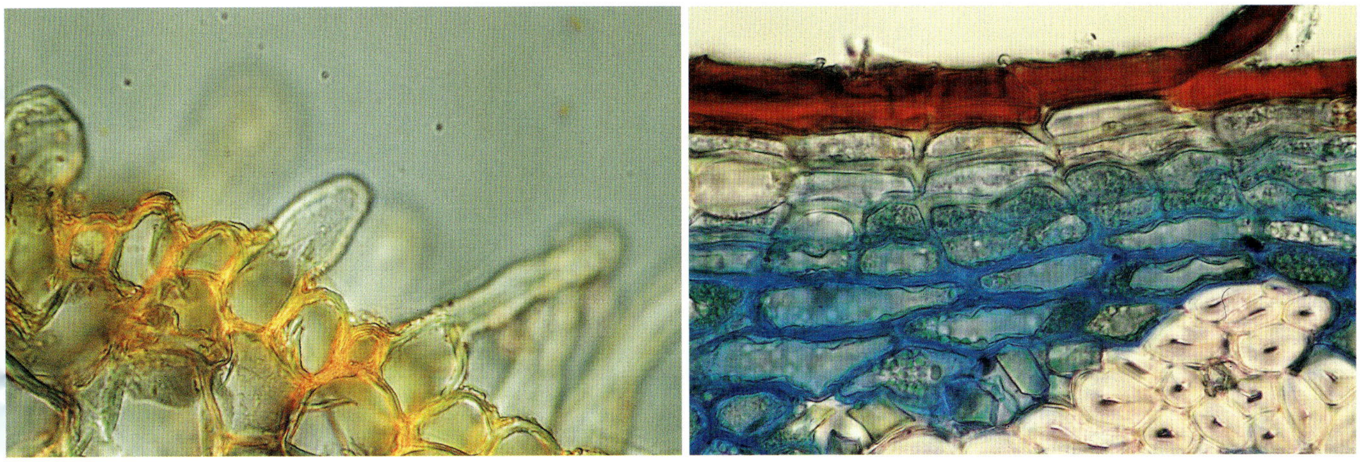

Taf. 68 B: – **1:** *Amelanchier lamarckii.* Klagenfurt, 25.5. Prim., Ø, S3, 409x. **Rh** Z teils mit WuHr. – **2:** Schnittreihe wie A 2. Saf.-Ast., 409x. **PCAG** 6schichtig, 2 äußerste Schichten rot, Eigenfarbe. **Bast** Z benachbart F mit jeweils einem CaOxKristall oder CaOxDruse.

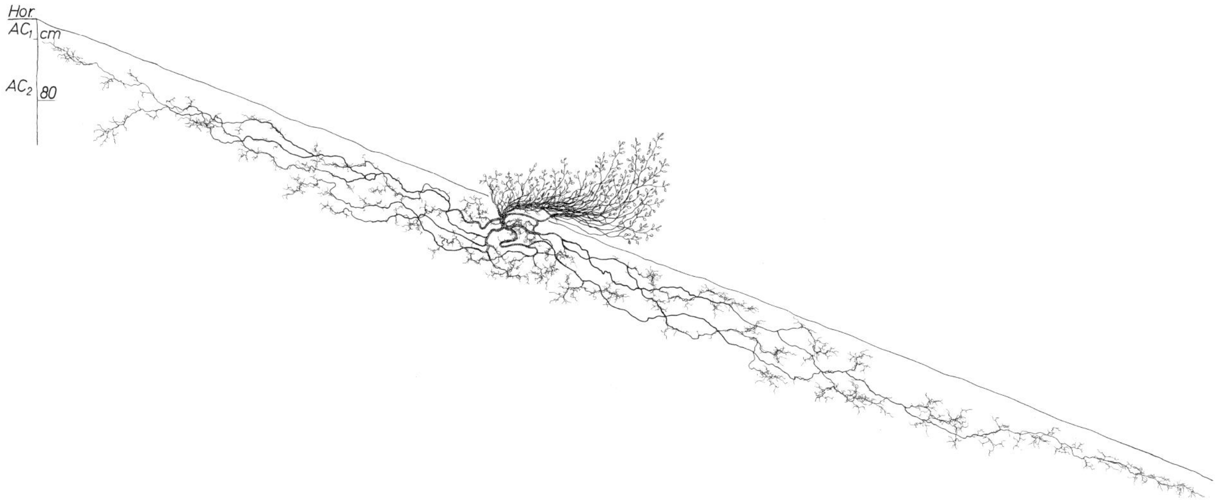

Abb. 81: Gewöhnliche Felsenbirne, *Amelanchier ovalis*, H–T–S = 120–80–1.280 cm, Karawanken, Kärnten, Nordhang, 1.250 m NN. Subalpine Kalkschuttflur mit vorwiegend *Salix glabra, Rhamnus fallax, Sorbus chamaemespilus* und *Amelanchier ovalis*. Initiale Schuttrendsina. Bodenprofil Hor.: AC_I 0–10 cm Feinmoder mit etwas Braunlehmsediment, eingemengt in Kalkgrus, pH 7,1, AC_2 Feinmoder und etwas Braunlehmsediment, sehr unregelmäßig eingemengt in Grus und Feinschutt.

Der Strauch der **Abb. 81** wurde auf einem nordseitigen Kalkschuttkegel in der subalpinen Stufe in den Karawanken freigelegt. Auf dem Lawinenstrich sind die Sprosse niederliegend-aufsteigend. Auch dieser Strauch hat ein Polwurzel-Sproßwurzel-System gebildet. Entlang eines seicht im Boden liegenden Sproßabschnittes bildete sich eine dicke, abwärts wachsende Wurzel. Die Polwurzel verläuft in dem Schutt ebenfalls stark gewunden. Auf dem kühleren Boden erreicht sie eine viel geringere Tiefe. Der seitliche Verlauf der Wurzeln ist im Vergleich zu deren Tiefenstreben wesentlich größer. Die Feinverzweigung ist in dem humusarmen Schutt geringer.

Anatomie, **Taf. 68**

Im primären Zustand kennzeichnet die Wurzeln der Gewöhnlichen Felsenbirne wie die aller übrigen untersuchten Rosaceen die Ausbildung der innersten Schicht des Rindenparenchyms in Form von Phi-Zellen (A 1). Die Wände der haartragenden und der haarlosen Rhizodermiszellen sind wie bei *Amelanchier lamarckii* schwach verdickt (B 1).

Im sekundären Zustand ähnelt der innere Bau der Wurzeln der Gewöhnlichen Felsenbirne weitgehend jenem von *Sorbus aria* und *S. torminalis*. Im Vergleich zu *S. aria* ist jedoch das Lumen der Fasern oft enger, und die Fasern stehen dichter gedrängt (A 2 und 4, B 2). Demnach scheinen die Wurzeln trockenresistenter gebaut zu sein als die von *S. aria*. Damit stimmt überein, daß bei dem nicht seltenen Auftreten beider Arten im gleichen Standortbereich die Gewöhnliche Felsenbirne die humus- und feinerdeärmeren, steinigeren und flachgründigeren Böden besiedelt. Gleich wie bei der Mehlbeere enthalten die Wurzeln im Bast benachbart den Fasern zahlreiche Calciumoxalat-Kristalle (A 3, B 2). Die Fasertracheiden beinhalten entfernt stehende Tüpfel, die Gefäße dicht stehende Hoftüpfel (A 5).

Standortansprüche: Die Felsenbirne ist ein sehr lichtbedürftiger Strauch. In Wäldern tritt sie nur in Lichtungen oder auf herausragenden Felskuppen auf. Ihre Wärmeansprüche sind ziemlich hoch. Winterkälte kann sie aber gut ertragen. Am häufigsten wächst sie auf steinigen, kalkreichen Böden. Silikatböden besiedelt sie nur, wenn diese nicht zu basenarm sind. In den humiden Gebieten gedeiht sie auch auf sehr trocken wirkenden Böden. Dabei wird meist nicht beachtet, daß die steinigen Böden infolge des hohen Luftgehaltes nie so stark austrocknen wie feinsedimentreiche Böden. In den Fugen und Klüften, in denen sich die Wurzeln ausbreiten, halten die Wasservorräte lange an.

Verbreitung: Die submediterran-praealpide Art ist in Mitteleuropa hauptsächlich im Bereich der Alpen verbreitet. In diesen besiedelt sie in der kollinen und in der montanen Stufe am häufigsten steinige, warme Süd- oder Südwestlagen.

In der subalpinen Stufe ist sie nur an den wärmsten, windgeschützten Plätzen zu finden. An solchen Stellen wurde sie in den Westalpen noch in einer Seehöhe von über 2.100 m gefunden. Im deutschen Mittelgebirge liegen die höchsten Fundorte bei 800 m, in Kärnten bei 1.000 m. Im mitteleuropäischen Raum schließt sie sich vorwiegend Strauchgesellschaften warmer Lagen (Berberidion) an. Innerhalb dieser gilt sie als Kennart des Cotoneastro-Amelanchieretum Tx. 52. Zu finden ist sie an felsigen Stellen oder in Lichtungen auch in Flaumeichenwäldern (Quercetalia pubescentis), in Schneeheide-Kiefern-Wäldern (Erico-Pinion) und in Eichen-Birken-Wäldern wärmerer Lagen. Ihre Hauptverbreitung hat sie in den illyrischen Laubmischwäldern SO-Europas (Ostryo-Carpinion orientalis).

Prunus padus L., Gewöhnliche Traubenkirsche

Morphologie

Sproß: Sommergrüner Strauch oder bis 15 m hoher Baum, Hauptäste meist aufstrebend, Seitenäste aufrecht abstehend, Grundachse durch Stockausschlag mehrere aufstrebende Stämme bildend, dadurch horstförmige Strauchgruppen entstehend. Einzelne Äste niederliegend und anwurzelnd, am Ende in aufstrebende Triebe verzweigt, die zu einer neuen Strauchgruppe heranwachsen können. Strauch oval, stets mehr hoch als breit.

Wurzel: Mayer (1992) und Oberdorfer (1994) bezeichnen die Gewöhnliche Traubenkirsche zutreffend als Intensivwurzler. Sonst waren über die Bewurzelung keine Hinweise zu finden. Nach vorliegenden Untersuchungen sind ältere, stärker bestockte Sträucher vorwiegend oder ausschließlich sproßbürtig bewurzelt. Die Polwurzel ist nur an jungen Pflanzen mit Sicherheit festzustellen. Die von den Bestockungstrieben ausgehenden kräftigen Sproßwurzeln breiten sich in den oberen Bodenschichten weit seitwärts aus. Durch ihre reiche, oft gabelige Verzweigung entsteht ein dichtes Wurzelnetz. Im näheren Bereich der Bestockungstriebe streben die Wurzeln auch in größerer Anzahl nach unten, bis sie die grundfeuchten, gleichmäßiger erwärmten Schichten erreichen. Auch an den flach ausgebreiteten Wurzeln wachsen Seitenwurzeln noch weiter vom Stock entfernt abwärts. Es entsteht so ein annähernd breitzylindrischer Wurzelkörper. Diese Wurzelform ist im Auwald sowohl bei krautigen Pflanzen (Kutschera 1960, Kutschera & Lichtenegger 1982, 1992) als auch bei Holzgewächsen oft zu beobachten. Die Feinverzweigung der Wurzelstränge ist sehr groß, die Feinwurzeln verteilen sich über den ganzen Wurzelradius. Entlang der Wurzelstränge ergeben sich aber büschelige Anhäufungen.

Die Jungpflanze der **Abb. 82** weist eine deutlich vorwüchsige Polwurzel auf. Sie biegt aber schon in einer Tiefe von 12 cm seitwärts um. Die Seitenwurzeln sind noch schwach entwickelt. Der horstförmige Strauch der **Abb. 82** wurde im Keutschacher Moor-Seental in Kärnten an einem erhöhten Moorrand auf grundfeuchter Braunerde freigelegt. Das sproßbürtige Wurzelsystem entspricht weitgehend der oben beschriebenen Art der Bewurzelung. Ergänzt wird es durch einen bewurzelten Legtrieb, der am Ende einen neuen Horst bildet. Die tiefreichenden Wurzeln dringen noch ziemlich weit in die grundfeuchten Schichten ein. Diese unterliegen im Laufe des Jahres durch das Steigen und Fallen des Grundwassers stärkeren Feuchteschwankungen. Damit verbunden ist ein starker Wechsel in der Bodendurchlüftung. Dies ist erkennbar an den Rostflecken, die meist entlang der Wurzelröhren auftreten. Der baumförmige Strauch der **Abb. 83** wurde an einem grundfeuchten Hangfuß nahe Velden freigelegt. Die Pflanze wurde durch Schneedruck umgebogen. Die lang andauernde Schneelage auf dem schattigen Boden führte zur Anwurzelung der Endabschnitte der Äste. Die abwärts wachsenden Wurzeln biegen im nassen BC_2-Horizont seitwärts um. Die nahe Flur ausgebreiteten Wurzeln bleiben auf dem schattigen Standort ziemlich kurz, nur jene in den oberen humosen Bodenschichten sind stärker feinverzweigt.

Anatomie, Taf. 70

Die Gewöhnliche Traubenkirsche gleicht den übrigen Vertretern der Gattung sowie weiteren Rosaceen durch die Ausbildung der innersten Schicht des Rindenparenchyms in Form von Phi-Zellen. Ein besonderes Merkmal der Art ist das Auftreten von Verdickungsleisten an den Wänden der Zellen der äußeren

Taf. 69: Gewöhnliche Traubenkirsche, *Prunus padus*. Keutschach, Kärnten, 490 m NN, grundfeuchte Braunerde, baumförmiger, bestockter Strauch mit bewurzelten Legtrieben, Wurzeln vorwiegend seitwärts ausgebreitet, einige auch tiefstrebend, Feinverzweigung mäßig stark (zu Abb. 82).

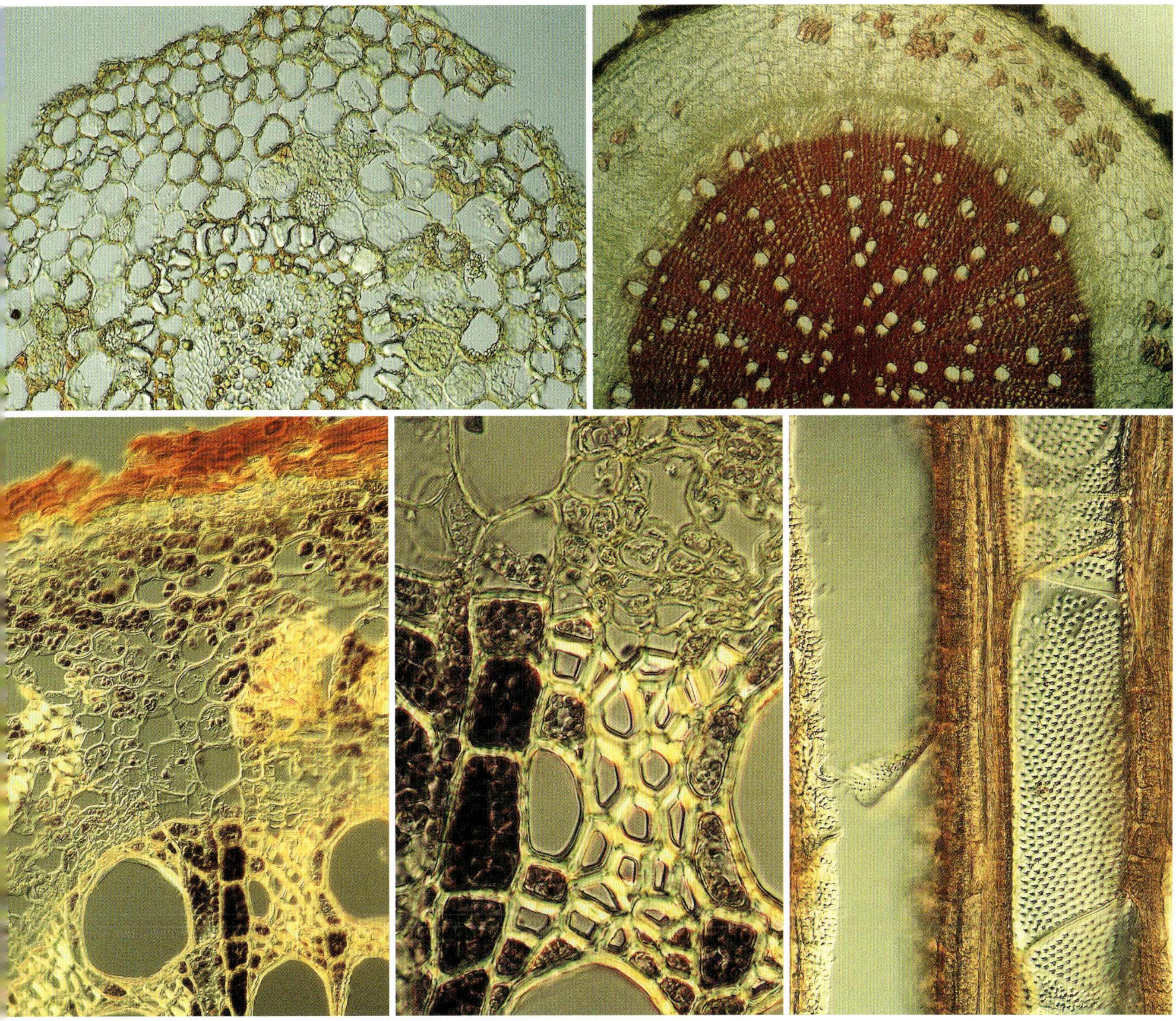

Taf. 70 A: Gewöhnliche Traubenkirsche, *Prunus padus*. – **1:** Hohenems, Vorarlberg, 2.6. Prim., Ø, S3, 162x. **Rh** Z klein. **Rinde** Ex ZW suberinisiert, ARP ZW mit Verdickungsleisten, innerste Schicht des RP PhiZ. **ZZ** 3arch. – **2:** Keutschach, Kärnten, 21.5. Sek., Ø, Ph/HCl, 64x. Wu flurnah, Boden zeitweise trocken. **PCAG** bis mittelbreit, dreieckig aufreißend. **Bast** F verholzt. **Holz** Gefäße vorwiegend klein, GG Anteil groß. – **3:** Ort wie 2, 23.9. Sek., Ø, JJK, 162x. Wu flurfern, Boden feucht bis naß. **Bast** F in dicht stehend. **Holz** Gefäße groß, GG Anteil gering. – **4:** Ausschnitt aus 3. 409x. **Bast** Z der Strahlen nach außen erweitert. **Holz** Z von Strahlen u. GG benachbart Gefäßen, St-reich. – **5:** Ort u. Zeit wie 3. Sek., ☒, S3, 162x. **Holz** Gefäße QuerW kurz, Tüpfel klein, zahlreich, dicht stehend.

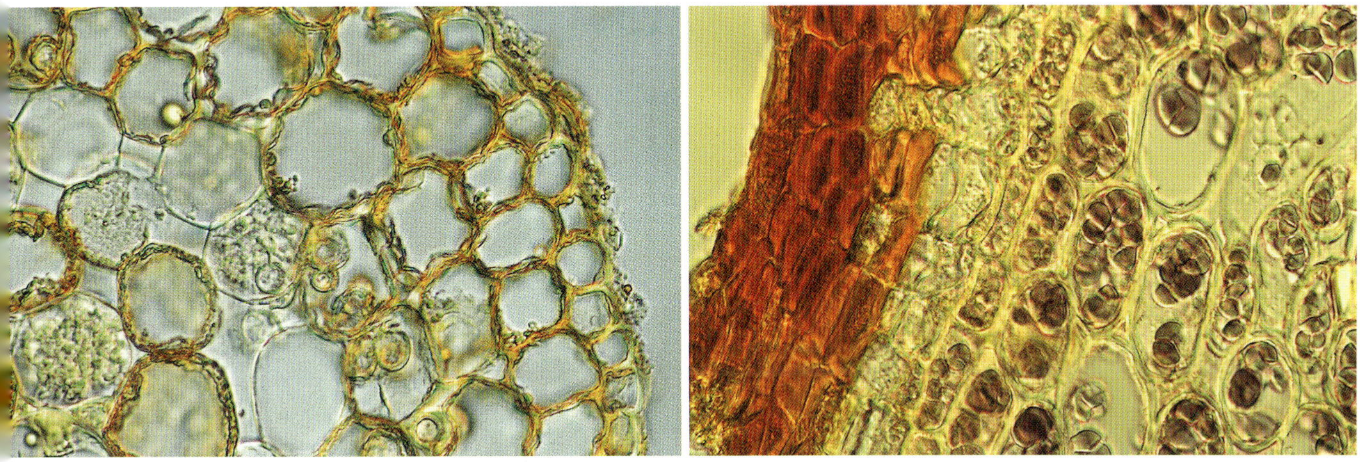

Taf. 70 B: – **1:** Schnittreihe wie A 1. JJK, 409x. **Rh** ZW verdickt. **Rinde** Ex ZW verdickt mit Suberin, ARP bis 2schichtig, ZW mit Versteifungsleisten. – **2:** Ausschnitt aus A 3. 409x. **PCAG** 11schichtig, 2 innerste Schichten ZW unverkorkt. **Bast** Z St-reich.

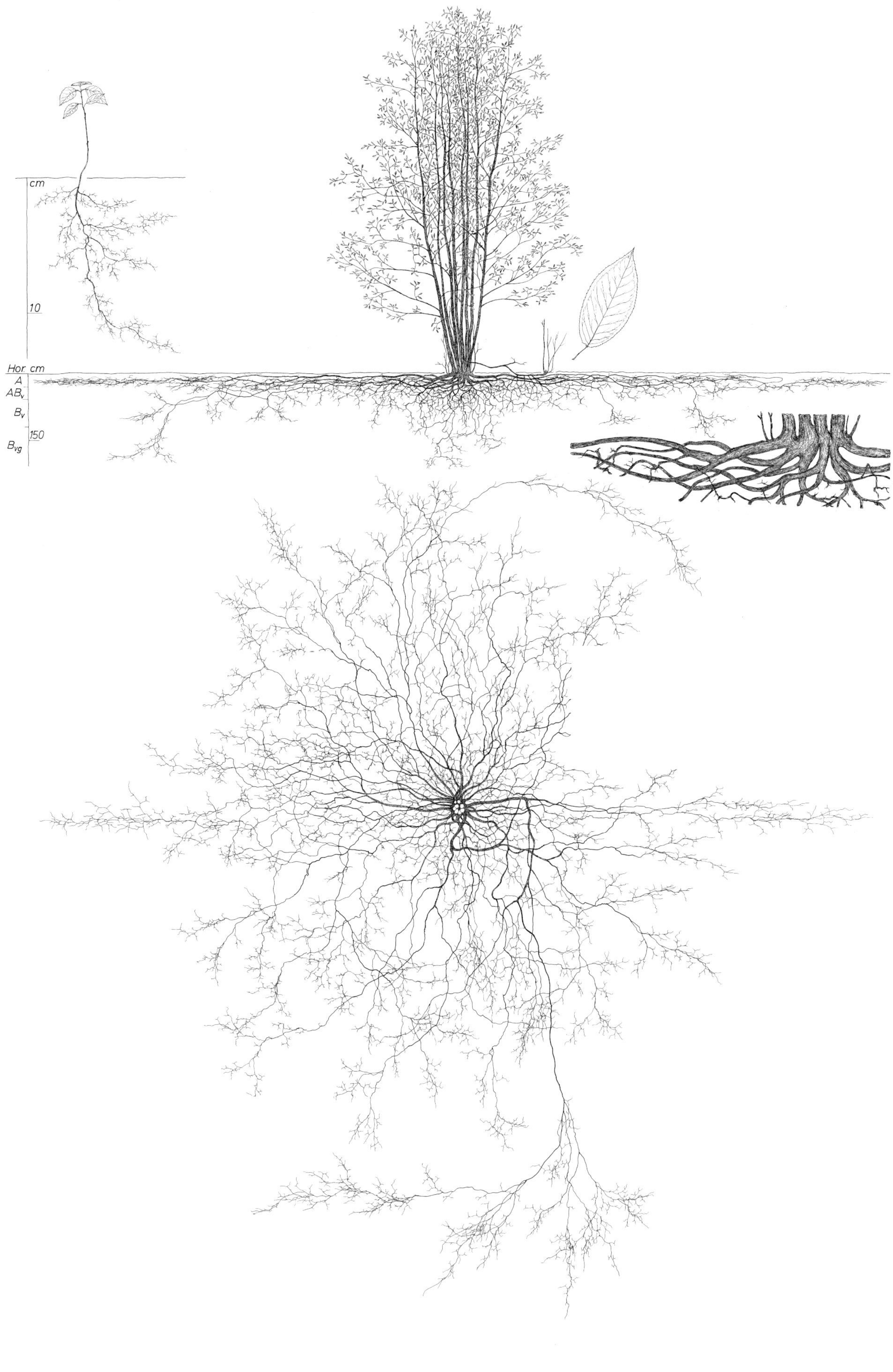
cm
10
Hor cm
A
AB_v
B_v
150
B_{vg}

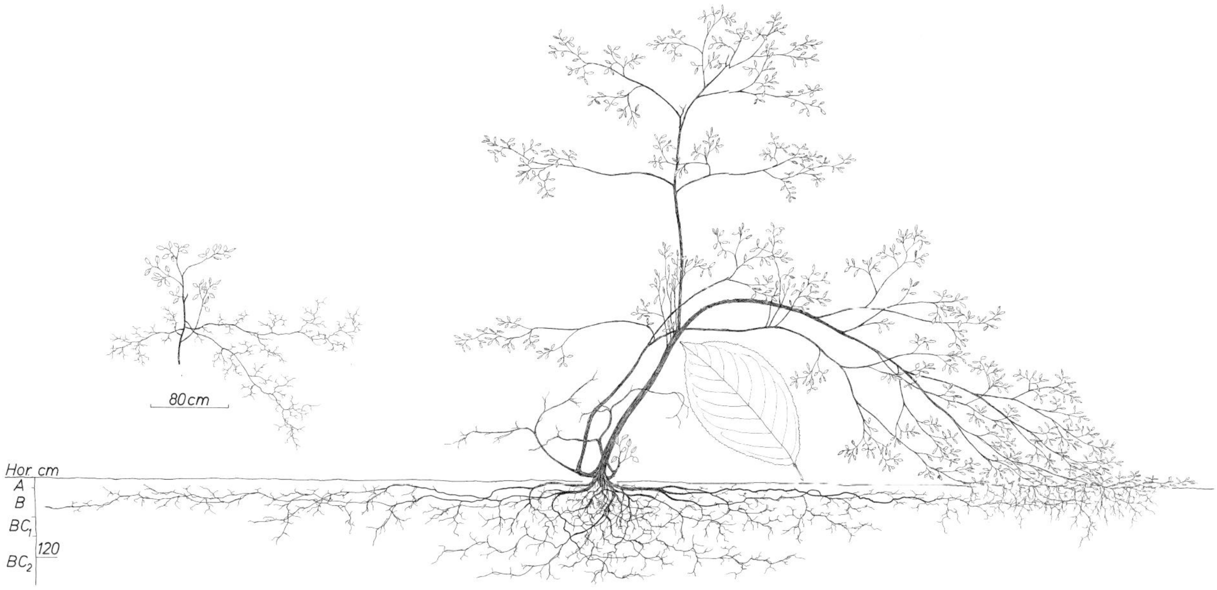

Abb. 83: Gewöhnliche Traubenkirsche, *Prunus padus*, H–T–S = 726–144–1.620 cm, nahe Velden, Kärnten, grundfeuchter Hangfuß eines seicht ansteigenden Moränenhügels, 530 m NN. Eichen-Hainbuchen-Wald mit Esche, Traubenkirsche, Zitter-Pappel und Fichte. Braunerde, Bodenprofil Hor.: O 2–0 cm Streuauflage, A_1 0–6 cm Feinmoder, stark humoser, lehmiger Sand, schwarz (7,5YR 3/2), sehr locker, stark durchwurzelt, A_2 6–15 cm Modermull, stark humoser l S, dunkelbraun (10YR 3/3), locker, schwach steinig, stark durchwurzelt, B 15–60 cm l S, kompakt, grusig, stark durchwurzelt, dunkel graubraun (10YR 4/2), BC_1 60–90 cm l S, steinig, dicht, BC_2 l S in Kies, sehr locker, naß, Durchwurzelung abgesetzt auslaufend.

Schichten des Rindenparenchyms (A 1, B 1). Bei *Prunus avium* subsp. *avium* treten Verdickungsleisten in den nach außen an die Phi-Zellen angrenzenden inneren Schichten des Rindenparenchyms auf (vgl. Beschreibung der Art).

Im sekundären Zustand zeigen sich Unterschiede zunächst im Bau des Pericambial-Abschlußgewebes. Dieses reißt keilförmig auf und löst sich nicht oder nur in kleinen Schuppen ab. Der Anteil an Fasern im Bast ist gering bis mittelgroß. Er ist bei Wurzeln, die in trockenen Bodenschichten wachsen, geringer als bei solchen, die in feuchten verlaufen. Ebenso sind die Größe und der Flächenanteil von Xylem-Leitelementen bei Wurzeln aus trockenen Bodenschichten geringer als bei solchen aus feuchten (A 2, 3). Anfang Juni sind die Zellen der primären und sekundären Strahlen im Holz und im Bast sowie die jüngeren Zellen des Pericambial-Abschlußgewebes reich an Stärke (A 4, B 2). Die Zellen der Strahlen bzw. jene des Grundgewebes sind mit denen der Xylem-Leitelemente durch zahlreiche Tüpfel verbunden (A 4, 5).

Den Schwankungen im Wasserangebot kann sich die Art demnach auf ihren frischfeuchten bis nassen Standorten durch große Unterschiede im Anteil an Fasern und Steinzellen im Bast und in der Weite sowie im Anteil der Xylem-Leitelemente im Holz anpassen.

Standortansprüche: Die Gewöhnliche Traubenkirsche bevorzugt in sommerwarmen Gebieten halbschattige Lagen. In sommerkühlen Lagen gedeiht sie besser bei voller Belichtung. Sie stellt weder höhere Wärmeansprüche, noch ist sie empfindlich gegen Fröste. Als typische Auwaldpflanze erträgt sie keine tiefer reichende Bodentrockenheit. Am besten gedeiht sie auf oberbodenfrischen, grundfeuchten, nährstoffreichen Feinsedimentböden. Wegen ihrer Vorliebe für grundfeuchte Böden wird sie auch als Grundwasseranzeiger gewertet (Oberdorfer 1994). Diese Bewertung trifft

---

Abb. 82 (links): Gewöhnliche Traubenkirsche, *Prunus padus*, H–T–S = 813–210–1.935 cm, Keutschach, Kärnten, 490 m NN. Moorrand-Molinietum mit Büschen von Traubenkirsche. Grundfeuchte Braunerde, Bodenprofil Hor.: A_1 0–8 cm dichter Rasenfilz mit schluffigem Feinmoder, A_2 8–30 cm stark humoser, sandiger Lehm, krümelig, locker, schwach steinig, pH 5,8, stark durchwurzelt, B_v 30–120 cm s L, mäßig dicht, schwach steinig, Durchwurzelung allmählich abnehmend, $B_{v\,g}$ s L, grundfeucht, rostfleckig, Durchwurzelung auslaufend.

allerdings vorwiegend für Augebiete zu. In diesen erträgt sie als Sproßwurzelpflanze auch länger anhaltenden Tagwasserstau.

Verbreitung: Die nordisch-eurasiatisch-kontinentale Art kommt in tieferen Lagen vor allem in den grundfeuchten Schlucht- und Auwäldern vor. In den höheren, sommerkühleren Berglagen wächst sie häufiger auf stau- und sickerwasserfreien Böden. Die Höhengrenze ihres Vorkommens verläuft südlich des Alpenhauptkammes bei 2.000 m, nördlich davon bei 1.500 (1.600) m. OBERDORFER (1994) bezeichnet die Traubenkirsche treffend als Eschen- und Erlenbegleiter. Sie gilt daher überregional auch als Kennart der Auwälder (Alno-Ulmion minoris).

Prunus avium L. subsp. *avium*, Vogel-Kirsche, Süß-Kirsche

Morphologie

Sproß: Sommergrüner Baum, bis 20 (25) m hoch, Äste teils steil aufstrebend, teils seitwärts abstehend, Krone kegelförmig bis oval.

Wurzel: Der Vogel-Kirsche wird ein wenig tiefstrebendes Pfahl- oder Herzwurzelsystem mit weitreichenden Seitenwurzeln zugeschrieben (MAYER 1992, OBERDORFER 1994). Diese Bezeichnung der Form der Bewurzelung ist in sich widersprüchlich. Denn bei einem Pfahlwurzelsystem müßte die Polwurzel bei älteren Bäumen als dickerer, vorwüchsiger Wurzelstrang deutlich hervortreten. Das Zurücktreten der Polwurzel und die Bildung mehrerer stärkerer, tiefstrebender Wurzeln in der Nähe des Stammes sprechen zwar für den räumlich eng gefaßten Begriff eines Herzwurzelsystems. Dieses erfährt aber durch die große Zahl der weit nach der Seite ausgebreiteten Wurzeln eine beträchtliche räumliche Erweiterung. Der große Radius der Bewurzelung und das mäßig stark ausgeprägte Tiefenstreben verleihen dem Wurzelkörper eher die Form eines Tellers. Die große Seitenreichweite der Wurzeln ermöglicht der Pflanze, in humiden Gebieten trotz der relativ flachen Bewurzelung noch auf mäßig trockenen Standorten zu gedeihen. Auffallend ist das Fehlen der Hinweise, daß die Art auch reichlich Wurzelsprosse bilden kann. Nur bei HEGI wird vermerkt, daß alle *Prunus*-Arten Wurzelsprosse bilden können.

Die Jungpflanze der **Abb. 84** zeigt deutlich, daß die Polwurzel durch Verzweigung in annähernd gleich dicke Seitenwurzeln rasch ihre Vorwüchsigkeit verliert. Die frühzeitige Neigung zur seitlichen Ausbreitung der Wurzeln weist darauf hin, daß das Tiefenstreben nicht sehr stark ausgeprägt ist. Dieses Fehlen eines ausgeprägten Tiefenstrebens begünstigt die Bildung kräftiger flachstreichender Wurzelstränge. Deren rasch abnehmende Dicke bewirkt, daß die Vogel-Kirsche anfällig für Windwurf ist (vgl. NIELSEN 1990). Die besonders weite seitliche Ausbreitung der Wurzeln erschließt in horizontaler Richtung einen großen Bodenraum. Der Wurzelkörper des Baumes der **Abb. 85**, der in Kaltern in Südtirol an einem Osthang auf Braunerde freigelegt wurde, hat immerhin einen Horizontaldurchmesser von fast 24 m. Im Vergleich dazu ist das Tiefenstreben der Wurzeln gering. Es wird auf diesem Boden auch durch die verhärteten Schichten im Untergrund mit verursacht. Die seitwärts ausgebreiteten Wurzeln sind sehr stark verzweigt. Im Gegensatz zu den Angaben bei MAYER weisen die dünnen Wurzeln einen ziemlich reichen Feinwurzelbesatz auf. Die zahlreichen Wurzelsprosse treten an den nahe unter Flur verlaufenden Wurzelsträngen vorzugsweise außerhalb des Kronenrandes auf. Bezeichnend ist deren gehäuftes Auftreten entlang eines meist kurzen Wurzelabschnittes, der deutlich verdickt ist. Die Verdickung erfolgt durch die Zufuhr von Assimilaten aus den beblätterten Wurzelsprossen. Die Farbe der Wurzeln ist hellbraun bis gelbbraun.

Anatomie, Taf. 72

Die Zellen der Rhizodermis der Vogel-Kirsche sind besonders klein. Im Vergleich dazu sind jene der Exodermis und des 1–2schichtigen Außenrindenparenchyms groß. Bis in den mittleren Bereich des Rindenparenchyms verdoppelt sich etwa der Durchmesser der Zellen. Übereinstimmend mit den übrigen Vertretern der Gattung sind die Zellen der innersten Schicht des Rindenparenchyms wieder als Phi-Zellen ausgebil-

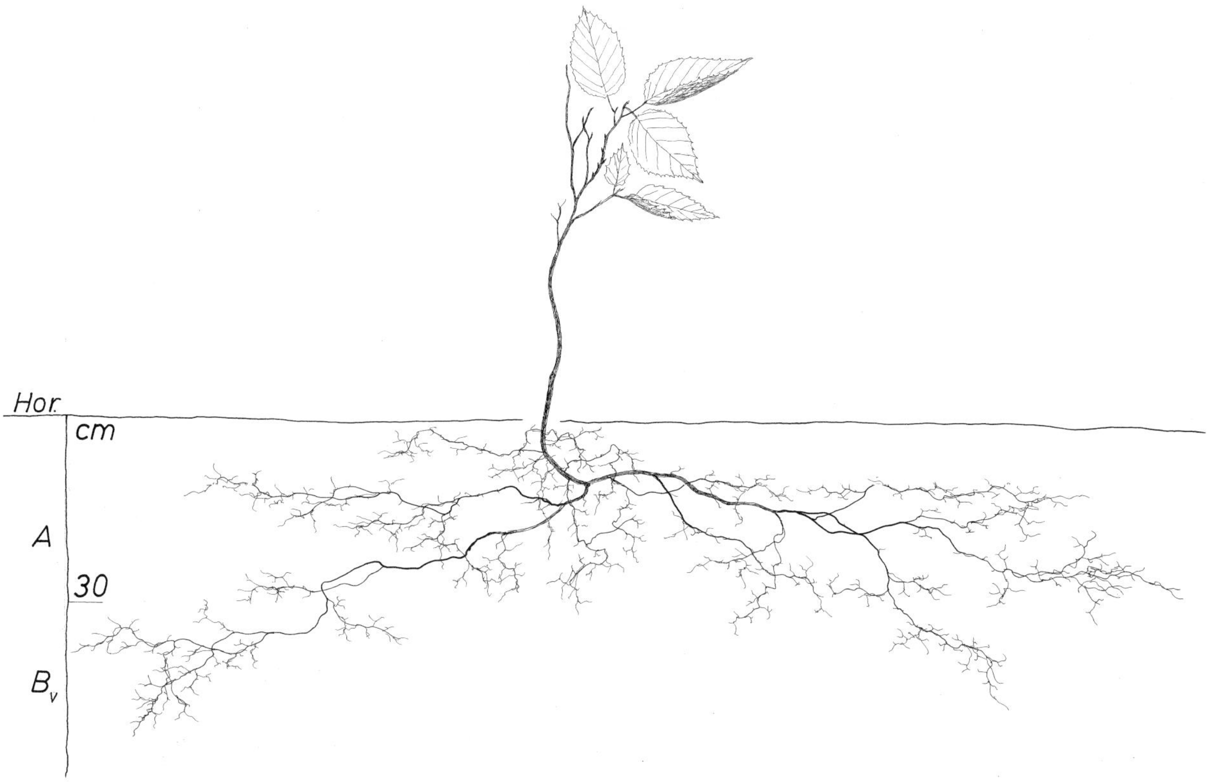

Abb. 84: Vogel-Kirsche, *Prunus avium* subsp. *avium*, Jungpflanze, Ort und Boden wie bei Abb. 85.

det. Außerdem haben die nach außen angrenzenden ein bis zwei Schichten des Rindenparenchyms Verdickungsleisten in den Zellwänden. Im Gegensatz zur Gewöhnlichen Traubenkirsche fehlen diese Leisten jedoch bei der Vogel-Kirsche in den äußeren Schichten des Rindenparenchyms. Der Zentralzylinder ist bis über 6arch (A 1, B 1).

Die Bildung des sekundären, aus dem Pericambium hervorgehenden Abschlußgewebes beginnt frühzeitig. Zwei bis drei Schichten von Tochterzellen werden schon gebildet, wenn Teile der Rinde und der Rhizodermis noch vorhanden sind (A 1, B 1). Das Gewebe wird bis über 8schichtig (B 2). Der Bast ist breit, die Fasern sind z. T. weitlumig, und ihr Anteil ist mit bis über 30 % bemerkenswert groß. Drusen von Calciumoxalat liegen z. T. nahe den Zellen des Pericambial-Abschlußgewebes. Wieder zeigt es sich, daß bei hohem Anteil an Fasern, bezogen auf den Typus der Art, Weite und Flächenanteil der Gefäße oft ebenfalls groß sind (A 2, 3). Die Zellen der Strahlen im Holz sind oft kurz, und die Wände der Holz-Fasern sind mittelstark verdickt (A 4). Den Gefäßen fehlen Platten (vgl. Cutler et al. 1987). Die Zellen der Strahlen und des Parenchyms sind stärkereich (A 5). Der breite Bast, der hohe Anteil an Fasern sowie die große Zahl und die Weite der Gefäße im Holz entsprechen der Bindung der Art an nährstoffreichere, frische bis schwach trockene, v. a. gut durchlüftete Standorte. Im primären Zustand sind es besonders die Verdikkungsleisten in den inneren Schichten des Rindenparenchyms, die auf einen solchen Standortbereich verweisen. Bei der Gewöhnlichen Traubenkirsche, die auf feuchten, schlechter durchlüfteten Standorten vorkommt, haben die Zellwände der äußeren Schichten des Rindenparenchyms Verdickungsleisten. Den inneren fehlen sie. Eine ähnliche Verteilung von Festigungselementen zeigen Gräser und Sauergräser. Arten feuchter, schlechter durchlüfteter Standorte verdicken die Zellwände des Außenrindenparenchyms, solche besser durchlüfteter jene des Innenrindenparenchyms.

Standortansprüche: Die Vogel-Kirsche erträgt in der Jugend Halbschatten. Als Baum ist sie lichtbedürftiger. Deshalb kommt sie in Wäldern vorwiegend in Kahlschlägen oder Bestandeslichtungen vor. Sie bevorzugt sommerwärmere Lagen. Hohe Winterkälte führt leicht zu Rindenschäden. In Inversionslagen tritt sie daher vorwiegend oberhalb des

Taf. 71: Vogel-Kirsche, *Prunus avium* subsp. *avium*. Kaltern, Südtirol, 460 m NN, Braunerde, Baum mittleren Alters, Wurzeln mäßig tiefstrebend, vorwiegend seitwärts verlaufend, zahlreiche Wurzelsprosse bildend, Feinverzweigung an dünnen Wurzelabschnitten groß (zu Abb. 85), Keimwurzel mit noch kaum verzweigter Polwurzel.

Taf. 72 A: Vogel-Kirsche, *Prunus avium* subsp. *avium*. – **1:** Kaltern, Südtirol, 3.11. Prim.-sek., Ø, JJK, 32x. **Rh** Z klein, WuHr vereinzelt. **Rinde** Ex u. ARP ZW verdickt, IRP innerste Schicht mit PhiZ, 1-2 nach außen angrenzende Schichten ZW mit Verdickungsleisten, En ZInhalt hellbraun. **ZZ** 6arch. – **2:** Klagenfurt Ostrand, 23.2. Sek., Ø, Ph/HCl, 25x. Wu 4jährig. **PCAG** keilförmig aufreißend. **Bast** F zahlreich, Anteil etwa 30 %. **Holz** Strahlen 1-5reihig, Gefäße vereinzelt tangential bzw. radial benachbart. – **3:** Pfl u. Zeit wie 1. Sek., Ø, Ph/HCl, 162x. **Bast** F, Anteil bis ca. 40 %, äußere Z vereinzelt mit CaOxDrusen. – **4:** Ausschnitt aus 2. 162x. **Holz** Strahlen Z weit-, GG Z englumig. – **5:** Pfl u. Zeit wie 2. Sek., ⊠, S3, 162x. **Holz** Strahlen Z St-reich, Gefäße Hoftüpfel, Libriformfasern.

Taf. 72 B: – **1:** Ausschnitt aus A 1. 409x. **PCAG** 4schichtig. – **2:** Pfl u. Zeit wie A 5. Sek., Ø, S3, 409x. **PCAG** 10schichtig, ZW ab der 5. Schicht stärker verkorkt, rotbraun. **Bast** äußere Z mit CaOxDrusen.

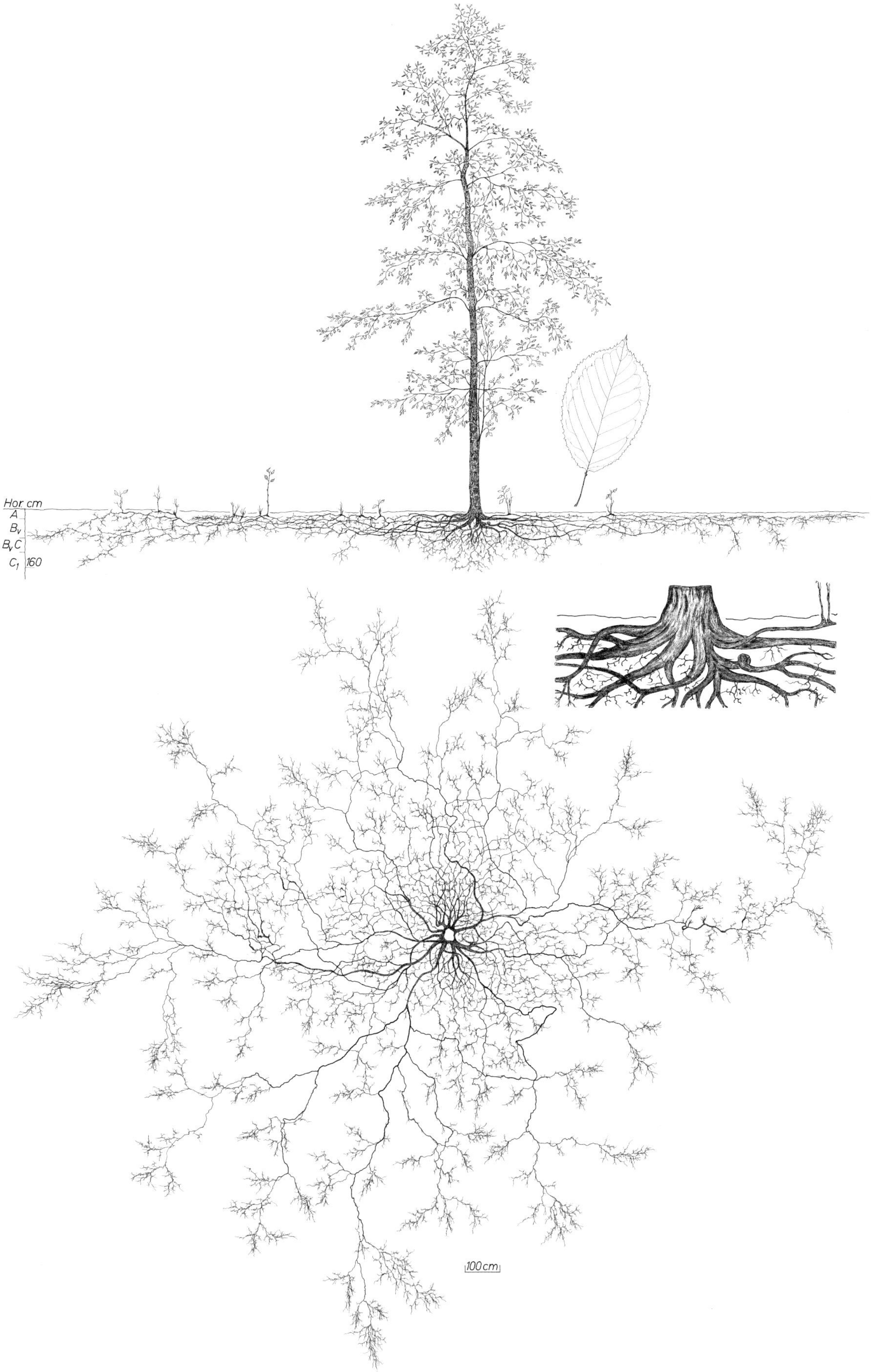
Hor cm
A
B_v
B_vC
C_1 160
100 cm

Kaltluftsees auf. Am besten gedeiht die Vogel-Kirsche in nebelarmen Lagen auf frischen bis halbtrockenen, gut durchlüfteten, basenreicheren, stauwasserfreien, feinsedimentreicheren Böden. Wenig geeignet sind sehr flachgründige, skelettreiche oder stark versauerte Böden.

Verbreitung: Die subatlantisch-submediterrane Art wächst hauptsächlich in der kollinen und in der unteren montanen Stufe. An warmen, sonnigen Hängen ist sie auch in der montanen Stufe noch häufiger zu finden. Vereinzelt reicht ihr Vorkommen bis in die subalpine Stufe. Die Höhengrenze ihrer Verbreitung verläuft in den Alpen bei 1.700 m, im deutschen Mittelgebirge bei 1.200 m. Selbst im Kaukasus kommt sie nur bis zu einer Seehöhe von 2.000 m vor (SCHOLZ & SCHOLZ 1995). In den tieferen Lagen schließt sie sich vorwiegend den Eichen-Hainbuchen-Wäldern an. Sie gilt deshalb als Kennart des Carpinion. In sommerwarmen Gebieten wächst sie auch häufig in Auwäldern (Alno-Ulmion minoris).

Prunus spinosa L., Schlehdorn, Schlehe, Schwarzdorn

Morphologie

Sproß: Sommergrüner Strauch, bis 4 m hoch, aufrechte Triebe mit zahlreichen sparrig abstehenden Zweigen, die in dornige Kurztriebe auslaufen, dichtes Gestrüpp bildend; „oft auch ein mehrstämmiger Baum mit dichter Krone" (KURZ et al. 2001).

Wurzel: Nach OBERDORFER (1994) und SCHOLZ & SCHOLZ (1995) ist der Schlehdorn ein Flachwurzler mit zahlreichen Wurzelschößlingen. Gegen den flachen Verlauf der Wurzeln spricht aber schon das Auftreten der Art auf meist trockeneren Standorten. Die Jungpflanzen sind stets Polwurzelpflanzen ohne Wurzelsprosse. Die Polwurzel ist deutlich vorwüchsig und tiefstrebend. Erst wenn sie annähernd die endgültige Tiefe erreicht hat, beginnen sich die oberen Seitenwurzeln zu verdicken und zu verlängern. An den flurnah weit seitwärts verlaufenden Wurzelsträngen treten dann, etwas weiter von der Mutterpflanze entfernt, hintereinander Wurzelsprosse auf. Von den flach verlaufenden Wurzeln gehen auch Senkwurzeln aus, die gleich tief in den Boden eindringen können wie die Polwurzel. Wenn sich die Wurzelsprosse tragenden Seitenwurzeln von der Mutterpflanze gelöst haben, vermehrt sich das Schlehdorngebüsch weiterhin vegetativ. An den abwärts wachsenden Senkwurzeln können noch in einer Tiefe von bis über 100 cm Wurzelsprosse entstehen. Die Wurzeln, die von den tiefliegenden Wurzelsprossen ausgehen, können auch nach oben wachsen. Es entsteht so ein wirres Geflecht, das insgesamt die Form eines Schleiers annimmt.

Die dargestellten Pflanzen wurden östlich von Klagenfurt an einem südseitigen Hanganschnitt auf Braunerde über einer Grundmoräne freigelegt. Die Polwurzel der jungen Samenpflanze (**Abb. 86** oben) hat unter Bildung zahlreicher Windungen und Verzweigungen bereits eine Tiefe von 164 cm erreicht. Die oberen Seitenwurzeln sind noch dünn und vorwiegend seitwärts ausgebreitet. Nur einige tiefer an der Polwurzel entspringende Wurzeln wachsen bogenförmig abwärts. Die Wurzelform ist daher streng kegelförmig. Die Polwurzel der älteren Samenpflanze (**Abb. 86** unten) hat mit einer gleich starken Seitenwurzel eine Tiefe von 227 cm erreicht. Eine erstarkte Seitenwurzel breitet sich mit ihrer Verzweigung nahe Flur weit seitwärts aus. An ihren dickeren, älteren Abschnitten tragen sie bereits Wurzelsprosse. Nach der Abzweigung der Sprosse verlaufen die Wurzeln weiter seitwärts. Nur einige Senker wachsen in einem weiten Bogen nach unten. Auch zwischen den Wurzelsprossen wächst eine Senkwurzel mit ihrer Seitenwurzel ab-

---

Abb. 85 (links): Vogel-Kirsche, *Prunus avium* subsp. *avium*, H–T–S = 1.388–160–2.360 cm, Kaltern, Südtirol, Osthang, 460 m NN. Waldschlag mit einzelnen Bäumen von *Castanea sativa, Prunus avium* subsp. *avium* und *Fraxinus ornus*, in der Krautschicht vorwiegend *Carex digitata, Hedera helix, Luzula luzuloides, L. forsteri, L. nivea, Melittis melissophyllum, Salvia glutinosa, Ruscus aculeatus* u. a. Braunerde über Bozener Quarzporphyr. Bodenprofil Hor.: O 3–0 cm Streuauflage, A_1 0–6 cm feinmoderreicher, lehmiger Sand, sehr locker, A_2 6–26 cm Mull, stark humoser l S, dunkelbraun (7,5YR 3/2), krümelig, locker, pH 6,3, stark durchwurzelt, B_v 26–80 cm l S, braun (7,5YR 4/4), pH 5,2, steinig, mäßig dicht durchwurzelt, B_vC 80–120 cm l S, stark steinig, etwas verhärtet, Durchwurzelung abnehmend, C_I aufgewitterter Porphyr, Durchwurzelung auslaufend.

Taf. 73: Schlehdorn, *Prunus spinosa*. Östlich Klagenfurt, 490 m NN, Braunerde, 1. Reihe: Strauch mit tiefstrebender, stark verzweigte Polwurzel (zu Abb. 86 oben). 2. Reihe: Sproßwurzelpflanze mit tief im Boden auftretenden Wurzelsprossen (zu Abb. 87).

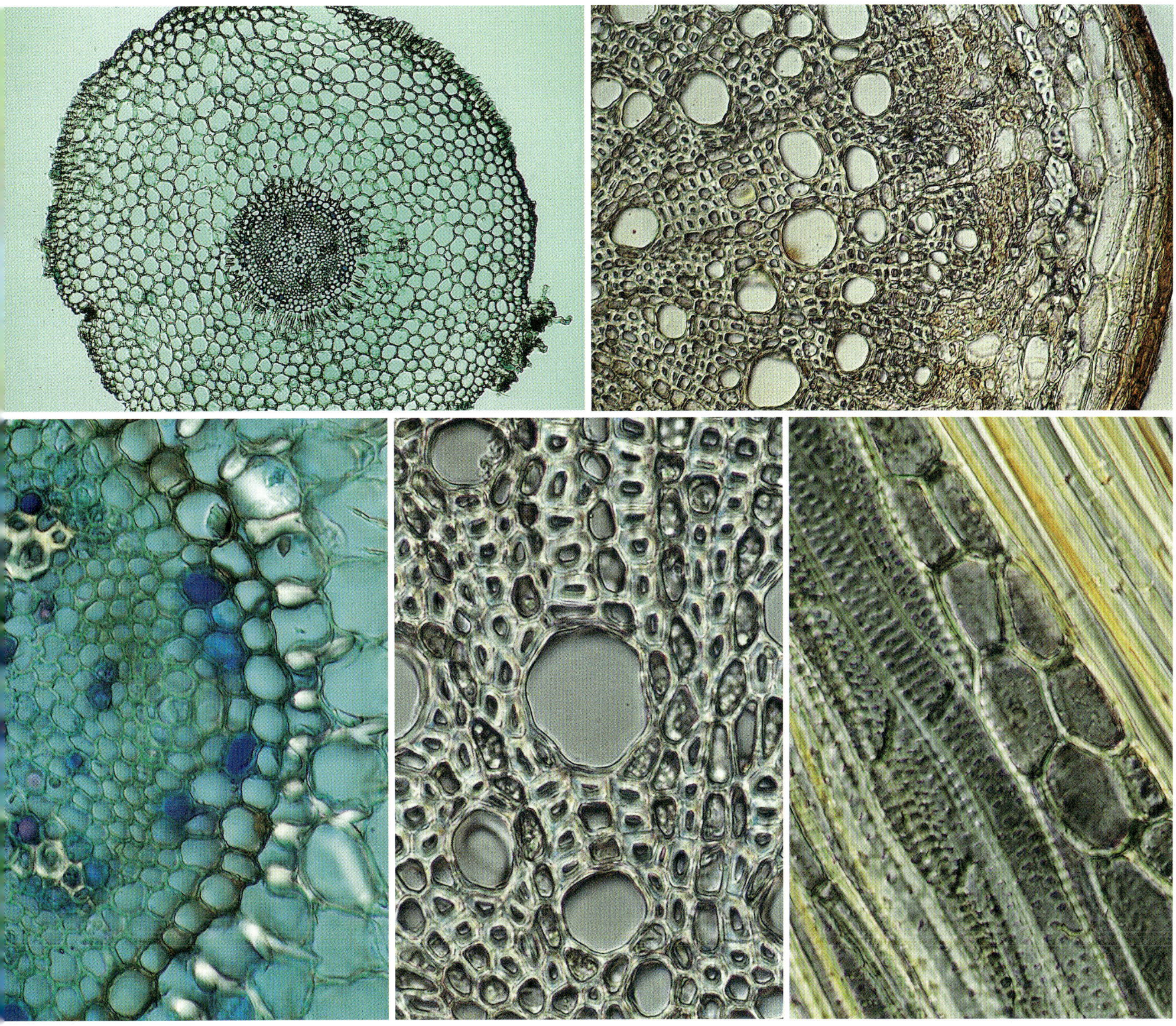

Taf. 74 A: Schlehdorn, *Prunus spinosa.* – **1:** Östlich Klagenfurt, 11.11. Prim., Ø, Saf.-Ast., 64x. **Rh** Z kleiner als EnZ, Inhalt dunkel. **Rinde** ARP 2schichtig, Ex u. 1-2 Schichten des ARP ZGröße ähnlich, ZW stärker verfestigt, RP innerste Schicht PhiZ, nach außen 1-2 angrenzende Schichten ZW mit Verdickungsleisten. **ZZ** 4arch. – **2:** Ort wie 1, 17.3. Sek., Ø, S3, 162x. **PCAG** mittelbreit. **Bast** F in tangential verbreiterten, wenigschichtigen Gruppen, CaOxKristalle prismatisch, zahlreich. **Holz** GG ZW stark verdickt, Gefäße klein bis mittelgroß. – **3:** Ausschnitt aus 1. 409x. **Rinde** EnZ z. T. radial unterteilt, CS deutlich. – **4:** Schnittreihe wie 2. Ph/HCl, 409x. **Holz** Z der Strahlen klein. – **5:** Ort u. Zeit wie 1. Sek., ☒, S3, 409x. **Holz** Strahlen 1-3reihig, Gefäße Hoftüpfel versetzt, HolzF W z. T. stark verdickt.

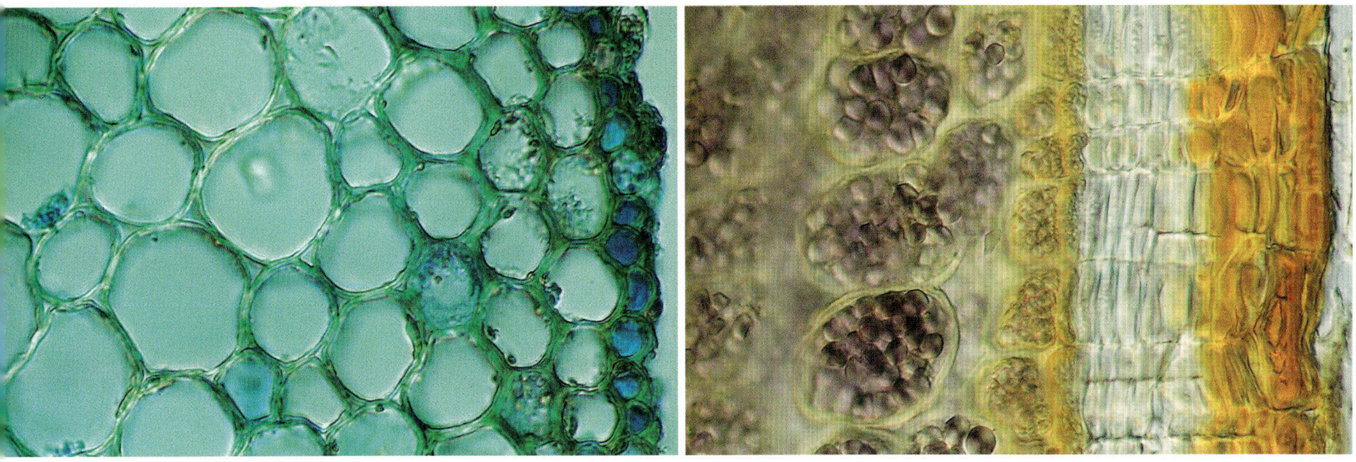

Taf. 74 B: – **1:** Ausschnitt aus A 1. 409x. **Rinde** IRP ZW hell, stark entquollen, IZ klein. – **2:** Schnittreihe wie A 5. JJK, 409x. **PCAG** 12schichtig, äußerste 5 Schichten stärker verkorkt, rotbraun, Eigenfarbe. **Bast** äußere ZSchichten StKörner u. IZ groß.

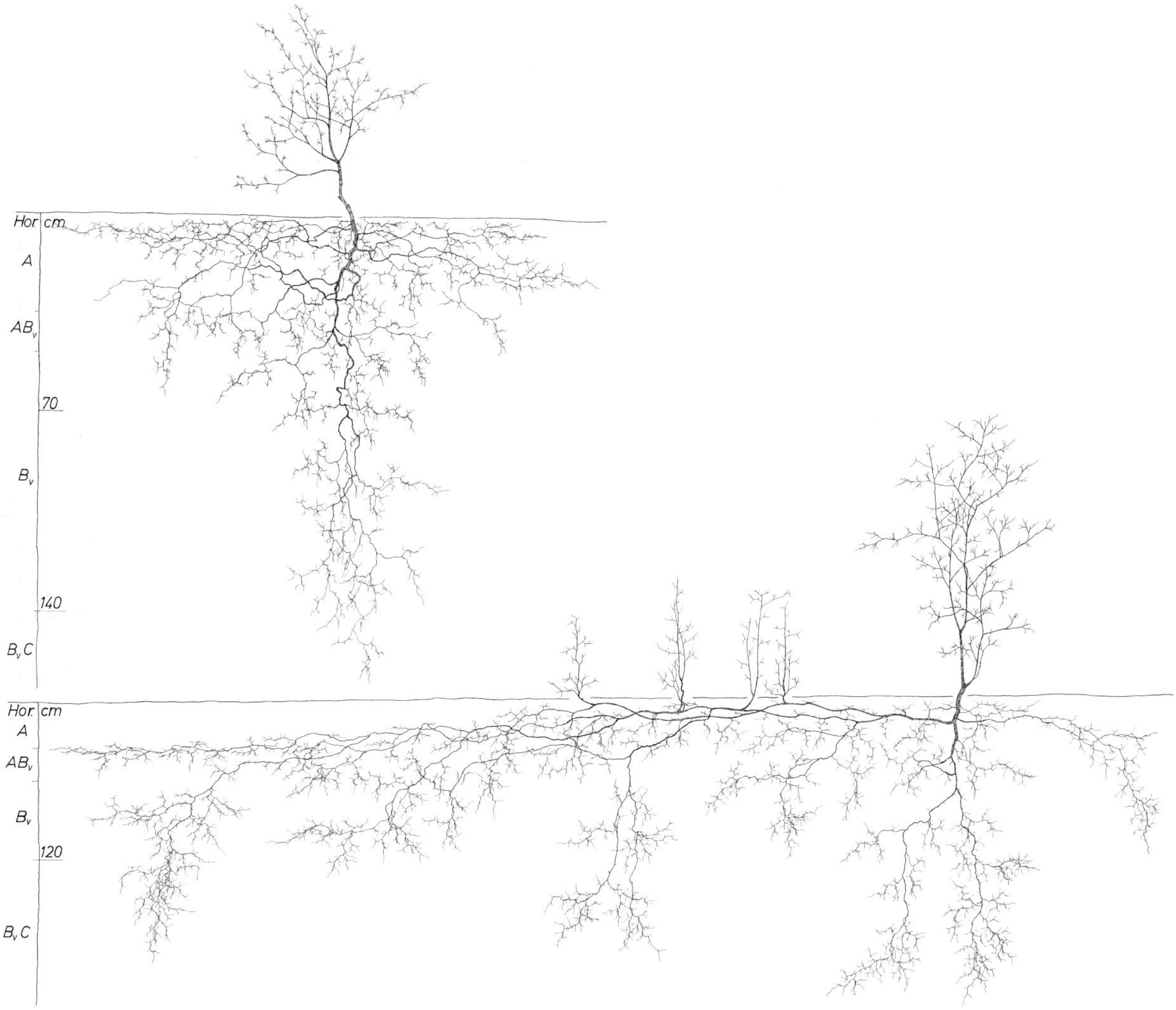

Abb. 86: Schlehdorn, *Prunus spinosa*. O b e n : Polwurzelpflanze, H–T–S = 75–164–200 cm, östlich Klagenfurt, Südhang, 490 m NN. Gebüsch an der Oberkante mit vorwiegend *Prunus spinosa, Crataegus monogyna, Ligustrum vulgare,* vereinzelt *Fraxinus excelsior* und *Quercus robur*. Braunerdekolluvium über Grundmoräne, Bodenprofil Hor.: A_1 0–5 cm Modermull, stark humoser, sandiger Lehm, locker, A_2 5–35 cm humoser s L, krümelig, schwach steinig, gut durchwurzelt, AB_v 35–48 cm humoser s L, mäßig dicht, schwach steinig, mäßig gut durchwurzelt, B_v 48–140 cm s L, mäßig dicht, stärker steinig, schwach durchwurzelt, B_vC s L, dicht, steinig, Durchwurzelung auslaufend. U n t e n : Ort wie oben, Polwurzelpflanze mit Wurzelsprossen, H–T–S = 213–227–862 cm, Boden nur in den Profiltiefen abweichend.

wärts. Die nach unten verlaufenden Wurzeln erreichen bereits annähernd die Tiefe der Polwurzel. Es beginnt sich bereits ein Wurzelschleier zu bilden, der für die Schlehdorngebüsche, die sich vegetativ weiter ausbreiten, sehr kennzeichnend ist. Einen Ausschnitt davon zeigt die **Abb. 87**. Die Abtrennung von der Mutterpflanze ist schon erfolgt. An den flurnah fortwachsenden Wurzelsträngen entstehen Wurzelsprosse, von deren Basis Sproßwurzeln ausgehen, die vorwiegend abwärts wachsen. Sie dringen unter starker Verzweigung tief in den Boden ein. An einem Wurzelstrang ist noch in einer Tiefe von 104 cm ein Wurzelsproß entstanden. Der Besatz an Feinwurzeln ist durchwegs sehr groß. Nach der Tiefe hin nimmt er nur geringfügig ab. Die Feinwurzeln sind stark netzartig verzweigt. Insgesamt bildet der Schlehdorn eine sehr dichte, tiefreichende Bewurzelung. Deshalb kann er, zumindest in den humiden Gebieten, auch auf skelettreichen, stark wasserdurchlässigen Böden eine dichte, strauchförmige Pioniervegetation bilden.

Anatomie, Taf. 74

Wie bei der Vogel-Kirsche haben beim Schlehdorn die Zellen der zweiten und z. T. auch der dritten Schicht des Rindenparenchyms an den Wänden Verdickungsleisten. Hingegen fehlen diese wie bei der Ge-

Abb. 87: Schlehdorn, *Prunus spinosa*, Gebüsch aus Wurzelschößlingen, H–T–S = 52–197–348 cm, mit vorwiegend *Fraxinus excelsior, Ligustrum vulgare, Prunus spinosa, Crataegus monogyna*, vereinzelt *Quercus robur*, Ort wie Abb. 86, jedoch anschließende Ostseite, Boden nur in den Profiltiefen abweichend.

wöhnlichen Traubenkirsche an den Wänden der Zellen der äußeren Schichten des Rindenparenchyms (A 1, 3, B 1). Schon aus diesen Merkmalen des primären Baues der Wurzel geht die Bindung der Art an wärmere, trockenere Standorte hervor. Dasselbe ist aus dem sekundären Bau der Wurzeln vor allem aufgrund der starken Verdickung der Zellwände im Holz zu ersehen (A 2, 4, 5). Die geringere Breite des Bastes entspricht der schwächeren Wuchskraft der Art und deren vorzugsweisem Auftreten auf mäßig nährstoffreichen Standorten (A 2). Das langsame Dickenwachstum der Wurzeln ermöglicht die Ausbildung eines breiten Pericambial-Abschlußgewebes. Der Lichtreichtum der Standorte erhöht den Gehalt an Stärke in den Zellen (B 2). Das mit den übrigen beschriebenen Rosaceen gemeinsame Merkmal ist wieder die Ausbildung der Zellen der innersten Schicht des Rindenparenchyms in Form von Phi-Zellen (A 3).

Standortansprüche: Der Schlehdorn ist ein lichtbedürftiger Strauch. Nur in warmen, niederschlagsarmen Gebieten mit längerer Sonnenscheindauer kann er auch Halbschatten ertragen. Er stellt höhere Wärmeansprüche und erträgt auch Winterkälte. In sommerkühleren oder niederschlagsreicheren Gebieten bevorzugt er deutlich die wärmeren Südhänge. Seine Trockenresistenz wird oft überschätzt. Denn in den warmen, trockenen Gebieten, wie im pannonischen Raum, bevorzugt er eindeutig feinsedimentreichere Böden mit höherem Wasserspeichervermögen. Die steinigen, durchlässigen Böden, die er in humiden Gebieten besiedelt, sind oft nicht so trocken, wie angenommen wird. In ihren Hohlräumen können bis in größere Tiefen Humus und Feinsedimente enthalten sein. Außerdem vermindert das große Luftvolumen dieser Böden die Verdunstung. Beides zusammen verbessert den Wasserhaushalt. Der Basengehalt der steinigen Böden reicht in der Regel für das Auftreten der Art aus. Daher zeigt der Schlehdorn zumindest in wärmeren Gebieten keine deutliche Vorliebe für kalkreiche Böden.

Verbreitung: Die Verbreitung des Schlehdorns reicht von Spanien bis zum Kaspischen Meer und von Süditalien bis Südschweden. In Mitteleuropa kommt er vorwiegend in der kollinen und in der unteren montanen Stufe vor. In höhe-

Taf. 75: Gewöhnlicher Kreuzdorn, *Rhamnus cathartica*. Rosegg, östlich Villach, 510 m NN, Braunerde-Kolluvium, Hang-Molinietum, kleiner Baum, Polwurzel verkümmert, am Stammgrund mit Sproßwurzeln, Wurzeln vorwiegend seitwärts verlaufend, mäßig tiefstrebend, stark feinverzweigt (zu Abb. 88).

Taf. 76 A: Gewöhnlicher Kreuzdorn, *Rhamnus cathartica*. – **1:** Velden, Kärnten, 17.8. Prim.-sek., Ø, S3, 162x. **Rh** ZW dunkel gebräunt. **Rinde** ExZ wenig größer als Z der Rh, ARP 2schichtig, EnZ z. T. radial unterteilt, W mit Suberinlamelle. **ZZ** 2arch. – **2:** Rosegg, Kärnten, 28.6. Sek. Ø, S3, 25x. **PCAG** äußere Schichten dunkelbraun, mehrfach keilförmig aufreißend. **Bast** F englumig, in 2-3schichtigen Gruppen dicht stehend. **Holz** Gefäße mittelgroß, ihr Anteil über 55 %. – **3:** Pfl u. Zeit wie 1. Sek., ☒, S3, 409x. **Bast** ZReihen benachbart einer FGruppe mit prismatischen CaOxKristallen. – **4:** Pfl u. Zeit wie 1. Prim., Ø, JJK, 162x. **Rh** ZW dunkelbraun wie 1. **Rinde** EnZ über PrX ZW ebenfalls dunkelbraun. **ZZ** 2arch. – **5:** Pfl u. Zeit wie 2. Sek., ☒, S3, 409x. **Holz** Strahlen 1-2reihig.

Taf. 76 B: – **1:** Ausschnitt aus A 1. 409x. **Rh** ZW dunkel gebräunt. **Rinde** Ex schwach suberinisiert, ARP ZW gelblich, schwach verfestigt, IRP ZW entquollen. – **2:** Schnittreihe wie A 3. S3, 162x. **PCAG** über 15schichtig, ZW dünn, äußere Schichten dunkelbraun.

ren Lagen ist er nur an sehr wärmebegünstigten Stellen zu finden. Die Höhengrenze seines Vorkommens liegt in den Westalpen bei 1.600 m und in den Zentralalpen bei 1.000 m. Am häufigsten kommt der Schlehdorn in Gebüschen vor. Er gilt daher als Kennart der nach ihm benannten Schlehengebüsche (Prunetalia). Zu finden ist er auch in Lichtungen von Eichen- und Kiefernwäldern, in wärmeren Gebieten auch in Auwäldern.

Rhamnaceae, Kreuzdorngewächse

Rhamnus cathartica L., Gewöhnlicher Kreuzdorn

Morphologie

Sproß: Sommergrüner, vielgestaltiger, bis 3 m hoher Strauch, seltener bis 8 m hoher, krummstämmiger Baum, Äste meist sparrig abstehend, Krone locker, oval bis rundlich.

Wurzel: Über die Bewurzelung des Gewöhnlichen Kreuzdorns wurden in der Literatur keine Hinweise gefunden. Die Polwurzel ist nur an sehr jungen Pflanzen noch deutlich erkennbar. Die Bewurzelung ist selbst bei deutlich ausgebildeten Stämmen besonders auf feuchten Standorten zum Teil schon sproßbürtig. Strauchgruppen entstehen durch kriechende Achsentriebe, die sich gegen ihr Ende hin aufrichten und beblätterte Sprosse bilden. Am Grund der Sprosse bilden sich Wurzeln und weitere kriechende Sproßachsen. Nach OBERDORFER (1994) können auch Wurzelsprosse entstehen. Der Tiefgang der Wurzeln dieser formenreichen Art ist standortbedingt sehr unterschiedlich. Auf warmen, trockeneren Böden ist das Tiefenstreben größer als auf kühlen, feuchten Böden. Große Wurzeltiefen sind aber nicht zu erwarten. Dafür sprechen das rasche Zurücktreten der Polwurzel, die Bildung sproßbürtiger Wurzeln und der im Vergleich zum Tiefenstreben weite seitliche Verlauf der Wurzeln. Ein weiterer Hinweis darauf ist auch die mäßig hohe Trockenresistenz der Art (OBERDORFER). Das Wurzelsystem ist meist breit verkehrt kegelförmig. Auf feuchten Böden bilden sich auch annähernd tellerförmige Wurzelformen. Die Feinverzweigung der dünnen Wurzelstränge ist in den flurnahen Bodenschichten hoch. Nach unten hin nimmt sie vor allem auf feuchten Böden rasch ab.

Der kleine Baum der **Abb. 88** wurde in einem Hang-Molinietum auf einem auslaufenden Schuttfächer östlich von Villach freigelegt. Die Polwurzel ist nicht mehr erkennbar. Die Wurzeln sind bereits zum Großteil sproßbürtig. Die meisten breiten sich in einem weiten Umkreis seitwärts aus. Die tiefstrebenden Wurzeln enden in der unterlagerten feuchten Braunlehmschicht. Der Wurzelkörper ist auf dem feuchten Standort schon annähernd tellerförmig. Die fadenförmige Feinverzweigung der flurnah verlaufenden Wurzeln hat große Ähnlichkeit mit der Feinverzweigung der Wurzeln von *Frangula alnus.* Aus der Teildarstellung ist die vegetative Ausbreitung durch kriechende Sproßtriebe ersichtlich.

Anatomie, Taf. 76

Ein besonderes Merkmal der Wurzel des Gewöhnlichen Kreuzdorns ist die tief dunkelbraune Färbung der Zellwände der Rhizodermis (A 1, 4, B 1). Ähnlich gefärbt sind fallweise die Zellwände der Endodermis (A 4). Ob diese Färbung auf Phytomelane zurückzuführen ist, wäre zu klären.

Im sekundären Zustand fallen die ebenfalls tief dunkelbraune Färbung der äußeren Schichten des Pericambial-Abschlußgewebes und dessen große Breite auf. Die äußeren Schichten reißen mehrfach keilförmig auf (A 2, B 2). Der Bast ist oft breit. Er enthält kleine bis große radial verbreiterte, oft 2–3schichtige, mitunter mehrschichtige Gruppen von Fasern. Das Vorkommen von Steinzellen ist fraglich. Die Gruppen von Fasern sind umgeben von Zellreihen mit prismatischen Calciumoxalat-Kristallen (A 3). Die Strahlen im Holz sind 1–2reihig (A 2, 5) und bis über 24 Zellen hoch (vgl. CUTLER et al. 1987). Die oft zahlreichen, meist mittelgroßen Gefäße treten teils verstreut, teils tangential und vereinzelt auch radial benachbart auf (A 2). Die Wände von kleineren Gefäßen sind nach den oben erwähnten Autoren spiralig verdickt.

Abb. 88: Gewöhnlicher Kreuzdorn, *Rhamnus cathartica*, H–T–S = 416–96–1.230 cm, Rosegg, östlich Villach, auslaufender nordseitiger Schuttfächer, 510 m NN. Hang-Molinietum. Braunerdekolluvium über Braunlehm, Bodenprofil Hor.: A_I 0–10 cm Rasenfilz, schluffiger Feinmoder, schwarz (7,5YR 3/2), locker, stark durchwurzelt, pH 6,5, A_2 10–40 cm humoser, sandiger Lehm, dunkelbraun (10YR 3/3), dicht, schwach steinig, stark durchwurzelt, AB 40–70 cm schwach humoser s L, dicht, feucht, schwach steinig, gut durchwurzelt, $B_{rel\ g}$ lehmiger Ton, dunkelbraun (7,5YR 4/2–3/2), steinig, pH 7,0, Durchwurzelung auslaufend.

Die angeführten Merkmale des inneren Baus der Wurzel weisen darauf hin, daß die Art sowohl auf zeitweise trockenen Standorten über durchlässigem Kalkgestein als auch auf wechselfeuchten Standorten mit anmoorigen Böden und zeitweise hoch anstehendem Grundwasser vorkommen kann (s. oben).

Standortansprüche: Der Gewöhnliche Kreuzdorn bevorzugt sommerwarme Lagen mit frischfeuchten bis frischen, basenreichen, humosen, lehmigen Böden. Trockenresistentere Formen besiedeln auch steinige, stark wasserdurchlässige Böden.

Verbreitung: Die Verbreitung der eurasiatisch-submediterranen Art reicht von der Ebene bis in mittlere Höhenlagen. Die Höhengrenze verläuft in den Bayrischen Alpen bei 1.300 m, in den Westalpen bei 1.600 m. Am häufigsten kommt sie an Moorrändern und auf stauwasserfreien Böden in Buschgesellschaften basenreicherer Standorte vor. Sie gilt als Kennart des Berberidion.

Rhamnus fallax (Boiss.) Berger, Krainer Kreuzdorn

Morphologie

Sproß: Sommergrüner, aufrechter, bis ca. 3 m hoher Strauch oder im Geröll niederliegend-aufsteigender Strauch, vom Grund an verzweigt.
Wurzel: Über die Bewurzelung der Pflanze wurden in der Literatur keine Hinweise gefunden. Vorliegende Untersuchungen beschränken sich auf Pflanzen, die auf einem Schuttkegel der Karawanken in Kärnten wuchsen. Auf dem oberflächlich beweglichen Schutt sind bereits die Sprosse der Jungpflanzen in der Fallinie niederliegend aufsteigend. Die auf Zug beanspruchte Polwurzel kommt ebenfalls frühzeitig in Schräglage. Nahe dem Wurzelhals verzweigt sie sich in kräftige Seitenwurzeln. Diese breiten sich, stets weiter entfernt von der Oberfläche, weit seitwärts aus. Würden sie zu nahe unter Flur verlaufen, wären sie der Verletzung durch den sich abwärts bewegenden Schutt ausgesetzt. Die Sprosse der älteren Pflanzen werden laufend überschüttet. Dies fördert die Sproßverzweigung und die Bildung sproßbürtiger Wurzeln entlang der niederliegenden Sproßteile. Die Sproßwurzeln wachsen meist am Grund von Verzweigungen zu dicken, polwurzelähnlichen Strängen heran. Wenn sich der jüngere Teil des Strauches mit den dicken Sproßwurzeln von dem älteren Teil mit der Polwurzel getrennt hat, ist es kaum noch festzustellen, ob er sich aus einem Samen oder aus einem Sproß gebildet hat.

Im Schutt können die Sträucher in der Fallinie mehrere Meter lange Streifen bilden. Diese streifenförmigen Strauchgruppen entstehen nicht aus Wurzelsprossen. Sie sind vielmehr aus einzelnen, stark verzweigten Sträuchern zusammengesetzt. Diese können Polwurzel-Sproßwurzel-Pflanzen oder nur Sproßwurzelpflanzen sein, die sich von der Mutterpflanze gelöst haben. Die Feinverzweigung der dünnen Wurzeln ist sehr groß. Die Feinwurzeln können sich in langen Strähnen zwischen den Steinen ausbreiten.

Der liegende Sproß der jungen Polwurzelpflanze hat noch keine Sproßwurzeln gebildet (**Abb. 89** unten).

Die Polwurzel ist nahe dem Wurzelhals in zwei kräftige und eine dünnere Wurzel verzweigt. Die Wurzelstränge breiten sich, weiter von der Oberfläche entfernt, seitwärts aus. Dieser seitliche Verlauf ist nicht so groß wie bei der Kahlen Weide, *Salix glabra*. Die Schuttauflage an der Bodenoberfläche enthält weder Humus noch Feinsediment. Darunter ist der Schutt von schwarzem Feinmoder durchsetzt. Auf alten Schuttfeldern kann dieser AC-Horizont sehr mächtig werden. Ab einer Tiefe von 20–30 cm kann der Moder mit eingewaschenem, lehmigem Material (Braunlehm) vermengt sein. Es bildet sich dann ein stark humoser Lehm, der als schmierige, feuchte Masse zwischen den Steinen verteilt ist. Ein derart aufgebauter Schuttkegel bietet den Schuttpflanzen hinsichtlich Nährstoff- und Wasserversorgung viel bessere Lebensbedingungen, als vielfach angenommen wird. Sichtbares Zeichen dafür ist der reiche Besatz an Feinwurzeln.

Abb. 89: Krainer Kreuzdorn, *Rhamnus fallax,* H–T–S oben = 48–84–1.207 cm, unten = 30–90–1.080 cm, Karawanken, Kärnten, nordseitiger Mittelhang eines Schuttkegels, 1.100 m NN. Schuttvegetation, Strauchschicht mit vorwiegend *Rhamnus fallax, Salix glabra, Lonicera alpigena, L. nigra, Rubus saxatilis, Sorbus aria, S. chamaemespilus,* vereinzelt *S. aucuparia,* in der Krautschicht hauptsächlich *Valeriana tripteris, Aconitum lycoctonum* subsp. *ranunculifolius, Convallaria majalis, Lilium carniolicum, Aquilegia vulgaris, Biscutella laevigata, Anemone trifolia, Ranunculus hybridus, Rumex scutatus, Cirsium erisithales, Adenostyles glabra, Linum alpinum, Silene vulgaris* subsp. *glareosa* u. a. Initiale Schuttrendsina, Bodenprofil Hor.: 5(10)–0 cm Schuttauflage, AC 0–30 cm Grus und Feinschutt mit Humusbeimengung, ACB$_{rel}$ Grus und Feinschutt, in den Hohlräumen humoses Braunlehmsediment.

Der alte Strauch wurde schon mehrmals überschüttet (**Abb. 89** oben). Die kräftigste Wurzel am älteren Teil des Strauches ist die Polwurzel. Sie wächst zunächst abwärts. In den gleichmäßiger kühlen und gleichmäßiger feuchten Schichten, die in dem feineren Schutt bald erreicht werden, breitet sie sich mit ihren Verzweigungen weit seitwärts aus. Der Muttersproß verzweigt sich in dem Schutt mehrmals gabelig. An den liegenden Sproßteilen entstanden, vornehmlich an Verzweigungen, polwurzelähnlich erstarkte Sproßwurzeln. Sie wenden sich zunächst kurz nach unten und breiten sich dann ebenfalls seitwärts aus. Die sparrig verzweigte Polwurzel-Sproßwurzel-Pflanze mit ihren sehr kräftigen und weit seitwärts ausgebreiteten Wurzeln ist ein besonders wirksamer Schuttfestiger.

Anatomie, Taf. 78

Der Krainer Kreuzdorn stimmt im primären Bau der Wurzel weitgehend mit jenem des Gewöhnlichen Kreuzdorns überein. In der Wurzelspitze sind das allmähliche Entstehen der Schichten des Rindenparenchyms als Kennzeichen der Angiospermen sowie die Bildung der Rhizodermis und der Wurzelhaube deutlich zu sehen. Zum Unterschied von den langgestreckten Zellen in der Mitte des Zentralzylinders erfolgt die Streckung der Zellen in den äußeren Teilen der Rinde und besonders in der Rhizodermis später. Sehr frühzeitig strecken sich die Zellen der Wurzelhaube (A 1). Die Differenzierung der leitenden Elemente im Zentralzylinder ist bereits weit fortgeschritten, obwohl die Haube den Wurzelkörper noch umhüllt. Die Verholzung erfolgt allerdings erst, nachdem die Haube den Wurzelkörper nicht mehr geschlossen umhüllt. Gelbbraune Inhaltsstoffe der Zellen, besonders jener der Rinde, sind bereits in diesem Zustand vorhanden (B 1). Im älteren Zustand sind die Zellen der Rhizodermis gelbrot – im Gegensatz zum Gewöhnlichen Kreuzdorn, bei dem sie dunkelbraun sind (A 4). Die stark wechselnde Größe der Zellen des Rindenparenchyms auf Querschnitten entspricht den Unterschieden im Wasserangebot (B 1). Ungewöhnlich ist, daß bereits im primären Zustand Calciumoxalat-Kristalle auftreten. Sie bilden in den Zellen des Innenrindenparenchyms Drusen (A 4).

Taf. 77: Krainer Kreuzdorn, *Rhamnus fallax*. Karawanken, Kärnten, 1.100 m NN, initiale Schuttrendsina. 1. Reihe links: Jungpflanz Polwurzel rasch dünner werdend und in zahlreiche gleich dicke Wurzeln verzweigt, am Wurzelhals zwei junge Sproßtriebe; übrige Bilde *Rhamnus*-Gürtel beginnt mit dem weniger bewegten Schutt (2. R. links), in Richtung Schneeschub niederliegende, polbürtig un sproßbürtig bewurzelte Sträucher, Wurzeln vorwiegend seitwärts verlaufend, mäßig stark feinverzweigt (zu Abb. 89).

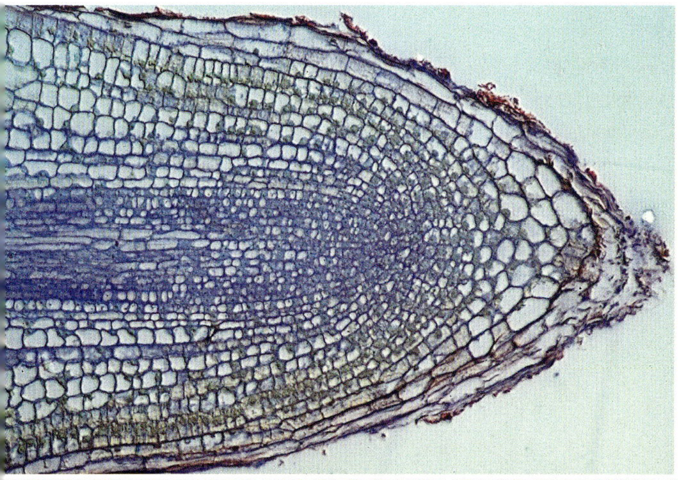

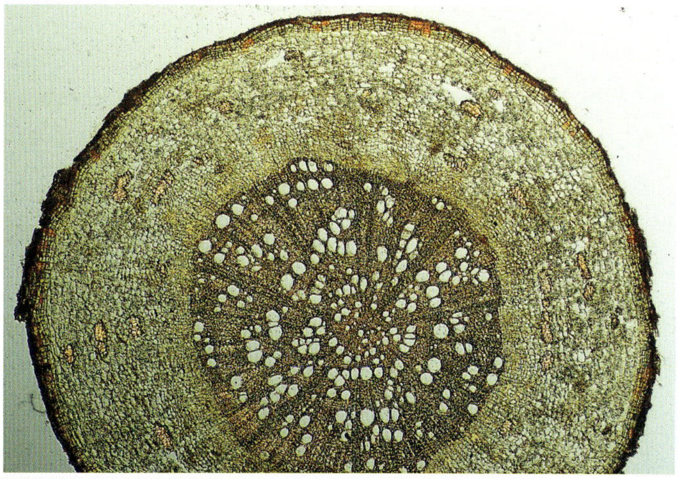

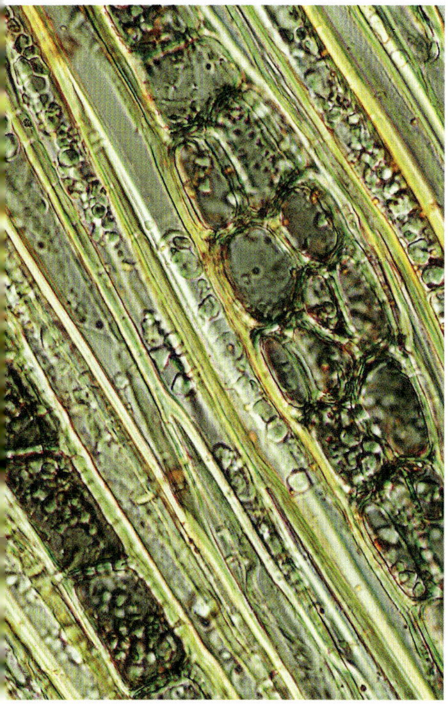

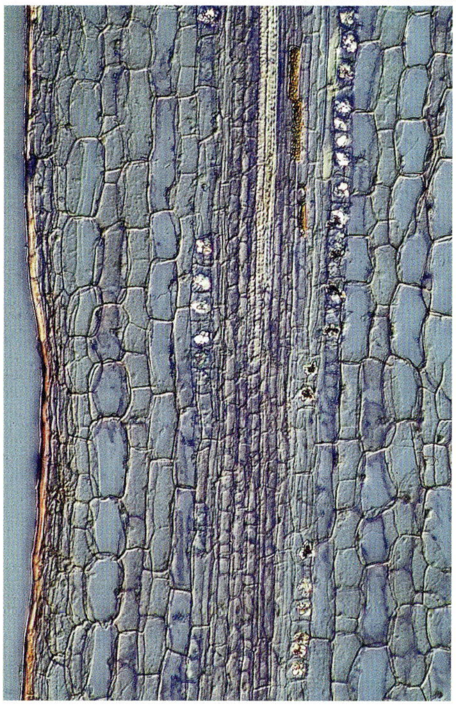

Taf. 78 A: Krainer Kreuzdorn, *Rhamnus fallax*. – **1:** Bärental, Karawanken, Kärnten, 15.7. Prim., ß, An.bl.-Saf., 162x. WuHa äußere Z stark gestreckt. **Rh** Z nahezu ungestreckt, im älteren Bereich radial verbreitert. **ZZ** XLE Z lang gestreckt. – **2:** Ort wie 1, 25.5. Sek., Ø, Ph/HCl, 25x. **PCAG** 7-8schichtig. **Bast** breit, F dicht stehend, in kleinen bis mittelgroßen 3schichtigen Gruppen. **Holz** Strahlen 1-3reihig, Gefäße z. T. radial benachbart. – **3:** Pfl u. Zeit wie 2. Sek., ⊠, S3, 409x. **Holz** Strahlen bis 3reihig, Libriformfasern W mittelstark verdickt. – **4:** Schnitt wie 1. 162x. Älterer Teil der Wu. **Rh** Z gelbrot. **Rinde** innerste Z des RP mit CaOxDrusen. **ZZ** einige Z Inhalt gelbrot. – **5:** Ort wie 1, 15.5. Sek., ⊠, S3, 409x. **Holz** Gefäße Tüpfel oval versetzt, QuerW kurz, Z des GG St-reich.

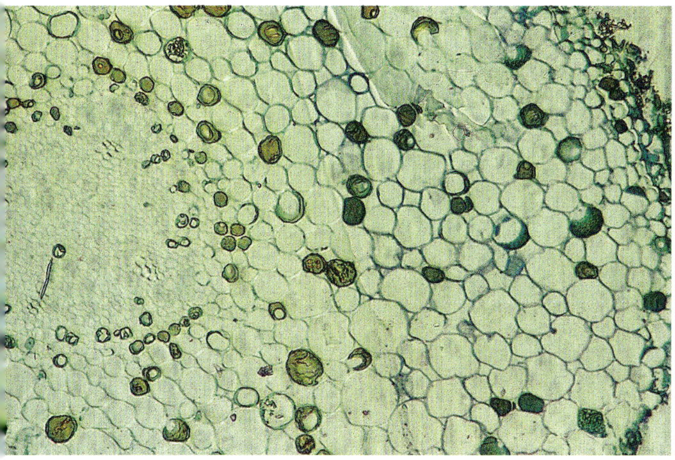

Taf. 78 B: – **1:** Pfl u. Zeit wie A 1. Prim., Ø, Saf.-Ast., 103x. **Rh** Z klein. **Rinde** RP einzelne Z mit dunklem Inhalt, Eigenfarbe gelbbraun. **ZZ** 4arch. – **2:** Schnittreihe wie A 2. S3, 409x. **PCAG** 5schichtig. **Bast** GG Z mit St, F umgeben von Z mit CaOxKristallen.

Im sekundären Zustand gleichen sich beide Arten in der größeren Breite des Bastes, in der Anordnung der Fasern und im Vorkommen zahlreicher Calciumoxalat-Kristalle (A 2, B 2). Die Strahlen im Holz sind ebenfalls 1–3reihig. Die Fasern sind vorwiegend Libriformfasern (A 3, 5). Das Pericambial-Abschlußgewebe ist jedoch beim Krainer Kreuzdorn entsprechend dem kühleren Klima seines Verbreitungsgebietes meist wesentlich schmäler (B 2).

Standortansprüche: Der Krainer Kreuzdorn ist ein lichtbedürftiger Strauch. Sein höherer Wärmebedarf ergibt sich aus seiner südlichen Verbreitung und aus seiner Beschränkung auf tiefere Lagen. Sein Vorkommen reicht nicht über die Buchenstufe hinaus. Winterkälte schadet ihm wenig, schlechter erträgt er längere Schneebedeckung. Auf den Schutthalden in den Karawanken besiedelt er vornehmlich die schneeärmeren Mittelhänge. Die Latsche hingegen bedeckt die Unterhänge, die viel länger mit Schnee bedeckt sind. Außerdem erträgt die Latsche auch stärkere Überschüttung, sie wurzelt noch im Grobschutt. Der Krainer Kreuzdorn bevorzugt den ruhigeren Feinschutt. Er tritt daher am häufigsten am Scheitel der Schuttkegel auf.

Verbreitung: Der Krainer Kreuzdorn ist ein illyrisches Gebirgs-Element (HEGI 1975). Am häufigsten wächst er im Krummholzgürtel der illyrischen Voralpen. In den Karawanken kommt er auf Schutt vorwiegend zusammen mit *Salix glabra, Lonicera alpigena, L. nigra, Rubus saxatilis, Sorbus aria, S. chamaemespilus* und vereinzelt mit *S. aucuparia* vor. Nicht selten ist er auch in Lichtungen von Rotbuchenwäldern und von illyrischen Laubmischwäldern zu finden.

Frangula alnus Mill., Faulbaum, Pulverholz

Morphologie

Sproß: Sommergrüner Strauch oder bis 7 m hohes Bäumchen mit schlanken, wechselständigen, fast waagrecht abstehenden Ästen und mit locker bis dicht beblätterten Zweigen, die entlang des äußeren Abschnitts der Äste gehäuft auftreten.

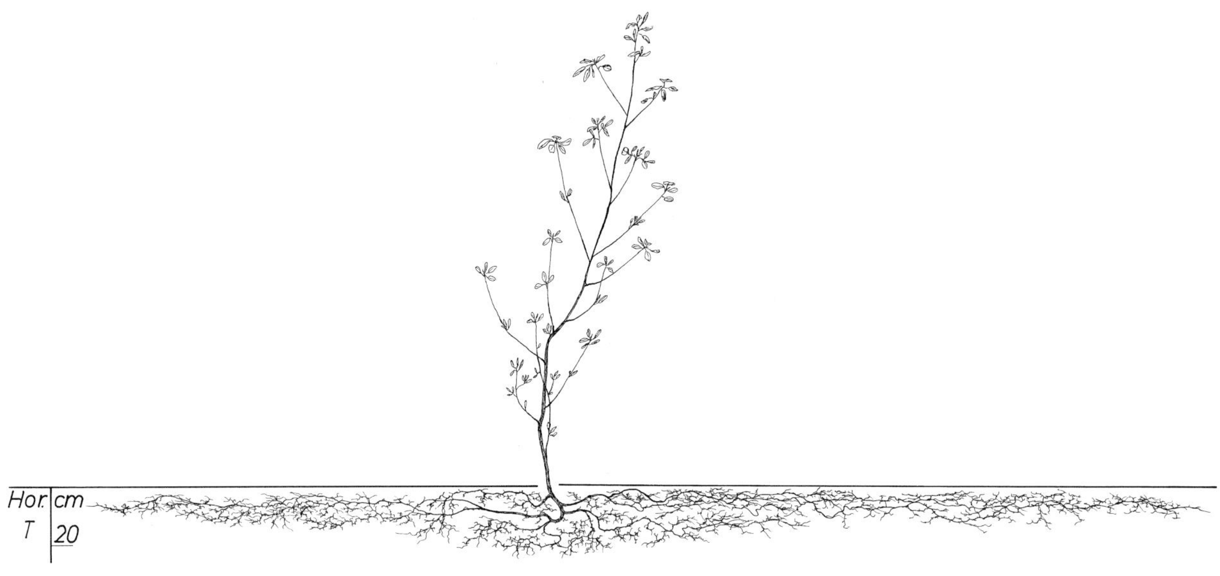

Abb. 90: Faulbaum, *Frangula alnus*, H–T–S = 162–25–398 cm, Hafner See, Kärnten, 500 m NN, Zwischenmoor, Hor.: T moderiger Torf. Aus: KUTSCHERA & LICHTENEGGER (1997).

Abb. 91 (rechts): Faulbaum, *Frangula alnus*, H–T–S = 404–60–776 cm, Grafenstein, Kärnten, eben, 510 m NN. Waldschlag eines früheren Eichen-Hainbuchen-Waldes, in der Strauchschicht vorwiegend *Frangula alnus, Sambucus nigra* und *Rubus idaeus*, Lockersediment-Braunerde über Niederterrasse. Bodenprofil Hor.: A_1 0–6 cm feinmoderreicher Schluff, schwarzbraun (10YR 2/1), pH 4,1, locker, stark durchwurzelt, A_2 6–24 cm stark humoser Schluff, feinkrümelig, locker, stark durchwurzelt, B_v 24–40 cm feinsandiger Schluff, dunkel gelbbraun (10YR 4/4), mäßig dicht, schwach steinig, pH 4,3, mäßig stark durchwurzelt, B_vC feinsandiger Schluff, stark steinig.

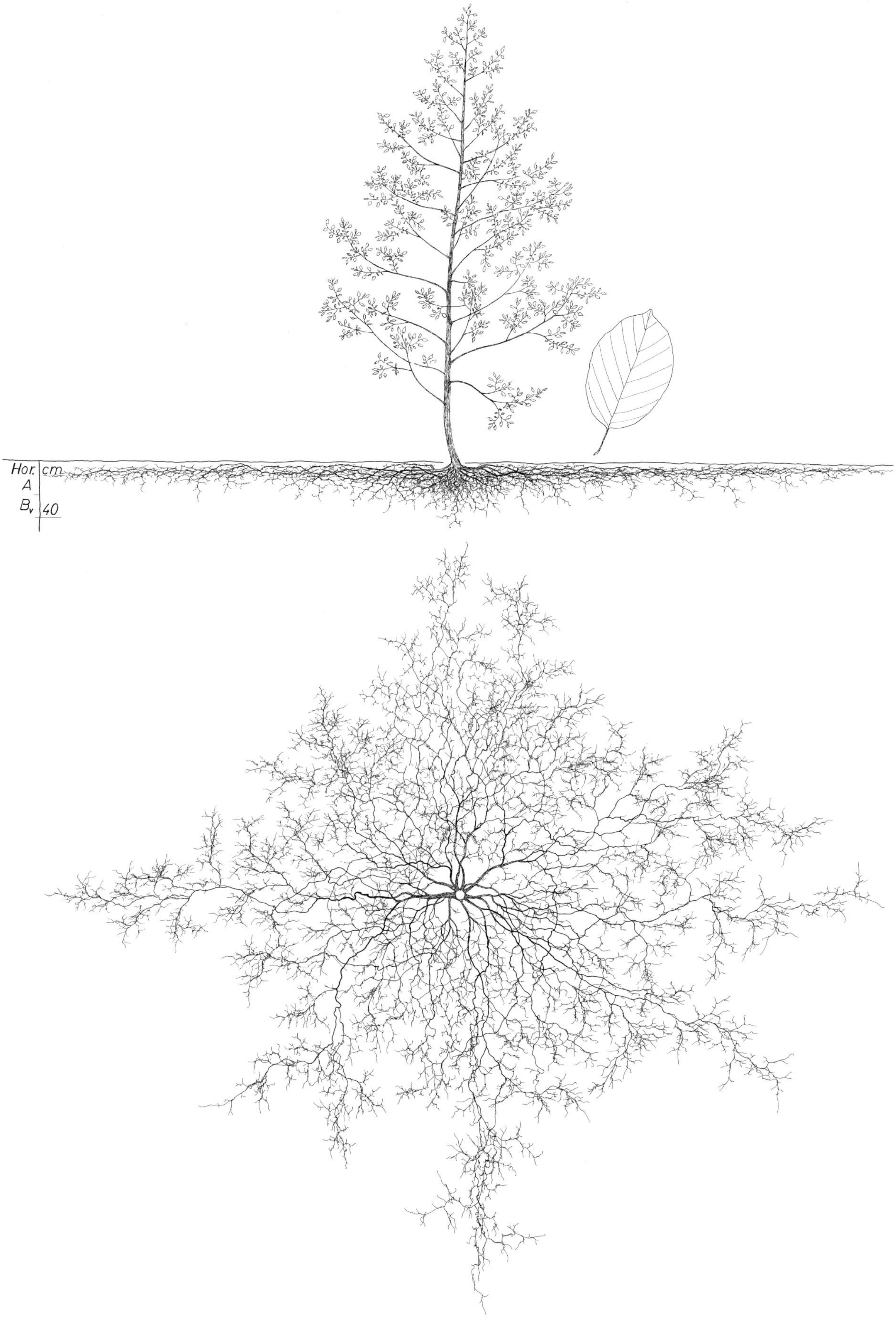
Hor.
cm
A
B_v
40

Taf. 79: Faulbaum, *Frangula alnus*. Grafenstein, Kärnten, 510 m NN, Braunerde, baumförmiger Strauch, Polwurzel verkümmert Seitenwurzeln flurnah flachstreichend, dichte Strähnen von Feinwurzeln bildend (zu Abb. 91).

Taf. 80 A: Faulbaum, *Frangula alnus.* – **1:** Schloß Rain, Grafenstein, Kärnten, 26.2. Prim., Ø, Ph/HCl, 259x. **Rh** Z mittelgroß, W schwach verdickt. **Rinde** Ex ZW schwach suberinisiert, EnZ klein, einmal radial unterteilt. **ZZ** 2arch. – **2:** Keutschach, Kärnten, 22.3. Sek., Ø, Saf.-Ast., 64x. **Bast** breit. **Holz** Strahlen 1-2reihig, GG Anteil groß, Gefäße Größe sehr verschieden, Standort stark wechselfeucht. – **3:** Pfl u. Zeit wie 2. Sek., ⊠, S3, 409x. **PCAG** 2 innerste Schichten ZW unverkorkt. **Bast** Z mit CaOxDrusen. – **4:** Pfl u. Zeit wie 1. Sek., Ø, Ph/HCl, 64x. **Bast** F weitlumig, einzeln oder in kleinen Gruppen. **Holz** GG Anteil geringer, Standort frisch, grundfeucht. – **5:** Pfl u. Zeit wie 4. Sek., ⊠, JJK, 162x. **Holz** Gefäße QuerW kurz, Tüpfel mittelgroß.

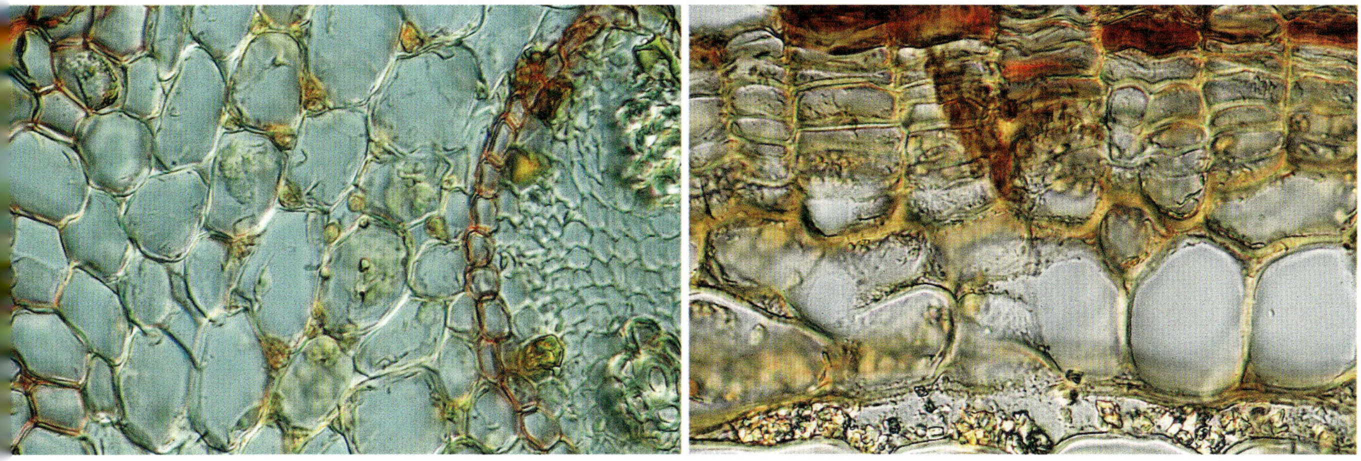

Taf. 80 B: – **1:** Ausschnitt aus A 1. 409x. **Rh** ZW cutinisiert. **Rinde** ExZ groß, ZW suberinisiert, EnZ klein, ZW mit Suberinlamelle. – **2:** Schnittreihe wie A 3. JJK, 409x. **PCAG** 8schichtig. **Bast** in Z u. IZ CaOxGrus.

W u r z e l : Über die Bewurzelung des Faulbaumes scheint es in der Literatur keine Hinweise zu geben. Nur OBERDORFER (1994) erwähnt, daß dieser Wurzelsprosse bilden kann. Nach vorliegenden Untersuchungen zählt er zu den flachwurzelnden Holzgewächsen. Die Polwurzel verliert schon bei jungen Pflanzen ihre Vorwüchsigkeit. Ihr geringes Tiefenstreben fördert die Bildung weit seitwärts verlaufender Wurzelstränge. An deren flurnahen Abschnitten können Wurzelsprosse auftreten. Die Feinverzweigung der Wurzeln ist sehr hoch. Die dadurch entstehende dichte Durchwurzelung in den obersten humosen Bodenschichten gleicht in humiden Gebieten gleichsam das fehlende größere Tiefenstreben der Wurzeln aus. Dank der flachen Bewurzelung eignet sich der Faulbaum auch vorzüglich zur Besiedelung staufeuchter oder flachgründiger Böden.

Die Polwurzel der jungen Pflanze der **Abb. 90** biegt im Torf rasch seitwärts um. Sie breitet sich wie die oberen Seitenwurzeln in den stärker abtrocknenden oberen Torfschichten weit seitwärts aus. Die flurnah verlaufenden Wurzeln sind reich feinverzweigt. Der kleine Baum der **Abb. 91** wurde in einem Waldschlag eines früheren Eichen-Hainbuchen-Waldes auf Lockersediment-Braunerde im Raum von Grafenstein in Kärnten freigelegt. Die Polwurzel ist noch als dünner, abwärts wachsender Strang erkennbar. Die zahlreichen an Stärke rasch abnehmenden Seitenwurzeln verlaufen in einem weiten Umkreis in den oberen humosen Bodenschichten. Nur unterhalb des Stammes dringen einige Wurzeln etwas tiefer in den humusarmen B_v-Horizont ein. Der Feinwurzelbesatz ist besonders in den oberen humosen Bodenschichten sehr groß. Die jungen Wurzeln sind gelb, die älteren gelb- bis rotbraun.

Anatomie, Taf. 80

Die Einlagerung von Fettstoffen in die Zellwände der Rhizodermis erhöht im primären Zustand den Fäulnisschutz der Wurzeln des Faulbaumes (A 1, B 1). Die Größe der Zellen der Exodermis sowie die Größe und die geringe Verfestigung jener des äußeren Rindenparenchyms entsprechen der Vorliebe der Art für frischfeuchte bzw. stark wechselfeuchte bis schwach wechselnasse Standorte (B 1).

Im sekundären Zustand dürfte die Einlagerung von Stoffen in die Zellen des Pericambial-Abschlußgewebes, die mit Safranin-Astrablau rot gefärbt erscheinen, die Widerstandskraft gegen Fäulnis verstärken (A 2, B 2). Bezeichnend ist, daß auf Standorten, auf denen wie im vorliegenden Fall durch die größere Wechselfeuchte des Zwischenmoores der Anteil und die Verfestigung des Grundgewebes im Holz groß sind, Fasern im Bast weitgehend fehlen (A 2). Dagegen enthält der Bast vereinzelt Gruppen von Fasern, wenn der Standort vorwiegend frisch ist, wie jener auf Braunerde über fluvio-glazialen Ablagerungen mit tiefliegender Grundfeuchte (A 3, 4, vgl. *Prunus padus).* Anteil und Verfestigung des Grundgewebes im Holz sind ebenfalls geringer. Den großen Unterschieden beider Standorte entsprechen auch Größe und Anordnung der Xylem-Leitelemente. Am ersten Standort ist deren Größe sehr verschieden, und kleinere Gefäße überwiegen. Außerdem stehen die Gefäße vereinzelt radial benachbart. Am zweiten Standort überwiegen größere Gefäße, die tangential und radial benachbart stehen. Die Zellen der Gefäße sind z. T. sehr kurz, und die in der Mitte durchbrochenen Querwände stehen nahezu senkrecht zu den Längswänden (A 5). Die Ausscheidung von Calciumoxalat-Kristallen erfolgt, kennzeichnend für die Art, unabhängig vom Kalkgehalt des Bodens in Form von Drusen in der Zelle und von kleinen Kristallen als Grus, z. T. in den Interzellularen (A 3, B 2).

Standortansprüche: Der Faulbaum ist eine Licht- bis Halbschattenpflanze. Er ist frostresistent und wenig wärmebedürftig, doch braucht er eine längere Vegetationszeit. Daher ist er nur bis in die obere montane Stufe verbreitet. Er wächst auf staufeuchten Böden und bei ausreichenden Niederschlägen auch auf frischen, stauwasserfreien Böden. Höhere Trockenheit erträgt er nicht.

Verbreitung: Die nordisch-eurasiatisch-subatlantische Art wächst vorwiegend im Laubwaldgürtel. Ihre Höhengrenze verläuft in den Westalpen bei 1.500 m, in den Bayrischen Alpen bei 1.000 m. Zu finden ist der Faulbaum in Mooren, Heiden, Auwäldern, Lichtungen von Eichen-Hainbuchen-Wäldern oder Buchenwäldern und auch in Schneeheide-Kiefern-Wäldern.

Fagaceae, Buchengewächse

Castanea sativa Mill., Edelkastanie, Echte Kastanie

Morphologie

Sproß: Sommergrüner Baum, seltener strauchartig, oft bis zum Grund ästig, mit viel Stockausschlag, bis über 30 m hoch, Stammumfang am Ätna bis 26,3 m (Wagenitz 1981). Krone eichenähnlich, oft weit ausladend, Blätter zweizeilig, seltener spiralig angeordnet.

Wurzel: Über die Bewurzelung der Edelkastanie ist wenig bekannt. Sie wird als Tiefwurzler bezeichnet, ihre Wurzeltracht soll am ehesten jener der Eiche entsprechen. Wie bei der Stiel-Eiche ist die Polwurzel der Jungpflanzen deutlich vorwüchsig (**Abb. 95**). Diese Vorwüchsigkeit hält auch noch bei älteren Jungpflanzen an (**Abb. 93, 94, 96**). Bei älteren Bäumen tritt die Polwurzel als dickerer, stärker vorwüchsiger Wurzelstrang zurück (**Abb. 95, Taf. 81**). An alten Bäumen ist sie oft nicht mehr mit Sicherheit zu erkennen. Bei Bäumen auf flachgründigen Böden verkümmert sie frühzeitig (**Abb. 92**). Auf tief zu durchwurzelnden Böden dringt sie bis zu den gleichmäßiger feuchten und gleichmäßiger temperierten Bodenschichten vor. Auf tiefgründigen, warmen Böden werden diese, je nach Himmelslage und Geländegestaltung, in einer Tiefe von ca. 2–3 m erreicht. Wenn die Polwurzel durch verhärtete oder kühlere Schichten an einem weiteren Eindringen gehindert wird, wächst sie häufig seitwärts weiter (**Abb. 94**).

Die Seitenwurzeln bleiben sowohl hinsichtlich ihrer Länge als auch hinsichtlich ihrer Stärke lange Zeit hinter der Polwurzel zurück. Bereits an den Keimpflanzen treten sie entlang des oberen Abschnittes der Polwurzel gehäuft auf (**Abb. 95**, rechts oben). Bei Jungpflanzen ist ihr Verlauf vorwiegend horizontal (**Abb. 95** links). An etwas älteren Pflanzen beginnt ein Teil der Seitenwurzeln abwärts zu wachsen. Sie erreichen aber nicht annähernd die Tiefe der Polwurzel. Diese kann sich in tieferen Schichten in gleich starke Seitenwurzeln verzweigen, mit denen sie schon nahezu bis zur endgültigen Tiefe vordringt (**Abb. 93**). Mit zunehmendem Alter erhöht sich die Anzahl der Seitenwurzeln im oberen, verdickten Abschnitt der Polwurzel (**Abb. 94**). Der größere Teil davon wendet sich bogenförmig nach unten. Das Tiefenstreben bleibt aber noch gering. Die Seitenausdehnung der nahe Flur verlaufenden Wurzeln ist ebenfalls bescheiden (**Abb. 94, 96**). An jüngeren Bäumen erreichen schon mehrere abwärts wachsende Seitenwurzeln annähernd die Tiefe der Polwurzel. Die Dichte der Bewurzelung im näheren Bereich des Stammes nimmt weiter zu. Darin unterscheidet sich die Edelkastanie deutlich von den Eichen. Die flachstreichenden Seitenwurzeln wachsen zwar über den Kronenrand hinaus, eine große Länge erreichen sie aber nicht. Dies gilt vor allem für Bäume, die im geschlossenen Bestand wachsen.

Die Feinverzweigung ist insgesamt hoch und im Bereich des Kronendaches deutlich verstärkt. In den humosen oberen Bodenschichten sind die dünnen Wurzeln wesentlich stärker verzweigt als in den tieferen, humusarmen Schichten. Die Länge der feinen Wurzeln ist wie bei der Stiel-Eiche gering. Lang ausgezogene, unverzweigte, fleischige Wurzelenden sind meist nur an sehr jungen Pflanzen zu finden. Die Farbe der Wurzeln ist gelblichbraun bis graubraun.

Das Wurzelbild junger Pflanzen ist infolge der stärkeren Gliederung in eine obere flachstreichende und in eine abwärts gerichtete Wurzelgruppe leicht T-förmig (**Abb. 93**). An älteren Pflanzen wird es infolge der Zunahme der bogenförmig abwärts wachsenden Seitenwurzeln kegelförmig (**Abb. 96**). An jüngeren Bäumen ist es infolge der höheren Anzahl der Seitenwurzeln, die noch weiter vom Stamm entfernt in die Tiefe streben, sehr breit kegelförmig bis gestaucht zylinderförmig. Nach der bisher gebräuchlichen Typisierung würde das Wurzelsystem älterer Edelkastanien unter Vernachlässigung der über den Kronenrand hinausragenden Wurzeln am ehesten einem „Herzwurzelsystem“ entsprechen. Die starke Verdichtung der Bewurzelung im Bereich der Krone entspricht eher der Buche oder der Linde als der Eiche.

Abb. 92: Edelkastanie, *Castanea sativa*, 30 Jahre alter Baum, H–T–S = 1.695–90–1.770 cm, bei Leibnitz, Steiermark, Osthang, 350 m NN. Lichter Wald mit vorwiegend *Castanea sativa, Pinus sylvestris* und *Carpinus betulus*, in der Krautschicht vorherrschend *Pteridium aquilinum, Vaccinium myrtillus, Luzula luzuloides, Oxalis acetosella, Maianthemum bifolium, Milium effusum, Humulus lupulus, Solidago virgaurea* und *Senecio ovatum.* Braunerde über tonigem Schiefer, Bodenprofil Hor.: O 3–0 cm Streuauflage, A_1 0–6 cm Modermull, stark humoser, schluffiger Lehm, dunkel graubraun (10YR 4/2), pH 4,1, A_2 6–18 cm Mull, humoser schl L, feinkrümelig, locker, stark durchwurzelt, B_v 18–70 cm toniger Lehm mit schieferigem Grus und Feinschutt, dicht, graubraun (10YR 5/2–3), pH 4,2, Durchwurzelung stark abnehmend, B_vC plattiger Grus und Feinschutt, dazwischen toniger Lehm, dicht, schwer durchwurzelbar.

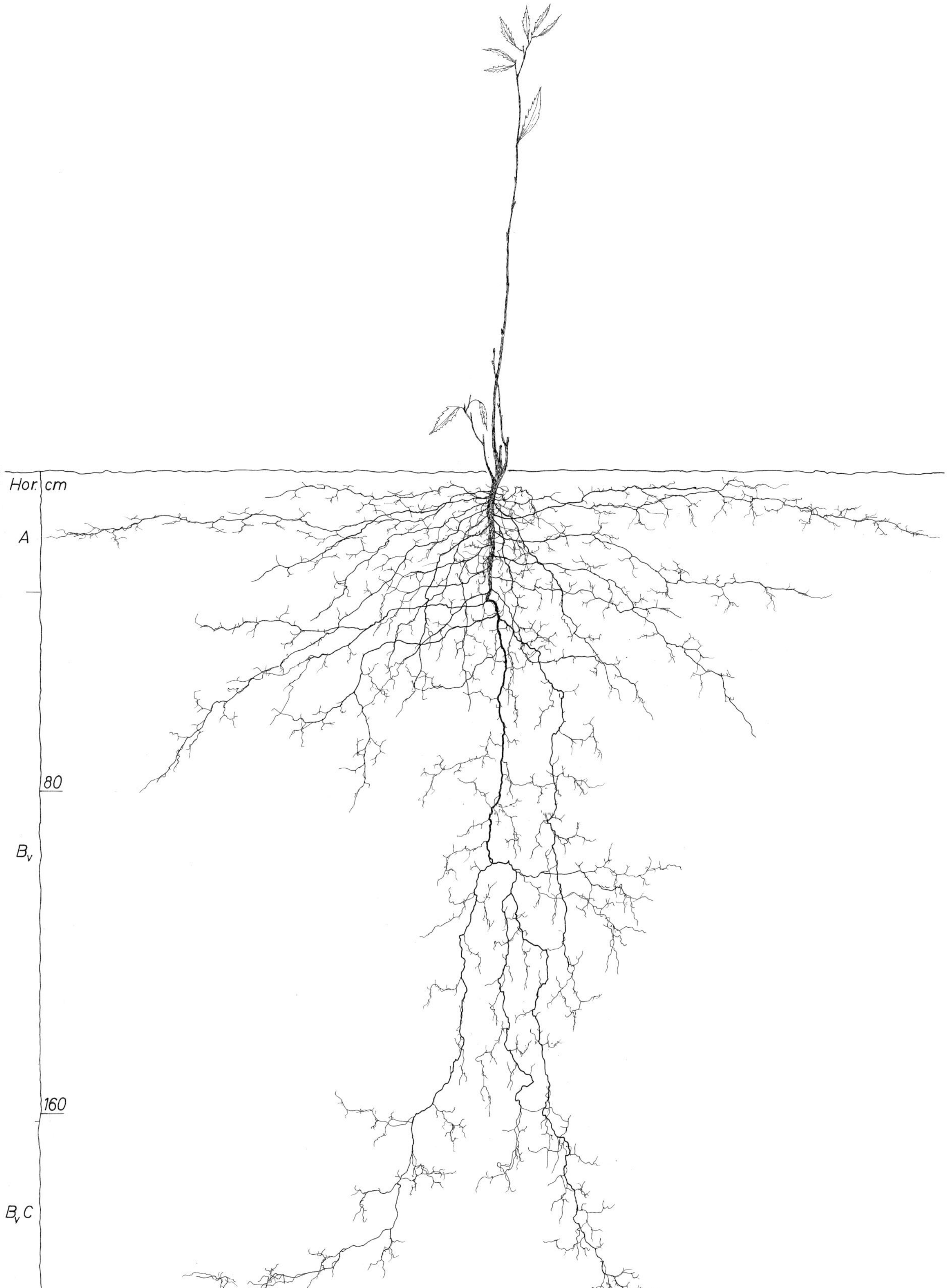

Abb. 93: Edelkastanie, *Castanea sativa*, Jungpflanze, H–T–S = 115–203–228 cm. Ort und Boden wie bei Abb. 94.

Die Neigung zu Stockausschlägen fördert die Bildung sproßbürtiger Wurzeln. Besonders gefördert wird der Stockausschlag durch Beschneiden. Die Bekämpfung der Edelkastanie auf Kahlschlägen durch Abschneiden der Triebe verstärkt vor allem bei Jungpflanzen die Bildung von Büschen. Auch aus alten Wurzelstöcken können noch Stockausschläge hervorgehen. Ihre Zahl kann 20 und mehr betragen. Häufiges Beschneiden dieser Stockausschläge kann zur Bildung dicker und langer sproßbürtiger Wurzeln führen, die wiederum der Kräftigung des Busches zugute kommen (**Abb. 97**).

Im Randbereich des Vorkommens der Edelkastanie in der Weststeiermark bilden die Jungpflanzen als Folge der geringeren Bodenerwärmung eine weniger stark vorwüchsige Polwurzel aus. Die Seitenwurzeln sind bereits kräftig entwickelt (**Abb. 92** rechts). Der Baum der **Abb. 92** wurde bei Leibnitz auf Braunerde über stark verhärtetem Schiefergrus freigelegt. Das gehemmte Tiefenstreben führte zur vollständigen Verkümmerung der Polwurzel und zur starken Förderung der Seitenausdehnung der flachstreichenden Wurzeln. Die kräftigen Seitenwurzeln sind im näheren Bereich des Stammes stark gewunden und schlingenartig in sich verwachsen. Die Feinverzweigung dieses tellerförmig verflachten Wurzelsystems wird im näheren Bereich des Stammes noch verstärkt. Die flache Bewurzelung fördert sehr stark die Anfälligkeit für Windwurf.

In diesem Mischwald aus vorwiegend Edelkastanie, Wald-Kiefer und Hainbuche trat der Windwurf bei der Edelkastanie besonders häufig auf. Die gehemmte Wurzelausbildung ist auch an dem starken Stockausschlag zu erkennen, der fast bei jedem Baum vorkommt.

In dem wesentlich wärmeren Weinbaugebiet von Kaltern in Südtirol ist die Polwurzel bei den Jungpflanzen viel deutlicher vorwüchsig (**Abb. 93, 94**). Bei der älteren Pflanze der **Abb. 94** wird die stark vorwüchsige Polwurzel durch die verhärteten Schichten des aufgewitterten Bozener Quarzporphyrs seitlich abgelenkt. Sie verläuft am oberen Rand dieser Schichten hangparallel abwärts. Im Bereich des verdickten oberen Stammteils zeigt sich bereits die starke Anhäufung der Wurzeln im Kronenbereich. An dem 18 Jahre alten Baum der **Abb. 95**, der in Kaltern in einer Hangrinne freigelegt wurde, ist die schwach vorwüchsige Polwurzel noch zu erkennen. In der Stärke hebt sie sich von den dickeren Seitenwurzeln aber nicht mehr ab. Ihr Tiefenstreben endet in den deutlich feuchteren Schichten, die in dieser Mulde schon in einer Tiefe von ca. 200 cm beginnen. In diesen Schichten verläuft sie seitwärts. Die kräftigen Seitenwurzeln wachsen besonders im näheren Bereich des Stammes abwärts. An den flachstreichenden Wurzeln wenden sich sogenannte Senker auch noch außerhalb des Kronenrandes nach unten. Trotz der größeren Zahl der flachstreichenden Wurzeln, die über den Kronenrand hinausragen, bleibt der größte Teil der Wurzelmasse auf den inneren Kronenbereich beschränkt. Die ungehemmte Entfaltung der Bewurzelung verhindert den Austrieb von Stockausschlägen.

Von den stark beschnittenen Polwurzelpflanzen aus einer Naturverjüngung (**Abb. 96**) hat die linke Pflanze noch keine Sproßwurzeln entwickelt. An der rechten Pflanze sind aus den beschnittenen Triebstummeln schon mehrere Sproßwurzeln hervorgegangen. Die Beschneidung führt zur Bildung von Büschen, die ein undurchdringliches Gestrüpp bilden können. Starkes Betreten von Pflanzen kann den oberen Teil der Polwurzel umbiegen. Von der Knickstelle können Legtriebe ausgehen, die über einen längeren Abschnitt sproßbürtig bewurzelt sind (**Abb. 97** unten).

Selbst aus bereits weitgehend abgestorbenen, innen hohlen Wurzelstöcken können Büschel von Stockausschlägen ausgehen. Sie wachsen oft zu dickeren Stämmen mit sehr kräftigen, langen Sproßwurzeln heran (**Abb. 97** oben). Ihre abwärts wachsenden, dicken Sproßwurzeln sind bereits verkümmert. Die seitwärts verlaufenden sind frisch und relativ gut feinverzweigt. Ihr Tiefenstreben reicht nahe an jenes von Polwurzeln heran.

An Pflanzen, die vom Kastanienkrebs befallen sind, stirbt gleichlaufend mit dem Sproß das Wurzelsystem ab. Mit der an der Kronenspitze einsetzenden Entlaubung beginnt an den Wurzelsträngen die Verkümmerung des Feinwurzelnetzes. Nach völligem Absterben des Laubes und nach Vertrocknung der Rinde besteht das Wurzelsystem nur noch aus den verholzten Wurzelsträngen (**Abb. 98**). Das Verdorren der Wurzel mit dem Sproß ist besonders an trockenen Oberhängen und an Hangrücken zu beobachten. In den feuchteren Mulden bewirkt das Absterben des Sprosses einen verstärkten Saftstau an der Sproßbasis, der zu einer vermehrten Bildung von Stockausschlägen führt. Die belaubten Stockausschläge können das Wurzelsystem frisch erhalten, auch wenn der Primärsproß gänzlich abgestorben ist (**Abb. 99**).

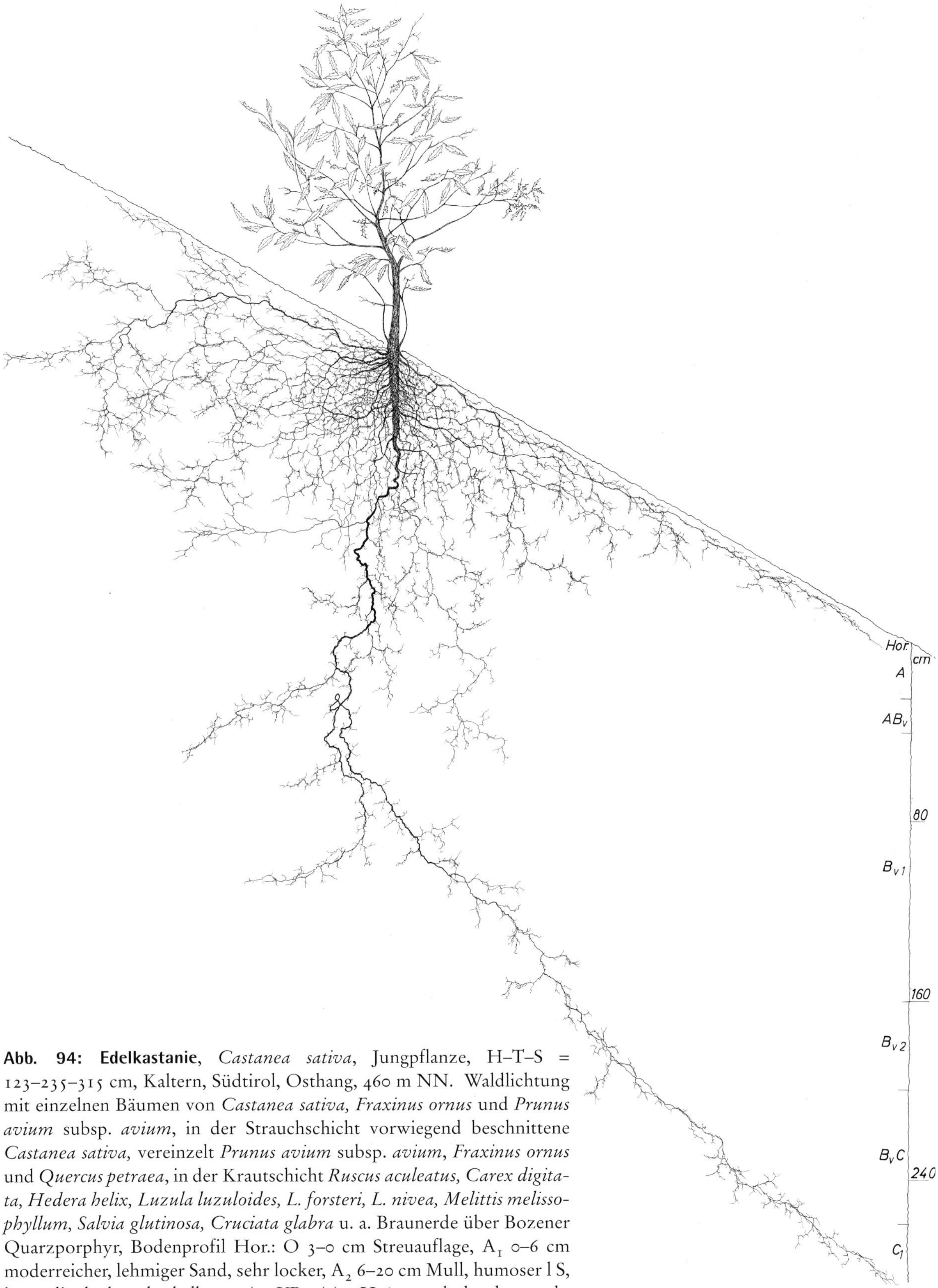

Abb. 94: Edelkastanie, *Castanea sativa*, Jungpflanze, H–T–S = 123–235–315 cm, Kaltern, Südtirol, Osthang, 460 m NN. Waldlichtung mit einzelnen Bäumen von *Castanea sativa, Fraxinus ornus* und *Prunus avium* subsp. *avium*, in der Strauchschicht vorwiegend beschnittene *Castanea sativa,* vereinzelt *Prunus avium* subsp. *avium*, *Fraxinus ornus* und *Quercus petraea*, in der Krautschicht *Ruscus aculeatus, Carex digitata, Hedera helix, Luzula luzuloides, L. forsteri, L. nivea, Melittis melissophyllum, Salvia glutinosa, Cruciata glabra* u. a. Braunerde über Bozener Quarzporphyr, Bodenprofil Hor.: O 3–0 cm Streuauflage, A_1 0–6 cm moderreicher, lehmiger Sand, sehr locker, A_2 6–20 cm Mull, humoser l S, krümelig, locker, dunkelbraun (7,5YR 3/2), pH 6,2, stark durchwurzelt, AB_v 20–32 cm schwach humoser l S, etwas dicht, steinig, stark durchwurzelt, B_{v1} 32–160 cm l S, dicht, braun (7,5YR 4/4), pH 5,2, mäßig stark durchwurzelt, B_{v2} 160–198 cm l S, dicht, steinig, B_vC 160–208 cm l S, stark steinig, durch Gesteinszersatz nach unten zunehmend verhärtet, schwach durchwurzelt, C_1 aufgewitterter Porphyr, hart, pH 5,7.

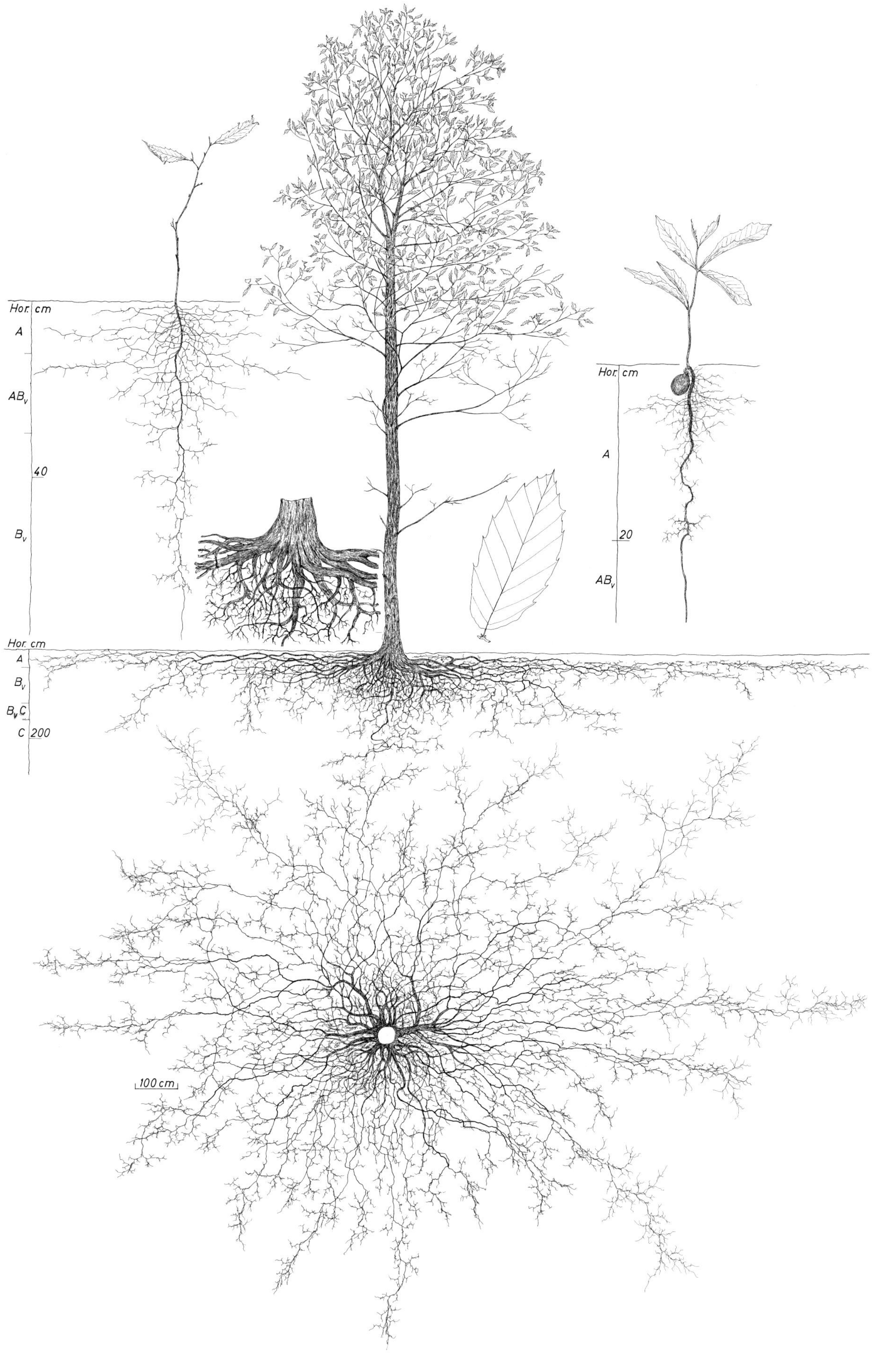
Hor. cm
A
ABv
40
Bv
Hor. cm
A
20
ABv
Hor. cm
A
Bv
BvC
C 200
100 cm

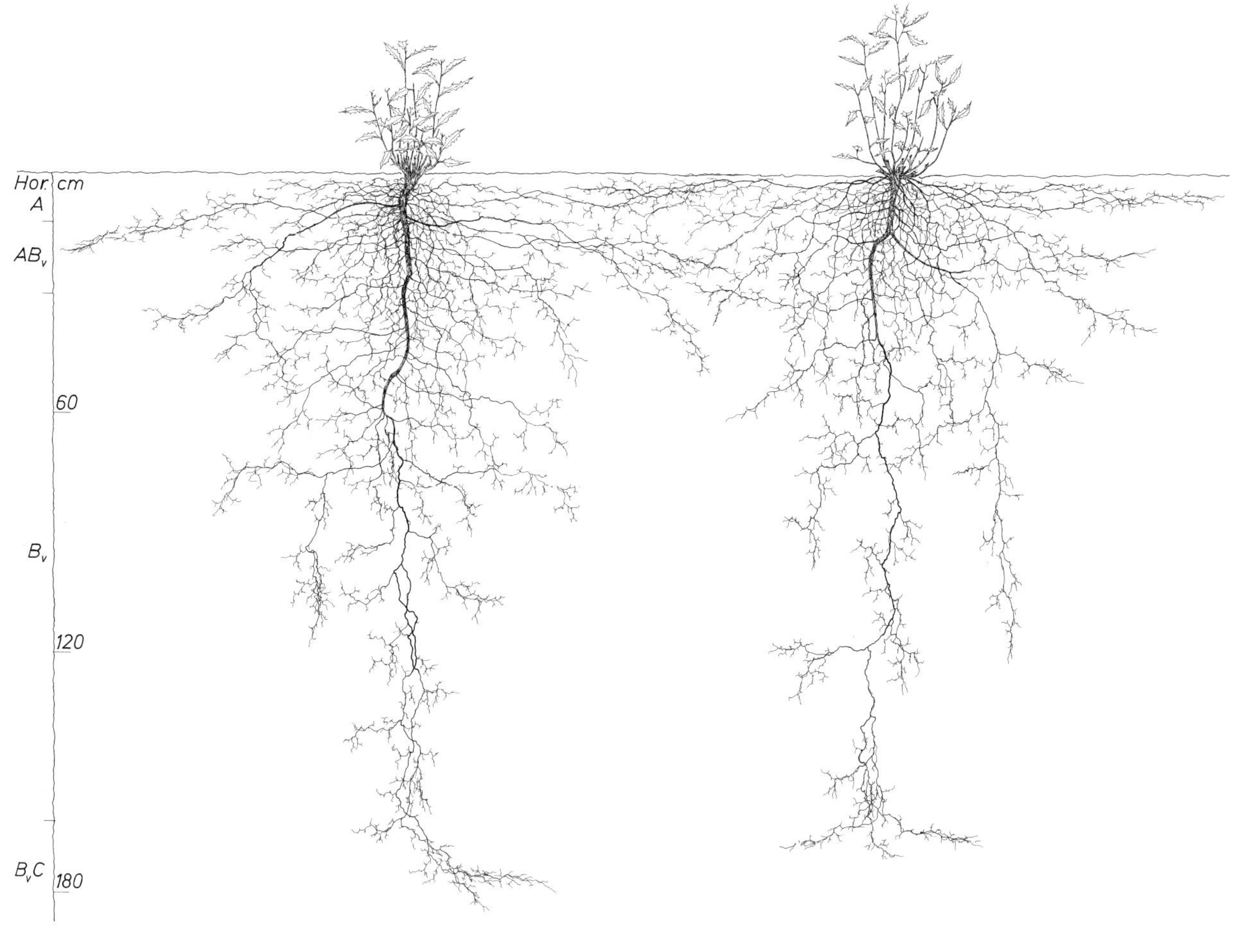

Abb. 96: Edelkastanie, *Castanea sativa*, beschnittene Jungpflanzen, H–T–S = 33–185–171, 41–167–170 cm, Kaltern, Südtirol, Osthang, 460 m NN. Waldlichtung mit einzelnen Bäumen von *Castanea sativa*, *Fraxinus ornus* und *Prunus avium* subsp. *avium*, in der Strauchschicht vorwiegend beschnittene *Castanea sativa*, vereinzelt *Prunus avium* subsp. *avium*, *Fraxinus ornus* und *Quercus petraea*, in der Krautschicht *Ruscus aculeatus, Carex digitata, Hedera helix, Luzula luzuloides, L. forsteri, L. nivea, Melittis melissophyllum, Salvia glutinosa, Cruciata glabra* u. a. Braunerde über Bozener Quarzporphyr, Bodenprofil Hor.: O 3–0 cm Streuauflage, A_I 0–6 cm moderreicher, lehmiger Sand, sehr locker, A_2 6–20 cm Mull, humoser l S, krümelig, locker, dunkelbraun (7,5YR 3/2), pH 6,2, stark durchwurzelt, AB_V 20–32 cm schwach humoser l S, etwas dicht, steinig, stark durchwurzelt, B_V 32–160 cm l S, dicht, braun (7,5YR 4/4), pH 5,2, mäßig stark durchwurzelt, B_VC 160–208 cm l S, stark steinig, durch Gesteinszersatz nach unten zunehmend verhärtet, schwach durchwurzelt, C_I aufgewitterter Porphyr, hart, pH 5,7.

Abb. 95 (links): Edelkastanie, *Castanea sativa*, 18 Jahre alter Baum, H–T–S = 1.460–260–1.740 cm, Kaltern, Südtirol, Geländerinne, 440 m NN. Kleine Waldlichtung mit Edelkastanie, am Rand aufgeforstete Douglasie, in der Strauchschicht vorwiegend *Sambucus nigra*, in der Krautschicht besonders *Hedera helix, Parietaria officinalis* und *Asarum europaeum.* Braunerde über transportiertem Material aus Bozener Quarzporphyr und Geschiebe. Bodenprofil Hor.: A_I 0–10 cm humoser, sandiger Lehm, dunkelbraun (7,5YR 3/2), krümelig, sehr locker, pH 5,4, stark durchwurzelt, A_2 10–40 cm schwach humoser s L, Gefüge dicht, durchsetzt mit Kies, stark durchwurzelt, B_V 40–120 cm stark s L, sehr steinig, sattbraun (7,5YR 4/4), pH 5,7, stark durchwurzelt, B_VC 120–160 cm l S und Schotter, locker gelagert, Durchwurzelung stark abnehmend, C Grobsand und Schotter, ab 200 cm grundfeucht, Durchwurzelung auslaufend.

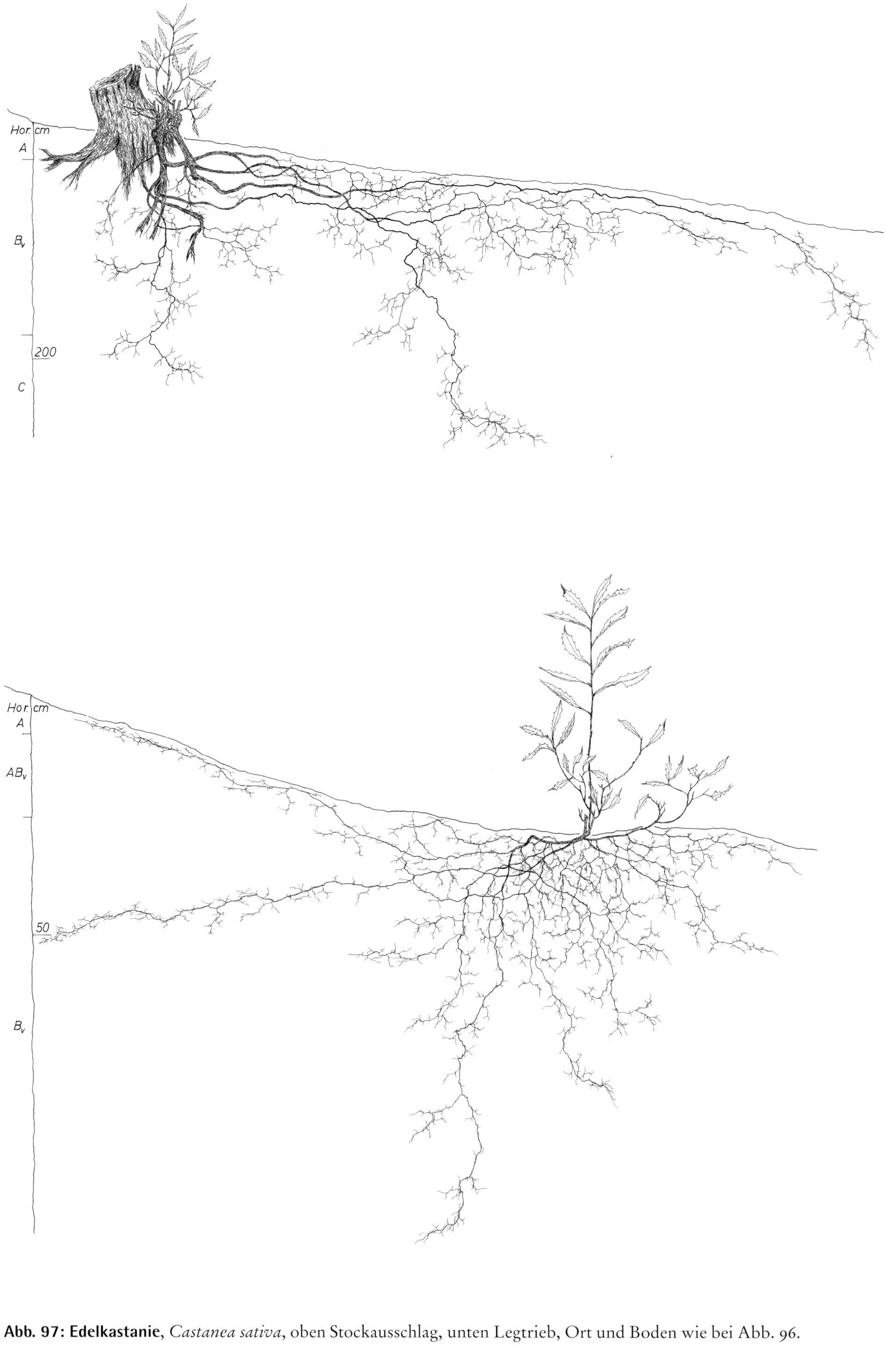

Abb. 97: Edelkastanie, *Castanea sativa*, oben Stockausschlag, unten Legtrieb, Ort und Boden wie bei Abb. 96.

Taf. 81: Edelkastanie, *Castanea sativa*. 1. und 2. Reihe und 3. R. links: Kaltern, Südtirol, 440 m NN, Braunerde. 1. R. links: Keimpflanze mit dicker, wenig verzweigter Polwurzel; Mitte: Jungpflanze mit kräftiger, stark vorwüchsiger, mäßig stark verzweigter Polwurzel (zu Abb. 96 links); rechts: beschnittene Jungpflanze, Polwurzel mit zahlreichen Seitenwurzeln, einzelne Sproßwurzeln an den Bestockungstrieben (zu Abb. 96 rechts). 2. R.: junger Baum auf Braunerde mit seitwärts und abwärts verlaufenden Wurzeln (zu Abb. 95). 3. R. links: alter Wurzelstock mit bewurzelten, stark beschnittenen Sproßtrieben (zu Abb. 97 oben); rechts: Kainberg bei Leibnitz, Steiermark, 350 m NN, Braunerde, flache Bewurzelung über verdichtetem Unterboden, Wurzeln vorwiegend seitwärts verlaufend (zu Abb. 92).

Abb. 98: Edelkastanie, *Castanea sativa*, an Kastanienkrebs erkrankte Jungpflanzen, H–T–S = 592–114–900, 482–92–700 cm, Kaltern, Südtirol, leicht gespannter Hangrücken, 420 m NN. Krebskranker Kastanienbestand. Pflanze links oben abgestorben, Feinwurzeln teils verkümmert. Pflanze rechts ganz abgestorben, Wurzel verdorrt. In der Baumschicht vorwiegend *Pinus sylvestris, Castanea sativa* und *Quercus petraea*. Skelettreiche Braunerde über Bozener Quarzporphyr, Bodenprofil Hor.: O 3–0 cm Streuauflage, A 0–10 cm Modermull, stark humoser, sandiger Lehm, schwach steinig, stark dunkelgrau (5YR 3/1), pH 5,9, B_v 10–70 cm, stark lehmiger Sand, etwas dicht, stark steinig, braun (7,5YR – 10YR 4/4), pH 6,3, B_vC lehmiger Sand, sehr steinig, nach unten zunehmend verhärtet, pH 6,1.

Anatomie, Taf. 82, 83

Zu Taf. 82: Die Polwurzel von Keimpflanzen der Edelkastanie erreicht dank des Stärkereichtums der großen Früchte am Grund eine Dicke von bis über 7 mm. Noch nahe der Spitze ist sie bis zu 4 mm dick. Auf frischen bis schwach trockenen Standorten entstehen oft in größerer Zahl Wurzelhaare (B 1). Das Außenrindenparenchym ist der Dicke der Wurzel entsprechend bis 3(4)schichtig. Das Innenrindenparenchym ist bis über 20schichtig (A 1, B 1).

Im sekundären Zustand sind für die Wurzeln kennzeichnend: ein sich frühzeitig abschuppendes Pericambial-Abschlußgewebe, ein mittelbreiter Bast mit 2–3schichtigen Gruppen von dicht stehenden, verholzten Fasern sowie benachbart verlaufende Zellreihen mit prismatischen Calciumoxalat-Kristallen und ein Holzteil mit meist einreihigen Strahlen und stärker verdickten Zellwänden der Fasern sowie des Grundgewebes (A 2–4). Die Wände der Xylem-Leitelemente haben ovale, versetzt stehende Hoftüpfel (A 5). Leiterförmige Platten und spiralige Verdickungen fehlen (CUTLER et al. 1987). Die Verkorkung der Zellwände des Pericambial-Abschlußgewebes beginnt frühzeitig (B 2).

Schon aus den angeführten Merkmalen geht die Bindung der Art an warme, frische bis mäßig trockene und nährstoffreichere Standorte hervor (s. oben).

Zu Taf. 83: Einfluß des Kastanienkrebses, verursacht durch *Cryphonectria parasitica*, auf das Wachstum der Wurzel: Dank einer von der Südtiroler Landesregierung in Auftrag gegebenen Studie war es möglich, die Erkrankung der Bäume an Kastanienkrebs hinsichtlich des Wachstums von Sproß und Wurzel zu untersuchen. Die Untersuchungen erfolgten im Raum von Kaltern, vorwiegend in den Jahren 1998 und 1999.

Der Kastanienkrebs wird durch den Pilz *Cryphonectria parasitica* (Murr.), einen Ascomyceten, verursacht. Der Erreger wurde Ende des 19. Jahrhunderts von China nach Nordamerika und von dort nach Eu-

Abb. 99: Edelkastanie, *Castanea sativa*, krebskranke Jungpflanze mit Stockausschlag, H–T–S = 460–164–680 cm, Kaltern, Südtirol, Oberhangmulde, 430 m NN. Krebskranker Kastanienbestand mit *Fraxinus ornus* und *Quercus petraea*, in der Krautschicht vorwiegend *Erica carnea* und *Brachypodium sylvaticum*. Braunerde über Bozener Quarzporphyr, Bodenprofil Hor.: O 2–0 cm Streuauflage, A 0–5 cm Modermull, stark humoser, lehmiger Sand, locker, dunkelbraun (10YR 2/2), pH 5,3, stark durchwurzelt, B_v 5–100 cm l S, etwas dicht, gelblichbraun (10YR 5/4), B_vC l S zwischen Blockschutt, ab 120 cm Tiefe feucht, pH 5,2, Durchwurzelung rasch auslaufend.

ropa eingeschleppt. In Italien, und zwar nahe Genua, wurde er erstmals 1938 festgestellt. Die Infektion erfolgt in der Regel über eine verletzte Stelle im Stamm. Durch Zerstörung der Leitelemente wird der Stofftransport zunächst von der Wurzel in den Sproß unterbunden. Die über der Infektionsstelle liegenden Teile des Baumes sterben ab (vgl. Kudera et al. 1997, Schafleitner & Wilhelm 1997, Wilhelm-Waindinger 1993). Als eine der ersten Folgen verwelken die Blätter (1). An tief stehenden Seitenzweigen können für längere Zeit die jüngsten Blätter erhalten bleiben. Die älteren verwelken früher. Unterhalb der Befallstelle entstehen oft neue beblätterte Seitentriebe (2). An der Befallstelle ist das Gewebe des Stammes aufgebläht und vor allem die Borke von Längsrissen durchzogen. An einem Stamm können 1–3 Befallstellen auftreten (3).

Das Wurzelsystem kann lange Zeit funktionsfähig bleiben. Am frühesten verliert es infolge der mangelnden Zufuhr von Assimilaten die Kraft zur Bildung neuer Wurzelspitzen. Die Saugkraft der Wurzeln geht dadurch zunehmend verloren. Anfänglich scheint es, daß die Wurzeln nur unter Trockenheit leiden. Im Gegensatz zur Ausbildung von Wurzeln auf trockenen Standorten kommt es jedoch bald zu einem Aufreißen von Wurzeln und zu deren Absterben (4, 5).

Die krankhaften Veränderungen im inneren Bau der Wurzel, die auf die Unterbrechung des Saftstromes zurückzuführen sind, breiten sich selbst im fortgeschrittenen Zustand nicht auf die ganze Wurzel aus.

Taf. 82 A: Edelkastanie, *Castanea sativa.* – **1:** Leibnitz, Steiermark, 13.8. Prim., Ø, Saf.-Ast., 25x. **Rh** Z klein, dünnwandig. **Rinde** ExZ wenig größer, RP sehr breit, ARP 4-5schichtig MRP Z klein, EnZ klein. **ZZ** 7arch, PC Z z. T. größer als die der En. – **2:** Klagenfurt, 8.11 Sek., Ø, Ph/HCl, 32x. **ZZ** 7arch. **PCAG** schmal, sich abschuppend. **Bast** breit, F dicht stehend, verholzt, in 2 Kreisen angeordnet. **Hol** Strahlen bis 4reihig, Gefäße verstreut, im Zentrum potentielles Leitgewebe. – **3:** Kaltern, Südtirol, 25.9. Sek., ⊠, S3, 64x. **PCAG** 2 innere Schichten ZW unverkorkt. **Bast** Z benachbart F mit prismatischen CaOxKristallen. – **4:** Ort wie 3, 29.10., Sek., Ø, Saf.-Ast., 162x **Holz** FTracheiden ZW stark verdickt. – **5:** Schnittreihe wie 3. S3, 409x. **Holz** Gefäße Hoftüpfel oval, versetzt.

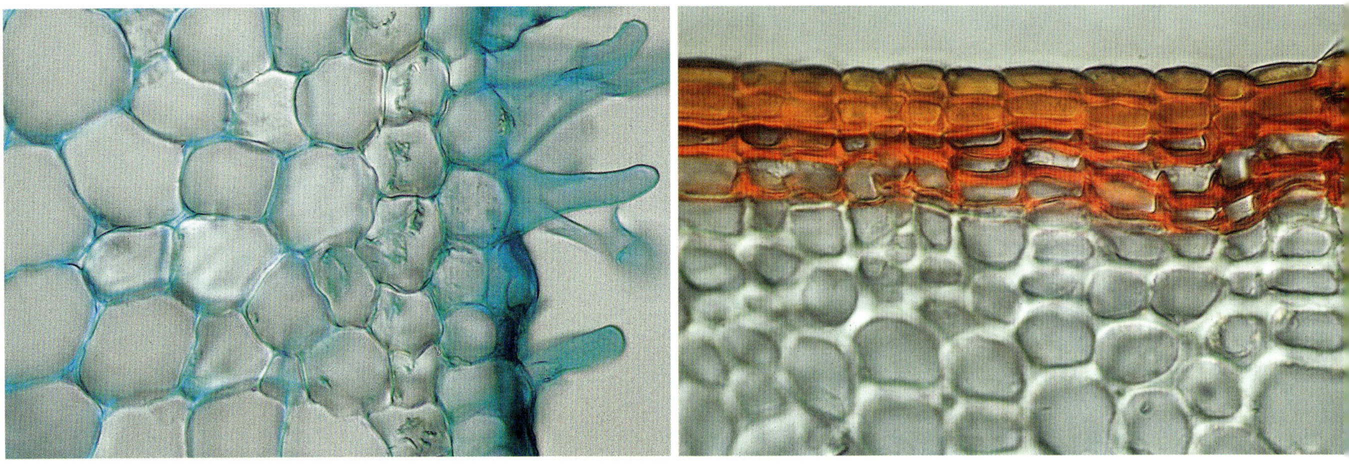

Taf. 82 B: – **1:** Ausschnitt aus A 1. 409x. **Rh** WuHr zahlreich. **Rinde** ARP 2-3schichtig. – **2:** Ausschnitt aus A 3. 409x. **PCAG** ZW 1. u. 2. Schicht z. T. gequollen, ZW ab 3. Schicht verkorkt. **Bast** alle ZW stark gequollen.

Taf. 83: Edelkastanie, *Castanea sativa*. Kaltern, Südtirol, 440 m NN, Braunerde. 1. und 2. Reihe: – **1-5:** Erkrankte Bäume, geschädigte Bewurzelung. 3. R.: Wurzelschnitte. – **6:** Sek., Ø, Ph/HCl, 25x. – **7:** Sek., Ø, JJK, 64x. – **8:** Sek., Ø, Ph/HCl, 409x. Erklärung im Text.

Während die eine Hälfte noch gesund erscheint, können bei der anderen die Zerstörungen schon weit fortgeschritten sein. Im Holz sind es mitunter kleine Bereiche, von denen die Zerstörung ausgeht (6, 7). Im unzerstörten Teil sind die Zellen der Markstrahlen noch mit Stärke gefüllt. Sie können demnach auch noch einen aktiven Wassertransport ermöglichen (7). Im erkrankten Teil des Holzes zeigt sich meist eine stärkere Rotfärbung des Zellinhaltes und der Zellwände nach Behandlung mit Phloroglucinol-Salzsäure als erste Veränderung durch den Krankheitsbefall. Etwas später, mitunter aber auch gleichzeitig, kommt es zu einem Verschließen der Xylem-Leitelemente und zur Bräunung der Zellwände (6–8).

Um überleben zu können, ist die Pflanze gezwungen, neue Wurzeln zu bilden. Diese entstehen vorwiegend an neuen Trieben, die aus dem Wurzelstock hervorgehen. Sie können sich ähnlich den kräftigen Seitenwurzeln der Polwurzel verdicken.

Standortansprüche: Die Edelkastanie erträgt in der Jugend Halbschatten. Im Bestand ist sie eine Halblichtbaumart. Als wärmebedürftiger Baum ist sie frostempfindlich. Das Temperaturmittel sollte im Jänner nicht weniger als 2,5 °C und im Juli mehr als 18 °C betragen (ROSENKRANZ 1923). Die jährliche Niederschlagsmenge sollte am Nordrand ihrer Verbreitung nicht unter 600 mm und die mittlere Luftfeuchte nicht unter 60 % liegen. Die Edelkastanie ist somit ein Baum der wintermilden, sommerwarmen, humiden Weinbaugebiete. Zur vollen Entfaltung ihres mächtigen, tiefreichenden Wurzelsystems benötigt sie einen ausreichend tiefgründigen, gut durchlüfteten Boden. Auf tiefgründigen Böden erträgt sie auch höhere Sommertrockenheit. Die länger anhaltende Winterfeuchte in den tieferen Schichten dieser Böden erhöht ihre Widerstandsfähigkeit gegen Oberbodentrockenheit. Die Edelkastanie wächst in Mitteleuropa zwar auch auf Hangrücken mit flachgründigen Böden. Doch fällt auf diesen Standorten ihre Wuchsleistung entsprechend stark ab. Gegen länger währende Staunässe im Wurzelraum ist sie empfindlich. Tagwasserstau erträgt sie nur wenige Wochen lang. Auf basischen Böden gedeiht sie nur dann, wenn im Gestein genug verwitterbare silikatische Bestandteile enthalten sind. Nach ENGLER (1901) wächst sie in der Zentralschweiz auf Verwitterungsböden mit einem Kalkgehalt von nahezu 22 %.

In der Regel gilt die Edelkastanie aber als Baum der sauren Böden mit einem Kalkgehalt von etwa 3 %. Wichtig ist, daß die Böden einen ausreichend hohen Kaligehalt aufweisen. Überhaupt sollte der Boden sehr tätig sein und über eine gute nährstoffnachschaffende Kraft verfügen. Eine solche weisen in den warmen Gebieten am ehesten schwach saure, mineralkräftige Böden auf. Sie ermöglichen auch einen regen Abbau der organischen Substanz, der die Entfaltung der Insekten fördert. Ihre Vielfalt begünstigt die Bestäubung der Edelkastanie. Nach PORSCH (1950) sind die Käfer zu 60 % daran beteiligt.

Verbreitung: Nach ENGLER ist die Edelkastanie nur in den Ländern, die an das Mittelmeer angrenzen, ursprünglich. In diesen warmen, sommertrockenen Gebieten ist sie in den niedrigen Lagen eine Schluchtwaldpflanze. In höheren Lagen (bis gegen 1.200 m) tritt sie bestandsbildend an schattigen, muldenförmig ausgeformten Hängen auf. In Mitteleuropa ist sie ein Kulturbegleiter vorwiegend der Weinbaugebiete. Südlich des Alpenhauptkammes wie in Kaltern bildet sie in der kollinen Stufe an konkaven Hängen mit tiefgründigeren Böden einen Waldgürtel, in dem die Vogel-Kirsche verstärkt als Vorholz auftritt. In ihm kommt die Rotbuche vereinzelt und die Trauben-Eiche häufiger vor. Für den Unterwuchs kennzeichnend ist das Auftreten von *Ruscus aculeatus.* An Hangrücken und Kuppen mit flachgründigeren Böden geht die Edelkastanie zugunsten der Trauben-Eiche zurück. Oberhalb dieses wärmebegünstigten Laubwaldes breitet sich der Waldgürtel mit vorwiegend Rotbuche aus. In den warmen Alpentälern und am Alpenostrand ist die Edelkastanie ebenfalls ein Begleiter der wärmebegünstigten Eichenwälder. Bevorzugt werden auch in diesen Gebieten tiefgründigere Böden in muldenförmigen Lagen.

Fagus sylvatica L., Rotbuche, Waldbuche

Morphologie

Sproß: Sommergrüner Baum, bis 30 (40) m hoch, vor allem in südlichen Gebieten im Bereich der Waldgrenze auch strauchförmig, Stamm im Gebirge wegen Schneedrucks unten oft säbelförmig gekrümmt (FRANZ 1999), gelegentlich mit Stockausschlag, Krone junger Bäume pyramidenförmig, alter Bäume oval bis kugelförmig.

Wurzel: Nach KÖSTLER et al. (1968) kann die Rotbuche „geradezu als Musterbeispiel eines Herzwurzlers unter den Laubbäumen bezeichnet werden". Begründet wird dies damit, daß die Polwurzel mit zunehmendem Alter gegenüber den Seitenwurzeln an Bedeutung verliert oder gar abstirbt (HARTIG 1877), daß im näheren Umkreis des Stockes die meisten Wurzeln senkrecht oder schräg nach unten verlaufen (Graser 1928), daß die seitwärts verlaufenden Wurzeln nicht über den Kronenrand hinausragen (Hilf 1927) und daß dadurch keine Trennung in eine flachstreichende und eine tiefstrebende Wurzelgruppe entstehen soll (Schoch 1964). Unter diesen Voraussetzungen würde die Rotbuche tatsächlich ein mustergültiges Herzwurzelsystem bilden, das überdies äußerst dicht verzweigt ist (Büsgen & Münch 1927). Für den Kronenbereich hat dies auch seine volle Gültigkeit. Wenn aber die gesamte Seitenausdehnung der flachstreichenden Wurzeln berücksichtigt wird, entspricht die räumliche Verteilung der Wurzeln keineswegs mehr einem Herzwurzeltyp. Bei ungehemmter Entfaltung der Bewurzelung auf tiefgründigem Boden entsteht vielmehr ein breiter, kegelförmig nach oben erweiterter Wurzelkörper. Bei gehemmtem Tiefenwachstum auf steinigen, dichten oder wechselfeuchten Böden ergibt sich ein breit tellerförmiger Wurzelkörper.

Bei den jungen Pflanzen ist die Polwurzel kräftiger als die Seitenwurzeln und außerdem deutlich vorwüchsig. Nach Hoffmann (1939) erreicht sie im 1. Jahr eine Tiefe von 32 cm. Im 2. und 3. Jahr beträgt der Tiefenzuwachs nur noch 8–14 cm. Bei älteren Jungpflanzen zweigt sich die Polwurzel bereits auf (Engler 1903). Es entstehen an ihrem rasch dünner werdenden Teil gleich kräftige Seitenwurzeln. Sie beenden mit der Polwurzel bald ihr Tiefenstreben, indem sie sich seitwärts umbiegen. Mit dem Verlust der Vorwüchsigkeit der Polwurzel beginnen sich die oberen Seitenwurzeln kräftig zu entwickeln. Die Polwurzel kann viele Jahre ausdauern. Graser gibt ein Alter von bis zu 50 Jahren an. Nach Absterben der Polwurzel überzieht sich die Stockunterseite mit einer Borke.

Die stärkeren Seitenwurzeln können an alten Bäumen in der Nähe des Stammes sehr dick sein. Köstler et al. sprechen von starken „Wurzelanläufen". Ihr Umfang nimmt aber rasch ab. Nachdem sie sich verzweigt haben, gibt es selbst bei alten Buchen nur noch mäßig dicke Wurzelstränge. Die reiche Verzweigung in Stammnähe und das häufige gegenseitige Überkreuzen der Wurzeln führen bei der Buche zu zahlreichen Wurzelverwachsungen. Köstler et al. fanden bei keiner Baumart so viele davon wie bei der Rotbuche. Die reiche Verzweigung der Hauptseitenwurzeln und der dichte Faserwurzelbesatz der dünneren Wurzeln an der Unterseite der Wurzelanläufe bewirken eine äußerst dichte Bewurzelung in Stammnähe. Graser spricht von einem dichten, „glockenförmigen Kranz" von Wurzeln, die senkrecht oder schräg nach unten verlaufen. Die dichte Bewurzelung im engeren Umkreis des Stammes veranlaßte Wagenknecht (1960) und Grunert (1964) zu der Feststellung, daß die Bewurzelungsdichte bei der Rotbuche 3–4mal so groß ist wie bei der Wald-Kiefer. Von den Nadelbäumen reicht an sie am ehesten die Douglasie heran. Von den Laubbäumen wird sie bezüglich Dichte der Bewurzelung in Stammnähe von der Linde übertroffen. Bisher nicht untersucht wurde der weite seitliche Verlauf der flachstreichenden Wurzeln. Ihre reiche netzartige Verzweigung sichert eine anhaltend ergiebige Bodendurchwurzelung bis zum äußersten Bereich des Wurzelradius. Von den seitwärts verlaufenden dickeren Wurzelsträngen zweigen immer wieder Senkwurzeln ab. Sie erreichen zwar nicht die Tiefe der Wurzeln in der Nähe des Stammes. Doch bewirken sie einen gleitenden Übergang von den tiefstrebenden Wurzelsträngen zu den flachstreichenden Wurzeln. Dadurch ergibt sich keine Trennung in zwei Wurzelgruppen. Im Vergleich zur Dichte der Durchwurzelung ist der Gewichtsanteil der Wurzel am gesamten Baumgewicht eher gering. Nihlgård (1972) gibt für einen 90 Jahre alten Baum einen Gewichtsanteil von 13 % an. Nach Möller et al. (1954) beträgt er bei einem 52 Jahre und einem 53 Jahre alten Baum 17 %. Der Grund dafür liegt wohl darin, daß bei der Rotbuche der Anteil an dicken Wurzeln gering ist.

Wie die Dichte der Bewurzelung wird auch der hohe Feinwurzelbesatz hervorgehoben. Strober et al. (2000) errechneten für eine 1 cm dicke Bodenschicht in einer Bodentiefe von 0–5 cm ein Gewicht an unter 1 mm dicken Feinwurzeln von 16,3 g/m^2. Nach Grosskopf (1950) hat die Rotbuche die höchste Feinwurzelintensität, die er an Waldbäumen feststellen konnte. Laut Wagenknecht hat die Buche 3–4mal so viele Feinwurzeln wie die Wald-Kiefer. Büsgen & Münch (1927) erwähnen, daß der Feinwurzelbesatz schon von frühester Jugend an äußerst hoch ist. Nach vorliegenden Untersuchungen ist er am dichtesten in der Moderhumusschicht unterhalb einer geschlossenen Laubdecke. In dieser Schicht entsteht ein Feinwurzelgeflecht, das mit dem Moder verwoben ist. An den Wurzeln, die im Mineralboden verlaufen, ist der Feinwurzelbesatz nicht so hoch. Die Feinwurzeln bilden mit den dünnen Wurzelsträngen eine fächerförmige Bewurzelung. An den Feinwurzeln gesunder Pflanzen ist ein reicher Besatz an Pilzhyphen festzustellen.

Schadstoffeintrag kann die Feinwurzeln und die Wurzelpilze nachhaltig schädigen (KUTSCHERA et al. 1982). Die Schädigung durch „sauren Regen" tritt besonders im Stammabflußbereich auf. Die Wurzelschäden an der Rotbuche durch „sauren Regen" wurden für den norddeutschen Raum ausführlich von HÜTTERMANN et al. (1983) beschrieben. Als Schadbild heben die Autoren besonders die „Nekrotisierung des Meristem- und Endodermisbereiches" der jungen Wurzeln hervor. Die Schädigung wird vor allem durch Aluminium-Ionen bewirkt. Diese werden durch die Bodenübersäuerung infolge der sauren Niederschläge verstärkt freigesetzt. SO_2- und SO_3-hältige Abgase fördern auch die Bildung von Wurzelsprossen (KUTSCHERA 1990).

Der Wurzeltiefgang ist bei der Rotbuche nicht sehr stark ausgeprägt. Nach KÖSTLER et al. liegt die durchschnittliche Wurzeltiefe im mitteldeutschen Raum bei 120–140 cm. Im Erzgebirge erreichen nach GRASER die Wurzeln älterer Buchen auf tiefgründigem Lehm eine Tiefe von 180 cm. Im wärmeren Kärntner Becken drangen die Wurzeln einer 51 Jahre alten Buche 240 cm tief in den Boden ein. Für dichte, tonige Böden geben KÖSTLER et al. eine Wurzeltiefe von 80–90 cm an. Auf Pseudogley gehört die Rotbuche zu den am flachsten wurzelnden Baumarten (GANSSEN 1934, KRAUSS et al. 1939). Auf diesen wechselfeuchten, luftarmen Böden dringen die Wurzeln nur 50–70 cm tief ein. HOFMANN (1960) stellte auf pseudovergleytem Lößlehm der fränkischen Platte fest, daß sich die Hauptwurzelmasse der Rotbuche auf die oberste, 30 cm dicke Bodenschicht beschränkt. Solche Wurzelteller erhöhen die Anfälligkeit gegenüber Windwurf. Auch auf steinigen Böden wird die Bewurzelung stark beeinträchtigt. Besonders auffallend ist die Verformung und Verwindung der Wurzeln. Das gehemmte Tiefenstreben bewirkt vor allem auf Kalkböden flache Wurzelteller. Es fördert auch die frühzeitige Verzweigung der dicken Wurzelanläufe und die Verwachsung der Wurzeln im näheren Bereich des Stammes. Beeinträchtigt wird auch die Feinverzweigung. Gefördert wird hingegen die Bildung von Stockausschlägen. Solche entstehen vor allem an Steilhängen, an denen der Stammgrund durch Erosionsmaterial überlagert wird. An den Stockausschlägen entstehen auch Sproßwurzeln, die sich zu dicken Strängen entwickeln können.

In niederschlagsreicheren Gebieten können an nahe unter Flur verlaufenden Wurzeln auch Wurzelsprosse entstehen. Daraus kann sich ein strauchförmiges Gestrüpp bilden. Solche Gebüsche treten besonders in südlichen Lagen auf, in denen die Buche die Waldgrenze bildet. Die der Rotbuche verwandte Art *Nothofagus pumilio* bildet in Argentinien im Raum von Bariloche oberhalb der Waldgrenze einen nahezu undurchdringlichen Krummholzgürtel.

Bei der Jungpflanze der **Abb. 101** ist die Polwurzel deutlich verstärkt und vorwüchsig. In ihrem unteren Abschnitt verzweigt sie sich aber schon in zwei gleich starke Wurzelstränge. Die oberen Seitenwurzeln sind noch schwach entwickelt und seitwärts verlaufend. Bei der älteren Pflanze der **Abb. 100** tritt die Polwurzel zwar noch als verstärkter Strang hervor. Ihre Vorwüchsigkeit hat sie aber schon verloren. Nach ihrer gabeligen Verzweigung breiten sich die dünnen Wurzelstränge schon in einer Tiefe von 50–60 cm seitwärts aus. Mit Beenden des Tiefenstrebens werden die oberen, seitwärts ausgebreiteten Wurzeln verstärkt. Der Wurzelradius ist schon bei der jungen Pflanze beachtlich. Die dünnen Wurzeln sind bereits reich feinverzweigt. Der 51 Jahre alte Baum der **Abb. 101** wurde auf Lockersediment-Braunerde bei Grafenstein in Kärnten freigelegt. Auf dem NW-Hang der abfallenden Niederterrasse ist es selbst in der Eichen-Hainbuchen-Stufe schon kühl und feucht genug für die Rotbuche. Im Bereich der Baumkrone ist bereits das kennzeichnende Herzwurzelsystem entstanden. Unter Einschluß der weit nach der Seite ausgebreiteten Wurzeln ergibt sich aber ein Wurzelkörper, der breit nach oben erweitert ist. Durch die Senkwurzeln, die über den ganzen Wurzelradius verteilt auftreten, entsteht keine Aufgliederung in eine flachstreichende und eine tiefstrebende Wurzelgruppe. Im näheren Umkreis des Stammes ist die Bewurzelung äußerst dicht und vorwiegend abwärts gerichtet. Die Polwurzel ist noch gut erkennbar. Sie hebt sich aber von den anderen Wurzelsträngen nicht mehr deutlich ab. Im unteren Teil wird der Wurzelkörper durch die seitliche Umbiegung der Wurzeln in den gleichmäßiger temperierten und gleichmäßiger feuchten Schichten abgerundet. Der reiche Feinwurzelbesatz an den dünnen Wurzeln setzt sich durch die fächerförmige Aufzweigung der Wurzelstränge bis gegen den äußeren Rand des Wurzelradius fort. Insgesamt bewirkt die dichte Bewurzelung eine äußerst intensive Erschließung des schotterreichen Bodens sowohl nach der Seite als auch nach der Tiefe. Dadurch bestätigt sich die Aussage von KERN et al. (1961), daß die Dichte der Bewurzelung auf humusarmen, wasserdurchlässigen Böden nach unten viel weniger abnimmt als beispielsweise bei der

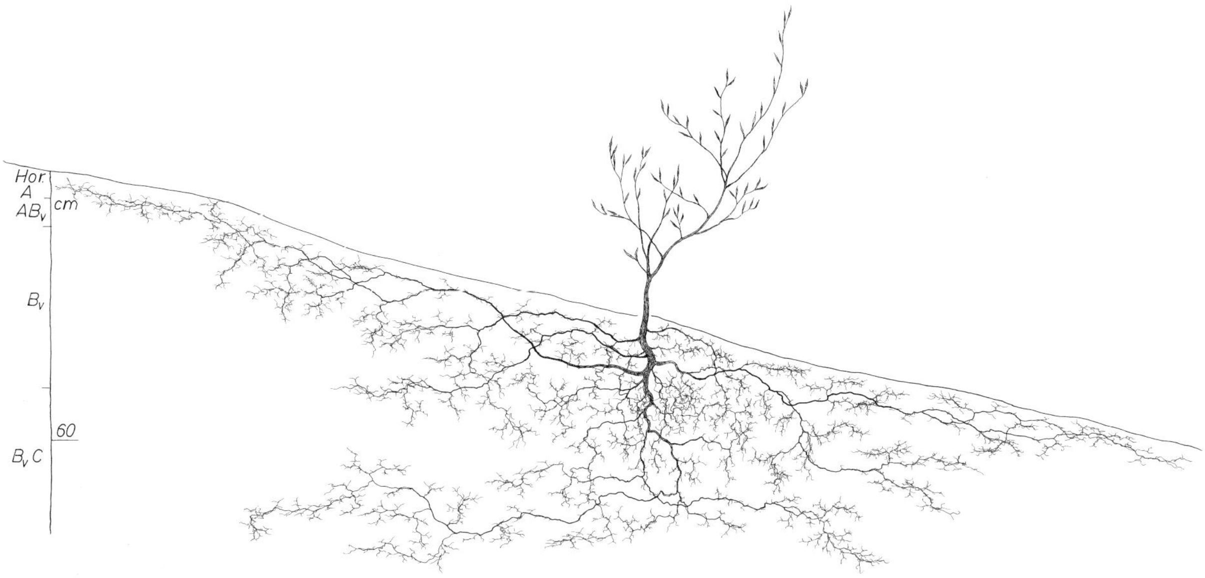

Abb. 100: Rotbuche, *Fagus sylvatica*, H–T–S = 74–65–260 cm, bei Pörtschach am Wörthersee, Südwesthang, 510 m NN. Eichen-Kiefern-Hainbuchen-Wald mit vorwiegend *Carpinus betulus, Quercus robur, Pinus sylvestris* und vereinzelt *Fagus sylvatica*. Braunerde über Phyllit, Bodenprofil Hor.: O 2–0 cm Streuauflage, A 0–6 cm feinmoderreicher, sandiger Lehm, sehr locker, etwas steinig, stark durchwurzelt, AB_v 6–12 cm humoser s L, durchsetzt mit plattigem Grus, stark durchwurzelt, B_v 12–48 cm lehmiger Sand, stark durchsetzt mit plattigem Grus, stark durchwurzelt, B_vC l S, sehr locker, sehr steinig, Durchwurzelung auslaufend.

Fichte. Ihre stets intensive Bodendurchwurzelung mag wesentlich dazu beitragen, daß die Rotbuche als Bodenverbesserer und als „Mutter des Waldes" bezeichnet wird.

Die alte Buche der **Abb. 102** wurde auf Kalkschutt, in den Braunlehmsediment eingemischt ist, am Oberhang eines südseitigen Schuttkegels im Raum von Villach freigelegt. Die Wurzelstränge sind im Schutt stark verformt und gewunden. Die Wurzelanläufe sind teils brettartig verflacht. Im Bereich ihrer ersten Verzweigungen sind die Wurzelstränge besonders häufig schlingenartig miteinander verwachsen. Ihre Verzweigung erfolgt meist gabel- oder fächerförmig. Diese wird durch den gewundenen Verlauf der Wurzelstränge noch verstärkt. Dadurch bleibt die Bewurzelung bis nahe an den äußeren Wurzelradius dicht. Die Feinwurzeln sind infolge des hohen Steingehaltes nestartig gehäuft. Im kalkreichen Boden sind sie kürzer und stärker verkrümmt als auf Silikatboden. Die Wurzeltiefe ist auf dem Kalkschutt gering. Das hängt auch damit zusammen, daß in den tieferen Schichten der durchlässigen, hohlraumreichen Böden die Temperatur- und Feuchteschwankungen rascher abnehmen, als meist angenommen wird. Die hängigen Schuttkörper sind in den humiden Gebirgslagen in den tieferen Schichten fast immer feucht. Die geringe Wurzeltiefe und die weite seitliche Ausbreitung der Wurzeln vermitteln dem Wurzelkörper eine tellerartige Form.

Der Baum der **Abb. 103** wurde auf einem Kalkschuttkegel am Nordfuß des Grimming in der Steiermark freigelegt. Das häufige Überrollen durch Steine hat an dem dortigen Buchenbestand den Stockausschlag begünstigt. Am Grund der Stockausschläge entstanden kräftige sproßbürtige Wurzeln. Auch in diesem steinigen Boden verlaufen die Wurzeln sehr gewunden. In der feuchtkühlen Nordlage breiten sich viele Wurzeln sehr nahe der Bodenoberfläche weit seitwärts aus. Unter der geschlossenen Laubdecke befindet sich in der Moderschicht ein Feinwurzelnetz. Die abwärts gerichtete Wurzelgruppe im näheren Umkreis des Stammes ist eher schwach entwickelt. Das fördert die Bildung eines gleichmäßig gestalteten, kegelförmigen Wurzelkörpers. Auch auf diesem Boden ist die Feinverzweigung hoch.

Das Feinwurzelnetz auf **Abb. 104** breitet sich unter der Laubdecke in der Moderschicht aus, die dem Mineralboden aufliegt. In dieser Moderschicht ist die Mineralisierung der organischen Substanz und damit die Nährstofffreisetzung am stärksten. Das begünstigt die Bildung von Feinwurzeln. Diese sind mit dem Moder eng verflochten. Das Feinwurzelnetz über dem Mineralboden wird hauptsächlich auf stärker be-

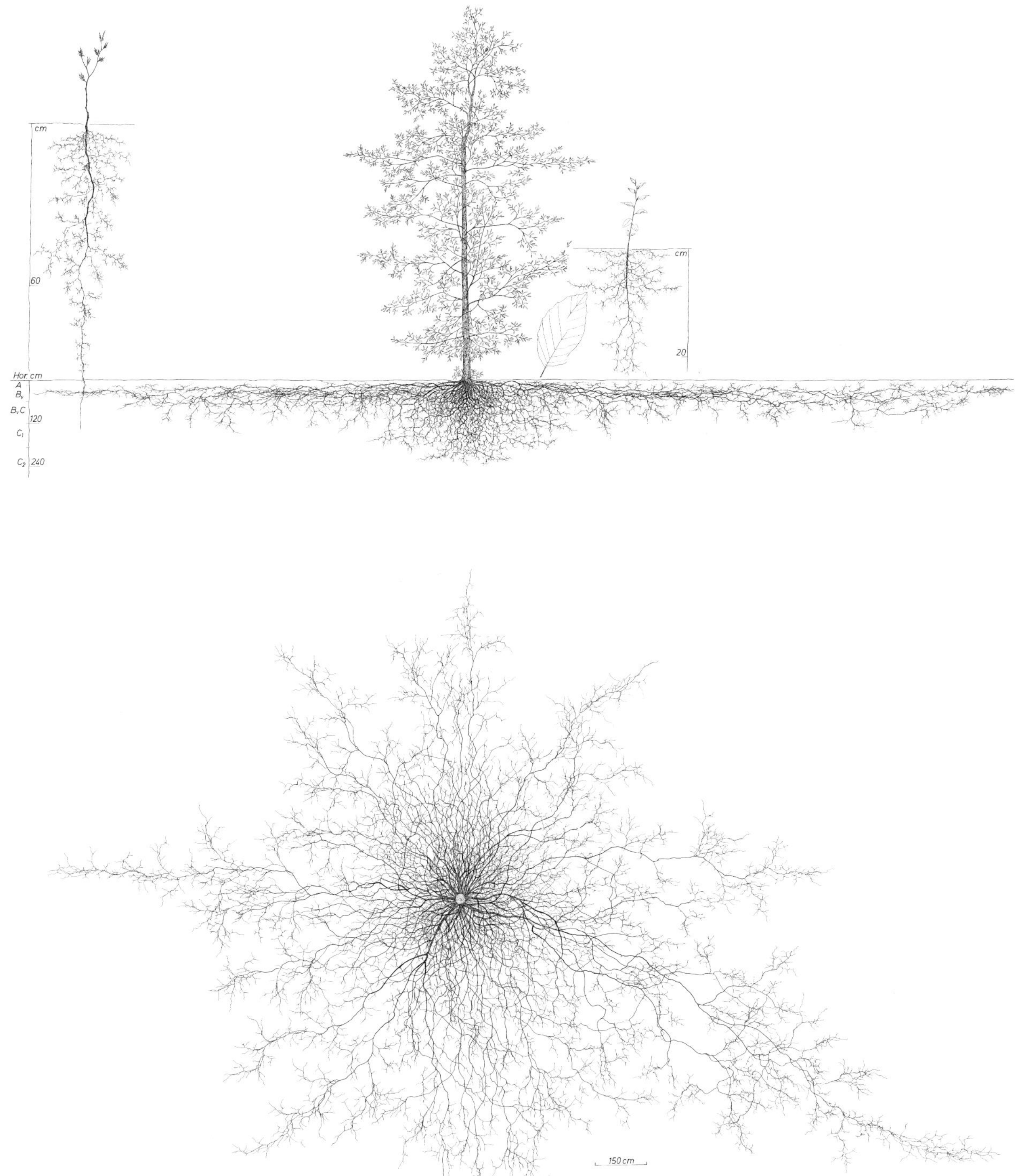

Abb. 101: Rotbuche, *Fagus sylvatica*, H–T–S = 1.040–240–2.820 cm, bei Grafenstein, Kärnten, Oberhangkante eines Westhanges, 490 m NN. Durch Schlägerung aufgelichteter Buchenwald mit vereinzelt *Fraxinus excelsior, Quercus robur* und *Carpinus betulus,* in der Strauchschicht vorwiegend *Fraxinus excelsior,* in der Krautschicht besonders *Galeopsis speciosa, G. pubescens, Salvia glutinosa, Mycelis muralis, Veronica officinalis, Silene rupestris* u. a. Lockersediment-Braunerde über Niederterrasse. Bodenprofil Hor.: A_1 0–5 cm Modermull, dunkel graubraun (10YR 3/2), locker, stark durchwurzelt, A_2 5–15 cm stark humoser, sandiger Lehm, krümelig, locker, stark durchwurzelt, B_v 15–60 cm s L, gelblichbraun (10YR 4/4), mäßig dicht, stark durchwurzelt, B_vC 60–120 cm l S, stark durchsetzt mit Kies und Schotter, sehr locker, noch stark durchwurzelt, pH 4,5, C_1 120–188 cm Sand, Kies und Schotter, sehr locker, gut durchwurzelt, pH 5,9, C_2 Grobsand und Kies, weniger schotterig, sehr locker, ab 200 cm Tiefe grundfeucht, Durchwurzelung auslaufend.

schatteten Waldböden mit höherer Laubauflage gebildet. Auf besonnten, stärker erwärmten Böden wird die Laubdecke zu rasch zersetzt. Die schnellere Mineralisierung begünstigt das Aufkommen eines Unterwuchses. Damit sind die Voraussetzungen für den Aufbau eines weitgehend geschlossenen, dichten Feinwurzelnetzes über dem Mineralboden nicht mehr gegeben.

Anatomie, Taf. 85

Die jungen Wurzeln der Rotbuche schützen sich durch Cutinisierung der Zellwände der Rhizodermis vor Austrocknung und Fäulnis. Die Zellen der Exodermis scheinen, nach ihrer Bräunung und schwachen Rotfärbung zu schließen, suberinisiert zu sein. Die Bräunung greift auch auf die Zellen des Außenrindenparenchyms über (A 1, B 1).

Im Laufe des sekundären Wachstums ist aus dem Pericambium ein Abschlußgewebe hervorgegangen, dessen drei äußere Schichten schwach verkorkt, die drei inneren unverkorkt sind. Das breite Grundgewebe des Bastes umgibt das in dreieckigen Feldern angeordnete primäre und sekundäre Phloem (A 3). Die häufigen Teilungen der Zellen im Bast zeigen die Bereitschaft dieses Gewebes zur Bildung des Endocambiums und von Geweben nach Verletzungen (A 1, 3). Dazu gehört auch die Neubildung eines sekundären Abschlußgewebes nach Zerstörung des Pericambial-Abschlußgewebes (A 2). Im Krümmungsbereich der Wurzel ist wieder die konvexe Seite schmäler und trockenresistenter gebaut als die konkave (A 2). Weitere Merkmale im sekundären Zustand sind die breite Zone, bestehend aus mehreren Schichten anschließend an das Pericambial-Abschlußgewebe mit den auffallend braunroten Zellen, und das reichlichere Vorhandensein von Steinzellen im Gegensatz zum Zurücktreten der Fasern im Bast (A 4, B 2). Im Holz kennzeichnen die Art die Breite der Strahlen mit 1–5 Schichten, nach CUTLER et al. (1987) bis 20 Schichten, sowie die z. T. treppenförmige Anordnung der Tüpfel in den Wänden der Gefäße. Deren Querwände sind einfach, seltener als leiterförmige Platten ausgebildet (A 5). Ungewöhnlich ist das fallweise Fehlen von Calciumoxalat-Kristallen, sei es in Form rektangulärer Kristalle oder von Drusen, selbst auf kalkreichen Böden. CUTLER et al. fanden allerdings vereinzelt Kristalle auch in Zellen der Strahlen im Holz, jedoch nur in seltenen Fällen.

Standortansprüche: Die Rotbuche ist ein Schattenbaum. Sie ist mäßig wärmebedürftig und empfindlich gegen Sommerhitze und Spätfröste. Am besten geeignet sind für sie wintermildere, sommerkühlere Lagen mit ausreichend langer Vegetationszeit. Diese sollte mindestens 5 Monate betragen. Ebenfalls empfindlich ist sie gegen Trockenheit. Die Trockengrenze verläuft je nach Wärme bei einem Niederschlag von 500–700 mm. Unter günstigen Klimabedingungen stellt die Rotbuche keine besonderen Ansprüche an den Basengehalt des Bodens. In Mitteldeutschland entwickelt sie sich auch gut auf Podsolböden. Am kühleren Rand ihres Verbreitungsgebietes bevorzugt sie aber kalkreichere Böden. Sie sollten nicht zu stark wasserdurchlässig sein. Auf steinigen Böden wächst sie nur, wenn zwischen den Steinen genug Feinsediment enthalten ist. Ist das nicht der Fall, muß die Rotbuche der Kiefer weichen. Staufeuchte oder stark wechselfeuchte Böden sind ebenfalls ungeeignet. Am besten wächst sie auf frischen, feinerdereicheren, gut durchlüfteten, stauwasserfreien Böden. Diese Bedingungen bieten in Mitteleuropa vor allem tiefgründige, lehmig-sandige Braunerden. Auch MAYER (1984) weist darauf hin, daß die Rotbuche im zentralatlantischen Raum auf mäßig frischen Hangbraunerden ihre größte Konkurrenzkraft erreicht.

Verbreitung: Das Areal der subatlantisch-submediterranen Art reicht von den Gebirgen Süditaliens bis zu den Niederungen in Südnorwegen und von Westfrankreich bis zum Schwarzen Meer. In den Alpen meidet sie die trockeneren, inneralpinen Lagen und die trockenen Täler. Sie ist ein typischer Baum der staufeuchten Alpenrandgebiete. In den sommerwarmen Tal- und Beckenlagen kommt sie erst im oberen, kühleren Bereich der Eichen-Hainbuchen-Stufe gemischt mit Stiel-Eiche und Hainbuche vor. Am stärksten entfaltet sie sich in den Alpen in der montanen Stufe, die deshalb auch als Buchenstufe gilt. Als vorherrschender Baum dieser Höhenstufe wurde sie wegen ihres weniger gut verwertbaren Holzes großflächig von der aufgeforsteten Fichte verdrängt. Nur in unzugänglicheren Lagen finden sich noch ursprüngliche Buchenwälder. Am oberen Rand ihrer Verbreitung tritt sie gemischt mit der Tanne in der sogenannten Buchen-Tannen-Stufe auf. Die Höhengrenze ihrer Verbreitung verläuft in Südskandinavien bei 200 m, in Mitteldeutschland bei 800 m, in den Südalpen bei 1.800 m und am Ätna bei 2.100 m. In Südeuropa bildet sie in der subalpinen Stufe die Baumgrenze. In ihrem Verbreitungsgebiet wird sie in Geländedepressionen (Kaltluftlöchern) von der Fichte und in Grabeneinhängen von Schlucht- und Auwaldgehölzen verdrängt. Ihre optimale Entfaltung erfährt sie in den frischen Buchenwald-Gesellschaften (Fagion). Wegen ihres Übergreifens auch in Eichenwälder gilt sie als Kennart der europäischen Sommerwälder (Querco-Fagetea).

Taf. 84: Rotbuche, *Fagus sylvatica*. 1. und 2. Reihe: Grafenstein, Kärnten, 490 m NN, Braunerde, Baum mittleren Alters mit starker, tiefreichender Bewurzelung im Bereich der Baumkrone und mit weit seitwärts ausgebreiteten, fächerförmig verzweigten Wurzeln, Feinwurzelbesatz hoch, dicke Wurzeln oft verwachsen, Keimpflanzen mit wenig verzweigter Polwurzel (zu Abb. 101). 3. R.: Schütt bei Villach, Kärnten, 850 m NN, Braunlehm-Rendsina, älterer Baum, Polwurzel verkümmert, Seitenwurzeln kräftig, teils brettartig verdickt, häufig miteinander verwachsen (zu Abb. 102).

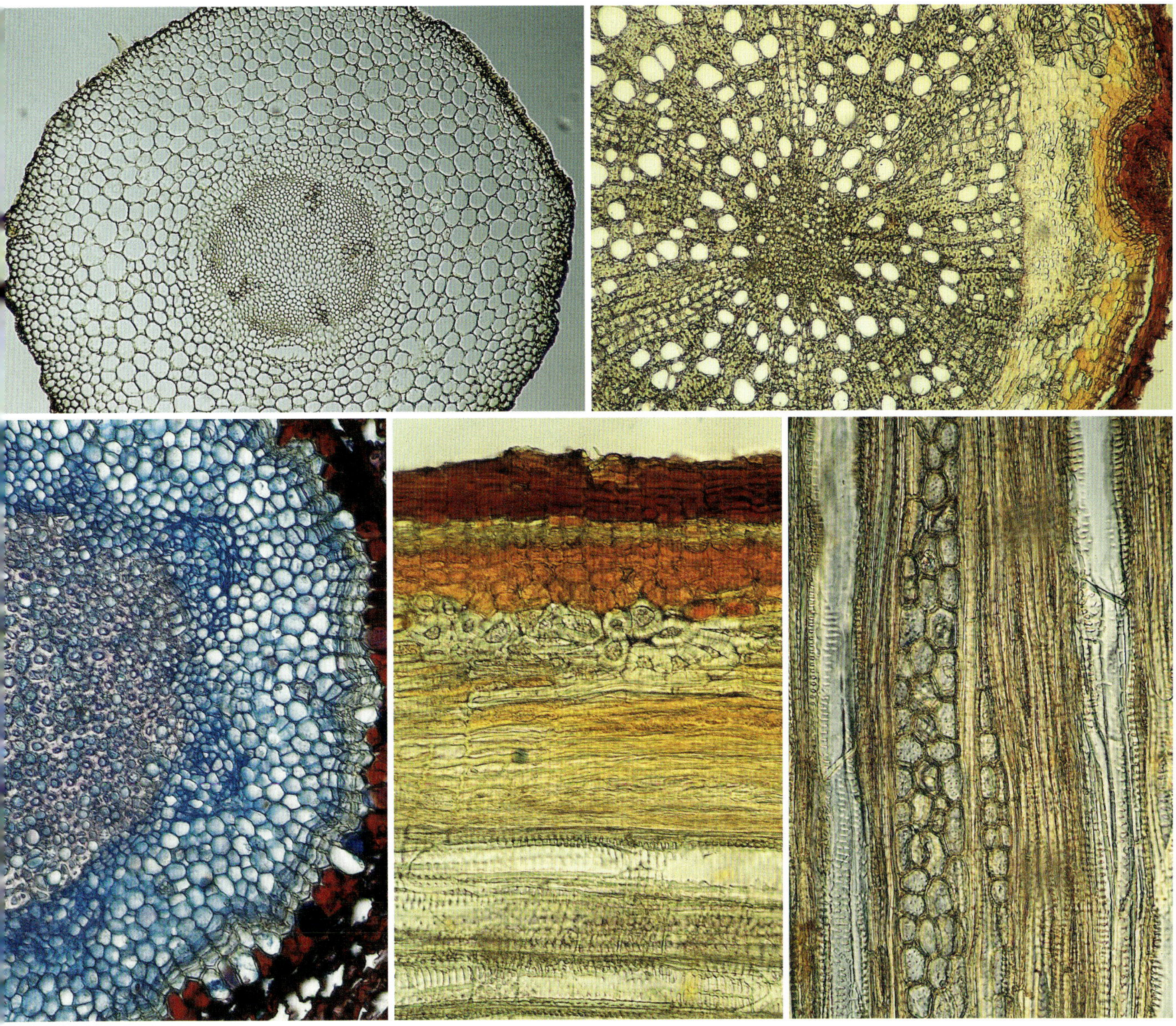

Taf. 85 A: Rotbuche, *Fagus sylvatica.* – **1:** Pörtschach, Kärnten, 16.3. Prim., Ø, Ph/HCl, 64x. **Rh** kleinzellig, ZW dunkel gefärbt. **Rinde** Ex ZW suberinisiert, ARP 1-2schichtig. **ZZ** 5arch. – **2:** Schütt bei Villach, Kärnten, 16.10. Sek., Ø, S3, 82x. Wu asymmetrisch, konvexe Seite schmäler. **ZZ** 6arch. **PCAG** mittelbreit. **Bast** äußere Schichten Z gelbbraun, SteinZ in 1-3 Schichten, F vereinzelt. **Holz** Strahlen 1-4reihig. – **3:** Pfl u. Zeit wie 1. Prim.-sek., Ø, Saf.-Ast., 162x. **ZZ** 8arch. **Rinde** En ZInhalt rot. **PCAG** 3 Schichten unverkorkt, 2 schwach verkorkt. **Bast** SePh in dreieckigen Bereichen. – **4:** Pfl u. Zeit wie 2. Sek., ⊠, JJK, 162x. **PCAG** dunkelrotbraun, Eigenfärbung. **Bast** äußere ZW u. ZInhalt hellrotbraun, SteinZ weitlumig. – **5:** Schnittreihe wie 4. S3, 162x. **Holz** Gefäße Platten leiterförmig.

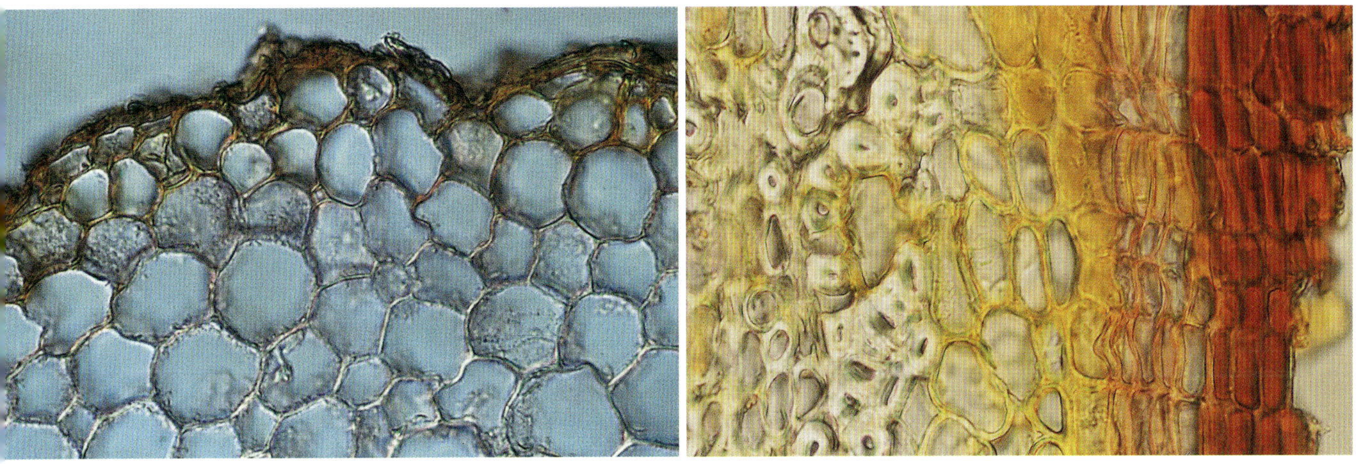

Taf. 85 B: – **1:** Schnittreihe wie A 1. S3, 409x. **Rh**, Ex und äußere Z des ARP gebräunt, gealtert. – **2:** Ausschnitt aus A 2. 409x. **PCAG** bis 14schichtig, sich abschuppend. **Bast** GG ZW gelb, SteinZ groß, weitlumig, F Z klein, englumig.

Abb. 102: Rotbuche, *Fagus sylvatica*, H–T–S = 1.200–160–2.520 cm, Schütt bei Villach, Kalkschutthang, 850 m NN. Natürlicher aufgelockerter Schutzwald aus vorwiegend *Pinus nigra, Ostrya carpinifolia, Fraxinus ornus* und vereinzelt *Fagus sylvatica*, in der Krautschicht überwiegend *Erica carnea* und *Carex humilis*. Braunlehm-Rendsina, Bodenprofil Hor.: O 2–0 cm Streuauflage, A_1 0–8 cm Modermull, stark humoser, toniger Lehm, sehr dunkelbraun (10YR 2/1), pH 7,2, locker, stark durchwurzelt, A_2 8–30 cm humoser t L, umgelagerter Braunlehm mit Kalkgrus und -schutt vermengt, dicht, stark durchwurzelt, $B_{rel}C$ Braunlehm zwischen Grus und Schutt, feucht, nicht verdichtet, intensiv braun (7,5YR 5/0), pH 7,9, Durchwurzelung auslaufend.

Abb. 103: Rotbuche, *Fagus sylvatica*. Oben: Mit Stockausschlag, H–T–S = 585–166–1.009 cm, Nordfuß des Grimming, Steiermark, 760 m NN. Buchen-Kiefern-Mischwald. Moderrendsina über Kalkschutt mit Braunlehmeintrag. Bodenprofil Hor.: O 3–0 cm Streuauflage, A_1 0–10 cm moderhumusreicher, lehmiger Sand, locker, stark durchwurzelt, A_2 10–40 cm feinmoderreicher, schwach lehmiger Sand, steinig, locker, stark durchwurzelt, AC 40–80 cm schwach humoser, lehmiger Sand, sehr steinig, locker, mäßig stark durchwurzelt, C Kalksand, Grus und Schutt, Durchwurzelung auslaufend. Unten: Wurzelsproß einer Rotbuche auf schattigem Standort. Aus: Kutschera & Lichtenegger (1997).

Abb. 104: Rotbuche, *Fagus sylvatica*, Arnoldstein, Kärnten, 720 m NN. Moderrendsina über Kalkschutt. Ausschnitt aus einem Wurzelnetz unterhalb der Streuschicht, Feinwurzeln im Baumschatten eng mit dem Moder verflochten. Aus: KUTSCHERA & LICHTENEGGER (1997).

Quercus cerris L., Zerr-Eiche

Morphologie

Sproß: Sommergrüner Baum, bis über 35 m hoch, gelegentlich auch Strauch, Krone junger Bäume kegelförmig, alter Bäume oval.
Wurzel: Über die Bewurzelung der Zerr-Eiche wurden keine Hinweise in der Literatur gefunden. In ihrer Wurzeltracht ist sie den übrigen beschriebenen Eichen ähnlich. Auffallend ist jedoch das starke Hervortreten der Polwurzel. Diese Eigenschaft könnte auf ihre größere Trockenresistenz hinweisen. Schon die Jungpflanzen zeichnen sich durch die starke Vorwüchsigkeit und Dicke der Polwurzel aus. Die Seitenwurzeln sind im Vergleich dazu sehr dünn und kurz. Je trockener der Standort ist, umso deutlicher ist das Vorherrschen der Polwurzel. Auf feuchteren Standorten verzweigt sich die nach der Tiefe strebende Polwurzel frühzeitiger in gleich dicke Wurzelstränge. Ihr Tiefenstreben hält aber an. Auch bei älteren Jungpflanzen sind die Seitenwurzeln immer noch bedeutend kürzer und dünner als die Polwurzel. Erst bei jungen Bäumen sind sie viel länger, aber immer noch dünner. Wie sich das Wurzelsystem mit zunehmendem Alter weiter entwickelt, konnte nicht verfolgt werden. Anzunehmen ist, daß die Polwurzel der Zerr-Eiche zumindest auf trockenen Standorten selbst bei alten Bäumen noch erkennbar ist.

Die Jungpflanzen der **Abb. 105** (links) und der **Abb. 106** (rechts), die auf gleichem Boden ausgegraben wurden wie der Baum der **Abb. 106**, zeigen auf trockenem Standort deutlich das Vorherrschen der Polwurzel. Bei der älteren Pflanze der **Abb. 105** (rechts), die im Halbschatten auf tiefgründigerem, feuchterem Boden freigelegt wurde, verzweigt sich die Polwurzel schon in einer Tiefe von 50 cm in gleich dicke Wurzelstränge. Ihr Tiefenstreben hält aber noch an. Die dünneren Seitenwurzeln verlaufen durchwegs flach. Der junge Baum der **Abb. 106** hat eine besonders dicke Polwurzel. Ihr Tiefenstreben ist in dem dichten, harten Boden stark gehemmt. Die Stauchung dürfte das Dickenwachstum der Polwurzel begünstigt haben. An ihrem unteren, plötzlich zugespitzten Ende verzweigt sie sich in mehrere Wurzelstränge, die seitwärts umbiegen und sich stark verzweigen. Die oberen Seitenwurzeln verlaufen, von den trockensten oberen Bodenschichten abgerückt, seitwärts. In den stark wechseltrockenen oberen Bodenschichten wenden sich viele Seitenwurzeln nach oben. Knapp unter Flur verzweigen sie sich fächerförmig. Die Feinverzweigung ist insgesamt gering. Die Feinwurzeln wirken sehr trocken. Die Wurzelfarbe ist grau bis schwarzgrau.

Anatomie, **Taf. 87**

Die Wände der Rhizodermiszellen sind rot bis rotbraun gefärbt. Die Farbe verändert sich sowohl bei Behandlung mit Phloroglucinol-Salzsäure als auch mit Sudan 3 wenig. Exodermis, Außen- und Innenrindenparenchym sowie Endodermis unterscheiden sich in der Quellfähigkeit der Zellwände (A 1, B 1). Im sekundären Zustand kennzeichnet die Zerr-Eiche ein bis über 11schichtiges Pericambial-Abschlußgewebe. Das mitunter rasche Dickenwachstum der Wurzeln führt zu stärkerem Abschuppen der verkorkten Schichten des Abschlußgewebes (A 2, B 2). Der Bast ist schmal bis mittelbreit, und der Anteil an Sclerenchym beträgt fallweise 40–50 %. Das Sclerenchym besteht aus verholzten, stärker vergrößerten, weitlumigen Steinzellen und aus schmalen, englumigen Fasern. Den Steinzellen bzw. Fasern benachbart verlaufen Zellreihen mit raumfüllenden prismatischen Calciumoxalat-Kristallen (A 3, 4, B 2). Im Holzteil beträgt der Anteil an stärkeführenden Zellen mitunter 20–25 %. Die Zellen der Strahlen sind nach Cutler et al. (1987) bis über 20 Zellen hoch. Zwischen den stärkereichen Zellen des Grundgewebes verlaufen Fasertracheide (A 5). Die Gefäße liegen vereinzelt und werden oft beidseitig von Zellen der Strahlen oder von den stärkereichen Zellen des Grundgewebes begleitet. Ihre Wände enthalten zahlreiche versetzt stehende, auch treppenförmig angeordnete, ovale Hoftüpfel (A 5).

Der hohe Anteil an Sclerenchym im Bastteil und an stärker verdickten Fasern bzw. Fasertracheiden im Holzteil spricht für die Fähigkeit der Art, höhere Wärme und Trockenheit zu ertragen. Ebenfalls dafür kennzeichnend ist, daß die Gefäße nicht radial und selten tangential benachbart stehen.

Taf. 86: Zerr-Eiche, *Quercus cerris*. 1. Reihe links: Wienerwald, Pararendsina, Keimpflanze mit fast unverzweigter Polwurzel; Mitte: St Margarethen, Burgenland, 155 m NN, Jungpflanze auf Mullranker mit wenig verzweigter Polwurzel (zu Abb. 105); rechts: Ort wie Abb 105, bestockter junger Baum auf Rendsina, Polwurzel im C-Hor. stark verzweigt. 2. und 3. R.: Wienerwald, 450 m NN, Mull-Pararendsina, kleiner Baum, dicke, rasch dünner werdende Polwurzel im dichten Unterboden gestaucht, verzweigt, kräftige Seitenwurzeln seitwärts verlaufend (zu Abb. 106).

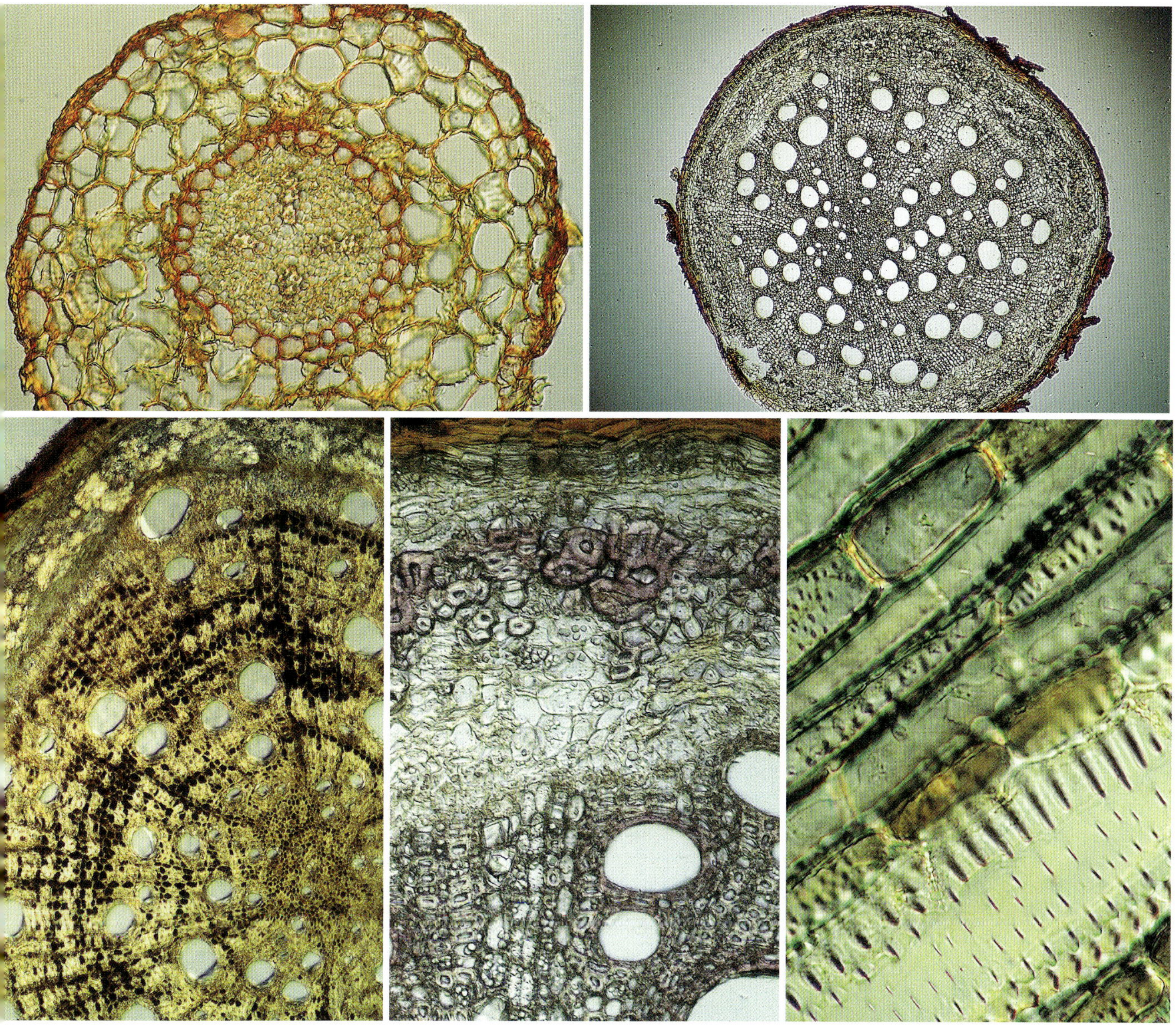

Taf. 87 A: Zerr-Eiche, *Quercus cerris.* – **1:** Lainzer Tiergarten, Wien, 15.9. Prim., Ø, S3, 162x. **Rh** Z klein, kollabiert, ZW cutinisiert. **ZZ** arch. – **2:** Ort wie 1, 1.8. Sek., Ø, S3, 25x. **ZZ** 6arch. **PCAG** sich in Schuppen ablösend. **Bast** SteinZ u. F einen breiten Ring bildend. **Holz** prim. Strahlen bis 4-5reihig, Gefäße getrennt stehend. – **3:** Ort wie 1, 3.8. Sek., Ø, JJK, 64x. **Bast** ähnlich 2. **Holz** Z von Strahlen . GG mit reichlich St. **ZZ** 6arch. – **4:** Pfl u. Zeit wie 2. Sek., Ø, Ph/HCl, 162x. **Bast** SteinZ zahlreich, verholzt, F einzeln oder in Feldern tehend, unverholzt. **Holz** Strahlen 1-2(3)reihig, z. T. benachbart dickwandiger F. – **5:** Pfl u. Zeit wie 3. Sek., ☒, S3, 409x. **Holz** Tracheiden Holztüpfel entfernt stehend, Strahlen u. Gefäße, Hoftüpfel dicht stehend, oval, versetzt.

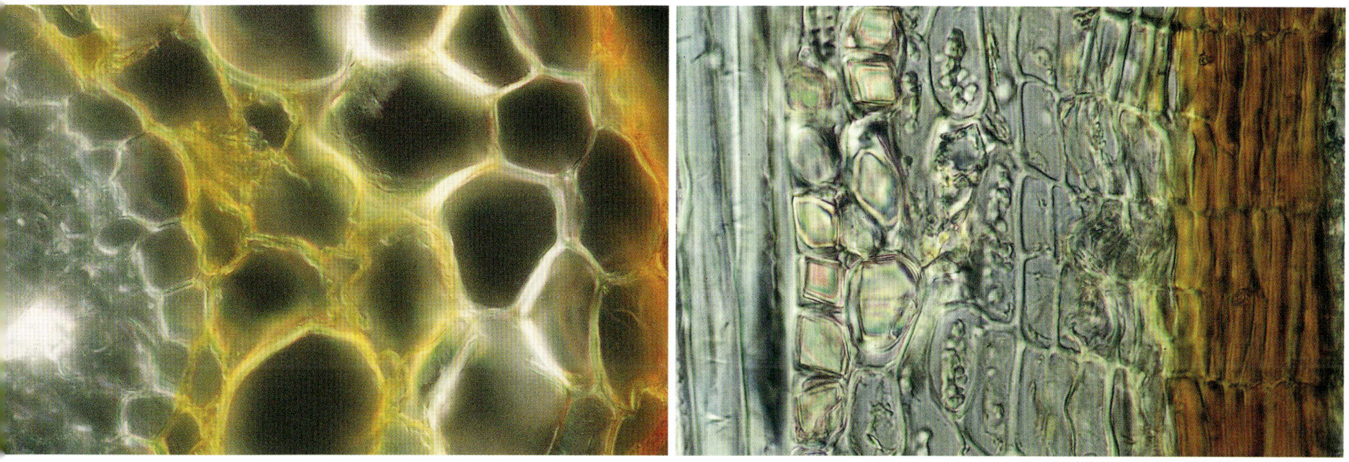

Taf. 87 B: – **1:** Schnittreihe wie A 1. Ph/HCl, 409x. **Rh** ZW rötlichbraun, Eigenfarbe (?). – **2:** Pfl u. Zeit wie A 3. Sek., ☒, JJK, 409x. **PCAG** über 10 Schichten, 4 verkorkt. **Bast** ZReihen mit CaOxKristallen benachbart F.

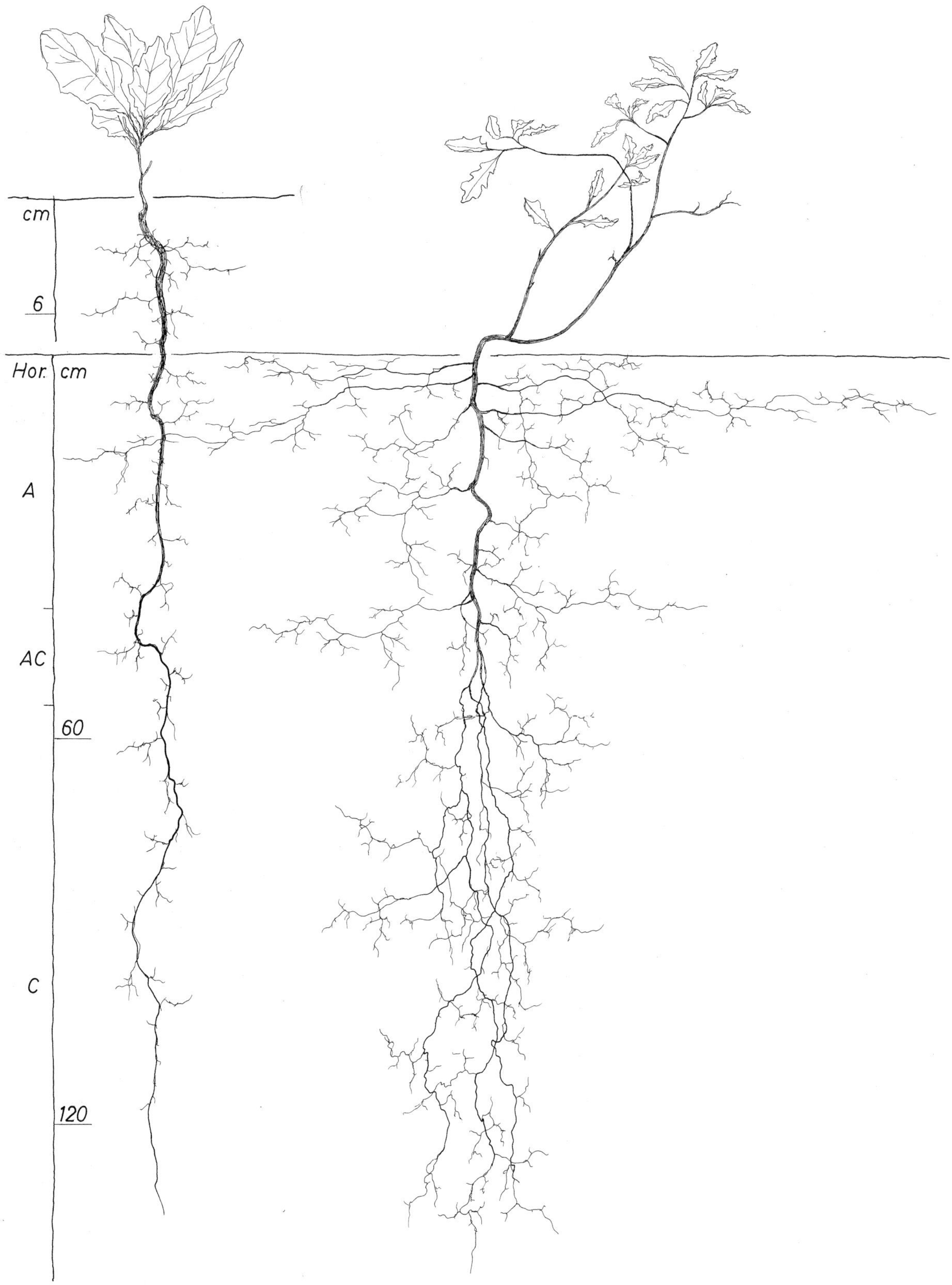

Abb. 105: Zerr-Eiche, *Quercus cerris*, H–T–S = 49–142–140 cm, St. Margarethen nahe Neusiedler See, SO-Hang, 155 m NN. Buschwald mit vorwiegend *Pyrus pyraster, Quercus cerris, Populus tremula,* vereinzelt *Ulmus minor* und *Acer campestre,* in der Strauchschicht hauptsächlich *Evonymus europaea, E. verrucosa, Sambucus nigra, Ligustrum vulgare, Cornus sanguinea, Crataegus monogyna, Prunus spinosa* und *Viburnum lantana*. Tiefgründiger Mullranker über Schiefergneis. Bodenprofil Hor.: A 0–40 cm kolluvial angereichertes Mullhumuspaket, stark humoser, lehmiger Sand, dunkel graubraun (10YR 3/2), Struktur krümelig-blockig, steinig, stark durchwurzelt, AC 40–55 cm humoser, lehmiger Sand, stark steinig, gut durchwurzelt, C klüftiger Gneiszersatz, in den Spalten Feinerde, schwach durchwurzelt.

Abb. 106: Zerr-Eiche, *Quercus cerris*, H–T–S = 630–180–1.548 cm, Wienerwald, Oberhangkuppe, 450 m NN. Eichen-Hainbuchen-Wald mit vorwiegend *Quercus cerris, Carpinus betulus, Acer campestre*, vereinzelt *Acer platanoides, Pinus sylvestris* und *Fraxinus excelsior*, in der Strauchschicht besonders *Cornus sanguinea, Prunus spinosa, Evonymus verrucosa, E. europaea* und *Ligustrum vulgare*. Mull-Pararendsina. Bodenprofil Hor.: A 0–40 cm stark humoser Ton, krümelig, Aggregate kantig, sehr kompakt, dunkelgrau (10YR 3/1), durchsetzt mit Grus, schimmelartig durch Kalkausscheidung, pH 7,6, stark durchwurzelt. AC 40–60 cm humoser Ton, lichtgrau (2,5Y 6/2), dicht, Struktur prismatisch-blockig, kalkschimmelig, mäßig stark durchwurzelt, C Ton, bröckelig, hart, trocken, pH 8,1, schwer durchwurzelbar, Durchwurzelung gestaucht, seitwärts verlaufend.

Standortansprüche: In der Jugend erträgt die Zerr-Eiche Halbschatten. Im Bestand ist sie eine Lichtholzart. Entsprechend ihrer südöstlichen Verbreitung ist sie sehr wärmebedürftig, aber wenig frostempfindlich. Ihre Trockenresistenz entspricht etwa jener der Flaum-Eiche. Gegenüber dieser ist sie in Mitteleuropa weniger an kalkreichere Böden gebunden. Sie wächst auch auf mäßig sauren Böden, wenn diese mineralkräftig sind. Besonders üppig soll sie auf tonigen Böden gedeihen (Mayer 1992). Diese dürfen aber nicht staufeucht sein. Als anspruchsloser Baum wird sie zur Aufforstung trockener, karger Böden geschätzt. Frohwüchsige Bestände bildet sie aber nur auf feinerdereicheren, tiefgründigen Böden.

Verbreitung: Die ost-submediterrane Art kommt in Mitteleuropa vorwiegend in der kollinen und in der unteren montanen Stufe vor. In den Westalpen verläuft die Höhengrenze ihres Vorkommens bei 1.200 m, am Alpenostrand im Raum von Wien bei 500 m. Ihre Hauptverbreitung findet sie zusammen mit der Flaum-Eiche, der Hopfenbuche und der Manna-Esche im illyrischen Laubmischwald. Sie gilt daher als Kennart des Orno-Ostryon.

Quercus rubra L., Rot-Eiche

Morphologie

Sproß: Sommergrüner Baum, in Europa bis 35 m, im natürlichen Verbreitungsgebiet in Nordamerika bis 50 m hoch, Äste weit abstehend, Krone daher oval bis rundlich.
Wurzel: Bei der Rot-Eiche „läßt sich in der Wurzeltracht eine große Ähnlichkeit mit den einheimischen Eichenarten feststellen" (Köstler et al. 1968). Auch sie entwickelt zunächst einen „Pfahlwurzeltyp", der an reiferen Bäumen im Kronenbereich in einen „Herzwurzeltyp" übergeht. In der Bewurzelungsintensität, insbesondere in der Erschließung tieferer Bodenschichten, ist die Rot-Eiche der Stiel-Eiche unterlegen. Darauf verweisen auch Gutschick (1950), Passarge (1953) und Kreutzer (1961). Sie bil-

Taf. 88: Rot-Eiche, *Quercus rubra*. Grafenstein, Kärnten, 510 m NN, Braunerde, junges Bäumchen, Polwurzel schwach ausgebildet, ober büschelartig in viele Seitenwurzeln verzweigt, Bewurzelung im Stammbereich dicht, Wurzelkörper verkehrt kegelförmig (zu Abb. 107).

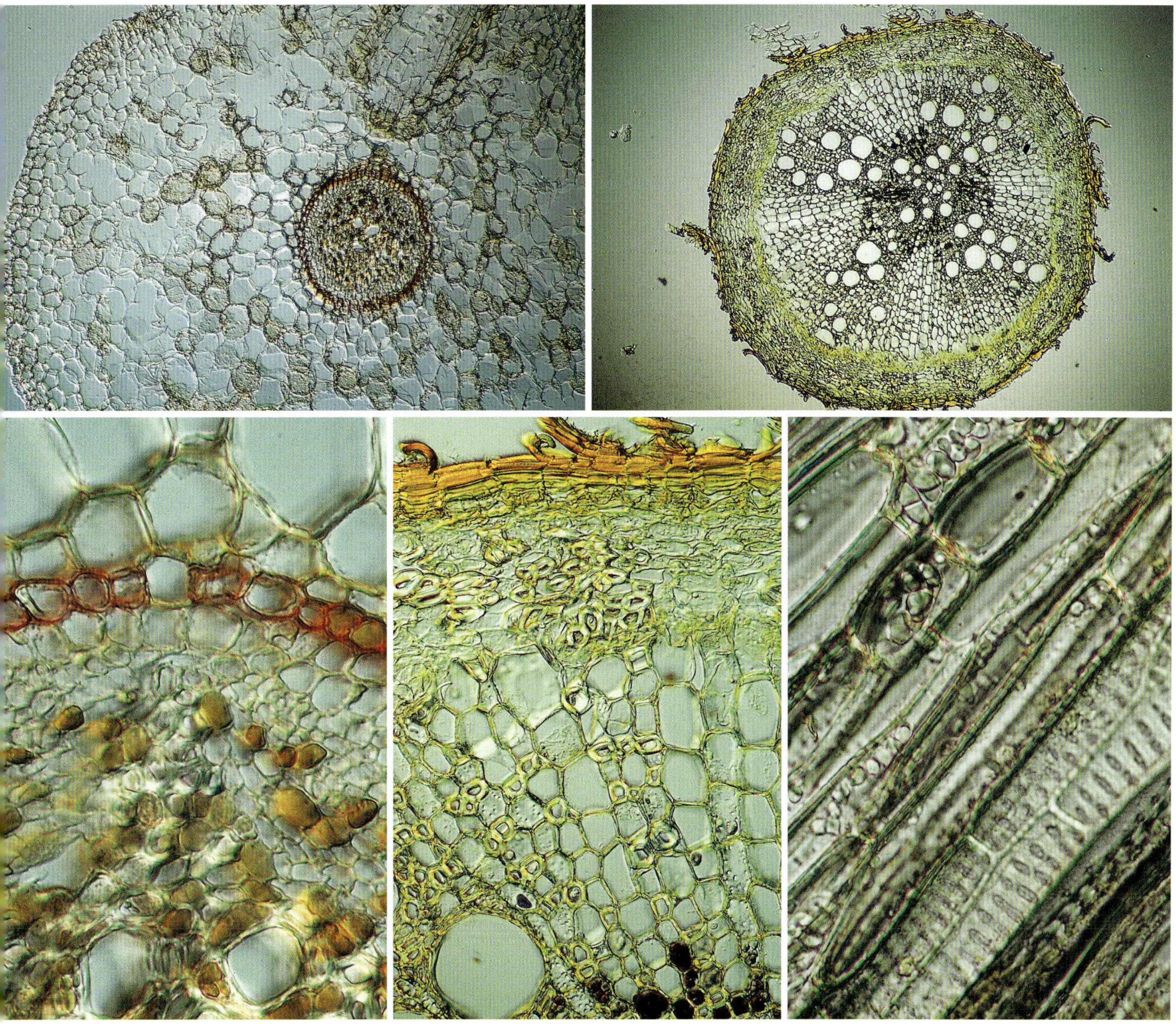

Taf. 89 A: Rot-Eiche, *Quercus rubra*. – **1:** Schloß Rain, Grafenstein, Kärnten, 20.7. Prim., Ø, S3, 64x. **Rh** Z mittelgroß. **Rinde** Ex ZW schwach verfestigt, RP ZGröße im Querschnitt sehr verschieden, Inhalt wasserreich, EnZ klein, ZGröße wechselnd, ZW mit Suberinlamelle. – **2:** Pfl u. Zeit wie 1. Sek., Ø, JJK, 32x. **ZZ** 4arch. **PCAG** schmal, sich in Schuppen ablösend. **Bast** SteinZ in lockeren Gruppen, F zurücktretend. **Holz** prim. Strahlen bis über 10reihig, zwischen ZReihen z. T. GG mit FTracheiden. – **3:** Ausschnitt aus 1. 409x. **ZZ** PC Z gleich groß oder etwas größer als EnZ, GG Inhalt mehrere Z gelbbraun, GS (?). – **4:** Ausschnitt aus 2. 162x. **Bast** SteinZ weitlumig. – **5:** Pfl u. Zeit wie 1. Sek., ⊠, S3, 409x. **Holz** sek. Strahlen einreihig, FTracheiden Holztüpfel entfernt, Gefäße Hoftüpfel oval.

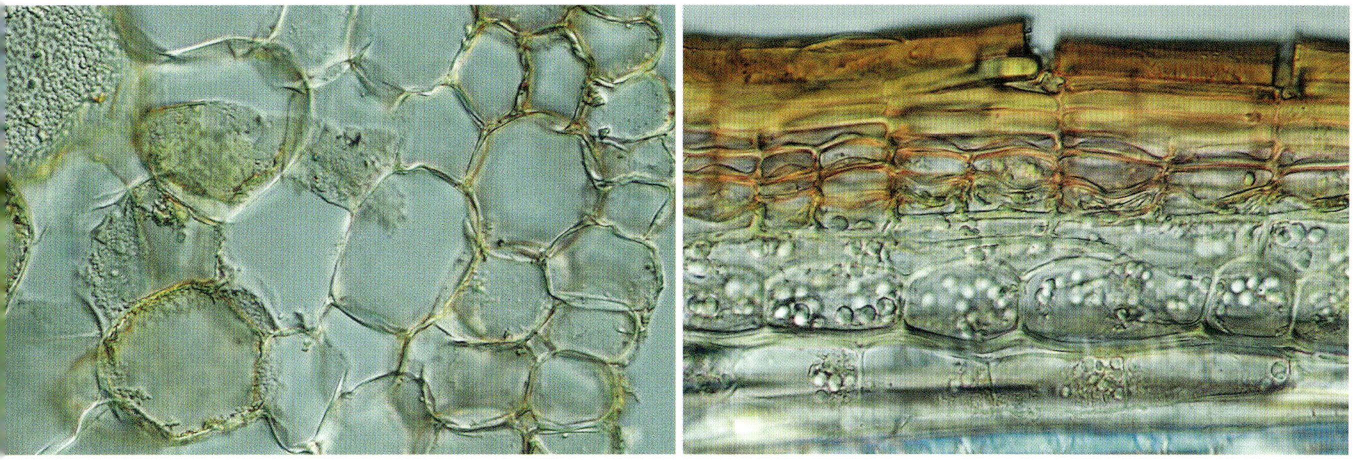

Taf. 89 B: – **1:** Ausschnitt aus A 1. 409x. **Rinde** Ex ZW schwach suberinisiert (?). – **2:** Schnittreihe wie A 5. S3, 409x. **PCAG** in 3 Zonen, 1. Zone Z St-reich, ZW unverkorkt, 2. Zone Z St-arm, ZW rot, verkorkt, 3. Zone Z St-frei, ZW braunrot. **Bast** CaOxKristalle fehlend.

Abb. 107: Rot-Eiche, *Quercus rubra*, H–T–S = 261–184–600 cm, Grafenstein, Kärnten, leicht welliges Gelände, 510 m NN. Aufgeforstete Pflanze, Waldschlag eines Eichen-Hainbuchen-Waldes, in der Strauchschicht vorwiegend *Rubus idaeus, Frangula alnus, Sambucus racemosa,* vereinzelt *Quercus robur* und *Pinus sylvestris,* Lockersediment-Braunerde über Niederterrasse. Bodenprofil Hor.: A_1 0–5 cm Modermull, stark humoser, sandiger Lehm, dunkel graubraun (10YR 3/2), sehr locker, stark durchwurzelt, A_2 5–15 cm humoser, sandiger Lehm, schwach krümelig, locker, steinig, pH 4,0, B_v 15–60 cm sandiger Lehm, gelblichbraun (10YR 5/4), mäßig dicht, durchsetzt mit Kies, mäßig stark durchwurzelt, pH 4,2, B_vC 60–100 cm lehmiger Sand, stark kiesig-schotterig, locker, schwach durchwurzelt, C Grobsand, Kies und Schotter, sehr locker, pH 4,7, Durchwurzelung auslaufend.

det auch in der Jugend keine so stark hervortretende und vorwüchsige Polwurzel wie die Stiel-Eiche. KRAHL-URBAN (1959) und SCAMONI (1950) weisen darauf hin, „daß die Pfahlwurzel der Rot-Eiche schon früher im Stock zurücktritt als die der Stiel-Eiche“. Laut LEMKE (1956) ist dies schon nach 15–20 Jahren der Fall. Übergänge zum „Herzwurzeltyp“ stellte er bereits an 13 Jahre alten Rot-Eichen fest. 45–67 Jahre alte Bäume hatten nur noch ein Herzwurzelsystem ohne erkennbare Polwurzel. Deren früheres Zurücktreten dürfte schon darauf hinweisen, daß die Rot-Eiche nicht so tief wurzelt wie die Stiel-Eiche. Ihre größte Wurzeltiefe in Mitteleuropa von 3,6 m stellte LEMKE an einem 65 Jahre alten Baum auf Sand über Lehm fest. Nach KÖSTLER et al. erreichen einzelne Senker von 40–50 Jahre alten Rot-Eichen auf dichten Feinlehmböden in Mitteldeutschland eine Tiefe von 120–130 cm. Die Hauptwurzelmasse beschränkte sich auf die 30 cm mächtige oberste Bodenschicht. Auf wechselfeuchten Tonböden fand SCHOCH (1964) bei 20–25 Jahre alten Bäumen nur eine max. Wurzeltiefe von 95 cm. JÜTTNER (1954) stellte auf pseudovergleyten Molkenböden an jüngeren Bäumen eine ausgesprochen flache, tellerförmige Bewurzelung fest. Auf allen schwer zu durchwurzelnden Böden wurde an älteren Bäumen keine Polwurzel mehr gefunden (KÖSTLER et al.). An jungen Bäumen war sie auf Pseudogley nur noch rudimentär erkennbar (KREUTZER).

Der Feinwurzelanteil dürfte nach KÖSTLER et al. im Durchschnitt bei der Rot-Eiche etwas höher sein als bei der Stiel-Eiche. Daher wird ihr auch eine ergiebigere Oberbodenerschließung zugeschrieben.

Die Jungpflanze der **Abb. 107** wurde östlich von Klagenfurt auf sandiger, schotteriger Braunerde freigelegt. Die vorwüchsige Polwurzel ist in dem warmen Boden schon 184 cm tief eingedrungen. Gegenüber den bereits zahlreich vorhandenen Seitenwurzeln tritt sie aber nicht mehr so deutlich hervor wie bei gleich alten Pflanzen der Stiel-Eiche. Das künftige Herzwurzelsystem im näheren Stammbereich ist schon deutlich erkennbar. Mit zunehmendem Alter wachsen die senkrecht oder schräg nach unten verlaufenden Seitenwurzeln zu kräftigen Wurzelsträngen heran. Von den flachstreichenden Seitenwurzeln zweigen weiter vom Stamm entfernte Senkwurzeln ab, die aber weniger tief eindringen. Die Länge der flach im Oberboden verlaufenden Wurzeln nimmt mit dem Alter ebenfalls zu. Der kegelförmig nach oben erweiterte Wurzelkörper dürfte daher auch bei älteren Bäumen erhalten bleiben. Die Herzwurzelform beschränkt sich nur auf den Wurzelkörper im näheren Bereich des Stammes.

Anatomie, Taf. 89

Die Raschwüchsigkeit der Rot-Eiche und ihre Bindung an warme, bodenfrische Standorte zeigen sich im primären und sekundären Zustand der Wurzeln u. a. in der geringeren Verdickung der Zellwände im Vergleich zu den übrigen untersuchten Arten der Gattung. Die geringsten Unterschiede gegenüber diesen scheinen die Zellen der Endodermis aufzuweisen. Auffallend ist nur der Unterschied in der Größe der Zellen (A 1, 3, B 1).

Im sekundären Zustand zeigt sich die Wuchskraft der Art besonders in dem frühen Aufreißen und Abschuppen der äußeren Schichten des Pericambial-Abschlußgewebes, in der Breite der primären Strahlen und in der Größe von deren Zellen. Diese nimmt in den jüngeren Teilen der Strahlen nach außen stark zu (A 2). Dem geringeren Trockenschutz der Art, namentlich im Vergleich zu *Quercus cerris* und *Qu. pubescens*, entsprechen der geringere Anteil an Sclerenchym im Bast und vor allem die Weitlumigkeit der Steinzellen, aus denen das Sclerenchym vorwiegend besteht, sowie die geringere Zahl an Fasern und deren schwächer verdickte Wände (A 2, 4, B 2). Im Holz ist der Anteil an Fasern bzw. Fasertracheiden von allen hier beschriebenen Arten der Gattung am geringsten. Wie bei den übrigen Arten enthalten die Wände der Gefäße zahlreiche dicht stehende, schmale bis breit-ovale Hoftüpfel (A 5).

Standortansprüche: Die Rot-Eiche ist eine lichtbedürftige Baumart. Sie bevorzugt humide Lagen mit mildem Klima. Daher ist sie empfindlich gegen Spätfröste. Sie erträgt auch keine so hohe Trockenheit und keine so großen Feuchteschwankungen im Boden wie die Stiel-Eiche. Am besten gedeiht sie auf frischen bis zeitweise oberbodentrockenen, gut durchlüfteten, stauwasserfreien, kalkarmen Böden humider Gebiete. Bei günstiger Wasserversorgung erbringt sie bis ins mittelhohe Alter vor allem auf nährstoffarmen Böden eine höhere Wuchsleistung als die Stiel-Eiche.

Verbreitung: Die nordostamerikanische Art wird in Europa als Forst- und Zierbaum gepflanzt. Die Höhengrenze ihres Vorkommens verläuft in den USA/Kanada bei 1.400–1.600 m. In Europa wird sie als Nutzholz bis zu einer Seehöhe von max. 1.000 m angepflanzt. In ihrem Ursprungsgebiet ist sie ein Bestandteil des heimischen Eichen-Buchen-Waldes (Querco-Fagetea grandifoliae).

Quercus pubescens Willd., Flaum-Eiche

Morphologie

Sproß: Sommergrüner Baum, bis 25 (30) m hoch, Krone junger Bäume kegelförmig, alter Bäume oval bis rundlich, Stockausschläge bildend, daher oft mehrstämmig, auch strauchförmig wachsend.

Wurzel: Nach Literaturhinweisen (ETH Zürich 1995) ist die Flaum-Eiche im Jugendstadium ein tiefreichender Pfahlwurzler, im Reifestadium ein Herzwurzler. Ihre Wurzeltracht ähnelt jener der Zerr-Eiche. Die Jungpflanzen weisen ebenfalls eine stark verdickte, vorwüchsige Polwurzel und dünne, flachstreichende Seitenwurzeln auf (**Abb. 108**). Auch Bäume mittleren Alters haben noch eine deutlich erkennbare, meist stärker verdickte Polwurzel. Deren Vorwüchsigkeit ist aber meist schon verlorengegangen. Die Seitenwurzeln sind stark verlängert und flachstreichend. Von ihnen gehen Senkwurzeln aus, die gleich tief wie die

Taf. 90: Flaum-Eiche, *Quercus pubescens*. Wienerwald, 510 m NN, Mullrendsina, kleiner Baum, Polwurzel dick, unten im verfestigten Kalk aufgezweigt, kräftige Seitenwurzeln teils bogenförmig abwärts wachsend, Feinverzweigung gering, Wurzelenden im trockenen Boden dick, gestaucht (zu Abb. 108).

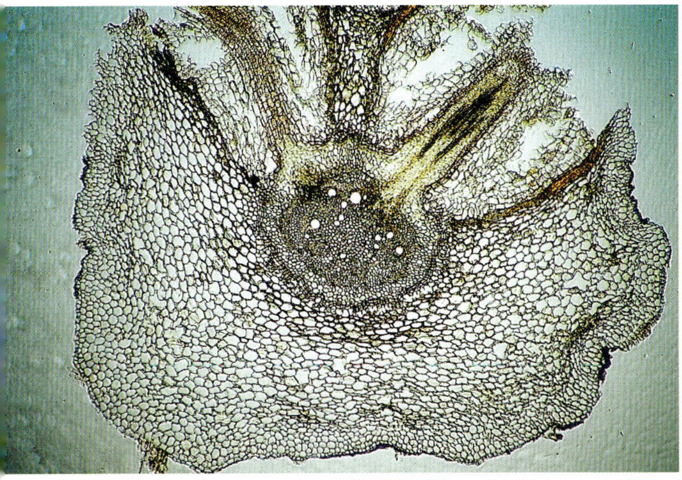

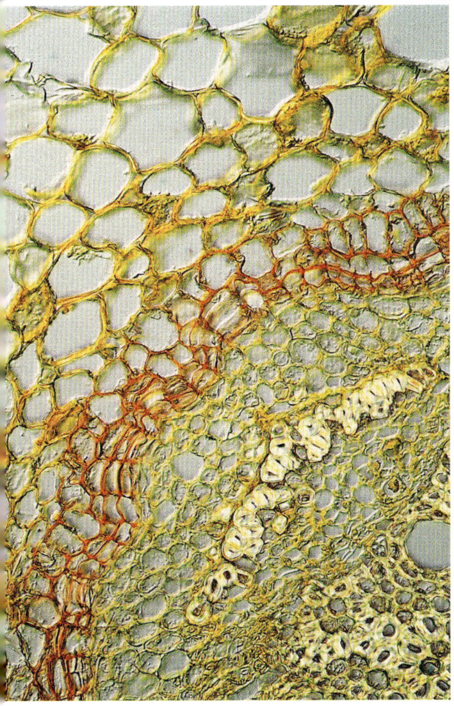

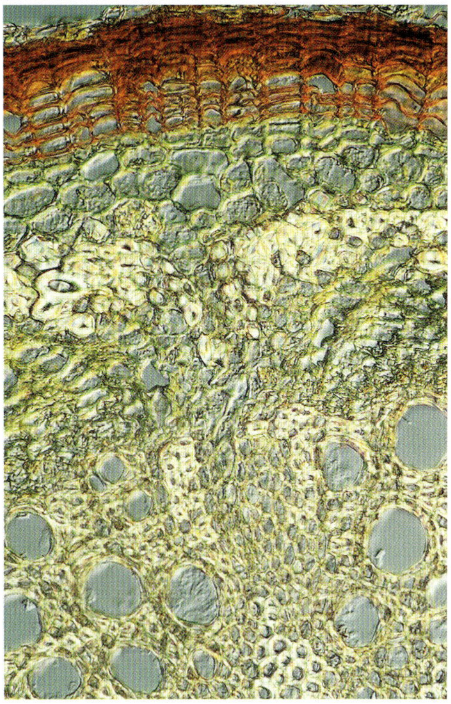

Taf. 91 A: Flaum-Eiche, *Quercus pubescens*. – **1:** Mauer, Wien, 9.9. Prim.-sek., Ø, S3, 25x. **Rh** Z klein bis mittelgroß, ZW gebräunt. **Rinde** ARP 4-5schichtig, schwach verfestigt, EnZ klein. **ZZ** 5arch. **PCAG** 4-5schichtig, aus PC 2 Seitenwurzeln hervorgehend. – **2:** Pfl u. Zeit wie 1. Sek., Ø, S3, 64x. **ZZ** 5arch. **PCAG** breit, ZW früh verkorkt. **Bast** innen vorwiegend SteinZ, außen vorwiegend F. **Holz** prim. Strahlen bis über 6reihig, FTracheiden teils in Gruppen, Gefäße klein bis mittelgroß. – **3:** Ausschnitt aus 1. 162x. **Rinde** ZVerband noch erhalten. **PCAG** bereits mit 3 verkorkten ZSchichten, PrX 2-3 Schichten von PC entfernt. – **4:** Pfl u. Zeit wie 1. Sek., ⊠, JJK, 409x. **Holz** ZReihen benachbart FTracheiden mit großen CaOxKristallen, Gefäße Tüpfel zahlreich, oval. – **5:** Ausschnitt aus 2. 162x. **Bast** SteinZ z. T. weitlumig.

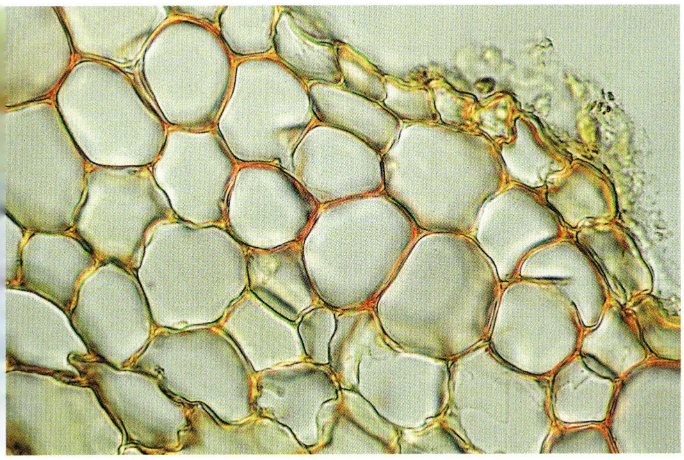

Taf. 91 B: – **1:** Ausschnitt aus A 1. 409x. **Rh** Z z. T. bedeckt mit HaSchleim. **Rinde** Ex z. T. 2schichtig, ZW suberinisiert, ARP bis über 4schichtig. – **2:** Ausschnitt aus A 2. 409x. **Bast** Z benachbart F mit prismatischen, raumfüllenden CaOxKristallen.

Polwurzel eindringen können. Im pannonischen Klimaraum nimmt daher der Wurzelkörper meist eine zylindrische Form an. An alten Bäumen, die nicht untersucht werden konnten, dürfte die Polwurzel, ähnlich wie bei der Zerr-Eiche, ebenfalls noch erkennbar sein.

Der junge Baum der **Abb. 108** wurde am Alpenostrand im Raum von Wien auf trockener Rendsina freigelegt. Die Polwurzel ist wie bei der Zerr-Eiche in dem steinigen Boden in ihrem Tiefenstreben gehemmt und daher stark verformt. Sie verzweigt sich in dem verkeilten Schutt in einige Stränge. Diese biegen mit ausreichender Verringerung der Wärme- und Feuchteschwankungen seitwärts um. Auffallend ist, daß sich wie bei der Zerr-Eiche im näheren Bereich des Stammes noch keine dickeren „Herzwurzeln" gebildet haben. Die wenigen abwärts gerichteten Wurzeln sind dünn geblieben. Es sieht so aus, als ob die Trockenheit die Herzwurzelbildung unterbinden würde. Von den seitwärts verlaufenden Seitenwurzeln gehen noch weiter vom Stamm entfernt Senkwurzeln aus. Oft wendet sich die zunächst waagrecht verlaufende Mutterwurzel nach unten, während eine ihrer Seitenwurzeln den horizontalen Verlauf fortsetzt. Dies verleiht dem Wurzelkörper eine unregelmäßig zylindrische Form, die dem Klimaraum angepaßt ist. In den stark wechseltrockenen oberen Bodenschichten verlaufen die flachstreichenden Wurzeln häufig wellenförmig auf und ab. Die Feinverzweigung ist wie bei der Zerr-Eiche relativ gering. Ausgehend vom Stamm ist sie im Umkreis von 2 m sehr gering, von 2–3 m gering, von 3–4 m mäßig stark und von über 5 m etwas stärker. Die Farbe der Wurzeln ist dunkel rötlichbraun.

Anatomie, Taf. 91

Die Wurzeln der Flaum-Eiche ähneln in ihrem inneren Bau jenen der Zerr-Eiche. Entsprechend der geringeren Wuchskraft der Art und den oft trockeneren, lichtreicheren Standorten unterscheiden sie sich von diesen im primären Zustand durch ein breiteres, bis über 4schichtiges Außenrindenparenchym (A 1, B 1).

Im sekundären Zustand liegen die Unterschiede in dem breiten, bis über 12schichtigen Pericambial-Abschlußgewebe und in dessen frühzeitigem Entstehen, wenn die Rinde noch weitgehend erhalten und funktionsfähig ist (A 3, B 2). Im Bast ist der Anteil an Fasern mitunter größer, und im Holz sind die Zellwände des Grundgewebes, d. h. besonders jene der Fasern und Fasertracheiden, stärker verdickt (A 2, 5). Der Anteil an Fasern bzw. Fasertracheiden ist mitunter etwas geringer als bei *Quercus petraea*. Außerdem unterscheidet sich die Flaum-Eiche offenbar dadurch, daß auch im Holzteil häufig Zellreihen mit raumfüllenden Calciumoxalat-Kristallen benachbart den Fasern vorkommen (A 4). Auf kalkreichen Böden treten diese im Vergleich zu jenen im Bast in größerer Zahl auf (B 2). Wie bei anderen Arten warm-trockener Standorte ist das primäre Xylem durch 2–3 Schichten vom Pericambium getrennt (A 1, 3).

Standortansprüche: Die Flaum-Eiche ist eine Lichtholzart. Als submediterrane Schlußwaldbaumart ist sie sehr wärmebedürftig und empfindlich gegen Spätfröste. Infolge ihrer hohen Trockenresistenz wächst sie auch noch auf sehr steinigen Böden. Deren Klüfte sind meist mit Feinsediment gefüllt. Daher wirken sie als Wasserspeicher. Im Karst sind die Klüfte der Kalkböden voll von Rotlehm. Hier verlaufen die Wurzeln der Flaum-Eiche. Die steinigen Böden des Karstes sind daher nicht so trocken, wie es scheint. Das gilt besonders für den Triester Karst, wo es immer noch über 900 mm Niederschlag gibt (RUDLOFF 1981). Der starke Oberflächenabfluß, der durch die häufig ergiebigen Niederschläge verursacht wird, fördert die Auffüllung der Spalten und Klüfte mit Wasser. In den südlichen Gebieten besiedelt die Flaum-Eiche auch Silikatböden. In keinem Fall dürfen die Böden staufeucht sein.

Verbreitung: Der Verbreitungsschwerpunkt der submediterranen Art liegt in den Karstgebieten nördlich und nordöstlich des Mittelmeeres, Ausläufer ihres Areals reichen bis in die Südalpen. Nacheiszeitlich konnte sie bis in die trockenwarmen Weinbaugebiete des SO-Alpenraumes vordringen. Hier kommt sie heute noch in der kollinen und in der unteren montanen Stufe an südseitigen Oberhängen oder an Hangrücken auf kalkreichen Böden vorwiegend in wärmegebundenen Eichenmischwäldern oder vereinzelt in waldnahen Trockenrasen vor. Im nördlichen Adriaraum ist sie der Hauptvertreter des Flaumeichen-Waldgürtels. Überregional gilt sie als Kennart der Quercetalia pubescentis.

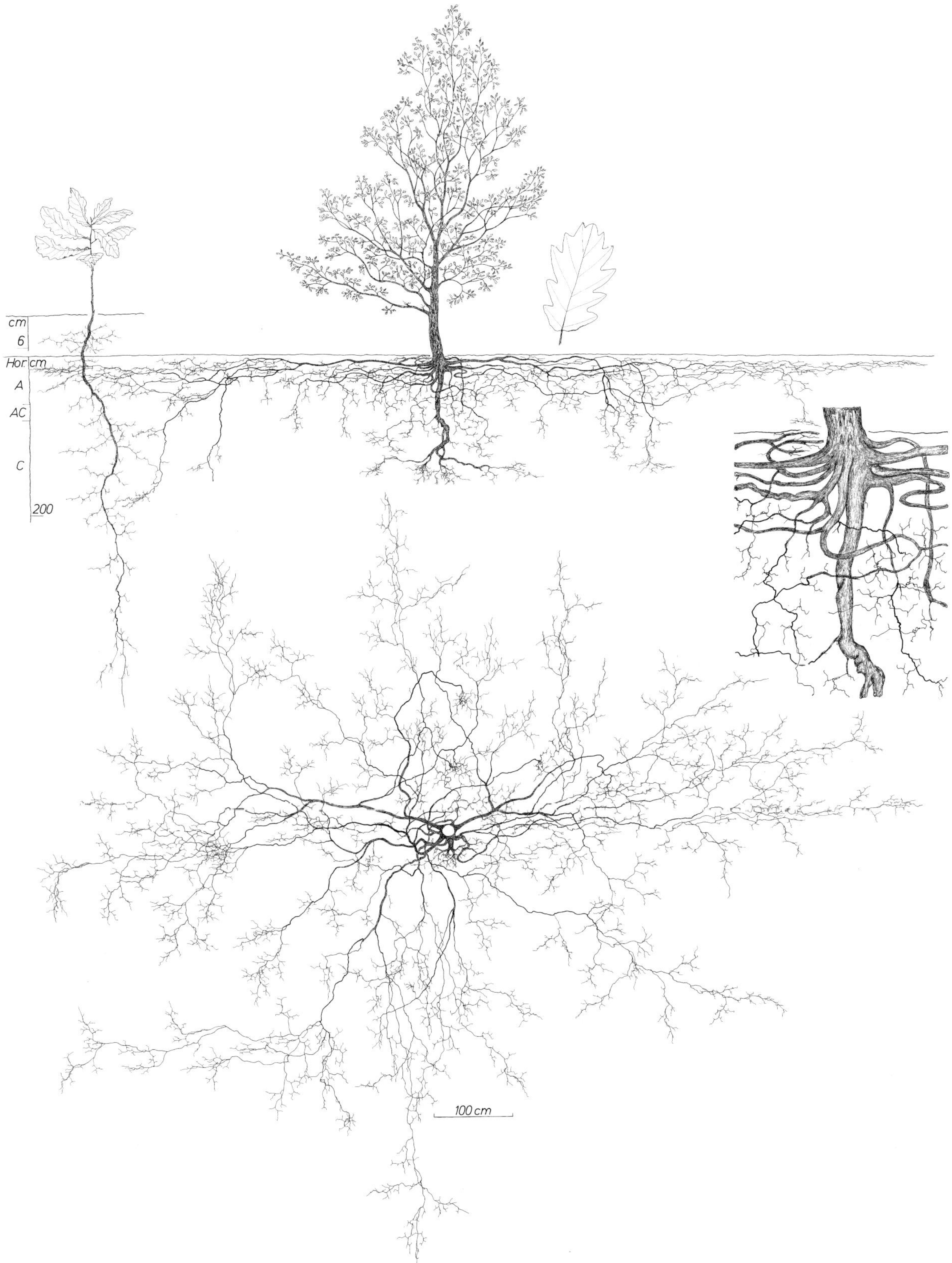

Abb. 108: Flaum-Eiche, *Quercus pubescens*, H–T–S = 436–190–1.150 cm, Wienerwald, Oberhang-Mulde, 510 m NN. Trespen-Halbtrockenrasen mit einzelnen Flaum-Eichen, Mullrendsina über Dolomit. Bodenprofil Hor.: A_1 0–12 cm Rasenfilz, stark humoser Lehm, sehr dunkelbraun (10YR 2/2), krümelig, Krümel körnig, kantig, pH 7,2, sehr stark durchwurzelt, A_2 12–60 cm stark humoser Lehm, vermengt mit Schutt, dicht, Durchwurzelung abnehmend, AC 60–80 cm schwach humoser Lehm zwischen Schutt, Durchwurzelung gering, C Schutt, dicht verkeilt, pH 7,7, Wurzeln in Fugen verlaufend, gestaucht endend.

Quercus petraea (Mattuschka) Liebl., Trauben-Eiche, Winter-Eiche

Morphologie

Sproß: Sommergrüner Baum, 30 (40) m hoch, Stamm bis zum Wipfel durchgehend, schlanker als bei der Stiel-Eiche, auf mageren Standorten häufig verbogen, Stockausschläge bildend, Äste weit abstehend, Krone daher oval bis rundlich.

Wurzel: Nach KÖSTLER et al. (1968) zeigt die Trauben-Eiche in ihrem Wurzelwerk keine grundlegenden Unterschiede zur Stiel-Eiche. Die in der Jugend vorwüchsige Polwurzel tritt mit Erstarken der abwärts verlaufenden Seitenwurzeln zurück. Alten Bäumen wird ein Herz-Senkwurzel-System zugeschrieben. Das Tiefenstreben der Wurzeln der Trauben-Eiche dürfte geringer sein als jenes der Stiel-Eiche. Im Spessart erreichen ihre Wurzeln nach KÖSTLER et al. im Durchschnitt nur eine Tiefe von 90–100 cm. Bereits GAYER (1898) und später auch BÜSGEN & MÜNCH (1927) wiesen auf die schwächliche Wurzelbildung dieses Baumes, besonders in tieferen Bodenschichten, im Spessart hin. 80 % der Wurzelmasse entfallen auf die Horizontal- und nur 20 % auf die Vertikalwurzeln. Die Masseverteilung begünstigt die Ausbildung tellerförmiger Wurzelkörper. In den wärmeren Gebieten südlich des Alpenhauptkammes ist das Tiefenstreben ihrer Wurzeln größer, dafür werden die flachstreichenden Seitenwurzeln weniger lang. Je trocke-

Abb. 109: Trauben-Eiche, *Quercus petraea*, H–T–S = 246–227–686 cm, Kaltern, Südtirol, Oberhangkuppe, 460 m NN. Lichter Wald aus *Quercus petraea, Fraxinus ornus, Prunus avium* subsp. *avium, Pinus sylvestris, Castanea sativa* u. a., in der Strauchschicht *Sorbus torminalis, Juniperus communis, Lonicera xylosteum* u. a., in der Krautschicht vorwiegend *Genista tinctoria, Carex humilis, Hedera helix, Erica carnea*, vereinzelt *Carex digitata, Luzula nivea* u. a. Braunerde über Bozener Quarzporphyr. Bodenprofil Hor.: A_1 0–26 cm stark humoser, lehmiger Sand, krümelig, locker, stark durchwurzelt, A_2 26–50 cm schwach humoser l S, locker, steinig, stark durchwurzelt, B_v 50–140 cm l S, mäßig dicht, steinig, Durchwurzelung stark abnehmend, B_vC 140–200 cm l S, sehr steinig, zunehmend verhärtet, schwach durchwurzelt, C aufgewitterter Porphyr, bröckelig, verhärtet, Durchwurzelung auslaufend.

Taf. 92: Trauben-Eiche, *Quercus petraea*. 1. Reihe und 2. R. links: Kaltern, Südtirol, 460 m NN, steinige, dichte Braunerde. 1. R. links: Keimpflanzen mit mäßig stark entwickelter Polwurzel; Mitte: Jungpflanze auf steiniger Braunerde mit kräftiger, stark gestauchter Polwurzel; rechts und 2. R. links: junger Baum mit kräftiger, rasch dünner werdender, tiefreichender Polwurzel, Seitenwurzeln oben gehäuft (zu Abb. 109); rechts und 3. R.: Leibnitz, Steiermark, 498 m NN, Ranker. 2. R. rechts und 3. R. links und Mitte: junger Baum auf zerklüftetem Fels mit stark gestauchter Bewurzelung (zu Abb. 110); rechts: älterer Baum auf zerklüftetem Fels mit oberflächlich verlaufenden dicken Wurzeln.

Abb. 110: Trauben-Eiche, *Quercus petraea*, H–T–S = 1.140–180–1.320 cm, Kreuzkogel bei Leibnitz, Steiermark, südseitiger Oberhang einer steinigen Bergkuppe, 498 m NN. Naturnaher Wald mit vorwiegend *Quercus petraea, Castanea sativa,* vereinzelt *Fagus sylvatica, Pinus sylvestris* und *Carpinus betulus,* in der Krautschicht vorwiegend *Festuca altissima, Luzula luzuloides, Hieracium sabaudum, H. murorum,* vereinzelt *Cytisus nigricans, Chamaecytisus hirsutus, Campanula rotundifolia* u. a. Moderranker. Bodenprofil Hor.: O 3–0 cm Laubstreu, A_1 0–6 cm Modermull, stark humoser, schluffiger Lehm, locker, stark durchwurzelt, pH 4,3, A_2 6–15 cm Modermull, durchsetzt mit Schiefergrus, schwarz (5YR 2,5/1), stark durchwurzelt, C zerklüftetes Schiefergestein, in den Klüften Feinerde, kompakt, Klüfte und Ritzen stark durchwurzelt, pH 4,1.

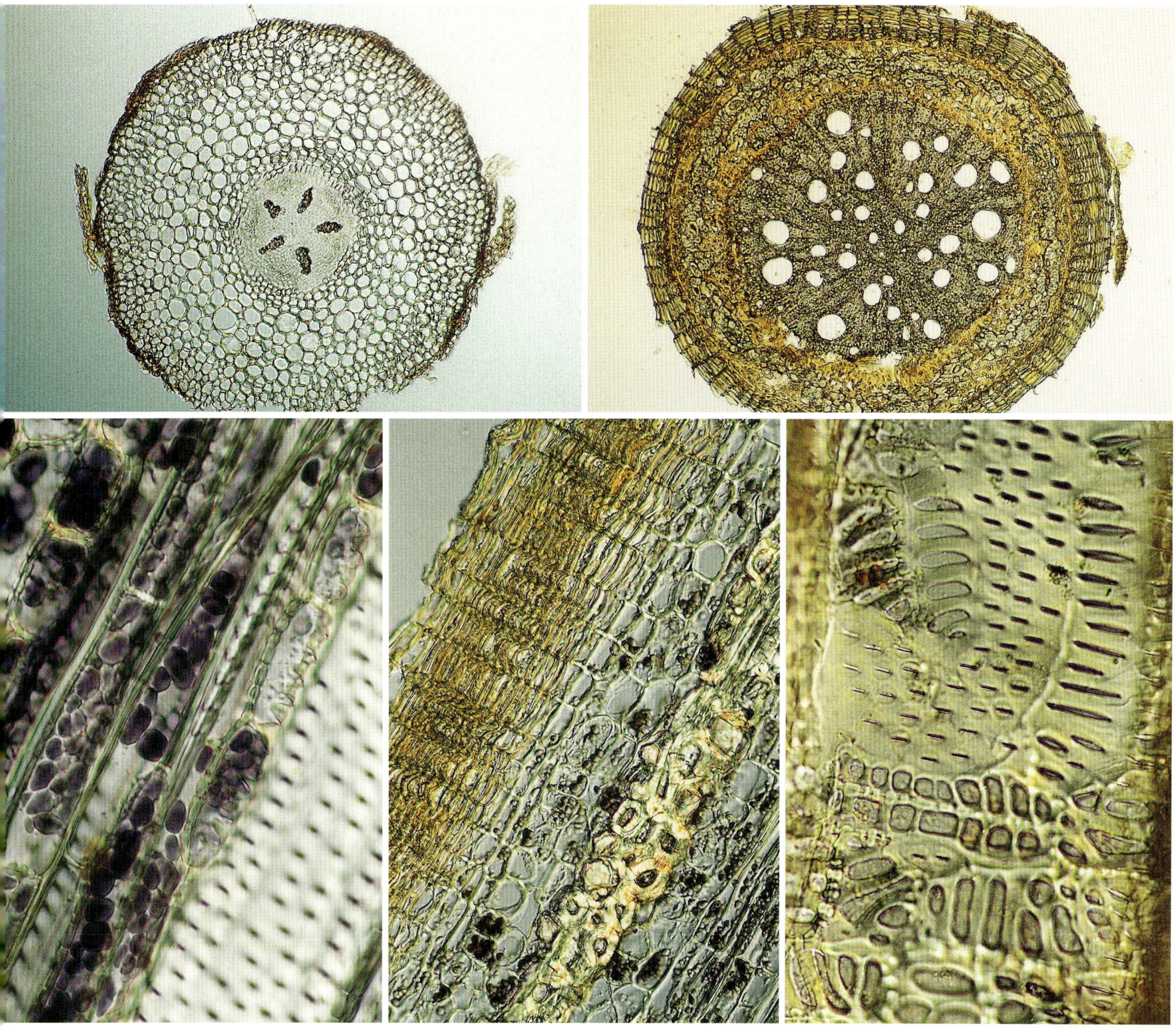

[T]af. 93 A: **Trauben-Eiche**, *Quercus petraea*. – **1:** Schütt bei Villach, Kärnten, 11.5. Prim., Ø, S3, 64x. **Rh** ZW gebräunt. **Rinde** Ex ebenfalls ebräunt, ARP 3-4schichtig, En ZW mit Suberinlamelle. **ZZ** 5arch. – **2:** Kaltern, Südtirol, 6.11. Sek., Ø, JJK, 64x. Wu gekrümmt, konvexe eite schmäler. **PCAG** 10-16schichtig. **Bast** außen vorwiegend SteinZ, innen F. **Holz** Strahlen 1-3reihig, stellenweise über 8reihig, Tracheiden sehr dickwandig, Gefäße klein bis mittelgroß. – **3:** Pfl u. Zeit wie 1. Sek., ⊠, JJK, 409x. **Holz** Strahlen bis 5reihig, Z dicht mit tKörnern gefüllt, Gefäße Tüpfel oval, z. T. treppenförmig angeordnet. – **4:** Schnittreihe wie 3. JJK, 162x. **PCAG** bis über 18schichtig, alle Z weitlumig. **Bast** SteinZ in 2-3schichtigen Gruppen, GG Z St-reich. – **5:** Ort u. Zeit wie 1. Sek., ⊠, S3, 409x. **Holz** Gefäße Hoftüpfel oval.

[T]af. 93 B: – **1:** Ausschnitt aus A 1. 409x. **Rinde** En über PrX schmal mit CS ohne Suberinlamelle. – **2:** Ort u. Zeit wie A 1. Sek., Ø, JJK, 09x. **PCAG** Z dünnwandig, ab 3. Schicht verkorkt, äußere Schichten Z kollabiert, ZW rot, Eigenfarbe. **Bast** Z mit CaOx-Drusen.

ner und steiniger der Boden ist, desto schwächer ist die flachstreichende Wurzelgruppe zugunsten der tiefstrebenden ausgebildet.

Der junge Baum der **Abb. 109** wurde in Kaltern (Südtirol) auf Braunerde über Bozener Quarzporphyr freigelegt. Die kräftige, stark hervortretende Polwurzel erreicht selbst auf dem schwer zu durchwurzelnden Boden dank der tiefer reichenden, stärkeren Bodenerwärmung eine beachtliche Tiefe. Die Seitenwurzeln sind noch sehr dünn. Die abwärts verlaufenden Wurzeln bilden nach Erstarken im näheren Bereich des Stammes das erwähnte Herzwurzelsystem. Da auch die flachstreichenden Wurzeln mit zunehmendem Alter länger werden, nimmt der gesamte Wurzelkörper auf ausreichend tiefgründigen Böden wiederum eine kegelförmig nach oben erweiterte Form an. Die Feinwurzeln treten erst entlang des Endabschnittes der flachstreichenden Wurzeln gehäuft auf. Im näheren Bereich des Stammes ist die Feinverzweigung der Wurzelstränge gering. Wenn vom gesamten Wurzelkörper nur der Herzwurzelteil betrachtet wird, ergibt sich der in der Literatur beschriebene geringe Feinwurzelbesatz. Unter Berücksichtigung des gesamten Wurzelkörpers ist der Feinwurzelanteil zumindest mittelgroß.

Der ältere Baum der **Abb. 110** wuchs im Südostalpenraum bei Leibnitz (Steiermark) auf zerklüftetem Fels. Die stark gestauchte Polwurzel ist zapfenförmig verdickt und am unteren Ende gabelig verzweigt. Das gehemmte Tiefenstreben begünstigt die Verdickung der Seitenwurzeln. Deren Stärke nimmt aber mit Einsetzen der Verzweigung in lange Seitenwurzeln rasch ab. Die Wurzelstränge nehmen in dem zerklüfteten Gestein einen sehr unregelmäßigen Verlauf. Dadurch unterbleibt eine Gliederung in eine flachstreichende und eine tiefstrebende Wurzelgruppe. Der Wurzelkörper nimmt im näheren Bereich des Stammes eine rundliche Form an. Man könnte sie auch als deformierte Herzwurzelform ansehen. Die Feinwurzeln treten in den mit Erde erfüllten Gesteinsspalten nestartig gehäuft auf. Die starke Verformbarkeit der Polwurzel zeigt sich schon an der Keimpflanze (**Abb. 110** rechts). Bereits in diesem jungen Stadium bildet sie am Wurzelhals kräftige, stärker verzweigte Seitenwurzeln. Die hohe Anpassungsfähigkeit der Bewurzelung erleichtert der Trauben-Eiche die Besiedelung steiniger Böden.

Anatomie, Taf. 93

Der innere Bau der Wurzeln der Trauben-Eiche nimmt, verglichen mit der Flaum-Eiche und der Stiel-Eiche, eine Zwischenstellung ein. Das zeigt sich im primären Zustand im Verhältnis vom Zentralzylinder zur Rinde und in der Breite des Außenrindenparenchyms (A 1, B 1).

Im sekundären Zustand zeigen sich die Unterschiede im Anteil der Fasern im Bast sowie in der Weite der Gefäße und in der Verfestigung der Zellwände im Holz mit dessen hohem Anteil an Libriformfasern (vgl. SCHWEINGRUBER 1990) bzw. Fasertracheiden (A 2, 4, B 2). Dem entspricht, daß die Art weniger Trockenheit erträgt als die Flaum-Eiche, aber mehr als die Stiel-Eiche. Auffallend ist die mitunter große Breite des Pericambial-Abschlußgewebes. Dies ist besonders auf nährstoffärmeren Standorten zu beobachten, als Folge des langsamen Wachstums der Wurzeln und der daher späten Abschuppung der äußeren Schichten (A 2). Wie bei den meisten übrigen untersuchten Arten der Gattung sind die Festigungselemente im äußeren Bereich des Bastes vorwiegend Steinzellen, im inneren Fasern. Benachbart den Fasern verlaufen wieder Zellreihen mit Calciumoxalat-Kristallen (A 4, B 2). Dicht mit Stärke gefüllte Zellen des Parenchyms und der Strahlen liegen den oft verwinkelten Gefäßen des Holzes eng an (A 3). Die Gefäße haben zahlreiche ovale Hoftüpfel ausgebildet. Wie bei allen hier beschriebenen *Quercus*-Arten können zwei oder mehr Hoftüpfel unter dem Hof des Tüpfelkanals einen gemeinsamen, verlängert ovalen Kanalboden haben. Sie stehen unterhalb der kuppelartigen Hofwölbung in Verbindung zueinander (A 5). Bei der Herstellung von Schnitten scheint sich das Häutchen mit den sich zum Zellinneren hin öffnenden, schlitzförmigen Aperturen leicht abzulösen. Denn oft sind nur die Kanalböden der Hoftüpfel zu erkennen.

Standortansprüche: Die Trauben-Eiche erträgt in der Jugend mehr Beschattung als die Stiel-Eiche. Im Bestand ist sie aber eine Lichtholzart. Im Gegensatz zur Stiel-Eiche beschränkt sie sich in Europa auf die luftfeuchteren, wintermilderen Gebiete. Sie treibt früher aus als jene, deshalb ist sie empfindlich gegen Spätfröste. Wegen ihrer insgesamt geringeren Frosthärte kommt sie in winterkalten Inversionslagen der Alpen nicht vor. An die Wasserversorgung stellt sie geringere Ansprüche als die Stiel-Eiche. Sie wächst noch auf stark wasserdurchlässigen, steinigen Böden, auf denen die Stiel-Eiche nicht mehr gedeiht. Hingegen meidet sie stauwasserbeeinflußte Standorte (SCAMONI 1969).

Verbreitung: Das Vorkommen der subatlantisch-submediterranen Art ist weitgehend auf die kolline und untere montane Stufe beschränkt. Die Höhengrenze verläuft in Mitteldeutschland bei 600 m, in den Bayrischen Alpen bei 900 m und in den Zentralalpen bei 1.200 m. In Mittel- und Norddeutschland ist sie die vorherrschende Eichenart. In diesem eher subatlantisch geprägten Klimaraum schließt sie sich häufiger als die Stiel-Eiche der Rotbuche an. Zusammen mit dieser bildet sie auf trockeneren, sauren, mageren Böden großflächig artenarme Eichen-Buchen-Mischwälder (Luzulo-Fagion). In Österreich wächst die Buche auf den feuchteren Mittel- und Unterhängen und die Trauben-Eiche auf den trockeneren Oberhängen und Hangkuppen. In Südtirol (Kaltern) folgt auf den Edelkastaniengürtel an den feuchteren Mittelhängen ein Traubeneichengürtel an den steinigen Oberhängen und Kuppen.

Quercus robur L., Stiel-Eiche, Sommer-Eiche

Morphologie

Sproß: Sommergrüner Baum, 40 (50) m hoch, Stamm frühzeitig verzweigt, nie durchlaufend, Äste an alten Bäumen knorrig, stark gekrümmt, weit abstehend, Krone daher meist oval bis rundlich, auf ungünstigen Standorten auch strauchförmig wachsend.

Wurzel: Der Stiel-Eiche „werden seit jeher hohe mechanische Wurzelenergie und ausgezeichnete Vertikalwurzelleistung zugeschrieben" (Köstler et al. 1968). Ihre Tiefenerschließung wird höher eingeschätzt als jene von Rotbuche, Hainbuche, Linde, Birke und Ahorn. Vor allem dringt sie wie die Weiß-Tanne in verdichtete, wechselfeuchte oder auch vorübergehend vernäßte Bodenhorizonte ein (Šika 1963).

Hervorgehoben werden auch die große Härte und Steifheit der Wurzeln sowie ihr hoher Gerbstoffgehalt. Jenik (1957) fand einen unterschiedlichen anatomischen Aufbau bei Horizontal- und Vertikalwurzeln. Die Horizontalwurzeln rechnet er zum Tracheentyp, die Vertikalwurzeln zum Libriformtyp. Im Aufbau des Wurzelkörpers ergeben sich kaum Besonderheiten. Auch bei der Stiel-Eiche herrscht in der Jugendphase die Polwurzel im Wurzelsystem vor. In der Altersphase tritt sie zugunsten der Herz- und Senkwurzeln zurück. Dieses Zurücktreten der Polwurzel setzt in kühleren Gebieten und auf feuchteren Standorten viel früher ein als in wärmeren Gebieten und auf trockeneren Standorten. Im kühleren Mitteldeutschland konnte Schoch (1964) schon bei Bäumen im Alter von 30–40 Jahren keine Polwurzel mehr feststellen. Im wärmeren Kärntner Becken sind in diesem Alter die Polwurzeln noch deutlich erkennbar und zum Teil in der Bewurzelung sogar noch vorherrschend. Die Wurzelsysteme alter Bäume werden nach der bisher gültigen Klassifizierung dem Herzwurzeltyp bzw. dem Herzwurzel-Senkwurzel-Typ zugeordnet.

Bei den Jungpflanzen tritt die Polwurzel als verdickter, vorwüchsiger Strang gegenüber den dünnen Seitenwurzeln nicht so deutlich hervor wie bei den trockenresistenteren Arten Zerr-Eiche und Flaum-Eiche. Ähnlich wie bei der Trauben-Eiche bildet sie frühzeitiger längere Seitenwurzeln. Mit zunehmendem Alter verjüngt sich die Polwurzel noch stärker. Sie wirkt dann wie ein Zapfen oder ein zugespitzter Pfahl. An ihrem dünnen Teil verzweigt sie sich häufig gabelig. Der verdickte Teil der Polwurzel weist beispielsweise in Kärnten auf ausreichend tief durchwurzelbaren Böden eine Länge von 100–150 cm auf. Der dünne, weiter verzweigte Teil kann je nach Klima und Boden verschieden große Tiefen erreichen. Köstler et al. verfolgten in Mitteldeutschland die Entwicklung der Polwurzel an 13 Jahre alten Samenpflanzen. Von 38 Pflanzen hatten 25 eine gut ausgebildete Polwurzel, die sich aber rasch verjüngte. Sie bog bei den meisten Pflanzen schon in einer Tiefe von 35–60 cm seitwärts um. Nach Hoffmann (1939) erreicht sie im 1. Lebensjahr durchschnittlich eine Tiefe von 27 cm. In den nächsten Jahren beträgt der jährliche Tiefenzuwachs 20–30 cm. Nach 5 Jahren wird durchschnittlich eine Tiefe von 100 cm (Hartig 1877) und nach 30 Jahren eine solche von 150 cm erreicht. In den tiefer erwärmten Böden in Kärnten wurden sowohl bei den Jungpflanzen als auch bei Bäumen mittleren Alters größere Wurzeltiefen festgestellt.

Nach Abschluß des Tiefenwachstums der Polwurzel verstärken sich die oberen Seitenwurzeln und der obere Teil der Polwurzel immer mehr. Auf diese Weise können vor allem auf feuchteren Standorten mächtige brettartige Wurzelanläufe entstehen, die Köstler et al. besonders für alte Bäume hervorheben. Diese Wurzelanläufe verjüngen sich rasch nach Verzweigung in stärkere Wurzelstränge. Die langen Wurzeln verlaufen vorwiegend seitwärts. Köstler et al. weisen nachdrücklich auf deren rechtwinkelige Abzweigung

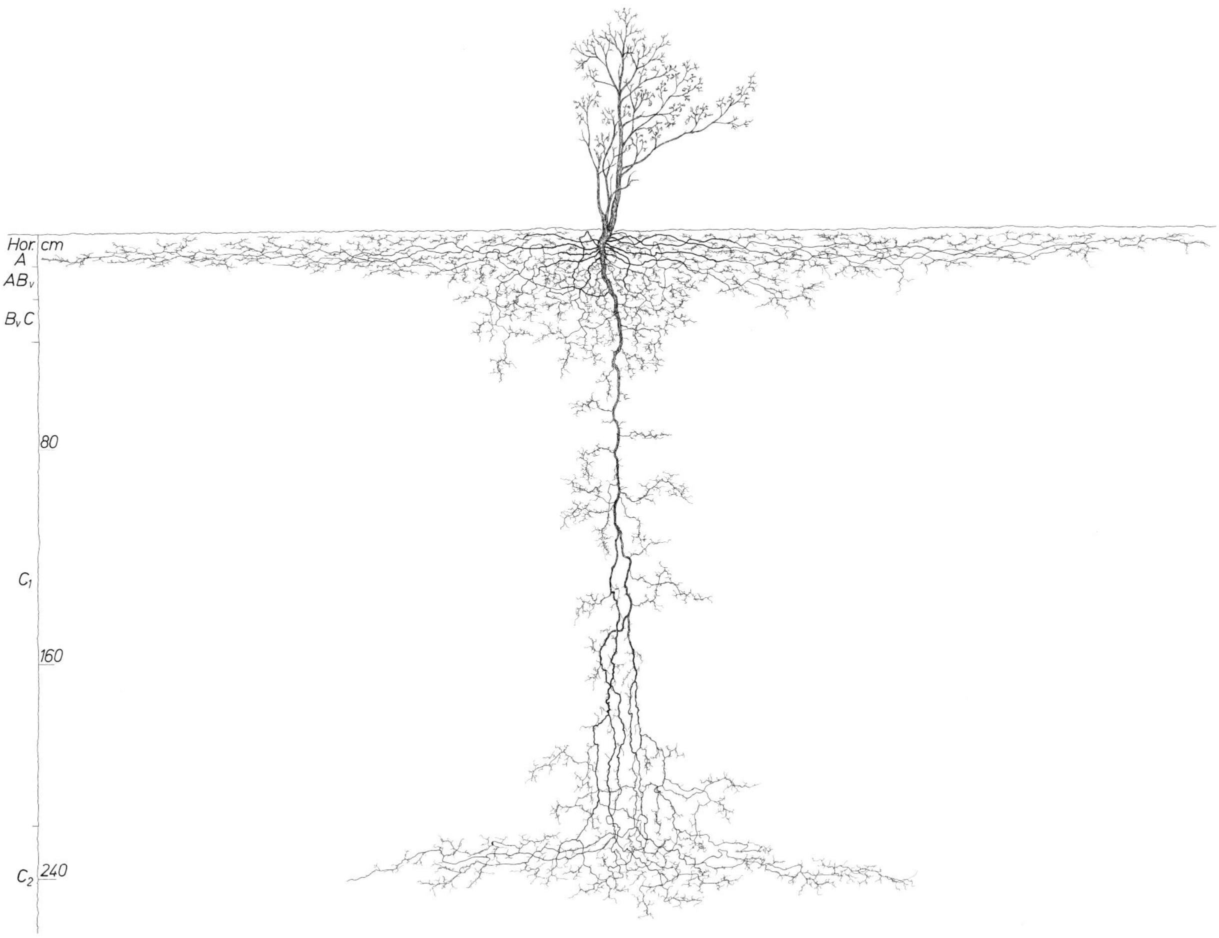

Abb. 111: Stiel-Eiche, *Quercus robur*, H–T–S = 82–253–445 cm, bei Grafenstein, Kärnten, Oberkante eines Südhanges mit einzelnen naturverjüngten Eichen, 460 m NN. Lockersediment-Braunerde über Niederterrasse. Bodenprofil Hor.: A 0–12 cm humoser, lehmiger Sand, feinkrümelig, locker, schwach steinig, stark durchwurzelt, AB_v 12–24 cm schwach humoser l S, steinig, locker, stark durchwurzelt, B_vC 24–40 cm l S, sehr steinig, locker, stark durchwurzelt, C_1 40–220 cm sandiger Schotter und Kies, sehr locker, Durchwurzelung abnehmend, C_2 Sand, Kies und Schotter, sehr locker, grundfrisch, Durchwurzelung gestaucht endend.

von der Polwurzel und auf deren „waagrechten" Verlauf hin. Die Bildung kräftiger, tiefreichender Herzwurzeln ist eher gering. Umso mehr bilden sich an älteren Bäumen und auf feuchteren Standorten Senkwurzeln aus, die meist von den verdickten Abschnitten der Seitenwurzeln abzweigen (KÖSTLER et al. 1968, Abb. 58, 59).

Das Tiefenstreben der Wurzeln hängt neben der genetischen Veranlagung von Ökotypen vom Klima und von der Beschaffenheit der Böden ab. Die größten Wurzeltiefen sind im warm-kontinentalen Bereich ihres Verbreitungsgebietes zu erwarten. So gibt KALININ (1978) für russische Steppen-Schwarzerden eine Wurzeltiefe bis 5 m, LABUNSKIJ (1951) für die Donsteppe bei 11–13jährigen Bäumen sogar eine solche von 8–9 m an. Diese Wurzeltiefen werden meist nur an Hanganschnitten erreicht. Sie entsprechen nicht den Wurzeltiefen in ungestörten Böden des flachen Geländes. Im sommerwarmen Kärntner Becken beträgt die größte gemessene Wurzeltiefe auf sandiger, schotteriger Braunerde 348 cm. Für Mitteldeutschland wird die größte Tiefe auf vergleyter Braunerde mit 210 cm angegeben (LEMKE 1956). Die mittlere Wurzeltiefe beträgt auf lehmigen Böden 150 cm (KÖSTLER et al., SCHOCH). Auf Gleyböden sinkt sie in Mitteldeutschland auf 90 cm und auf Stagnogley auf 70 cm (LEMKE). Auch GLATZEL (1983) stellte im südöstlichen Burgenland auf Stagnogley ab einer Tiefe von 60 cm im dichten Staukörper nur noch eine sehr geringe Durchwurzelung durch die Stiel-Eiche fest. Die größte gemessene Länge der im Oberboden seitwärts verlaufenden Wurzeln beträgt nach LEMKE 1.700 cm, in Kärnten 1.000 cm. Mit zunehmender Oberbodentrockenheit nimmt die Wurzellänge ab. In Kärnten waren die im Oberboden flach verlaufenden Wurzeln einer jungen Stiel-Eiche auf sandiger, schotteriger Braunerde bei einem Jahresniederschlag von ca. 900 mm max. 230 cm lang, im Marchfeld in Niederösterreich auf Sand bei einem Jahresniederschlag von ca. 550 mm max. 169 cm.

Der Stiel-Eiche wird ein „extensives" Wurzelwerk zugeschrieben (Köstler et al.). Es stimmt zwar, daß sie die oberen Bodenschichten viel weniger dicht durchwurzelt als etwa die Esche oder die Rotbuche. Dafür reicht aber der Feinwurzelbesatz an den dünnen Wurzelsträngen bis in größere Tiefen. Bereits Grosskopf (1950) fand bei Wurzelstudien auf sandigen, schwach podsolierten „braunen Waldböden" im nordwestdeutschen Heidegebiet heraus, daß der Feinwurzelbesatz selbst bei alten Eichenbeständen über das ganze Bodenprofil bis hinunter zum C-Horizont anhält. Auch Egli (1980, 1981) stellte anhand der Zählung von Wurzelspitzen an einer 2 m vom Stamm entfernten Profilwand einer Braunerde fest, daß der Feinwurzelbesatz bis zum C-Horizont hinabreicht. Er nimmt zwar nach unten hin rasch ab, doch wurden erst in einer Tiefe von 120–180 cm keine Wurzelspitzen mehr gefunden.

Dieser Befund aus dem Schweizerischen Mittelland hinsichtlich der Verteilung der Feinwurzeln nach unten bei der Stiel-Eiche deckt sich weitgehend mit den Ergebnissen der Untersuchungen von Glatzel (1961) im Burgenland, von Kowalkowski & Czarnota (1962) in Westpolen und von Korotajew (1988) bei Leningrad sowie mit vorliegenden Beobachtungen. Der Feinwurzelbesatz im humosen Oberboden hängt wesentlich vom Basengehalt des Bodens ab. Egli fand auf basenreicher Braunerde (pH 8) in 1.000 cm^3 Boden 15.000 Wurzelspitzen, auf saurer Braunerde (pH 4) nur 5.000. Das erklärt auch, warum der Feinwurzelbesatz mit zunehmender Seehöhe gleichlaufend mit der Zunahme der Bodenversauerung immer mehr abnimmt.

Bei den Jungpflanzen ist die Polwurzel auf trockenerem Standort (**Abb. 114**) deutlich stärker vorwüchsig als auf feuchterem (**Abb. 113**). Die größere Oberbodenfeuchte bewirkt auch ein rascheres Wachstum der oberen Seitenwurzeln. Die ältere Pflanze der **Abb. 111** hat auf einem südseitigen Hang auf skelettreicher, schwach entwickelter Braunerde eine sehr stark vorwüchsige Polwurzel ausgebildet. Sie verzweigt sich zwar in 115 cm Tiefe gabelig, doch setzen die Wurzelstränge ihr Tiefenstreben bis zu den gleichmäßiger kühlen und feuchten Schichten fort. Erst in diesen bildet die Polwurzel mit ihren verzweigten Seitenwurzeln eine seitwärts ausgebreitete Wurzelgruppe. Die von ihrem oberen, dickeren Teil abzweigenden, abwärts verlaufenden Seitenwurzeln sind erst schwach ausgebildet. Gut ausgebildet ist hingegen schon die obere flachstreichende Wurzelgruppe. Sie verleiht dem Wurzelkörper eine strenge T-Form. Die Feinverzweigung ist in den oberen Bodenschichten am größten. Sie setzt sich aber bis zu den tiefsten Wurzelsträngen fort.

Der 30 Jahre alte Baum der **Abb. 112** wurde an einem Moorrand südlich des Wörther Sees auf grundvernäßter Braunerde freigelegt. Die oben verdickte Polwurzel, die infolge des hoch anstehenden Grundwassers im Tiefenstreben gehemmt ist, verjüngt sich sehr rasch. Entlang des dünnen Abschnittes verzweigt sie sich in mehrere Seitenwurzeln. Zusammen mit diesen biegt sie bei zunehmender Bodenfeuchte seitwärts um. Die Gruppe der abwärts gerichteten Wurzeln ist nur schwach ausgebildet. Der Hauptteil des Wurzelsystems entfällt bei dem grundfeuchten Boden auf die obere flachstreichende Wurzelgruppe. Der vom Grundwasser beeinflußte untere Teil des Wurzelkörpers ist deutlich gestaucht. Der Feinwurzelbesatz ist in dem feuchten Boden deutlich geringer.

Auch der Wurzelkörper des 35 Jahre alten Baumes der **Abb. 113**, der am Ostrand von Klagenfurt auf sandiger, schotteriger Braunerde freigelegt wurde, wirkt im unteren Teil gestaucht. Der Grund dafür ist der fast ständig beschattete Waldboden in ebener Lage. Durch diese Beschattung wird die Bodenverdunstung stark herabgesetzt. Der Boden ist daher trotz seiner hohen Wasserdurchlässigkeit ab einer Tiefe von 160 cm gleichmäßiger feucht und kühl. Das Fehlen stärkerer Wärme- und Feuchteschwankungen setzt dem Tiefenstreben der Wurzeln trotz des lockeren Bodenmaterials ein Ende. Dieses gehemmte Tiefenstreben führt zu einer starken Verdickung der Polwurzel und zu ihrer frühzeitigen gabeligen Verzweigung. Die sogenannten Herzwurzeln sind nur schwach ausgebildet. Das gleiche gilt für die Senker entlang der seitwärts verlaufenden Wurzelstränge. Die relativ breite Wurzelgruppe im C-Horizont kann bereits viel Wasser aus dem Untergrund aufnehmen. Zusammen mit den in dem regenfeuchten Oberboden flachstreichenden Wurzeln ist die Wasserversorgung auch durch das schwächer ausgebildete Wurzelsystem dank des höheren Jahresniederschlags von ca. 900 mm und des beschatteten Bodens gesichert.

Abb. 112: Stiel-Eiche, *Quercus robur*, H–T–S = 565–200–1.450 cm, Keutschach, Kärnten, gegen das Moor auslaufende, leicht nach Süden geneigte Niederterrasse, 515 m NN. Hangmolinietum am Moorrand mit Traubenkirsche und vereinzelt Stiel-Eiche. Grundfeuchte Braunerde, Bodenprofil Hor.: A_1 0–15 cm Rasenfilz, stark humoser, sandiger Lehm, krümelig, pH 5,8, stark durchwurzelt, A_2 15–40 cm stark humoser s L, krümelig, mäßig dicht, schwach steinig, stark durchwurzelt, AB_v 40–60 cm schwach humoser s L, mäßig dicht, steinig, stark durchwurzelt, B_v 60–120 cm s L, mäßig dicht, schwach steinig, nach unten zunehmend feuchter, Durchwurzelung abnehmend, $B_{v\,g}$ s L, mäßig dicht, rostfleckig, Durchwurzelung auslaufend, Grundwasserstand zur Zeit der Freilegung bei 130 cm Tiefe.

Der 40 Jahre alte Baum der **Abb. 114** wurde ebenfalls auf sandiger, schotteriger Braunerde bei Grafenstein östlich von Klagenfurt in einem Waldschlag an einem Südhang freigelegt. Die Freistellung des Baumes durch Schlägerung bewirkte ein Nachwachsen der Äste im unteren Teil des Stammes. Auf dem südseitigen, stark besonnten Hang ist der verdickte Teil der Polwurzel deutlich länger. Er verzweigt sich erst in einer Tiefe von 160 cm in dünne, weiter nach unten strebende Wurzeln. Diese bilden in den gleichmäßiger kühlen und feuchten Schichten wiederum eine flachstreichende Wurzelgruppe, die tiefer liegt als bei dem beschatteten Baum der **Abb. 113**. In einer Tiefe von 100–130 cm verlaufen die von der Polwurzel abzweigenden Seitenwurzeln waagrecht in einem etwas feuchteren Band aus Schluff, Fein- und Grobsand zwischen schotterreicherem Material. Auch in dieser Schicht bestimmen die höhere Bodenfeuchte und die damit verbundene geringere Wärmeschwankung das Richtungswachstum der Wurzeln. Die stammnahen Herzwurzeln und die weiter vom Stamm entfernt an den oberen flachstreichenden Wurzeln abzweigenden Senker sind auch in diesem Alter des Baumes nur schwach ausgebildet. Auch auf diesem trockeneren Standort erfolgt die Wasseraufnahme vor allem aus dem Untergrund und aus den regenfeuchten oberen Bodenschichten. Der Grundaufbau des Wurzelsystems ähnelt weitgehend jenem der **Abb. 113**, nur ist das Wurzelsystem auf dem wärmeren Standort kräftiger entwickelt und tiefer reichend. Die Polwurzel beherrscht auch in diesem Alter noch eindeutig das Wurzelbild.

Noch stärker tritt die Polwurzel bei dem 25 Jahre alten Baum der **Abb. 115** hervor. Er wurde im Raum von Villach an einer nordseitigen Oberhangkante auf im Untergrund vergleyter Braunerde freigelegt. Die Polwurzel bildet in dem feuchteren Unterboden eine mächtige Wurzelgruppe, die sich hauptsächlich im sickerfeuchten schotterigen Sand ausbreitet. Mächtig ausgebildet ist auch die flachstreichende Wurzelgruppe in den oberen, regenfeuchten Bodenschichten. Die Ausbildung von Herzwurzeln ist ausgeblieben. Die deutlich erkennbaren Senker entlang der seitwärts verlaufenden Wurzeln erreichen keine größere Tiefe. Auf dem grundfeuchten Boden tritt die Gliederung in eine obere und eine untere Wurzelgruppe be-

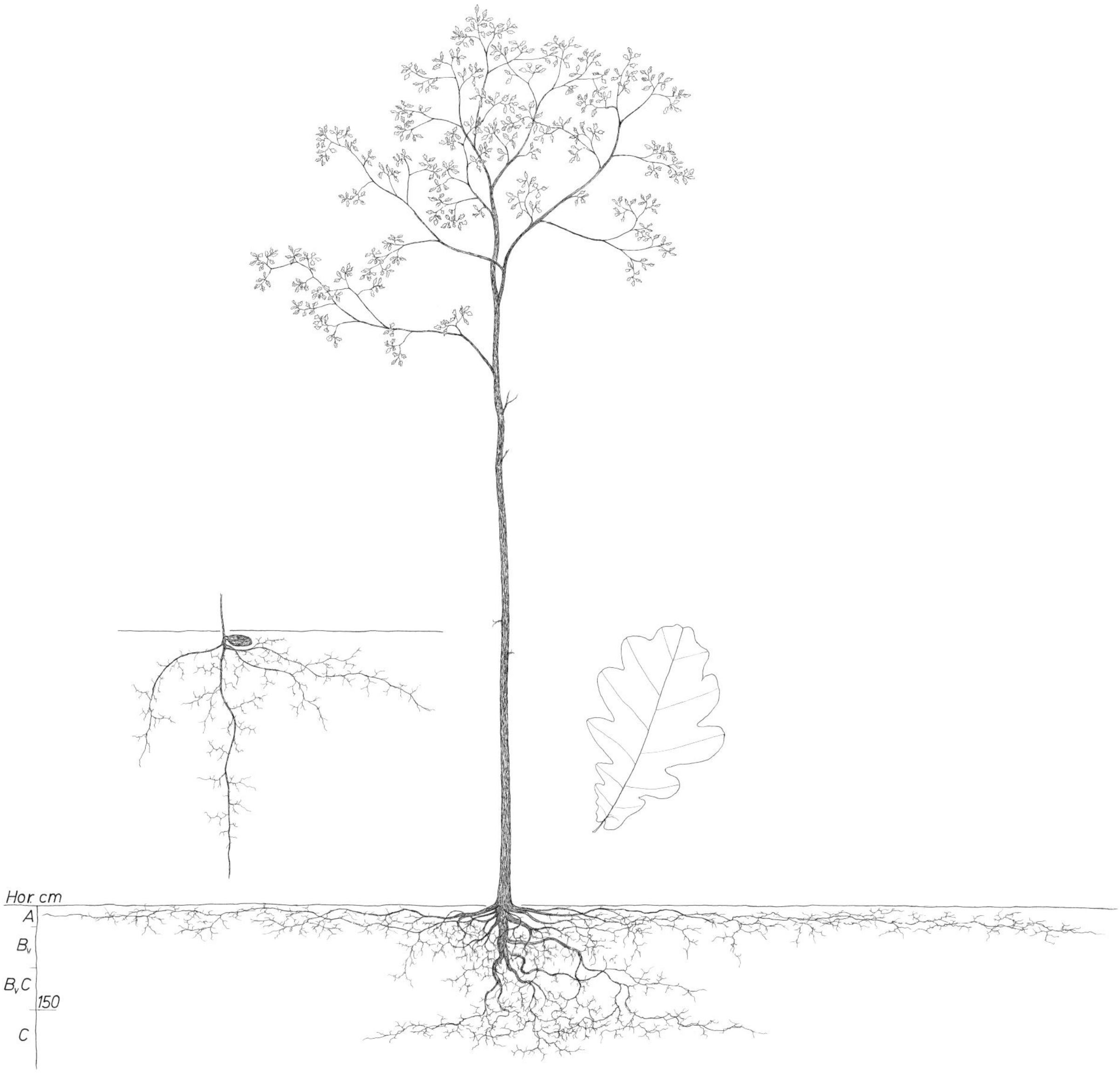

Abb. 113: Stiel-Eiche, *Quercus robur*, H–T–S = 1.290–222–1.569 cm, Umgebung Klagenfurt, eben, 450 m NN. Eichen-Hainbuchen-Wald mit *Pinus sylvestris*, im Unterwuchs vorwiegend *Rubus caesius* und *R. idaeus*. Lockersediment-Braunerde über Niederterrasse. Bodenprofil Hor.: A_I 0–8 cm Modermull, stark humoser, sandiger Lehm, sehr locker, schwach steinig, stark durchwurzelt, A_2 8–30 cm stark humoser s L, krümelig, locker, steinig, stark durchwurzelt, unterer Bereich der flachstreichenden Wurzeletage, B_V 30–90 cm lehmiger Sand, stark kiesig, schotterig, locker, mäßig stark durchwurzelt, Wurzeln vorwiegend abwärts gerichtet, B_VC 90–150 cm lehmiger Sand mit Kies und Schotter, sehr locker, schwach durchwurzelt, C Grobsand, Kies und Schotter, grundfrisch, Durchwurzelung gestaucht endend.

sonders deutlich hervor. Sie ist aber bei den meisten Wurzelsystemen der Stiel-Eiche mehr oder weniger gut erkennbar. Die Wurzelsysteme sind dadurch am ehesten T- bis hantelförmig. Diese Wurzelform erwies sich auch bei den Kräutern als kennzeichnend für grund- oder wechselfeuchte Böden (KUTSCHERA & LICHTENEGGER 1982, 1992). Sie erklärt auch, warum die Stiel-Eiche besonders in Urstromtälern häufig in der harten Au vorkommt.

Der Baum der **Abb. 116** wurde im Raum von Arnoldstein (Kärnten) im Umfeld von Industriebetrieben ebenfalls auf einer grundfeuchten Braunerde freigelegt. Trotz der günstigen Bodenfeuchte haben sich unter dem Einfluß der schwefelhältigen Rauchgase ein strauchförmiger Wuchs und ein stark verkümmertes Wurzelsystem ergeben. Die Polwurzel ist, wie im Gebiet üblich, kräftig entwickelt, konisch verjüngt und tiefstrebend. Im sickerfeuchten C_g-Horizont ist die flachstreichende Wurzelgruppe nur schwach ausgebildet. Die obere Wurzelgruppe beschränkt sich auf wenige kräftige, flachstreichende Seitenwurzeln. Von ih-

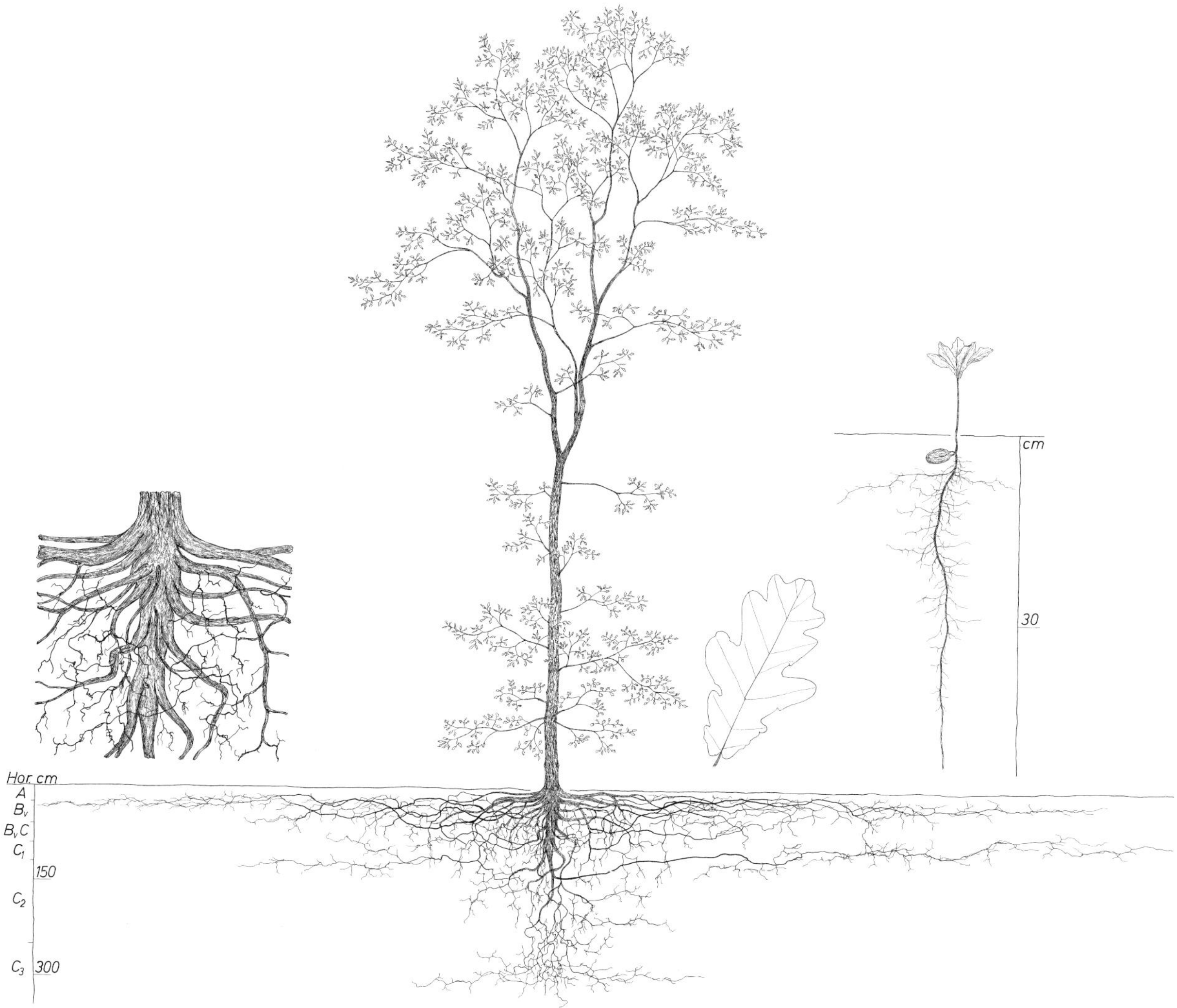

Abb. 114: Stiel-Eiche, *Quercus robur*, H–T–S = 1.226–348–1.845 cm, Grafenstein, Kärnten, Südhang, 510 m NN. Wald-Kahlschlag mit vereinzelt *Quercus robur* und einem Strauchteppich von *Rubus idaeus*. Lockersediment-Braunerde über Niederterrasse. Bodenprofil Hor.: O 3–0 cm Streu- und Moderhumusauflage, A_1 0–8 cm Modermull, stark humoser, lehmiger Sand, locker, schwach steinig, pH 3,8, stark durchwurzelt, A_2 8–25 cm humoser l S, feinkrümelig, locker, kiesig, stark durchwurzelt, B_v 25–60 cm l S, stark kiesig-schotterig, locker, pH 4,4, stark durchwurzelt, B_vC 60–90 cm l S, Kies und Schotter, locker, unterer Rand der flachstreichenden Wurzeletage, C_1 90–120 cm Sandband, schluffiger Sand, feuchter, waagrechter Verlauf von Wurzelsträngen, C_2 120–250 cm Grobsand mit wenig Kies, sehr locker, pH 5,1, Durchwurzelung stark abnehmend, C_3 Sand, Kies und Schotter, sehr locker, grundfrisch, Durchwurzelung gestaucht endend.

Abb. 115 (rechte Seite, oben): Stiel-Eiche, *Quercus robur*, H–T–S = 380–280–980 cm, Umgebung Villach, 500 m NN. Nordseitige Oberhangkante einer Terrasse, vereinzelt naturverjüngte Stiel-Eichen. Lockersediment-Braunerde über Niederterrasse. Bodenprofil Hor.: A 0–30 cm humoser, sandiger Lehm, krümelig, steinig, locker, stark durchwurzelt, B_v 30–80 cm lehmiger Sand, steinig, locker, unterer Rand der flachstreichenden Wurzeletage, B_vC 80–118 cm l S, stark kiesig und schotterig, locker, C 118–178 cm Sand und Schotter, C_g schotterig, sickerfeucht, schwach gleyfleckig, Durchwurzelung auslaufend. Aus: KUTSCHERA & LICHTENEGGER (1997).

Abb. 116 (rechte Seite, unten): Stiel-Eiche, *Quercus robur*, H–T–S = 208–243–684 cm, Umgebung Arnoldstein, Kärnten, Osthang, 560 m NN. Oberhangkante einer Terrasse mit einzelnen naturverjüngten Stiel-Eichen. Lockersediment-Braunerde. Bodenprofil Hor.: A 0–20 cm humoser, lehmiger Sand, locker, oberbodentrocken, Wurzeln teils aufwärts gerichtet, B_v 20–60 cm l S, kiesig-schotterig, locker, mäßig stark durchwurzelt, C 60–200 cm Sand, Kies und Schotter, schwach durchwurzelt, C_g Sand, etwas schotterig, sickerfeucht, schwach gleyfleckig, Durchwurzelung gestaucht endend.

Hor.
cm
A
B_v
BC
100
C
200
C_g

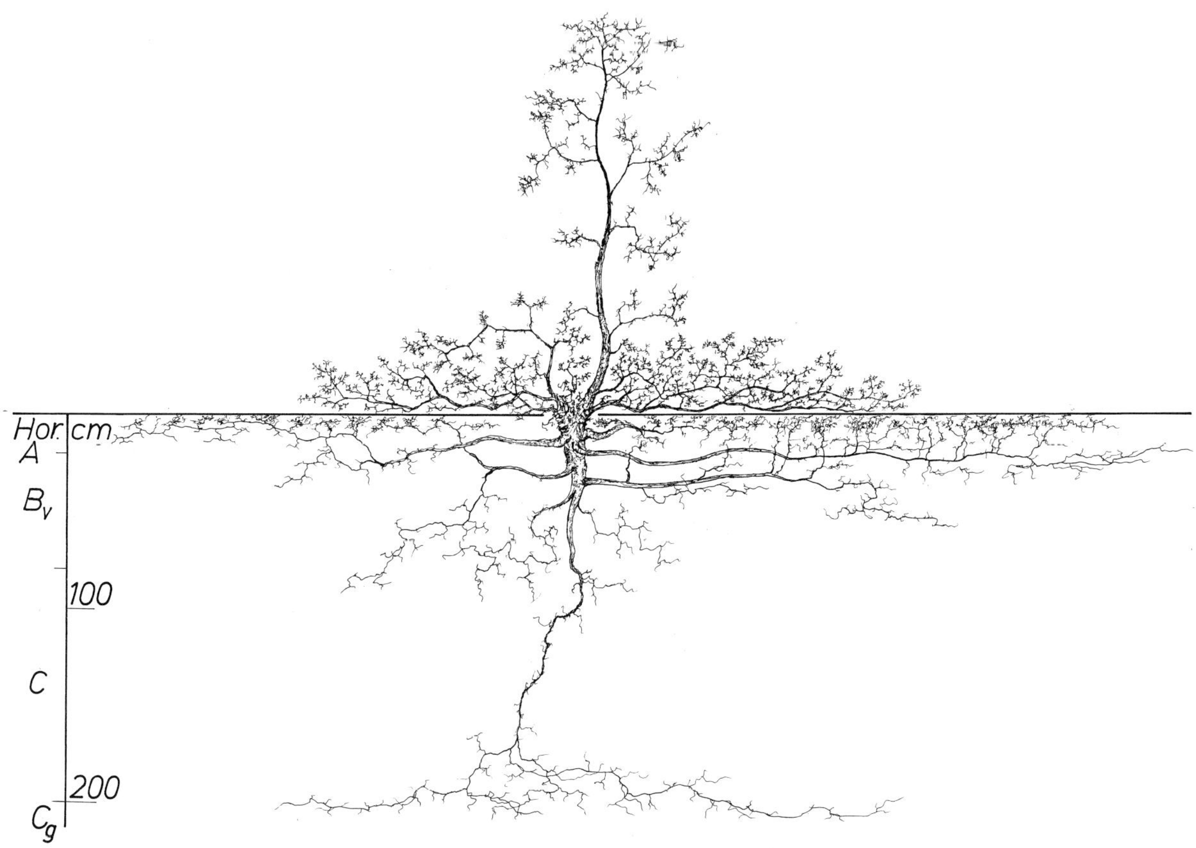
Hor.
cm
A
B_v
100
C
200
C_g

nen aus wachsen viele Seitenwurzeln senkrecht nach oben. Knapp unter der Bodenoberfläche bilden sie fächerförmige Büschel von Feinwurzeln.

Ein klassisch T-förmig ausgebildetes Wurzelsystem weist der junge Baum der **Abb. 117** im trockenen Marchfeld in Niederösterreich in der grundfeuchten March-Au auf. Die kräftige vorwüchsige Polwurzel verzweigt sich gabelig. Die zwei dicken Wurzelstränge dringen in dem tiefgründiger erwärmten Boden tief in die grundfeuchten Schichten ein. Begünstigt wird dieses tiefe Eindringen durch die große Schwankung des Grundwasserstandes. Gleichmäßiger hoher Grundwasserstand bewirkt einen geringeren Wurzeltiefgang. Die Länge der flachstreichenden Seitenwurzeln ist in dem trockenen Oberboden gering. Gering ist auch der Feinwurzelbesatz in dem zur Podsolierung neigenden Sand. Der strauchförmige Baum der **Abb. 118** wurde in der Nähe des Baumes der **Abb. 117** auf der nach oben anschließenden Sandterrasse auf grundwasserfreiem Boden ausgegraben. In dem sehr trockenen Sandboden verzweigt sich die stark verdickte Polwurzel schon in einer Tiefe von 30–35 cm in dicke, abwärts gerichtete Wurzelstränge. Ab einer Tiefe von 74–105 cm verlaufen diese seitwärts oder bogenförmig aufwärts. Die aufwärts wachsenden Wurzeln wenden sich in einer Tiefe von 30–45 cm wieder knieförmig abwärts. Dieser auf- und abwärts gerichtete Verlauf erfolgt in der am stärksten wechseltrockenen Bodenschicht. In dem vorwiegend trockenen, sandigen Oberboden, in dem der spärliche Niederschlag rasch versickert oder verdunstet, nehmen die Wurzeln einen sehr gestreckten Verlauf. Sie bleiben in der sommerheißen Sandschicht kurz und verzweigen sich nur wenig. Gegen ihr Ende hin laufen sie in eine auffallend stark verdickte Spitze aus. Diese keulenartige Verdickung ist ein Zeichen gehemmten Längenwachstums infolge von Trockenheit. Die am tiefsten eindringenden Wurzeln bilden in dem gleichmäßiger durchfeuchteten Sand eine reichverzweigte, verbreiterte Wurzelgruppe. Die erhöhte Feuchte in dieser Tiefe ist das Ergebnis stärkerer Wasserdampfbewegung. Sie bewirkt ein verstärktes Wurzelwachstum und damit eine Anreicherung an abgestorbener organischer Substanz, die zur Ausbildung eines initialen Humushorizonts führt. Der gesamte Wurzelkörper ist annähernd zylinderförmig. Diese Wurzelform ist für den pannonischen Raum kennzeichnend. Sie ist auf tiefgründigen Böden auch bei Stauden und Kräutern häufig zu finden (KUTSCHERA 1960, KUTSCHERA & LICHTENEGGER 1982, 1992).

Der Strauch der **Abb. 119** wurde zwischen Klagenfurt und Völkermarkt an einem trockenen Südhang auf Braunerdekolluvium über dichter Grundmoräne freigelegt. Das Braunerdematerial über der Grundmoräne stammt aus dem darüberliegenden Oberhang. In der verfestigten Grundmoräne verzweigt sich die verdickte Polwurzel bereits in einer Tiefe von 60 cm gabelig in drei kräftige Wurzelstränge. Diese verlaufen schräg nach unten und bilden in dem dichten Sediment schlingenartige Verwachsungen. In dem lockerer gelagerten, feuchteren, feinsandigen Kies verlaufen die Wurzeln am Übergang vom D_1- zum D_2-Horizont unter reicher Verzweigung weit seitwärts. Die im Oberboden seitwärts streichende Wurzelgruppe ist infolge von Trockenheit nur schwach ausgebildet und wenig feinverzweigt. Der staudenförmige Wuchs wird durch die hohe Trockenheit in der warmen Jahreszeit verursacht. Auf dem dichten Boden ist der Abfluß in Hanglage sehr groß. Nach „Verbrauch“ der Winterfeuchte sind diese Grundmoränenzüge sehr trocken.

Anatomie, Taf. 96

Unter den mitteleuropäischen Eichen sind die Wurzeln der Stiel-Eiche am wenigsten trockenresistent gebaut. Im primären Zustand ist dies an der geringen Zahl der Schichten und der geringen Verfestigung der Zellen des Außenrindenparenchyms sowie an der oft größeren Weite der Zellen des Mittelrindenparenchyms zu sehen (A 1, B 1). Durch Unterschiede im Standort kann dies aber überdeckt werden. Die Endodermis verläuft als Folge größerer Unterschiede im Wasserangebot mitunter unregelmäßig. Die Rotfärbung der Wände nach Behandlung mit Sudan 3 zeigt das Vorhandensein einer Suberinlamelle.

Ausgeprägter sind die Unterschiede im sekundären Zustand. Das Pericambial-Abschlußgewebe ist mit bis über 8 Schichten meist schmäler (B 2), und die Verdickung der Zellwände im Holz ist geringer. Von den dünnen Zellwänden der Strahlen heben sich deutlich die schwach bis mittelstark verdickten Zellwände der Fasern bzw. der Fasertracheiden ab, deren Anteil deutlich geringer ist als bei *Quercus pubescens* und *Qu. petraea* (A 2). Ungewöhnlich ist die fallweise verwinkelte Ausbildung der Gefäßwände. CUTLER et al.

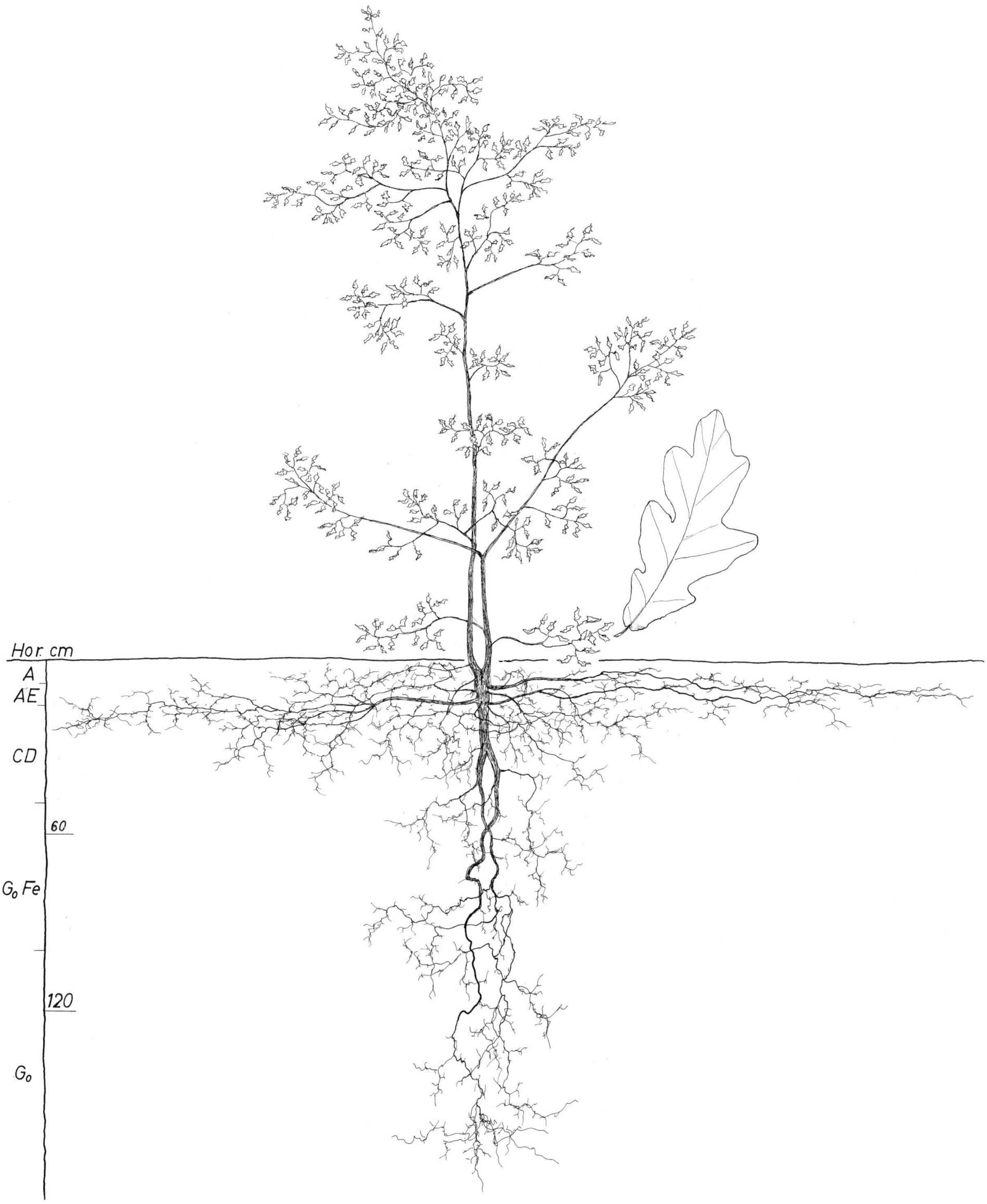

Abb. 117: Stiel-Eiche, *Quercus robur*, H–T–S = 222–173–324 cm, March-Au bei Drösing, Niederösterreich, Flußniederung, 158 m NN. Großer Wald-Kahlschlag mit einzelnen Stiel-Eichen, in der Krautschicht vorwiegend *Calamagrostis epigeios*. Vergleyter Semipodsol auf saurer Sandflur. Bodenprofil (Beschreibung nach Prof. Solar, verkürzt) Hor.: A 0–9 cm Graswurzelfilz, dunkel braungrauer Sand, stark humos, puffiger Moder, undeutlich krümelig, AE 9–17 cm undeutlich gebleichter Krumenuntersaum, brauner Sand, humos gefleckt, strukturlos, CD 17–50 cm Sand-Feinkies-Lage, $G_{o\ rel}$ Fe 50–70/100 cm trockengefallene Oberpartie des G_o-Hor. Wurzelstock-Ortstein-Horizont, Sand, Eisenhumus-Ortstein, verkittet, G_o temporär grundwasserführender Unterboden, Sand, rostfleckig, Durchwurzelung auslaufend, Grundwasserstand zur Zeit der Untersuchung 120 cm tief.

Taf. 94: Stiel-Eiche, *Quercus robur*. 1. Reihe links: östlich Klagenfurt, 460 m NN, Lockersediment-Braunerde, Jungpflanze mit tiefreichender, gabelförmig verzweigter Polwurzel, die in den grundfrischen Schichten eine seitwärts verlaufende Wurzelgruppe bildet (zu Abb. 111); Mitte, rechts und 2. R.: Grafenstein, Kärnten, 510 m NN, Lockersediment-Braunerde, jüngerer Baum mit kräftiger, sich rasch verjüngender Polwurzel und mit weit seitwärts ausgebreiteten, oft gabelartig verzweigten Seitenwurzeln, einige Seitenwurzeln in einer ca. 1m tief liegenden, feuchteren Sandbank waagrecht verlaufend (2. Reihe rechts, zu Abb. 114). 3. R. links: Keutschach, Kärnten, 515 m NN, grundfeuchte Braunerde, jüngerer Baum, Polwurzel rasch dünner werdend, mit zunehmender Staufeuchte in seitwärts verlaufende Wurzeln verzweigt (zu Abb. 112); rechts: östlich Klagenfurt, 490 m NN, Braunerde auf verdichteter Grundmoräne, niedriger Strauch, Polwurzel mit Beginn der Bodenverdichtung mehrfach gabelig verzweigt, dicke Abschnitte verwachsen, Wurzeln über der verdichteten, feinsandigen Kiesunterlage seitwärts ausgebreitet (zu Abb. 119).

Taf. 95: Stiel-Eiche, *Quercus robur*. March-Au, Niederösterreich, 160 m NN, sandiger Auboden. 1. Reihe links: Jungpflanze auf Sand mit gabelartig verzweigter, tiefreichender Polwurzel; Mitte, rechts und 2. R.: älterer baumartiger Strauch auf Sand mit rübenförmig verdickter Polwurzel, die mit ihren gabelartigen Verzweigungen in teils aufwärts und abwärts verlaufenden Windungen nach unten wächst, die oberen, dünnen Seitenwurzeln waagrecht ausgebreitet und in dicke, keulenförmige Wurzelenden auslaufend (zu Abb. 118). 3. R.: baumförmiger Strauch auf sandigem, vergleytem Semipodsol, Polwurzel gabelförmig verzweigt, bis zu den grundfeuchten Schichten vordringend, obere Seitenwurzeln waagrecht verlaufend (zu Abb. 117).

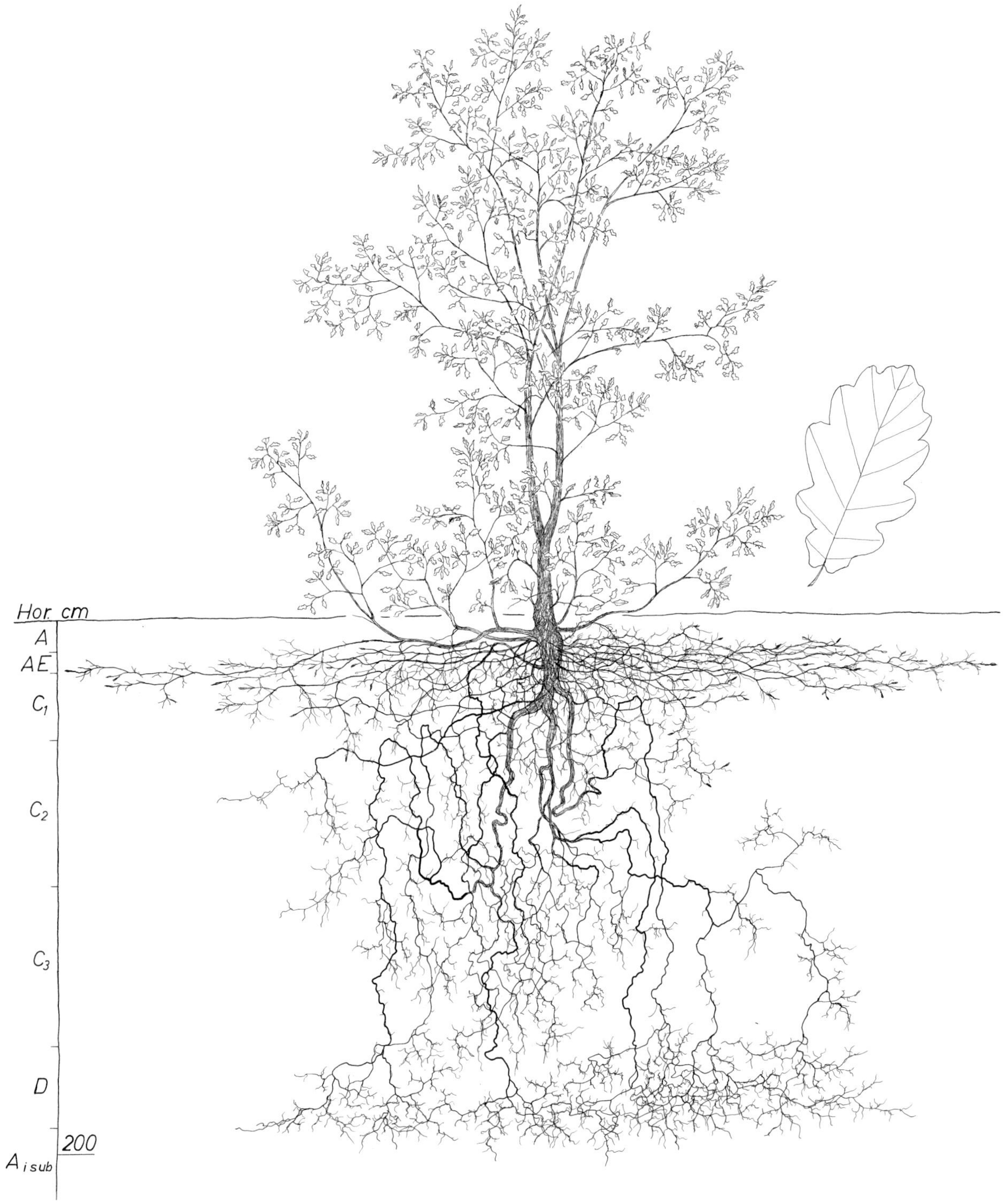

Abb. 118: Stiel-Eiche, *Quercus robur*, H–T–S = 228–205–360 cm, March-Au bei Drösing, Niederösterreich, 160 m NN. Erhöhte Sandterrasse, großer Wald-Kahlschlag mit einzelnen Stiel-Eichen, nahezu geschlossener Unterwuchs von *Calamagrostis epigeios,* schwach unterzügiger Semipodsol. Bodenprofil (Beschreibung nach Prof. Solar, verkürzt) Hor.: A 0–12 cm Graswurzelfilz, stark humoser, dunkel graubrauner Sand, puffiger Moder, undeutlich krümelig, AE 12–20 cm undeutlich gebleichter Krumenuntersaum, braungrauer Sand, humusfleckig, extrem ausgetrocknet, strukturlos, C_1 20–45 cm Wechsellage von Sand und Grobsand, braun, nur schwach ausgetrocknet, schwach verfestigt, C_2 45–100 cm Sand, etwas grobkörniger als C_1, nicht ausgetrocknet, Wurzeln vorwiegend abwärts gerichtet, C_3 100–160 cm Sand, Wurzeln teils wieder bogenförmig aufsteigend, D 160–190 cm Feinkies-Grobsand-Lage, feucht, Bewurzelung gestaucht endend, $A_{i\,sub}$ initialer, subaeriler Humushorizont, verfilzte Wurzelnetzlage, feucht.

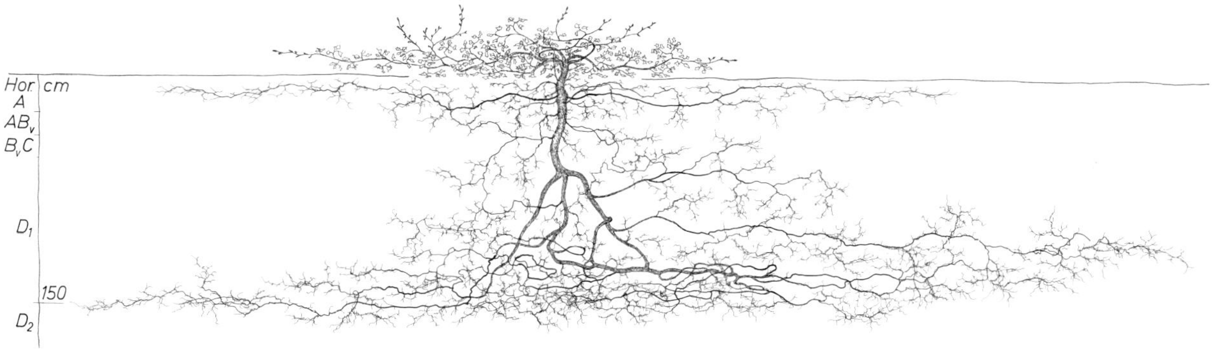

Abb. 119: Stiel-Eiche, *Quercus robur*, H–T–S = 45–167–739 cm, zwischen Völkermarkt und Klagenfurt, südseitige Hangstufe, 490 m NN. Gebüsch von *Prunus spinosa, Crataegus monogyna* und *Quercus robur.* Braunerdekolluvium über dichter Grundmoräne. Bodenprofil Hor.: A_I 0–10 cm stark humoser, sandiger Lehm, dunkelbraun, schwach krümelig, mäßig locker, kiesig, stark durchwurzelt, A_2 10–25 cm humoser s L, dichter, steinig, stark durchwurzelt, AB_V 25–40 cm schwach humoser s L, mäßig dicht, stark kiesig, noch gut durchwurzelt, pH 6,5, B_VC 40–50 cm s L, stark kiesig, dicht (Grundmoräne), D_I 50–150 cm l S, schwach kiesig, in waagrecht geschichteten dünnen Bändern dicht verpreßt, teils rostbraun, teils fahlgrau bis hellgrau, mäßig stark bis schwach durchwurzelt, pH 7,8, D_2 feinsandige Kiesunterlage, lockerer, feuchter, waagrechter Verlauf der Wurzeln.

(1987) veröffentlichten von *Quercus* sp. ein ähnliches Bild. Die Gefäßwände enthalten zahlreiche Hoftüpfel. Dabei sind zwei oder mehrere über einem gemeinsamen Kanalboden angeordnet (A 4, 5). Im Krümmungsbereich zeigt die Wurzel wieder die bekannten Unterschiede. Im konvexen Bereich ist im Bast der Anteil an Festigungselementen deutlich geringer, im Holz jener der leitenden Elemente, während der Anteil an Grundgewebe entsprechend zunimmt. Im konkaven Bereich sind im Bast der Anteil an Festigungselementen und im Holz der Anteil und die Weite der Gefäße z. T. wesentlich größer (A 2, vgl. *Frangula alnus*). Im äußeren Bereich des Bastes besteht das Festigungsgewebe wie bei den meisten übrigen Arten der Gattung fast ausschließlich aus Steinzellen, im inneren sind es meist Fasern. Zellen mit Calciumoxalat-Kristallen liegen benachbart (A 3). Die vorherrschende Bildung von Steinzellen bzw. Fasern könnte auch vom jeweiligen Wasserangebot abhängen.

Stärkere Kälteeinbrüche im Spätherbst bewirken ein Bräunen der Zellwände der Haube und jener der Rhizodermis. Das Wachstum der Wurzel ruht (A 1).

Standortansprüche: Die Stiel-Eiche erträgt in der frühen Jugend Halbschatten. Im Bestand ist sie eine Lichtbaumart. Sie ist noch mehr an eine höhere Sommerwärme gebunden als die Trauben-Eiche. Sie erträgt aber mehr Winterkälte und dringt daher weiter nach Osten in den kontinentalen Klimaraum vor. Im Vergleich zur Trauben-Eiche ist sie weniger trockenresistent. Sie kann aber besser Wechsel- oder Staufeuchte im Boden ertragen. Insgesamt hält sie größere Temperatur- und Feuchteschwankungen aus als die Trauben-Eiche. Im wärmsten und trockensten Bereich kommt sie noch zusammen mit der Flaum-Eiche vor, im kühlsten und feuchtesten Bereich mit der Traubenkirsche. Als Pflanze wechselfeuchter Böden erträgt sie auch Bodenverdichtung gut. Für den mitteldeutschen Raum wird ihre Fähigkeit, dichte Bodenschichten zu durchdringen, besonders hervorgehoben (Köstler et al. 1968). Darin übertrifft sie sogar die Esche (Šika 1963), die dünnere und weniger tiefreichende Wurzeln ausbildet.

Verbreitung: Das Vorkommen der eurasisch-submediterranen Art beschränkt sich in Mitteleuropa vorwiegend auf die kolline und die untere montane Stufe. Die Höhengrenze ihrer Verbreitung verläuft in Mitteldeutschland bei 600 m, in den Zentralalpen bei 1.000 m und in den Westalpen bei 1.400 m. In den sommerwarmen Tieflagen ist sie ein Bestandteil der Eichen-Hainbuchen-Wälder. In den wärmeren Fluß- und Stromtälern wächst sie häufig in den oberbodentrockeneren Auwäldern (Alno-Ulmion). In NW-Deutschland ist sie eine vorherrschende Art der Birken-Eichen-Wälder (Betulo-Quercetum roboris Tx. 37) auf nährstoffarmen, sauren Sandböden.

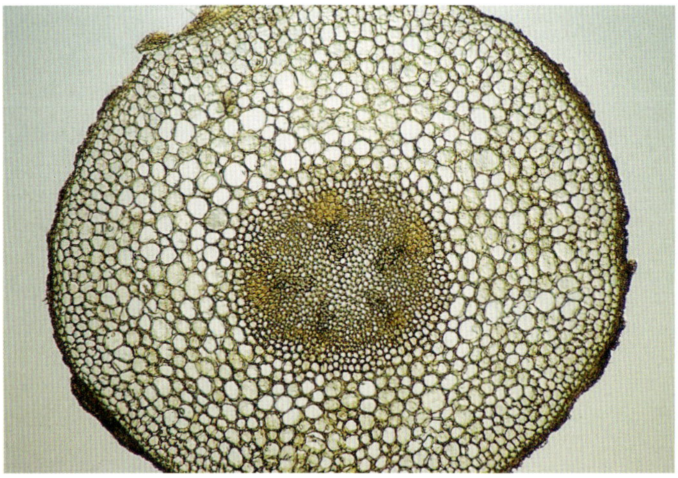

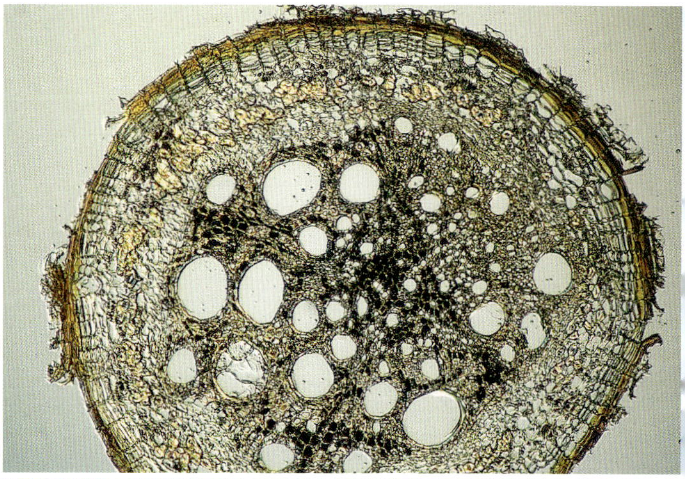

Taf. 96 A: Stiel-Eiche, *Quercus robur*. – **1:** Östlich Klagenfurt, 11.11. Prim., Ø, S3, 64x. Äußere Schichten der Wu durch Kälte geschrumpft u. gebräunt (Gerbstoffe). **Rinde** ARP 3(4)schichtig. **ZZ** 5arch. – **2:** Keutschach, Kärnten, 23.9. Sek., Ø, JJK, 64x. Wu gekrümmt, konvexer Teil schmäler. **PCAG** sich in Schuppen ablösend. **Bast** im konvexen Bereich weniger ScZ. **Holz** konvexe Seite Gefäße kleiner, GG Z bis in Mitte St-reich. – **3:** Pfl u. Zeit wie 2. Sek., ☒, S3, 162x. **Bast** außen SteinZ, innen Fasern begleitet von ZReihen mit raumfüllenden CaOxKristallen. – **4:** Schnittreihe wie 3. S3, 409x. **Holz**, Gefäße Z verwinkelt, prim. Tüpfelfelder oval verlängert. – **5:** Schnittreihe wie 3. S3, 409x. **Holz** Gefäß Rand und Mitte oben, Hoftüpfel, tiefer liegend als ihre Kanalböden.

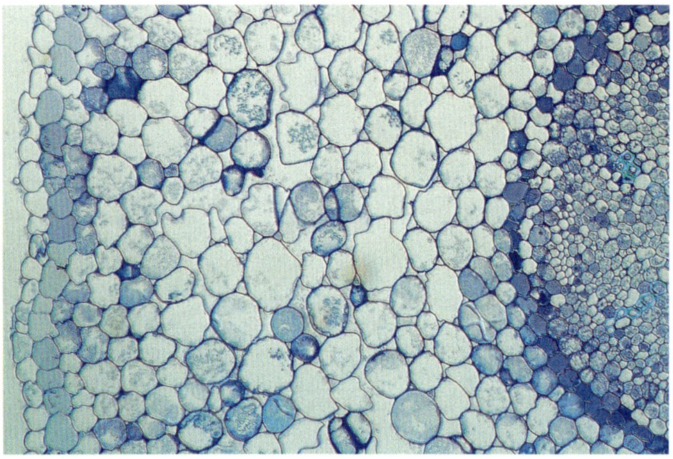

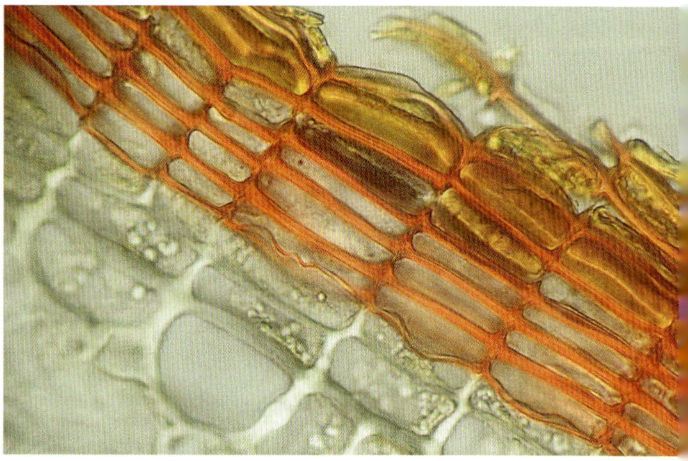

Taf. 96 B: – **1:** Ort wie A 1, 1.3. Prim., Ø, Methylenblau, 162x. **Rh** Z ungeschrumpft. **Rinde** En ZInhalt blau. – **2:** Schnittreihe wie A 4. S3, 409x. **PCAG** 3 innere Schichten mit StKörnern, ZW ab der 4. Schicht verkorkt, ZW dünn bis schwach verdickt.

Betulaceae, Birkengewächse

Betula pendula Roth, Weiß-Birke, Gewöhnliche Birke, Hänge-Birke

Morphologie

Sproß: Sommergrüner Baum, bis 20 (30) m hoch, Stamm meist gebogen, bis weit hinauf in die Krone durchlaufend, Äste spitzwinkelig abzweigend, gegen das Ende überhängend, Krone kegelförmig bis oval. Pflanze unter ungünstigen Bedingungen auch strauchförmig wachsend.
Wurzel: Bereits Köstler et al. (1968) weisen darauf hin, daß die Weiß-Birke „nicht so flach- und extensivwurzelnd ist, wie gemeinhin angenommen wird". Den gleichen Schluß lassen vorliegende Untersuchungsergebnisse zu. Sie soll schon ab dem ersten Lebensjahr ein Herzwurzelsystem aufweisen. Begründet wird dies mit dem frühzeitigen Zurücktreten der Polwurzel und dem baldigen Erstarken ihrer abwärts wachsenden Seitenwurzeln. An älteren Bäumen herrschen bei ungehemmter Durchwurzelung des Bodens die nach unten gerichteten Herz- und Senkwurzeln vor. Bei gehemmtem Tiefenstreben treten sie zugunsten der flachstreichenden Seitenwurzeln zurück.

Die Polwurzel tritt bei der Weiß-Birke, wie erwähnt, sehr bald zurück. Auch Laitakari (1935) konnte nur an ganz jungen Pflanzen eine Polwurzel feststellen. Engler (1903) fand an 3–6 Jahre alten Birken bereits eine dichte, büschelförmige Bewurzelung, bei der die Polwurzel nicht mehr erkennbar war. Bei ungehemmter Entwicklung des Wurzelsystems bilden sich vor allem im unteren Bereich des Wurzelstockes zahlreiche senkrecht oder schräg nach unten wachsende Herzwurzeln. Sie bilden bei jüngeren Bäumen den Hauptanteil der Wurzelmasse und treten bei der Untersuchung des Wurzelsystems am augenfälligsten hervor. Wohl deshalb wird bei der Weiß-Birke das Herzwurzelsystem übermäßig hervorgehoben. Bei vollständiger Freilegung der im Oberboden flachstreichenden Wurzeln sind, fast über den ganzen Radius des Wurzelsystems verteilt, zahlreiche knieförmig nach unten verlaufende Senkwurzeln zu sehen. Auch Erteld (1942) und Laitakari weisen auf das häufige Vorkommen dieser Kniewurzeln hin. Sie können die gleiche Tiefe wie die stocknahen Herzwurzeln erreichen. Dadurch ergibt sich bereits bei mittelalten Bäumen am ehesten ein Herz-Senkwurzel-System. Unter Einbeziehung der gesamten räumlichen Verteilung der Wurzelmasse ist das Wurzelsystem auf tiefgründig erwärmten und tiefgründig durchwurzelbaren Böden annähernd zylinderförmig. Ein Teil der Wurzeln verläuft aber stets flurnah. Mit abnehmender Bodenerwärmung nimmt das Tiefenstreben der äußeren Senker ab. Das Wurzelsystem wird daher immer mehr verkehrt kegelförmig. Wenn das Tiefenwachstum der Wurzeln generell unterbunden wird, wie bei hohem Grundwasserstand oder sehr geringer Bodenerwärmung, ergeben sich flache, tellerartige Wurzelformen. Bei ungehemmter Entwicklung der Bewurzelung wird der Gewichtsanteil der Vertikalwurzeln junger Bäume auf 40–50 % geschätzt. Im höheren Alter sinkt er auf 20–30 % ab (Köstler et al.). Die Abnahme der Wurzelmasse betrifft vor allem die Herzwurzeln, womit begründet wird, warum das Wurzelsystem mit zunehmendem Alter von einem Herzwurzel- in einen Senkwurzeltyp übergeht. Dieser Übergang wird auf tonigen, dicht gelagerten Böden beschleunigt. Der Anteil des Wurzelgewichts am gesamten Baumgewicht beträgt nach Ovington & Madgwick (1959) bei 35 Jahre alten Bäumen 22 % und bei 38 Jahre alten 24 %.

Der Weiß-Birke wird zu Recht eine ausgiebige Tiefenerschließung zugeschrieben. Nach Köstler et al. entspricht ihre „Vertikalwurzeltendenz etwa der von Buche und Hainbuche". Laut Zakopal (1958) übertrifft sie nach Untersuchungen in Böhmen sogar die Tiefenreichweite von Eiche, Kiefer, Lärche, Linde und Schwarz-Erle. Daß sie trotzdem eine nur mäßig hohe Wurzelmasse bildet, hängt mit der geringen Stärke der Wurzelstränge zusammen. Selbst die hohen Wurzelanläufe alter Bäume, auf die besonders Laitakari (1929) hinweist, gliedern sich sehr rasch zunächst in dickere und bald darauf in dünnere Wurzelstränge auf. Nach Reum (1837) hat die Birke das „wenigste Wurzelholz unter den Waldbäumen". Zu der gleichen

Abb. 120: Weiß-Birke, *Betula pendula*, H–T–S = 542–236–1.150 cm, Grafenstein, Kärnten, 440 m NN. Beraste ostseitige Oberhangkante mit einzelnen Weiß-Birken, Grau-Erlen und Eschen. Lockersediment-Braunerde über Niederterrasse, Bodenprofil Hor.: A_I 0–5 cm Rasenfilz, stark humoser, lehmiger Sand, locker, A_2 5–26 cm humoser l S, krümelig, locker, kiesig, stark durchwurzelt, AB_V 26–40 cm schwach humoser l S, locker, steinig, stark durchwurzelt, B_V 40–60 cm l S, kiesig-schotterig, locker, stark durchwurzelt, B_VC 60–100 cm l S, stark kiesig-schotterig, locker, mäßig stark durchwurzelt, C_I 100–140 cm Kies und Schotter, C_2 Grobsand und Kies, locker, grundfrisch, Durchwurzelung auslaufend.

Auffassung kamen später PFEIL (1860), HARTIG (1891) und GAYER (1898). Die trotzdem gute Bodenerschließung durch die Birke beruht vor allem auf der sehr starken Aufzweigung der Wurzeln, die KÖSTLER et al. besonders hervorheben. Die dünnen Wurzelstränge weisen einen relativ hohen Besatz an Feinwurzeln auf. Nach KÖSTLER et al. ist er höher als bei Eiche, Schwarz-Erle und Ulme, aber geringer als bei Buche, Ahorn und Linde. Nach vorliegenden Untersuchungen steht die Weiß-Birke auf gut durchlüfteten, leichteren Böden in der Feinverzweigung auch diesen Bäumen nicht nach. Die rutenförmige Aufgliederung der dünnen Wurzelstränge sorgt für eine besonders gleichmäßige Verteilung der Feinwurzelmasse, die selbst bis in größere Bodentiefen anhält. LAITAKARI (1935) stellte auf sandigem Lehm und auf dichten Lehm- und Tonböden eine büschelartige Konzentration von Feinwurzeln fest. Eine solche wurde in Kärnten nur auf Moorböden beobachtet.

Die räumliche Verteilung der Wurzelmasse und der Tiefgang der Wurzeln werden wesentlich beeinflußt durch die Art der Erwärmung, Durchfeuchtung und Durchlüftung des Bodens. Auf tiefgründig erwärmten, stauwasserfreien, gut durchlüfteten Böden ist die Wurzelmasse auf einen tieferen Bodenraum verteilt als auf kühlen, staufeuchten, schlecht durchlüfteten Böden. Nach KÖSTLER et al. durchwurzeln 40–50 Jahre alte Birken stauwasserfreie Lehmböden bis 100 cm tief sehr intensiv. SCHOCH (1964) fand bei Birken gleicher Altersgruppe auf lockerem, sandig-kiesigem Lehm eine intensive Tiefenerschließung bis 70 cm. RACHTEJENKO (1952) gibt für 33 Jahre alte Birken auf trockenen Sandböden in Südrußland bis 60 cm Tiefe eine Wurzelmasse von 70 % an. Auf schweren und staufeuchten Böden verteilt sich die Hauptwurzelmasse auf eine Tiefe von 40–60 cm (KREUTZER 1961). In allen Fällen erfolgt die stärkste Konzentration der Feinwurzeln in den oberen Bodenschichten. Die Reichweite der Oberbodendurchwurzelung scheint auf

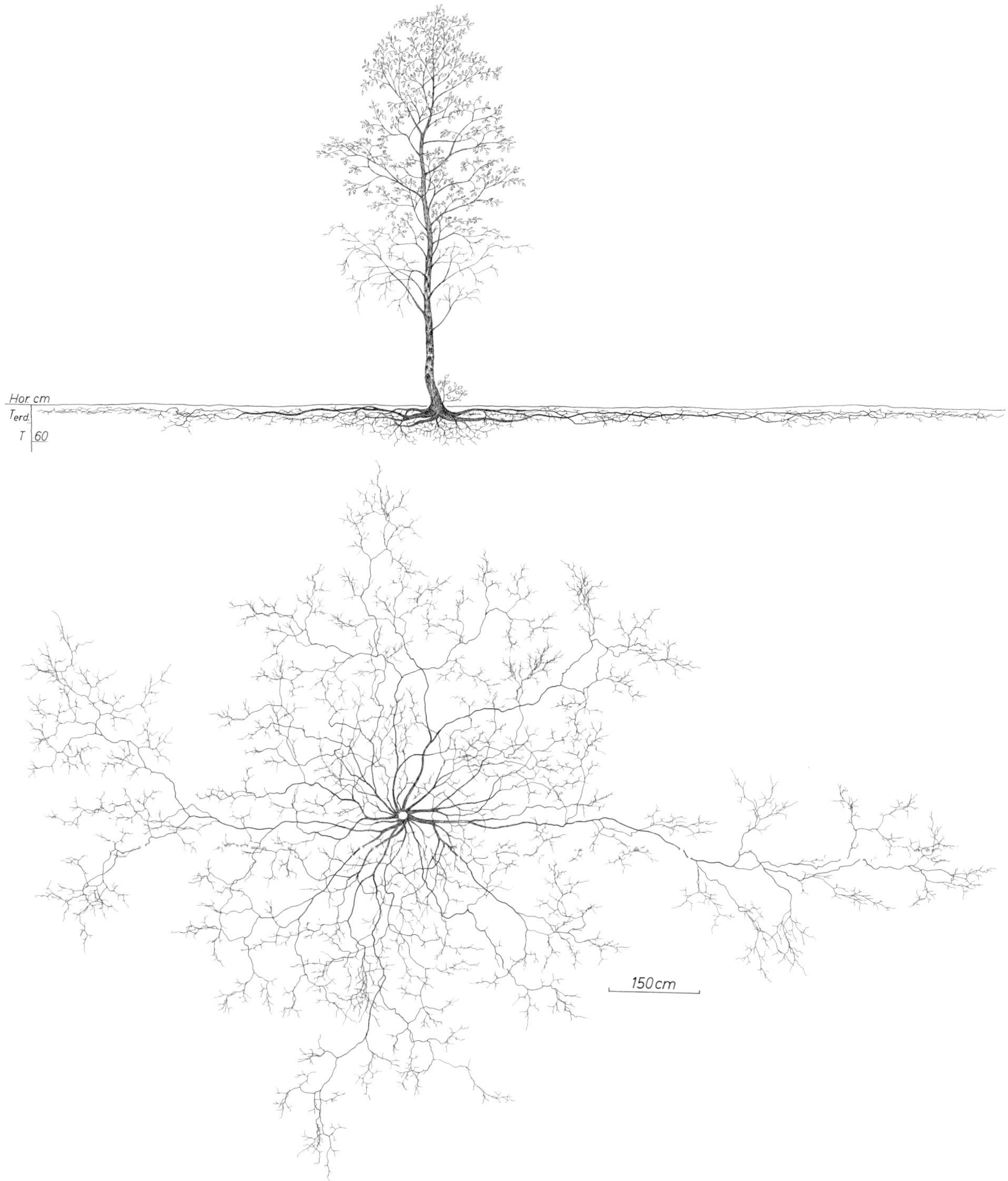

Abb. 121: Weiß-Birke, *Betula pendula*, H–T–S = 642–63–1.590 cm, Keutschach, Kärnten, 510 m NN. Niedermoor-Molinietum mit einzelnen Wald-Kiefern. Bodenprofil Hor.: T_1 0–30 cm vererdeter Torf, Grundwasserstand zur Zeit der Untersuchung 60 cm.

leichten Böden größer zu sein als auf schweren. Nach Laitakari (1935) durchwurzeln ältere Birken in Finnland auf nährstoffarmen Sandböden eine Fläche von 225 m^2, auf lehmigen Böden eine Fläche von nur 38 m^2.

Der maximale Wurzeltiefgang ist besonders stark von der Tiefe der Bodenerwärmung abhängig. In Südrußland gibt Rachtejenko für Birken in Reinkultur eine max. Wurzeltiefe von 3,04 m, für Birken in Mischkultur eine solche von 4,02 m an. In Mitteldeutschland betragen die angegebenen Wurzeltiefen auf

Taf. 97: Weiß-Birke, *Betula pendula.* 1. Reihe: Grafenstein, Kärnten, 440 m NN, Braunerde, junger Baum, Polwurzel zurücktretend, Wurzeln teils bogenförmig abwärts verlaufend, Feinwurzelbesatz sehr hoch (zu Abb. 120). 2. R.: Keutschach, Kärnten, 510 m NN, mittelgroßer Baum auf Niedermoor, Wurzeln flurnah weit seitwärts verlaufend, abwärts strebende Wurzeln absterbend, Feinwurzelbesatz gering (zu Abb. 121).

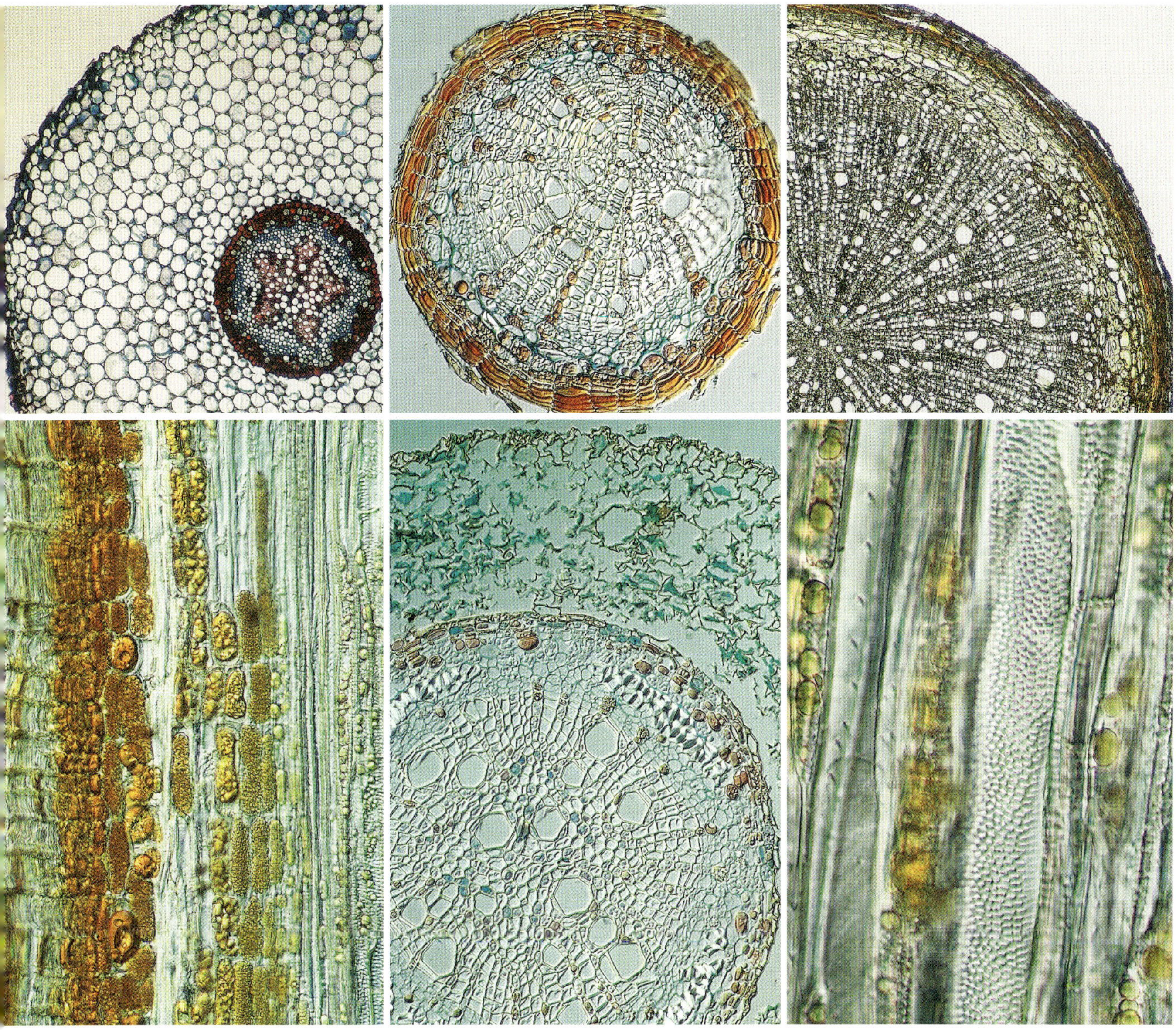

Taf. 98 A: Weiß-Birke, *Betula pendula*. – **1:** Keutschach, Kärnten, 11.11. Prim., Ø, Saf.-Ast., 64x. **Rh** Z klein. **ZZ** 5arch. – **2:** Lockenhaus, Burgenland, 2.12. Sek., Ø, Saf.-Ast., 162x. Wu gekrümmt, konvexe Seite schmal. **PCAG** breit, stärker verkorkt. – **3:** Velden, Kärnten, 4.3. Sek., Ø, JJK, 64x. **PCAG** mittelbreit. **Bast** schmal. **Holz** breit, GG ZW wenig verdickt. – **4:** Pfl u. Zeit wie 3. Sek., ☒, Ph/HCl, 62x. **PCAG** ZInhalt rotbraun. **Bast** ZInhalt z. T. gelbbraun, FS bzw. GS (?). **Holz** F ZInhalt ähnlich dem des Bastes. – **5:** Pfl u. Zeit wie . Sek., Ø, Saf.-Ast., 162x. **Rinde** abgestorben, ZZ 4arch. **PCAG** im Entstehen. **Bast** Sc über Ph. **Holz** prim. Strahlen bis über 6reihig. – **6:** Schnittreihe wie 4. Ph/HCl, 409x. **Holz** FTracheiden Tüpfel entfernt stehend, Gefäße Tüpfel dicht stehend, klein.

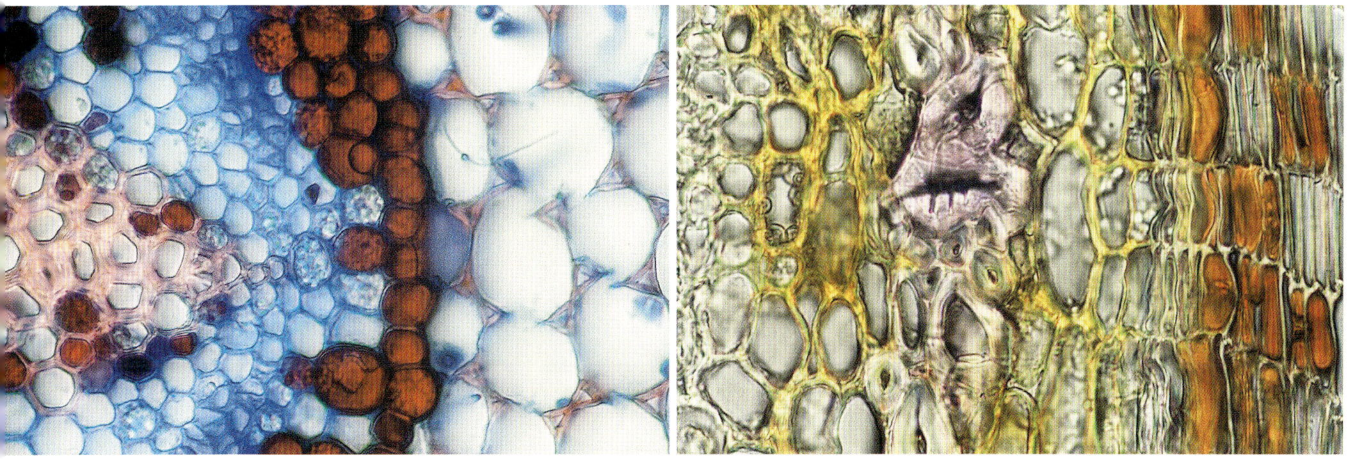

Taf. 98 B: – **1:** Ausschnitt aus A 1. 409x. **Rinde** Z der En 1-2fach unterteilt, Inhalt aller Z rot. – **2:** Schnittreihe wie A 3. Ph/HCl, 409x. **PCAG** ZW dünn, Inhalt braunrot. **Bast** F u. schwach verholzte SteinZ in bis 3schichtigen Gruppen, GG ZW gelblich, GS (?).

Lehmboden max. 140–150 cm, auf Tonboden 100–120 cm (SCHOCH, KÖSTLER et al.). Im wärmeren Kärntner Becken betrug die max. Wurzeltiefe auf gut durchlüfteter, sandig-kiesiger Lockersediment-Braunerde 256 cm.

Der junge Baum der **Abb. 120** wurde an einer ostseitigen Oberhangkante auf trockenerer, skelettreicher Lockersediment-Braunerde im Raum von Grafenstein in Kärnten freigelegt. Auch an diesem Baum konnte die Polwurzel nicht mehr sicher festgestellt werden. Die stocknahen, nach unten strebenden Wurzelstränge bilden gewissermaßen das beschriebene Herzwurzelsystem. Von den flachstreichenden Wurzeln, die zumindest teilweise Sproßwurzeln sind, zweigen bis weit über den Kronenbereich hinaus zahlreiche abwärts strebende Senkwurzeln ab. Sie selbst verlaufen nahe unter Flur weiter seitwärts. Ihre dicken, weißen Enden weisen darauf hin, daß das Längenwachstum noch nicht abgeschlossen ist. Die Senkwurzeln erreichen annähernd die Tiefe der Herzwurzeln. Der Wurzelkörper erhält dadurch eine breite zylindrische Form. Die dickeren Wurzeln sind reichlich in dünnere Wurzelstränge verzweigt. Der Feinwurzelbesatz an diesen dünnen Wurzelsträngen ist relativ groß. Die Aufschließung des Bodens durch die Wurzeln ist sehr hoch. Der Baum der **Abb. 121** wuchs an einem Moorrand im Keutschacher Moor-Seental in Kärnten. Infolge des zeitweise hoch anstehenden Grundwassers ist das Tiefenstreben der Wurzeln gehemmt. Die flachstreichenden Wurzeln breiten sich knapp unter Flur in den oberen, vererdeten Torfschichten weit seitwärts aus. Der Feinwurzelbesatz ist in dem nährstoffarmen Torf relativ gering.

Anatomie, Taf. 98

Im primären Zustand sind die Merkmale der Wurzeln der Weiß-Birke kleine bis mittelgroße Rhizodermiszellen, etwas größere Zellen des 2schichtigen Außenrindenparenchyms und bis über 8mal so große Zellen des Mittelrindenparenchyms. Mit Beginn der kalten Jahreszeit verändern sich die Wände der Rhizodermiszellen sowie jene der Exodermis und des Außenrindenparenchyms durch Einlagerung von Gerbstoffen (A 1). Die Zellen der Endodermis teilen sich gegen Ende ihrer tangentialen Teilungsfähigkeit 1–2mal radial und sind danach etwa gleich groß wie jene der Rhizodermis. Ihr Inhalt ist nach Behandlung mit Safranin-Astrablau gleich dem einiger Zellen des Pericambiums sowie von Zellen des bis über 5strahligen Zentralzylinders rot (B 1).

Im Laufe des sekundären Wachstums entsteht im Bast frühzeitig ein 1–3schichtiges Festigungsgewebe, bestehend aus gedrängt stehenden, schwach verholzten Steinzellen und stellenweise auch aus Fasern (A 5). Im Krümmungsbereich der Wurzeln können in der konvexen, schmäler bleibenden Hälfte Sclerenchymzellen fehlen. Das Grundgewebe des Holzes ist dann stärker verfestigt, und die leitenden Elemente treten zurück. In der konkaven Hälfte kommt es zur Ausbildung von Steinzellen und Fasern, und die Weite der Zellen des Grundgewebes wie auch jene der leitenden Elemente sowie deren Zahl nehmen zu (A 2). Das Pericambial-Abschlußgewebe mit seinen auffallend dünnen Zellwänden ist bis über 16 Schichten breit. Seine Abschuppung tritt erst spät ein, und sein Wachstum kann offensichtlich längere Zeit dem Dickenwachstum der übrigen Gewebe des Zentralzylinders folgen. Der Bast ist, den oft mageren Standorten und der Wuchskraft der Art entsprechend, schmal (A 3, B 2). Die Zellen des Grundgewebes dürften, nach der gelben bis gelbbraunen Farbe ihres Inhalts zu schließen, neben Fettstoffen größere Mengen an Gerbstoffen enthalten (A 3, 4). Im Holz sind die meist 1schichtigen Fasern bis über fünf Zellen hoch (A 6). In den Wänden der Fasertracheiden stehen die sehr kleinen Tüpfel entfernt, in jenen der größeren Xylem-Leitelemente die etwas größeren Tüpfel sehr dicht. Die geringe Größe der Tüpfel ist ein Merkmal von *Betula* (vgl. SCHWEINGRUBER 1990).

Standortansprüche: Die Weiß-Birke ist sehr lichtbedürftig. Daher ist sie ein bedeutendes Vorholz. Sie wird als klima- und bodenvag beschrieben. Doch bevorzugt sie eindeutig sommerkühlere, humide Gebiete mit kontinental geprägtem Klimaablauf. Atlantische Klimaräume mit lang andauernder Vegetationszeit und sehr mildem Winter sind für die Weiß-Birke wenig geeignet. Aus diesem Grund dürfte sie nach WAGENITZ (1981) in Schleswig-Holstein fehlen. Auch in schneereichen Gebirgslagen kommt sie wegen ihrer Anfälligkeit für Schneebruch nicht sehr häufig vor. Am besten gedeiht sie auf frischen, mageren, sandigen Böden, auf denen sie weniger stark durch rascher wachsende Gehölze verdrängt wird. Oberbodentrockenheit kann sie trotz ihres hohen Wasserbedarfs (EIDMANN 1943) dank des hohen Feinwurzelbesatzes und des großen Wasseraneignungsvermögens ertragen.

Verbreitung: Die nordisch-eurasiatisch-subozeanische Art ist vor allem in den borealen Nadelmischwäldern Skandinaviens und Rußlands sowie in den nord- und nordwesteuropäischen Sandgebieten in konkurrenzschwachen Schlußwaldgesellschaften (Mayer 1992) als Pionier- und Vorwaldbaumart weit verbreitet und häufig. Im Alpenraum tritt sie seltener bestandsbildend auf. Die Höhengrenze ihrer Verbreitung verläuft in Skandinavien bei 500 m, im Bayrischen Wald bei 890 m, in den östlichen Zentralalpen bei 1.800 m und in den Westalpen bei 1.900–2.000 m. Am häufigsten zu finden ist sie in Vorwaldgesellschaften von Eichen-, Buchen- und Kiefernwäldern, als Vorholz in Heidegesellschaften, auf Brandflächen und in Mooren.

Betula pubescens Ehrh., Moor-Birke, Flaum-Birke

Morphologie

Sproß: Sommergrüner Baum, bis 20 (30) m hoch, Stamm bis zum Wipfel durchgehend, Äste vorwiegend spitzwinkelig abzweigend, Zweige nicht oder wenig hängend, Krone kegelförmig bis oval. In der subsp. *carpatica* meist strauchförmig.
Wurzel: Entsprechend ihrem Hauptvorkommen auf staunassen Böden in den Niederungen oder auf kalten Böden in subalpinen Lagen oder in borealen Gebieten ist die Moor-Birke vorwiegend ein Flachwurzler. Dies gilt besonders für Moorböden. Auf mineralischen Naßböden kann sie auch in die vernäßten Bodenschichten eindringen. Kreutzer (1968) gibt für Lößlehm mit 50–60 cm hoch anstehendem Grundwasser eine mittlere Wurzeltiefe von 100 cm an. Die Zahl der Wurzeln nimmt nach unten hin sehr rasch ab. Schon an den Jungpflanzen tritt die Polwurzel weitgehend zurück. An der Stammbasis entwickeln sich kräftige Wurzeln, die vorwiegend seitwärts verlaufen. In Moospolstern, die sich über dem Stammgrund aufbauen, entstehen auch sproßbürtige Wurzeln. Die flachstreichenden Wurzelstränge verzweigen sich an ihren Endabschnitten netzartig bis büschelförmig. Die dünnen Wurzeln sind infolge von Verpilzung auffallend korallenartig verdickt und verkürzt. Die Wurzelfarbe ist rost- bis rotbraun.

Die junge Pflanze der **Abb. 122** weist bereits eine verkümmerte Polwurzel auf. Die kräftig entwickelten, flach verlaufenden Wurzelstränge entstammen der Keimachse. Entlang des aufrechten, verlängerten Strunkes haben sich einige Sproßwurzeln gebildet. Der kleine Baum der **Abb. 122** weist alle wesentlichen Merkmale der Bewurzelung auf. Er wurde in einem Zwischenmoor im Keutschacher Moor-Seental in Kärnten freigelegt. Das Frischgewicht des Baumes beträgt im Verhältnis zum Wurzelgewicht 1:0,9. Die unter dem Stamm abwärts wachsenden Wurzeln verzweigen sich bald in einige Stränge, die seitwärts umbiegen. Die knapp unter Flur weit nach der Seite ausgebreiteten Wurzeln befinden sich in der trockensten und noch am stärksten erwärmten Bodenschicht. Die starke Wechseltrockenheit dieser Torfschicht bewirkt sehr häufig, daß die dünneren Wurzeln nach oben wachsen (Kutschera 1972).

Anatomie, Taf. 100

Der primäre Bau der Wurzeln der Moor-Birke ähnelt weitgehend jenem der Weiß-Birke. Im sekundären Zustand zeigen sich das höhere Wasserangebot und die größere Wechselfeuchte auf ihren Standorten im Vergleich zur Weiß-Birke in dem oft schmäleren Pericambial-Abschlußgewebe und in der größeren Zahl von radial benachbart auftretenden Gefäßen (A 2, 3). Junge wie ältere Wurzeln sind oft dunkel- bis blaurot gefärbt (A 1, 2). Dies läßt auf einen höheren Anthocyangehalt der Wurzeln schließen. Sie werden dadurch besser vor Fäulnis und vor Kälte geschützt (s. Allgemeiner Teil, Abschnitt B 8). Das wechselnde Wasserangebot begünstigt die Bildung von Stoffen in den größeren Xylem-Leitelementen, die diese verschließen (A 3, Gefäßinhalt gelb). Leiterförmige Platten verbinden deren Zellen. Auffallend ist der mitunter hohe Anteil an Fasertracheiden (A 4, 5). Die Wechselfeuchte könnte deren Bildung begünstigen. Im Sclerenchym des Bastes ist der Anteil an schwach verholzten Steinzellen deutlich größer als jener an unverholzten Fasern (A 4, B 1, 2).

Taf. 99: Moor-Birke, *Betula pubescens.* Keutschach, Kärnten, 510 m NN. Kleiner Baum auf Niedermoor, Wurzeln flurnah verlaufend. Feinwurzeln zahlreich, rotbraun, meist knäuelartig mit dem Torf verbunden (zu Abb. 122).

Taf. 100 A: Moor-Birke, *Betula pubescens.* – **1:** Keutschach, Kärnten, 4.6. Prim.-sek., Ø, Saf.-Ast., 64x. **Rh** Z blau. **Rinde** im Absterben, Ex ZGröße ähnlich jener der Rh u. En, MRP Z stark vergrößert, En alle Z Inhalt rot. **ZZ** 6arch. – **2:** Ort wie 1, 22.3. Sek., Ø, Saf.-Ast., 64x. **ZZ** 4arch. **PCAG** mittelbreit, sich abschuppend, Eigenfarbe dunkel blaurot. **Bast** Ring aus SteinZ schwach verholzt. **Holz** Strahlen meist einreihig, Gefäße mittelgroß bis groß, teils in radialen Reihen aneinandergrenzend. – **3:** Pfl u. Zeit wie 1. Sek., Ø, S3, 64x. **ZZ** 5arch. **Holz** einige Gefäße durch Kallose verschlossen. – **4:** Pfl u. Zeit wie 2. Sek., ⊠, S3, 162x. **Bast** Sc vorwiegend aus SteinZ bestehend. – **5:** Schnittreihe wie 4. Ph/HCl, 409x. **Holz** Gefäße mit leiterförmigen Platten, FTracheiden Tüpfel entfernt stehend.

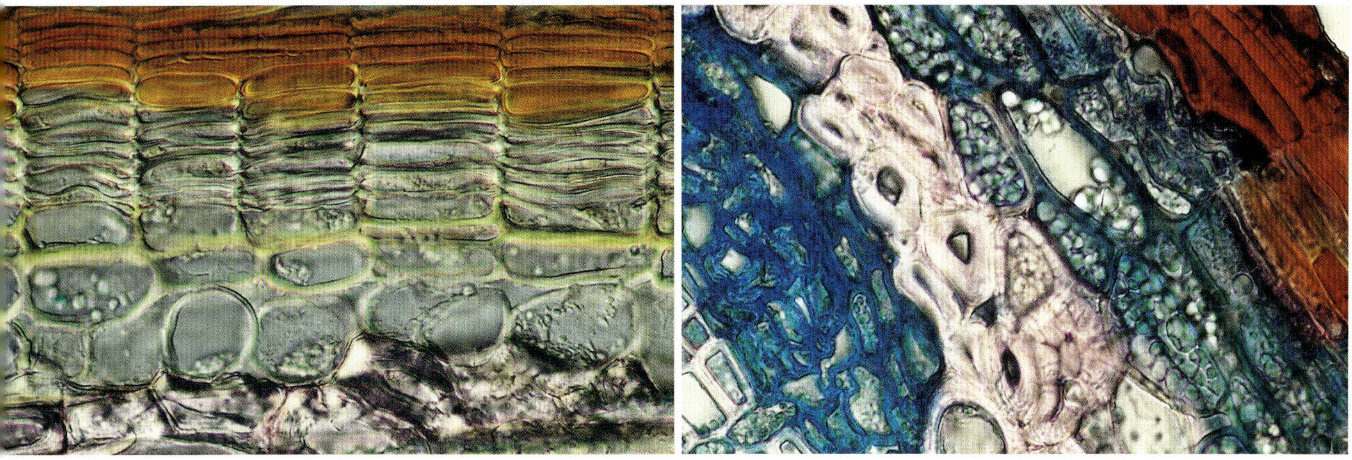

Taf. 100 B: – **1:** Schnittreihe wie A 4. Ph/HCl, 409x. **PCAG** Z dünnwandig, äußere Schichten rotbraun, Eigenfarbe. **Bast** SteinZ schwach verholzt. – **2:** Ausschnitt aus A 2. 409x. **Bast** GG Z St-reich, SteinZ zahlreich, weitlumig, F vereinzelt in Gruppen, unverholzt.

Standortansprüche: Die Moor-Birke ist ebenso lichtbedürftig wie die Weiß-Birke. Sie stellt aber noch geringere Ansprüche bezüglich Wärme. Sie ist auch weniger empfindlich gegen Winterkälte und Frost. Nach Beobachtungen von GRÜSS (zit. WAGENITZ 1981) „halten selbst halbaufgebrochene Knospen Temperaturen von –4 bis –5 °C aus". Als Moorpflanze ist sie auch hinsichtlich der Nährstoffversorgung anspruchsloser als die Weiß-Birke. Wegen ihrer Genügsamkeit wird die Moor-Birke häufig als Pionierbaumart für besonders extreme Standorte, vor allem hinsichtlich Kälte, Nährstoffarmut und Bodenversauerung, gewertet. In den tieferen, wärmeren Lagen findet sie ihre ökologischen Nischen auf staunassen, sauren, moorigen Böden. In der subalpinen Stufe weisen die von ihr bevorzugten Standorte fast immer überfeuchtete und unterkühlte Böden auf. Dementsprechend verläuft auch hier die Humusbildung – trotz fehlender Staufeuchte von unten – moorig. Kennzeichnend dafür ist das Auftreten von Begleitpflanzen saurer, mooriger Böden wie *Carex nigra, Eriophorum vaginatum, Bartsia alpina* u. a.

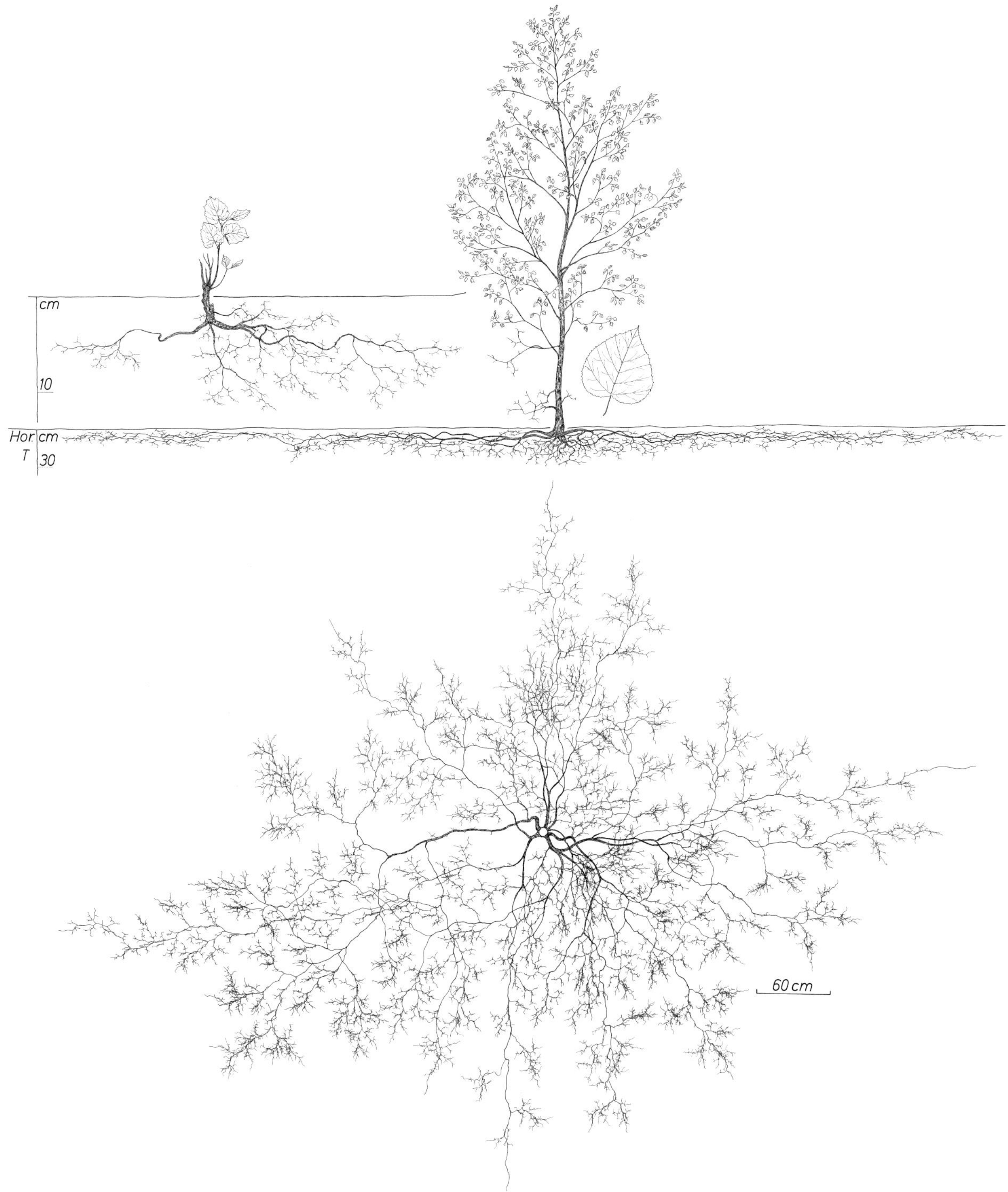

Abb. 122: Moor-Birke, *Betula pubescens*, H–T–S = 334–30–765 cm, Keutschach, Kärnten, 510 m. Niedermoor-Molinietum, Grundwasserstand zur Zeit der Freilegung in 40 cm Tiefe. T = Torf.

Verbreitung: Die Horizontalverbreitung der nordisch-subozeanischen Art reicht von Nordspanien bis Nordschweden und von Island bis zur Lena in Sibirien. Die Vertikalverbreitung erstreckt sich von der planaren Stufe bis zur Baumgrenze. In den wärmeren Tieflagen ist ihr Vorkommen weitgehend auf Moore beschränkt. Im Gebirge ist sie auch in subalpinen Fichten- und Lärchen-Zirben-Wäldern sowie in Latschengebüschen zu finden. Große Reinbestände bildet sie nur in den borealen Gebieten, besonders in Sibirien. In Mitteleuropa kommt sie vor allem in den Birkenmooren mit *Vaccinium uliginosum* und im Birkenbruchwald mit *Salix aurita* vor. Sie schließt sich aber auch bodenfeuchten Eichen-Birken-Wäldern und Stieleichen-Hainbuchen-Wäldern an.

Betula humilis Schrank, Strauch-Birke

Morphologie

Sproß: Sommergrüner Strauch, bis 2 (3) m hoch, sehr ästig, basale kurze Abschnitte der Äste liegend, dann knieförmig aufsteigend, Strauch dadurch etwas horstig.
Wurzel: Die Polwurzel ist bei älteren Sträuchern bereits verkümmert oder samt ihren Seitenwurzeln abgestorben. Aus den liegenden Sproßabschnitten gehen Wurzeln hervor. Sie wachsen zu stärkeren, weit seitwärts streichenden Strängen heran und verzweigen sich in viele dünne Seitenwurzeln. Die dünnen Wurzeln sind reichlich mit Feinwurzeln besetzt. Die obersten Bodenschichten werden dadurch ergiebig erschlossen. Unter dem Strauch kann als Folge der Beschattung ein *Sphagnum*-Polster entstehen, der sich bis zum Laubdach emporwölben kann. Die im Polster verlaufenden Sproßabschnitte bilden zahlreiche dünne Wurzeln.

Abb. 123: Strauch-Birke, *Betula humilis*, H–T–S = 100–27–457 cm, Keutschach, Kärnten, 490 m NN. Zwischenmoor, T = Torf. Aus: Kutschera & Lichtenegger (1997).

Der Strauch der **Abb. 123** wurde im Keutschacher Moor in Kärnten freigelegt. Die Polwurzel konnte nicht mehr festgestellt werden. Von den Wurzeln, die an den liegenden Sproßabschnitten entstanden sind, breiten sich die stärkeren weit seitwärts aus. Ihre Feinverzweigung ist groß. An den Sprossen im *Sphagnum*-Polster entstanden viele kurze Wurzeln. Die Farbe der Wurzeln im Boden ist schwarzbraun, im *Sphagnum*-Polster rotbraun.

Anatomie, Taf. 102

Die Wurzeln der Strauch-Birke unterscheiden sich im primären Bau kaum von jenen der Moor-Birke bzw. der Weiß-Birke. Größer als bei den beiden genannten Arten scheint aber der Gehalt an Inhaltsstoffen zu sein, die sich bei Einwirkung von Safranin-Astrablau rotbraun färben. Unterschiede in der Bildung von Sclerenchymzellen zeigen sich wieder deutlich im Krümmungsbereich der Wurzeln. In der konvexen und zugleich schmäleren Hälfte fehlen im Bast Fasern, und die Gefäße im Holz sind englumiger, in der konkaven sind bereits Fasern im Bast vorhanden, und die Gefäße sind weitlumiger (A 2). Das Pericambial-Abschlußgewebe ist mittelbreit. Es schuppt sich kaum ab. Der Bast ist schmal, das Sclerenchym besteht vorwiegend aus schwach verholzten Steinzellen. Sie umgeben bogenförmig das Phloem (A 3, 5, B 2). Die

Taf. 101: Strauch-Birke, *Betula humilis*. Keutschach, Kärnten, 490 m NN. Niedriger Strauch auf Zwischenmoor, aufstrebende Triebe im *Sphagnum* sproßbürtig bewurzelt, Polwurzel umgebogen, mit den Seitenwurzeln flurnah waagrecht verlaufend (zu Abb. 123).

Taf. 102 A: Strauch-Birke, *Betula humilis.* – **1:** Keutschach, Kärnten, 11.11. Prim., Ø, Ph/HCl, 162x. KurzWu mit Pilzmantel. – **2:** Pfl u. Zeit wie 1. Sek., Ø, Saf.-Ast., 162x. Wu gekrümmt, konvexe Seite schmäler. **ZZ** 2arch. **PCAG** mittelbreit. **Bast** ZW blau, Cellulose, äußere Schichten zahlreiche Z mit GS, SteinZ vereinzelt. **Holz,** Strahlen ZInhalt z. T. braunrot. – **3:** Ort wie 1, 22.3. Sek., Ø, Saf.-Ast., 162x. **ZZ** 6arch. **PCAG** dunkelrot, Eigenfarbe, SteinZ bzw. F in 1-2reihigem Ring angeordnet. **Holz** Strahlen einreihig. – **4:** Pfl u. Zeit wie 3. Sek., ☒, Ph/HCl, 409x. **Holz** Strahlen über 8 Z hoch, FTracheiden Tüpfel entfernt stehend, Gefäße Tüpfel dicht stehend, versetzt. – **5:** Schnittreihe wie 4. Ph/HCl, 162x. **PCAG** ca. 11 Schichten breit. **Bast** SteinZ weitlumig, verholzt. **Holz** Gefäße Platten leiterförmig

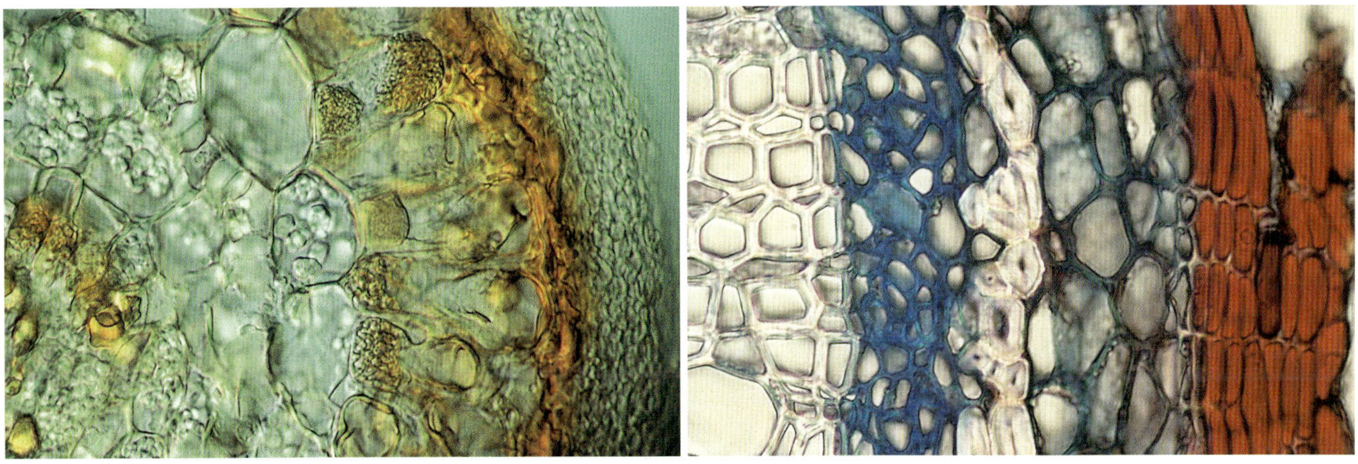

Taf. 102 B: – **1:** Schnittreihe wie A 1. JJK, 409x. **Rh** ZW gebräunt. **Rinde** äußere Z mit Pilzhyphen, innere Z mit StKörnern. – **2:** Ausschnitt aus A 3. 409x. **Bast** äußere Z weitlumig, SteinZ u. F in 1-2schichtigen Gruppen über Ph.

Strahlen im Holz sind z. T. einreihig. Die Wände der großen Xylem-Leitelemente des Holzes enthalten dicht und versetzt stehende Tüpfel. Die plattenförmigen Querwände sind leiterförmig. Benachbart den Strahlen und den größeren Gefäßen liegen Libriformfasern bzw. Fasertracheide mit entfernt stehenden Tüpfeln (A 4, 5).

Die Zahl der Mykorrhizen, d. h. der von einem Mantel aus Pilzhyphen umkleideten, stark verkürzten Seitenwurzeln, ist auf dem fast ausschließlich aus organischer Substanz, und zwar vorwiegend *Sphagnum*-Resten, bestehenden Boden groß (A 1, B 1).

Standortansprüche: Der lichtbedürftige Strauch bevorzugt sommerkühlere Lagen und höhere Bodenfeuchte. Er stellt geringe Ansprüche an den Nährstoffgehalt des Bodens. Vorwiegend wächst er in der kollinen und unteren montanen Stufe in sauren Flach- und Zwischenmooren und in den daran anschließenden Feuchtwiesen.

Verbreitung: Die eurasiatisch-kontinentale Art ist vor allem im nördlichen und östlichen Europa bis zum Ural verbreitet. In den Alpen kommt sie besonders im nördlichen Alpenvorland vor. In Österreich tritt sie punktuell in Oberösterreich, in der Steiermark und in Kärnten auf (Adler et al. 1994). In Kärnten wurde sie erstmals von Kutschera im Keutschacher Moor gefunden. Am häufigsten ist sie in Zwischenmooren zu finden. Sie gilt deshalb als Kennart des Betulo humilis-Salicetum repentis Oberd. 64 (Salicion cinereae).

Alnus glutinosa (L.) Gaertn., Schwarz-Erle, Rot-Erle

Morphologie

Sproß: Sommergrüner Baum, auch Strauch, bis 30 (40) m hoch, Stamm bis zum Wipfel durchgehend, infolge von Stockausschlag auch mehrstämmig, Äste vorwiegend waagrecht abstehend, Krone länglich-oval.

Wurzel: Die Schwarz-Erle nimmt als Pflanze staufeuchter Böden insofern eine Sonderstellung ein, als das Tiefenstreben ihrer Wurzeln sehr stark ausgeprägt ist. Nach Köstler et al. (1968) kann sie sogar „als die am tiefsten wurzelnde einheimische Baumart bezeichnet werden". Besonders hervorgehoben wird, daß sich ihre Wurzeln vorwiegend „in vertikaler Richtung" ausbreiten. Kräftige, „weitstreichende Hauptseitenwurzeln" sollen fehlen. Schwächere „Horizontalwurzeln erreichen nur eine geringe Reichweite von einigen Dezimetern und verlaufen dann bogenförmig in die Tiefe". Das Wurzelwerk erhält dadurch eine „glockenförmige Gestalt" (Kreutzer 1961). Als weiteres, besonders auffälliges Merkmal wird das Fehlen von „Starkwurzeln" hervorgehoben. Die Wurzeln erreichen nur in unmittelbarer Stocknähe einen größeren Durchmesser. Sie verjüngen sich aber rasch und sind nach mehrmaliger Verzweigung nur noch 0,5–3 cm dick (Köstler et al.). Ihr vorherrschendes Tiefenstreben und ihr geringer Durchmesser veranlaßten bereits Pfeil (1860) zu der Feststellung, „daß keine andere Baumart ein ähnliches Wurzelbild hat".

Schon Büsgen & Münch (1927) weisen darauf hin, daß die Polwurzel bei älteren Pflanzen nur in einzelnen Fällen erkennbar ist. An der Basis des Wurzelstockes bilden sich rasch senkrecht oder bogenförmig nach unten strebende Herzwurzeln. Sie erreichen im Alter von 2 Jahren bereits eine Tiefe von 30–50 cm und nach 10 Jahren eine Tiefe von 120–150 cm (Kreutzer). Nach Eidmann (1943) haben die Jungpflanzen von Schwarz-Erle und Pappel den höchsten Wurzelzuwachs. Das Tiefenstreben der Wurzel hält bei der Schwarz-Erle mit zunehmendem Alter an. 25 Jahre alte Bäume erreichten nach Schoch (1964) auf Tonböden eine Tiefe von 175 cm. 60–70 Jahre alte Bäume drangen auf Tonboden bis 220 cm tief ein. Für 75 Jahre alte Bäume geben Köstler et al. eine Wurzeltiefe von 200–250 cm an. Die größte Wurzeltiefe für dieses Alter wird mit 380 cm angegeben. Das Tiefenstreben der Wurzeln wird auf den staufeuchten Böden auch durch die oft beträchtlichen Schwankungen des Grundwasserstandes und durch die allgemein starke Wechselfeuchte dieser Böden angeregt. Bibelriether (1964) gibt für Auwaldböden Sloweniens aus tonigem Lehm über Sand je nach Jahreszeit einen Grundwasserstand zwischen 1 und 8 m an. In diesen Böden erreichen die Wurzeln 60 Jahre alter Schwarz-Erlen eine mittlere Tiefe von 160–180 cm und eine max. Tiefe von 210 cm.

Auch in der Geschwindigkeit des Tiefenstrebens ist die Schwarz-Erle den meisten anderen Baumarten überlegen. Nach LEIBUNDGUT et al. (1963) durchdrangen die Wurzeln der Stiel-Eiche eine 10 cm dicke Lehmschicht in 19,4 Tagen, der Schwarz-Erle in 21,5 Tagen, der Grau-Erle in 24,3 Tagen und der Hainbuche in 29,3 Tagen. Nach KÖSTLER & SOMMER (1962) übertrafen die Wurzeln der Schwarz-Erle in der Erschließung feinkörniger, verdichteter Phyllitböden bei weitem jene des Berg-Ahorns, der Rot-Eiche, der Robinie, der Sal-Weide, der Birke und der Grau-Erle. Auf dichtem, verhärtetem sandigem Lehm im Jura „übertrifft die Schwarz-Erle in ihrer Tiefenreichweite Linde, Hainbuche, Stiel-Eiche, Berg-Ahorn sowie Kiefer beträchtlich und geht mit 45 Jahren bis 18 dm tief" (KÖSTLER et al.). Auf den dichten Böden sind die Wurzeln stark verformt und gekrümmt. KREUTZER (1961) fand auf dichtem Pseudogley im Oberboden mehrere Schichten von Feinwurzeln und eine zunehmende Durchwurzelung nach unten. Von den von

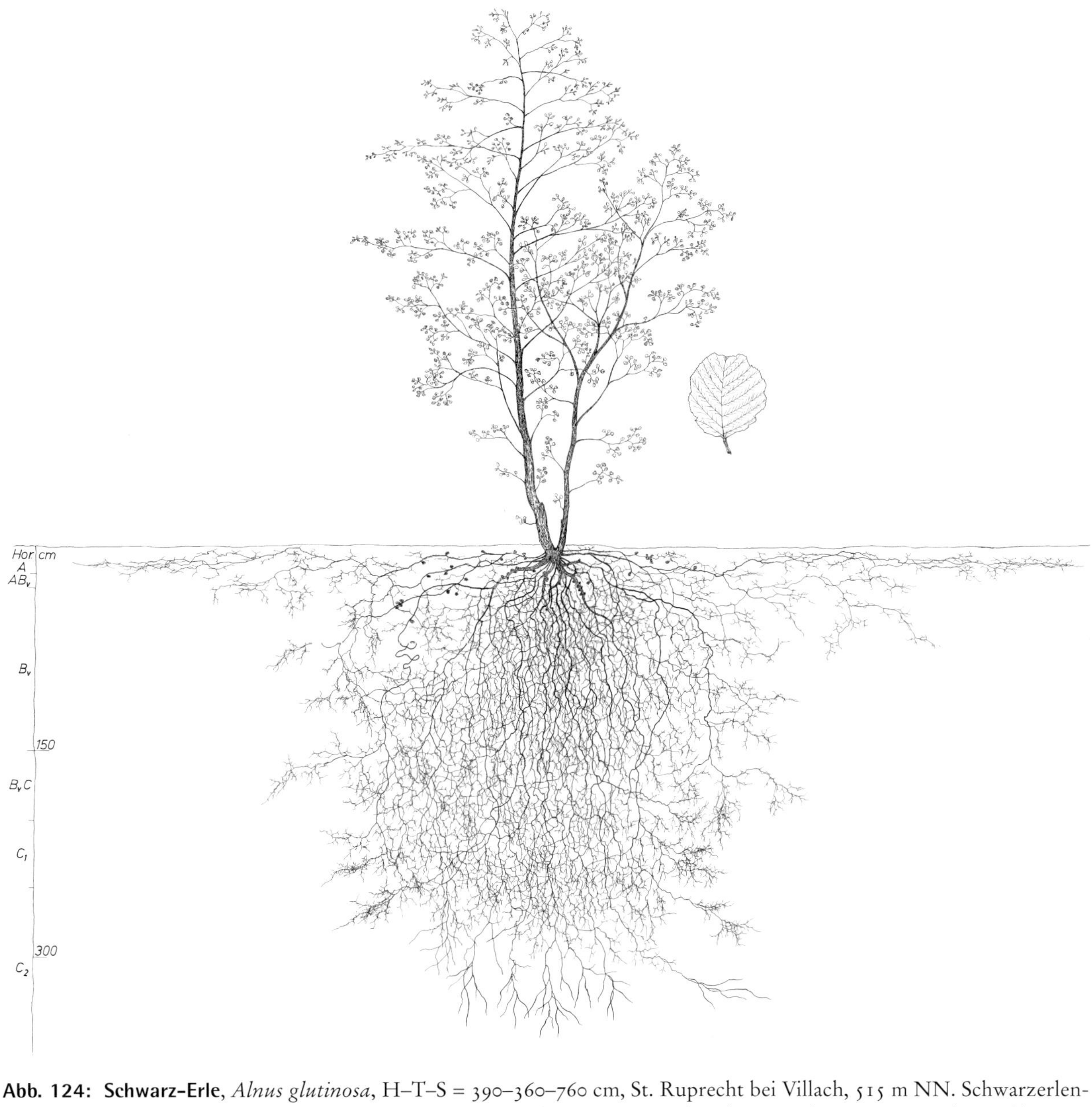

Abb. 124: Schwarz-Erle, *Alnus glutinosa*, H–T–S = 390–360–760 cm, St. Ruprecht bei Villach, 515 m NN. Schwarzerlen-Verjüngung auf einer südseitigen Böschung. Lockersediment-Braunerde über Niederterrasse, Bodenprofil Hor.: A 0–20 cm humoser, lehmiger Sand, schwach krümelig, locker, steinig, graubraun (10YR 4/2), stark durchwurzelt, AB_V 20–30 cm schwach humoser l S, steinig, locker, B_V 30–150 cm l S, schotterig, kiesig, locker, stark durchwurzelt, B_VC 150–200 cm l S, stark schotterig-kiesig, C_1 200–250 cm Sand, Kies und Schotter, fleckweise dicht durchwurzelt, C_2 kiesiger Grobsand, Durchwurzelung auslaufend, grundfrisch.

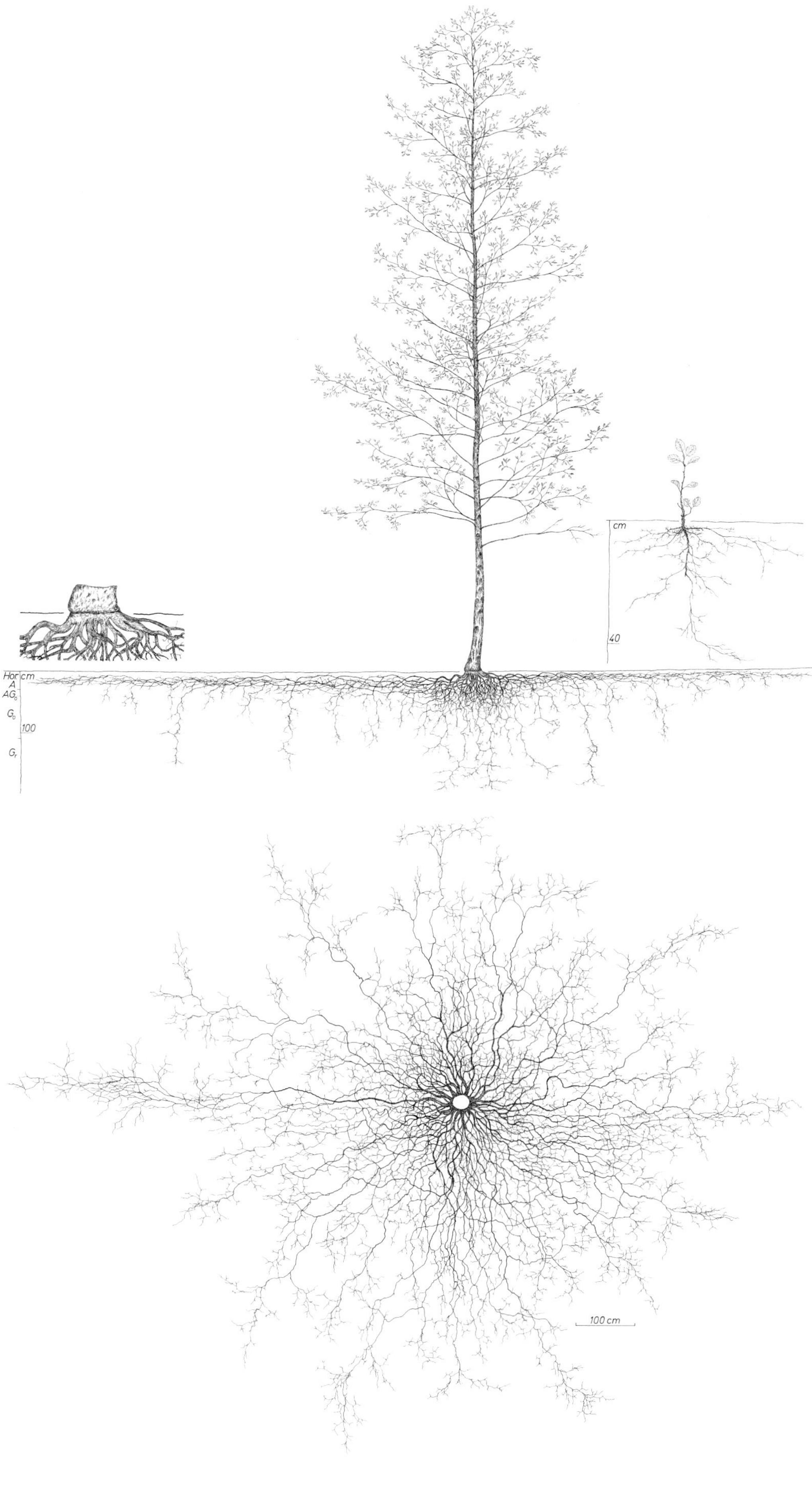

cm
40
Hor. cm
A
AGo
Go
100
Gr
100 cm

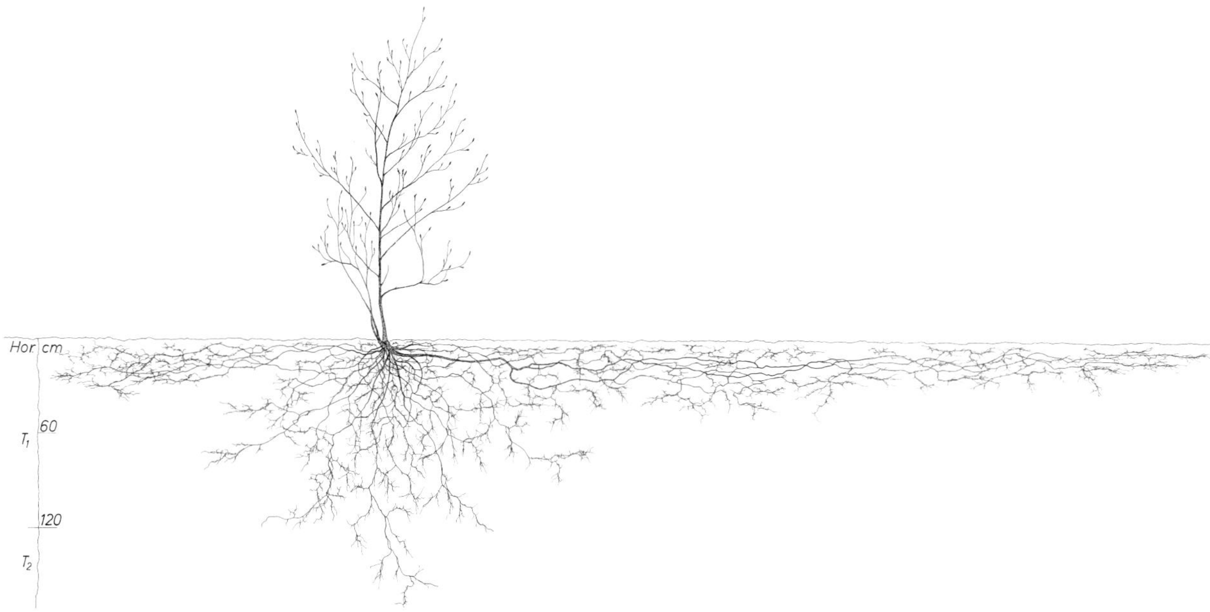

Abb. 126: Schwarz-Erle, *Alnus glutinosa*, H–T–S = 210–168–756 cm, Keutschach, Kärnten, Niedermoor-Rand, 510 m NN. Bodenprofil Hor.: T_1 0–120 cm schlammig zersetzter Torf, T_2 Torf, schwach schluffig infolge Moorrandlage.

Kreutzer (1968) in Südwestdeutschland auf Pseudogley aus Lößlehm untersuchten 23–35 Jahre alten Holzgewächsen drangen die Wurzeln der Schwarz-Erle mit 225 cm am tiefsten in den vergleyten Boden ein. Nur bei dieser Art blieb die Dichte der Durchwurzelung nach unten hin im näheren Umkreis des Stammes annähernd gleich. Am dichtesten war sie in 70 cm Tiefe. In dieser Tiefe war die Dichte ihrer Durchwurzelung 5mal so groß wie jene der Fichte, 7mal so groß wie jene der Weiß-Birke und der Hainbuche, 12mal so groß wie jene der Grau-Erle, 18mal so groß wie jene der Stiel-Eiche und 70mal so groß wie jene der Rotbuche. Im Verlandungsbereich von Niedermooren wurzelt die Schwarz-Erle auch sehr flach (Johannsen 1998). Die Wurzeln von an Ufern wachsenden Bäumen können sich auch frei schwimmend im Wasser ausbreiten und dabei eine Länge von über 300 cm erreichen. Sie können auch bis zu 5 cm dicke Matten bilden, die nach Johannsen maximal 40 cm unter die Sommermittelwasserlinie vordringen.

Nach Köstler et al. beträgt der Anteil der Vertikalwurzeln vielfach 70–90 % des Wurzelgewichts. Der Anteil der Horizontalwurzeln ist nach diesen Autoren „am schwächsten von allen untersuchten Bäumen ausgebildet". Nach vorliegenden Untersuchungen ist dies nur auf trockeneren, tief zu durchwurzelnden Böden der Fall. Auf tonigen und vor allem auf anmoorigen Grundwasserböden sind die flachstreichenden Wurzeln den tiefstrebenden an Zahl und Länge weit überlegen. Die Bewurzelung wird von den knapp unter Flur weit seitwärts ausgebreiteten Wurzeln geprägt. Die stammnahe Gruppe der Herzwurzeln und die über die flachstreichenden Seitenwurzeln verteilten Senker treten deutlich zurück.

Die Feinverzweigung wird, übereinstimmend mit vorliegenden Ergebnissen, als relativ gering angegeben. Dies trifft vor allem für die tiefstrebenden Wurzeln zu. Gegen ihr Ende hin verzweigen sie sich in den tieferen feuchten Schichten oft gabelig in mehrere dick-fleischige, unverzweigte Endabschnitte. Die Feinverzweigung der im Oberboden überwiegend seitwärts verlaufenden Wurzeln ist größer. An ihnen treten auch die sogenannten Wurzelknöllchen auf. Es sind dies büschel- oder korallenartige Wurzelverzweigungen mit gehemmtem Längenwachstum. Diese Verformung der Wurzeln wird durch den Strahlenpilz *Acti-*

Abb. 125 (links): Schwarz-Erle, *Alnus glutinosa*, H–T–S = 1.070–194–1.310 cm, Keutschach, Kärnten, nordseitiger flacher Hangfuß am Moorrand, 520 m NN. Schwarzerlen-Eschen-Wald, Anmoor-Gley. Bodenprofil Hor.: A 0–30 cm Anmoor-Mull, stark humoser, schluffiger Lehm, zur Zeit der Untersuchung schlammig feucht, schwarzgrau, stark durchwurzelt, AG_0 30–40 cm feinmoderiger, schluffiger Lehm, rostfleckig, stark durchwurzelt, G_0 40–100 cm schluffiger Lehm, rostfleckig, dicht, feucht, schwach durchwurzelt, G_r stark schluffiger Lehm, grau, dicht, feucht, Durchwurzelung auslaufend.

Taf. 103: Schwarz-Erle, *Alnus glutinosa*. 1. Reihe links: Jungpflanze, Polwurzel gegenüber den Seitenwurzeln bereits zurücktretend; Mitte, rechts, 2. R. und 3. R. links: St. Ruprecht bei Villach, 515 m NN, Braunerde, baumförmiger Strauch mit Bestockungstrieb, Polwurzel zurücktretend, Sproßwurzeln zahlreich, vorwiegend tiefstrebend, Feinwurzelbesatz groß, Wurzelenden dick-fleischig, Wurzelknöllchen zahlreich, vorwiegend an dickeren Wurzeln (zu Abb. 124); rechts: Keutschach, Kärnten, 520 m NN, größerer Baum auf Anmoor-Gley, Stammgrund verdickt, teils sproßbürtig bewurzelt, Wurzeln vorwiegend seitwärts ausgebreitet, Senker mäßig tiefstrebend (zu Abb. 125).

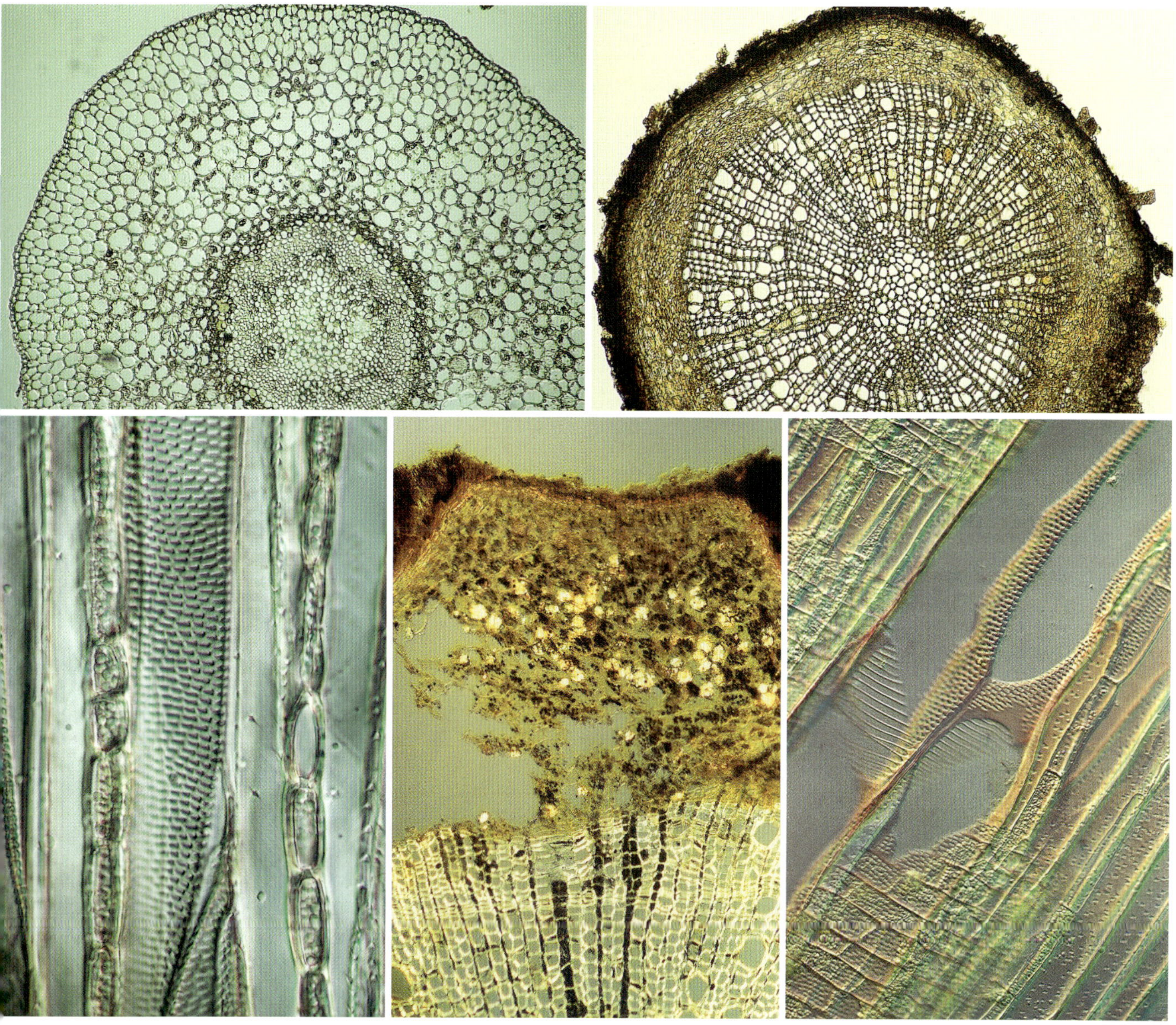

Taf. 104 A: Schwarz-Erle, *Alnus glutinosa*. – **1:** Keutschach, Kärnten, 11.11. Prim., Ø, Ph/HCl, 64x. **Rh** Z klein, W gebräunt. **Rinde** ARP 3-4schichtig, EnZ klein. **ZZ** 6arch. – **2:** Ort wie 1, 22.3. Sek., Ø, Ph/HCl, 64x. **ZZ** 5arch. **PCAG** mittelbreit. **Bast** mittelbreit, F in einreihigen, tangential verlängerten Gruppen. **Holz** alle ZW dünn, Strahlen einreihig, Gefäße vorwiegend klein, vereinzelt radial bzw. tangential benachbart. – **3:** Ort u. Zeit wie 1. Sek., ⊠, Ph/HCl, 409x. **Holz** Strahlen bis über 8 Z hoch, Z schmal, ZGröße verschieden, Libriformfasern. – **4:** Ort wie 1, 20.11. Sek., Ø, JJK, 64x. **PCAG** mit Lentizelle. **Bast** mehrere Z mit CaOxKristallen. – **5:** Rechberg, Kärnten, 3.12. Sek., ⊠ (RLS), Ph/HCl, 162x. **Holz** Gefäße Platten leiterförmig, FTracheiden Tüpfel entfernt stehend.

Taf. 104 B: – **1:** Ausschnitt aus A 2. 409x. **Holz** Strahlen nahe dem Zentrum mitunter 3reihig, Früh- u. Spätholz deutlich verschieden. – **2:** Pfl u. Zeit wie A 1. Sek., Ø, JJK, 409x. **PCAG** mittelbreit. **Bast** äußere Z weitlumig, St-reich, FGruppe einreihig.

nomyces alni verursacht. WEBER (1953) bezeichnet diese Wurzelveränderung als Rhizothamnie. Sie dient der Bindung von Luftstickstoff. McVEAN (1956) weist darauf hin, daß die Wurzeln, die in das Grundwasser vordringen, weich und leicht sind, weil sie im Xylem einen hohen Luftgehalt aufweisen. Die oberflächennahen Wurzeln sind im Vergleich dazu hart und schwer.

Der kleine Baum der **Abb. 124**, der infolge eines Stockausschlages zweistämmig ist, wurde auf einer südseitigen Lockersediment-Braunerde im Raum von Villach freigelegt. Auf dem stark erwärmten, sehr wasserdurchlässigen Boden ist das Tiefenstreben der meisten Wurzeln auffallend groß. Die flurnahe flachstreichende Wurzelgruppe tritt weitgehend zurück. Der Wurzelkörper ist dadurch annähernd zylinderförmig. Die Wurzelstränge sind in dem schotterigen Boden stark gewunden. Die tiefliegenden Wurzelenden sind in den grundfrischen Schichten fingerförmig verzweigt und dickfleischig. Der Besatz an Feinwurzeln ist mäßig hoch. Die Wurzelknöllchen befinden sich vorwiegend in den oberen Bodenschichten entlang der flachstreichenden Wurzelabschnitte.

Der höhere Baum der **Abb. 125** wurde an einem flach in das Moor auslaufenden Hangfuß auf Anmoorgley in Keutschach in Kärnten freigelegt. Infolge des zeitweise hohen Wasserstandes ist der Grund des Stammes etwas emporgehoben und unten scharf abgesetzt. An der Stammbasis sind die Wurzeln kranzförmig angeordnet. Das Tiefenstreben ist in dem feuchten Boden gehemmt. Die Herz- und Senkwurzeln treten weitgehend zurück. Die Hauptmasse der Wurzeln entfällt auf die flurnahen, weit seitwärts verlaufenden Wurzeln. Entlang ihrer Endabschnitte sind sie häufig fächerförmig verzweigt. Die Anzahl der Feinwurzeln und der Besatz an Wurzelknöllchen sind in dem nassen Boden gering. Der Strauch der **Abb. 126** wuchs im Keutschacher Moor auf Torfboden. Der magere Torf bewirkt eine schüttere Bewurzelung und einen geringen Besatz an Feinwurzeln. Das Tiefenstreben der Wurzeln ist gehemmt, ihr seitlicher Verlauf in den oberen, trockeneren Bodenschichten herrscht vor. Auch JOHANNSEN (1998) betont das vorherrschende Flachstreichen der Wurzeln auf Niedermoor.

Anatomie, Taf. 104

Im primären Zustand der Wurzeln der Schwarz-Erle fällt vor allem das breite, bis über 4schichtige äußere Rindenparenchym dickerer, vorwiegend in wärmerem Wasser gebildeter Wurzelspitzen auf. Es könnte dem Schutz vor Auslaugung dienen. Junge Wurzelspitzen entstehen im Wasser oft in großer Zahl, nahezu während des ganzen Jahres. Die Zellen der Rhizodermis und der Endodermis sind im Querschnitt klein, jene des Mittelrindenparenchyms bis über 10mal größer (A 1).

Eine Besonderheit der Wurzeln im sekundären Zustand ist das stellenweise Aufreißen des Pericambial-Abschlußgewebes ähnlich dem von Lentizellen des Sprosses. Vor allem in diesem Bereich enthalten die Zellen des Bastes oft Calciumoxalat in Form von zahlreichen prismatischen Kristallen oder Drusen (A 4). Das Pericambial-Abschlußgewebe ist je nach Standort schmal bis mittelbreit (A 2, B 2). Das ringförmig angeordnete Sclerenchym im Bast mit seinen schwach verholzten Faserzellen ist meist 1-, selten 2schichtig. Fast durchwegs einreihig sind die vielzelligen Strahlen im Holz. Sie liegen unmittelbar benachbart den Fasertracheiden bzw. den Gefäßen. Die Zellwände der Gefäße unterscheiden sich mit ihren zahlreichen dicht stehenden Tüpfeln deutlich von jenen der Fasertracheiden mit den wenigen und entfernt stehenden Tüpfeln. Alle Tüpfel sind klein (A 2, 3, B 1). Leiterförmige Platten unterteilen die Gefäße (A 5). SCHWEINGRUBER (1990) gibt an, daß das Holz des Sprosses von dem der Grau-Erle nicht zu unterscheiden ist. Im Bast der Wurzeln unterscheidet sich die Grau-Erle von der Schwarz-Erle deutlich durch die meist in zwei, mitunter vier Schichten auftretenden Fasern.

Standortansprüche: Die Schwarz-Erle ist eine lichtbedürftige Holzart. Sie bevorzugt luftfeuchtere, wärmere Lagen mit längerer Vegetationszeit. Die Böden sollten eine von den Wurzeln stets erreichbare Grundfeuchte und einen höheren Nährstoffgehalt aufweisen. Gegen Staufeuchte ist sie weitgehend unempfindlich, solange die Böden ausreichende Mineralstoffzufuhr gewährleisten. Selbst stärkere Wechselfeuchte schadet der tiefwurzelnden Art kaum. Kümmerlich wächst sie auf nährstoffarmen Torfböden und auf tiefreichend trockenen Sand- und Schotterböden. Für sie ungeeignet sind stark saure oder alkalische Böden (DIENTER & BOHN 1998).

Verbreitung: Die eurasiatisch-subozeanisch-submediterrane Art ist vorwiegend in der planaren, kollinen und in der unteren montanen Stufe verbreitet. Die Höhengrenze ihrer Verbreitung wird für Norwegen mit 325 m, für das Erzgebirge mit 650 m, für die Nordalpen mit 845/1.150 m und für die Zentralalpen mit 1.450/1.800 m angegeben (MAYER 1992). Die größte Ausbreitung erfährt die Schwarz-Erle in den grundwassernahen Niederungen Norddeutschlands, Nordpolens, Weißrußlands und der NW-Ukraine (GLAVAC 1972). Vorherrschend ist sie in den Schwarzerlen-Bruchwäldern und in den Schwarzerlen-Eschen-Auwäldern (Alnion glutinosae).

Alnus incana (L.) Moench, Grau-Erle, Weiß-Erle

Morphologie

Sproß: Sommergrüner Strauch oder Baum, bis 10 (20) m hoch, infolge von Stockausschlag oft mehrstämmig, Stamm meist krumm, spannrückig, bis zum Wipfel durchgehend, Äste abstehend, Krone oval. Durch Austriebe aus niederliegenden Ästen und aus Wurzeln oft zusammenhängende Bestände bildend.

Wurzel: Im Gegensatz zur Schwarz-Erle ist bei der Grau-Erle die Ausbreitung der Wurzeln nach der Seite größer als nach der Tiefe. Daher werden keine so großen Tiefen erreicht. Nach KREUTZER (1968) drangen die Wurzeln der Grau-Erle auf Pseudogley aus Lößlehm bis 120 cm tief, jene der Schwarz-Erle bis 225 cm tief ein. Auf Lößlehm mit 50–60 cm hoch anstehendem Grundwasser betrug die max. Wurzeltiefe bei der Grau-Erle 105 cm, bei der Schwarz-Erle hingegen 190 cm. In beiden Fällen nahm die Zahl der Wurzeln bei der Grau-Erle im Gegensatz zur Schwarz-Erle nach unten rasch ab. Die Bewurzelung kann sich aber besser an die strukturelle Verschiedenheit der Böden anpassen. Sie kann sich bei hohem Wasserstand oder bei Bodenverdichtung in den oberen Bodenschichten flach ausbreiten. Auf tiefgründig erwärmten, lockeren, stauwasserfreien Böden kann sich die Bewurzelung auch vorwiegend nach der Tiefe erstrecken. Aufeinanderfolgende, verschieden strukturierte Bodenschichten kann sie unterschiedlich dicht durchwurzeln. Auf die Bildung verschieden dichter Wurzelhorizonte wiesen bereits PFEIL (1860), GAYER (1898), BRÜCKNER & JAHN (1932), ERTELD (1942) und KREUTZER (1961) hin. Überschüttete Stämme können sich nahe Flur dicht bewurzeln. Nach Abtragen des überschütteten Materials werden diese ringförmigen Wurzelkränze sichtbar (SCHWABE-KRATOCHWIL 1998, Abb. 8). Auch der unterschiedlich hohe Nährstoffgehalt der Bodenschichten bewirkt eine verschieden starke Durchwurzelung. Humose Bodenschichten, die infolge von Vermurung überlagert wurden (begrabene Humushorizonte), werden wesentlich stärker durchwurzelt als das darüber liegende, nahezu humusfreie Schwemmaterial. Stark unterschiedlicher Nährstoffgehalt, der für die meist vielschichtigen Schwemmlandböden kennzeichnend ist, kann einen wirren Wurzelverlauf und eine unregelmäßige Verteilung von Feinwurzeln bewirken. MELZER (1964) stellte an flachstreichenden Wurzeln sogar eine Richtungsänderung von 180 Grad fest, ein Verhalten, das auch bei anderen Arten beobachtet werden kann. Die große Anpassungsfähigkeit der Bewurzelung wird noch dadurch erhöht, daß die Grau-Erle auch reichlich Wurzelbrut bildet. Die Wurzelsprosse können entlang der flachstreichenden Wurzeln auch noch weiter entfernt vom Stamm an die Oberfläche dringen. Auf diese Weise können großflächige Strauchgruppen entstehen.

Die Polwurzel ist meist nur an Jungpflanzen deutlich erkennbar. An älteren Pflanzen ist sie vor allem auf Feinsedimentböden von den erstarkten Sproßwurzeln, die von der Stammbasis ausgehen, kaum noch zu unterscheiden. Nur auf grobsteinigen, sehr wasserdurchlässigen, humusarmen Böden, bei denen größere Oberbodentrockenheit die Bildung von Sproßwurzeln hemmt, ist die Polwurzel zumindest im oberen Teil an älteren Pflanzen noch gut erkennbar. Solche Pflanzen sind meist nur polbürtig bewurzelt. Auf Feinsedimentböden entstehen am Grund des Stammes sehr rasch kräftige Sproßwurzeln. Es ergibt sich dadurch eine polbürtige und eine sproßbürtige Bewurzelung. Wurzelsprosse sind nur sproßbürtig bewurzelt.

Der seitliche Verlauf der Wurzeln ist fast immer größer als der senkrechte. Das Tiefenstreben ist umso geringer, je kühler und feuchter der Boden ist. Auf einem SW-Hang in Goisern (Oberösterreich) erreichten die Wurzeln auf Braunlehm eine Tiefe von über 140 cm. Auf einem Nordhang im Ennstal drangen sie in eine skelettreichere Braunerde nur 80 cm tief ein (KUTSCHERA et al. 1998). In extremen Fällen entsteht ein flacher, tellerförmiger Wurzelkörper. Meistens ist das Tiefenstreben groß genug, um die Bildung zumindest eines flachen, kegelförmig nach oben erweiterten Wurzelkörpers zu ermöglichen.

Der Feinwurzelbesatz entlang der dünneren Wurzelstränge ist sehr groß. Er nimmt vom Wurzelstock nach außen zu. Am größten ist er an den fächerförmig verzweigten Endabschnitten der langen, flachstreichenden Wurzeln. Dadurch ergibt sich fast immer eine unregelmäßige Verteilung der Feinwurzeln. Der Besatz an Wurzelknöllchen kann hoch sein. Kutschera et al. zählten an einer 35 cm hohen Pflanze bereits 16 Knöllchen. Der Knöllchenbesatz beschränkt sich fast ausschließlich auf die oberen, nach der Seite ausgebreiteten Wurzeln. Die Wurzelknöllchen haben ein korallenähnliches Aussehen (Goodfellow et al. 1984).

Die Zugfestigkeit der Wurzeln ist bei Grau-Erle und Grün-Erle ungefähr gleich groß. Bei der Schwarz-Erle ist sie fast um die Hälfte geringer (Kutschera et al.). Nach Schuppener (1998) nimmt die Zugfestigkeit der Wurzeln mit zunehmendem Durchmesser allgemein ab. So war eine 1,53 cm dicke Birken-Wurzel ungefähr 7mal so zugfest wie eine 3,10 cm dicke Wurzel.

Abb. 127: Grau-Erle, *Alnus incana*, H–T–S = 138–72–296 cm, oberhalb Treffen, Kärnten, konkaver Westhang, 850 m NN. Grauerlen-Schluchtwald mit *Salix caprea.* Unterzügige Braunerde. Bodenprofil Hor.: A_1 0–6 cm Modermull, stark humoser, sandiger Lehm, locker, stark durchwurzelt, A_2 6–16 cm s L, locker, stark steinig, stark durchwurzelt, B_VC 16–85 cm s L in kristallinem, plattigem Grus und Schutt, B_g C schwach rostfleckiger s L in Grus und Schutt, sickerfeucht.

Abb. 128 (rechts): Grau-Erle, *Alnus incana*, H–T–S = 675–120–846 cm, bei Arriach, Kärnten, Verflachung eines Nordhanges, 851 m NN. Waldschlag, bestockt mit *Alnus incana, Fraxinus excelsior, Acer pseudoplatanus* und *Salix caprea,* im Unterwuchs vorwiegend *Urtica dioica, Rubus idaeus, Senecio ovatus, Carduus personata* u. a. Schutt-Ranker. Bodenprofil Hor.: O 2–0 cm Laubmoder, A_1 0–5 cm Modermull, stark humoser, schluffreicher, lehmiger Sand, locker, stark durchwurzelt, A_2 5–15 cm feinmoderreicher, stark schluffiger l S, stark durchwurzelt, steinig, AC 15–45 cm schwach humoser, schluffreicher l S zwischen plattigem Phyllitgrus, stark durchwurzelt, C_1 45–90 cm schluffiger l S zwischen plattigem Schutt, Durchwurzelung stark abnehmend, C_2 Grus und Schutt, sickerfeucht, Durchwurzelung auslaufend.

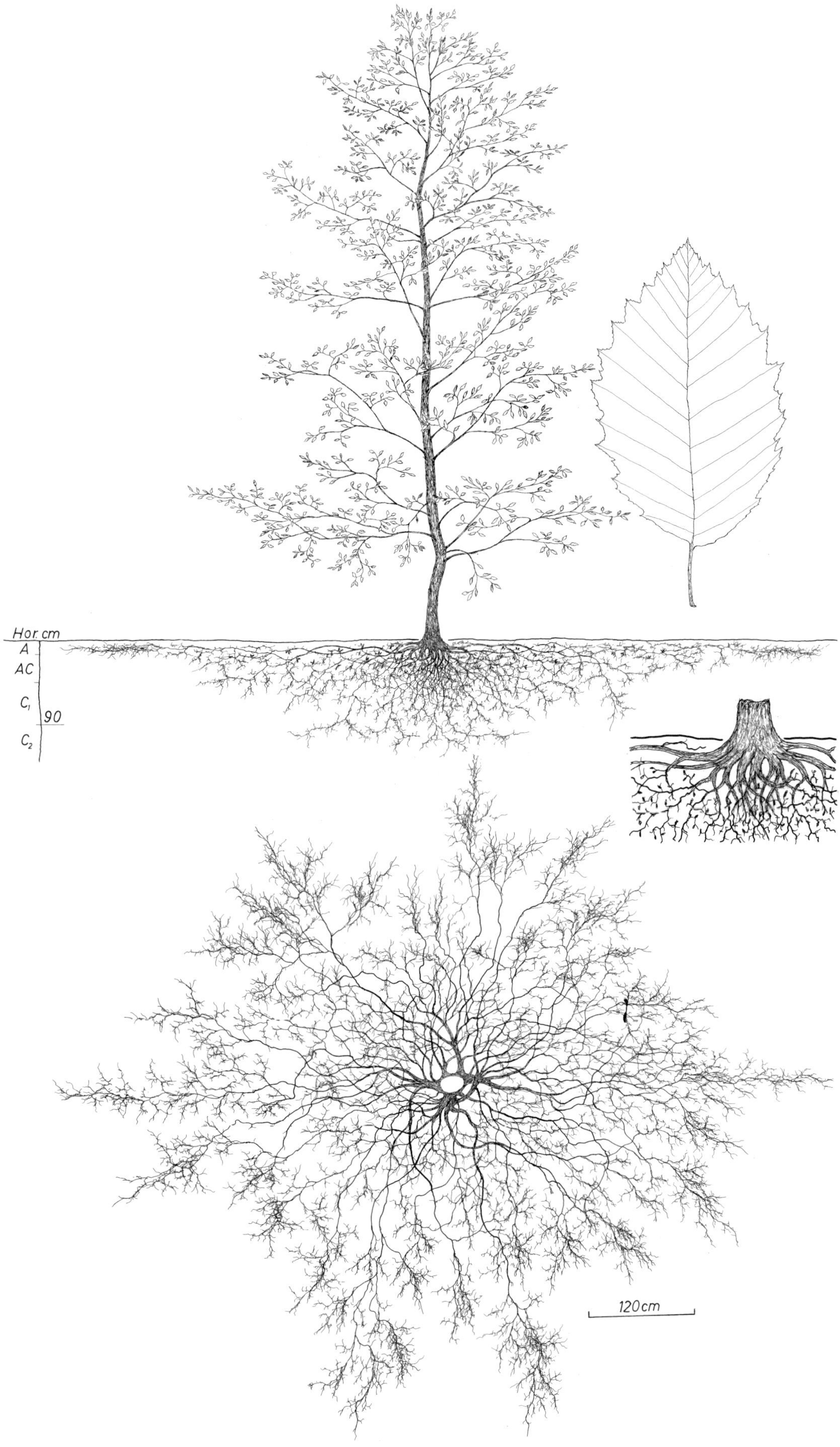
Hor. cm
A
AC
C1
90
C2
120cm

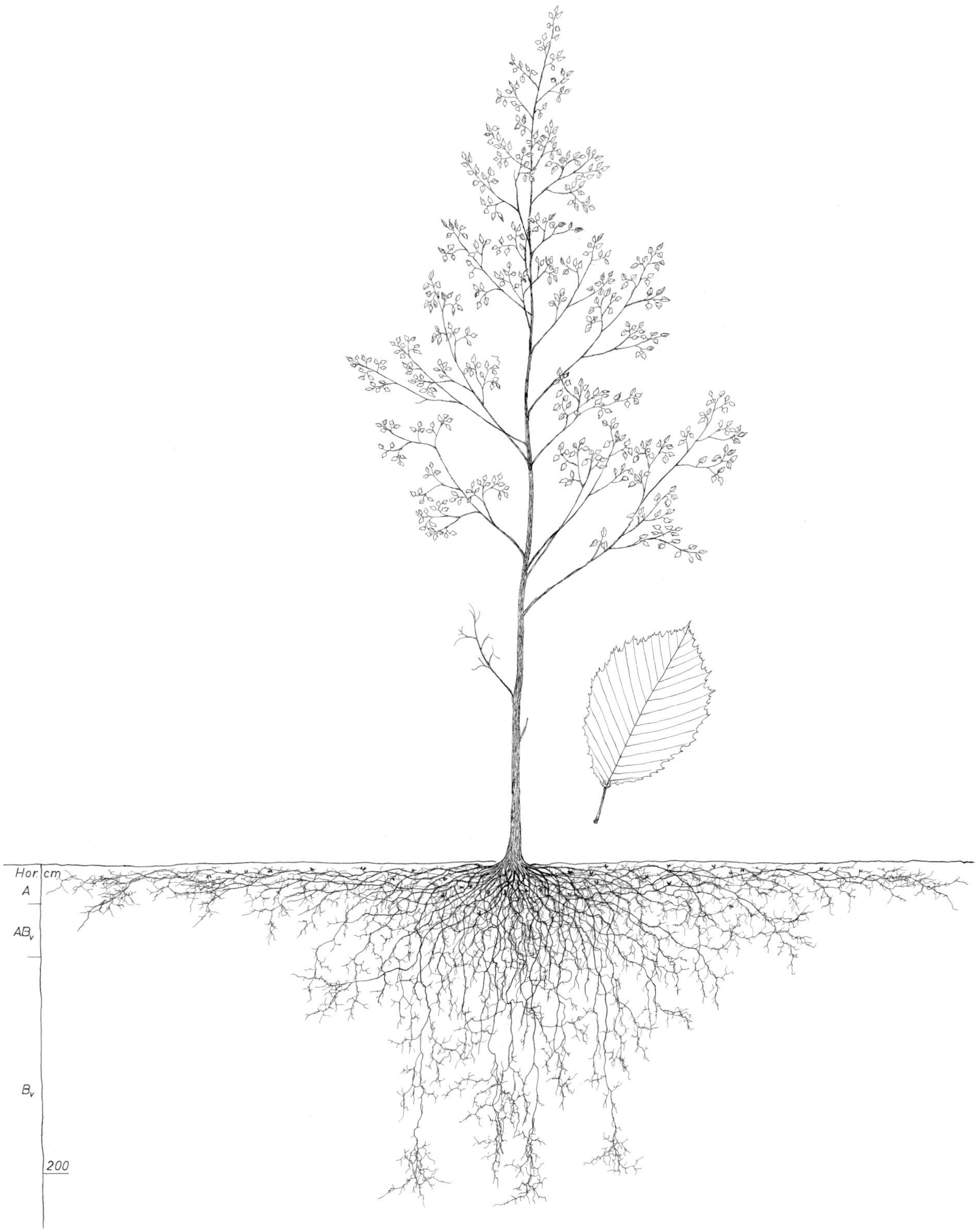

Abb. 129: Grau-Erle, *Alnus incana*, H–T–S = 554–220–641 cm, bei Treffen, Kärnten, 510 m NN. Mit Grau-Erlen bestockter südseitiger Hang, Lockersediment-Braunerde auf Niederterrasse. Bodenprofil Hor.: A 0–25 cm humoser, lehmiger Sand, schwach krümelig, sehr locker, stark durchwurzelt, pH 6,9, AB_v 25–60 cm schwach humoser l S, schwach kiesig, stark durchwurzelt, B_v l S, unregelmäßig kiesig, schotterig, Durchwurzelung nach unten stark abnehmend, pH 7,1.

Der Strauch der **Abb. 127** wurde auf einem sickerfeuchten Westhang auf unterzügiger Braunerde oberhalb von Treffen in Kärnten freigelegt. Die Polwurzel ist in dem stark steinigen, durchlässigen Boden deutlich als dicker, hervortretender Strang erkennbar. Sie verzweigt sich aber bald mehrmals gabelig in kräftige Wurzelstränge. Diese bilden ein sehr stark aufgefächertes Wurzelwerk, das sich hauptsächlich nach der Seite ausbreitet. Das Tiefenstreben der Wurzeln endet in den sickerfeuchten Bodenschichten. Die Feinverzweigung ist in dem gut durchlüfteten, hohlraumreichen Boden sehr groß. Die Feinwurzeln treten entlang der Endabschnitte der dünneren Wurzelstränge gehäuft auf. In den zeitweise trockenen oberen Bodenschichten ist die Bewurzelung gering. Sproßbürtige Wurzeln fehlen. Der kleine Baum der **Abb. 128** wuchs an einer Verflachung eines nordseitigen Mittelhanges auf einem Schutt-Ranker. Die Polwurzel ist nicht mehr erkennbar. Die kräftigen Seitenwurzeln sind schon zum Großteil sproßbürtig. Sie verjüngen sich sehr rasch, indem sie sich gabelig in dickere Wurzelstränge verzweigen. Von den zahlreichen Wurzelsträngen breitet sich der größere Teil in den oberen Bodenschichten aus, der kleinere Teil wendet sich nach unten. Auf dem kühlen Nordhang wird aber keine größere Tiefe erreicht. Vom Stamm nach außen nimmt das Tiefenstreben der Wurzeln ab, dadurch bildet sich ein kegelförmig nach oben erweiterter Wurzelkörper. Die Feinverzweigung ist vor allem entlang der fächerförmigen Endabschnitte der Wurzeln groß. Der Besatz an Wurzelknöllchen beschränkt sich auf die oberen Wurzelabschnitte im Bereich des Kronenradius.

Der kleine Baum der **Abb. 129** wuchs an einem Südhang auf sandiger, sickerwasserfreier Braunerde. Auf dem tiefgründig erwärmten Boden ist das Tiefenstreben der Wurzeln größer als ihr seitlicher Verlauf. Es werden Tiefen bis zu 220 cm erreicht. Auch auf diesem Boden nimmt das Tiefenstreben der Wurzeln vom Stamm nach außen ab. Der im Kronenbereich annähernd zylinderförmige Wurzelkörper wird durch die oberen, seitwärts verlaufenden Wurzeln kegelförmig überprägt. Der Feinwurzelbesatz ist in dem trockeneren, humusärmeren Boden auch entlang der oberen, seitwärts verlaufenden Wurzeln deutlich geringer. Die höhere Bodenerwärmung begünstigt offensichtlich die Bildung von Wurzelknöllchen. Sie sind in den oberen Bodenschichten zahlreich und fast auf den ganzen Radius des Wurzelsystems verteilt.

Der Strauch der **Abb. 130** wurde auf feinsandigem Auboden nahe der Drau bei Grafenstein in Kärnten freigelegt. Die weit nach oben reichende Grundfeuchte bewirkt eine flache, weit nach der Seite ausgebreitete Bewurzelung. Das Tiefenstreben der Wurzeln wird sehr bald mit einer büschelförmigen Verzweigung in den grundfeuchten Schichten beendet. Die luftfeuchte, nebelreiche Lage hemmt das Wachstum der Polwurzel und begünstigt die Bildung von Stockausschlägen und von Wurzelsprossen. Die Polwurzel ist daher an älteren Pflanzen kaum noch zu erkennen. Die langen, kräftigen Wurzelstränge sind vorwiegend sproßbürtig. Sie breiten sich unregelmäßig weit seitwärts aus und verzweigen sich entlang ihrer Endabschnitte fächerförmig. Dadurch ergibt sich im äußeren Bereich des Wurzelkörpers eine sehr unregelmäßige Verteilung der Feinwurzeln. Überhaupt ist die Wurzelmasse infolge der unterschiedlich langen Wurzelstränge sehr unregelmäßig verteilt ein typisches Zeichen für Schwemmlandböden. Vor allem entlang der dickeren Abschnitte der Wurzelstränge entstehen, oft büschelförmig gehäuft, Wurzelsprosse. Sich kreuzende dickere Wurzelstränge sind häufig miteinander verwachsen. Eine solche Überplattung wurde in der **Abb. 130** mit einem x gekennzeichnet.

Anatomie, Taf. 106

Der primäre Bau der Wurzeln der Grau-Erle unterscheidet sich von jenem der Schwarz-Erle oft durch eine geringere Weite der Zellen des mittleren Rindenparenchyms. In Übereinstimmung mit der Schwarz-Erle ist das Außenrindenparenchym mit bis zu fünf Schichten auffallend breit (A 1). Die Endodermis ist kleinzellig (B 1).

Im sekundären Zustand liegen die Unterschiede im Bereich des Bastes meist in dessen geringerer Breite sowie in den oft weitlumigeren Steinzellen bzw. Fasern und in der Anordnung der Sclerenchymzellen in (1–)2(–3) Reihen. Mitunter treten die ringförmig angeordneten Fasern nur über dem Bereich des Phloems auf. Möglicherweise erhöht dies die Widerstandsfähigkeit der Wurzel gegenüber Bodenbewegungen (A 3, B 2). Innerhalb des Holzes betreffen die Unterschiede die oft größere Zahl und Weite der Gefäße sowie die geringere Verfestigung der Zellwände des Grundgewebes (A 2, 3). Außerdem bilden die Wurzeln keine Lentizellen. Die Strahlen sind einreihig (A 2, 4), nur stellenweise werden sie zweireihig. Libriformfasern

Taf. 105: Grau-Erle, *Alnus incana*. 1. Reihe links: Tröpolach, Kärnten, 910 m NN, Grauerlengebüsch auf Schuttböschung mit bewurzelten Kriechtrieben und Wurzelsprossen, Wurzeln vorwiegend abwärts wachsend; Mitte und rechts: Treffen, Kärnten, 510 m NN, kleiner Baum auf Braunerde, Wurzeln an der Südseite vorwiegend tiefstrebend, reich feinverzweigt (zu Abb. 129). 2. R. links und 3. R. links: Arriach, Kärnten, 851 m NN, kleiner Baum auf Schuttranker, Wurzeln an der Nordseite wenig tiefstrebend, Wurzelenden lang, fleischig (zu Abb. 128). 2. R. rechts und 3. R. Mitte: Grafenstein, Kärnten, 390 m NN, durch Kriechtriebe und Wurzelsprosse verbundenes Erlengebüsch auf Drau-Sand, dickere Wurzeln oft verwachsen, Feinwurzelbesatz groß, Wurzelknöllchen zahlreich, knäuelförmig gehäuft (zu Abb. 130); rechts: junge Wurzelsprosse (Ort wie Abb. 130).

Taf. 106 A: Grau-Erle, *Alnus incana*. – **1:** Velden, Kärnten, 1.5. Prim., Ø, S3, 64x. **Rh** Z klein. **Rinde** RP mittelbreit, IZ klein, ARP 3-4schichtig. **ZZ** 6arch. – **2:** Gerlitzen, Kärnten, 4.9. Sek., Ø, JJK, 64x. **ZZ** 4arch. **PCAG** schmal, sich abschuppend. **Bast** F in 1-2reihigen Gruppen über Ph, im Zwischenbereich fehlend. **Holz** Strahlen einreihig. – **3:** Kanaltal, Friaul, 15.11. Sek., Ø, Ph/HCl, 162x. **PCAG** schmal bis mittelbreit. **Bast** F verholzt. **Holz** ZW dünn, Früh- u. Spätholz deutlich zu unterscheiden. – **4:** Ort u. Zeit wie 3. Sek., ☒, S3, 409x. **Holz** Strahlen Z kurz bis wenig verlängert, Libriformfasern Tüpfel entfernt, Gefäße Tüpfel dicht stehend, wabenförmig umrandet. – **5:** Ort u. Zeit wie 3. Sek., ☒ (RLS), Ph/HCl, 162x. **Holz** Gefäße mit leiterförmigen Platten.

Taf. 106 B: – **1:** Ausschnitt aus A 1. 409x. **Rinde** IRP ab 2. Schicht Z klein, mit CS. **ZZ** PC Z groß, über PrX klein. – **2:** Schnittreihe wie A 3. JJK, 409x. **PCAG** 9-10schichtig. **Bast** SteinZ u. F in 2(3)reihigen Gruppen, äußere ZReihen mit CaOxDrusen.

Abb. 130: Grau-Erle, *Alnus incana*, H–T–S = 340–57–800 cm, Drau-Au bei Grafenstein, Kärnten, 390 m NN. Grauerlen-Eschen-Au. Grauer Auboden. Bodenprofil Hor.: A 0–10 cm Modermull, humoser, feinsandiger Schluff, C 10–40 cm feinsandiger Schluff, C_g feinsandiger Schluff, schwach gleyfleckig, leicht grundfeucht.

bzw. Fasertracheide und Gefäße liegen oft den Strahlen benachbart. Die Gefäße enthalten leiterförmige Platten. Die Tüpfel sind klein, doch größer als bei Vertretern von *Betula,* und dicht stehend (A 4, 5). Zellen mit Calciumoxalat-Kristallen liegen wie bei der Schwarz-Erle vereinzelt im Grundgewebe des Bastes. Die Kristallgruppen sind drusenförmig.

Die Unterschiede im inneren Bau der Wurzeln von Schwarz- und Grau-Erle entsprechen denen der Standorte beider Arten. Jene der Grau-Erle sind kühler, die Schwankungen des Wasserangebotes sind geringer, und die Böden sind besser durchlüftet und oft nährstoffärmer (s. oben).

Standortansprüche: Die Grau-Erle ist ebenso lichtbedürftig wie die Schwarz-Erle. Gemäß ihrer weiter nach Norden, nach Osten und ins Gebirge reichenden Verbreitung ist sie weniger wärmebedürftig und besser an einen winterkalten, kontinentalen Klimaablauf angepaßt. Hacker (1995) und Knapp & Hacker (1998) bezeichnen sie als den frosthärtesten Laubbaum. Ihr Hauptareal „zeigt weitgehende Deckungsgleichheit mit Gebieten, in denen regelmäßig Jahresminima von –15 °C und darunter auftreten" (Schwabe 1985). Nach Schiechtl (1998) ist sie schneebruchempfindlich. Zum Unterschied von der Schwarz-Erle erträgt sie keine Staufeuchte und keine so hohe Wechselfeuchte. Optimale Standorte sind grundwasserzügige Tallagen oder sickerfeuchte Hänge. Ebenso wie die Schwarz-Erle bevorzugt sie basen- und nährstoffreichere Böden.

Verbreitung: Die Grau-Erle weist eine nordisch-(kontinental-)praealpide Verbreitung auf (Meusel et al. 1965, Jalas & Suominen 1976). Am häufigsten kommt sie in den Alpen, in den Karpaten und im europäisch-borealen Raum vor. In Mitteleuropa ist sie hauptsächlich in der planaren, der kollinen und der montanen Stufe zu finden. In sommerwarmen Gebieten tritt sie am häufigsten in der montanen Stufe auf. Die Höhengrenze ihrer Verbreitung verläuft in Mitteleuropa bei 1.400–1.600 m. Bestandsbildend tritt sie in sommerkühlen Flußauen, entlang von Gebirgsbächen und an sickerfeuchten Hängen auf. Sie gilt daher als Kennart der Grauerlen-Auwälder (Alnetum incanae).

Alnus viridis (Chaix) DC., Grün-Erle, Alpen-Erle

Morphologie

Sproß: Sommergrüner, bis 2,5 m hoher, vielästiger, horstiger, niederliegend-aufsteigender Strauch, seltener bis 4 (6) m hoher Baum.

Wurzel: Nach Rubli (1976) hat die Grün-Erle ein relativ flaches Herzwurzelsystem. Unter Berücksichtigung der Gesamtbewurzelung trifft dies nur bedingt zu. Vor allem entwickelt sich auf dem durchwegs bodenfeuchten Standort keine Gruppe von Herzwurzeln, die sich von der übrigen Bewurzelung abheben würde. Viel mehr entfällt die Hauptwurzelmasse auf die im Oberboden ausgebreiteten, flachstreichenden Wurzeln. Die Senkwurzeln, die von ihnen abzweigen, können auf warmen, südseitigen Hängen tief eindringen. Auf schattseitigen, bodenkühlen Standorten erreichen sie viel geringere Tiefen. Immer aber gewährleisten sie die Verbindung mit den grundfeuchten Schichten. Eine Polwurzel ist nur bei sehr jungen Pflanzen erkennbar. Ältere Büsche sind fast immer nur sproßbürtig bewurzelt. Die Sproßwurzeln gehen vom Grund der horstartig gehäuften Sproßtriebe aus. Die Feinverzweigung der Wurzeln ist ziemlich hoch. Der meist reichliche Besatz an Wurzelknöllchen beschränkt sich auf die oberen, wärmeren Bodenschichten. Die starke Bewurzelung und die Fähigkeit zur Bildung von Wurzelsprossen rechtfertigen den Ruf der Grün-Erle als Bodenfestiger und -verbesserer. Die Zugfestigkeit der Wurzeln ist hoch: Kutschera et al. (1998) stellten an 1,5–2,5 mm dicken Wurzeln eine Zugfestigkeit von 3,4–4,3 kg fest.

Der Strauch der **Abb. 131** wurde auf einem schneereichen, sickerfeuchten SW-Hang auf tiefgründigem Braunerdekolluvium im Glocknergebiet freigelegt. Auf dem warmen, windgeschützten Hang erreichen einige Wurzeln beachtliche Tiefen. Die meisten breiten sich aber im besser erwärmten Oberboden seitwärts aus. Der Besatz an Wurzelknöllchen ist hoch. Die Feinverzweigung ist vom Wurzelstock nach außen ziemlich gleichmäßig verteilt.

Taf. 107: Grün-Erle, *Alnus viridis*. Glocknergebiet, Kärnten, 1.850 m NN, dicht bestockter Strauch auf Rasenpseudogley, vorwiegend sproßbürtig bewurzelt, Wurzeln meist seitwärts verlaufend, einige Senker auf dem warmen Südhang auch tiefstrebend, Knöllchen gehäuft auftretend (zu Abb. 131).

Taf. 108 A: Grün-Erle, *Alnus viridis.* – **1:** Naßfeld, Kärnten, 24.7. Prim., Ø, S3, 409x. Wu mit Mantel aus Pilzhyphen. **Rinde** Ex u. einschichtiges ARP Pilzhyphen zwischen den Z, Hartig'sches Netz, IRP 3schichtig, En ZW mit Suberinlamelle. **ZZ** 2arch. – **2:** Ort u. Zeit wie 1. Sek., Ø, JJK, 64x. Wu konvexe Seite schmal. **PCAG** schmal. **Bast** SteinZ u. vereinzelt F in 1-3schichtigen Gruppen. **Holz** Gefäße radial u. tangential benachbart, Früh- u. Spätholz ähnlich. – **3:** Ort wie 1, 8.6. Prim., Ø, Ph/HCl, 162x. Wu unverpilzt. **Rh** ZW gebräunt. **Rinde** IRP ca. 9schichtig. – **4:** Pfl u. Zeit wie 2. Sek., ⊠ (RLS), S3, 162x. **Holz** Strahlen bis über 10 Z hoch, Gefäße Platten leiterförmig. – **5:** Pfl u. Zeit wie 1. Sek., Ø, JJK, 162x. Wu aus etwas feuchterer Bodenschicht. **Bast** SteinZ weitlumig. **Holz** ZW dünn.

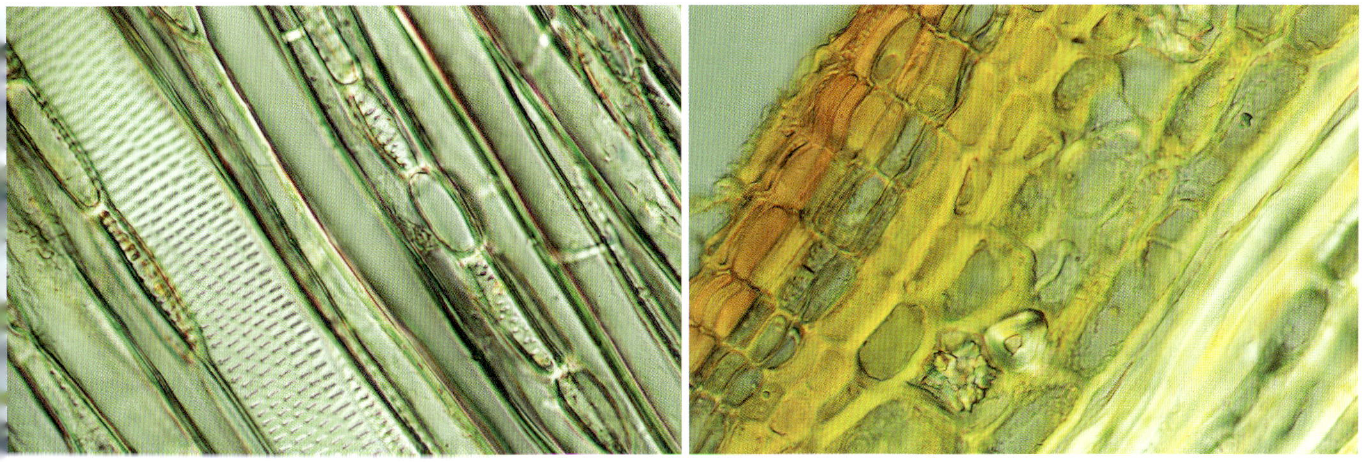

Taf. 108 B: – **1:** Schnittreihe wie A 4. S3, 409x. **Holz** Strahlen einreihig, Z schmal, Libriformfasern ZW wenig verdickt, Gefäße Tüpfel oval, zahlreich, versetzt. – **2:** Schnittreihe wie A 4. S3, 409x. **PCAG** äußere Schichten rot, Eigenfarbe. **Bast** Z mit CaOxDrusen.

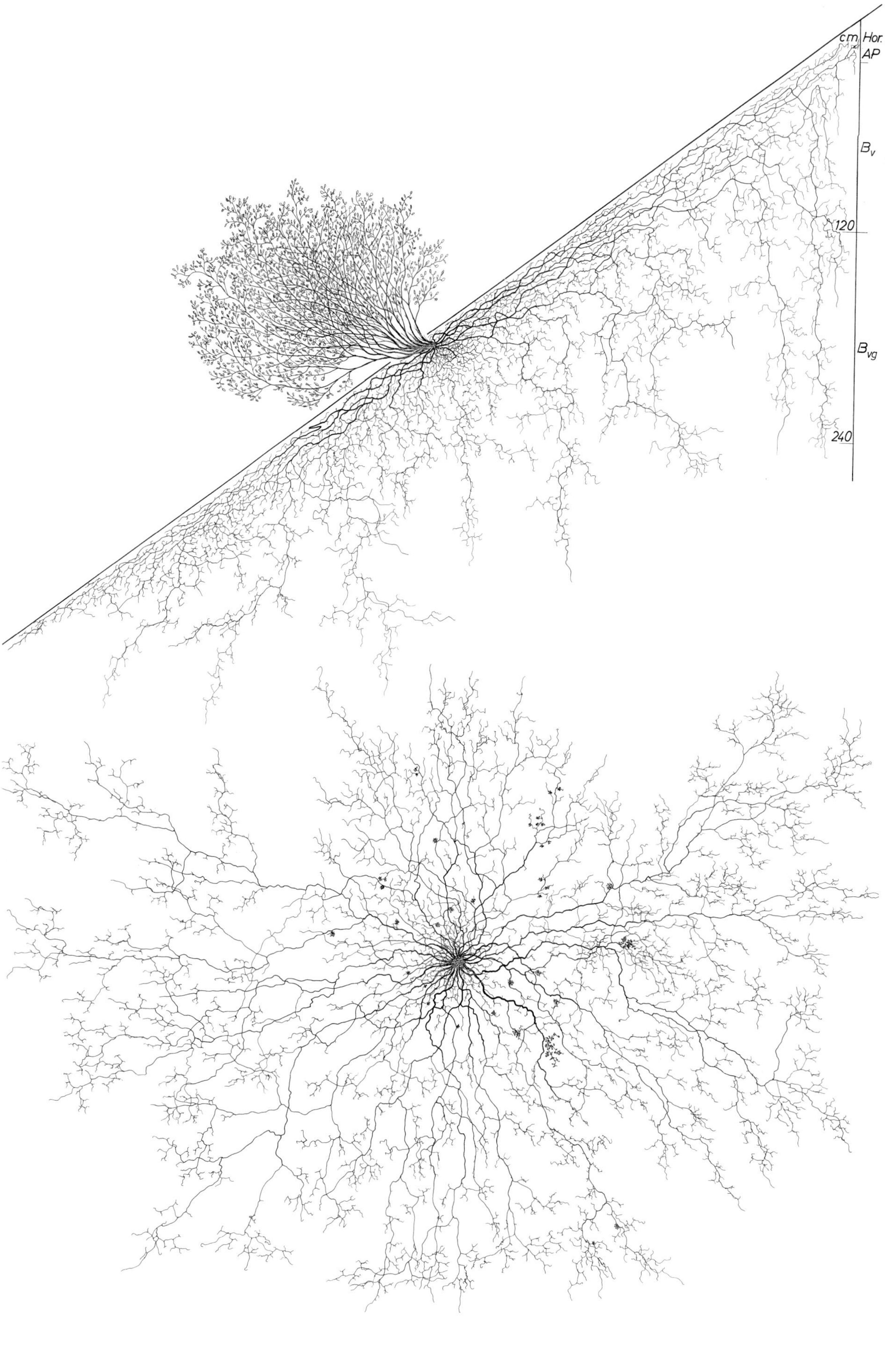
cm
Hor.
AP
B_v
120
B_{vg}
240

Anatomie, Taf. 108

Die Grün-Erle unterscheidet sich von der Schwarz- und der Grau-Erle im primären Zustand, soweit es sich um dickere Wurzeln handelt, durch ein schmäleres Außenrindenparenchym (A 3). Bei dünnen Wurzeln sind die Zellen des Rindenparenchyms oft kleiner (A 1 und *Alnus incana*, B 1).

Im sekundären Zustand liegen die Unterschiede im Bast vor allem im meist mehrschichtigen, jedoch weniger geschlossenen Mantel aus Steinzellen bzw. Fasern. Ein weiterer Unterschied besteht in den oft radial benachbart liegenden Gefäßen (A 2, 4, 5, B 2). Calciumoxalat wird wie bei den beiden anderen Arten vorwiegend in Form von Drusen abgelagert (B 2). Das Holz enthält ebenfalls wie das der beiden anderen Arten Fasertracheide mit entfernt stehenden Tüpfeln und Gefäße mit leiterförmigen Platten. Beiden benachbart liegen einreihige, bis über 11 Zellen hohe Strahlen (A 4, B 1). Die Zellwände des Holzes sind durchwegs dünn, und der Unterschied zwischen Früh- und Spätholz ist auffallend gering (A 5).

Dem inneren Bau der Wurzeln entspricht daher die Bindung der Art an anhaltend kühle und frischfeuchte Standorte (s. oben).

Standortansprüche: Die Grün-Erle ist wie die Latsche lichtbedürftig und an das Voralpenklima bestens angepaßt. Im Gegensatz zu jener ist sie an sickerfeuchte, nährstoffreichere Böden gebunden. Sie ist aber empfindlich gegen Staunässe.

Verbreitung: Die praealpide Art ist neben der Latsche in den Alpen der wichtigste Bestandteil des subalpinen Krummholzgürtels. Am häufigsten kommt sie in den Zentralalpen vor. Dies deshalb, weil im Kristallin viel häufiger und schon in viel größeren Höhen sickerfeuchte Hänge und Mulden entstehen können als in den wasserdurchlässigen Kalkalpen. Die Bestände der Grün-Erle sind immer mit den praealpiden Hochstaudenfluren verzahnt. Innerhalb des Verbandes der Hochstauden (Adenostylion) gilt sie als Kennart des Alnetum viridis.

Corylaceae, Haselgewächse

Corylus avellana L., Gewöhnliche Hasel, Haselstrauch

Morphologie

Sproß: Sommergrüner Strauch, seltener kleiner Baum, bis 12 m hoch, stark bestockte, horstartige, ovale bis rundliche Büsche bildend.

Wurzel: Über die Bewurzelung der Hasel ist wenig bekannt. Sie gehört zu den am stärksten bewurzelten Sträuchern. An den Jungpflanzen ist in der Regel noch eine deutlich hervortretende Polwurzel zu erkennen. Ihre Vorwüchsigkeit verliert sie zunehmend mit dem Erstarken der Seitenwurzeln. Bei älteren Pflanzen können an den dickeren Abschnitten der Seitenwurzeln, die nahe der Bodenoberfläche verlaufen, Wurzelsprosse entstehen. Die erstarkten Wurzelsprosse können durch wiederholte Bildung von Stockausschlägen zu verdickten waagrechten Grundachsen heranwachsen. Vorwiegend von der Unterseite dieser Grundachsen gehen zahlreiche dickere Wurzelstränge aus. Auf tiefgründig durchwurzelbaren, wärmeren Böden wächst der größere Teil dieser Wurzeln nach unten. Dabei können Tiefen von 300 cm und mehr erreicht werden. Der kleinere Teil der Wurzeln breitet sich in den oberen Bodenschichten seitwärts aus. Von

---

Abb. 131 (links): Grün-Erle, *Alnus viridis*, H–T–S = 131–221–607 cm, Glocknergebiet, Kärnten, 1.850 m NN. Grünerlen-Bestand auf sickerfeuchtem, schneereichem SW-Hang. Rasenpseudogley aus Braunerdekolluvium. Bodenprofil Hor.: AP 0–24 cm humoser, sandiger Lehm, schwach krümelig, leicht graufleckig, sehr stark durchwurzelt, B_v 24–120 cm lehmiger Sand, mäßig dicht, schwach steinig, Durchwurzelung laufend abnehmend, $B_{v\,g}$ l S, schwach rostfleckig, sickerfeucht, Durchwurzelung auslaufend. Aus: Kutschera & Lichtenegger (1997).

Abb. 132: Gewöhnliche Hasel, *Corylus avellana*, H–T–S = 80–100–142 cm, bei Pörtschach am Wörthersee, Südhang, 560 m NN. Lichter Wald mit Stiel-Eiche, Hainbuche und Rot-Kiefer, im Unterwuchs vereinzelt Hasel. Braunerde über Phyllit. Bodenprofil Hor.: O 2–0 cm Streuauflage, A 0–10 cm Feinmoder, stark humoser, sandiger Lehm, sehr locker, AB$_V$ 6–17 cm humoser s L, locker, grusig, B$_V$ 17–48 cm humoser, lehmiger Sand, durchsteint mit plattigem Grus, B$_V$C 48–80 cm l S, stark durchsetzt mit plattigem Grus, C plattiger Grus und Schutt.

diesen Wurzeln gehen Senker aus, die mit zunehmender Entfernung vom Wurzelstock immer geringere Tiefen erreichen. Ihr Tiefenstreben reicht aber aus, um eine deutliche Gliederung in eine flachstreichende und eine tiefstrebende Wurzelgruppe zu verhindern. In den meisten Fällen entsteht dadurch zumindest in den humiden Gebieten ein Wurzelkörper, der sich kegelförmig nach oben erweitert. Mit zunehmender Trockenheit nimmt der seitliche Verlauf der Wurzeln zugunsten ihres Tiefenstrebens ab. Der Wurzelkörper wird zusehends zylinderförmig. In kühlen und feuchten Lagen ist er breit verkehrt kegelförmig. Zu einer scheibenförmigen Ausbildung des Wurzelkörpers kommt es aber nicht. Denn solche Formen der Bewurzelung bilden sich nur auf Standorten, die für die Hasel zu naß oder zu kalt sind. Der Feinwurzelbesatz an den dünnen Wurzelsträngen ist nicht sehr groß.

An dem jungen Strauch der **Abb. 132** tritt die Polwurzel noch deutlich als verdickter Strang hervor. Auf dem relativ seichten, steinigen Boden wird sie aber bald seitwärts abgelenkt. Zusammen mit den ebenfalls abwärts gerichteten Seitenwurzeln beendet sie ihr Tiefenstreben unter reicher Verzweigung mit Beginn des steinigen Untergrundes. Die Gruppe der oberen flachstreichenden Wurzeln ist auf dem nach Süden geneigten, warmen Boden relativ klein. Der ältere Strauch der **Abb. 133** mit einer liegenden, verdickten Grundachse ist aus einer waagrecht verlaufenden Seitenwurzel einer Polwurzelpflanze hervorgegangen. Der Zusammenhang mit der links im Bild zu sehenden Mutterpflanze ist noch gegeben. An dieser ist auch

---

Abb. 133 (rechts): Gewöhnliche Hasel, *Corylus avellana*, H–T–S = 256–345–412 cm, abgestorbene Polwurzelpflanze mit erstarktem Wurzelsproß, bei Villach, 520 m NN. Haselgebüsch an der Oberkante eines Südhanges. Lockersediment-Braunerde über Niederterrasse. Bodenprofil Hor.: A$_1$ 0–5 cm Modermull, sehr locker, A$_2$ 5–30 cm stark humoser, lehmiger Sand, krümelig, locker, stark durchwurzelt, AB$_V$ 30–45 cm schwach humoser l S, locker, stark durchwurzelt, B$_V$ 45–75 cm l S, kiesig, locker, stark durchwurzelt, B$_V$C 75–150 cm l S, stark kiesig, locker, stark durchwurzelt, C$_1$ 150–225 cm sandiger Kies, C$_2$ kiesiger Grobsand, grundfrisch, Durchwurzelung auslaufend.

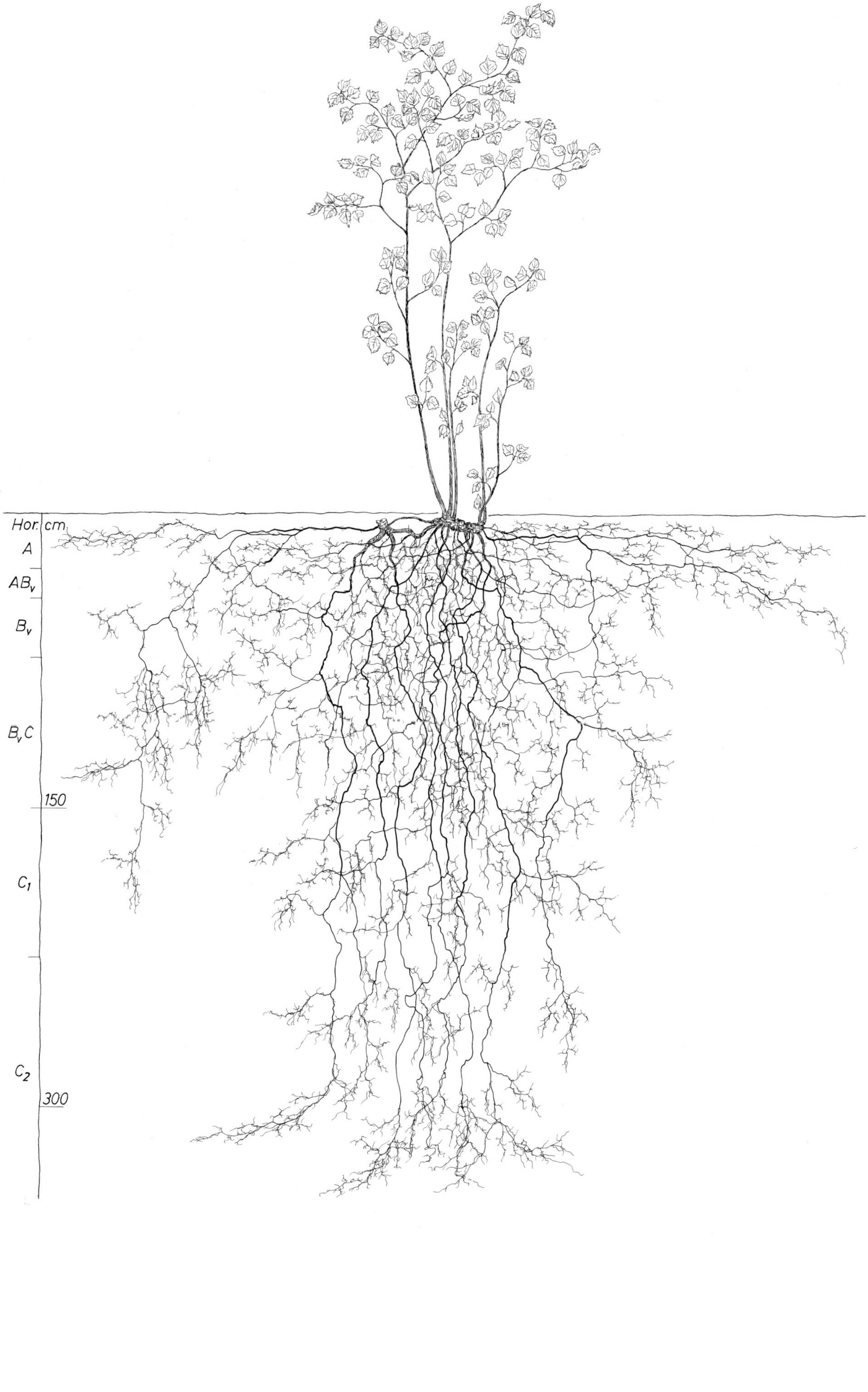
Hor.
cm
A
AB_v
B_v
B_vC
150
C_1
C_2
300

Taf. 109: Gewöhnliche Hasel, *Corylus avellana*. Treffen, Kärnten, 520 m NN, Braunerde. 1. Reihe links: Jungpflanze mit abgeknickter Polwurzel und langer Seitenwurzel; übrige Bilder: bestockter Strauch mit verdickter, liegender Grundachse und mit zahlreichen vorwiegend abwärts wachsenden Sproßwurzeln, die auf dem warmen Südhang eine beachtliche Tiefe erreichen. Feinverzweigung besonders entlang des Endabschnittes der Wurzelstränge sehr groß, Wurzelenden dick-fleischig (zu Abb. 134).

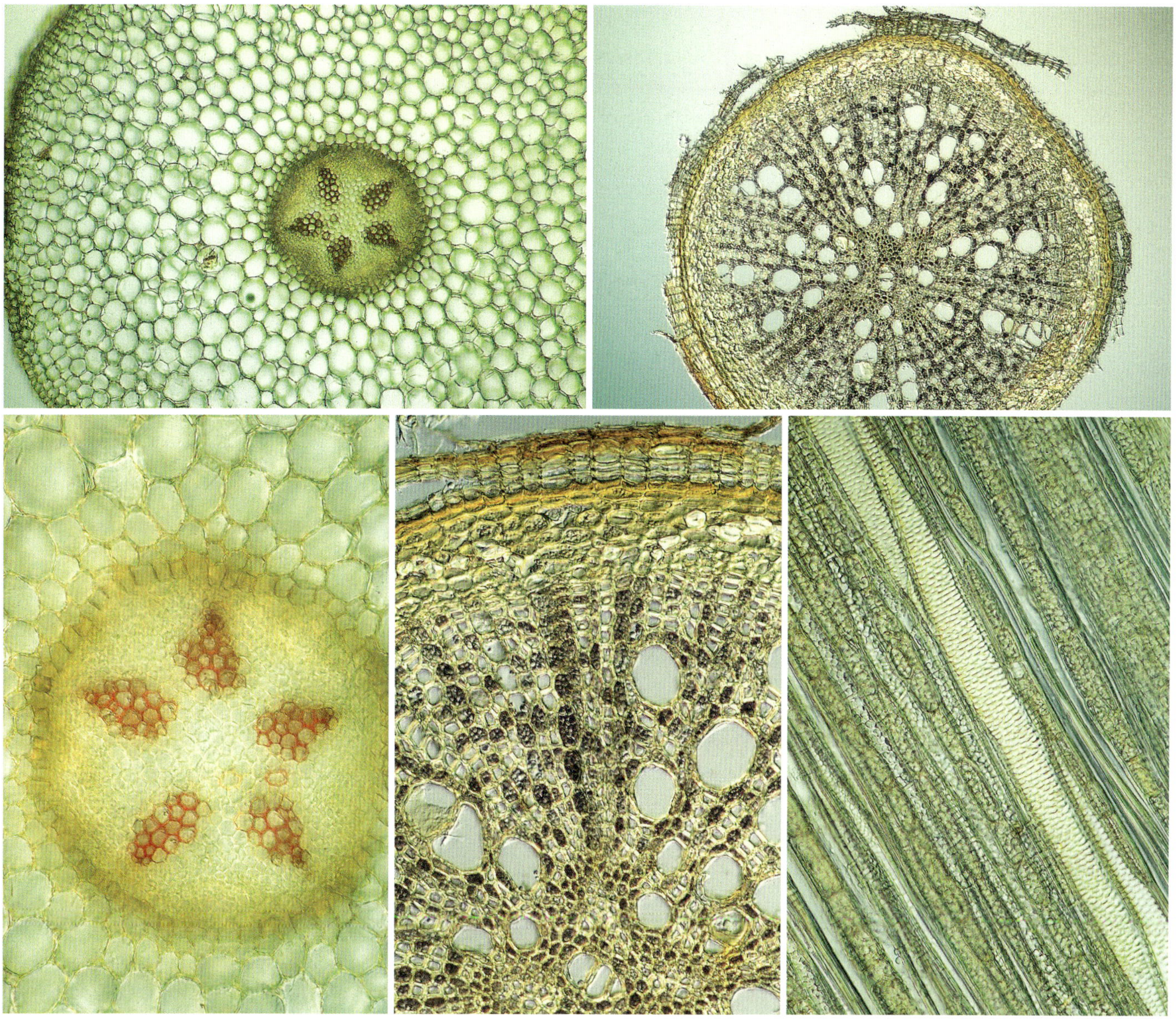

Taf. 110 A: Gewöhnliche Hasel, *Corylus avellana*. – **1:** Östlich Klagenfurt, 27.11. Prim., Ø, Ph/HCl, 64x. **Rh** Z mittelgroß, ZW cutinisiert (?). **Rinde** Ex ZW mit Suberinlamelle, IRP ZGröße auf kleinem Raum stark wechselnd, EnZ klein, ZW gebräunt. – **2:** Schütt bei Villach, Kärnten, 9.11. Sek., Ø, JJK, 64x. **ZZ** 4arch. **PCAG** mittelbreit, sich in großen Schuppen ablösend. **Bast** F in 1-3reihigen Gruppen. **Holz** Strahlen 1-2reihig, Gefäße tangential u. radial benachbart, vorwiegend mittelgroß. – **3:** Ausschnitt aus 1. 162x. **Rinde** EnZ 1-2x radial unterteilt, seitliche ZW mit CS. **ZZ** 5arch, PrX breit, kegelförmig. – **4:** Ausschnitt aus 2. 162x. **Bast** weitlumige SteinZ u. englumige F. – **5:** Pfl u. Zeit wie 2. Sek., ☒, Ph/HCl, 162x. **Holz** Strahlen bis über 12 Z hoch, Gefäße Platten lang, leiterförmig.

Taf. 110 B: – **1:** Ausschnitt aus A 1. 409x. **Rh** ZW deutlich verschieden von denen der Rinde, AW schwach verdickt. **Rinde** ARP 3-4schichtig. – **2:** Pfl u. Zeit wie A 2. Sek., Ø, S3, 409x. **PCAG** 8schichtig, äußere ZW verkorkt. **Bast** schmal, Anteil an F u. SteinZ groß.

noch deutlich die Polwurzel zu sehen. Mit der links von ihr abzweigenden dicken Seitenwurzel erreicht sie auf dem sandigen, kiesigen Boden eine Tiefe von über 300 cm. Die von der Unterseite der liegenden Grundachse ausgehenden Sproßwurzeln wachsen ebenfalls vorwiegend abwärts. Die meisten davon dringen tief in den sandigen Untergrund vor. Von den wenigen seitwärts verlaufenden Wurzeln gehen weiter von der Grundachse entfernt Senker aus, die aber keine so großen Tiefen erreichen. Der Wurzelkörper wird dadurch zylinder- bis kegelförmig. Der Feinwurzelbesatz ist in dem sandigen Boden mäßig hoch. An dem älteren Strauch der **Abb. 134**, der neben jenem der **Abb. 133** auf gleichem Boden freigelegt wurde, ist die Polwurzel nicht mehr sicher festzustellen. Von der Unterseite der stark bestockten, liegenden Grundachse gehen zahlreiche dickere Sproßwurzeln aus. Die meisten davon wachsen ebenfalls nach unten. Die weiter vom Stock entfernten Senker bleiben im Tiefenwachstum zurück. Durch den längeren seitlichen Verlauf der flachstreichenden Wurzeln wird der Wurzelkörper breit kegelförmig. Die tiefstrebenden Wurzeln bilden gegen ihr Ende hin Fächer von unverzweigten Seitenwurzeln, die in lange, fleischige Wurzelenden auslaufen. Die Feinverzweigung ist ebenfalls mäßig groß.

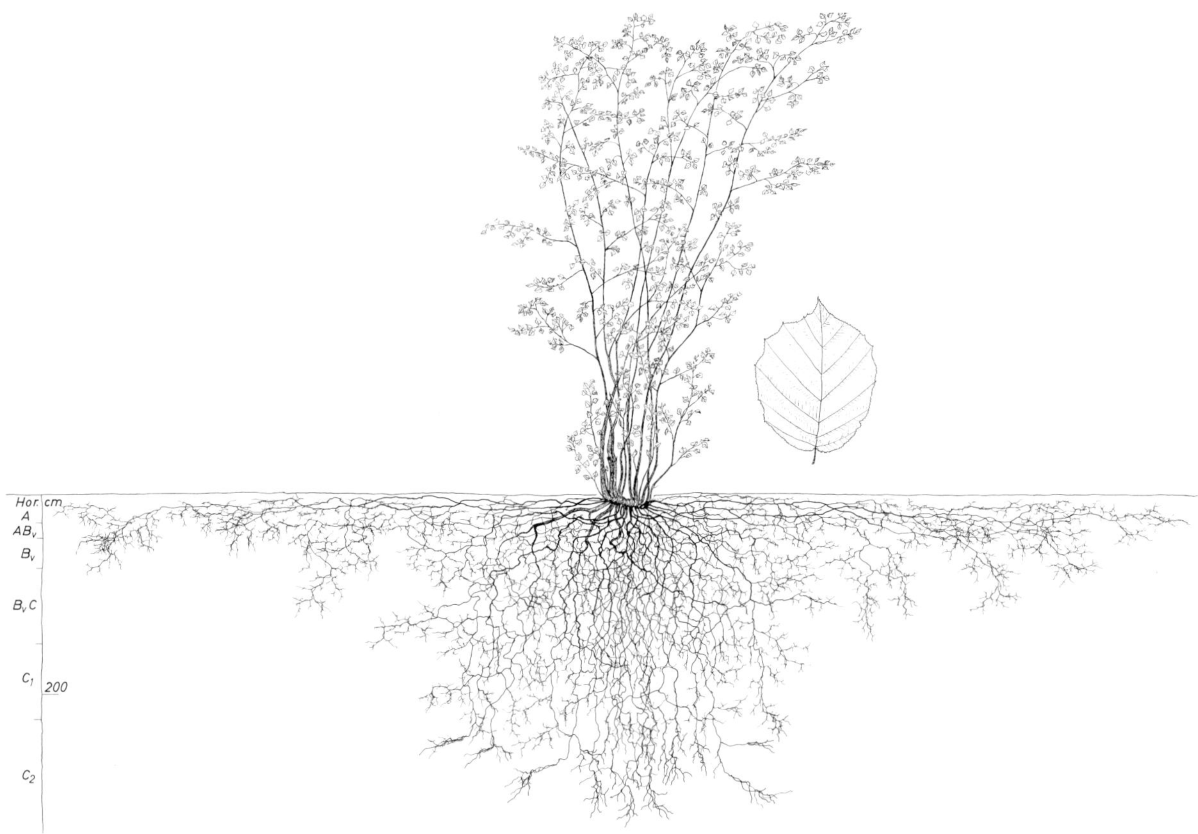

Abb. 134: Gewöhnliche Hasel, *Corylus avellana*, H–T–S = 484–330–1.106 cm, bei Villach, 520 m NN. Haselgebüsch an der Oberkante eines Südhanges. Lockersediment-Braunerde über Niederterrasse. Bodenprofil Hor.: A_1 0–5 cm Modermull, sehr locker, A_2 5–30 cm stark humoser, lehmiger Sand, krümelig, locker, stark durchwurzelt, AB_V 30–45 cm schwach humoser l S, locker, stark durchwurzelt, B_V 45–75 cm l S, kiesig, locker, stark durchwurzelt, B_VC 75–150 cm l S, stark kiesig, locker, stark durchwurzelt, C_1 150–225 cm sandiger Kies, C_2 kiesiger Grobsand, grundfrisch, Durchwurzelung auslaufend.

Anatomie, Taf. 110

Die Wurzeln der Gewöhnlichen Hasel weisen im primären Zustand gemäß den frischen, zeitweise halbtrockenen Standorten der Art ein Innenrindenparenchym mit stark wechselnder Zellgröße auf. Die radiale Anordnung der Zellen ist dadurch kaum noch erkennbar. Bei Wurzeln, die sich in kühlen, grundfeuchten Bodenschichten entwickelt haben, nimmt allerdings die Größe der Zellen einheitlich nach außen zu, und die radiale Anordnung der Zellen tritt dadurch deutlich in Erscheinung. Das Außenrindenparenchym ist meist 2–3schichtig, die Zellen der Exodermis sind oft nur 0,5–3(4)mal so groß wie die der Rhizodermis. Auffallend ist die häufige Braunfärbung der Zellwände von Rhizo-, Exo- und Endodermis. Die Anordnung von Zellen des primären Xylems in Form von Kegeln scheint ebenfalls kennzeichnend für die Art zu sein (A 1, 3, B 1).

Merkmale des sekundären Zustandes sind ein schmaler, selten mittelbreiter Bast und die verstreute Lage von Fasern und Steinzellen. Dazu kommen die relativ breiten Zellen der 1–2reihigen, nach Cutler et al. (1987) bis 4reihigen Strahlen und die höchstens mittelstarke Verdickung der Zellwände des Grundgewebes und der Fasertracheiden sowie, besonders auffallend, die langen leiterförmigen Platten in den Gefäßen (A 4, 5). Die ovalen Tüpfel der Gefäße stehen dicht und versetzt. Für die Gefäße des Sprosses gibt Schweingruber (1990) schraubenförmige Wandverdickungen an. Die 1–3reihigen Strahlen im Holz haben mittelbreite Zellen. Das Pericambial-Abschlußgewebe ist mittelbreit, und die älteren Schichten lösen sich in großen Schuppen ab (A 2, B 2).

Standortansprüche: Die Licht- bis Halbschattenpflanze ist mäßig wärmebedürftig, aber empfindlich gegen zu starke Winterkälte. Daher meidet sie in Inversionslagen den Grund von Kältebecken, sie tritt erst an den wintermilderen Seitenflanken häufiger auf. In regenreicheren, humiden Gebieten bevorzugt sie die trockeneren Oberhänge, Hangrücken und Kuppen. In Trockengebieten bleibt sie weitgehend auf die tiefgründigeren, feuchteren konkaven Lagen beschränkt. In Augebieten wächst sie auf den trockeneren Erhöhungen mit tiefer liegendem Grundwasser. An den Nährstoffgehalt des Bodens stellt die Hasel geringe Ansprüche. Sie meidet aber zu saure und zu mineralstoffarme Böden. Am besten gedeiht sie auf frischen, stauwasserfreien, tiefgründigen, skelettreicheren, in den oberen Schichten humosen Böden.

Verbreitung: Die eurasiatisch-subozeanische Art hat in Mitteleuropa ihre Hauptverbreitung in der unteren montanen Stufe. Die Höhengrenze ihres Vorkommens verläuft im deutschen Mittelgebirge bei 800 m, in den Zentralalpen bei 1.500 m und in den Südalpen bei 1.700 m. Südlich des Alpenhauptkammes in Kärnten tritt die Hasel besonders stark am Übergang der Stieleichen-Hainbuchen-Stufe zur Buchenstufe auf. In Entsprechung dazu erwähnt Gailinger (1909) einen Zwischengürtel aus Hasel, der im Bereich des Comer Sees zwischen der Traubeneichen-Hopfenbuchen-Stufe und der Buchenstufe liegt. Überregional kommt die Hasel mit Ausnahme der Gesellschaften auf staunassen Böden nahezu in allen lichten Beständen der europäischen Sommerwälder und Sommergebüsche vor. Sie gilt daher als Kennart der Querco-Fagetea. Ihr Verbreitungsschwerpunkt liegt aber in den älteren Prunetalia-Gesellschaften, die zu den Fagetalia-Gesellschaften überleiten.

Carpinus betulus L., Gewöhnliche Hainbuche, Weißbuche

Morphologie

Sproß: Sommergrüner Baum, bis 25 m hoch, Stamm häufig gekrümmt, im Querschnitt wellig, durch Stockausschlag Gruppen bildend, Äste schirmartig ausgebreitet, Krone daher sehr vielgestaltig.
Wurzel: Nach Köstler et al. (1968) ist die Hainbuche „durch ein arttypisches Herzwurzelsystem mit strahlenförmig nach allen Richtungen in den Boden vordringenden Wurzeln gekennzeichnet“. Die Jungpflanzen haben eine deutlich entwickelte Polwurzel. Jene der abgebildeten Jungpflanzen ist deutlich vorwüchsig und stärker als die Seitenwurzeln. Nach Köstler et al. tritt die Polwurzel schon bei 15–20 Jahre alten Bäumen im „Wurzelbild zurück“. Im Alter von 25–30 Jahren soll das „charakteristische Herzwurzelsystem mit den zahlreichen schwächeren Horizontal- und Vertikalwurzeln deutlich ausgebildet“ sein. Die Wurzelansätze sind brettartig verdickt und aufwärts in den Stamm verlaufend. Der Stammgrund ist daher besonders stark gerippt. Die zwischen den Rippen liegenden, oft tiefen Rinnen können sich weit entlang des Stammes nach oben fortsetzen. Die brettartigen Wurzelansätze verjüngen sich durch rasch aufeinanderfolgende Verzweigung sehr schnell. Bereits Krauss et al. (1939) weisen darauf hin, daß 50 cm vom Stock entfernt kaum noch „Starkwurzeln“ zu finden sind. Sie sind dann nach Köstler et al. weniger als

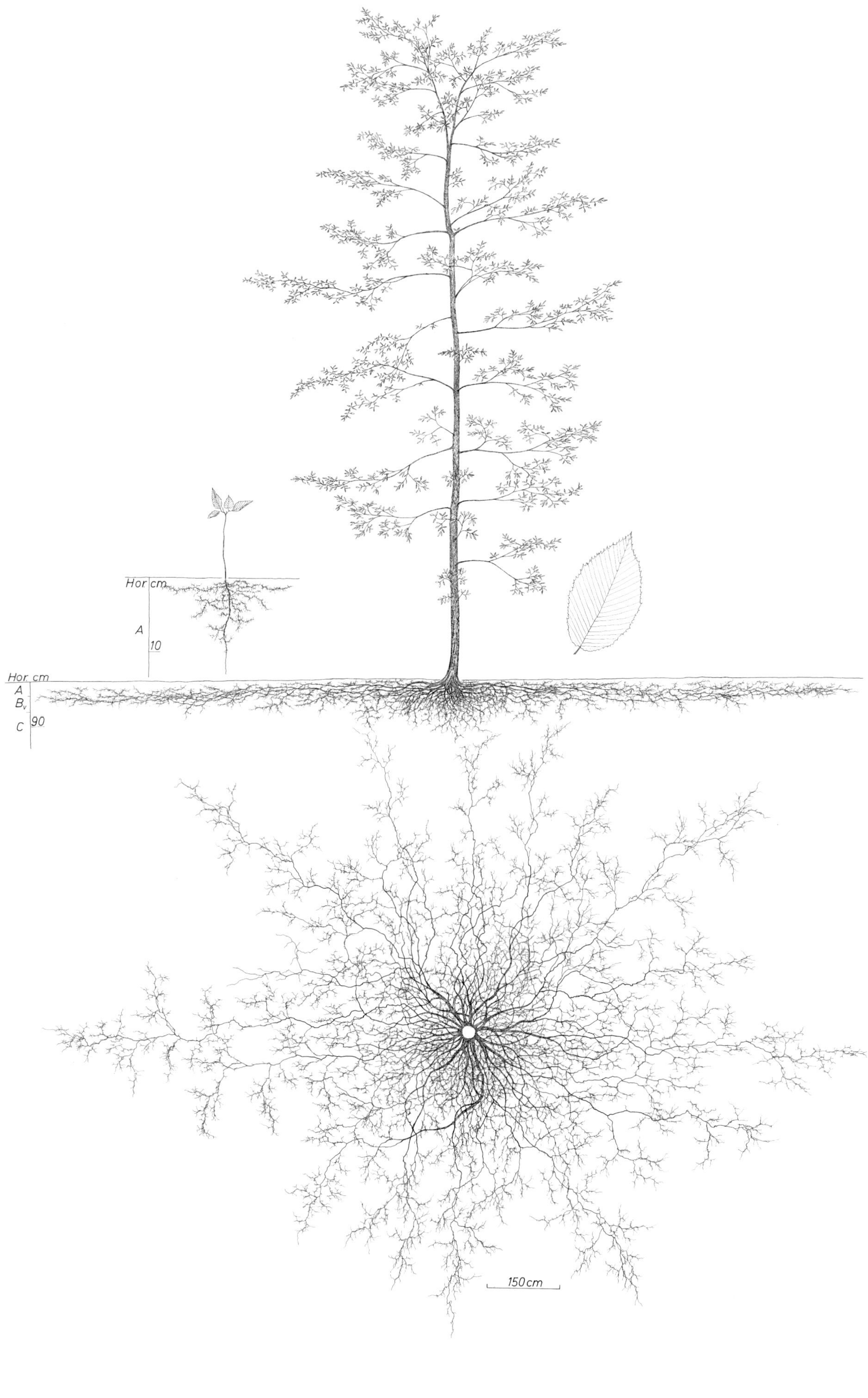
Hor cm
A
10
Hor cm
A
B_v
C 90
150 cm

1–2 cm dick. Das Vorherrschen der dünnen Wurzelstränge veranlaßte bereits Pfeil (1860), von einer rutenförmigen Bewurzelung zu sprechen.

Besonders auffallend bei der Hainbuche ist die reiche Bewurzelung im näheren Umkreis des Stammes. Sie ergibt sich aus der dicht aufeinander folgenden Verzweigung der dickeren Wurzeln. Darin hat die Hainbuche große Ähnlichkeit mit den Linden und den Ulmen. Die räumliche Verteilung der Wurzeln hängt sehr stark von den Standortbedingungen ab. In warmen Gebieten und auf tiefgründig zu durchwurzelnden Böden können an sonnseitigen Hängen viele Wurzeln nach unten wachsen und teils große Tiefen erreichen (**Abb. 136**). Je stärker das Tiefenstreben ausgebildet ist, umso weniger weit breiten sich die Wurzeln nach der Seite aus. Ihre weiteste seitliche Ausbreitung ist aber immer größer als 4,5 m. Dieser Wert wird von Köstler et al. bereits als maximale Reichweite angegeben. In kühleren Böden nimmt der seitliche Verlauf der Wurzeln im Vergleich zum Tiefenstreben stark zu. Im sommerwarmen Kärntner Becken ist dies schon in ebener Lage bei starker Baumbeschattung der Fall. Auf stark beschattetem, ebenem Boden war der seitliche Verlauf der Wurzeln 6,5mal größer als ihr Tiefenstreben (**Abb. 135**).

Das Tiefenstreben der Wurzeln der Hainbuche wird allgemein als gering angegeben. Übereinstimmend mit den Angaben von Krauss et al. und Wagenknecht (1953) wurzelt die Hainbuche auch in Kärnten in der Regel weniger tief als die Stiel-Eiche. Freilegungen von nebeneinander auf ebenem, beschattetem, kiesigem, schotterigem Boden östlich von Klagenfurt wachsenden Bäumen ergaben bei der Stiel-Eiche eine maximale Wurzeltiefe von 222 cm, bei der Hainbuche eine solche von nur 126 cm. Für den mitteldeutschen Raum geben Köstler et al. Wurzeltiefen von 120–130 cm an. Schoch (1964) erwähnt für sandige, kiesige Lehmböden maximale Wurzeltiefen von 120–140 cm. Hervorgehoben wird die starke Tiefenerschließung der Wurzeln der Hainbuche auf Tonböden, sofern sie nicht zu stark pseudovergleyt sind. Krauss et al. und Schoch geben selbst für solche Böden Wurzeltiefen von 110–140 cm an. Dazu erwähnt Göpfert (1958), daß auf schweren Böden die Wurzeldichte nach unten hin besonders rasch abnimmt. Sehr steinige Böden vermindern allgemein den Wurzeltiefgang der Hainbuche. Ähnliches bewirkt höhere Oberbodentrockenheit. Im mitteldeutschen Trockengebiet um Halle und Magdeburg beschränkt sich nach Passarge (1953) die intensive Durchwurzelung der Hainbuche nur auf den Oberboden. Geringe Wurzeltiefen ergeben sich auch auf dichten, stark pseudovergleyten Böden (Moosmayer & Schairer 1959). In dieser Hinsicht ist die Hainbuche gleich zu bewerten wie die Birke, die Rotbuche, die Rot-Eiche, die Lärche und die Douglasie (Kreutzer 1961). Aufgrund von Versuchen mit Sämlingen im Labor stellten Leibundgut et al. (1963) fest, daß die Wurzeln der Hainbuche Lehmschichten weniger gut durchdringen als jene der Grau- und der Schwarz-Erle sowie der Stiel-Eiche.

Die Feinverzweigung der Wurzeln ist besonders in den oberen humosen Bodenschichten groß. Der Feinwurzelbesatz ist vom Stamm nach außen ziemlich gleichmäßig verteilt. Die Durchwurzelung der oberen Bodenschichten ist daher sehr ergiebig. Im humosen Oberboden ist die Feinverzweigung der Wurzeln vorwiegend netzartig. Im Unterboden ergibt sich eine eher schnurartige Feinverzweigung.

Die Jungpflanzen (**Abb. 135, 137**) weisen eine deutlich vorwüchsige Polwurzel auf. Deren starke Verzweigung in Seitenwurzeln ist bereits ein Hinweis darauf, daß die Polwurzel bei älteren Pflanzen bald zurücktritt. Der Baum der **Abb. 135** wurde in einem Eichen-Hainbuchen-Wald auf schotterreicher Lockersediment-Braunerde östlich von Klagenfurt freigelegt. Auf dem ebenen, stark beschatteten Boden ist die Erwärmung nach der Tiefe hin geringer. Daher nehmen die Wärme- und Feuchteschwankungen nach unten rasch ab. Dementsprechend gering ist der Wurzeltiefgang. Zwar wenden sich zahlreiche Wurzeln nach unten, die meisten davon biegen aber schon in einer Tiefe von 70–80 cm seitwärts um. Sehr groß hingegen ist der seitliche Verlauf der Wurzeln in den oberen Bodenschichten. Er verleiht dem Wurzelkörper schon annähernd ein tellerförmiges Aussehen. In dieser Hinsicht ergeben sich Ähnlichkeiten mit der Bewurze-

---

Abb. 135 (links): Gewöhnliche Hainbuche, *Carpinus betulus*, H–T–S = 1.350–126–1.710 cm, Ostrand von Klagenfurt, 450 m NN. Eichen-Hainbuchen-Wald. Schwach entwickelte Lockersediment-Braunerde über Niederterrasse. Bodenprofil Hor.: O 2–0 cm Streuauflage, A_1 0–5 cm Modermull, stark humoser, lehmiger Sand, locker, steinig, A_2 5–30 cm humoser l S, krümelig, locker, steinig, stark durchwurzelt, Wurzelstränge vorwiegend flachstreichend und stark feinverzweigt, B_v 30–60 cm l S stark kiesig und schotterig, mäßig stark durchwurzelt, C Grobsand, Kies und Schotter, sehr locker, Durchwurzelung auslaufend.

Abb. 136: Gewöhnliche Hainbuche, *Carpinus betulus*, H–T–S = 1.089–387–1.650 cm, Keutschach, Kärnten, 550 m NN. Südhang, Lichtung eines Eichen-Hainbuchen-Waldes. Kolluvial angereicherte, lehmige Braunerde mit schotterigem Untergrund, Bodenprofil Hor.: A 0–18 cm moderhumusreicher, schluffiger Lehm, B_V 18–120 cm schluffiger Lehm, schwach steinig, B_VC 120–225 cm schluffiger Lehm, stark mit Schotter durchmischt, C Grob- und Feinschotter mit Feinsediment, grundfeucht. Aus: KUTSCHERA & LICHTENEGGER (1997).

lung der Fichte. Der große Unterschied besteht aber darin, daß bei der Hainbuche die Bewurzelung im näheren Bereich des Stammes bis in tiefere Bodenschichten viel größer ist als bei der Fichte. Der in einer Waldlichtung einzeln stehende Baum der **Abb. 136** erreicht auf stark besonntem Südhang in dem tiefgründigen, lehmigen Boden eine außerordentlich große Tiefe. Die seitliche Ausbreitung der Wurzeln ist im Vergleich dazu in den zeitweise stärker austrocknenden oberen Bodenschichten gering. Die starke Anhäufung der Wurzelmasse in Stocknähe ist ebenso vorhanden wie bei **Abb. 135**. Große Tiefen erreichen nur einige Wurzeln. Die Hauptwurzelmasse bleibt auf die oberen Bodenschichten beschränkt. Die **Abb. 137** zeigt eine junge Polwurzelpflanze und eine abgestorbene Pflanze mit einem Stockausschlag und mit Sproßtrieben aus Wurzelknospen.

Anatomie, Taf. 112

Dickere junge Wurzeln der Gewöhnlichen Hainbuche haben ein auffallend breites, bis über 6schichtiges Außenrindenparenchym. Interzellularen fehlen oder sind sehr klein. Im übrigen Rindenbereich sind mit

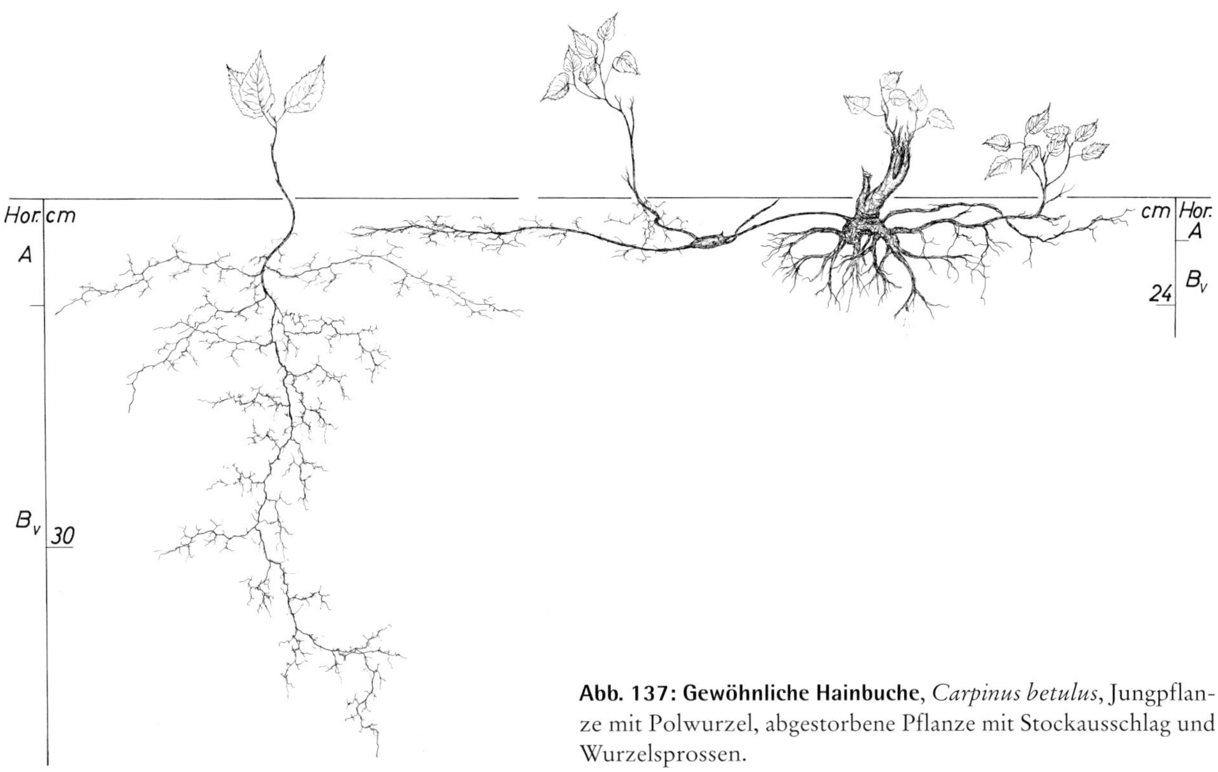

Abb. 137: Gewöhnliche Hainbuche, *Carpinus betulus*, Jungpflanze mit Polwurzel, abgestorbene Pflanze mit Stockausschlag und Wurzelsprossen.

Ausnahme von dessen innersten Schichten die Interzellularen klein bis mittelgroß. Namentlich diese Zellen sind durch eine größere Zahl sog. primärer Tüpfelfelder miteinander verbunden. Die Zellen der Endodermis sind infolge späterer radialer Teilung meist klein. Die Xylem-Leitelemente haben schon im primären Zustand der Wurzel stark verdickte Zellwände (A 1, 3). Die Zellen der Rhizodermis sind, vor allem wenn sich die Wurzel innerhalb der Streckungszone als Folge von Trockenheit nur gering verlängert, wenig kleiner als jene der Exodermis (B 1). Die tief braungelbe Farbe des Inhalts der Zellen der Endodermis sowie jene einiger Zellen des Zentralzylinders ist eine Eigenfarbe (A 3). Nach Behandlung mit Phloroglucinol-Salzsäure bzw. Sudan 3 blieb die Farbe nahezu gleich. Die Zellen der Endodermis umkleiden die Anlage der Seitenwurzel, die aus dem Pericambium des Zentralzylinders hervorgeht (A 1).

Im sekundären Zustand kennzeichnet die Wurzeln ein oft besonders breites, bis über 16schichtiges Pericambial-Abschlußgewebe. Der Bast ist schmal bis mittelbreit. Sein bis 4schichtiges Sclerenchym besteht aus Steinzellen und Fasern. Das Holz enthält zahlreiche Libriformfasern mit mittelstark verdickten Wänden. Die überwiegend mittelgroßen Gefäße liegen vorwiegend einzeln. Selten treten sie auch radial benachbart auf (A 2, 4, 5, B 2). CUTLER et al. (1987) fanden bei Vertretern der Gattung im Bast Drusen und Prismen aus Calciumoxalat.

Die angeführten Merkmale stimmen mit der Vorliebe der Gewöhnlichen Hainbuche für wärmere, wechselfrische, mäßig nährstoffreiche Standorte überein.

Standortansprüche: Der Lichtbedarf der Hainbuche ist etwas größer als jener der Rotbuche. Auch ihr Wärmebedarf ist größer. Nach WILLKOMM (1887) soll die mittlere Jahrestemperatur mindestens 6 °C betragen. Die mittlere Wintertemperatur sollte nicht unter 3,75 °C liegen. Sehr kalte Beckenlagen scheiden daher für die Hainbuche aus. Im Vergleich zur Rotbuche erträgt sie mehr Wechselfeuchte und höhere Oberbodentrockenheit. Darin ist sie der Stiel-Eiche ähnlicher. Am besten gedeiht sie in sommerwarmer Lage auf frischen bis halbtrockenen, aber im tieferen Wurzelbereich stets ausreichend feuchten, nährstoffreicheren, lehmigen Böden.

Verbreitung: Die gemäßigt kontinentale, submediterrane Art kommt hauptsächlich in der kollinen und in der unteren montanen Stufe vor. Die Höhengrenze ihrer Verbreitung verläuft in Mitteldeutschland bei 500 m, in den Voralpen bei 900 m. Zusammen mit der Stiel-Eiche kennzeichnet sie die Eichen-Hainbuchen-Stufe. Sie gilt daher im Bereich der Fagetalia als Kennart des Carpinion betuli.

Taf. 111: Gewöhnliche Hainbuche, *Carpinus betulus.* Klagenfurt Ostrand, 450 m NN, jüngerer Baum auf Braunerde, Polwurzel zurücktretend, Wurzeln in beschatteter, ebener Lage wenig tiefstrebend, vorwiegend seitwärts verlaufend, Feinwurzelbesatz sehr hoch (zu Abb. 135); Wurzelanläufe brettartig, weit entlang des Stammes hinaufreichend (Bild unten rechts).

Taf. 112 A: Gewöhnliche Hainbuche, *Carpinus betulus.* – **1:** Klagenfurt Ostrand, 5.8. Prim., Ø, S3, 64x. **Rh** Z wenig kleiner als ExZ. **Rinde** ARP bis 6schichtig, EnZ klein, z. T. radial geteilt, ZW mit Suberinlamelle, ZInhalt gelblich braun. **ZZ** 7arch, aus PC SWu hervorgehend. – **2:** Velden, Kärnten, 14.3. Sek., Ø, Ph/HCl, 64x. **PCAG** breit, bis 14schichtig, sich abschuppend. **Bast** schmal, F in bis 5schichtigen Gruppen. **Holz** Strahlen 1-3reihig, GG ZW stärker verdickt. – **3:** Ausschnitt aus 1. 409x. **Rinde** IRP Z mit Tüpfeln verbunden. **ZZ** PC Z erste Teilung für PCAG. – **4:** Pfl u. Zeit wie 1. Sek., ⊠, Ph/HCl, 409x. **Holz** Strahlen Z St-reich, benachbart Libriformfasern Tüpfel klein, entfernt, Gefäße Tüpfel größer, dicht stehend. – **5:** Schnittreihe wie 4. JJK, 162x. **Bast** schmal, äußere Z sehr weitlumig.

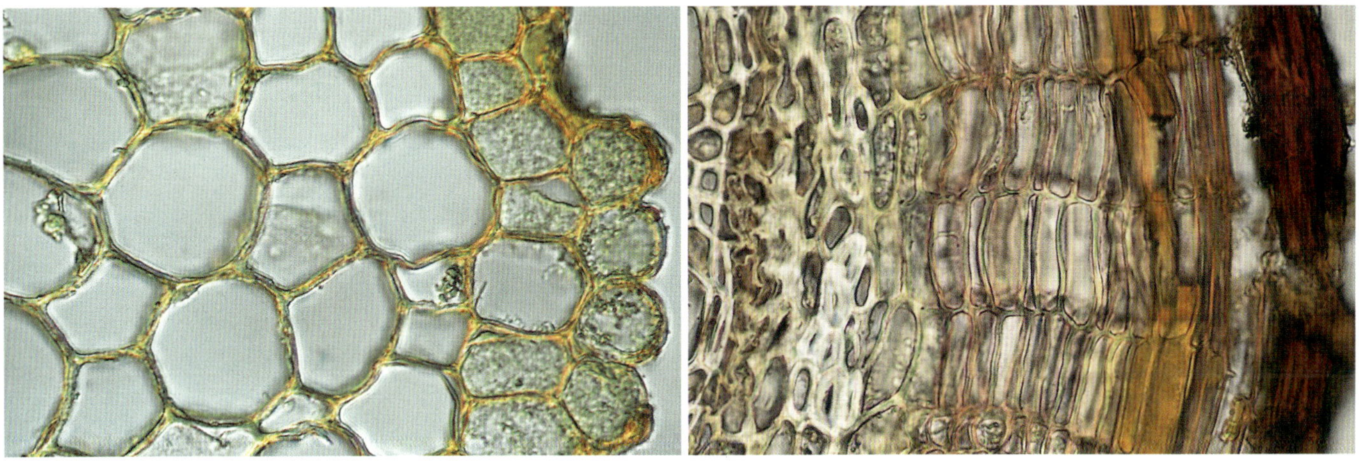

Taf. 112 B: – **1:** Ausschnitt aus A 1. 409x. **Rh** äußere ZW schwach verdickt. **Rinde** Ex ZW suberinisiert (?). – **2:** Schnittreihe wie A 2. S3, 409x. **PCAG** 15schichtig, ab 3. Schicht ZW verkorkt, ZW dünn. **Bast** Anteil an Sc nahezu 50 %, SteinZ u. vorwiegend weitlumige F.

Ostrya carpinifolia Scop., Hopfenbuche, Schwarzbuche

Morphologie

Sproß: Sommergrüner Strauch oder Baum, bis 10 (20) m hoch, durch Stockausschlag auch mehrstämmig, Stämme meist gebogen, Blatttriebe oft bis zum Stammgrund reichend, Äste aufrecht abstehend, teils weit seitwärts ausladend, Krone daher vielgestaltig.

Wurzel: Über die Bewurzelung der Art wurden keine Literaturhinweise gefunden. Vorliegende Untersuchungen ergaben, daß die Polwurzel selbst bei älteren Pflanzen noch deutlich erkennbar ist. Mit der Verformung des Wurzelsystems in den steinigen Böden, die die Hopfenbuche meist besiedelt, und mit der Bildung von Stockausschlägen, die eine zusätzliche sproßbürtige Bewurzelung zur Folge hat, wird das Erkennen der Polwurzel an älteren Pflanzen immer schwieriger. Die Bestockung erfolgt nicht nur am Stamm, sondern auch durch die Bildung von Grundachsen, die über eine kurze Strecke kriechen und sich dann knieförmig zu Laubtrieben aufrichten. An der Biegungsstelle bilden die Laubtriebe ganze Wurzelbüschel. Auch entlang der liegenden Grundachsen entstehen Sproßwurzeln. Das Tiefenstreben der Wurzeln ist für die Art, die vorwiegend auf trockeneren Standorten wächst, gering. Der Grund liegt wohl darin, daß die Hopfenbuche, die nur in niederschlagsreicheren Gebieten vorkommt, bereits in mittleren Bodentiefen genug Wasser vorfindet. Die hohlraumreichen, steinigen Böden sind schon ab einer Tiefe von 60–80 cm das ganze Jahr über ausreichend feucht. Das gilt besonders für Schuttfluren an Hängen, die von der Art bevorzugt besiedelt werden. Die abwärts wachsenden Wurzeln biegen meist schon in mitteltiefen Bodenschichten seitwärts um. Der seitliche Verlauf der Wurzeln ist sehr groß. In offenen Schuttfluren breiten sich die obersten Wurzeln etwas abgesetzt von der Bodenoberfläche aus. Die anfangs dicken Wurzeln werden durch kurz aufeinander folgende Verzweigungen rasch dünner. Die vorwiegend dünnen, langen Wurzelstränge können sich vorzüglich dem Gelände und dem Boden anpassen. Sie bilden ein weitläufiges, gabelig verzweigtes Wurzelnetz. Es ist in den steinigen Böden sowohl in horizontaler als auch in vertikaler Richtung sehr unregelmäßig verteilt. Die dünnen Wurzelstränge bilden ein Geflecht von langen, sehr dünnen Feinwurzeln. Die Feinverzweigung der Wurzeln ist über den ganzen durchwurzelten Bodenraum annähernd gleichmäßig verteilt. Besonders stark durchwurzelt sind aber die oberen humosen oder feinsedimentreicheren Bodenschichten.

Der kleine Baum der **Abb. 138** wurde auf einem nach Süden geneigten Kalkschutthang bei Villach in einem lockeren Bestand von Hopfenbuche und Manna-Esche freigelegt. Die Polwurzel verläuft, vielleicht wegen Überrollens mit Schutt, seitwärts. Ihr verdickter Teil verzweigt sich bald in dünnere Wurzelstränge, die hangaufwärts verlaufen. An der Unterseite des liegenden Teils der Polwurzel und entlang der kurz kriechenden und dann knieförmig aufsteigenden Grundachse entspringen zahlreiche Wurzeln, die abwärts wachsen oder seitwärts verlaufen. Das Tiefenstreben der Wurzeln endet mit Erreichen der gleichmäßiger temperierten und gleichmäßiger feuchten Bodenschichten. Diese beginnen in dem stets hangfeuchten Schutt bereits ab einer Tiefe von 60–80 cm. Die reiche Feinverzweigung ist über den ganzen durchwurzelten Bodenraum verteilt. Der Boden wird dadurch sehr ergiebig erschlossen. Das ermöglicht der Hopfenbuche in dem niederschlagsreichen Gebiet bereits eine ausgiebige Aufnahme des Sickerwassers.

Der Baum der **Abb. 139** wuchs auf einem steilen Felsvorsprung in der Nähe des Baumes der **Abb. 138**. Die Stämme sind durch kurze kriechende Grundachsen miteinander verbunden. Der rechte dickere Wurzelstrang könnte die Polwurzel sein, die nicht in den Felsen eindringen konnte. Nach kurzem seitlichem, gebogenem Verlauf verzweigt sie sich in starke Seitenwurzeln. Diese können in den an der Felsflanke aufliegenden Feinschutt eindringen. Mit Abflachen des Hanges wird der Feinschutt immer tiefer und immer mehr mit Humus vermengt. Darin kann sich der mächtige Wurzelschleier ungehindert ausbreiten. Die nach oben verlaufenden Wurzeln liegen dem Fels auf. Sie können sich dadurch nur schwach verzweigen. Das Hangwasser, das über der Felspartie abrinnt und in den durchwurzelten Schuttfächer eindringt, sorgt für reichliche Durchfeuchtung das ganze Jahr über.

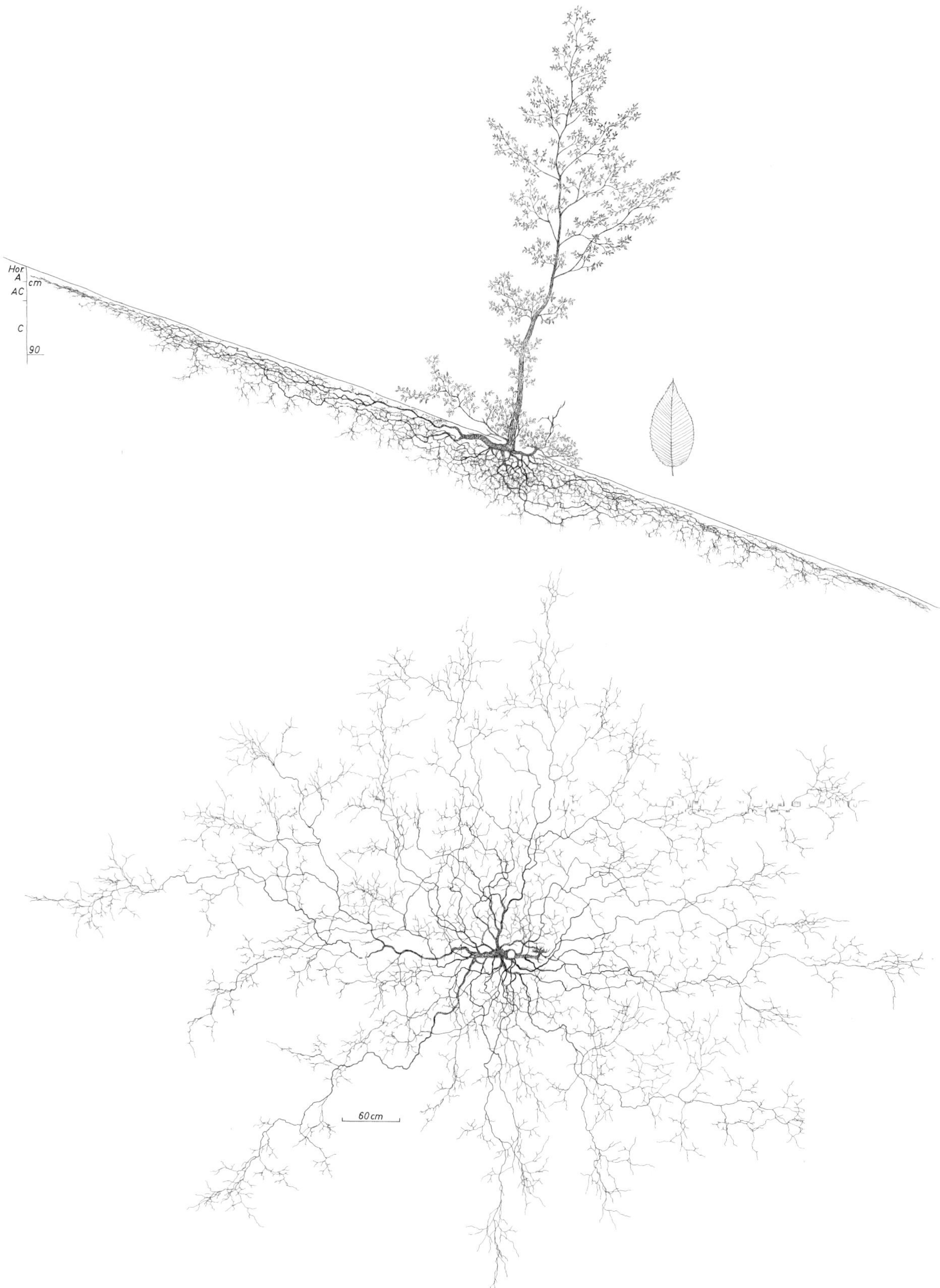

Abb. 138: Hopfenbuche, *Ostrya carpinifolia*, H–T–S = 452–75–1.005 cm, Schütt bei Villach, Südhang, 760 m NN. Schütterer Bestand aus Hopfenbuche und Manna-Esche, Moderrendsina auf Kalkschutt. Bodenprofil Hor.: A 0–15 cm Feinmoder mit sandigem Grus, sehr locker, geringe Braunlehmbeimischung, stark durchwurzelt, AC 15–35 cm schwach und unregelmäßig humoser, sandiger Grus mit wenig Braunlehmbeimengung, sehr locker, gut durchwurzelt, C sandiger Grus und Feinschutt, sehr locker, Durchwurzelung auslaufend.

Taf. 113: Hopfenbuche, *Ostrya carpinifolia*. Schütt bei Villach, Kärnten, 760 bzw. 910 m NN, Schuttrendsina. 1. Reihe links: Jungpflanze mit rasch gabelartig verzweigter Polwurzel; rechts, 2. R. links, Mitte und 3. R. links: kleiner Baum mit bewurzeltem, kurzem Kriechtrieb und mit nach der Seite umgebogener Polwurzel, Wurzeln im Schutt vorwiegend seitwärts ausgebreitet, reich in sehr dünne Feinwurzeln verzweigt (zu Abb. 138). 2. R. rechts: gabeliger Baum mit kräftigem Wurzelsproß, dicke Wurzeln dem Fels aufliegend, ihre Verzweigungen in den erdigen Schutt hineinwachsend (zu Abb. 139). 3. R. rechts: Wurzelverwachsungen.

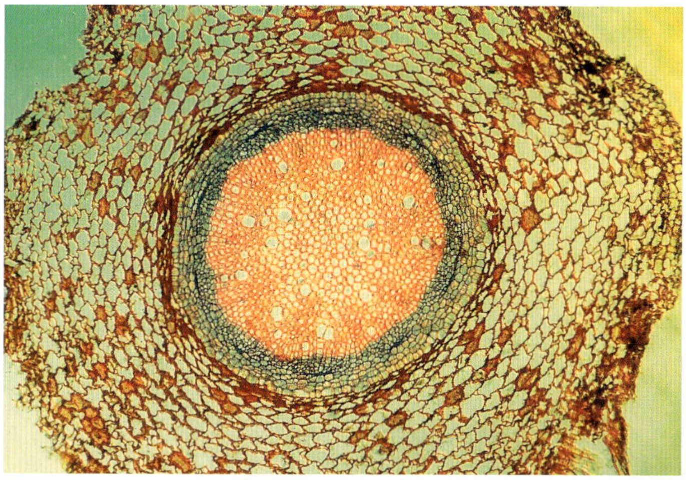

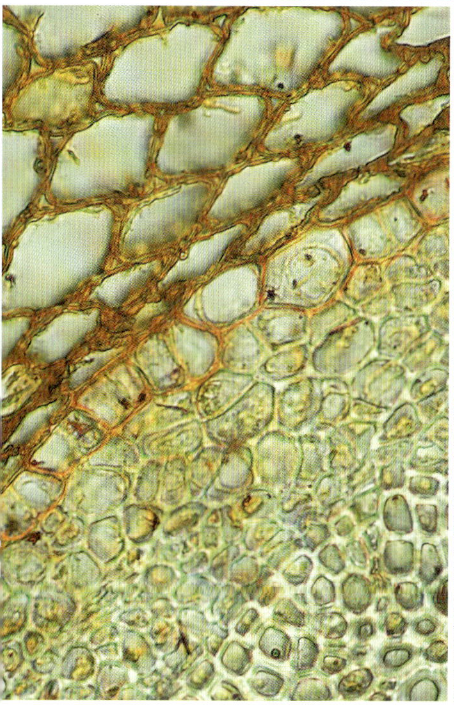

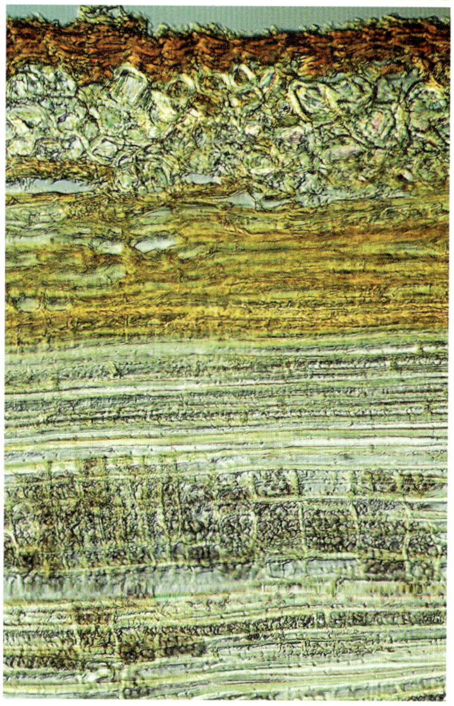

Taf. 114 A: Hopfenbuche, *Ostrya carpinifolia*. – **1:** Loiblpaß, Kärnten, 29.3. Prim.-sek., Ø, Saf.-Ast., 64x. **Rinde** weitgehend abgestorben. **ZZ** 8arch. **PCAG** im Entstehen. **Bast** schmal, ZW blau. **Holz** ZW rot. – **2:** Kanaltal, Friaul, 15.11. Sek., Ø, Ph/HCl, 64x. Wu in trockenem Boden gewachsen. **PCAG** dreieckig eingerissen. **Bast** Sc verholzt, in bis 3schichtigen Gruppen, SteinZ vorherrschend. **Holz**, Gefäße klein, seltener mittelgroß, z. T. tangential u. radial benachbart. – **3:** Schnittreihe wie 1. S3, 409x. **Rinde** RP Z weitgehend abgestorben. En ZW mit Suberinlamelle. – **4:** Ort u. Zeit wie 2. Sek., ⊠ (RLS), Ph/HCl, 409x. **Holz** Gefäße mit spiraligen Verdickungen. – **5:** Schütt bei Villach, Kärnten, 9.11. Sek., ⊠ (RLS), JJK, 162x. **Bast** SteinZ zahlreich. **Holz** Strahlen bis über 8 Z hoch.

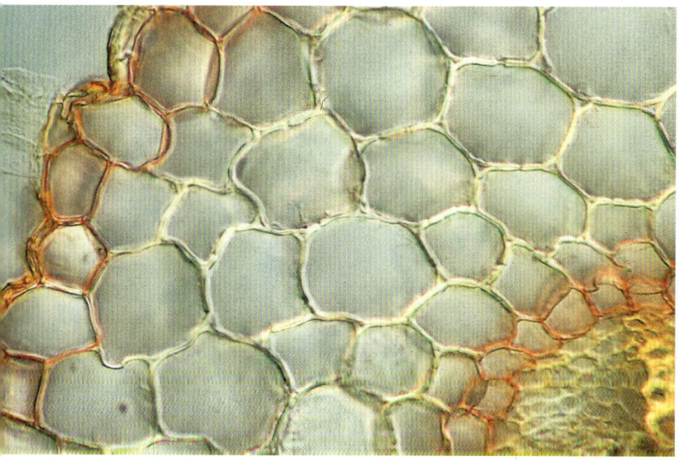
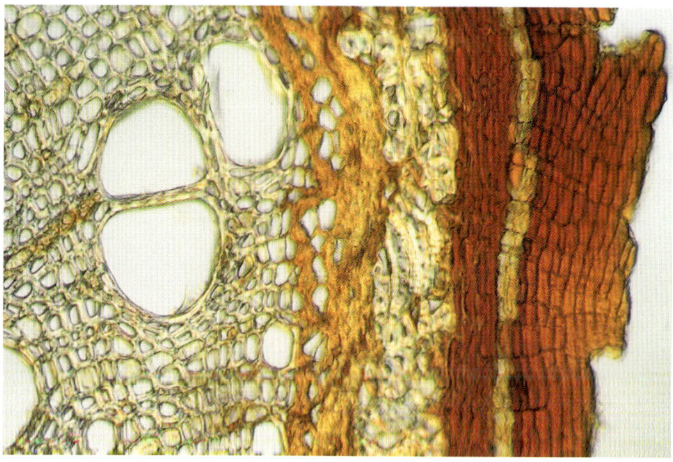

Taf. 114 B: – **1:** Ort wie A 5, 11.5. Prim., Ø, S3, 409x. **Rh** Z kollabiert, ExZ mit Suberinlammelle, EnZ klein mit Suberinlamelle. – **2:** Sattnitz, Kärnten, 1.6. Sek., Ø, S3, 409x. **PCAG** bis über 19schichtig. **Bast** SteinZ groß, weitlumig, F Z klein, englumig.

Abb. 139: Hopfenbuche, *Ostrya carpinifolia*, H–T–S = 840–140–1.890 cm, Schütt bei Villach, Südseite, 910 m NN. Hopfenbuche auf Kalkfels, Sproßbasis auf anstehendem Fels, Wurzeln in die Felsklüfte und in die angeböschte Schuttrendsina einwachsend. Bodenprofil Hor.: A 0–60 cm Modermull, schwarzbraun (10YR 2/1), mit Grus und Feinschutt, pH 7,3, sehr stark durchwurzelt, AC 60–90 cm unregelmäßig und schwach humoser Grus und Feinschutt, locker, sehr stark durchwurzelt, C Grus und Schutt, locker, pH 7,7, Durchwurzelung auslaufend.

Anatomie, Taf. 114

Besonderheiten der Wurzeln der Hopfenbuche im primären Zustand sind die z. T. großen Zellen der Endodermis, die offenbar noch nach dem Absterben der übrigen Teile der Rinde längere Zeit am Leben bleiben, sowie die relativ geringe Breite des Rindenparenchyms im Vergleich zu jener des Zentralzylinders (A 1, 3, B 1).

Im sekundären Zustand kennzeichnet die Wurzeln das breite Pericambial-Abschlußgewebe, dessen äußere Schichten dreieckig aufreißen. Außerdem ist der Bast oft auffallend schmal. Das Sclerenchym in ihm besteht bei den untersuchten Wurzeln fast ausschließlich aus Steinzellen (A 2, 5, B 2). Hervorzuheben ist die Fähigkeit der Art, sich durch große Unterschiede in der Bildung des Holzes wie in der Größe und Zahl der Gefäße einem wechselnden Wasserangebot anzupassen. Dies zeigt sich auch in der unterschiedlichen Größe der Zellen von Früh- und Spätholz (A 2). Die Fasern im Holz sind vorwiegend Libriformfasern (vgl. Schweingruber 1990). Die Gefäße enthalten spiralige Verdickungen und große Tüpfel. In Kreuzungsfeldern sind die Öffnungen der Tüpfel besonders groß (A 4).

Die beschriebenen Merkmale entsprechen der Bindung der Art an ein wärmeres, humides Klima und deren Fähigkeit, wechseltrockene Böden zu besiedeln. Die hohe Reißfestigkeit der Wurzeln trägt dazu bei, daß die Art sich auch im Gehängeschutt verankern kann und Überrollungen durch Steinschutt erträgt.

Standortansprüche: Die lichtbedürftige Art stellt hohe Ansprüche an die Sommerwärme. Sie ist außerdem frostempfindlich. In Inversionslagen kommt sie daher erst an den wintermilderen Bergflanken vor. Sie ist eine typische Pflanze der sommerwarmen, niederschlagsreichen Gebiete. In diesen kommt sie als konkurrenzschwache Art vorzugsweise auf steinigen Böden an Hängen vor.

Verbreitung: Die östlich-submediterrane Art hat ihren Verbreitungsschwerpunkt im submediterranen Flaumeichengürtel. Am Alpensüdrand drang sie nach der letzten Eiszeit über die Talfurchen und Alpenpässe nach Tirol, nach Kärnten und in die Südsteiermark vor (Scharfetter 1928). In diesem zerstreuten Siedlungsraum wächst sie durchwegs in der kollinen oder in der unteren montanen Stufe an wärmebegünstigten, wintermilden Südhängen meist auf kalkreichen Böden. Als namengebendes Element des illyrischen Laubmischwaldes gilt sie als Kennart des Orno-Ostryon. Nähere Ausführungen über die Hopfenbuche finden sich bei Franz (2002).

Juglandaceae, Walnußgewächse

Juglans regia L., Echte Walnuß

Morphologie

Sproß: Sommergrüner Baum, bis 25 m hoch, bei freiem Stand Stamm bald in kräftige ausladende Äste verzweigt, Krone daher rundlich. Im Bestand Stamm auch weit hinauf astfrei, Krone dann länglich-oval.
Wurzel: Die spärlichen Angaben in der Literatur weisen darauf hin, daß die Walnuß eine mächtige, tiefreichende Polwurzel ausbildet (Wagenitz 1981, Oberdorfer 1994). Ihr Tiefenstreben dürfte aber kaum größer sein als jenes der heimischen tiefwurzelnden Arten, wie beispielsweise der Eichen. Darauf deuten schon ihre Standortansprüche hin. In den höher gelegenen Schluchtwäldern der Balkanhalbinsel, West- und Südanatoliens, wo sie beheimatet ist, wächst die Walnuß bevorzugt an Stellen, die auch im Sommer überrieselt sind (Wagenitz). Kleinfrüchtige Nußarten sind nach Werneck (1953) in Oberösterreich ein wesentliches Element der Auwälder (Hartholzau). Selbst im trockenen Tadschikistan erreicht die Walnuß auf natürlich gewachsenen Böden nur Wurzeltiefen von unter 250 cm (Zapryageva 1964). Besonders hervorzuheben ist die äußerst ergiebige Durchwurzelung bis in größere Bodentiefen. Noch in einer Tiefe von über 200 cm können die tiefreichenden Wurzeln durch seitlichen Verlauf und starke Verzweigung die feuchteren Bodenschichten ausgiebig durchwurzeln. Darin hat die Walnuß eine gewisse Ähnlichkeit mit der Nara, *Acanthosicyos horrida*, deren Wurzeln in Namibia am Rande von Fernflußtälern die feuchteren

Taf. 115: Gewöhnliche Walnuß, *Juglans regia*. 1. Reihe links: Keimpflanze mit unverzweigter Polwurzel; Mitte: bei Velden, Kärnten, 530 m NN, umgelagerte Braunerde, Jungpflanze mit verzweigter Polwurzel (zu Abb. 140 oben); rechts, 2. und 3. R.: Krastal, Kärnten, 540 m NN, junger Baum auf Mullpararendsina, dicke Wurzel zapfenförmig verjüngt, seitwärts verlaufend, Seitenwurzeln teils abwärts und dann in tiefen Schichten weit seitwärts wachsend, Endabschnitte der Wurzeln mit reichem Feinwurzelbesatz, Wurzelenden dick, fleischig (zu Abb. 141).

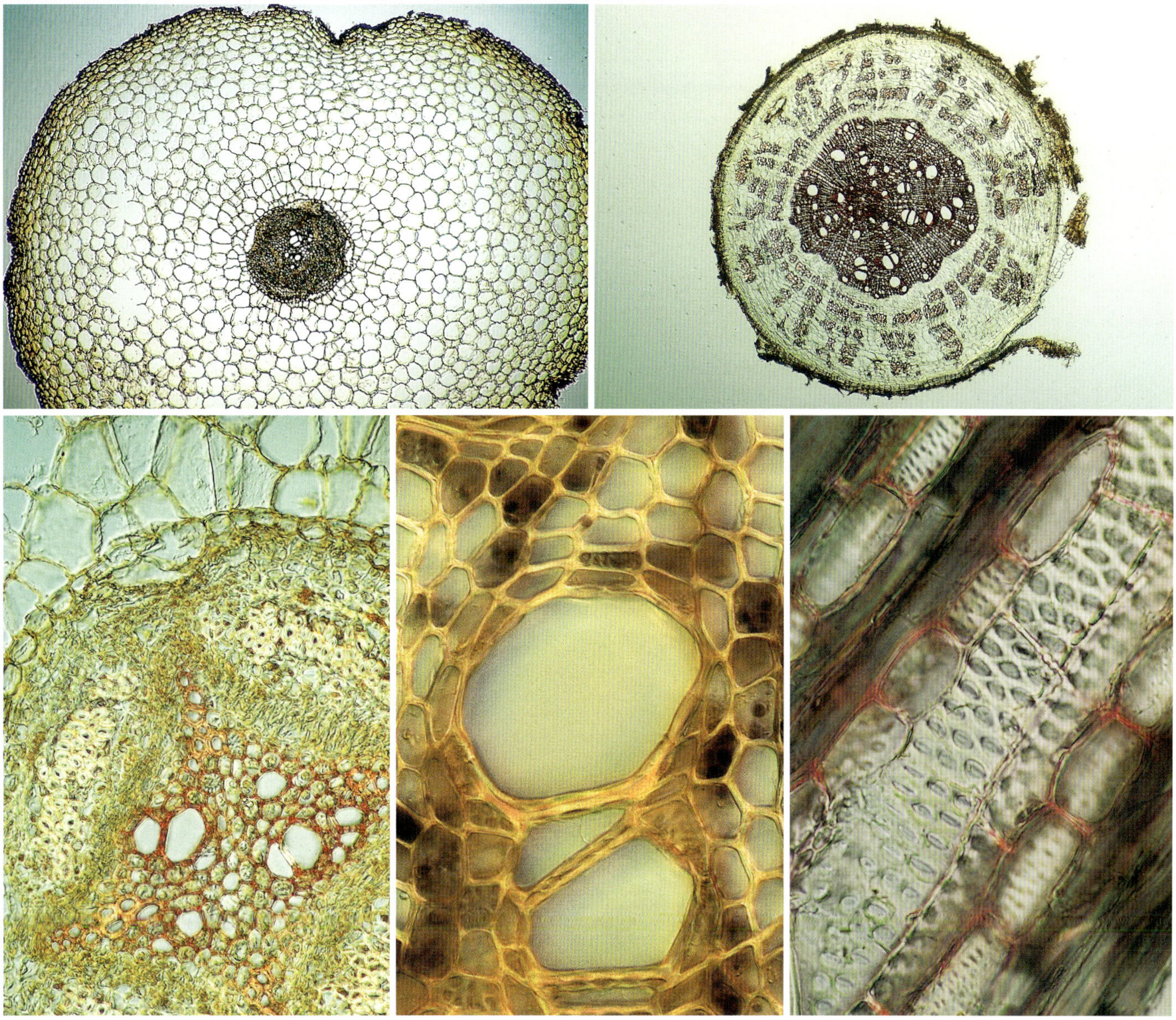

Taf. 116 A: Gewöhnliche Walnuß, *Juglans regia.* – **1:** Krastal, Kärnten, 16.7. Prim., Ø, S3, 25x. **Rh** sehr kleinzellig, ZW dunkelbraun. **Rinde** ExZ tangential verbreitert, ARP ZW gelblich, IRP spiraliger Aufbau deutlich, EnZ klein, W dunkelbraun. **ZZ** 4arch. – **2:** Velden, Kärnten, 16.11. Sek., Ø, Ph/HCl, 25x. **ZZ** 4arch. **PCAG** sich abschuppend. **Bast** breit, F verholzt, in 1-4schichtigen Gruppen, dicht stehend, in mehreren Kreisen. **Holz** Strahlen 1- bis mehrreihig, Anteil ca. 15 %. – **3:** Schnittreihe wie 1. Ph/HCl, 162x. **Rinde** RP ZGröße verschieden, EnZ klein. **Bast** F schwach verholzt. – **4:** Pfl u. Zeit wie 1. Sek., Ø, Ph/HCl, 409x. **Holz** GG ZInhalt gebräunt durch Juglon (?). – **5:** Pfl u. Zeit wie 2. Sek., ⊠, Ph/HCl, 409x. **Holz** Strahlen einreihig, Gefäße Hoftüpfel oval, wabenförmig umrandet.

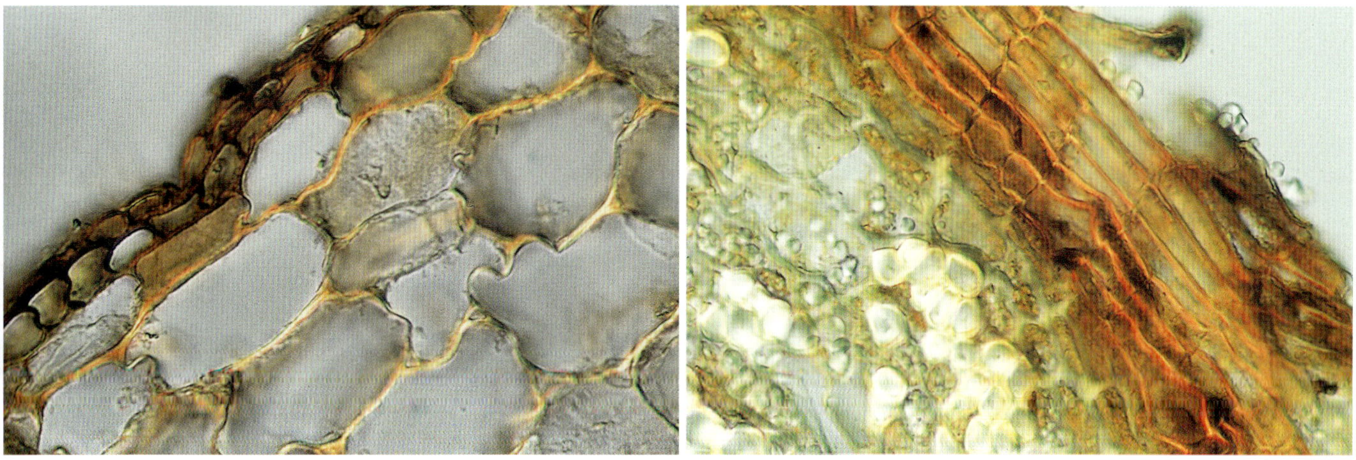

Taf. 116 B: – **1:** Schnittreihe wie A 1. Ph/HCl, 409x. **Rh** Z klein, z. T. mit Z der Ha bedeckt. **Rinde** Ex ZW suberinisiert. – **2:** Ort wie A 2, 7.10. Sek., Ø, S3, 409x. **PCAG** 7-8reihig, schon ab der 3. Schicht ZW verkorkt. **Bast** F äußerer ZWBereich gelblich, verholzt.

Schichten in einer Tiefe von 450 cm waagrecht durchziehen (KUTSCHERA et al. 1997). Die ausgiebige Erschließung der tiefer gelegenen feuchteren Bodenschichten ergibt sich auch aus den eindrucksvollen Wurzeldarstellungen von ZAPRYAGEVA. Sie ist eine unabdingbare Voraussetzung für die ausreichende Wasserversorgung des blattreichen Baumes.

Nach FUNKHAUSER (1925) erreicht die Polwurzel ein Jahr nach der Keimung bereits die 6fache Länge des Stammes. Die Polwurzel von Keimpflanzen bildet zuerst im oberen verdickten Teil einige unverzweigte Seitenwurzeln (**Abb. 140**). Die Jungpflanzen haben nach den Darstellungen von ZAPRYAGEVA eine stark rübenförmig verdickte Polwurzel, die sich aber rasch verjüngt. Die Polwurzeln der in **Abb. 140** dargestellten Jungpflanzen sind über einen längeren Abschnitt pfahlförmig. Offensichtlich kommt der Polwurzel in dem sonnigeren Trockengebiet von Tadschikistan eine noch größere Bedeutung als Speicherorgan zu. Mit zunehmendem Alter verdickt sie sich im oberen Teil sehr stark. Durch rasch aufeinander folgende Verzweigung in Seitenwurzeln wird sie aber schnell dünner. Die strangförmigen Seitenwurzeln verjüngen sich nur sehr langsam. 5–6 m vom Stamm entfernt sind sie noch 1–2 cm dick. Ein beträchtlicher Teil der Wurzeln breitet sich in den oberen humosen Bodenschichten aus. Der Radius der seitwärts verlaufenden Wurzeln beträgt bei dem in **Abb. 141** dargestellten jungen Baum 1.230 cm, bei dem von ZAPRYAGEVA abgebildeten alten Baum ca. 1.400 cm. Die Hauptmasse der Wurzeln befindet sich in beiden Fällen in einer Bodenschicht bis zu ca. 70 cm Tiefe.

Bei den Jungpflanzen der **Abb. 140** verjüngt sich die pfahlförmige Polwurzel bereits in einer Tiefe von 60 bzw. 75 cm zu einem dünnen Strang. Ihre seitliche Ablenkung in dieser Tiefe ergibt sich aus dem im Boden befindlichen Schutt. Auf dem nordseitigen Hang ist das Tiefenstreben der Wurzeln gering. Die meisten breiten sich in den oberen, trockeneren Bodenschichten aus. Die Feinwurzeln sind in dem umgelagerten Boden teils nestartig gehäuft. Das Sproß-Wurzel-Gewichtsverhältnis beträgt 1:1,4 bzw. 1:1,5. Es zeigt deutlich die Vorwüchsigkeit der Polwurzel bei Jungpflanzen. Der junge Baum der **Abb. 141** wurde auf einem in ein Moor auslaufenden Schuttfächer auf Mullpararendsina freigelegt. Die stark verdickte Polwurzel verjüngt sich sehr rasch. Ihr verjüngter, strangförmiger Teil biegt in einer Tiefe von 70 cm um und verläuft weit seitwärts (im Bild rechts). Der Großteil der Wurzeln breitet sich in weitem Umkreis in den oberen humosen Bodenschichten aus. Die fleischigen Wurzelenden sind lang ausgezogen und verdickt. Im feuchten C-Horizont bildet sich nochmals eine flachstreichende Wurzelgruppe. Unterhalb der Baumkrone ist der Boden nach unten hin ziemlich gleichmäßig durchwurzelt. Außerhalb des Kronenrandes nimmt die Durchwurzelung der mittleren Bodenschichten nach der Seite zu immer mehr ab. Der Feinwurzelbesatz ist nicht sehr groß. Die Zahl der Feinwurzeln nimmt vom Wurzelstock nach außen deutlich zu. Das Sproß-Wurzel-Gewichtsverhältnis beträgt bei dem jungen Baum immer noch 1:0,8. Die Wurzelfarbe ist schwarzbraun. Die Wurzeln sind sehr reißfest.

Anatomie, Taf. 116

Die Wurzeln der Gewöhnlichen Walnuß sind im primären Zustand vor allem durch die kleinzellige Rhizodermis mit den stark gebräunten Wänden sowie durch die Exodermis und das 2–3(4)schichtige Außenrindenparenchym, dessen Wände ebenfalls dunkel gebräunt sind, vor Fäulnis und Austrocknung geschützt. Im großzelligen Mittel- und Innenrindenparenchym können die Wurzeln reichlich Wasser speichern. Die Zellen des Innenrindenparenchyms sind nicht deutlich radial angeordnet, ein Zeichen dafür, daß die Art vorwiegend frische bis schwach trockene Standorte besiedelt, aber feuchte bis nasse meidet. Die Zellwände der Endodermis sind ebenfalls dunkel gebräunt (A 1, 3, B 1).

Abb. 140 (rechts): Gewöhnliche Walnuß, *Juglans regia*, bei Velden, Kärnten, NO-Hang, 530 m NN. Naturverjüngung auf beraster Böschung, umgelagerte Braunerde. O b e n : H–T–S = 162–170–470 cm, Bodenprofil Hor.: A 0–20 cm humoser, sandiger Lehm, krümelig, schwach steinig, pH 6,7, gut durchwurzelt, B_v 20–50 cm s L, steinig, mäßig dicht, mäßig stark durchwurzelt, A_{beg} 50–80 cm humoser s L, steinig, mäßig dicht, stärker durchwurzelt, AB_v schwach humoser s L, stark steinig, mäßig dicht, Durchwurzelung auslaufend. U n t e n : H–T–S = 187–133–480 cm, Bodenprofil Hor.: A 0–44 cm stark humoser s L, dunkel graubraun (10YR 3/2), gut durchwurzelt, AB_v 44–73 cm unregelmäßig humoser s L, steinig, mäßig stark durchwurzelt, B_vC s L, steinig, feucht, Durchwurzelung auslaufend.

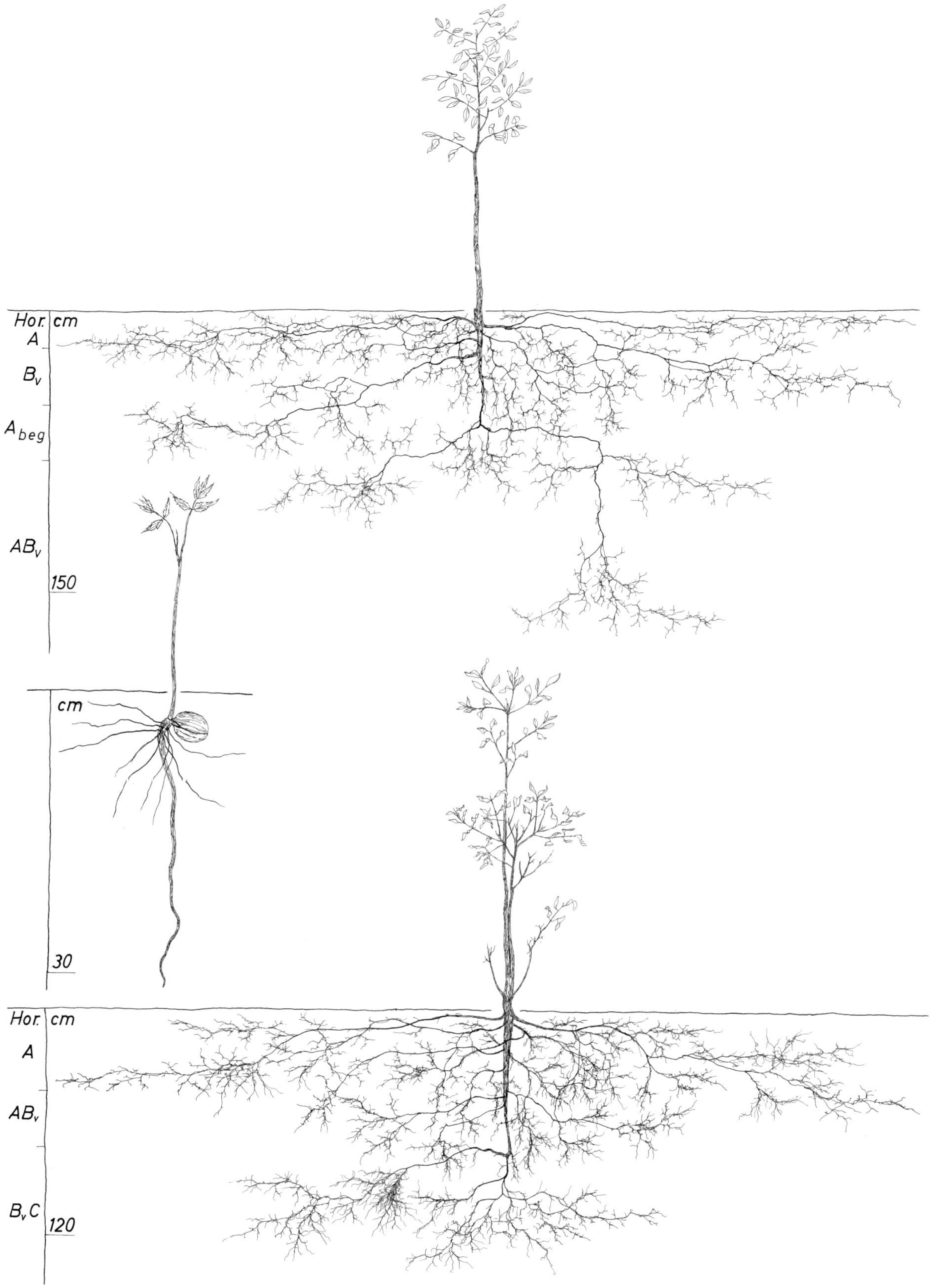
Hor. cm
A
B_v
A_{beg}
AB_v
150
cm
30
Hor. cm
A
AB_v
B_vC
120

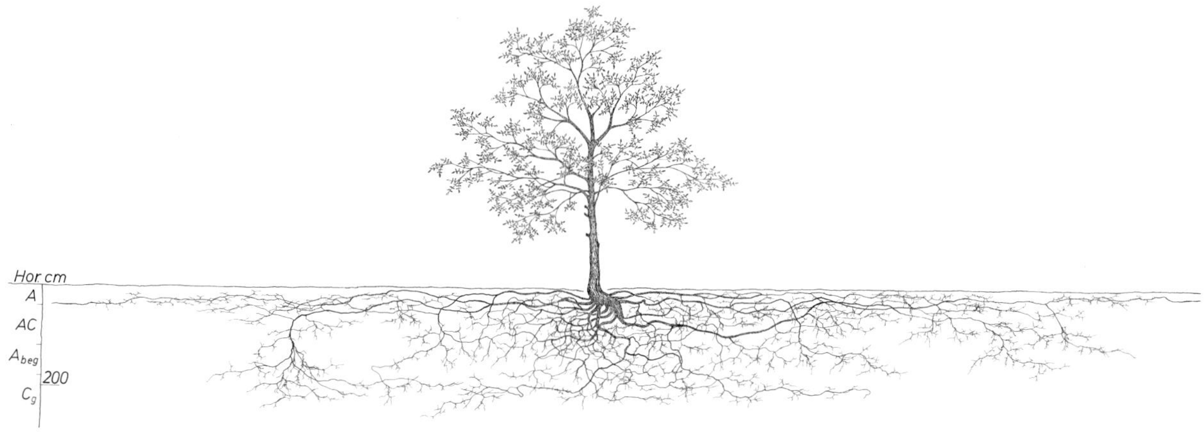

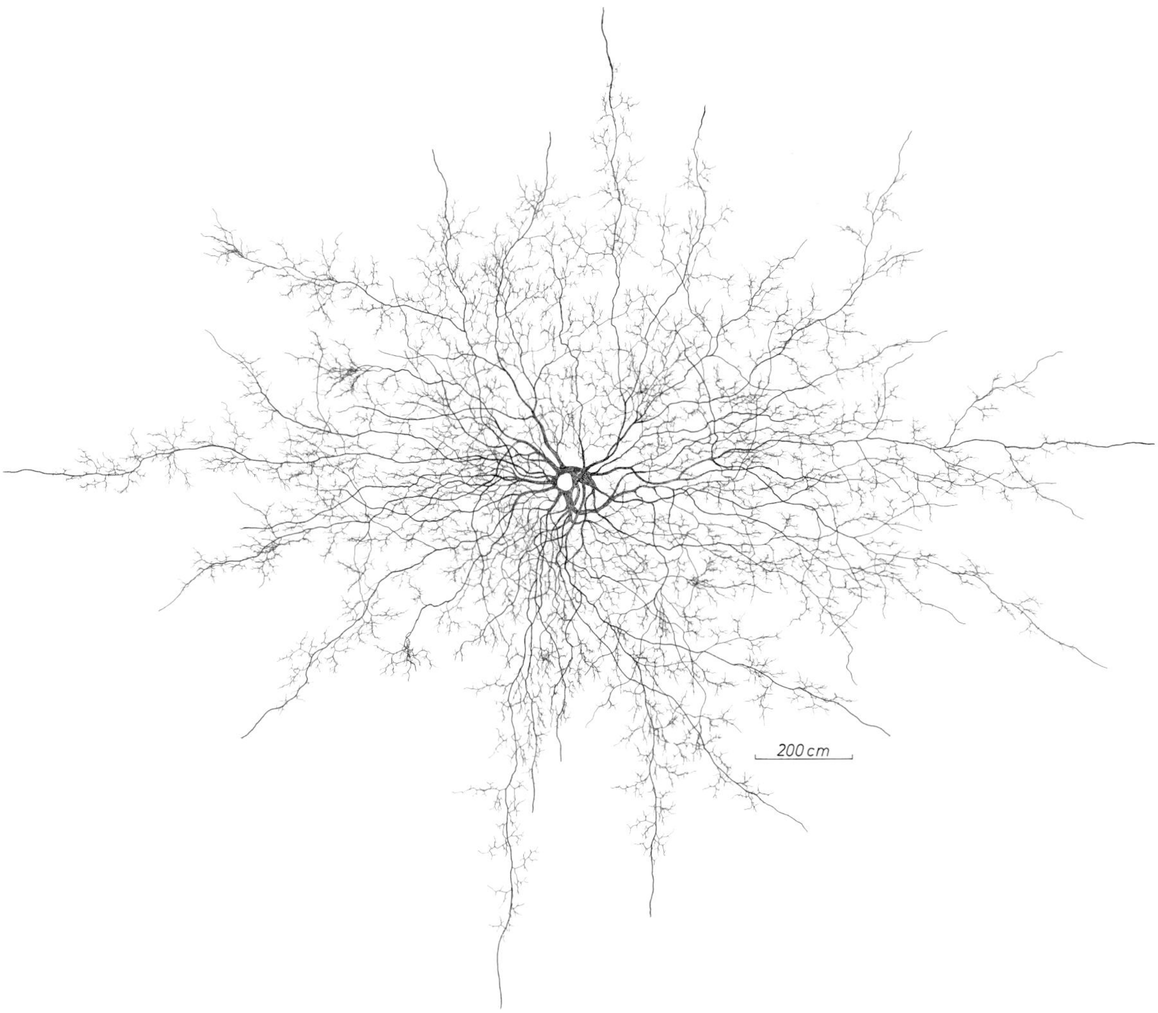

Abb. 141: Gewöhnliche Walnuß, *Juglans regia*, H–T–S = 560–260–2.360 cm, Krastal, nordwestlich Villach, SO-Hang, 540 m NN. Naturverjüngung auf stark verunkrautetem Schuttfächer, schütterer Baumbestand mit Walnuß und vereinzelt Esche, Mullpararendsina, Stockwerkprofil auf Schwemmfächer. Bodenprofil Hor.: 0–40 cm stark humoser, sandiger Lehm, krümelig, bester Mullhumus, locker, stark durchwurzelt, AC 40–120 cm humoser s L, stark durchsetzt mit Kalkschutt, locker, stark durchwurzelt, A_{beg} 120–180 cm stark humoser, lehmiger Sand, schwach durchsetzt mit Kalkschutt, dichter gelagert (überschütteter Oberboden infolge von Vermurung), gut durchwurzelt, C_g schluffiger Feinsand, schwach rostfleckig, schwach durchsetzt mit Kalkschutt, sickerfeucht, Bewurzelung auslaufend.

Im sekundären Zustand erhöhen das breite Pericambial-Abschlußgewebe und die zahlreichen englumigen, verholzten Fasern den Trockenschutz der Wurzeln. Die Fasern stehen in blockartigen Gruppen, deren Begrenzung nach außen jedoch etwas unregelmäßig ist. Der Unterschied beispielsweise zu Vertretern der Weidengewächse, Salicaceen, tritt dabei deutlich vor Augen. Ein weiterer Unterschied ist das regelmäßige Auftreten von Steinzellen. Die Gruppen der Fasern und Steinzellen sind in mehreren Reihen im breiten Bast angeordnet (A 2, 3, B 2). Kennzeichnend für die Art scheinen auch das vereinzelte Auftreten von Calciumoxalat-Drusen im Bast und das Fehlen von Zellreihen mit prismatischen Calciumoxalat-Kristallen entlang der Fasern zu sein (vgl. Cutler et al. 1987). Die Strahlen im Holz sind 1–4(5)reihig und nach den genannten Autoren bis zu 50 Zellen hoch. Die Libriformfasern sind meist mittelstark verdickt. Stärkereiches Kontaktgewebe umgibt die Gefäße (A 4). Diese stehen fallweise radial oder tangential benachbart (A 2). Die Querwände der Gefäße sind kurz, spiralige Versteifungen fehlen. Die Hoftüpfel sind oval und wabenförmig umrandet (A 5).

In der auffallenden Braunfärbung von Geweben der Wurzel im primären und im sekundären Zustand, die vermutlich durch Juglon verursacht wird, unterscheidet sich die Gewöhnliche Walnuß von den übrigen untersuchten Arten. Ob dieser Stoff auch im Bereich der Wurzel die Pflanze nicht nur vor Fäulnis, sondern ebenso vor tierischen Schädlingen schützt, wäre zu klären (vgl. Wagenitz 1981).

Standortansprüche: Die Walnuß erträgt in der Jugend Halbschatten. Als Baum ist sie ausgesprochen lichtbedürftig. Sie stellt hohe Ansprüche bezüglich Wärme. Sehr kalte Winter erträgt sie nicht. In Inversionslagen befinden sich die Standorte, die für die Walnuß geeignet sind, an den besonnten Mittelhängen. Am besten gedeiht sie in niederschlagsreicheren, wintermilden Gebieten auf frischen, stauwasserfreien, nährstoff- und basenreichen, gut durchlüfteten, steinigen Böden. Staunässe im Wurzelhorizont schadet ihr sehr. Wenig geeignet für die Walnuß sind daher tonige, feuchte, luftarme Böden.

Verbreitung: Die ostsubmediterran-eurasiatische Art ist in SO-Europa und in Kleinasien eine Pflanze der höheren Lagen. In Mitteleuropa kommt die Walnuß wild oder gepflanzt in der kollinen und in der unteren montanen Stufe vor. Die Höhengrenze verläuft nördlich der Alpen bei 600–700 m, südlich des Alpenhauptkammes bei 700–800 (900) m. Als Wildpflanze ist die Walnuß vorwiegend in Schlucht- und Steinschuttwäldern (Tilio-Acerion) oder in trockeneren Auwäldern (Ulmenion minoris) zu finden.

Ulmaceae, Ulmengewächse

Ulmus glabra Huds., Berg-Ulme, Weiß-Rüster

Morphologie

Sproß: Sommergrüner Baum, bis 40 m hoch, Stamm sympodial verzweigt, untere Äste weit ausladend, obere aufrecht abstehend, am Rand von Beständen auch einseitig überhängend, Krone daher vielgestaltig.
Wurzel: Die Angaben in der Literatur stimmen darin überein, daß die Ulmen zunächst ein ausgeprägtes Polwurzelsystem (Pfahlwurzelsystem) aufweisen, das mit zunehmendem Alter in ein Polwurzel-Herzwurzel-System übergeht. Als weitere Merkmale der Ulmenbewurzelung nennen Köstler et al. (1968) die bogenförmige Ausbildung der dickeren Wurzeln, die schnur- bis peitschenartige Form der dünneren Wurzelstränge und die zeilenartige Aneinanderreihung der Feinwurzeln. Hervorgehoben wird auch das große Tiefenstreben der Wurzeln. Dies trifft nach vorliegenden Untersuchungen nur für die Feld-Ulme zu. Die Wurzeln der Berg- und der Flatter-Ulme erreichen, entsprechend ihren bodenfeuchteren Standorten, kaum Tiefen bis zu 200 cm. Die von Köstler et al. besonders betonten starken, teils brettartigen Wurzelanläufe, die sich oft in den Stamm hinauf fortsetzen, sind am kennzeichnendsten für die Flatter-Ulme. Treffend bemerken die genannten Autoren, daß über den Boden herausragende Wurzelanläufe auf eine überwiegend flache Bewurzelung schließen lassen.

Die Polwurzel ist bei der Berg-Ulme nur an jungen Pflanzen deutlich erkennbar. Bei älteren Bäumen ist sie von den zahlreichen stark verzweigten Herzwurzeln oft nicht mehr zu unterscheiden. Das zeigen auch die Darstellungen von KÖSTLER et al. Die vielen Herzwurzeln und ihre knapp aufeinander folgenden Verzweigungen verursachen eine sehr dichte Bewurzelung bis in mitteltiefe Bodenschichten. Die Dichte der Bodendurchwurzelung nimmt nach der Seite hin allmählich ab. Die seitliche Ausbreitung der oberen, flachstreichenden Wurzeln ist nicht so groß wie bei der Flatter-Ulme oder bei der Feld-Ulme. Der Wurzelkörper ist tief tellerförmig oder breit verkehrt kegelförmig. Die Feinverzweigung ist nicht sehr groß. Die schnurförmigen Wurzeln sind sehr reißfest, die Wurzelfarbe ist graubraun. Die bis in mitteltiefe Bodenschichten reichende dichte Durchwurzelung verleiht dem Baum eine große Standfestigkeit. Seine bodenbindende Kraft ist sehr hoch.

Die in **Abb. 142** dargestellte Pflanze wurde in einem Schluchtwald an einem nordseitigen Grabeneinhang auf vergleytem Braunlehm-Kolluvium mit Kalkschutt in den Karawanken (Kärnten) freigelegt. Die Polwurzel ist als dünner Strang noch erkennbar. Sie geht aber in dem dichten Gewirr von Wurzelsträngen gleichsam unter. Die Durchwurzelung ist innerhalb der Baumkrone bis zu einer Tiefe von ca. 90 cm sehr ergiebig. Der seitliche Verlauf der Wurzelstränge ist verhältnismäßig gering. Der Wurzelkörper ist annähernd tief tellerförmig, die Wurzelstränge sind sehr häufig fächerförmig verzweigt. Durch die starke Verzweigung der dickeren Wurzeln ergibt sich nahe dem Stamm eine geradezu besenförmige Anhäufung dünnerer, gestreckt verlaufender Wurzeln. Deren Tiefenstreben ist in dem schattigen, feuchten Boden mit max. 159 cm mäßig hoch. Nach KÖSTLER et al. erreichen die Wurzeln einer 50 Jahre alten Berg-Ulme in Mitteldeutschland auf dichtem Pseudogley eine max. Tiefe von 160 cm. Die dichte Durchwurzelung reicht bis 100 cm Tiefe. Dazu wird bemerkt, daß das Wurzelsystem wesentlich kräftiger ist als jenes der benachbarten Birken, Linden und Buchen.

Anatomie, **Taf. 118**

Die Wurzeln der Berg-, der Feld- und der Flatter-Ulme stimmen im Bau weitgehend überein. Die Rhizodermiszellen sind klein, und ihre Wände haben oft eine Eigenfarbe von rot bis rotbraun. Diese bleibt beim Stärkenachweis mit JJK erhalten. Die Zellen der Exodermis sind im Vergleich zu jenen der Rhizodermis auffallend groß, d. h. auch größer als die des Außenrindenparenchyms. Die Zellen des Rindenparenchyms enthalten Stärke (A 1). Die Ausbildung der Suberinlamelle an den Wänden der Endodermiszellen erfolgt wie in allen Fällen zuerst über dem primären Phloem. Die Zellwände erscheinen nach Behandlung mit Sudan 3 rot (B 1).

Im sekundären Zustand unterscheiden sich die Wurzeln der Berg- und der Feld-Ulme von jenen der Flatter-Ulme durch ein schmäleres Pericambial-Abschlußgewebe (A 3, B 2) und besonders durch das Vorhandensein von Schleimzellen im Bast. Bei der Flatter-Ulme konnten Schleimzellen nicht gefunden werden. Ob sie bei dieser Art gänzlich fehlen oder nur selten auftreten, wäre noch zu untersuchen. Die Schleimzellen liegen oft tangential benachbart (A 2, 3). Von den Wurzeln der Feld-Ulme unterscheiden sich jene der Berg-Ulme oft durch größere Gefäße und durch deren höheren Anteil. Gleichlaufend damit nimmt der Anteil an Fasern im Bast zu. Damit stimmt die Bindung der Berg-Ulme an ein im Vergleich zur Feld-Ulme kühleres Klima und an einen bis in Flurnähe frischeren bis frischfeuchten Boden überein. Übereinstimmung zwischen den drei Ulmenarten zeigt der Bau des Holzes in den bis über 40 Zellen hohen Strahlen, in der ovalen Form der Tüpfel und im Vorkommen von schraubenförmigen Verdickungen in

Abb. 142 (rechts): Berg-Ulme, *Ulmus glabra*, H–T–S = 810–159–1.545 cm, Karawanken, Kärnten, Mulde eines nordseitigen Grabeneinhanges, 850 m NN. Berg-Schluchtwald mit vorwiegend *Ulmus glabra*, vereinzelt *Alnus incana, Salix caprea, S. purpurea, S. eleagnos, Acer pseudoplatanus, Fraxinus excelsior*. In der Krautschicht bestandsbildend *Equisetum telmateia*, zahlreich *Cirsium oleraceum, Carduus personata, Eupatorium cannabinum* u. a. Vergleytes Braunlehm-Kolluvium über Kalkschutt. Bodenprofil Hor.: O 3–0 cm Laubmoder, A_1 0–5 cm moderreicher Braunlehm, A_2 5–22 cm humoser Braunlehm, dunkel graubraun (10YR 4/2), schwach krümelig, Krümel kantig, stark durchwurzelt, AB_{rel} 22–51 cm Braunlehm, unregelmäßig humos, dicht, blockig, schwundrissig, schwach steinig, stark durchwurzelt, $B_{rel\ g}$ 51–120 cm Braunlehm, dicht, feucht, mit einzelnen Rostflecken, G_0 Braunlehm, bleichgrau, stark rostfleckig, dicht, feucht.

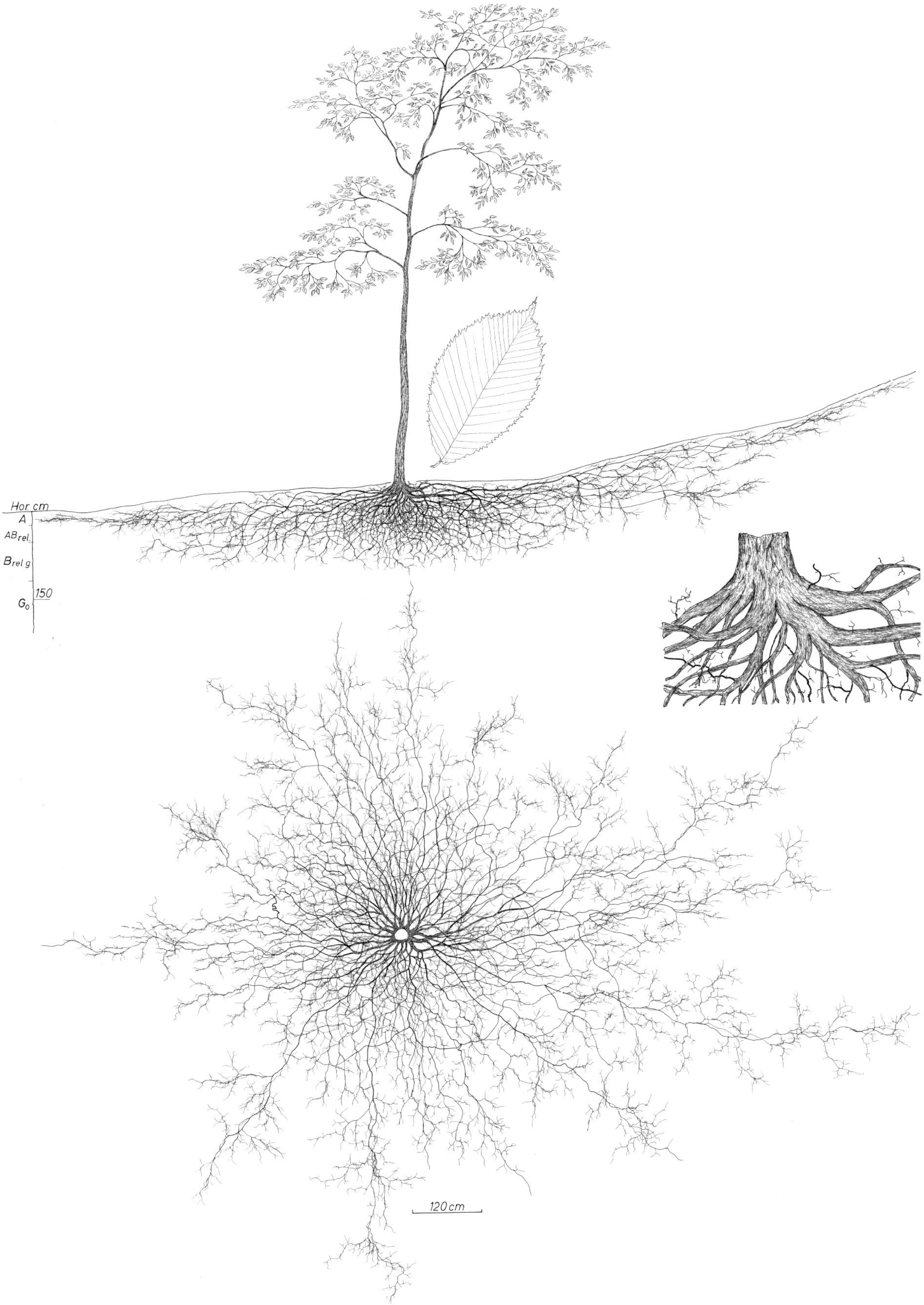
Hor cm
A
AB rel.
B rel g
150
Go
120 cm

Taf. 117: Berg-Ulme, *Ulmus glabra*. Karawanken, Kärnten, 850 m NN, kleinerer Baum auf vergleytem Braunlehm-Kolluvium über Kalkschutt, Wurzeln im schattigen, kühlen Boden wenig tiefstrebend, vorwiegend seitwärts ausgebreitet. Bewurzelung im Bereich der Baumkrone sehr groß. Dicke Wurzelanläufe durch gabelartige Verzweigung rasch dünner werdend. Dünne Wurzeln zahlreich, schnurartig, nur gegen ihr Ende stärker feinverzweigt (zu Abb. 142).

Taf. 118 A: Berg-Ulme, *Ulmus glabra.* **– 1:** Karawanken, Kärnten, 18.10. Prim., Ø, JJK, 409x. **Rh** Z klein, AW rot, Eigenfarbe. **Rinde** RP 3schichtig, En mit CS. **ZZ** 2arch. **– 2:** Grafenstein, Kärnten, 5.12. Sek., Ø, JJK, 25x. **PCAG** schmal. **Bast** mittelbreit, F dünn, in kleinen bis großen Gruppen dicht stehend, dazwischen SchleimZ. **Holz** Strahlen 1(-6)reihig, F in größeren Gruppen, ZW mittelstark bis stark verdickt, Gefäße radial u. tangential benachbart. **– 3:** Ort wie 1, 22.7. Sek., Ø, S3, 162x. **Bast** SchleimZ vorwiegend im äußeren Bereich, F fast bis zum Verschwinden des Lumens verdickt. **– 4:** Pfl u. Zeit wie 1. Sek., ⊠ (RLS), Ph/HCl, 64x. **Bast** F sehr lang. **Holz** Strahlen bis über 50 Z hoch, Gefäße Tüpfel oval, dicht stehend. **– 5:** Ausschnitt aus 2. 162x. **Holz** Strahlen bis über 5reihig, Z wie jene des GG St-reich.

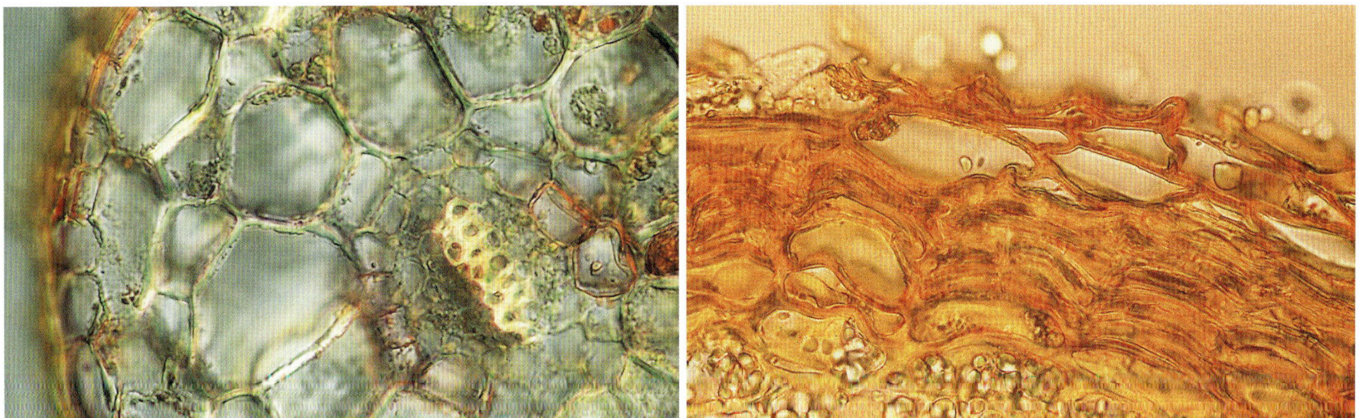

Taf. 118 B: – 1: Schnittreihe wie A 1. S3, 409x. **Rinde** EnZ über Ph mit Suberinlamelle, über X noch fehlend. **– 2:** Schnittreihe wie A 3. Ph/HCl, 409x. **PCAG** 6-8schichtig, innerste Schicht Z wie jene des Bastes St-reich.

den Gefäßwänden (A 4, 5). CUTLER et al. (1987) geben allerdings für Vertreter von *Ulmus* auch kreisförmige Tüpfel an.

Standortansprüche: Die Halbschattenbaumart stellt keine hohen Ansprüche bezüglich Wärme, ist aber empfindlich gegen Frühfröste. In sehr winterkalten, schneearmen Lagen können an den flurnah flachstreichenden Wurzeln Frostschäden auftreten. In Inversionslagen kommt die Berg-Ulme wie die Rotbuche erst an den wintermilderen Hängen vor. Besonders gut wächst sie in feuchten Grabeneinhängen und in Schluchten, wohin ihr die Rotbuche nicht mehr folgt. Voraussetzung für das gute Gedeihen der Berg-Ulme ist eine durchgehend gute Wasser- und Nährstoffversorgung. Am besten gedeiht sie auf frischen bis sickerfeuchten, nicht staufeuchten, nährstoff- und basenreichen, lehmigen Böden.

Verbreitung: Die eurasiatisch-subozeanische (submediterrane) Art kommt in Mitteleuropa vorwiegend in den boden- und luftfeuchteren Lagen der Buchenstufe vor. Die Höhengrenze ihrer Verbreitung liegt etwas tiefer als die der Rotbuche. Sie verläuft in Mitteldeutschland bei 700 m, in den Alpen bei 1.400 m. Die Berg-Ulme schließt sich vorwiegend staudenreichen Eschen-Bergahorn-Wäldern, seltener Auwäldern an. Sie gilt als Kennart des Fraxino-Aceretum pseudoplatani W. Koch 26 und des Ulmo glabrae-Aceretum pseudoplatani Issl. 26 (Tilio-Acerion).

Ulmus minor Mill., Feld-Ulme, Rot-Rüster, Glatte Ulme

Morphologie

Sproß: Sommergrüner Baum, bis 30 m hoch, häufig auch Strauch, Stamm sympodial verzweigt, stark abholzig, oft bis unten beastet, Äste aufrecht abstehend oder ausladend, Zweige zweizeilig angeordnet, Krone kegelförmig bis oval.

Wurzel: Die auffallendsten Unterschiede in der Bewurzelung gegenüber der Berg-Ulme sind die weniger dichte Bewurzelung im näheren Bereich des Stammes, die größere seitliche Reichweite der flachstreichenden Wurzeln, auf die schon DUHAMEL DE MONCEAU (1758) hinwies, das viel größere Tiefenstreben der Wurzeln und die häufige Bildung von Wurzelsprossen (Wurzelbrut). Ähnlich sind sie einander in der raschen Verjüngung der Polwurzel durch wiederholte Verzweigung und in deren weitgehendem Zurücktreten in ausgereifteren Wurzelsystemen. Auf das tiefe Eindringen der Wurzeln der Feld-Ulme weist auch PASSARGE (1953) aufgrund von Untersuchungen in Auwäldern des mitteldeutschen Trockengebietes hin. Nach MAGYAR (1929) sollen schon Wurzeln 2 Jahre alter Feld-Ulmen in einem Pflanzgarten im ungarischen Alföld bis in das mehr als 5 m tief liegende Grundwasser vorgedrungen sein. Eine derart große Wurzeltiefe konnte in Österreich bisher nicht beobachtet werden. Unter dem Einfluß des warmen, bereits kontinental geprägten Klimas der Lobau bei Wien erreichten die Wurzeln auf trockengefallenem, feinsedimentreichem Auboden „nur" eine Tiefe von 350 cm. Nach KÖSTLER et al. (1968) beschränkte sich der Hauptwurzelbereich der Feld-Ulme auf dichtem, schieferigem Ton auf die obere, 50 cm mächtige Bodenschicht. Nur einzelne Wurzeln drangen „mehrere dm tief in den Ton ein". In den Donau-Auen bei Günzburg (Bayern) legten die Autoren das Wurzelsystem einer 88 Jahre alten Feld-Ulme frei. Es bildete in den

Abb. 143 (rechts): Feld-Ulme, *Ulmus minor*, H–T–S = 1.187–350–1.995 cm, Lobau bei Wien, 150 m NN. Auwald mit vorwiegend *Ulmus minor, Fraxinus excelsior* und *Acer campestre*. In der Strauchschicht vor allem *Crataegus monogyna, Sambucus nigra* und *Fraxinus excelsior*. In der Krautschicht vorwiegend *Parietaria officinalis, Buglossoides purpurocaeruleum, Stachys sylvatica, Salvia glutinosa, Lamium maculatum* u. a. Grundfeuchter, schwach verbraunter, grauer Auboden. Bodenprofil Hor.: A_1 0–10 cm Oberkrume, Mull, stark humoser, schluffiger Lehm, dunkel graubraun, feinkrümelig, locker, pH 7,6, A_2 10–24 cm humoser, schluffiger Lehm, Mull, granulär-mittelblockig, kalkreich, Verlauf der flachen Wurzelstränge, AC_v 24–60 cm schluffiger Lehm, graubraun (10YR 5/2), schwach humusfleckig in Wurzelröhren, Struktur körnig, porös, stark kalkhaltig, $C_{g\,rel}$ 60–240 cm trockengefallene Sandschicht, hellgrau, geschichtet, bänderig bis punktiert, schwach rostfleckig, G_o 240–300 cm schluffiger Feinsand, geschichtet, mäßig dicht, stark rostfleckig, durch Kapillarhub schwach grundfeucht, G_r schluffiger Feinsand, graublau, deutlich grundfeucht.

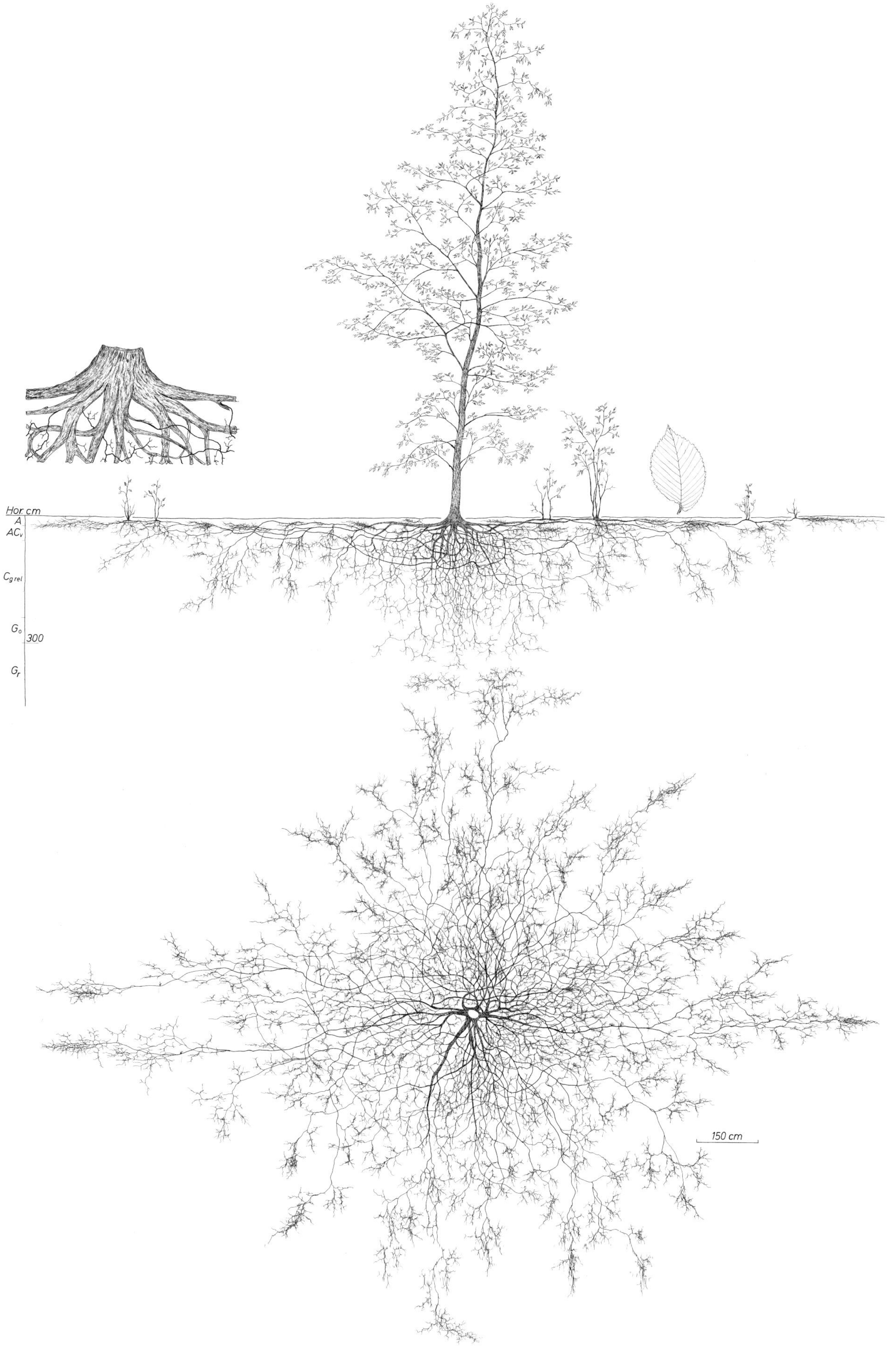
Hor. cm
A
AC_v
$C_{g\,rel}$
G_o
300
G_r
150 cm

Taf. 119: Feld-Ulme, *Ulmus minor*. 1. Reihe links: March-Au, Niederösterreich, Jungpflanze, Polwurzel erst in den tieferen, feuchteren Schichten quastenförmig verzweigt; Mitte, rechts, 2. R. und 3. R. links: Lobau bei Wien, kleiner Baum auf feinsandigem Auboden, Wurzeln in dem warmen Boden vorwiegend bogenförmig abwärts wachsend, flachstreichende Wurzeln mit Wurzelsprossen, gegen ihr Ende teils mit dichtem Filz von Feinwurzeln (zu Abb. 143); rechts: beschnittener Strauch mit Wurzelsprossen.

Taf. 120 A: Feld-Ulme, *Ulmus minor*. – **1:** Lobau, Wien, 28.8. Prim., Ø, JJK, 64x. **Rh** WuHr zahlreich. **Rinde** Ex ZW suberinisiert, EnZ klein, Inhalt gelbbraun. **ZZ** 2arch. – **2:** Pfl u. Zeit wie 1. Sek., Ø, S3, 64x. **PCAG** 8schichtig. **Bast** breit, F einzeln oder in lockeren Gruppen verstreut, SchleimZ kleiner als bei *U. glabra*. **Holz** Strahlen 1-4(-6)reihig, FTracheiden in großen Gruppen, Gefäße z. T. tangential benachbart. – **3:** Triest, 10.4. Sek., ⊠, S3, 409x. **Holz** Strahlen vorwiegend 2reihig, Gefäße Tüpfel rundlich bis oval. – **4:** Pfl u. Zeit wie 1. Sek., ⊠, Ph/HCl, 162x. **PCAG** 12schichtig. **Bast** SchleimZ z. T. in Längsrichtung benachbart. – **5:** Schnittreihe wie 3. S3, 409x. **Holz** Gefäße Z z. T. kurz, QuerW normal zur LängsW.

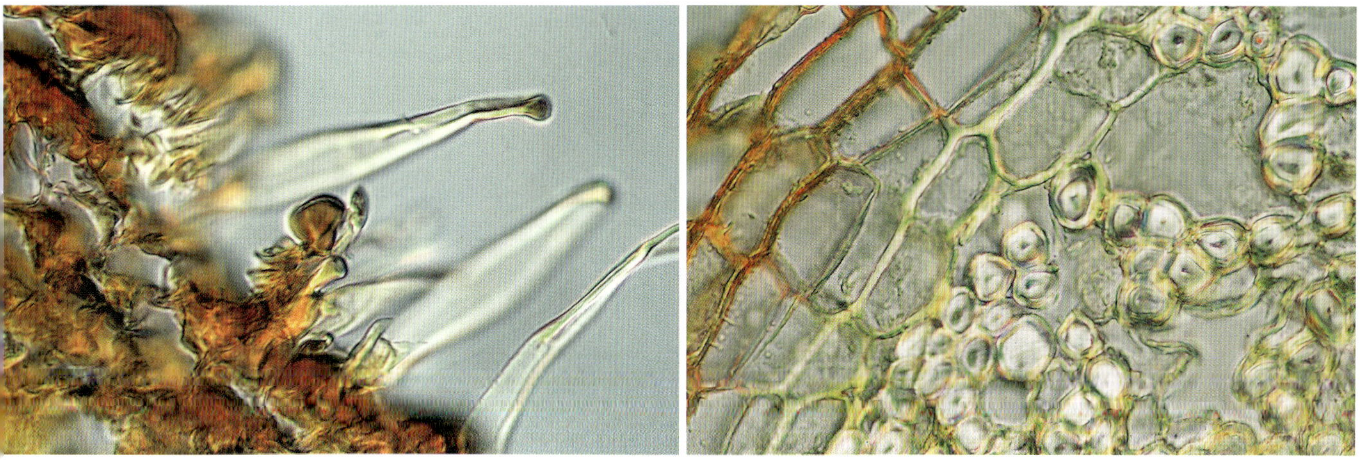

Taf. 120 B: – **1:** Schnittreihe wie A 1. S3, 409x. **Rh** WuHr z. T. flaschenförmig. – **2:** Ort wie A 1, 30.9. Sek., Ø, S3, 409x. **PCAG** Z weitlumig, ZW dünn, ab 3. Schicht verkorkt. **Bast** F schwach verholzt (?), SchleimZ bis über 6x größer als Z des GG.

obersten Bodenschichten und in 80 cm Tiefe, am Übergang der Sand- zur Kiesschicht, ein „horizontales Wurzelstockwerk“. Die zwei Stockwerke waren durch kräftige Senker miteinander verwachsen.

Der Baum der **Abb. 143** wurde in einem Auwald in der Lobau auf trockengefallenem Auboden freigelegt. Die Polwurzel hat sich rasch in einen dünnen Strang verjüngt. Sie dringt mit zwei Seitenwurzeln am tiefsten bis zu den grundfeuchten Schichten in den Boden ein, hebt sich aber von den übrigen, ebenfalls dünnen Strängen nicht ab. Die meisten Wurzeln wenden sich in dem warmen Boden nach unten. Ihr Tiefenstreben nimmt nach außen hin ab. Entlang der nahe Flur flachstreichenden Wurzelstränge entstanden zahlreiche Wurzelsprosse. Sie treten oft büschelig gehäuft auf. Wurzelknospen kommen noch nahe dem Ende der Wurzelstränge vor. Die dünnen Wurzelstränge sind gegen ihr Ende sehr stark feinverzweigt. Die Feinwurzeln treten in den stärker humosen oberen Bodenschichten oft in dichten Bündeln auf. Die Wurzeln sind sehr reißfest, ihre Farbe ist rotbraun.

Anatomie, Taf. 120

Auf den Wuchsorten der Feld-Ulme können sich die oberen Bodenschichten stärker erwärmen, und sie können stärker austrocknen. Die in diesen Schichten gewachsenen Wurzeln haben oft zahlreiche teils flaschenförmige Wurzelhaare und eine rot- bis dunkelbraune Farbe der Zellwände sowie z. T. auch des Zellinhaltes von Exodermis und Außenrindenparenchym. Die Zellen des Innenrindenparenchyms sind wenig vergrößert und daher relativ wasserarm. Der Inhalt der Endodermiszellen ist gelbbraun gefärbt (A 1, B 1).

Im sekundären Zustand sind auf solchen Standorten die Schleimzellen im Bast etwas kleiner als bei der Berg-Ulme, und die Zahl der Fasern im Bast ist im Vergleich zu dieser und zur Flatter-Ulme deutlich geringer. Übereinstimmung herrscht wieder hinsichtlich Größe und Anteil der Gefäße, während im Holz der Anteil an Grundgewebe und Fasern, vorwiegend Libriformfasern (vgl. SCHWEINGRUBER 1990), bei der Feld-Ulme entsprechend höher ist (A 2, 4). Beides entspricht ihren trockeneren Standorten. Für die Gattung kennzeichnend sind wieder die besonders dünnen Fasern im Bast, das Vorkommen von 1–3reihigen Strahlen im Holz sowie die Ausbildung der Gefäße mit ihren zu den Längswänden normal stehenden Querwänden und den ovalen, versetzt und dicht stehenden Tüpfeln (A 3, 5). Die Gefäße liegen einzeln oder in kleinen Gruppen vorwiegend in tangentialer, aber auch in radialer Anordnung (A 2). Bei Wurzeln aus grundfrischen bis grundfeuchten Bodenschichten ist die radiale Anordnung öfter anzutreffen. Die Verkorkung der Zellwände des Pericambial-Abschlußgewebes beginnt wieder ab der 3. Schicht (B 2).

Standortansprüche: Im Vergleich zur Berg-Ulme ist die Feld-Ulme licht- und wärmebedürftiger, widerstandsfähiger gegen Trockenheit, aber empfindlicher gegen Winterkälte und zu hohe Feuchte schon in tieferen Bodenschichten. Wie die Berg-Ulme verlangt sie nährstoffreichere, basenreichere Böden.

Verbreitung: Die submediterrane, gemäßigt kontinentale Art ist ein typischer Baum der wärmeren Tieflagen. In Mitteldeutschland verläuft die Höhengrenze ihrer Verbreitung schon bei 500 m und in der Schweiz bei 1.300 (1.400) m. Ihre Hauptverbreitung hat sie demnach in der planaren und in der kollinen Stufe. Sie ist ein Bestandteil der Hartholzauen wärmerer Stromtäler. Dennoch kommt sie häufiger in wärmegebundenen Buschgesellschaften an Waldrändern, Zäunen, Feldrainen und Hügeln vor. Sie gilt als Kennart des Querco-Ulmetum (Ulmenion minoris) und als Begleiter der Eichen-Hainbuchen-Wälder (Carpinion betuli) sowie vor allem der Flaumeichenwälder (Quercion pubescenti-petraeae).

Ulmus laevis Pall., Flatter-Ulme, Flatter-Rüster, Bast-Rüster

Morphologie

Sproß: Sommergrüner Baum, bis 30 m hoch, Stamm sympodial verzweigt, abholzig, oft tief hinab beastet, Hauptäste aufrecht abstehend, Seitenäste ausladend, gegen das Ende überhängend, Zweige zweizeilig angeordnet, Krone oval bis rundlich.

Wurzel: Von der Berg- und der Feld-Ulme unterscheidet sich die Flatter-Ulme vor allem durch ihre oft sehr stark ausgebildeten brettartigen Wurzelanläufe, auf die auch OBERDORFER (1994) hinweist. Der Stamm erhält dadurch am Grund ein stark geripptes Aussehen. Auch die Polwurzel ist bei der Flatter-Ulme stärker ausgebildet. Sie ist selbst an älteren Bäumen als vorwüchsiger und stärker verdickter Strang noch deutlich erkennbar. Das steht zwar im Widerspruch dazu, daß die Flatter-Ulme nicht so trockenresistent ist wie die Feld-Ulme. Doch dringt sie weiter nach Osten in den stärker kontinental geprägten Klimaraum vor. Dieser regt durch den tiefer reichenden, stärkeren Temperaturwechsel im Boden zur Bildung kräftiger, tiefreichender Polwurzeln an (BAITULIN 1979). Dennoch bleibt die Hauptwurzelmasse bei der Flatter-Ulme stärker auf die oberen Bodenschichten beschränkt als bei der Feld-Ulme. Die brettartig verdickten Seitenwurzeln verjüngen sich durch wiederholte Verzweigungen sehr rasch. Sie breiten sich als relativ dünne Wurzelstränge in bemerkenswert weitem Umkreis seitwärts aus. An der Unterseite der brettartig verdickten Wurzelabschnitte bilden sich dickere, kurze Seitenwurzeln, die sich rasch büschelartig in viele Wurzelstränge verzweigen. Die Wurzeldichte im Bereich des Stammes ist daher sehr groß. Die Wurzeln erreichen aber keine größere Tiefe. Sie werden im Tiefenstreben deutlich von der Polwurzel übertroffen. Diese ragt oft als dickerer Strang unterhalb des dichten Wurzelschleiers hervor. Ihr Tiefenstreben endet erst in den gleichmäßiger temperierten und gleichmäßiger feuchten Schichten, in denen sie sich seitwärts umbiegt. Die flachstreichenden Hauptseitenwurzeln verzweigen sich mehrmals gabelig. Dadurch entsteht im Oberboden ein annähernd gleichmäßig verteiltes Wurzelnetz. Die Feinwurzeln treten aber an den Endabschnitten der dünneren Wurzelstränge meist stark gehäuft auf. Der hohe Feinwurzelbesatz nimmt deshalb nach außen hin zu. Die Wurzelmasse ist jedoch im näheren Bereich des Stammes viel größer. Die Wurzeln sind sehr reißfest. Nach WAGENITZ (1981), MAYER (1992) und OBERDORFER bildet auch die Flatter-Ulme Stockausschläge und Wurzelsprosse. Diese sind bei ihr aber viel seltener zu beobachten als bei der Feld-Ulme.

Der Baum der **Abb. 144** wurde in der Mur-Au südlich von Graz freigelegt. Er bildet in dem grundfeuchten Boden eine in weitem Umkreis ausgebreitete, flach wirkende Bewurzelung. Der Boden im näheren Bereich des Stammes ist aber bis zu einer Tiefe von 80–100 cm sehr dicht durchwurzelt. Die Polwurzel reicht als deutlich verdickter Strang bis in das zur Zeit der Freilegung hoch anstehende Grundwasser hinab. An ihrem unteren Ende biegt sie seitwärts um und verzweigt sich dabei in viele dünne Wurzelstränge. Sie erreicht eine max. Tiefe von 180 cm. Nach KÖSTLER et al. (1968) bildete eine 75 Jahre alte Flatter-Ulme auf Pseudogley aus Keuperton „ein kräftiges Senkerwurzelsystem mit einer sehr guten Vertikalerschließung bis 12 dm Tiefe“.

Anatomie, Taf. 122

Im primären Zustand ähneln die Wurzeln der Flatter-Ulme durch die gelb- bis rotbraune Färbung der Zellwände der Rhizodermis (A 1) jenen von Feld- und Berg-Ulme. Auffallend ist, daß die untersuchten Wurzeln ungeachtet ihrer Dicke wie bei den anderen Arten vorwiegend 2arch gebaut sind. Ob dies ein beständiges oder zumindest vorherrschendes Merkmal der Gattung ist, wäre noch zu untersuchen. Dünne wie dicke 2arche Wurzeln erreichen im Lauf des sekundären Dickenwachstums beträchtliche Stärken.

Besonders kennzeichnend für die Art als Vertreter der Gattung *Ulmus* sind im sekundären Zustand wieder das Abschuppen der äußeren Zellschichten des Pericambial-Abschlußgewebes und der breite Bast so-

Taf. 121: Flatter-Ulme, *Ulmus laevis*. Kalsdorf, südlich Graz, 320 m NN, mittelgroßer Baum auf grauem Auboden mit noch deutlich erkennbarer Polwurzel, die mit Beginn der Grundfeuchte seitwärts umbiegt. Dicke Anläufe der Seitenwurzeln stark brettartig, an ihrer Unterseite mit dichten Büscheln von dünnen Wurzeln. Dickere Wurzeln flurnah weit seitwärts verlaufend, wiederholt gabelartig verzweigt, Feinwurzelbesatz mäßig hoch (zu Abb. 144).

Taf. 122 A: Flatter-Ulme, *Ulmus laevis*. – **1:** Kalsdorf, südl. Graz, 27.1. Prim., Ø, S3, 409x. Wu 3. Ordnung. **Rh** Z klein, SW nach S3 rot, cutinisiert (?). **Rinde** Ex und En mit Suberinlamellen, die über X z .T. fehlen. **ZZ** 2arch. – **2:** Lobau, Wien, 18.12. Sek., Ø, Ph/HCl, 25x. **Bast** Strahlen Z peripher verbreitert. **Holz** stark asymmetrisch, Strahlen bis über 2 ZReihen breit, Gefäße radial u. tangential benachbart. – **3:** Ort wie 1, 22.10. Sek., ⊠, Ph/HCl, 409x. **PCAG** 9schichtig, ZW schwach verdickt. **Bast** GG Z wenig gestreckt, F sehr lang. – **4:** Pfl u. Zeit wie 3. Sek., Ø, Ph/HCl, 162x. **Bast** SchleimZ scheinbar fehlend. – **5:** Pfl u. Zeit wie 2. Sek., ⊠, Ph/HCl, 409x. **Holz** Strahlen 2reihig, Gefäße Hoftüpfel dicht stehend, wabenförmig umrandet.

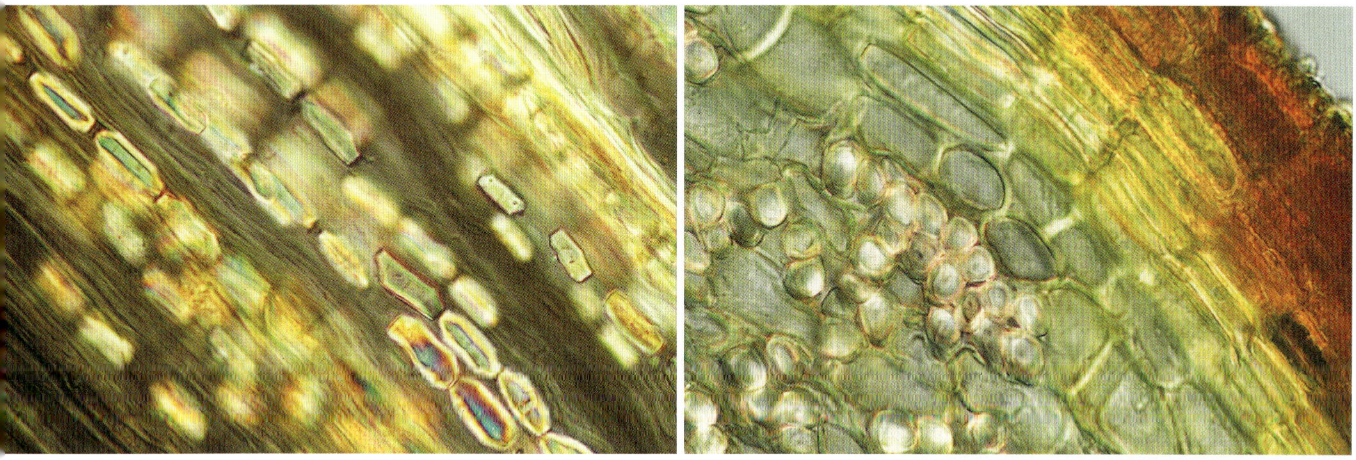

Taf. 122 B: – **1:** Schnittreihe wie A 5. S3, 409x. **Bast** ZReihen entlang F mit CaOxKristallen. – **2:** Pfl u. Zeit wie A 2. Sek., Ø, Ph/HCl, 409x. **PCAG** in den äußeren Schichten rotbraun, Eigenfarbe. **Bast** F schwach verholzt.

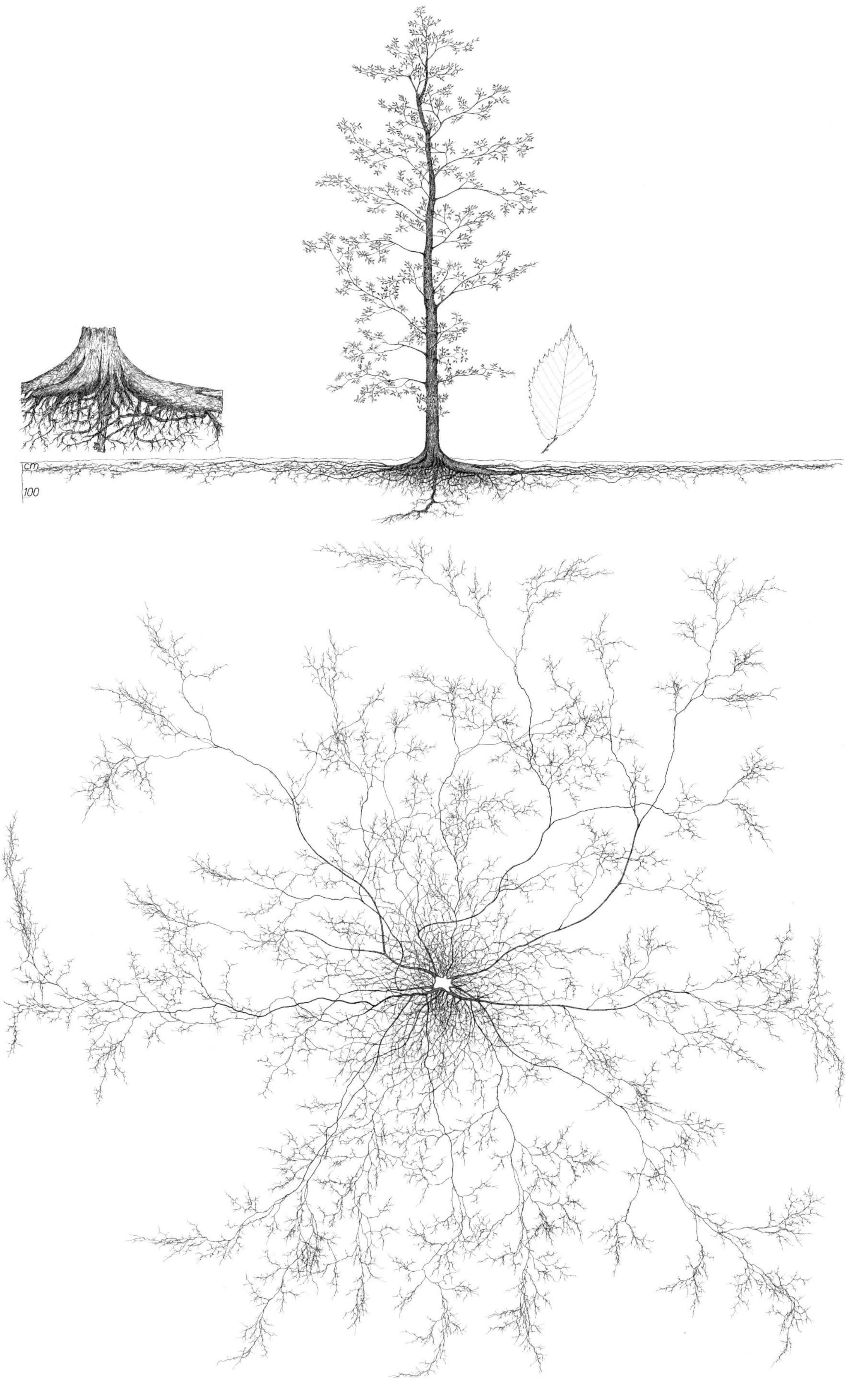
cm
100

wie vor allem die zahlreichen, sehr dünnen, zerstreut liegenden Fasern (A 2, 4, B 2). Den Fasern benachbart liegen oft Zellreihen mit Calciumoxalat-Kristallen (B 1). Zum Unterschied von den beiden anderen beschriebenen Arten fehlen nach vorliegenden Untersuchungen im Bast Schleimzellen. Außerdem ist der Anteil an Gefäßen im Holz meist wesentlich größer. Er kann bis über 80 % betragen. Die Gefäße liegen fallweise radial bzw. tangential benachbart (A 2). Bemerkenswert ist die geringe Länge der Zellen des Grundgewebes im Bast (A 3). Die Hoftüpfel sind weniger oval verbreitert als bei den beiden anderen Arten (A 5).

Der hohe Anteil an Gefäßen und deren z. T. radiale Anordnung entsprechen den grundfeuchten Standorten der in Auwäldern der planaren Stufe beheimateten Art.

Standortansprüche: Die Flatter-Ulme ist eine Halblicht- bis Halbschattenbaumart. Sie ist weniger wärmebedürftig als die Feld-Ulme. Doch ist auch sie ein Baum der planaren bis kollinen, sommerwarmen, aber stärker kontinentalen Tieflagen. Sie erträgt im Vergleich zur Feld-Ulme höhere Grundfeuchte, mehr Wechselfeuchte, mehr Staufeuchte und länger andauernde Überschwemmung. Doch verlangt auch sie nährstoffreichere, basenreichere Böden.

Verbreitung: Die gemäßigt kontinentale Art ist vor allem in der Hartholzau in den wintermilderen Fluß- und Stromniederungen Mittel- und Osteuropas sowie Westasiens verbreitet. Innerhalb der Erlen-Eschen-Auwälder (Alnenion glutinoso-incanae) gilt sie regional als Kennart der Traubenkirschen-Eschen-Wälder (Pruno-Fraxinetum Oberd. 53). Für die Eichen-Ulmen-Wälder (Ulmenion minoris) wird sie als Kennart des Querco-Ulmetum Issl. 24 beschrieben. Überregional gilt sie als Kennart des Alno-Ulmion.

Fabaceae, Schmetterlingsblütler

Robinia pseudacacia L., Gewöhnliche Robinie, Falsche Akazie

Morphologie

Sproß: Sommergrüner Baum, bis 20 (25) m hoch, Stamm oft frühzeitig verzweigt, besonders junge Stämme weit hinunter beastet, Hauptäste meist aufrecht abstehend, Seitenäste ausladend, teils überhängend, Krone oval bis rundlich, aufgelockert, durch Wurzelbrut auch weitläufiges Buschwerk bildend.
Wurzel: Die Besonderheit der Robinie liegt in ihrer weitläufigen Bewurzelung. Die Wurzelsprosse der nahe unter Flur sehr weit seitwärts ausgebreiteten Wurzeln bilden oft großflächig Strauch- oder Baumgruppen, die durch ein reichverzweigtes, tiefreichendes Wurzelnetz miteinander verbunden sind. Das Wurzelnetz ist hervorragend geeignet, sich den verschiedenen Bodenbedingungen anzupassen. Barner (1954) spricht von einer anpassungsfähigen, plastischen Bewurzelung. Er stellte fest, daß die Wurzeln zwei Jahre alter Robinien bis zu einer Tiefe von 240 cm zielsicher Stellen mit anhaltender Bodenfeuchte aufsuchen können. Hoffmann (1966) bezeichnet die Robinie zu Unrecht als extensiv wurzelnde Baumart. Oberdorfer (1994) nennt sie zutreffender einen Intensivwurzler. Hervorzuheben ist auch die Bildung

Abb. 144 (links): Flatter-Ulme, *Ulmus laevis*, H–T–S = 1.280–180–2.380 cm, Kalsdorf, südlich Graz, 320 m NN. Auwald mit vorwiegend *Quercus robur, Ulmus laevis, Fraxinus excelsior, Alnus glutinosa,* vereinzelt *Salix alba* und *Tilia cordata*. In der Strauchschicht vorwiegend *Cornus sanguinea, Prunus padus, Fraxinus excelsior* und *Rubus idaeus*. In der Krautschicht besonders *Solidago gigantea, Salvia glutinosa, Urtica dioica, Alliaria petiolata, Asarum europaeum, Humulus lupulus, Impatiens noli tangere, Aegopodium podagraria, Brachypodium sylvaticum* u. a. Grauer Auboden, Bodenprofil Hor.: A_1 0–5 cm feinmoderreicher, schluffiger Feinsand, sehr locker, A_2 5–25 cm Modermull, stark humoser, schluffiger Feinsand, krümelig, locker, schwach kiesig, pH 7,3, stark durchwurzelt, AC 25–40 cm schwach humoser, schluffiger Feinsand, mäßig dicht, kiesig, stark durchwurzelt, C_1 40–60 cm schluffiger Feinsand, kompakt, kiesig, pH 7,1, stark durchwurzelt, C_2 sandiger Kies und Schotter, zur Zeit der Freilegung ab 170 cm Tiefe Grundwasser.

Taf. 123: Gewöhnliche Robinie, *Robinia pseudacacia*. Grafenstein, Kärnten, 510 m NN, Braunerde. 1. Reihe links: Strauch mit größeren Wurzelsprossen (zu Abb. 145); Mitte, rechts, 2. R. und 3. R. links: älterer Baum, Seitenwurzeln flurnah weit seitwärts verlaufend und weit vom Stamm entfernt Wurzelsprosse bildend, flachstreichende Wurzeln oft knieförmig nach unten wachsend, Feinverzweigung mäßig stark, Wurzelknöllchen knäuelförmig gehäuft (zu Abb. 146); rechts: Ungarn, Löß, Strauchgruppe von Wurzelsprossen aus dicken, weit seitwärts verlaufenden Wurzeln.

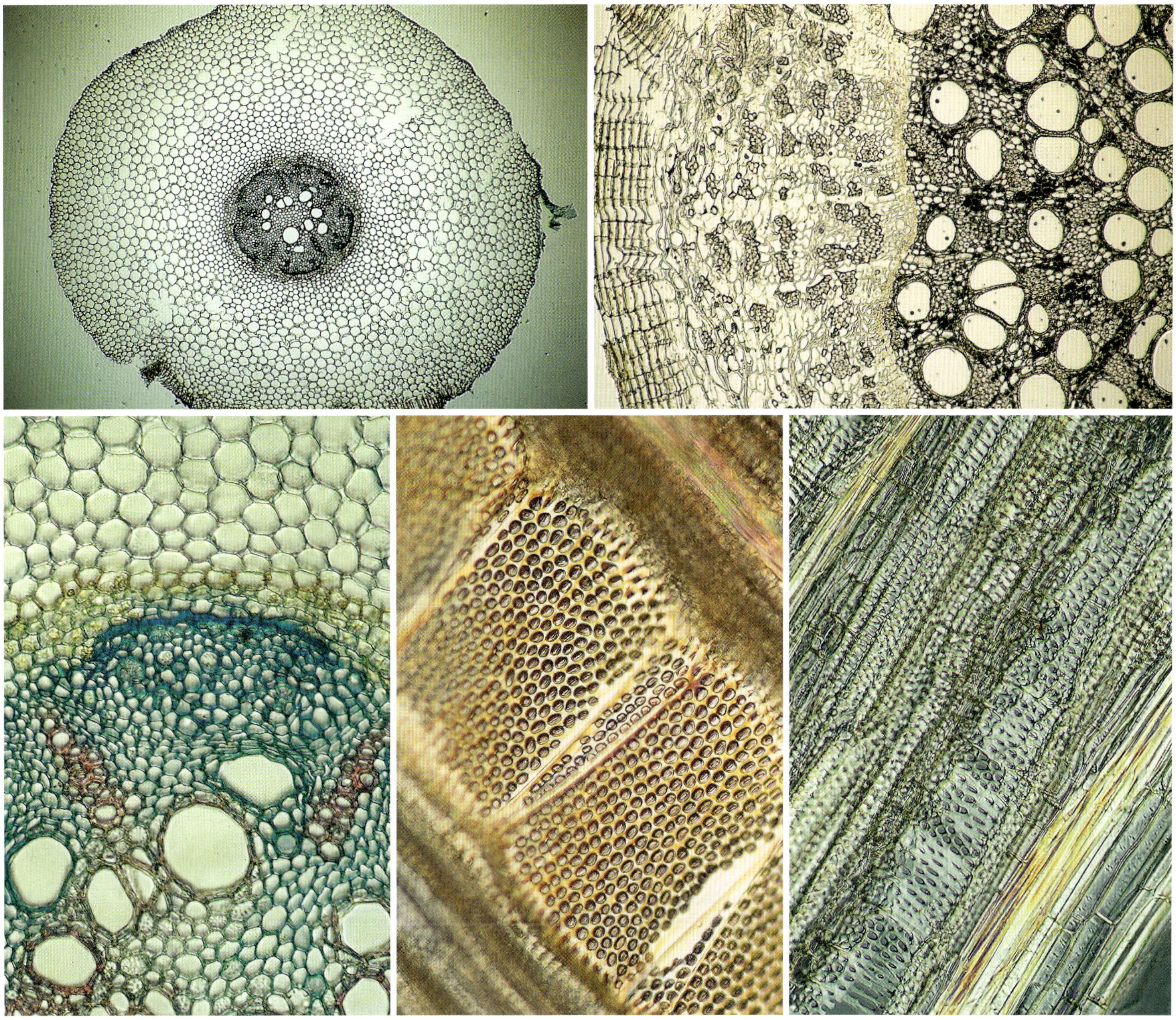

Taf. 124 A: Gewöhnliche Robinie, *Robinia pseudacacia*. – **1:** Schloß Rain, Grafenstein, Kärnten, 23.6. Prim.-sek., Ø, Saf.-Ast., 25x. **Rh** Z klein, AW schwach verdickt. **Rinde** ARP 2-3schichtig. **ZZ** 5arch. – **2:** Pfl u. Zeit wie 1. Sek., Ø, JJK, 64x. **PCAG** Z weitlumig, dünnwandig. **Bast** breit, F in kleinen bis mittelgroßen Gruppen. **Holz** Strahlen 1-2reihig, in Abschnitten mehrreihig, FTracheiden W mittelstark verdickt, Gefäße mittelgroß, vereinzelt tangential, seltener radial benachbart. – **3:** Ausschnitt aus 1. 162x. **ZZ** PC Z noch ohne Teilungen. **Holz** prim. Gefäße W stark verdickt, sek. Gefäße W z. T. noch unverdickt. – **4:** Ort wie 1, 26.2. Sek., ⊠, JJK, 162x. Wu dick. **Holz** Z u. QuerW kurz, Hoftüpfel nahezu kreisförmig umrandet. – **5:** Pfl u. Zeit wie 1. Sek., ⊠, S3, 162x. Wu dünn. **Holz** Tüpfel oval.

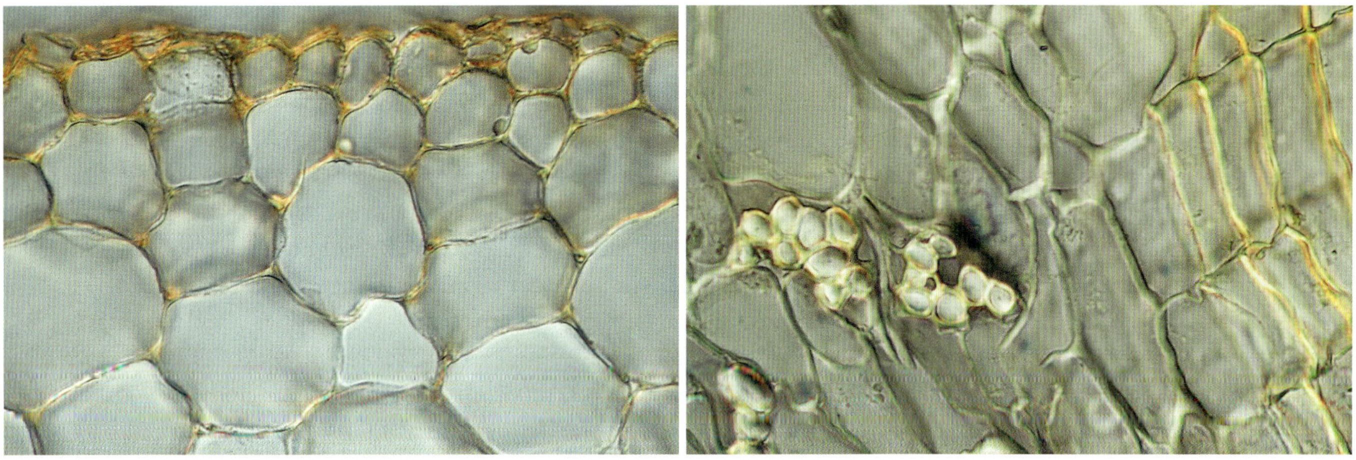

Taf. 124 B: – **1:** Pfl u. Zeit wie A 1. Prim., Ø, S3, 409x. **Rh** ZW schwach verdickt u. cutinisiert (?). **Rinde** Ex ZW suberinisiert (?). – **2:** Schnittreihe wie A 2. Ph/HCl, 409x. **PCAG** ab 2. Schicht Z z. T. radial unterteilt, ab 3. Schicht ZW verkorkt. **Bast** F W stark verdickt.

zahlreicher, besonders großer Wurzelknöllchen. Sie tragen entscheidend zur Bodenverbesserung bei. PENSCHUCK (1931) fand unter der Robinie bei den von ihm untersuchten heimischen Baumarten die lockerste Beschaffenheit der oberen Mineralbodenschichten. Die stickstoffanreichernde Wirkung der Robinie kann die Bodenvegetation stark verändern, indem die stickstoffliebenden Pflanzen gefördert werden. Bekannt und teilweise unerwünscht ist das starke Aufkommen des Schwarzen Holunders unter alten, lichten Robinienbeständen.

Die Polwurzel ist bei der Robinie nur an jüngeren Samenpflanzen deutlich erkennbar. Nach KÖSTLER et al. (1968) tritt sie schon im Alter von 15–20 Jahren im Wurzelbild zurück. Aus Wurzelsprossen erstarkte Pflanzen können auch polwurzelähnliche, tiefreichende Wurzelstränge ausbilden. Die Hauptseitenwurzeln setzen häufig in verschiedener Höhe am Stamm an. Das trifft besonders bei Überwehungen mit Feinsediment zu. Bei starker Überlagerung sind die obersten, seitwärts verlaufenden Wurzeln sproßbürtig. Der seitliche Verlauf der flachstreichenden Wurzeln ist sehr groß. SCAMONI (1952) stellte an einer 70 Jahre alten Robinie 14 m lange, seitwärts verlaufende Wurzeln fest. Er erwähnt, daß die Wurzeln innerhalb eines Systems von Wurzelsprossen noch in einer Entfernung von 35 m miteinander verbunden sein können. Die längste Seitenwurzel der in **Abb. 146** dargestellten alten Robinie mißt 34 m. In einer Entfernung von 21 bzw. 23 m vom Stamm hat sie noch Wurzelsprosse gebildet. Übereinstimmend mit den Ergebnissen von SCAMONI ergaben auch vorliegende Untersuchungen, daß die Bodendurchwurzelung im näheren Bereich des Stammes am dichtesten ist. Außerhalb des Kronenbereiches nimmt sie deutlich ab. Einzelne Senkwurzeln können aber auch weiter vom Stamm entfernt tief eindringen und sich noch in den grundfeuchten Schichten stark verzweigen. Das Tiefenstreben der Wurzeln erfolgt sehr rasch. HOFFMANN stellte bei 2 Jahre alten Robinien während einer Vegetationsperiode ein Tiefenwachstum von 200 cm fest. MAGYAR (1929) fand in Ungarn bei einer 1 Jahr alten Robinie eine Wurzeltiefe von max. 232 cm. Nach IJJASZ (1939) reichten die Wurzeln einer 28 Jahre alten Robinie auf Sandboden bis zum 260 cm tief liegenden Grundwasser. KERESZTESI (1968) beschreibt eine 13 Jahre alte Pflanze in der Ungarischen Tiefebene, deren Wurzeln auf Alluvialsand das 230 cm tief liegende Grundwasser erreichten. Der Durchmesser der horizontalen Wurzellage war mit 14,7 m 10mal so groß wie jener der Krone. Die Wurzeln des in **Abb. 146** dargestellten Baumes drangen mit 364 cm Tiefe weit in die grundfrischen Bodenschichten ein.

An der in **Abb. 145** dargestellten jungen Samenpflanze ist die Polwurzel noch deutlich als dickerer, vorwüchsiger Strang zu erkennen. Sie verläuft schräg nach unten und verzweigt sich schon in einer Tiefe von 62 cm in mehrere annähernd gleich lange Seitenwurzeln. Ihr längster Strang erreicht eine Tiefe von 228 cm. An einer flurnah seitwärts verlaufenden Wurzel sind hintereinander zwei schon kräftig entwickelte Wurzelsprosse entstanden. Die Hauptwurzelmasse bilden die seitwärts und kurz abwärts verlaufenden Wurzeln. Sie durchwurzeln den Bodenraum bis zu einer Tiefe von ca. 60 cm stark. In den oberen Bodenschichten entstanden an den dünnen Wurzeln mehrere große Wurzelknöllchen. Die flachstreichenden Wurzeln sind oft auffallend gabel- bis fächerförmig verzweigt. Die Dichte der Durchwurzelung nimmt dadurch nach außen wenig ab. Die Faserwurzeln an den dünnen Wurzelsträngen treten oft nestartig gehäuft auf. Die Wurzelfarbe ist rotbraun. Der alte Baum der **Abb. 146** wurde nahe der Jungpflanze der **Abb. 145** ebenfalls auf Lockersediment-Braunerde freigelegt. Er hat knapp übereinander, über den Stammumfang verteilt, mehrere dicke Wurzelstränge gebildet. Die meisten von ihnen verlaufen seitwärts. Einige flachstreichende Wurzeln sind auch mit jenen der daneben stehenden alten Robinien verwachsen. Viele dünnere Wurzeln wachsen im näheren Bereich des Stammes nach unten. Noch weiter vom Stamm entfernt wenden sich Seitenstränge der flachstreichenden Wurzeln knieförmig abwärts. WÄCHTER (1921) bezeichnet sie als Kniewurzeln. Sie können in den grundfeuchten Schichten reichverzweigte, flachstreichende Wurzelsträn-

---

Abb. 145 (rechts): Gewöhnliche Robinie, *Robinia pseudacacia*, H–T–S = 510–228–1.190 cm, Grafenstein, Kärnten, leicht welliges Gelände, 510 m NN. Waldschlag mit vereinzelt Robinie und Wald-Kiefer, in der Strauchschicht *Frangula alnus, Rubus idaeus, Sambucus racemosa,* vereinzelt *Quercus robur, Sorbus aucuparia, Acer pseudoplatanus* u. a. Lockersediment-Braunerde über Niederterrasse, Bodenprofil Hor.: A_1 0–20 cm Modermull, stark humoser, feinsandiger Schluff, sehr locker, A_2 20–30 cm stark humoser, feinsandiger Schluff, feinkrümelig, schwach steinig, pH 4,1, B_v 30–90 cm feinsandiger Schluff, dunkel gelbbraun (10YR 4/4), kompakt, steinig, pH 4,3, B_vC 90–110 cm schluffiger Feinsand, stark steinig, C Sand, Kies und Schotter, pH 5,3, ab ca. 200 cm grundfeucht, Durchwurzelung auslaufend.

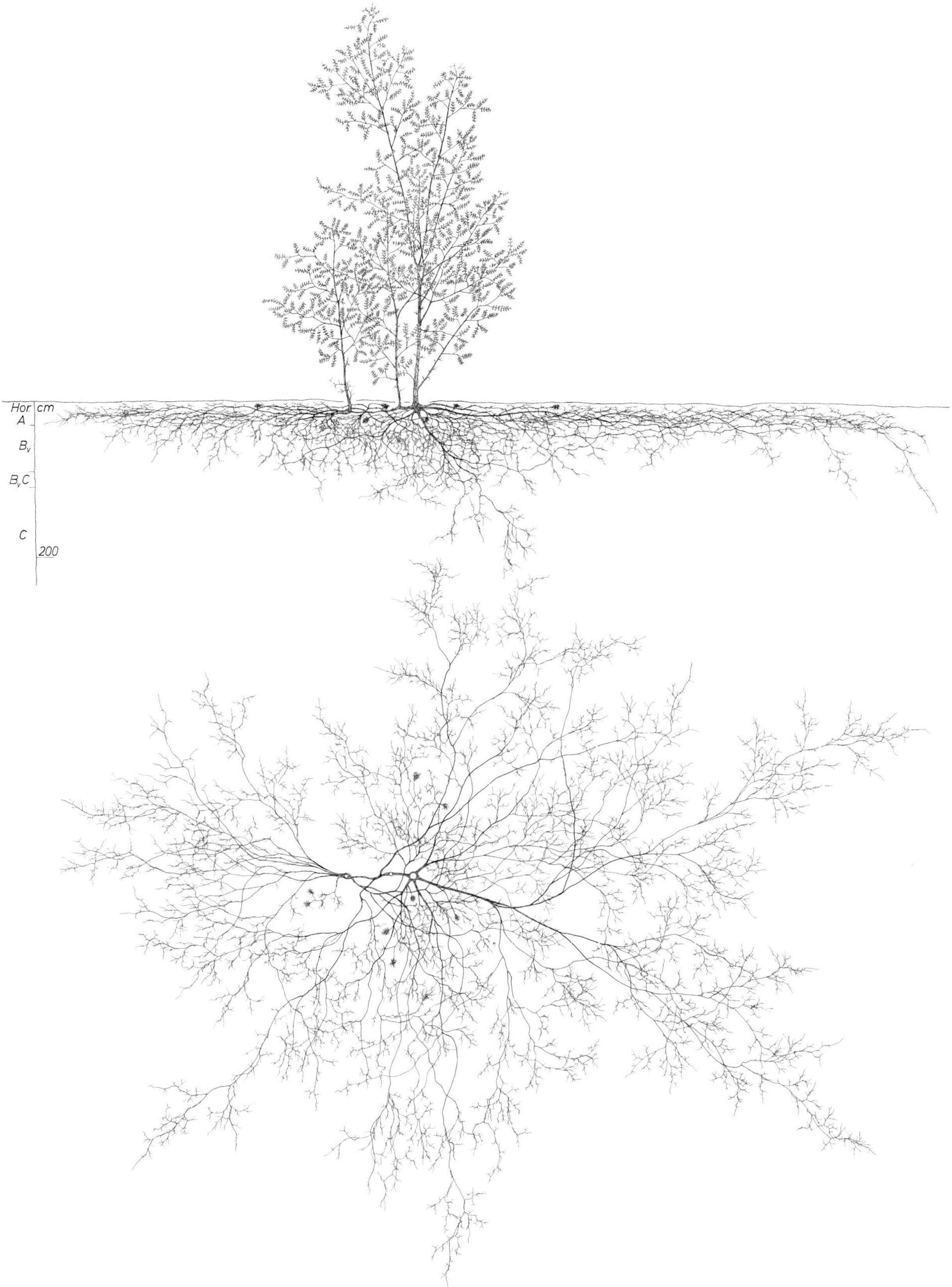
Hor.
cm
A
B_v
B_vC
C
200

cm
280

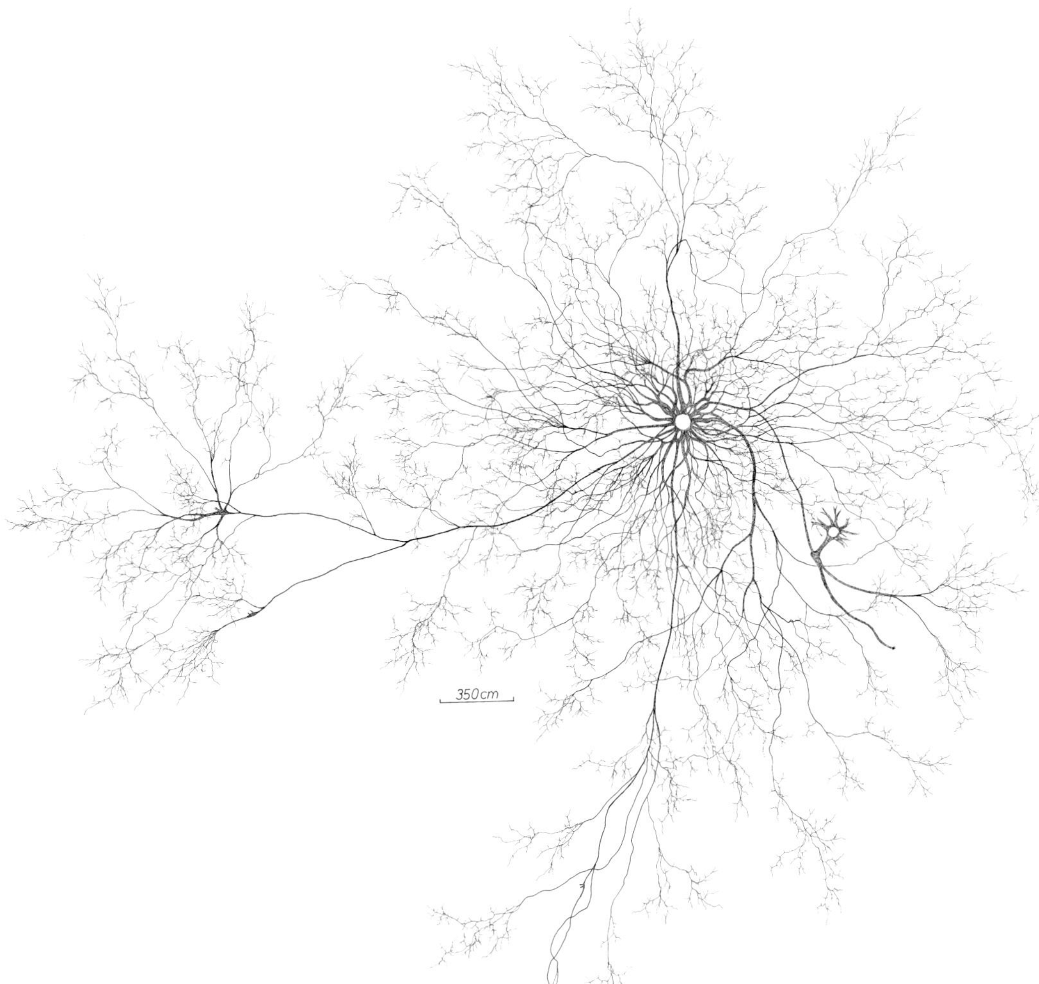
350cm

ge bilden. Auffallend an dieser Bewurzelung sind die langen, seitwärts verlaufenden Wurzeln und die noch weit vom Stamm entfernt auftretenden Wurzelsprosse.

Anatomie, Taf. 124

Die Wurzeln der Gewöhnlichen Robinie sind im primären Zustand durch kleine bis mittelgroße Rhizodermiszellen gekennzeichnet. Deren äußere Wände sind oft schwach verdickt. Weitere Merkmale sind ein 1–3(4)schichtiges Außenrindenparenchym und relativ kleine Zellen der inneren Schichten des Innenrindenparenchyms. Die Zellen der Endodermis sind vereinzelt radial unterteilt. Bei dicken Wurzeln ist das primäre Xylem bis über 9 Zellen breit (A 1, 3, B 1). Die Zellen über dem primären Phloem verdicken ihre Wände frühzeitig und werden so zu Sclerenchymzellen, ein Merkmal der Leguminosen. Die Wurzeln bilden nach Befall durch das Bakterium *Rhizobium* sp. häufig Wurzelknöllchen, die im Innenrindenparenchym entstehen (s. Allgemeiner Teil, B 12).

Im sekundären Zustand gehören zu den Merkmalen der Wurzel die größere Weite und die Dünnwandigkeit der Zellen des Pericambial-Abschlußgewebes. Im Bast treten die auffallend dünnen Fasern einzeln oder in kleinen bis mittelgroßen, nach außen meist offenen Gruppen auf. Diese sind in mehreren Kreisen und teils radial übereinander angeordnet (A 2, B 2). Als Besonderheit sind die mitunter kurzen Zellen der größeren Gefäße hervorzuheben (A 4, 5). Der Anteil der Gefäße beträgt bis über 50 %, nach CUTLER et al. (1987) haben sie schraubige Verdickungen.

Standortansprüche: Die lichtbedürftige Art ist hauptsächlich in Weinbaugebieten zu finden. Außerhalb davon bleibt sie weitgehend auf wärmebegünstigte Standorte der Hügelstufe beschränkt. Als Stickstoffsammler besiedelt sie auch sehr karge, sandige, steinige Böden. Sie gilt daher auch als Rohbodenpionier. Sie erträgt hohe Oberbodentrockenheit, wenn die tief eindringenden Wurzeln feuchte Bodenschichten erreichen. Staunässe erträgt sie ebensowenig wie Überflutung.

Verbreitung: Die aus Nordamerika im Jahre 1601 nach Europa eingeführte Art hat in Eurasien eine submediterran-kontinentale Ausbreitungstendenz. In Mitteleuropa kommt sie am häufigsten im pannonischen Raum vor. In diesem wurde sie durch Aufforstung karger Böden, durch die Anlage von Windschutzgürteln und zur Bindung von Flugsandböden sehr gefördert.

Laburnum alpinum (Mill.) Presl, Alpen-Goldregen

Morphologie

S p r o ß : Sommergrüner Strauch oder kleiner Baum, 5 (7) m hoch, Stamm unten bis 70 cm dick, durch Verzweigung sich rasch verjüngend, Äste aufrecht oder aufrecht abstehend, Krone oval bis rundlich.
W u r z e l : An jungen Pflanzen ist die Polwurzel als vorwüchsiger Strang deutlich erkennbar. Durch die rasche Entwicklung der Seitenwurzeln tritt sie mit zunehmendem Alter im Wurzelbild bald zurück. An älteren Pflanzen ist sie oft nicht mehr mit Sicherheit festzustellen. Durch das rasche Zurückbleiben des Dickenwachstums der Polwurzel sind die älteren, verdickten Stämme am Grund oft plötzlich abgestutzt. Am stumpfen Ende entspringen gedrängt zahlreiche Wurzeln, die zum Teil bereits sproßbürtig sind. Das

---

Abb. 146 (links): Gewöhnliche Robinie, *Robinia pseudacacia*, H–T–S = 2.450–364–4.795 cm, Grafenstein, Kärnten, eben, 510 m NN. Sehr lichter, alter Robinienbestand, Unterwuchs vorwiegend *Rubus idaeus*. Lockersediment Braunerde über Niederterrasse, Bodenprofil Hor.: A_1 0–15 cm Modermull, stark humoser, feinsandiger Schluff, sehr locker, pH 4,2, A_2 15–35 cm humoser, feinsandiger Schluff, feinkrümelig, mäßig dicht, schwach steinig, B_v 35–110 cm feinsandiger Schluff, dunkel gelbbraun (10YR 4/4), steinig, B_vC 110–220 cm schluffiger Feinsand, stark steinig, C Sand, Kies und Schotter, sehr locker gelagert, ab 250 cm Tiefe schwach grundfeucht.

Tiefenstreben der Wurzeln ist nicht sehr groß. Die meisten breiten sich weit seitwärts aus. Dennoch wird der Boden von älteren Pflanzen bis zu einer Tiefe von ca. 60 cm dicht durchwurzelt. Die oberen flachstreichenden Wurzeln sind stark fächerförmig verzweigt. Das gilt besonders für die reiche Feinverzweigung ihrer Endabschnitte. Die Durchwurzelung nach außen ist dadurch sehr gleichmäßig. Wurzelknöllchen treten vor allem an den flurnah seitwärts verlaufenden, dünneren Wurzeln auf. Die Wurzeln sind sehr reißfest, ihre Farbe ist gelbgrau.

Bei den jungen Pflanzen der **Abb. 147** ist die Polwurzel noch deutlich als vorwüchsiger Strang erkennbar. Auch die jüngere Pflanze der **Abb. 147** (unten) hat schon lange Seitenwurzeln gebildet. Bei der älteren Pflanze der **Abb. 147** (oben) ist der untere Stammteil infolge Schneedrucks bereits knieförmig umgebogen. Am liegenden Teil des Stammes haben sich schon lange Sproßwurzeln gebildet. Die Polwurzel hebt sich von den übrigen Wurzelsträngen nicht mehr in ihrer Stärke ab. Sie erreicht aber als vorwüchsiger Strang noch die größte Tiefe. Bei den übrigen abwärts wachsenden Wurzeln wird das Tiefenstreben nach außen immer geringer. Es entsteht dadurch ein breiter, verkehrt kegelförmiger Wurzelkörper. Der kleine Baum der **Abb. 148** wurde auf dem gleichen Platz wie die Pflanzen der **Abb. 147** in den Julischen Alpen freigelegt. Der Säbelwuchs des unteren Stammteils begünstigt die sproßbürtige Bewurzelung. Der Stamm ist am unteren Ende plötzlich abgestutzt. Die Polwurzel ist als etwas dickerer Strang noch erkennbar. Sie breitet sich wie die meisten übrigen Wurzeln seitwärts aus. Die Durchwurzelungsdichte in den oberen Bodenschichten ist groß, am größten ist sie im näheren Bereich des Stammes. Das Tiefenstreben der Wurzeln ist in dem niederschlagsreichen Gebiet mit max. 160 cm nicht sehr groß.

Anatomie, **Taf. 126**

Im primären Zustand sind die Wurzeln des Alpen-Goldregens wie jene aller übrigen Leguminosen durch das frühzeitige Auftreten von Festigungsgewebe über dem primären Phloem gekennzeichnet. Die Zellwände dieses Gewebes verfestigen sich nach vorliegenden Untersuchungen noch, bevor an den Wänden der Endodermis eine Suberinlamelle gebildet wird (A 1, B 1). Die Zellen der Rhizodermis haben mitunter zu dieser Zeit bereits verdickte und cutinisierte (?) äußere Wände. Die frühe Ausbildung von Sclerenchym über dem primären Phloem ist ein wesentlicher Grund dafür, daß viele Vertreter der Leguminosen zumindest zeitweise hohe Trockenheit ertragen können.

Im sekundären Zustand erhöhen die zahlreichen Fasern, die verstreut im breiten Bast auftreten, die Trockenresistenz der Art (A 2, 3, B 2). Sie geben der Wurzel zusammen mit den stark verfestigten Fasergruppen im Holz trotz des großen Anteils an überwiegend weitlumigen Gefäßen genügend Festigkeit. Die Weitlumigkeit bzw. die Größe der Gefäße ist ein Zeichen der Vorliebe der Art für frische Standorte. Die Strahlen sind 1–3reihig (A 4, 5), sie können aber bis 12reihig sein (vgl. CUTLER et al. 1987). Die große Breite der Strahlen ist ebenfalls ein besonderes Kennzeichen der Leguminosen, vgl. Vertreter von *Astragalus, Dorycnium, Lotus, Ononis, Onobrychis, Medicago* und *Trifolium* (KUTSCHERA & SOBOTIK 1992). Die Tüpfel in den Längswänden der Gefäße stehen dicht und versetzt (A 5). SCHWEINGRUBER (1990) gibt für das Holz des Sprosses nur Libriformfasern und Gefäßtracheide, aber keine Fasertracheiden an. Im Bast kommen mitunter Steinzellen und prismatische Calciumoxalat-Kristalle vor (vgl. auch CUTLER et al. 1987). Auffallend ist, daß Calciumoxalat-Kristalle in den vorliegenden Wurzeln trotz der kalkreichen Böden nicht gefunden werden konnten.

Standortansprüche: Der Halbschatten ertragende Alpen-Goldregen bevorzugt warme Hänge in regenfeuchten Lagen. Die steinigen Böden, die er vorzugsweise besiedelt, sollten zumindest in den oberen Schichten feinsedimentreich sein. Auf Kalk ist es vorwiegend Braunlehm, der zwischen den Steinen oft bis in größere Tiefen den Feinboden bildet. Seine hohe wasserhaltende Kraft gewährleistet auch im Sommer eine ausreichende Wasserversorgung. Der Wurzelraum darf aber keine Staunässe aufweisen.

Verbreitung: Die praealpid-submediterrane Art kommt in den West- und Südalpen in der montanen und in der subalpinen Stufe vor. Die Höhengrenze ihrer Verbreitung verläuft bei 1.500–1.600 m. In den Julischen Alpen sind die Hänge der Buchenwälder zur Zeit der Blüte des Alpen-Goldregens oft leuchtend gelb. Weniger häufig wächst er in Schneeheide-Kiefern-Wäldern. Geschätzt wird er als Bodenverbesserer und auf Kahlschlägen als Schutz für den aufgeforsteten Jungwuchs.

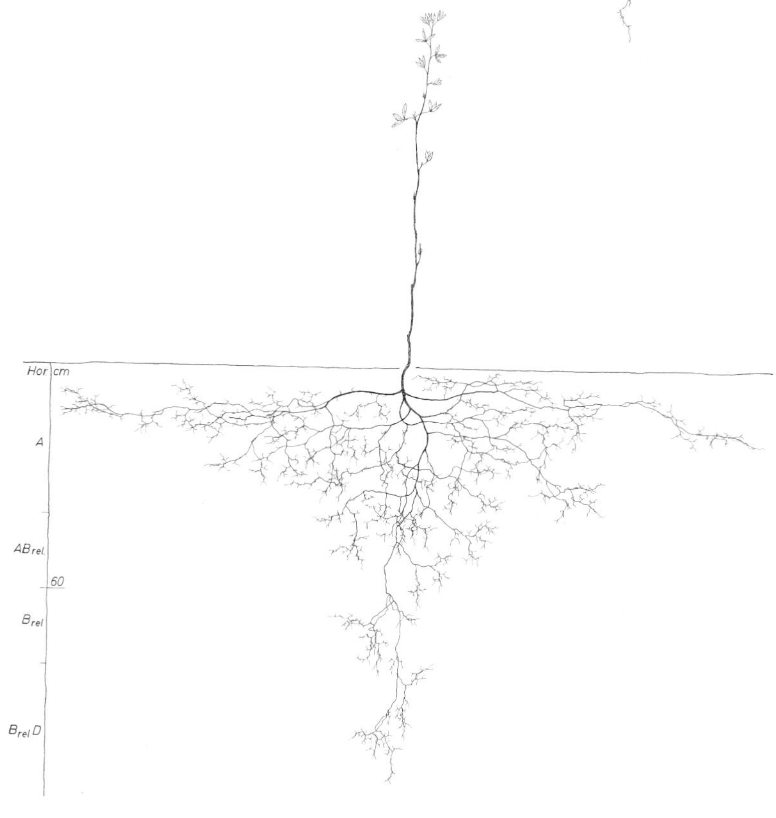

Abb. 147: Alpen-Goldregen, *Laburnum alpinum*, H–T–S = 289–187–804 cm (Pflanze oben), 96–111–795 cm (Pflanze unten), Nevea-Sattel (Julische Alpen), Südhang, 1.510 m NN. Waldlichtung mit vorwiegend *Laburnum alpinum* und *Salix appendiculata*, vereinzelt *Sorbus aria, Picea abies* und *Juniperus communis*. In der Krautschicht vorwiegend Arten montaner Magerrasen als Zeichen der Beweidung. Braunlehm über Kalkblockschutt, Bodenprofil Hor.: A_1 0–5 cm Rasenfilz mit Modermull, stark humoser Braunlehm, A_2 5–40 cm humoser Braunlehm, dunkel graubraun (10YR 3/2), krümelig, durchsetzt mit Kalkschutt, pH 6,9, stark durchwurzelt, AB_{rel} 40–60 cm schwach humoser Braunlehm, etwas dicht, durchsetzt mit Kalkschutt, gut durchwurzelt, B_{rel} 60 80 cm Braunlehm, dunkelbraun (7,5YR 4/4), etwas dicht, durchsetzt mit Kalkschutt, pH 7,1, mäßig stark durchwurzelt, $B_{rel}D$ Braunlehm zwischen Kalkschutt, braun (7,5YR 5/4), pH 7,3, Durchwurzelung auslaufend.

Taf. 125: Alpen-Goldregen, *Laburnum alpinum*. Nevea-Sattel, Julische Alpen, 1.510 m NN, baumförmiger Strauch auf Braunlehm über Kalk, Stamm unten stummelförmig gestutzt, Polwurzel als dünner Strang seitwärts verlaufend. Bewurzelung am Stammgrund vorwiegend sproßbürtig. Tiefenstreben der Wurzeln in dem regenreichen Gebiet verhältnismäßig gering, Wurzelknöllchen in dichten Knäueln (zu Abb. 148).

Taf. 126 A: Alpen-Goldregen, *Laburnum alpinum*. – **1:** Botanischer Garten, Klagenfurt, 11.10. Prim., Ø, S3, 162x. **Rh** Z AW cutinisiert, vereinzelt WuHr. **ZZ** 2arch. – **2:** Nevea-Sattel, Julische Alpen, Friaul, 27.5. Sek., Ø, JJK, 64x. **PCAG** mittelbreit, stark verkorkt. **Bast** F zahlreich, locker stehend. **Holz** F in größeren Gruppen, W stark verdickt, Gefäße klein bis groß, z. T. tangential benachbart. – **3:** Ausschnitt aus 2. 162x. **Bast** F einzeln oder in lockeren Gruppen zerstreut auftretend, Strahlen Z nach außen sich stark vergrößernd. – **4:** Villacher Alpe, Kärnten, 8.12. Sek., Ø, JJK, 162x. **Holz** Strahlen 5reihig, F mittelstark verdickt. – **5:** Pfl u. Zeit wie 2. Sek., ⊠ (TLS), S3, 162x. **Holz** Strahlen Z kurz, F zahlreich, Gefäße QuerW kurz, Tüpfel oval, dicht stehend.

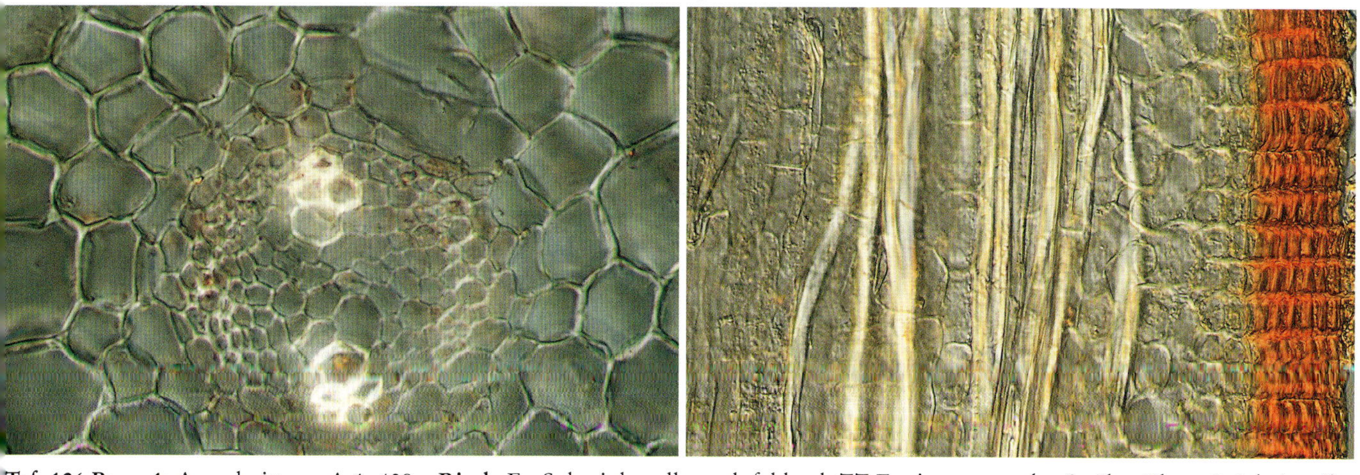

Taf. 126 B: – **1:** Ausschnitt aus A 1. 409x. **Rinde** En Suberinlamelle noch fehlend. **ZZ** Festigungsgewebe, Sc über Ph. – **2:** Schnittreihe wie A 5. S3, 162x. **PCAG** 9schichtig, ZW ab 4. Schicht verkorkt, Z kurz. **Bast** F W stark verdickt, GG ZW dünn.

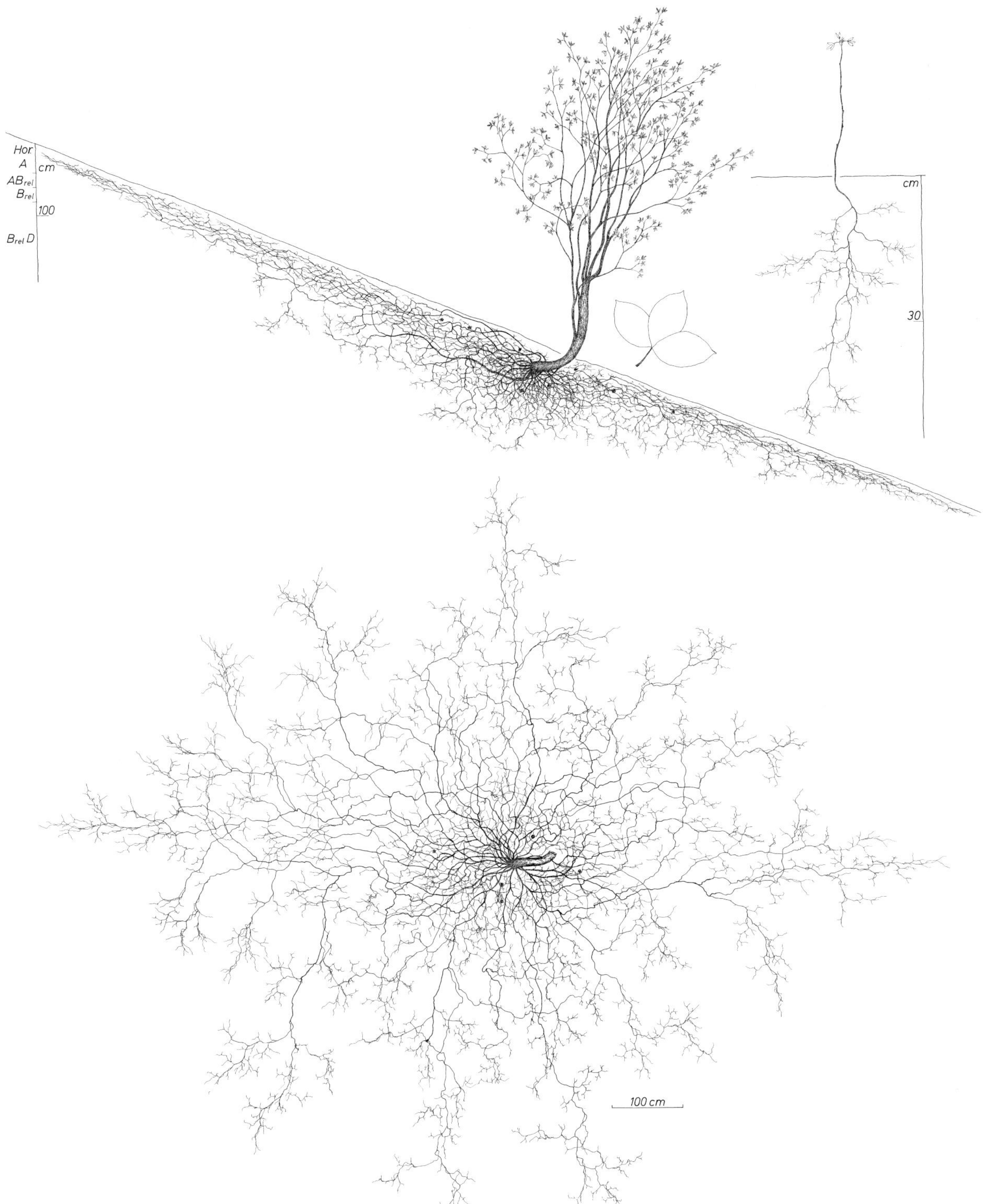

Abb. 148: Alpen-Goldregen, *Laburnum alpinum*, H–T–S = 500–160–1.410 cm, Nevea-Sattel (Julische Alpen), Südhang, 1.510 m NN. Waldlichtung mit vorwiegend *Laburnum alpinum* und *Salix appendiculata*, vereinzelt *Sorbus aria, Picea abies* und *Juniperus communis*. In der Krautschicht vorwiegend Arten montaner Magerrasen als Zeichen der Beweidung. Braunlehm über Kalkblockschutt, Bodenprofil Hor.: A_1 0–5 cm Rasenfilz mit Modermull, stark humoser Braunlehm, A_2 5–40 cm humoser Braunlehm, dunkel graubraun (10YR 3/2), krümelig, durchsetzt mit Kalkschutt, pH 6,9, stark durchwurzelt, AB_{rel} 40–60 cm schwach humoser Braunlehm, etwas dicht, durchsetzt mit Kalkschutt, gut durchwurzelt, B_{rel} 60–80 cm Braunlehm, dunkelbraun (7,5YR 4/4), etwas dicht, durchsetzt mit Kalkschutt, pH 7,1, mäßig stark durchwurzelt, $B_{rel}D$ Braunlehm zwischen Kalkschutt, braun (7,5YR 5/4), pH 7,3, Durchwurzelung auslaufend.

Hippocastanaceae, Roßkastaniengewächse

Aesculus hippocastanum L., Europäische Roßkastanie

Morphologie

Sproß: Sommergrüner Baum, bis über 30 m hoch, Stamm häufig Stockausschläge bildend, Äste fast waagrecht abstehend, Krone oval bis kugelig.
Wurzel: Nach Hegi (1975) hat die Roßkastanie eine flache, aber weitreichende Bewurzelung. Dieser Befund könnte sich mit den schattigen, feuchten Standorten decken, die sie in ihrer Heimat in SO-Europa besiedelt. Nach vorliegenden Untersuchungen steht sie jedoch im Tiefenstreben auf grundwasserfreien Böden den tiefwurzelnden heimischen Bäumen, wie den Eichen, nicht nach. Auffallend ist ihre eher schüttere Bewurzelung. An älteren Bäumen verzweigt sich die Polwurzel sehr rasch in auffallend dicke Seitenwurzeln. Sie verliert dabei ihre Vorwüchsigkeit und hebt sich von den übrigen Wurzelsträngen kaum noch ab. Die dicken Wurzelanläufe verjüngen sich sehr rasch durch gabelförmige Verzweigung in mäßig starke Wurzelstränge. Diese verlaufen im Oberboden weit seitwärts. Entlang ihrer dickeren Abschnitte bilden

Abb. 149: Europäische Roßkastanie, *Aesculus hippocastanum*, H–T–S – 816–190–2.595 cm, Klagenfurt Ostrand, eben, 450 m NN. Eichen-Hainbuchen-Wald mit Wald-Kiefer. Lockersediment-Braunerde über Niederterrasse, Bodenprofil Hor.: O 2–0 cm Streuauflage, A_I 0–5 cm Modermull, stark humoser, lehmiger Sand, sehr locker, A_2 5–30 cm stark humoser l S, dunkelbraun (10YR 3/2), krümelig, locker, steinig, stark durchwurzelt, B_V 30–75 cm l S, gelbbraun (10YR 4/4), kiesig-schotterig, locker, stark durchwurzelt, B_VC 75–100 cm l S, stark kiesig-schotterig, locker, C_I 100–120 cm schluffiger Feinsand, feuchter als B_VC, C_2 Sand, Kies und Schotter, grundfrisch, Durchwurzelung auslaufend.

Taf. 127: Europäische Roßkastanie, *Aesculus hippocastanum*. Klagenfurt Ostrand, 450 m NN, kleiner Baum auf Braunerde, Polwurze zurücktretend, Wurzeln vorwiegend bogenförmig abwärts wachsend, in dem stark beschatteten Boden nur mäßig tief eindringend Feinwurzelbesatz mäßig hoch (zu Abb. 149). Keimpflanze mit verdickter, aber rasch dünner werdender, stark verzweigter Polwurzel.

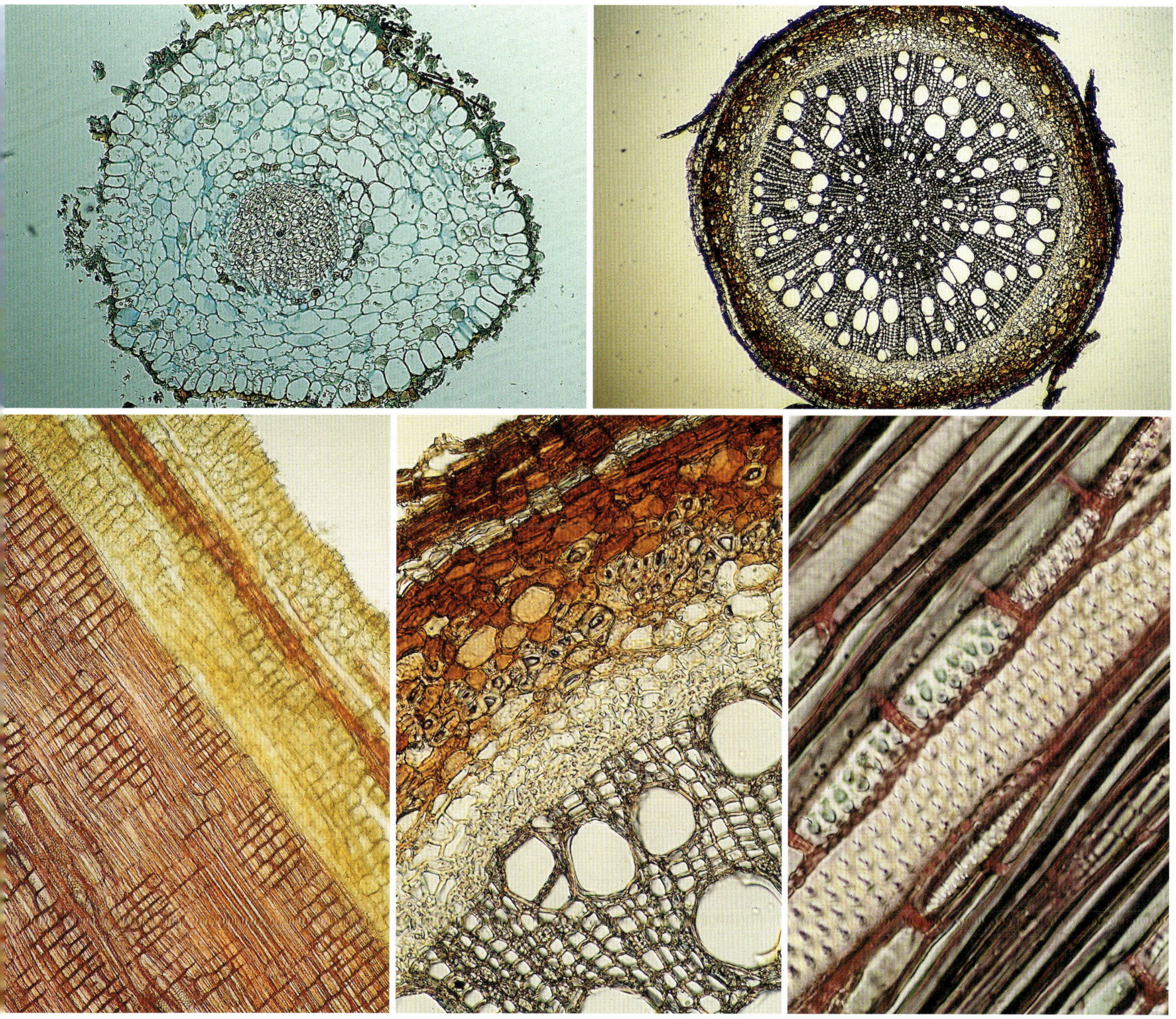

Taf. 128 A: Europäische Roßkastanie, *Aesculus hippocastanum*. – **1:** Klagenfurt Ostrand, 17.8. Prim., Ø, Saf.-Ast., 64x. Nahe Spi. **Rh** Z klein, Inhalt dunkel. **Rinde** ExZ groß, RP IZ sehr klein, EnZ klein, 1-2mal radial unterteilt. – **2:** Pfl u. Zeit wie 1. Sek., Ø, Ph/HCl, 32x. **ZZ** 5arch. **PCAG** sich abschuppend. **Bast** F bzw. SteinZ in lockeren Gruppen. **Holz** Gefäße vereinzelt tangential oder radial benachbart. – **3:** Ort wie 1, 8.11. Sek., ⊠ (RLS), Ph/HCl, 64x. **PCAG** mittelbreit. **Bast** SteinZ verholzt. **Holz** Strahlen bis über 20 Z hoch. – **4:** Ausschnitt aus 2. 162x. **Bast** SteinZ u. F CaOxKristalle benachbart. **Holz** Strahlen einreihig. – **5:** Pfl u. Zeit wie 3. Sek., ⊠, Ph/HCl, 409x. **Holz** FTracheiden Tüpfel entfernt stehend, spiralige Verdickungen vorhanden, Gefäße Hoftüpfel oval, wabenförmig umrandet.

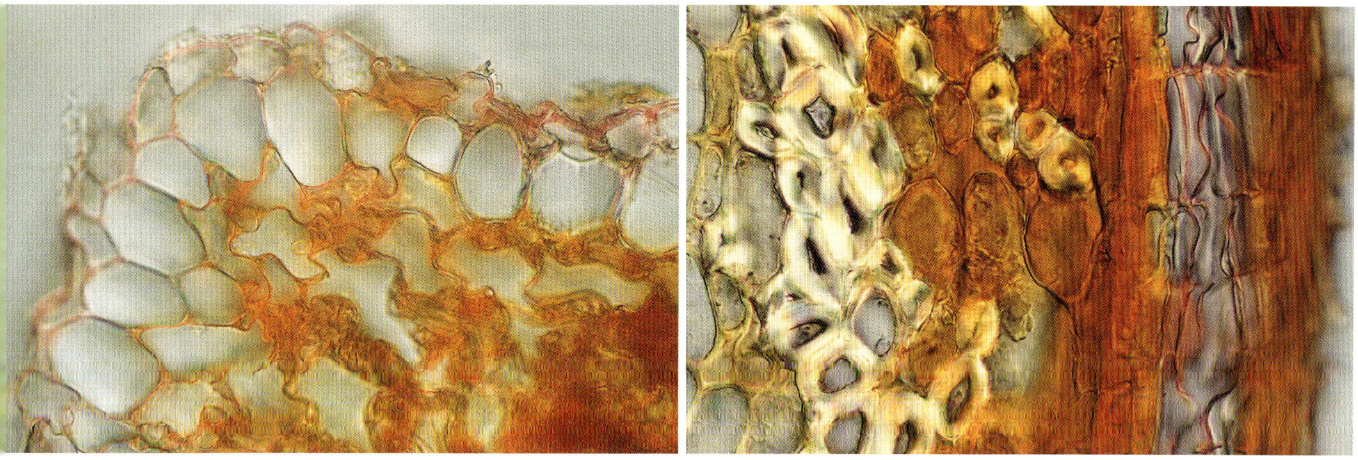

Taf. 128 B: – **1:** Ort wie A 1, 11.12. Prim., Ø, Ph/HCl, 409x. **Rh** ZW rötlich, Eigenfarbe (?). **Rinde** ExZ groß. – **2:** Schnittreihe wie A 2. S3, 409x. **PCAG** ab 3. Schicht ZW verkorkt. **Bast** SteinZ weitlumig.

sich Senker. Diese können gleich tief wie die Polwurzel eindringen. Gegenüber dem seitlichen Verlauf überwiegt insgesamt das Tiefenstreben der Wurzeln.

In der **Abb. 149** ist das Wurzelsystem einer verwilderten Pflanze dargestellt. Das Sproß-Wurzel-Verhältnis beträgt 1:0,42. Der junge Baum wurde in einem Eichen-Hainbuchen-Wald bei Klagenfurt auf Lockersediment-Braunerde freigelegt. Die Polwurzel tritt bereits stark zurück. Als dünner Strang erreicht sie etwa die gleiche Tiefe wie die Senkwurzeln. Die größte Wurzeltiefe ist mit 190 cm fast gleich hoch wie jene der jungen Stiel-Eiche mit 210 cm, die daneben freigelegt wurde. Insgesamt ist das Tiefenstreben der Wurzeln bei der Roßkastanie in diesem Gebiet stärker ausgeprägt als bei der Stiel-Eiche.

Anatomie, Taf. 128

Auffallend ist im primären Zustand der Wurzel der Europäischen Roßkastanie die intensive Färbung der Zellen der Rhizodermis nach Behandlung mit Safranin-Astrablau. Wurzelhaare sind je nach Standort in größerer oder kleiner Zahl vorhanden und kurz bis mittellang. Die Zellen der Exodermis sind bedeutend größer als jene der Rhizodermis und des Außenrindenparenchyms. Ihre Wände sind, nach der geringeren Quellfähigkeit im Vergleich zu den Wänden des Rindenparenchyms zu schließen, mit einer Suberinlamelle bedeckt. Die Zellen des Rindenparenchyms sind z. T. in Reihen angeordnet. Diese Anordnung tritt aber wegen der unterschiedlichen Größe der Zellen meist nicht deutlich in Erscheinung. Die Zellen der Endodermis sind 1–2mal radial unterteilt und daher sehr klein (A 1, B 1).

Im sekundären Zustand kennzeichnet die Art das schuppenförmige Ablösen der äußeren Schichten des Pericambial-Abschlußgewebes (A 2). Im Bast unterscheidet sie sich beispielsweise von den Vertretern der Gattung *Populus* besonders deutlich durch das nicht seltene Vorherrschen weitlumiger Steinzellen innerhalb des Sclerenchyms. Außerdem treten Steinzellen und Fasern einzeln oder in lockeren Gruppen zerstreut auf (A 2, 4, B 2). Bei *Populus* besteht hingegen das Sclerenchym des Bastes in der Regel ausschließlich aus Fasern, die außerdem in dichten, nach außen scharf begrenzten Gruppen ähnlich Blöcken auftreten. Dieser Unterschied sei deshalb hervorgehoben, weil nach SCHWEINGRUBER (1990) beim Sproß Verwechslungen mit *Populus* möglich sind, allerdings bezogen auf das Holz. Benachbart den Fasern bzw. den Steinzellen liegen prismatische Calciumoxalat-Kristalle, in isolierten Zellen außerdem Calciumoxalat-Drusen. Die Steinzellen sind deutlich verholzt (A 3). Im Holz sind die Zellwände des Grundgewebes und der Holz-Fasern dünn. Die Strahlen sind einreihig und bis über 20 Zellen, nach CUTLER et al. (1987) bis über 30 Zellen hoch. Gefäße und Fasertracheide haben spiralige Verdickungen. Die Hoftüpfel sind oval und wabenförmig umrandet, sie stehen dicht und versetzt (A 5).

Vor allem der Bau des Holzteils zeigt die Bindung der Art an frische bis frischfeuchte Standorte.

Standortansprüche: Die lichtbedürftige Art verlangt höhere Sommerwärme. Winterkälte ertragen die Kulturformen in Mitteleuropa gut. Auf Standorten, auf denen die Wurzeln bis zu den gleichmäßiger feuchten Schichten vordringen können, erträgt sie auch zeitweise höhere Oberbodentrockenheit. Tiefgründig trockene oder sehr wasserdurchlässige oder staufeuchte Böden sind nicht geeignet. Am besten gedeiht die Roßkastanie auf humosen, gut durchlüfteten, lehmigen Böden.

Verbreitung: Die südosteuropäische Art ist nach HELDREICH (zit. in HEGI 1975) in Griechenland ein natürlicher Bestandteil der unteren Buchenstufe in der Höhe von ca. 1.000–1.300 m. Sie wächst dort zusammen mit *Alnus glutinosa, Fraxinus excelsior, Juglans regia, Platanus orientalis, Acer platanoides, Ostrya carpinifolia, Ilex aquifolium* und verschiedenen *Quercus*-Arten. In Mitteleuropa kommt die Roßkastanie gelegentlich in Eichenmischwäldern verwildert vor. Sonst wird sie vorwiegend als Allee-Baum gepflanzt.

Aceraceae, Ahorngewächse

Acer pseudoplatanus L., Berg-Ahorn, Wald-Ahorn

Morphologie

Sproß: Sommergrüner Baum, bis 35 (40) m hoch, Stamm meist gerade, durch Stockausschlag häufig mehrstämmig, Verzweigung im vegetativen Zustand monopodial, im Blühzustand sympodial, Äste aufrecht abstehend bis ausladend, Krone meist oval.

Wurzel: Köstler et al. (1968) kennzeichnen aufgrund von Untersuchungen an 40 Bäumen verschiedenen Alters die Bewurzelung wie folgt: „Typisch für den Berg-Ahorn ist ein *flaches Herzsenkerwurzelsystem* mit sehr starker Betonung des Horizontalwurzelwerks." Gutschick (1950), Hoffmann (1959) und Schoch (1964) schreiben dem Berg-Ahorn allerdings auch eine gute Tiefenbewurzelung zu. Köstler et al. heben neben der intensiven Verzweigung vor allem die Unübersichtlichkeit des Wurzelwerks hervor. Sie ergibt sich dadurch, daß die Seitenwurzeln stockwerkartig übereinander liegen, daß es sehr viele Wurzelverwachsungen gibt, daß die Wurzeln sehr stark gekrümmt sind und daß sie wirr durcheinander verlaufen. Graser (1928) stellte an 17–18 m langen flachstreichenden Wurzeln infolge ihrer Krümmung nur eine Seitenreichweite von 5–9 m fest. Außerdem erwähnt er das starke Auf- und Abwärtswachsen der Wurzeln. Selbst aus einer Tiefe von 80 cm können sie wieder bis zum humosen Oberboden hinaufwachsen. Die Hauptwurzelmasse beschränkt sich eindeutig auf die oberen Bodenschichten. Dazu erwähnen Köstler et al., daß Bodenverdichtung, Sauerstoffmangel oder erhöhter Skelettanteil des Bodens dafür ausschlaggebend ist, daß der Berg-Ahorn ein flaches, aber außerordentlich reich feinverzweigtes Wurzelsystem bildet. Der Grund dafür soll die geringe mechanische Wurzelenergie sein, die auf die Weichheit des Wurzelholzes zurückzuführen sein könnte. Entscheidend für das mäßig starke Tiefenstreben ist in erster Linie die rasche Abnahme der Temperatur- und Feuchteschwankungen nach der Tiefe auf den durchwegs sommerkühleren Standorten des Berg-Ahorns. Auf diesen kann er nicht so tief wurzeln wie beispielsweise der Spitz- oder der Feld-Ahorn oder die Eichen-Arten auf den sommerwarmen Standorten.

An den Jungpflanzen des Berg-Ahorns ist eine deutlich vorwüchsige, aber nicht stärker verdickte Polwurzel zu erkennen (**Abb. 151, 152**). Nach Pfeil (1860) erreicht sie schon im 2. Lebensjahr eine Tiefe von 30–50 cm. Hoffmann gibt für eine 5 Jahre alte Pflanze bereits eine max. Wurzeltiefe von 136 cm und eine Länge der Seitenwurzeln von 212 cm an. Die anfangs kurzen und dünnen Seitenwurzeln entwickeln sich rasch zu langen, weitstreichenden Wurzelsträngen. Sie bestimmen nach Köstler et al. bereits im Alter von 10–15 Jahren das Wurzelbild. Mit ihrer Erstarkung vor allem in Stocknähe gehen das Dickenwachstum der Polwurzel und deren Tiefenstreben immer mehr zurück. An älteren Bäumen ist die Polwurzel meist nicht mehr sicher zu erkennen.

Für Mitteldeutschland gibt Schoch auf lockeren, sandigen, kiesigen Böden bei 60–70 Jahre alten Bäumen eine max. Wurzeltiefe von 140 cm an. Eine solche Tiefe erreichten auch Wurzeln von 50–60 Jahre alten Bäumen auf wenig verdichtetem Pseudogley. Die Hauptmasse verteilte sich selbst auf diesem Boden auf eine 1 m dicke Bodenschicht. Auf dichtem, tonigem Pseudogley beschränkte sich nach Köstler et al. die Hauptmasse der Wurzeln auf die obere, 40–50 cm dicke Bodenschicht. Diese wird allerdings außerordentlich dicht und ergiebig erschlossen. Auch Krauss et al. (1939) konnten auf Pseudogley keine tiefreichenden Wurzeln feststellen. In Mittelkärnten erreichten die Wurzeln des Berg-Ahorns auf schattseitiger lockerer Wald Braunerde eine max. Tiefe von 190 cm. Im Karwendelgebirge betrug die max. Wurzeltiefe auf sonnseitiger Kalkschutt-Rendsina 180 cm und auf einem ebenen flußnahen Schwemmfächer 96 cm.

Die Länge der flachstreichenden Wurzeln des Berg-Ahorns wird vielfach unterschätzt. In Kärnten konnten bis zu 10 m lange, in den oberen humosen Bodenschichten seitwärts verlaufende Wurzelstränge festgestellt werden. Die Feinverzweigung der letzten Abschnitte der dünnen Wurzelstränge ist im Ober-

Taf. 129: Berg-Ahorn, *Acer pseudoplatanus*. 1. Reihe und 2. R. links: Arriach, Kärnten, 840 m NN, kleiner Baum auf Braunerde, Polwurzel umgebogen, mit ihren Seitenwurzeln seitwärts verlaufend. Sproßwurzeln an der Knickstelle des Stammes entspringend, seitwärts und abwärts wachsend, tief eindringend. Flachstreichende Wurzeln entlang ihrer Endabschnitte sehr stark feinverzweigt (zu Abb. 150); rechts und 3. R. links: Rißtal, Tirol, 1.120 m NN, kleiner Baum auf Mullrendsina über Kalkschutt, Polwurzel nicht mehr deutlich erkennbar, Wurzeln in dem kühlen Boden wenig tiefstrebend, häufiger seitwärts verlaufend, Feinwurzelbesatz an den dünnen Wurzeln hoch (zu Abb. 151); rechts: Rißtal, 1.100 m NN, kleiner Baum auf angelandetem Schotter des Rißbaches, Wurzeln in dem weit nach oben grundfeuchten Boden vorwiegend seitwärts verlaufend (zu Abb. 152).

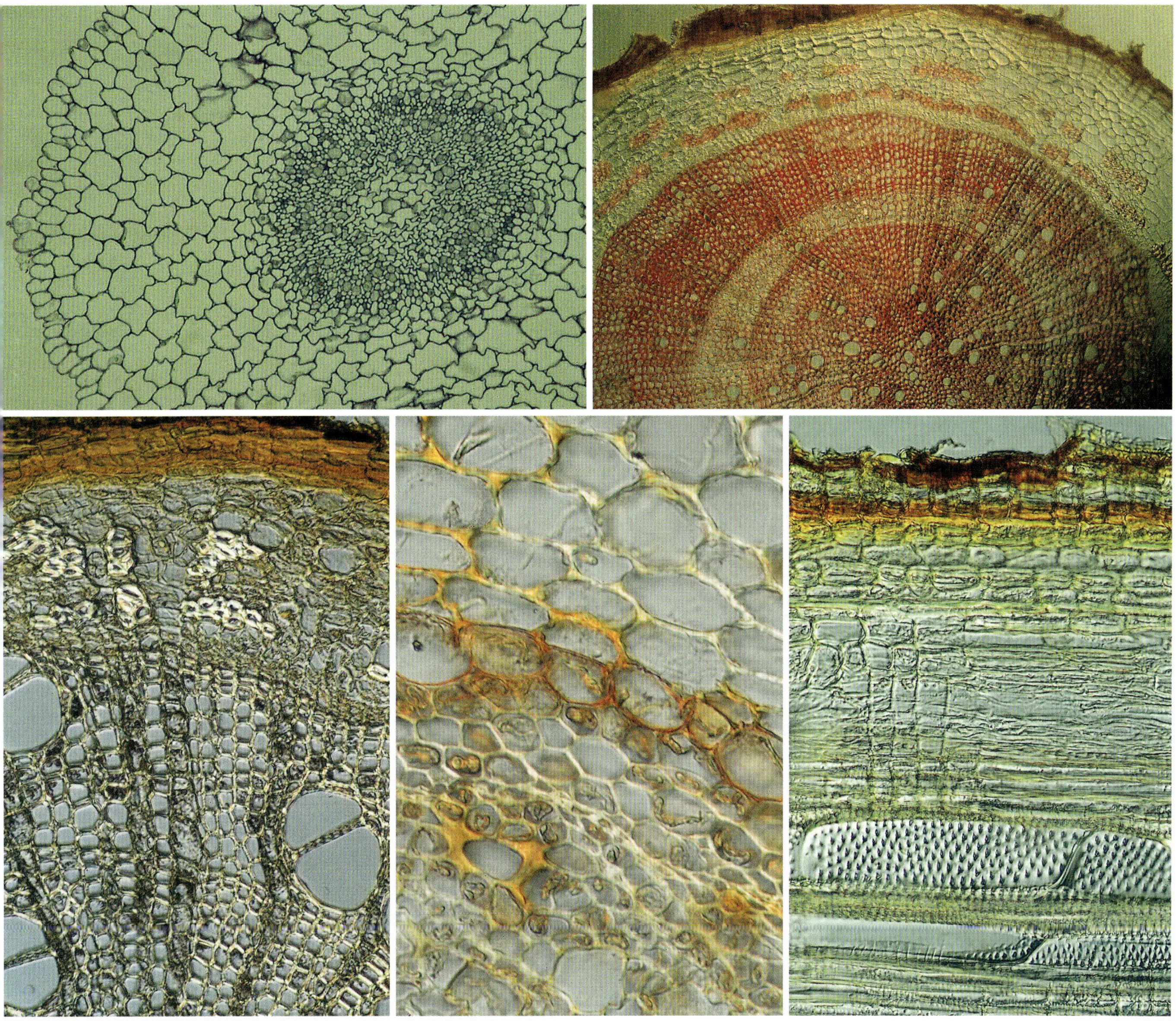

Taf. 130 A: Berg-Ahorn, *Acer pseudoplatanus.* – **1:** Fuß des Grimming, Steiermark, 27.4. Prim., Ø, Methylenblau, 64x. **Rh** Z mittelgroß. **Rinde** RP ZGröße wenig wechselnd. – **2:** Keutschach, Kärnten, 21.5. Sek., Ø, Ph/HCl, 64x. Wu 3jährig, gekrümmt. **PCAG** dreieckig aufreißend. **Bast** F und SteinZ verholzt, in 1-4schichtigen langen Gruppen. **Holz** Früh- u. Spätholz deutlich zu unterscheiden, Gefäße klein. – **3:** Rißtal, Karwendel, Tirol, 4.6. Sek., Ø, JJK, 162x. **Bast** wie 2. **Holz** Strahlen 1(-3)reihig, Z kurz, GG ZW wenig verdickt, Gefäße z. T. radial bzw. tangential benachbart. – **4:** Arriach, Kärnten, 6.7. Prim.-sek., Ø, S3, 409x. **Rinde** En mit Suberinlamelle. – **5:** Pfl u. Zeit wie 1. Sek., ☒ (RLS), Ph/HCl, 162x. **PCAG** innere Z Inhalt gelbbraun. **Holz** Gefäße QuerW kurz.

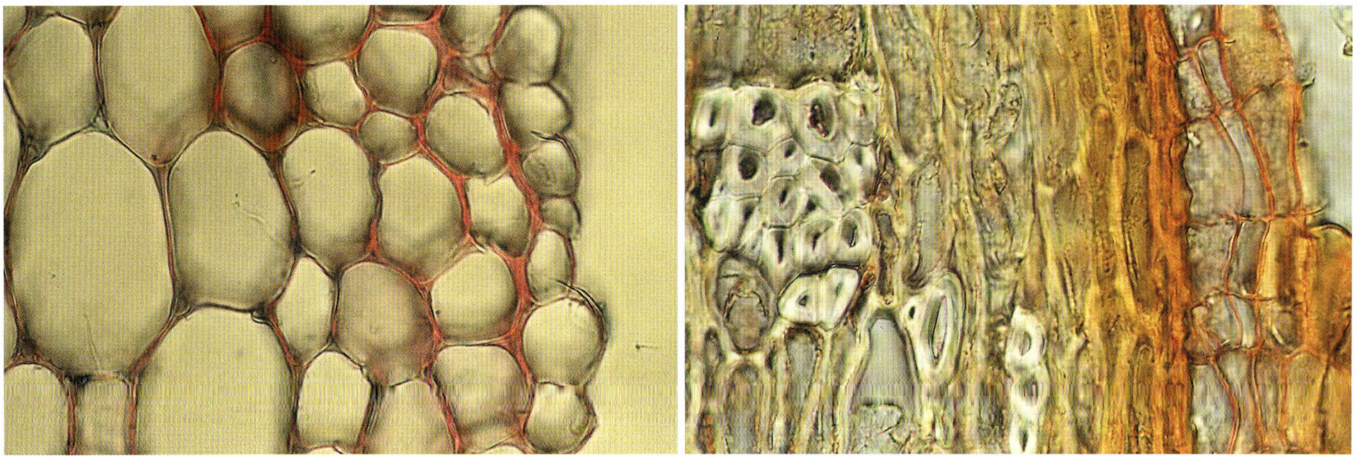

Taf. 130 B: – **1:** Pfl u. Zeit wie A 4. Prim., Ø, Saf.-Ast., 409x. **Rh** Z dünnwandig. **Rinde** ExZ mit Suberinlamelle. – **2:** Pfl u. Zeit wie A 4. Sek., Ø, S3, 409x. **PCAG** in 3 Zonen, innere Zone ZInhalt gelb bis rotbraun, äußere Zone verkorkte ZW dünn.

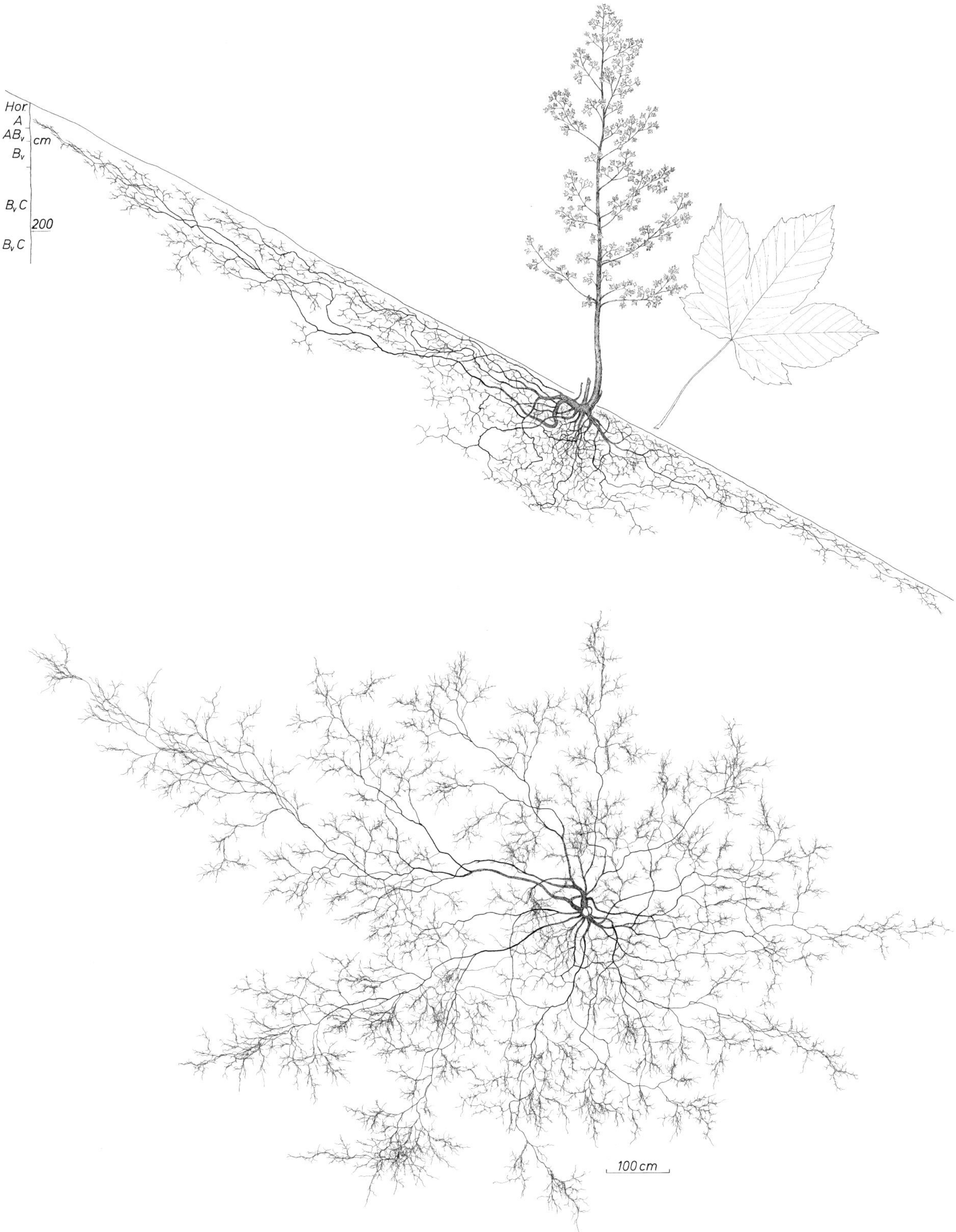

Abb. 150: Berg-Ahorn, *Acer pseudoplatanus*, H–T–S = 612–190–1.637 cm, Arriach, Kärnten, nordseitiger Grabeneinhang, 840 m NN. Waldschlag, Strauchschicht vorwiegend mit *Acer pseudoplatanus, Sorbus aucuparia, Sambucus racemosa, Rubus idaeus.* In der Krautschicht besonders *Carduus personata, Senecio ovatus, Cardamine impatiens* und *Impatiens noli-tangere.* Kolluvial angereicherte Braunerde, Bodenprofil Hor.: A_I 0–10 cm Modermull, stark humoser, sandiger Lehm, schwarzbraun, locker, A_2 10–40 cm humoser s L, feinkrümelig, AB_V 40–60 cm schwach humoser s L, schwach steinig, locker, B_V 60–100 cm s L, durchsetzt mit Schiefergrus, B_VC s L zwischen Grus und Schutt aus kristallinem Schiefer, feucht.

Abb. 151: Berg-Ahorn, *Acer pseudoplatanus*, H–T–S = 675–180–1.500 cm, Rißtal, Karwendelgebiet, Tirol, südseitiger Schuttkegel, 1.120 m NN. Waldweide, vereinzelt Berg-Ahorn und Rotbuche. Mullrendsina über Kalkschutt, Bodenprofil Hor.: A 0–24 cm stark humoser Lehm, Anmoor-Mull, schwarzbraun, steinig, stark durchwurzelt, pH 6,8, AC 24–40 cm humoser Lehm, eingemengt in Grus und Schutt, C Grus und Schutt, feucht.

boden sehr groß. Besonders auffallend sind die oft langen, spinnwebenartig dünnen Wurzelgeflechte. Auf gut durchlüfteten Böden ist die Feinverzweigung auch in Stocknähe hoch. Selbst entlang der dicken Wurzelabschnitte können Feinwurzelbüschel auftreten. Zusammen mit den vielen dünnen Wurzelsträngen bewirken sie im Kronenbereich des Baumes eine dichte Bewurzelung, die nahe an jene der Linde heranreicht.

Der junge Baum der **Abb. 150** wurde in Mittelkärnten in einem schattseitigen Waldschlag auf Braunerde freigelegt. Durch Schneedruck ist der Stamm schwach säbelartig gekrümmt. An der Krümmungsstelle haben sich ein Stockausschlag und zahlreiche sproßbürtige Wurzeln gebildet. Das Polwurzelsystem ist seitlich umgebogen. Die Polwurzel verläuft mit ihren kräftigeren Seitenwurzeln bergaufwärts in den oberen Bodenschichten. Die Tiefendurchwurzelung unter dem Stamm bewirken vor allem die abwärts gerichteten Sproßwurzeln. Einige verlaufen mit ihren Seitenwurzeln auch kürzere Strecken entlang des Hanges nach unten. Der Wurzelkörper ist dadurch breit verkehrt kegelförmig. Die Hauptmasse der Wurzeln beschränkt sich auf die obere, 70 cm mächtige Bodenschicht. Das Verhältnis des Stammgewichts zum Wurzelgewicht beträgt ca. 1:1. Die Wurzelfarbe ist gelbbraun bis hellgelb. Der ältere Baum der **Abb. 151** wurde auf einem südseitigen Kalkschuttkegel im Karwendelgebirge freigelegt. Die Polwurzel ist nicht mehr si-

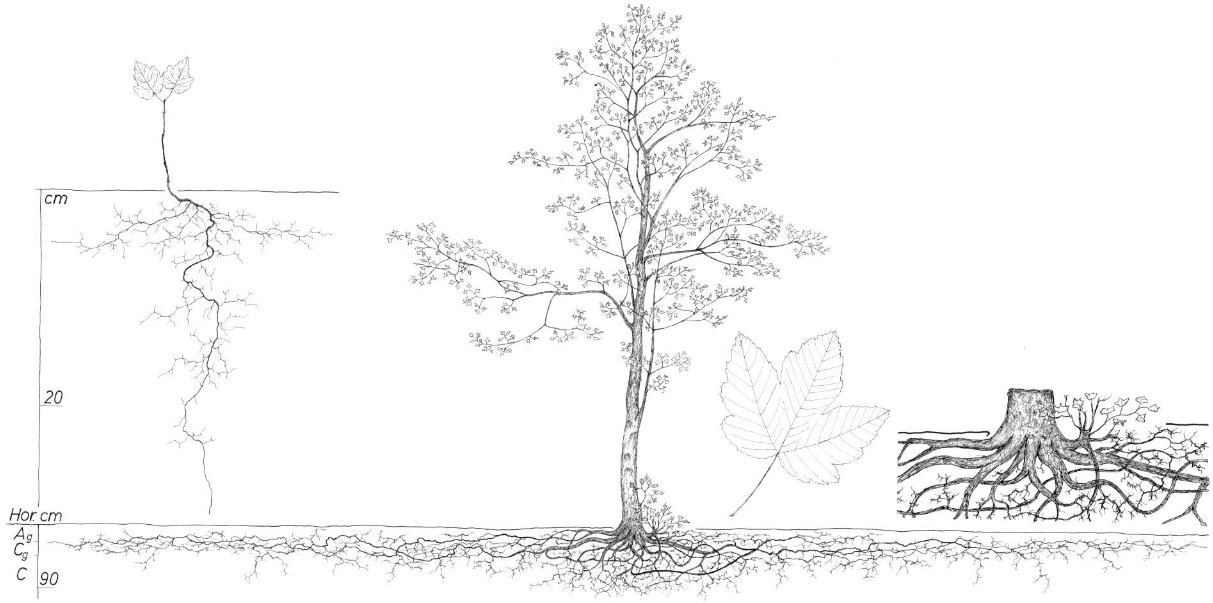

Abb. 152: Berg-Ahorn, *Acer pseudoplatanus*, H–T–S = 726–96–1.659 cm, Rißtal, Karwendelgebiet, Tirol, Verebnung aus Kalkschutt am Bachrand, 1.100 m NN. Weide mit Arten feuchter Standorte wie *Carex flacca, C. panicea, C. flava, Deschampsia cespitosa* u. a., vereinzelt mit Berg-Ahorn und Fichte. Vergleyter Schwemmlandboden, Bodenprofil Hor.: A 0–8 cm anmoorige Rasenkrume, stark humoser, lehmiger Ton, schwarzbraun, A_g 8–24 cm anmooriger l T, durchsetzt mit Kies und Schotter, dicht, gleyfleckig, flachstreichende Wurzelstränge, C_g 24–44 cm l T in Kies und Schotter, gleyfleckig, vorwiegend flachstreichende Wurzelstränge, C Kies und Schotter, zur Zeit der Freilegung Grundwasser in 80 cm Tiefe.

cher zu erkennen. Die verdickten, stark abholzigen Wurzelanläufe verjüngen sich rasch, indem sie sich kurz hintereinander verzweigen. Die Hauptdurchwurzelung beschränkt sich in dem durchlässigen Boden auf den Bereich unterhalb der Baumkrone. Die Bodenerschließung durch die Wurzeln nach der Seite hin ist vergleichsweise gering. Der Baum der **Abb. 152** wuchs auf einem ebenen Schwemmfächer am Rand des Rißbaches im Karwendelgebirge. Die hoch anstehende Grundfeuchte führte zur Bildung einer flachen, tellerförmigen Bewurzelung. Die dicken Wurzelstränge ändern vielfach in weiten Schleifen ihre Richtung. Zunächst nach unten gerichtete Wurzeln wenden sich in den grundfeuchten Schichten wieder nach oben und verlaufen dann in den humosen Bodenschichten flurnah seitwärts. Die Feinverzweigung ist in dem feuchten Boden mäßig hoch.

Anatomie, Taf. 130

Wie beim Spitz- und Feld-Ahorn sind beim Berg-Ahorn die Zellen der Rhizodermis mittelgroß und dünnwandig. Häufig bilden sie Wurzelhaare. Die Zellwände der Exodermis sind deutlich suberinisiert. Mitunter teilt sich eine der Zellen, und es entsteht dadurch in ihrem Bereich eine 2schichtige Exodermis. Den mäßig warmen bis kühlen, frischen Standorten des Berg-Ahorns gemäß sind im Rindenparenchym die Unterschiede in der Zellgröße geringer als bei den beiden anderen Arten. Dadurch ist die radiale Anordnung der Zellen deutlich zu erkennen (A 1, 4, B 1).

Im sekundären Zustand kennzeichnen die Art das dreieckige Aufreißen des Pericambial-Abschlußgewebes, die 1–3(4)schichtigen Gruppen von verholzten, weitlumigen Steinzellen, begleitet von einigen Faserzellen im Bast, und die oft geringe Verdickung der Zellwände im Holz. Calciumoxalat-Kristalle treten seltener auf als bei Spitz- und Feld-Ahorn. Darin zeigt sich ebenfalls die Bindung des Berg-Ahorns an kühlere Standorte im Vergleich zu den beiden anderen Arten (A 2, 3). Gleich wie bei diesen sind die Zellwände des Pericambial-Abschlußgewebes sehr dünn (B 2). Die sekundären Strahlen im Holz sind 1–5(6)reihig und bis über 9 Zellen hoch. Die Querwände in den langgestreckten Zellen der Gefäße sind kurz (A 3, 5). Leiterförmige Platten fehlen (vgl. CUTLER et al. 1987). Nach SCHWEINGRUBER (1990) haben die Gefäße im Sproß, wie bei den im folgenden beschriebenen Vertretern der Gattung, schraubenförmige Verdickungen.

Standortansprüche: Der Halbschatten ertragende Berg-Ahorn ist mäßig wärmebedürftig und mäßig kälteempfindlich. Er bevorzugt sommerkühlere, luftfeuchtere Lagen und meidet dementsprechend lufttrockene, stark kontinental geprägte, warme Gebiete. Er verlangt eine ausgeglichene Wasserversorgung. Sehr wasserdurchlässige Böden sollten wenigstens im tiefer liegenden Wurzelraum leicht sickerfeucht sein. Das trifft in den Alpen in der montanen Stufe für fast alle Hangschuttböden zu, auf denen er bei ausreichender Basenversorgung besonders konkurrenzstark ist. Frische Feinsedimentböden können im tiefer liegenden durchwurzelten Bodenraum auch leicht vergleyt sein, sofern sie nicht ausgesprochen staufeucht sind. Wenig geeignet sind dichte, luftarme Tonböden.

Verbreitung: Die subatlantisch-submediterrane (praealpide) Art hat ihren Verbreitungsschwerpunkt in den Alpen in der montanen Stufe. Die Höhengrenze ihrer Verbreitung verläuft in Mitteldeutschland bei 800 (900) m, in den Alpen bei 1.700 (1.800) m. In den luftfeuchten Tälern des Nordalpenrandes bestehen noch einzelne nahezu reine Ahornbestände. Einer davon befindet sich im Tiroler Ahornboden bei Hinterriß im Karwendelgebirge. In Graubünden wurde unter dem Ahorn zu Trun, der 1750 einen Gesamtumfang von 16 m erreichte, im Jahr 1395 der Graue Bund geschlossen (HEGI 1975). In Mischbeständen schließt sich der Berg-Ahorn vor allem Schlucht- und Steinschuttwäldern (Tilio-Acerion) an. Innerhalb dieser Wälder gilt er als Kennart des Fraxino-Aceretum pseudoplatani W. Koch 26. Er kommt aber auch (vor allem an Waldsäumen) in lichten Buchenwäldern und in lichten, oberbodentrockeneren Auwäldern vor.

Acer platanoides L., Spitz-Ahorn

Morphologie

Sproß: Sommergrüner Baum, bis 20 (30) m hoch, infolge Stockausschlags auch mehrstämmig, Verzweigung in der vegetativen Phase monopodial, im Blühzustand sympodial, Äste gegenständig verzweigt, meist aufrecht abstehend, untere Äste auch weit ausladend, Krone oval bis rundlich. Im Bereich seiner kühlen Verbreitungsgrenze auch strauchförmiger Wuchs möglich (HEGI 1975).

Wurzel: Nach KÖSTLER et al. (1968) bildet der Spitz-Ahorn wie der Berg-Ahorn „ein unregelmäßiges flaches Herzsenkerwurzelsystem aus, wobei die Hauptmasse überwiegend auf die vielfältig untereinander verwachsenen Horizontalwurzeln und ihre Abzweigungen entfällt“. Allerdings wurzelt der Spitz-Ahorn noch intensiver als der Berg-Ahorn (HOFFMANN 1959). Nach BÜSGEN (1901) steht er in der Bewurzelung zwischen der Esche und der Rotbuche. Sein durchwurzelter Bodenraum soll geringer sein als jener der Esche. Nach vorliegenden Ergebnissen erschließt der Spitz-Ahorn sehr wohl einen großen Bodenraum. Im Tiefenstreben übertrifft er den Berg-Ahorn. Das tiefere Eindringen seiner Wurzeln steht im Einklang mit seinen höheren Wärmeansprüchen. Wie der Berg-Ahorn bildet auch der Spitz-Ahorn relativ dünne, aber sehr lange Wurzelstränge. Bei der in **Abb. 153** dargestellten Pflanze betrug die Dicke der Wurzelstränge nahe dem Stamm bis 10 cm, in einer Entfernung von 1 m bis 5 cm, von 2 m bis 1,5 cm und von 4 m bis 0,5 cm.

Der in **Abb. 153** dargestellte Baum wurde in der Lobau bei Wien auf trockengefallenem Auboden freigelegt. Die Polwurzel ist nicht mehr erkennbar. Die abwärts wachsenden Wurzeln, die in den obersten verdickten Abschnitten scherenartig miteinander verwachsen sind, bilden eine eigene zylinderförmige Wurzelgruppe. Ihre Feinverzweigung nimmt nach unten hin stark ab. Einige tiefer ansetzende Seitenwurzeln verlaufen in 60–80 cm Tiefe lang seitwärts und wenden sich dann wieder nach oben. Ihre nahe Flur verlaufenden Endabschnitte können in den humosen Bodenschichten reich feinverzweigt sein. Viele Seitenwurzeln breiten sich in den oberen Bodenschichten bis zu einer Länge von 1.020 cm seitwärts aus. Ihre nach außen zunehmende gabelige bis fächerförmige Verzweigung bewirkt in weitem Umkreis eine sehr ergiebige Bodendurchwurzelung. Die Feinverzweigung entlang ihrer Endabschnitte ist sehr groß. Die weiter vom Stamm entfernt abzweigenden Senkwurzeln bleiben im Tiefenwachstum deutlich zurück. Dadurch entsteht in der Au insgesamt keine dem trocken-warmen Gebiet entsprechende zylindrische Wurzelform, wie dies bei dem wärmebedürftigeren Speierling, *Sorbus domestica*, im Marchfeld der Fall ist.

Anatomie, Taf. 132

Auf dem Wuchsort im Augebiet der Lobau, wo der Spitz-Ahorn freigelegt wurde, ist der Boden ab etwa 2 m Tiefe nahezu dauernd grundfrisch und kühl. Die oberen Schichten erwärmen sich dagegen, dem pannonischen Klima entsprechend, während der Vegetationszeit stärker und werden dadurch trocken. Die Zellen der Rhizodermis bilden unter diesen Bedingungen zahlreiche Wurzelhaare. Die Zellwände der Exodermis sind gleich wie bei den übrigen untersuchten Vertretern der Gattung deutlich suberinisiert. Sie erhöhen dadurch den Fäulnisschutz der Wurzel (A 1, B 1).

Im sekundären Zustand entspricht der hohe Anteil an Gefäßen im Holz dem grundfrischen Wuchsort. Für die Art kennzeichnend sind die bis 4schichtigen Gruppen von weitlumigen, verholzten Sclerenchymzellen im Bast (A 2) und der im Vergleich zum Berg-Ahorn oft höhere, im Vergleich zum Feld-Ahorn geringere Anteil an Fasern sowie die z. T. auffallend großen Calciumoxalat-Kristalle (A 5). Wie bei den beiden anderen Arten der Gattung sind die Zellwände des Pericambial-Abschlußgewebes sehr dünn (B 2). Die primären Strahlen im Holz sind zwei- bis mehrreihig. Im Bereich des Holzes sind die Zellen stärkereich, im Bereich des Bastes, in dem sich die Zellen zunehmend vergrößern, ist deren Inhalt braungelb gefärbt. Der Gehalt an Stärke tritt zurück. Den Strahlen benachbart verlaufen im Bast die kleineren Zellen des Phloems, z. T. unterschieden in Strasburger-Zellen und Phloem-Leitelemente (A 3). Die Querwände der Gefäße im Xylem sind kurz. Die Tüpfel in den Längswänden der Gefäße sind groß, und sie stehen dicht und versetzt. Namentlich in kleinen Gefäßen sind spiralige Verdickungen erkennbar (A 4).

Standortansprüche: Der Halbschatten ertragende Spitz-Ahorn ist wärmebedürftiger und empfindlicher gegen Spätfröste als der Berg-Ahorn. An die Nährstoff- und vor allem an die Wasserversorgung stellt er geringere Ansprüche. Er gedeiht noch auf sehr oberbodentrockenen Standorten, wenn die Wurzeln tief bis zu den gleichmäßiger feuchten Schichten vordringen können. Im Auwaldbereich ist er weniger empfindlich gegen Überflutung als der Berg-Ahorn. Stark vergleyte, luftarme Böden erträgt er ebensowenig wie stark versauerte Böden.

Verbreitung: Die Hauptverbreitung der gemäßigt kontinentalen Art reicht nur bis in die untere montane Stufe. Die Höhengrenze der Verbreitung verläuft in Mitteldeutschland bei 500 m, in den Alpen bei 1.000 (1.100) m. Der konkurrenzschwache Baum wächst nur vereinzelt in Eichen-Hainbuchen-Wäldern, häufiger in submontanen Buchenwäldern und am häufigsten in an Linden reichen Laubmischwäldern (Tilio-Acerion). Er gilt als schwache Kennart des Aceri-Tilietum Fab. 36.

Abb. 153 (rechts): Spitz-Ahorn, *Acer platanoides*, H–T–S = 1.206–285–1.965 cm, Lobau bei Wien, 150 m NN. Feldahorn-Feldulmen-Eschen-Wald, vereinzelt mit Spitz-Ahorn. In der Strauchschicht vorwiegend *Fraxinus excelsior, Sambucus nigra* und *Crataegus monogyna*. In der Krautschicht überwiegend *Parietaria officinalis, Stachys sylvatica, Salvia glutinosa, Elymus repens, Buglossoides purpurocaeruleum* u. a. Grundfeuchter, trockengefallener, schwach verbraunter grauer Auboden, Bodenprofil Hor.: A_I 0–10 cm stark humoser, schluffiger Feinsand, schwarzbraun (10YR 3/2), feinkrümelig, locker, pH 7,6, stark durchwurzelt, A_2 10–30 cm schwach humoser, schluffiger Feinsand, mäßig dicht, flachstreichende Wurzeletage, daher stark durchwurzelt, C_v 30–120 cm schluffiger Feinsand, graubraun (10YR 5/2), dicht, pH 8,0, Wurzelverlauf vorwiegend abwärts gerichtet, $C_{g\ rel}$ 120–240 cm trockengefallener, früher zeitweise staufeuchter Feinsand, rostfleckig, dicht, schwach durchwurzelt, Wurzeln vorwiegend nach unten verlaufend, G_o schwach kiesiger Sand, grundfeucht, gleyfleckig, mäßig dicht, Durchwurzelung auslaufend.

Hor cm
A
AC
150
Cv
Cgrel
150 cm

Taf. 131: Spitz-Ahorn, *Acer platanoides*. Lobau bei Wien, 150 m NN, Auboden, mittelgroßer Baum, Wurzeln im Bereich der Baumkrone abwärts wachsend, bis zu den grundfeuchten Schichten vordringend. Dicke Wurzeln unterhalb des Stammes scherenartig verwachsen, einige Wurzeln in mittlerer Tiefe lang waagrecht verlaufend und entlang ihrer Endabschnitte aufwärts wachsend. Dünne Wurzeln reich feinverzweigt (zu Abb. 153). 3. Reihe rechts: Jungpflanzen mit wenig verzweigter Polwurzel (Ort wie Abb. 153).

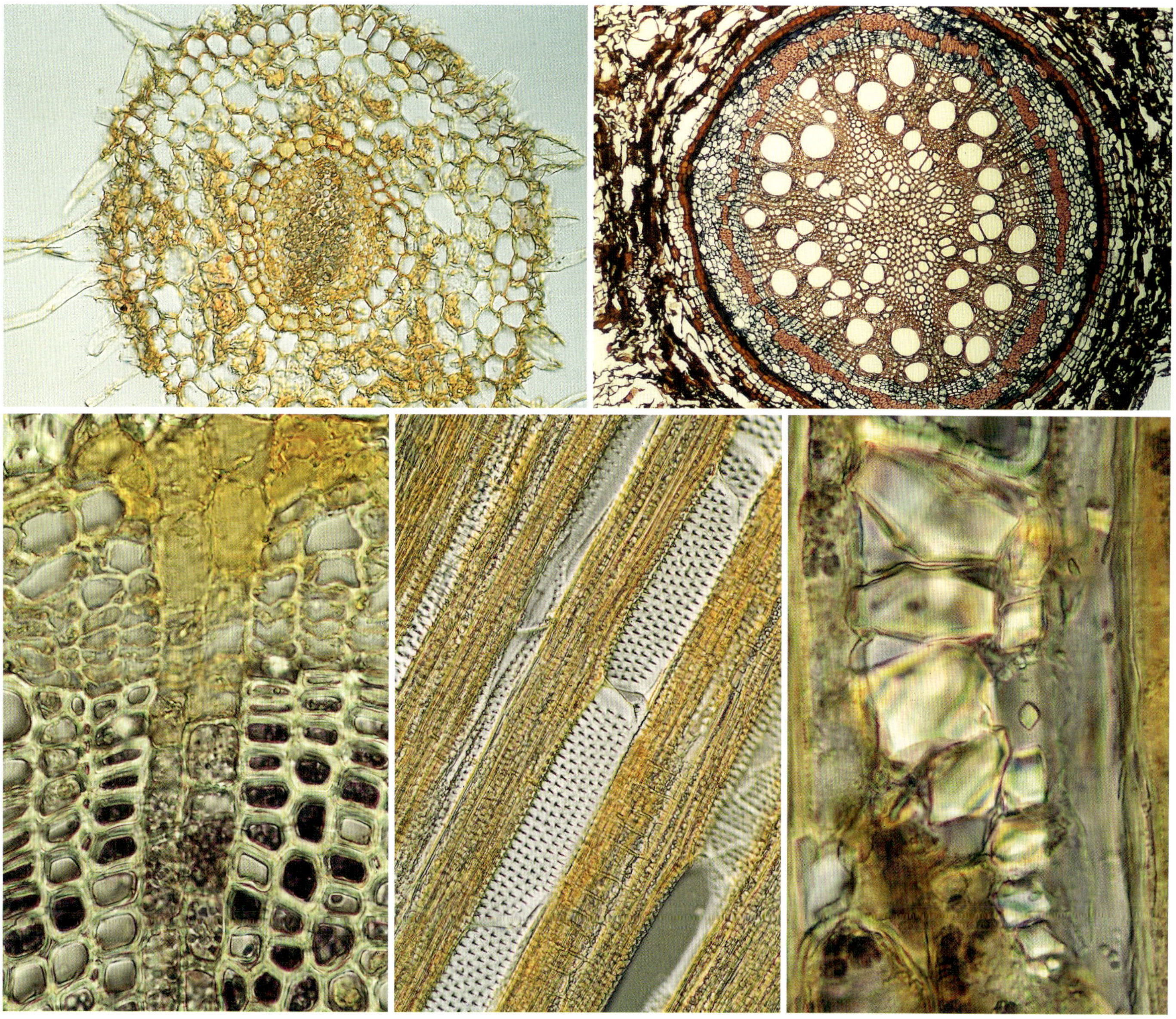

Taf. 132 A: Spitz-Ahorn, *Acer platanoides*. – **1:** Lobau, Wien, 11.9. Prim., Ø, S3, 162x. **Rh** Z mittelgroß, oft mit WuHr. **Rinde** ExZ größer als EnZ, Ex ZW suberinisiert. **ZZ** 2arch. – **2:** Pfl u. Zeit wie 1. Prim.-sek., Ø, Saf.-Ast., 64x. **Rinde** abgestorben. **ZZ** 2arch. **PCAG** mittelbreit. **Bast** F verholzt, in 2-3schichtigen, verlängerten Gruppen, dicht stehend, diese kreisförmig zusammenschließend. **Holz** Gefäße tangential, vereinzelt radial benachbart. – **3:** Pfl u. Zeit wie 1. Sek., Ø, JJK, 409x. **Bast** Strahlen 2reihig, Z nach außen erweitert, Inhalt bräunlichgelb. **Holz** Z der Strahlen und des GG St-reich. – **4:** Pfl u. Zeit wie 1. Sek., ⊠, Ph/HCl, 162x. **Holz** Gefäße Z lang, QuerW kurz – **5:** Schnittreihe wie 4. JJK, 409x. **Bast** ZReihen benachbart F mit z. T. auffallend großen CaOxKristallen.

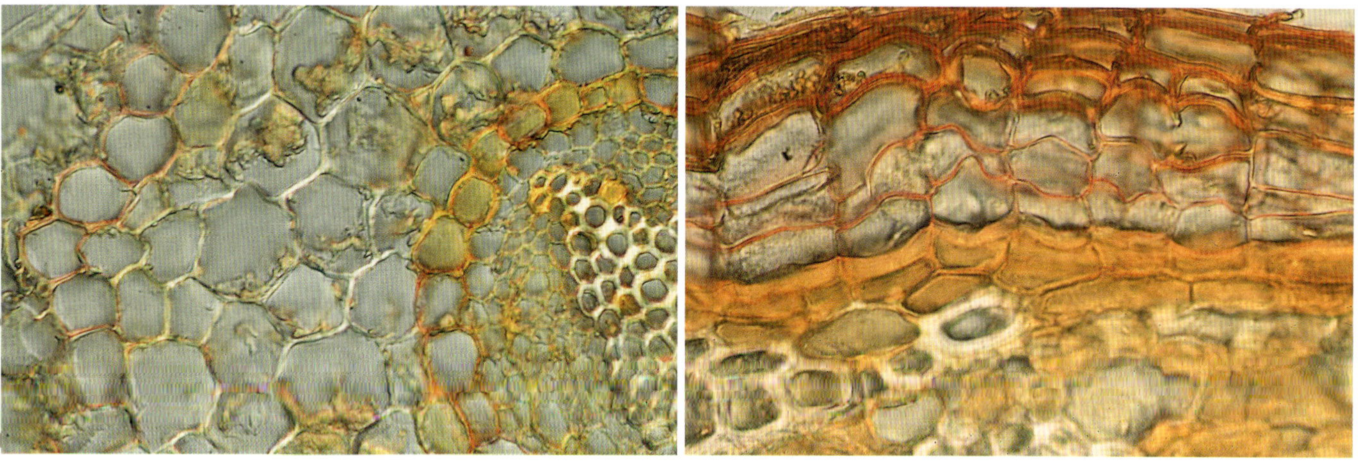

Taf. 132 B: – **1:** Ausschnitt aus A 1. 409x. **Rinde** Ex ZW mit Suberin, rot, RP mit Pilzhyphen, EnZ mit Suberinlamelle. **ZZ** PrX an PC grenzend. – **2:** Schnittreihe wie A 3. S3, 409x. **PCAG** in 3 Zonen, mittlere Zone Z nahezu ohne Inhalt. **Bast** außen SteinZ, innen F.

Acer campestre L., Feld-Ahorn, Kleiner Ahorn, Maßholder

Morphologie

S p r o ß : Sommergrüner, dicht verzweigter Strauch oder Baum, bis 20 (25) m hoch, Verzweigung im vegetativen Zustand monopodial, im Blühzustand sympodial, Äste aufrecht abstehend oder ausladend, Krone oval bis rundlich.
W u r z e l : Der Feld-Ahorn hat in der Bewurzelung große Ähnlichkeit mit dem Spitz-Ahorn. Dies betrifft vor allem die Häufigkeit der Verwachsung der dicken Wurzelabschnitte in Stammnähe, die große Zahl und die geringe Stärke der Wurzelstränge sowie die räumliche Verteilung der Wurzelmasse im Boden. In der Ergiebigkeit der Durchwurzelung und vor allem im Tiefenstreben übertrifft er den Spitz-Ahorn. Außerdem kann er nicht nur Stockausschläge, sondern auch Legtriebe und selbst Wurzelsprosse bilden. Das bestätigen auch die Untersuchungen von KÁRÁSZ (1984). Diese Fähigkeit ermöglicht die Bildung eines dichten Strauchwerks mit starker sproßbürtiger Bewurzelung.

Die Jungpflanze der **Abb. 154** (rechts) wurde in der Schütt bei Villach auf Kalk-Bergsturzmaterial freigelegt. Sie weist noch eine deutlich verdickte Polwurzel auf. Diese verliert aber durch Verzweigung in eine gleich lange Seitenwurzel bereits ihre Vorwüchsigkeit. Aufgrund der schon wesentlich stärkeren oberen, seitwärts verlaufenden Wurzel tritt die Polwurzel im Wurzelbild bereits weitgehend zurück. Ein dünner Legtrieb hat sich in dem Abschnitt, der unter Flur verläuft, bewurzelt. Das Wurzelsystem fächert über dem Kalkschutt rasch auf. Am Baum der **Abb. 154** (Mitte), der in der Lobau bei Wien auf trockengefallenem Auboden freigelegt wurde, ist die Polwurzel nicht mehr sicher festzustellen. Nahe dem Wurzelstock sind die verdickten Abschnitte der Wurzeln häufig miteinander verwachsen. Durch rasch aufeinander folgende Verzweigungen entstehen viele dünne Wurzelstränge. Die abwärts wachsenden Wurzeln bilden wie beim Spitz-Ahorn eine eigene zylinderförmige Wurzelgruppe. Nach außen hin nimmt das Tiefenstreben der Senker rasch ab. Insgesamt entsteht dadurch ein Wurzelkörper, der kegelförmig nach oben erweitert ist. Der seitliche Verlauf der Wurzeln ist nicht sehr groß. Die Endabschnitte der Wurzelstränge, die flurnah verlaufen, sind sehr stark feinverzweigt. Es bilden sich wie beim Spitz-Ahorn lange Strähnen aus Feinwurzeln. Nach der Tiefe zu nimmt die Feinverzweigung rasch ab.

Anatomie, Taf. 134

Die stark wechselnde Größe der Zellen des Rindenparenchyms und die damit fehlende radiale Anordnung der Zellen stimmen mit der höheren Trockenresistenz des Feld-Ahorns im Vergleich zum Berg- und zum Spitz-Ahorn überein (A 1). Die deutliche Suberinisierung der Zellwände der Exodermis erhöht den Schutz der Wurzeln vor Fäulnis und Austrocknung (B 1).

Abb. 154 (rechts): Feld-Ahorn, *Acer campestre*, L i n k s : Jungpflanze. M i t t e : Baum, H–T–S = 1.425–345–1.695 cm, Lobau bei Wien, 150 m NN. Feldahorn-Feldulmen-Eschen-Wald, vereinzelt mit Spitz-Ahorn. In der Strauchschicht vor allem *Fraxinus excelsior, Sambucus nigra* und *Crataegus monogyna*. In der Krautschicht vorwiegend *Parietaria officinalis, Stachys sylvatica, Salvia glutinosa, Elymus repens* und *Buglossoides purpurocaeruleum*. Grundfeuchter, trockengefallener, schwach verbraunter Auboden, Bodenprofil Hor.: A_1 0–10 cm stark humoser, schluffiger Feinsand, dunkel graubraun (10YR 3/2), feinkrümelig, locker, pH 7,4, stark durchwurzelt, A_2 10–30 cm schwach humoser, schluffiger Feinsand, mäßig dicht, stark durchwurzelt mit flachstreichenden Wurzelsträngen, C_v 30–120 cm schluffiger Feinsand, graubraun (10YR 5/2), dicht, pH 7,8, Wurzeln vorwiegend abwärts gerichtet, $C_{g\ rel}$ 120–240 cm trockengefallener, früher zeitweise staufeuchter Feinsand, rostfleckig, dicht, schwach durchwurzelt, Wurzeln vorwiegend abwärts gerichtet, G_0 schwach kiesiger Sand, grundfeucht, gleyfleckig, mäßig dicht, Durchwurzelung auslaufend. R e c h t s : Ausschnitt aus einem jungen Baum mit Legtrieb, freigelegt in der Schütt bei Villach, 510 m NN, auf Kalk-Bergsturzmaterial. Moderrendsina, Bodenprofil Hor.: A 0–10 cm moderreicher Lehm, schwach steinig, AC Schutt und Grus, Hohlraumfüllung mit humosem Lehm.

Hor. cm
A
20
C_v
Hor. cm
A
C_v
$C_{grel.}$
300
G_o
Hor. cm
A
AC
30
150cm

Taf. 133: Feld-Ahorn, *Acer campestre*. 1. und 2. Reihe: Lobau bei Wien, 150 m NN, kleinerer Baum auf feinsandigem Auboden, Wurzeln im Bereich der Baumkrone abwärts wachsend, Seitenwurzeln mit brettartigen Wurzelanläufen, durch gabelartige Verzweigungen rasch dünner werdend, vereinzelt Wurzelsprosse bildend, entlang der Endabschnitte stark feinverzweigt (zu Abb. 154 links). 3. R.: Schütt bei Villach, Kärnten, 510 m NN, Mullrendsina über Kalkschutt; links: junges Bäumchen mit bewurzeltem Legtrieb (zu Abb. 154 rechts); rechts: alter Baum, zahlreiche Wurzelsprosse an den dicken, auf dem Fels liegenden Wurzeln.

Taf. 134 A: Feld-Ahorn, *Acer campestre*. – **1:** Schütt bei Villach, Kärnten, 16.10. Prim., Ø, S3, 64x. **Rh** Z z. T. mit WuHr. **Rinde** RP u. En Anlage einer SWu. **ZZ** 3arch. – **2:** Keutschach, Kärnten, 21.5. Sek., Ø, Ph/HCl, 64x. Wu 4jährig, konvexe Seite schmäler, Anteil an BastF und Gefäßen gering. – **3:** Ort u. Pfl wie 1, 25.3. Sek.; ☒, S3, 409x. **Bast** ZReihen mit prismatischen CaOxKristallen, benachbart F. – **4:** Lobau, Wien, 28.8. Sek., ☒, JJK, 64x. Anteil an BastF u. an Gefäßen wie deren Weite größer als bei 4, Boden feuchter. **PCAG** äußere Schichten schuppenförmig abgelöst. **Bast** äußere Z Inhalt gelbbraun, F in 2-3(4)schichtigen Gruppen gedrängt stehend. **Holz** GG Z St-reich, Gefäße klein bis groß. – **5:** Schnittreihe wie 3. S3, 654x. **Holz** Gefäße Hoftüpfel schmal, kreisförmig umrandet.

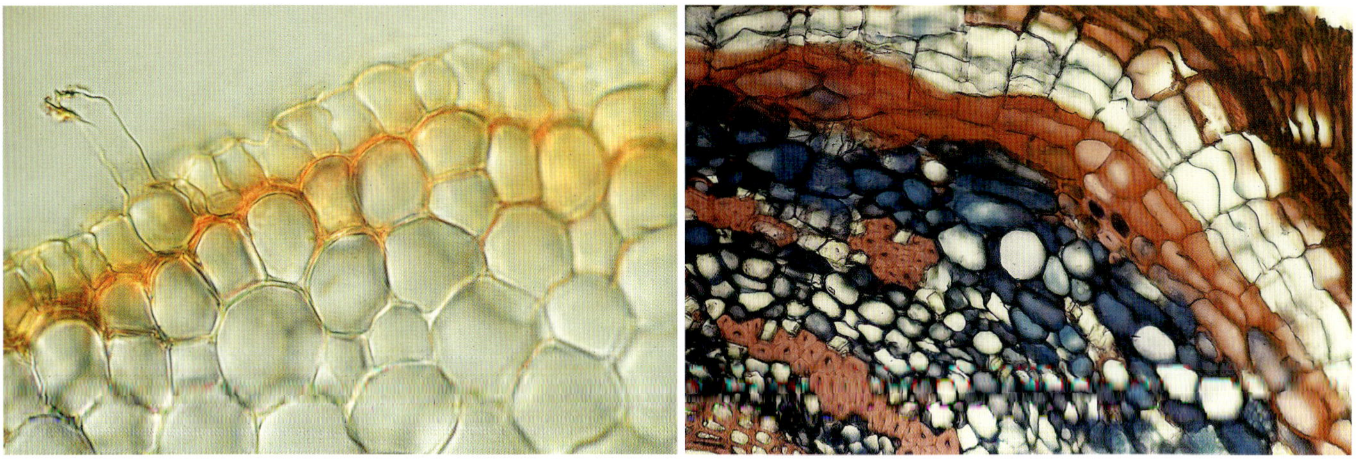

Taf. 134 B: – **1:** Ausschnitt aus A 1. 409x. **Rh** ZW gelblich, cutinisiert (?). **Rinde** Ex ZW suberinisiert. – **2:** Ort u. Zeit wie A 3. Sek., Ø, Saf.-Ast., 162x. **PCAG** 2 innere Schichten ZW gequollen, rot, anschließende Schichten ZW verkorkt. **Bast** F ZW verholzt.

Auffallend sind im sekundären Zustand die starke Rotfärbung der Zellen der innersten Schicht des Pericambial-Abschlußgewebes und die gelbrote Färbung von Zellen des Bastes vornehmlich in dessen äußerem Bereich. Fett- bzw. Gerbstoffe könnten daran beteiligt sein (A 4). Kennzeichnend für alle untersuchten Vertreter der Gattung sind die dünnen Wände und die Weitlumigkeit der Zellen des Pericambial-Abschlußgewebes. Im Vergleich zum Berg- und zum Spitz-Ahorn ist der Anteil an Fasern meist größer (B 2). Gleich dem Spitz-Ahorn verlaufen benachbart den Fasern Zellreihen mit raumfüllenden prismatischen Calciumoxalat-Kristallen (A 3). Im Bau des Holzes unterscheidet sich der Feld-Ahorn von den beiden genannten Arten durch schmälere, d. h. 2–3(4)reihige Strahlen. Anteil und Größe der Gefäße sowie der entsprechende Anteil an Grundgewebe sind sehr verschieden. Bei geringem Anteil an Grundgewebe im Holz steigt wieder der Anteil der Fasern im Bast (A 4), bei hohem geht dieser stark zurück (A 2). Die Hoftüpfel der Gefäße stehen z. T. in gleichlaufenden Reihen, z. T. sind sie versetzt (A 5). Im sekundären Zustand entspricht dem höheren Wärmebedarf und der größeren Trockenresistenz des Feld-Ahorns vor allem der fallweise hohe Anteil an Grundgewebe im Holz (A 2).

Standortansprüche: Der Halbschatten ertragende Feld-Ahorn stellt höhere Ansprüche bezüglich der Sommerwärme als der Spitz-Ahorn. Er ist trockenresistenter und weniger empfindlich gegen Verbiß. Sein Laub wird besonders von Schafen und Ziegen gerne gefressen. Daher wird der Feld-Ahorn in der Schweiz und in den Südalpen auf Hutweiden geschont oder gar gepflanzt. Er gedeiht auf steinigen und tonigen Böden, sofern sie nicht zu trocken, zu sauer oder staufeucht sind.

Verbreitung: Die submediterran-subatlantische Art wächst hauptsächlich in der planaren und in der kollinen Stufe. Die Höhengrenze ihrer Verbreitung verläuft in Mitteldeutschland bei 700 (800) m, in der Nordschweiz bei ca. 1.000 m, in der Südschweiz bei ca. 1.400 m und im Kaukasus bei 1.800 m. In Mitteleuropa erreicht sie ihre Hauptverbreitung in Weinbaugebieten. Dementsprechend schließt sie sich vor allem wärmegebundenen Eichenmischwäldern (Quercetalia pubescenti-petraeae) und den ihnen ökologisch entsprechenden Buschgesellschaften der Prunetalia an. Sie kommt aber auch nicht selten in Gesellschaften der frischen Sommerwälder (Fagetalia) vor. Nach OBERDORFER (1994) ist sie eine Kennart der Querco-Fagetea.

Tiliaceae, Lindengewächse

Tilia cordata Mill., Winter-Linde, Kleinblättrige Linde

Morphologie

Sproß: Sommergrüner Baum, bis über 30 m hoch, vereinzelt auch Strauch. Stamm bei frei stehenden Bäumen weit herab beastet, dick, durch weit ausladende Äste eine kugelige Krone bildend. Stamm in dichteren Beständen auch weit hinauf astfrei oder nur mit kurzen, dünnen Ästen, Krone dann schmal länglich bis oval.

Abb. 155 (rechts): Winter-Linde, *Tilia cordata*, H–T–S = 1.475–293–1.575 cm, Lobau bei Wien, 150 m NN. Auwald mit vorwiegend *Fraxinus excelsior, Tilia cordata, Acer platanoides* und vereinzelt *Populus x canadensis*. In der Strauchschicht besonders *Ligustrum vulgare, Sambucus nigra, Crataegus monogyna* und *Rubus idaeus*. In der Krautschicht vorherrschend *Parietaria officinalis, Urtica dioica* und *Physalis alkekengi*. Verbraunter grauer Auboden, Bodenprofil Hor.: A_1 0–8 cm Modermull-Krume, stark humoser, schluffiger Lehm, dunkelbraun (10YR 4/2), pH 7,4, locker, stark durchwurzelt, A_2 8–20 cm humoser, schluffiger Lehm, feinkrümelig, mäßig locker, stark durchwurzelt, AC 20–40 cm schwach humoser, schluffiger Lehm, etwas dicht, stark durchwurzelt, am unteren Rand Übergang des humosen Aulehms in C_v 40–190 cm schluffiger Feinsand, graubraun (10YR 5/2), schwach kiesig, etwas gepreßt, C_1 190–230 cm Kiesband, C_2 schluffiger Feinsand, schwach grundfeucht.

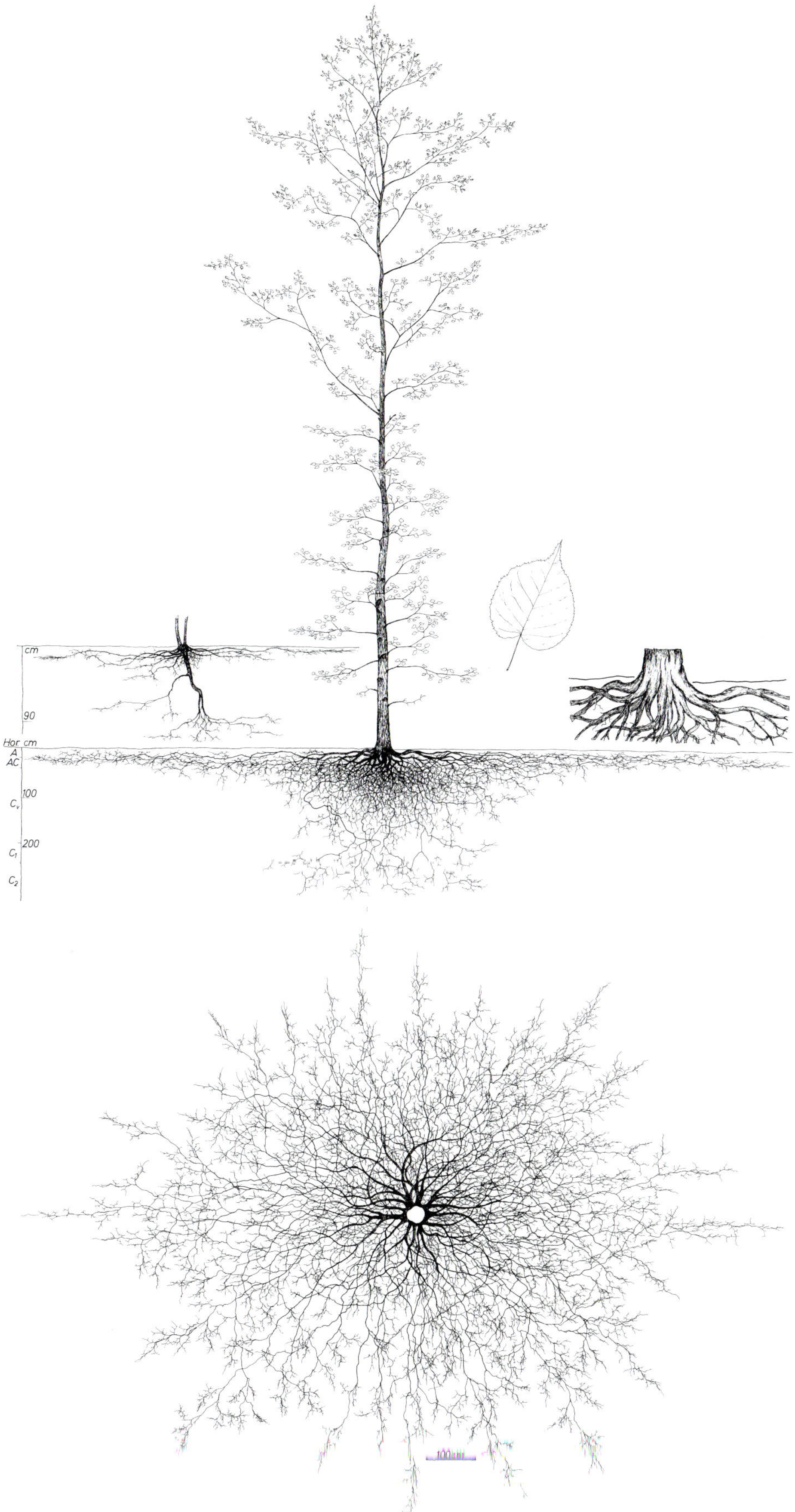
cm
90
Hor cm
A
AC
100
C_v
200
C_1
C_2

Taf. 135: Winter-Linde, *Tilia cordata*. 1. Reihe links: Keimpflanze mit dünner, stark verzweigter Polwurzel; übrige Bilder: Lobau bei Wien, 150 m NN, mittelgroßer Baum auf sandigem Auboden, Bewurzelung im Bereich der Baumkrone sehr dicht, einzelne Wurzeln tiefstrebend, Seitenwurzeln stark verzweigt, Feinwurzelbesatz hoch (zu Abb. 155).

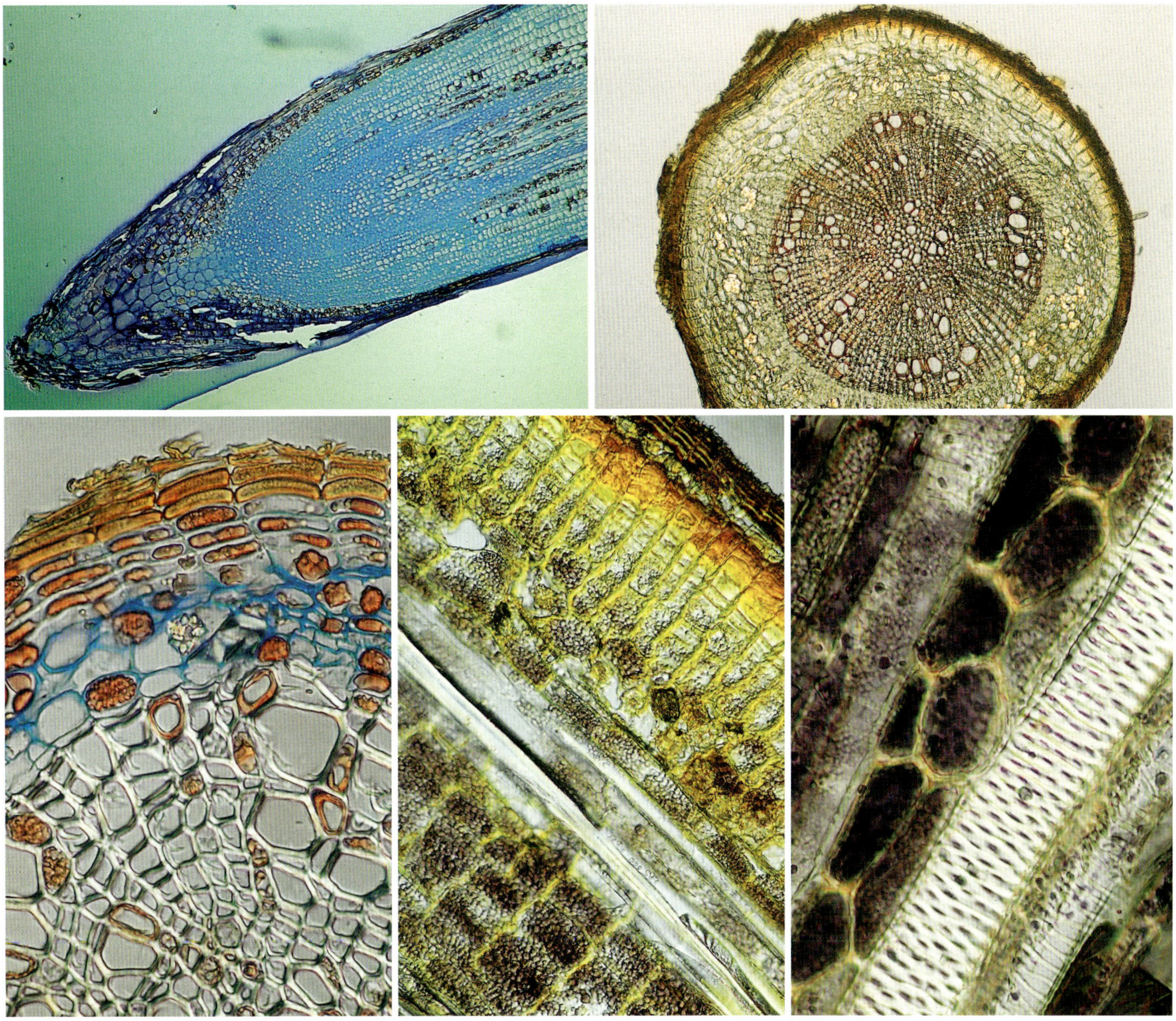

Taf. 136 A: Winter-Linde, *Tilia cordata.* – **1:** Lobau, Wien, 10.6. WuSpi, ☒, An.bl.-Saf., 64x. WuHa Gewebe dunkelviolettblau, Ausnahme jüngste Z der Columella, diese gleich WuKörper hellblau, HaFlanken Z stark gestreckt, benachbarte Z des WuKörpers ungestreckt. – **2:** Deutsch-Altenburg, Niederösterreich, 30.9. Sek., Ø, Ph/HCl, 64x. **PCAG** mittelbreit bis breit, Z schmal. **Bast** F vereinzelt oder in kleinen Gruppen. **Holz** Gefäße klein bis mittelgroß. – **3:** Pfl u. Zeit wie 1. Sek., Ø, Saf.-Ast., 409x. **PCAG** ZInhalt gelbbraun, FS. **Bast** F benachbart Z mit CaOxDrusen. **Holz** F einreihig. – **4:** Pfl u. Zeit wie 3. Sek., ☒, JJK, 162x. **PCAG** 3schichtig. **Bast** F dünn. – **5:** Schnittreihe wie 4. JJK, 409x. **Holz** Strahlen 2reihig, Gefäße Verdickungen spiralenförmig, Tüpfel klein, ähnlich *Alnus.*

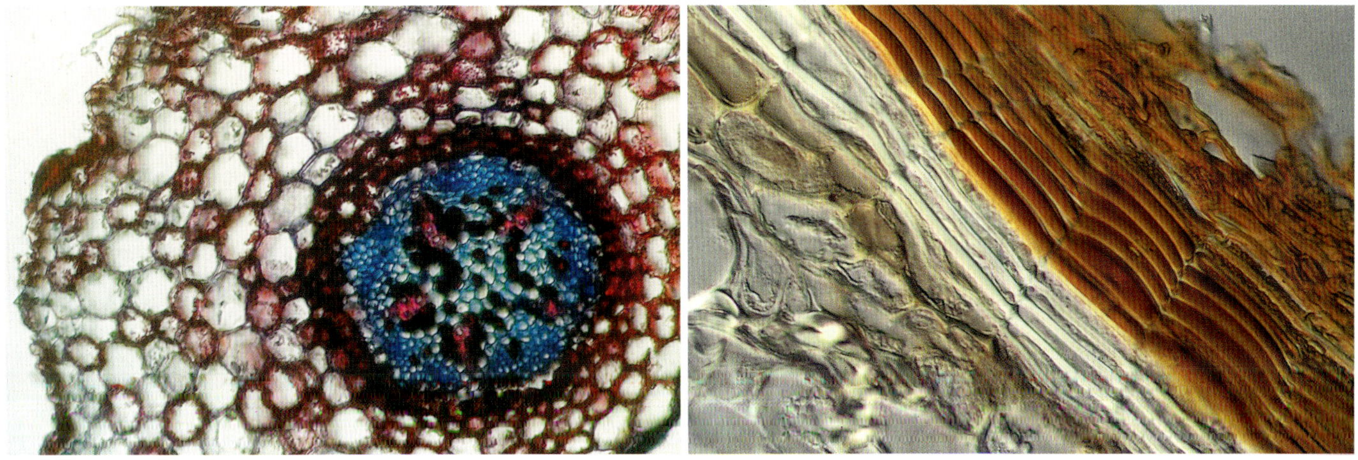

Taf. 136 B: – **1:** Ort wie A 1, 30.7. Prim., Ø, Saf.-Ast., 162x. **Rh** Z klein bis mittelgroß. **Rinde** RP ZGröße stark wechselnd, EnZ klein, Inhalt rotbraun. **ZZ** 5arch. – **2:** Pfl u. Zeit wie A 1. Sek., ☒, Ph/HCl, 409x. **PCAG** Z schmal, mittlere gebräunt, Eigenfarbe.

Wurzel: Nach KÖSTLER et al. (1968) bildet die Winter-Linde ein sehr unregelmäßiges Herzwurzelsystem. Die Unregelmäßigkeit bezieht sich auf die häufige Richtungsänderung der Wurzeln und auf die ungleichmäßige Verteilung der Wurzelmasse im Boden. Besonders empfindlich reagieren die Wurzeln auf Bodenwiderstände. Wohl deshalb schreiben KÖSTLER et al. der Winter-Linde nur eine geringe mechanische Wurzelenergie zu. Richtungsänderungen der Wurzeln entstehen schon durch Schichten verschiedener Textur. Besonders auffallend ist dies auf Auböden, in denen fein- und grobkörnige Schichten einander abwechseln. Vor allem in tieferen Bodenschichten wachsen die Wurzeln sehr wirr durcheinander. Dieser unregelmäßige Verlauf bewirkt zumindest im Kronenbereich eine dichte Durchwurzelung des Bodens. Sie kann auf besser strukturierten, tiefgründiger erwärmten Böden bis zu einer Tiefe von 80–100 cm anhalten. Darunter verringert sich die Durchwurzelung sehr rasch. Die oft unregelmäßige Verteilung der Wurzelmasse im Boden wird durch den verschieden hohen Ansatz der Wurzelstränge am Stock und besonders durch die verschieden starke Verzweigung der Hauptseitenwurzeln verursacht. Nach KÖSTLER et al. reicht die eine Seite der vertikalen Stockbewurzelung oft mehrere Dezimeter tiefer in den Boden hinab als die andere. Auch sollte es bei ungehemmter Entwicklung des Wurzelsystems „keine Trennung zwischen Horizontal- und Vertikalwurzeln" geben. Bei möglichst vollständiger Freilegung der flurnah seitwärts verlaufenden Wurzeln ergeben sich aber doch deutlich eine flachstreichende und im Kronenbereich eine tiefstrebende Wurzelgruppe. Der Übergang zu diesen Gruppen ist zumindest in feuchteren Gebieten fließend. Übereinstimmend mit KÖSTLER et al. ergaben auch vorliegende Untersuchungen, daß die Dichte der Durchwurzelung vor allem im Kronenbereich sehr groß ist. Sie beruht auf der kurz aufeinander folgenden starken Verzweigung der dicken Wurzeln und auf dem hohen Besatz an Feinwurzeln schon im näheren Bereich des Stockes. KÖSTLER et al. betonen daher zu Recht, daß die Winter-Linde intensiver wurzelt als „Eiche, Hainbuche, Rotbuche, Birke, Esche, Schwarz-Erle und Ulme". Das betrifft aber nur die Durchwurzelung im Kronenbereich. In der Seitenreichweite der Wurzeln wird sie beispielsweise von der Rotbuche weit übertroffen. Es trifft aber nicht zu, daß die Winter-Linde nur einen kleinen Bodenraum erschließt (DUHAMEL DE MONCEAU 1758). Immerhin beträgt bei dem Baum der **Abb. 155** der Horizontaldurchmesser des durchwurzelten Bodenraums 1.575 cm und der Vertikaldurchmesser 239 cm.

Die Jungpflanzen weisen eine deutlich verdickte Polwurzel auf. Nach KÖSTLER et al. ist sie bei jungen Pflanzen rübenförmig abholzig und mit zunehmendem Alter bald nicht mehr erkennbar. Schon an 7–8 Jahre alten Pflanzen soll sie nicht mehr wahrzunehmen sein (SEN 1964). KÖSTLER et al. konnten jedoch noch an 30–40 Jahre alten Bäumen vereinzelt eine Polwurzel feststellen. Vorherrschend waren aber immer die Herz- und die Senkwurzeln. Auf tiefgründig zu durchwurzelnden Böden überwogen die Herzwurzeln. Sie erreichten in Mitteldeutschland auf sandigem Lehm eine Tiefe von 120–130 cm. Je dichter der Boden ist, umso stärker gehen die tiefstrebenden Herzwurzeln zurück. Es entstehen vorwiegend Senkwurzeln, die aber weniger tief eindringen. Auf dichtem Pseudogley konnten KÖSTLER et al. nur bis zu einer Tiefe von 40 cm eine dichte Durchwurzelung feststellen. Einzelne Wurzeln drangen bloß 70–80 cm tief in den Boden ein. Auch auf dichter gelagerten Sandböden stellten die Autoren an 90 Jahre alten Bäumen nur bis zu einer Tiefe von 70 cm eine dichtere Durchwurzelung fest. Nur „wenige stark deformierte erreichten maximal 9 dm Tiefe".

Wohl das kennzeichnendste Merkmal der Lindenbewurzelung ist der dichte Feinwurzelbesatz bereits in Stocknähe. Er entsteht durch die büschelförmige Anordnung der Feinwurzeln schon entlang der dickeren Wurzelstränge. Dadurch wirkt die Bewurzelung im Bereich des Stockes geradezu besenförmig. KÖSTLER et al. heben besonders die „wellig gekrümmte und gekräuselte Form der Feinwurzeln" hervor. Sie ist umso deutlicher ausgeprägt, je dichter der Boden gelagert ist. Die Farbe der Feinwurzeln kann am gleichen Wurzelsystem hell oder dunkel sein. SEN fand die hellborkigen Wurzeln vor allem auf Sandböden und bezeichnete sie deshalb als „Sandwurzeln".

Die Jungpflanze mit Stockausschlag (**Abb. 155** links) weist eine dicke, pfahlförmige Polwurzel auf. Nach gabeliger Verzweigung in 90 cm Tiefe wachsen ihre Wurzeln bereits seitwärts. Die obere flachstreichende Wurzelgruppe ist bereits deutlich ausgebildet. Das Wurzelsystem des Baumes der **Abb. 155** (rechts) wurde in der Lobau bei Wien nahe der Jungpflanze auf feinsedimentreichem Auboden freigelegt. Die Dichte der Bodendurchwurzelung im Umkreis der Krone ist besonders auffällig. Sie hält auf dem warmen Boden bis zu einer Tiefe von ca. 100 cm fast unvermindert an. Darunter nehmen die Zahl der Wurzelstränge und deren Feinwurzelbesatz rasch ab. Der wirre Verlauf der Wurzeln ist besonders in den tieferen Bodenschichten deutlich. Er ist nicht direkt auf Bodenunterschiede zurückzuführen. Der büschelförmige Besatz an Feinwurzeln setzt schon bei den stocknahen dicken Wurzelabschnitten an. Entlang der flurnah flach verlaufenden Wurzeln sind die dünnen Wurzelstränge undeutlich zweizeilig angeordnet. In dem trockenen, warmen Boden ist als Folge des großen Tiefenstrebens der Wurzeln im Kronenbereich eine abgesetzte zylinderförmige Wurzelgruppe deutlich erkennbar. Sie wird umso weniger ausgebildet, je kühler und feuchter der Boden ist. In den regenreichen oder kühleren Gebieten ist daher die Wurzelform breit verkehrt kegelförmig, auf dichten, tonigen Böden auch tellerförmig.

Anatomie, Taf. 136

Der Längsschnitt durch die Spitze einer Wurzel von *T. cordata* zeigt den großen Unterschied zwischen den Zellen der Haube und jenen des Wurzelkörpers (A 1). Nur die Zellen der Haube können Wasser von außen aufnehmen. Durch die Behandlung des Schnittes mit Anilinblau-Safranin färben sie sich deshalb dunkelviolettblau. Der Wurzelkörper bleibt vor der Wasseraufnahme von außen vollkommen geschützt, soweit ihn die Haube umhüllt. Seine Gewebe sind daher hellblau gefärbt. Diese hellblaue Farbe erstreckt sich noch auf die jüngsten Zellschichten der Columella der Wurzelhaube. Durch die Verhinderung des Wassereintritts von außen geht die Teilungsfähigkeit der Zellen des Wurzelkörpers nicht vorzeitig verloren. Die raschen Teilungen der Zellen des Wurzelkörpers im Bereich seiner Spitze und seiner Seitenteile bleibt daher lange erhalten. Auch bei relativ dünnen Wurzeln ist der Zentralzylinder oft mehrstrahlig, bis über 4arch, gebaut (B 1).

Im sekundären Zustand fällt zunächst die geringe Breite der Zellen des Pericambial-Abschlußgewebes auf (A 3, B 2). Im meist mittelbreiten Bast bilden die Fasern kleine Gruppen. Die Zellen des Grundgewebes und der Strahlen enthalten reichlich Stärke (A 2, 4, 5) und einige Drusen aus Calciumoxalat. Die einfach durchbrochenen Querwände der Gefäße sind meist kurz, und die Tüpfel in den Längswänden stehen dicht und versetzt. Die Längswände der Gefäße enthalten außerdem spiralenförmige Verdickungen (A 5). Die Färbung mit Safranin-Astrablau bewirkt Rotfärbung des Inhalts von Zellen des Bastes und des Holzes. Der Farbton ähnelt dem des Inhalts der jüngeren Zellen und jenem der Wände der älteren Zellen des Pericambial-Abschlußgewebes. Ob Fettstoffe daran beteiligt sind, wäre noch zu untersuchen (A 3).

Standortansprüche: Die Schatten ertragende Baumart bevorzugt sommerwarme, subkontinentale, lufttrockenere Lagen. Die Winter-Linde ist wärmebedürftiger als die Rotbuche, aber ebenso empfindlich gegen Spätfröste. Sie bevorzugt frische bis zeitweise oberbodentrockene, basenreiche, lehmige Böden. Bei ausreichendem Niederschlag gedeiht sie auch gut auf Feinschuttböden.

Verbreitung: Der europäische, gemäßigt kontinentale Baum reicht in seiner Hauptverbreitung bis in die submontane Stufe. Die Höhengrenze seines Areals verläuft in Mitteldeutschland bei 500 (600) m, in den Alpen bei 1.400 (1.500) m. Am häufigsten schließt er sich Gesellschaften des Eichen-Hainbuchen-Waldes an. Er gilt deshalb als Kennart des Carpinion betuli. In niederschlagsreichen Gebieten ist er auch in niedriger gelegenen Schlucht- und Steinschutthalden-Wäldern (Tilio-Acerion) zu finden. Nicht selten tritt er außerdem in trockeneren Auwäldern auf.

Tilia platyphyllos Scop., Sommer-Linde, Großblättrige Linde

Morphologie

S p r o ß : Sommergrüner Baum, bis 40 m hoch, vereinzelt auch strauchförmig, Stamm und Krone ähnlich wie bei der Winter-Linde.

W u r z e l : Die Sommer-Linde unterscheidet sich von der Winter-Linde in der Bewurzelung nicht wesentlich. Entsprechend der Verschiedenheit der Standorte ist sie bei der Sommer-Linde im Kronenbereich

Taf. 137: Sommer-Linde, *Tilia platyphyllos*. Hohenems, Vorarlberg, 480 m NN, mittelgroßer Baum auf Braunlehm-Rendsina, Polwurzel nicht mehr erkennbar, Seitenwurzeln reich gabelartig verzweigt, weit seitwärts verlaufend, Wurzeldichte im Bereich der Baumkrone hoch, Feinwurzelbesatz hoch, Wurzelenden lang ausgezogen, fleischig (zu Abb. 156).

Taf. 138 A: Sommer-Linde, *Tilia platyphyllos*. – **1:** Hohenems, Vorarlberg, 2.6. Prim., Ø, S3, 409x. **Rh** Z mittelgroß, AW mit HaSchleim. **Rinde** ExZ wenig größer als RhZ. **ZZ** 3arch. – **2:** Pfl u. Zeit wie 1. Sek., Ø, JJK, 64x. **ZZ** 6arch. **PCAG** mittelbreit. **Bast** F in bis 4schichtigen, kurzen Gruppen gedrängt stehend, diese in mehreren Kreisen angeordnet, GG Z (erweiterte Strahlen) mit viel St. – **3:** Schütt bei Villach, Kärnten, 12.4. Prim., Ø, Saf.-Ast., 409x. **Rinde** EnZ mittelgroß. **ZZ** 4arch, PrX 2 Schichten vom PC entfernt. – **4:** Ausschnitt aus 2. 162x. **Bast** F vorwiegend weitlumig, Z der Strahlen nach außen stark erweitert. – **5:** Pfl u. Zeit wie 1. Sek., ☒, JJK, 162x. **PCAG** 1/4 der Schichten abgestorben. **Bast** F stark verlängert. **Holz** FTracheiden Tüpfel entfernt stehend, Gefäße Tüpfel polyederförmig versetzt.

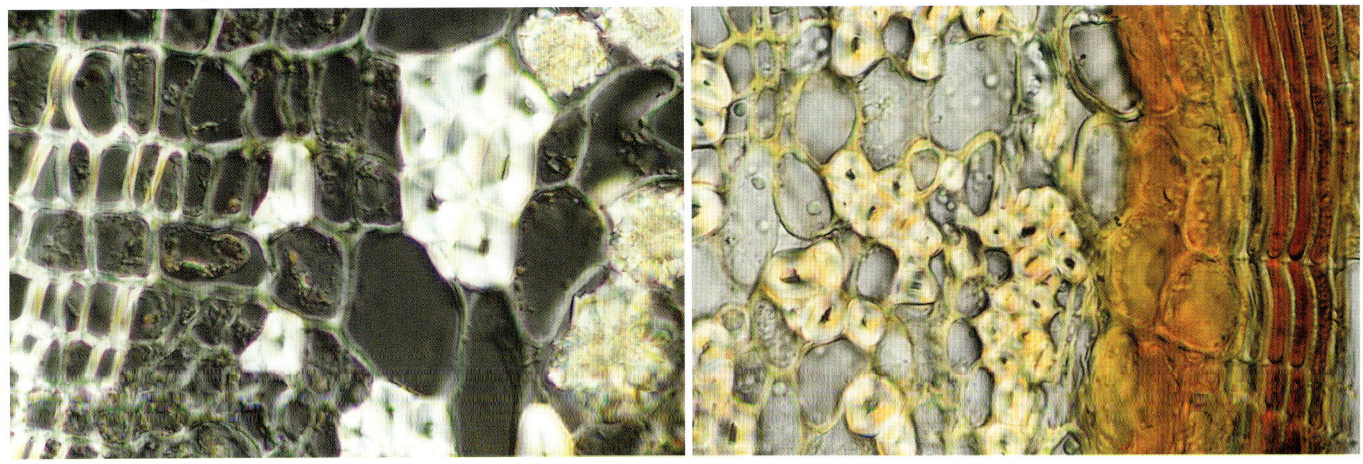

Taf. 138 B: – **1:** Schnittreihe wie A 2. S3, 409x. **Bast** mittlere Schichten Z mit CaOxDrusen, kantig. – **2:** Pfl u. Zeit wie A 1. Sek., Ø, Ph/HCl, 409x. **PCAG** 6-7schichtig, äußere 1-3 Schichten abgestorben. **Bast** F z. T. fast bis zum Verschwinden des Lumens verdickt.

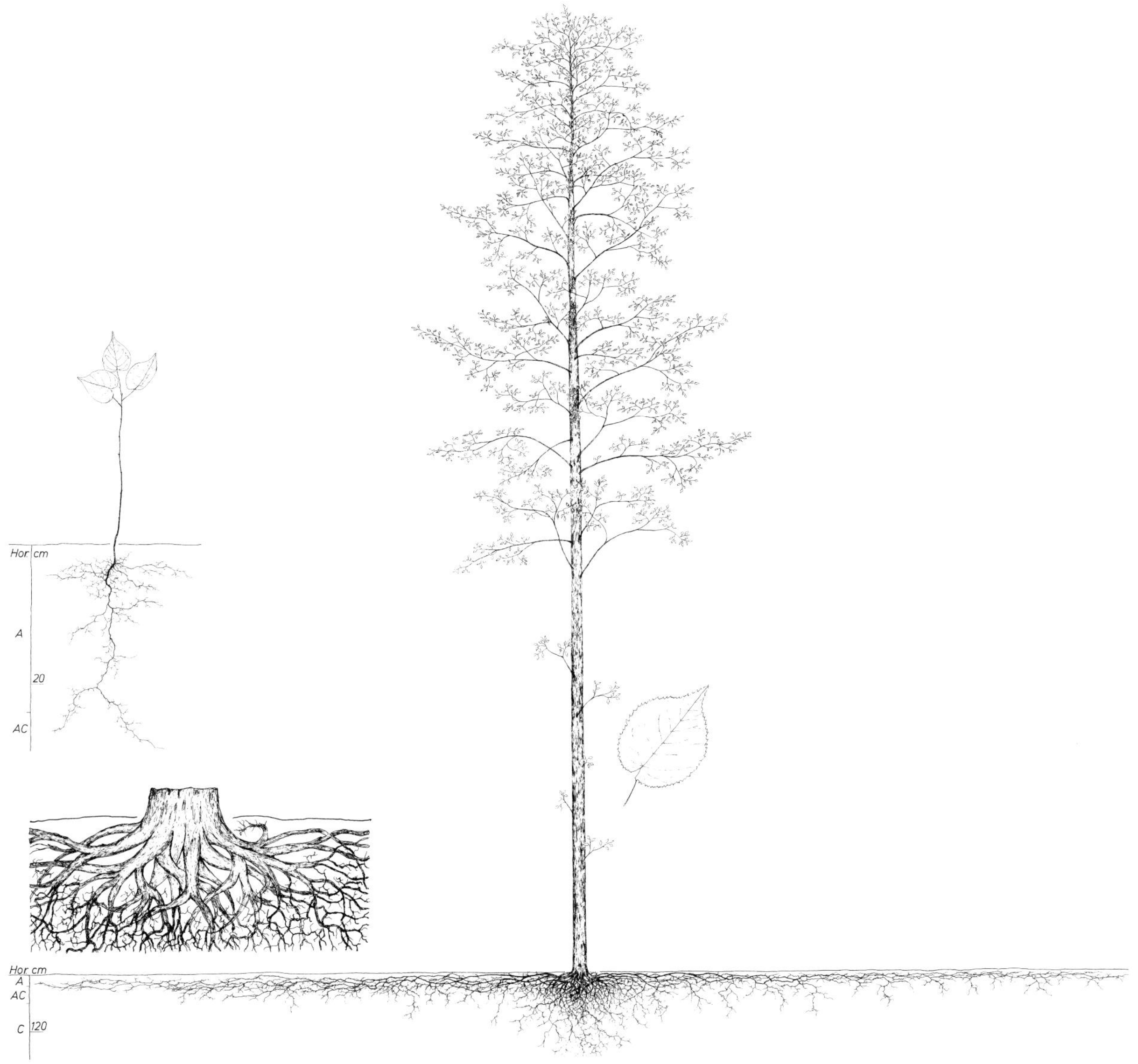

Abb. 156: Sommer-Linde, *Tilia platyphyllos*, H–T–S = 2.049–160–2.400 cm, Hohenems in Vorarlberg, blockschuttreicher SO-Hang, 480 m NN. Laubmischwald mit vorwiegend *Fagus sylvatica, Fraxinus excelsior, Tilia platyphyllos,* vereinzelt *Acer pseudoplatanus* und *Ulmus glabra*. In der Strauchschicht meist *Fraxinus excelsior* und *Acer pseudoplatanus.* In der Krautschicht vor allem *Phyteuma spicatum, Hedera helix, Carex sylvatica, Galium odoratum, Asarum europaeum, Mercurialis perennis, Lamiastrum galeobdolon* und *Allium ursinum.* Braunlehmrendsina über Schrattenkalk, Bodenprofil Hor.: O 3–0 cm Streuauflage, A_1 0–5 cm Modermull, sehr locker, A_2 5–24 cm stark humoser Braunlehm, dunkel graubraun (10YR 3/2), krümelig, Krümel kantig-blockig, stark durchwurzelt, AC 24–60 cm schwach humoser Braunlehm, braun (7,5 YR 4/2), stark durchsetzt mit Grus und Schutt, Durchwurzelung abnehmend, C Grus und Schutt, mit Braunlehmkrusten überzogen, Durchwurzelung auslaufend.

nicht so dicht, nicht so tiefreichend, aber weiter nach der Seite verlaufend. Sie ist daher noch besser geeignet, sich Schuttböden anzupassen. Die Wurzelform ist breit verkehrt kegelförmig bis tellerförmig.

Die Jungpflanze der **Abb. 156** hat eine gut ausgebildete Polwurzel. Diese verzweigt sich in dem feuchteren Boden schon nach 20 cm Tiefe gabelartig. Ihre Seitenwurzeln biegen dann seitwärts um. Der Baum der **Abb. 156** wurde in einem Buchen-Eschen-Linden-Wald auf blockschuttreichem Boden bei Hohenems in Vorarlberg freigelegt. In dem dichten Wald ist der Stamm weit hinauf fast astfrei. Die Krone ist schmal zylindrisch. Die sehr zahlreichen Wurzelstränge erschließen nach der Seite einen großen Bodenraum. Ihre gabelartige Verzweigung bewirkt eine dichte Durchwurzelung des Oberbodens bis weit über den Kronenrand hinaus. Das Tiefenstreben der Wurzeln und die Dichte der Bodendurchwurzelung im Kronenbereich

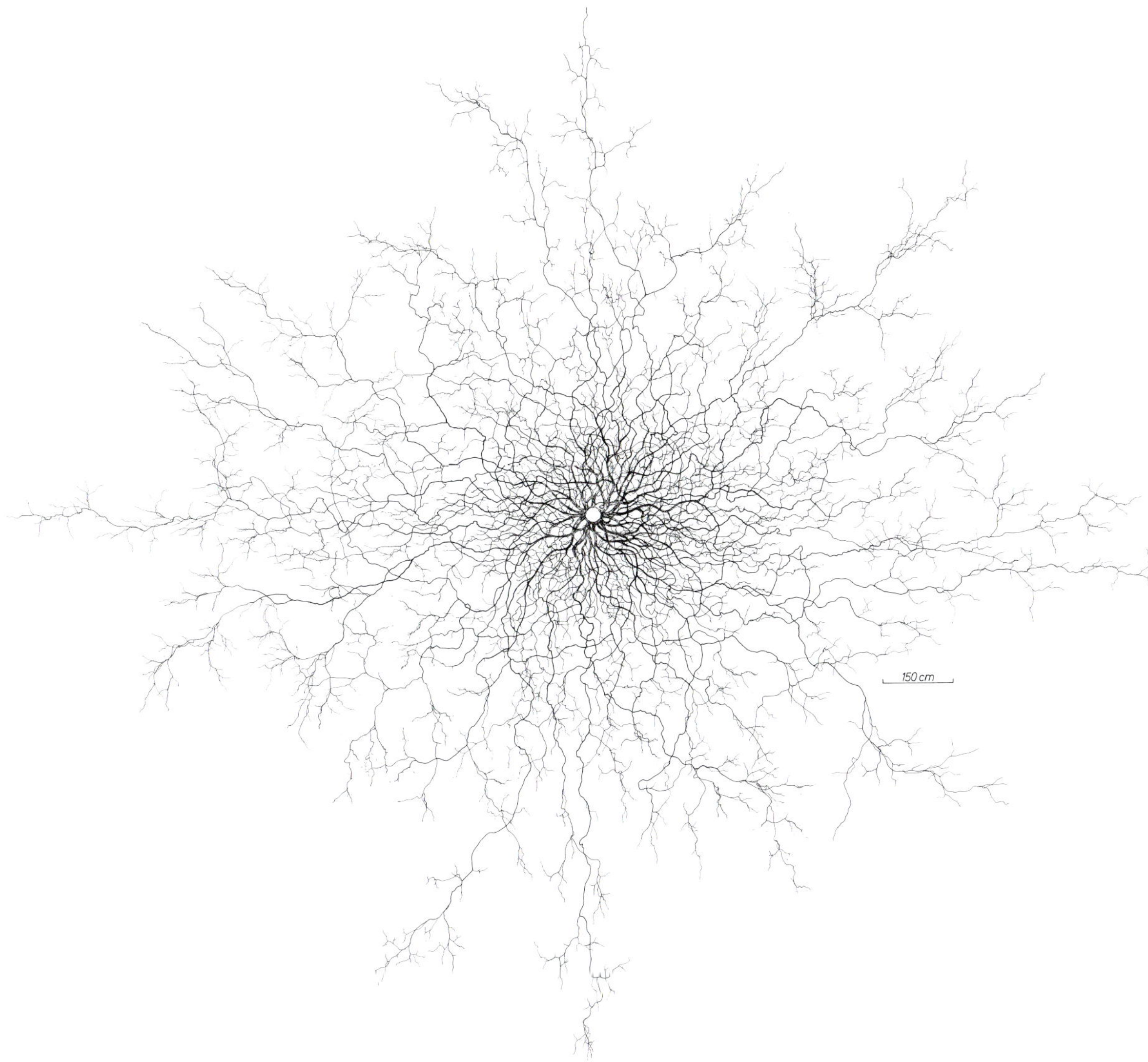

Zu Abb. 156: Sommer-Linde, *Tilia platyphyllos*, Sicht von oben.

sind auf dem kühleren, feuchteren Boden nicht so groß wie bei der Winter-Linde auf dem wärmeren, trockeneren Boden (**Abb. 155**).

Anatomie, Taf. 138

Die Wurzeln der Sommer-Linde ähneln weitgehend jenen der Winter-Linde. Die Zellen der Rhizodermis sind klein bis mittelgroß und, nach der Farbe der Zellwände zu schließen, schwach cutinisiert. Die Zellwände der Endodermis sind annähernd gleich wie jene des 2–3schichtigen Außenrindenparenchyms. Vereinzelt kommt es zu radialen Teilungen der Endodermiszellen. Die Zellgröße des Innenrindenparenchyms wechselt stark. Die äußerste Zelle des primären Xylems grenzt an das Pericambium (A 1, 3).

Im sekundären Zustand stimmen beide Arten in der geringen Breite der Zellen des Pericambial-Abschlußgewebes überein. Sehr ähnlich sind sie sich auch in der größeren Breite des Bastes sowie in der Ausbildung und Anordnung der Fasern. Diese sind z. T. weitlumig und in kleinen Gruppen zu mehreren Kreisen angeordnet (A 2, 4, 5, B 1, 2). Häufiger als bei der Winter-Linde wurde bei der Sommer-Linde das Vorkommen von Calciumoxalat-Drusen beobachtet (B 1). Unterschiede in den Wuchsorten der freigelegten Bäume könnten dazu beitragen. Cutler et al. (1987) geben für die Gattung das Vorhandensein von Drusen als gesichert, jenes von prismatischen Kristallen als fraglich an. Die Strahlen im Holz sind vorwiegend einreihig, seltener zweireihig. Bei der Sommer-Linde war häufiger als bei der Winter-Linde das radial benachbarte Auftreten der Gefäße zu beobachten (A 2). Mitbestimmend dürften das feuchtere Klima und der feuchtere Boden des Wuchsortes sein.

Von den angeführten Merkmalen spricht vor allem die Anordnung der Gefäße für die Vorliebe der Art für ein eher maritimes Klima bzw. für etwas feuchtere Böden im Vergleich zur Winter-Linde.

Standortansprüche: Die Sommer-Linde ist noch mehr als die Winter-Linde eine Schattenbaumart. Im Gegensatz zu dieser bevorzugt sie sommerwarme, subatlantische, luftfeuchtere Lagen. In ihren Standortansprüchen steht sie der Rotbuche näher als die Winter-Linde. Am besten gedeiht sie auf frischen, stets gut durchlüfteten, basenreichen Böden. In luftfeuchten, regenreichen Gebieten ist sie vorzüglich zur Festigung von Feinschuttböden geeignet. Auf diesen gedeiht sie umso besser, je mehr die Böden reliktäres Bodenmaterial wie z. B. Braunlehm enthalten.

Verbreitung: Die subatlantische, submediterrane Art wächst vorwiegend in der kollinen und in der montanen Stufe. Die Höhengrenze ihrer Verbreitung liegt in Mitteldeutschland bei 600 m und in den Zentralalpen bei 1.600 (1.700) m. Am häufigsten kommt sie in den Schlucht- und Steinschutthalden-Wäldern des regenreichen Nordalpenrandes vor. Sie gilt deshalb als Kennart des Tilio-Aceretum. Nicht selten zu finden ist sie auch in Fagion-Gesellschaften.

Salicaceae, Weidengewächse

Populus alba L., Silber-Pappel, Weiß-Pappel

Morphologie

Sproß: Sommergrüner Baum, bis über 30 m hoch, Äste weit ausladend, Krone daher oval bis rundlich.
Wurzel: Die Wurzeln der Pappeln können sich, wie allgemein bekannt ist, sehr weit seitwärts ausbreiten. SCHMITZ-LENDERS (1948) gibt für eine ältere Pappel einen Horizontaldurchmesser des Wurzelraumes von 40 m an. Nach STEUBING (1960) breiteten sich die Wurzeln einer 60 Jahre alten Silber-Pappel bis 18 m weit seitwärts aus. JOACHIM (1953) fand in Norddeutschland nur auf nährstoffreichen Böden mit hoch anstehendem Grundwasser eine geringere Reichweite der Seitenwurzeln. Weniger bekannt ist, daß die Wurzeln der Pappeln auch beachtliche Tiefen erreichen können. Bereits SCHMITZ-LENDERS und GUTSCHICK (1950) weisen darauf hin, daß die Pappeln keineswegs als Flachwurzler zu bezeichnen sind.

Dies gilt besonders für die Silber-Pappel. Sie bildet eine sehr kräftige, abholzige Polwurzel, die auch an alten Bäumen noch deutlich hervortritt. Von ihrem oberen, verdickten Teil gehen etagenförmig angeordnet zahlreiche kräftige Seitenwurzeln aus. Die oberen davon breiten sich in weitem Umkreis im Oberboden aus. Die am unteren, verschmälerten Abschnitt der Polwurzel kurz hintereinander abzweigenden Seitenwurzeln wachsen nach unten. Auch sie biegen mit Erreichen der grundfeuchten Schichten seitwärts um. Wie tief die Wurzeln eindringen, hängt von der Höhe des Grundwasserstandes ab. Bei tiefer liegendem Grundwasser sind Wurzeltiefen von über 200 cm keine Seltenheit. Kennzeichnend auch für die Silber-Pappel ist das rasche Tiefenstreben der Wurzeln. HOFFMANN (1966) stellte im Wurzellabor schon an einjährigen Pappeln eine Wurzeltiefe von 140 cm fest. Ein weiteres kennzeichnendes Merkmal der Bewurzelung der Silber-Pappel ist die Bildung von zahlreichen Wurzelsprossen. Sie ist daher auch über Wurzelstecklinge vermehrbar. Die Wurzelsprosse können zu Bäumen heranwachsen. Sie erreichen aber kein so hohes Alter wie Bäume aus Samenpflanzen (MAYER 1992). Die Wurzelsprosse sind sehr lange mit der Mutterpflanze verbunden, ihre eigene Bewurzelung ist sproßbürtig.

In der **Abb. 157** ist ein bereits baumförmiger Wurzelsproß dargestellt, der noch mit dem Mutterstock verbunden ist. An diesem ist die kräftige, abholzige Polwurzel noch deutlich erkennbar. Sie verzweigt sich in ihrem dünneren Teil kurz hintereinander in zahlreiche Seitenwurzeln, die seitwärts und abwärts verlaufen, bis sie die grundfeuchten Schichten erreichen. Der erstarkte Wurzelsproß hat bereits kräftige Sproßwurzeln gebildet. Die stärkste abwärts wachsende Wurzel könnte bei Fehlen der Verbindung mit dem Mutterstock für eine Polwurzel gehalten werden. Auch sie verzweigt sich nach Verjüngung in seitwärts

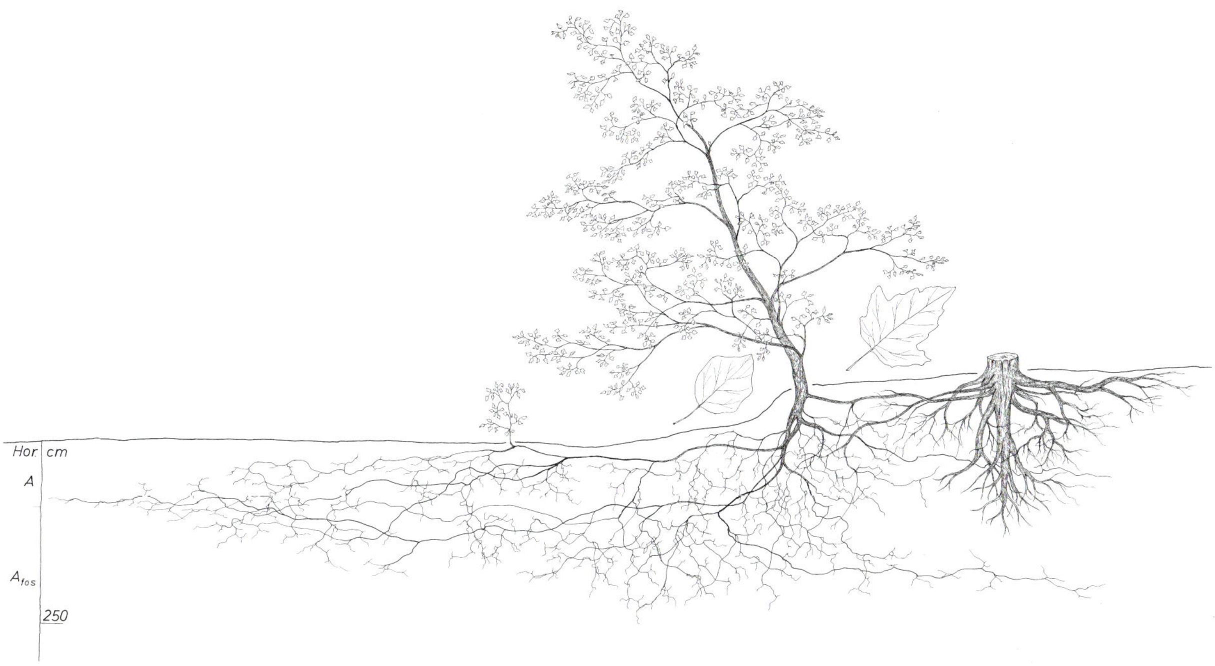

Abb. 157: Silber-Pappel, *Populus alba*, H–T–S = 525–250–1.475 cm, Drösing, Marchfeld, Niederösterreich, Oberkante eines Geländeknicks, 160 m NN. Waldsaum mit Silber-Pappel. Umgelagerter Auboden, Bodenprofil Hor.: A 0–90 cm tiefgründig humoser Sand, kompakt, aber nicht verkrustet, mäßig stark durchwurzelt, A_{fos} dichter, humoser Sand, dunkelbraun, verbracktes Aussehen, Durchwurzelung gering, auslaufend.

verlaufende Wurzeln. Obwohl der seitliche Verlauf der Wurzeln überwiegt, ist das Tiefenstreben auf dem oberbodentrockenen, warmen Boden mit maximal 250 cm beachtlich. Eine flurnah verlaufende Sproßwurzel hat ebenfalls einen Wurzelsproß gebildet. Die Feinverzweigung der Wurzeln ist mäßig hoch.

Anatomie, Taf. 140

Die Silber-Pappel ist im primären Zustand besonders durch die Anordnung der Zellen des Innenrindenparenchyms in radialen Reihen und durch das Vorkommen von Zellen mit rotbraunem Inhalt gekennzeichnet (A 1, 3, B 1).

Im sekundären Zustand kennzeichnet die Art das vereinzelte Auftreten von Steinzellen im äußeren Bereich des Bastes (B 2). Die Anordnung der Fasern gleicht jener bei den übrigen untersuchten Arten der Gattung. Die Fasern stehen sehr dicht und bilden in radialer Richtung langgestreckte Gruppen (A 2). Begleitet werden diese von Zellreihen mit raumfüllenden prismatischen Calciumoxalat-Kristallen (A 4, 5). Die Strahlen im Holz sind in der Regel einreihig. Die Gefäße haben kurze Querwände. Die Tüpfel in den Längswänden stehen dicht und versetzt (A 4), in den Kreuzungsfeldern sind sie größer.

Nach Zahl und Anordnung der Gefäße sind die Ansprüche der Art an die Wasserversorgung größer als bei der Zitter-Pappel und geringer als bei der Hybrid-Pappel sowie namentlich der Schwarz-Pappel.

Standortansprüche: Die wärmebedürftige Silber-Pappel ist eine Lichtholzart. Sie erträgt höhere Oberbodentrockenheit, wenn die Wurzeln Anschluß zur Grundfeuchte finden. Optimal wächst sie auf tonreicheren Feinsedimentböden der Augebiete.

Verbreitung: Die mediterran-submediterrane, eurasiatische Art hat ihre Hauptverbreitung in den Stromtälern der mittel- bis südeuropäischen Gebiete. Im südlichen Mitteleuropa gilt sie innerhalb der Eichen-Ulmen-Auwälder (Ulmion minoris) als Kennart des Querco-Ulmetum Issl. 24.

Taf. 139: Silber-Pappel, *Populus alba*. Drösing, Marchfeld, Niederösterreich, umgelagerter Auboden, 160 m NN, alter Baum mit konisch verjüngter Polwurzel und mit baumartig erstarktem Wurzelsproß, Feinwurzelbesatz mäßig hoch (zu Abb. 157).

Taf. 140 A: Silber-Pappel, *Populus alba.* – **1:** Drösing, Marchfeld, Niederösterreich, 29.7. Prim.-sek., Ø, S3, 25x. **Rinde**:ZZR = 2:1, Z des RP u. EnZ Inhalt rötlichbraun. **ZZ** 6arch. **PCAG** 3-4schichtig. – **2:** Pfl u. Zeit wie 1. Sek., Ø, Ph/HCl, 64x. **ZZ** 3arch. **PCAG** 8-10schichtig. **Bast** außen SteinZ, innen englumige F, in 2-3schichtigen, nach außen scharf begrenzten Gruppen, F u. SteinZ schwach verholzt. **Holz** Strahlen einreihig, Gefäße stellenweise radial bzw. tangential benachbart. – **3:** Ausschnitt aus 1. 409x. **Rinde** einzelne Z mit gelbrotem bis rotbraunem Inhalt, En ZW mit Suberinlamelle. – **4:** Pfl u. Zeit wie 1. Sek., ☒ (RLS), S3, 64x. **Bast** ZReihen benachbart F mit raumfüllenden CaOxKristallen. **Holz** Strahlen bis über 20 Z hoch, Gefäße SeitenW kurz. – **5:** Ausschnitt aus 4. 409x.

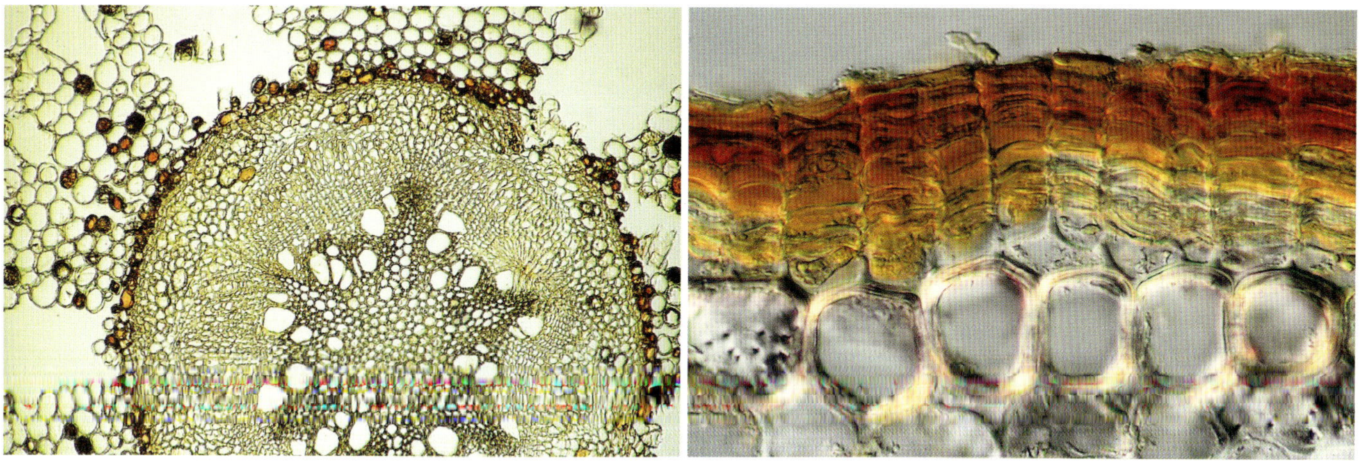

Taf. 140 B: – **1:** Ausschnitt aus A 1. 64x. **Bast** äußere Schichten mit großen, dickwandigeren Z, vermutlich SteinZ. – **2:** Schnittreihe wie A 4. Ph/HCl, 409x. **PCAG** in 3 Zonen, mittlere Zone ZW gelblich, äußere ZW rotbraun. **Bast** Z benachbart PCAG ZW verdickt.

Populus x canadensis Moench, Hybrid-Pappel, Kanada-Pappel

Morphologie

Sproß: Sommergrüner Baum, bis über 25 m hoch, Stamm häufig gebogen, Äste weit ausladend, sehr unregelmäßig lang, Krone daher vielgestaltig.

Wurzel: Bereits Joachim (1953) und Hoffmann (1966) weisen darauf hin, daß die Hybrid-Pappel besonders intensiv wurzelt. Das bezieht sich auf den ganzen Formenkreis. Auf tiefgründig erwärmten und tief zu durchwurzelnden Böden bildet sie nicht nur im Stockbereich eine abwärts strebende Wurzelgruppe. Auch entlang der flach verlaufenden Wurzeln zweigen häufig Senker ab. Sie können auf warmen Standorten noch weit vom Stock entfernt die gleiche Tiefe erreichen wie die abwärts gerichteten Seitenwurzeln der Polwurzel. Diese ist nicht nur an jungen Pflanzen deutlich hervortretend. Auch an älteren Bäumen ist sie als dicker, abholziger Strunk ein vorherrschender Teil der Bewurzelung. Sie verzweigt sich aber sehr bald mehrfach in kräftige, vorwiegend abwärts verlaufende Wurzelstränge. Von diesen können einige noch in größerer Tiefe in weitem Bogen aufwärts wachsen und knapp unter Flur weiter seitwärts verlaufen.

Der Baum der **Abb. 158** wurde auf feinsedimentreichem, verbrauntem, grauem Auboden in der Lobau bei Wien freigelegt. Von der dicken, abholzigen Polwurzel zweigen bis zu einer Tiefe von 100 cm zahlreiche dickere Wurzelstränge ab. Die oberen verlaufen flurnah weit seitwärts, die unteren abwärts. Von diesen streben einige dickere Wurzeln in weitem Bogen wieder der Bodenoberfläche zu. Die am tiefsten an der Polwurzel ansetzenden Seitenwurzeln wachsen in spitzem Winkel in die Tiefe, bis sie die dauernd grundfeuchten und anhaltend kühlen Schichten erreichen. In diesen bilden sie ein flachstreichendes Netz aus dicklichen Wurzeln. Entlang der flurnah weit seitwärts verlaufenden Wurzeln zweigen viele Senker ab, die gleich tief wie die Seitenwurzeln der Polwurzel eindringen. Der dadurch entstehende breit zylinderförmige Wurzelkörper ist kennzeichnend für den pannonischen Raum. Die flurnah seitwärts streichenden Wurzelstränge verzweigen sich wiederholt gabelig und entlang ihrer Endabschnitte auch fächerförmig. Das bewirkt über den ganzen Wurzelradius eine intensive Durchwurzelung der oberen Bodenschichten. Diese wird noch verstärkt durch den reichen Besatz an Feinwurzeln entlang der dünnen Wurzelstränge.

Anatomie, Taf. 142

Die Zellen der Rhizodermis der Hybrid-Pappel sind mittelgroß, ihre Wände sind schwach verdickt und cutinisiert (?). Die Zellen der Exodermis sind schwach suberinisiert. Das Außenrindenparenchym ist oft nur 1(2)schichtig. Infolge ihrer Dünnwandigkeit schrumpfen die Zellwände des Innenrindenparenchyms bei der Präparation sehr leicht. Mehrere Zellen enthalten gleich jenen von *P. alba* und *P. nigra* nach der Färbung mit Safranin-Astrablau bzw. Pianese vermutlich Fett- oder Gerbstoffe (A 1, B 1).

Abb. 158 (rechts): Hybrid-Pappel, *Populus x canadensis*, H–T–S = 1.470–345–2.730 cm, Lobau bei Wien, 150 m NN. Auwald mit vorwiegend *Fraxinus excelsior, Tilia cordata, Acer platanoides*, vereinzelt *Populus x canadensis*. In der Strauchschicht besonders *Ligustrum vulgare, Sambucus nigra, Crataegus monogyna, Rubus caesius, R. idaeus*. In der Krautschicht hauptsächlich *Parietaria officinalis, Urtica dioica* und *Physalis alkekengi*. Trockengefallener, schwach unterzügiger, verbraunter, grauer Auboden. Bodenprofil (Beschreibung nach Prof. Solar, verkürzt) Hor.: A 0–30 cm humoser Lehm, Mull, dunkel-braungrau, granulär-mittelblockig, stark kalkhältig, AB 30–70 cm Lehm, stark humusfleckig, hellbraungrau, mittel-feinblockig, stark kalkhältig, $C_{g\ rel\ 1}$ 70–115 cm trockengefallener, schwach lehmiger Feinsand, hellgrau, feine Rostbänder, porös, locker gefügt, stark karbonatisch, $C_{g\ rel\ 2}$ 115–150 cm Sandpaket mit einsetzendem Trockenfallen, keine konkretionäre Durchsetzung, G_0 150–170 cm eingestautes Basispaket, Wellenlagen von Lehm und sandigem Lehm, Schotterbeimengung zunehmend, D Schotterkörper, grundfeucht, Wurzeln über dem Hauptstauraum gestaucht, in seitlichen Strängen auslaufend.

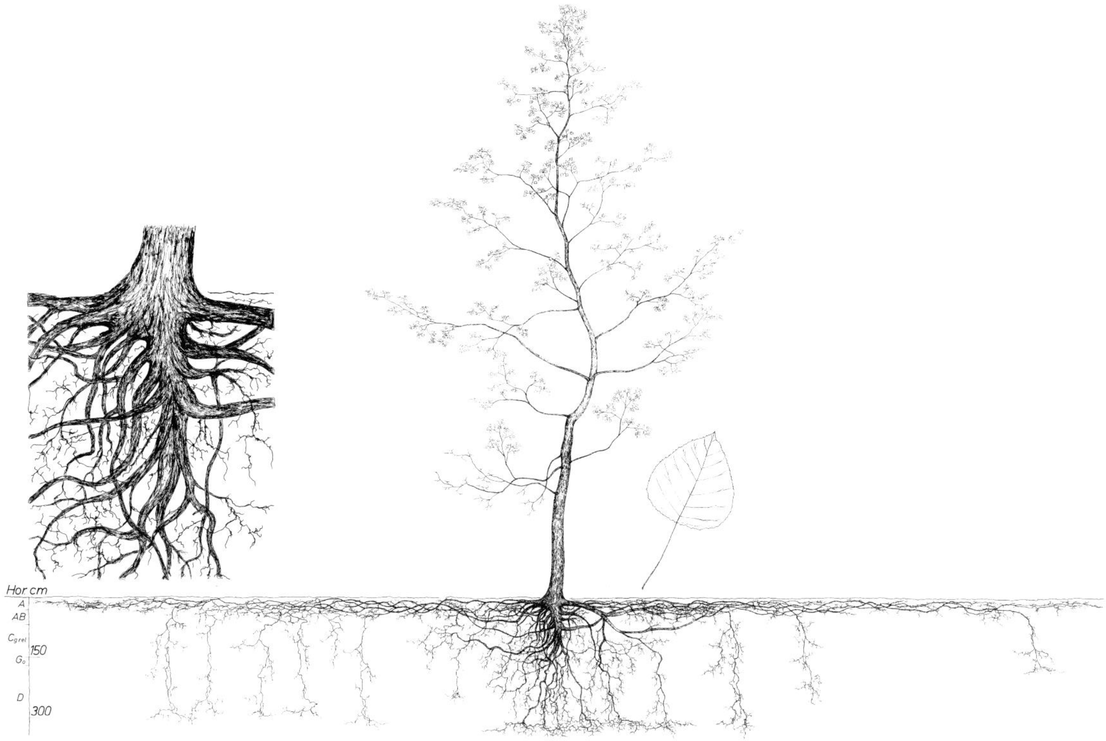
Hor. cm
A
AB
Cgrel
150
Go
D
300

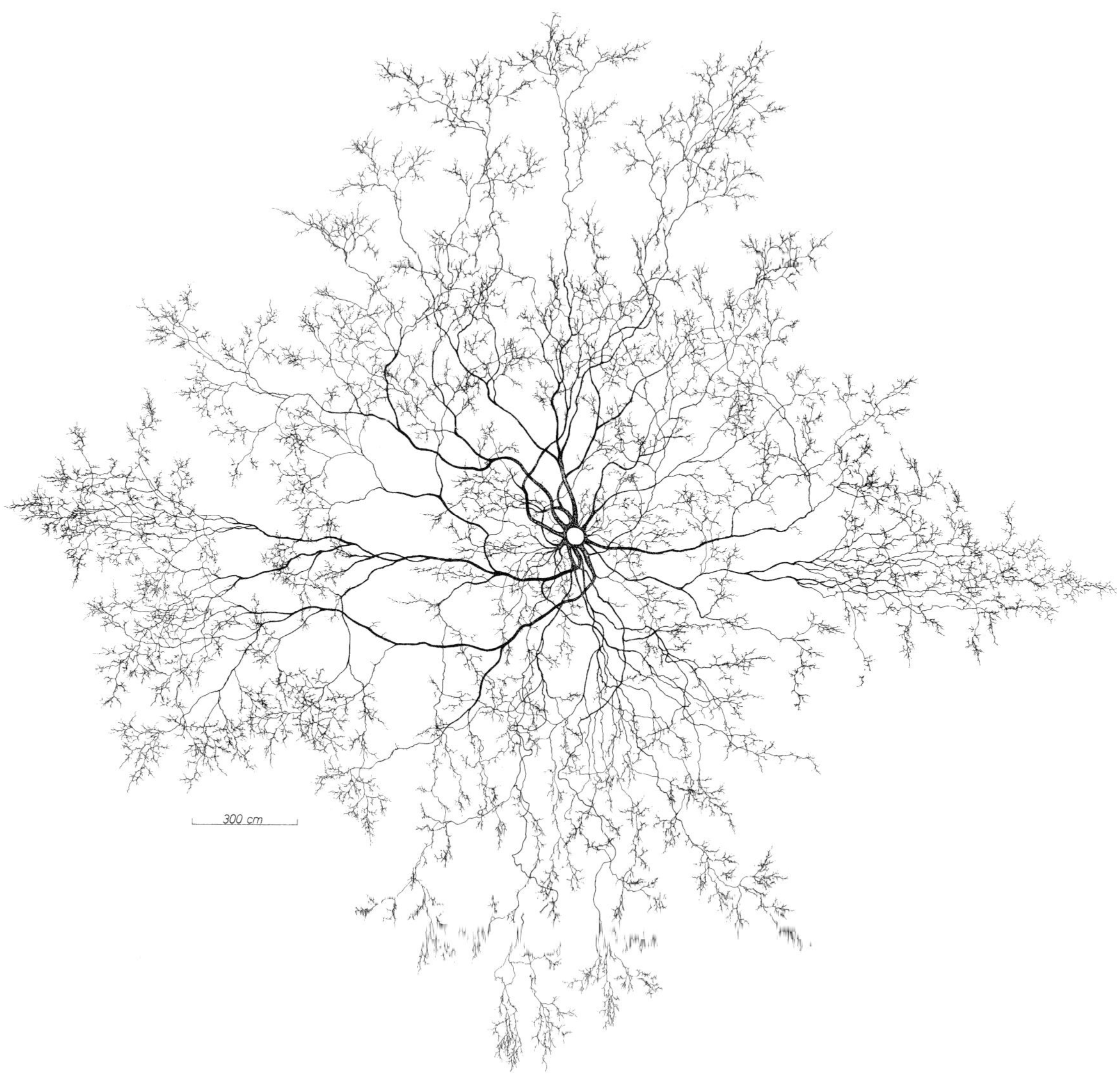
300 cm

Taf. 141: Hybrid-Pappel, *Populus x canadensis*. Lobau bei Wien, 150 m NN, mittelgroßer Baum auf feinsandigem Auboden (zu Abb. 158), Polwurzel rasch verjüngt, stark verzweigt. Wurzeln häufig bis zu den grundfeuchten Schichten abwärts verlaufend, dann reich in seitwärts ausgebreitete Wurzeln verzweigt (1. Reihe Mitte). Flurnah flachstreichende Wurzeln an den Endabschnitten stark fächerförmig verzweigt, Feinwurzelbesatz hoch, einzelne dicke Wurzeln knieförmig aus mittleren Tiefen aufwärts wachsend (2. R. rechts). Wurzelenden im feuchten Sand keulenförmig verdickt (3. R rechts).

Taf. 142 A: Hybrid-Pappel, *Populus x canadensis.* – **1:** Lobau, Wien, 30.9. Prim., Ø, Saf.-Ast., 64x. **Rh** Z mittelgroß, ZW dunkler als jene des RP, cutinisiert (?), z. T. mit WuHr. **Rinde** Ex ZW schwach suberinisiert, RP ZGröße im Ø stark wechselnd. – **2:** Pfl u. Zeit wie 1. Sek., Ø, Ph/HCl, 64x. **PCAG** breit. **Bast** breit, F verholzt, englumig, dicht gedrängt stehend, Gruppen oval, kreisförmig angeordnet. **ZZ** 5arch, GG ZW wenig verdickt, Gefäße z. T. in längeren radialen Reihen. – **3:** Pfl u. Zeit wie 1. Sek., ⊠, JJK, 409x. **Bast** GG Z groß, St-reich, ZReihen benachbart F mit CaOxKristallen. – **4:** Ausschnitt aus 2. 162x. **Bast** u. **Holz** Strahlen einreihig. – **5:** Pfl u. Zeit wie 1. Sek., ⊠, Ph/HCl, 409x. **Holz** Gefäße QuerW Mitte großflächig aufgelöst, Hoftüpfel oval, dicht stehend, wabenartig umgrenzt.

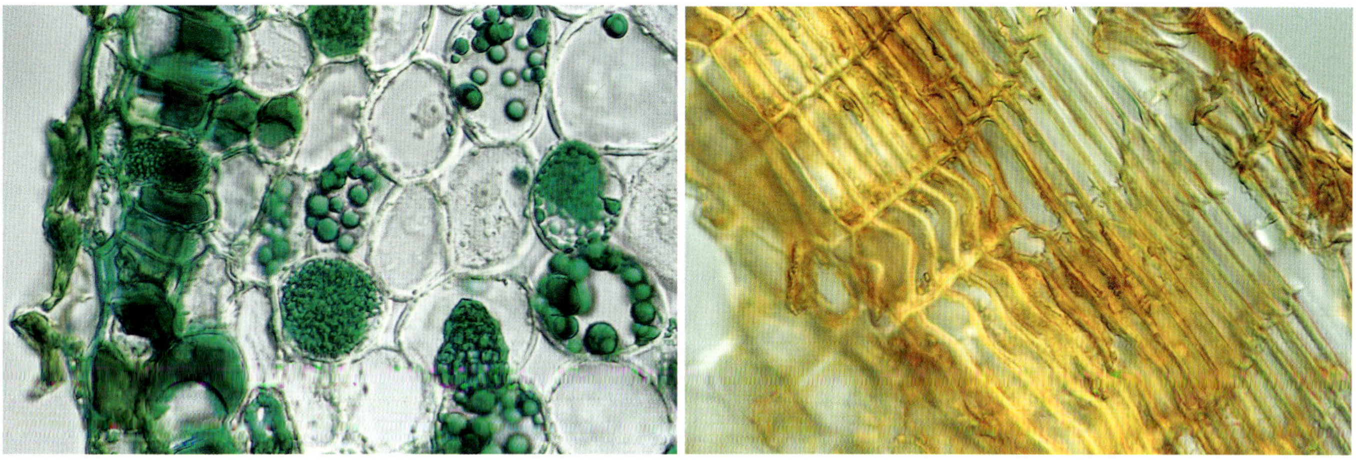

Taf. 142 B: – **1:** Ort wie A 1, 30.7. Prim., Ø, Pianese, 409x. **Rh** Z geschrumpft. **Rinde** ZInhalt tröpfchenförmig, FS (?). – **2:** Schnittreihe wie A 2. S3, 409x. **PCAG** 15schichtig, ZW dünn, schwach verkorkt.

Im sekundären Zustand kennzeichnen die Art ein meist breites Pericambial-Abschlußgewebe und dessen dünne Zellwände. Im Bast scheinen Steinzellen zu fehlen. Die Fasern stehen wie bei den anderen Vertretern der Gattung dicht gedrängt in deutlich abgegrenzten Gruppen. Im Gegensatz zu *P. alba* sind diese oft weniger tangential verbreitert. Die Strahlen im Holz und im Bast bestehen meist aus sehr schmalen Zellen. Die Gefäße liegen oft in längeren Reihen radial benachbart, ein Kennzeichen der meist grundfeuchten bis grundnassen Standorte der Art (A 2, 4, B 2). Gleich allen anderen untersuchten Arten der Gattung verlaufen entlang der Bastfasern Zellreihen mit großen Calciumoxalat-Kristallen (A 3). Die Querwände der Gefäße sind kurz, d. h., sie stehen senkrecht zur Längswand oder leicht schräg (A 5).

Standortansprüche: Die Sammelart, die die Gesamtheit der Hybriden erfaßt, hat eine entsprechend weite ökologische Amplitude. Allen gemeinsam ist ihre Vorliebe für warme, humide Klimalagen und für feinsedimentreiche, tonreichere Böden, in denen die tiefstrebenden Wurzeln die ständig grundfeuchten Schichten erreichen können.

Verbreitung: In Mitteleuropa kommt die Sammelart vorwiegend in den Auen der Stromtäler kultiviert oder verwildert vor. In diesen gedeiht sie optimal im Standortbereich des Salicetum albae Issl. 26.

Populus nigra L., Schwarz-Pappel

Morphologie

Sproß: Sommergrüner Baum, bis 30 m hoch, Äste weit ausladend, Krone daher oval bis rundlich. Durch Wurzelsprosse oft ein weit ausgebreitetes Gebüsch entstehend.
Wurzel: Von der Schwarz-Pappel, die unbastardiert kaum zu finden ist, wurde in **Abb. 159** nur ein Ausschnitt aus einem dichten Geflecht von Wurzelsprossen dargestellt. Das dichte Geflecht bildete im Steinfeld in Niederösterreich am Grund einer Schottergrube auf Kies Gruppen von Gebüschen. Es besteht aus einzelnen flachstreichenden Wurzeln, aus denen Wurzelsprosse und vorwiegend abwärts verlaufende Wurzeln hervorgehen. Die flachstreichenden Wurzeln sind vor allem im Bereich der bestockten Wurzelsprosse stärker verdickt. Diese Verdickung setzt sich an der Verlängerung der Wurzel nach dem Wurzelsproß über eine kurze Strecke fort. In der Mitte größerer Abstände zwischen den Wurzelsprossen ist die seitwärts verlaufende Wurzel oft dünner.

Die abwärts wachsenden Wurzeln dringen mit großer Kraft in den verbackenen Schotter ein, bis sie die kühleren, feuchteren Schichten erreichen. Dabei verzweigen sie sich reichlich. Die dünnen Wurzeln sind gegen ihr Ende hin ziemlich stark mit Faserwurzeln besetzt. Der stärkste Feinwurzelbesatz bildet sich in den oberen Bodenschichten. In diesen entsteht ein reich verzweigtes Wurzelnetz. Die Bewurzelung ist insgesamt bis in tiefere Bodenschichten sehr stark.

Anatomie, Taf. 144

Von den untersuchten Arten der Gattung besiedelt die Schwarz-Pappel die feuchtesten Standorte. Am deutlichsten zeigt sich dies im sekundären Zustand der Wurzeln darin, daß der Anteil an Gefäßen im Holz auf bis über 70 % ansteigen kann. Die Zellwände des Grundgewebes sind auf diesen Standorten schwach verdickt (A 2). Auf trockeneren Standorten ist der Anteil der Gefäße ähnlich wie bei der Hybrid-Pappel, und die Zellwände des Grundgewebes sind stärker verdickt (A 3). Auch im primären Bau der Wurzeln gleicht die Schwarz-Pappel weitgehend der Hybrid-Pappel. Dazu zählen das Vorkommen von Zellen des Rindenparenchyms mit tröpfchenförmigem, braungelbem Inhalt (A 1, B 1), das Vorhandensein von Zellreihen mit Calciumoxalat-Kristallen entlang der Bastfasern (A 4, B 2) und die wabenförmige Umrandung der Tüpfel der Gefäße. Die Fasern im Holz sind schwach bis mittelstark verdickt (A 4, 5).

Standortansprüche: Die mäßig wärmebedürftige Schwarz-Pappel ist eine Lichtholzart. Sie ist empfindlich gegen größere Trockenheit und härtere Winter. Als typischer Baum der Auen erträgt sie Überschwemmungen und dank ihrer

Taf. 143: Schwarz-Pappel, *Populus nigra.* Steinfeld bei Wiener Neustadt, Niederösterreich, 310 m NN, Sproßwurzelpflanze, flurnah verlaufende Wurzeln mit zahlreichen Sproßtrieben und mit abwärts wachsenden Senkern, die im kompakten Schotter stark gewunden verlaufen und häufig plattgedrückt sind (zu Abb. 159).

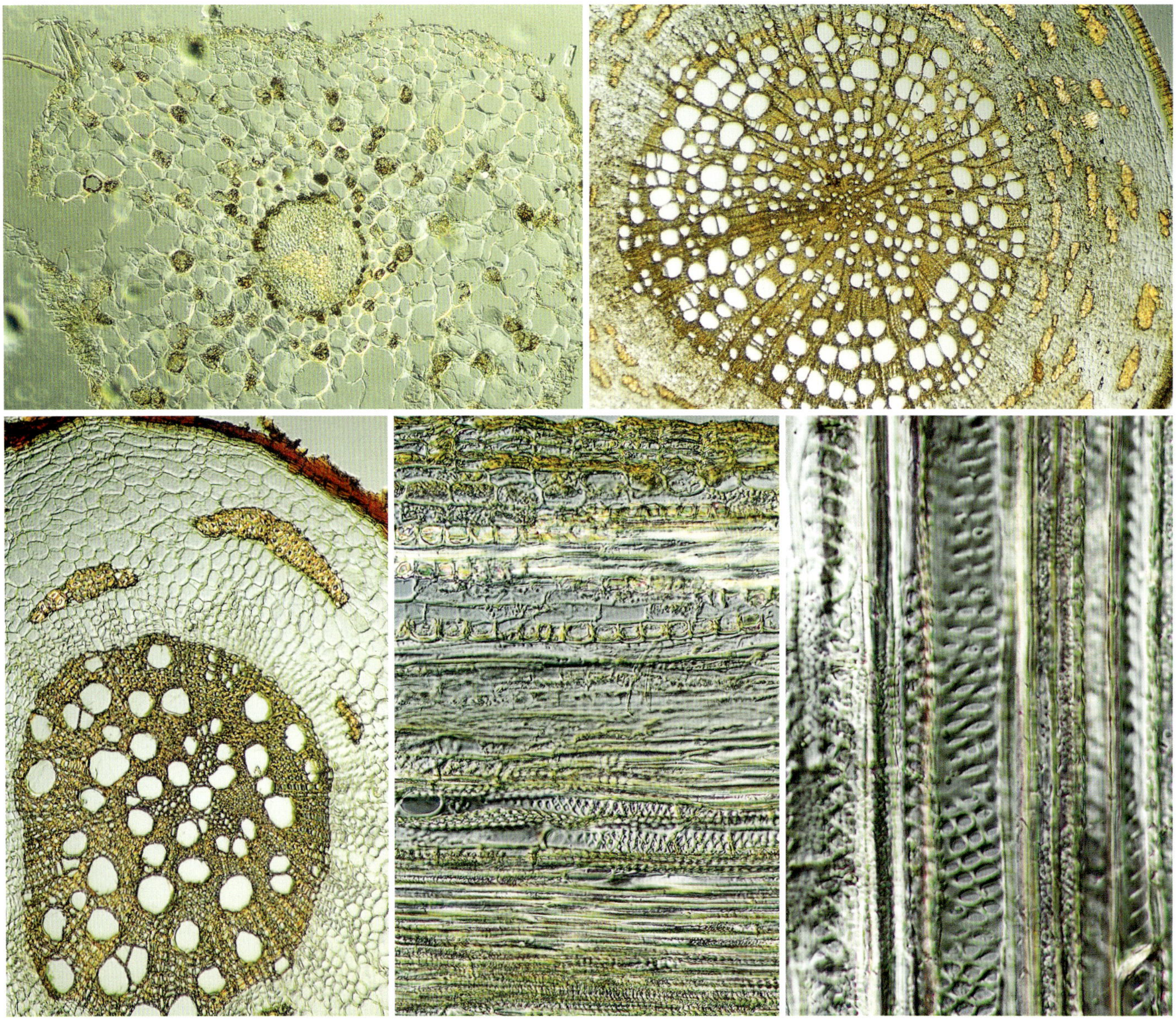

Taf. 144 A: Schwarz-Pappel, *Populus nigra*. – **1:** Steinfeld bei Wiener Neustadt, Niederösterreich, 30.7. Prim., Ø, Ph/HCl, 64x. **Rh** Z klein bis mittelgroß mit WuHr. **Rinde** RP in radialen Reihen. **ZZ** 3arch. – **2:** Klagenfurt/See, 5.12. Sek., Ø, JJK, 25x. **Bast** F sehr dicht stehend. **Holz** Gefäße teils radial benachbart, an konkaver Seite Anteil der Gefäße wesentlich größer als an konvexer Seite. – **3:** Ort wie 1, 1.10. Sek., Ø, Ph/HCl, 64x. **Bast** F in 1-4schichtigen, tangential verbreiterten Gruppen, dicht stehend, englumig, scharf begrenzt. **Holz** Gefäße Anteil 30-40 %, Wuchsort trockener als 2. – **4:** Pfl u. Zeit wie 1. Sek., ⊠, JJK, 162x. **PCAG** schmal. **Bast** F dicht stehend, benachbart ZReihen mit CaOxKristallen. **Holz** Gefäße Tüpfel wabenförmig umrandet. – **5:** Schnittreihe wie 4. Ph/HCl, 409x.

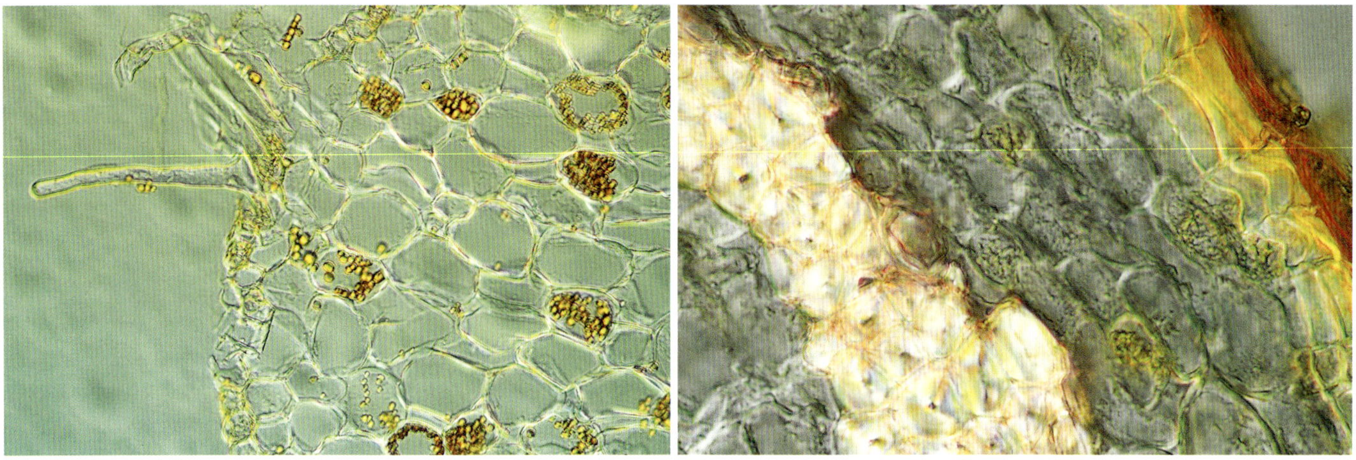

Taf. 144 B: – **1:** Ausschnitt aus A 1. 162x. **Rh** Z mit WuHr. **Rinde** ZInhalt tröpfchenförmig, goldgelb, FS. – **2:** Ausschnitt aus A 3. 409x. **PCAG** 5schichtig, äußerste Schicht ZW stark verkorkt. **Bast** F fast bis zum Verschwinden des Lumens verdickt, dicht stehend.

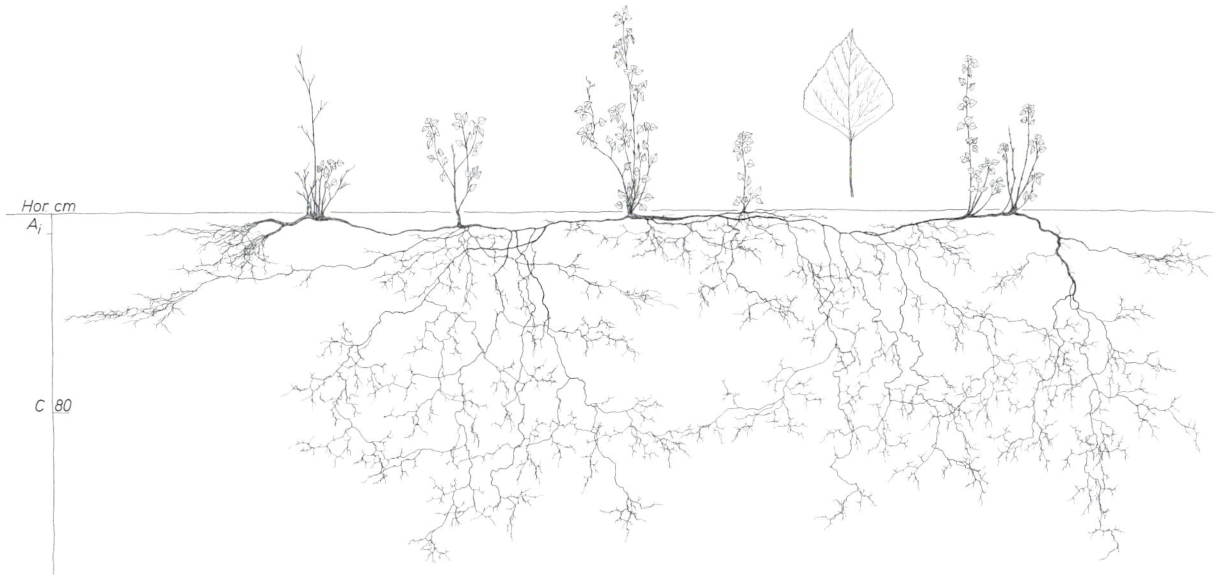

Abb. 159: Schwarz-Pappel, *Populus nigra*, H–T–S = 83–140–473 cm, Steinfeld bei Wiener Neustadt, Niederösterreich, Fuß einer Schottergrube, 310 m NN. Initiale Rendsina, Bodenprofil Hor.: A_i 0–8 cm unregelmäßig schwach moderiger Kies, C Kies und Schotter, durch Kalkausblühungen verfestigt, schwer durchwurzelbar.

reichlichen Wurzelbrut auch Überschlickung gut. Am besten gedeiht sie auf weit nach oben grundfeuchten, aber trotzdem gut durchlüfteten, lehmig-sandigen bis kiesigen Böden.

Verbreitung: Die submediterran-eurasiatische Art ist vorwiegend in den Auen der Strom- und Flußtäler verbreitet. Am häufigsten kommt sie im Übergangsbereich von der Weichen zur Harten Au vor. Wegen ihrer starken vegetativen Vermehrung tritt sie häufig als Rohbodenbesiedler vor allem im Aubereich auf. Aus diesem Grund wird sie auch zur Wiederbesiedlung aufgelassener Sand- und Schottergruben verwendet.

Populus tremula L., Zitter-Pappel, Aspe, Espe

Morphologie

Sproß: Sommergrüner Baum, bis 25 (35) m hoch, untere Äste im freieren Stand weit ausladend, obere aufrecht abstehend, Krone daher meist kegelförmig. Infolge reichlicher Wurzelbrut auch strauchförmig wachsend, dies vor allem am kühleren Rand ihres Areals.

Wurzel: Die Besonderheiten an der Bewurzelung der Zitter-Pappel sind die große Reichweite der flurnah verlaufenden Wurzeln, die reichliche Bildung von Wurzelsprossen, das vor allem klimatisch bedingte verschieden starke Tiefenstreben der Wurzeln und die Bildung zahlreicher Senkwurzeln nahezu über die ganze Länge der horizontal verlaufenden Wurzeln. Am Waldrand stehende Zitter-Pappeln können im angrenzenden Dauergrünland ein weit ausgebreitetes Strauchwerk aus Wurzelsprossen bilden. Die Jungpflanzen weisen eine deutlich ausgeprägte Polwurzel auf. Doch schon an jungen Bäumen ist sie nicht mehr deutlich erkennbar. Vom Stammgrund gehen meist mehrere annähernd gleich dicke Wurzelstränge aus. Sie verjüngen sich infolge von Verzweigung sehr rasch. Die von ihnen ausgehenden langen Wurzelstränge verlaufen unter großer Anpassungsfähigkeit an die Bodenunterschiede vorwiegend seitwärts. Dadurch unterbleibt meist die Bildung einer deutlich abwärts gerichteten Gruppe von Herzwurzeln. Dafür streben, über die ganze Länge der flachstreichenden Wurzeln verteilt, viele Senkwurzeln in die Tiefe. In Stocknähe erreichen sie dank günstigerer Versorgung mit Assimilaten die größte Tiefe. Vom Stock nach außen nimmt ihr Tiefenstreben zusehends ab. An ihrer Abzweigungsstelle von den flachstreichenden

Wurzeln bilden sich bevorzugt Wurzelsprosse. Wenn diese erstarkt sind, können sie die von ihrem Grund ausgehenden Senker bereits so gut versorgen, daß auch sie größere Tiefen erreichen.

Diese Besonderheiten der Bewurzelung sind an dem jungen Baum der **Abb. 160** gut zu erkennen. Er wurde nahe Villach an einem Waldrand, an den sich ein ebener Halbtrockenrasen anschließt, auf stark wasserdurchlässiger Lockersediment-Braunerde freigelegt. Der Horizontaldurchmesser des durchwurzelten Bodenraums ist mit 2.380 cm mehr als doppelt so groß wie die Höhe des Baumes. Eine deutlich entwickelte Gruppe aus abwärts strebenden Herzwurzeln fehlt. Die Senkwurzeln sind fast auf den ganzen Wurzelradius verteilt. Ihr Tiefenstreben nimmt nach außen hin ab. Die größte Tiefe der Senkwurzeln ist auf dem leichten, oberbodentrockenen, tiefgründig erwärmten Boden mit 260 cm beachtlich. Die Dicke der Wurzeln beträgt in einer Entfernung vom Wurzelstock von 1 m bis 3 cm, von 2 m bis 1,5 cm, von 3 m bis 1 cm und von 5 m bis 0,6 cm. Die Wurzeln sind hellgelb bis hell gelbbraun und fühlen sich fleischig an.

Anatomie, **Taf. 146**

Der auffallendste Unterschied der Wurzel der Zitter-Pappel im Vergleich zu den übrigen untersuchten Arten der Gattung besteht im primären Zustand im offensichtlichen Fehlen gold- bis braungelber, vermutlich fettartiger Inhaltsstoffe in den Zellen der Rinde (A 1). Damit stimmt überein, daß die Art frische bis halbtrockene Standorte besiedelt und nasse meidet. Das angeführte Merkmal wäre allerdings noch auf seine Beständigkeit hin zu überprüfen. Hervorzuheben ist auch die Gelbfärbung des Inhalts der Zellen von Rhizodermis, Exodermis, Außenrindenparenchym und Endodermis. Eine solche Färbung wurde bei den übrigen Arten der Gattung nicht beobachtet. Es könnte sich um Gerbstoffe handeln (A 1, B 1, 2).

Abb. 160: Zitter-Pappel, *Populus tremula*, H–T–S = 1.056–260–2.380 cm, östlich Villach, 520 m NN, auslaufender südseitiger Unterhang. Waldsaum, angrenzend an einen ebenen Halbtrockenrasen. Schwach entwickelte Lockersediment-Braunerde über Niederterrasse, Bodenprofil Hor.: A_1 0–6 cm Modermull-Krume, stark humoser, lehmiger Sand, locker, A_2 6–30 cm stark humoser l S, krümelig, locker, schwach steinig, pH 7,1, stark durchwurzelt durch flachstreichende Wurzeletage, B_vC 30–60 cm schwach lehmiger, verbraunter, griffiger S, kiesig, locker, mäßig stark durchwurzelt, C_1 60–120 cm schwach l S, sehr stark kiesig-schotterig, pH 7,4, schwach durchwurzelt, C_2 kiesiger S, griffig, Durchwurzelung auslaufend.

Taf. 145: Zitter-Pappel, *Populus tremula*. Raum Villach, 520 m NN, Braunerde, kleinerer Baum, Polwurzel nicht mehr erkennbar, flurnah weit seitwärts verlaufende Seitenwurzeln mit zahlreichen Wurzelsprossen und einzelnen Senkern, Feinwurzeln teils nestartig gehäuft, Wurzelenden lang, fleischig (zu Abb. 160).

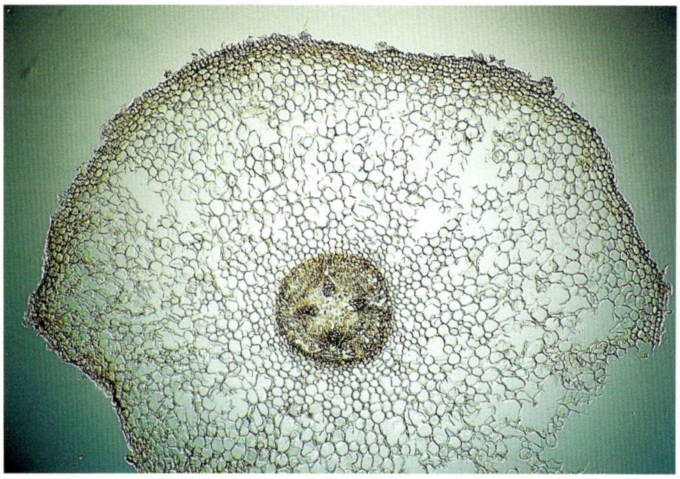

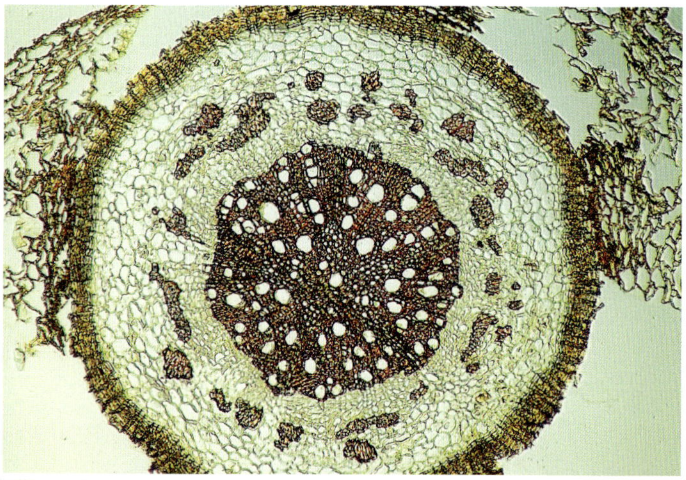

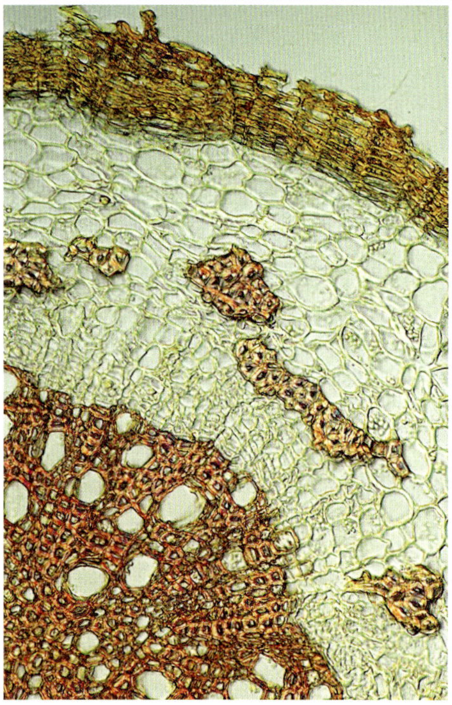

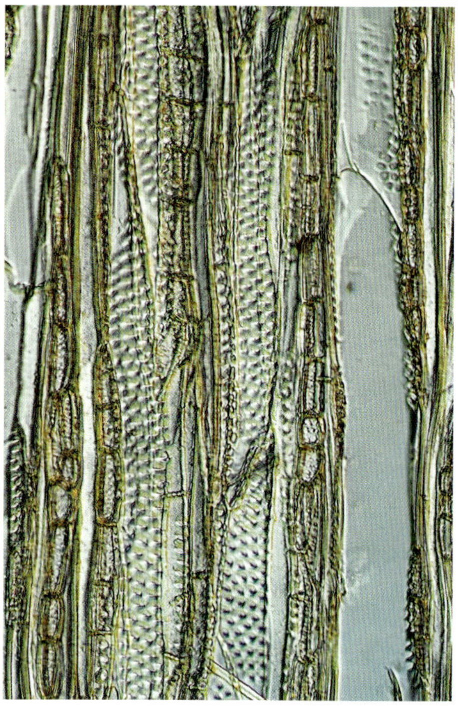

Taf. 146 A: Zitter-Pappel, *Populus tremula.* – **1:** Villach, Kärnten, 18.9. Prim., Ø, Ph/HCl, 25x. **Rh** Z klein, stellenweise mit WuHr. **Rinde** Ex u. 1-2schichtiges ARP Z gelblich, W schwach verfestigt, IRP Z in radialen Reihen, EnZ Inhalt braungelb. **ZZ** 4arch. – **2:** Östlich Klagenfurt, 28.2. Sek., Ø, Ph/HCl, 64x. **Rinde** abgestorben, in Resten vorhanden. **PCAG** 7schichtig. **Bast** breit, F in kreisförmigen bis langgestreckten ovalen Gruppen, dicht stehend, verholzt. **Holz** Gefäße Anteil ca. 20 %, ZW mittelstark verdickt. – **3:** Ausschnitt aus 2. 162x. – **4:** Pfl u. Zeit wie 1. Sek., ⊠, S3, 409x. **Bast** ZReihen benachbart F mit raumfüllenden, prismatischen CaOxKristallen. – **5:** Schnittreihe wie 4. S3, 162x. **Holz** Strahlen einreihig, bis über 8 Z hoch, Gefäße QuerW kurz, dicht stehend, Platten fehlend.

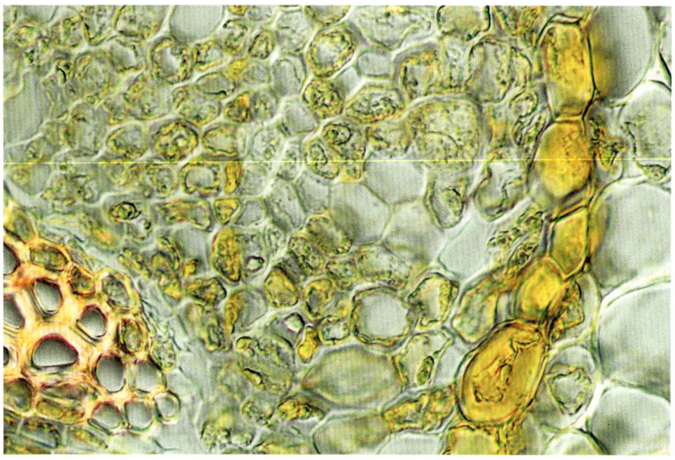

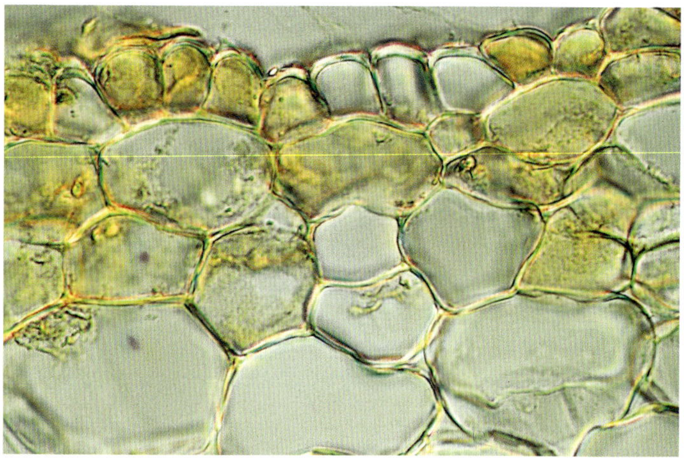

Taf. 146 B: – **1:** Ausschnitt aus A 1. 409x. **Rinde** EnZ Inhalt gelblich. **ZZ** GG ZInhalt tröpfchenförmig. – **2:** Ausschnitt aus A 1. 409x. **Rh** Z klein bis mittelgroß, ZW cutinisiert (?), ZAW schwach verdickt. **Rinde** Ex ZW suberinisiert (?).

Im sekundären Zustand unterscheidet sich die Art vor allem durch eine stärkere Verdickung und Verholzung der Zellwände der Libriformfasern bzw. der Fasertracheiden im Holz (A 2, 3). Auch dieses Merkmal entspricht dem trockeneren Standortbereich der Zitter-Pappel. Im Vorkommen von Zellreihen mit Calciumoxalat-Kristallen entlang der Fasern im Bast wie auch in deren Verholzung stimmt sie mit den übrigen Arten der Gattung überein (A 4). Das gleiche trifft für den Bau der Gefäße zu, die keine spiralförmigen Verdickungen aufweisen und bei denen die Querwände der Zellen kurz bis mittellang sind. Leiterförmige Platten fehlen. Den Gefäßen z. T. benachbart verlaufen meist einreihige, bis über 10 Zellen hohe Strahlen (A 5).

Standortansprüche: Die Zitter-Pappel ist innerhalb ihres Areals hinsichtlich ihrer Ansprüche an das Klima und an den Boden eine der anspruchslosesten Baumarten. Sie zeigt aber eine deutliche Vorliebe für etwas sommerkühlere, mäßig feuchte, humide Gebiete. Empfindlich ist sie gegen zu hohe Trockenheit, gegen Staunässe und Luftarmut im Boden. Am besten gedeiht sie auf grundfrischen, lockeren, nicht zu basenarmen, lehmigen oder sandigen Böden. Bei ausreichenden Niederschlägen wächst sie auch auf schuttreichen Böden.

Verbreitung: Die nordisch-eurasiatische Art kommt von der planaren bis in die subalpine Stufe vor. Ihr Verbreitungsschwerpunkt als Waldbaum liegt in Nord- und Nordosteuropa. In Polen und in den baltischen Gebieten bildet sie mit Birken und Erlen große Waldbestände. In den sommerwärmeren südlicheren Gebieten Europas erlangt sie nur als Vor- und Unterholz Bedeutung. Hier erleichtert sie auf mageren Böden die Aufforstung von Kahlschlägen. In Nordwestdeutschland gilt die Zitter-Pappel als Kennart des Eichen-Birken-Waldes (Quercion roboris-sessiliflorae). In den nach Osten anschließenden Gebieten gedeiht sie am besten in den an Kiefern, Hainbuchen und Winterlinden reichen Eichenwäldern. Im südlicheren Mitteleuropa ist sie am häufigsten im Sambuco-Salicion capreae, aber auch in Prunetalia-Gesellschaften zu finden.

Salix alba L., Silber-Weide, Weiß-Weide

Morphologie

Sproß: Sommergrüner höherer Strauch oder bis über 20 m hoher Baum, Stamm meist weit hinab beastet, Äste aufrecht abstehend, Zweige bei älteren Bäumen oft überhängend, Krone vielgestaltig.
Wurzel: Als Pflanzen der Auen und der sickerfeuchten Hänge ist den Weiden eine äußerst vielgestaltige Bewurzelung eigen. Überlagerungen durch Vermurung oder Überschwemmung können sie sich durch Bildung von Sproßwurzeln oder von Wurzelsprossen bestens anpassen. Dadurch entstehen nicht selten mehrere übereinander liegende Wurzeletagen. Die Polwurzel, sofern sie noch erkannt werden kann, ist in den bewegten Böden häufig waagrecht oder zumindest schräg gelagert. Ihre Vorwüchsigkeit verliert sie bald durch Bildung kräftiger Seitenwurzeln. Die Hauptwurzelmasse befindet sich in den oberen oder obersten Bodenschichten. Auf Böden mit tiefliegendem Grundwasser können in warmen Gebieten einzelne oder mehrere Wurzeln auch beachtliche Tiefen erreichen. Die räumliche Verteilung der Wurzelmasse ist meist breit verkehrt kegelförmig. Auf sehr nassen oder sehr kühlen Böden ist sie auch teller- oder scheibenförmig. Der Besatz an Feinwurzeln ist auf trockeneren Böden meist hoch. Auf sehr feuchten oder sehr kühlen Böden ist er verhältnismäßig gering. Die Wurzeln sind durchwegs zäh und reißfest. Diese Kennzeichnung der Bewurzelung trifft auch für die Silber-Weide zu.

Die Pflanze der **Abb. 161** wurde an einer südseitigen sickerfeuchten Hangmulde bei Treffen in Kärnten auf sehr durchlässigem, sandigem Boden freigelegt. Die Polwurzel ist knieförmig umgebogen. Sie verjüngt sich sehr rasch. Ihr dünner Abschnitt verläuft zunächst bogenförmig nach oben und dann weiter knapp unter Flur hangaufwärts. Ihre kräftigen Seitenwurzeln dringen schräg in den Hang ein. Einige davon wachsen knieförmig nach unten. Auf dem stark erwärmten Boden erreichen Sie eine Tiefe von nahezu 300 cm. Der Feinwurzelbesatz ist durchwegs hoch, die Feinwurzeln treten oft nestartig gehäuft auf.

Taf. 147: Silber-Weide, *Salix alba*. Treffen, Kärnten, 520 m NN, Südhang, Braunerde, baumförmiger Strauch, Polwurzel oben verdickt, umgebogen, rasch in gleich dicke Seitenwurzeln verzweigt, Wurzeln auf dem tiefgründig erwärmten Boden vorwiegend tiefstrebend, teils mit dicken Strähnen von Feinwurzeln, Wurzelenden verdickt, fleischig (zu Abb. 161).

Abb. 161: Silber-Weide, *Salix alba*, H–T–S = 550–290–954 cm, Treffen bei Villach, südseitige Hangmulde, 520 m NN. Gebüsch aus vorwiegend *Salix alba, Fraxinus excelsior* und *Alnus incana*. Lockersediment-Braunerde auf Niederterrasse, Bodenprofil Hor.: O 2–0 cm Laub und Grobmoder, A_1 0–20 cm humoser, lehmiger Sand, dunkel graubraun (10YR 4/2), schwach krümelig, locker, stark durchwurzelt, A_2 20–120 cm schwach humoser l S, braun (10YR 4/3), schotterig, lokker, mäßig stark durchwurzelt, AB_v 120–160 cm unregelmäßig schwach humoser l S, kiesig-schotterig, schwach durchwurzelt, B_v 160–180 cm l S, stärker schotterig, B_vC l S, Schotter und Kies, Durchwurzelung auslaufend.

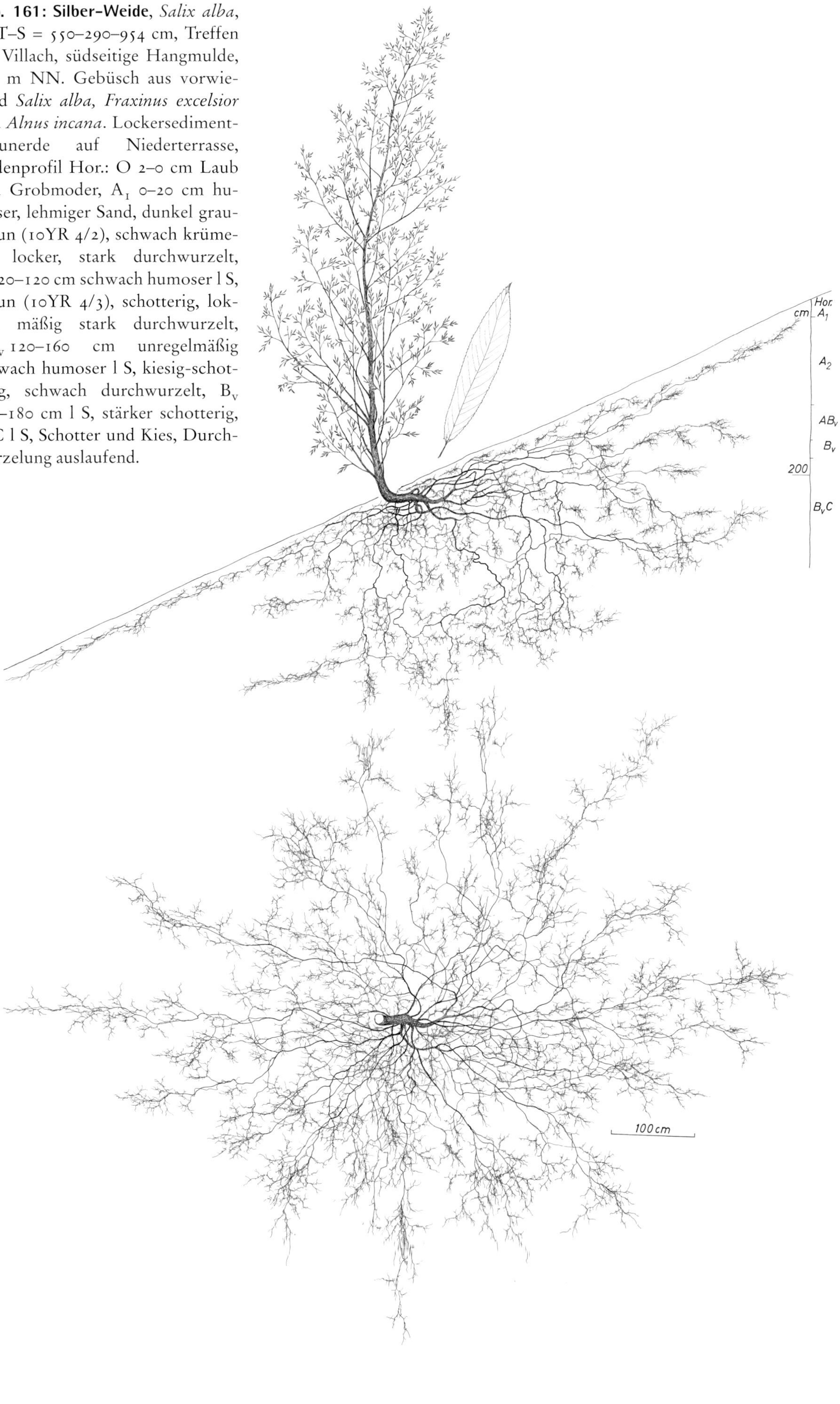

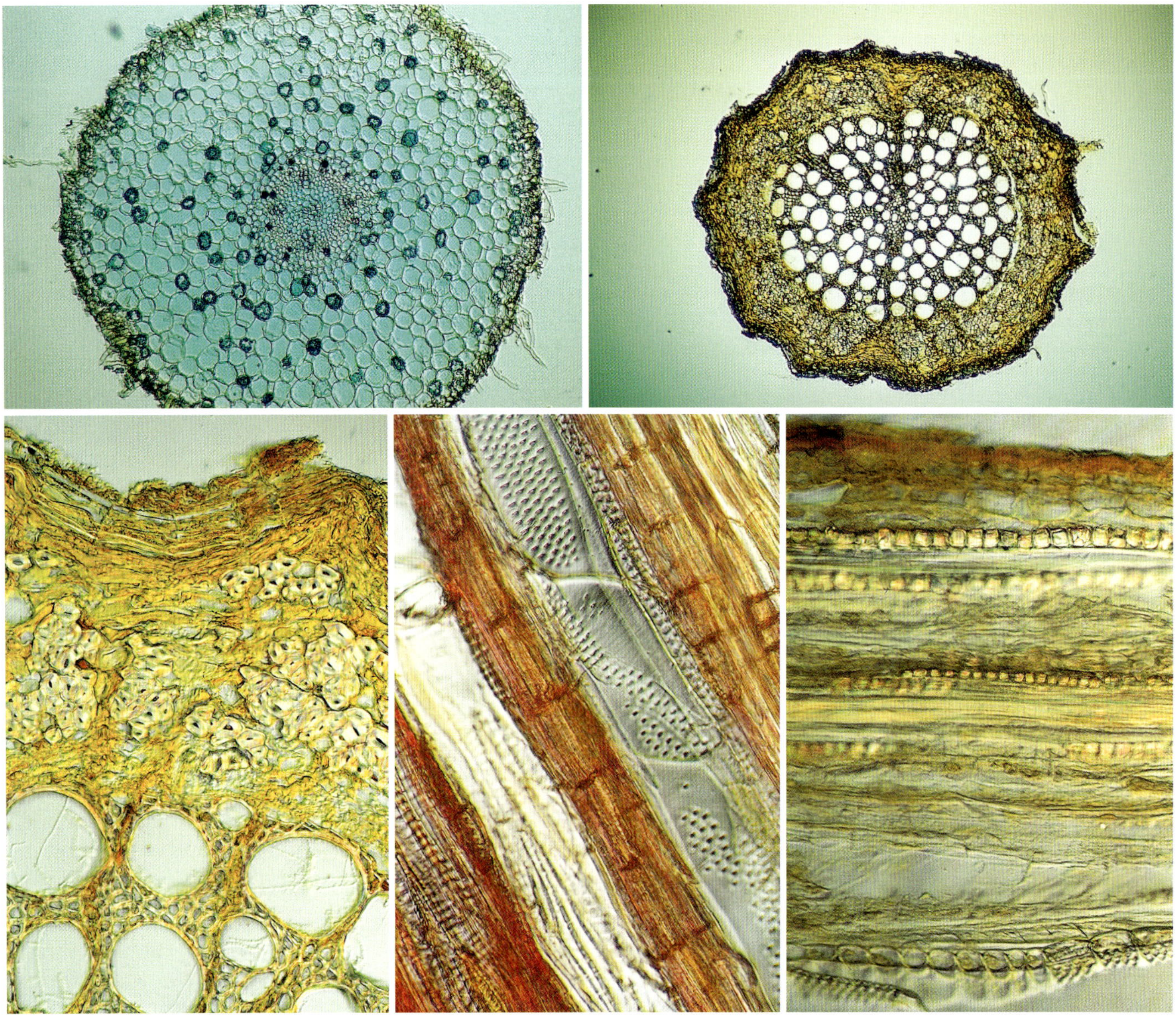

Taf. 148 A: Silber-Weide, *Salix alba*. – **1:** Köttmannsdorf, Kärnten, 3.1. Prim., Ø, Saf.-Ast., 64x. **Rh** Z im Winter dunkel, WuHr oft zahlreich. **Rinde** ZGröße im Ø stark wechselnd, EnZ klein, z. T. radial geteilt. **ZZ** 4arch, PC Z etwa gleich groß wie jene der En. – **2:** Treffen, Kärnten, 27.7. Sek., Ø, Ph/HCl, 32x. **PCAG** mittelbreit, oft zusammen mit Bast geschrumpft. **Bast** F in ein bis mehreren Kreisen angeordnet. **Holz** Strahlen 1-4reihig, Gefäße zahlreich, groß, z. T. radial bzw. tangential benachbart. – **3:** Ausschnitt aus 2. 162x. **Bast** F z. T. weitlumig, verholzt. **Holz** ZW wenig verdickt. – **4:** Grafenstein, Kärnten, 5.12. Sek., ⊠, Ph/HCl, 162x. **Holz** F ZW schwach verdickt, Gefäße QuerW kurz. – **5:** Pfl u. Zeit wie 2. Sek., ⊠, JJK, 162x. **Bast** benachbart F ZReihen mit raumfüllenden CaOxKristallen.

Taf. 148 B: – **1:** Ausschnitt aus A 1. 409x. **Rh** Z mit WuHr. **Rinde** Ex ZInhalt tröpfchenförmig, FS (?). – **2:** Schnittreihe wie A 4. JJK, 409x. **Holz** Gefäße Hoftüpfel oval bis kreisförmig umrandet, Schnittlage verschieden von jener von A 4.

Anatomie, Taf. 148

Die frühzeitige Bräunung der Rhizodermis- und Exodermiszellen der Wurzeln der Silber-Weide dürfte auf Bestandteile von Gerbstoffen zurückzuführen sein (A 1). Die Wurzeln wären dadurch besser vor Fäulnis geschützt.

Auffallend ist wieder der tröpfchenförmige Inhalt von Zellen des Rindenparenchyms. Zum Unterschied von Zellen der Exodermis ist dieser nach Färbung mit Safranin-Astrablau blau. Welche Inhaltsstoffe diese Färbung bewirken, wäre noch zu klären (A 1, B 1).

Die Besonderheit im sekundären Zustand liegt vor allem im hohen Anteil an Fasern im Bast und, damit übereinstimmend, im ebenfalls hohen Anteil an Gefäßen im Holz. Durch den Anteil an Fasern im Bast wird demnach der geringe Anteil an Grundgewebe und Libriformfasern bzw. Fasertracheiden im Holz ausgeglichen. Dies reicht aber nicht aus, um das Schrumpfen der Wurzel zu verhindern (A 2, 3). Benachbart den Fasern verlaufen wieder Zellreihen mit raumfüllenden prismatischen Calciumoxalat-Kristallen (A 5). Die Gruppen von Fasern bzw. Fasertracheiden im Holz verlaufen dicht gedrängt und sind nach außen scharf begrenzt (A 4).

Die Querwände der Gefäße sind wie bei den anderen Arten der Gattung kurz und mit einfacher Durchbrechung. Die Tüpfel in den Längswänden der Gefäße stehen versetzt und dicht. Je nach dem Blickwinkel darauf erscheint die Umgrenzung der Hoftüpfel schwach wabenförmig bzw. oval bis kreisförmig (A 4, B 2).

Standortansprüche: Die mäßig Schatten ertragende Silber-Weide wächst vorzugsweise in sommerwärmeren Lagen. Als Auwaldpflanze und oft bestandsbildende Pflanze an Flußufern bevorzugt sie nährstoff- und basenreichere Böden. Periodische Überschwemmungen erträgt sie gut. Empfindlich ist sie gegen Staunässe. Sie gilt als Zeigerpflanze für gute Pappelstandorte (Oberdorfer 1994).

Verbreitung: Die submediterrane, eurasiatisch-subozeanische Art wächst vorzugsweise in tieferen Lagen. Die Höhengrenze ihrer Verbreitung verläuft in Mitteldeutschland bei 800 (900) m, in den Westalpen bei 1.200 (1.300) m. Im Alpenvorland tritt sie häufig auf Schwemmland in Initialstadien von Grauerlenwäldern auf. In der Weichen Au von Flüssen und Strömen gilt sie als Kennart des Salicetum albae Issl. 26 (Salicion albae).

Salix eleagnos Scop., Lavendel-Weide, Ufer-Weide

Morphologie

Sproß: Sommergrüner, bis 6 m hoher Strauch, vereinzelt bis 16 m hoher Baum. Stamm bis weit herab beastet, Äste meist aufrecht abstehend, dünne Zweige oft überhängend.

Wurzel: Wie bei kaum einem anderen Holzgewächs ist die Bewurzelung der Lavendel-Weide an Überschüttung, vornehmlich durch Alluvionen, angepaßt. Auf beruhigten, trockengefallenen Flußbänken bildet sie vorwiegend eine T-förmige Bewurzelung. Diese ist gekennzeichnet durch flurnah verlaufende Seitenwurzeln und durch eine mit ihren Seitenwurzeln meist tiefstrebende Polwurzel. Durch mehrmalige Überlagerung im Zuge von Überflutungen können am Stamm stockwerkartig übereinander Kränze von sproßbürtigen Wurzeln entstehen. Werden auch Äste überlagert, entstehen die Sproßwurzeln hauptsächlich an den Ansätzen der Äste. Die überlagerten Äste sterben ab. Der Haupttrieb dringt wieder an die Oberfläche und bildet eine neue Astkrone. Auf diese Weise kann die Lavendel-Weide Überlagerungen bis nahezu 2 m überdauern. Die Bewurzelung ist in den meist skelettreichen, gut durchlüfteten Böden sehr groß. Der Feinwurzelbesatz ist hoch. Die Wurzelfarbe ist dunkelbraun bis schwärzlich.

Der Strauch der **Abb. 162** oben wurde im Rosental in Kärnten an einem erhöhten Rand eines Bachbettes auf einer Rendsina über Kalkgeröll freigelegt. Die stark verdickte Polwurzel verläuft zunächst kurz seitwärts, dann abwärts. Der abwärts wachsende Strang verzweigt sich mehrmals hintereinander in kräftige Stränge. Diese biegen mit Erreichen der kühleren, gleichmäßiger feuchten Schichten seitwärts um. Einige Seitenwurzeln dringen bis zu den ständig grundfeuchten Schichten vor. Die zeitweise herrschende Oberbodentrockenheit und die ständig anhaltende Grundfeuchte bewirken die Ausbildung eines hantelförmigen Wurzelkörpers.

Diese Wurzelform ist besonders in warm-humiden Gebieten für eine stark wechselnde Feuchte und Wärme nach der Tiefe hin sehr kennzeichnend.

Der Strauch der **Abb. 162** unten wurde am Rand des Flußbettes der Fella im Kanaltal (Friaul) freigelegt. In dem Flußsediment, das durch mehrere Überschüttungen aufgebaut wurde, ist eine stockwerkartige Bewurzelung entstanden. Im untersten „Stockwerk" hat die Pflanze eine T-förmige Bewurzelung gebildet. Sie besteht aus kräftigen, weit waagrecht verlaufenden Seitenwurzeln und einer im Wachstum zurückgebliebenen Polwurzel. Diese dringt mit einer gleich kräftigen Seitenwurzel in stark gewundenem Verlauf in den zunehmend schotterigen Boden ein, bis sie die grundfeuchten, gleichmäßiger temperierten Schichten erreicht.

Am oberen Rand der ersten Überschüttung (C_2) bildeten sich am Stamm in ca. 80 cm Tiefe kräftige, vorwiegend waagrecht verlaufende Wurzeln. Am oberen Rand der zweiten Überschüttung (C_1) konnte in einer Tiefe von 45–55 cm eine dünne Aulehmschicht entstehen. Bis zur obersten Überschüttung (C) verstrich so viel Zeit, daß in der Aulehmschicht eine Humusanreicherung erfolgen konnte. Sie bewirkte in den quirlständigen Astgabeln eine Anhäufung von dünnen Sproßwurzeln. Auch die oberste Überschüttung (C) erfolgte offensichtlich in mehreren Schüben. Darauf weisen die Wurzelanhäufungen in den Astgabeln in ca. 35 cm und 15 cm Tiefe hin.

Die ersten zwei Überlagerungsschübe führten zum Absterben der tiefer am Stamm abzweigenden Äste. In der obersten, ca. 15 cm mächtigen Überlagerungsschicht hat auch der schräg nach oben verlaufende Ast Sproßwurzeln gebildet.

Anatomie, Taf. 150

Das Verhältnis der Breite der Rinde der Lavendel-Weide zu jener des Zentralzylinders unterliegt großen Schwankungen. Das gleiche trifft auch auf die Zellgröße des Rindenparenchyms zu (A 1). Die Außen- und Seitenwände der Rhizodermiszellen sind durch Cutinisierung bzw. Suberinisierung nach Behandlung mit Sudan 3 gelbrot gefärbt (B 1).

Im sekundären Zustand unterscheidet sich die Art im Anteil an Fasern im Bast wie auch im Anteil an Gefäßen bzw. an Festigungsgewebe im Holz von den übrigen untersuchten Arten der Gattung. Alle drei Merkmale unterliegen großen Schwankungen innerhalb der Wurzeln der gleichen Pflanze. Die Wurzeln antworten damit auf die großen jahreszeitlich bedingten Unterschiede im Grundwasserstand. Dieser schwankt zwischen 1 m über Flur und bis über 2 m unter Flur. Die in trockeneren Bodenschichten wachsenden Wurzeln bilden unter dem Einfluß des wärmeren Klimas des Standortbereiches der Art im Holz einen relativ hohen Anteil an Festigungsgewebe mit stärkerer Verdickung der Zellwände (A 2). Im Gegensatz dazu ist der Anteil an Festigungsgewebe bei Wurzeln aus tieferen, feuchteren und kühleren Bodenschichten wesentlich geringer, und dessen Zellwände sind dünner. Beide Ausbildungen der Wurzeln haben ein schmales bis mittelbreites Pericambial-Abschlußgewebe mit schwach verdickten Zellwänden und rotem Zellinhalt.

Auffallend ist die oft rotbraune Färbung des Zellinhalts im äußeren Bereich des Bastes. Gerbstoffe könnten die Ursache dafür sein (B 2). Gleich den übrigen Arten der Gattung liegen benachbart den nach außen scharf abgegrenzten, im äußeren Bereich der Zellwände verholzten Faserbündeln (A 4) Zellreihen mit Calciumoxalat-Kristallen (A 3). Die zwischen ihnen liegenden Zellen des Grundgewebes sind reich an Stärke (B 2). Die Gefäße haben schwach schräg gestellte Querwände und ovale, dicht und versetzt stehende Hoftüpfel (A 5).

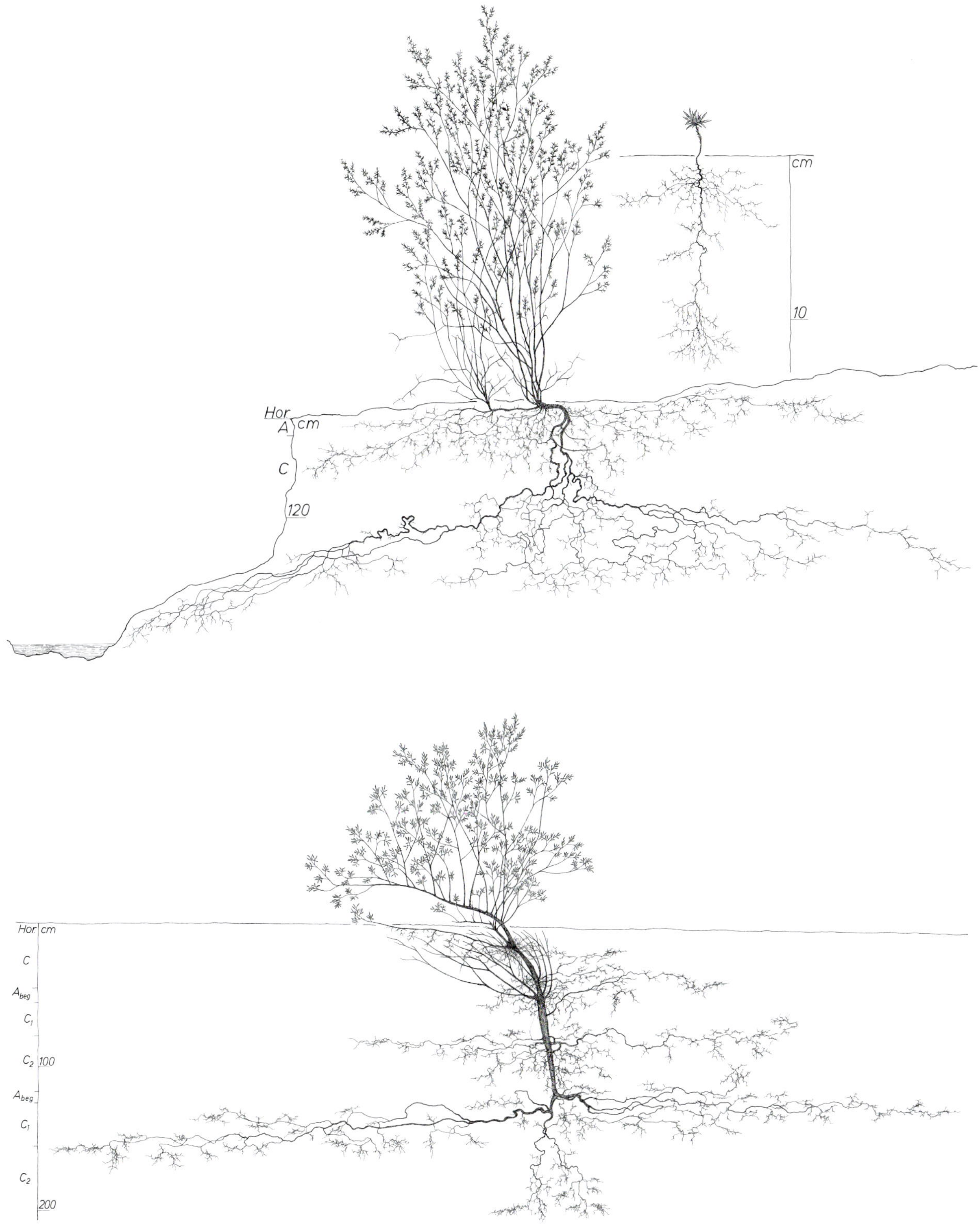

Abb. 162: Lavendel-Weide, *Salix eleagnos*, O b e n : H–T–S = 486–230–1.235 cm, Rosental, Kärnten, 440 m NN, erhöhter Bachrand, kümmerndes Erico-Pinetum mit vereinzelt *Salix eleagnos* und *Alnus incana*, Schuttrendsina über Kalkgeröll, Bodenprofil Hor.: A_1 0–10 cm Rasenfilz mit Feinmoder, A_2 10–15 cm Feinmoder mit Feinschutt, C Grobschutt, Feinschutt und Sand, ab 170 cm grundfeucht. U n t e n : H–T–S = 150–200–665 cm, Kanaltal, 320 m NN, Flußbettrand der Fella, Friaul, schütterer Bestand mit *Salix eleagnos, S. purpurea, S. fragilis, S. caprea, Alnus incana, Ostrya carpinifolia* u. a. Stockwerkprofil Hor.: C_1 0–45 cm Grobsand, Kies und Schotter, A_{beg} 45–55 cm humoser Aulehm, schwarz, schluffiger Sand, C_2 55–78 cm sandiger Kies, C_3 78–117 cm sandiger Kies und Schotter, A_{beg} 117–126 cm schwach und unregelmäßig humoser Sand mit etwas Kies, C_4 126–157 cm sandiger Kies, C_5 sandiger Kies mit nach unten zunehmendem Schotteranteil, grundfeucht.

Taf. 149: Lavendel-Weide, *Salix eleagnos*. 1. Reihe, 2. R. links und Mitte: Rosental, Kärnten, 440 m NN, erhöhter Bachrand, Schuttrendsina, Strauch mit Wurzelsproß, Polwurzel zuerst umgebogen, dann abwärts wachsend, in kräftige Seitenwurzeln verzweigt, Wurzelstränge in den tieferen, feuchteren Schichten seitwärts verlaufend. Wurzeln am Rand großer Steine oft nestförmig gehäuft (zu Abb. 162 oben); rechts und 3. R.: Kanaltal, Friaul, 320 m NN, Flußbettrand der Fella, Strauch, an dem mehrmals überschütteten Stamm kranzförmig angeordnete, sproßbürtige Wurzeln, tiefliegende Polwurzel in kräftige, seitwärts verlaufende Seitenwurzeln verzweigt (zu Abb. 162 unten).

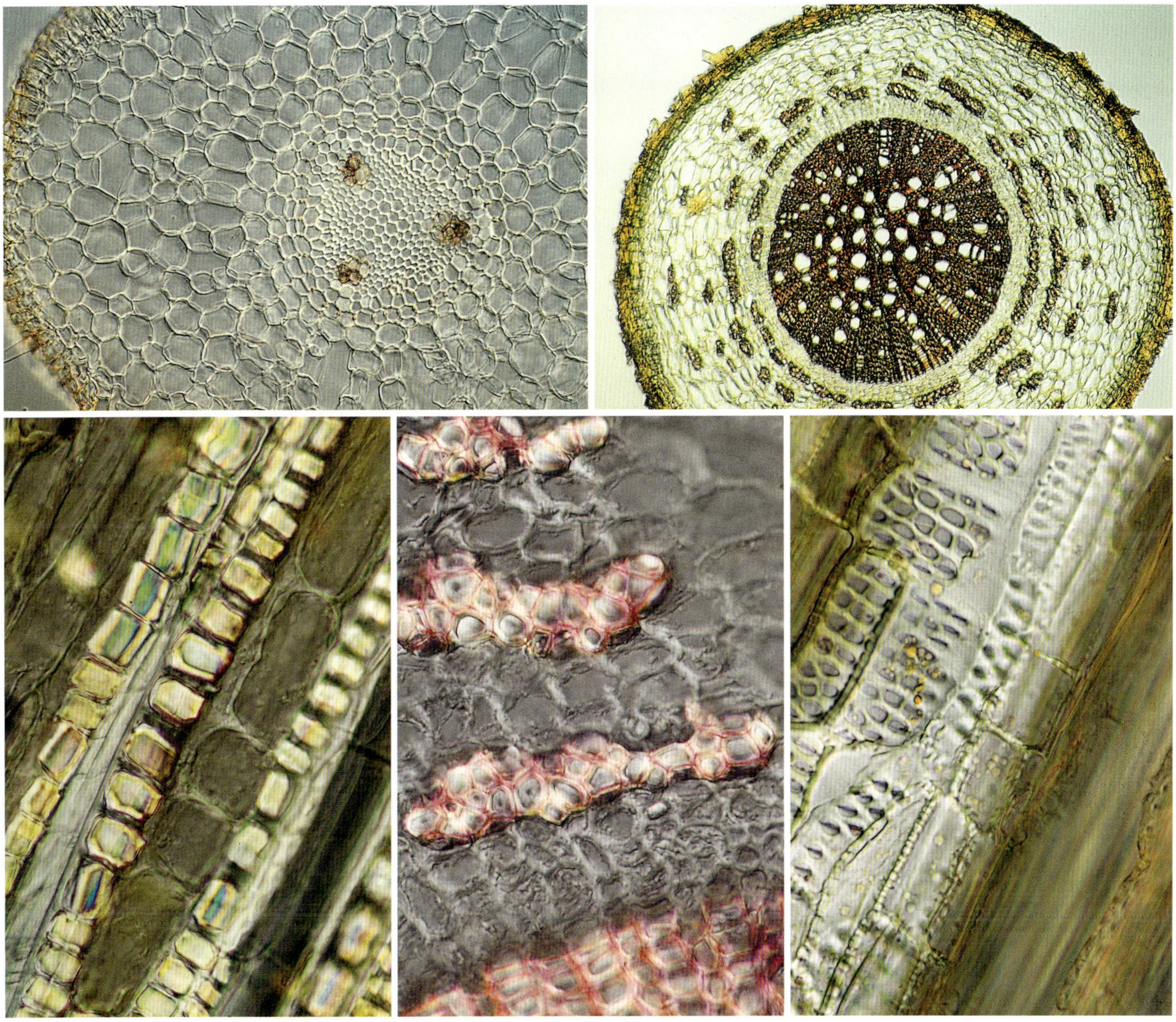

Taf. 150 A: Lavendel-Weide, *Salix eleagnos*. – **1:** Kanaltal, Friaul, 4.12. Prim., Ø, Ph/HCl, 162x. **Rh** Z klein. **Rinde** RP ZGröße wechselnd, Z z. T. in radialen Reihen angeordnet. **ZZ** 3arch. – **2:** Ort wie 1, 15.11. Sek., Ø, Ph/HCl, 64x. **PCAG** schmal. **Bast** F in 2-3reihigen Gruppen, in Kreisen geordnet. **Holz** Gefäße klein bis mittelgroß, z. T. in radialen Reihen benachbart, Anteil an GG ca. 75 %, Wu aus trockener Bodenschicht. – **3:** Kopein ob Faaker See, Kärnten, 11.5. Sek., ⊠, JJK, 409x. **Bast** entlang F ZReihen mit raumfüllenden prismatischen CaOxKristallen. – **4:** Ausschnitt aus 2. 409x. **Bast** F äußere Schicht verholzt. – **5:** Schnittreihe wie 3. S3, 409x. **Holz** Gefäße QuerW kurz, Hoftüpfel oval, dicht u. versetzt stehend.

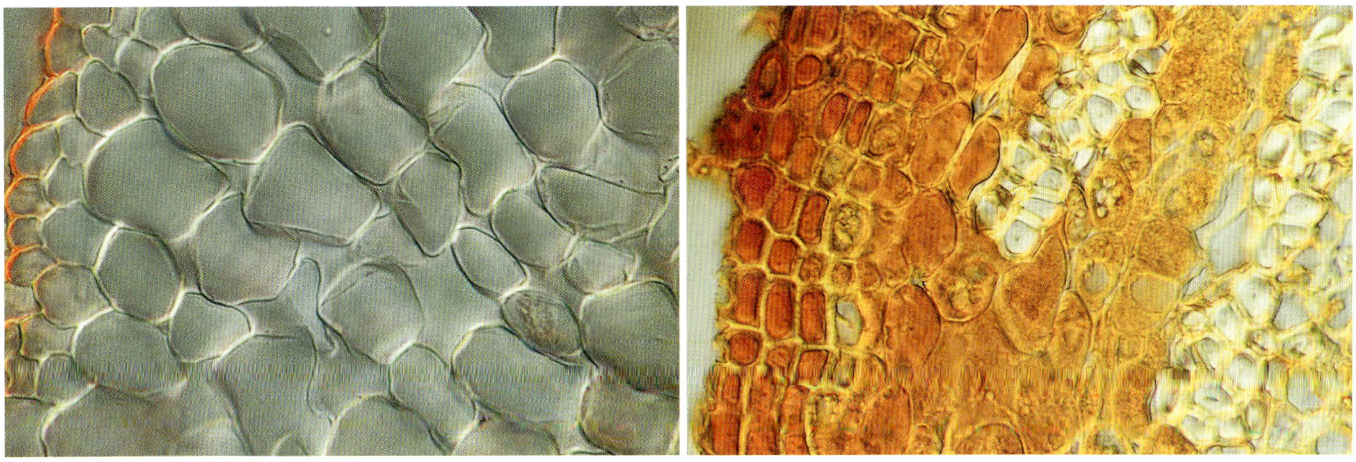

Taf. 150 B: – **1:** Schnittreihe wie A 1. S3, 409x. **Rh** ZAW u. ZSW cutinisiert. **Rinde** RP Z z. T. stark vergrößert. – **2:** Ort wie A 1, 29.5. Sek., Ø, Ph/HCl, 409x. Holzfärbung ausgebleicht. **PCAG** 5-7schichtig. **Bast** F dicht stehend, Gruppen nach außen scharf begrenzt.

Standortansprüche: Die lichtbedürftige, etwas wärmeliebende Lavendel-Weide wächst vorwiegend in zeitweise trokkenfallenden, grundfeuchten Flußalluvionen, an sickerfeuchten Rutschhängen oder in Geröllfluren stets auf kalkreichem Substrat.

Verbreitung: Die praealpide, submediterrane Art kommt am häufigsten auf den Terrassen der Voralpenflüsse vor, wo diese mit Eintreten in das ebenere Vorland verstärkt ihre Fracht ablagern. An sickerfeuchten Hängen reicht ihr Verbreitungsgebiet in den Zentralalpen bis 1.800 m, nördlich der Alpen bis 1.300 m. Infolge ihrer starken und häufig auch sproßbürtigen Bewurzelung sowie ihrer geringen Empfindlichkeit gegen Überlagerung gilt sie als Bodenfestiger und als Pionierpflanze. Sie wächst vorwiegend in flußbegleitenden Weidengebüschen des Salicion eleagni. Innerhalb dieses Verbandes gilt sie als Kennart des Salicetum elaeagni Hag. 16. Als Entwicklungsrelikt kommt sie auch in Erico-Pinion-Ges. und in Berberidion-Ges. vor (OBERDORFER 1994).

Salix purpurea L., Purpur-Weide, Stein-Weide

Morphologie

Sproß: Sommergrüner, bis 6 m hoher Strauch, selten kleiner, bis 10 m hoher Baum. Triebe straff aufwärts gerichtet, Zweige abstehend, selten leicht überhängend.
Wurzel: Die Purpur-Weide ist in ihrer Bewurzelung nicht so anpassungsfähig an Überlagerungen wie die Lavendel-Weide. Aus Samen hervorgegangene Pflanzen sind vorwiegend polbürtig bewurzelt. Die sproßbürtige Bewurzelung beschränkt sich meist auf die Ansatzstellen der Bestockungstriebe. Auch seicht überlagerte Sprosse können sich bewurzeln. Die im oberen Teil keulenförmig verdickte Polwurzel, die auch als Speicherorgan dient, ist noch an älteren Sträuchern deutlich erkennbar. Sie verjüngt sich aber rasch. Entlang ihres dünnen Abschnitts verzweigt sie sich in annähernd gleich dicke Seitenwurzeln. Von diesen ist sie im weiteren Verlauf der Wurzeln kaum noch zu unterscheiden. In sommerwarmen Gebieten ist auf skelettreicheren, stauwasserfreien Böden das Tiefenstreben der Wurzeln vorherrschend. Die flurnah verlaufende Wurzelgruppe, die stets vorhanden ist, tritt zurück. Auf kühleren Böden oder bei höher nach oben reichender Grundfeuchte überwiegt die flurnah verlaufende Bewurzelung. Die Reichweite der Seitenwurzeln nimmt zu. Der Feinwurzelbesatz ist durchwegs auffallend hoch. Mit Erde oder vorübergehend mit Wasser bedeckte Sproßteile bewurzeln sich leicht.

Der baumförmige Strauch der **Abb. 163** wurde im Raum Villach auf Lockersediment-Braunerde freigelegt. Die senkrecht nach unten wachsende Polwurzel, die im oberen Teil deutlich verdickt ist, verjüngt sich sehr rasch. Ihr dünner Strang, der von ihren gleich dicken Seitenwurzeln kaum noch zu unterscheiden ist, biegt bereits in einer Tiefe von 50 cm seitwärts um (vgl. Abb. rechts). Die kräftigen Seitenwurzeln streben bogenförmig nach unten. In dem tiefreichend erwärmten Boden ist die abwärts gerichtete Wurzelgruppe wesentlich größer als die flurnah seitwärts verlaufende. Der reiche Feinwurzelbesatz nimmt auch nach der Tiefe zu kaum ab. Der bestockte Strauch der **Abb. 164** wurde ebenfalls im Raum Villach am Rand einer Schottergrube freigelegt. Die obersten Bodenschichten wurden durch schwere Fahrzeuge verdichtet, das führte zu einem flurnahen Verlauf der Polwurzel. Auch bei diesem Strauch ist sie zunächst keulenförmig verdickt. An ihrem Endabschnitt verzweigt sie sich in mehrere dünne Wurzelstränge, die flurnah hangaufwärts verlaufen. Von ihnen zweigen einige Seitenstränge ab, die als Senker tief in den Boden eindringen. Am Grund der Sproßtriebe entstanden Sproßwurzeln. Sie wachsen vorwiegend flurnah hangabwärts. Entlang des verdickten Teils der Polwurzel ist ebenfalls eine abwärts gerichtete Wurzelgruppe entstanden. Auch auf dieser Lockersediment-Braunerde, die nur in den obersten Schichten mechanisch verdichtet wurde, verlaufen die Wurzeln mehr nach unten als nach der Seite. Der hohe Feinwurzelbesatz hält nach der Tiefe hin ebenfalls an.

Anatomie, Taf. 152

Die Wurzeln der Purpur-Weide ähneln in ihrem primären Bau nach vorliegenden Untersuchungen weitgehend jenen von *Salix alba*. Die Zellen der Rhizodermis sind klein und, nach der Reaktion auf Sudan 3 zu schließen, cutinisiert, jene der Exodermis suberinisiert (A 1, B 1). In den Zellen der Endodermis entsteht die Suberinlamelle, der Regel entsprechend, zuerst im Bereich des Phloems (A 3).

Im sekundären Zustand sind der Anteil an Fasern im Bast und die Verfestigung der Zellwände des Grundgewebes im Holz mitunter größer als bei *S. alba*. Dagegen ist die Breite des Pericambial-Abschluß-gewebes meist geringer. Ebenfalls geringer ist die Breite der Strahlen im Holz. Inwiefern darin die geringere Wuchskraft der Art zum Ausdruck kommt wie auch deren geringeres Wärmebedürfnis und die Fähigkeit, höhere Trockenheit zu ertragen, wäre noch zu untersuchen. Bei beiden Arten kommt es zu auffallenden Schrumpfungen vor allem im Bast bei Einsetzen von Trockenheit (A 2, 4). Gleich wie bei den übrigen Arten der Gattung stehen im Bast die Fasern dicht gedrängt in blockartigen, nach außen scharf abgegrenzten und in mehreren Kreisen angeordneten Bündeln. Benachbart diesen verlaufen, ebenfalls übereinstimmend mit den übrigen dargestellten Arten, Zellreihen mit Calciumoxalat-Kristallen (A 4, B 2). Bei schrä-

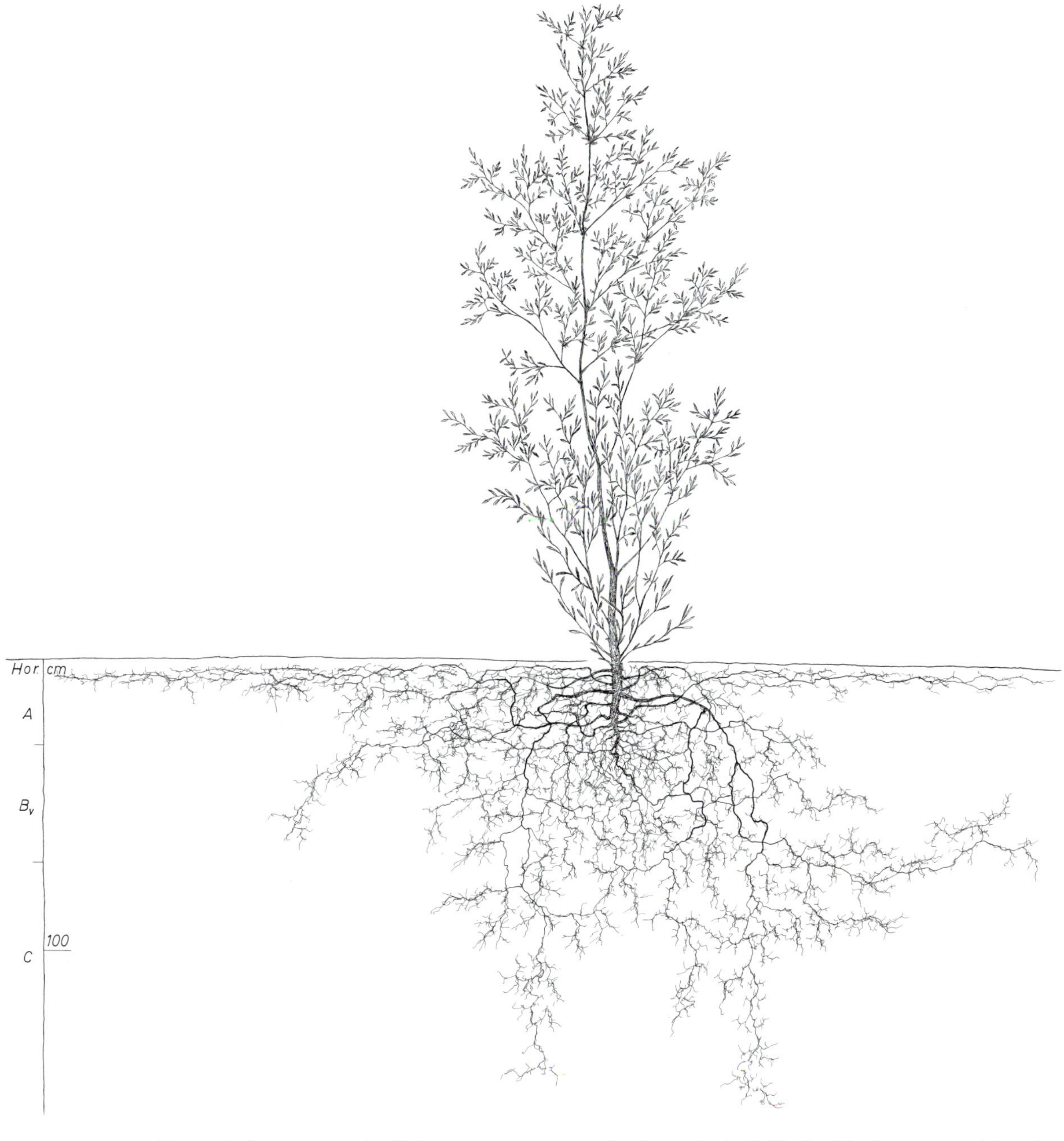

Abb. 163: Purpur-Weide, *Salix purpurea*, H–T–S = 220–152–354 cm, St. Ruprecht bei Villach, SO-Hang, 510 m NN. Terrassenböschung mit einem Pionierbestand aus vorwiegend Purpur-Weide. Lockersediment-Braunerde auf Niederterrasse, Bodenprofil Hor.: A 0–30 cm humoser, lehmiger Sand, schwach krümelig, locker, steinig, B_v 30–70 cm l S, schwach schotterig, locker, C Sand, Kies und Schotter, locker.

Taf. 151: Purpur-Weide, *Salix purpurea*. 1. und 2. Reihe: St. Ruprecht bei Villach, Kärnten, 515 m NN, Braunerde, Polwurzel umgebogen, seitwärts verlaufend, einige Senker tiefer eindringend, Feinverzweigung hoch (zu Abb. 164). 3. R. links: Ort wie oben, kräftige Polwurzel rasch dünner werdend, Wurzeln in dem tiefgründig erwärmten Boden vorwiegend abwärts verlaufend (zu Abb. 163); rechts: Schütt bei Villach, Kärnten, 510 m NN, niedriger Strauch, Polwurzel schon nahe dem Wurzelhals in gleich dicke Wurzeln verzweigt, diese seitwärts und abwärts verlaufend.

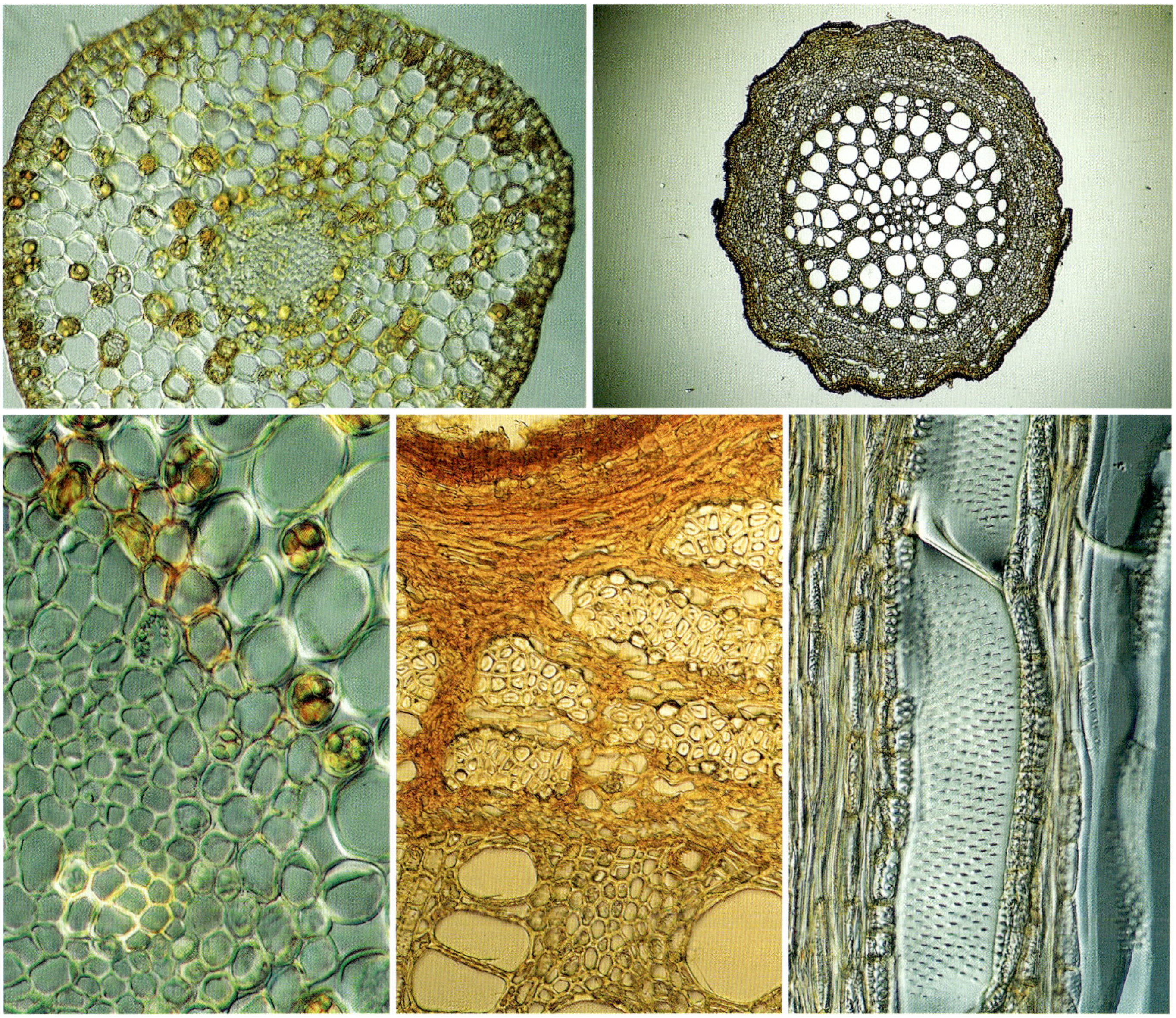

Taf. 152 A: Purpur-Weide, *Salix purpurea*. – **1:** Schütt bei Villach, Kärnten, 9.11. Prim., Ø, JJK, 162x. **Rh** Z klein, ZW gebräunt, ZAW verdickt. **Rinde** ZInhalt FS (?), EnZ klein, z. T. radial geteilt. **ZZ** 4arch, äußerste Z des X angrenzend an PC Z. – **2:** St. Ruprecht bei Villach, Kärnten, 26.5. Sek., Ø, Ph/HCl, 25x. **PCAG** u. **Bast** äußerer Bereich geschrumpft. **Bast** F in 2-5reihigen Gruppen. **Holz** Gefäße groß, zahlreich, z. T. radial benachbart. – **3:** Klagenfurt, 28.12. Prim., Ø, S3, 409x. **Rinde** RP Inhalt einiger Z wie 1, EnZ oberhalb Ph mit Suberinlamelle. – **4:** Pfl u. Zeit wie 2. Sek., Ø, JJK, 162x. **PCAG** u. **Bast** geschrumpft wie bei 2. – **5:** Pfl u. Zeit wie 2. Sek., ⊠, S3, 162x. **Holz** Strahlen 1-2reihig, Länge der Z sehr verschieden, Gefäße QuerW kurz, Tüpfel oval, dicht u. versetzt stehend.

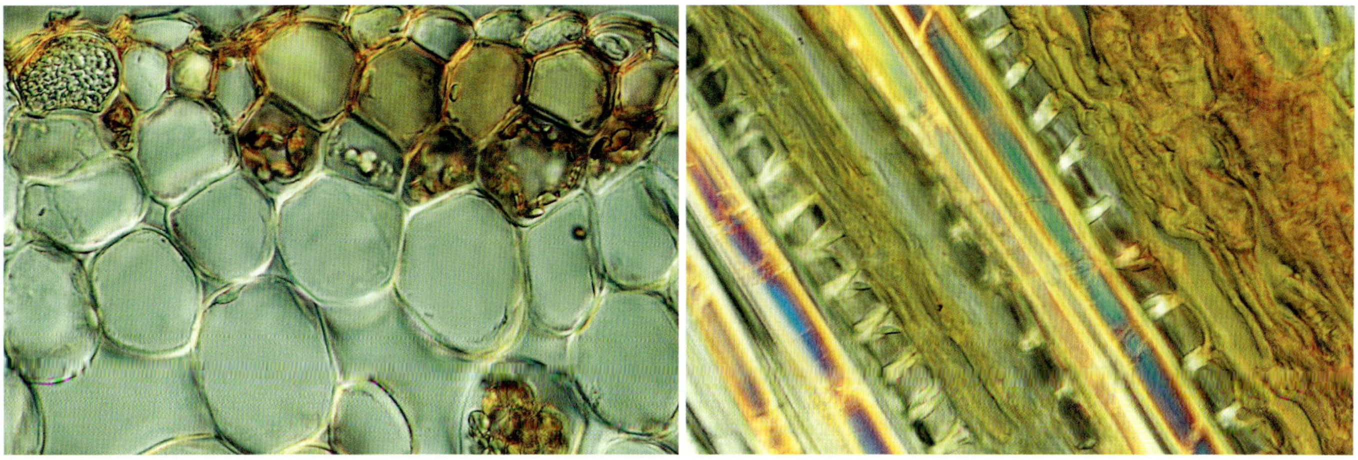

Taf. 152 B: – **1:** Schnittreihe wie A 3. S3, 409x. **Rh** Z klein, ZW rötlich, cutinisiert (?). **Rinde** ExZ groß, ZW suberinisiert, RP ZInhalt tröpfchenförmig, FS (?). – **2:** Schnittreihe wie A 5. S3, 409x. **Bast** ZReihen benachbart F mit raumfüllenden CaOxKristallen.

Hor.
cm
A
AB$_v$
B$_v$
B$_v$C
100
C
200
100 cm

ger Beleuchtung erscheinen die Calciumoxalat-Kristalle nicht wie bei anderen Vertretern von *Salix* oder von *Populus* weiß, gelblich oder bunt, sondern durchsichtig.

Die Querwände der größeren Gefäße sind kurz, und die Längswände enthalten dicht und versetzt stehende oder treppenförmig angeordnete Hoftüpfel (A 5).

Standortansprüche: Die lichtholde Purpur-Weide ist nicht so wärmebedürftig wie die Lavendel-Weide. Sie ist auch trockenresistenter. Am häufigsten wächst sie aber ebenfalls auf grundfeuchten Alluvionen, auf Schwemmlandböden oder an sickerfeuchten Hängen. Sie gilt ebenso als Pioniergehölz und als Bodenfestiger. Wegen der guten Anwurzelung ihrer Stecklinge wird sie besonders häufig zur „Lebendverbauung“ verwendet.

Verbreitung: Die Hauptverbreitung der submediterranen, eurasiatisch-subozeanischen Art erstreckt sich von den Flußniederungen bis ins untere Bergland. In den Voralpengebieten reicht ihr Vorkommen bis in die subalpine Stufe. Im Wallis soll sie noch in 2.300–2.450 m Höhe vorkommen (Rechinger 1957/58). Am häufigsten wächst sie in Augebüschen und Auwäldern. Auf Sandbänken der Alpenflüsse ist sie ein Bestandteil des Myricarietum Jenik 55. Wegen ihres breit gestreuten Vorkommens im Auen- und Schwemmlandbereich gilt sie als namengebende Kennart der Salicetalia purpureae.

Salix caprea L., Sal-Weide, Palm-Weide

Morphologie

Sproß: Sommergrüner, höherer Strauch, seltener bis 9 (13) m hoher Baum. Dickere Äste aufrecht abstehend, davon abzweigende Seitenäste ausladend, Krone meist oval.

Wurzel: Nach vorliegenden Untersuchungen ist die Sal-Weide vorwiegend eine Polwurzelpflanze. Sproßwurzeln können am verdickten Stammgrund und am Grund von Bestockungstrieben entstehen. Die Polwurzel verliert schon an jungen Pflanzen bald ihre Vorwüchsigkeit. Sie verzweigt sich frühzeitig in annähernd gleich dicke Seitenwurzeln, von denen sie sich bald nicht mehr unterscheidet. An baumförmigen Pflanzen ist sie nicht mehr zu erkennen. Der Wurzelverlauf ist in jedem Fall stärker nach der Seite als nach der Tiefe ausgerichtet. Dennoch ist das Tiefenstreben der Wurzeln auf stauwasserfreien, leichteren, wärmeren Böden beachtlich. Wurzeltiefen von über 200 cm sind keine Seltenheit. Auf kühlen, feuchteren Böden dringen die Wurzeln kaum tiefer als 150 cm in den Boden ein. Der Feinwurzelbesatz ist durchwegs hoch.

Der baumförmige Strauch der **Abb. 165** wurde in Grafenstein in Kärnten auf einer Terrassenböschung auf Lockersediment-Braunerde freigelegt. Die oberen, dicken Seitenwurzeln verlaufen flurnah hangaufwärts oder hangabwärts. Von ihnen gehen zahlreiche stark verzweigte Senker aus. Deren Tiefenstreben nimmt von der Mitte des Strauches nach außen ab. Insgesamt entsteht dadurch auf dem Osthang ein breiter, nach oben kegelförmig erweiterter Wurzelkörper. Die Polwurzel bildet am unteren Ende der S-förmigen Schlinge zwei annähernd gleich dicke Wurzelstränge. Einer davon wächst in weitem Bogen nach unten. Er dringt tiefer als die Senker der Seitenwurzeln ein. Mit Erreichen der gleichmäßiger temperierten und gleichmäßiger feuchten Schichten wächst er wieder hangparallel aufwärts. Der hohe Feinwurzelbesatz hält auch nach der Tiefe zu an. Der 15 Jahre alte Baum der **Abb. 166** wuchs im Raum Villach am Unterhang einer südseitigen Böschung. Auf dem tiefgründiger erwärmten Boden streben die meisten kräftigen Wurzeln nach unten. Ihre Seitenstränge verlaufen aber seitwärts und teilweise auch leicht aufwärts. Der Anteil flurnah seitwärts ausgebreiteter Wurzeln ist wegen der Oberbodentrockenheit gering. Weiter von

---

Abb. 164 (links): Purpur-Weide, *Salix purpurea*, H–T–S – 590–195–1.010 cm, St. Ruprecht bei Villach, SSW-Hang, 515 m NN. Terrassenböschung mit vereinzelt *Salix purpurea*, *Alnus glutinosa*, *Populus tremula*, *Corylus avellana*, *Carpinus betulus*, *Quercus robur* u. a. Lockersediment-Braunerde auf Niederterrasse, Bodenprofil Hor.: A 0–25 cm stark humoser, lehmiger Sand, schwach steinig, mechanisch verdichtet, AB_v 25–40 cm schwach humoser l S, schwach steinig, mäßig locker, B_v 40–60 cm l S, kiesig-schotterig, locker, B_vC 60–80 cm l S, stark kiesig-schotterig, locker, C Sand, Kies und Schotter, locker, ab 170 cm grundfeucht.

Taf. 153: Sal-Weide, *Salix caprea*. 1. Reihe und 2. R. links: Grafenstein, Kärnten, 420 m NN, Osthang, Braunerde, Polwurzel bald in dicke Wurzelstränge verzweigt, als dünner Strang tiefstrebend und in den grundfrischen Schichten seitwärts verlaufend. Kräftige Seitenwurzeln flurnah hangaufwärts und hangabwärts wachsend, viele Senker tiefstrebend, Feinverzweigung groß, Wurzelenden dick-fleischig (zu Abb. 165); rechts und 3. R.: St. Ruprecht bei Villach, 510 m NN, Südhang, initialer Ranker, baumförmiger Strauch, Polwurzel nicht mehr feststellbar, am Wurzelhals mit vielen kräftigen Seitenwurzeln, die sich stark gabelförmig verzweigen, Wurzeln vorwiegend seitwärts ausgebreitet, aber auch tiefreichend, Endabschnitte der Wurzeln oft einen dichten Filz von Feinwurzeln bildend (zu Abb. 166).

Taf. 154 A: Sal-Weide, *Salix caprea*. – **1:** Klagenfurt, 28.12. Prim., Ø, S3, 162x. **Rh** Z klein, ZW schwach verfestigt. **Rinde** ZGröße im Ø stark wechselnd, in Wasserkulturen frühzeitig große Lakunen durch Trennung der ZReihen, EnZ klein. **ZZ** 3arch, PC Z z. T. größer als die der En. – **2:** Velden, Kärnten, 14.3. Sek., Ø, Ph/HCl, 64x. **PCAG** schmal bis mittelbreit. **Bast** F schwach verholzt, in 2-3schichtigen Gruppen. **Holz** Strahlen einreihig, mehrere Gefäße radial benachbart. – **3:** Keutschach, Kärnten, 9.11. Sek., ⊠, Ph/HCl, 162x. **Bast** Z dicht gefüllt mit StKörnern, benachbart F ZReihen mit CaOxKristallen. – **4:** Schnittreihe wie 3. JJK, 409x. **Holz** Strahlen einreihig, ZGröße stark wechselnd, Gefäße Tüpfel oval, versetzt, dicht stehend. – **5:** Schnittreihe wie 3. JJK, 162x. **Holz** Strahlen bis über 2reihig.

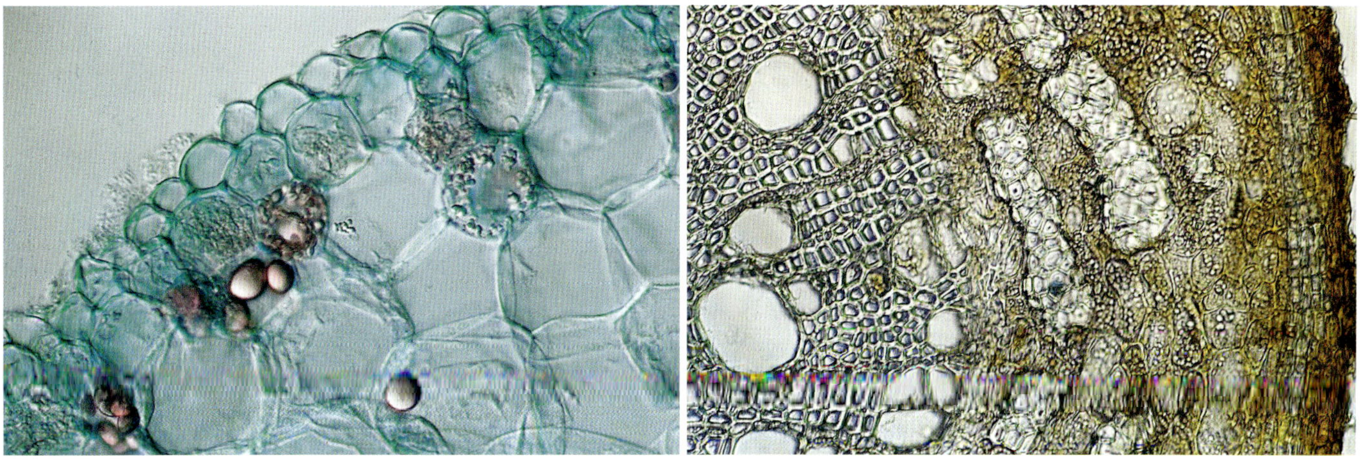

Taf. 154 B: – **1:** Schnittreihe wie A 1. Saf.-Ast., 409x. **Rh** Z klein mit Resten des HaSchleimes. **Rinde** ExZ groß, RP ZInhalt tröpfchenförmig, FS (?). – **2:** Schnittreihe wie A 2. JJK, 162x. **PCAG** mittelbreit. **Bast** FGruppen nach außen scharf begrenzt.

Abb. 165: Sal-Weide, *Salix caprea*, H–T–S = 123–240–1.042 cm, Grafenstein, Kärnten, Osthang, 420 m NN. Beraste Terrassenböschung mit einzelnen Weiden. Lockersediment-Braunerde auf Niederterrasse, Bodenprofil Hor.: A 0–20 cm humoser, lehmiger Sand, feinkrümelig, steinig, locker, stark durchwurzelt, AB_v 20–35 cm schwach humoser l S, steinig, locker, stark durchwurzelt, B_v 35–50 cm l S, steinig, locker, stark durchwurzelt, B_vC 50–60 cm l S, sehr steinig, locker, stark durchwurzelt, C Sand, Kies und Schotter, Durchwurzelung auslaufend.

der Oberfläche abgerückt breiten sich tiefer abzweigende Wurzelstränge weit seitwärts aus. Auffallend ist die scharfe untere Begrenzung des Wurzelkörpers. Sie ist eine Folge des weitgehenden Ausgleichs der Temperatur- und Feuchteschwankungen, der vor allem in skelettreichen Böden wegen ihres hohen Luftgehalts mit zunehmender Tiefe immer rascher vor sich geht. Auch bei diesem Wurzelsystem ist der Feinwurzelbesatz hoch. Die Feinwurzeln treten aber stärker büschelförmig gehäuft auf.

Anatomie, Taf. 154

Die Sal-Weide besiedelt von den untersuchten Arten der Gattung die trockensten Standorte (s. oben). Im primären Zustand spricht für diese Standortwahl die im Vergleich zum Zentralzylinder relativ schmale Rinde. Übereinstimmend mit den übrigen untersuchten Arten sind die Zellen der Rhizodermis klein, jene der Exodermis relativ groß. Mehrere Zellen des Rindenparenchyms zeichnen sich wieder durch tröpfchenförmigen Inhalt aus. Ungefärbt und nach Behandlung mit Sudan 3 sowie Phloroglucinol-Salzsäure sind die Tröpfchen goldgelb gefärbt. Safranin-Astrablau bewirkt eine bläuliche oder rötliche Färbung (A 1, B 1).

Im sekundären Zustand zeigt sich die höhere Trockenresistenz der Art im größeren Anteil an Festigungsgewebe im Holz und in der stärkeren Verdickung von dessen Zellwänden (A 2, B 2). Sehr hoch ist oft der Anteil an Stärke in den Zellen des Grundgewebes im Bast. Wie bei den übrigen Arten begleiten die Fasern Zellreihen mit raumfüllenden, prismatischen Calciumoxalat-Kristallen. Die Querwände der Gefäße sind meist schräg gestellt. Mitunter stehen sie auch nahezu senkrecht zu den Längswänden. Die Tüpfel stehen versetzt und dicht, im Gegensatz zu den Fasertracheiden, in denen die Tüpfel entfernt stehen. Diese sind außerdem kleiner. Sehr deutlich zeigt sich bei dieser Art der große Unterschied in der Länge der Zellen der Strahlen (A 3–5). Auf dieses Merkmal verweisen bereits CUTLER et al. (1987).

Abb. 166: Sal-Weide, *Salix caprea*, H–T–S = 1.050–249–2.130 cm, St. Ruprecht bei Villach, Südhang, Böschung einer Schottergrube, 510 m NN. Gebüsch mit vorwiegend *Alnus incana, A. glutinosa, Salix purpurea, S. caprea* und vereinzelt *Picea abies*. In der Krautschicht vorherrschend *Solidago gigantea, Equisetum arvense* und *Pteridium aquilinum.* Initialer Ranker, Bodenprofil Hor.: A_i 0–15 cm schwach und unregelmäßig feinmoderiger Sand, sehr locker, stark durchwurzelt, C_v 15–180 cm Grob- und Feinsand mit wenig Grus, sehr locker, stark durchwurzelt, pH 6,2, C Grobsand und Grus mit wenig Schotter, sehr locker, grundfeucht, pH 6,4, Durchwurzelung abgesetzt endend.

Standortansprüche: Die Halbschatten ertragende Sal-Weide stellt keine höheren Wärmeansprüche. Sie wächst an Waldrändern und in Waldschlägen, in Steinbrüchen und Kiesgruben, an Rutschflächen und sonstigen offenen Stellen auf frischen bis grundfeuchten, sandigen, steinigen und lehmigen Böden ohne Staufeuchte.

Verbreitung: Die nordisch-eurasiatische Art kommt in Mitteleuropa von der Ebene bis in die subalpine Stufe vor. Im Mittelmeergebiet bleibt sie auf die Gebirgslagen beschränkt. Die Höhengrenze ihres Vorkommens liegt in den Alpen bei 1.600–1.700 m. Am häufigsten ist sie als Waldpionier und als Vorholz in der submontanen Laubmischwaldstufe und vor allem in der montanen Buchenwaldstufe zu finden. Sie gilt daher als Kennart der Vorwaldgesellschaften des Epilobio-Salicetum capreae Oberd. 57 (Sambuco-Salicion capreae).

Salix cinerea L., Asch-Weide, Grau-Weide

Morphologie

Sproß: Sommergrüner, niedriger bis mittelhoher, selten bis 6 m hoher, breit gewölbter, am Rand bis gegen die Bodenoberfläche abgeflachter Strauch. Liegende Äste stark verdickt, ein undurchdringliches Gestrüpp bildend.

Wurzel: Größere Sträucher sind ausschließlich sproßbürtig bewurzelt. In der Mitte des Strauches sind die Grundachsen der aufstrebenden Triebe stark verdickt. Von den Verdickungen gehen kriechende Sproßtriebe aus, die sich mehrfach verzweigen. An diesen Verzweigungsstellen der kriechenden Sproßtriebe bilden sich Büschel von Wurzeln. Die Kriechsprosse gehen gegen ihr Ende zu in aufstrebende Laubtriebe

Taf. 155: Asch-Weide, *Salix cinerea*. Keutschach, Kärnten, 490 m NN, Moorrand, verbraunter Gleyboden, Sproßwurzelpflanze, niederliegende Sprosse stark bewurzelt, Wurzeln vorwiegend seitwärts verlaufend, auch bis zu den grundfeuchten Schichten vordringend, Feinwurzelbesatz hoch (zu Abb. 167).

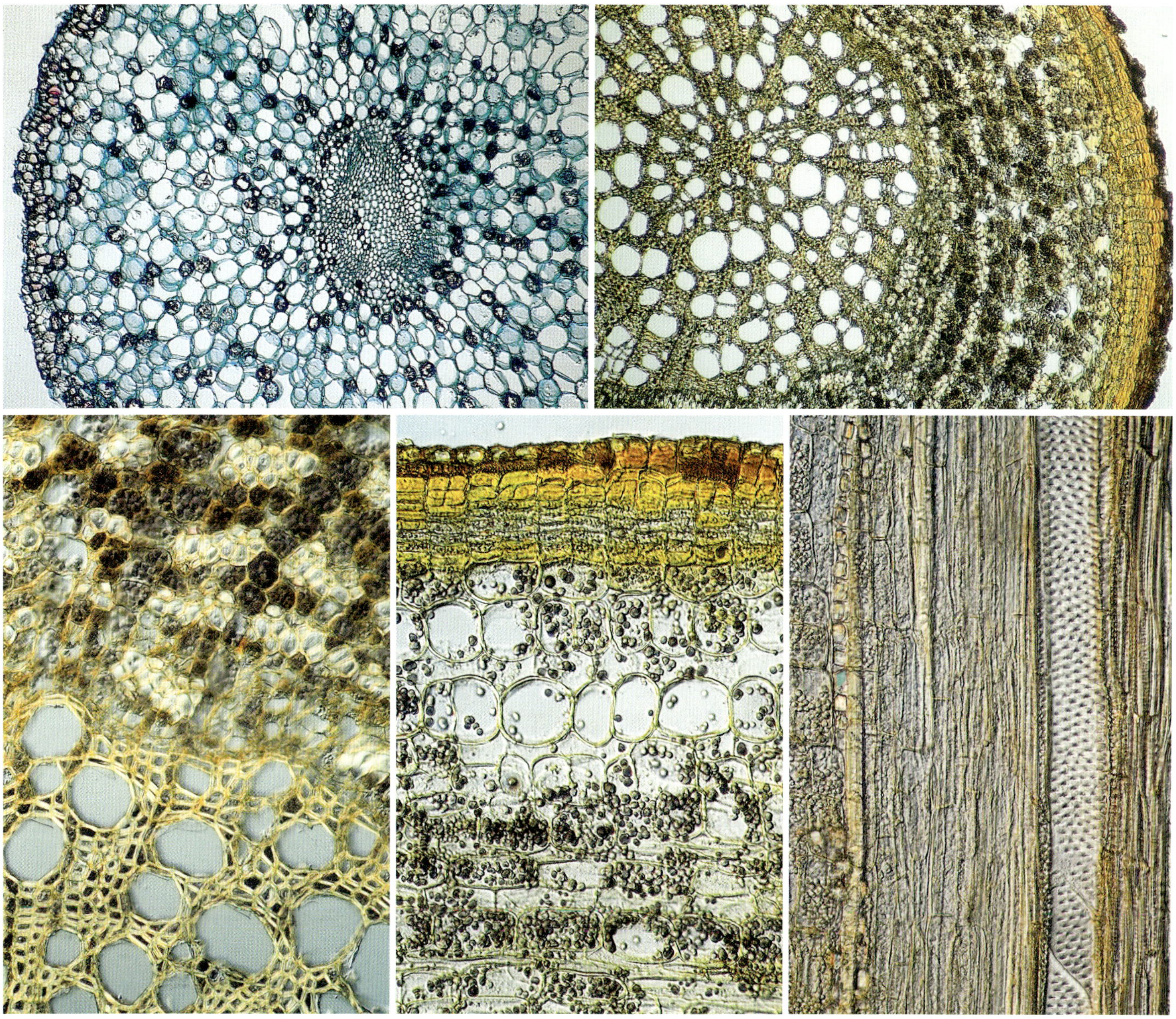

Taf. 156 A: Asch-Weide, *Salix cinerea*. – **1:** Keutschach, Kärnten, 29.12. Prim., Ø, Saf.-Ast., 64x. **Rh** u. **Rinde** ähnlich *S. caprea*, RP Unterschiede der Z größer. **ZZ** 3arch. – **2:** Ort wie 1, 15.10. Sek., Ø, JJK, 64x. **PCAG** mittelbreit. **Bast** F zahlreich, in dichten 2-3reihigen Gruppen zu bis über 5 Kreisen, GG Z dicht mit St gefüllt. **Holz** Strahlen einreihig, Gefäße Größe stark wechselnd, z. T. in radialen Reihen oder Gruppen benachbart. – **3:** Ausschnitt aus 2. 162x. – **4:** Pfl u. Zeit wie 2. Sek., ⊠, JJK, 162x. **PCAG** über 13schichtig, innerste Z groß, St-reich, äußere Schichten stärker verkorkt. **Bast** äußere Schichten Z groß, wenig gestreckt, alle Z mit kleinkörniger St. – **5:** Schnittreihe wie 4. S3, 162x. **Bast** ZReihen benachbart F mit CaOxKristallen. **Holz** Gefäße RadialW kurz, Tüpfel versetzt.

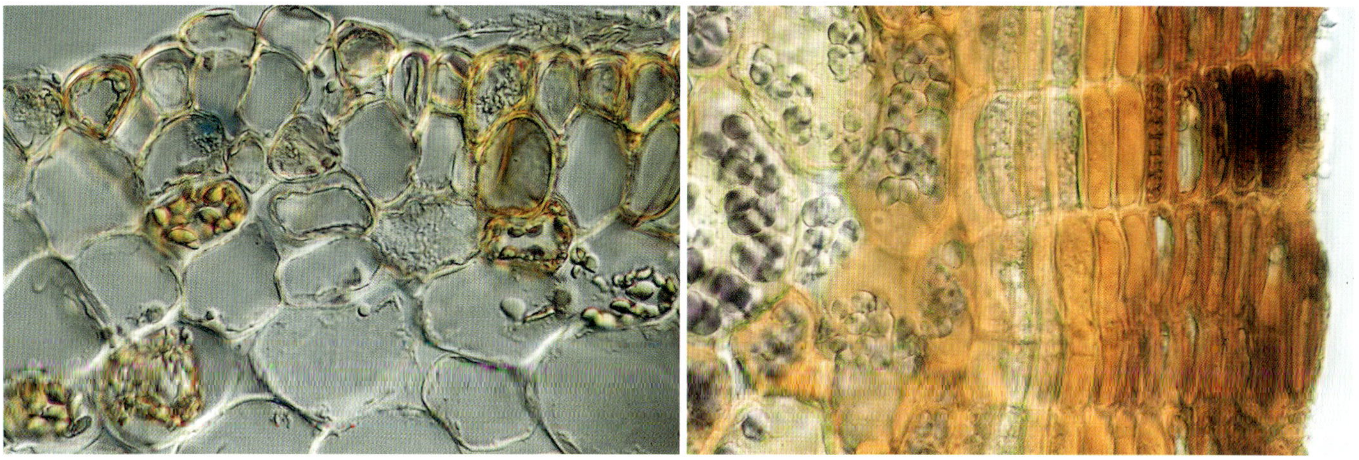

Taf. 156 B: – **1:** Schnittreihe wie A 1. S3, 409x. **Rh** außen Reste der WuHa. **Rinde** ZInhalt tröpfchenförmig, S3 positiv. – **2:** Ausschnitt aus A 2. 409x. **PCAG** ZW ab 4. Schicht verkorkt.

Abb. 167: Asch-Weide, *Salix cinerea*, H–T–S = 410–140–1.568 cm, Keutschach, Kärnten, 490 m NN, Moorrand mit Weidengebüsch. Verbraunter Gleyboden, Bodenprofil Hor.: A 0–25 cm stark humoser, sandiger Lehm, dunkelbraun (10YR 3/3), krümelig, schwach steinig, pH 6,5, stark durchwurzelt, AB_{vg} 25–40 cm schwach humoser s L, schwach rostfleckig, schwach steinig, stark durchwurzelt, B_{vg} 40–55 cm s L, rostfleckig, steinig, pH 7,0, stark durchwurzelt, G_0 55–70 cm s L, stark rostfleckig, steinig, mäßig stark durchwurzelt, G_r s L, grau (5Y 5/1), schmierig-tonig, pH 7,1, Durchwurzelung auslaufend, Grundwasserstand zur Zeit der Freilegung ca. 90 cm.

über. In der Mitte des Strauches entstehen dicke Sproßwurzeln. Einige davon breiten sich weit seitwärts aus, mehrere wachsen nach unten. Die abwärts strebenden dicken Wurzeln verjüngen sich unter Bildung von Seitenwurzeln sehr rasch. Sie dringen auf moorigen Böden stets bis in die meist vergleyten Mineralbodenschichten vor. Die Feinverzweigung ist in den meist staufeuchten, luftarmen Böden durchwegs gering. Die Wurzelfarbe ist schwarzgrau. Die Form der Bewurzelung ist scheiben- bis tellerförmig.

Die junge, noch nicht bestockte Pflanze der **Abb. 167** weist noch eine stark hervortretende Polwurzel auf. Diese biegt aber mit ihren Seitenwurzeln bald seitwärts um. Der vorwiegend seitliche Verlauf der Wurzeln ist damit schon vorgezeichnet. Der große Strauch der **Abb. 167** wurde im Keutschacher Moor-Seental südlich des Wörther Sees an einem Moorrand freigelegt. Er weist alle oben beschriebenen Merkmale der Bewurzelung auf. Beachtenswert sind das dichte Geflecht der langen, dicken Kriechsprosse, die große seitliche Reichweite der flachstreichenden Wurzeln und die auffallend starke Verdickung der Sproßbasen in der Mitte des Strauches. Der Großteil der Bewurzelung befindet sich in der nur zeitweise vom Grundwasser eingestauten Bodenschicht. Die tiefer reichenden Wurzeln dringen bis in den ständig staufeuchten Reduktionshorizont vor.

Anatomie, Taf. 156

Der Bau der Wurzeln der Asch-Weide unterscheidet sich von dem der Sal-Weide im primären Zustand durch den oft stärkeren Wechsel der Zellgröße innerhalb des Rindenparenchyms. Wie bei den übrigen Arten der Gattung reagieren die Wände der Zellen von Rhizo- und Exodermis wie auch der tröpfchenförmige Inhalt der Zellen des Rindenparenchyms auf Sudan 3 positiv – ein Hinweis auf das mögliche Vorhandensein von Fettstoffen (A 1, B 1).

Im sekundären Zustand liegen die Unterschiede gegenüber der Sal-Weide im Holz darin, daß die Größe der Gefäße stark wechselt. Kleine und größere Gefäße treten nebeneinander auf. Außerdem ist der Anteil an Gefäßen und, übereinstimmend damit, auch an Bastfasern meist höher. Die Gefäße sind zudem größer. Ebenfalls größer ist die Breite des Pericambial-Abschlußgewebes (A 2–4, B 2). Wie bei den übrigen Arten der Gattung stehen die Bastfasern dicht gedrängt in nach außen deutlich abgegrenzten Gruppen. Diese sind wieder in mehreren Kreisen angeordnet (A 2, 3). Ein weiteres gemeinsames Merkmal sind die den Bastfasern benachbarten Zellreihen mit raumfüllenden Calciumoxalat-Kristallen. Neben den prismatischen Calciumoxalat-Kristallen treten auch, offenbar häufiger als bei den anderen Arten, Calciumoxalat-Drusen auf (A 5).

Besonders die Breite des Pericambial-Abschlußgewebes und vor allem der wiederholte starke Wechsel in der Größe der Gefäße entsprechen dem wechselnden Angebot an Feuchte und Wärme in den oberen Bodenschichten der Randzonen von Flachmooren und Pfeifengraswiesen, wo die Art oft bestandsbildend auftritt (s. oben).

Standortansprüche: Wie die ihr verwandte Sal-Weide stellt auch die lichtholde Asch-Weide keine hohen Wärmeansprüche. Sie wächst vorwiegend an Moorrändern, in Moorwiesen und in Quellsümpfen, entlang von Gräben und Ufern stagnierender Gewässer und in lichten Erlenbrüchen auf meist feinsedimentreichen Gleyböden.

Verbreitung: Die nordisch-eurasiatische Art ist wie die Sal-Weide von der Ebene bis in die subalpine Stufe verbreitet. Die Höhengrenze ihres Vorkommens verläuft in Mitteldeutschland bei 700 m und in den Zentralalpen bei 1.600 (1.700) m. Die Asch-Weide ist ein steter Begleiter der Bruchwälder und -gebüsche. Innerhalb dieser gilt sie als namengebende Kennart des Salicetum cinereae Zol. 31.

Salix glabra Scop., Kahle Weide, Glanz-Weide

Morphologie

S p r o ß : Sommergrüner, kriechender bis aufstrebender Strauch, Höhe max. 1,5 m, auf steileren Schutthalden auch Schuttkriecher.

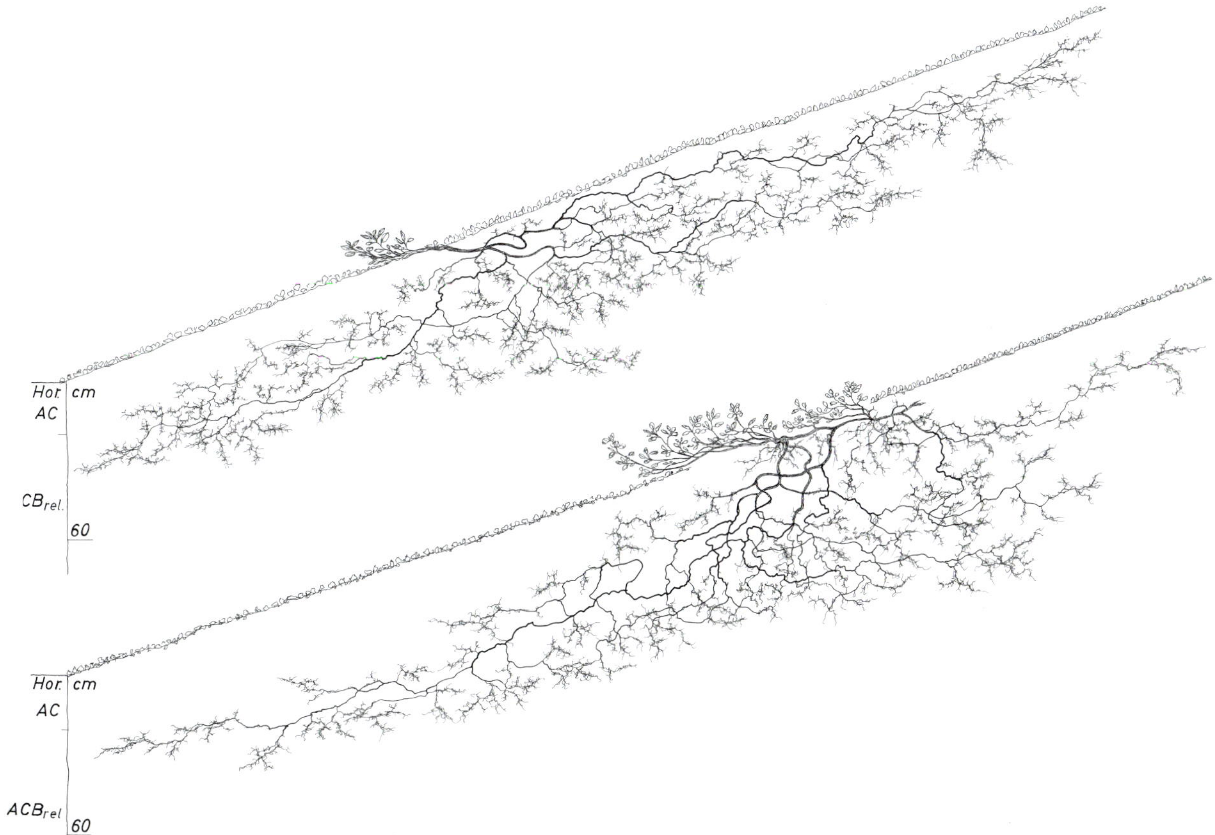

Abb. 168: Kahle Weide, *Salix glabra*, oben Polwurzelpflanze, H–T–S = 15–70–440 cm, unten Sproßwurzelpflanze, H–T–S = 20–85–465 cm, Karawanken, Kärnten, nordseitige Kalk-Schutthalde, 1.200 m NN. Schuttflur mit vorwiegend *Rhamnus fallax, Salix glabra, Sorbus chamaemespilus, S. aria, Convallaria majalis, Valeriana tripteris, Anemone trifolia, Lilium carniolicum, Ranunculus hybridus, Rumex scutatus, Aquilegia einseleana, Aconitum lycoctonum* subsp. *ranunculifolium* u. a. Initiale Schuttrendsina, Bodenprofil Hor.: AC 0–20 cm Grus und Feinschutt mit Beimengung von pechschwarzem Feinmoder, pH 6,9, schwach durchwurzelt, ACB_{rel} Grus und Feinschutt mit Eintrag von Humus und Braunlehm, mäßig stark durchwurzelt.

Taf. 157: Kahle Weide, *Salix glabra*. Karawanken, Kärnten, 1.200 m NN, Schutthang, niederliegender Strauch, Polwurzel schon nahe dem Wurzelhals in kräftige Wurzelstränge verzweigt, die stark gewunden sind und vorwiegend seitwärts verlaufen. Wurzeln nestweise in haardünne Feinwurzeln verzweigt (zu Abb. 168 oben und 169). Bild unten rechts: ein von der Mutterpflanze abgetrennter Legtrieb mit dicken sproßbürtigen Wurzeln (zu Abb. 168 unten).

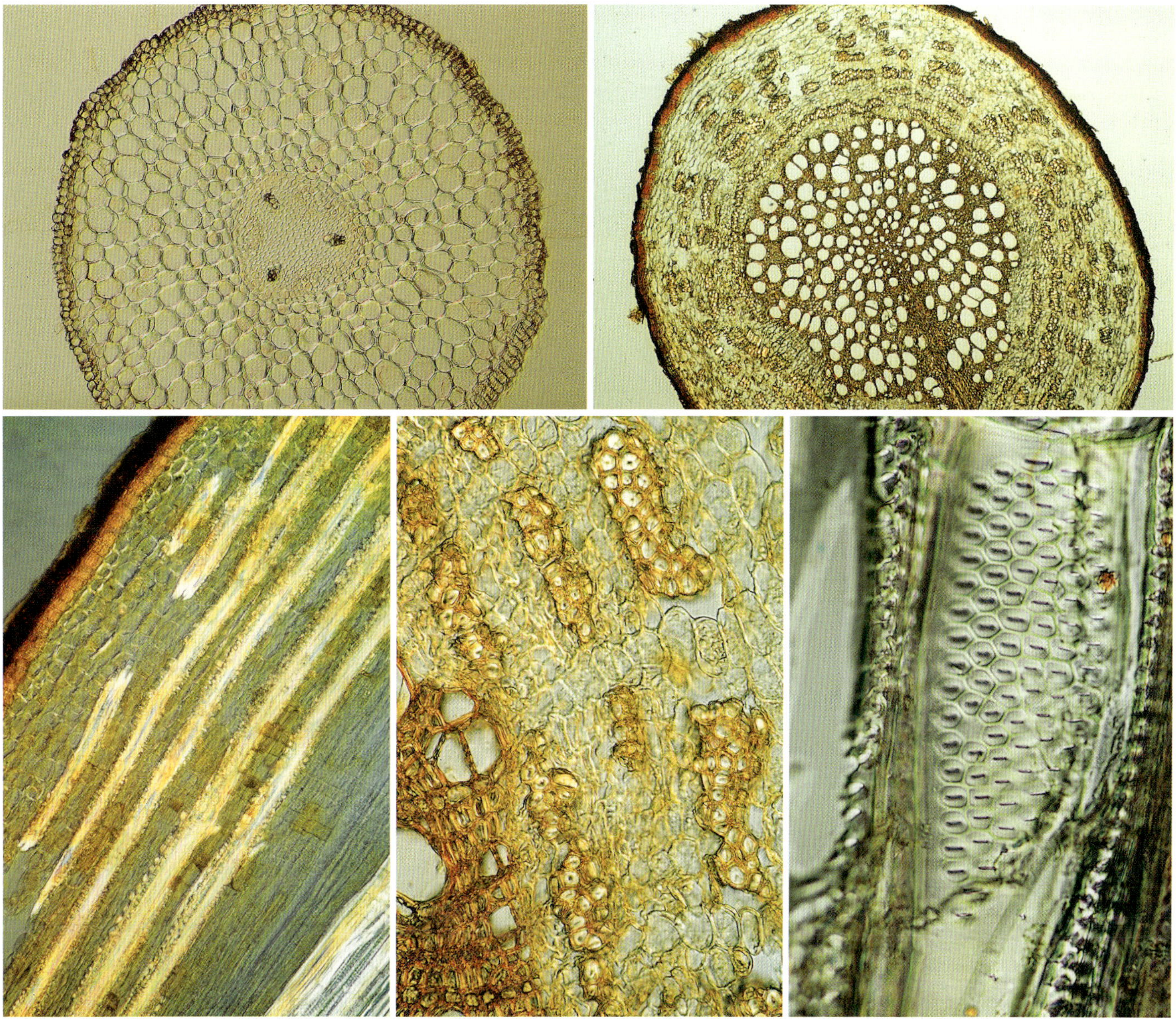

Taf. 158 A: Kahle Weide, *Salix glabra*. – **1:** Bärental, Karawanken, Kärnten, 15.5. Prim., Ø, S3, 64x. **Rh** Z klein, W gebräunt, cutinisiert. **Rinde** Z der mittleren Schichten des RP stark vergrößert. **ZZ** 3arch. – **2:** Ort wie 1, 25.5. Sek., Ø, Ph/HCl, 25x. **PCAG** mittelbreit, innere Schichten rot, Eigenfarbe. **Bast** F sehr dicht stehend, in 2-3reihigen Gruppen, diese in 6 Kreisen angeordnet. **Holz** Gefäße z. T. groß, zahlreich, tangential u. radial benachbart. – **3:** Pfl u. Zeit wie 2. Sek., ⊠, S3, 64x. **Bast** benachbart F ZReihen mit CaOxKristallen. – **4:** Ausschnitt aus 2. 162x. **Bast** F W fast bis zum Verschwinden des Lumens verdickt, äußerer Teil der ZW verholzt. – **5:** Schnittreihe wie 3. S3, 409x. **Holz** Gefäße QuerW kurz, LängsW Tüpfel oval, dicht u. versetzt stehend, wabenförmig umrandet.

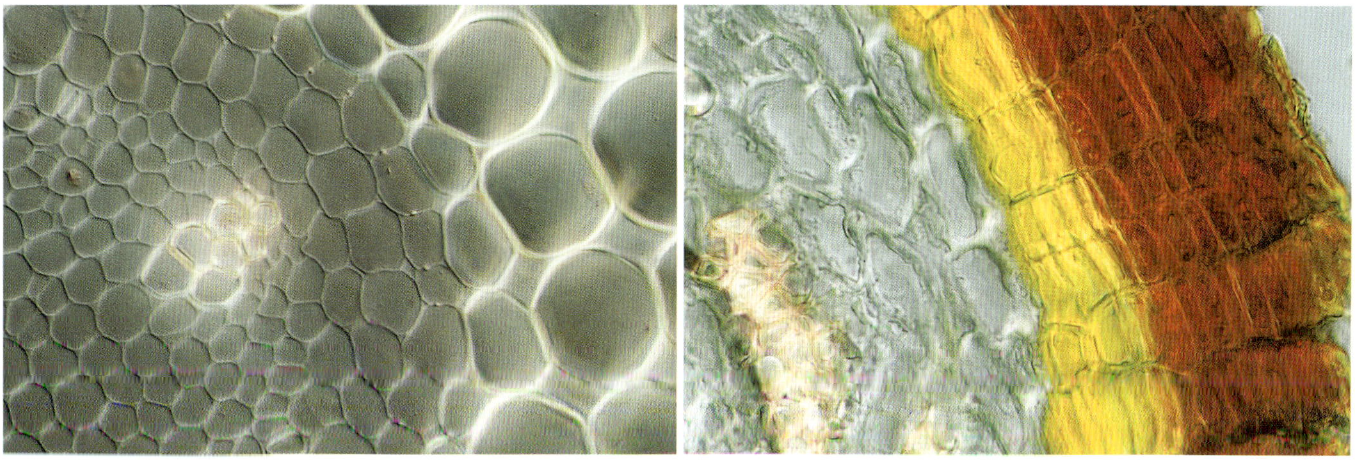

Taf. 158 B: – **1:** Ausschnitt aus A 1. 409x. **Rinde** ZW des RP aufleuchtend, gequollen, ZW der En mit punktförmigen CS. **ZZ** PrX ZW aufleuchtend. – **2:** Pfl u. Zeit wie A 1. Sek., Ø, Ph/HCl, 409x. **PCAG** äußerer Teil breit, Z abgestorben. **Bast** F verholzt.

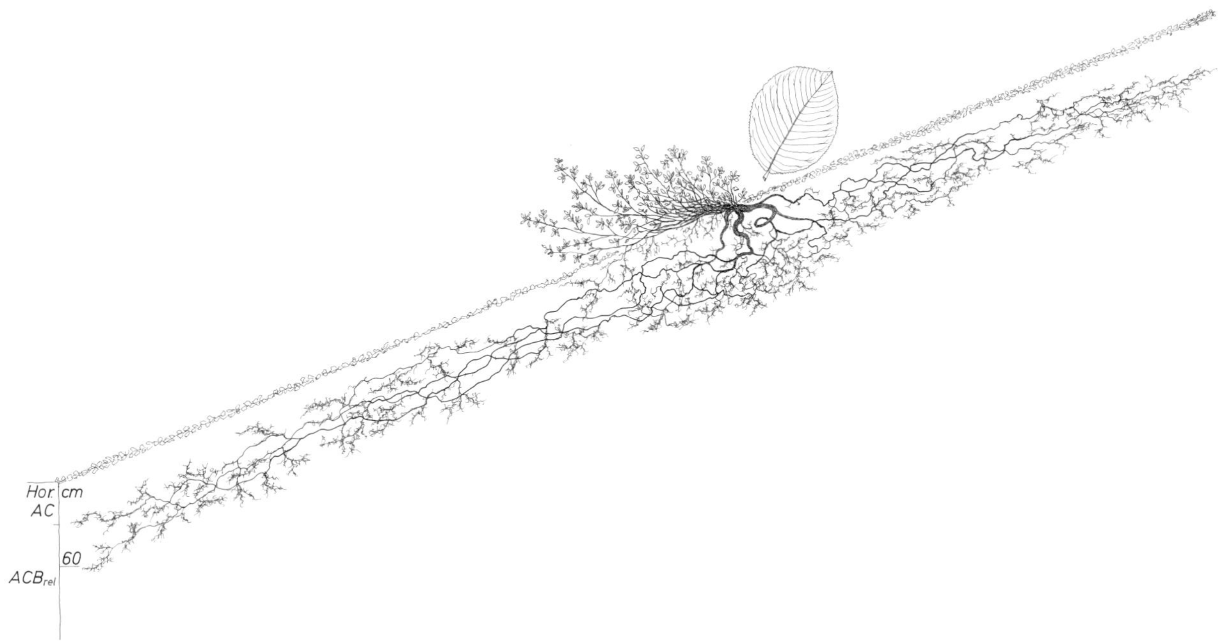

Abb. 169: Kahle Weide, *Salix glabra*, Polwurzelpflanze, H–T–S = 75–79–875 cm, Karawanken, Kärnten, nordseitige Kalk-Schutthalde, 1.200 m NN. Schuttflur mit vorwiegend *Rhamnus fallax, Salix glabra, Sorbus chamaemespilus, S. aria, Convallaria majalis, Valeriana tripteris, Anemone trifolia, Lilium carniolicum, Ranunculus hybridus, Rumex scutatus, Aquilegia einseleana, Aconitum lycoctonum* subsp. *ranunculifolium* u. a. Initiale Schuttrendsina, Bodenprofil Hor.: AC 0–20 cm Grus und Feinschutt mit Beimengung von pechschwarzem Feinmoder, pH 6,9, schwach durchwurzelt, ACB_{rel} Grus und Feinschutt mit Eintrag von Humus und Braunlehm, mäßig stark durchwurzelt.

W u r z e l: Die Kahle Weide ist eine Polwurzel- oder Polwurzel-Sproßwurzel-Pflanze. Die polbürtige Bewurzelung ist vorherrschend. Die Polwurzel ist auch an älteren Pflanzen meist gut erkennbar. Die Überlagerung mit Schutt führt jedoch zur Bildung sproßbürtiger Wurzeln. Auf stärker bewegtem Schutt verliert der nach unten kriechende Sproß oft die Verbindung mit der dahinter liegenden, überlagerten Mutterpflanze. An der Basis der Kriechsprosse können dicke Wurzelstränge entstehen. Wenn nur eine dicke Wurzel gebildet wird, kann diese für eine Polwurzel gehalten werden. Die flurnahen Geröllschichten werden wegen Trockenheit und häufiger Überrollung nicht oder nur schwach durchwurzelt. Die Wurzeln breiten sich in den am günstigsten erwärmten und durchfeuchteten oberen und mitteltiefen Schichten relativ weit seitwärts aus. Der unregelmäßige Feinanteil in den Schuttböden bewirkt ein nestförmig verteiltes Auftreten der Feinwurzeln. Die Wurzelfarbe ist dunkelgrau bis schwarzgrau.

Die Pflanze der **Abb. 168** oben, die auf einem Schutthang in den Karawanken in Kärnten freigelegt wurde, ist eine Polwurzelpflanze. Der Sproß und die Polwurzel sind, entsprechend der Schuttbewegung, nach unten ausgerichtet. Die dicke Polwurzel verzweigt sich gabelartig in zwei Wurzelstränge, die sich mehrmals gabelartig weiter verzweigen. Der seitliche Verlauf der Wurzelstränge herrscht vor. Die Pflanze der **Abb. 168** unten, die neben der oberen Pflanze freigelegt wurde, ist eine Sproßwurzelpflanze. Die Verbindung mit der Mutterpflanze ist durch die Schuttbewegung verlorengegangen. Aus dem überlagerten Kriechsproß gingen dicke Sproßwurzeln und Laubtriebe hervor. Am Grund der Laubtriebe bilden sich Büschel von dünnen Wurzeln. Auch bei dieser Pflanze ist der seitliche Verlauf der Wurzeln vorherrschend.

Die Pflanze der **Abb. 169**, die am gleichen Ort wie jene der **Abb. 168** freigelegt wurde, ist eine alte Polwurzel-Sproßwurzel-Pflanze. Die Polwurzel verzweigt sich in zwei dicke Stränge, die sich weiter gabelartig verzweigen. Am Grund des Sproßbüschels entstand eine dicke Sproßwurzel. Sie wächst als dritter dikker Strang neben der Polwurzel abwärts. Entlang der Unterseite der Kriechsprosse entstanden zahlreiche dünnere Wurzeln. Die flurnahen, bewegten Schotterschichten sind nicht durchwurzelt. In den „ruhigeren", besser durchfeuchteten Schichten verlaufen die Wurzeln weit seitwärts.

Anatomie, Taf. 158

Die Wurzeln der Kahlen Weide unterscheiden sich von jenen der übrigen untersuchten Arten der Gattung im primären Zustand durch das engere Verhältnis der Breite der Rinde zu jener des Zentralzylinders (A 1). Es zeigt sich darin die Bindung der Art an grundwasserfernere, frische Standorte. Die Unterschiede im Aufleuchten der Zellwände der einzelnen Gewebe entsprechen wieder deren verschiedenem Wassergehalt bzw. der verschiedenen Verholzung. Besonders hell leuchten die Zellwände des Mittelrindenparenchyms und der Xylem-Leitelemente sowie die radialen Wände der Endodermis auf (B 1).

Die geringere Bodenfeuchtigkeit zeigt sich auch im sekundären Zustand in der Anordnung der Gefäße. Diese liegen oft tangential und wesentlich seltener radial benachbart. Der höhere Nährstoffgehalt der Standorte spiegelt sich in der größeren Breite des Bastes wider. Die Festigkeit der Wurzeln ist dadurch gewährleistet, daß mehrere Kreise von Fasergruppen im Bast auftreten. Die Fasern stehen wie bei den übrigen Vertretern der Familie eng gedrängt in nach außen scharf abgegrenzten blockförmigen Gruppen (A 2–4). Der in der Regel hohe Kalkgehalt der Böden begünstigt das reichliche Auftreten von prismatischen Calciumoxalat-Kristallen in den den Fasergruppen benachbarten Zellreihen (A 3). Die Zellen der Gefäße sind oft kurz, und die Radialwände stehen z. T. nahezu normal zu den Längswänden (A 5). Das Pericambial-Abschlußgewebe ist häufig breiter als bei den anderen Arten. Die äußeren Schichten bleiben in dem kühleren Klima länger erhalten (B 2).

Standortansprüche: Der lichtbedürftige kleine Strauch wächst in kühleren Gebirgslagen an sickerfeuchten Schutthängen, im Bachgeröll, in Spalten von Felswänden oder in steinigen Quellfluren stets auf kalkreichem Substrat.

Verbreitung: Die ostalpide Art ist in den Alpen vorwiegend in der subalpinen Stufe zu finden. Die Höhengrenze ihrer Verbreitung verläuft bei etwa 2.200 m. Entlang von Gebirgsbächen kann sie bis in tiefe Lagen verfrachtet werden. Sie ist meist in Schutt- und Hochstaudenfluren sowie in lichten Krummholzgebüschen zu finden. Innerhalb des Salicion waldsteinianae gilt sie als namengebende Kennart des Salicetum glabrae.

Celastraceae, Spindelstrauchgewächse

Evonymus europaea L., Gewöhnlicher Spindelstrauch

Morphologie

Sproß: Sommergrüner, bis 6 m hoher Strauch oder kleiner Baum, durch Stockausschlag auch mehrstämmig, durch Wurzelbrut Strauchgruppen bildend. Äste aufrecht oder sparrig abstehend.
Wurzel: Das Auffallendste an der Bewurzelung dieser Art ist die Bildung dichter Strähnen von Feinwurzeln. Eine derart reiche Feinwurzelbildung konnte bei keinem anderen untersuchten Holzgewächs festgestellt werden. Bereits der stark verdickte Ansatz der Polwurzel ist gleichsam mit einem wolligen Filz von Feinwurzeln umgeben. Entlang der weit seitwärts verlaufenden Wurzelstränge sind die dünneren Seitenwurzeln höherer Ordnung dicht mit Feinwurzeln bepelzt. Dieser extrem hohe Feinwurzelbesatz, der besonders auf Auböden mit Mullhumusbildung festzustellen ist, geht auf Kosten des Tiefenstrebens der Wurzeln. Der an älteren Pflanzen festzustellende stark verdickte Ansatz der Polwurzel verjüngt sich durch die Bildung kräftiger Seitenwurzeln sehr rasch. Im Aubereich verlaufen alle kräftigen Wurzelstränge seitwärts, nur dünne Wurzeln wenden sich abwärts. Wurzeltiefen bis zu 100 cm werden kaum erreicht. Infolge der großen seitlichen Reichweite der Wurzeln ist der Wurzelkörper teller- bis scheibenförmig. Die Farbe der Feinwurzeln ist auffallend hellgelb bis hell gelbbraun.

Taf. 159: Gewöhnlicher Spindelstrauch, *Evonymus europaea*. Grafenstein, Kärnten, 390 m NN, sandiger Auboden. 1. Reihe: baumförmiger Strauch mit zapfenförmig verkürzter Polwurzel, Wurzeln vorwiegend seitwärts verlaufend, mit dichtem Pelz von Feinwurzeln (zu Abb. 170). 2. R. rechts: baumförmiger Strauch, der am Ende einer dünnen Wurzel einen dicken Wurzelsproß gebildet hat, an dessen Basis eine kräftige, seitwärts umgebogene Sproßwurzel entstanden ist; links: Verdickung der Mutterwurzel durch Nährstoffzufuhr aus dem Wurzelsproß.

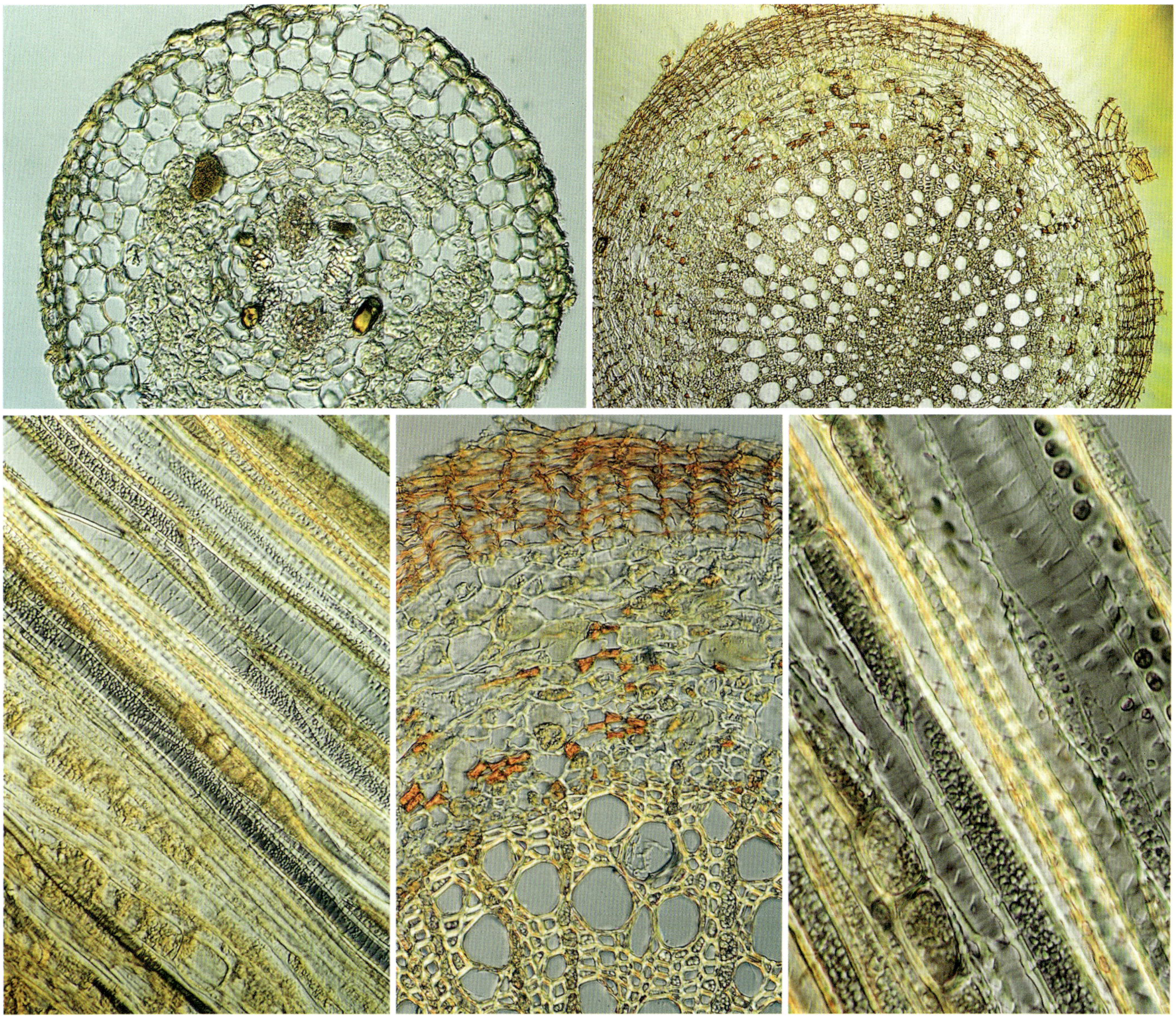

Taf. 160 A: Gewöhnlicher Spindelstrauch, *Evonymus europaea*. – **1:** Grafenstein, Kärnten, 9.9. Prim., Ø, Ph/HCl, 162x. **Rh** ZAW stark verdickt. **Rinde** ExZ 2-10mal größer als RhZ, ZW suberinisiert. **ZZ** 2arch. – **2:** Pfl u. Zeit wie 1. Sek., Ø, S3, 64x. Wu im Krümmungsbereich. **ZZ** 2arch. **PCAG** dünnwandig, ZW ab 3. Schicht verkorkt, äußere Schichten abschuppend. **Bast** mittelbreit, F einzeln oder in losen Gruppen, ZW suberinisiert. **Holz** konvexe Seite schmäler, Anteil an GG größer als konkave Seite. – **3:** Pfl u. Zeit wie 1. Sek., ⊠, JJK, 162x. **Holz** Strahlen 1(2)reihig, bis über 6 Z hoch, Gefäße Verdickungen schraubenförmig. – **4:** Ausschnitt aus 2. 162x. – **5:** Ausschnitt aus 3. 409x. **Holz** Strahlen Z z. T. kurz, GG Z verlängert, St-reich, FTracheiden Tüpfel z. T. entfernt stehend.

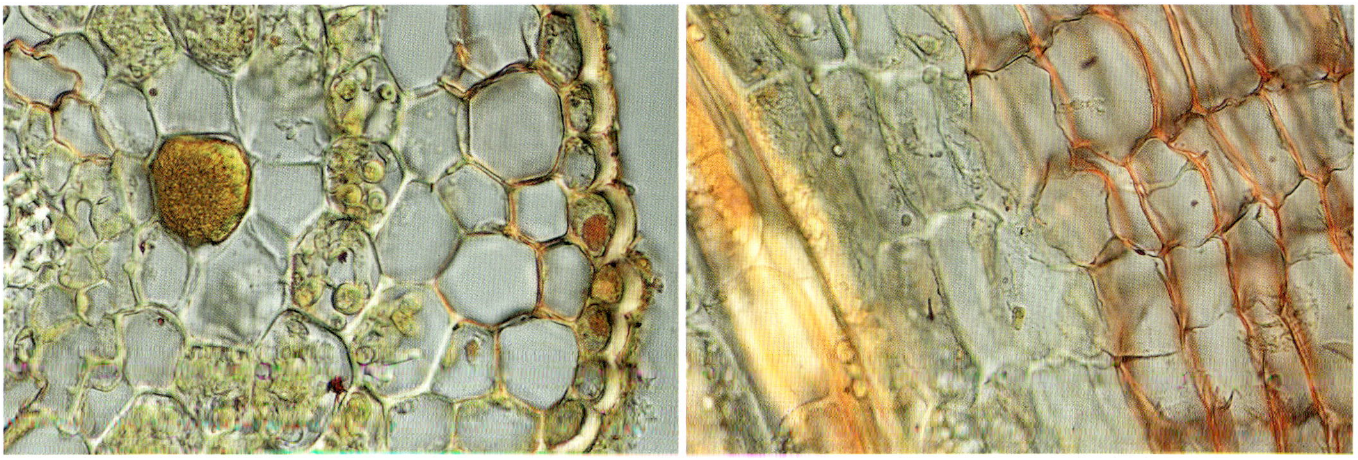

Taf. 160 B: – **1:** Schnittreihe wie A 1. S3, 409x. **Rinde** RP Z teils mit GS, teils mit Pilzhyphen, vereinzelt mit FS, EnZ mit Suberinlamelle. – **2:** Schnittreihe wie A 3. S3, 409x. **PCAG** 8schichtig. **Bast** F W schwach suberinisiert.

Abb. 170: Gewöhnlicher Spindelstrauch, *Evonymus europaea*, H–T–S = 527–75–1.132 cm, Drau-Au bei Grafenstein in Kärnten, 390 m NN. Grauer Auboden, Bodenprofil Hor.: A 0–18 cm Modermull, stark humoser, schluffiger Feinsand, dunkel graubraun (10YR 2/2), locker, pH 6,1, sehr stark durchwurzelt, C schluffiger Feinsand, graubraun (10YR 5/2), mäßig dicht gelagert, pH 6,7, Durchwurzelung abgesetzt endend, ab 50 cm Tiefe feucht.

Der baumförmige, zweistämmige Strauch der **Abb. 170** wurde auf feinsandigem Auboden bei Grafenstein in Kärnten freigelegt. Die deutlich festzustellende, im oberen Teil stark verdickte Polwurzel verjüngt sich unter Bildung kräftiger flachstreichender Wurzeln sehr rasch. Sie selbst biegt am unteren Ende knieförmig um und breitet sich ebenfalls seitwärts aus, obwohl keine Bodenwiderstände das Tiefenstreben beeinträchtigen. Auch die abwärts wachsenden, dünnen Wurzeln beenden ihr Tiefenstreben mit Erreichen der gleichmäßiger temperierten und gleichmäßiger feuchten Bodenschichten. Der Ausschnitt in **Abb. 170** links oben zeigt, daß die Art durch Bildung von Wurzelsprossen auch zusammenhängende Strauchgruppen bilden kann.

Anatomie, Taf. 160

Zu den besonderen Merkmalen der Wurzeln des Gewöhnlichen Spindelstrauches zählt im primären Zustand die starke Verdickung der Außenwand der Rhizodermiszellen (A 1, B 1).

Im sekundären Zustand kennzeichnen die Art die dünnen Wände des Pericambial-Abschlußgewebes und dessen schuppenförmiges Ablösen. Besonders auffallend ist die Ausbildung von Zellen ähnlich Fasern (A 2, 4, B 2). Nach der positiven Reaktion auf Sudan 3 zu schließen, enthalten diese Fettstoffe. Weil die Färbung sehr ähnlich jener der verkorkten Zellwände des Pericambial-Abschlußgewebes ist, könnte es sich um eine Verkorkung handeln. Nach Cutler et al. (1987) fehlen jedoch beim Gewöhnlichen Spindelstrauch im Bast Fasern und Steinzellen. Die Strahlen im Holz sind einreihig und bis über sechs Zellen hoch. Deren Zellen wie auch die verlängerten Zellen des Grundgewebes enthalten reichlich kleinkörnige Stärke (A 3–5). Deutliche schraubenförmige Verdickungen kennzeichnen die Gefäße. Die Querwände der Gefäße stehen schräg, sie sind dadurch verlängert.

Die starke Verdickung der Außenwand der Rhizodermiszellen erhöht den Trocken- und den Fäulnisschutz der jungen Wurzeln. Im sekundären Zustand könnte die Einlagerung von Fettstoffen in die faserartigen Zellen des Bastes einen weiteren diesbezüglichen Schutz bewirken.

Standortansprüche: Die Halbschatten ertragende, etwas wärmebedürftige Art wächst vorzugsweise in sonniger Lage in Gebüschen und lichten Wäldern auf frischen bis zeitweise oberbodentrockenen, steinigen, sandigen oder lehmigen, basenreicheren Böden.

Verbreitung: Die subatlantisch-submediterrane Art ist von der Ebene bis in mittelhohe Gebirgslagen verbreitet. Ihr Hauptverbreitungsgebiet deckt sich mit der Eichenstufe und der unteren Buchenstufe. Die Höhengrenze der Verbreitung verläuft in Mitteldeutschland bei 600 (700) m und in den Zentralalpen bei 1.100 (1.200) m. Wegen ihres vorwiegenden Auftretens in Gebüschen gilt sie als Kennart der Prunetalia.

Cornaceae, Hartriegelgewächse

Cornus sanguinea L., Roter Hartriegel

Morphologie

Sproß: Sommergrüner, bis 4 m hoher Strauch, durch Wurzelsprosse zusammenhängende Büsche bildend, Äste gegenständig, aufstrebend oder überhängend.

Wurzel: Der Rote Hartriegel ist eine Polwurzel-Sproßwurzel-Pflanze, die reichlich Wurzelbrut bildet. Bei den Samenpflanzen ist die Polwurzel auch noch an älteren Sträuchern deutlich erkennbar. Ihr oberer, meist stark verdickter Teil verjüngt sich rasch unter Bildung zahlreicher Seitenwurzeln. Ihr unterer, verdünnter Teil verläuft mit seinen meist zahlreichen dünnen Seitenwurzeln seitwärts oder abwärts. Größere Wurzeltiefen werden nach vorliegenden Untersuchungen nicht erreicht. Auf Böden mit steinigem Untergrund bleibt die Bewurzelung vorwiegend auf die darüber liegenden feinsedimentreicheren Schichten beschränkt. Oberdorfer (1994) bezeichnet den Roten Hartriegel zu Recht als „Lehmzeiger". Die oberen,

Taf. 161: Roter Hartriegel, *Cornus sanguinea*. Schütt bei Villach, Kärnten, 590 m NN, Südhang, Braunlehm über Kalk, Strauchgruppe, Polwurzel der Mutterpflanze im steinigen Boden umgebogen, Seitenwurzeln flurnah verlaufend, zahlreiche Wurzelsprosse bildend, fortlaufende Mutterwurzel im Bereich der Wurzelsprosse durch Stoffzufuhr aus diesen stets verdickt (3. Reihe links), Feinverzweigung der dünnen Wurzeln groß (zu Abb. 171).

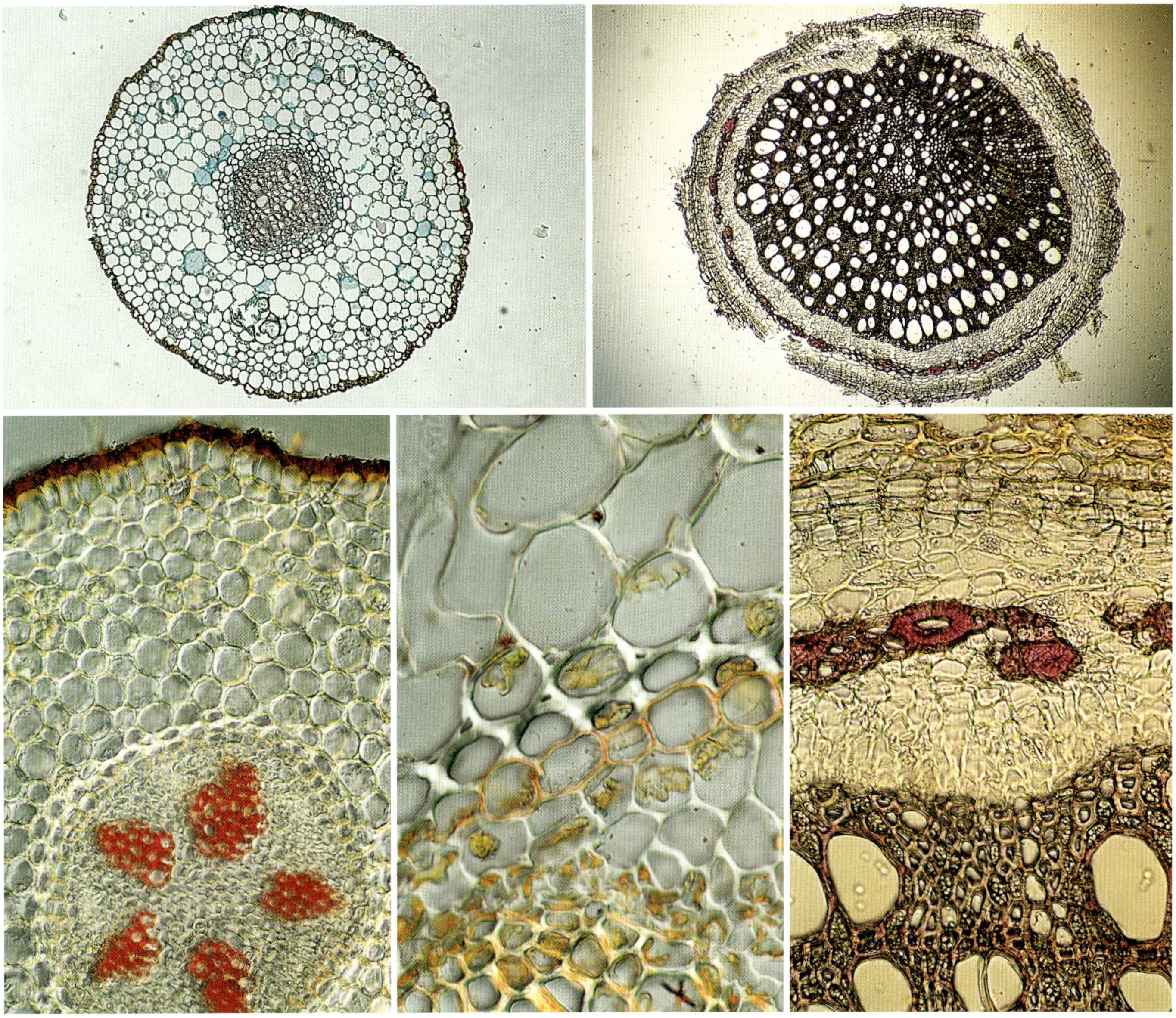

Taf. 162 A: Roter Hartriegel, *Cornus sanguinea*. – **1:** Lockenhaus, Burgenland, 2.12. Prim., Ø, Saf.-Ast., 64x. **Rh** ZW rotbraun, Eigenfarbe. **Rinde** ExZ größer als jene der Rh und des ARP, EnZ klein. **ZZ** 4arch. – **2:** Schütt bei Villach, Kärnten, 29.4. Sek., Ø, Ph/HCl, 25x. Wu stark asymmetrisch. **PCAG** dreieckig aufreißend. **Bast** SteinZ verholzt, an konvexer Seite vereinzelt oder fehlend, an konkaver geschlossenen Ring bildend. **Holz** konvexe Seite der Gefäße spärlich, konkave zahlreich, größer. – **3:** Grafenstein, Kärnten, 5.12. Prim., Ø, Ph/HCl, 162x. **ZZ** 5arch. – **4:** Klagenfurt, 29.12. Prim., Ø, S3, 409x. **Rinde** RP 2 innerste Schichten, radiale u. äußere tangentiale ZW verdickt, En ZW mit Suberinlamelle. – **5:** Ausschnitt aus 2. 162x. **PCAG** 5schichtig mit Resten der Rinde. **Bast** SteinZ weitlumig.

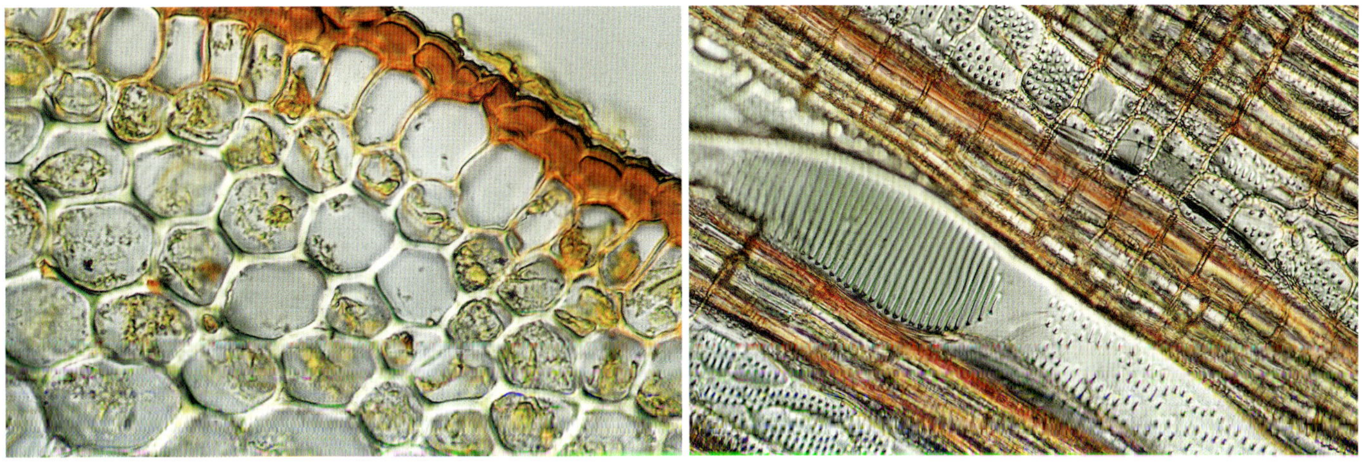

Taf. 162 B: – **1:** Schnittreihe wie A 4. S3, 409x. **Rh** ZW verdickt. **Rinde** Ex ZW dünn, mit Suberinlamelle, RP ZW dick, gequollen. – **2:** Ort u. Zeit wie A 3. Sek., ⊠, Ph/HCl, 162x. **Holz** FTracheiden u. Gefäße Tüpfel rundlich, Platten leiterförmig.

stärkeren Seitenwurzeln verlaufen in den humosen oberen Bodenschichten weit seitwärts. Entlang ihrer dickeren Abschnitte bilden sie gerade aufstrebende Wurzelsprosse. Die von deren Basis weiterwachsenden Wurzeln sind über einen kurzen Abschnitt verdickt. Auch flachstreichende Seitenwurzeln 2. Ordnung können Wurzelsprosse bilden. Es entsteht dadurch oft ein dichtes Geflecht sproßbildender Wurzeln. Die dünnen Wurzeln bilden im humosen Oberboden entlang ihrer Endabschnitte ein Geflecht von äußerst dünnen Feinwurzeln. Dadurch wird der mullhumusreiche, tätige Oberboden dicht durchwurzelt. Die Wurzelfarbe ist dunkel- bis schwarzbraun.

Die Jungpflanze der **Abb. 171** weist eine deutlich vorwüchsige Polwurzel auf. Am unteren Ende zeigt diese schon ihre Neigung, nach der Seite umzubiegen. Die zahlreichen Seitenwurzeln sind noch wenig verzweigt. Der ältere Strauch der **Abb. 171** wurde in der Schütt bei Villach auf Braunlehm über Kalkschutt freigelegt. Die stark verdickte Polwurzel verjüngt sich sehr rasch und biegt bereits in einer Tiefe von 33 cm seitwärts um. Einige ihrer weiter abwärts verlaufenden dünnen Seitenwurzeln dringen in den Kalkschutt ein. Die weit seitwärts verlaufenden Wurzeln bilden zahlreiche Wurzelsprosse. Auffallend ist, daß einige Wurzelsprosse gegenläufig zur Wachstumsrichtung der Mutterwurzel bogenförmig aufwärts wachsen. An der Basis der Wurzelsprosse treten keine Sproßwurzeln auf. Alle Sproßtriebe sind mit der Mutterpflanze verbunden.

Anatomie, **Taf. 162**

Schon im primären Zustand ist die Wurzel des Roten Hartriegels durch zwei Merkmale von denen der übrigen untersuchten Arten der Angiospermen zu unterscheiden: Die Zellwände der Rhizodermis sind allseitig verdickt und haben eine rötliche Eigenfarbe. Außerdem haben die Zellen der innersten Schicht des Rindenparenchyms verdickte Zellwände, allerdings beschränkt auf die Radialwände und die äußere Zellwand. Stellenweise greifen die Verdickungen auch auf die nach außen angrenzende Schicht über. Die Zellwände der Exodermis sind suberinisiert und daher wenig quellfähig. Die Zellen der Endodermis haben eine deutlich ausgebildete Suberinlamelle. Außerdem sind sie nach Beendigung ihrer tangentialen Teilungen mitunter einmal radial geteilt (A 1, 3, 4, B 1).

Im sekundären Zustand kennzeichnend für die Art ist ein mittelbreites, dünnwandiges Pericambial-Abschlußgewebe, das im Alter dreieckig aufreißt. Das Sclerenchym des Bastes besteht aus Steinzellen (A 5). Fasern konnten nicht gefunden werden (vgl. CUTLER et al. 1987). Die Strahlen im Holz sind 1–2reihig. Fasern im Holz fehlen laut den erwähnten Autoren. Die Gefäße haben leiterförmige Platten. Ungewöhnlich ist die rundliche Form der Tüpfel (B 2). SCHWEINGRUBER (1990) gibt für die Gattung *Cornus* Hoftüpfel an. Bezeichnend für die Art ist auch die Anordnung der Gefäße: Sie treten teils zerstreut auf, teils bilden sie längere tangentiale Reihen (A 2). Wieder entspricht einem weitgehenden Zurücktreten von Sclerenchymzellen im Bast, wie hier auf der konvexen Seite der Wurzeln, eine Zunahme von Grundgewebe im Holz (vgl. *Frangula alnus* und andere Arten).

Die allseitige Verdickung der Rhizodermiszellen schützt die auf frischen bis frischfeuchten Standorten auftretende Art vor Auslaugung und vorübergehend starkem Wasserverlust. Im sekundären Zustand stimmt mit ihrer Standortwahl der mäßig hohe Anteil an Sclerenchym in Form von Steinzellen im Bast überein. Im Holz sind das weitgehende Fehlen von radial benachbart auftretenden Gefäßen und das häufige Vorkommen von tangential benachbarten kennzeichnend für ihren Standortbereich. Im feuchten Grenzgebiet ist der Anteil an Gefäßen hoch, im trockenen geringer. Zu sehen ist dies bei gekrümmten Wurzeln, bei denen die konvexe Seite wesentlich schlechter mit Wasser versorgt ist als die konkave (A 2).

Standortansprüche: Die Halbschatten ertragende Art ist etwas wärmebedürftig, aber wenig empfindlich gegen größere Winterkälte. Sie gedeiht auf frischen bis mäßig trockenen, basenreichen, stauwasserfreien lehmigen oder tonigen Böden, die auch mit Steinen durchsetzt sein können. Wegen der reichlichen Bildung von Wurzelbrut gilt sie als Pionierpflanze und Bodenfestiger.

Verbreitung: Die submediterran-subatlantische Art wächst vorwiegend in der Eichenstufe und in der unteren Buchenstufe. Die Höhengrenze ihrer Verbreitung liegt in Mitteldeutschland bei 500 (600) m, in den Zentralalpen bei 1.300 (1.400) m und in den Westalpen bei 1.500 (1.600) m. Sie ist in Auwäldern, Säumen und Lichtungen von Laubmischwäldern sowie besonders in Buschformationen zu finden. Sie gilt als schwache Kennart der Sommergebüsche wärmerer, basenreicherer Standorte (Berberidion).

Abb. 171: Roter Hartriegel, *Cornus sanguinea*, H–T–S = 540–90–870 cm, Schütt bei Villach, Südhang, 590 m NN. Gebüsch am Rand eines basiphilen Halbtrockenrasens mit *Amelanchier ovalis, Cornus sanguinea, Fraxinus ornus* und *Ligustrum vulgare.* Braunlehm über Kalkschutt, Bodenprofil Hor.: O 4–0 cm Laubstreu, A 0–15 cm Mull, stark humoser Braunlehm, krümelig, AB_{rel} 15–30 cm schwach humoser Braunlehm, dicht, B_{rel} 30–60 cm Braunlehm, dicht, schwach durchsetzt mit Kalkschutt, D Kalkschutt.

Aquifoliaceae, Stechpalmengewächse

Ilex aquifolium L., Stechpalme

Morphologie

Sproß: Strauch oder bis 15 m hoher Baum mit immergrünen, lederigen Blättern, durch Stockausschlag und Kriechtriebe Strauchgruppen bildend, Äste sparrig abstehend.

Wurzel: Die Stechpalme ist eine Polwurzel oder Polwurzel-Sproßwurzel-Pflanze. An jungen Pflanzen ist die Polwurzel noch deutlich erkennbar. Sie ist im oberen Teil verdickt und in weiterer Folge dünn strangförmig. Ihr Tiefenstreben ist gering. Meist breitet sie sich mit ihren Seitenwurzeln seitwärts aus. An älteren Pflanzen ist die Polwurzel kaum noch festzustellen. An bestockten Sträuchern überwiegt die

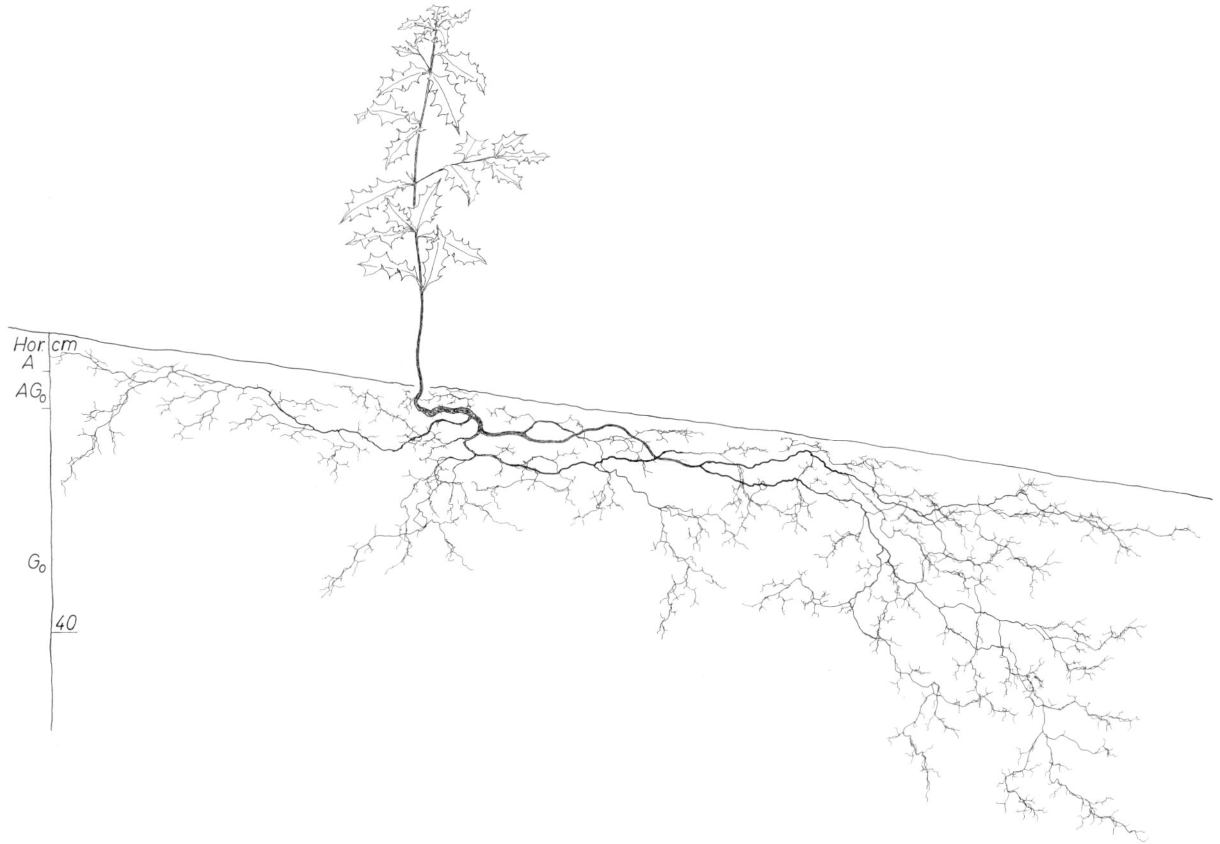

Abb. 172: Stechpalme, *Ilex aquifolium*, Polwurzelpflanze, H–T–S = 38–35–120 cm, Goisern, Oberösterreich, SO-Hang, 710 m NN. Buchen-Tannen-Wald mit vereinzelt Stechpalme, in der Krautschicht vorwiegend *Salvia glutinosa, Aposeris foetida, Carex flacca, Anemone nemorosa,* vereinzelt *Carex montana, Sanicula europaea, Calamagrostis varia* u. a. Mullgley über Kalkschutt, Bodenprofil Hor.: A 0–4 cm humoser Ton, schwach krümelig, dunkel graubraun (10YR 4/2), pH 6,3, stark durchwurzelt, AG_0 4–8 cm schwach humoser Ton, dicht, mäßig stark durchwurzelt, G_0 Ton, dicht, schwach rostfleckig, pH 5,4, feucht, Stärke der Durchwurzelung rasch abnehmend.

sproßbürtige Bewurzelung. Sie wird noch durch bewurzelte Kriechtriebe verstärkt, die vom Muttersproß ausgehen. Die kräftigen Wurzelstränge breiten sich weit seitwärts in den oberen Bodenschichten aus. Die abwärts wachsenden, dünneren Wurzeln dringen in den Alpen kaum tiefer als 100 cm in den Boden ein. Die Feinverzweigung der Wurzeln ist ziemlich hoch. Die Wurzelfarbe ist gelblichweiß.

Bei der Jungpflanze der **Abb. 172** biegt die Polwurzel schon am oberen, verdickten Teil knieförmig um. Die zunächst seitwärts verlaufenden, dickeren Wurzeln wenden sich mit ihren Seitenwurzeln an ihrem Endabschnitt nach unten. Der Feinwurzelbesatz ist trotz des dichten Bodens ziemlich hoch. Der alte, bestockte Strauch der **Abb. 173** wurde, wie die Jungpflanze der **Abb. 172**, an einem SO-Hang bei Goisern in Oberösterreich auf schwerem Tonboden freigelegt. Am Grund der Bestockungstriebe entstanden zahlreiche dicke sproßbürtige Wurzeln. Die Polwurzel ist nicht mehr von ihnen zu unterscheiden. Vom Wurzelstock zweigen Kriechsprosse ab. Sie bilden Laubtriebe und an deren Grund einzelne dickere Sproßwurzeln, die sich bald büschelig verzweigen. Der seitliche Verlauf der Wurzeln herrscht in diesem kühl-feuchten Boden weitaus vor.

Anatomie, Taf. 164

Im primären Zustand kennzeichnen die Wurzeln der Stechpalme die kleinzellige, dünnwandige Rhizodermis und die großzellige Exodermis, deren Wände suberinisiert sind. Die Zellen des Rindenparenchyms sind z. T. radial angeordnet und kleiner bis wenig größer als jene der Exodermis. Die Größe der Endodermiszellen ist sehr unterschiedlich. Sie können kleiner als die des Pericambiums sein, aber auch mehr als

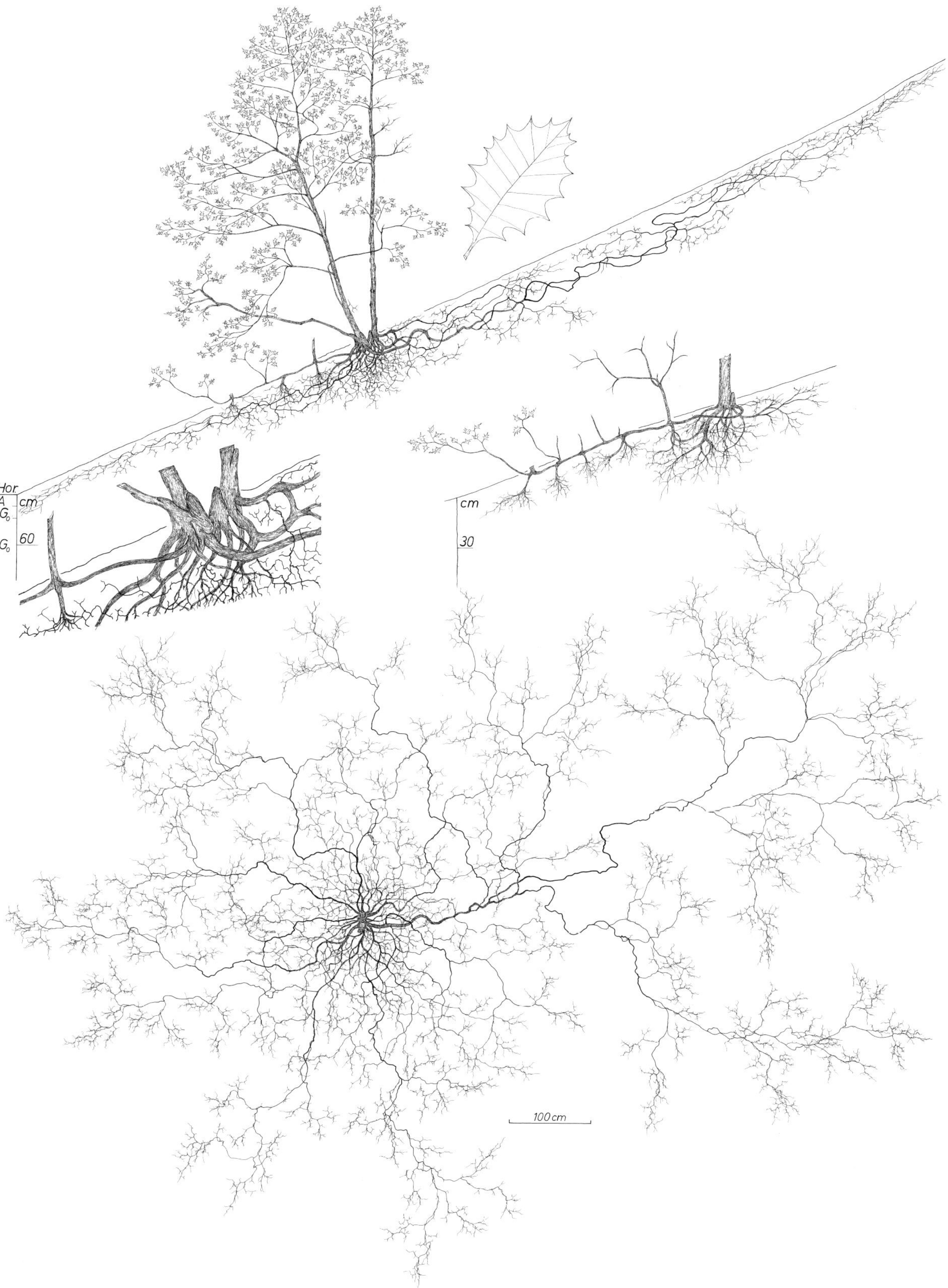

Abb. 173: Stechpalme *Ilex aquifolium*. Polwurzel-Sproßwurzel-Pflanze. H–T–S = 410–81–1180 cm. Goisern, Oberösterreich, SO-Hang, 710 m NN. Buchen-Tannen-Wald mit vereinzelt Stechpalme, in der Krautschicht vorwiegend *Salvia glutinosa, Aposeris foetida, Carex flacca, Anemone nemorosa,* vereinzelt *Carex montana, Sanicula europaea, Calamagrostis varia* u. a. Mullgley über Kalkschutt, Bodenprofil Hor.: A 0–4 cm humoser Ton, schwach krümelig, dunkel graubraun (10YR 4/2), pH 6,3, stark durchwurzelt, AG_0 4–8 cm schwach humoser Ton, dicht, mäßig stark durchwurzelt, G_0 Ton, dicht, schwach rostfleckig, pH 5,4, feucht, Stärke der Durchwurzelung rasch abnehmend.

Taf. 163: Stechpalme, *Ilex aquifolium*. Goisern, Oberösterreich, 710 m NN, toniger Mullgley. 1. Reihe links: Jungpflanze, Polwurzel seitwärts verlaufend, mäßig stark verzweigt (zu Abb. 172). Übrige Bilder: gleicher Ort wie oben, baumförmiger Strauch mit bewurzeltem Legtrieb, sproßbürtige Bewurzelung vorherrschend, Wurzelstränge stark gewunden, vorwiegend seitwärts ausgebreitet (zu Abb. 173).

Taf. 164 A: Stechpalme, *Ilex aquifolium.* – **1:** Bei Goisern, Oberösterreich, 20.5. Prim.-sek., Ø, Saf.-Ast., 204x. **Rh** Z klein bis mittelgroß, aufgerissen. **Rinde** ExZ groß, RP Z mit Pilzhyphen, EnZ Größe sehr unterschiedlich. **ZZ** 3arch. **PCAG** einseitig, bis 3schichtig. **Holz** ZW mittelstark verdickt. – **2:** Ort wie 1, 24.5. Sek., Ø, Ph/HCl, 32x. Wu ca. 9jährig. **PCAG** mittelbreit. **Bast** SteinZ in 1-2reihigen Schichten. **Holz** zerstreutporig bis 6reihig, Früh- u. Spätholz wenig verschieden. – **3:** Pfl u. Zeit wie 1. Sek., Ø, S3, 162x. **PCAG** breit, bis über 18schichtig. Bast F fehlend. Holz weniger xeromorph gebaut als bei 2. – 4: Pfl u. Zeit wie 2. Sek., ☒, Ph/HCl, 409x. Holz FTracheiden Tüpfel entfernt stehend, Gefäße Platten leiterförmig. – 5: Pfl u. Zeit wie 1. Sek., ☒, S3, 162x. Bast rote Tropfen.

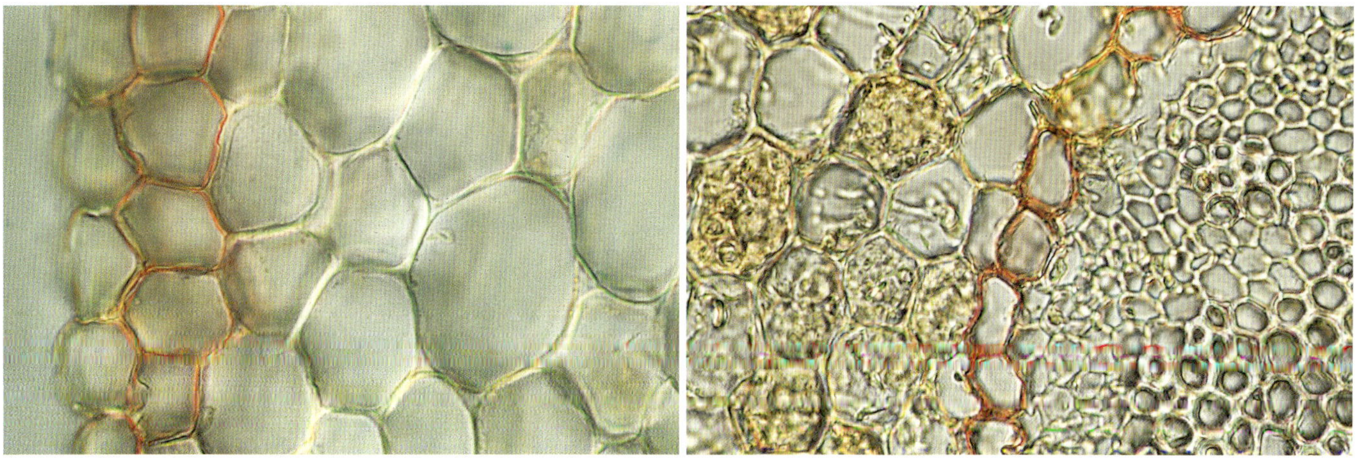

Taf. 164 B: – 1: Klagenfurt, 10.12. Prim., Ø, S3, 409x. Wu unverpilzt. **Rh** Z klein. **Rinde** Ex ZW rot, suberinisiert. – **2:** Ort u. Zeit wie A 1. Prim., Ø, S3, 409x. Wu verpilzt. **Rinde** RP z. T. dicht gefüllt mit Pilzhyphen, En ZW mit Suberinlamelle, in DurchlaßZ fehlend.

dreimal so groß. Außerdem kann es innerhalb des Zentralzylinders zu zeitlichen Unterschieden in der Ausbildung der Gewebe kommen, während auf der anderen Seite die Zellen des Pericambiums noch keine tangentialen Teilungen aufweisen (A 1, B 1, 2). Die Empfindlichkeit gegenüber äußeren Einflüssen könnte ein Grund dafür sein.

Merkmale des sekundären Zustandes sind ein oft auffallend breites Pericambial-Abschlußgewebe und mitunter auch das Fehlen von Festigungsgewebe in Form von Fasern oder Steinzellen in dem schmalen bis mittelbreiten Bast (A 2, 3). Mehrere Zellen des Bastes haben einen tröpfchenförmigem Inhalt. Die Gefäße enthalten gleich den weitlumigen, dickwandigen Fasertracheiden spiralige Verdickungen und außerdem leiterförmige Platten (A 4, 5). Cutler et al. (1987) erwähnen namentlich für den Bast das Vorkommen von Calciumoxalat in Form von Drusen, prismatischen Kristallen und Sand. In den entbasten Lehmböden, in denen die Wurzeln gewachsen waren, enthielten die Zellen keine Calciumoxalat-Kristalle.

Das Fehlen eines Festigungsgewebes im Bast entspricht der Empfindlichkeit der Art gegenüber einem stärker kontinentalen Klima mit größerem Wechsel im Wärme- und Wasserangebot. Schutz gegen Austrocknung bietet das oft breite Pericambial-Abschlußgewebe. Einem wechselnden Wasserangebot begegnet die Stechpalme mit einer unterschiedlichen Anordnung der Gefäße. Nach Schweingruber (1990) sind im Sproß vor allem die kleinen Gefäße in langen radialen Reihen angeordnet. Auf trockeneren Standorten liegen in der Wurzel die Gefäße z. T. tangential benachbart und nur vereinzelt radial.

Standortansprüche: Die Schatten ertragende, häufig als Unterholz wachsende Stechpalme bevorzugt ein wintermildes humides Klima. Sie wächst auf feinsedimentreicheren, frischen bis mäßig trockenen, basenreicheren Böden mit Mullhumusbildung.

Verbreitung: Die atlantisch-submediterrane Art ist im Nordwesten ihres Verbreitungsgebiets in den Niederungen zu finden. Im südlichen Teil Mitteleuropas tritt sie vorzugsweise in der montanen Stufe auf. Die Höhengrenze ihrer Verbreitung liegt hier bei 1.400 (1.600) m. Sie gilt als Buchenbegleiter. In den Alpen wächst sie vorwiegend in Buchen-Tannen-Wäldern. In sommerkühleren Lagen ist sie auch in Eichen-Hainbuchen-Wäldern und in Eichen-Birken-Wäldern zu finden. Nach Mayer (1984) tritt sie im hyperatlantischen Raum als namengebende Kennart des Ilici-Quercetum petraeae in Stiel- und Traubeneichenwäldern auf schwach podsolierten Böden regelmäßig auf. Oberdorfer (1994) wertet sie als Querco-Fagetea-Art.

Oleaceae, Ölbaumgewächse

Fraxinus angustifolia Vahl, Schmalblättrige Esche

Morphologie

Sproß: Sommergrüner, mittelgroßer, bis 25 m hoher Baum, Äste teils aufrecht, teils ausladend und spitzenwärts wieder aufsteigend (Mitchel 1979), Zweige etwas hängend. Krone unregelmäßig, hochgewölbt (Humphries et al. 1982).

Wurzel: Wie die Gewöhnliche Esche bildet die Schmalblättrige Esche ein weit seitwärts ausgebreitetes, mäßig tiefstrebendes, reich feinverzweigtes Wurzelsystem. Entsprechend den wärmeren Standorten tritt die Polwurzel stärker hervor. Sie ist noch bei älteren Bäumen als kräftiger, abwärts gerichteter Strang erkennbar. Allerdings zweigt sie sich bald in nahezu gleich dicke Wurzelstränge auf. Mit diesen wächst sie vorwiegend nach unten. Die oberen, kräftigen Seitenwurzeln verlaufen unter Flur weit seitwärts. Von ihnen zweigen bogenförmig tiefstrebende Senker ab. Deren Tiefenstreben geht vom Stamm nach außen hin zurück. Auf feuchteren Standorten entsteht dadurch ein breit kegelförmiger Wurzelkörper. Auf zeitweise oberbodentrockenen Standorten ist der Wurzelkörper eher annähernd zylinderförmig. Die Feinverzweigung ist vor allem in den oberen, trockeneren Bodenschichten groß.

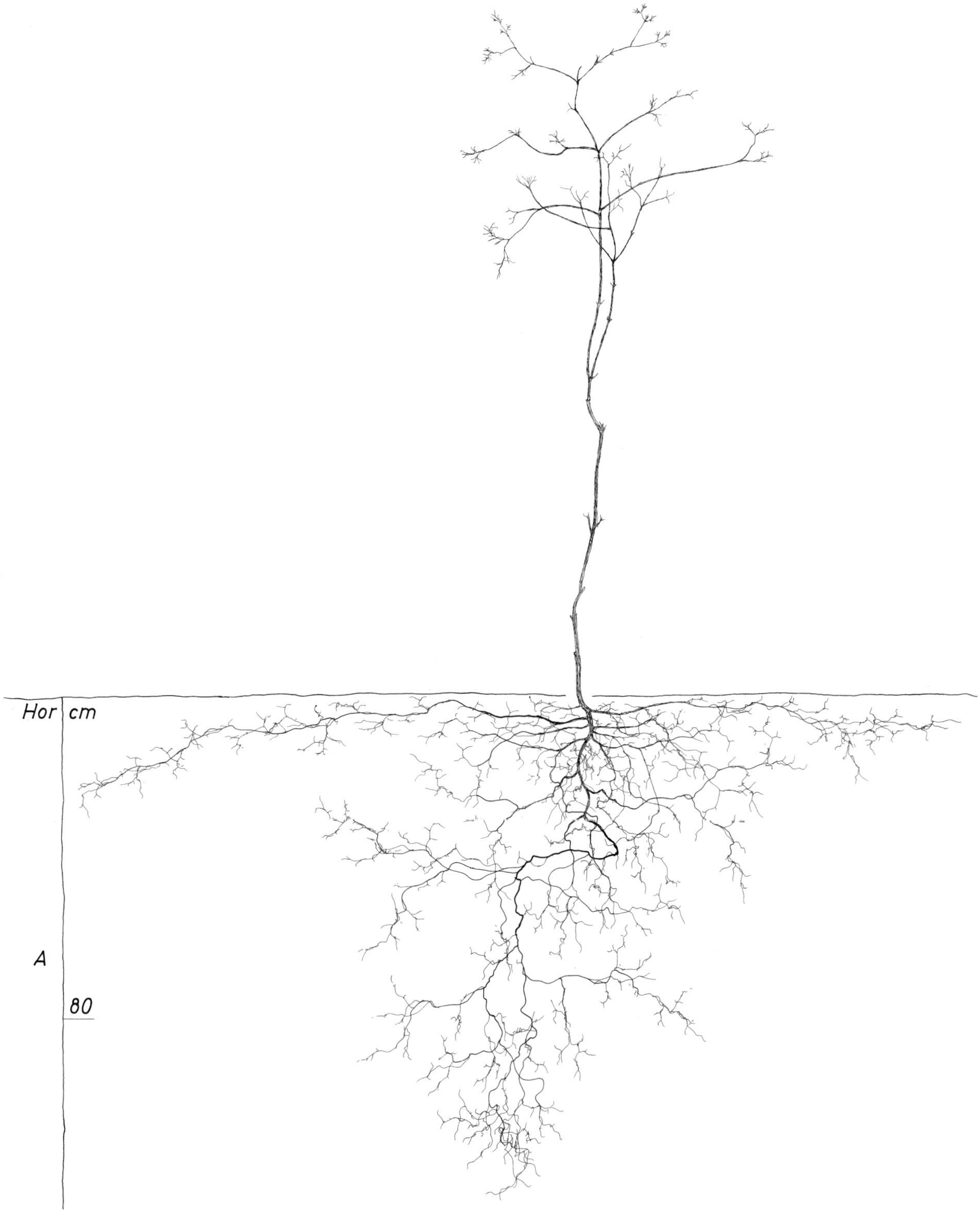

Abb. 174: Schmalblättrige Esche, *Fraxinus angustifolia*, H–T–S = 170–124–232 cm, March-Au bei Hohenau, Niederösterreich, 155 m NN. Eschen-Au mit vorwiegend *Sambucus nigra* als Unterwuchs. Feuchtschwarzerde, Bodenprofil Hor.: A_1 0–5 cm stark humoser, lehmiger Ton, dunkelgrau (10YR 2/1), krümelig, pH 8,2, stark durchwurzelt, A, stark humoser l T, 10YR 3/2, dicht, Struktur blockig-kantig, stark durchwurzelt.

Taf. 165: Schmalblättrige Esche, *Fraxinus angustifolia*. March-Au, Niederösterreich, 155 m NN, Feuchtschwarzerde. 1. Reihe links: Jungpflanze mit gewundener, stark verzweigter Polwurzel (zu Abb. 174). Übrige Bilder: Ort wie oben, junger Baum, Polwurzel noch gut erkennbar, Seitenwurzeln zunächst dick, durch häufige Verzweigung rasch dünner werdend, ein breit gefächertes Wurzelnetz bildend, dünnere Wurzeln schnurartig, mäßig bis reich feinverzweigt, Wurzelenden dick-fleischig (zu Abb. 175).

Taf. 166 A: Schmalblättrige Esche, *Fraxinus angustifolia*. – **1:** Hohenau, Niederösterreich, 10.4. Prim., Ø, S3, 25x. Wu nFl. **Rh** Z mittelgroß. **Rinde** ExZ groß, ARP 4-5schichtig, IRP Z in radialen Reihen, EnZ klein, vereinzelt radial unterteilt. **ZZ** 8arch. – **2:** Pfl u. Zeit wie 1. Sek., Ø, JJK, 25x. Wu konvexe Seite schmal. **PCAG** dreieckig aufreißend, ZW sehr dünn. **Bast** F in mittelgroßen Gruppen. **Holz** konvexe Seite Gefäße klein, Anteil ca. 10-15 %, konkave Seite Gefäße groß, Anteil 20-25 %. – **3:** Ort u. Zeit wie 1. Prim., Ø, S3, 64x. WuSpi mit Ha, Ha ZW über Winter metadermisiert, dunkelbraun. – **4:** Schnittreihe wie 2. Ph/HCl, 162x. **PCAG** Z weitlumig. **Bast** F äußerer Bereich der ZW verholzt. – **5:** Ort wie 1, 4.11. Sek., ⊠, S3, 409x. **Holz** Strahlen einreihig, ZLänge verschieden.

Taf. 166 B: – **1:** Ausschnitt aus A 1. 409x. **Rh** ZW dünn, schwach cutinisiert (?). **Rinde** Ex ZW mit Suberinlamelle, wasserarm, ARP ZW suberinisiert (?), gequollen. – **2:** Schnittreihe wie A 5. Ph/HCl, 409x. **Holz** Strahlen über 9 Z hoch, F dünnwandig, Gefäße QuerW kurz.

Abb. 175: Schmalblättrige Esche, *Fraxinus angustifolia*, H–T–S = 560–170–880 cm, March-Au bei Hohenau, Niederösterreich, 155 m NN. Eschen-Au mit *Sambucus nigra* im Unterwuchs. Feuchtschwarzerde, Bodenprofil Hor.: A_1 0–5 cm stark humoser lehmiger Ton, dunkelgrau (10YR 2/1), krümelig, pH 8,3, stark durchwurzelt, A_2 5–100 cm stark humoser l T, dicht, Struktur blockig-kantig, Dichte der Durchwurzelung allmählich abnehmend, A_g stark humoser l T, dicht, schmierig, schwach rostfleckig, schwach kiesig, grundfeucht.

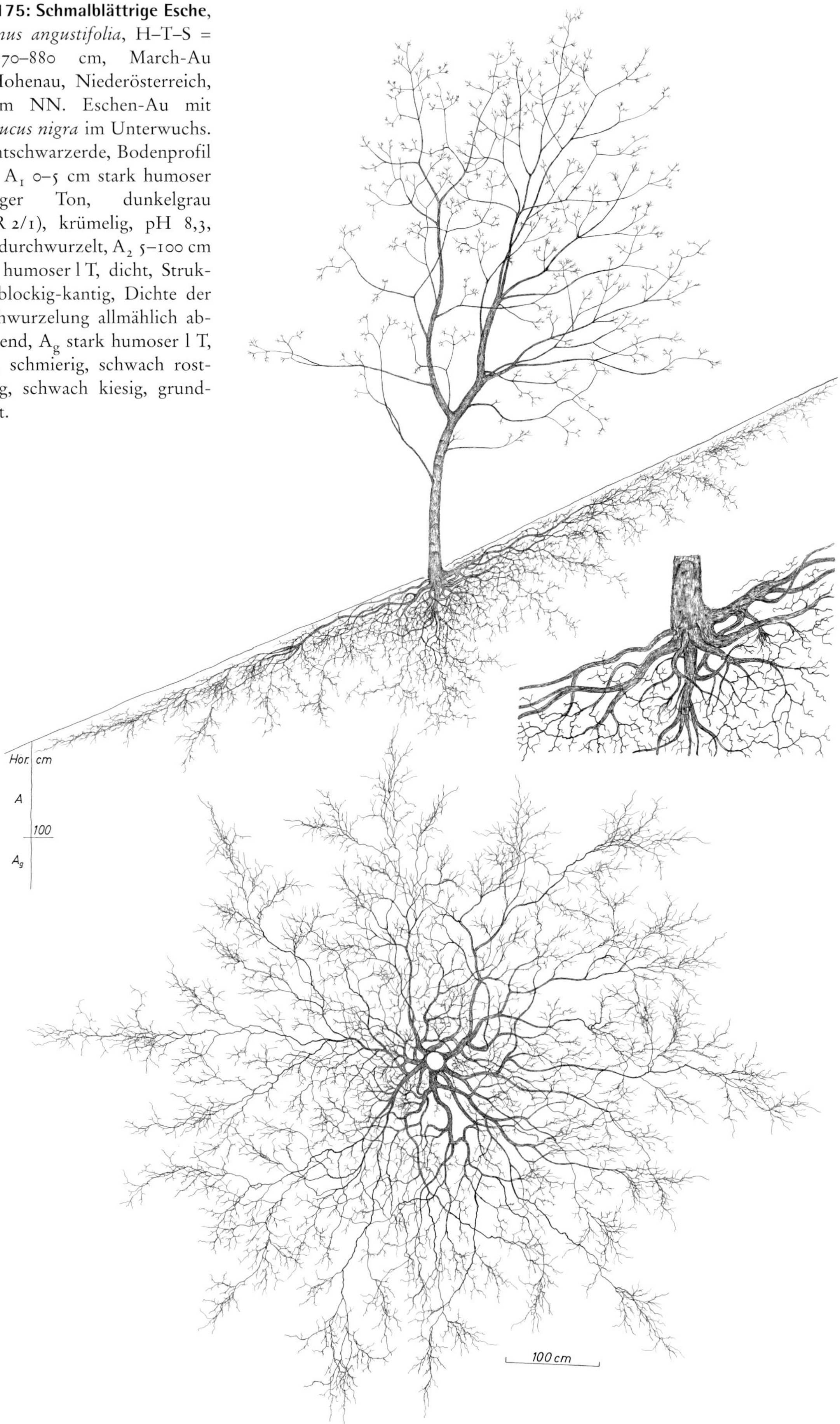

Die Jungpflanze der **Abb. 174** weist eine deutlich vorwüchsige Polwurzel auf. Auch die flachstreichenden Wurzeln sind schon stark entwickelt. Ihr Vorherrschen an älteren Bäumen ist damit vorgezeichnet. Der junge Baum der **Abb. 175** wurde, wie die Jungpflanze der **Abb. 174**, am Rand der March-Au bei Hohenau freigelegt. Die Polwurzel ist als dicker Strang noch deutlich erkennbar. In einer Tiefe von 40 cm zweigt sie sich in vier kräftige Stränge auf. Diese sind vorwiegend abwärts gerichtet. Die dicken, flachstreichenden Wurzeln sind reich und teils quastenförmig verzweigt. Ihre Seitenwurzeln wachsen häufig nach unten. Ihr Tiefenstreben nimmt nach außen hin leicht ab. Es entsteht ein breit kegelförmiger, leicht zylinderförmig überprägter Wurzelkörper. Die Feinverzweigung ist in den oberen humusreichen Bodenschichten sehr groß.

Anatomie, Taf. 166

Den Winter über kommt es bei der Schmalblättrigen Esche und vermutlich auch bei den anderen Eschen oft zu einer Verkorkung der Zellen der Wurzelhaube. Die Auslaugung der jungen Wurzelspitzen auf den zeitweise überschwemmten Standorten der Art wird dadurch weitgehend verhindert (A 3). Von den Wurzeln der Gewöhnlichen Esche unterscheiden sich jene der Schmalblättrigen Esche im primären Zustand fallweise durch kleinere Zellen der Rhizodermis und durch stärkere Suberinisierung der Zellwände von 1–2 Schichten des bis zu 5schichtigen Außenrindenparenchyms (A 1, B 1).

Im sekundären Zustand liegen die Unterschiede in dem meist breiteren Bast und in dem höheren Anteil an Fasern im Bast sowie an Gefäßen im Holz (A 2, 4). Auch in der Größe der Gefäße übertrifft sie die Gewöhnliche Esche je nach Standort mehr oder weniger deutlich. Zudem liegen die Gefäße öfter in radialen Reihen benachbart (A 2). Die Zellwände des Grundgewebes im Holz und jene der Fasern sind mitunter dünner. Bei beiden Arten ist die Länge der Zellen der Strahlen häufig unterschiedlich, und die Hoftüpfel sind klein (A 5, B 2).

Die angeführten Unterschiede entsprechen dem höheren Wärme- und Feuchtebedarf der Art. Auch Umweltbedingungen können ähnliche Unterschiede bewirken.

Standortansprüche: Die Halbschatten ertragende Art verlangt ein sommerwarmes, wintermildes Klima. Sie wächst vorwiegend in Auen auf häufig überfluteten, grundfeuchten bis grundnassen oder auf zeitweise schwach oberbodentrockenen, meist feinsediment- und basenreichen Böden.

Verbreitung: Die Schmalblättrige Esche kommt vorwiegend in Süd- und Südosteuropa in zeitweise überfluteten Augebieten von Flüssen und Strömen vor. Oberdorfer (1994) wertet sie als Alno-Ulmion-Art. Im Raum von Triest ist sie nach Poldini (1989) vereinzelt bis zahlreich (+–1) in Verlandungsbeständen mit vorwiegend *Cladium mariscus* und zahlreich bis vorherrschend (1–4) in zeitweise oberbodentrockenen Auwäldern mit *Populus nigra, Ulmus minor, Salix alba, Cornus sanguinea, Viburnum opulus* u. a. zu finden.

Fraxinus excelsior L., Gewöhnliche Esche

Morphologie

Sproß: Sommergrüner Baum, bis 40 m hoch, Hauptäste steil aufsteigend, Seitenäste ausladend und endwärts aufgebogen, Zweige gegenständig, Krone oval bis rundlich. Durch Bestockungstriebe auch große zusammenhängende Büsche entstehend.

Wurzel: Die Gewöhnliche Esche bildet eine weit nach der Seite ausgebreitete, mäßig tiefreichende, stark feinverzweigte Bewurzelung. Köstler et al. (1968) bezeichnen sie als Herz-Senkwurzler. Nach diesen Autoren „ist eine eindeutige Trennung in Horizontal- und Vertikalwurzeln möglich". Auf die Hauptseitenwurzeln und auf die von ihnen abzweigenden schwächeren, seitwärts verlaufenden Wurzeln entfallen nach Šika (1963) auf Auböden der March 70–80 % der Wurzelmasse. Köstler et al. geben für eine 90jährige, 40 cm dicke Esche auf grobskelettreichem, lehmigem, frischem Kalkverwitterungsboden einen Vertikalwurzelanteil von 40 % an. Auf Schwemmlandböden oder auf Böden mit hoch anstehendem

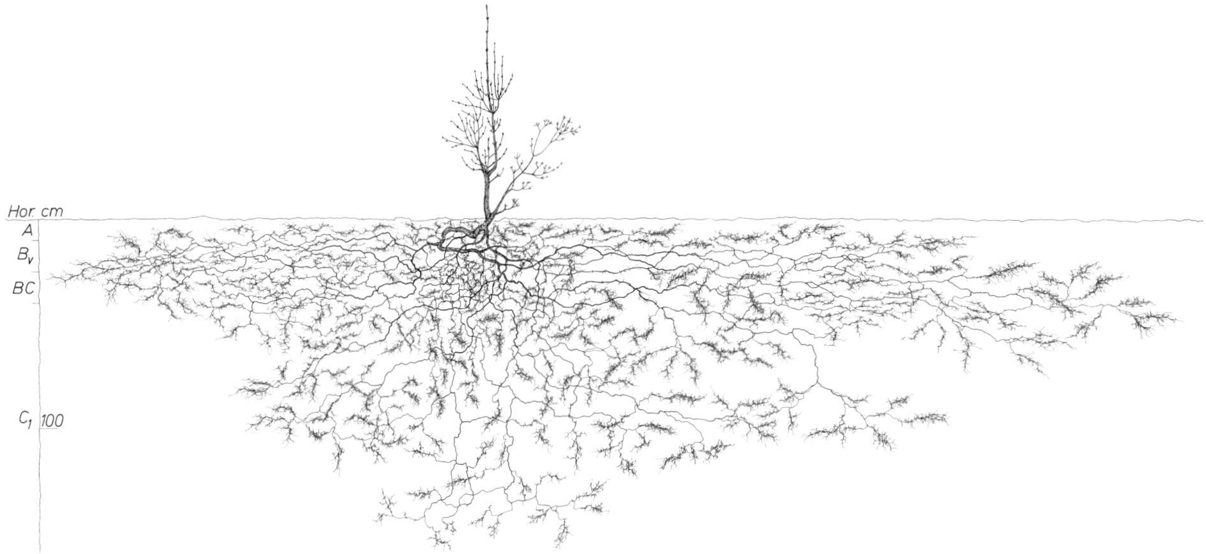

Abb. 176: Gewöhnliche Esche, *Fraxinus excelsior*, H–T–S = 102–156–556 cm, östlich Klagenfurt, ostseitige Böschung, 460 m NN. Mit einzelnen Eschen und Kiefern bewachsene Hangkante, Bodenprofil Hor.: A 0–10 cm humoser, lehmiger Sand, schwach krümelig, locker, steinig, stark durchwurzelt, B_V 10–25 cm l S, schotterig-kiesig, locker, stark durchwurzelt, B_VC 25–40 cm l S, sehr steinig, C_I 40–160 cm Sand, Kies und Schotter, locker, Bewurzelung abnehmend, C_2 Sand, sehr locker, grundfrisch, Bewurzelung auslaufend.

Grundwasser ist die Esche ein extremer Flachwurzler (PASSARGE 1953). Das Verhältnis zwischen flachstreichender und tiefstrebender Wurzelmasse ist somit stark abhängig vom Boden und natürlich vom Klima. Auf grundwasserfreien Lehmböden stellten KÖSTLER et al. in Mitteldeutschland Wurzeltiefen bis zu 150 cm fest. Auf frischem Lehm über dichtem, nassem, mit Steinen durchsetztem Tonboden wurde eine Wurzeltiefe von 110 cm gemessen. Im sommerwärmeren Kärnten beträgt die festgestellte max. Wurzeltiefe auf feinsandigem Auboden 200 cm. Eine strenge Trennung zwischen Horizontal- und Vertikalwurzeln konnte hier bei sorgfältiger Freilegung auch des Feinwurzelwerks nicht festgestellt werden. Eine mehr oder weniger deutliche Aufgliederung in eine flachstreichende und eine tiefstrebende Wurzelgruppe erfolgt am ehesten auf Auböden. An wärmeren, südseitigen Hängen wird dieser Unterschied weitgehend verwischt.

Besonders hervorgehoben wird die große seitliche Reichweite der Wurzeln. Laut PFEIL (1860) erreichen die Wurzeln der Esche die größte Seitenausdehnung von allen heimischen Waldbäumen. Nach vorliegenden Untersuchungen bestehen allerdings keine wesentlichen Unterschiede zu den anderen heimischen Baumarten. Eines der Hauptmerkmale der Eschenbewurzelung ist die große Feinverzweigung. Am größten ist sie auf sonnseitigen, wärmeren, skelettreichen Böden. Sie ist neben der guten Tiefen- und Seitenerschließung des Bodens ein wesentlicher Grund für die bekannte gute Bodenfestigung durch die Esche, besonders an feinerdereichen Steilhängen. Dazu trägt auch ihr hoher Wasserentzug infolge ihrer großen Transpirationsleistung bei. Nach ŠIKA befanden sich auf Lößböden 57 % aller Feinwurzeln in der obersten 20 cm dicken Bodenschicht. Bei der Eiche waren es nur 2 %. Auch KÖSTLER et al. betonen die reiche Feinverzweigung vor allem in den obersten Bodenschichten. Die Autoren erwähnen ferner, daß die haarfeinen Würzelchen vielfach als Büschel und Knäuel schon an den starken Wurzeln auftreten können. Sie sind durchwegs gewellt oder gekrümmt. Dies trifft besonders auf Böden mit guter Krümelstruktur zu. Auf sandigen, humusarmen Böden verlaufen die Feinwurzeln mehr gestreckt. Sie verzweigen sich dabei mehrfach in nahezu gleich starke Würzelchen. Diese Art der Verzweigung ist für die Esche besonders kennzeichnend. Wie schon KLEIN (1913) hervorhebt, ist an den dünnen Wurzeln keine Mykorrhizabildung festzustellen.

LADEFOGED (1939) fand heraus, daß das Wurzelwachstum bei der Esche im Mai bei einer mittleren Bodentemperatur von 8–10 °C beginnt und im September bei 6–8 °C endet. Die Zeit des Wurzelwachstums war nach diesen Untersuchungen bei der Esche kürzer als bei Buche, Eiche, Tanne und Lärche. Das dürfte

Abb. 177: Gewöhnliche Esche, *Fraxinus excelsior*, H–T–S = 725–112–1.350 cm, Treffen, Kärnten, Südhang, 520 m NN. Schütterer Bestand aus *Fraxinus excelsior, Salix alba, Alnus incana* und *Sambucus nigra*. Lockersediment-Braunerde über Niederterrasse, Bodenprofil Hor.: A_1 0–5 cm moderig-humoser, lehmiger Sand, locker, schwach steinig, stark durchwurzelt, A_2 5–25 cm humoser l S, schwach krümelig, steinig, locker, pH 6,9, AB_V 25–75 cm schwach humoser l S, kiesig-schotterig, stark durchwurzelt, B_V l S, stärker schotterig-steinig, locker, Durchwurzelung auslaufend. Unten: Bewurzelter Legtrieb.

damit zusammenhängen, daß die Esche stärker an die kühl-feuchten Böden angepaßt ist. Die u. a. von SCHREIBER (1926) vermutete unterschiedliche Wurzelbildung auf Kalk- und auf Lehmböden konnte von LEIBUNDGUT (1956) aufgrund umfangreicher Längenmessungen an Wurzeln nicht bestätigt werden. OELKERS (1941) vermutet zu Recht, daß die Esche auf Kalkgestein (Kalk-Esche) lehmige Schichten mit höherem Wasserspeichervermögen vorfindet.

Nach ENGLER (1903) erreicht die Polwurzel einer 1 Jahr alten Pflanze schon eine Tiefe von 50 cm. NÖRR (2000) weist darauf hin, daß die Polwurzel von Jungpflanzen bei Naturverjüngung eine größere Tiefe erreicht als bei Pflanzung. KÖSTLER et al. stellten noch an 10 Jahre alten und älteren Pflanzen eine deutlich erkennbare Polwurzel fest. Sie biegt aber häufig frühzeitig um. Im weiteren Verlauf ist sie von den gleich dicken Seitenwurzeln kaum noch zu unterscheiden. Bei alten Bäumen hebt sich die Polwurzel auch von den stocknahen Herzwurzeln nicht mehr ab. Ihr Tiefenwachstum und jenes der stocknahen Herz-

und Senkwurzeln wird nach PFEIL erst ab dem 30. Lebensjahr durch verstärktes Wachstum der Seitenwurzeln gehemmt.

Auch die im oberen Teil verdickte Polwurzel der Jungpflanze der **Abb. 176**, die östlich von Klagenfurt an einem Osthang auf Lockersediment-Braunerde freigelegt wurde, biegt frühzeitig um und verläuft dann seitwärts. Sie bildet auf dem schotterreichen Boden mit ihren Seitenwurzeln schon einen ziemlich tief reichenden kegelförmigen Wurzelkörper. Eine Gliederung in eine flachstreichende und eine tiefstrebende Wurzelgruppe entsteht nicht. Bemerkenswert ist die starke, bis in die Tiefe anhaltende Feinverzweigung. Die Feinwurzeln sind auffallend büschelförmig angeordnet. Auch bei der älteren Pflanze der **Abb. 177**, die an einem Südhang bei Villach ebenfalls auf Lockersediment-Braunerde freigelegt wurde, ist keine Gliederung in Wurzelgruppen erkennbar. Von den seitwärts verlaufenden Wurzeln zweigen bis über den Kronenbereich hinaus tiefstrebende Wurzeln ab. Sie erreichen aber auf dem schotterig-kiesigen Boden keine größeren Tiefen. Das Wurzelsystem bleibt daher breit tellerförmig. Die Feinverzweigung ist besonders hoch. Niederliegende, mit Erde bedeckte Triebe können sich auch sproßbürtig bewurzeln (**Abb. 177** unten, **Taf. 167**).

Aus Wurzeln abgeschnittener Bäume oder Sträucher können auch Wurzelsprosse hervorgehen. Das Wurzelsystem der Pflanze von **Abb. 178**, das auf feinsandigem Auboden bei Grafenstein in Kärnten freigelegt wurde, weist eine schwache Gliederung in eine flachstreichende und eine tiefstrebende Wurzelgruppe auf, die auf Auböden häufiger zu beobachten ist. Die Gruppen gehen aber durch das vom Stamm nach außen abnehmende Tiefenstreben der abwärts wachsenden Wurzeln allmählich ineinander über. Die tiefreichenden Wurzeln biegen in dem feuchten, schwach vergleyten C_g-Horizont seitwärts um. Die Feinverzweigung ist auf dem feuchteren, kühleren Auboden deutlich geringer.

Anatomie, Taf. 168

Eines der auffallendsten Merkmale der Vertreter der Gattung *Fraxinus* sind die besonders dünnen Zellwände des Pericambial-Abschlußgewebes. Bei *F. excelsior* scheinen sie im Vergleich zu *F. angustifolia* und *F. ornus* am dünnsten zu sein (A 2, 5, B 2). Verglichen mit dem Pericambial-Abschlußgewebe der Pinaceen, zeigt sich darin deutlich der grundlegende Unterschied zwischen dem Bau dieses Gewebes bei den meisten Nadelhölzern und bei den Laubhölzern (s. Allgemeiner Teil).

Im primären Zustand sind die Wurzeln der Gewöhnlichen Esche durch große Rhizodermiszellen ausgezeichnet. Häufig sind Wurzelhaare vorhanden (A 1). Der Größenunterschied zwischen den Zellen der Rhizodermis und jenen der Exodermis ist entsprechend gering. Ebenfalls kennzeichnend für die Art ist die anscheinend stärkere Suberinisierung der Zellwände der Exodermis (B 1). Die Zellen der Endodermis sind wieder deutlich kleiner als alle übrigen Zellen der Rinde. Der Zentralzylinder ist je nach Dicke der Wurzeln 2–6arch, mitunter auch 7arch. Die Rinde bleibt lange erhalten. Unter ihrem Schutz entsteht ein besonders großzelliges, bis über 10schichtiges Pericambial-Abschlußgewebe. Mit zunehmendem Dickenwachstum geht allmählich die Rinde verloren, und das frei liegende Pericambial-Abschlußgewebe reißt dreieckig auf. In dem zumeist schmalen bis mittelbreiten Bast beträgt der Anteil der Fasern und Steinzellen etwa 10–35 %. Der Anteil der Fasern ist größer als jener der Steinzellen. Die Zellwände des Holzes einschließlich jener der Libriformfasern sind ebenfalls relativ dünn (A 3, 4). Auffallend sind die großen Unterschiede in der Weite der Gefäße. Unabhängig von ihrer Größe liegen sie nicht selten in einer Anzahl von bis über fünf radial benachbart (A 3, 5). Diese Anordnung der Gefäße wie auch die allgemein geringe Verfestigung der Zellwände der Wurzel stimmen mit der Bindung der Art an frische bis sickerfeuchte, nährstoffreichere Standorte überein (s. oben).

Die angeführten Merkmale könnten dazu beitragen, daß sich die Wurzeln der Gewöhnlichen Esche sehr stark verzweigen. Auf Böden mit höherem Sandgehalt sind die jungen Wurzeln selbst nach mehrfacher Verzweigung nahezu noch gleich dick. Sie bilden dadurch ein Netzwerk. Auf einer Fläche von 1 dm^2 fanden sich bis zu 25 Verzweigungen. Bei einer im Wachstum mehrfach gehemmten, 120 cm hohen Esche bildeten die Wurzeln in einem Umkreis vom Stamm von 4–5 m nach Hochrechnung über 4.000.000 Verzweigungen. Die reiche Verzweigung der Wurzeln führt zu der bekannten intensiven Aufschließung des Bodens durch die Gewöhnliche Esche sowie zu deren vorzüglicher Verankerung im Boden.

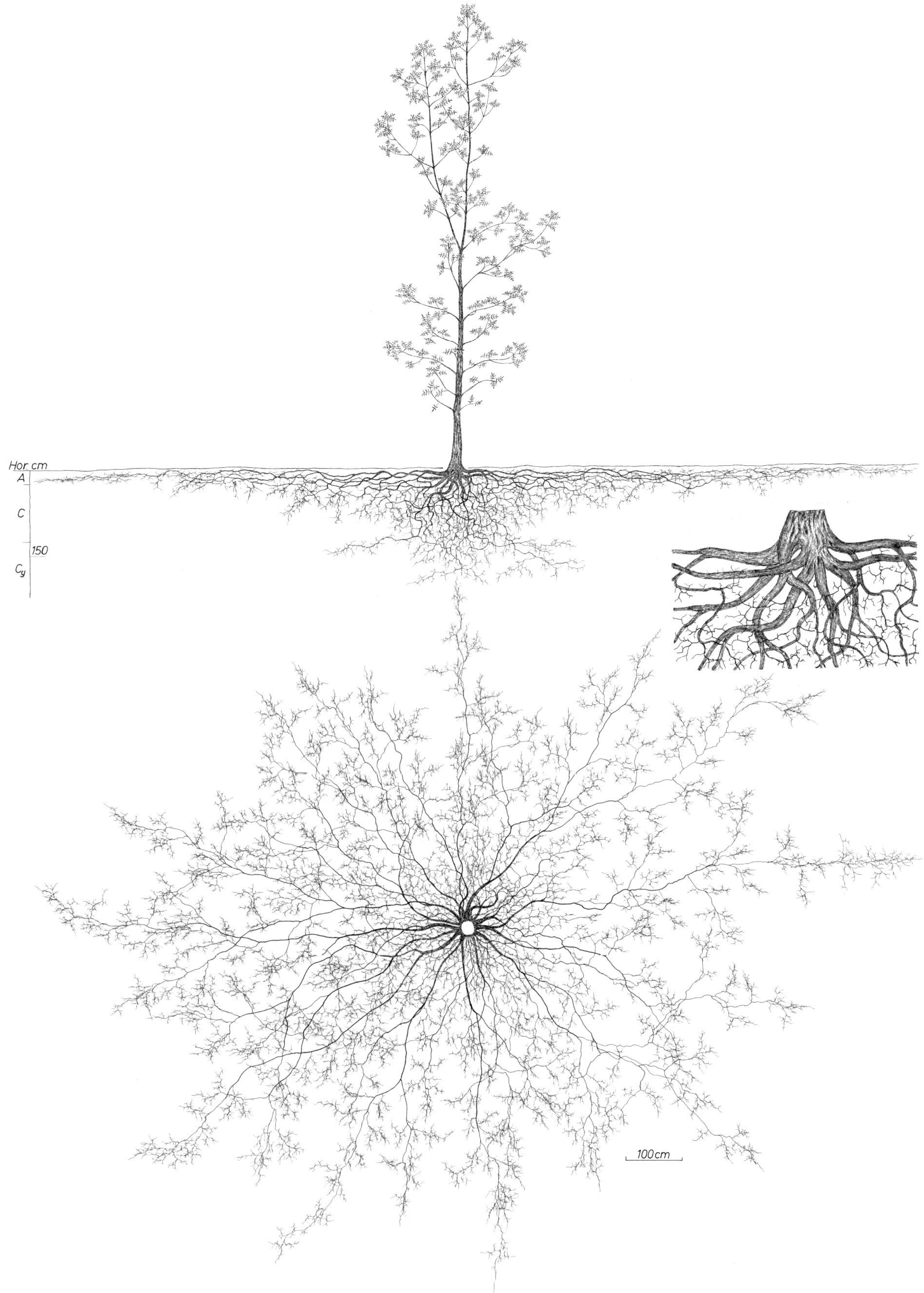

Abb. 178: Gewöhnliche Esche, *Fraxinus excelsior*. H–T–S = 795–200, 1 562 cm. Drau-Au bei Grafenstein, Kärnten, 390 m NN. Grauerlen-Eschen-Au. Grauer Auboden, Bodenprofil Hor.: A_1 0–15 cm feinmoderiger, schluffiger Feinsand, locker, stark durchwurzelt, A_2 15–25 cm schwach humoser Feinsand, locker, stark durchwurzelt, C 25–125 cm Feinsand, locker, Durchwurzelung abnehmend, C_g Feinsand, schwach vergleyt, grundfeucht, Durchwurzelung auslaufend.

Taf. 167: Gewöhnliche Esche, *Fraxinus excelsior*. 1. Reihe links: Raum Villach, 850 m NN, bestockte Jungpflanze auf Mullrendsina mit Polwurzelsystem und bewurzeltem Legtrieb; rechts: östlich Klagenfurt, 460 m NN, bestockte Jungpflanze auf Lockersediment-Braunerde mit Polwurzelsystem und Sproßwurzeln, Wurzelstränge mit langen Strähnen von Feinwurzeln (zu Abb. 176). 2. R. und 3. R. links und Mitte: Treffen, Kärnten, 520 m NN, mittelgroßer Baum auf Lockersediment-Braunerde mit weit seitwärts ausgebreiteter, mäßig tiefstrebender, reich feinverzweigter Bewurzelung (zu Abb. 177); rechts: Grafenstein, Kärnten, 390 m NN, jüngerer Baum auf sandigem Auboden mit flurnah seitwärts verlaufenden und im Bereich der Baumkrone vorwiegend abwärts wachsenden Wurzeln (zu Abb. 178).

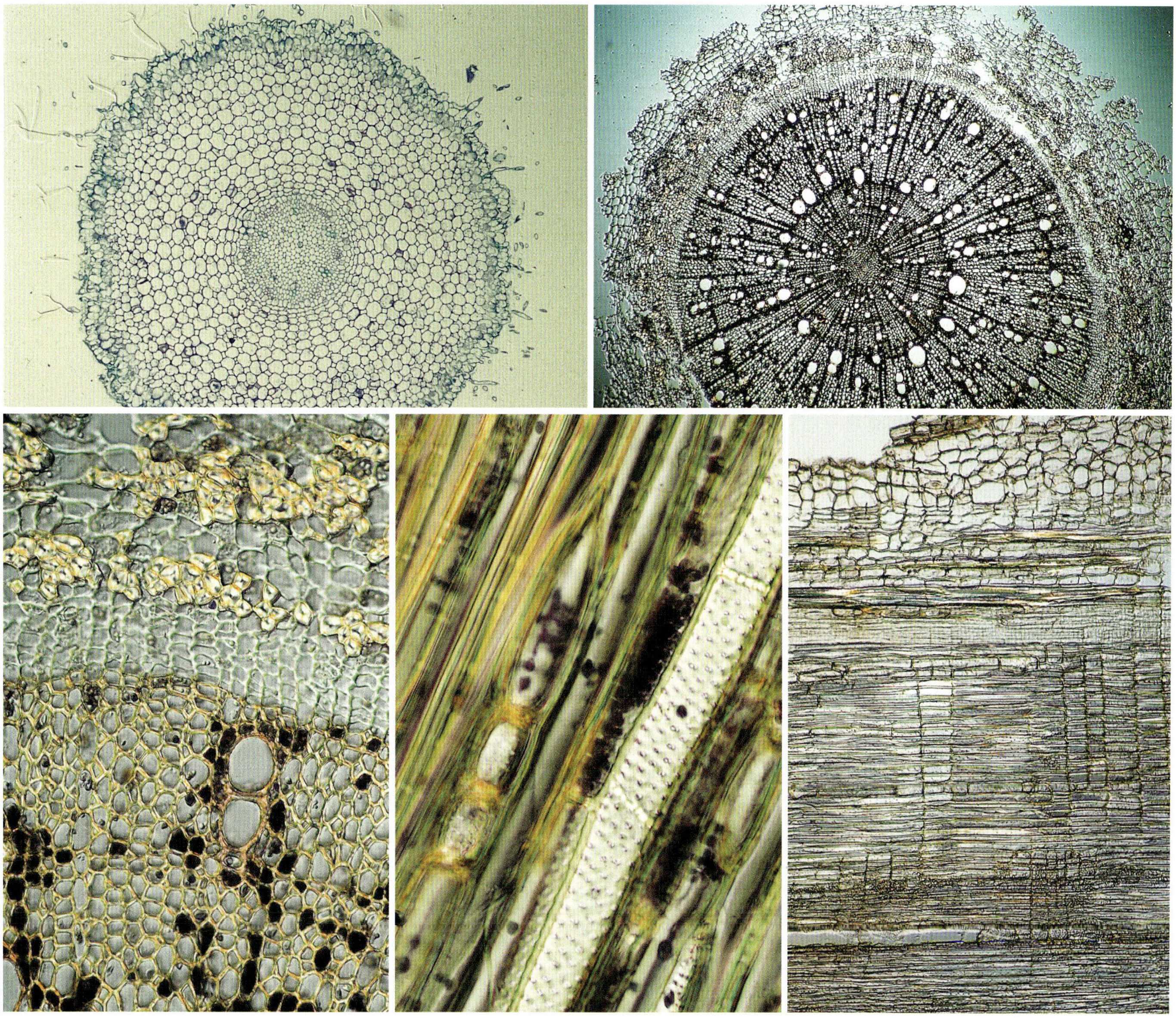

Taf. 168 A: Gewöhnliche Esche, *Fraxinus excelsior*. – **1:** Östlich Klagenfurt, 1.3. Prim., Ø, Toluidinblau, 64x. **Rh** Z mittelgroß mit WuHr. **Rinde** ExZ groß, ARP 4schichtig, IRP in radialen Reihen, EnZ klein. **ZZ** 6arch. – **2:** Ort wie 1, 11.2. Sek., Ø, JJK, 25x. **PCAG** sehr dünnwandig, dreieckig aufreißend. **Bast** F z. T. weitlumig, einzeln oder in nach außen offenen Gruppen dicht stehend, diese in 2 Kreisen. **Holz** Strahlen 1-2reihig, Z St-reich, Gefäße teils in radialen Reihen. – **3:** Ausschnitt aus 2. 162x. – **4:** Pfl u. Zeit wie 2. Sek., ☒, JJK, 409x. **Holz** Strahlen bis über 4 Z hoch, Libriformfasern W wenig verdickt, Gefäße radiale W normal oder schwach geneigt zu LängsW, Hoftüpfel oval, dicht stehend, versetzt. – **5:** Schnittreihe wie 4 (RLS). S3, 64x. **Holz** Strahlen Z kurz bis mittellang.

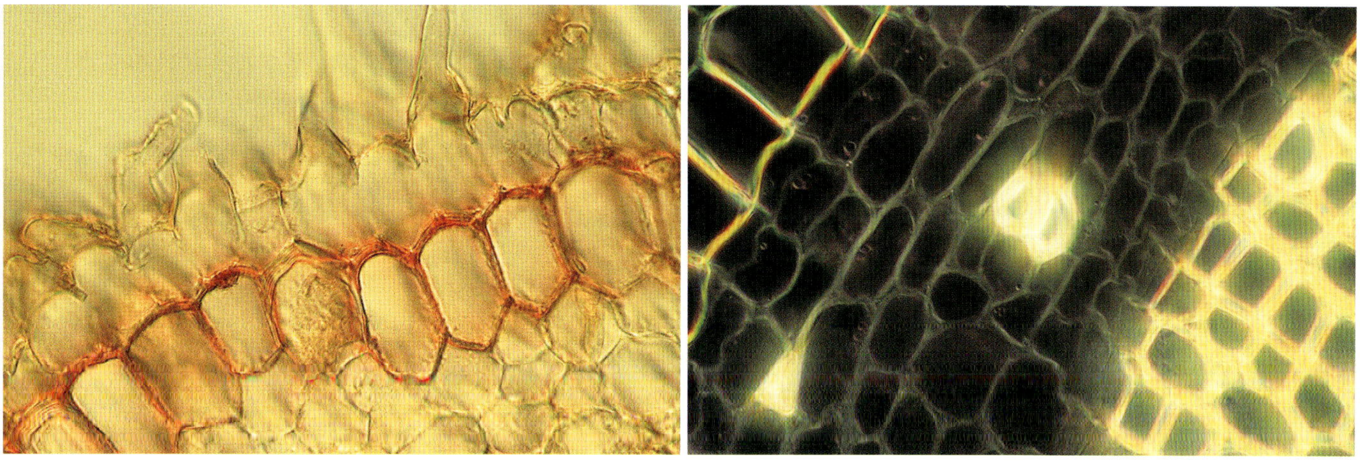

Taf. 168 B: – **1:** Klagenfurt, 21.12. Prim., Ø, S3, 409x. **Rh** Z radial verbreitert, mit WuHr. **Rinde** Ex ZW mit Suberinlamelle. – **2:** Pfl u. Zeit wie 1. Sek., Ø, JJK, 409x. **PCAG** ab der 4. Schicht ZW verkorkt, aufleuchtend. **Bast** F, **Holz** u. z. T. EC ZW ebenfalls aufleuchtend.

Standortansprüche: Die Gewöhnliche Esche ist in der Jugend eine Halbschattenpflanze und im reiferen Alter eine Lichtbaumart. Die mäßig wärmebedürftige, in der Jugend frostempfindliche Art bevorzugt frische, grund- oder sickerfeuchte Mineralböden. Dank ihrer reichen Bewurzelung erträgt sie auch länger anhaltende Trockenheit. In niederschlagsreichen, humiden Gebieten besiedelt sie selbst skelettreiche, stark wasserdurchlässige Böden.

Verbreitung: Die subatlantisch-submediterrane Art wächst hauptsächlich in der Eichen- und in der Buchenstufe. Die Höhengrenze ihrer Verbreitung liegt in England bereits bei 300 (400) m, in Mitteldeutschland bei 700 m, in den Zentral- und Westalpen bei 1.600 (1.700) m und im Kaukasus schon bei 1.800 m. Die niedrige Höhenbegrenzung mag auch damit zusammenhängen, daß die stark transpirierende Art empfindlich gegen raschen und starken Temperaturwechsel ist. Natürlich kommt die Gewöhnliche Esche hauptsächlich in Flußauen, in Schluchtwäldern, entlang von Gebirgsbächen und an sickerfeuchten Hängen sowie in feuchteren Laubmischwäldern vor. Sie gilt als Kennart der frischen Laubmischwälder (Fagetalia).

Fraxinus ornus L., Blumen-Esche, Manna-Esche

Morphologie

Sproß: Sommergrüner, bis 8 (15) m hoher Baum oder Strauch, Hauptäste teils aufwärts gerichtet, teils abstehend, Zweige gegenständig, Krone oval bis rundlich.

Wurzel: Die im Vergleich zur Gewöhnlichen Esche trockenresistentere, meist auf steinigen Böden wachsende Blumen-Esche hat eine stärker nach der Seite ausgebreitete, weniger tiefstrebende Bewurzelung. Ältere, stärker bestockte Pflanzen sind vorwiegend oder ausschließlich sproßbürtig bewurzelt. Die in der Jugend deutlich ausgebildete Polwurzel ist an älteren Pflanzen meist stark verformt oder nicht mehr zu erkennen. Am Grund des Stammes entsteht ein verdickter Wurzelstock. Davon gehen quer liegende Kriechtriebe aus, die sich ebenfalls stark verdicken können. An der Oberseite dieser liegenden Triebe entspringen aufstrebende Laubsprosse. An ihrer Unterseite entstehen Wurzeln. Direkt vom Wurzelstock gehen stark verdickte Wurzeln aus. Sie zweigen sich rasch in mehrere Wurzelstränge auf. Die meisten davon breiten sich unter starker Verzweigung weit seitwärts aus. Die reichliche Verzweigung der flachstreichenden Wurzeln bewirkt eine bis gegen den Rand des Wurzelsystems anhaltende, ergiebige Erschließung der oberen Bodenschichten. Diese wird noch beträchtlich verstärkt durch das dichte Geflecht der fadenförmig dünnen Feinwurzeln. Die abwärts wachsenden Wurzeln verlaufen in den steinigen Böden sehr stark gekrümmt. Am Nordrand des Areals der Art erreichen die Wurzeln auf den steinigen Böden keine größeren Tiefen. Vor allem auf Grus und Feinschutt erreichen sie sehr bald die gleichmäßiger temperierten und gleichmäßiger feuchten Schichten, in denen sie ihr Tiefenstreben beenden. Deshalb bilden sich weit ausladende, schüssel- bis tellerförmige Wurzelkörper.

Der Baum der **Abb. 179** wurde in der Schütt bei Villach an einem Südhang auf Kalkschutt freigelegt. Die Polwurzel ist nicht mehr sicher zu erkennen. An der starken Verdickung an der Stammbasis ist der Baum bereits nahezu vollständig sproßbürtig bewurzelt. Bemerkenswert ist die starke Verdickung und Verkürzung des liegenden Triebes. Sie ist eine Folge der hohen Erwärmung an der Bodenoberfläche. Der seitliche Verlauf der Wurzeln ist auf dem warmen Südhang besonders groß. Die hohe Feinverzweigung ermöglicht in weitem Umkreis eine ergiebige Nutzung des Sicker- und Haftwassers. Häufige Niederschläge verhindern in der warmen Jahreszeit lang andauernde Trockenperioden. Die dunkleren Feinwurzeln sind außerdem relativ trockenresistent. Der stets wasserführende Schotterkörper verhindert eine tiefer reichende Austrocknung, wodurch sich eine tiefere Durchwurzelung erübrigt.

Abb. 179 (rechts): Blumen-Esche, *Fraxinus ornus*, H–T–S = 712–81–1.600 cm, Schütt bei Villach, Südhang, 720 m NN. Schütterer Blumeneschen-Hopfenbuchen-Bestand. Moderrendsina auf Kalkschutt, Bodenprofil Hor.: A_1 0–8 cm stark moderig-humoser, feinsandiger Kalkgrus, locker, stark durchwurzelt, A_2 8–28 cm humoser, feinsandiger Kalkschutt, durchsetzt mit Braunlehm, stark durchwurzelt, AC 28–44 cm unregelmäßig schwach humoser, sandiger Feinschutt mit Braunlehmeintrag, mäßig stark durchwurzelt, C Sand, Grus und Feinschutt, ab 50 cm Tiefe deutlich feuchter, Durchwurzelung abgesetzt endend.

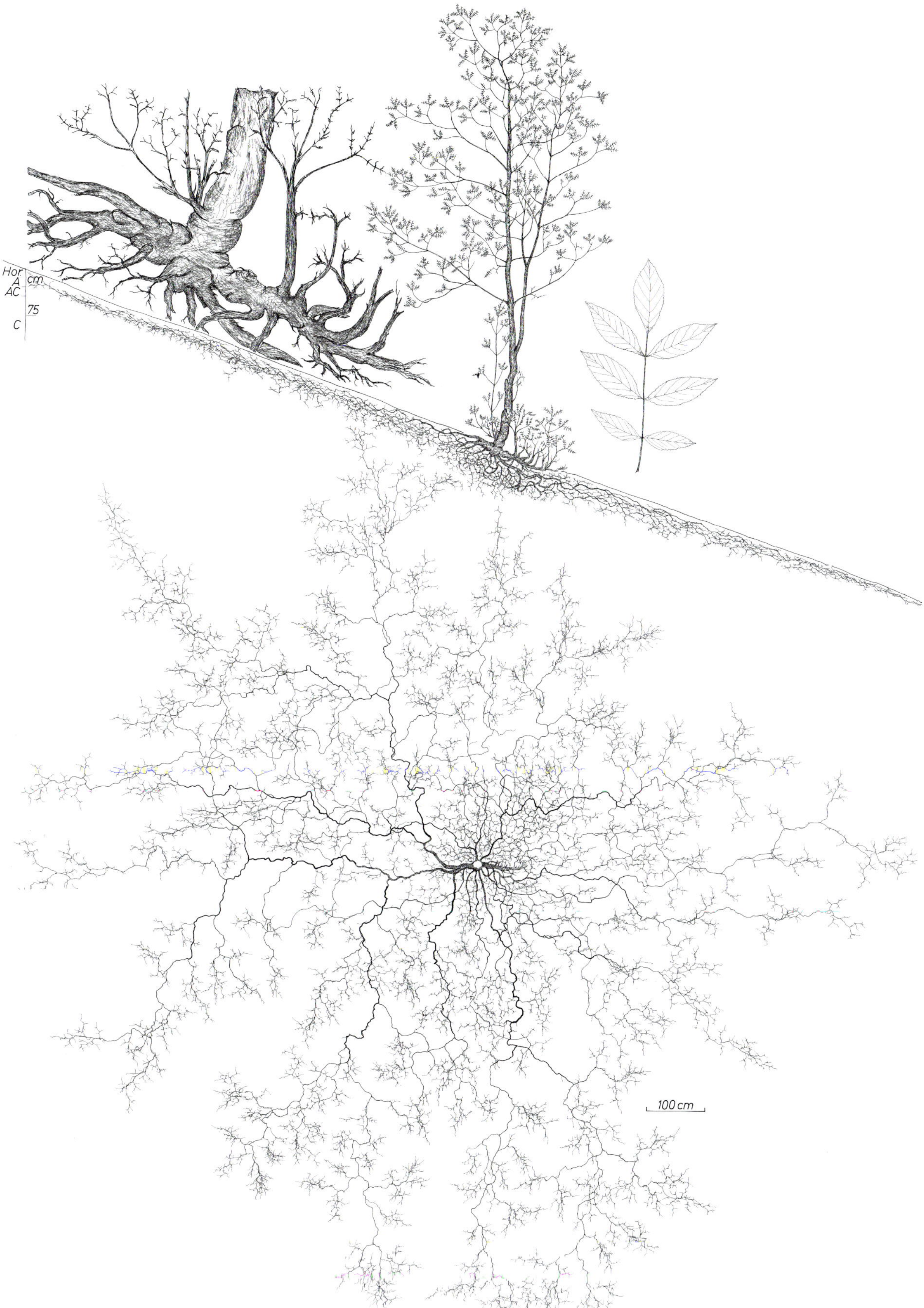
Hor
A
AC
C
cm
75
100 cm

Taf. 169: Blumen-Esche, *Fraxinus ornus*. Schütt bei Villach, Kärnten, 720 m NN, Südhang, Schuttrendsina. 1. Reihe links: Keimpflanzen mit rasch dünner werdender, noch wenig verzweigter Polwurzel; rechts: Jungpflanze mit seitwärts umgebogener Polwurzel und mit bereits kräftigen Seitenwurzeln. 2. und 3. R.: junger Baum mit verdicktem Stammgrund und bestocktem, bewurzeltem Legtrieb. Wurzeln vorwiegend seitwärts verlaufend, reich mit sehr dünnen, rötlichbraunen Feinwurzeln besetzt (zu Abb. 179).

Taf. 170 A: Blumen-Esche, *Fraxinus ornus.* – **1:** Schütt bei Villach, Kärnten, 15.5. Prim., Ø, S3, 64x. **Rh** Z klein bis mittelgroß, teils mit WuHr. **Rinde** ExZ sehr groß, ARP 3-4schichtig, IRP Z in radialen Reihen, EnZ klein. **ZZ** 7arch. – **2:** Pfl u. Zeit wie 1. Prim.-sek., Ø, Ph/HCl, 64x. **Rh** u. **Rinde** lang erhalten bleibend. **PCAG** 4-5schichtig. **Bast** schmal bis mittelbreit. **Holz** Gefäße Anteil ca. 15-20 %. – **3:** Ort wie 1, 16.10. Sek., ⊠, JJK, 409x. **Bast** 2 F benachbart, GG Z St-reich. – **4:** Ort u. Zeit wie 1. Prim.-sek., Ø, S3, 162x. **Rh** Z mit WuHa. **Rinde** Ex ZW mit Suberinlamelle. **PCAG** äußere Schichten Z stark vergrößert, ZW verkorkt. – **5:** Schnittreihe wie 3. Ph/HCl, 409x. **Holz** F Z verbreitert, Gefäße QuerW kurz, Hoftüpfel oval, versetzt, dicht stehend, wabenförmig umrandet.

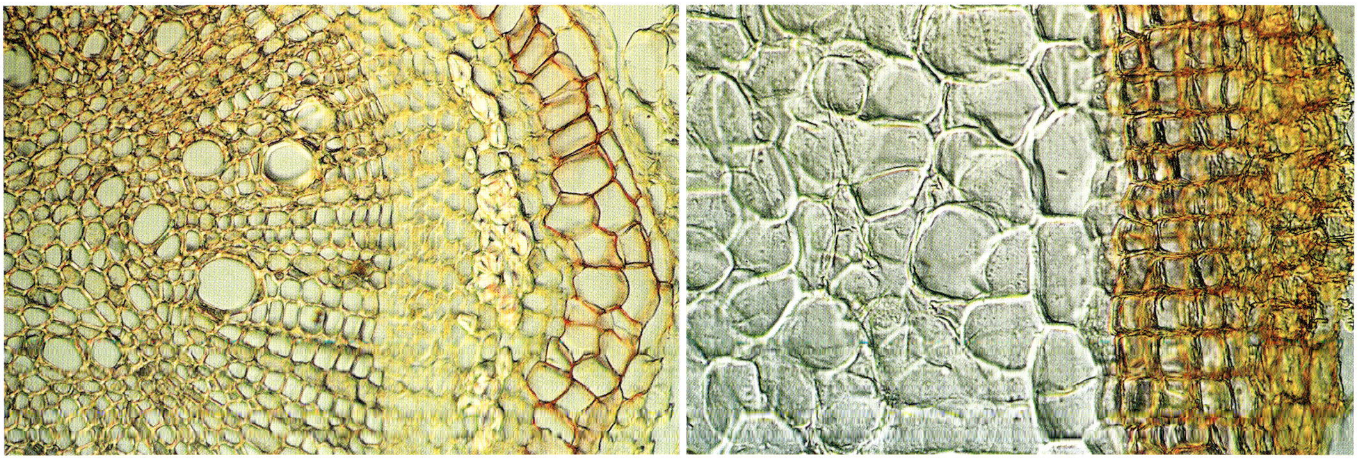

Taf. 170 B: – **1:** Schnittreihe wie A 4. S3, 162x. **Rinde** RP Z zusammengefallen, EnZ tangential verbreitert, ZW rot. **PCAG** 5-6schichtig, äußere 1-2 ZSchichten ZW verkorkt. **Bast** F englumig. **Holz** ZW dünn. – **2:** Schnittreihe wie A 3. Ph/HCl, 162x. **PCAG** Z kurz.

Anatomie, Taf. 170

Die Wurzeln der Blumen-Esche unterscheiden sich von jenen der Schmalblättrigen und der Gewöhnlichen Esche im primären Zustand durch kleinere Zellen der Rhizodermis. Außerdem ist das Verhältnis von Zentralzylinder zu Rinde oft kleiner (A 1). Wie bei den beiden anderen Arten bleiben Rhizodermis und Rinde lange erhalten. Sie bedecken die Wurzel noch, wenn das Pericambial-Abschlußgewebe schon mehrschichtig geworden ist (A 2, 4, B 1).

Nach Verlust von Rhizodermis und Rinde und Ausbildung des Pericambial-Abschlußgewebes als Abschluß der Wurzeln zeigt sich der Unterschied der Blumen-Esche im Verhältnis zu den beiden anderen Arten besonders in der geringen Vergrößerung der Zellen des Pericambial-Abschlußgewebes in Längsrichtung der Wurzel und in einer stärkeren Verfestigung von dessen Zellwänden (B 2). Außerdem scheinen die Fasern im Bast stärker verholzt zu sein. Auffallend groß ist als Folge der lichtreichen Standorte der Art oft der Gehalt der Zellen des Grundgewebes an Stärke (A 3). Im Holz unterscheidet sich die Art durch eine etwas stärkere Verdickung der Wände der Fasern und in einem wesentlich geringeren Anteil an Gefäßen. Die Hoftüpfel sind wie bei den beiden anderen Arten klein, besonders im Vergleich zu Vertretern von *Malus, Rhamnus, Castanea* und *Populus* (A 2, 5).

Alle Unterschiede stehen im Einklang mit den geringeren Ansprüchen der Blumen-Esche hinsichtlich der Bodenfeuchte.

Standortansprüche: Die Blumen-Esche ist eine Lichtholzart. Als Pflanze der südlichen Lagen ist sie an ein warmes, wintermildes Klima gebunden. Die höheren Bodentemperaturen, die sie benötigt, erreicht sie an der Nordgrenze ihrer Verbreitung nur noch auf südseitigen, steinigen Böden. Am südlichen Rand der Alpen wächst sie daher fast ausschließlich auf skelettreichen Böden über Kalk. Bereits in Südtirol gedeiht sie jedoch schon auf sauren Böden über Bozener Quarzporphyr. Aufgrund ihrer geringen Konkurrenzkraft kann sie sich nur auf mageren, oberbodentrockenen Standorten behaupten. Auf diesen ist sie wegen der reichlichen Bildung von Stockausschlägen besonders geeignet für den Nieder- und Mittelwaldbetrieb. Auf steinschlaggefährdeten Hängen wird sie als Pionierbaum in Schutzwäldern geschätzt.

Verbreitung: Die ost-submediterrane Art ist am Alpensüdrand nur an wintermilden, sonnigen Südhängen bis zu einer Höhe von 700 (800) m zu finden. In Südtirol verläuft ihre Höhengrenze erst bei 1.500 m. An der nördlichen Adria wächst sie auch an Steilküsten. Im submediterranen Raum ist sie eine der bestandsbildenden Arten in anthropogenen Buschwäldern. Wegen ihrer Widerstandsfähigkeit gegen Verbiß bildet sie auch Strauchgruppen in Magerweiden. Unter der Blumen-Esche sind die Tiere sicher vor Schlangenbissen. Im illyrischen und submediterranen Raum ist sie zusammen mit der Hopfenbuche die namengebende Kennart der sekundären Wald- und Buschgesellschaften (Orno-Ostryon).

Ligustrum vulgare L., Liguster, Rainweide, Zaunriegel

Morphologie

S p r o ß : Sommergrüner, in wintermilden Gebieten auch immergrüner, bis 5 m hoher Strauch mit aufstrebenden Trieben, selten kleiner Baum. Durch Kriechtriebe und Wurzelbrut zusammenhängende Büsche bildend.

W u r z e l : Der Liguster ist eine Polwurzel-Sproßwurzel-Pflanze mit Kriechtrieben und reicher Bildung von Wurzelbrut. Die Wurzelsprosse bildenden, flachstreichenden Wurzeln werden fälschlich auch als Ausläufer bezeichnet (OBERDORFER 1994, KURZ et al. 2001). Die starke vegetative Vermehrung und die dichte Durchwurzelung der oberen Bodenschichten machen ihn sehr konkurrenzstark. Auch HEGI (1975) erwähnt, daß der Liguster infolge seines dichten Feinwurzelnetzes sehr „unduldsam" ist. Trotz seiner Widerstandsfähigkeit gegen zeitweilige Trockenheit wurzelt er nicht sehr tief. Er ähnelt darin anderen kennzeichnenden Arten von Gebüschen wärmerer Standorte wie *Viburnum lantana, Prunus spinosa* oder

Crataegus monogyna. Die meist reichliche Bodenbeschattung in diesen Gebüschen vermindert die Evaporation. Tiefreichende Trockenheit wird dadurch weitgehend vermieden. Es erfolgt auch eine Schonung der Wasserreserven in den oberen Bodenschichten.

Die Samenpflanzen des Ligusters bilden eine kräftige Polwurzel. Im Gegensatz zu den übrigen erwähnten Buschpflanzen neigt die Polwurzel stark zu einem seitlichen Verlauf. Auf sehr wasserdurchlässigen, oberbodentrockenen Böden bildet die schräg nach unten wachsende Polwurzel meist keine Wurzelbrut. Wohl aber entstehen Kriechtriebe, die sich zu Laubtrieben aufrichten. In diesem Fall entstehen horstförmige Strauchgruppen. Auf stärker beschatteten und feinerdereicheren Böden verhält sich die Polwurzel eher wie ein Ausläufer, indem sie sich flurnah ausbreitet und mit ihren Seitenwurzeln reichlich Wurzelsprosse bildet. Es können so aufgelockerte Strauchgruppen entstehen, die mit der Mutterpflanze zusammenhängen. Diese ist meist an der dickeren Wurzel und an der stärkeren, büschelartigen Bewurzelung nahe dem Wurzelhals zu erkennen. Im Bereich der Wurzelsprosse können einige kräftige Seitenwurzeln entstehen. Zu einer dichteren, büschelförmigen Bewurzelung kommt es an der Sproßbasis nicht. Die Wurzelsprosse können flurnah auch Sproßwurzeln bilden.

Abb. 180: Liguster, *Ligustrum vulgare*, H–T–S = 88–152–500 cm, Schütt bei Villach, 570 m NN. Lichter Schneeheide-Kiefern-Wald mit *Ligustrum vulgare, Cotoneaster integerrimus, Viburnum lantana, Lonicera xylosteum, Berberis vulgaris, Sorbus aria* u. a. Moderrendsina über Kalkblockschutt, Bodenprofil Hor.: O 5–0 cm Grobmoder im *Erica*-Bestand, A 0–24 cm Feinmoder, schwarz, mit Grus und Feinschutt, locker, mäßig stark durchwurzelt, AC 24–48 cm Feinmoder zwischen Grus und Schutt, mäßig stark durchwurzelt, C schwach sandiger Grus und Schutt, mäßig stark durchwurzelt.

Die Pflanze der **Abb. 180** wurde in der Schütt bei Villach auf ebenem, stark kupiertem Gelände über Bergsturzmaterial aus Kalk freigelegt. In dem stark wasserdurchlässigen Schuttmaterial verläuft die Polwurzel mit ihren Seitenwurzeln teils seitwärts, teils abwärts. Entlang ihres dickeren Abschnittes sind in den zeitweise trockenen oberen Bodenschichten keine Wurzelsprosse entstanden. Die sproßbürtige Bewurzelung beschränkt sich auf die kurz kriechenden Seitentriebe. Der Feinwurzelbesatz entlang der dünnen Wurzelstränge ist sehr hoch. Die Pflanze der **Abb. 181** wurde an einem südseitigen Hang in einem mit einigen Sträuchern bestockten basiphilen Halbtrockenrasen freigelegt. Die dicke Polwurzel biegt rasch seitwärts um. Ihr Hauptstrang und mehrere von ihr abzweigende Seitenwurzeln bilden reichlich Wurzelsprosse. Der Muttersproß ist am Wurzelhals büschelig bewurzelt. Die reichlich feinverzweigten Wurzeln breiten sich vorwiegend seitwärts aus. Das Tiefenstreben der abwärts gerichteten Wurzeln ist auf dem beschatteten Boden relativ gering. In der Nähe dieses freigelegten Strauches erreichte auf dem gleichen Hang im un-

Taf. 171: Liguster, *Ligustrum vulgare*. 1. und 2. Reihe: Schütt bei Villach, Kärnten, 750 m NN, Mullrendsina, Strauch mit umgebogener Polwurzel, die sich mit ihren langen Seitenwurzeln flurnah seitwärts ausbreitet und zahlreiche Wurzelsprosse bildet (zu Abb. 181). 3. R.: östlich Klagenfurt, 570 m NN, Braunerde, Strauchgruppen aus Polwurzelpflanzen (Mutterpflanzen) und Wurzelsprossen, Polwurzel stets seitwärts umgebogen.

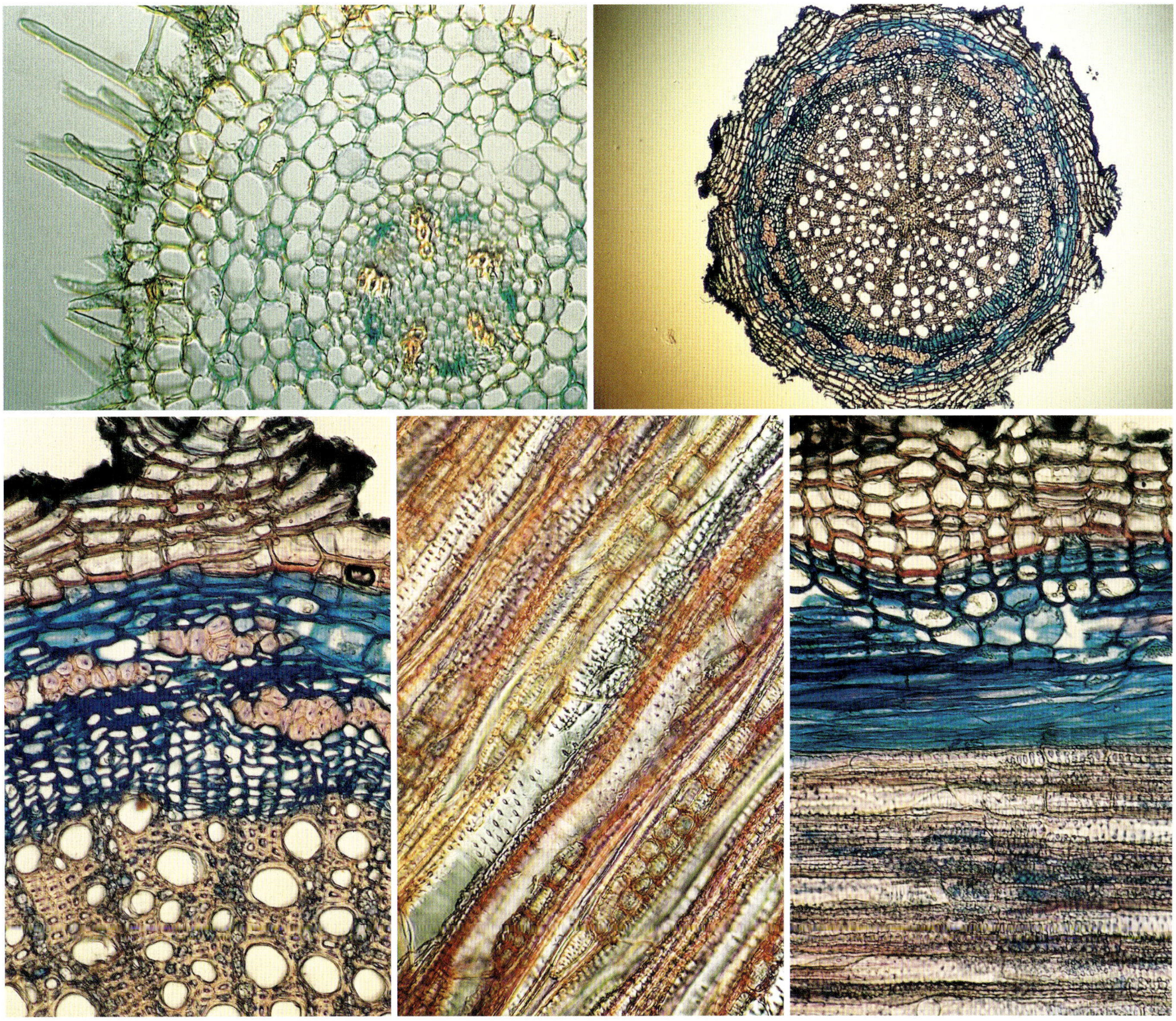

Taf. 172 A: Liguster, *Ligustrum vulgare*. – **1:** Schütt bei Villach, Kärnten, 9.11. Prim., Ø, Saf.-Ast., 162x. **Rh** Z groß, oft mit WuHr. **Rinde** Ex ZW suberinisiert, EnZ z. T. radial unterteilt, klein. **ZZ** 5arch. – **2:** Ort wie 1, 14.4. Sek., Ø, Saf.-Ast., 41x. **ZZ** 5arch. **PCAG** 8-9schichtig, dreieckig aufreißend. **Bast** mittelbreit, F dicht stehend, englumig, schwach verholzt, in 2-3schichtigen Gruppen, diese ringförmig angeordnet. **Holz** GG ZW mittelstark verdickt, Gefäße zahlreich, klein bis mittelgroß. – **3:** Ausschnitt aus 2. 162x. **Bast** SePh breit. – **4:** Östlich Klagenfurt, 8.11. Sek., ⊠, Ph/HCl, 162x. **Holz** Strahlen 1-2reihig, bis über 10 Z hoch, Gefäße Tüpfel oval, dicht stehend. – **5:** Pfl u. Zeit wie 2. Sek., ⊠, Saf.-Ast., 162x. **PCAG** 8-9schichtig. **Bast** äußerer Bereich Z weitlumig. **Holz** Gefäße QuerW kurz.

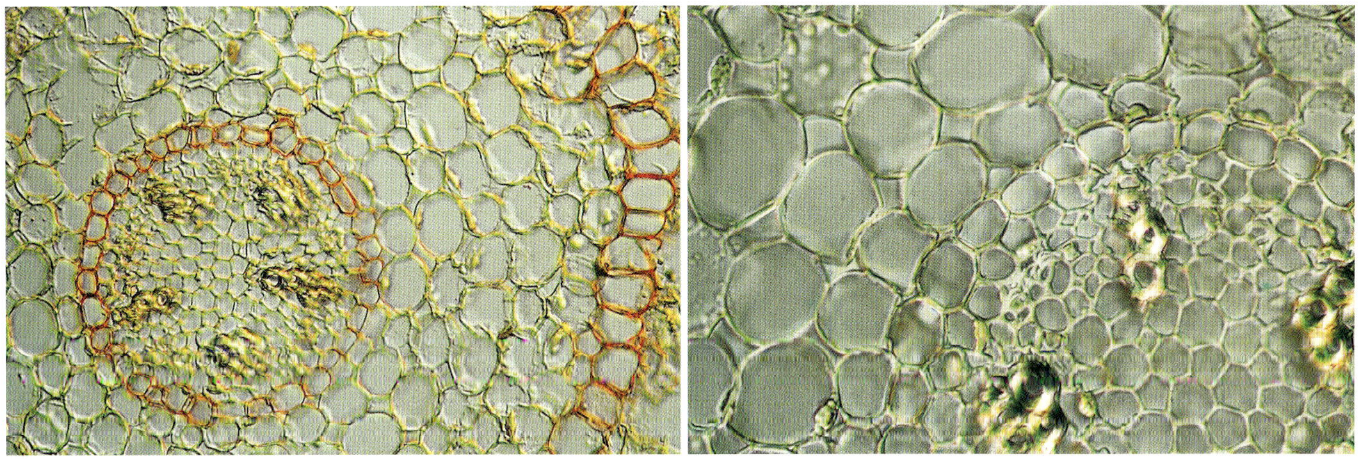

Taf. 172 B: – **1:** Schnittreihe wie A 1. S3, 204x. **Rinde** Ex u. En durch Suberinlamelle ZW rot. **ZZ** 5arch. – **2:** Schnittreihe wie A 1. Ph/HCl, 409x. **Rinde** En vereinzelt radial geteilt. **ZZ** PrX u. PrPh an PC grenzend.

Abb. 181: Liguster, *Ligustrum vulgare*, H–T–S = 216–117–744 cm, Schütt bei Villach, Südhang, 750 m NN. Trespen-Halbtrockenrasen, schütter bestockt mit *Ligustrum vulgare, Fraxinus ornus, Viburnum lantana* und *Amelanchier ovalis*. Mullrendsina über Kalkschutt, Bodenprofil Hor.: A_1 0–5 cm Rasenfilz mit Mullhumus, A_2 5–24 cm Mullkrume, stark humoser Lehm, dunkelbraun (10YR 3/2), gut krümelig, stark durchwurzelt, AC 24–60 cm schwach humoser Lehm, kompakt, sehr steinig, mäßig stark durchwurzelt, C Lehmtaschen in Grus und Blockschutt, Durchwurzelung auslaufend.

beschatteten, halbtrockenen Magerrasen die Wurzel von *Peucedanum cervaria* eine Tiefe von 415 cm (KUTSCHERA & LICHTENEGGER 1992).

Anatomie, Taf. 172

Im primären Zustand kennzeichnen die Art die mittelgroßen Zellen der Rhizodermis und die mitunter zahlreichen Wurzelhaare. Die Zellen der Exodermis sind z. T. wenig größer als jene der Rhizodermis. Ihre Wände sind nach Behandlung mit Sudan 3 rot gefärbt wie die der wesentlich kleineren Zellen der Endodermis, deren Wände eine Suberinlamelle aufgelagert haben (A 1, B 1). Der Caspary-Streifen erstreckt sich nahezu über die ganze radiale Zellwand. Einzelne Zellen der Endodermis haben sich nochmals radial geteilt. Deshalb übertrifft ihre Zahl jene der jüngsten Schicht des Rindenparenchyms. Die ersten Siebröhren im Bast liegen mit einer Kante zwischen zwei Zellen des Pericambiums. Die reichliche Stoffzufuhr in das Pericambium ist dadurch gesichert (B 2).

Bezeichnend für den sekundären Zustand sind die stärkere Verfestigung der Zellwände des Pericambial-Abschlußgewebes und dessen dreieckiges Aufreißen, der relativ hohe Anteil an verholzten, englumigen Fasern im Bast, 1–3reihige Strahlen und die starke Verdickung der Zellwände des Grundgewebes im Holz sowie die kleinen bis mittelgroßen Gefäße mit ihren rundlichen bis ovalen, versetzt stehenden Tüpfeln (A 2–5). Die Wände der Gefäße haben nach CUTLER et al. (1987) schraubenförmige Verdickungen. Zellen von Bast und Holz enthalten mitunter Calciumoxalat-Kristalle. Die stärkere Verdickung der Zellwände entspricht der Vorliebe der Art für wärmere, in tiefen Schichten grundfrische, in den oberen Schichten zeitweise trockene Standorte.

Standortansprüche: Die Halbschatten ertragende Art ist wärmeliebend und mäßig frostempfindlich. Sie wächst auf grundfrischen, zeitweise oberbodentrockenen, basenreichen, feinsedimentreicheren, auch steinigen, lockeren Mullhumusböden. Wegen ihrer großen vegetativen Vermehrung und intensiven Oberbodendurchwurzelung gilt sie auch als Bodenfestiger.

Verbreitung: Die submediterrane Art kommt in Mitteleuropa vorwiegend in der Eichenstufe und in der unteren Buchenstufe vor. Die Höhengrenze ihrer Verbreitung liegt in Mitteldeutschland bereits bei 400 m, in den Alpen bei 1.300 (1.400) m und selbst im Kaukasus schon bei 1.500 m. Nach HEGI (1975) ist sie eine Charakterpflanze der sommergrünen Laubmischwälder vom Typ des Querceto-Tilietum. Am häufigsten tritt sie jedoch in den Sommergebüschen wärmerer Standorte (Berberidion) auf. Innerhalb dieses Verbandes gilt sie als Kennart des Pruno-Ligustretum Tx. 52. Die bodenfeuchtere Untergesellschaft davon ist das Pruno-Ligustretum prunetosum padi (Kurz et al. 2001).

Sambucaceae, Holundergewächse

Sambucus nigra L., Schwarzer Holunder

Morphologie

Sproß: Sommergrüner Strauch oder bis 11 m hoher Baum, aus der Stammbasis Sprößlinge entspringend. Hauptäste aufrecht, Seitenäste ausladend, Krone oval bis kugelig.
Wurzel: Der Schwarze Holunder wird von Cornet et al. (1966) und Oberdorfer (1994) zu Unrecht als Flachwurzler bezeichnet. Er bildet eine kräftige, oben verdickte Polwurzel, die sich sehr bald in dickere Wurzelstränge aufzweigt. Diese wachsen auf tiefgründiger erwärmten Böden bis über 1 m tief nach unten, biegen dann um und verlaufen oft noch weit seitwärts. Auf kühleren Böden breiten sich die Wurzelstränge schon in geringerer Tiefe weit seitwärts aus. Eine sehr flache Bewurzelung dürfte wohl nur am kühlen Rand des Verbreitungsgebietes zu erwarten sein. Auffallend ist der sehr „unruhige“ Verlauf der Wurzelstränge. Sie scheinen besonders empfindlich auf Wärme- und Feuchteschwankungen zu reagieren. Die Feinverzweigung ist auffallend gering.

Der baumförmige Strauch der **Abb. 182** wurde an einem Südhang bei Treffen nahe Villach auf Lockersediment-Braunerde freigelegt. Die oben stark verdickte Polwurzel zweigt sich rasch in mehrere dicke, abwärts wachsende Wurzelstränge auf. Sie biegen in einer Tiefe von 100–150 cm unter starker Verzweigung

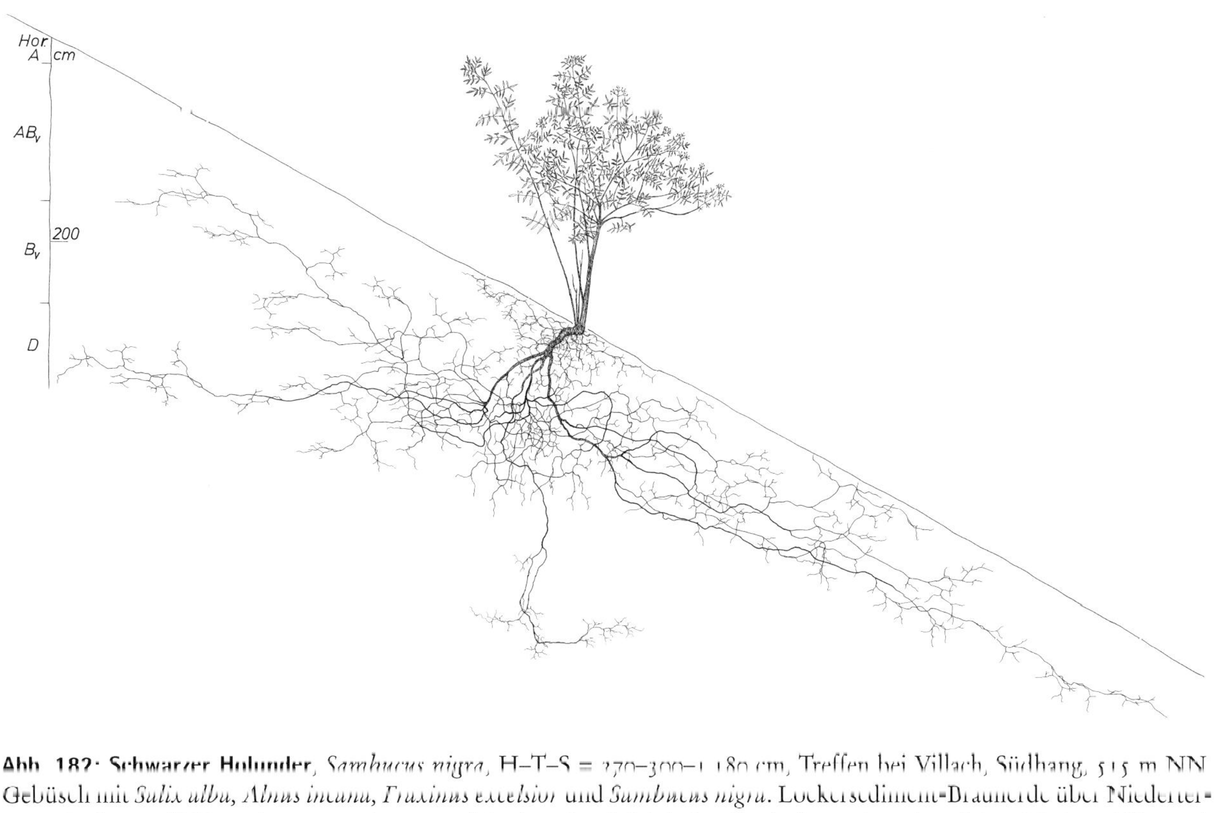

Abb. 182: Schwarzer Holunder, *Sambucus nigra*, H–T–S = 270–300–1180 cm, Treffen bei Villach, Südhang, 515 m NN. Gebüsch mit *Salix alba*, *Alnus incana*, *Fraxinus excelsior* und *Sambucus nigra*. Lockersediment-Braunerde über Niederterrasse, Bodenprofil Hor.: A 0–25 cm humoser, lehmiger Sand, feinkrümelig, locker, schwach steinig, pH 6,9, mäßig stark durchwurzelt, AB_v 25–160 cm schwach humoser l S, schwach durchsetzt mit Kies und Schotter, mäßig stark durchwurzelt, B_v 160–260 cm l S, stärker kiesig-schotterig, mäßig stark durchwurzelt, D grauer, griffiger Sand, grundfrisch, pH 7,1, Durchwurzelung auslaufend.

Taf. 173: Schwarzer Holunder, *Sambucus nigra*. Treffen, Kärnten, 515 m NN, Südhang, Braunerde, bestockter Strauch, Polwurzel tiefstrebend, kräftige Seitenwurzeln zunächst abwärts, dann seitwärts oder schräg aufwärts verlaufend, Feinverzweigung mäßig stark, Wurzelstränge schnurförmig (zu Abb. 182).

Taf. 174 A: Schwarzer Holunder, *Sambucus nigra.* – **1:** Ferlach, Kärnten, 19.9. Prim., Ø, Ph/HCl, 162x. **Rh** Z mittelgroß. **Rinde** Ex wenig differenziert, EnZ klein. **ZZ** 3arch. – **2:** Schütt bei Villach, Kärnten, 9.11. Wu 1-1$^{1}/_{2}$jährig. Sek., Ø, Saf.-Ast., 64x. **PCAG** 5-6schichtig, Z 2. Schicht z. T. radial geteilt. **Bast** sehr breit, F weitlumig, verholzt. **Holz** Gefäße klein bis mittelgroß. – **3:** Schnittreihe wie 1. S3, 409x. **Rinde** EnZ vereinzelt radial geteilt, ZW mit Suberinlamelle. **ZZ** PrX u. PrPh an PC grenzend. – **4:** Grafenstein, Kärnten, 5.12. Sek., ⊠, Ph/HCl, 162x. **Holz** Strahlen 2-3reihig, über 6 Z hoch, kleine Gefäße und Gefäßtracheiden mit großen, FTracheiden mit kleinen Tüpfeln. – **5:** Schnittreihe wie 4. S3, 162x. **Holz** großes Gefäß, QuerW kurz.

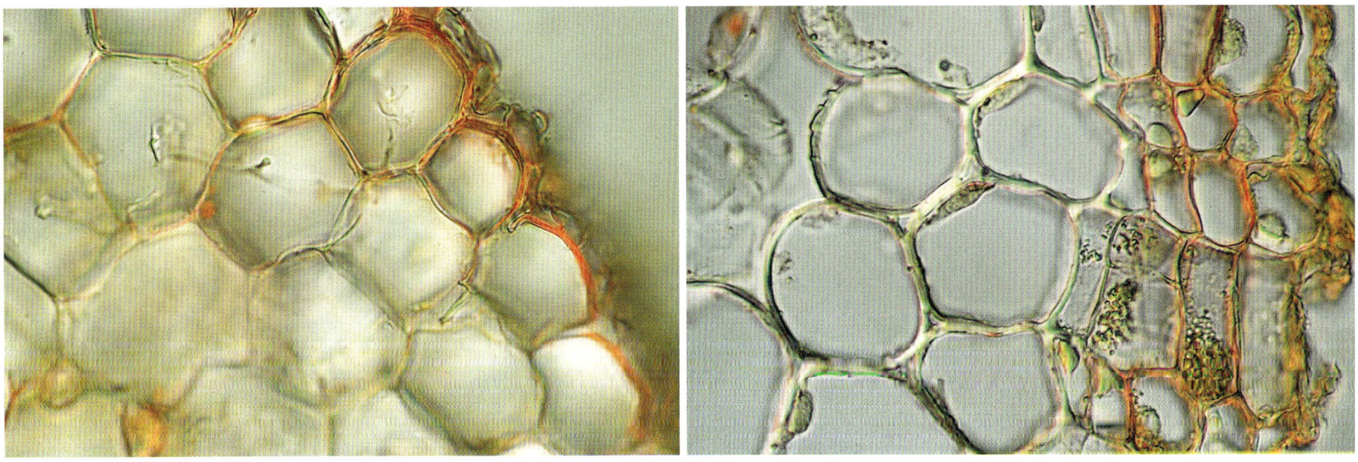

Taf. 174 B: – **1:** Schnittreihe wie A 1. S3, 409x. **Rh** ZAW cutinisiert (?). – **2:** Pfl u. Zeit wie A 2. Sek., Ø, S3, 409x. **PCAG** sehr schmal, 5schichtig, innerste Schicht der Z sehr groß, ab 3. Schicht ZW verkorkt.

seitwärts um. Die Wurzelstränge ändern sehr häufig ihre Wachstumsrichtung. In dem wechseltrockenen Boden ist die Aufwärtsbewegung als Folge tiefer eindringender Trockenheit sehr ausgeprägt. Infolge der größeren Oberbodentrockenheit ist auch die Bewurzelung in den obersten Schichten sehr gering. Sie entfaltet sich vorwiegend in den tieferen, gleichmäßiger feuchten Schichten. Eine Wurzel dringt auffallend tief bis zu den ständig grundfrischen Schichten vor. Der Feinwurzelbesatz ist gering. Die Farbe der Wurzeln ist hell gelbbraun.

Anatomie, Taf. 174

Im primären Zustand scheint ein wesentliches Merkmal der Wurzeln des Schwarzen Holunders der geringe Größenunterschied zwischen den Zellen der Rhizodermis und jenen der Exodermis zu sein. Namentlich die Außenwand der Rhizodermiszelle ist cutinisiert (A 1, B 1). Die Zellen der Endodermis bilden ihre Suberinlamelle wieder zuerst über dem Phloem (A 1). Wenig später entsteht sie auch in den Zellen über dem Xylem (A 3).

Im sekundären Zustand sind die Wurzeln durch ein schmales Pericambial-Abschlußgewebe und einen breiten bis sehr breiten Bast gekennzeichnet (A 2, B 2). Außerdem enthält der Bast nur wenige, und zwar weitlumige, in kleinen Gruppen benachbart stehende Fasern. Im Holz ist der bis über 80prozentige Anteil an Gefäßen bezeichnend für die Art. Die Hoftüpfel der Gefäße sind oval bis verlängert, dicht stehend und meist versetzt (A 4, 5).

Von den angeführten Merkmalen ist es vor allem der breite Bast, aus dem die Vorliebe der Art für nährstoffreiche Böden mit höherem Gehalt an Stickstoff und Kalium zu ersehen ist. Doch auch die übrigen Merkmale lassen erkennen, daß die natürlichen Standorte der Art vor allem im frischen Auwaldbereich gelegen sind (s. oben).

Standortansprüche: Die Halbschatten ertragende Art kommt vorwiegend in der Eichenstufe und in der unteren Buchenstufe vor. Die Höhengrenze ihrer Verbreitung liegt in den Alpen bei 1.500 (1.600) m. Sie bevorzugt frische, basenreiche, stickstoffreichere Mullhumusböden. Die stickstoffreicheren Böden findet sie auf naturnahen Standorten in Schwarz- und Grauerlengebüschen und auf stärker vom Menschen beeinflußten Standorten vor allem im Bereich bäuerlicher Siedlungen. Sie ist daher ein alter Kulturbegleiter.

Verbreitung: Der Schwarze Holunder ist eine europäische Pflanze, die von Sizilien bis Südschweden und von Portugal bis zum Kaspischen Meer vorkommt. Am häufigsten wächst sie in Erlen-Auwäldern, feuchteren Laubmischwäldern, Vorwaldgesellschaften und Schlagfluren. Wegen ihres angeblich unsteten Auftretens erfolgte keine schwerpunktmäßige soziologische Zuordnung. Südlich des Alpenhauptkammes ist sie jedoch als Kennart stickstoffreicher Schwarz- und Grauerlenwälder zu werten.

Sambucus racemosa L., Roter Holunder, Trauben-Holunder

Morphologie

Sproß: Sommergrüner, bis 4 m hoher, stärker bestockter oder baumförmiger Strauch. Äste vorwiegend aufstrebend, mit zwei- bis mehrjährigen Langtrieben und meist einjährigen krautigen Kurztrieben.

Wurzel: Die Bewurzelung des auf kühleren Standorten gedeihenden Roten Holunders ist grundverschieden von jener des Schwarzen Holunders. Die Polwurzel ist an den älteren Sträuchern meist nicht mehr zu erkennen. Bei diesen treten an der verdickten Stammbasis bereits mehrere Sproßwurzeln auf. Die Hauptwurzelmasse breitet sich bis knapp unter Flur in den oberen humosen Bodenschichten aus. Mit abnehmendem Humusgehalt nimmt die Durchwurzelung des Bodens nach unten hin rasch ab. Ein kleinerer Teil der Wurzeln reicht bis in die gleichmäßiger temperierten und gleichmäßiger feuchten Schichten hinab. Bei ungehemmtem Wurzeltiefgang werden in wärmeren Gebieten Tiefen bis über 1 m erreicht. Infolge der

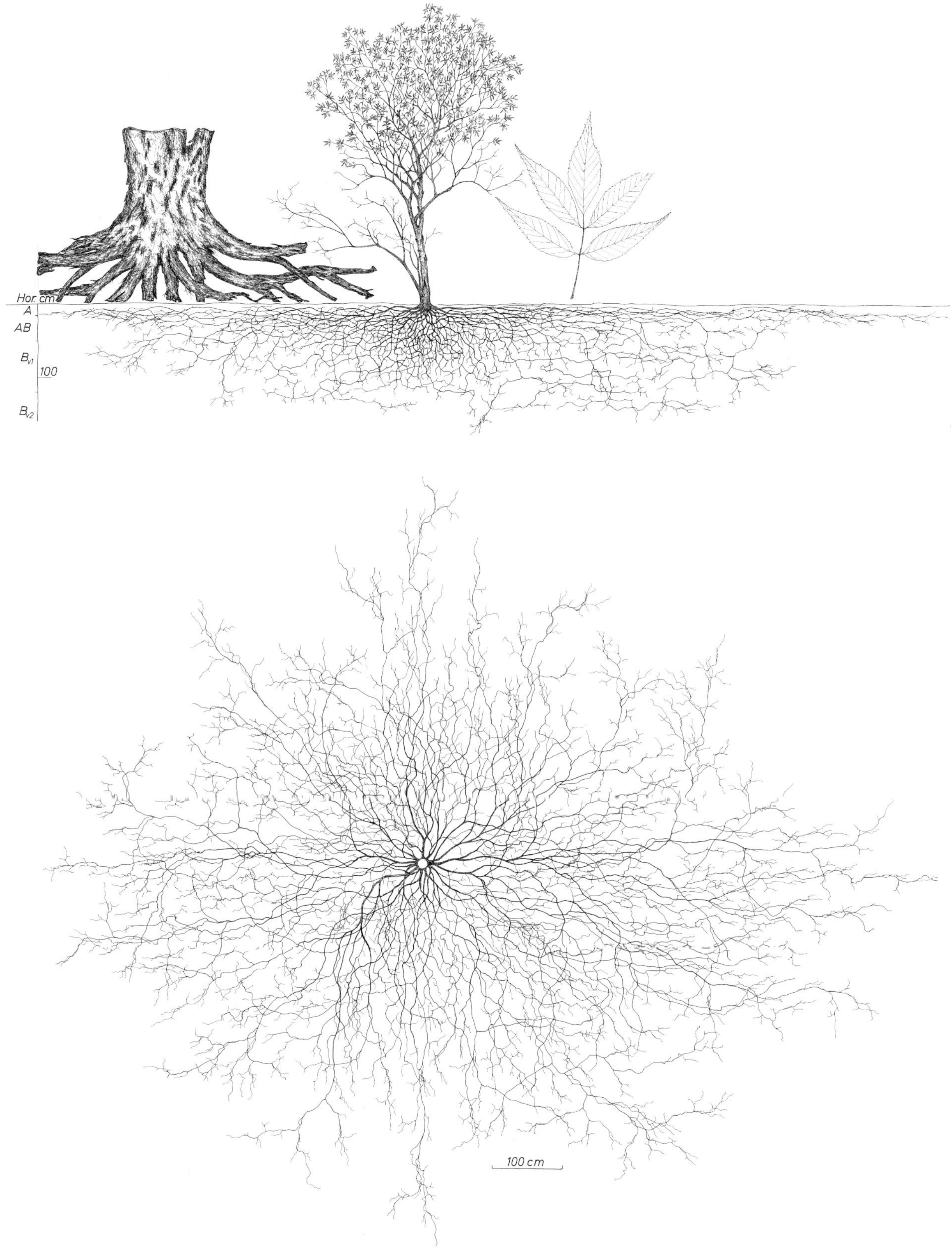

Abb. 183: Roter Holunder, *Sambucus racemosa*, H–T–S = 408–178–1.240 cm, Arriach, Kärnten, Nordhang, 830 m NN. Waldlichtung mit vorwiegend *Sambucus racemosa*, *Rubus idaeus* und *Corylus avellana*. In der Krautschicht besonders *Urtica dioica*, *Impatiens noli-tangere*, *Myosoton aquaticum*, *Senecio ovatum* u. a. Kolluviale Braunerde, Bodenprofil Hor.: O 5–0 cm Laubstreu, Grobmoder, A 0–15 cm feinmoderreicher Schluff, schwarzbraun (10YR 2/1), stark durchwurzelt, AB 15–50 cm unregelmäßig humoser Schluff, stark durchwurzelt, B_{v1} 50–120 cm feinsandiger Schluff, dunkel gelbbraun (10YR 4/4), mäßig stark durchwurzelt, B_{v2} schluffiger Feinsand, feuchter, Durchwurzelung auslaufend.

Taf. 175: Roter Holunder, *Sambucus racemosa*. Arriach, Kärnten, 830 m NN, Nordhang, Braunerde, baumförmiger Strauch, Stammgrund durch Verkümmerung der Polwurzel gestutzt, obere Wurzeln sproßbürtig, Wurzelstränge sehr zahlreich, ein weit ausgebreitetes Netz bildend, dünne Wurzeln schnurförmig, Feinwurzeln mäßig zahlreich (zu Abb. 183).

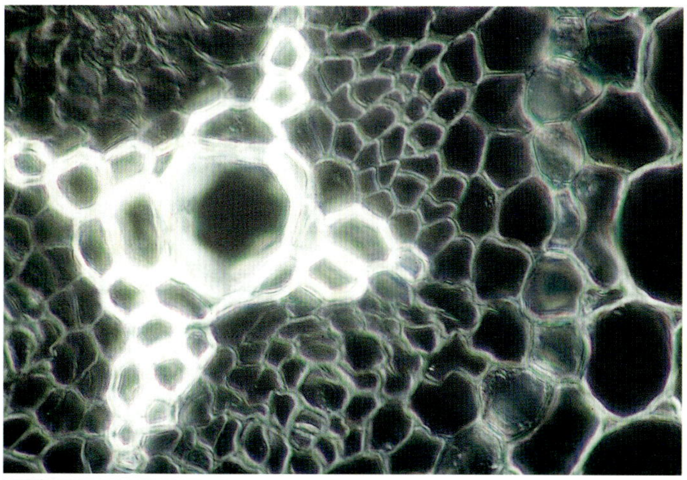

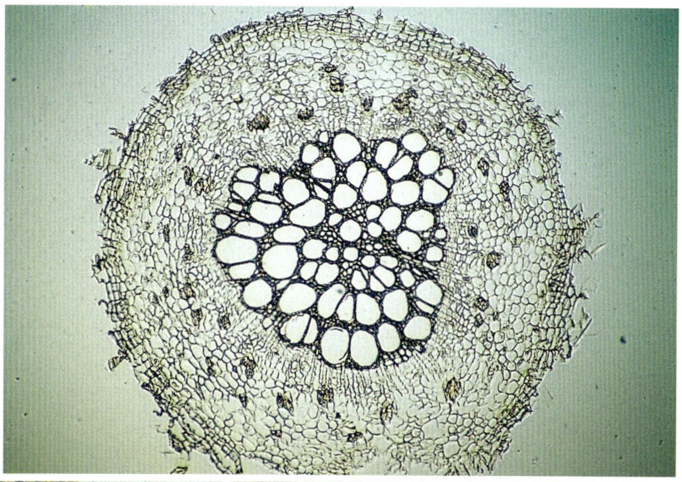

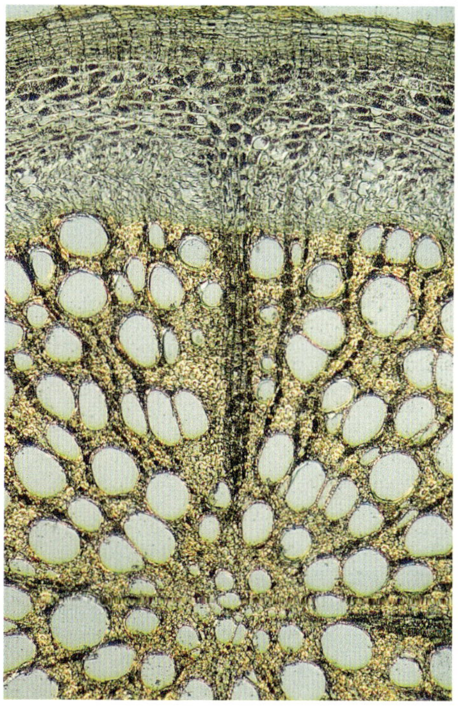

Taf. 176 A: Roter Holunder, *Sambucus racemosa*. – **1:** Schloß Rain, Grafenstein, Kärnten, 14.2. Prim., Ø, Ph/HCl, 409x. **Rinde** En ZW mit CS. **ZZ** 4arch, PrX eine ZSchicht vom PC entfernt. – **2:** Arriach, Kärnten, 8.7. Sek., Ø, Ph/HCl, 32x. **ZZ** 3arch. **PCAG** bis 6schichtig, dreieckig aufreißend, ZW dünn. **Bast** breit, F in 1-3schichtigen kleinen Gruppen, verholzt. **Holz** GG ZW dünn bis mitteldick, Gefäße groß, Anteil über 80 %. – **3:** Pfl u. Zeit wie 1. Sek., ⊠, S3, 409x. **Holz** Strahlen 3(4)reihig, FTracheiden Tüpfel entfernt stehend. – **4:** Ort wie 1, 19.12. Sek., Ø, JJK, 64x. **PCAG** mittelbreit. **Bast** breit, Strahlen u. GG Z St-reich. **Holz** prim. Strahl 4reihig, Gefäße groß, zahlreich, z. T. radial benachbart, GG ZW mittelstark verdickt. – **5:** Ort wie 1, 23.6. Sek., ⊠, S3, 409x. **Holz** Gefäße Hoftüpfel oval, versetzt.

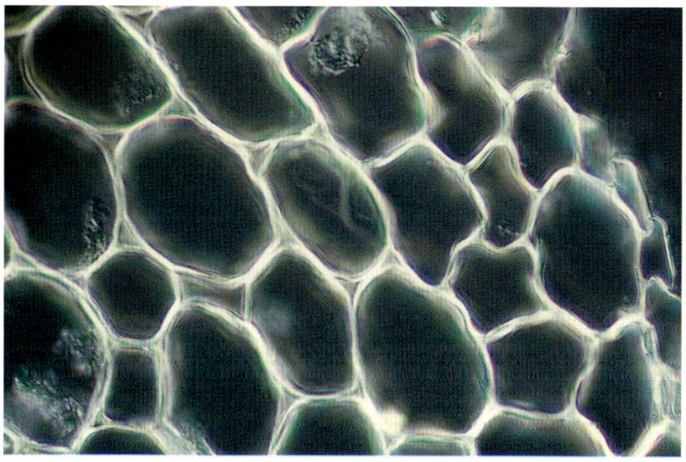

Taf. 176 B: – **1:** Schnittreihe wie A 1. Ph/HCl, 409x. **Rh** Z klein. – **2:** Schnittreihe wie A 4. S3, 409x. **PCAG** 9schichtig, Z weitlumig, ZW ab 3. Schicht verkorkt, innerste Schicht ZW gequollen.

viel weiter nach der Seite verlaufenden Wurzeln entsteht stets ein langgestreckter, flach wirkender, kegelförmiger bis schwach zylinderförmiger Wurzelkörper. Der Feinwurzelbesatz ist auch bei dieser Art gering. Die Farbe der Wurzeln ist auffallend hell gelblich.

Der baumförmige Strauch der **Abb. 183** wurde in einer nordseitigen Waldlichtung eines feuchteren Buchen-Mischwaldes bei Arriach in Kärnten auf kolluvialer Braunerde über Phyllit freigelegt. Die Sproßbasis ist durch die Ansätze der sproßbürtigen Wurzeln etwas verbreitert. Die große Anzahl der weit seitwärts verlaufenden Wurzeln verursacht eine starke Durchwurzelung vor allem der oberen Bodenschichten. Durch die reiche Verzweigung der Wurzeln bleibt die Dichte der Durchwurzelung bis weit über das Kronendach hinaus erhalten. Sie nimmt nach unten hin rasch ab. Auch die tiefer eindringenden Wurzeln biegen in dem nach unten rasch kühler werdenden Boden seitwärts um.

Anatomie, Taf. 176

Vom Schwarzen Holunder unterscheidet sich die Art im primären Zustand mitunter durch kleinere Zellen der Rhizodermis (B 1). Im Bereich der Caspary-Streifen leuchten die Radialwände der Zellen der Endodermis oft stärker auf (A 1).

Im sekundären Zustand liegt der Unterschied im meist schmäleren Bast mit einer größeren Zahl von Fasern sowie in einer stärkeren Verdickung der Zellwände der Gefäße und des Grundgewebes im Holzteil. Die Strahlen sind 1–3reihig (A 2–5). In den Fasertracheiden stehen die Tüpfel entfernt, in den Gefäßen die Hoftüpfel eng benachbart und versetzt (A 3, 5). Ihre Umrandungen bilden ein Netzwerk. Das Pericambial-Abschlußgewebe ist wie bei *Sambucus nigra* schmal, mitunter nur 4–6schichtig, und seine Zellen sind dünnwandig (B 2). Die Merkmalsunterschiede decken sich mit den verschiedenen Ansprüchen beider Arten an den Lebensraum. Der Rote Holunder besiedelt kühlere und nährstoffärmere Standorte als der Schwarze Holunder.

Standortansprüche: Die Halbschatten ertragende Art wächst vorwiegend in sommerkühleren Lagen auf frischen bis frisch-feuchten, nährstoffreichen, vor allem stickstoffreichen, kalkarmen, lehmigen bis steinigen, humosen Böden. Das Laub ist ein begehrtes Futter für Hirsche. Die Beeren werden gerne von Vögeln, vor allem von Rotkehlchen und Elstern, gefressen, die auf diese Weise zur Verbreitung der Pflanze beitragen.

Verbreitung: Der Rote Holunder ist vor allem im nördlichen Teil Südeuropas und in Mitteleuropa verbreitet. Nahe verwandte Sippen kommen weltweit vor. In den Alpen ist sein Vorkommen weitgehend auf die montane Stufe beschränkt. Die Höhengrenze seiner Verbreitung liegt in den Zentralalpen bei 1.900 m, in den Westalpen sogar bei 2.200 (2.300) m. Er wächst vorwiegend in Vorwaldgesellschaften des Fagion. Innerhalb des Sambuco-Salicion capreae gilt er als Kennart des Sambucetum racemosae Oberd. 73.

Viburnaceae, Schneeballgewächse

Viburnum lantana L., Wolliger Schneeball

Morphologie

Sproß: Sommergrüner, bis 3 (5) m hoher, aufrechter oder aufsteigender Strauch, selten baumförmig, durch Kriechtriebe Strauchgruppen bildend.
Wurzel: Der Wollige Schneeball ist im jüngeren Stadium eine Polwurzelpflanze. Im älteren Stadium ist er auf tiefgründig erwärmten, stärker wasserdurchlässigen Böden ebenfalls eine Polwurzelpflanze mit höchstens geringfügiger sproßbürtiger Bewurzelung am Grund der Bestockungstriebe. Bei solchen Pflanzen ist das Tiefenstreben der Wurzeln vorherrschend. Auf feinsedimentreichen, stärker wasserspeichernden Böden ist der Wollige Schneeball meist eine Polwurzel-Sproßwurzel-Pflanze oder nur noch eine Sproßwurzelpflanze, die durch Kriechtriebe Strauchgruppen bildet. Ihre starke sproßbürtige Bewurze-

lung am Grund der aufstrebenden Triebe und entlang der Kriechtriebe führt zu einer ergiebigen Durchwurzelung der oberen humosen Bodenschichten. Wohl deshalb wird die Art fälschlich als Flachwurzler bezeichnet (Cornet et al. 1966). Ihr Vorkommen auf zeitweise trockenen, meist tiefreichender erwärmten Böden führt selbst auf feinsedimentreicheren Böden zwangsläufig auch zu einem stärkeren Tiefenstreben

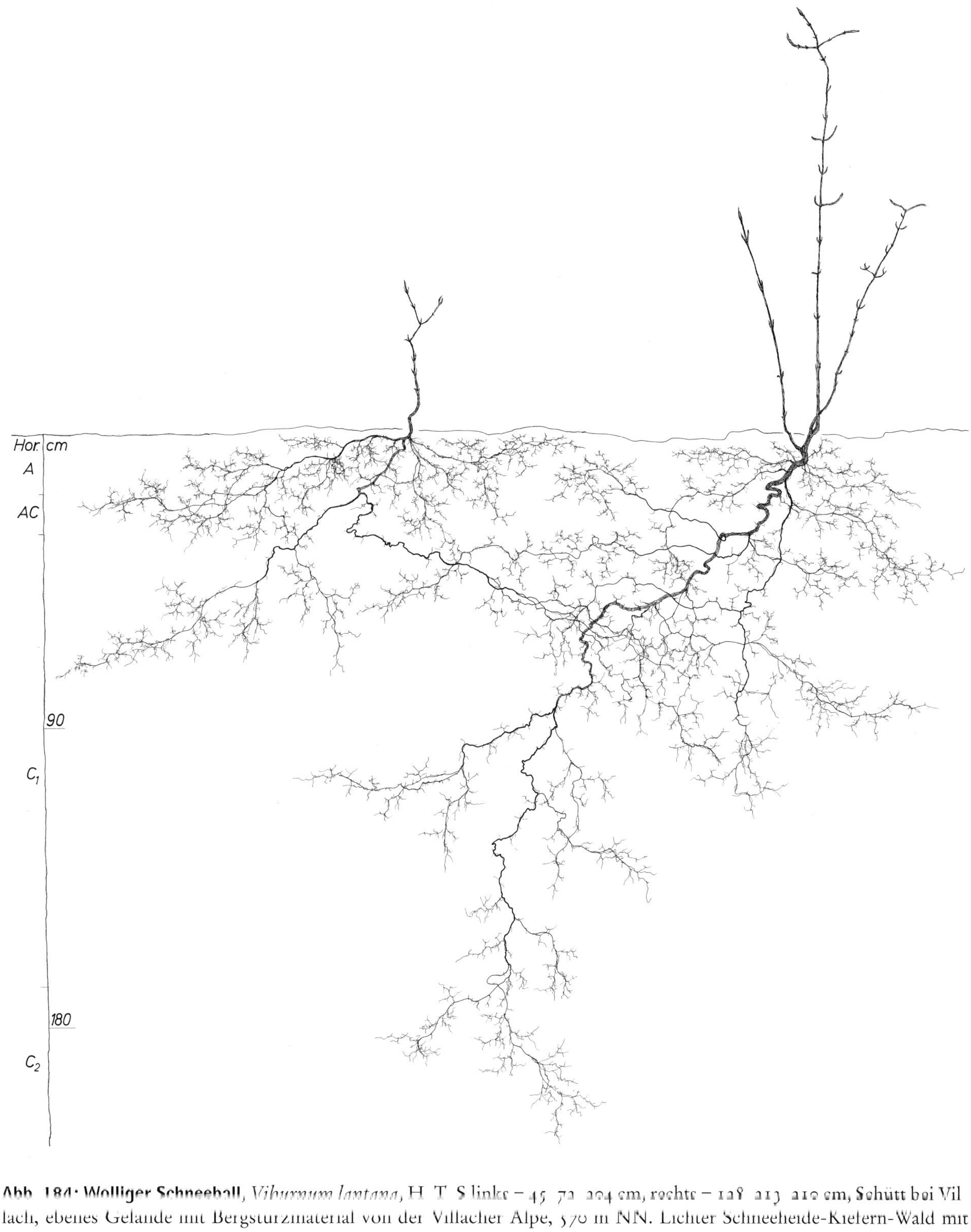

Abb. 184: Wolliger Schneeball, *Viburnum lantana*, H, T, S links = 45, 72, 204 cm, rechts = 128, 213, 210 cm, Schütt bei Villach, ebenes Gelände mit Bergsturzmaterial von der Villacher Alpe, 570 m NN. Lichter Schneeheide-Kiefern-Wald mit *Sorbus aria, Berberis vulgaris, Ligustrum vulgare, Viburnum lantana, Cotoneaster integerrimus* u. a. Schuttrendsina, Bodenprofil Hor.: O 3–0 cm Streu und Grobmoder, A 0–18 cm Feinmoder (schwarz) mit Sand und Grus, AC 18–30 cm unregelmäßig mit Feinmoder durchsetzter sandiger Grus und Schutt, C_1 30–168 cm Sand und Grus zwischen Blockschutt, C_2 sandiger Grus mit Feinschutt, grundfrisch.

Taf. 177: Wolliger Schneeball, *Viburnum lantana.* Schütt bei Villach, Kärnten, 590 m NN, Südhang, Braunlehm-Rendsina, aus Wurzelsprossen entstandene Strauchgruppen, Wurzeln seitwärts ausgebreitet oder mäßig tiefstrebend (zu Abb. 185).

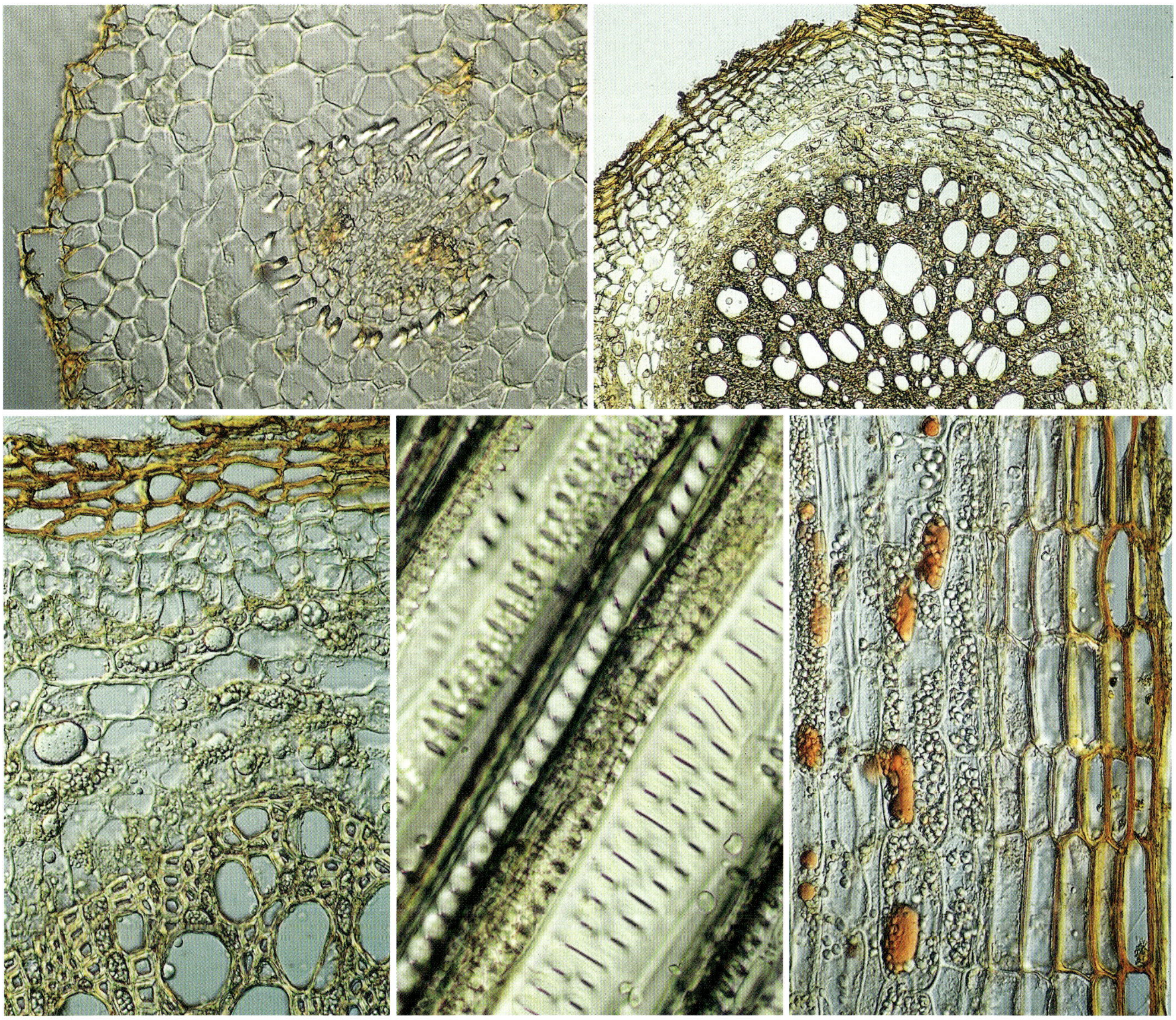

Taf. 178 A: Wolliger Schneeball, *Viburnum lantana*. – **1:** Klagenfurt, 28.12. Prim., Ø, JJK, 162x. **Rh** Z mittelgroß, W gelblichbraun, Eigenfarbe. **Rinde** RP innerste Schicht PhiZ. **ZZ** 2arch. – **2:** Schütt bei Villach, Kärnten, 12.10. Sek., Ø, JJK, 64x. **PCAG** 6-9schichtig, dreieckig aufreißend, Z weitlumig. **Bast** mittelbreit, F fehlend. **Holz** GG W mittelstark verdickt, Gefäße z. T. radial benachbart. – **3:** Schnittreihe wie 2. Ph/HCl, 162x. **PCAG** 2 innere Schichten ZW unverkorkt, 3-4 Schichten schwach verkorkt. **Bast** ZInhalt z. T. tröpfchenförmig, FS (?). – **4:** Pfl u. Zeit wie 2. Sek., ☒, JJK, 409x. **Holz** FTracheiden Tüpfel entfernt stehend, Gefäße Hoftüpfel langgestreckt, dicht stehend, versetzt. – **5:** Schnittreihe wie 4. S3, 162x. **Bast** ZInhalt z. T. rotbraun, FS (?), StKörner zahlreich.

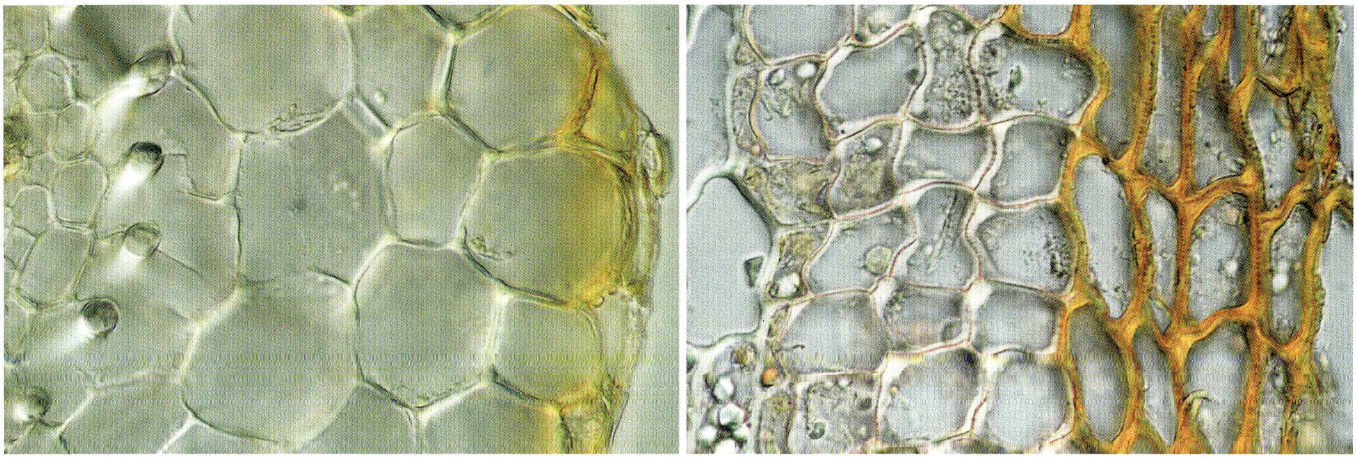

Taf. 178 B: – **1:** Ort wie A 2, 16.10. Prim., Ø, JJK, 409x. **Rh** ZW gelbbraun, Eigenfarbe, ZW suberinisiert. – **2:** Schnittreihe wie A 2. S3, 409x. **PCAG** ZW ab 3. Schicht schwach verkorkt, ab 7. Schicht ZW verdickt. **Bast** ZInhalt St u. FS.

der Wurzeln. Vor allem im näheren Bereich der Sproßbasen bildet sich eine vorwiegend abwärts gerichtete Wurzelgruppe. Das Tiefenstreben der Wurzeln ist aber wegen der starken Bodenbeschattung durch die Strauchgruppen gedämpft. Darauf wurde bereits bei der Beschreibung des Ligusters hingewiesen. Der Feinwurzelbesatz ist groß, die Feinwurzeln sind sehr dünn. Die Wurzelfarbe ist dunkelbraun bis schwarzbraun.

Die Sträucher der **Abb. 184** wurden in der Schütt bei Villach auf grobklastischem Kalk-Bergsturzmaterial freigelegt. Auf dem stark wasserdurchlässigen Boden hat sich noch keine sproßbürtige Bewurzelung gebildet. Bei dem jüngeren Strauch (**Abb. 184** links) wächst die Polwurzel mit ihren Verzweigungen im Schatten eines aufragenden Felsblocks mehr seitwärts als abwärts. Die Polwurzel des älteren Strauchs (**Abb. 184** rechts), die im stark kupierten, ebenen Gelände auf einer sonnseitigen Schuttflanke freigelegt wurde, dringt nach anfänglich schrägem Verlauf tief in den Schutt ein. Erst im kühlen, grundfrischen, sandigen Feinschutt zweigt sie sich in dünne Wurzeln auf. Der Strauch der **Abb. 185** wurde ebenfalls in der Schütt bei Villach an einem südseitigen Mittelhang auf Braunlehm über Kalkschutt freigelegt. Er hat in dem stark wasserspeichernden Boden zwei Sproßgruppen gebildet, die mit einem Kriechsproß verbunden sind. Der ursprüngliche Zusammenhang mit der Samenpflanze ist bereits verlorengegangen. Vom links stehenden älteren Sproß geht ein Kriechtrieb aus, der zur Bildung des jüngeren, größeren, bestockten Sprosses geführt hat. Aus dessen Grund entspringt der jüngste Sproßtrieb. Er wendet sich nach kurzem Verlauf im Boden mit zwei Laubtrieben nach oben. Seine Sproßbasis ist noch nicht verdickt und bewurzelt. Später wird auch von ihm ein Kriechtrieb abzweigen. Das Tiefenstreben der Wurzeln ist nicht sehr stark ausgeprägt. Es herrscht aber gegenüber ihrem seitlichen Verlauf deutlich vor. Der Wurzelkörper ist daher breit kegelförmig.

Abb. 185: Wolliger Schneeball, *Viburnum lantana*, H–T–S = 230–142–745 cm, Schütt bei Villach, Südhang, 590 m NN. Lückiger Trespen-Halbtrockenrasen mit Strauchgruppen aus *Corylus avellana, Viburnum lantana, Cornus sanguinea, Ligustrum vulgare, Hippocrepis emerus, Acer campestre, Fraxinus ornus* u. a. Braunlehm-Rendsina über Kalkschutt, Bodenprofil Hor.: A_1 0–6 cm Graswurzelfilz mit humosem Braunlehm, knotig-krümelig, stark durchwurzelt, A_2 6–40 cm stark humoser Braunlehm, dunkelbraun (7,5YR 3/2), grobknotig-krümelig, etwas kompakt, durchsetzt mit Feinschutt, pH 7,1, stark durchwurzelt, AB_{rel} 40–60 cm schwach humoser Braunlehm, stärker steinig, $B_{rel}C$ Braunlehm zwischen Kalkschutt, pH 7,2, Durchwurzelung auslaufend.

Anatomie, Taf. 178

Ein besonderes Kennzeichen der Gattung *Viburnum* ist im primären Zustand die eigenartige Ausformung der Phi-Zellen der innersten Schicht des Rindenparenchyms. Die Verdickung an den radialen Wänden beschränkt sich auf etwa 20 % der Wand. Sie ist außerdem streng halbkugelförmig (A 1, B 1). Bei den beschriebenen Rosaceen, deren innerste Schicht des Rindenparenchyms ebenfalls aus Phi-Zellen besteht, erstreckt sich die Verdickung meist über die ganze Radialwand. Die halbkugelige Form fehlt dadurch bzw. ist bei einzelnen Arten wie beispielsweise bei Vertretern von *Prunus* weniger deutlich ausgeprägt. Bei Vertretern von *Sorbus* sind die Verdickungen allerdings weitgehend halbkugelig, obwohl sie sich jeweils über die ganze radiale Zellwand erstrecken. Die Zellen der Rhizodermis sind langgestreckt und im Querschnitt, verglichen mit den Zellen der Exodermis, klein. Mit zunehmendem Alter bräunen sich die Zellwände. Ob Gerbstoffe oder fetthaltige Stoffe wie Cutin die Ursache sind, wäre zu untersuchen.

Im sekundären Zustand kennzeichnet die Art ein mittelbreites, oft aus 8–12 Schichten bestehendes, in der Jugend dünnwandiges Pericambial-Abschlußgewebe. Deutlich zu unterscheiden sind die inneren Schichten, deren Zellen trotz der zunächst schwachen Verkorkung der Zellwände noch nicht abgestorben sind, und die äußeren Schichten mit den stärker verkorkten und gebräunten Zellwänden. Im Bast fehlen, ebenfalls ein Merkmal der Gattung, Fasern. Dieses Merkmal wäre allerdings noch zu überprüfen. Das Vorkommen von Fettstoffen, zu schließen nach der positiven Reaktion auf Sudan 3, dürfte ebenfalls kennzeichnend für die Art sein (A 2, 3, 5, B 2). Die Strahlen im Holz sind 1–2reihig, die Länge der Zellen ist sehr unterschiedlich. Die Zellen der Gefäße grenzen z. T. mit langgestreckten leiterförmigen Wänden aneinander. Die Längswände der Gefäße enthalten langgestreckte, eng benachbart und versetzt stehende Hoftüpfel (A 4). Nach SCHWEINGRUBER (1990) enthalten die Gefäße im Sproß schraubenförmige Verdikkungen, die beim Gewöhnlichen Schneeball fehlen.

Standortansprüche: Der Wollige Schneeball ist ein Licht-Halbschatten-Gehölz. Er ist wärmeliebend und mäßig trokkenresistent. Vorwiegend wächst er an sonnigen Stellen auf halbtrockenen, basenreichen, meist kalkhältigen, steinigen, sandigen oder lehmigen Mullhumusböden. Wenn er auf sehr steinigen Böden vorkommt, weisen diese stets einen höheren Feinsedimentanteil in den Hohlräumen auf. Auf Kalkschutt sind die Hohlräume meist mit Braunlehm ausgefüllt. Das große Wasserspeichervermögen des Braunlehms macht diese Böden feuchter, als es den Anschein hat.

Verbreitung: Die Verbreitung der vorwiegend in Südeuropa und im südlichen Mitteleuropa vorkommenden Art reicht zwischen dem 40. und dem 50. Breitengrad von Nordspanien bis zum Kaspischen Meer. In Österreich ist der Wollige Schneeball eine kennzeichnende und häufige Pflanze der Buschgehölze der kollinen und unteren montanen Stufe. Seine Höhengrenze erreicht er in den Alpen zwischen 1.500 und 1.600 m. Er gilt als Kennart der Sommergebüsche wärmerer, basenreicherer Standorte (Berberidion). Zu finden ist er auch in lichten Eichen- und Kiefernwäldern, seltener in lichten Buchenwäldern.

Viburnum opulus L., Gewöhnlicher Schneeball, Herzbeer

Morphologie

S p r o ß : Sommergrüner, bis 4 m hoher, aufrechter Strauch, selten kleiner Baum, durch Kriechtriebe Strauchgruppen bildend.

W u r z e l : Der Gewöhnliche Schneeball ist in der Jugend eine Polwurzelpflanze und als älterer Strauch eine Polwurzel-Sproßwurzel-Pflanze. Als Pflanze feuchterer Standorte wurzelt er auf wärmeren, etwas oberbodentrockeneren Böden mitteltief und auf kühleren, feuchteren Böden flach. Seine Neigung zur flachen Ausbreitung der Wurzeln ist schon an dem frühzeitigen Umbiegen der Polwurzel zu erkennen. An älteren Pflanzen ist die Polwurzel kaum noch von den übrigen dickeren Wurzelsträngen zu unterscheiden. Dickere Stämme bilden am Grund einen verbreiterten Wurzelstock. Aus diesem gehen Sproßwurzeln, auf-

Taf. 179: Gewöhnlicher Schneeball, *Viburnum opulus*. Keutschach, Kärnten, 510 m NN, Moorrand, Anmoor, Strauchgruppe aus Wurzelsprossen, Wurzeln vorwiegend seitwärts ausgebreitet, mit einem dichten Geflecht von Feinwurzeln (zu Abb. 186).

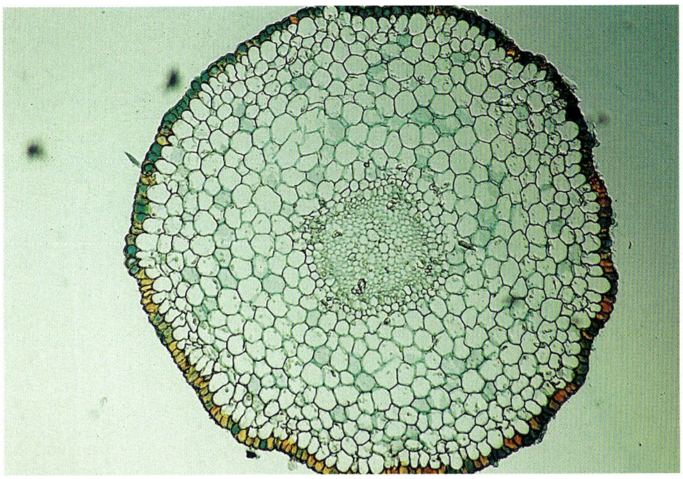
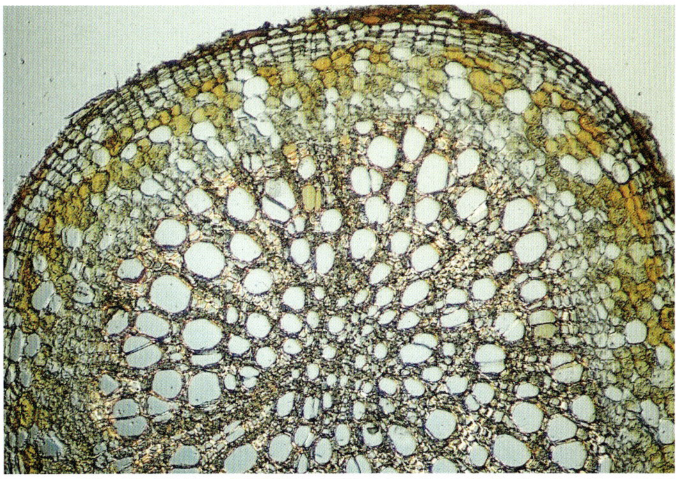
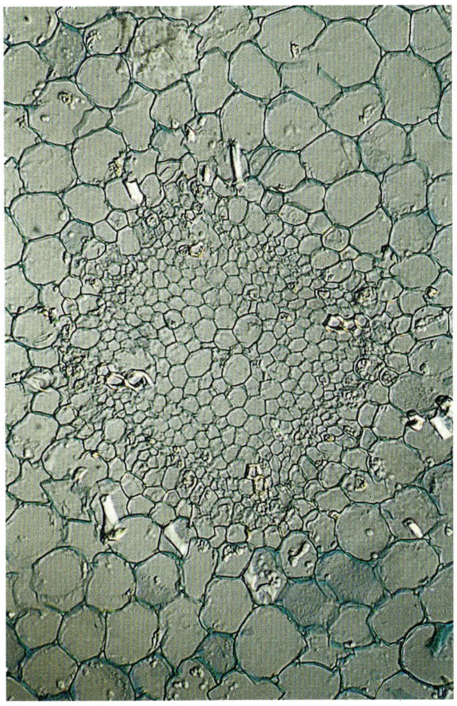
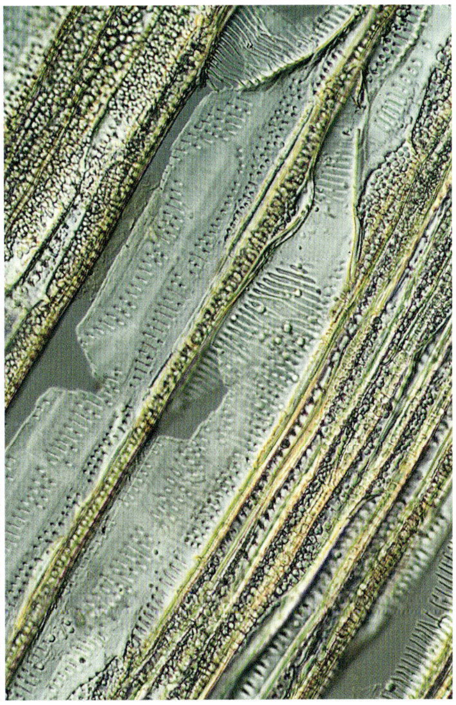
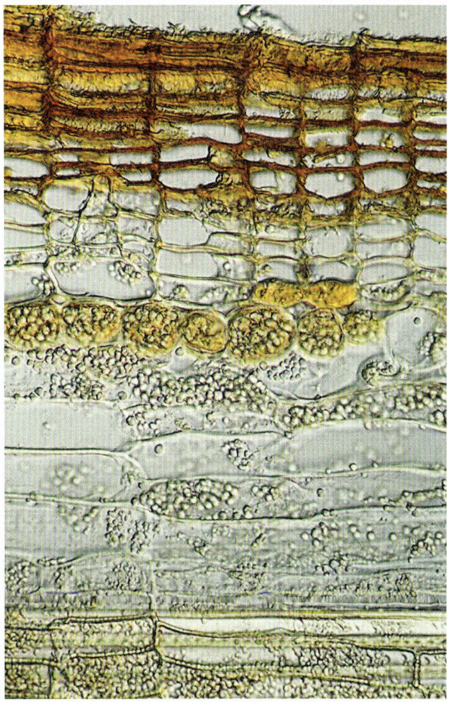

Taf. 180 A: Gewöhnlicher Schneeball, *Viburnum opulus*. – **1:** Keutschach, Kärnten, 30.9. Prim., Ø, Saf.-Ast., 64x. **Rh** Z mittelgroß, z. T. mit WuHr. **Rinde** ExZ größer als jene der Rh, EnZ wesentlich kleiner, z. T. radial geteilt. **ZZ** 4arch, PrX an PC grenzend. – **2:** Pfl u. Zeit wie 1. Sek., Ø, Ph/HCl, 64x. **ZZ** 4arch. **PCAG** 6schichtig. **Bast** äußerste Z der Strahlen stark vergrößert, benachbarte Z englumiger, mit gelbem Inhalt. **Holz** Strahlen einreihig, Z z. T. wenig verlängert, Gefäße Anteil groß, über 80 %. – **3:** Ausschnitt aus 1. 162x. **Rinde** innerste Z PhiZ. – **4:** Pfl u. Zeit wie 1. Sek., ☒, S3, 162x. **Holz** FTracheiden W mitteldick, Gefäße Hoftüpfel oval bis langgestreckt, Platten leiterförmig. – **5:** Schnittreihe wie 4. S3, 162x. **PCAG** 10schichtig. **Bast** äußerste Schicht ZInhalt gelbbraun, EC Z lang.

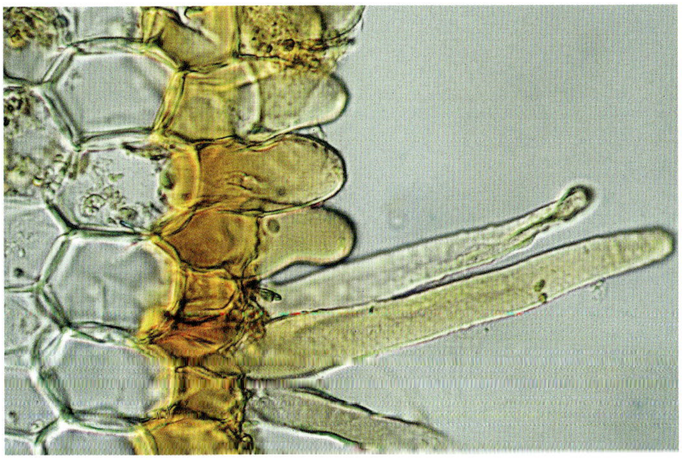
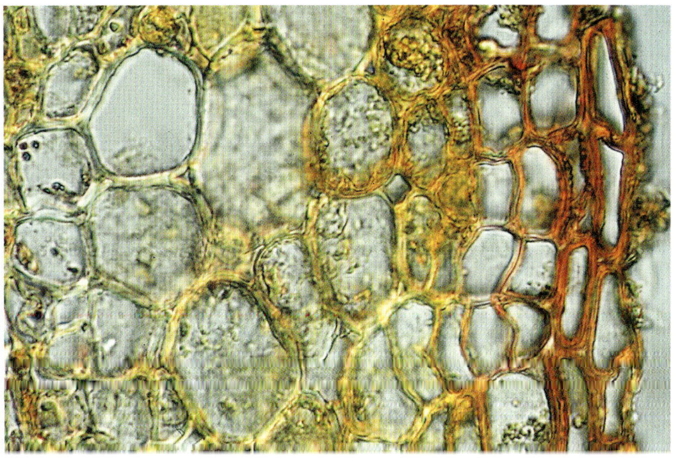

Taf. 180 B: – **1:** Pfl u. Zeit wie A 1. Prim., Ø, Ph/HCl, 409x. **Rh** ZInhalt gelbbraun, WuHr kurz bis mittellang. **Rinde** Z mit Pilzhyphen. – **2:** Pfl u. Zeit wie A 1. Sek., Ø, S3, 409x. **PCAG** schmal, 7schichtig, Z weitlumig, innerste Z groß, Verkorkung ab 3. ZSchicht.

strebende Bestockungstriebe und Kriechtriebe hervor. Entlang der Kriechtriebe entstehen an deren Oberseite hintereinander Sproßtriebe. An ihrer Unterseite bilden sich an der Ansatzstelle der Sproßtriebe Büschel von Sproßwurzeln. Am Ende der Kriechtriebe entsteht ein meist bestockter aufrechter Sproß. Im Zuge seiner Verdickung am Grund entstehen kräftige flachstreichende Sproßwurzeln. Die oberen Bodenschichten sind weit seitwärts dicht durchwurzelt. Die Dichte der Durchwurzelung ergibt sich aus der

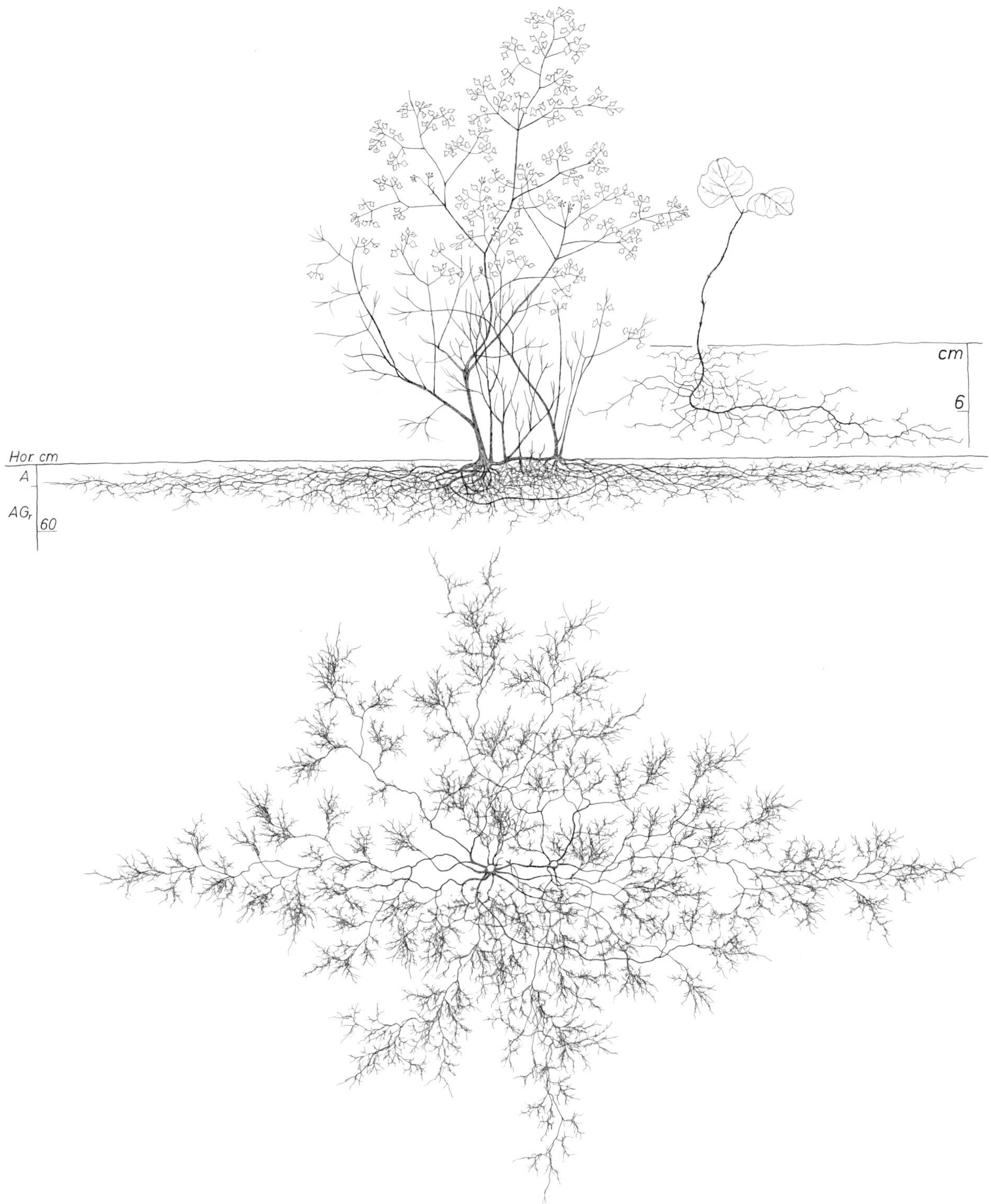

Abb. 186: Gewöhnlicher Schneeball, *Viburnum opulus*, H–T–S = 400–65–862 cm, Keutschach, Kärnten, 510 m NN. Moorrand-Molinietum mit Gebüschen aus vorwiegend *Salix cinerea, Viburnum opulus* und *Rhamnus cathartica*. Anmoor, Bodenprofil Hor.: A 0–20 cm Anmoorhumus, stark humoser, lehmiger Schluff, schwarz (10YR 2/1), feinkrümelig, locker, stark durchwurzelt, AG_r stark humoser Schluff, schmierig, mit gebleichten grauen Flecken, Durchwurzelung rasch abnehmend. Grundwasserstand zur Zeit der Freilegung 70 cm tief.

mehrfachen Verzweigung der dickeren Wurzeln und aus dem sehr reichen Besatz an Feinwurzeln entlang der Endabschnitte der dünneren Wurzeln. Ihre netzartige Anordnung führt zu einer unregelmäßigen Verteilung im Boden. Die abwärts wachsenden, dickeren Wurzeln biegen bald seitwärts um. Dünnere Wurzeln im näheren Stammbereich dringen bis zu den grund- oder sickerfeuchten Schichten vor. Infolge ihres geringen Tiefenstrebens bildet sich stets ein teller- bis scheibenförmiger Wurzelkörper. Die Wurzelfarbe ist schwarzbraun.

Die Polwurzel der Jungpflanze der **Abb. 186** biegt schon in einer Tiefe von 5 cm seitwärts um. Ihre zahlreichen Seitenwurzeln sind noch wenig verzweigt. Der bestockte Strauch der **Abb. 186** wurde am Rand des Keutschacher Moores in Kärnten freigelegt. Seine Bewurzelung entspricht im wesentlichen obiger Beschreibung. Die sproßbürtige Bewurzelung ist vorherrschend. Der von den Stockwurzeln am tiefsten entspringende und dann in einem Bogen seitwärts verlaufende Wurzelstrang dürfte die Polwurzel sein. Die sehr zahlreichen Feinwurzeln sind in dem moorigen Boden netzartig verteilt. Sie verlaufen in dem schmierigen Anmoorhumus auffallend gestreckt.

Anatomie, Taf. 180

Der Gewöhnliche Schneeball unterscheidet sich vom Wolligen Schneeball im primären Zustand vor allem durch eine wahrscheinlich auf Gerbstoffe zurückgehende stärkere Gelbfärbung des Inhalts der Rhizodermiszellen. Außerdem ist das Verhältnis von Zentralzylinderradius zu Rinde größer (A 1, B 1). In der Ausbildung der Phi-Zellen gleichen beide Arten einander (A 3). Wurzelhaare sind abhängig vom Standort vorhanden (B 1).

Im sekundären Zustand sind es der schmälere Bast und besonders der höhere Anteil an Gefäßen sowie deren größere Weite, die den Gewöhnlichen Schneeball im Vergleich zum Wolligen Schneeball kennzeichnen. Außerdem dürften die Zellen des Bastes, nach der Gelbfärbung des Inhalts zu schließen, vor allem Gerbstoffe enthalten, während Fettstoffe fehlen oder zurücktreten (A 2, 5, B 2). Beiden Arten gemeinsam ist das Auftreten leiterförmiger Platten in den Gefäßen (A 4).

Alle Merkmale entsprechen der Gebundenheit der Art an feuchtere Standorte und deren größerer Fähigkeit, die Wurzeln vor Fäulnis zu schützen.

Standortansprüche: Die Halbschatten ertragende Art stellt keine höheren Wärmeansprüche. Sie scheint aber empfindlicher gegen rasch aufeinander folgende, starke Temperaturschwankungen zu sein als der Wollige Schneeball. Ein Hinweis darauf ist ihre geringere Höhenverbreitung. Sie ist eine typische Pflanze oberbodenfrischer, grund- oder sickerfeuchter, anmooriger Böden oder feinsedimentreicher, mäßig saurer Mineralböden. An Rändern von Niedermooren tritt sie nur auf, wenn die Wurzeln in mineralreichere Bodenschichten vordringen können.

Verbreitung: Die eurasiatische, subozeanische Art kommt hauptsächlich in der Eichenstufe und in der unteren Buchenstufe vor. Die Höhengrenze ihrer Verbreitung liegt in den Alpen bereits bei 1.200 (1.300) m. Am häufigsten ist sie in Moorrandgebüschen (Salicion cinereae), in lichten Auwäldern (Alno-Ulmion) und in Gebüschen feuchterer Standorte zu finden. Innerhalb dieser gilt sie als Kennart des Salici-Viburnetum opuli Moor 58 (Berberidion).

Caprifoliaceae, Geißblattgewächse

Lonicera xylosteum L., Rote Heckenkirsche

Morphologie

Sproß: Sommergrüner, bis 2 (5) m hoher aufrechter Strauch mit niederliegenden Trieben und Kriechtrieben, zusammenhängende Strauchgruppen bildend.

Wurzel: Die Rote Heckenkirsche ist nur in der Jugend ausschließlich eine Polwurzelpflanze. Ältere Sträucher sind auf wärmeren, stark wasserdurchlässigen, grobskelettreichen Böden mitteltief reichende

Taf. 181: Rote Heckenkirsche, *Lonicera xylosteum*. Magdalensberg, Kärnten, 850 m NN, Südhang, Braunerde, Strauch mit seitwärts umgebogener, hangaufwärts verlaufender Polwurzel und mit kräftigem Wurzelsproß. Flachstreichende Wurzeln mit einigen Senkern (zu Abb. 188 unten).

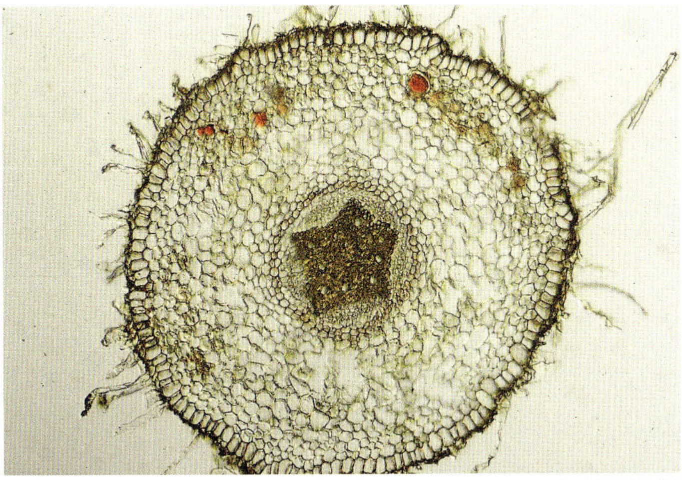
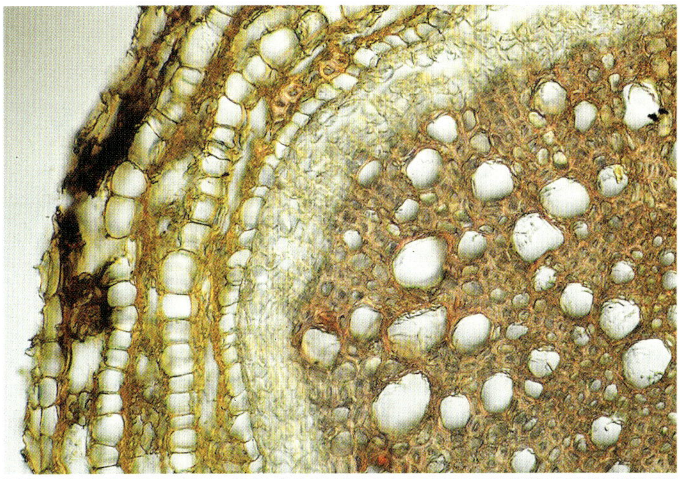
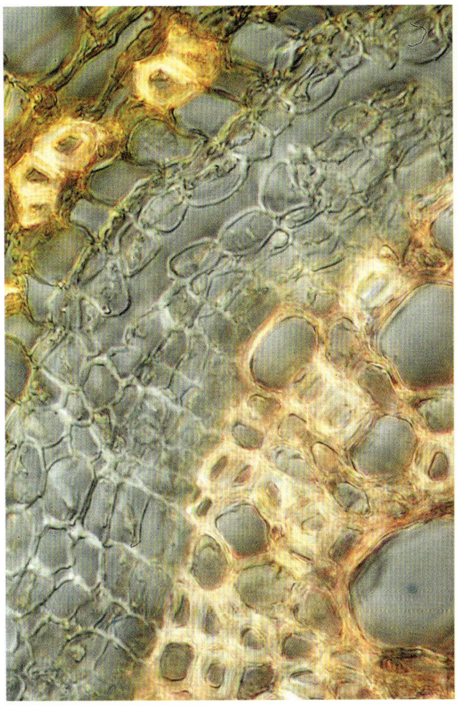
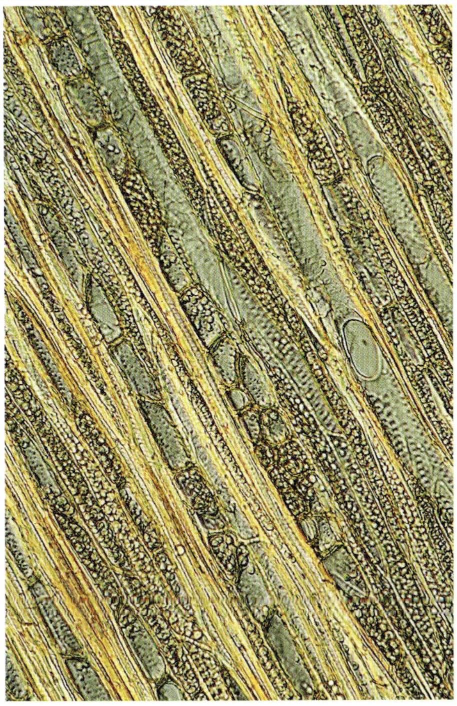

Taf. 182 A: Rote Heckenkirsche, *Lonicera xylosteum.* – **1:** Grafenstein, Kärnten, 5.7. Prim., Ø, S3, 64x. **Rh** Z klein, WuHr zahlreich. **Rinde** ExZ groß, ZW mit Suberinlamelle, RP Z bis mittelgroß, EnZ klein. **ZZ** 5arch. – **2:** Schütt bei Villach, Kärnten, 12.6. Sek., Ø, Ph/HCl, 162x. **PCAG** frühzeitig verlorengehend, aus **Bast** mehrmals ZSchichten mit verkorkten ZW entstehend. **Holz** ZW des GG mittelstark verdickt, Gefäße klein bis mittelgroß. – **3:** Ausschnitt aus 2. 409x. **Bast** F teils weitlumig, SePh abwechselnd sek. Strahlen und 2 Reihen mit LE. – **4:** Pfl u. Zeit wie 1. Sek., ☒, JJK, 162x. **Holz** Strahlen 1-2reihig, Libriformfasern, Gefäße QuerW kurz, Tüpfel versetzt, dicht stehend. – **5:** Ausschnitt aus 4. 409x. **Holz** Z der Strahlen u. langgestreckte Z des GG dicht mit StKörner gefüllt.

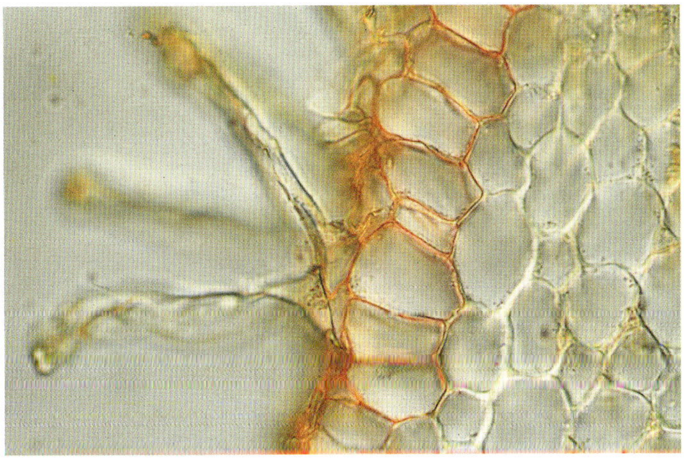
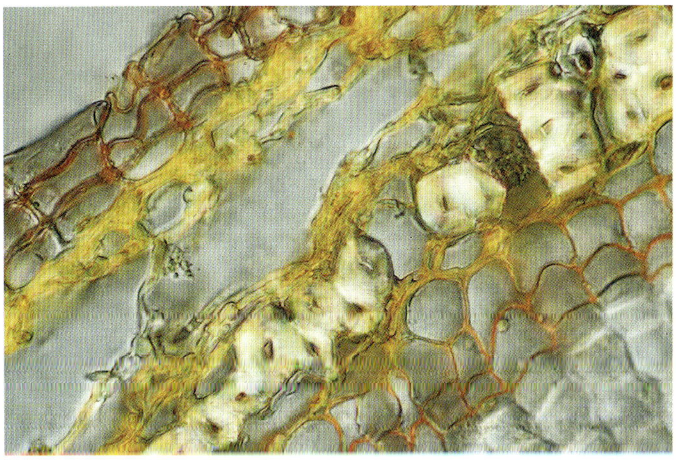

Taf. 182 B: – **1:** Ausschnitt aus A 1. 409x. **Rinde** Ex ZW rot mit Suberin. – **2: Schwarze Heckenkirsche,** *Lonicera nigra.* Villacher Alpe, Kärnten, 20.7. Sek., Ø, S3, 409x. **PCAG** 3schichtig. **Bast** mit Gruppen von F, neues Abschlußgewebe 2-3schichtig, entstanden aus BastZ.

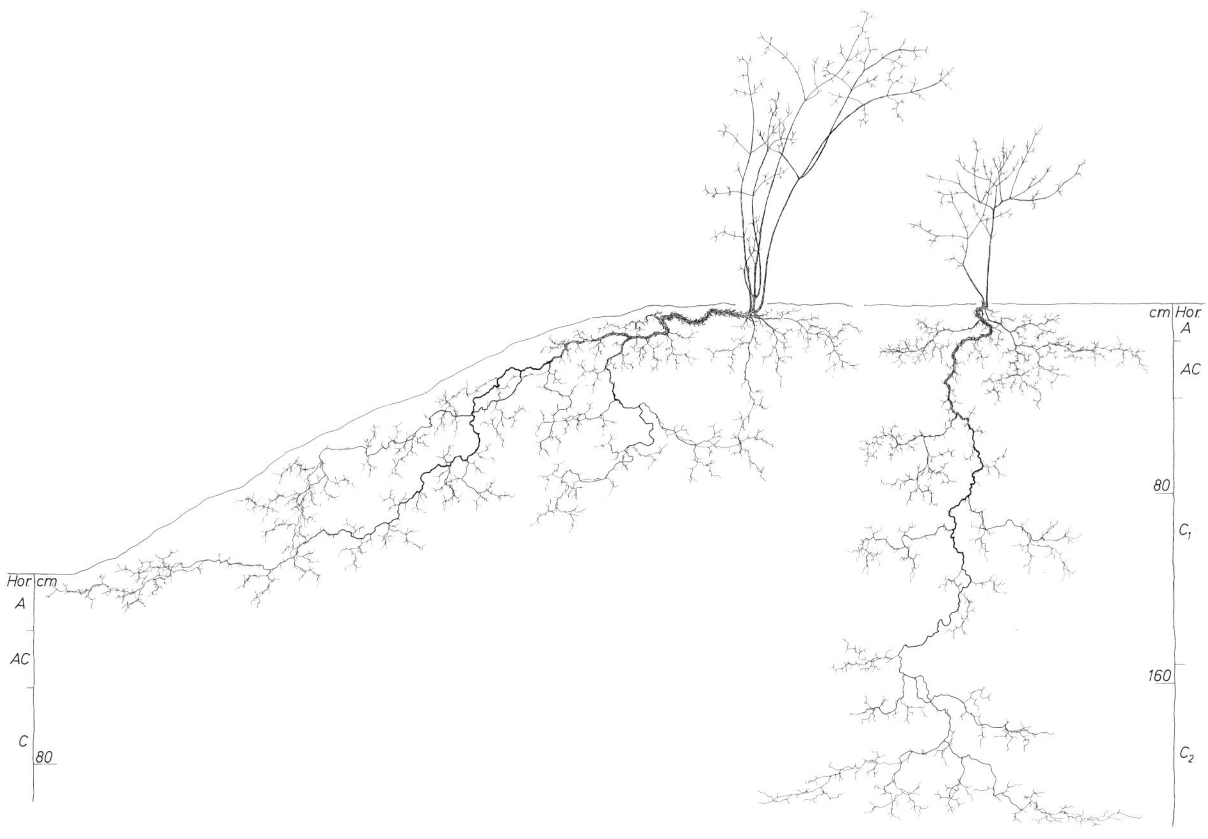

Abb. 187: Rote Heckenkirsche, *Lonicera xylosteum*, H–T–S links = 124–88–360 cm, rechts = 76–218–120 cm, Schütt bei Villach, stark kupiertes, ebenes Gelände, 570 m NN. Lichter Schneeheide-Kiefern-Wald mit *Berberis vulgaris, Sorbus aria, Cotoneaster integerrimus, Ligustrum vulgare, Viburnum lantana, Corylus avellana, Lonicera xylosteum* u. a. Bergsturzmaterial aus Kalk, Moderrendsina. Bodenprofil zur Pflanze links: Hor.: O 4–0 cm Streu und Grobmoder, A 0–24 cm Feinmoder in Grus und Feinschutt, locker, mäßig stark durchwurzelt, AC 24–48 cm Moder zwischen Grus und Schutt, mäßig stark durchwurzelt, C sandiger Grus und Schutt, schwach durchwurzelt. Bodenprofil zur Pflanze rechts: Hor.: O 2–0 cm seichte Streuauflage, A 0–16 cm Feinmoder mit Grus und Feinschutt, stark durchwurzelt, AC 16–40 cm Feinmoder, unregelmäßig verteilt in Grus und Schutt, stark durchwurzelt, C_1 40–152 cm sandiger Grus und Schutt, mäßig stark durchwurzelt, C_2 Sand und Grus mit wenig Feinschutt, grundfrisch.

Polwurzelpflanzen mit geringem Anteil an Sproßwurzeln am Grund der Bestockungstriebe. Auf stärker beschatteten, feinsedimentreichen Böden ist die Rote Heckenkirsche meist eine Polwurzel-Sproßwurzel-Pflanze mit mehr oder weniger langen Kriechtrieben oder nur noch eine Sproßwurzelpflanze, die entlang von Kriechtrieben bewurzelt ist. Am Grund bestockter Sproßtriebe treten die Wurzeln büschelförmig gehäuft auf. Die Kriechtriebe sind vorwiegend an der Unterseite bewurzelt. Auf wärmeren Böden wachsen auch die sproßbürtigen Wurzeln hauptsächlich nach unten. Sie erreichen aber, wie die meisten Vertreter der Untergehölze, unter beschattenden Beständen keine größeren Tiefen. Dennoch treffen die Angaben von CORNET et al. (1966) und von OBERDORFER (1994) nicht zu, nach denen die Art ein Flachwurzler sei. Der seitliche Verlauf der Wurzeln ist gering. Durch die langen Kriechtriebe und das beschränkte Tiefenstreben der Wurzeln ergibt sich bei den Sproßwurzelpflanzen meist eine mehr in die Breite verlaufende Bewurzelung. Die Feinverzweigung der Wurzeln ist groß.

Die Sträucher der **Abb. 187** wurden in der Schütt bei Villach auf stark kupiertem, ebenem Gelände auf Moderrendsina über Kalk-Bergsturzmaterial freigelegt. Auf dem in den oberen Schichten zeitweise ziemlich trockenen Blockschutt ist die Polwurzel stark ausgebildet. Einzelne kürzere Sproßwurzeln entstehen nur am Grund der bestockten Sträucher. Auf dem nordseitigen kleinen Hügel verläuft die Polwurzel hangparallel abwärts (**Abb. 187** links). Eine Seitenwurzel dringt etwas tiefer in den Schutt ein. Der dicke liegende Teil der Polwurzel ist auffallend stark beschuppt. Auf dem Hangfuß eines niedrigen, nach Süden geneigten Hügels wächst sie infolge der höheren Bodenerwärmung unter Bildung zahlreicher Windungen

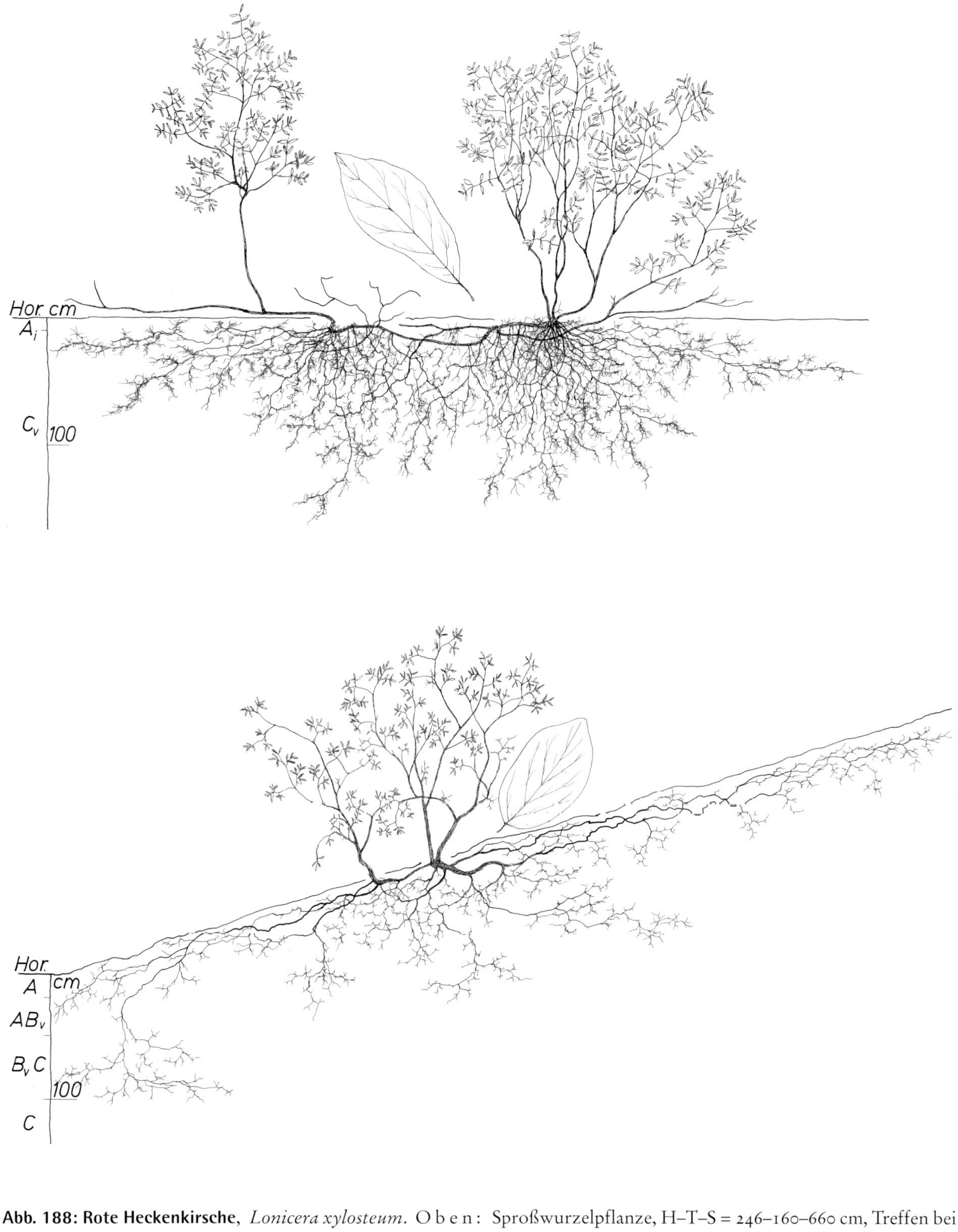

Abb. 188: Rote Heckenkirsche, *Lonicera xylosteum.* Oben: Sproßwurzelpflanze, H–T–S = 246–160–660 cm, Treffen bei Villach, südseitiger Unterhang, 510 m NN. Gebüsch mit *Salix caprea, Alnus incana* und *Salix purpurea*. Initialer Ranker über Niederterrasse, Bodenprofil Hor.: A_i 0–10 cm sehr schwach und unregelmäßig humoser Sand, sehr locker, C_v Fein- und Grobsand, schwach verbraunt, schwach steinig. Unten: Polwurzel-Sproßwurzel-Pflanze, H–T–S = 185–125–765 cm, Magdalensberg, nördlich Klagenfurt, Südhang, 850 m NN. Waldlichtung mit vorwiegend *Picea abies*, vereinzelt *Fagus sylvatica, Fraxinus excelsior, Salix caprea,* im Unterwuchs alter Weiderasen mit vorwiegend *Festuca rubra*. Braunerde über vulkanischem Schiefer, Bodenprofil Hor.: A 0–20 cm stark humoser Lehm, Modermull, sehr locker, stark durchwurzelt, dunkelbraun (10YR 3/2), AB_v 20–50 cm humoser bis schwach humoser, toniger Lehm, durch hohen Grusanteil aufgelockert, stark durchwurzelt, dunkelbraun (10YR 3/3), pH 6,5, B_vC 50–100 cm Lehm, sehr steinig, locker, mäßig stark durchwurzelt, C Grus und Feinschutt, Durchwurzelung auslaufend.

bis zu einer Tiefe von 218 cm senkrecht nach unten (**Abb. 187** rechts). In dem ständig grundfrischen Untergrund breiten sich die Wurzeln seitwärts aus. Der Feinwurzelbesatz ist in den humosen oberen Bodenschichten hoch. Der Strauch der **Abb. 188** oben wurde an einem südseitigen Unterhang bei Villach auf initialem Ranker aus Sand freigelegt. Es handelt sich um einen ausschließlich sproßbürtig bewurzelten Teil einer stark verzweigten Strauchgruppe. Von dem bestockten Sproßtrieb geht ein knapp unter Flur hinstreichender Kriechsproß aus. Nach Bildung einer S-förmigen Schlinge geht er in einen oberirdischen Legtrieb über. Zwei vom Kriechsproß abzweigende junge Triebe wachsen nach oben. Ein längerer Seitensproß verläuft seicht im Boden. Mit Erreichen der Bodenoberfläche wendet er sich als Laubtrieb schräg nach oben. Knapp über dem Boden zweigt ein Legtrieb von ihm ab. Der dicke Sproßtrieb ist über seine ganze Länge bewurzelt. Am Grund des bestockten Sprosses und selbst an der S-förmigen, verdickten Schlinge sind die Wurzeln als Folge eines stärkeren Saftzustroms (Saftstau) büschelförmig gehäuft. Sie streben auf dem stärker erwärmten Boden vorwiegend nach unten. Der Feinwurzelbesatz ist durchwegs hoch. Der Strauch der **Abb. 188** unten ist eine Polwurzel-Sproßwurzel-Pflanze. Sie wurde in einer Waldlichtung auf Braunerde am Magdalensberg in Kärnten freigelegt. Die kräftige Polwurzel des jungen Strauches wächst zusammen mit einer langen Seitenwurzel hangaufwärts. An dem knieförmig aufstrebenden Seitentrieb sind zwei kräftige Sproßwurzeln entstanden, die flurnah hangabwärts verlaufen. Eine davon wendet sich mit ihrem Endabschnitt bogenförmig nach unten. In den feuchteren, kühleren Schichten wächst sie mit ihren Verzweigungen wieder seitwärts. Auch die unmittelbar unter dem Strauch nach unten wachsenden Wurzeln verlaufen tiefer im Boden mit ihren Seitenwurzeln seitwärts. Auf dem lehmigen, nach unten hin rasch feuchter werdenden Boden breiten sich die Wurzeln mehr in den oberen Bodenschichten aus.

Anatomie, Taf. 182

Bezeichnend für die Wurzel der Roten Heckenkirsche sind im primären Zustand die kleinen Zellen der Rhizodermis mit ihren durch Sudan 3 rot gefärbten Wänden, die im Vergleich dazu auffallend großen Zellen der Exodermis mit deutlicher Suberinlamelle an den Zellwänden und die wiederum kleineren Zellen der Endodermis, deren Wände spätestens mit Beginn der Wurzelhaarzone ebenfalls mit einer Suberinlamelle bedeckt sind. Einige Zellen des Rindenparenchyms enthalten, nach ihrer Reaktion auf Sudan 3 zu schließen, Fettstoffe. Frühzeitig bildet sich im Zentralzylinder ein geschlossener Holzteil (A 1, B 1).

Im sekundären Zustand unterscheidet sich die Gattung *Lonicera* von allen hier beschriebenen Gattungen der Angiospermen durch frühen Verlust des Pericambial-Abschlußgewebes. Als Ersatz entstehen aus dem äußeren Bereich des Bastes Zellschichten mit verkorkten Zellwänden. Zwischen diesen liegen Zellschichten des Bastes mit kollabierten Zellen, fallweise durchsetzt mit Fasern. Diese Zwischenschichten sind das Zeichen dafür, daß es sich nicht um das Pericambial-Abschlußgewebe handelt (A 2, B 2). Gleich wie die vorliegende Art, die hauptsächlich in der kollinen und in der unteren montanen Stufe beheimatet ist, verhalten sich in der frühen Bildung eines Abschlußgewebes aus dem Bast die vorwiegend montane Art *L. alpigena* und die subalpine Art *L. nigra*. Die Zellwände der Libriformfasern bzw. Fasertracheiden im Holz sind ähnlich verdickt wie jene der Fasern im Bast. Unterschiede zeigen sich jedoch in der Reaktion auf Phloroglucinol-Salzsäure. Bei den Fasern im Bast ist sie stärker als bei jenen im Holz (A 3). Die Strahlen im Holz von *L. xylosteum* sind 1–2reihig, die Längswände der Gefäße sind mit ovalen, dicht stehenden Tüpfeln durchsetzt (A 4, 5). Nach Cutler et al. (1987) sind die Tüpfel langgestreckt.

Standortansprüche: Die Rote Heckenkirsche ist ein Schatten ertragendes Unterholz. Sie bevorzugt sommerwarme Lagen und frische, nährstoff- und basenreiche, kalkhältige, lockere Böden.

Verbreitung: Die eurasiatisch-submediterrane, gemäßigt kontinentale Art ist von der Eichenstufe bis in die obere Buchenstufe verbreitet. Ihre Höhengrenze liegt in den Zentralalpen bei 1.700 m und in den Westalpen bei 1.900 m. Wegen ihres vorwiegenden Vorkommens in krautreicheren Laubmischwäldern wird sie als Kennart der Querco-Fagetea bewertet. Häufig zu finden ist sie auch in Schlehengebüschen (Prunetalia), weniger häufig in Nadelmischwäldern und in trockeneren Auwäldern.

Tab. 5: Wurzelanatomische Bestimmungsmerkmale von Angiospermengattungen im sekundären Zustand
Klammern stehen für verschiedene Möglichkeiten. Schlüssel: + = vorhanden, – = fehlend, c = Cluster-Kristalle (Drusen), s = Solitär-Kristalle (prismatisch), sand = Kristallsand, A = alternierende (wechselständige) Tüpfel, O = gegenständige Tüpfel, Sc = leiterförmige Tüpfel, E = verlängerte Tüpfel, Agg = aggregierte Strahlen. Verändert nach Cutler et al. (1987).

	Bast				Xylem				
	Fasern	Steinzellen	Kristalle	SekretZ SekretK	Einzelgefäße	Strahlenbreite	Gefäßtüpfel	leiterf. Perf.-Pl.	Spiralen
Acer	(+)	+	s	–	–	1 bis 7	A	–	+
Aesculus	+	+	c, s	–	–	1	A	–	+
Alnus	+	+	c, s	–	–	1 (bis 3), Agg	O, klein	+	–
Amelanchier	+	(+)	c, s	–	+	1 bis 3	A	–	(+)
Berberis	–	(+)	s	–	–	1 bis 6	A, klein	–	+
Betula	+	+	c, s	–	–	1 bis 3	A, sehr klein	+	–
Carpinus	+	+	c, s	–	–	1 bis 4 (5), Agg	A	–	(+)
Castanea	+	(+)	s	–	+	1	A	–	–
Cornus	–	(+)	s	–	–	1 bis 4	O, E	+	–
Corylus	+	+	c, s	–	–	1 bis 4, Agg	A, (O)	+	(+)
Crataegus	+	+	s	–	+	1 bis 3	A	–	(+)
Evonymus	–	–	c	–	–	1 bis 2	O, klein	–	+
Fagus	+	+	c, s	–	–	1 bis 20	O, Sc	(+)	–
Frangula	–	–	c, sand	–	–	1 bis 2	A	–	+
Fraxinus	+	+	sand	–	–	1 bis 2	A, klein	–	–
Ilex	–	(+)	c, s, sand	–	(+)	1 bis 7	O, Sc	+	+
Juglans	+	+	c	–	–	1 bis 5	A	–	–
Laburnum	+	+	s	–	–	1 bis 12	A	–	+
Ligustrum	(+)	(+)	(s)	–	(+)	1 bis 3	A, (E)	–	(+)
Lonicera	+	–	c	–	–	1 bis 6	A, (E), klein	(+)	(+)
Malus	+	+	s	–	+	1 bis 3	A	–	(+)
Ostrya	+	+	–	–	–	1 bis 2	A	+	+
Populus	+	(+)	c, s	–	–	1 (2)	A	–	–
Prunus	+	+	c, (s)	–	–	1 bis 8	A, klein	–	+
Pyrus	+	+	s	–	+	1 bis 3	A	–	(+)
Quercus	+	+	c, s	–	+	1, 10 bis 40	A, (E)	–	–
Rhamnus	+	(–)	c, s	–	–	1 bis 2	A	–	+
Robinia	+	+	s	–	–	1 bis 6	A, (E)	–	+
Salix	+	(+)	c, s	–	–	1 (2)	A	–	–
Sambucus	+	–	sand	–	–	1 bis 4 (6)	A, (E)	–	–
Sorbus	+	+	s	–	+	1 bis 3	A	–	(+)
Staphylea	–	–	–	–	–	1 bis 4	A	+	
Tilia	+	–	c, (s)	–	–	1 bis 6	A, klein	–	+
Ulmus	+	–	s	+	–	1 bis 6	A	–	+
Viburnum	(+)	(+)	c, s	–	(+)	1 bis 4	A, O, (E)	+	(+)

Tab. 6: Wurzelanatomische Bestimmungsmerkmale von Gymnospermengattungen im sekundären Zustand
Klammern stehen für verschiedene Möglichkeiten. Schlüssel: + = vorhanden; – = fehlend; As = Astrosclereide; s = Solitär-Kristalle; M = Schleimsäcke; A = alternierende (wechselständige) Tüpfel; O = gegenständige Tüpfel; Cu = cupressoide Tüpfel; P = piceoide Tüpfel; T = taxodioide Tüpfel. Verändert nach CUTLER et al. (1987).

	Bast				Xylem				
	Fasern	**Steinzellen**	**Kristalle**	**Harzkanäle**	**Harzkanäle**		**Tracheide**		
					Axial	Radial	Hoftüpfel	Kreuzfeldtüpfel	Spiralen
Abies	+	As	–	M	(+)	–	O	T	–
Juniperus	+	–	s	+	–	–	O	Cu	–
Larix	+	+	(–)	(–)	+	+	O	P	–
Picea	+	–	s	+	+	+	O	P	–
Pinus	–	–	s	+	+	+	O	groß	–
Pseudotsuga	+	As	–	–	+	+	O	P	+
Sequoiadendron	+	–	–	–	–	–	O	T, (Cu)	–
Taxus	+	–	s	–	–	–	O	Cu	+

Literaturverzeichnis

Zur Anatomie

AHLSTRÖM, K., PERSSON, H., BÖRJESSON, I., 1988: Fertilization in a mature Scots pine (*Pinus sylvestris* L.) stand – effects on fine roots. Plant and Soil 106: 179–190.

AKHMETOVA, M. A., 1996: Root systems of *Eremurus* (Liliaceae) in culture. In: PERSSON, H., BAITULIN, I. O. (eds.) Plant root systems and natural vegetation. Acta Phytogeogr. Suec. 81: 53–56.

ARAPETYAN, E., KEFELI, V., HOHLOVA, V., 1992: Maize seedlings roots and anthocyanin formation. In: KUTSCHERA, L., HÜBL, E., LICHTENEGGER, E., PERSSON, H., SOBOTIK, M. (eds.) Root Ecology and its Practical Application 2: 33–36. Verein für Wurzelforschung, Klagenfurt.

ATALLA, R. H., HACKNEY, J. M., UHLIN, I., THOMPSON, N.S., 1993: Hemicelluloses as structure regulators in the aggregation of native cellulose. Int. J. Biol. Macromol. 115: 109–112.

BAILEY, I. W., 1957: Die Struktur der Tüpfelmembranen bei den Tracheiden der Koniferen. Holz als Roh- und Werkstoff 15: 210–213.

BAILEY, I. W., 1957: Additional notes on the vesselless dicotyledon, *Amborella trichopoda* Baill. Arnold Arboretum Journ. 38: 374–378.

BAITULIN, I. O., 1992: Heredity-conditioned nature and ecological plasticity of the root system of plants. In: KUTSCHERA, L., HÜBL, E., LICHTENEGGER, E., PERSSON, H., SOBOTIK, M. (eds.) Root Ecology and its Practical Application 2: 638–640. Verein für Wurzelforschung, Klagenfurt.

BAITULIN, I. O., 1996: Root research in natural plant communities of Kazakhstan In: PERSSON, H., BAITULIN, I. O. (eds.) Plant root systems and natural vegetation. Acta Phytogeogr. Suec. 81: 7–10.

BAKSCHI, T. S., COUPLAND, R. T., 1959: An anatomical study of the subterranean organs of *Euphorbia esula* in relation to its control. Canad. Jour. Bot. 37: 613–620.

BANGERTH, F., 1979: Calcium-related physiological disorders of plants. Ann. Rev. Phytopath. 17: 97–122.

BARLOW, P. W., 1983: Root gravitropism and its cellular and physiological control. In: BÖHM, W., KUTSCHERA, L., LICHTENEGGER, E. (eds.) Wurzelökologie und ihre Nutzanwendung: 279–294. BVA Gumpenstein, Irdning.

BARLOW, P. W., BRAIN, P., BUTLER, R., PARKER, J. S., 1992: Root Ecology and its Practical Application 2: 335–338. Verein für Wurzelforschung, Klagenfurt.

BARMICHEVA, E. M., DANILOVA, M. F., 1973: The distribution of petic substances in cell walls of *Raphanus sativus* L. root tip according to histochemical data (in Russisch). Botanichesky Journal 58, 9: 1278–1283.

BECKING, J. H., 1975: Root nodules in non-legumes. In: TORREY, J. G., CLARKSON, D. T. (eds.) The Development and Function of Roots: 507–566. Academic Press, London, New York, San Francisco.

BEIJERINCK, M. W., 1887. Beobachtungen und Betrachtungen über Wurzelknospen und Nebenwurzeln. Verslagen en mededeelingen der Koninklijke Akademie van Wetenschappen. Afdeeling Naturkunde Amsterdam.

BHUVANESWARI, T. V., SOLHEIM, B., 2000: Root hair – *Frankia* interactions in actinorhizal symbioses. In: RIDGE, R. W., EMONS, A. M. C. (eds.) Root hairs. Cell and molecular biology: 311–327. Springer, Tokyo, Berlin, New York, Hong Kong.

BIEBL, R., 1958: Einfluß der Mineralstoffe auf die Transpiration. In: RUHLAND, W. (ed.) Handbuch der Pflanzenphysiologie. I: 382–426. Springer, Berlin, Göttingen, Heidelberg.

BIERHORST, D. W., 1960: Observations on tracheary elements. Phytomorphology 10: 249–305.

BLASCHKE, H., 1981: Veränderungen bei der Feinwurzelentwicklung in Weißtannenbeständen. Forstwiss. Cbl. 100: 190–195.

BRAUN-BLANQUET, J., 1964: Pflanzensoziologie. Springer, Wien, New York, 856 S.

BRAUNE, W., LEMAN, A., TAUBERT, H., 1987: Pflanzenanatomisches Praktikum I. G. Fischer, Jena, 283 S.

BRAUNE, W., LEMAN, A., TAUBERT, H., 1999: Pflanzenanatomisches Praktikum I. Spektrum Akad. Verlag, Heidelberg, Berlin, 368 S.

BRESINSKY, A., 1998: Niedere Pflanzen. In: STRASBURGER – Lehrbuch der Botanik. 34. Aufl.: 516–684. G. Fischer, Stuttgart, Jena, Lübeck, Ulm.

BÜNNING, E., 1959a: Die seismonastischen Reaktionen. In: RUHLAND, W. (ed.) Handbuch der Pflanzenphysiologie. XVII/1: 184–238. Springer, Berlin, Göttingen, Heidelberg.

BÜNNING, E., 1959b: Die thigmonastischen und thigmotropischen Reaktionen In: RUHLAND, W. (ed.) Handbuch der Pflanzenphysiologie. XVII/1: 254–277. Springer, Berlin, Göttingen, Heidelberg.

BÜNNING, E., 1959c: Tagesperiodische Bewegungen. In: RUHLAND, W. (ed.) Handbuch der Pflanzenphysiologie. XVII/1: 579–656. Springer, Berlin, Göttingen, Heidelberg.

BURMESTER, A., 1980: Holzfeuchtigkeit in Nadelhölzern. Holz Cbl. 91: 1303–1304.

CANNON, W. A., 1911: The root habits of desert plants. Carnegie Institution, Washington D. C., 131 S.

CANNY, M. J., 1997: Vessel contents during transpiration – embolisms and refilling. Am. J. Bot. 84: 1223.

CANNY, M. J., 1998: Applications of the compensating pressure theory of water transport. Am J. Bot. 85: 897–909.

CARLQUIST, S., 1961: Comparative plant anatomy: a guide to taxonomy and evolutionary application of anatomical dator in angiosperms. Holt, Rinehart and Winston, New York, 146 S.

CHATTAWAY, M. M., 1949: The development of tyloses and secretion of gum in heartwood formation. Austral. J. Sci. Res. Ser. B. Biol. Sci. 2: 227–240.

CLELAND, R. E., 1971: Cell wall extension. Annu. Rev. Plant Physiol. 22: 197–222.

CLEMENSSON-LINDELL, A., 1992: Fine-root vitality – a morphological approach. In: KUTSCHERA, L., HÜBL, E., LICHTENEGGER, E., PERSSON, H., SOBOTIK, M. (eds.) Root Ecology and its Practical Application 2: 747–750. Verein für Wurzelforschung, Klagenfurt.

COLLINS, J. C., CHANNA, A. N, 1983: The effect of abscisic acid on the ion and water relations of the excised Maize root. In: BÖHM, W., KUTSCHERA, L., LICHTENEGGER, E. (eds.) Wurzelökologie und ihre Nutzanwendung: 119–126. BVA Gumpenstein, Irdning.

COSGROVE, D. J., 2000: Expansive growth of plant cell walls. Plant Physiol. Biochem. 38: 109–124.

CÔTÉ, W. A., 1981: Ultrastructure – critical domain for wood behavior. Wood Sci. Technol. 15: 1–29.

CÔTÉ, W. A., DAY, A. C., TIMELL, T. E., 1968: Distribution of lignin in normal and compression wood of tamarack. Wood Sci. Technol. 2: 13–37.

COUTTS, M. P., NIELSEN, C. C. N., NICOLL, B. C., 1999: The development of symmetry, rigidity and anchorage in the structural root system of conifers. Plant and Soil 217: 1–15.

CURRIER, H. B., 1957: Callose substances in plant cells. Ibid. 44: 478–488.

CUTLER, D. F., RUDALL, P. J., GASSON, P. E., GALE, R. M. O., 1987: Root identification manual of trees and shrubs. Chapman and Hall, London, 245 S.

DART, P .J., 1975: Legume root nodule initiation and development. In: TORREY, J. G., CLARKSON, D. T. (eds.) The Development and Function of Roots: 467–506. Academic Press, London, New York, San Francisco.

DAVIES, B., zit. nach DONOVAN, L. A., SPERRY, J. S., 2000: Scaling the soil-plant-atmosphere continuum: from physics to ecosystems. Meeting Report. Trends in plant science 5: 510–512.

DENFFER, D. VON, 1983: Morphologie. In: STRASBURGER – Lehrbuch der Botanik. 32. Aufl.: 7–214. G. Fischer, Stuttgart, New York.

DENGLER, A., 1935: Waldbau auf ökologischer Grundlage: ein Lehr- und Handbuch. J. Springer, Berlin, 556 S.

DIERSCHKE, H., 1994: Pflanzensoziologie. Ulmer, Stuttgart, 683 S.

DONOVAN, L. A., zit. nach DONOVAN, L. A., SPERRY, J. S., 2000: Scaling the soil-plant-atmosphere continuum: from physics to ecosystems. Meeting Report. Trends in plant science 5: 510–512.

DUGGER, W. M., BARTNICKI-GARCIA, S. (eds.) 1984: Structure, function and biosynthesis of plant cell walls. Proceedings of the Seventh Annual Symposium in Botany, January 12–14, 1984. University of California, Riverside, American Society of Plant Physiology, Rockville, 507 S.

DUHAMEL DE MONCEAU, H. L., 1758: Sur la direction de tiges et des racines et sur la nutation des différentes parties des plantes. In: La physique des arbres. Tome II, Livre IV, Chap. VI, Paris: 137–176.

EHRENDORFER, F., 1998: Pflanzengeographie bzw. Geobotanik. In: STRASBURGER – Lehrbuch der Botanik. 34. Aufl.: 821–925. G. Fischer, Stuttgart, Jena, Lübeck, Ulm.

EICKE, R., 1957: Elektronenmikroskopische Untersuchungen an Gymnospermenhölzern als Beitrag zur Phylogenie der Gnetales. Bot. Jb. 77: 193–210.

EICKE, R., 1962: Die Bedeutung der Feinstruktur des Holzes von *Welwitschia mirabilis* für die Phylogenie der Chlamydospermen. Bot. Jb. 91: 252–260.

EICKE, R., METZNER-KÜSTER, I., 1961: Feinbauuntersuchungen an den Tracheiden von Cycadeen. I. *Cycas revoluta* and *Encephalartos* spec. Ber. Deut. Bot. Ges. 74: 99–104.

ENGLER, A., 1964: Syllabus der Pflanzenfamilien. II. Bd. Angiospermen Übersicht über die Florengebiete der Erde. Gebr. Borntraeger, Berlin, 666 S.

ENGLER, A., PRANTL, K., 1889: Die natürlichen Pflanzenfamilien. II/1. W. Engelmann, Leipzig, 262 S.

ERICSSON, A., PERSSON, H., 1980: Seasonal changes in starch reserves and growth of fine roots of 20-year-old Scots pines. Ecol. Bull. 32: 239–250.

ESAU, K., 1969: Pflanzenanatomie. G. Fischer, Stuttgart, 594 S.

ESCHRICH, W., 1995: Funktionelle Pflanzenanatomie. Springer, Berlin, Heidelberg, New York, 393 S.

EULITZ, C.-M., SCHEUERMANN, S., THIER, H.-J., 1976: Fachlexikon ABC Chemie. H. Deutsch, Frankfurt/Main, 1589 S.

EWERS, F. W. et al., 1997: Vessel diameters in roots versus stems of tropical lianas and other growth forms. Int. Assoc. Wood Anatomists J. 18: 261–279.

FAHN, A., 1982: Plant anatomy. Pergamon Press, Oxford, New York, Toronto, Sydney, Paris, Frankfurt, 281 S.

FEDER, N., O'BRIEN, T. P., 1968: Plant microtechnique: some principles and methods. Am. J. Bot., 55: 123–142.

FELLE, H. H., 2001: pH: Signal and Messenger in Plant Cells. Plant Biol. 2: 577–591.

FENGEL, D., WEGENER, G., 1989: Wood. Chemistry, ultrastructure, reactions. W. de Gruyter, Berlin, New York.

FINK, S., 1990: Histologische und histochemische Untersuchungen zur Nährstoffdynamik in Waldbäumen im Hinblick auf die „Neuartigen Waldschäden". III. Lokalisierungsversuche. Kernforschungszentrum Karlsruhe, PEF-Berichte 61: 57–63.

FRANCESCHI, V. R., HORNER, H. T., 1980: Calcium oxalate crystals in plants. Bot. Rev. 46: 361–427.

FRANK, A. B., 1885: Über die auf Wurzelsymbiose beruhende Ernährung gewisser Bäume durch unterirdische Pilze. Ber. Deut. Bot. Ges. 3: 128–145.

FREUND, H. (ed.) 1951: Handbuch: Mikroskopie in der Technik. 5/2. Umschau, Frankfurt/Main.

FRY, S. C., 1989: The structure and functions of xyloglucan. J. Exp. Bot. 40: 1–12.

FRY, S. C., 1994: Plant cell expansion: Unzipped by expansions. Curr. Biol. 4: 815–817.

GEISSLER, N., SCHNETTER, R., SCHNETTER, M.-L., 2002: The Pneumathodes of *Laguncularia racemosa*: Little Known Rootlets of Surprising Structure, and Notes on a New Fluorescent Dye for Lipophilic Substances, Plant biol. 4: 729–739.

GERLACH, D., 1969: Botanische Mikrotechnik. G. Thieme, Stuttgart, 298 S.

GERLACH, D., LIEDER, J., 1979: Taschenatlas zur Pflanzenanatomie. Der mikroskopische Bau der Blütenpflanzen in 120 Farbfotos. Franckh'sche Verlagshandlung, W. Keller & Co., Stuttgart, 71 S.

GÖBL, F., 1965: Mykorrhizauntersuchungen in einem subalpinen Fichtenwald. Mitt. Forstl. Vers. Anst. Mariabrunn 66: 173–195.

GÖBL, F., 1997: Ektomykorrhizen und Feinwurzeln von Testpflanzen der Fichte als Indikator für Standortsqualität und Verjüngungspotential in Waldschadensgebieten. In: SPETA, F., AUBRECHT, G. (eds.) Wurzeln – Einblicke in verborgene Welten. Stapfia 50: 367–374. OÖ Landesmuseum, Linz.

GOOSSENS, A. P., 1936: Notes on the anatomy of grass roots. Transactions of the Royal Society of South Afrika. Vol. XXIII. Part I: 1–21.

GROSSER, D., 1977: Die Hölzer Mitteleuropas. Springer, Berlin, Heidelberg, New York.

GUNNING, B. E. S., HUGHES, J. E., HARDHAM, A. R., 1978: Formative and proliferative cell divisions, cell differentiation and developmental changes in the meristem of *Azolla* roots. Planta 143: 121–144.

GUNNING, B. E. S., STEER, M. W., 1996: Bildatlas zur Biologie der Pflanzenzelle. G. Fischer, Stuttgart, Jena, New York, 131 S.

GUTTENBERG, H. VON, 1941: Der primäre Bau der Gymnospermenwurzel. Gebr. Borntraeger, Berlin, 217 S.

GUTTENBERG, H. VON, 1964: Die Entwicklung der Wurzel. Phytomorph. 14: 265–287.

GUTTENBERG, H. VON, 1966: Histogenese der Pteridophyten. Die Entwicklung der Wurzel. In: ZIMMERMANN, W., OZENDA, P., WULFF, H. D. (eds.) Handbuch der Pflanzenanatomie. V/2: 233–295. Gebr. Borntraeger, Berlin, Stuttgart.

GUTTENBERG, H. VON, 1968: Der primäre Bau der Angiospermenwurzel. Gebr. Borntraeger, Berlin, Stuttgart, 472 S.

HABERLANDT, G., 1918: Physiologische Pflanzenanatomie. W. Engelmann, Leipzig, 670 S.

HACCIUS, B., TROLL, W., 1961: Über die sogenannten Wurzelhaare an den Keimpflanzen von *Drosera*- u. *Cuscuta*-Arten. Beitr. Biol. Pfl. 36: 139–157.

HAGEMANN, W., 1982: Vergleichende Morphologie und Anatomie – Organismus und Zelle, ist eine Synthese möglich? Ber. Deut. Bot. Ges. 95: 45–56.

HAGEMANN, W., 1984: Die Baupläne der Pflanzen, eine vergleichende Darstellung ihrer Konstruktion. Skriptum der gleichnamigen Vorlesung, Univ. Heidelberg, 464 S.

HAGEMANN, W., 1992: The relationship of anatomy to morphology in plants: A new theoretical perspective. Int. J. Plant Sci. 153 (3): 38–48.

HAGEMANN, W., 1997: Über die Knöllchenbildung an den Gametophyten der Farngattung *Anogramma*. In: SPETA, F., AUBRECHT, G. (eds.) Wurzeln – Einblicke in verborgene Welten. Stapfia 50: 375–391. OÖ Landesmuseum, Linz.

HAGEMANN, W., 1999: Towards an organismic concept of land plants: the marginal blastozone and the development of the vegetation body of selected frondose gametophytes of liverworts and ferns. Pl. Syst. Evol. 216: 81–133.

HAHN, K., 1993: Der Wassertransport in Bäumen. Allg. Forst. Zeitschr. 22: 1143–1150.

HARTIG, R., 1891: Lehrbuch der Anatomie und Physiologie der Pflanzen unter besonderer Berücksichtigung der Forstgewächse. J. Springer, Berlin, 308 S.

HARTIG, T., 1837: Vergleichende Untersuchungen über die Organisation des Stammes der einheimischen Waldbäume. Jahresber. Forsch. Forstwissensch. und Forstl. Naturkunde I: 125–168.

HAUPT, W., FEINLEIB, M. E., 1979: Physiology of movement. Encyclopedia of plant physiology. New Ser., Vol. 7. Springer, Berlin, Heidelberg, New York, 731 S.

HAUSER, M. T., 1997: Analyse genetischer Komponenten der Wurzelentwicklung. In: SPETA, F., AUBRECHT, G. (eds.) Wurzeln – Einblicke in verborgene Welten. Stapfia 50: 359–365. OÖ Landesmuseum, Linz.

HAYASHI, T., 1989: Xyloglucans in the primary cell wall. Annu. Rev. Plant Physiol. Plant Mol. Biol. 40: 139–168.

HEGI, G., 1981: Illustrierte Flora von Mitteleuropa. I/II. P. Parey, Berlin, Hamburg, 269 S.

HELLMERS, H., HORTON, J. S., JUHREN, G., O'KEEFE, J., 1955: Root systems of some chaparral plants in southern California. Ecology 36: 667–678.

HENES, E., 1959: Fossile Wandstrukturen: untersucht am Beispiel der Tracheidenwände paläozoischer Gefäßpflanzen. In: ZIMMERMANN, W., OZENDA, P. G. (eds.) Handbuch der Pflanzenanatomie. 2. Aufl., III/5, Abt. Cytologie. Gebr. Borntraeger, Berlin, 108 S.

HENRICI, M., 1929: Structure of the cortex of grass roots in the more arid regions of South Africa. Dep. Agricult. Sci. Bull. 85: 3–12.

HERTEL, V., 1991: Beiträge zur Anlegung und Entwicklung von Wurzeln. In: 10. Symposium. Morphologie, Anatomie und Systematik. Göttingen: 30.

HIRSCH, A. M., MCKHANN, H. I., LÖBLER, M., 1992: Bacterial-induced changes in plant form and function. Int. J. Plant Sci. 153 (3): 171–181.

HOFFMANN, G., 1974: Zur Bedeutung der Wurzel für die Chlorophyllbildung in Primärblättern von *Triticum aestivum* L. In: HOFFMANN, G. (ed.) II. Internationales Symposium Ökologie und Physiologie des Wurzelwachstums: 45–60. Akademie-Verlag, Berlin.

HOFFMANN, P., WIEDENROTH, E. M., 1983: Der Energiestoffwechsel von *Triticum aestivum*-Keimpflanzen bei Wurzel-Anaerobiose. In: BÖHM, W., KUTSCHERA, L., LICHTENEGGER, E. (eds.) Wurzelökologie und ihre Nutzanwendung: 139–151. BVA Gumpenstein, Irdning.

HOFFMANN, P., 1987: Photosynthese. Akademie-Verlag, Berlin, 304 S.

HOFFMANN, P., 1998: Oxygenic photosynthesis – a photon driven hydrogen generator – the energetic/entropic basis of life. Photosynthetica 35: 1–11.

HOLDHEIDE, W., 1951: Anatomie mitteleuropäischer Gehölzrinden (mit mikrophotographischem Atlas). In: FREUND, H. (ed.) Handbuch der Mikroskopie in der Technik. V, H. 1: 193–367. Umschau, Frankfurt/Main.

HUBER, B., 1939: Das Siebröhrensystem unserer Bäume und seine jahreszeitlichen Veränderungen. Jb. f. Wiss. Bot. 88: 176–242.

HUBER, W., DE FEKETE, M. A. R., ZIEGLER, H., 1973: Enzyme des Stärkeumsatzes in den Wurzelhaubenzellen von *Zea mays* L. Planta (Berlin) 112: 343–356.

HÜBNER, G., 1959/60: Zum Wassertransport in *Vicia faba*. Flora 148: 549–594.

HÜTTERMANN, A., BECKER, A., GEHRMANN, J., TISCHNER, R., 1983: Einfluß von Schadstoffen und Kalkdüngung auf die Morphologie der Wurzeln von *Fagus sylvatica*. In: BÖHM, W., KUTSCHERA, L., LICHTENEGGER, E. (eds.) Wurzelökologie und ihre Nutzanwendung: 637–652. BVA Gumpenstein, Irdning.

IGERSHEIM, A., CICHOCKI, O., 1996: A simple method of microtome sectioning of prehistoric charcoal specimens, embedded in 2-hydroxyethyl methacrylate (HEMA). Review of Palaeobotany and Palynology 92: 389–393.

IRVING, H. R., BOUKLI, N. M., KELLY, M. N., BROUGHTON, W. J., 2000: Nod-factors in symbiotic development of root hairs. In: RIDGE, R. W., EMONS, A. M. C. (eds.)

Root hairs. Cell and molecular biology: 241–265. Springer, Tokyo, Berlin, New York, Hong Kong.

JACKSON, R. B., SPERRY, J. S., DAWSON, T. E., 2000: Root water uptake and transport: using physiological processes in global predictions. Trends in Plant Science 5: 482–488.

JACOBSEN, K. R., ROUSSEAU, R. A., DENISON, R. F., 1997: Tracing the path of oxygen into birdsfoot trefoil and alfalfa nodules using iodine vapour. Bot. Acta 111: 193–203.

JAHRAUS, A., BISSELING, T., 2000: *Rhizobium*-induced plant gene expression in root hairs. In: RIDGE, R. W., EMONS, A. M. C. (eds.) Root hairs. Cell and molecular biology: 267–283. Springer, Tokyo, Berlin, New York, Hong Kong.

JARVIS, M. C., MCCANN, M.C., 2000: Macromolecular biophysics of the plant cell wall: Concepts and methodology. Plant Physiol. Biochem. 38: 1–13.

JELEM, H., 1974: Die Auwälder der Donau. Mitteilungen der Forstlichen Bundes-Versuchsanstalt Wien, Heft 109, Österreichischer Agrarverlag, 287 S.

KADEJ, F., KADEJ, A., 1983: Die Organisation der Wurzelapikalmeristeme bei Nymphaeaceae und Bemerkungen über ihre Entwicklung und taxonomische Anwendung. In: BÖHM, W., KUTSCHERA, L., LICHTENEGGER, E. (eds.) Wurzelökologie und ihre Nutzanwendung: 33–41. BVA Gumpenstein, Irdning.

KALDENHOFF, R., GROTE, K., ZHU, J. J., ZIMMERMANN, U., 1998: Significance of plasmalemma aquaporins for water transport in *Arabidopsis thaliana*. Plant J. 14: 121–128.

KÁRÁSZ, I., 1996: The root system of *Juniperus communis* L. in a sandy soil in Central Hungary. In: PERSSON, H., BAITULIN, I. O. (eds.) Plant root systems and natural vegetation. Acta Phytogeogr. Suec. 81: 32–34.

KARIMOV, K. K., MOLOTKOVSKI, Y. I., 1996: Root distribution of natural vegetation at high altitudes in Pamiro-Alai in Tajikistan. In: PERSSON, H., BAITULIN, I. O. (eds.) Plant root systems and natural vegetation. Acta Phytogeogr. Suec. 81: 83–85.

KARNOVSKY, M. J., 1965: A formaldehyde glutaraldehyde fixative of high osmolity for use in electron microscopy. J. Cell. Biol. 27: 137A–138A.

KETELAAR, T., EMONS, A. M. C., 2000: The role of microtubules in root hair growth and cellulose microfibril deposition. In: RIDGE, R. W., EMONS, A. M. C. (eds.) Root hairs. Cell and molecular biology: 17–28. Springer, Tokyo, Berlin, Heidelberg, New York.

KJELLBOM, P., LARSSON, C., JOHANSSON, I., KARLSSON, M., JOHANSSON, U., 1999: Aquaporins and water homeostasis in plants. Trends Plant Sci. 4: 308–314.

KLEMM, W., 1963: Untersuchungen über die täglichen Wassergehaltsschwankungen im Baumstamm mit Hilfe von Gammastrahlen. Diss. Univ. Dresden.

KNAPP, R., 1965: Die Vegetation von Nord- und Mittelamerika und der Hawaii-Inseln. G. Fischer, Stuttgart, 373 S.

KODRÍK, M., 1992: Root biomass distribution of Norway spruce of older forest ecosystem. In: KUTSCHERA, L., HÜBL, E., LICHTENEGGER, E., PERSSON, H., SOBOTIK, M. (eds.) Root Ecology and its Practical Application 2: 534–535. Verein für Wurzelforschung, Klagenfurt.

KOKOREVA, I. I., 1996: Root systems of *Crataegus* L. in the Trans-Ili Alatau, Kazakhstan. In: PERSSON, H., BAITULIN, I. O. (eds.) Plant root systems and natural vegetation. Acta Phytogeogr. Suec. 81: 35–38.

KOLLMANN, F., 1941: Die Esche und ihr Holz. J. Springer, Berlin, 147 S.

KOROLEV, A. V., ZHOLKEVICH, V. N., 1992: On the nature of root pumping activity. In: KUTSCHERA, L., HÜBL, E., LICHTENEGGER, E., PERSSON, H., SOBOTIK, M. (eds.) Root Ecology and its Practical Application 2: 61–63. Verein für Wurzelforschung, Klagenfurt.

KRAMER, D., 1983: Struktur und Funktion rhizodermaler Transferzellen. In: BÖHM, W., KUTSCHERA, L., LICHTENEGGER, E. (eds.) Wurzelökologie und ihre Nutzanwendung: 153–156. BVA Gumpenstein, Irdning.

KRAMER, P. J., 1949: Plant and soil water relationships. McGraw Hill Co, New York, Toronto, London, 347 S.

KROEMER, K., 1903: Wurzelhaut, Hypodermis und Endodermis der Angiospermenwurzel. Biblio. Bot. 59: 1–159.

KUDERA, U., MAYERHOFER, T., SCHAFLEITNER, R., WILHELM, E., 1997: Maßnahmen zur Erhaltung der österreichischen Edelkastanienbestände. Seibersdorf Report 37, Österreichisches Forschungszentrum Seibersdorf, 110 S.

KÜLLA, T., LÕHMUS, K., 1999: Influence of cultivation method on root grafting in Norway spruce (*Picea abies* [L.] Karst.). Plant and Soil 217: 91–100.

KUTSCHERA, L., 1951: Vegetationsaufbau und Standorte der Pflanzengesellschaft des „Knolligen Sternmiere-reichen Schwarzerlen-Eschenwaldes" in Kärnten. Sonderdruck Carinthia II, 141 (61): 98–105.

KUTSCHERA, L., 1960: Wurzelatlas mitteleuropäischer Ackerunkräuter und Kulturpflanzen. DLG, Frankfurt/Main, 574 S.

KUTSCHERA, L., 1971a: Das positiv geotrope Wachstum des Keimblattes vom *Phoenix dactylifera* als Beweis einer neuen Erklärung des Geotropismus. Österr. Bot. Z 119: 154–168.

KUTSCHERA, L., 1971b: Über das geotrope Wachstum der Wurzel. Beitr. Biol. Pfl. 47: 371–436.

KUTSCHERA, L., 1972: Erklärung des geotropen Wachstums aus Standort und Bau der Pflanzen. Land- u. Forstw. Forschung in Österreich V: 35–89.

KUTSCHERA, L., 1973: Morphologie der Wurzeln von Arten des Acker- und Grünlandes und ihre Veränderung durch die Umwelt unter besonderer Berücksichtigung des geotropen Wachstums. In: SCHUBERT, R., HILBIG, W., NAHN, E.-G. (eds.) Probleme der Agrobotanik. Wissenschaftliche Beiträge der Martin-Luther-Universität Halle-Wittenberg, XI: 170–176.

KUTSCHERA, L., 1976: Positiver Geotropismus der Wurzel durch Asymmetrie der Haube. Beitr. Biol. Pfl. 52: 57–81.

KUTSCHERA, L., 1979: Landschaftsökologische Bedeutung der Almwirtschaft. Der Alm- und Bergbauer. Österr. Arbeitsgem. für Alm und Weide 29: 403–421.

KUTSCHERA, L., 1983: Wurzel-Tropismen als Funktion der Wasserabgabe und -aufnahme, die „Wassertheorie". In: BÖHM, W., KUTSCHERA, L., LICHTENEGGER, E. (eds.) Wurzelökologie und ihre Nutzanwendung: 301–322. BVA Gumpenstein, Irdning.

KUTSCHERA, L., 1986: Die heutige Verteilung von Wald und Grasland – ihre Ursachen und ihre Bedeutung für den Umweltschutz. In: Sauteria – Schriftenreihe für systematische Botanik, Floristik und Geobotanik I. Tagungsbeiträge des 3. österr. Botanikertreffens in Salzburg (1985), Abakus: 27–43.

KUTSCHERA, L., 1989: Wurzelhaube, Wurzeltasche, Bau und Funktion. 9. Symposium Morphologie, Anatomie und Systematik: 31–32. Wien.

KUTSCHERA, L., 1990: Morphological changes of roots in declining forests. In: Above and below-ground interactions in forest trees in acidified soils. Air Pollution Research Report, 32: 17–30. Uppsala.

KUTSCHERA, L., 1992: The history and present situation in geotropism research. In: KUTSCHERA, L., HÜBL, E., LICHTENEGGER, E., PERSSON, H., SOBOTIK, M. (eds.) Root Ecology and its Practical Application 2: 67–70. Verein für Wurzelforschung, Klagenfurt.

KUTSCHERA, L., 1992: The history of geotropism and significance of gravity in the loss and uptake of water by the shoot and root as a function of their different anatomical structure. In: KUTSCHERA, L., HÜBL, E., LICHTENEGGER, E., PERSSON, H., SOBOTIK, M. (eds.) Root Ecology and its Practical Application 2: 813–826. Verein für Wurzelforschung, Klagenfurt.

KUTSCHERA, L., 1995a: Influence of climatic conditions on root strategies and phytocoenosis – illustrated by the new explanation of geotropism. In: SONG, Y., DIERSCHKE, H., WANG, X. (eds.) Applied Vegetation Ecology: 51–57. East China Normal University Press, Shanghai.

KUTSCHERA, L., 1995b: Das Richtungswachstum der Pflanze in Sproß und Wurzel. Carinthia II, SH 53: 92–94.

KUTSCHERA, L., 1996: Growth strategies of plant roots in different climatic regions. In: PERSSON, H., BAITULIN, I.O. (eds.) Plant root systems and natural vegetation. Acta Phytogeogr. Suec. 81: 11–16.

KUTSCHERA, L., 1997: Geotropismus und Wurzelverlauf von *Welwitschia mirabilis* sowie anderer Arten der Namib. Acta F.R.N. Univ. Comen. Physiologia Plantarum 29: 11–24.

KUTSCHERA, L., BARMICHEVA, K. M., SOBOTIK, M., 1998: The importance of root-cap mucilage for plant and soil. In: BOX, J. E. (ed.) Root demographics and their efficiencies in sustainable agriculture, grasslands and forest ecosystems: 673–683. Kluwer Academic Publishers, Dordrecht, Boston, London.

KUTSCHERA, L., LICHTENEGGER, E., 1982: Wurzelatlas mitteleuropäischer Grünlandpflanzen. I: Monocotyledoneae. G. Fischer, Stuttgart, New York, 516 S.

KUTSCHERA, L., LICHTENEGGER, E., 1986: Wurzeltypen von Klimaräumen in Argentinien. Veröff. Geobot. Inst., ETH, Stiftung Rübel, Zürich, 94: 228–250.

KUTSCHERA, L., LICHTENEGGER, E., 1992: Wurzelatlas mitteleuropäischer Grünlandpflanzen. II: Pteridophyta und Dicotyledoneae (Magnoliopsida). Teil 1: Morphologie, Anatomie, Ökologie, Verbreitung, Soziologie, Wirtschaft. G. Fischer, Stuttgart, Jena, New York, 851 S.

KUTSCHERA, L., LICHTENEGGER, E., 1997: Bewurzelung von Pflanzen in verschiedenen Lebensräumen. Stapfia 49, OÖ Landesmuseum, Linz, 331 S.

KUTSCHERA, L., LICHTENEGGER, E., SOBOTIK, M., HAAS, D., 1997: Die Wurzel das neue Organ. Ihre Bedeutung für das Leben von *Welwitschia mirabilis* und anderer Arten der Namib sowie von Arten angrenzender Gebiete. Pflanzensoziologisches Institut, Klagenfurt, 94 S.

KUTSCHERA, L., SOBOTIK, M., 1992: Wurzelatlas mitteleuropäischer Grünlandpflanzen. II: Pteridophyta und Dicotyledoneae. Teil 2: Anatomie. G. Fischer, Stuttgart, Jena, New York, 161 S.

LARSEN, P., 1962: Geotropism. An introduction. In: RUHLAND, W. (ed.) Handbuch der Pflanzenphysiologie. XVII/2: 34–73. Springer, Berlin, Göttingen, Heidelberg.

LEISTIKOW, K. L., 1962: Die Wurzeln der Calamitaceae. Diss. Eberhard-Karls-Univ. Tübingen, 67 + XV S.

LEISTIKOW, K. L., KOCKEL, F., 1990: Zur Entwicklungsgeschichte der Pflanzen – ein didaktisches Modell. Palmengarten, Wiss. Berichte, PHF 2, Frankfurt/Main, 74 S.

LEPŠOVÁ, A., OBORNÍK, M., 1992: Fine root distribution in Norway spruce forest stands (*Picea abies*/L./Karst.) in Sumava Mts. with regard to liming. In: KUTSCHERA, L., HÜBL, E., LICHTENEGGER, E., PERSSON, H., SOBOTIK, M. (eds.) Root Ecology and its Practical Application 2: 529–533. Verein für Wurzelforschung, Klagenfurt.

LERCH, G., 1960: Untersuchungen über Wurzelkallose. G. Fischer, Jena, 111 S.

LICHTENEGGER, E., 1996: Root distribution in some alpine plants. In: PERSSON, H., BAITULIN, I. O. (eds.) Plant root systems and natural vegetation. Acta Phytogeogr. Suec. 81: 76–82.

LICHTENEGGER, H., 1999: The composite architecture of the wood cell wall. Nanostructure investigations with X-ray scattering. Diss. Inst. für Materialphysik der Univ. Wien, 84 S.

LIDFORSS, B., 1903: Über den Geotropismus einiger Frühjahrspflanzen. Jb. wiss. Bot. 38: 343–375.

LIHNELL, D., 1939: Untersuchungen über die Mykorrhizen und die Wurzelpilze von *Juniperus communis*. In: Symbolae Botanicae Upsalienses III: 3.

LOVAS, G., 1990: Computertomographische Untersuchung an stehenden Bäumen. Forschungszentrum Waldökosysteme, Universität Göttingen, 91 S.

MAJDI, H., PERSSON, H., 1992: Spatial distribution of fine roots, rhizosphere and bulk-soil chemistry in an acidified *Picea abies* stand. Scandinavian Journal of Forest Research 7: 147–155.

MARSCHNER, H., 1986: Mineral nutrition of higher plants. Academic Press, London, New York, 661 S.

MAYER, H., 1984: Waldbau auf soziologisch-ökologischer Grundlage. G. Fischer, Stuttgart, New York, 514 S.

MCCANN, M. C., ROBERTS, K., 1991: Architecture of the primary cell wall. In: LLOYD, C. (ed.) Cytoskeletal basis of plant growth and form: 109–129. Academic Press, London, San Diego.

MCCANN, M. C., STACEY, N. J., WILSON, R., ROBERTS, K., 1993: Orientation of macromolecules in the walls of elongating carrot cells. J. Cell Sci. 106: 1347–1356.

MCINTYRE, G. I., 1980: The role of water distribution in plant tropisms. Australian J. Plant Physiol. 7: 401–413.

MCMICHAEL, B. L., BURKE, J. J., MAHAN, J. R., QUISENBERRY, J. E., 1991: Root metabolic response to diverse thermal environments. In: HÜBL, E., KUTSCHERA, L., LICHTENEGGER, E., SOBOTIK, M. (eds.) Root Ecology and its Practical Application 2. Abstracts: 21. Verein für Wurzelforschung, Klagenfurt.

MELIN, E., 1959: Mykorrhiza. In: RUHLAND, W. (ed.) Handbuch der Pflanzenphysiologie. XI: 605–638. Springer, Berlin, Göttingen, Heidelberg.

MERBACH, W., GÖTZ, K., 1997: Einfluß einer Molybdän-Gabe auf den Erfolg einer Impfung von Ackerbohnen mit *Rhizobium leguminosarum*. In: MERBACH, W. (ed.) Rhizosphärenprozesse, Umweltstreß und Ökosystemstabilität: 46–50. B.G. Teubner, Stuttgart, Leipzig.

MIEHE, H., 1918: Anatomische Untersuchungen der Pilzsymbiose bei *Casuarina equisetifolia* nebst einigen Bemerkungen über das Mykorrhizaproblem. Flora 111: 431–449.

MOHR, H., SCHOPFER, P., 1978: Lehrbuch der Pflanzenphysiologie. 3. Aufl. Springer, Berlin.

MOLISCH, H., 1928: Rote Wurzelspitzen. Ber. Deut. Bot. Ges. 46: 311–317.

MOLISCH, H., 1930: Pflanzenphysiologie als Theorie der Gärtnerei. G. Fischer, Jena, 368 S.

MOLISCH, H., 1932: Über die Bedeutung des Lignins für die Pflanze. Z. Bot. 25: 583–595.

MOLISCH, H., 1937: Der Einfluß einer Pflanze auf die andere – Allelopathie. G. Fischer, Jena, 106 S.

MONEY, L. L., BAILEY, I. W., SWAMY, B. G. L., 1950: The morphology and relationships of the Monimiaceae. Arnold Arboretum Jour. 31: 372–404.

MUKHITDINOV, N. M., AITAKOVA, S. T., 1996: Root morphology and ontogenesis of some common plant species in Trans-Ili Alatau, Kazakhstan. In: PERSSON, H., BAITULIN, I. O. (eds.) Plant root systems and natural vegetation. Acta Phytogeogr. Suec. 81: 65–67.

MURRAY, B. E., 1957: The ontogeny of adventitious stems and roots of creeping-rooted alfalfa. Canad. Jour. Bot. 35: 463–475.

NESTEROVA, S. G., 1996: Root structure of plants in the Zailiisky Alatau Range, Kazakhstan. In: PERSSON, H., BAITULIN, I. O. (eds.) Plant root systems and natural vegetation. Acta Phytogeogr. Suec. 81: 86–87.

NOBÈCOURT, P., 1939: Sur la pérennité et l'augmentation de volume des cultures de tissus végétaux. C. R. Soc. Biol. 130: 1270–1271.

OBROUCHEVA, N. V., 1991: Water content and cell elongation in protruding and growing roots. In: MCMICHAEL, B. L, PERSSON, H. (eds.) Plant roots and their environment. Development in agricultural and managed-forest ecology 24: 130–135.

PATE, J. S. et al., 1995: Hydraulic architecture and xylem structure of the dimorphic root systems of Southwest Australian species of the Proteaceae. J. Exp. Bot. 46: 907–915.

PERSSON, H., 1978: Root dynamics in a young Scots pine stand in Central Sweden. Oikos 30: 508–519.

PERSSON, H., 1979: Fine-root production, mortality and decomposition in forest ecosystems. Vegetatio 41: 101– 109.

PERSSON, H., 1980a: Spatial distribution of fine root growth, mortality and decomposition in a young Scots pine stand in Central Sweden. Oikos 34: 77–87.

PERSSON, H., 1980b: Death and replacement of fine roots in a mature Scots pine stand. Ecol. Bull. 32: 251–260.

PERSSON, H., 1983a: The distribution and productivity of fine roots in Boreal forests. Plant and Soil 71: 87–101.

PERSSON, H., 1983b: The importance of fine roots in boreal forests. In: BÖHM, W., KUTSCHERA, L., LICHTENEGGER, E. (eds.) Wurzelökologie und ihre Nutzanwendung: 595–608. BVA Gumpenstein, Irdning.

PERSSON, H., AL-WINDI, I., GOBRAN, G., FENN, L., 1991: Effects of increasing calcium on ammonium absorption and growth of Norway spruce (*Picea abies* L.). In: MCMICHAEL, B. L., PERSSON, H. (eds.) Plant roots and their environment. Development in agricultural and managed-forest ecology 24: 257–262.

PETERSON, C. A., ENSTONE, D. E., TAYLER, J. H., 2000: Pine root structure and its potential significance for root function. In: STOKES, A. (ed.) The supporting roots of trees and woody plants: Form, function and physiology: 347–355. Kluwer Academic Publishers, Dordrecht, Boston, London.

PILET, P. E., 1975: Abscisic acid as a root growth inhibitor: Physiological analyses. Planta 122: 299–302.

PLAUT, M., 1910: Über die Veränderungen im anatomischen Bau der Wurzel während des Winters. Jb. wiss. Bot. 48: 143–154.

POCKMAN, W. T., et al., zit. nach JACKSON, R. B., SPERRY, J. S., DAWSON, T. E., 2000: Root water uptake and transport: Using physiological processes in global predictions. Trends in Plant Sience 5: 482–488.

POLOMSKI, J. & KUHN, N., 2001: Wurzelhabitus und Standfestigkeit der Waldbäume. Root habitus and wind stability of trees. Forstw. Cbl. 120: 303–317.

POMMER, E. H., 1956: Beiträge zur Anatomie und Biologie der Wurzelknöllchen von *Alnus glutinosa*. Gaertn. Flora 143: 603–634.

PORSCH, O., 1926: Zur Physiologischen Bedeutung der Verholzung. Ber. Deut. Bot. Ges., Bd. XLIV (2): 137–142.

RAATZ, W., 1892: Die Stabbildungen im secundären Holzkörper der Bäume und die Initialtheorie. Jb. wiss. Bot. 23: 567–636.

RAITIO, H., 1991: Effect of soil acidity and soil temperature on the growth and nutrition of Scots pine (*Pinus sylvestris* L.) seedlings. In: HÜBL, E., KUTSCHERA, L., LICHTENEGGER, E., SOBOTIK, M. (eds.) Root Ecology and its Practical Application 2. Abstracts: 22. Verein für Wurzelforschung, Klagenfurt.

RASTIN, N., MINTENIG, H., 1992: Quantitative determination of Norway spruce root systems on different sites. In: KUTSCHERA, L., HÜBL, E., LICHTENEGGER, E., PERSSON, H., SOBOTIK, M. (eds.) Root Ecology and its Practical Application 2: 521–523. Verein für Wurzelforschung, Klagenfurt.

RAUH, W., 1937: Die Bildung von Hypokotyl- und Wurzelsprossen und ihre Bedeutung für die Wuchsformen der Pflanzen. Nova Acta Leopoldina 24: 396–553.

RESA, F., 1877: Über die Periode der Wurzelbildung. Diss. Phil. Fakultät, Univ. Bonn, 37 S.

RICHNER, W., SOLDATI, A., STAMP, P., 1991: Auswirkungen kühler Temperaturen in verschiedenen Bodenschichten auf das Wurzelwachstum junger Maispflanzen. In: HÜBL, E., KUTSCHERA, L., LICHTENEGGER, E., SOBOTIK, M. (eds.) Root Ecology and its Practical Application 2. Abstracts: 23. Verein für Wurzelforschung, Klagenfurt.

RIVIER, L., MILLON, H., PILET, P. E., 1977: Garth chromatography-mass spectrometric determinations of abscisic acid levels in the cap and the apex of maize roots. Planta 134: 23–27.

ROBERTS, E. A., 1916: The epidermal cells of roots. Bot. Gaz. 62: 488–506.

ROTMISTROFF, W. G., 1926: Das Wesen der Dürre. Ihre Ursache und ihre Verhütung. Steinkopf, Dresden, Leipzig, 68 S.

RUETZE, M., SCHMITT, U., 1986: Glykol-Methacrylat (GMA) als Einbettungssystem für histologische Untersuchungen von Koniferen-Nadeln. Eur. J. For. Path. 16: 321–324.

RUHLAND, W., 1962: Handbuch der Pflanzenphysiologie. Encyclopedia of Plant Physiology. XVII/2: Physiologie der Bewegungen. Springer, Berlin, Göttingen, Heidelberg, 1174 S.

RZAYEVA, G. I., FATALIEVA, S. M., 1991: Influence of water-conditions to the growth of root of *Eriobotrya japonica* Lindl. In: HÜBL, E., KUTSCHERA, L., LICHTENEGGER, E., SOBOTIK, M. (eds.) Root Ecology and its Practical Application 2. Abstracts: 25. Verein für Wurzelforschung, Klagenfurt.

SANIO, C., 1863: Vergleichende Untersuchungen über die Elementarorgane des Holzkörpers. III. Tracheales. System. Bot. Ztg. 21: 113–118.

SCARASCIA-MUGNOZZA, G., BAUER, G. A., PERSSON, H., MATTEUCCI, G., MASCI, A., 2000: Tree biomass, growth and nutrient pools. Ecological Studies 142: 49–62.

SCHAFLEITNER, R. N., WILHELM, E., 1997: Effect of virulent and hypovirulent *Cryphonectriaparasitica* (Murr). Barr on the intercellular pathogen related proteins and on totalprotein pattern of chestnut (*Castanea sativa* Mill.). Physiological and Molecular Plant Pathology 51: 323–332.

SCHIECHTL, H. M., 1997: Die Wurzelsysteme der Pflanzen als Grundlage für ihre Verwendung zu ingenieurbiologischen Hangsicherungen. In: SPETA, F., AUBRECHT, G. (eds.) Wurzeln – Einblicke in verborgene Welten. Stapfia 50: 295–307. OÖ Landesmuseum, Linz.

SCHUMACHER, W., 1967: Der Stofftransport zwischen parenchymatischen Zellen (Nahtransport). In: RUHLAND, W. (ed.) Handbuch der Pflanzenphysiologie. XIII: 3–19. Springer, Berlin, Heidelberg, New York.

SCHWARZ, F., 1883: Die Wurzelhaare der Pflanzen. Unters. bot. Inst. Tübingen 1, Teil VI: 1–190.

SCHWEINGRUBER, F. H., 1990: Anatomie europäischer Hölzer. Eidgenössische Forschungsanstalt für Wald, Schnee und Landschaft, Birmensdorf, Haupt, Bern, Stuttgart, 800 S.

SHARMA, M., 1990: Responses of certain economically important plants to VAM fungi. Thesis, Dep. of Botany, Delhi, 250 S.

SIEVERS, A., 1973: Golgi Apparat. In: HIRSCH, G. C., RUSKA, H., SITTE, P. (eds.) Grundlagen der Cytologie: 281–296. G. Fischer, Stuttgart.

SITTE, P., 1973: Allgemeine Morphologie der Pflanzenzelle. In: HIRSCH, G. C., RUSKA, H., SITTE, P. (eds.) Grundlagen der Cytologie: 391–412. G. Fischer, Stuttgart.

SITTE, P., 1998: Morphologie. In: STRASBURGER – Lehrbuch der Botanik. 34. Aufl.: 11–214. G. Fischer, Stuttgart, Jena, Lübeck, Ulm.

SNOW, L. M., 1905: The development of root hairs. Bot. Gaz. 40: 12–48.

SOBOTIK, M., 1990: Structure of roots in SO_2 und SO_3 polluted area. In: PERSSON, H. (ed.) Above and below-ground interactions in forest trees in acidified soils. Air Pollution Research Report 32: 89–98. Commission of the European Communities.

SOBOTIK, M., 1996: The anatomical root structure of *Kochia prostrata* (L.) Schrad. In: PERSSON, H., BAITULIN, I. O. (eds.) Plant root systems and natural vegetation. Acta Phytogeogr. Suec. 81: 48–52.

SÖDING, H., 1961: Die Auxine. In: RUHLAND, W. (ed.) Handbuch der Pflanzenphysiologie. XIV: 450–484. Springer, Berlin, Göttingen, Heidelberg.

SPERLICH, A., 1926: Wasserversorgung und Geotropismus des Sprosses. Planta (Berlin) 2: 600–617.

SPRATT, E. R., 1912: The morphology of the root tubercles of *Alnus* and *Eleagnus* and the polymorphism of the organism causing their formation. Ann. Bot. 26: 119–128.

STOBER, C., GEORGE, E., PERSSON, H., 2000: Root growth and response to nitrogen. Ecological Studies 142: 99–108.

STROHSCHNEIDER, I., 1992: Root-deformations by different kinds of afforestation-methods. In: KUTSCHERA, L., HÜBL, E., LICHTENEGGER, E., PERSSON, H., SOBOTIK, M. (eds.) Root Ecology and its Practical Application 2: 796–800. Verein für Wurzelforschung, Klagenfurt.

STRUGGER, E., PEVELING, E., 1961: Die elektronenmikroskopische Analyse der extrafaszikulären Komponente des Transpirationsstromes mit Hilfe von Edelmetallsuspensoiden adäquater Dispersität. Ber. Deut. Bot. Ges. 74: 300–305.

STRUGGER, S., 1938: Fluoreszenzmikroskopische Untersuchungen über die Speicherung und Wanderung des Fluoreszeinkaliums in pflanzlichen Geweben. Flora (Jena) 32: 253–304.

THIMANN, K. V., WENT, F. W., 1934: On the chemical nature of the rootforming hormone. Proc. kon. ned. Akad. Wet. 37: 456–459.

TIMMERS, A. C. J., 2000: Infection of root hairs by rhizobia: Infection thread development with emphasis on the microtubular cytoskeleton. In: RIDGE, R. W., EMONS, A. M. C. (eds.) Root hairs. Cell and molecular biology: 223–239. Springer, Tokyo, Berlin, New York, Hong Kong.

TREWAVAS, A. J., 1986: Molecular and cellular aspects of calcium in plant development. Plenum Press, New York, London, 452 S.

TROLL, W., 1934/35: Grundsätzliches zum Stigmarienproblem. Flora 29: 94–112.

TROLL, W., 1943/67: Vergleichende Morphologie der höheren Pflanzen. 2. Hauptteil. Der Aufbau des Sprosses und der Sproßsysteme. Gebr. Borntraeger, Berlin, O. Koeltz, Koenigstein-Taunus: 172–955.

TROLL, W., 1943/67: Vergleichende Morphologie der höheren Pflanzen. 4. Hauptteil. Wurzel und Wurzelsysteme. Gebr. Borntraeger, Berlin, O. Koeltz, Koenigstein-Taunus: 2007–2736.

TROLL, W., HÖHN, K., 1973: Allgemeine Botanik. F. Enke, Stuttgart, 994 S.

TUREKHANOVA, R., 1996: Root system formation of *Hippophae rhamnoides* L. (seabuckthorn). In: PERSSON, H., BAITULIN, I. O. (eds.) Plant root systems and natural vegetation. Acta Phytogeogr. Suec. 81: 57–58.

URSPRUNG, A., BLUM, G., 1921: Zur Kenntnis der Saugkraft. IV. Die Absorptionszone der Wurzel. Der Endodermissprung. Ber. Deut. Bot. Ges. 39: 70–79.

URSPRUNG, A., BLUM, G., 1924: Eine Methode zur Messung des Wand- und Turgordruckes der Zelle, nebst Anwendungen. Jb. wiss. Bot. 63: 1–110.

VAN DONSELAAR-TEN BOKKEL HUININK, W. A. E., 1966: Structure, root systems and periodicity of savanna plants and vegetations in Northern Surinam. Wentia, Koninklijke Nederlandse Botanische Vereniging, 17, North-Holland Publishing, Amsterdam, 162 S.

VAN FLEET, D. S., 1950: A comparison of histochemical and anatomical characteristics of the hypodermis with the endodermis in vascular plants. Am. J. Bot. 37: 721–725.

VAN TIEGHEM, P., DOULIOT, H., 1886: Sur la polystélie. Ann. Sci. Nat. Bot. Ser. 7, 3: 275–322.

VASILEVSKAJA, V. K., 1957: Anatomija obrazovanija pocek na kornjach nekotorych drevesnych rastenij (Anatomy of bud formation on roots of some woody plants). Univ. Leningrad Vest. Ser. Biol. 12: 5–21.

VÉGH, K. R., 1991: Effect of soil water and nutrient supply on root characteristics and nutrient uptake of plant. In: MCMICHAEL, B. L., PERSSON, H. (eds.) Plant roots and their environment. Development in agricultural and managed-forest ecology 24: 143–148.

VERDAGUER, D., MOLINAS, M., 1999: Developmental anatomy and apical organization of the primary root of cork oak (*Quercus suber* L.). Inr. I. Plant Sci. 160 (3): 471–481.

VÖCHTING, H., 1898: Über den Einfluß niederer Temperaturen auf die Sproßrichtung. Ber. Deut. Bot. Ges. 16: 37–52.

WAGENFÜHR, R., SCHEIBER, C., 1974: Holzatlas. VEB, Leipzig, 690 S.

WARDROP, A. B., 1953: The fine structure of the conifer tracheid. Holzforschung 8 (1): 12–29.

WASSINK, E. C., RICHARDSON, S. D., 1951: Observations on the connection between root growth and shoot illumination in first year seedlings of *Acer pseudoplatanus* L. and *Quercus borealis maxima* (Marsh) Ashe. Konikl. Nederl. Acad. van Wetensschappen, Amsterdam. Proceedings, Ser. C: 503–510.

WEBER, H., 1936: Vergleichend-morphologische Studien über die sproßbürtige Bewurzelung. Nova Acta Leopoldina 4: 230–298.

WEBER, H., 1953: Die Bewurzelungsverhältnisse der Pflanzen. Herder, Freiburg, 132 S.

WEIG, A., DESWARTE, C., CHRISPEELS, M. J., 1997: The major intrinsic protein family of *Arabidopsis* has 23 members that form three distinct groups with functional aquaporins in each group. Plant Physiol. 114: 1347–1357.

WELLER, F., 1983: Methode zur Ermittlung der Saugwurzelverteilung von Bäumen. In: BÖHM, W., KUTSCHERA, L., LICHTENEGGER, E. (eds.) Wurzelökologie und ihre Nutzanwendung: 81–94. BVA Gumpenstein, Irdning.

WIESNER, J., 1927/28: Die Rohstoffe des Pflanzenreiches. 4. Aufl., 2 Bde. W. Engelmann, Leipzig, 2253 S.

WILHELM-WAINDINGER, E., 1993: Vergangenheit und Zukunft der Edelkastanie. Austria Today 2: 25–26.

WILKINS, H., WAIN, R. L. 1975: Abscisic acid and the response of roots of *Zea mays* L. seedlings to gravity. Planta 126: 19–23.

WINKLER, S., 1980: Einführung in die Pflanzenökologie. 2. Aufl. UTB, G. Fischer, Stuttgart, New York, 256 S.

WITTROCK, V. B., 1884: Einteilung der Wurzelknospen in reperative, additionelle und necessere. Bot. Cbl. 17.

YAMASHITA, T., 1983: Embryo- und Wurzelentwicklung. In: BÖHM, W., KUTSCHERA, L., LICHTENEGGER, E. (eds.) Wurzelökologie und ihre Nutzanwendung: 21–32. BVA Gumpenstein, Irdning.

YEOMAN, R., 1982: Plant Cell and Tissue Culture. Springer, Berlin, 83 S.

ZHOLKEVICH, V. N., 1991: Root pressure. In: WAISEL, J., ESHEL, A., KAFKAFI, U., DEKKER, M. (eds.) Plant roots: The hidden half: 589. Marcel Dekker Inc., New York.

ZIEGLER, H., 1998: Physiologie. In: STRASBURGER – Lehrbuch der Botanik. 34. Aufl.: 215–456. G. Fischer, Stuttgart, Jena, Lübeck, Ulm.

ZIMMERMANN, M. H., 1959: Die Phylogenie der Pflanzen. Ein Überblick über Tatsachen und Probleme. G. Fischer, Stuttgart, 777 S.

ZIMMERMANN, U., SCHNEIDER, H., WEGNER, L. H., WAGNER, H. J., SZIMTENINGS, M., HAASE, A., BENTRUP, F. W., 2002: What are the driving forces for water lifting in the xylem conduit? Physiologia Plantarum 114: 327–335.

Zur Morphologie

AALTONEN, V. T., 1920: Über die Ausbreitung und den Reichtum der Baumwurzeln in den Weidewäldern Lapplands. Acta For. Fenn. 14: 1–75.

ABE, K., IWAMATO, M., 1986: An evaluation of tree-root effect on slope stability by tree-root strength. Journ. japanese forestry society 68: 505–510.

ADLER, W., OSWALD, K., FISCHER, R., 1994: Exkursionsflora von Österreich. Ulmer, Stuttgart, Wien.

AHLSTRÖM, K., PERSSON, H., BÖRJESSON, I., 1988: Fertilization in a mature Scots pine (*Pinus sylvestris* L.) stand – effects on fine roots. Plant Soil 106: 179–190.

AKSOY, H., 1965: Untersuchungen zur Bewertung von Jungpflanzen verschiedener Nadelbaumarten. Diss. München, Staatsw. Fak.

ALBREKTSON, A., 1980: Relationship between tree biomass fractions and conventional silvicultural measurements. Ecol. Bull. 32: 315–327. Stockholm.

ALEKPEROV, S. A., MAMEDOV, S. M., 1958: Development of root system of trees and shrubs on saline land. Sbornik Rabot Lesn. Hoz. Vsesojuz. Nauc.-Issled. Inst. Lesovod. 35: 226–238.

AMANN, G., 1993: Bäume und Sträucher des Waldes. 16. Aufl. Naturbuch-Verlag, Augsburg.

ARMSTRONG, W., 1989: Aeration in roots. In: CHERRY, J. H. (ed.) Environmental stress in plants. NATO ASI Series, Vol. G 19: 197–206. Springer, Berlin.

ARNON, D. L., HOAGLAND, D. R., 1940: Crop production in artificial culture solutions and in soils with special references to factors influencing yields and absorption of inorganic nutrients. Soil Sci. 50: 463–484.

ATKINSON, D., 1974: Some observations on the distribution of root activity in apple trees. Plant and Soil 40: 333–342.

ATKINSON, D., 1983: The growth, activity and distribution of fruit tree root system. Plant and Soil 71: 23–35.

BABEL, U., 1977: Influence of high densities of fine roots of Norway Spruce on processes in humus covers. Ecol. Bull. 25: 584–586.

BAITULIN, I. O., 1979: Wurzelsystem von Pflanzen der ariden Zone Kasachstans (in Russisch). Nauka, Alma-Ata.

BAITULIN, I. O., BAYASGALAN, D., BUJAN-ORSCHICH, H., JEWSTIVEEN, J. G., LICHTENEGGER, E., RACHKOVSKAJA, E. I., SOBOTIK, M., JAKUNIN, G. N., 1993: Phytoecological investigations in southern Gobi (in Russisch). Nat. Akad. f. Wiss. Rep. Kasachstan. Nauka, Alma-Ata.

BAKKE, A. L., GAESSLER, W. G., 1945: The effect of reduced light intensity on the aerial and subterranean parts of the European bindweed. Plant Physiol. 20: 246–257.

BARNER, J., 1954: Das Wurzelsystem der Pflanze als Kriterium für die physiologische Flachgründigkeit des Standorts (Robinienbau am Oberrhein). Allg. Forst- u. Jagdztg. 125: 245–247.

Barney, C. W., 1947: Effect of soil temperature and light intensity on root growth of loblolly pine seedlings. Plant Physiol. 22: 146–163.

Bartsch, N., 1985: Ökologische Untersuchungen zur Wurzelentwicklung an Jungpflanzen von Fichte (*Picea abies* [L.] Karst.) und Kiefer (*Pinus sylvestris*). Ber. Forschungszentr. Waldökologie, Univers. Göttingen 15.

Bazilevich, N. I., Rodin, L. E., 1968: Reserves of organic matter in underground sphere of terrestrial phytocoenoses. In: Ghilarov, M. S., Kovda, V. A., Novichkova-Ivanova, L. N., Rodin, L. E., Sveshnikova, V. M. (eds.) Methods of productivity studies in root systems and rhizosphere organisms: 4–8. Nauka, Leningrad.

Bergemann, J., 1956: Das Mykorrhiza-Problem in der Forstwirtschaft. Allg. Forstztg. 23/24: 297–304.

Bernbeck, O., 1914: Beitrag zur Physiologie des Bodens. Forstw. Centralbl. 36: 26–44.

Bibelriether, H., 1962: Wurzeluntersuchungen an Tannen und Eichen in Mittelschwaben. Forstw. Centralbl. 81: 210–248.

Bibelriether, H., 1963: Zur Frage der Wurzelentwicklung von Kiefern auf Sand und auf Pseudogley. Forstw. Centralbl. 82: 139–146.

Bibelriether, H., 1964: Unterschiedliche Wurzelbildung bei Kiefern verschiedener Provenienz. Forstw. Centralbl. 83: 129–140.

Bibelriether, H., 1966: Die Bewurzelung einiger Baumarten in Abhängigkeit von Bodeneigenschaften. Allg. Forstztg. 47: 808–815.

Biebl, R., 1958: Einfluß der Mineralstoffe auf die Transpiration. In: Ruhland, W. (ed.) Handbuch d. Pflanzenphysiologie IV: 382–426. Springer, Berlin, Göttingen, Heidelberg.

Bjeskaravajnyi, M. M., 1955: Wurzelverwachsungen einiger Baumarten im Rayon von Kamyschin (in Russisch). Agrobiologia 3: 78–89.

Björkman, E., 1942: Über die Bedingungen der Mykorrhizabildung bei Kiefer und Fichte. Symp. Bot. Upsalienses.

Block, J., 1983: Ermittlung der Wurzeltiefe von Kiefern und Stieleichen zur Beurteilung der möglichen Auswirkungen von Grundwasserabsenkungen auf den Wald. In: Böhm, W., Kutschera, L., Lichtenegger, E. (eds.) Wurzelökologie und ihre Nutzanwendung: 567–576. BVA Gumpenstein, Irdning.

Bodhanetzky, J., 1926: Zur Frage der Erziehung junger Fichtenbestände. Forstw. Centralbl. 48: 777–783.

Bormann, F. H., Graham, B. F., 1959: The occurrence of natural root grafting in eastern white pine, *Pinus strobus* L., and its ecological implications. Ecology 40: 677–691.

Böhm, W., 1979: Methods of studying root systems. Ecological Studies 33. Springer, Berlin.

Braekke, F. H., Kozlowski, T. T., 1977: Distribution and growth of roots in *Pinus resinosa* and *Betula papyrifera* stands. Medd. Nor. Inst. Skogforsk. 33, 10: 439–451.

Braun, J. H., Vanselow, G., Khalisy, M., 1978: Die mögliche Verbreitung des „Ulmensterbens" durch Wurzelverwachsungen bei *Ulmus carpinifolia*. Eur. Journ. for. Pathology 8: 146–154.

Braun-Blanquet, J., Sissingh, G., Vlieger, J., 1939: Prodromus der Pflanzengesellschaften. Fasc. 6. Klasse der Vaccinio-Piceetea (Nadelholz- und Vaccinienheiden-Verbände der eurosibirisch-nordamerikanischen Region).

Breazeale, J. E., 1930: Maintenance of moisture equilibrium and nutrition of plants at and below the wilting percentage. Arizona Agric. Exp. Sta. Techn. Bull. 29: 137–177.

Bringmark, L., 1977: A bioelement budget of an old Scots pine forest in Central Sweden. Silva Fenn. 11: 201–257.

Brückner, E., Jahn, E., 1932: Über die Wurzelausbildung verschiedener Holzarten in Böden des ostthüringischen Buntsandsteingebietes. Tharandt. Forstl. Jahrb. 83: 150–170.

Burger, H., 1926: Physikalische Eigenschaften von Wald- und Freilandböden. II. Mitt. Schweiz. Centr. Anst. forstl. Versuchsw. XIV, 2: 201–250.

Burschel, P., 1958: Die Bewurzelung einiger forstlicher Bodenpflanzen. Allg. Forst- u. Jagdztg. 129: 89–94.

Burschel, P., Schmaltz, J., 1965: Die Bedeutung des Lichtes für die Entwicklung junger Buchen. Allg. Forst- u. Jagdztg. 136: 193–210.

Büsgen, M., 1897: Bau und Leben der Waldbäume. 1. Aufl. Jena. VII.

Büsgen, M., 1901: Einiges über Gestalt und Wachstumsweise der Baumwurzeln. Allg. Forst- u. Jagdztg. 27: 273–278, 305–314.

Büsgen, M., 1905: Studien über die Wurzelsysteme einiger dicotyler Holzpflanzen. Flora 95: 58–94.

Büsgen, M., Münch, E., 1927: Bau und Leben unserer Waldbäume. 3. Aufl. G. Fischer, Jena.

Cannell, R. Q., 1977: Soil aeration and compaction in relation to root growth and soil management. In: Coaker, T. H. (ed.) Applied Biology. II: 1–86. Academic Press, New York.

Cannon, W. A., 1949: A tentative classification of stems. Ecology 30: 542–548.

Chibisov, G. A., 1995: Bioproductivity of spruce stand in northern European Russia. Water Air Soil Pollut. 82: 87–96.

Clausen, J., 1929: Oberirdische Pflanzenmasse und Wurzelgewicht. Fortschritte der Landwirtschaft: 277–280.

Clemensson-Lindell, A., 1994: Norway spruce fine-root morphology and function influenced by nutrient applications in Forests. Diss. Rapport 72, Swedish University of Agricult. Sciences, Uppsala.

Clemensson-Lindell, A., Persson, H., 1993: Long-term effects of liming on the fine-root standing crop of *Picea abies* and *Pinus sylvestris* in relation to chemical changes in the soil. Scand. Journ. For. Res. 8: 384–394.

Clemensson-Lindell, A., Persson, H., 1994: The effects of nitrogen addition and removal on Norway spruce fine-root vitality and distribution in three catchment areas at Gardsjön. Swedish University of Agricult. Sciences Rapp. 72, II.

Combes, R., 1910: Détermination des intensités lumineuses optima pour les végétaux aux divers stades du développement. Ann. Sc. Nat. 9, Serie Bot. 11: 75–249.

Combes, R., 1946: La forme des végétaux et le milieu. Collect. Armand Colin 240, Paris.

Cornet, H. J., Hamann, U., Schultze-Motel, W., Wagenitz, G. (eds.) 1966: Caprifoliaceae. In: G. Hegi: Illustrierte Flora von Mitteleuropa. VI/2: 3–87. Parey, Berlin, Hamburg.

Coutis, M. P., 1987: Developmental processes in tree root systems. Can. Journ. For. Res. 171: 761–767.

Crepatz, C., Tscheliesnig, R., 1992: Excavation of a pine tree. In: Kutschera, L., Hübl, E., Lichtenegger, E.,

PERSSON, H., SOBOTIK, M. (eds.) Root Ecology and its Practical Application 2: 801–804. Verein für Wurzelforschung, Klagenfurt.

DEANS, J. D., 1979: Fluctuations of the soil environment and fine root growth in a young Sitka spruce plantation. Plant and Soil 52: 195–208.

DENGLER, A., 1935: Waldbau auf ökologischer Grundlage. 2. Aufl. Springer, Berlin.

DIENTER, W., BOHN, U., 1998: Zur Soziologie und Ökologie von *Alnus glutinosa* in Mitteleuropa. In: HACKER, E., PFLUG, W. (eds.) Die mitteleuropäischen Erlen. Ges. Ingenieurbiologie, Jahrb. 7, 65: 79–80. Aachen.

DIMITRI, L., 1969: Untersuchungen über die unterirdischen Eintrittspforten der wichtigsten Rotfäuleerreger bei der Fichte (*Picea abies* Karst.). Forstw. Centralbl. 88: 281–308.

DOMANSKAJA, N. P., 1958: Formation of root system of *Quercus robur*. Dokl. Akad. Nauk SSSR 119, 6: 1233–1235.

DREW, M. C., 1987: Function of root tissues in nutrient and water transport. In: GREGORY, P. J., LAKE, J. V., ROSE, D. A. (eds.) Root development and function: 71–101. Univ. Press. Cambridge.

DREW, M. C., GOSS, M. J., 1973: Effect of soil physical factors on root growth. Chem. and Ind. 14: 679–684.

DREXHAGE, M., 1994: Die Wurzelentwicklung 40jähriger Fichten (*Picea abies* [L.] Karst.) in der Langen Bramke (Harz). Diss. Ber. Forschungszentr. Waldökosyst.

DUHAMEL DE MONCEAU, H. L., 1758: Sur la direction des tiges et des racines, et sur la nutation des différentes parties des plantes. In: La physique des arbres. Tome II, Livre IV, Chap. VI: 137–176. Paris.

DUVIGNEAUD, P., 1974: La Synthèse écologique. Doin, Paris.

DUVIGNEAUD, P., DENAYER-DE SMET, S., 1962: Distribution de certains éléments mineraux (K, Ca et N) dans les tapis végétaux naturales. Bull. Soc. fr. Physiol. vég. 8: 96–103.

DUVIGNEAUD, P., DENAYER-DE SMET, S., 1970: Biological cycling of minerals in temperate deciduous forests. In: REICHLE, D. E. (ed.) Analysis of Temperate Forest Ecosystems. Ecological Studies 1: 199–225. Springer, Berlin.

EBERLE, G., 1958: Die Pimpernuss (*Staphylea pinnata*) und die Flora des Ebersteins. Jb. Nass. Ver. Nat. 94: 13–19.

EGLI, S., 1980: Vertikale Verteilung der Mykorrhiza in Eichenbeständen. Zusammenhang mit der Bewurzelung und einzelnen edaphischen Merkmalen. Diplomarb. ETH Zürich.

EGLI, S., 1981: Die Mykorrhiza und ihre vertikale Verteilung in Eichenbeständen. Schweiz. Zeitschr. Forstw. 132, 5: 345–352.

EHRENDORFER, F., 1983: Geobotanik. In: STRASBURGER – Lehrbuch der Botanik. 32. Aufl.: 916–1040. G. Fischer, Stuttgart, New York.

EHWALD, E., HAUSDÖRFER, H. D., KUNDLER, P., VETTERLEIN, E., 1955: Standortkundliche Untersuchungen an diluvialen Sandböden in der Lehroberförsterei Finowtal. Archiv f. Forstw. 4: 481–500.

EICHHORN, J., 1992: Wurzeluntersuchungen an sturmgeworfenen Bäumen in Hessen. Forst Holz 47, 18: 1555–1559.

EICHHORN, J., GÜRTNER, E., HÜTTERMANN, A., 1988: Wurzelspitzenhäufigkeit von Feinwurzeln als Funktionsparameter der Schädigung von Altfichten. Allg. Forst- u. Jagdztg. 159: 37–42.

EIDMANN, F. E., 1943: Untersuchungen über die Wurzelatmung und Transpiration unserer Hauptholzarten. Schriftr. Akad. Dt. Forstw. 5.

EIDMANN, F. E., SCHWENKE, H. J., 1967: Beiträge zur Stoffproduktion, Transpiration und Wurzelatmung einiger wichtiger Baumarten. Forstw. Forschung 23: 1–46.

ELLENBERG, H., 1939: Über Zusammensetzung, Standort und Stoffproduktion bodenfeuchter Eichen- und Buchen-Mischwaldgesellschaften Nordwestdeutschlands. Mitt. Florist.-Soziolog. Arbeitsgem. 5: 1–135.

ENGLER, A., 1901: Über die Verbreitung, Standortsansprüche und Geschichte der *Castanea vesca* GAERTN. mit besonderer Berücksichtigung der Schweiz. Ber. Schw. Bot. Ges. 11: 23–63.

ENGLER, A., 1903: Untersuchungen über das Wurzelwachstum der Holzarten. Mitt. Eidgenöss. Forschungsanst. Wald Schnee Landschaft 7: 24–317.

ENGLER, A., 1905: Der Einfluss der Provenienzen des Samens auf die Eigenschaften der forstlichen Holzgewächse Mitt. Schweiz. Centr. Anst. forstl. Versuchsw. 8: 81–236.

ERICSSON, T., 1990: Dry matter partitioning at steady state nutrition. In: PERSSON, H. (ed.) Above- and Below-Ground Interactions in Forest Trees in Acidified Soils. CEC Air Pollution Research Report 32: 236–243.

ERICSSON, T., KÄHR, M., 1993: Growth and nutrition of birch seedlings in relation to potassium supply rate. Trees 7: 78–85.

ERTELD, W., 1942: Die Birkenwurzel auf armen Sandböden. Mit vergleichsweisen Beobachtungen an der Kieferwurzel. Zeitschr. Forst- u. Jagdw. 74, 6: 193–215.

ETH Zürich, Professur für Waldbau und Professur für Forstschutz & Dendrologie, 1995: Mitteleuropäische Waldbaumarten. Artbeschreibung und Ökologie unter besonderer Berücksichtigung der Schweiz. Zürich.

FABRICIUS, L., 1927: Stocküberwallungen. Forstw. Centralbl. 49: 19–26.

FARRELL, E. P., LEAF, A. L., 1974: Effects of fertilization and irrigation on root numbers in a red pine plantation. Can. J. For. Res. 4: 366–371.

FINÉR, L., 1992: Biomass and nutrient dynamics of Scots pine on a drained ombrotrophic bog. Fin. For. Res. Inst. Res. Pa. 420: 1–122.

FINK, J., 1969: Nomenklatur und Systematik der Bodentypen Österreichs. Österr. Bodenkundl. Ges. Heft 13. Univ. f. Bodenkultur, Wien.

FISCHER, P., 1958: Aus Deutschlands größtem Schwarzkiefernvorkommen. Allg. Forstztg. 13: 526–527.

FISCHER, F., BAZZIGHER, G., KOBERT, H., 1960: Künstlich hergestellte Wurzelverwachsungen. Mitt. Eidgenöss. Forschungsanst. Wald Schnee Landschaft 36: 15–32.

FLAIG, W., 1951: Was weiß die Chemie über Humus? Landbau-Forschung Völkenrode Heft 1: 5–9.

FLURY, F., 1919: Über Wurzelverwachsungen. Schweiz. Zeitschr. Forstw. 3, 4: 37–41.

FOGEL, R., HUNT, G., 1983: Contribution of mycorrhizae and soil fungi to nutrient cycling in a Douglas-fir ecosystem. Can. Journ. For. Res. 13: 219–232.

FORD, E. D., DEANS, J. D., 1977: Growth of a Sitka spruce plantation: Spatial distribution and seasonal fluctuations of length, weights, and carbohydrate concentrations of fine roots. Plant and Soil 47: 463–485.

FOX, F. L., WEAVER, J. E., LIPPS, R. C., 1953: Influence of certain soil-profile characteristics upon the distribution of roots of grasses. Agronomy Journal 45, 12: 583–589.

FRANKENA, H. J., GOEDEWAAGEN, M. A. J., 1942: Een vakkenproef over de invloed van verschillende waterstanden op de grasgroei bij drie grondsoorten. Versl. Landbouwk. Onderz. 48A: 407–462.

FRANZ, W. R., 1999: Naturwaldreste und naturnahe Waldbestände in Kärnten. In: MILDNER, P., ZWANDER, H. (eds.) Kärntner Natur: 301–312. Naturwiss. Verein f. Kärnten, Klagenfurt.

FRANZ, W. R., 2002: Die Hopfenbuche (*Ostrya carpinifolia* Scop.) in Österreich und Nordslowenien (Morphologie, Anatomie, Verbreitung, Standort und Soziologie). Carinthia II, 58. SH. Naturwiss. Verein f. Kärnten, Klagenfurt.

FUJIMAKI, R., TATENO, R., HIROBE, M., TAKEDA, H., 2001: Fine root biomass in relation to soil N supply in a cool temperate forest: a comparison between mull and moder forest floor types. In: Proceedings of the 6th Symposium of the International Society of Root Research 2001. Root Research (Ne-no-Kenkyu) 10/1: 496–497. Jap. Soc. for Root Research (JSRR), Nagoya, Japan.

FUNKHAUSER, F., 1925: Juglandaceae. In: KIRCHNER O., LOEW, E., SCHRÖTER, C. (eds.) Lebensgeschichte der Blütenpflanzen Mitteleuropas 2, 1: 253–291.

GAEL, A. G., WORONKOW, N. A., 1965: Wurzelsysteme von *Pinus sylvestris* auf Sandböden in Kazachstan und Don (in Russisch). Botanitscheskij Journ. 4, 50: 503–515.

GAILINGER, G., 1909: Die Grignagruppe am Comersee. Beih. Bot. Zentralbl. 24, 2: 119–420.

GALE, M. R., GRIGAL, D. F., 1987: Vertical root distribution of northern tree species in relation to successional status. Can. Journ. for. Res. 17: 829–834.

GANSSEN, R. H., 1934: Untersuchungen an Buchenstandorten in Nord- und Mitteldeutschland. Zeitschr. Forst. u. Jagdw. 66: 225–249, 359–394, 472–494.

GAYER, K., 1898: Der Waldbau. 4. Aufl. P. Parey, Berlin, XVI.

GEIGER, R., 1961: Das Klima der bodennahen Luftschicht. 4. Aufl. Vieweg, Braunschweig.

GILL, W. R., MILLER, R. D., 1956: A method for study of the influence of mechanical impedance and aeration on the growth of seedling roots. Soil Sci. Soc. Am. Journ. 20: 154–157.

GLATZEL, G., 1983: Root distribution and soil water depletion in an Oak-Hornbeam stand (*Quercus petraea, Q. robur, Carpinus betulus*) and a Spruce thicket (*Picea abies*). In: BÖHM, W., KUTSCHERA, L., LICHTENEGGER, E. (eds.) Wurzelökologie und ihre Nutzanwendung: 577–584. BVA Gumpenstein, Irdning.

GLATZEL, K., 1961: Wurzelausbildung der wichtigsten Wirtschaftsholzarten auf sandig-tonigen Keuperböden. Allg. Forstztg. Waldwirtsch. Umweltvorsorge 8, 9: 140–144, 167–170.

GLAVAC, V., 1972: Über Höhenwuchsleistung und Wachstumsoptimum der Schwarzerle auf verschiedenen Standorten in Nord-, Mittel- und Südeuropa. Schriftenr. Forstfak. Univ. Göttingen 45.

GLIEMEROTH, G., 1953: Bearbeitung und Düngung des Unterbodens in ihrer Wirkung auf Wurzelentwicklung, Stoffaufnahme und Pflanzenleistung. Zeitschr. f. Acker- u. Pflanzenbau 96: 1–44.

GODEWAAGEN, M. A. J., 1933: Das Wurzelsystem der Getreidepflanzen bei ungleicher Verteilung der Nährstoffe im Boden. Die Phosphorsäure 3: 688–711.

GOEBEL, K., 1928–33: Organographie der Pflanzen. 3 Bde., 3. Aufl. G. Fischer, Jena.

GOEPPERT, H. R., 1842: Beobachtungen über das sogenannte Überwallen der Tannenstöcke für Botaniker und Forstmänner. Henry u. Cohen, Bonn.

GOODFELLOW, M., MORDARSKI, M., WILLIAMS, S. T. (eds.) 1984: The biology of Actinomycetes. London.

GÖHRE, K., 1958: Die Douglasie und ihr Holz. Akademie-Verlag, Berlin.

GÖPFERT, F., 1958: Die Waldstandorte der südlichen fränkischen Platte, Stand 1956. Unveröffentlicht, zit. KÖSTLER et al. (1968).

GÖRBING, J., 1931: Sommerweizen und seine Wurzelentwicklung in ihrer Beziehung zum Kalkzustand und zur Ernährung. Fortschritte der Landwirtschaft 6: 402–406.

GÖRBING, J., HESSBERG, 1932: „Der Einfluss des Kalis auf die Wurzelentwicklung von Sommergerste". Ernährung der Pflanze. XXVIII: 81–86.

GÖTTSCHE, D., 1972: Verteilung von Feinwurzeln und Mykorrhizen im Bodenprofil eines Buchen- und Fichtenbestandes in Solingen. Landw. Diss. Serien-Nr. 88, Hamburg. Verl. Wiedebusch in Komm., Reinbek bei Hamburg.

GRAHAM, B. F., BORMANN, F. H., 1966: Natural root grafts. Bot. Rev. 32: 255–292.

GRASER, H., 1928: Die Bewirtschaftung des erzgebirgischen Fichtenwaldes. Bd. 1: 1–98, Anl. 1–6+7, Dresden.

GRASER, H., 1935: Die Bewirtschaftung des erzgebirgischen Fichtenwaldes. Bd. 2: 1–187, Anl. 12–15, Dresden.

GREYERZ, E. VON, 1844: Über das sogenannte Überwallen der Weisstannenstöcke. Mitt. Naturforschg.-Ges. Bern 35: 177–181.

GROSSKOPF, W., 1950: Bestimmung der charakteristischen Feinwurzel-Intensitäten in ungünstigen Waldbodenprofilen und ihre ökologische Auswertung. Mitt. Bundesforschungsanst. Forst- Holzwirtschaft, 11. Gruppe Forstökologie und Bodenkunde.

GROTH, O., 1927: Die Wurzelausbildung der Douglasie und ihr Einfluss auf die Sturm- und Schneefestigkeit dieser Holzart. Allg. Forst- u. Jagdztg. 103: 186–205, 217–231, 268–285.

GRÖBER, H., ERK, S., GRIGULI, U., 1963: Die Grundgesetze der Wärmeübertragung. Springer, Berlin, Göttingen, Heidelberg.

GRUNERT, F., 1964: Der biologische Stoffkreislauf in Kiefern-Buchen-Mischbeständen und Kiefernbeständen. Albr.-Thaer-Archiv. 8: 435–452.

GUTSCHICK, V., 1950: Floristische Standortskunde als Grundlage für den praktischen Waldbau. Schaper, Hannover.

HACKER, E., 1995: Die mitteleuropäischen Erlen und ihre Anwendung in der Ingenieurbiologie. Beitrag zur Gehölzkunde: 41–50.

HALE, M. G., MOORE, L. D., 1979: Factors affecting root exudation. Adv. Agron 31: 93–124.

HANSTEEN, B., 1910: Über das Verhalten der Kulturpflanzen zu den Bodensalzen. I–II. Jahrb. wiss. Bot. 47: 289–376.

HARTIG, R., 1891: Lehrbuch der Anatomie und Physiologie der Pflanzen unter besonderer Berücksichtigung der Forstgewächse. Springer, Berlin, VIII.

HARTIG, T., 1877: Luft-, Boden- und Pflanzenkunde in ihrer Anwendung auf Forstwirtschaft und Gartenbau. Separatausgabe des 1. Bandes vom Lehrbuch der Förster, 11. Aufl., Stuttgart.

HARTL, H., KNIELY, G., LEUTE, G.H., NIKLFELD, H., PERKO, M., 1992: Verbreitungsatlas der Farn- und Blütenpflanzen Kärntens. Naturwiss. Verein f. Kärnten, Klagenfurt.

HARTMANN, F., 1951: Der Waldboden. Humus-, Boden- und Wurzeltypen als Standortsanzeiger. C. Ueberreuter Verl., Wien.

HAUSDÖRFER, H. D., 1957: Die Durchwurzelung unter Kiefer auf zwei Standorten des Choriner Sandes. Archiv f. Forstw. 6: 811–872.

HÄCKEL, H., 1990: Meteorologie. UTB, Ulmer, Stuttgart.

HEGI, G., 1975: Illustrierte Flora von Mitteleuropa V/1. P. Parey, Berlin, Hamburg.

HEIKINHEIMO, O., 1927: Über die Sturmschäden in dem Lärchenwalde bei Raivala am 23. September 1924. Communicationes ex Instituto Quaestionum Forestalium Finlandiae 12: 43–52.

HEINRICH, F., 1952: Besprechung zu: GROSSKOPF, W., 1950: Bestimmung der charakteristischen Feinwurzelintensitäten in ungünstigen Waldbodenprofilen und ihre ökologische Auswertung. Forstarchiv 23: 21–22.

HELLRIEGEL, H., 1883: Beitrag zu den naturw. Grundlagen des Ackerbaues mit besonderer Berücksichtigung der agrikulturchemischen Methode der Sandkultur. X. Vieweg & Sohn, Braunschweig.

HENGST, E., 1958: Wurzelstockuntersuchungen an der Douglasie. Archiv f. Forstw. 7: 338–351.

HESS, R., 1895: Eigenschaften und Verhalten der wichtigsten in Deutschland einheimischen und eingeführten Holzarten. Berlin. XVI.

HESSELMANN, H., 1910: Über den Sauerstoffgehalt des Bodenwassers und dessen Einwirkung auf die Versumpfung des Bodens und das Wachstum des Waldes (in Schwedisch). Meddelanden fran Statens Skogsförsökanstalt 7: 91–125.

HILF, H. H., 1927: Studien über die Wurzelausbreitung von Fichte, Buche und Kiefer, in geschlossenen älteren Beständen, insbesondere auf Sandböden. Diss. Hannover.

HILITZER, H., 1932: Über den Einfluß der Humusstoffe auf das Wurzelwachstum. B. B. C. 49: 467–495.

HILLER, H., 1985: Zur Ausbildung des Wurzelwerkes von Strauchweiden und ihr Beitrag zur Böschungssicherung. In: PFLUG, W. (ed.) Wurzelwerk und Standsicherheit von Böschungen und Hängen. Ges. f. Ingenieurbiologie, Jahrb. 2: 93–107. Aachen.

HILTNER, L., 1904: Über neue Erfahrungen und Probleme auf dem Gebiet der Bodenbakteriologie unter besonderer Berücksichtigung der Gründüngung und Brache. Arb. Deutsch. Landwirtsch. Ges. 98: 59–79.

HISHI, T., SASAKI, M., TAKEDA, H., 2001: Application of a thin section method for the estimation of fine root biomass in the soil organic layer of a Japanese cypress forest. In: Proceedings of the 6th Symposium of the International Society of Root Research 2001. Root Research (Ne-no-Kenkyu) 10/1: 500–501. Jap. Soc. for Root Research (JSRR), Nagoya, Japan.

HOCHTANNER, G., SEITSCHEK, O., 1964: Wuchsleistungen von Kiefernbeständen auf Meliorierungsflächen nach dem Bodenwöhrer-Verfahren. Forstw. Centralbl. 83: 1–23.

HOFFMANN, E., 1959: Der Ahorn. Wald-, Park- und Straßenbaum. Deutsch. Landw. Verl., Berlin.

HOFFMANN, G., 1966: Verlauf der Tiefendurchwurzelung und Feinwurzelbildung bei einigen Baumarten. Archiv f. Forstwesen 15: 825–856.

HOFFMANN, G., 1974: Beendigung des Wurzelwachstums in der Vegetationsperiode und Zuwachs von Wurzeln im Winter. Beitr. Forstwirtsch. 3: 38–41.

HOFFMANN, R., 1939: Vergleichende Untersuchungen über die Wurzeltracht forstlicher Keimpflanzen. Diss. Univ. Gießen.

HOFMANN, H., 1989: Die Verbreitung der Wildbirne (*Pyrus communis* L.) in Süd-Niedersachsen und Nord-Hessen und ihre Abgrenzung von verwilderten Kulturbirnen (*Pyrus domestica* MED.). Diplomarbeit, Univ. Göttingen.

HOFMANN, W., 1960: Beobachtungen über die Windwurfgefährdung der Rotbuche auf der Fränkischen Platte. Forstw. Centralbl. 79: 202–206.

HOLMSGAARD, E., SCHARFF, O., 1964: Living stumps in Norway spruce stands (in Dänisch). Det forst. Forsogsv. i Danmark 28: 97–150.

HUCK, M. G., 1972: Impairment of sucrose utilization for cell wall formation in the roots of aluminium-damaged cotton seedlings. Plant & Cell Physiolog. 13: 7–14.

HUMPHRIES, C. J., PRESS, J. R., SUTTON, D. A., 1982: Der Kosmos-Baumführer. Kosmos, Stuttgart.

HÜTTERMANN, A., BECKER, A., GEHRMANN, J., TISCHNER, R., 1983: Einfluß von Schadstoffen und Kalkdüngung auf die Morphologie der Wurzeln von *Fagus sylvatica*. In: BÖHM, W., KUTSCHERA, L., LICHTENEGGER E. (eds.) Wurzelökologie und ihre Nutzanwendung: 637–653. BVA Gumpenstein, Irdning.

IJJASZ, E., 1939: Grundwasser und Baumvegetation unter besonderer Berücksichtigung der Verhältnisse in der Ungarischen Tiefebene. Erdeszeti Kiserletek 41: 1–107.

JACKSON, M. B., 1989: Regulation of aerenchyma formation in roots and shoots by oxygen and ethylene. In: OSBORNE, D. J., JACKSON, M. B. (eds.) Cell separation in plants: 263–274. Springer, Berlin.

JACOBY, H., 1968: Wurzelwachstum, Wurzelausbildung und Nährstoffversorgung von Buchenkulturen auf Standorten mit verschiedenen Bodenarten im rheinischen Braunkohlenrevier. Diss. Forstl. Fak. Univ. Göttingen, Hannoversch Münden.

JAHN, G., 1954: Standörtliche Grundlagen für den Anbau der grünen Douglasie unter besonderer Berücksichtigung des nord-ostdeutschen Mittelgebirges. Mitt. d. Niedersächs. Forstl. Versuchsanst. 11.

JAHN, S., 1952: Über die „Bindung" bestimmter Unkräuter an die Wintergetreidearten. Mitt. Flor.-Soz. Arbeitsgem. Stolzenau/Weser, N. F. 3: 113–122.

JALAS, J., SUOMINEN, J., 1976: Atlas Flora Europaea, Helsinki.

JARVIS, P. G., 1964: The adaptability to light intensity of seedlings of *Quercus petraea* (Matt) Liebl. J. Ecol. 52: 545–571.

JENIK, J., 1957: Das Wurzelsystem von Stiel- und Traubeneiche (in Tschechisch). Rozpravy Ceskoslov. Akademie Ved. 67: 1–85.

JOACHIM, H. F., 1953: Untersuchungen über die Wurzelausbildung der Pappel und die Standortansprüche von Pappelsorten. Deutsche Akad. d. Landwirtschaftswiss. Abhdlg. 7. Berlin.

Johannsen, R., 1998: Beobachtungen zur Wurzelentwicklung von Schwarzerlen bei Ufersicherungen. In: Hacker, E., Pflug, W. (eds.) Die mitteleuropäischen Erlen. Ges. f. Ingenieurbiologie, Jahrb. 7: 219–233. Aachen.

Johansson, N., 1927: Einige Versuche über die Einwirkung verschiedener Belichtung auf die vegetative Entwicklung von *Raphanus sativus*. Flora N. F. 21: 222–235.

Junovidov, A. P., 1952: Intraspecific relationships in the forest. Lesn. Hoz. 8, 47: 11–13.

Jüttner, O., 1954: 70 Jahre Heideaufforstung. Verl. Dorn, Bremen, Horn.

Kalela, E. K., 1937: Untersuchungen über die Entwicklung der Fichten-Weißerlen-Mischbestände in Ostfinnland. Acta Forest. Fenn. 44: 1–179.

Kalela, E. K., 1950: The horizontal roots in pine and spruce stands. Acta Forest. Fenn. 57: 62–68.

Kalela, E. K., 1954: The root relation of Pine seed trees and the young stand. Acta. Forest. Fenn. 61, 28: 17.

Kalela, E. K., 1955: Über die Veränderung in den Wurzelverhältnissen der Kiefernbestände im Laufe der Vegetationsperiode. Acta Forest. Fenn. 65, 1: 1–42.

Kalhoff, M., Bornkamm, R., 1992: Distribution and development of fine roots in a pine oak forest ecosystem close to conurbation. In: Kutschera, L., Hübl, E., Lichtenegger, E., Persson, H., Sobotik, M. (eds.) Root Ecology and its Practical Application 2: 501–504. Verein für Wurzelforschung, Klagenfurt.

Kalinin, M. I., 1978: Die Modellierung der Waldbestände (in Russisch). Wistscha Schkola, Lwow.

Kalinin, M. I., 1983: Ausbildung der Wurzelsysteme von Bäumen (in Russisch). Lesnaja Promyschlennost, Moskau.

Kárász, I., 1984: The structure of the root system of *Acer campestre* L. of Quercetum petraeae-cerris Association at Síkfökút (in Ungarisch). Bot. Közlem. 71, kötet 1–2: 79–100.

Kárász, I., 1992: Root-shoot ratios of shrubs in an oak forest. In: Kutschera, L., Hübl, E., Lichtenegger, E., Persson, H., Sobotik, M. (eds.) Root Ecology and its Practical Application 2: 273–276. Verein für Wurzelforschung, Klagenfurt.

Kárász, I., 1996: The root system of *Juniperus communis* L. in a sandy soil in Central Hungary. In: Persson, H., Baitulin, I. O. (eds.) Plant root systems and natural vegetation. Acta Phytogeogr. Suec. 81: 32–34.

Karimov, K., 1992: Ecology of root system of the plants in Western Pamiro-Alay. In: Kutschera, L., Hübl, E., Lichtenegger, E., Persson, H., Sobotik, M. (eds.) Root Ecology and its Practical Application 2: 641–643. Verein für Wurzelforschung, Klagenfurt.

Katschinski, N., 1925: Wurzelsystem der Pflanzen in Böden des Podsoltyps (in Russisch). Arb. Landw. Vers. Stat. Moskau. Zit. Köstler et al. (1968).

Kausch, W., 1955: Saugkraft und Wassernachleitung im Boden als physiologische Faktoren. Planta 45: 217–263.

Kausch, W., 1959: Der Einfluß von edaphischen und klimatischen Faktoren auf die Ausbildung der Wurzeln der Pflanzen unter besonderer Berücksichtigung einiger algerischer Wüstenpflanzen. Habilitationsschrift, Darmstadt.

Kausch, W., Ehrig, H., 1959: Beziehungen zwischen Transpiration und Wurzelwerk. Planta 53: 434–448.

Kausch-Blecken von Schmeling, W., 1980: Die Elsbeere (*Sorbus torminalis* Crantz). Verbreitung und Nachzucht. Wiss. Mitt. Niedersächs. Landesforstverw. 33: 5–183.

Kawase, M., 1974: Role of ethylene in induction of flooding damage in sunflower. Physiolog. Plant. 31: 29–38.

Keller, B., 1925: Die Vegetation auf den Salzböden der russischen Halbwüsten und Wüsten. Zeitschr. f. Bot. 18: 113–137.

Kelly, O. J., Hardman, J. A., Jennings, D. S., 1947: A soil-sampling machine for obtaining two-three- and four-inch diameter cores of undisturbed soil to a depth of six feet. Proc. Soil Sci. Soc. Am. 12: 85–87.

Keresztesi, B., 1968: Morphological characteristic of the *Robinia* root system on different sites of the Great Hungarian Plain. In: Ghilarov, M. S, Kovda, V. A., Novichkova-Ivanova, L. N., Rodin, L. E., Sveshnikova, V. M. (eds.) Methods of productivity studies in root systems and rhizosphere organisms: 86–96. Int. Symp. Acad. of Sciences USSR. Nauka, Leningrad.

Kern, K. G., Moll, W., Braun, H. J., 1961: Wurzeluntersuchungen in Rein- und Mischbeständen des Hochschwarzwaldes. Allg. Forst- u. Jagdztg. 132: 241–260.

Klebs, G., 1903: Willkürliche Entwicklungsänderungen bei Pflanzen. G. Fischer, Jena.

Klein, L., 1913: Forstbotanik. In: Wagner, C. (ed.) Handbuch Forstwiss. Bd. 1, Lauppsche Buchhdlg., Tübingen.

Knapp, H. D., Hacker, E., 1998: Ökogeographisches Verhalten der mitteleuropäischen Erlenarten und ihre Einsatzmöglichkeiten in der Ingenieurbiologie. In: Hacker, E., Pflug, W. (eds.) Die mitteleuropäischen Erlen. Ges. f. Ingenieurbiologie, Jahrb. 7: 23–44. Aachen.

Knapp, R., 1965: Die Vegetation von Nord- und Mittelamerika und der Hawaii-Inseln. G. Fischer, Stuttgart.

Knapp, R., 1967: Experimentelle Soziologie und gegenseitige Beeinflussung der Pflanzen (inkl. Allelopathie). 2. Aufl. Ulmer, Stuttgart.

Kocourek, R., 1992: Seasonal changes in fine root mass in *Picea abies* forest stand. In: Kutschera, L., Hübl, E., Lichtenegger, E., Persson, H., Sobotik, M. (eds.) Root Ecology and its Practical Application 2: 483–486. Verein für Wurzelforschung, Klagenfurt.

Kocourek, R., Bystrican, A., 1989: Fine root and mycorrhizal biomass in Norway spruce forest stands under different pollution stress. Agric. Ecosyst. Environm. 28: 235–242.

Kokkonen, P., 1923: Beobachtungen über das Wurzelsystem der Kiefer auf Moorböden. Acta Forest. Fenn. 25: 1–21.

Korotajew, A. A., 1988: Growth and development of root systems in *Quercus robur* L. (in Russisch). Plantations. Lesowiedenije 3: 38–47.

Kowalkowski, A., Czarnota, K., 1962: Vertikale Verteilung der Feinwurzeln von Eichen, Buchen, Fichten und Kiefern in feuchten Böden (in Polnisch). Roczniki Gleboznawcze 12: 237–255.

Kowalkowski, A., Hoffmann, M., Fecko, D., 1973: Wurzelwachstum von Kirschbäumen auf podsoligen Böden (in Polnisch). Roczniki Gleboznawcze 24: 290–315.

KOZLOWSKI, T. T., 1971: Growth and Development of Trees. II. Cambial Growth, and Reproductive Growth. Academic Press, New York.

KÖHNLEIN, J., VETTER, H., 1953: Ernterückstände und Wurzelbild. P. Parey, Hamburg, Berlin.

KÖSTLER, J. N., 1956: Waldbauliche Beobachtungen an Wurzelstöcken sturmgeworfener Nadelbäume. Forstw. Centralbl. 75: 65–91.

KÖSTLER, J. N., 1962: Untersuchungen zur Wurzelbildung. Allg. Forst- u. Jagdztg. 28: 413–417.

KÖSTLER u. SOMMER, 1962: Versuche zur Frage der Bodensanierung im Forstamt Waldsassen. Forstw. Centralbl. 81: 257– 268.

KÖSTLER, J. N., BRÜCKNER, E., BIBELRIETHER, H., 1968: Die Wurzeln der Waldbäume. P. Parey, Hamburg, Berlin.

KRAHL-URBAN, J., 1959: Die Eiche. Forstliche Monographie der Traubeneiche und der Stieleiche. P. Parey, Hamburg, Berlin.

KRAMER, P. J., 1983: Water relations of plants. Academic Press, New York.

KRAMER, H., STREHLKE, B., 1955: Zum Aufbau der korsischen Kiefer. Forst- und Holzw. 10, 21: 440–442.

KRASILNIKOV, P. K., 1968: On the classification of the root system of trees and shrubs. In: GHILAROV, M. S., KOVDA, V. A., NOVICHKOVA-IVANOVA, L. N., RODIN, L. E., SVESHNIKOVA, V. M. (eds.) Methods of productivity studies in root systems and rhizosphere organisms: 106–114. Nauka, Leningrad.

KRAUS, C., 1895: Untersuchungen über die Bewurzelung der Kulturpflanzen in physiologischer und kultureller Beziehung. W. Agrikulturphysik 18: 113–166.

KRAUS, C., 1914: Zur Kenntnis der Verbreitung der Wurzeln in Beständen von Rein- und Mischsaaten. Fühlings Landw. Ztg. 10: 337–412.

KRAUSS, G., 1926: Standortbedingungen der Durchforstungsversuche im Sachsenrieder Forst. Mitt. Staatsforstversuchsw. Bayerns: 95–127.

KRAUSS, G., 1928: Die sog. Bodenerkrankungen. Jahresber. Deutsch. Forstv.: 329–353.

KRAUSS, G., WOBST, W., GÄRTNER, G., 1934: Humusauflage und Bodendurchwurzelung im Eibenstocker Granitgebiet. Tharandter Forstl. Jahrb. 85: 290–370.

KRAUSS, G., MÜLLER, K., GÄRTNER, G., HÄRTEL, F., SCHANZ, H., BLANCKMEISTER, H., 1939: Standortsgemäße Durchführung der Abkehr von der Fichtenwirtschaft im nordwestsächsischen Niederland. Tharandter Forstl. Jahrb. 90: 481– 715.

KREUTZER, K., 1961: Wurzelbildung junger Waldbäume auf Pseudogleyböden. Forstw. Centralbl. 80, 11/12: 356–392.

KREUTZER, K., 1968: The Root system of the red alder (*Alnus glutinosa* GÄRTN.) In: GHILAROV, M. S., KOVDA, V. A., NOVICHKOVA-IVANOVA, L. N., RODIN, L. E., SVESHNIKOVA, V. M. (eds.) Methods of productivity studies in root systems and rhizosphere organisms: 114–119. Nauka, Leningrad.

KRUEDENER, A. VON, 1951: Der unterirdische Wald. Allg. Forst- u. Jagdztg. 122: 226–233.

KURZ, P., MACHATSCHEK, M., IGLHAUSER, B., 2001: Hecken – Geschichte und Ökologie, Anlage, Erhaltung & Nutzung. L. Stocker, Graz, Stuttgart.

KUTSCHERA, L., 1960: Wurzelatlas mitteleuropäischer Ackerunkräuter und Kulturpflanzen. DLG, Frankfurt am Main.

KUTSCHERA, L., 1966: Ackergesellschaften Kärntens als Grundlage standortgemäßer Acker- und Grünlandwirtschaft. BVA Gumpenstein, Irdning.

KUTSCHERA, L., 1971: Über das geotrope Wachstum der Wurzel. Beitr. Biol. Pflanzen 47: 371–436.

KUTSCHERA, L., 1972: Erklärung des geotropen Wachstums aus Standort und Bau der Pflanzen. Land- und forstw. Forsch. in Österreich 5: 35–89.

KUTSCHERA, L., 1984: Untersuchungen der Wurzeln und der unterirdischen Teile von Spross-Systemen. In: KNAPP, R. (ed.) Sampling methods and taxon analysis in vegetation science. Handbook of vegetation science 4: 129–160. Dr. W. Junk Publishers, The Hague, Boston, Lancaster.

KUTSCHERA, L., 1986: Die heutige Verteilung von Wald und Grasland – ihre Ursachen und ihre Bedeutung für den Umweltschutz. In: Sauteria – Schriftenreihe für systematische Botanik, Floristik und Geobotanik. Bd. 1, Tagungsbeitr. 3. österr. Botanikertreffen in Salzburg (1985), Abakus: 27–43.

KUTSCHERA, L., 1990: Morphological changes of roots in declining forests. In: Above and below-ground interactions in forest trees in acidified soils. Air Pollution Research Report 32: 17–29. Uppsala.

KUTSCHERA, L., BARMICHEVA, K. M., SOBOTIK, M., 1998: The importance of root-cap mucilage for plant and soil. In: BOX, J. E. (ed.) Root demographics and their efficiencies in sustainable agriculture, grasslands and forest ecosystems. Developments in Plant and Soil Sciences Vol. 82: 673–683. Kluwer Academic Publishers, Dordrecht, Boston.

KUTSCHERA, L., LICHTENEGGER, E., 1982: Wurzelatlas mitteleuropäischer Grünlandpflanzen. Bd. 1: Monocotyledoneae. G. Fischer, Stuttgart, New York.

KUTSCHERA, L., LICHTENEGGER, E., 1986: Wurzeltypen von Klimaräumen in Argentinien. Veröff. Geobot. Inst. Rübel 91: 228–250. ETH Zürich.

KUTSCHERA, L., LICHTENEGGER, E., 1992: Wurzelatlas mitteleuropäischer Grünlandpflanzen. Bd. 2: Pteridophyta und Dicotyledoneae (Magnoliopsida). Teil 1: Morphologie, Anatomie, Ökologie, Verbreitung, Soziologie, Wirtschaft. G. Fischer, Stuttgart, Jena, New York.

KUTSCHERA, L., LICHTENEGGER, E., 1997: Bewurzelung von Pflanzen in verschiedenen Lebensräumen. Stapfia 49, OÖ. Landesmuseum, Linz.

KUTSCHERA, L., LICHTENEGGER, E., SOBOTIK, M., 1982: Vegetationswandel unter Schadgasbelastung auf Grün- und Ackerland. In: HALBWACHS, G. (ed.) Das immissionsökologische Projekt Arnoldstein, Carinthia II: 121–168. Naturwiss. Verein f. Kärnten, Klagenfurt.

KUTSCHERA, L., LICHTENEGGER, E., SOBOTIK, M., HAAS, D., 1997: Die Wurzel das neue Organ. Ihre Bedeutung für das Leben von *Welwitschia mirabilis* und anderer Arten der Namib sowie von Arten angrenzender Gebiete. Eigenverlag: Pflanzensoziologisches Institut, Klagenfurt.

KUTSCHERA, L., LICHTENEGGER, E., SOBOTIK, M., HAAS, D., 1998: Die Wurzelbilder der drei mitteleuropäischen Erlenarten. In: HACKER, E., PFLUG, W. (eds.) Die mitteleuropäischen Erlen. Ges. f. Ingenieurbiologie, Jahrb. 7: 45–64. Aachen.

Kutschera, L., Sobotik, M., 1992: Wurzelatlas mitteleuropäischer Grünlandpflanzen. Bd. 2: Pteridophyta und Dicotyledoneae (Magnoliopsida), Teil 2: Anatomie. G. Fischer, Stuttgart, Jena, New York.

Kutzelnigg, H., 1995: Maloideae. In: Hegi – Illustrierte Flora von Mitteleuropa, Bd. IV/2B: 250–385. Blackwell Wissenschaft, Berlin, Wien.

Laatsch, W., 1957: Dynamik der mitteleuropäischen Mineralböden. 4. Aufl., Steinkopff, Dresden, Leipzig.

Laatsch, W., 1963: Bodenfruchtbarkeit und Nadelholzbau. BLV, München, Basel, Wien.

Labunskij, J. M., 1951: Einige Besonderheiten des Baues und Wachstums des Wurzelsystems der Eiche (in Russisch). Agrobiologia. Zit. Köstler et al. (1968).

Ladefoged, K., 1939: Untersuchungen über die Periodizität im Ausbruch und Längenwachstum der Wurzeln bei einigen unserer gewöhnlichsten Waldbäume. Høst, Kopenhagen.

Laitakari, E., 1929: The root system of Pine *(Pinus sylvestris)*. A morphological investigation (in Finnisch). Acta Forest. Fenn. 33: 1–380.

Laitakari, E., 1935: The root system of birch (in Finnisch). Acta Forest. Fenn. 41, 2: 1–217.

Langlois, C. G., Godbout, L., Fortin, J. A., 1983: Seasonal variation of growth and development of the roots of five second year conifer species in the nursery. Plant and Soil 71: 55–62.

Leibundgut, H., 1951: Der Wald. 3. Aufl., Zürich.

Leibundgut, H., 1956: Beitrag zur Rassenfrage bei der Esche. Schweiz. Zeitschr. f. Forstw. 107: 165–174.

Leibundgut, H., Dafis, S., Richard, F., 1963: Untersuchungen über das Wurzelwachstum verschiedener Baumarten. Schweiz. Zeitschr. f. Forstw. 114: 621–646.

Lemke, K., 1956: Untersuchungen über das Wurzelsystem der Roteiche auf diluvialen Standortsformen. Archiv f. Forstw. 5: 8–45, 161–203.

Lepsova, A., Obornik, M., 1992: Fine root distribution in norway forest stands (*Picea abies*/L./Karst.) in Sumava Mts. with regard to liming. In: Kutschera, L., Hübl, E., Lichtenegger, E., Persson, H., Sobotik, M. (eds.) Root Ecology and its Practical Application 2: 529–533. Verein für Wurzelforschung, Klagenfurt.

Leyst, E., 1890: Über die Bodentemperaturen in Pawlowsk. Reprium Met., 13. St. Petersburg.

Lichtenegger, E., 1976: Wurzelbild und Lebensraum. Beitr. Biol. Pflanzen 52: 31–56.

Lichtenegger, E., 1983: Wurzel- und Bodentyp als Ausdruck des Standortes. In: Böhm, W., Kutschera, L., Lichtenegger, E. (eds.) Wurzelökologie und ihre Nutzanwendung: 369–388. BVA Gumpenstein, Irdning.

Lichtenegger, E., 1985: Die Ausbildung der Wurzelsysteme krautiger Pflanzen und deren Eignung für die Böschungssicherung auf verschiedenen Standorten. In: Pflug, W. (ed.) Wurzelwerk und Standsicherheit von Böschungen und Hängen. Ges. f. Ingenieurbiologie, Jahrb. 2: 63–92. Aachen.

Lichtenegger, E., 1995: Die Bewurzelung von Pflanzen arider Gebiete. Carinthia II, 53: 98–100. Naturwiss. Verein f. Kärnten, Klagenfurt.

Lichtenegger, E., 1996: Root distribution in some alpine plants. In: Persson, H., Baitulin, I. O. (eds.) Plant root systems and natural vegetation. Acta Phytogeogr. Suec. 81: 76–82.

Lichtenegger E., 1997: Bewurzelung von Pflanzen in verschiedenen Klimaräumen aus morphologischer Sicht. Acta Facultatis Rerum Naturalium Universitatis Comenianae. Physiologia Plantarum XXIX: 25–40.

Lichtenegger, E., Kutschera, L., 1993: Standorte und Wuchsformen kennzeichnender Arten des Mittelmeerraumes auf Malta. Festschr. Zoller, Diss. Bot. 196: 135–153. J. Cramer, Berlin, Stuttgart.

Liese, J., 1926: Beiträge zur Kenntnis des Wurzelsystems der Kiefer (*Pinus sylvestris*) nebst anderen Baumarten. Zeitschr. Forst- u. Jagdwesen 58: 129–181.

Linnemann, G., 1959: Beobachtungen über die Mykorrhiza-Typen bei *Pseudotsuga*. Allg. Forstztg. 51: 882–885.

Lippert, W., 1995: *Crataegus*. In: Hegi – Illustrierte Flora von Mitteleuropa. Bd. IV/2B: 426–445. Blackwell Wissenschaft, Berlin, Wien.

Ljubic, F. B., 1954: Interrelation of root systems of individual plants of *Q. robur* and of other wood species in the „nest" method of establishing plantations (in Russisch). Dokl. Akad. Nauk. SSSR 97, 3: 535–538.

Lundegårdh, H., 1954: Klima und Boden in ihrer Wirkung auf das Pflanzenleben. G. Fischer, Jena.

Lyford, H. W., 1980: Development of the root system of northern red oak (*Quercus rubra* L.). Harvard Forest Paper No. 21. Harvard Univ., Massachusetts.

Lyr, H., 1963: Über die Abnahme der Mykorrhiza- und Knöllchenfrequenz mit zunehmender Bodentiefe. In: Intern. Mykorrhiza-Symposion, Weimar 1960. Jena.

Magyar, P., 1929: Szikhaufforstungsversuche auf dem Versuchsfelde zu Püspökladany (in Ungarisch). Erdeszeti Kiserletek 39, 1: 24–62.

Markgraf, F., 1962: Berberidaceae. In: Hegi – Illustrierte Flora von Mitteleuropa IV/I, 2: 1–11. C. Hanser, München.

Mayer, H., 1984: Wälder Europas. G. Fischer, Stuttgart, New York.

Mayer, H., 1992: Waldbau auf soziologisch-ökologischer Grundlage. 4., neu bearb. Aufl. G. Fischer, Stuttgart, Jena, New York.

McGee, C. E., 1963: A nutritional study of slash pine seedlings grown in sand culture. For. Sci. 9: 461–469.

McMinn, R. G., 1963: Characteristics of Douglas-fir root systems. Can. Journ. Bot. 41: 105–122.

McVean, D. N., 1956: Ecology of *Alnus glutinosa* (L.) Gaertn. IV. Root system. Journ. Ecol. 44: 219–225.

Melin, E., 1959: Mykorrhiza. In: Ruhland, W. (ed.) Handbuch der Pflanzenphysiologie XI: 605–638. Springer, Berlin, Göttingen, Heidelberg.

Melzer, E. W., 1962: Die stochastischen Beziehungen zwischen Sproß- und Wurzelsystem des Baumes. Archiv f. Forstw. 11: 822–838.

Melzer, E. W., 1963: Die Zwischenflächendurchwurzelung in Nadelholzbeständen der Oberförsterei Adorf (Vogtland). Wiss. Z. Techn. 12: 1569–1577. Univ. Dresden.

Melzer, E. W., 1964: Bodenaufschluß und Wurzelausbildung der Holzarten auf nicht meliorierten Standorten der Oberförsterei Adorf. Archiv f. Forstw. 13: 473–499.

Mengel, K., 1991: Ernährung und Stoffwechsel der Pflanze. 7. Aufl. G. Fischer, Jena.

Meusel, H., Jäger, E., Weinert, E., 1965: Vergleichende Chorologie der zentraleuropäischen Flora. G. Fischer, Jena.

MEVIUS, W., 1927: Calcium-Ion und Wurzelwachstum. Jahrb. wiss. Bot. 66: 183–253.

MEVIUS, W., 1928: Weitere Beiträge zum Problem des Wurzelwachstums. Jahrb. wiss. Bot. 69: 119–190.

MIEHE, H., 1918: Anatomische Untersuchungen der Pilzsymbiose bei *Casuarina equisetifolia* nebst einigen Bemerkungen über das Mykorrhizenproblem. Flora 111: 431–449.

MITCHEL, A., 1979: Die Wald- und Parkbäume Europas. P. Parey, Hamburg, Berlin.

MOHR, H. D., 1978: Die Durchwurzelung von Böden in Abhängigkeit von wichtigen Bodeneigenschaften. Kali-Briefe 14, 2: 103–113.

MOIR, W. H., BACHELARD, E. P., 1969: Distribution of fine roots in three *Pinus radiata* plantations near Canberra, Australia. Ecology 50: 658–663.

MOLTSCHANOW, A. A., 1957: Die hydrologische Rolle des Kiefernwaldes auf Sandböden. Dt. Bauernverlag, Berlin.

MOOSMAYER, H. U., SCHAIRER, E., 1959: Meliorationsversuche mit verschiedenen Holzarten im Forstbezirk Hohenberg (schwäbisch-fränkisches Keuperland). Mitt. d. Vers. Forstl. Standortskunde 8: 52–63, 3 Tafeln.

MOROSOW, G. F., 1928: Die Lehre vom Walde (RUBNER ed.). Neudamm. (II) XXXII.

MÖLLER, C. M., MÜLLER, D., NIELSEN, J., 1954: Respiration in stem and branches of beech. Forstl. Sorsoeksv. Damm. 21: 272–301.

MURACH, D., 1984: Die Reaktion der Feinwurzeln von Fichten (*Picea abies* Karst.) auf zunehmende Bodenversauerung. Göttinger Bodenkundl. Berichte 77.

MURACH, D., 1991: Feinwurzelansätze auf bodensauren Fichtenstandorten. Forstarchiv 62: 1–17.

MÜLLER, H., 1875: Über Wachstum und Bedeutung der Wurzeln. Landw. Jahrb. 4: 999–1033.

MÜLLER-STOLL, W. R., 1935/36: Ökologische Untersuchungen an Xerothermpflanzen des Kraichgaues. Zeitschr. f. Bot. 29: 161–253.

NADKARNI, N. M., 1981: Canopy roots: Convergent evolution in rainforest nutrient cycles. Science 214: 1023–1024.

NAMBIAR, S., 1983: Root development and configuration in intensively managed radiata pine plantations. Plant and Soil 71: 37–47.

NÄGELE, W., 1931: Adventivwurzelbildung an übererdeten Baumstämmen. Mitt. Schweiz. Centr. Anst. Forstl. Versuchsw. XVI, 1: 129–152.

NIELSEN, C. C. N., 1990: Einflüsse von Pflanzenabstand und Stammzahlhaltung auf Wurzelform, Wurzelbiomasse, Verankerung sowie auf die Biomassenverteilung im Hinblick auf die Sturmfestigkeit der Fichte. Schriften d. Forstl. Fak. Univ. Göttingen und der Niedersächs. Forstl. Versuchsanst. Sauerländer's Verl., Frankfurt/Main.

NIHLGÅRD, B., 1972: Plant biomass, primary production and distribution of chemical elements in a beech and a planted spruce forest in South Sweden. Oikos 23: 69–81.

NIKITENKO, N. A., 1951: Einige Besonderheiten von Verwachsungen in Eichennesterkulturen (in Russisch). Agrobiologija 3: 146–151.

NOBBE, F., 1875: Beobachtungen und Versuche über die Wurzelbildung der Nadelhölzer. Landw. Vers.-Station 18: 279–295.

NOLL, F., 1900: Über den bestimmenden Einfluß von Wurzelkrümmungen auf Entstehung und Anordnung der Seitenwurzeln. Landw. Jahrb. 28: 361.

NÖRR, R., 2000: Stabilität beginnt bei der Wurzel. Allg. Forstztg. Der Wald 8: 407–409.

OBERDORFER, E., 1994: Pflanzensoziologische Exkursionsflora. Ulmer, Stuttgart.

OBROUCHEVA, N., 1992: Seedling root growth in terms of cell division and cell elongation. In: KUTSCHERA, L., HÜBL, E., LICHTENEGGER, E., PERSSON, H., SOBOTIK, M. (eds.) Root Ecology and its Practical Application 2: 13–16. Verein für Wurzelforschung, Klagenfurt.

OELKERS, J., 1941: Kalkesche und Wasseresche. Die „Wesentlichen Eigenschaften" der Holzart sind erblich. Holzartwahl und Standortsrasse. Mitt. Forstwirt. Forstwiss. XII, 1: 69–82.

OLSTHOORN, A. F. M., 1992: Decreased fine-root densities of Douglas-fir caused by soil acidification resulting in reduced transpiration: Simulation approach. In: KUTSCHERA, L., HÜBL, E., LICHTENEGGER, E., PERSSON, H., SOBOTIK, M. (eds.) Root Ecology and its Practical Application 2: 495–498. Verein für Wurzelforschung, Klagenfurt.

ORLOW, A. R., 1968: Development and life duration of the pine feeding roots. In: GHILAROV, M. S, KOVDA, V. A., NOVICHKOVA-IVANOVA, L. N., RODIN, L. E., SVESHNIKOVA, V. M. (eds.) Methods of productivity studies in root systems and rhizosphere organisms: 139–145. Int. Symp. Acad. of Sciences USSR. Nauka, Leningrad.

ORLOW, A. R., 1975: Steadiness of *Pinus sylvestris* L. roots to drying up soil (in Russisch). Ljesowjedenie 5: 12–18.

OSSENBECK, C., 1927: Kritische und experimentelle Untersuchungen an *Bryophyllum*. Flora 122: 342–387.

OVINGTON, J. D., 1957: Dry-matter production by plantations of *Pinus sylvestris* L. Ann. Bot. NS 21: 287–314.

OVINGTON, J. D., MADGWICK, H. A. I., 1959: The growth and composition of natural stands of birch. 1. Dry-matter production Plant Soil 10: 389–400.

PASSARGE, H., 1953: Waldgesellschaften des mitteldeutschen Trockengebietes. Archiv f. Forstwesen 2: 1–58.

PASSARGE, H., 1987: Wildobst-Gehölzgesellschaften. Tüxenia 7: 381–410.

PAULI, F. W., 1983: Die Lebendverbauung im durchwurzelten Bodenraum in biophysikalischer Sicht. In: BÖHM, W., KUTSCHERA, L., LICHTENEGGER, E. (eds.) Wurzelökologie und ihre Nutzanwendung: 709–711. BVA Gumpenstein, Irdning.

PAULI, F. W., 1985: Lebendverbauung der Pflanze-Boden-Grenzfläche in Hanglagen. In: PFLUG, W. (ed.) Wurzelwerk und Standsicherheit von Böschungen und Hängen. Ges. f. Ingenieurbiologie, Jahrb. 2: 134–142. Aachen.

PENEV, N., 1961: Entstehungsbedingungen, Wachstum und Eigentümlichkeiten der nesterweise gewachsenen Fichtenbestände (in Bulgarisch). Izvestija na botanitscheskija Institut, Sofia, 8: 39–67.

PENSCHUCK, H., 1931: Über den Einfluß verschiedener Holzarten auf einzelne physikalische Eigenschaften leichter Waldböden. Mitt. Forstwirt. Forstwiss. 2: 365–421.

PERSSON, H., 1978: „Root dynamics in a young Scots pine stand in Central Sweden". Oikos 30: 508–519.

PERSSON, H., 1979: Fine-root production, mortality and decomposition in forest ecosystems. Vegetatio 41: 101–109.

PERSSON, H., 1980: Spatial distribution of fine-root growth, mortality and decomposition in a young Scots pine stand in Central Sweden. Oikos 34: 77–87.

PERSSON, H., 1983: The importance of fine-roots in boreal forests. In: BÖHM, W., KUTSCHERA, L., LICHTENEGGER, E. (eds.) Wurzelökologie und ihre Nutzanwendung: 595–608. BVA Gumpenstein, Irdning.

PERSSON, H., 1996: Fine-root dynamic in forest trees. In: PERSSON, H., BAITULIN, I. O. (eds.) Plant root systems and natural vegetation. Acta Phytogeogr. Suec. 81: 17–23.

PERSSON, H., AHLSTRÖM, K., 1991: The effects of liming and fertilization on fine-root growth. Water air soil pollution 54: 365–375.

PETSCH, G., 1955: Untersuchungen über die Ausbildung des gröberen Wurzelwerkes bei der Rotbuche auf diluvialen, lehmbeeinflußten Standorten im Gebiet um Eberswalde. Diss. Eberswalde.

PFEIL, W., 1860: Die deutsche Holzzucht. Baumgartner, Leipzig, VII.

PICKERING, S. U., 1917: The effect of one plant upon another. Ann. Bot. 31, 72: 181–187.

PODHORSKY, J., 1931: Ersatz- bzw. Adventivwurzelbildung bei der Fichte. Forstw. Centralbl. 53: 550–553.

POGREBNJAK, P. S., 1950: Über den Kronenschluß in mittels Nestersaat angelegten Eichenbeständen (in Russisch). Agrobiologija 3: 118–123.

POLDINI, L., 1989: La vegetazione del carso Isontino e Triestino. Lint, Triest.

POLLE, R., 1910: Über den Einfluß verschieden hohen Wassergehaltes, verschiedener Düngung und Festigkeit des Bodens auf die Wurzelentwicklung des Weizens und der Gerste im ersten Vegetationsstadium. Journ. f. Landw. 58: 297–344.

POLOMSKI, J., KUHN, N., 1998: Wurzelsysteme. P. Haupt, Bern, Stuttgart, Wien.

PORSCH, O., 1950: Geschichtliche Lebenswertung der Kastanienblüte. Österr. Bot. Zeitschr. 97: 269–321.

PUHE, J., 1994: Die Wurzelentwicklung der Fichte (*Picea abies* [L.] Karst.) bei unterschiedlichen chemischen Bodenbedingungen. Ber. Forschungszentr. Waldökosysteme. Reihe A/108.

RACHTEJENKO, I. N., 1952: Die Wurzelsysteme der Baum- und Straucharten (in Russ.). Goslesbumizdat, Moskau.

RACHTEJENKO, I. N., 1958: Zur Übertragung mineralischer Versorgungssubstanzen von einer Pflanze auf eine andere durch gegenseitige Beeinflussung ihrer Wurzelsysteme (in Russisch). Botanischeskij Zhurnal 43: 695–701.

RADEMACHER, B., 1959: Gegenseitige Beeinflussung höherer Pflanzen. In: RUHLAND, W. (ed.) Handbuch der Pflanzenphysiologie XI: 655–706, Springer, Berlin, Göttingen, Heidelberg.

RAMANN, E., 1898: Der Einfluß verschiedener Bodendecken auf die physikalischen Eigenschaften der Böden. Zeitschr. Forst- u. Jagdw. 30: 541–483.

RAUH, W., 1937: Die Bildung von Hypokotyl- und Wurzelsprossen und ihre Bedeutung für die Wuchsformen der Pflanzen. Nova Acta Leopoldina, Bd. 4, 24: 396–553. Halle (Saale).

REBEL, K., 1922: Waldbauliches aus Bayern. Diessen.

RECHINGER, K. H., 1957/58: Dicotyledones. In: HEGI – Illustrierte Flora von Mitteleuropa III/I, Hanser, München.

REIF, A., 1982: Die vegetationskundliche Gliederung und standörtliche Kennzeichnung nordbayrischer Heckengesellschaften. Laufener Seminarbeitr. 5, 82: 19–28.

RESA, F., 1877: Über die Periode der Wurzelbildung. Diss. Phil. Fakultät, Univ. Bonn.

REUM, J. A., 1837: Forstbotanik. 3. Aufl. Arnold, Dresden, Leipzig, VIII.

REYNOLDS, E. R. C., 1974: The distribution pattern of fine roots of trees. In: HOFFMANN, G. (ed.) Ökologie und Physiologie des Wurzelwachstums. Bericht II: 101–112. Akademie-Verl., Berlin.

RIGG, G. B., HARRAR, E. S., 1931: The rootsystems of trees growing in sphagnum. Am. J. Bot. 18: 391–397.

ROBERTS, J., 1976: A study of root distribution and growth of *Pinus sylvestris* L. (Scots pine) plantation in East Anglia. Plant Soil 44: 607–621.

RODIN, L. E., BAZILEVICH, N. I., 1967: Production and Mineral Cycling in Terrestrial Vegetation. Oliver and Boyd, London.

ROEMER, T., 1932: Der Einfluß der Phosphorsäure auf die Entwicklung der Wurzeln. Das Superphosphat.

ROSENKRANZ, F., 1923: Die Edelkastanie in Niederösterreich. Österr. Bot. Zeitschr. 72: 377–393.

ROST-SIEBERT, K., 1983: Aluminium-Toxizität und -Toleranz an Keimpflanzen von Fichte (*Picea abies* Karst.) und Buche (*Fagus sylvatica* L.). Allg. Forstztg. 38: 686–689.

ROVIRA, A. D., DAVEY, C. B., 1974: Biology of the rhizosphere. In: CARSON, E. W. (ed.) The Plant Root and its Environment: 153–204. Univ. Press of Virginia, Charlottesville.

RÖHRIG, E., 1958: Die Anzucht von Forstpflanzen in Nadelstreubeeten. Sauerländer, Frankfurt am Main.

RÖHRIG, E., 1966: Die Wurzelentwicklung der Waldbäume in Abhängigkeit von den ökologischen Verhältnissen. Forstarchiv 37: 217–229.

RUBLI, D., 1976: Waldbauliche Untersuchungen in Grünerlenbeständen. Diss. Nr. 5263, ETH Zürich. Beih. Zeitschr. Schweiz. Forstverein 56.

RUBNER, K., 1952: Die pflanzengeographischen Grundlagen des Waldbaus. 5. Aufl. Neumann, Radebeul, Berlin.

RUDLOFF, W., 1981: World-climates with tables of climatic data and practical suggestions. Wiss. Verl.-Ges., Stuttgart.

RUNGE, M., 1974: Die Stickstoff-Mineralisation im Boden eines Sauerhumus-Buchenwaldes. I. Mineralstickstoff-Gehalt und Netto-Mineralisation. Oecol. Plant. 9: 201–218.

RUSSELL, E. J., 1952: Soil conditions and plant growth. Longmanns Green and Co., New York, London.

RYSIN, L. P., RYSINA, G. P., 1987: Morphologie von unterschiedlichen Organen krautiger Waldpflanzen (in Russisch). Akad. Nauk. Nauka, Moskau.

SACHS, J., 1874: Über das Wachstum der Haupt- und Nebenwurzeln. Arb. Bot. Inst. Würzburg, 3: 385–477, 584–634.

SAFAR, J., 1954: Die Entwicklung des Tannenjungwuchses in den Plenterwäldern Kroatiens. Schweiz. Zeitschr. f. Forstw. 105: 592–616.

SAFAR, J., 1955: Wurzelverwachsungen. Die biologische und wirtschaftliche Bedeutung einiger Verhältnisse der Holzarten in der Waldpedosphäre. Sumarski list 79: 563–578.

SAKSS, K., 1953: The root system of *Fraxinus excelsior*. Trud. Inst. Lesochoz. Probl., Riga. Zit. KÖSTLER et al. (1968).

SALYT, M.S., 1953: Das Wurzelsystem der Eiche unter den Bedingungen der Trockensteppe (in Ukrainisch). Praci Inst. lision. AN SSSR. Zit. KÖSTLER et al. (1968).

SANTANTONIO, D., HERMANN, R. K., OVERTON, W. S., 1977: Root biomass studies in forest ecosystems. Pedobiolog. 17: 1–31.

SAUERBECK, D., JOHNEN, B., 1976: Der Umsatz der Pflanzenwurzeln im Laufe der Vegetationsperiode und dessen Beiträge zur Bodenatmung. Zeitschr. Pflanzenernährung und Bodenkunde 139: 315–328.

SCAMONI, A., 1950: Waldkundliche Untersuchungen auf grundwassernahen Talsanden. Akademie-Verl., Berlin.

SCAMONI, A., 1952: Über das Wurzelsystem bei älteren Robinien. In: GÖHRE, K. (ed.) Die Robinie und ihr Holz: 151–160, Berlin.

SCAMONI, A., 1969: Das chorologische und vegetationskundliche Verhalten der Stiel- und Traubeneiche im Flachland und Hügelland der DDR nebst Folgerungen für die forstliche Praxis. Arch. Naturschutz u. Landschaftsforschg. 9, H 3–4: 265–270.

SCHACHT, H., 1853: Der Baum. Müller, Berlin, XVI.

SCHACHTSCHABEL, P., 1979: Nährstoffe. In: SCHEFFER, E., SCHACHTSCHABEL, P. (eds.) Lehrbuch der Bodenkunde. 10. Aufl.: 196–268. Enke, Stuttgart.

SCHARFETTER, R., 1928: Die Hopfenbuche, *Ostrya carpinifolia* SCOP., in den Ostalpen. Mitt. Deutsch. Dendr. Ges.: 11–19.

SCHIECHTL, H. M., 1998: Die Bedeutung der Erlen in der alpinen Ingenieurbiologie. In: HACKER, E., PFLUG, W. (eds.) Die mitteleuropäischen Erlen. Ges. f. Ingenieurbiologie, Jahrb. 7: 201–211, Aachen.

SCHMIDT, O., 1936/37: Die Mineralstoffaufnahme der höheren Pflanze als Funktion einer Wechselbeziehung zwischen inneren und äußeren Faktoren. Z. Bot. 30: 289–334.

SCHMIDT-VOGT, H., 1966: Wachstum und Qualität von Forstpflanzen. 2. Aufl. Bayer. Landwirtschaftsverl., München, Basel, Wien.

SCHMIDT-VOGT, H., 1971: Wachstum und Wurzelentwicklung von Schwarzerlen verschiedener Herkunft. Allg. Forstztg. 142: 149–156.

SCHMITZ-LENDERS, B., 1948: Pappel-Ertragstafel. Schaper, Hannover.

SCHOCH, O., 1964: Untersuchungen über Stockraumbewurzelung verschiedener Baumarten im Gebiet der oberschwäbischen Jung- und Altmoräne. In: Standort Wald und Waldwirtschaft in Oberschwaben: 93–148. Arbeitsgem. „Oberschwäb. Fichtenreviere", Stuttgart.

SCHOLZ, H., SCHOLZ, I., 1995: Prunoideae. In: HEGI – Illustrierte Flora von Mitteleuropa IV/2B: 446–510. Blackwell Wissenschaft, Berlin, Wien.

SCHREIBER, M., 1926: Zur Frage „Saat oder Pflanzung der Lärche". Centralbl. ges. Forstw. 52: 1–14, 78–103, 147–162.

SCHROEDER, F. G., 1995: *Amelanchier*. In: HEGI – Illustrierte Flora von Mitteleuropa IV/2B: 385–404. Blackwell Wissenschaft, Berlin, Wien.

SCHUBERT, R., 1983: Die Bedeutung der Kenntnis von Wurzelprofilen für Vegetationsanalysen. In: BÖHM, W., KUTSCHERA, L., LICHTENEGGER, E. (eds.) Wurzelökologie und ihre Nutzanwendung: 389–395. BVA Gumpenstein, Irdning.

SCHUBERT, R., 1992: The rootsystem of *Calluna vulgaris* and the possibility to restore heathland vegetation. In: KUTSCHERA, L., HÜBL, E., LICHTENEGGER, E., PERSSON, H., SOBOTIK, M. (eds.) Root Ecology and its Practical Application 2: 635–637. Verein für Wurzelforschung, Klagenfurt.

SCHULZ, R. P., 1972: Intraspecific root grafting in slash pine. Bot. Gaz. 133: 26–29.

SCHULZE-MOTEL, W., 1986: Dicotyledones 2. In: HEGI – Illustrierte Flora von Mitteleuropa IV/1. Paul Parey, Berlin, Hamburg.

SCHUMACHER, W., 1958: Physiologie. 2. Teil. In: STRASBURGER – Lehrbuch der Botanik: 175–332. G. Fischer, Stuttgart.

SCHUPPENER, B., 1998: Der Einfluß der Durchwurzelung von Erlen auf die Standsicherheit von Böschungen – Berechnungsmodell und Parameter. In: HACKER, E., PFLUG, W. (eds.) Die mitteleuropäischen Erlen. Jahrb. 7: 261–276. Ges. f. Ingenieurbiologie, Aachen.

SCHUURMANN, J. J., 1949: Voorbereidend wortelonderzoek in verband met humusbepalingen in weiland. Institut für Bodenfruchtbarkeit, Haren.

SCHÜBELER, F. C., 1873–75: Die Pflanzenwelt Norwegens VIII: S. 468. Brogger, Christiania.

SCHÜTT, P., SCHUCK, H. J., STIMM, B. (eds.) 1992: Lexikon der Forstbotanik. Ecomed, Landsberg/Lech.

SCHWABE, A., 1985: Monographie *Alnus incana*-reicher Waldgesellschaften in Europa – Variabilität und Ähnlichkeiten einer azonal verbreiteten Gesellschaftsgruppe. Phytocoenologia 13, 2: 197–302.

SCHWABE-KRATOCHWIL, A., 1998: Zur Chorologie, Soziologie und Standortsökologie von *Alnus incana*. In: HACKER, E., PFLUG, W. (eds.) Die mitteleuropäischen Erlen. Jahrb. 7: 81–105. Ges. f. Ingenieurbiologie, Aachen.

SCHWARZ, L., 1946: Wurzelstudien bei Tomate und Kohl. Diss., Univ. f. Bodenkultur, Wien.

SCHWARZ, R., 1892: Über den Einfluß des Wasser- und Nährstoffgehaltes des Sandbodens auf die Wurzelentwicklung von *Pinus sylvestris* im 1. Jahr. Zeitschr. Forst- u. Jagdw. 24: 88–98.

SCHWEINGRUBER, F. H., 1983: Ein 6000jähriges Handwerk im Emmental. Schweiz. Zeitschr. f. Forstw. 134: 915–920.

SCHWEINGRUBER, F. H., 1996: Tree Rings and Environment Dendroecology. P. Haupt, Bern, Stuttgart, Wien.

SEEGER, M., 1930: Erfahrungen über die Eiche in der Rheinebene bei Emmendingen. Allg. Forst- u. Jagdztg. 106: 201–219.

SEKERA, F., 1943: Der gesunde und kranke Boden. Reichsnährstandsverl., Berlin.

SEN, D. N., 1964: Root system and root ecology of *Tilia europaea* L. Acta Univ. Carolinae, Biologica Suppl. 1: 1–85.

SEUFERT, G., WÖLLMER, H., ARNDT, U., BABEL, U., 1986: Das Rhizoskop – eine Möglichkeit zur störungsarmen Beobachtung des Wurzelraumes. Allg. Forstztg. Waldwirtsch. Umweltvorsorge 20: 493–496.

SHANTZ, H. L., 1927: Drought resistance and soil moisture. Ecology 8: 145–157.

Šika, A., 1963: Das Wurzelsystem einiger Laubholzarten auf Lößböden (in Tschechisch). Comm. Inst. Forest. 3: 85–106. Praha, Ceskos.

Solar, F., 1981: Zustandsbedingungen, Entwicklungszüge und Stoffumsatz alpiner Böden und Standorte. Mitt. österr. bodenkundl. Ges., 3. Sonderheft: 101–123.

Soon, S. W., 1960: Der Einfluß des Waldes auf die Böden. G. Fischer, Jena.

Speta, F., 1997: Zur Geschichte der Wurzelforschung mit besonderer Berücksichtigung der Aktivitäten in Österreich. In: Speta, F., Aubrecht, G. (red.) Wurzeln – Einblicke in verborgene Welten. Stapfia 50: 7–288. OÖ Landesmuseum, Linz.

Steineck, O., 1963: Die spezifische Wirkung des Nährstoffes Kali auf das Wachstum der Pflanze. Kali-Briefe 5.

Steineck, O., 1964: Untersuchungen über die wechselseitige Beeinflussung von N und K in ihrer Wirkung auf das Wurzel- und Sproßwachstum von Tomaten. Bodenkultur 14, Wien.

Steineck, O., 1983: Der Einfluß der Hauptnährstoffe auf die Wurzelbildung. In: Böhm, W., Kutschera, L., Lichtenegger, E. (eds.) Wurzelökologie und ihre Nutzanwendung: 99–114. BVA Gumpenstein, Irdning.

Steubing, L., 1960: Wurzeluntersuchungen an Feldschutzhecken. Zeitschr. Acker- und Pflanzenbau 110: 332–341.

Stienen, H., 1985: Struktur und Funktion der Feinwurzeln gesunder und erkrankter Fichten (*Picea abies* [L.] Karst.) unter Wald- und Kulturbedingungen. Diss., Univ. Hamburg.

Stienen, H., Brackhausen, R., Schaub, H., Bauch, J., 1984: Mikroskopische und röntgenenergiedispersive Untersuchungen an Feinwurzeln gesunder und erkrankter Fichten verschiedener Standorte. Forstw. Centralbl. 103: 262–274.

Stöcker, O., 1933: Transpiration und Wasserhaushalt in verschiedenen Klimazonen. II. Untersuchungen in der ungarischen Alkalisteppe. Jahrb. f. wiss. Bot. 78: 751–856.

Strasburger, E., 1891: Über den Bau und die Verrichtung der Leitungsbahnen in den Pflanzen. G. Fischer, Jena.

Strober, C., Eckart, G. A., Persson, H., 2000: Root growth and response to nitrogen. In: Schulze, E. D. (ed.) Carbon and Nitrogen Cycling in European Forest. Ecosystems, Ecol. Stud. 142: 99–121.

Strohschneider, I., 1992: Root-deformations by different kinds of afforestation-methods. In: Kutschera, L., Hübl, E., Lichtenegger, E., Persson, H., Sobotik, M. (eds.) Root Ecology and its Practical Application 2: 796–800. Verein für Wurzelforschung, Klagenfurt.

Strong, W. L., La Roi, G. H., 1983: Rooting depths and successional development of selected boreal forest communities. Can. Journ. For. Res. 13: 577–588.

Stuart, J. D., Sawyer, J. O., 2001: Trees and Shrubs of California. University of California Press, Berkeley, Los Angeles, London.

Sutton, R. F., 1969. Form and Development of Conifer Root Systems. Commonw. For. Bur., Tech. Commun. No. 7.

Sutton, R. F., Tinus, R. W., 1983: Root and Root System Terminology. Forest Science, Monograph 24.

Taylor, H. M. (ed.) 1987: Minirhizotron observation tubes: Methods and applications for measuring rhizosphere dynamics. Madison, American Society of Agronomy.

Toperczer, M., 1946: Die Bodentemperaturen in Wien 1911–1944. Jahrb. Zentral-Anst. f. Met. u. Geodynamik, Anhang 6: 36–46. Wien.

Troll, W., 1967: Vergleichende Morphologie der höheren Pflanzen. 1. Bd., 3. Teil, Nachdruck, O. Koeltz, Koeningstein-Taunus.

Troschl, H., 1980: Klimatographischer Abriß von Kärnten. Schriftenreihe für Raumforsch. und Raumpl., Bd. 21. Amt der Kärntner Landesregierung, Klagenfurt.

Tschernutter, P., 1983: Lufttemperaturen in Kärnten 1951–1980. Schriftenreihe für Raumforsch. und Raumpl. Bd. 30. Amt der Kärntner Landesregierung, Klagenfurt.

Tucker, M., Seelhorst, C., 1898: Der Einfluß, welchen der Wassergehalt und der Reichtum des Bodens auf die Ausbildung der Wurzeln und der oberirdischen Organe der Haferpflanzen ausüben. Journ. f. Landw. 46: 52–63.

Turner, H., Streule, A., 1983: Wurzelwachstum und Sproßentwicklung junger Koniferen im Klimastreß der alpinen Waldgrenze mit Berücksichtigung von Mikroklima, Photosynthese und Stoffproduktion. In: Böhm, W., Kutschera, L., Lichtenegger, E. (eds.) Wurzelökologie und ihre Nutzanwendung: 617–635. BVA Gumpenstein, Irdning.

Ulrich, B., Mayer, R., 1973: Systemanalyse des Bioelement-Haushaltes von Wald-Ökosystemen. In: Ellenberg, H. (ed.) Ökosystemforschung: 165–174.

Van Cleve, K., Barney, R., Schlentner, R., 1981: Evidence of temperature control of production and nutrient cycling in two inferior Alaska black spruce ecosystems. Can. Journ. For. Res. 11: 258 273.

Van Donselaar-Ten Bokkel Huinink, W. A. E., 1966: Structure, root systems and periodicity of savanna plants and vegetations in northern Surinam. Wentia 17: 1–162. North-Holland, Amsterdam.

Vater, H., 1927: Die Bewurzelung der Kiefer, Fichte und Buche. Tharandt. Forstl. Jahrb. 78: 65–85.

Vavoulidou-Theodorou, E., Babel, U. U., 1983: Methoden zur quantitativen Bestimmung von Fichtenfeinwurzeln. Mitt. Deutsch. Bodenkundl. Ges. 38: 783–788.

Verall, A. F., Graham, T. W., 1935: The transmission of *Ceratostomella ulmi* through root grafts. Phytopath. 25: 1039–1040.

Vetterlein, E., 1962: Ergebnisse von Untersuchungen über die Wasserbewegung in Böden mit Hilfe des Vakumkapillarimeters. Albr.-Thaer-Archiv 6: 118 137.

Vincent, G., 1941: Kurzer Beitrag zur Untersuchung der Kiefern- und Fichtenrassen. Forstw. Centralbl. 63: 260–279.

Vincent, J. M., 1987: Vergleichende Untersuchungen an Feinwurzeln und Mykorrhiza in geschädigten Buchenbeständen (*Fagus sylvatica* L.). Diss. Univ. München.

Vogt, H. H., 1982: Baldachinwurzeln im Regenwald. Naturwiss. Rundschau I, Jg. 35, H. 12, S. 496.

Vogt, K., Vogt, D., Edmonds, R. L., 1983: Effect of stand development and site quality on the amount of fine root growth occurring in the forest floors of Douglas-fir stands. In: BÖHM, W., KUTSCHERA, L., LICHTENEGGER, E. (eds.) Wurzelökologie und ihre Nutzanwendung: 585–594. BVA Gumpenstein, Irdning.

VOGT, K. A., VOGT, D. J., MOORE, E. E., FATUGA, B. A., REDLIN, M. R., EDMONDS, R. L., 1987: Conifer and Angiosperm fine root biomass in relation to stand age and site productivity in Douglas-fir forests. Journ. Ecolog. 75: 857–870.

VOLK, O. H., 1937: Untersuchungen über das Verhalten der osmotischen Werte von Pflanzen aus steppenartigen Gesellschaften und lichten Wäldern des mainfränkischen Trockengebietes. Zeitschr. f. Bot. 32: 65–149.

VOMPERSKIJ, S. E., 1959: The structural features of root systems of *Pinus sylvestris* L. on drained peat soils (in Russisch). Botaniceskij zurnal XLIV, 1: 79–87.

VOMPERSKIJ, S. E., 1960: Zur Morphologie der Wurzelsysteme der Kiefer auf entwässerten Naßböden (in Russisch). Novyje lesovodstv. Issled. AN SSSR. Zit. KÖSTLER et al. (1968).

VOROBJEVA, T. I., 1955: Some data on the formation of the root System in *Betula verrucosa*., *B. pubescens*, *B. tortuosa* and *B. nana* during their individual development (in Russisch). Bjulletin Moskovskogo Obscestva Ispytatelej Prirody (Otd. Biol.) 64, 3: 63–73.

VOROBJEVA, T. I., 1961: Dynamics of the growth of Birch roots under different ecological conditions. Bjull. Mosk. Obsc. Ispt. Prir. (Otd. Biol.) 66, 1: 89–96.

VÖMEL, A., 1965/66: Der Versuch einer Nährstoffbilanz am Beispiel verschiedener Lysimeterböden. I. Mitteilung: Wassersickerung und Nährstoffhaushalt. Zeitschr. Acker- und Pflanzenbau 123: 155–188.

WAGENHOFF, A., 1938: Untersuchungen über die Entwicklung des Wurzelsystems der Kiefer auf diluvialen Sandböden. Zeitschr. Forst- u. Jagdw. 70: 449–494.

WAGENITZ, G. (ed.) 1981: Dicotyledones. In: HEGI – Illustrierte Flora von Mitteleuropa III/1. Paul Parey, Berlin, Hamburg.

WAGENKNECHT, E., 1953: Grundsätze und Möglichkeiten waldbaulicher Planung und waldbaulichen Handelns im Lehrrevier Eberswalde. In: Wege zu standortsgerechter Forstwirtschaft. Radebeul, Berlin.

WAGENKNECHT, E., 1960: Beiträge zur Kenntnis der Wurzelausbildung verschiedener Bestockungen. Mitt. Staatsforstverw. Bayerns, Heft 31: 252–274.

WAGNER, S., 1994: Die Rhizoskopie – Erfahrungen mit der störungsarmen Wurzelbeobachtung. Forst Holz 49, 10: 270–273.

Waldbau, Forstschutz & Dendrologie, ETH Zürich, 1995: Mitteleuropäische Waldbaumarten – Artbeschreibung und Ökologie unter besonderer Berücksichtigung der Schweiz.

WALTER, H., 1939: Grasland, Savanne und Busch der ariden Teile Afrikas in ihrer ökologischen Bedingtheit. Jahrb. Wiss. Bot. 87, 5: 750–860.

WALTER, H., 1984: Vegetation und Klimazonen. UTB, Ulmer, Stuttgart.

WARMING, E., 1892: Botanische Exkursioner. 2. De psammophile Formationer i Danmark. Videnskab. Meddel. Naturhist. Forening Kjobenhavn for Aarest. S. 176.

WATANABE, K., 1924: Studien über die Koralloide von *Cycas revoluta*. Bot. Magazine 38, Tokio.

WÄCHTER, W., 1921: Das Wurzelwachstum der Pflanzen unter besonderer Berücksichtigung der Grundwasserverhältnisse. 2. Mitt. Königl. Landesanstalt für Wasserhygiene, Berlin-Dahlem.

WEAVER, J. E., 1926: Root development of field crops. McGraw-Hill Book Co., New York, London.

WEAVER, J. E., 1938: Root distribution of trees in relation to soil profile. Ecology 19, 1: 155–156.

WEBER, H., 1953: Die Bewurzelungsverhältnisse der Pflanzen. Herder, Freiburg.

WEISS, H., 1958: Wurzelbilder von Tanne und Fichte auf Eisenbacher Granit im Forstamt Furtwangen. Allg. Forstztg. Jg. 69.

WELLER, F., 1965: Die Ausbreitung der Pflanzenwurzeln im Boden in Abhängigkeit von genetischen und ökologischen Faktoren. Arbeiten der Landw. Hochschule Hohenheim. Band 32. Ulmer, Stuttgart.

WELLER, F., 1971: A method for studying the distribution of absorbing roots of fruit trees. Expl. Agric. 7: 351–361.

WELLER, F., 1983: Methode zur Ermittlung der Saugwurzelverteilung von Bäumen. In: BÖHM, W., KUTSCHERA, L., LICHTENEGGER, E. (eds.) Wurzelökologie und ihre Nutzanwendung: 81–94. BVA Gumpenstein, Irdning.

WERNECK, H. L., 1953: Die Formenkreise der bodenständigen Wildnuß in Ober- und Niederösterreich. Verh. Zool. Bot. Ges. 93: 112–119. Wien.

WICHMANN, H. E., 1925: Wurzelverwachsungen und Stocküberwallung bei Abietineen. Centralbl. ges. Forstw. 51: 250–258.

WIEDEMANN, E., 1927: Die Wurzeln älterer Waldbäume. Forstarchiv 3: 229–233.

WIEDEMANN, E., 1942: Die schlechtesten ostdeutschen Kiefernbestände, die Ursache ihres Zustandes und Wege zu ihrer Besserung. Aus d. Preuß. Vers. Anst. f. Waldwirtsch., Berlin.

WIEDEMANN, E., 1951: Ertragskundliche und waldbauliche Grundlagen der Forstwirtschaft. 2. Aufl. Das Hauptergebnis d. 70jährigen Arbeiten der ehem. Preuß. Forstl. Versuchsanst. 3 Teile, Sauerländer's Verlag, Frankfurt/Main.

WIELER, A., 1894: Über die Periodizität der Wurzelbildung. Forstw. Centralbl. 16: 333–349.

WIERSUM, L. K., 1957: The relationship of the size and structural rigidity of pores to their penetration by roots. Plant and Soil 9: 75–85.

WILLKOMM, M., 1887: Forstliche Flora von Deutschland und Österreich. 2. Aufl.: 358–366. Winter'sche Verlagshandlg., Leipzig.

WINKLER, S., 1980: Einführung in die Pflanzenökologie. 2. Aufl. UTB, G. Fischer, Stuttgart, New York.

WITTICH, W., 1938: Wasserfaktor und Kiefernwirtschaft auf diluvialen Sandböden. Zeitschr. Forst- u. Jagdw. 70: 337–389.

WITTROCK, V. B., 1884: Ueber Wurzelsprossen bei krautigen Gewächsen, mit besonderer Rücksicht auf ihre verschiedene biologische Bedeutung. Bot. Centralbl. XVII, 1: 227–232.

YIN, X., PERRY, J., DIXON, R., 1989: Fine-root dynamic and biomass distribution in a *Quercus* ecosystem following Harvesting. For. Ecol. Management 27: 159–177.

YLI-VAKKURI, P., 1954: Untersuchungen über organische Wurzelverbindungen zwischen Bäumen in Kiefernbeständen. Acta Forest. Fenn. 60: 1–117.

ZAKOPAL, V., 1958: The effects of Birch on soil conditions in dear fellings in the Krivoklat region. Sborn. Akad. Zemed (Lesn.) 4, 10: 877–896.
ZAPRYAGEVA, V. I., 1964: Wildwachsende Fruchtgehölze in Tadschikistan (in Russisch). OUTSCHINNIKOW, P. N. (ed.) Akad. d. Wiss. der Tadschikischen SSR. Nauka, Leningrad.
ZAPRYAGEVA, V. I., 1968: Root systems of dominant and edificator tree species in the Pamir-Aley forest vegetation. In: GHILAROV, M. S, KOVDA, V. A., NOVICHKOVA-IVANOVA, L. N., RODIN, L. E., SVESHNIKOVA, V. M. (eds.) Methods of productivity studies in root systems and rhizosphere organisms: 234–238. Int. Symp. Acad. of Sciences USSR, Nauka, Leningrad.
ZEDERBAUER, E., 1920: Ein Beitrag zur Kenntnis des Wurzelwachstums der Fichte. Centralbl. ges. Forstw. 46: 336–337.
ZOLLER, H., 1981: Abteilung Gymnospermae, Nacktsamige Pflanzen. In: HEGI – Illustrierte Flora von Mitteleuropa I/2: 11–148. P. Parey, Berlin, Hamburg.
ZOTH, R., BLOCK, J., 1992: Untersuchungen an Wurzelballen sturmgeworfener Bäume in Rheinland-Pfalz. Forst Holz 47: 566–571.

Sachverzeichnis

Verzeichnis der beschriebenen und abgebildeten Arten